呉海軍工廠の形成

千田武志著

錦正社

4000トン水力鍛錬機の使用開始（呉海軍造兵廠） 明治35年12月2日
〈奥州市立斎藤実記念館所蔵〉

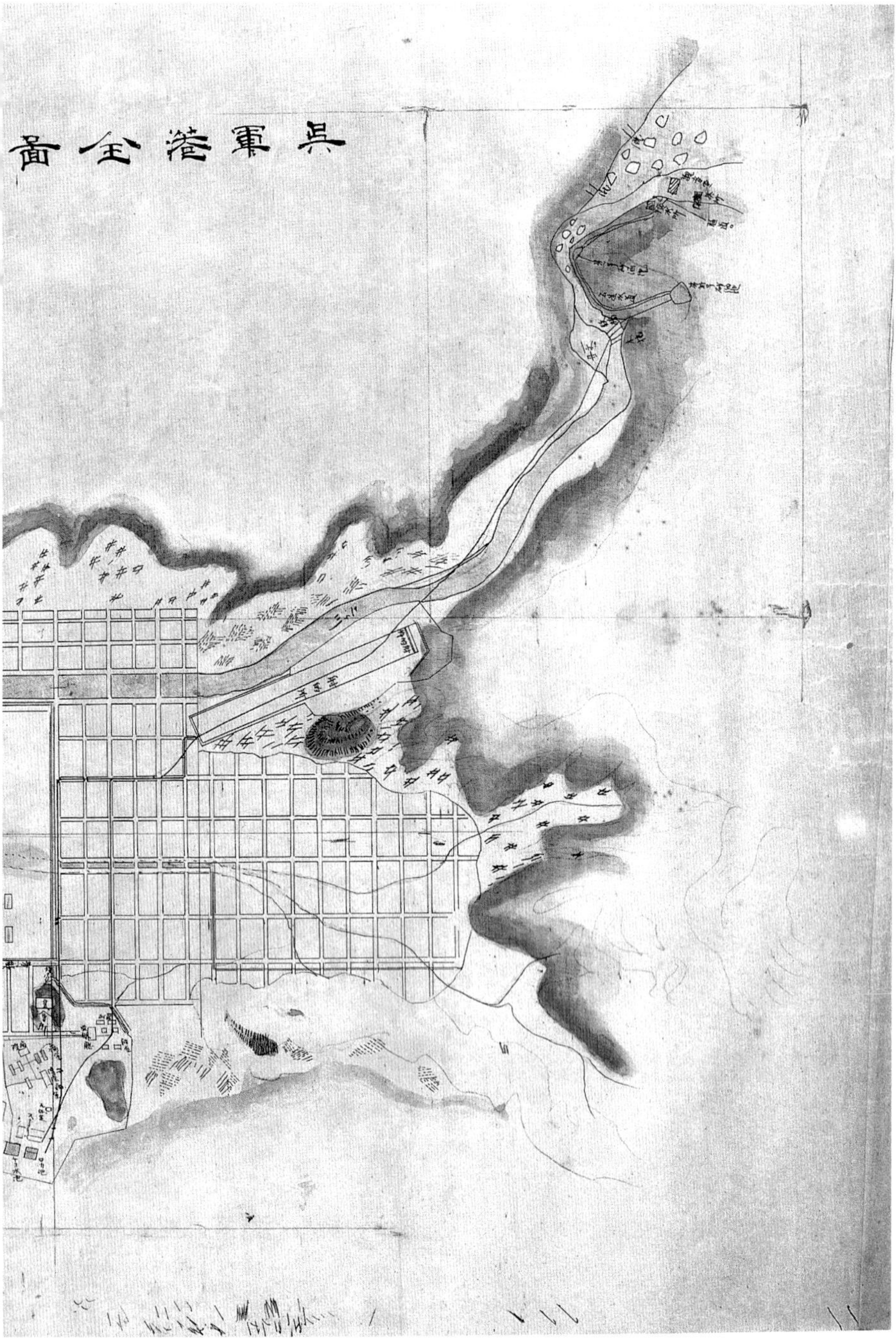
呉軍港全圖

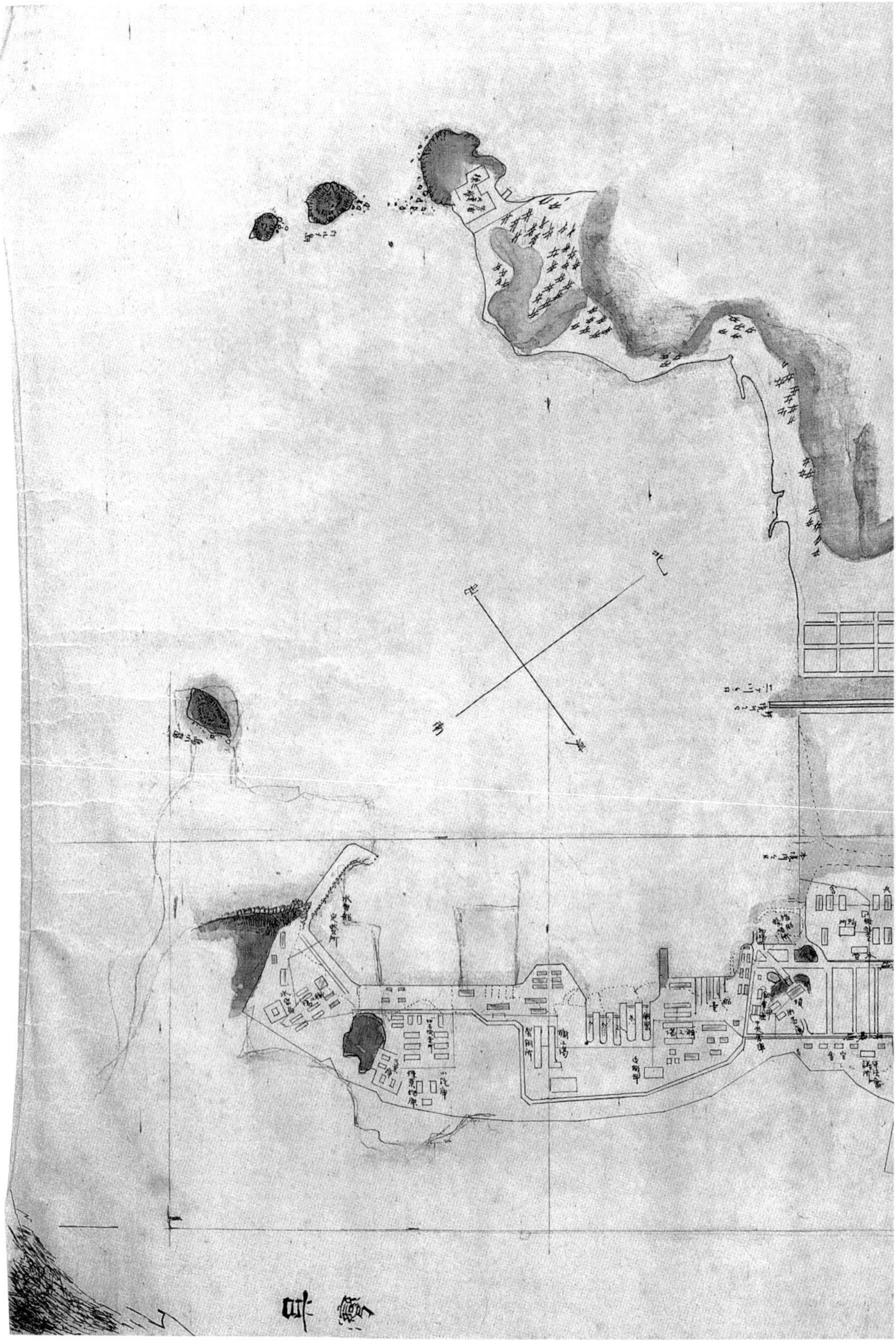

呉軍港建設計画図　明治19年〈呉市入船山記念館所蔵〉

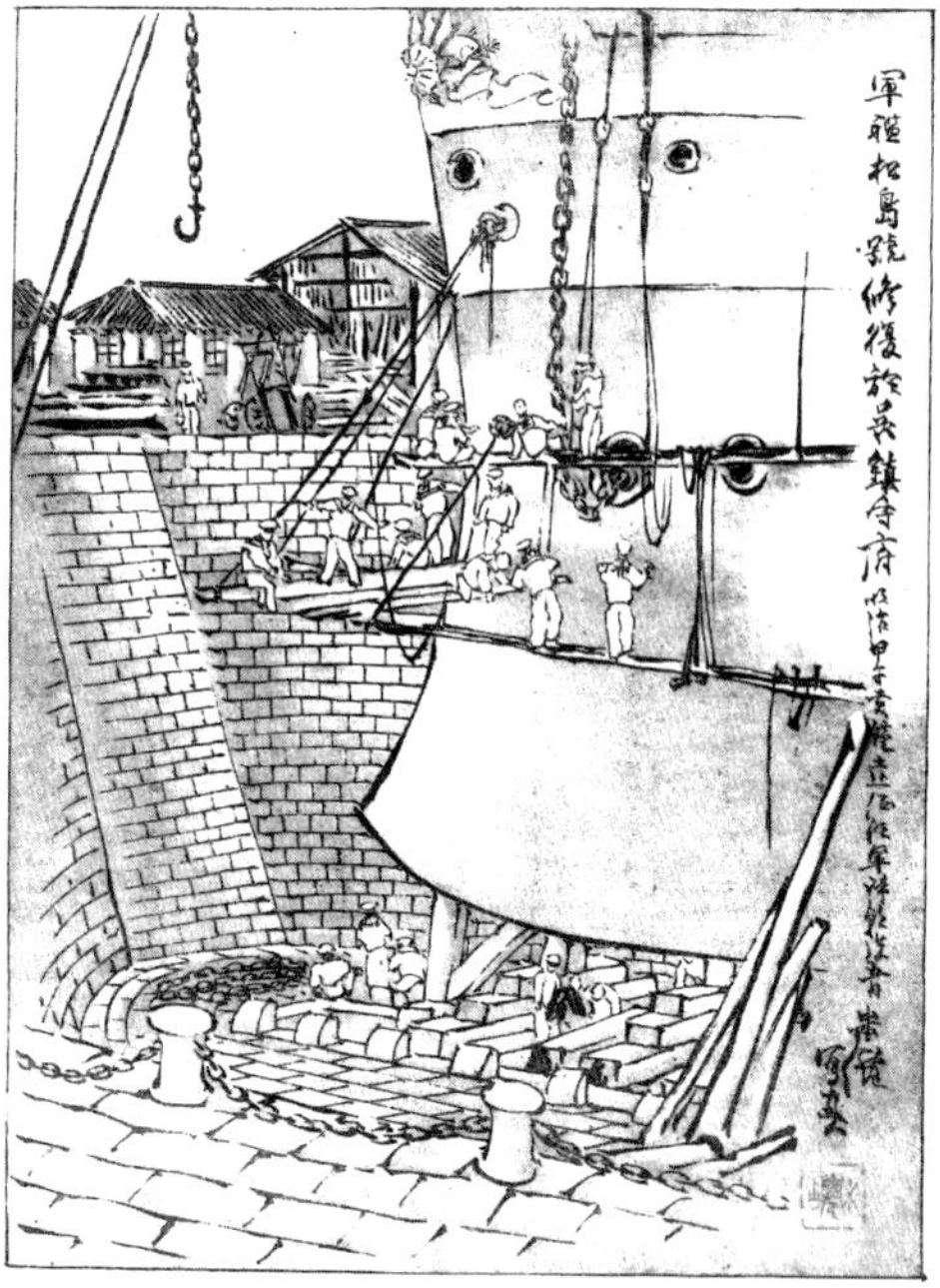

日清戦争で破損した「松島」修理の状況（呉鎮守府造船部）
明治 27 年 10 月〈出所：『風俗画報』第 81 号、明治 27 年 11 月〉

装甲巡洋艦用宮原式水管汽罐（呉海軍工廠造機部製罐工場）
明治 38 年 9 月 10 日〈奥州市立斎藤実記念館所蔵〉

報知艦「宮古」の進水式（呉海軍造船廠第 2 船台）　明治 30 年 10 月 27 日
〈相原謙治氏所蔵〉

砲艦「宇治」の進水式（呉海軍造船廠第 1 船台）　明治 36 年 3 月 14 日
〈奥州市立斎藤実記念館所蔵〉

100 トンクレーンの基礎工事（呉兵器製造所建設予定地） 明治 26 年
〈出所：『呉市史』第 3 巻、昭和 39 年〉

仮設呉兵器製造所全景　明治 29 年 3 月
〈出所：『呉海軍造兵廠創立紀念帖』明治 30 年　大和ミュージアム所蔵〉

呉式50口径10インチ砲内筒（呉海軍造兵廠艦砲製造工場）
明治36年9月22日〈奥州市立斎藤実記念館所蔵〉

甲板の切断（呉海軍工廠製鋼部） 明治37年12月23日
〈奥州市立斎藤実記念館所蔵〉

戦艦「富士」「八島」の編入によって充実した常備艦隊（呉軍港）
明治 32 年 2 月 11 日〈大和ミュージアム所蔵〉

演習に際し呉軍港に集結した艦艇　明治 33 年 4 月 4 日～ 8 日
〈大和ミュージアム所蔵〉

呉海軍工廠の形成

千田武志著

錦正社

目次

第二編　呉海軍工廠形成の背景……409

第一一章　海軍の製鋼事業の国産化と呉海軍工廠製鋼部の形成……626

表目次

図目次

凡例

一、本文の記述はできるだけ読みやすくするため、次のように統一した。

1、原則として常用漢字、現代かなづかいとし、難解な用語、地名にはふりがなをつけた。

2、表示単位は当時のものを基本とし、適宜、メートル法に換算したものを（　）内に示した。ただし町・反、坪など、日常的に使用されておりわかりやすいものはそのままとした。

3、文中の図や表には、章ごとに一連番号をつけた。

4、年の表記は日本年号をもちい、必要に応じて西洋暦を（　）のなかに入れた。

5、本文も表も、単位未満は四捨五入した。そのため合計や比率が一致しないこともある。

一、資料の掲載については原則として原文のままとしたが、できるだけ平易にするため、次のように形式を整えた。

1、漢字は旧字を新字に、異体字、略字を正字に、変体がなをひらがなに改めた。

2、難解な漢字には、適宜、ふりがなをつけた。

3、引用資料中の（　）は資料の註記、〔　〕は執筆者の註記を示す。

4、誤字については、明らかに訂正できるものは〔━カ〕とし、まぎらわしいものには〔ママ〕をつけた。なお当時、慣用的に使用されているものはできるだけそのまま使用した。

5、破損などにより判読できない箇所は、□で示した。

6、引用資料を省略した場合は、〔前略〕〔中略〕……〔以下省略〕〔後略〕などを、適宜、用いた。

7、原資料には原則として所蔵者を記入したが、呉市に合併した町村の役場文書や新聞、呉市寄託「沢原家文書」については省略した。

呉海軍工廠の形成

序章　呉海軍工廠形成史研究の目的と方法

はじめに

ここでは今後に本論を読みすすむうえでの指針と、各章には属さないが欠かすことのできない問題を取り上げる。こうした課題に沿って第一節において、目的と分析方法、第二節で、本書の構成を示すとともに、全体に関わりがありながら本論では具体的に取り扱うことのできない問題について言及する。また第三節では、鎮守府に関する組織の変遷をたどりながら呉鎮守府の全体像を示し、兵器生産（修理などをふくむ広い意味として使用）部門との関連性を明確にする。なお呉海軍工廠は明治三六（一九〇三）年一一月一〇日に設立されるが、本書においては呉工廠の設立後だけでなく、その前身である兵器生産部門の総称としても使用する。[1]

第一節　本書の目的と分析方法

本書の目的は、呉工廠の形成過程を対象とし総合的に分析することによって、呉工廠形成の実態、とくに目的とその結果、そしてその目的の実現のために海軍が採用した方策を解明することである。またそのことを通じて、海軍がどのようにして兵器の国産化を実現したのかという問題に対して、基本的な道筋を示すことを目指す。記述に際しては、第二海軍区鎮守府の位置が呉港に決定した明治一九（一八八六）年から呉工廠の設立した三六年までを主な対象とするが、関連する問題に関しては前後についても取り上げる。

呉工廠については、造船史、造兵史、製鋼史、財政史、日本資本主義史、地方史、技術移転史、国家資本論など、多方面から研究されてきた。その際、ほとんどの論考は一定の先行研究にもとづいた理論や目的を示し、それを論証ないし例証する方法を採用してきた。これに対して本書は、呉工廠の形成過程については未だ不明なことが多く、特定の課題に限定することなく広く事実を掘り起こすことを目指す。呉工廠に関する主要なテーマは、あらゆる資料を駆使して長期、広範にわたり全体像を把握することによって、はじめて解明できると思われるからである。

たとえば日本人だけで建設した最初の本格的なドックの第一船渠（ドック）についてみると、海軍の発行した小冊子に依拠したこれまでの研究では、恒川柳作技師の主導のもと明治二二（一八八九）年四月一日に起工し、工費二三万四一〇八円をかけて二三年三月三一日に完成したと述べられてきた。ところが当時の予算書や工事報告書によると、実際には一九年度から二一年度までの呉鎮守府設立第一期工事予算として六万円が計上され、呉鎮守府建設工事において六万三二八一円の費用によって一部の工事が実施されている。また恒川技師は横須賀造船所でフランス人から船渠建設技術を習得したこと、材料にセメントだけでなく宇品築港で服部長七が採用した「長七モータル」も使用したこと、日清戦争期に亀裂がみつかったものの多くの艦船の修理がこの亀裂のある船渠で行われたことなどが判明した。なお修理は、三一年二月一六日から三三年三月三一日にかけて一六万八〇八一円を費やして実施されている。

このように呉工廠の形成過程の実態を把握するには、特定の時期の特定部門だけでなく、あらゆる資料を駆使して呉工廠の前身と関連部門を総合的に分析することが必要とされる。そのため前者、すなわち明治二二年七月一日の呉鎮守府の開庁以降に存在した兵器生産部門、具体的には造船部門と造兵部門に関しては、一定の基準により計画の作成、組織・人事、施設・設備の整備、兵器の生産について詳細に記述する。人間の力量、機械、製品などの全容を把握することによって、事実関係の解明とともに組織の能力や特徴を認識することができると考えられるからである。

呉工廠の形成の実態を解明するには、前身となる組織に加え、後者、すなわち関連性の強い組織や問題を対象とすることが必要とされる。この点に関しては、兵器生産部門を包括している呉鎮守府、先行する海軍工作庁(2)、兵器生産企業、呉鎮守府の所在地である呉市(3)、軍備拡張計画を中心とする軍事政策、兵器取引と技術移転などが考えられる。また呉鎮守府の設立問題は、明治八（一八七五）年に遡ること、兵器取引と技術移転は、国内以上にイギリスをはじめとする国際間で活発であることからもわかるように、長期、広範にわたる総合的な分析が求められる。

このように本書は事実の発掘による実態の解明を目指すが、決して理論を否定するわけではない。より多くの事実をみつけ、また発掘した多くの事実に論理性を付与するとともに、それがさらなる新たな実証をうながすような分析視角が必要とされるからである。ただしそこには、第一に総合的に実証し分析するという実証優先ともいえる本書の方法を柔軟に受け入れられること、第二に呉に基軸をおきながら国際関係を重要視し技術移転と再移転の観点を有すること、第三に軍事政策や官営企業の特徴を包摂し得る方向性をそなえていることが必要とされる。

こうした条件に適合する分析視角としてまず考えられるのは、先進国からの技術移転を重視する技術移転論である。とくに明治八年に海軍が軍艦三隻を発注したイギリスの兵器製造会社において日本の留学生が新技術を習得したこと、イギリス人の経営する神戸鉄工所で新設備の導入により鉄船や鉄骨木皮艦の建造を実現し、それを通じて日本人の職工へ技術移転がなされる過程を分析した中岡哲郎氏の研究は、技術移転を軍事面に適用したこと、狭義の技術にとどまらず設備や経営問題まで対象を広げたことなど注目すべき点があり、本書においても活用する[4]（第八章第二節を参照）。ただし一般産業と軍事産業における技術移転の差異、艦艇の取引と技術習得の関係が明確化されているとはいえないなどの問題がみられる。

次に候補として考えられるのは、「陸海軍工廠と官営製鉄所を直接対象とし、それらの確立過程を分析し、それを通して日本資本主義確立期の再生産構造における国家資本の構造的意義を解明することを課題[5]」とした佐藤昌一郎氏らの研究である。このうち軍工廠の分析に際し佐藤氏は、軍備拡張との一体性、軍事生産それ自体の把握、重工業部門の発展との関連性を重視し、そのうえで、「全産業構造＝総再生産構造と国家資本＝軍工廠・製鉄所との関係を明らかにすること」を主張する[6]。こうした軍工廠や官営製鉄所を国家資本と規定し、全産業構造との関係を明らかにするという理論には説得性があり、陸・海軍工廠の分析について参考となる点も少なくない。ただし陸軍工廠や官営製鉄所と海軍工作庁では生産方法だけでなく、「財政・会計制度を異にし」ているなど少なからぬ差異がみられること[7]、海外からの技術移転の観点が希薄なこと、そして実証重視の本書の方法と適合しにくいことなどから、国家資本論のような確定的な理論を分析視角には採用しないことにした。

最後に、「武器移転」ないし「武器移転論」の適用の可能性を探ることにする。まず前提として、「武器移転」の範疇をみておくと、武器輸出・技術移転はもとより、ライセンスの供与、兵器の共同開発、さらに軍事システムの移転をふくむ広範で多面的な概念であるとされる[8]。そのなかで中心となるのは、先進国から後進国への武器とその関連技術などの移転や再移転であるが、兵器の共同開発などもふくまれている。また武器の移転は必然的に使用のための修繕をともない、やがて生産へと至ると認識されており、「武器移転」という範疇を敷衍して生産面の分析に適用することは、一定の条件のもとでは可能のように思われる。なお本書においては、武器という用語は「武器移転論」で使用するにとどめ、それ以外は明治期に一般的であった兵器ないし軍備を用いる。

「武器移転論」の本書への適用について第一に考えられるのは、軍事面を中心とする国際関係の分析をもとに、兵器取引に関する論理を解明することである。このうち軍事面を中心とする国際関係の変化について横井勝彦氏は、イギリスを中心に次のように四期に区分している。ここでは本書に関係の深い第一期と第二期について引用し、第三期と第四期については要約にとどめる。(9)

第一期(一八五〇～七〇年代)は、パクス・ブリタニカの絶頂期に相当するヴィクトリア朝中期の約三〇年間で、この時代には木造帆走海軍から鉄製汽走海軍への転換が進んだが、本国財政の緊縮と東アジアにおける砲艦政策の終焉とともにイギリスの海軍力は大きく削減されていった。ところが第二期(一八八〇～一九〇四年)に状況は一変する。フランス、ドイツ、ロシアとの建艦競争に直面してイギリス海軍は膨脹に転じる。植民地会議での防衛費分担論議や日英同盟の締結にもかかわらず、ついに一九〇四～〇五年度の海軍予算は史上最大規模に達した。この世紀転換期における海軍費の急膨脹は、他のいずれの二カ国の海軍力をも上回ることを原則とした海軍戦略、二国標準主義(two-power standard)に規定されていた。

ちなみに第三期（一九〇五～八年）は、わずか四年間であるが大艦巨砲主義への一大転換期とみなされる。そして第四期(一九〇九～一四年)には、イギリスとドイツの建艦競争にともない海軍費は急膨脹をすることになる。なお時期区分には、艦艇建造技術の変化が関連していることが認められる。

次に兵器の取引についてみると、「武器移転」は、「『送り手』と『受け手』を総合的に議論できる概念であり、日英関係に限らず、両者は武器の輸出入国の政府・軍・兵器企業などから構成され、それらの戦略や関係を総合的に捉えることによって、国際的な武器取引の全体構造を解明することが期待できる分析概念である」と規定されている[10]。また「送り手」と「受け手」の関係や国際環境の変化に対応して、「武器移転」の世界史もそれぞれの時代的特徴を有しているとみなされる。さらにそれは一回限りの現象ではなく、多角的に連鎖する性格を有しているとも述べられる。

このうち武器の「送り手」と「受け手」について小野塚知二氏は、「送り手」は、「自国軍への兵器供給を目的とする工廠・官営工場ではなく、民間兵器製造企業と、その営業販売活動を担った代理店」とされ、「大型・複雑・精巧な兵器の生産には巨額の投資を必要とするが、それは高価であるがゆえに自国軍から常に安定した発注が確保できるわけではなく、国外市場へ売り込む必要が発生」するという[11]。一方、「アジア(清、トルコ、日本)、南米(ペルー、チリ、アルゼンチン、ブラジル)、およびヨーロッパ(ドイツ統一前のプロイセン王国、統一直後のドイツ帝国やイタリア王国を含む)に、強兵策を推進する国家が登場し、軍備に旺盛な意欲を示す受け手を形成した」とされる[12]。

ここで気になるのは、「送り手」の兵器製造会社と国家との関係である。この点について、最大の兵器輸出国であったイギリスにおいては、「イギリス政府・海軍が兵器取引に何らかの、促進的であれ抑制的であれ、関与をし続けた証拠は乏しい」と述べられている[13]。この問題についてはイギリス人研究者も、「一九一四年以前のイギリスでは、政治的な理由で市場での活動を干渉することは滅多に認められなかった」し、「国外の兵器市場では、兵器企業はおおむね望むままに行動することができた」と分析している[14]。ただし政府の構成員が同国の兵器製造会社の輸出を支援することはなかったのか、またフランス、ドイツなどの政府と兵器製造会社との関係はどうであったのかなど、さらに検討を必要とするように思われる。本書においては、のちに「受け手」の側の資料により、この点に関して考察する（主に第七章・第八章を参照）。

「武器移転論」の適用の第二点として、武器の移転が「受け手」の国にもたらした影響とその背景について取り上げる。この点について小野塚氏は、一八七〇年代から第一次世界大戦までに日本海軍が保有した艦艇を輸入（国別）、国産（海軍工廠と兵器製造会社）、艦艇の種類に分類し、「一八七〇年代の新造艦のうち、国産は一五・九％であるが、図一―一〔省略〕から明らかなように、一八八〇年代には国産化率がいったん半分を超え、イギリス製の比率は七〇年代の七二％から三五％へと半減する（フランス製は一四％ほどで変わらない）」が、「一八九〇年代には国産は一九％弱に低下し、イギリス製が六一％へと増加している」ことを指摘する。[15]

またこうした現象がもたらされた背景については、「世界の艦艇の用兵・設計思想の変化と艦艇建造技術の革新とが作用している」と説明されている。そして世界の造船史・海軍史を（一）竜骨の有無、（二）主要材質（木造、鉄骨木皮から鉄製、鋼骨鉄皮をへて全鋼製へ）、（三）機関の有無（帆船・機帆船から純汽船へ）に区分し、このうち（三）の進化を基本とした艦艇建造技術の発展段階を、次のように具体的に示す。[16]

これを第一期（帆船・機帆船期）とするなら、一八八〇年代を過渡期として一八九〇年代からは第二期（純汽船・前ド級期）に入る。前ド級期の軍艦は、純粋に機走で帆船の最高速度（一五ノット程度）を達成するために大出力の機関を備え、推進器も外輪形式は姿を消し、スクリューに収斂する。帆装から解放された甲板上には大口径・長砲身の砲を備えることができるようになり、それを砲塔に搭載することで、射界も従来の舷側配置の九〇～一二〇度から二四〇～三〇〇度へと飛躍的に拡大して、巨砲の有効利用が可能になった。巨砲が標準装備となれば、敵艦も同等の砲を装備するはずだから、より堅固な装甲が必要となる。こうして巨砲と厚い装甲を備えた戦艦という艦種や、それに対応して登場した水雷艇、駆逐艦、装甲巡洋艦などの艦種は純汽船期の産物なのである。

さらにこうした艦艇建造技術にもとづく発展段階説によって、第一期（帆船・機帆船期）は、機帆船期の木造、鉄製から全鋼製に、次に第二期（純汽船・前ド級期）は、純汽船期の巡洋艦、戦艦、そして水雷艇と駆逐艦に分け、それぞれの主な艦艇の建造や性能について概観する。そして一度は上昇した国産化率が低下したのは、第一期（帆船・機帆船期）に属する木製を脱皮して鉄骨木皮から鋼骨木皮、全鋼製へという素材の変化には比較的早期に対応できても、第二期（純汽船・前ド級期）への飛躍は困難をともなったため、排水量の多い戦艦や巡洋戦艦を輸入せざるを得なかったことによると説明する。また戦艦、巡洋戦艦の輸入が増加した時期に純汽船、全鋼製の小型巡洋艦や高速の水雷艇、駆逐艦の国内建造が可能になったことを明らかにした。こうして兵器の国産化という基本政策は継続されつつも、一時期、艦艇建造技術の新段階への移行過程で、国産化率は低下することを矛盾なく説明したのであった。なおこれまでこの種の論議では排水量の変化のみが対象とされてきたが、水雷艇や駆逐艦は高速にして高度な技術を要求される艦艇であることを考えると、艦種や隻数も加味することが求められているといえよう。

このように兵器の取引を通じて日本がどのように兵器の国産化を果たしたのかという課題は、保有艦艇を艦艇建造技術の発展段階によって分析することで前進した。とはいえこうした分析視角は、イギリスから日本への艦艇輸入を中心とする「武器移転」の実態を通じてシーメンス事件を解明する目的で構築されたこともあり、生産過程を取り込んだ研究は少ない。この点については、「武器移転」概念を日本に適用し、日本とイギリス資本による合弁会社として設立された一大兵器鉄鋼会社の日本製鋼所、日本海軍とイギリス火薬会社三社との契約によって設立された日本爆発物会社の研究などで知られる奈倉文二氏自身、「軍事工業史や軍事関連産業史の研究が手薄になったこともあってか、『軍器独立』論の重要な構成要素である技術移転（『技術的独立』）の内実は必ずしも詰められているとは言えず、また、『資本的独立』については立ち入った言及はほとんどない」と、研究の遅れを認めている。[17] とくに奈倉氏の研究が主に日露戦争後の兵器産業を対象としていることもあり、それ以前の海軍工作庁についてはほとんど取り上げられてこなかった。なおここで用いられている「『軍器独立』という用語は元々当時の海軍関係者などが頻繁に使用した言葉であり[18]」、そこには軍備拡張計画を推進するための強い政治的な思惑が込められており、本書においては海軍の基本方針や客観的な水準を示す兵器の国産化とは区別して使用する。[19]

これまで主に、一、国際的な軍事情勢と国際間の兵器取引の実情、二、「武器移転」が「受け手」である日本の艦艇建造技術の発展におよぼした影響について紹介してきた。ここで第三点として、兵器、とくに新兵器の開発と登場がもたらす社会への影響を考えることにする。この点について小野塚氏は、国家目的のもとに戦略、戦術、作戦が策定されるのではなく、「その新兵器に合わせて、逆に用兵思想が作られ、戦術が編み出され、戦略が立てられ、そして、それに合わせて国家の戦略や目的や国益が決まってくるというプロセスが圧倒的に多い」と指摘する。[20] 残念ながらこの種の議論のこれ以上の発展を見いだすことはできないが、軍事問題、とくに軍備拡張計画の分析に有効な理論といえよう。

これまで本書への適用という観点から「武器移転論」を紹介してきた。その結果、本書が重要視する課題の一つである軍事をめぐる国際関係については、ここに紹介できなかったこともふくめて、ほぼ説明が尽くされているように思われる。問題は、近代的な軍備の国産化、具体的には呉工廠の形成過程の分析視角として、この理論をどのように適用するかということである。考えられる方法は、「武器移転論」を補充し発展させ、生産過程の分析に必要な視点を求めることである。なお「武器移転論」の生産過程への適用に際しては、これまでの範疇を超える部分が少なからずみられることから、本書では「武器移転的視角」と呼ぶことにする。

「武器移転論」を基礎として「武器移転的視角」に発展させるためには、どのようなことを考慮すべきなのか、本書全体に関わる点に限定し説明する。その第一は、「武器移転論」において兵器の取引の「送り手」は兵器製造会社、「受け手」は国家と想定し、兵器を特殊な商品とみなしている点を、さらに発展させることである。一般の商品は、使用することによって生産手段ないし労働力の再生産に貢献するのに対し、兵器は何も生み出すことがないが、一方、兵器は国家の命運を担う商品として戦時に備えて一定の在庫が確保され、また生産に際してその国の最高水準の技術が投入される。さらに国家は、兵器の購入と使用を独占し、生産においても主要な役割を担うという特徴がある。このように兵器は、国家を媒介にして他の商品のそれに勝る合理性と他の商品にはみられない非合理性の両面を有している特殊な商品といえる。

第二は、軍港に立地する海軍工作庁の第一次的役割は、鎮守府に属する兵器を運用できるようにする修理、改造であり、製造は第二次的役割とみなされていることである。第三に、海軍工作庁の立地に際しては、一般商品の生産と同様に労働力、用水、交通などの確保とともに、あるいはそれ以上に防禦面や秘密保持が重要視される。第四として、海軍工作庁の能力を示す場合、ともすれば完成した艦艇の排水量をもって基準としがちであるが、艦艇の性能は速力や防禦力など加味したものであること、兵器には大砲、水雷、甲鉄板もふくまれること、そして兵器の製造、修理、技術者や職工の技術の習得、施設の建設、設備の据付けなどには相当の時間を必要とすることがあげられる。

最後に、「武器移転論」にこれらの四点を加えた「武器移転的視角」によって、兵器の購入から製造に至る過程を概観する。後発国の日本の海軍は、まず先進国から輸入する兵器とそれを生産する海軍工作庁を建設するための軍備拡張計画を作成し、政府や議会との折衝によってそれを決定する。またそれにもとづいて兵器を発注するとともに、発注先に同種の兵器の生産に必要な技術者を派遣し、同じ目的で海軍工作庁の設立や設備の拡張を行う。そして帰国した技術者の指導により、海軍工作庁において購入した兵器の改造や修理が繰り返され、それを通じて職工などの技術の習得と熟練が達成され、やがて同種の兵器の製造ができるようになる。さらにその技術は、先導的な海軍工作庁から他の工作庁へ、また兵器製造会社へと移転される。こうした過程は、次なる発展段階へと繰り返されることになる。

第二節　本書の構成と記述の方法

本書は、前節で述べたように、「武器移転的視角」によって呉工廠の形成過程を総合的に分析することを目指す。そして、「呉海軍工廠の形成過程」という題名のもと、呉工廠の前身にあたる組織を対象とする第一編（第一～第六章）と、「呉海軍工廠形成の背景」と題し関連事項を取り上げる第二編（第七～第一二章）によって構成される。また本論の指針となる序章、本論を総括する終章が加わる。

第一編の第一章と第二章は、明治二二（一八八九）年七月一日の呉鎮守府開庁までを対象とする。呉工廠の形成過程の前史にあたる時期に二章をあてたのは、原点にこそ素が潜んでいると思われるからである。こうした認識のもと、第一章は八年まで遡って候補地の選定過程を克明に検証し、海軍は一四年から一五年にかけて艦艇の国産化を担う海軍一（事実上日本一）の造船所を有する鎮守府を、防禦に最適な呉に設立することを決定した点を実証する。また第二章では、これまで問題にされなかった三期からなる呉鎮守府設立計画を示し、計画と工事を比較することによって工事の実態にせまる。また長期的展望のもと、段階的に目標を実現する海軍の方策を示す。

第三章から第六章までは、前二章で摑んだ呉鎮守府形成の目的と方策を前提として、呉鎮守府の開庁時の造船部と兵器部などに始まる造船部門と造兵部門について計画、組織・人事、施設の整備、兵器の生産を一定の基準にもとづいて記述する。そして造船部門を扱った第三章と第四章によって、呉鎮守府造船部八カ年計画は一等巡洋艦の建造を目指したが、途中で戦艦など主力艦に計画を変更したこと、また造兵部門を対象とする第五章と第六章では、一三年におよぶ呉兵器製造所設立計画において一等巡洋艦への搭載兵器と小規模の特殊鋼の生産を目的としたが、途中で戦艦用の搭載兵器と兵器用特殊鋼に変更したことを明らかにする。なおこのような変更の背後では、長期計画の承認を得て段階的に事業を実施するなかで、当初の計画どおり施設を建設したと報告し他の施設工事に予算を流用するなど、時には虚偽もふくむ巧妙な方策があったことを実証する。

第二編にふくまれる第七章と第八章は、「武器移転的視角」の中核として、本書の理論的な支柱の役割を担う。そのうち第七章で、軍備拡張計画を中心とする軍事政策を、第八章では、主に兵器取引にともなう技術移転を分析し、兵器の保有の決定、兵器の海外兵器製造会社への発注と技術者の派遣、海軍工作庁の設立、派遣技術者の帰国と海軍工作庁における発注艦艇の修理と技術の普及、そして同型艦と搭載兵器の製造、他の海軍工作庁や兵器製造企業への技術の波及という一連の循環過程を明らかにする。同時に、海軍は一見すると無謀と思われる大軍備拡張計画の提示を繰り返したが、その背景には長期計画を段階的に実践し、最終的に核心をふくむ全体を実現するという方策があり、その画期となったのは明治二六(一八九三)年の戦艦二隻の保有の決定であったことを論証することを目指す。

第九章から第一二章までは、独自の観点から呉工廠の特徴を把握する役割を担っている。そのなかで第九章は、独特な歩みを展開し、横須賀造船所とともに海軍工作庁のなかで先導的な役割を果たした小野浜造船所に焦点をあて、そうした兵器製造企業における技術移転の実態と呉工廠の形成に与えた影響を明らかにする。また第一〇章では、日清戦争期の呉鎮守府の活動とその一環としての兵器生産部門の役割を検証し、戦時期に第一義的役割とされるのは改造と修理であること、呉鎮守府は改造と修理を通じて技術を発展させたことを示す。そして第一一章においては製鋼事業を対象とし、そのなかで呉の造兵部門では、もっとも技術水準が高く兵器生産に欠かせない兵器用特殊鋼のみを製造し、市況に左右されやすい産業用と同類の一般鋼材は外部に委託したことを明らかにする。さらに第一二章では、呉工廠の所在地であり職工らが生活する呉市を対象とし、呉の市街地は海軍による都市計画とそれを認識した地主の自主的な参画によって築調されたこと、階層間の対立もみられたが基本的に海軍と住民間には共存関係が築かれたこと、典型的な軍港の呉は人口のみ多い経済基盤と都市基盤が貧弱な都市であったことを実証する。

このように本書においては、呉工廠の形成過程について総合的分析を目指すが、職場や生産現場の状況、会計については、重要視したにもかかわらず満足な成果を得ることができなかった。資料が少ないことと筆者の能力不足に起因するわけであるが、会計についてはそれに制度の変化が加わることになる。このうち資料的な面は後述することにして、まず海軍の会計制度の変遷について検証し、次に独自の会計制度を編み出した海軍の意図を類推するとともに、具体的、体系的記述が不可能となった理由を示すことにする。

呉鎮守府が開庁する以前の海軍の会計は、明治一〇（一八七七）年七月六日に制定された「作業費出納条例」によって行われていた。この条例による別途会計について室山義正氏は、「長期固定資本が興業費、その他営業に必要な総ての費用は営業費と区分され」、そのうち「営業費は、さらに材料費・職工費の直接製造原価部分とその他の俸給・雑給・作場費・機械費・建築費・機械運転費・雑件費の部分に大別される」ことになっており、「別途会計は、製造コストを営業費とし、販売額を作業収入とする特別会計として独立していた」と分析している。(21)そして別途会計の運営方法について、次のように説明する。(22)

その実際の運営方法は次のごとくであった。(1)「作業会計」中に「倉庫課」を設け、ここで艦船造修に要する材料の調達・保管を行ない、造船工場に時価評価額で材料を供給する。(2)造船工場は「倉庫課」から材料を受けとって製造修理を行ない、生産された製品をそれに費やされた直接製造費(材料費+職工費)で「倉庫課」へ引渡す。(3)「倉庫課」は、この直接製造費にその他の全営業費及び興業費の減価償却費を比例分割して加えた価格を算出し、販売する。(4)こうして得られた収入の内、営業費として費された部分は直ちに「作業会計」へ償還され、差引残余は興業費償還あるいは営業資本欠損補塡に充当される。(5)なおかつ剰余が生じる場合は大蔵省へ納付する。

佐藤氏によると、この会計は、「所轄官庁の官僚の人件費や事務的経費を一般会計支出としている点で限定的意味であるが『独立採算』的経営を志向していたと見ることもできる」とみなされている。[23] ところが明治二二(一八八九)年二月一一日、日本の会計制度において新紀元を画したと評価される「会計法」が公布(明治二三年四月一日施行)された。またそれにもとづいて二三年三月一七日にいくつかの特別会計が生まれたが、注目すべき点は陸軍の場合は「陸軍作業会計法」により作業会計が継続されたのに対し、海軍の場合は、造艦船事業に必要な材料のみを特別会計扱いにする「鎮守府造船材料資金会計法」が制定されたことである。その後の三三年一月二九日には、兵器の造修材料費を計上する「海軍造兵材料資金会計法」が制定(四月一日施行)され、さらに三五年三月二五日には「鎮守府造船材料資金会計法」にかえて「海軍造船材料資金会計法」が制定(四月一日施行)されたが、基本的な面に変化はなく海軍工作庁に独立採算的な会計制度が適用されることはなかった。[24]

海軍がこうした独自の会計法を導入した理由について、資料により実証することはむずかしい。ただし明治一四

(一八八一)年に赤松則良海軍省主船局長が西部に造船所を新設するよう建議した際、「横須賀ノ如ク作業費ノ方法ハ行ワス通常経費ノ取扱ニセラレ」るよう主張している点から敷衍して考えると、[25]海軍省が「作業費出納条例」に対し批判的であったと知ることができる。この理由は述べられていないが、一言でいえば「独立採算的経営」への忌避であったと推測される。

作業費会計の事例として小野浜造船所の明治一六年度から二二年度までの経営をみると、経費の節減、物品の売却、軍艦製造費の引き上げにより営業費において黒字を出しても、興業費の支弁に追われ新たな設備投資ができない状況であった(第九章第三節を参照)。こうした実情を認識していた赤松主船局長は、このような会計制度が継続したなら西海造船所を新設しても、当初から利益を出すことはむずかしいなかで興業費の減価償却は不可能であり、日本一の造船所はおろか、造船所の経営を維持することすらむずかしいのは、火をみるより明らかであると考えたのではないだろうか。海軍は帝国議会の開催前の明治一九(一八八六)年に第二・第三海軍区鎮守府の設立を決定し、益金が出なくとも造船部や兵器部の経営が維持でき、機会をみて設備投資を可能にするため、「作業費出納条例」から「資金特別会計」に移行することを強く求めたものと推測される。

このように同じ官営企業といいながら、海軍工作庁は官営製鉄所のような産業企業とも陸軍工廠とも異なった会計制度を採用した。このことによって明治二三年度以降の海軍工作庁は、「独立採算的経営」の直接的束縛から自由となり、完全にとはいえないが相当程度、収益にとらわれない経営をすることが可能になった。後述するように海軍は産業用が大部分を占める一般鋼材の生産をふくむ官営製鋼所の所管となることに難色を示すが、その背景には収益性にとらわれ本来の目的を失いたくないという理由があったのである(第一一章を参照)。こうして海軍工作庁は、短期的な利益にとらわれずに存続することが可能になったのであるが、このことは陸軍に比較して遅れて出発した海軍の兵器生産を短期間に発展させる原因の一つとなったといえよう。

最後に、本書に関係あると思われる筆者の論稿を示すが、本格的な記述を開始してからも多年をへており、本書の内容、見解と異なる面が少なくない。ここでは両者の相違を説明する紛らわしさをさける意味もあり、原則として過去の論文にはふれないことにした。ただし明らかな誤りや紙幅の関係で本書より論文の記述の方が詳細な場合は、その旨を指摘する。

○「呉鎮守府の建設と開庁（Ⅰ）」（『政治経済史学』第四二六号、平成一四年二月）。

○「呉鎮守府の建設と開庁（Ⅱ）」（『政治経済史学』第四二七号、平成一四年三月）。

○「明治前期の軍艦整備計画と鎮守府設立——呉鎮守府の設立を中心として——」（『軍事史学』第三八巻第三号、平成一四年一二月）。

○「官営軍需工場の技術移転に果たした外国人経営企業の役割——神戸鉄工所、小野浜造船所を例として——」（『政治経済史学』第四五八号、平成一六年一〇月）。

○「明治中期の官営軍事工場と技術移転——呉海軍工廠造船部の形成を例として——」（奈倉文二・横井勝彦編著『日英兵器産業史——武器移転の経済史的研究——』日本経済評論社、平成一七年）。

○「海軍の兵器国産化に果たした新造兵廠（兵器製造所）の役割」（『呉市海事歴史科学館研究紀要』第四号、平成二二年三月）。

○「海軍の軍備拡張計画と呉鎮守府建設計画——造船部建設計画を中心として——」（『政治経済史学』第五二三号、平成二二年五月）。

○「日清戦争期の呉軍港における兵器工場の建設と生産」(『軍事史学』第四六巻第四号、平成二三年三月)。
○「海軍の兵器独立に果たした呉海軍造兵廠の役割」(『呉市海事歴史科学館研究紀要』第五号、平成二三年三月)。
○「呉鎮守府造船部の建設と活動」(『呉市海事歴史科学館研究紀要』第六号、平成二四年三月)。
○「小野浜造船所の海軍造艦技術の発展と呉海軍工廠の形成に果たした役割」(『呉市海事歴史科学館研究紀要』第八号、平成二六年三月)。
○「日清戦争後における海軍の私立造船所の育成と艦船の発注——川崎造船所と白峰造船所を例として——」(『呉市海事歴史科学館研究紀要』第九号、平成二七年三月)。

第三節　呉鎮守府と兵器造修部門との関係

呉工廠の形成過程を明らかにするためには、呉工廠の前身であり包括する組織でもある鎮守府の組織の変遷をたどりつつ呉鎮守府の目的を認識し、呉鎮守府と兵器造修部門との関係を明確にする必要がある。本節は、兵器造修部門の具体的記述の前に鎮守府全体の制度的変遷を通じて、軍港に立地する兵器造修部門の特徴の一端を示すとともに、造船・造兵部門の全体像、両者の共通の問題を明らかにする。

明治九(一八七六)年八月三一日、東海および西海鎮守府を設立することが決定された。翌九月一日に「海軍鎮守府事務章程」が制定されたが、その第一条には、「鎮守府ハ所管ノ艦船及水兵諸工夫ヲ統轄シ其管海一切ノ保護ヲ掌トル所トス」と任務が簡潔に規定されている。(26) これをみると鎮守府の二大目的のうち艦船や水兵・工夫の監督と管海の保護(以下、狭義の鎮守府の任務と省略)のみが対象とされ、もう一つの目的である兵器の造修が認められないが、これは東海鎮守府が川村純義海軍大輔の主張した広義の鎮守府とその役割を実効あるものにすることのできる造船所の所在地である横須賀ではなく、狭義の鎮守府の任務とその役割しか実行できない横浜に仮設置されたことと関係があったように思われる（この点については第一章第一節を参照）。

明治一七（一八八四）年一二月一五日、東海鎮守府が横浜から横須賀に移転し、同じ日に「海軍鎮守府事務章程」が廃止され、「鎮守府条例」が制定された。この条例の第一条によって、「鎮守府ハ海軍港ニ置キ艦隊其他ニ属セサル艦船ヲ管轄シ水兵諸工火夫ノ練習及ヒ兵器石炭物品ノ貯蔵配賦並ニ艦船ノ製造修理等ニ関スル事務ヲ総理シ且ツ其所在港内ヲ管轄守衛スル所トス」と、鎮守府の目的に艦船の製造、修理が加わり[27]、鎮守府のもとに造船所、屯営、武庫、倉庫、病院、軍法会議、監獄署を設置することになった[28]。こうして海軍省が従来から要望してきた広義の鎮守府が認められることになったのであるが、これまでの軍事史研究においては、「鎮守府と艦隊とを完全に切り離したところに鎮守府条例の大きな特徴があった」と、狭義の鎮守府を本来の鎮守府であると規定し、そのなかの変化のみに焦点があてられ本質的な変革が見落とされている[29]。『海軍制度沿革』以来の鎮守府と海軍工作庁を分離して記述してきた伝統によるものと思われるが、これでは鎮守府も海軍工作庁の目的も、正確に把握することはできないだろう（この点に関しては第一章を参照）。

明治一九（一八八六）年四月二二日、「海軍条例」と「鎮守府官制」が制定された。このうち「海軍条例」によって、軍令と軍政の区別と五海軍区・五鎮守府構想が決定された。一方、「鎮守府官制」で、「鎮守府ニ参謀部軍医部主計部造船部兵器部建築部軍法会議監獄署ヲ置ク」と鎮守府の組織が明記された[30]。これによって造船部、兵器部が鎮守府の組織として明記されたのであるが、組織内には、このほかに軍港司令部（予備艦部、水雷部、航海部）、屯営、水雷営、病院、倉庫、横須賀造船所、軍政会議が存在している[31]。ここで注意すべきは、「鎮守府官制ニ於テ造船部ノ名称ヲ生セシモ未タ之ヲ置クニ至ラス横須賀造船所ハ鎮守府所属トシテ依然存置」され、二二年五月二九日になって廃止されたという点である。[32]なお後述するように、一九年五月四日には第二および第三海軍区の鎮守府の位置にそれぞれ呉港と佐世保港が決定、この条例と官制は両鎮守府の設立に影響を与えることになる。

呉鎮守府の開庁の直前の明治二二（一八八九）年五月二八日、「鎮守府官制」が廃止され「鎮守府条例」が制定された。これによると、第五条で「鎮守府ハ出師ノ準備軍港要港ノ防禦管海ノ警備軍艦ノ製造修理兵員ノ徴募訓練ヲ掌ル所トス」と鎮守府の目的が規定された。[33]組織については明記されていないが、第七条において、「司令長官ハ軍港司令官造船部長兵器部長主計部長建築部長鎮守府衛生会議議長鎮守府会計監督長ヲ直轄シ又軍法会議ヲ管轄ス」と鎮守府司令長官と部下との関係が規定されている。[34]一方、他の資料によると呉鎮守府の場合、鎮守府司令長官、幕僚（測器庫、文庫）、軍港司令官（予備艦長、知港事）、造船部（計画科、製造科、倉庫）、兵器部（倉庫）、主計部（出納課、材料課、工費課、衣糧課、病院課、監獄課、倉庫）、建築部、そして「右ノ外鎮守府ノ管轄ニ属スルモノ」として、鎮守府衛生会議、鎮守府会計監督部、鎮守府軍法会議、海兵団、水雷隊、艦船、軍政会議があげられている。[35]

ここで注意すべき点は、組織内に造船部と兵器部が設置されているものの、「鎮守府条例」の目的では「軍艦ノ製造修理」と記され兵器の記述がないなど両者には較差が存在すること、「鎮守府条例」で直轄とされている組織が、他の資料では管轄に属していると記述されるなど相違がみられることである。また造船部、兵器部は、「会計経理、物品ノ購買売却、被服糧食及各部ニ属セサル需用物品ノ準備供給」（第三七条）をする主計部および「船渠、電線、浚港、造家其他水陸ノ工事土地家屋ノ管理及軍港内地勢変更ノ監視ヲ掌ル」（第三八条）建築部と密接な関係にあった。[36]なお二三年三月一〇日、艦政局に属していた旧小野浜造船所跡に呉鎮守府造船部分工場がおかれ、呉鎮守府造船部小野浜分工場と改称された[37]（告示第七号）。このように同造船所は呉鎮守府造船部と密接な関係を有しており本書においてたびたび取り上げるが、しばしば名称を変更していて統一した呼称がなく不便なため、これ以降、その当時の正式名称でなければ誤解をまねく恐れがある場合以外は小野浜造船所と記述する。

明治二六（一八九三）年五月一九日、「鎮守府条例」が改正された。その目的については、「出師ノ準備」に続き、「兵備品ノ供給」が加わっただけでほとんど変化がなかったが、組織に関しては、「鎮守府ニ予備艦部造船部測器庫武庫水雷庫兵器工場病院及監獄ヲ置ク」（第一九条）と規定された[38]。よりくわしく鎮守府の組織をみると、鎮守府司令長官のもと、幕僚、予備艦部、知港事、造船部、艤装委員（臨時）、測器庫、武庫、水雷庫、兵器工場、病院、監獄となっているが[39]、他の資料によると、前述したように二二年に「右ノ外鎮守府ノ管轄ニ属スルモノ」と位置づけられた組織のうち、軍法会議、海兵団、水雷隊、艦船が存在している[40]。また兵器部が武庫、水雷庫、兵器工場に分割され、兵器造修部門と関係の深い主計部、建築部、鎮守府会計監督部が廃止されたが、これにかわって同日、「鎮守府監督部条例」により鎮守府監督部のなかに建築科、衣糧庫、艦営需品庫、「海軍司計部条例」にもとづいて、やはり鎮守府監督部のもとに海軍司計部が設置された。さらに同日、小野浜分工場にかわって呉鎮守府造船支部が設置され（明治二八年六月一〇日廃止）、二八年六月一八日に「仮設呉兵器製造所条例」（官房二二七六号）が制定された。なお二九年三月二六日に「仮呉兵器製造所条例」（勅令六一号）が公布され、四月一日に施行されている[41]。

明治三〇（一八九七）年九月三日、「鎮守府条例」が改正され（一〇月八日施行）、「鎮守府ハ出師ノ準備、海軍区ノ警備、軍港、要港、防禦港ノ防禦ニ関スル事ヲ掌リ並所轄諸部ノ行務ヲ監督スル所トス」（第二条）と目的が変化し、これに対応して組織は、「鎮守府ニ軍港部兵器部機関部医務部経理部司法部及測器庫ヲ置ク但シ呉鎮守府ニハ兵器部ヲ置カス」（第一九条）と規定された[42]。よりくわしい呉鎮守府の組織をみると、幕僚、海軍望楼監督官、軍港部、機関部、医務部、経理部、司法部、測器庫とし、鎮守府所管のものとして海軍造船廠、海軍造兵廠、海軍病院、鎮守府軍法会議、海軍監獄、海兵団、水雷団、艦船となっている。(43) これによると鎮守府の二大目的のうち、直接に職掌とするものから軍艦の製造、修理が除かれ、新たに「所轄諸部ノ行務ヲ監督」という文言が加えられたが、このことは呉海軍造船廠と呉海軍造兵廠の新設と密接な関係を有していたものと思われる。試みに同じ日に制定(一〇月八日に施行)された「海軍造船廠条例」によると、海軍造船廠は鎮守府に属し艦船の造修を行い、廠長は、「鎮守府司令長官ニ隷シ廠務ヲ総理セシム」(第三条)と規定されており、(44) 組織上鎮守府の隷下にあるが、実質的にはほぼ独立した組織であるといえよう(呉造船廠の組織については、第四章第一節を参照)。この点は、同年五月二一日に「海軍造兵廠条例」によって設立された同日に施行された呉海軍造兵廠も同じであった(呉造兵廠の組織については、第六章第二節を参照)。

明治三三(一九〇〇)年五月一九日、「鎮守府条例」が改正された。その目的は、「鎮守府ハ出師ノ準備、防禦ノ計画、海軍区ノ警備並所轄諸部ノ事務ヲ監督スル所トス」と三〇年とほぼ同じであるものの、組織に関しては、「鎮守府ニ艦政部、機関部、医務部、経理部及司法部ヲ置ク」(第二二条)と変化がみられた。(45) よりくわしい組織をみると幕僚(望楼監督官、兵事官)、艦政部、機関部、医務部、経理部(第一課、第二課、衣糧科、建築科)、司法部、臨時艤装委員となっているが、(46) 他の資料によると、鎮守府艦隊、海軍港務部、予備艦船、在役艦船、海兵団、水雷団、海軍病院、鎮守府軍法会議、海軍監獄もふくまれている。(47) このなかでもっとも大きな変化といえるのは、五月二〇日に海軍省に四部からなる海軍艦政本部、鎮守府に艦政部が設立されたことであり、その役割が、「兵器、艦営需品及艦船ノ船体、機関ニ関スルコトヲ掌ル」(第二三条)と規定されているように、拡大する兵器造修に関する部門の統制にあった。(48) とくに呉の場合、呉造船廠を上回る勢いで呉造兵廠が拡大しており、その必要性が強かったと思われる。なお呉鎮守府艦政部長には、三三年五月二〇日に片岡七郎少将、三五年七月二六日に内田正敏少将、三六年九月五日に山内万寿治少将(呉造兵廠長と兼務)が就任している。(49)

明治三六（一九〇三）年一一月五日、「鎮守府条例」が改正（一一月一〇日施行）され、「司令長官ハ天皇ニ直隷シ麾下ノ艦隊艦船部団隊ヲ統率シ所属各部ヲ監督シ府務ヲ総理ス　司令長官ハ海軍大臣ノ命ヲ承ケ軍政ヲ掌ル」（第四条）と規定された[50]。一方、組織は幕僚、海軍望楼監督官、兵事官、経理部、司法部、鎮守府艦隊、海軍港務部、海軍病院、鎮守府軍法会議、海軍監獄、海兵団、水雷団、艦船、海軍工廠となっている[51]。

同じ一一月五日、「海軍工廠条例」が制定された（一一月一〇日施行）。これによると、「海軍工廠ハ当該鎮守府ニ属シ艦船及兵器ノ製造修理及艤装並兵器ノ保管供給ニ関スル事ヲ掌リ又艦営需品ノ調弁供給ヲ掌ル所トス　呉海軍工廠ニ於テハ前項ノ外製鋼ノ事業ヲ掌ル」（第二条）と規定された[52]。呉工廠の主な組織として、造兵部（武庫をふくむ）、造船部、造機部、製鋼部、会計部、需品庫が知られているが、検査官、軍医、臨時艤装委員は工廠長に隷すとなっている[53]。一方、呉工廠長（山内少将が就任）の権限については、鎮守府司令長官に「隷シ廠務ヲ総理」するが技術上については、海軍艦政本部長の「区処ヲ受」けると規定されている[54]（第三条）。これをみると、一定の制約はあるものの平常は独立性の強い性格を有していたものと考えられる。なお海軍工廠設立の趣旨については、一二月八日、海軍総務長官より鎮守府長官あてに、次のような通達が出された[55]。

海軍工廠制定ノ趣旨

今般造船造兵両廠ヲ合シテ一ノ工廠ヲ制定セラレタル勅令ノ精神ハ主トシテ事業ノ敏活ト経済ノ統一ヲ期スルニ在ル儀ニ候ヘハ諸般ノ事悉ク是ニ副ヘシムヘキ目的ヲ以テ取扱フヘキハ勿論各工場ノ如キ造船造兵ノ何レヲ撰ハス同一種類ノ事業ヲナスモノハ差支無キ限リ同一工場ニ於テスヘク庁舎倉庫其他諸建設物亦総テ此趣意ニ於テ併用セシメラルヘキ儀ト御承知相成度〔後略〕

表序－1　呉鎮守府兵器造修部門の機関と労働状況　　単位：台・馬力・人・円・日

		機関		役員	職工		1カ年給料計		職工1日	就業
		数	馬力		人員	1カ年延人員	役員	職工	1人の賃金	日数
明治23年	造船部			5	48		2,331	5,057	0.35	
	小野浜分工場	12	119	6(1)	791(1)		2,650 (701)	81,992	0.35	
	計	12	119	11(1)	839(1)		4,981 (701)	87,049		
24	造船部	4	108	9	226		3,587	22,651	0.29	350
	小野浜分工場	12	119	11	1,170(1)		4,877	117,873 (818)	0.34 (2.60)	295
	兵器部	1	10	2	37		190	4,495	0.40	297
	計	17	237	22	1,433(1)		8,654	145,019 (818)		
25	造船部	5	161	15	719		5,575	54,108	0.25	297
	小野浜分工場	13	119	10	1,108(1)		4,440	118,104 (973)	0.35 (2.60)	300
	兵器部	1	10	2	47		600	6,303	0.42	319
	計	19	290	27	1,874(1)		10,615	178,515 (973)		
26	造船部	8	168	18	837		7,604	86,845	0.29	360
	造船支部	13	119	9	801(1)		4,270	91,815 (797)	0.38 (2.60)	298
	兵器工場	1	10	2	74		550	8,369	0.35	326
	計	22	297	29	1,712(1)		12,424	187,029 (797)		
27	造船部	8	168	18	1,492		7,387	158,305	0.29	360
	造船支部	13	119	9	865(1)		3,882	111,251 (242)	0.39 (2.60)	328
	兵器工場	1	10	2	118		600	14,757	0.37	338
	計	22	297	29	2,475(1)		11,869	284,313 (242)		
28	造船部	8	168	21	2,433		8,264	276,013	0.32	360
	造船支部	13	118	8	728		885	27,277	0.42	90
	兵器工場	1	10	3	149		900	17,739	0.33	365
	計	22	296	32	3,310		10,049	321,029		
29	造船部	16	326	27	2,893	1,041,636	9,803	353,558	0.34	360
	兵器工場	1	10	3	205	68,276	1,232	26,024	0.38	333
	仮呉兵器製造所	5	470	11	682	220,130	3,611	98,091	0.45	323
	計	22	806	41	3,780	1,330,042	14,646	477,673		
30	呉造船廠	16	486	44	2,729	982,453	22,969	362,560	0.37	360
	呉造兵廠	20	645	13	1,769	559,090	5,714	242,495	0.43	316
	計	36	1,131	57	4,498	1,541,543	28,683	605,055		
31	呉造船廠	17	510	48	3,016	1,085,891	28,266	463,656	0.43	360
	呉造兵廠	24	1,767	21	2,635	793,274	5,529	364,064	0.46	301
	計	41	2,277	69	5,651	1,879,165	33,795	827,720		
32	呉造船廠	17	510	51	3,205	1,153,723	32,081	527,761	0.46	360
	呉造兵廠	24	1,810	39	3,178	962,935	15,758	461,825	0.48	303
	計	41	2,320	90	6,383	2,116,658	47,839	989,586		
33	呉造船廠	17	510	59	3,850	1,385,907	36,389	676,751	0.49	360
	呉造兵廠	31	2,449	42	5,312	1,668,008	19,829	828,438	0.50	314
	計	48	2,959	101	9,162	3,053,915	56,218	1,505,189		
34	呉造船廠	17	510	66	4,358	1,390,054	39,919	731,532	0.53	319
	呉造兵廠	41	2,797	48	6,609	2,035,548	22,208	1,040,700	0.51	308
	計	58	3,307	114	10,967	3,425,602	62,127	1,772,232		
35	呉造船廠	17	510	70	5,745	1,809,764	43,549	1,002,545	0.55	315
	呉造兵廠	50	6,652	55	6,633	2,361,300	25,301	1,289,182	0.55	356
	計	67	7,162	125	12,378	4,171,064	68,850	2,291,727		
36	造船部・造機部	47	2,821	43	4,844	1,713,617	23,593	1,049,832	0.61	345
	造兵部	41	3,001	39	6,095	2,099,192	19,470	1,312,856	0.63	345
	製鋼部	12	3,735	10	1,908	650,071	5,170	352,497	0.54	345
	計	100	9,557	92	12,847	4,462,880	48,233	2,715,185		

出所：『日本帝国統計年鑑』各年。
註：1)明治29～35年は1カ年のべ人員しか記されていないので、就業日数から職工人員を求めた。
2)(　)内は、人員のうち外国人数を示す。

最後に、呉鎮守府内の兵器生産部門全体の実態について、表序－一に代表させて概観する。ここでまず目につくのは、呉鎮守府が明治二二（一八八九）年七月一日に開庁し兵器生産部門も開業したが、『日本帝国統計年鑑』に掲載されるのは、造船部が二三年、兵器部が二四年からであり、それまでは小規模な組織であったといえよう。なお人員については、二九年以降はのべ人数となっているが、比較しやすいように就業日数から一日平均の人数を求めたので、それによって比較する。

まず造船部門の職工数についてみると、当初は小野浜分工場が造船部を上回っているが、急速な成長を示した造船部は明治二六（一八九三）年には小野浜分工場を継いだ造船支部を凌駕する。その後の造船部は、二七年に日清戦争にともなう増幅工事もあり一〇〇〇名台、二八年から二九年にかけては造船支部の閉鎖と同支部からの職工の転属により二〇〇〇名台に増加する。さらに呉海軍造船廠と改称した一年後の三一年には三〇〇〇名台、三四年に四〇〇〇名台、三五年には五〇〇〇名台へと飛躍的な増加を示すことになる。

一方、わずか三七名で出発した造兵部門の職工は、明治二八（一八九五）年まで一〇〇名台にすぎなかった。ところが二九年には兵器工場の拡張と仮呉兵器製造所が設立され急増、呉造兵廠となった三〇年には一〇〇〇名台、三一年には二〇〇〇名台、三二年には三〇〇〇名台と、呉造船廠とほぼ同じになる。さらに三三年に五〇〇〇名台に激増、呉工廠となった三六年には製鋼部をふくめて八〇〇〇名台を記録したのであった。

こうした造船部門、造兵部門の発展を反映して、明治二三（一八九〇）年に小野浜分工場をふくめてわずか八〇〇名台で出発した呉鎮守府の兵器生産部門の職工は、二四年に一〇〇〇名台、二七年に二〇〇〇名台、二八年に三〇〇〇名台、三〇年に四〇〇〇名台、三一年に五〇〇〇名台、三二年には六〇〇〇名台に増加した。さらに三三年には一気に九〇〇〇名台、三四年には一万名台、三五年には一万二〇〇〇名台へと飛躍することになる。

注目すべきは、この間の明治二九（一八九六）年には、横須賀鎮守府の兵器造修部門の職工三七五二名（造船部三二八七名、兵器工場四六五名）に対して呉鎮守府の兵器造修部門の職工が三七八〇名（造船部二八九三名、兵器工場二〇五名、仮呉兵器製造所六八二名）と、早くも呉鎮守府の兵器造修部門が海軍のなかでもっとも多い職工を擁していたことである。そして三六年には、横須賀工廠の六五五一名（造船部・造機部五五五四名、造兵部九九七名）に対し呉工廠は一万二八四七名（造船部・造機部四八四四名、造兵部六〇九五名、製鋼部一九〇八名）と約二倍の較差が生じるまでになった。呉工廠が圧倒的な職工を有する原因は、海軍工作庁随一の造兵部と製鋼部が存在していることにあった。

註

（1）明治三六年一一月一〇日に呉海軍工廠が設立されるまでの前身となる主な組織として、呉鎮守府造船部、呉海軍造船廠（造船部門）、呉鎮守府兵器部、仮設呉兵器製造所、仮呉兵器製造所、呉海軍造兵廠（造兵部門）が存在した。

（2）一般的には海軍工作庁という名称はあまり普及しなかったが、海軍は兵器工場の総称として使用しており、本書においても踏襲する。

（3）呉市は明治三五年一〇月一日に宮原村、和庄町、荘山田村、二川町が合併して誕生したのであるが、古くから四町村の一体性は強く、それまでも呉港、呉浦、呉と呼称されてきた。本書においても呉湾に面したこれら四町村の総称として、時に応じて呉市、呉港、呉浦、呉のなかから最適と思われる名称を使用する。

（4）中岡哲郎『日本近代技術の形成――〈伝統〉と〈近代〉のダイナミクス――』（朝日新聞社、平成一八年）三二〇～四〇六ページ。

（5）佐藤昌一郎「国家資本」（大石嘉一郎編『日本産業革命の研究　上』東京大学出版会、昭和五〇年）二九一ページ。

（6）同前、二九四ページ。

（7）佐藤昌一郎『陸軍工廠の研究』（八朔社、平成一一年）二〇ページ。

（8）奈倉文二「武器移転と国際経済史」（奈倉文二・横井勝彦編著『日英兵器産業史――武器移転の経済史的研究――』日本経済評論

社、平成一七年)二ページ。

(9)横井勝彦「武器移転の連鎖の構造」(横井勝彦・小野塚知二編著『軍拡と武器移転の世界史――兵器はなぜ容易に広まったのか――』日本経済評論社、平成二四年)二七三ページ。

(10)同前、二六四ページ。

(11)小野塚知二「兵器はいかに容易に広まったのか」(同前)八ページ。

(12)同前、八～九ページ。

(13)小野塚知二「武器移転の経済史」(奈倉文二・横井勝彦・小野塚知二著『日英兵器産業とジーメンス事件――武器移転の国際経済史――』日本経済評論社、平成一五年)八ページ。

(14)クライヴ・トレビルコック「室蘭の巨砲――イギリス兵器産業による技術移転と日本製鋼所の発展　一九〇七～二〇〇〇年――」(奈倉文二・横井勝彦編著『日英兵器産業史――武器移転の経済史的研究――』)二〇九ページ。

(15)小野塚知二「武器移転の経済史」一九ページ。

(16)同前、一九～二一ページ。

(17)奈倉文二『日本軍事関連産業史――海軍と英国兵器会社――』(日本経済評論社、平成二五年)六ページ。

(18)同前。

(19)もともと「軍器独立」は、厳密な意味ではかつてのイギリス、現在のアメリカのような大国においても成立したことのない現実味の少ない概念である。日本海軍はこうした「軍器独立」が実現できなければ国の独立が維持できないという幻想的な理論を展開したのであるが、そこには現実にはあり得ない目的を設定し、果てしない軍備拡張に突き進む危険が内包されているように思われる。このように「軍器独立」は大きな問題をふくんでおり検討すべき問題であるが、筆者には海軍の主張と実態を総合的に把握する力量に乏しく、したがって研究上の概念としてではなく海軍の主張を紹介する時に限って使用する。また「資本的独立」にも、外資による技術移転、兵器の国産化に成功しながらなぜ国内資本や国営化にこだわるのかなど興味深い問題がふくまれているが、ここにも外資に依存しては国の独立は維持できないという当時の海軍の思い込みがあったように思われる。なおこの点については、『歴史と経済』第二二二号(政治経済学・経済史学会、平成二六年一月)に掲載された筆者の書評「奈倉文二著『日本軍事関連産業史――海軍と英国兵器会社――』」を参照されたい。

(20)小野塚知二「兵器はなぜ容易に広まったのか――武器移転規制の難しさ――」(創価大学平和問題研究所『創大平和研究』第二七号、平成二五年)七〇ページ。

(21) 室山義正『近代日本の軍事と財政』(東京大学出版会、昭和五九年)一四〇ページ。
(22) 同前。
(23) 佐藤昌一郎『陸軍工廠の研究』四九ページ。
(24) 山口一海軍主計少佐「海軍工廠ニ於ケル特別会計制度ノ沿革」(『水交社記事』第二七巻第四号、東京水交社、昭和四年一二月、昭和館提供)A一～A六二ページ。
(25) 赤松則良海軍省主船局長より川村純義海軍卿あて「主船第三千三百六号　至急西部ニ造船所一ヶ所増設セラレンヲ要スル建議」明治一四年一二月一〇日(「川村伯爵ヨリ還納書類　五　製艦」防衛研究所戦史研究センター所蔵)。
(26) 「海軍鎮守府事務章程」明治九年九月一日(海軍大臣官房『海軍制度沿革』巻三、昭和一四年)五ページ〈原書房により昭和四六年に復刻〉。
(27) 「鎮守府条例」明治一七年一二月一五日(同前)七ページ。
(28) 海軍大臣官房『明治海軍史職官編附録　海軍庁衙沿革撮要』(防衛研究所戦史研究センター所蔵、大正二年)二二ページ。
(29) 海軍歴史保存会編『日本海軍史』第一巻(第一法規出版、平成七年)一九二ページ。
(30) 「鎮守府官制」明治一九年四月二二日(前掲『海軍制度沿革』巻三)九ページ。
(31) 前掲『明治海軍史職官編附録　海軍庁衙沿革撮要』三一～三二ページ。
(32) 同前、四五ページ。
(33) 「鎮守府条例」明治二二年五月二八日(前掲『海軍制度沿革』巻三)一五ページ。
(34) 同前。
(35) 前掲『明治海軍史職官編附録　海軍庁衙沿革撮要』四三～四四ページ。
(36) 「鎮守府条例」明治二二年五月二八日(前掲『海軍制度沿革』巻三)一七ページ。
(37) 前掲『明治海軍史職官編附録　海軍庁衙沿革撮要』四七ページ。
(38) 「鎮守府条例」明治二六年五月一九日(前掲『海軍制度沿革』巻三)一九ページ。
(39) 前掲『明治海軍史職官編附録　海軍庁衙沿革撮要』五四ページ。
(40) 坂本正器・福川秀樹『日本海軍編制事典』(芙蓉書房出版、平成一五年)五二ページ。
(41) 前掲『明治海軍史職官編附録　海軍庁衙沿革撮要』六〇ページ。
(42) 「鎮守府条例」明治三〇年九月三日(前掲『海軍制度沿革』巻三)二四～二五ページ。

(43)「鎮守府ノ沿革」(同前)四ページ。
(44)「海軍造船廠条例」明治三〇年九月三日(同前)三〇三ページ。
(45)「鎮守府条例」明治三三年五月一九日(同前)三三ページ。なお施行に関しては、本資料の五月二四日説のほかに五月二〇日説がある。
(46)前掲『明治海軍史職官編附録　海軍庁衙沿革撮要』七五ページ。
(47)呉市史編纂室編『呉市史』第三巻(呉市役所、昭和三九年)一一九ページ。
(48)「鎮守府条例」明治三三年五月一九日(前掲『海軍制度沿革』巻三)三三ページ。
(49)海軍歴史保存会編『日本海軍史』第九巻(第一法規出版、平成七年)一一～一二、四四三～四四四ページおよび坂本正器・福川秀樹『日本海軍編制事典』七五ページ。
(50)「鎮守府条例」明治三六年一一月五日(前掲『海軍制度沿革』巻三)三四ページ。
(51)坂本正器・福川秀樹『日本海軍編制事典』五三ページ。
(52)「海軍工廠条例」明治三六年一一月五日(前掲『海軍制度沿革』巻三)三〇八ページ。
(53)前掲『明治海軍史職官編附録　海軍庁衙沿革撮要』八四ページ。
(54)前掲「海軍工廠条例」。
(55)「海軍工廠制定ノ趣旨」明治三六年一一月八日(前掲『海軍制度沿革』巻三)三〇七～三〇八ページ。

第一編　呉海軍工廠の形成過程

第一章　鎮守府の候補地の調査と呉港への決定

はじめに

本章においては、「武器移転的視角」によりながら、呉海軍工廠の前身である組織を包括する呉鎮守府の設立過程を総合的に分析し、その実態を解明することを目指す。具体的には、鎮守府問題が発生した明治八（一八七五）年から第二海軍区鎮守府が呉港に決定した一九年までを対象とし、軍備拡張計画を中心とした軍事政策と関連づけながらこれまで断片的にしか知られていない事実関係を具体的に実証するとともに、海軍の提示した鎮守府像、西海鎮守府構想、呉鎮守府の目的を確認し、海軍はそれらをどのような方策で実現したのかを解明する。なお呉鎮守府という名称が決定したのは二〇年九月二九日のことであり、それまで最初は西海鎮守府、次に第二海軍区鎮守府と呼ばれたが、本章においては、こうしたその時期の正式名称に加え、設立過程から開庁後の総称として呉鎮守府を使用する。

呉鎮守府の設立過程の研究に関しては、それぞれに少なからぬ問題があるが、個々に関しては各節に譲ることにして、ここではその方法と目的に関わる点に限定して取り上げる。これまでの研究をみると、『海軍制度沿革』(1)によって明治八年に鎮守府設立問題がおこり、九年に東海および西海鎮守府設置を決定し、東海鎮守府が横浜に仮設置されたことが明らかにされている。ただし西海鎮守府については、その後の軍事史を中心とした研究者の努力にもかかわらず、画期的な成果は認められない。また『海軍制度沿革』が、鎮守府と海軍工廠を分離した編集方法を採用し、鎮守府の記述から兵器造修部門を除外したことが影響しているためか、兵器造修部門がふくまれない鎮守府史研究となっている。一方、兵器造修部門の研究は、主に経済史的観点から二一年七月一日の呉鎮守府開庁後を出発点とし、造船部と兵器部のうち主に前者を対象として行われてきた。こうした兵器造修部門をぬきにした鎮守府史、鎮守府を軽視した海軍工廠史では、呉工廠の目的や特徴を把握することは困難であり、本章においては呉海軍工廠形成史の前身として鎮守府を位置づけ、分析する。

海軍工廠の前身である鎮守府設置の理由および目的については、多くの研究者が、伊藤博文編の『秘書類纂一〇兵政関係資料』に収載されている「鎮守府配置ノ理由及目的」を使用している。この文書のなかで伊藤は、鎮守府の目的について、「鎮守府ハ出師ノ準備軍港ノ防禦管海ノ警備軍艦兵器ノ製造修理兵員ノ徴募訓練等ヲ掌ル所ニシテ、即チ海軍ノ城郭タリ」と規定する(2)。また戦時となれば、艦隊が各所に転戦し開戦となれば近くの鎮守府において迅速に修理しなければならず、そのためには補給基地となる五カ所の鎮守府が必要であると主張する。そして各鎮守府について、横須賀鎮守府はもっとも重要な位置にあるが、防禦上不利であり兵備を厳重にして造船業、出師準備、兵員の教育訓練、呉は最大の兵器製造所、佐世保は最大の戦地派遣基地、舞鶴と室蘭はロシア艦隊から日本海と津軽海峡を防備するための基地というように、それぞれの設置の理由と目的を明示する(3)。そのなかで呉鎮守府は、「仮令有事ノ日ト雖ドモ容易ニ敵襲ヲ受クルノ虞ナク、実ニ安全無比ノ地タルヲ以テ、帝国海軍第一ノ製造所ヲ設ケ、将来益々其規模ヲ拡張シ、兵器艦船ヲ造出」すること、「又之ヲ利用シテ教育ノ一大源泉ト為スニ足レリ。故ニ呉鎮守府ハ専ラ製造ノ事ヲ主トシ出師準備ノ規範ハ稍々小ナルヲ期シテ可ナルベシ」とされている(4)。

　このような伊藤の鎮守府論は、鎮守府の概念を出師準備などに軍艦・兵器の製造と修理を加えて規定していること、五カ所の鎮守府にはそれぞれ異なった役割が存在すること、その一環として示された「帝国海軍第一ノ製造所」と「之ヲ利用シテ教育ノ一大源泉」という呉鎮守府の目的を明確に規定しており、本書においても重視し参考とする。ただしこの資料は、『日本海軍史』が、「ロシア艦隊を強く意識していることからみて、日清戦争以後であるのは間違いなく、……恐らく二十九年の執筆であろう」と推測していること、(5) 第五海軍区鎮守府の位置が室蘭に決定したのは明治二三（一八九〇）年二月三日であることからそれ以降に書かれたのは確実であり、(6) 鎮守府論として直接に適用することはしない。本章においては、伊藤の鎮守府論を、造船所に続き呉兵器製造所の計画が具体化されたのちに展開された完成形と位置づけ、参考にしつつも一線を画して鎮守府の起源に遡りその設立過程を具体的に検証するなかで、その最初の段階で呉鎮守府の目的がどのように形成されたのかということを明らかにする。組織の目的はその起源に本質があり、組織の発展を通じて具体化するものと考えられるからである（この点に関しては、終章第一節を参照）。

　本章は、西海鎮守府設立の決定と候補地調査の開始、西海鎮守府（造船所）構想の具体化、呉港の実地調査とその実相、第二海軍区鎮守府の呉港への決定の四つの節によって構成される。記述に際しては、鎮守府の目的が出師準備、軍港の防御、管海の警備、兵士の徴募と訓練などに限定されたものなのか（狭義の鎮守府）、それに兵器の製造、修理を加えたものなのか（広義の鎮守府）を意識して論をすすめる。なお基本的な資料として「川村伯爵ヨリ還納書類」を使用し、「樺山資紀文書」など海軍軍人の資料、地元の旧家の文書、海軍が発刊した『海軍制度沿革』『海軍省報告』『呉鎮守府沿革誌』などによって補うことにする。

第一節　西海鎮守府設立の決定と候補地調査の開始

本節の課題は、第一に海軍が提示した鎮守府像がどのようなものなのか、具体的にはすでに述べたように、鎮守府の二大目的のうち狭義の役割にすぎなかったのか、それとも兵器造修をふくむ広義の役割であったのかを明らかにすることである（この点については、序章第三節を参照）。第二にその時の決定を踏まえつつ、候補地調査はどちらの役割の鎮守府を目指して行われたのか、さらにこれまで西海鎮守府候補地と述べられてきた三原港の実態について言及する。こうした点を解明するためには、これまでの軍事史研究のように原点に遡って鎮守府史の研究をするとともに、呉工廠の前身は呉鎮守府であるという事実を踏まえ、そこに呉工廠に連なる兵器造修部門の萌芽を発見する分析方法が求められることになる。

政府は明治二（一八六九）年七月八日、兵部省を設置して近代的軍制へのスタートをきり、三年二月九日、同省に海軍掛と陸軍掛をおいた。そして五年二月二八日に兵部省を廃止し海軍省と陸軍省を設立した。また軍港に関しては、四年七月二八日に海軍水兵部とともに海軍提督府を東京に設置した。このうち提督府は五年一一月一四日から業務を開始、六年一月一九日に海軍省内に庁舎を仮設した。そして八年一〇月二八日には、「帝国海面を東西の二部に分ち、東部指揮官及び西部指揮官を横浜と長崎とに置き、提督府の事務を管せしめ、諸艦船十六隻を二分して両部指揮官に隷せしめられた」(7)。なお提督府の位置については、その後に変転を繰り返している。

こうしたなかで明治八（一八七五）年八月一〇日、「川村海軍大輔ハ前記大津村ヲ取消シ横須賀ニ第一提督府ヲ設置セラレ度旨太政大臣ニ上請シ更ニ十二月ニ至リ提督府ノ名称ヲ廃シテ鎮守府ト改メ東海鎮守府ヲ横須賀ニ、西海鎮守府ヲ長崎ニ設置方ヲ上請」した。[8] 主要国においても造船工場が軍港内にあり、また日本最初の鎮守府ともいえる佐賀藩の三重津海軍所が、兵士の教育と訓練所とともに軍艦の修理工場を併置したことを考えると、[9] 鎮守府という名称はともかくとして、代表的な造船所の所在地に提督府を設置しようとしたのは当然のことのように思われる。

こうした川村純義海軍大輔の上請に接した法制局は、「陸軍ニ適スルモ海軍ニ不適当且世人ノ耳底ニ存シ頗ル盛大ナル者ノ如キヨリ之ヲ海衛府ト唱候得ハ穏当ニ可有」と異論を唱えた。[10] これに対し川村大輔は、明治九（一八七六）年五月三〇日、「今般当省ヨリ窺出候趣意ハ東海鎮守府西海鎮守府ト唱へ逐日盛大ニ相成候半ハ南北海鎮守府ヲ被設置全国ノ四海ヲ鎮定セラレ度心得ニ有之」と、今回の計画は四海軍区・四鎮守府案の一環であることを示し、まず二鎮守府の設置を上請した。[11] そして六月二六日、「場所之義ハ追テ更ニ上申可仕候間先ツ当省所轄トシテ東海西海へ各壱ヶ所ツ、鎮守府御取設ケ相成候様御沙汰相成度」[12] と、横須賀と長崎に想定した提督府、鎮守府の位置の決定を先送りして、東海と西海の両鎮守府の設立の了解を取り付けることにした。

明治九年八月三一日、東西両指揮官と提督府を廃止して東海および西海鎮守府を設置することが決定された。そして翌九月一日に「海軍鎮守府事務章程」が制定されたが、その第一条に、鎮守府は所管の艦船および水兵諸工夫を統轄し管轄する海域の保護にあたるとその目的が規定されている（鎮守府に関する条例等の具体的内容については、序章第三節を参照）。ここで注目すべき点は、横須賀と長崎という造船所の所在地に鎮守府を設立することを断念せざるを得なかった海軍は、広義の鎮守府から狭義の鎮守府の設立へと当初に提示した鎮守府像を変革せざるを得なかったということである。

そして明治九年九月、海軍省は横浜に東海鎮守府を仮設した。また東海鎮守府に続き、西海鎮守府の候補地の調査を開始した。この点に関しては、後述するように一四年に三原港が候補地になっていることが示されただけであった。

ところが新たに一一年三月三〇日、「蔵船渠諸倉庫ヲ設クルニハ中国ト四国ノ海峡中ニ必ラス適当ノ良所可有之」と、造船所を加えた広義の目的を有する西海鎮守府の候補地として中国と四国の海峡、すなわち瀬戸内海を調査していることを示す報告が確認された。[13] またそこには、三原に仮西海鎮守府を設置することが述べられているが、その役割は、「四国中国九州等ノ募兵ハ同府ニ於テ操練セシメ」ることに限定されたものであった。[14]

こうした点を裏づけるように、明治一一（一八七八）年一二月六日から赤松則良海軍省副官が三原に出張、一二月三〇日に横浜に帰港している。この間、一〇日に兵庫より「孟春」に乗り組み多度津、一一日に三原、一三日に竹原、一四日に尾道・三原（以後、三原滞在）、一八日には陸路西条に向かい、一九日に広島をへて厳島、二〇日に広島に引き返し、二一日に船で音戸瀬戸・猫瀬戸を通り三津に到着、二二日に三原に帰り、二三日に尾道、二四日に鞆・福山をへて岡山、兵庫に向かうという、まさに「中国ト四国ノ海峡」の調査を実施した。[15]

赤松は安政四（一八五七）年九月に第三回幕府伝習生として長崎の海軍伝習所に入所、文久二（一八六二）年から明治元（一八六八）年まで「開陽丸」を受注したオランダのギップス（Gipps）造船所に監督官として常駐し、造船技術を習得して帰国、明治九年一月一二日にヴェルニー（F. L. Verny）解任後の横須賀造船所の経営の中心となるなど、当時の日本においてもっとも優れた造船技術を有する一人であり、造船所をふくむ本格的な西海鎮守府の候補地調査には最適の人材であった。[16] なお一二年二月三日には、「海軍卿西海鎮守府設立地検閲ノ為備後三原へ出張」することへの許可がおり、[17] 川村海軍卿も赤松らの報告を受けて三原を拠点にしながら、西海鎮守府の候補地の調査をしたものと思われる。

これまで西海鎮守府の三原案については、『海軍制度沿革』に収載されている明治一四（一八八一）年四月七日の千田貞暁広島県令の上申書に添付された榎本武揚海軍卿あて深津・沼隈郡長の建議のなかにある、三原港は、「遠浅ノ為艦隊ノ泊地タルニ適セザル」という文言を根拠として、[18] 同港はそれまで有力な候補地であったが、遠浅のため中止となったと述べられてきた。それに対しては、「三原案が登場して四年後に遠浅の事実が明らかになったというのも理解しがたい」と、当然と思える疑問が提起されている。(19)すでに述べたように、三原港は、一一年に造船所をふくむ本格的な西海鎮守府ではなく、西日本の募兵の訓練などに限定された仮西海鎮守府として認められたのであった。三原港が西海鎮守府に不適当と考えられた理由としては、遠浅のほかにも後述する一九年のベルタン（L. E. Bertin：明治一九年一月末に来日、二月二日海軍省顧問として雇用）の意見書に述べられているように、本格的な軍港としては狭隘であるという面もあったと考えられる。なお三原港は、西海鎮守府の調査基地などとして使用されたが、募兵の訓練などを行ったという記録はなく、書類上は仮西海鎮守府に指定されたものの、実現までには至らなかったのではないかと思われる。

ここで本節の冒頭で示した課題に対し、一応の見解を述べることにする。まず海軍が提示した鎮守府像については、横須賀と長崎に設置することを要請したことから四海軍区・四鎮守府案の一環として広義の鎮守府であったといえよう。次の問題に関しては、海軍は当初に提示した広義の鎮守府二カ所の設置が許可されたという解釈をし、西海鎮守府候補地として造船所をふくむ広義の鎮守府を設置できる場所を調査したのであった。なお三原港については、本格的な鎮守府ではなく、西日本の募兵の訓練などに限定した仮西海鎮守府とされたが、実現までは至らなかったものと解釈した。

第二節　西海鎮守府（造船所）構想の具体化

本節の対象は、明治一四（一八八一）年末から一六年初期までと短期間であるが、はじめて軍艦整備と新造船所設立が関連づけて取り上げられた一四年の第四回軍備拡張計画がふくまれる重要な時期にあたる。こうした点を踏まえ、軍艦の造修と新造船所を関係づけながらその目的、立地場所と理由などをふくむ西海鎮守府（造船所）構想がどのようなものであったのかという点を明らかにすることを目指す。またその一環として、一五年の第五回軍備拡張計画で、海軍は造船所計画を切り捨てたと主張する室山義正氏の説が妥当か否かについても検証する。このように本節は軍備拡張計画と密接な関係を有しており、それを取り上げた第七章（主に第一〜第三節）を参照しながら、海軍省から政府に提出した正式文書はもとより関連するあらゆる資料を使用し分析する。

軍備拡張計画に関する研究においてはほとんど無視されてきたが、明治一四年の軍備拡張計画の前提となったのは赤松海軍省主船局長の建議であり、それは軍備の拡張と関連させながら新造船所の必要性と目的、西部の特定の場所に立地することとその理由を明確に述べている。一四年一二月一日、赤松は川村海軍卿に「主船第三千三百六号　至急西部ニ造船所一ヶ所増設セラレンヲ要スル建議」を提出した。ところが九日後の一二月一〇日には建設期間を五年間から六年間に延長したほかは同じ内容、同じ題名の主文「主船第三千三百六号ノ弐」とそれを補強した「主船第三千三百六号ノ弐」を提出している。

ここで訂正後の一二月一〇日の「主船第三千三百六号」をみると、赤松主船局長は現在の日本の海軍力ではヨーロッパのどの国と交戦しても対抗できる能力がないにもかかわらず、「横須賀ハ防禦安全ナル地ニアラス此処ニ海軍造船所ヲ置カル、ハ平時ニ最モ便宜ナリトスレトモ戦時ハ甚危険ニシテ殆ト用ヲ為スヘカラス而テ当時内外修復艦船輻輳シ工事最モ繁忙ヲ極メ毎年一艘ヲ竣工スルノ外余力ナシ」という理由をあげ[20]、次のように新造船所を建設することを主張した[21]。

故ニ我海軍最モ強盛ニシテ敵ヲ他邦ニ進討スル能ハサルニ於テハ防禦充分行届クヘキ港ニ拠テ砲台水雷ノ助ヲ借リ軍艦商船ヲ保護シ且ツ此港内ニ造船所ヲ置キ敵ノタメ港口ヲ封鎖セラル、モ安全ニ製造修理ニ従事シ敵ノ虚ヲ窺ヒ機ヲ見テ突出スルノ要港アラハ強敵トイヘトモ或ハ勝ヲ制スル事ヲ得ヘシ仮令我海軍強盛ナリト雖モ必勝ハ恃ムヘカラサルモノユヘ此ノ如キ要港ハ我辺海ニ数ヶ所設置スルヲ欲ス然レトモ今急ニ一時ニ数ヶ所ハ企ノ及フヘキニアラサルユヘ西部ニ於テ至急一ヶ所起業ニ著手セラル、ヲ希望スルナリ

次に一二月一〇日の「主船第三千三百六号ノ弐」をみると、まず必要艦艇数と種類について赤松主船局長は、海防計画は相手国との関係で決定されるべきであるが、日本の現状ではそれが許されないとして艦艇の種類にはふれず、海軍兵員数を基礎として必要艦艇数を四〇隻とし、そのうち三二隻を新造することにしている。そして三二隻について、「経済ノ道ヨリスルモ軍略ノ点ヨリスルモ常ニ補充ヲ要スレハ外国ヨリ購求スルハ得策ニアラズ必ス内国ニ於テ漸次製造多年ヲ経スシテ全備スル事ヲ欲ス」とし、それを可能にするためには西海に六年間に三〇〇万円の費用をかけて新造船所を設置するよう建議した。(22) なお三二隻は、一一年間に横須賀と新造船所で建造されることになっているが、その比率は前者が一四隻なのに対し後者は一八隻と、新造船所を中心に計画されており、実質的に海軍一の造船所と位置づけられていた。

このように赤松主船局長の建議は、日本の国力を考慮し海軍の目的を防衛と規定し、保有艦艇を最小限に限定するが艦艇は経済面、軍事面から内国において建造、すなわち国産化が有利であるという考えにもとづいていた。そしてこの延長線上に、防禦に最適な西部のある場所を要港とし、そこに日本一の新造船所をただちに設置することを要請したのであった。このように赤松の新造船所案は、客観的に国力を分析した戦力、戦術に立脚した構想であったが、

鎮守府と新造船所との関係、そしてその具体的な位置については言及していない。

赤松主船局長の建議を受けた川村海軍卿は、明治一四年一二月二〇日、三条実美太政大臣に一五年度以降、毎年三隻ずつ、二〇年で六〇隻を総額四〇一四万円の費用で建造し、さらに西部に三〇〇万円の費用をかけて五年間に一大造船所を新設したいという第四回軍備拡張計画とその予算を上申した。また付属文書の「六十艘ノ軍艦ヲ配置及ヒ保存スル左ノ如シ」(以下、「六十艘ノ軍艦」と省略)をみると艦隊は、戦時に一艦隊一二艘よりなる内国警備の四艦隊(第二艦隊―西海艦隊)と出征艦隊、平時にいずれも一二艘の常備艦隊二隊(第二艦隊―西海艦隊)、予備艦隊二隊、後備艦隊一隊によって構成されることになっている。[23] なおこの軍備拡張計画は、政府の許可を得ることができなかった。

艦艇整備と新造船所設置に限定して赤松主船局長の建議と川村海軍卿の上申を比較すると、前者の三二隻、一一年間、一六五五万円が六〇隻、二〇年間、四〇一四万円に、期間、隻数とも拡張されている。また新造船所についての必要性と立地条件については、防禦の優れた西部に横須賀にかわる新造船所をまず一カ所新設することを主張している点で同じであるが、期間については赤松が五年から六年に訂正したのに対し、川村は訂正前の五年案を採用している。また赤松が艦艇の国産化、日本一の新造船所を提案しているのに川村はそれにふれず、艦隊計画に関しては川村のみが述べているが、両者とも特定の場所を想定していなければ新造船所選定の理由は具体化できないはずなのに、新造船所の場所には言及していない。

この問題について『日本海軍史』は、「川村伯爵ヨリ還納書類」中の「軍艦配備」(正しくは「甲号　軍艦配置」)にもとづいて、川村海軍卿は明治一四年の軍備拡張計画において、「六〇隻中、四八隻をもって各一二隻の四艦隊を編制し、四鎮守府に各々艦隊を配備する」という「艦隊と鎮守府とを有機的に組み合わせた」計画を策定したと述べている。[24] ちなみに四鎮守府の場所は、第一鎮守府―横須賀港、第二鎮守府―呉村(呉村という村名は正式には存在しない)、第三鎮守府―伊万里湾久原港、第四鎮守府―陸奥安渡港となっており、鎮守府の目的は「艦船ノ製造修理及ヒ軍装準備ノ事ヲ管理セシム」と造船所をふくむ広義の鎮守府となっている。[25] このように「甲号　軍艦配置」は重要な文書であるが、先の「六十艘ノ軍艦」と照合すると戦時に合致するものの平時の艦隊計画は見当たらない。そのため「乙号軍艦配置並区分」を紐解くと、「甲号ニ掲クル軍艦ノ配置ハ有事ノ時ニ方テ定ムヘキモノニシテ平時ハ常備艦ノ数ヲ減シ之ヲ予備艦トシテ軍港内ニ繋蔵」することとされ、いずれも一二隻の常備艦二隊、予備艦三隊（ただし第三隊は、常備艦満期後に編入）からなっており、[26] 第三隊を後備艦隊とすると「六十艘ノ軍艦」の平時の艦隊と内容が同じであるといえる。

明治一五（一八八二）年一一月一五日に川村海軍卿は三条太政大臣あてに、東洋の状勢が逼迫しているという認識のもと、毎年六隻ずつ八カ年で四八隻を新造、一二隻はしばらく現有艦を使用し、八カ年後に新造するという「軍艦製造之儀ニ付再度上申」を提出した[27]（維持費をふくめて七六〇〇万円）。この第五回軍備拡張計画に対しては年間三〇〇万円の新艦製造費が認められることになったが、一六年二月二四日、川村はこれにこれまでの新艦製造費三三万円を加えた年額三三三万円、合計二六六四万円を資金として、八年間に三二隻を建造することを稟議し裁可された。また五月二八日には、新艦製造費を繰上支出する許可を得た。

このように明治一四年に海軍は西海鎮守府（造船所）構想を具体化したのであるが、一四年と一五年の軍備拡張計画を比較した室山氏は、「15年案が14年案と決定的に異っている点は、造船所新設案が切り捨てられていること」であり、「15年案は、14年案が目指していた漸進的整備・国産化重点主義を180度転換した急速整備と輸入依存主義に貫かれたものになっている」と、海軍は一五年には一四年に主張した艦艇の国産化重点主義を変更し、造船所新設案を切り捨てたと述べている。[28] ここで確認されなければならないのは、海軍省は一五年一一月一五日の軍備拡張を求めた再上申においては造船所新設を要請していないが、「川村伯爵ヨリ還納書類」には、次に示すような軍備拡張計画を再上申したのと同じ一五年一一月の「西海鎮守府幷ニ造船所設置ノ義ニ付上申案」（以下、「上申案」と省略）が存在することである。[29]

〔前略〕抑々鎮守府ハ海軍ノ根拠ニシテ此府ノ在ル所ニハ造船所ヲ設ケ以テ軍艦船具機関汽鑵ヲ製造修理シ又兵営ヲ置キ演習艦ヲ繋キ以テ士官水兵ヲ操練シテ之ヲ常備各艦ニ配備シ又病院ヲ置キ以テ病兵ヲ医療シ武庫倉庫ヲ置キ以テ兵器船具被服糧食石炭其他必需ノ物品ヲ貯蓄シ以テ各艦ノ需要ニ供給シ又港内ニハ予備ノ艦船ヲ繋置シ以テ常備艦隊ノ補欠ニ充ツル等海軍百般ノ準備ヲ掌ル枢要ナル所トス故ニ鎮守府ハ必ス海港中最モ安全ナル地ヲ撰テ之ヲ置カサル可ラス殊ニ造船所ノ如キハ数個ノ船渠ヲ設ケ許多ノ機械ヲ排《〔配カ〕》置シ常ニ数千ノ職工役夫ヲ集メ工業ヲ督スル所タルヲ以テ戦時ニ当テハ砲声ノ聞ユル事ナク敵ノ侵撃ヲ受クルノ虞ナク皆ナ安心シテ工業ニ従事スルヲ得ヘキ所ニシテ且ツ外国艦船ノ往来シ又ハ輻輳スル港ヨリ遠隔セル地ニ置クヲ最モ緊要トス……依テ速ニ関西ノ海港ニ西海鎮守府ヲ置キ海軍造船所ヲ設ケ作業費ノ規則ヲ用井ス特《〔ひと〕》リ海軍艦船ノ製造修理スル所トセラレ度夫レ中国内海ノ地位ハ上ハ紀伊淡路ノ海峡アリ下ハ佐賀ノ関下ノ関ノ海峡アリ一朝事アリ外寇ノ患アルトキハ此上下ノ海峡ヲ堅固ニ鎖シ厳ニ守ラハ内安全ニシテ〔後略〕

これをみると、海軍は明治一五（一八八二）年一一月に、軍備拡張計画とは別に瀬戸内海の中国地方側に造船所を備えた西海鎮守府の設置を求めるなど、一四年度の内容をさらに具体化した「上申案」を提出しようとしていたことがわかる。この上申書は、艦艇整備計画の決着を優先したためか一一月には提出されなかったので、引用した文書と同じものか否かはわからないが、一四年一二月二〇日に続き、「十六年二月十四日、再び前議造船所の外、西海鎮守府設置費二十四万八千円及び水雷布設費別途請求の稟申をなし」たことが複数の資料に認められており、[30]造船所新設案は切り捨てられていないことが確認できる。「稟申」をみつけることはできなかったが、前掲の「上申案」をみる限り、一四年の構想はさらに具体化されたものと思われる。

最後に海軍省内の内定にとどまるものなのか、政府に提示したものなのかということを考慮しながら、西海鎮守府（造船所）構想について再確認する。まず海軍内の内定事項は、赤松主船局長の建議による艦艇の国産化、それを実現するために防禦に最適な西部に海軍一の規模の新造船所を建設すること、新造船所では海軍艦船のみを造修し作業費会計を適用しないことに、川村海軍卿の提案した四鎮守府体制の構築と第二鎮守府の呉への設置、鎮守府と造船所の一体化が加わった内容といえよう。またこのうち軍備拡張計画によって政府に上申されたのは、明治一六（一八八三）年二月一四日の「稟議」がないので断定はできないが、「上申案」をみる限り防禦に最適な瀬戸内海の中国地方側に西海鎮守府（造船所）を設置するということだけのように思われる。なおここでは、すべての海軍省内の内定事項を、西海鎮守府（造船所）構想とする。

第三節　呉港の実地調査とその実相

本節においては、西海鎮守府（以下、鎮守府と造船所が一体となった意味に使用）構想のなかで候補地とされた呉港の調査が対象とされる。この点については、明治一六（一八八三）年に最初に肝付兼行海軍少佐一行の実地調査がなされたこと、一七年に皇族や海軍省高官が呉港を調査し第一回海軍用地購入を実施したこと、一八年に海軍省高官に加え実務者の調査と第二回用地購入が行われ、三回目となる西海鎮守府の設置を求める上申がなされたことなどが知られているが、断片的にとどまっているので、具体的、体系的なものにしたい。そしてまだ政府に提示されていないなかで、呉港の実地調査をどのようにして行い、その目的はどのようなものだったのか、西海鎮守府の予算が認められないうちになぜ用地の購入が可能だったのか、などについて明らかにしたい。

明治一四（一八八一）年に西海鎮守府の候補地を呉港に内定した海軍は、政府に正式に伝えないまま一六年に呉港の実地調査を実施した。この時の調査について『明治十六年海軍省報告書』は、二月一二日から七月二五日にかけて「安芸国豊田郡吉奈〔名〕海岸ヨリ周防国玖珂郡由宇海岸」に至る「芸防海岸測量」を実施したと報告している[31]。また大正一二（一九二三）年発行の『呉鎮守府沿革誌』はその冒頭で、「明治十六年二月　水路部員肝付（兼行）海軍少佐及三浦（功）海軍大尉呉近海ノ測量ニ着手ス」と、はじめて呉という地名にふれている[32]。一方、受け入れた地元宮原村の青盛敬篤戸長は、「晴雨天変日誌」において、二月一〇日に、「海岸測量ノ為メ海軍少佐肝付兼行殿入村止宿ナル、外小〔少〕尉・中尉二名・水兵二名」、七月二五日に「海軍少佐肝付兼行君長崎エ向発途」と記している[33]。

その後、これらの資料により『呉市史』第三巻は、明治八（一八七五）年に海面を東西二部にわけ、九年に東海鎮守府を設立した海軍は、「一六年二月には海岸測量一二箇年計画を実行、広島県吉奈（吉名）から山口県由宇に至る……沿岸を測量……呉湾への着眼はその第一次測量である明治一六年に於て」なされたこと、肝付少佐、三浦重郷中尉、その他少尉一名、水兵二名が二月一〇日に呉に到着、宮原村に止宿して呉湾などを調査し、七月二五日に長崎に向かったと記述するとともに、この時に使用したのは「第二丁卯」であると推定した[34]。これ以降、この記述は定説として流布されてきた。これに対して、実成憲二氏は、「第二丁卯」は、海軍省発行の『海軍省報告書』によれば、一五年九月六日から一六年三月二日まで、「横須賀造船所で修理中であった」ことを指摘するとともに、「明治十六年西行出測復命書」(以下、「復命書」と省略)によって、呉港の実地調査の実態を示した[35]。

この「復命書」によると、肝付少佐は出発を前に、「昨年(明治十六年)一月廿四日小官出測ノ命ヲ奉スルニ際シ閣下内訓スル所アリ云ク今回ノ出測ハ西海鎮守府設置ノ地ヲ撰定セラル、ニ起リシコトナレハ宜シク先ツ其旨趣ヲ領知シ啻ニ其航海上ノ水路ヲ探明スルノミナラス該海道ノ防禦ヲ始メ其他海鎮ノ設置ニ関シ要アル箇条ヲ探討」するよう特命を受けた[36]。肝付一行は、一月七日に東京を出発し、「先ツ尾ノ道港ヲ探リ而ル後安芸海岸ニ入ルヘシ」という出発前の指示にしたがい、二月二日に尾道に到着し小船を雇入れ港の調査を実施するが、港内がせまくて浅く艦船の出入りに不便であり、また平坦地に乏しく、鎮守府の立地に不適当と判断した。

明治一六(一八八三)年二月九日、装帆の小船二隻を雇い乗組員と資材を積んで尾道港を出発し、安芸海岸を巡行し二月一〇日夜に呉湾に到着した[37]。その結果、「安芸国安芸郡宮原村呉湾ニ抵リ広島湾防禦ノ要ヲ考フルニ其慮リノ豊後水道及下ノ関ノ両峡ニ在ル固ヨリ論ナシト雖モ亦其内線ノ防禦ヲ論スレハ隠渡、早瀬、那沙美、大野ノ四峡ヲ以テ慮リアルノ地ト認定セサルヘカラス又其海鎮設置ノ場処ハ固ヨリ此内線防禦ノ内部ニ在テ其陸地ニ広キ平坦ノアランコトヲ要スレハ即チ此呉湾ヲ除キテ他ニナシト決意セルニ付直チニ之ニ上陸シテ止宿ヲ定メ」た[38]。そして準備を整え一二日から測量を開始し、その結果を郵便で知らせたところ、二二日に至り、帰京せず西海鎮守府立地に必要な具体的調査をするよう電報が届き、「是ニ於テ要部摘測法ヲ止メ全部完測法ヲ取リ即チ区域ヲ十分ニ広メテ十二分ノ測量ヲ施シ」た[39]。また同行した三浦中尉は、七月二五日まで同じ作業をしたのち、岸田一七等出仕とともに隠渡(音戸)瀬戸、早瀬瀬戸などを対象に水雷布設場所の調査を実施した[40]。

こうした「復命書」の記述と、『明治十六年海軍省報告書』の二月一二日から七月二五日まで現在の竹原市から岩国市海岸を測量したという報告や、これを使用した『呉市史』第三巻の叙述とは異なる。両者のうちどちらが事実かという点については、明治九（一八七六）年以来の西海鎮守府に関する経緯や調査日程に矛盾がないこと、とくに二月一〇日に呉に到着し止宿したという記述が内容の正確なことから信頼の厚い「晴雨天変日誌」と一致している点から、前者と判断した。

では肝付少佐一行の調査の目的は、どこにあったのか。この問題について、『水路部沿革史』は、「当時政府ニ於テ本邦南部ニ二ヶ所ノ鎮守府創設ノ議アリ広島湾大村湾伊万里湾三所ハ其予定地ナリシモ実測ノ上ナラテハ容易ニ其利害得失ヲ判スルヲ得ス本年該方面ノ測量ニ当リ肝付少佐ハ仁礼少将ト測地ニ会シ其意見ノアル所ニ従ヒ幾多ノ艱難ヲ冒シ特ニ之ニ従事シタ」と述べている。(41)「復命書」の内訓とこの記述によると、この調査の目的は、鎮守府の候補地をみつけることではなく、すでに候補地となっている場所を科学的に調査し、それが妥当と判断した場合は西海鎮守府の建設のために必要な測量を実施することにあったといえよう。なお仁礼景範海軍少将は、明治一六（一八八三）年四月二四日に呉に到着している。

残る問題は、なぜ海軍は虚偽の記述をしたのかということになる。すでに述べたように海軍は、明治一四（一八八一）年の段階で西海鎮守府の設置に必要な立地条件を網羅した構想を内定していた。そのなかには西海鎮守府の候補地は呉となっていたが、時期尚早と判断されたためか軍備拡張計画や西海鎮守府の「上申案」において瀬戸内海やその中国地方側とだけ記述され、「稟議」においても明示されることはなかったものと思われる。公式に政府へ報告する前に西海鎮守府の候補地である呉の実測調査をすることを知られたくない海軍は、省内の高官以外も目にすることのできる『明治十六年海軍省報告書』において、すでに認められている「芸防海岸測量」によりあたかも適地が発見されたかのように記述したものと考えられる。なお海軍省から政府への西海鎮守府の候補地として呉港が適地であると正式に伝えられたのは、肝付少佐による「呉湾ヲ除キテ他ニナシ」という報告を受けたのちのことと推測される。

肝付少佐一行の調査ののち、呉港が西海鎮守府の候補地となっていることが公になり、調査活動は本格化した。明治一七（一八八四）年になると、まず一月に本宿《ほんしゅく》宅命《たくめい》海軍少佐らが、「扶桑金剛ニ坐乗シ宇品ニ投錨ス而シテ小汽艇ニ移乗シ突然洗足海岸ニ着シ真梨ノ水源ヲ訪フ尚湾内ヲ熟視シテ去ル」と記録されている。(42) 肝付少佐の調査以降、呉を訪問した最初の海軍高官の本宿少佐は、帰京後の二月一三日に海軍省軍事部第一課長に就任、一九年一月二九日に海軍大臣官房長、二二年三月九日に海軍大臣官房主事、二四年四月二〇日に海軍主計総監・第三局長として活躍したが、二五年一二月三一日に四〇歳の若さで死去した。(43) このように本宿は、艦艇勤務後は主に海軍省の中央で要職の道を歩んだが、後述するように二〇年には第二・第三海軍区鎮守府建設工事の視察、二三年の帝国議会開会後は、議会において呉鎮守府造船部などの建設に関しても政府委員として説明や答弁にあたるなど、呉の事情にも通じていた。

明治一七年七月一一日から千田貞暁広島県令らが有栖川宮威仁親王、仁礼軍事部長と樺山資紀海軍大輔らの呉港訪問の準備のため来呉、一四日に仁礼や樺山など海軍省の幹部が呉を訪れ（有栖川宮は病気のため欠席）、「御宿ニテ大輔・少将御両所ヨリ郡長沢原為綱・戸長青盛敬篤両人エ、今度西海鎮守府御設置可相成ニ付下調トシテ入村イタシ、此事業タルヤ不容易大事業ニ付何角注意致云々、地所買上ゲ或ハ地景ノ事等云々、示諭深更ニ及」んだ。(44) なおこの時、警《け》固屋《ごや》村（苗字クボ）、宮原村（狐崎より坪内、中川、向田道、槇原通辺まで）、荘山田《しょうやまだ》村（文政新開）、吉浦《よしうら》村（両城《りょうじょう》新開）を海軍用地にすることを知らされた。

翌七月一五日に一行は、沢原安芸郡長や安芸郡書記、各戸長の案内により実地検分をした。また一六日から二六日にかけて、明治一六（一八八三）年に呉湾の調査をした三浦中尉ら二名が海軍用地予定地の測量を実施した。そして八月一日には有栖川宮、また川村海軍卿、樺山大輔、仁礼軍事部長らが呉を視察した。さらに海軍は、同日の午後に宮原村三九町四反（買収費五万七七八二円。他に家屋移転料一万六八六六円など）、荘山田村二〇町、警固屋村二町七反、和庄村（監獄署）、吉浦村九町五反を買収することをいい渡した。[45]

この点について『呉鎮守府沿革誌』（昭和一一年発行）は、明治一七年七月一四日に、「呉湾及陸岸ノ形勢ヲ視察シ給ヒ鎮守府用地第一回買上ニ着手サレタリ、鎮守府用地買上ノ命下ルヤ宮原、和庄、荘山田村関係村落ノ人民ハ其ノ世襲ノ土地家屋ヲ失フコトヲ悲シミ頗ル不安ノ状ナリシガ、敢テ官命ニ抗スルノ挙ニ出デントスルガ如キモノナカリキ」と述べている。[46] 一七年一月に本宿少佐による予備調査を実施してきた海軍は、七月から一気呵成に本格的な調査を開始し、鎮守府設立の決定がなされていないにもかかわらず、買収価格の値上がりの動きがおきる前に電光石火、用地買収に踏み切った。西海鎮守府の所在地も予算も決まらないなかで、海軍は、「人毎ニ請書ヲ徴」したという。[47]

注目すべき点は、西海鎮守府の候補地の本格的な調査は、西海鎮守府構想を策定した赤松局長が率いる主船局ではなく、明治一七年二月八日に設置された軍事部の仁礼部長と樺山大輔によって行われるようになったということである。当時、軍備拡張計画をめぐって海防艦と水雷艇による沿岸防備を主張する主船局と、将来は甲鉄艦を導入すべきであると唱える軍事部が対立し、結局、一八年の第六回軍備拡張計画は両案併置となったのであるが、そうしたなかで軍事部系の人脈の主導によって事業が推進されたのは、注目すべきことといえる。

呉の調査を終えた仁礼軍事部長と樺山大輔は、その後に伊万里、佐世保などを視察、明治一七年一二月に「西海鎮守府及艦隊屯集場ヲ設置スヘキ意見書（甲号）」と「巡視諸要地ニ対スル意見書（乙号）」をまとめ川村海軍卿に提出した。[48] このうち甲号は、「第一　安芸国呉港ヲ鎮守府設置ノ地ト定ムヘキ事　第二　奄美大島焼内湾ニ石炭庫ヲ設クヘキ事　第三　肥前佐世保港ヲ艦隊屯集場ト定ムル事　第四　海防艦屯駐場ヲ佐伯及橘浦ニ設クヘキ事」の四項目によって構成されている。

呉港にもっとも関係の深い第一項のなかで両名は、西海鎮守府の設立が急務であることを述べる。そして鎮守府立地の海上の条件として、「港内安全ニシテ数十艘ノ大小艦ヲ泊スルニ足リ港口狭隘ニ過キズ又広漠ニ失セス艦船ノ航通自在ニシテ防禦ヲ設クルモ亦容易ナルヘキ天険ノ良港ヲ要ス」と指摘する。(49) さらに陸上の条件として「陸地ニハ工場船渠倉庫武庫病院兵営等ヲ置クヘキ余地アリテ風土モ悪カラズ飲料水ニ不足ナク又背後ニハ防禦ニ充ツヘキ険要ヲ有シ従テ陸地運輸モ不便ナル事ナク又以テ陸軍鎮台営所ト交通連絡ヲ得ヘキハ最モ必要ナリトス」と主張する。(50)

そしてこれらの立地条件は相矛盾する面が多く、適地を選定することは困難であるといいつつ、そのむずかしい条件を具備しているのは呉港であると、次のようにその理由を述べている。(51)

〔前略〕呉港ノ或ハ前ノ数件ニ適合スルノ良港ナルヤノ問題一昨年来相起リ居候処今般巡視実検スルニ果シテ無上ノ良港ニシテ港内ハ浅キニ失セス深キニ過キス港口ハ狭隘ニ過キス広漠ニ失セス底質錨把ニ佳四方島嶼或ハ丘陵ヲ以テ環繞シ絶テ風波ノ患ナシ之ニ航入スヘキノ海峡ハ三ヶ所アリト雖トモ隠渡瀬戸ハ狭隘ニシテ殊ニ潮ノ干満激流容易ニ軍艦ヲ通スヘカラズ僅ニ数個ノ水雷ヲ用レハ航入ノ患ナシ早瀬ノ瀬戸ハ船舶ノ交通ニ適スト雖トモ其航路僅カニ一艘ヲ通スルニ足ルノミナラス海峡屈曲シテ二三ノ小砲台ト一連ノ水雷敵ノ艦隊ヲ制スルニ足ル大屋ノ瀬戸ハ少シク広シト雖トモ此海峡ニ駛入《しにゅう》スルノ艦船ノ必ス経由セサルヘカラサル那沙美瀬戸大野瀬戸ハ皆能ク砲台水雷ノ設置ニ適当ニシテ工事亦容易ナルヘシ而シテ陸ハ固ヨリ船渠工場兵営病院等ヲ設クルニ十分陸地運輸ノ便亦難事ニアラス加之背後ハ防禦線ト為スヘキ適宜ノ丘陵アリ如此ノ良港ハ又他ニ有之間敷被存候呉港ノ西方江田内湾ハ港口五百ヤードノ距離ニシテ稍狭隘ニ過キ港内ハ恰モ湖水ノ如ク安全ニシテ頗ル良港其形勢甚タ美ナレトモ内地ト隔絶スルヲ以テ平時運輸ノ不便戦時陸軍ノ交通ヲ得ルニ不利ナルベシ依テ断然呉港ヲ鎮守府設置ノ地ト御決定相成別紙取調書並ニ図面ニ照シテ官署造船所屯営病院練兵場監獄等ノ地面至急御買上ケ相成鎮守府御設置ノ御計画御着手有

之度候

これをみると、多くの面で呉港は理想の立地条件を備えているとされるが、陸上交通に関してだけは、「難事ニアラス」と許容範囲内とトーンダウンしている。また新たに呉港の調査のなかで目にとまったものと思われる江田内湾について取り上げ、無上の良港ではあるが、陸上交通の面で不便であるとして候補としなかった。そしてもう一度呉港の優れている点を強調し、すでに用地買収交渉を行っていることにはふれず、急いで地所を買い上げ鎮守府を設置するよう要請した。

一方、乙号において両者は、瀬戸内海と九州を中心とする海峡の防禦方法を記述している。このうち西海鎮守府と関係の深い呉港をふくむ広島湾に関しては、隠渡（音戸）・早瀬・那沙美・大野の四瀬戸についての報告が存在する。試みに音戸瀬戸の箇所をみると、「此水道ハ狭隘ニシテ大艦ノ通過ニ能ワサル所ナレトモ非常ノ虞ニ備ヱ水雷ヲ布設スベシ」と述べており[52]、四瀬戸の分析結果はすべて甲号に取り入れられていることがわかる。なおこうした広島湾防禦態勢は、後述するように西海鎮守府ばかりでなく、広島鎮台の防衛にも有益なるものと考えられていた（第一〇章第四節を参照）。

このように西海鎮守府候補地の調査がすすむなかで、明治一七（一八八四）年一二月一五日、「鎮守府条例」が制定され、はじめて鎮守府の目的に艦船の造修が加えられた。すでに述べたように、当初、海軍は広義の鎮守府の設置を要望しながら狭義の鎮守府の設置を受け入れたのであるが、東西とも広義の鎮守府とする努力を続け東海鎮守府を横浜から造船所のある横須賀に移転して横須賀鎮守府と改称、九年の時をへて当初の目的は実現をみることになった。それは一四年以来、狭義の鎮守府に造船所を加えた西海鎮守府の設立を提示し続けた努力の成果でもあり、この結果は、きたる日に設立される西海鎮守府は、広義の鎮守府であることが認められたことをも意味していた。

西海鎮守府の呉港への設置が現実味を帯びるなかで、川村海軍卿は明治一八（一八八五）年三月一八日、三条太政大臣に対し、「西海ニ設置セラルヘキ鎮守府幷造船所建築費別途御下付ノ義ニ付第三回ノ上申」をした。この上申の内容は、西海鎮守府の場所と建設費からなっているが、そのうち前者については、すでにみた仁礼軍事部長と樺山大輔の意見書（甲号）とほとんど同じ表現で、呉港が理想の良港であることを強調するとともに、[53]江田湾については、「港口五百『ヤート』ノ距離ニシテ稍狭隘ナリト雖トモ港内ハ恰モ湖水ノ如ク安全ニシテ頗ル良港其形勢甚宜シ但シ内地ト少ク相隔ツレトモ其距離僅ニシテ船舟ノ便有ルヲ以テ敢テ不便ノ所ニ非ス依テ呉港若クハ江田湾ノ中ヲ鎮守府造船所等設置ノ地ト御決定相成度」と呉港を推奨した仁礼・樺山と異なり、呉港ないし江田湾のうち一カ所を選定することについて政府に委ねた。[54]一方、後者に関しては、呉港または江田湾の用地買収費一〇万二〇〇〇円ないし一〇万三〇〇〇円を一八年度に、鎮守府等建築費二四万八〇〇〇円、造船所建築費三〇〇万円を一八年度から五カ年間において支出することを要望した（なお追申として、用地買収費は造船所建築費にふくまれるとされる）。

このうち建設費の予算化に対し、松方正義大蔵卿は明治一八（一八八五）年三月二一日、「軍備上欠クヘカラサル儀」と一応は理解を示しつつも、「歳計切迫ノ今日ニシテ本費ノ如キ巨多ノ金額支出ノ目途ハ到底相立兼候乍去此事タル早晩挙行セサル可カラサル儀ト存候就テハ先以テ地所買上代而已本年度ニ於テ支出相成其他異日ノ御詮議ニ附セラレ候様致度」と、まずもって用地買収を認め、全体計画に必要な支出は後日に決定するよう副申した。[55]なお用地買収費については、公用土地買上規則にもとづいてより圧縮するよう求めている。

こうした上申と副申に接した三条太政大臣は、明治一八年四月六日、「上申ノ趣ハ両所ノ内其省ニ於テ意見相定更ニ可申出事」と決定した。[56]政府は海軍省から委ねられた鎮守府の候補地について、海軍省内において呉港か江田湾に選定し再提案するよう指示したのであった。なお断定はできないが、一八年度に地所買上費の予算化が認められたことを考えると、この時に呉港か江田湾のどちらかを候補地とする以外、西海鎮守府に関する件はほぼ認められたとも考えられる。

こうした折衝がなされていた明治一八年三月一七日、真木長義海軍省総務局長兼海軍少輔をはじめ横須賀造船所長の坪井航三中佐、横須賀造船所検査部長の渡辺忻三海軍大匠司、水雷局長兼軍事部第二課長の柴山矢八海軍中佐、主船局造船課長の佐双左仲海軍少匠司、船渠（ドック）・船台建築の第一人者恒川柳作五等師、杉浦栄次郎四等工長ら一二名（うち二名は広島県庁職員）が呉港を訪れ、翌一八日、一九日に造船所用地などを調査している。このうちリーダー格の真木総務局長は、佐野常民、中牟田倉之助らとともに佐賀藩から長崎の海軍伝習所に派遣され教育を受けた一人で、三重津海軍所の設立に際して佐野は真木と中牟田に相談して事業を推進したと述べていること、さらにその後の海軍の中枢部における活躍などからみて、西海鎮守府の立地調査のリーダーに適任であった[57]。また坪井、佐双という造船技術者に加え船渠・船台工事の専門家の恒川がおり、この時から呉鎮守府の具体的建設計画が開始されたものと思われる。なお一行は二〇日に江田島を訪問しているが、おそらく川村海軍卿の要請があって鎮守府として適地か否か調査が行われたものと考えられる。

調査は、四月三日の出発まで続けられた。この間、三月三一日には景勝地の二河峡において、真木総務局長主催の酒宴があり海軍と地元民の交流がはかられた。この件について「晴雨天変日誌」をみると、「県官・郡書記等示合庄山田村新開地ノ内御買上ニ相成候テ当村人民ヘ御払下ゲノ事御協議相成度旨内々移合候処、事情御汲取アリ」、予定地を測量（およそ一四、一五町歩）したと記述されている[58]（この点に関しては、第一二章第一節を参照）。また真木より、呉港への西海鎮守府決定はまだであるがその可能性が高いこと、主要施設として、練兵場―沖新開・中新開・旧呉町、病院―亀山神社の上、兵営―室瀬、鎮守府―塔岡、倉庫―洗足、造船場・器械家―中川、船渠―坪内、水雷局―湯垣・警固屋村ユガキ、監獄署―荘山田村、射的場―荘山田村ニ河古新開を予定していること、実地測量が一応終了したこと、城山は景勝地としてそのまま残したいと聞いたこと、また真木と毎夜囲碁に興じたことなどの記述もみられる。

この時の用地買収については、「宮原村沿革録」に、「字洗足室瀬町花久堂宮ノ下及坪内中川ノ内反別三十八町八反壱畝二十二歩此金八万三百三十円二十三銭七厘県道敷地反別弐町六畝五歩此金壱千六百五十六円拾五銭壱厘竹木若干此金九百六十八円二十銭二厘波止壱千四百二十六坪此金壱千五百四十円六十二銭及建物壱万二千六百五十六坪八合五勺此移転料五万壱千五百拾五円五十五銭五厘宅囲八百七間六合此移転料四百六十四円八十七銭汲井三百八間五合此移転料百六拾五円弐拾銭手水洗鉢三台此移転料拾一円石灯籠七台此移転料四円七拾銭幷ニ墳墓壱千三百個此改葬料五拾八円六拾六銭五厘ヲ増ス亦人毎ニ受書ヲ徴ス」と、詳細に記録されている。[59] なお『呉鎮守府沿革誌』は、この時に「海軍用地第二回買入ニ着手」したと記述している。[60] すでに述べたように、第一回の用地購入は政府の正式な許可を待たずに実行されたのであるが、第二回は大蔵省の内定を得て行われたのであった。

明治一八年八月四日には、明治天皇が「鳳」に乗船して呉湾に巡幸、西海鎮守府予定地を遠望した。また九月二五日、突然、川上操六参謀本部次長が随員として陸軍の田内三吉工兵中尉、牟田敬九郎・山口勝両砲兵中尉、須藤完穀歩兵中尉をともなって来呉、城山に登り呉、江田島を展望、昼食後、江田島に向かった。青盛宮原村戸長は、日記に、「早瀬・ナサビ其外所々炮台ヲ築調ノ見込アル由」と書き留めている。[61] この頃から陸軍は、呉湾をふくむ広島湾一帯の防禦態勢の整備に関心をもつようになったものと思われる（呉湾と広島湾の防禦については、第一〇章第四節を参照）。

第四節　第二海軍区鎮守府の呉港への決定

明治一八（一八八五）年三月から四月にかけて第三回目の西海鎮守府に関する上申と対応によって、西海鎮守府は呉港か江田湾に設立されることがほぼ認められた。しかし正式には、海軍がどちらにするか選定し、もう一度上申したのちに決定されることになっていた。本節においては、海軍省内における候補地の選定、海軍省の上申から場所と建設予算が決定される過程を明らかにしたい。また鎮守府建設の準備についても、可能な限り検証する。

明治一九（一八八六）年一月二八日、鎮守府問題を検討した仁礼軍事部長は、新たに海軍大臣に就任した西郷従道に対し意見書を提出した。そのなかで仁礼は、横須賀に加え呉、さらに室蘭、若狭湾の四カ所に四鎮守府が必要なこと、なかでも、「西海ハ港湾島嶼羅列シ加フルニ亜細亜大陸ト対スルカ故ニ一旦有事ニ際シ最モ枢要ノ地ト謂ハサルヲ得ス然ラバ則チ該方面ニ一鎮守府ヲ設立セラル、事今日ノ急務タルベシ因テ按スルニ安芸国呉湾ハ頗ル安全ナル天然ノ良港ニシテ造船所倉庫等ヲ建設スルニ余地ヲ有シ且ツ防禦ヲ施スニ容易ナレバ先ツ該所ニ鎮守府設立ノ事ヲ決議相成迅速ニ着手セラレン事ヲ欲ス」と、呉湾に鎮守府を早期に着工することを求めた[62]。これをみてもどこにも江田湾についてはふれられていないが、一八年一二月二二日に内閣制度へ移行し、江田湾を候補に加えた川村海軍卿が辞任し西郷海軍大臣が就任したことにともない、この問題は早急に解決された可能性も考えられる。なお佐世保は呉鎮守府の管轄内に入れられているが、九州の要衝にあり倉庫・炭庫等の設置に適していること、その他の場所には、この際に炭庫を建設すべきと記されている。

明治一九年三月一〇日、軍事部において次のような決議がなされた[63]（この決議は将官会議の承認を得て、三月二三日に海軍大臣官房に回付)。

明治十九年三月十日決議

沿海区画幷鎮守府設置軍事部意見

一 我カ全国海岸ヲ画シテ五海軍区トシ之ヲ第一第二第三第四第五海軍区ト称シ其区界ハ別表〔省略〕ノ如シ

一 各海軍区ニハ海軍鎮守府ヲ置キ所在地名ヲ採リ某鎮守府ト名称スヘシ

一 鎮守府ハ主トシテ左ノ事項ヲ管掌スヘシ

一 区内沿海ノ警備

二 艦船ノ造修

三 予備艦船ノ管理及其準備

四 諸兵ノ徴募及教育

五 予備兵ノ統轄及定期復習

六 兵器石炭糧食其他軍需品ノ配給

七 兵器水雷ノ修理

第一着

一 呉鎮守府設置ノ事

一 佐世保鎮守府設置ノ事

第二着

一　室蘭鎮守府設置ノ事

第三着

一　舞鶴或ハ小浜鎮守府設置ノ事

これをみると多年にわたり川村海軍卿によって主張され、二カ月前まで支持されてきた四海軍区・四鎮守府構想は五海軍区・五鎮守府に変更され、鎮守府の名称は所在地名で呼ばれることになった。そうしたなかで呉鎮守府と佐世保鎮守府が最初に設置されることになっている。また艦船については造修、兵器と水雷の場合は修理と述べられているが、この点はのちの鎮守府造船部の役割が建造と修理なのに対し、兵器部は修理に限定されたことに連なるものとして注目される。

こうした変化については、五海軍区・五鎮守府制はフランスの制度であり、明治一八（一八八五）年四月の国防会議の設置によって、「鎮守府や軍港の建設まで海岸防御の一環に組み入れることを意味し、海岸防御に強い関心をもつ陸軍が、この問題にも発言できる権利を得た」との見解もみられる[64]。たしかにすでに述べたように、九月二五日に川上参謀本部次長等が呉港を訪問し、広島湾の防備に重大な関心を示している。しかしながら海軍は当初から海岸防備を重要視していたこと、西海鎮守府の立地条件の第一に防御に最適であることをあげ呉港を候補地としたことを考えると、陸軍だけが海岸防禦を重視したとばかりとはいえないように思われる。

明治一九（一八八六）年四月九日、樺山海軍次官は佐藤鎮雄中佐、安井直則主計少監督、そしてフランス人のベルタン海軍省顧問らと呉港を訪問した。四月一〇日の「樺山資紀日記」によると、「午前九時三十分上陸県令ヲ訪ヒ地所ノ事ヲ談シ造舟所位地（置）ヲ巡視続テ鎮守府庁病院地等同断了テ山本某所へ休息食事シ又監獄署地所ヲ点検位地ヲ変換シ小蒸気ニテ吉浦弾薬庫地所ヲ区画ス適当ノ場所アリ」と精力的に活動した[65]。そして一一日には午前八時四〇分に呉港を出港し、江田湾・早瀬瀬戸を視察し一一時一五分に江田島に上陸、用地を巡察したと記されている。こうして樺山は監獄署地を荘山田村から和庄村字桧垣に変え、弾薬庫を吉浦村字池浜に選定、また江田島問題に決着をつけようとした。なお一行は四月一二日に広島を訪問、県庁における懇談の席でベルタンは、「道路開濶ナルハ幸福ヲ来ス源因云々」と交通問題の重要性を指摘している[66]。

ここで注意しなければならないのは、他の資料と照合して正確さに定評のある「晴雨天変日誌」によると、四月九日の午後一時に呉港に上陸し造船所用地などを検分、一〇日午前八時より海岸、室瀬などを検分、午後に荘山田村監獄署予定地を調査し和庄村桧垣に変更、吉浦村字池浜をみて弾薬庫に決定し夕方に帰艦、一一日には午前八時に出港、江田湾を調査し広島に向かったとなっていることである[67]。改めて樺山の日記を紐解くと、四月九日の記述は判読不能となっており、「晴雨天変日誌」の無理のない日程などを勘案すると、四月九日、一〇日の視察については同日誌の方が正確であるように思われる。

この時の視察をもとにベルタンは、造船所立地問題に関する意見書を提出する。このなかで彼は、「呉湾ハ種々ノ考案ニ因リ曩ニ余輩ガ巡視セル他ノ内海ノ諸地ニ勝ル所アルヲ以テ宜シク地ヲ此処ニト定スベシトス」と、造船所として呉港が適地であることを明言する[68]。また江田湾については、「自然軍艦或ハ水雷艇ヲ以テ組織スル防禦艦隊ノ根拠トナルニ至ラン」と他の活用を提案する[69]。

この他にもこの意見書には、従来の海軍省の見解を踏襲しつつ、それをはるかに超える理論が組み込まれている。ベルタンは、このうち呉湾は防禦という点については、江田湾や三原に劣るが、湾の広さにおいて優れており、また呉湾をふくむ広島湾一帯の防禦態勢を構築することは費用を要するものの、呉だけでなく広島市街と広島湾の防禦を完全なものにする利点があるという論理を展開する。軍都広島の特徴は瀬戸内海に臨む兵站基地を有している点にあるが、それは広島湾の防禦網と呉海軍の存在があって現実のものになったことを考えると興味深い卓見といえる。また彼は、海軍が考慮していなかった交通、労働と原材料の供給という工業ないし企業立地論の観点から造船所の設置を考察している。

さらにベルタンは、呉に鎮守府を建築する際の提言を試みている。とくに造船所の建築については多くの意見がみられるが、なかでも、「今日ニ於テ予メ同造船所全体ノ図面ヲ調製シ随時其必要ナル部分ヨリ工事ニ着手」することや、「工場ハ随時種々ノ必要ニ応ズベキ者ナルヲ以テ亦時々之ヲ変更セザルベカラズ故ニ石ヲ以テ家屋ヲ築造スルハ即チ将来工場ノ拡張ニ障害ヲ貽《のこ》ス事タルヲ忘ルベカラズ」と、将来拡張を見込んだ計画の作成をアドバイスしていることは注目に値する。[70] また、「造船所ト相対セル大筏礁島ノ近傍ハ大砲及ビ水雷用地トス」と呉が兵器製造所用地としても優れていること、「境川口ノ北ニ集湊スル沙洲渫去」すること、またこうした沙洲がふたたび発生しないように上流における樹木の乱伐禁止を求めるとともに植樹をすすめること、小野浜造船所を水雷艇主力造船所とし、大型機械は呉に移転することなどについても言及する。[71] この意見書は海軍大臣に提出され、さらに第二・第三海軍区鎮守府建築委員長にも下付されたが、重要な点は後述するように、のちに呉鎮守府建設の中枢を占める三名がベルタンと同道したことにより、鎮守府の呉港への立地と工事に少なからぬ影響を与えたことである（第二章を参照）。

明治一九年四月二二日、軍令・軍政の区別を明確化するなど海軍全般の管理を成文化した「海軍条例」が制定された。この条例においては、三月一〇日の決定を受けて全国を五海軍区とし、各海軍区の軍港に鎮守府をおき、その軍区を管轄させることが定められた。また同じ四月二二日、「鎮守府官制」が制定された（「海軍条例」と「鎮守府官制」については、序章第三節を参照）。そして五月四日、第二海軍区鎮守府の位置として安芸国安芸郡呉港、第三海軍区鎮守府の位置として肥前国東彼杵郡佐世保港が決定した[72]（勅令第三九号）。

一方、内閣制度創設後はじめてとなる明治一九年の最初の閣議において、第五回軍備拡張計画の残額一六七四万円を一九年度以降の概定額とし、これに対して海軍公債一七〇〇万円を発行して一九年度から二一年度にわたって支出することを決定した（明治一九年度は別途費、二〇年度以降は特別費と呼ばれるが、本書では特別費と総称する）。そしてベルタンの理論に立脚し、第六回軍備拡張計画（第一期軍備拡張計画とも呼ばれる）を決め（この時の軍備拡張計画については、第七章第三節を参照）、この計画の一環として約一六六万円の予算で呉鎮守府が建設されることになったのであった。

これまで述べたように、明治一九年の最初の閣議で呉鎮守府建設予算、五月四日に第二海軍区鎮守府の位置が呉港に決定したことが判明した。しかしながら、西海鎮守府の所在地について呉港か江田湾にするかという選定過程、選定後の海軍の上申と政府の決定過程を資料によって示すことはできなかった。この点は今後の課題として追究しなければならないが、三度目の西海鎮守府設立を求める上申に対し、政府は呉港にするか江田湾にするかのみの報告を求めただけであり、江田湾を候補地に浮上させた川村海軍卿が辞任したこともあって、江田湾案は消滅ないし早急に解決したと考えると、四度目の上申とそれへの政府の回答はなかったという可能性も捨てきれない。いずれにしてもこの件は、現段階で断定することはできなかった。

おわりに

これまで呉鎮守府について呉工廠の前身と位置づけ、その設立過程について総合的に分析するなかで多くの問題の解明に取り組んできた。ここではそのうち全体に関わる問題、具体的には呉鎮守府の設立過程の体系的な実証、呉鎮守府の目的、呉鎮守府の設立を実現した海軍の方策について、成果と残された課題を総括する。

まず本章の基本となる、呉鎮守府の設立過程の体系的な実証がどこまで達成できたのかについて検証する。この点に関して原点に遡って分析した結果、明治八（一八七五）年に川村大輔は、四海軍区・四鎮守府案を提示し、横須賀と長崎に鎮守府を設置することを要請した。そして九年に東西二カ所に鎮守府を設置することが認められ、東海鎮守府が横浜に仮設置された。一方、西海鎮守府に関しては一一年には瀬戸内海において造船所をふくむ候補地の調査が実施されていることが判明した。こうした事実から、海軍が当初に示した鎮守府案は狭義の鎮守府ではなく造船と兵器の造修を加えた広義の鎮守府であり、それは紆余曲折をへても変わらずに追及されたものと判断した。

そして明治一四（一八八一）年には、赤松主船局長により軍備拡張計画の一環として艦艇の建造、その国産化、そしてそれを実現するために西部の防備に最適の地に海軍一の造船所を設置するという建議が提出された。これを受けた川村海軍卿は、赤松の説を基本としながら一部修正するとともに、持論の四海軍区・四艦隊・四鎮守府説を展開した付属資料をふくむ軍備拡張計画を上申した。注目すべき点は、政府に提出された付属資料には記されていないが、そのもとになった資料には、第二海軍区鎮守府の候補地として呉村が選定されていることである。こうして一四年には、防備に最適な呉港に海軍一の造船所をふくむ西海鎮守府を設置するという構想ができたのであるが、規模や場所については一五年一一月の「上申案」でより具体的になるものの、海軍一の造船所を呉港に設置するとは述べられておらず、一六年二月の「稟議」も同じような内容であったものと思われる。

明治一六（一八八三）年二月、東京で特命を受けた肝付少佐らにより、西海鎮守府構想においてその最適地とされた呉港のはじめての実測調査が行われ、呉港の優秀性が科学的に実証された。その結果、一七年には組織的な調査が開始され、一部の用地の買収が行われた。そして一八年には、建設費の予算化と建設地を呉港にするか江田湾にするか指示を求める三度目の西海鎮守府設立に関する上申がなされたが、これに対し政府は海軍において候補地を一カ所に選定したのち再上申するように指示した。そして一九年には第一期軍備拡張計画が決定し、その一環として呉鎮守府設立建設費予算が確定するとともに、四海軍区・四鎮守府構想は五海軍区・五鎮守府に変更され、第二海軍区鎮守府の位置に呉港が決定されたことを検証した。ただし政府の指示を受けた海軍省が、西海鎮守府の候補地を呉港に一本化し再上申し、それを政府内で審議しその結果を海軍省に伝えた資料を発見することはできなかった。

次に呉鎮守府の目的についてみると、他の鎮守府と同じように造船所をふくむ広義の鎮守府であることに加え、防備に最適な地という特性によって艦艇の国産化を担う海軍一の造船所を有するという、特有の役割を担うことになっている。これは明治一四（一八八一）年の西海鎮守府構想の策定過程を通じて海軍省内で共通認識となったのであるが、後述するように二三年一二月一二日の第一回帝国議会予算委員会（第五科）において、政府委員が呉は当初から一貫して海軍一の造船所を有する鎮守府を目指していると答弁しているように、少なくともその当時までは有効性を持ち得ていたといえる（第三章第一節を参照）。それだけではなく、海軍一の造船所という基本認識をもとに、伊藤が唱えたように「帝国海軍第一ノ製造所」と「之ヲ利用シテ教育ノ一大源泉」へと、目的を発展させたのであった。

また目的を実現するための海軍省の方策については、当初に四海軍区に広義の四鎮守府を設置するという全体像を提示したように、まず抽象的に理想の全体像を示し、その一部を要求し、のちに回復可能な限り政府の回答を受け入れ、その後に好機を探りながら最初の抽象的な理想の全体像を具体化し、時間をかけて実現していくことが判明した。ここで鍵となる回復可能な妥協とは、二カ所の鎮守府の設立の許可ということになるが注目すべきことは、海軍はその許可のなかには当初に示した抽象的な理想像、すなわち広義の鎮守府もふくまれると解釈し、調査・構想の策定を通じてその具体化を目指したことである。また実施に際してはあらゆる方策が駆使されるが、そのなかには予算内定前に用地を買収するなど既成事実の先行や事実の隠蔽という疑問視される手段もふくまれていた。

このように海軍は長期的な展望のもと、妥協しながらあらゆる手法を駆使して当初に示した理想的な全体像の実現に邁進するのであり、こうした方策を理解しないで、短期的な結果のみをとらえて物事を判断すると、誤った結論がもたらされることになる。明治八年に広義の鎮守府の設立を要求しながら、九年に狭義の東海鎮守府が仮設されただけだったために鎮守府の目的を狭義のものと誤解したこと、一部の資料から三原が本格的な鎮守府の候補地になっていると錯覚したこと、三回におよぶ西海鎮守府設立の上申のうち二回目の資料を発見できなかったために、海軍はこの計画を撤回したと誤った判断をしたこと、一資料だけで一六年の肝付少佐一行の調査によって呉が鎮守府の適地であることを発見したと早合点したことなどは、その典型例といえる。こうした誤謬を防ぐためには、海軍の方策を認識するとともに対象を総合的に分析することが必要とされる。

註

（1）海軍大臣官房『海軍制度沿革』巻三（昭和一四年）一～三ページ〈昭和四六年に原書房により復刻〉。
（2）伊藤博文編『秘書類纂一〇　兵政関係資料』（秘書類纂刊行会、昭和一〇年）一二ページ〈原書房により昭和五二年に復刻〉。
（3）同前、一四～一五ページ。
（4）同前。
（5）海軍歴史保存会編『日本海軍史』第一巻（第一法規出版、平成七年）二八七ページ。
（6）海軍大臣官房『明治海軍史職官編附録　海軍庁衙沿革撮要』（防衛研究所戦史研究センター所蔵、大正一一年）四六～四七ページ。
（7）広瀬彦太『近世帝国海軍史要』（海軍有終会、昭和一三年）八六ページ。
（8）前掲『海軍制度沿革』巻三、一ページ。
（9）主要国の陸海軍工廠などの所在地については、佐藤昌一郎『陸軍工廠の研究』（八朔社、平成一一年）一～一五ページ、また

三重津海軍所に関しては、『幕末佐賀藩三重津海軍所跡』（『佐賀市重要産業遺跡関係調査報告書』第一集）（佐賀市教育委員、平成二四年）を参照。
（10）川村純義海軍大輔より三条実美太政大臣あて「提督府ヲ鎮守府へ変更ノ義上陳（仮題）」明治九年五月三〇日（「決裁録　行政明治九年自七月至十月」国立公文書館所蔵）。
（11）同前。
（12）川村海軍大輔より三条太政大臣あて「鎮守府御取設之義ニ付更ニ上請」明治九年六月二六日（同前）。
（13）「西海鎮守府ヲ備後三原旧城へ仮設ス」明治一一年三月三〇日（「太政類典　自明治十一年至明治十二年　第四拾八巻」国立公文書館所蔵）。
（14）同前。
（15）「赤松則良文書　二五　日記」明治一一〜一七年（国立国会図書館憲政資料室所蔵）。
（16）赤松の長崎の海軍伝習所、オランダ留学、横須賀造船所における活動に関しては、赤松則良「欧式海軍創設時代の追憶」（『造船協会会報』第二二号、大正七年五月）三〜一六ページおよび赤松範一編注『赤松則良半生談――幕末オランダ留学の記録――』（平凡社、昭和五二年）を参照。
（17）「川村海軍卿西海鎮守府設立地検閲ノ為備後三原へ出張ス」明治一二年二月三日（「太政類典　自明治十一年至明治十二年　第十巻」国立公文書館所蔵）。
（18）前掲『海軍制度沿革』巻三、二ページ。
（19）前掲『日本海軍史』第一巻、一八三ページ。
（20）赤松海軍省主船局長より川村海軍卿あて「至急西部ニ造船所一ヶ所増設セラレンヲ要スル建議（「主船第三千三百六号」）」明治一四年一二月一〇日（「川村伯爵ヨリ還納書類　五　製艦」防衛研究所戦史研究センター所蔵）。
（21）同前。
（22）赤松主船局長より川村海軍卿あて「至急西部ニ造船所一ヶ所増設セラレンヲ要スル建議（「主船第三千三百六号ノ弐」）」明治一四年一二月一〇日（同前）。
（23）川村海軍卿より三条太政大臣あて「軍艦製造及造船所建築ノ義ニ付上申」明治一四年一二月二〇日（同前）。
（24）前掲『日本海軍史』第一巻、二八三ページ。
（25）「甲号　軍艦配置」（「川村伯爵ヨリ還納書類　参　官制　軍艦配置」防衛研究所戦史研究センター所蔵）。

(26)「乙号　軍艦配置並区分」(同前)。
(27) 川村海軍卿より三条太政大臣あて「軍艦製造之儀ニ付再度上申」明治一五年一一月一五日(前掲「川村伯爵ヨリ還納書類　五　製艦」)。
(28) 室山義正『近代日本の軍事と財政』(東京大学出版会、昭和五九年)一二〇ページ。
(29) 川村海軍卿より三条太政大臣あて「西海鎮守府幷ニ造船所設置ノ義ニ付上申案」明治一五年一一月(前掲「川村伯爵ヨリ還納書類　五　製艦」)。
(30) 田村栄太郎『明治海軍の創始者　川村純義・中牟田倉之助伝』(日本軍用図書、昭和一九年)一三七ページ。同じ文脈の記述は、海軍大臣官房『海軍軍備沿革　完』(大正一一年)一三ページにもみられる。なおどちらにも、稟申に対する回答はない。
(31) 海軍省総務局統計課『明治十六年海軍省報告書』一一三ページ。
(32) 呉鎮守府副官部『呉鎮守府沿革誌』(大正一二年)一ページ〈あき書房により昭和五五年に復刻〉。なお三浦(功)海軍大尉は、三浦重郷海軍中尉の誤りと思われる。
(33) 青盛敬篤「晴雨天変日誌」(呉市入船山記念館『館報　いりふね山』第三号、平成三年三月)四〇〜四二ページ。
(34) 呉市史編纂室編『呉市史』第三巻(呉市役所、昭和三九年)二八〜三一ページ。
(35) 実成憲二「明治16年2月の肝付少佐一行の西海鎮守府地調査について——肝付少佐一行が軍艦に乗船してきたとする記述は創作——」(『呉レンガ建造物研究会々報　レンガ研』第72号、平成一〇年五月)三〜四ページ。
(36) 肝付兼行海軍少佐より柳楢悦海軍少将あて「明治十六年西行出測復命書」明治一七年二月(『水路部沿革史附録』下、水路部、大正五年)一七二ページ。
(37) 同前、二七三ページ。
(38) 同前、二七三〜二七四ページ。
(39) 同前、二七四ページ。
(40) 三浦重郷中尉より肝付少佐あて「明治十六年西行出測分行復命書」明治一七年二月(同前)二八一〜二九三ページ。
(41) 水路部編『水路部沿革史　自明治二年至同十八年』(水路部、大正五年)三八四ページ。
(42) 青盛友太郎「宮原村沿革録」大正七年(「青盛家文書」呉市入船山記念館所蔵)。同じ記述は、前掲『呉市史』第三巻、三七ページにもあり、この資料にもとづいて記述されたものと思われる。
(43) 海軍歴史保存会編『日本海軍史』第一〇巻(第一法規出版、平成七年)七四二〜七四三ページ。

(44) 青盛敬篤「晴雨天変日誌」四六ページ。なお宮原村の海軍用地の反別はその後に減少したと記されているが、「宮原村沿革録」によると、三八町二反(四万八六六八円)となっている。
(45) 同前、四八ページ。
(46) 呉鎮守府副官部『呉鎮守府沿革誌』(海上自衛隊呉地方総監部提供、昭和一一年一二月)一〇～一一ページ。
(47) 青盛友太郎「宮原村沿革録」。
(48) この間の経緯については、原剛『明治期国土防衛史』(錦正社、平成一四年)二二七ページを参照。
(49) 仁礼景範海軍軍事部長、樺山資紀海軍大輔より川村海軍卿あて「西海鎮守府及艦隊屯集場ヲ設置スヘキ意見書(甲号)」明治一七年一二月(「樺山資紀文書」国立国会図書館憲政資料室所蔵)。
(50) 同前。
(51) 同前。
(52) 仁礼軍事部長、樺山大輔より川村海軍卿あて「巡視諸要地ニ対スル意見書(乙号)」明治一七年一二月九日(前掲「樺山資紀文書」)。
(53) 川村海軍卿より三条太政大臣あて「西海ニ設置セラルヘキ鎮守府幷造船所建築費別途御下付ノ義ニ付第三回ノ上申」明治一八年三月一八日(「明治十八年公文別録　陸軍省海軍省」国立公文書館所蔵)。
(54) 同前。
(55) 松方正義大蔵卿より三条太政大臣あて「海軍省上申西海鎮守府幷造船所建築費ノ義ニ付副申」明治一八年三月二一日(同前)。
(56) 前掲「西海ニ設置セラルヘキ鎮守府幷造船所建築費別途御下付ノ義ニ付第三回ノ上申」。
(57) 佐賀市役所編『佐賀市史』下巻(佐賀市役所、昭和二七年)一九八～一九九ページ。
(58) 青盛敬篤「晴雨天変日誌」五二～五三ページ。江戸時代に一般的であった庄山田村という村名は明治期になると荘山田村と記されるようになるが、明治中期頃までは両方とも使用されている。
(59) 青盛友太郎「宮原村沿革録」。
(60) 前掲『呉鎮守府沿革誌』(大正一二年)一ページ。
(61) 青盛敬篤「晴雨天変日誌」五八ページ。
(62) 仁礼軍事部長より西郷従道海軍大臣あて「鎮守府及艦隊寄泊所其他倉庫等ノ設立ニ関スル意見書」明治一九年一月二八日

（前掲「樺山資紀文書」）。

(63)「明治十九年三月十日決議　沿海区画幷鎮守府設置軍事部意見」（同前）。

(64) 前掲『日本海軍史』第一巻、二八八ページ。

(65)「樺山資紀日記」六（国立国会図書館憲政資料室所蔵）。

(66) 同前。

(67) 青盛敬篤「晴雨天変日誌」六〇〜六一ページ。

(68) ベルタン（桜井省三二等技師訳）「呉湾ニ創設スル造船所ノ場所ニ関スル意見」明治一九年五月六日（「明治十九年公文雑輯巻一　職官」防衛研究所戦史研究センター所蔵）。

(69) 同前。

(70) 同前。

(71) 同前。

(72) 前掲『海軍制度沿革』巻三、二ページ。

第二章　呉鎮守府建設工事の実態と開庁

はじめに

本章においては、主に明治一九（一八八六）年五月から二三年三月までを対象とし、その間に行われた呉鎮守府工事の実態を解明することを目指す。具体的には建設工事の状況を実証するとともに、前章の結果と軍備拡張計画などと関連づけながら、呉鎮守府設立計画はどのようなものだったのか、建設工事は順調に推移していると報告されながら終了が大幅に遅れたのはなぜなのか、採用された海軍の方策はどのようなものなのかなどについて明らかにすることである。なお第二海軍区鎮守府が呉鎮守府と改称されるのは、二〇年九月二九日であるが、本章においては煩雑さをさけるために、とくに正式名称を必要とする時以外は呉鎮守府と表記する。

呉鎮守府建設工事については、開庁後の活動を規定するものであるにもかかわらず、政策の対象となりにくいと考えられているためか海軍史や造船史、造兵史の研究対象とされることが少なく、せいぜい一部について取り上げられてきたにすぎない。それに比較すると、『呉市史』[1]や『広島県史』[2]の方がより具体的ではあるが、少しは原資料を使用しているもののほとんどは海軍が発行した小冊子などにより、用地買収や工事が順調に推移したことを述べているだけである。これでは疑問に満ちた呉鎮守府建設工事の実態を明らかにすることは不可能であり、こうした点を打開するため、本章では可能な限り原資料を使用し軍備拡張計画などの軍事政策と呉鎮守府工事を関連させて分析する。

こうした点を踏まえ、本章は次のような構成により総合的に分析する。第一節においては、第一章の分析結果と軍備拡張計画などと関連づけながら、これまでまったく研究の対象とされることのなかった呉鎮守府設立計画を明らかにすることを目指す。また第二節では、その計画と対照しつつ呉鎮守府建設工事の準備、第三節で、建設工事の推進と問題点について具体的に検証する。そして第四節で、呉鎮守府建設工事の変更とその理由、呉鎮守府開庁の経緯に言及する。

呉鎮守府建設工事の資料については、「明治十九年乃至廿二年呉佐世保両鎮守府設立書」（以下、「呉佐世保両鎮守府設立書」と省略）が存在する。(3) この資料に関しては、工事について「ほぼ完全に知ることができる」(4)とされているが、工事計画はなく工事全体を把握できる文書もほとんど見当たらない。こうした空白を埋めるため、海軍が発行した小冊子など、(5)呉鎮守府の設立や工事に関わった海軍軍人と技術者に関する文書や文献、受入側の呉浦の旧家に残された文書を使用する。またそれでも不明な点や資料間の記述の相違については、後年の帝国議会における発言、回想録、残された施設などから類推するという方法を用いる。

第一節　呉鎮守府設立計画

本節では、第一章の分析結果と軍備拡張計画などと関連させながら呉鎮守府設立計画を分析し、海軍はどのような呉鎮守府を設立しようとしていたのかということを明らかにする。ところが建設工事に先立って作成されたはずの呉鎮守府設立計画は、「呉佐世保両鎮守府設立書」にも他の資料にも見当たらない。こうしたこともあり、これまで計画に関しては、『海軍省第十三年報』の「本建築ノ計画タルヤ三期ニ分チ其第一期ノ総費額ハ金百六拾五万八千三百七拾八円八拾六銭ノ予定」(6)という以外は、ほとんど知ることができなかった。これ以降、可能な限り資料の発掘を試みて、こうした点を打開する。

まず呉鎮守府設立計画を作成する前提となったと考えられる、第一章の第二海軍区鎮守府の設立に至る過程の分析結果と軍備拡張計画について要約する。このうち前者については、海軍一（実質的に日本一）の規模をほこる造船所を有する広義の鎮守府を設立することと、明治一八（一八八五）年三月の西海鎮守府の設立を求める三回目の上申で、五カ年間に二四万八〇〇〇円の狭義の鎮守府と三〇〇万円の造船所の建設予算を要求したのに対し、一九年に三カ年間に一五六万円の予算が提示された。一方、後者に関しては、一八年の軍備拡張計画で導入する艦種をめぐって海軍省内において主船局の海防艦と水雷艇案に対し、軍事部の甲鉄艦（戦艦）案が対立し両案併置となったが、その後に海軍を領導した西郷従道海軍大臣は、一八年の計画のうち閣議で決定されたのは軍事部案であるという見解をとったことが確認できる（第七章第二節、第三節を参照）。

次に特別費による事業の報告書として、明治二四（一八九一）年八月に作成された「斎藤実文書」の「海軍省所管特別費始末」によって、呉鎮守府設立計画の作成過程を検証する。これによると、「此建築ニ要スル費用ハ少ナクモ壱千万円ヲ要スヘシ然ルニ本費ハ当初千七百万円ヲ限リトセシモ新艦製造ヲ始メ海軍拡張事業ハ総テ此額内ヲ以テ支弁スルヲ得サリシカ故ニ呉鎮守府建築費ニハ百六拾六万参千六百五拾参円五拾四銭参厘ヲ配当シ之ヲ第一期ノ工事費トシ」たと述べられている。(7)

すでに述べたように、未だに呉鎮守府設立計画書に関しては存在を確認できない。しかしながら最近になって、これまで検討してきた呉鎮守府計画の骨子、計画作成の前提や作成過程にほぼ一致する内容の「呉鎮守府設立費予算明細書」（以下、「予算明細書」と省略）が呉市の旧家の「沢原家文書」のなかから見つかった(8)（沢原家については、第一二章第五節を参照）。これ以降、この資料の有効性を吟味しながら分析し、海軍はどのような呉鎮守府を設立しようとしていたのかを考察する。なおこの文書は、題名が示しているように呉鎮守府設立時の予算書であるが、造船部や呉兵器製造所などにおいても、予算書以外に計画書の所在が確認されていないことから、本章においては「予算明細書」を呉鎮守府設立計画書に準ずるものとして使用する。

「予算明細書」によると、呉鎮守府設立計画の第一期計画（以下、呉鎮守府第一期計画ないし第一期計画と省略）の予算は、明治一九年度から二一年度（資料では年となっているが、単純な誤りと思われるので年度と訂正する）までの三カ年間に一六二万一三七円が計上されているが、その内訳は主計科が四〇万五一九八円、土木科が九一万九九三八円、造家科が二九万五〇〇〇円となっている。残念ながら、第一期計画の予算とそれによって建設される施設の詳細について知ることはできない。

呉鎮守府第二期計画では、明治二二年度から二六年度までの五カ年間に九一二万六七〇四円を支出することになっている。その内訳は、土木費が二八四万四五七三円、造家費が七九万七六五円、造船部費が五一六万九三六六円、庁費が三二万二〇〇〇円である。造船部の支出がもっとも多いが、土木費のうち八〇万四二四四円は造船所地土工となっており、これを加えると五九七万三六一〇円（六五パーセント）と、造船部中心の計画であることがさらに明白になる。なお造船部の主な工事をみると、第一号船渠（三九万円、ただしこれ以外に六万円を第一期計画にふくむ）、第二号船渠（四九万円）、第一号船台（一万三二九五円）、第三号船台（一万六五八四円）、第四号船台（一万六五八四円）、第一号から第五号水雷艇船台（三万円）、水雷艇船渠三カ所（三万一六六六円）となる。

第三期計画[9]（正確には、「造船部建設第二期后ヨリ完結マテノ入費予算」）の予算の総額は、三〇七万五〇一六円にのぼる。その内訳は、第三号・第四号・第五号船渠費が二七〇万円、第一号・第五号・第六号船台費が六万五〇〇〇円、造船諸器械諸道具費が二九万五二五四円、臨時費が一万四七六二円（造船部造家費の金額は未定）である。なお第一号船台は、このように第三期計画において建設すると記されている。

「予算明細書」は、海軍省内の稟議や作成年月日もないなど正式文書ではなく、また第一期計画と第三期計画の内訳が不明であるなど完全なものでもない。ただし海軍省の用紙を使用していることから同省の文書を筆写して、沢原家の求めに応じて渡したものと考えられるが、いつ手渡し、なぜ第一期計画と第三期計画の内容が欠落しているのかということなどの疑問が残る。こうした点を明らかにするため、第二期造家費予算の監獄費二万七八三円九六銭七厘の説明をみると、「是ハ曩ニ差出シタル予算精書中ニハ弐万弐千五百五拾九円五銭五厘ト有リ右ハ真木委員長見込ニヨリ庁ノ原図ヲ改正シ之レカ為メ坪数ヲ減シタルニ因ル且軍法会議所モ仝改正ニ仍リ坪数増加シ故ニ此残余金千七百七拾五円八銭八厘ヲ以テ補欠ノ見込ナリ」と記述されている[10]。この文言は、すでに差し出した予算精書の監獄費を真木長義呉鎮守府建築委員長の指示により一七七五円余を減額し、同額を軍法会議所費に上乗せすることを求める内容となっている。ここからこの文書は、第二期計画の一部修正を海軍省に要請したものであること、そのため第一期と第三期計画の内訳が省略されたと考えられること（ただし第三期計画の場合は、未だ作成されていない可能性がある）、真木が委員長に任命された明治二〇（一八八七）年九月二六日以降に筆写されたことは確実である。

この文書は、真木委員長が着任した明治二〇年一一月一三日以降、恐らくこれからの事業を推進するために、呉を代表する沢原家の当主である沢原為綱に渡されたものと思われる。海軍は呉港の地主の協力がなくては、将来、自分たちが住む市街地の築調ができないことを認識していた。そして後述するように、「予算明細書」の第二期土木費予算に四万九一〇六円の道路費、五〇〇〇円の地所買上費を計上するなど住民の理解を得やすい市街化計画となるように心がけている。このうち道路費は、幅一五間（二七メートル）、長さ五〇〇間（九〇九メートル）の国道計画（のちの本通の原計画）と幅八間（一五メートル）の県道計画を実施するための費用である。なおこの計画は、地元の意向を入れて縮小される（第一二章第一節を参照）。

次に「予算明細書」を他の関連資料と照合して、その整合性を考察する。まず明治二一（一八八八）年二月に政府に提出した第七回軍備拡張計画にあたる「第二期海軍臨時費請求ノ議」をみると、二二年度から二六年度の五年間に五二八四万七三五三円余の費用で艦艇や兵器および鎮守府などの施設を整備することになっている。[11] そのうち施設費は一八一九万三三六二円で、呉鎮守府設立費は九三七万四二四七円、その内訳は土木費―一八三万九五七三円、造家費―一八八万六五二円、造船部建設費―五三二万七〇二二円、地所買上費―三万円、事務所諸費―一九万七〇〇〇円である。また造船部建設費の主な項目を示すと、第一・第二船渠費が八八万円、第二・第三・第四船台費が四万六四六三円、水雷艇船台費（五カ所）が三万円、同船渠費（三カ所）が三万一六六六円となる。これをみると、「第二期海軍臨時費請求ノ議」の呉鎮守府設立費は、「予算明細書」の第二期計画をわずかに上回っていることがわかる。

この他、呉市入船山記念館には、現地測量をもとに東京で作成し呉港に持参したと思われる一枚の図面（口絵を参照）が残されている。これには狭義の鎮守府と造船部、兵器部ばかりでなく、碁盤の目の道路網や堺川から二河《にこう》川の隣接地までのびる放水路などが描かれており、海軍は自らの計画によって一部の市街地をふくむ軍港都市を建設しようとしていたのであった。

こうした点を総合すると、呉鎮守府設立計画は、三期八年以上（第一期―三年、第二期―五年、第三期―未定）、一一三八二万一八五七円以上（第一期―一六二万一三七円、第二期―九一二万六七〇四円、第三期―三〇七万五〇一六円以上、造船部造家費は未定）であること、この間、狭義の鎮守府、五船渠・六船台を中核とする造船部、小規模の兵器部、そして一部市街地を建築するという内容であったといえる。このように「予算明細書」を分析することによって、呉鎮守府設立第二期計画の詳細とともに全体計画の概要を確認すること、また第一期計画と第三期計画の内容についてある程度は推測することも可能となる。ここで問題となるのは、どの時点で呉鎮守府を開庁しようとしたのか、また第二期・第三期計画においてどのような艦種の艦艇を造修しようとしたのかについて、明らかにされていないことである。

このうち前者については、第一期計画の工事の終了時点ないし第二期計画の工事の一部が終了した時点という選択が考えられるが、その結論は呉鎮守府建設工事の分析後に行う。一方、後者のうち第二期計画については、第二・第三・第四号船渠の入渠可能な艦船は一一五メートル、第三・第四号船台の海岸より船台頭端までの長さが一〇二メートル、海岸より水中前端までの長さが八九メートルとなっていることから、巡洋艦までの造修を目指したことがわかるが、具体的には明らかにされていない。そして第三期計画においては、それを上回る拡張が計画されたのであるが、目的は明示されていない。ただし呉鎮守府設立計画は、明治一八（一八八五）年の第六回軍備拡張計画のあとに作成されたこと、呉鎮守府建設工事は、第六回軍備拡張計画において甲鉄艦（戦艦）の保有を主張した軍事部に所属した軍人や技術者の主導によって推進されたこと、こうした点を考えると最終的に戦艦の建造を目指していたと予想されるが、現時点では推定にとどめ、総合的な分析のあとに確定する。

ここで呉鎮守府設立計画について総合すると、海軍は西海鎮守府構想や軍備拡張計画などを考慮して最終目的を樹立し、海軍一の造船所をふくむ広義の鎮守府の建設を目指して呉鎮守府設立計画を作成した結果、少なくとも一〇〇〇万円の建設費が必要なことが判明した。ところが特別費により割り当てられた予算は、わずか一五六万円であった。

そこで一六二二万円を第一期計画とする三期（八年以上）、総額一三八二万円という長期的な全体計画を作成し、第二期計画、第三期計画で段階的に最終目的を達成することにした。鎮守府設立過程の時と同様に、理想的な全体像を提示し、妥協を受け入れながら、段階的に目標を実現していくという方策がとられたわけであるが、こうした海軍の思惑が実現されることが保証されていたわけではなく、前途には厳しい現実が待ち受けていたといえよう。なお第一期計画予算については、資料により一五〇万円台から一六〇万円台まで差異が認められるが、厳密に区別する必要がない場合は、煩雑さをさけるため約一六〇万円と記述する。

第二節　呉鎮守府建設工事の準備

本節においては、呉鎮守府設立計画に沿って実施される呉鎮守府建設工事のための準備がどのようなもので、どのように行われたのかということを明らかにする。記述に際しては、まず明治一七（一八八四）年から行われている用地買収と測量と立退きなどを対象とするが、売買の約束から支払いまで長期間を要したこと、短時間に立退きを迫られたこと、コレラが猖獗したことが住民に与えた影響などについても考察する。また次の呉鎮守府建築委員の任命と経歴においては、未曾有の大工事を実施するために、どのような能力を有する軍人や技術者が集められたのかという点に焦点をあてる。最後に、現地の責任者をつとめた佐藤鎮雄大佐の動向を中心に、呉鎮守府工事のためにどのような準備がなされたのかについて概観する。なお全体を通じて、なぜ工事の完成が急がれているにもかかわらず、呉鎮守府建設工事の着手が遅れたのかという点に言及する。

一　用地の買収と測量

すでに述べたように用地買収について海軍は、土地の高騰を防ぎ既成事実を積み重ねて事業決定を確実なものにするため、鎮守府の呉港への決定が決まる二年前の明治一七(一八八四)年と一八年に地主に「請書」を提出させていた。ところが土地代金の支払いは一九年八月まで延期されたのであり、一八年七月二九日に海軍病院の適地を探すため高木兼寛海軍軍医大監、鶴田鹿吉海軍大軍医とともに来呉した御用掛の堤従正は、用地買収代金の支払いが遅れたため、次のような問題が発生していると報告している[12]。

御用地一件以来人民其ノ土地等ノ御買上ヲ待ツ一日千秋ノ思ヲナシ為ニ全浦ノ金融ヲ壅塞《ようそく》シ困難ノ位置ニ陥レリト、蓋シ人民過半ハ其ノ土地ヲ典シ負債ヲナシタルモ今日買上代価確定ノ上ハ之ヲ其ノ儘債主ニ没収セラルルヲ恐レ(其ノ借入ノ額借入代価ヨリ小額ナレバナリ)ルガ故ニ利子ノ為困迫シ殆ド維持ニ苦シム如シ、甚シキニ至テハ移転料ヲモ既ニ書入負債ヲナス者アリト、又人民ハ移転料ノミナラズ移転地ノ速ニ御決定アリテ夫々土木ノ準備ヲナスヲ第一ニ懇望スル所ナリ、是レ移転ハ一時ニ挙行スベカラザレバナリ(一時ニ工事輻輳スレバ傭工ノ賃銀騰貴スレバナリ)。

耕作地や家の買収が約束されても、代金を受領しないうちに代替地を購入したり自宅を建築するためには借金に頼らなければならず、なかには利子のために財産を失いかねない者もいたのであった。このため、「受書奉呈ノ後数年ヲ経過スト雖モ更ニ政府ノ方針如何ナルヤヲ知ルニ由ナシ巷説区々タリ村民殆ンド落胆セシ」という状況に追い込ま

表２－１　海軍用地買収の状況

買収地		買収反別	買収費
		町	円
宮原村	Ⅰ期（明治 19 年）反別	77．0	128,998
	家屋移転料等		72,124
	Ⅱ期（明治 20 年）追加反別	2．9	4,272
	家屋移転料		3,082
	Ⅲ期（明治 21 年）追加反別	0．4	587
	家屋移転料		145
和庄村	（明治 19 年）総反別	12．0	16,600
	家屋移転料		2,113
	（明治 23・24 年）墓地敷地	2．2	1,979
荘山田村	（明治 18 年）総反別	11．0	13,804
	建物移転料等		145
	（明治 19 年）追加反別	12．7	16,900
	（明治 19～24 年）射的用地	18．7	22,018
計		136．9	282,767

出所：『呉市史』第１輯（大正 13 年）27～28 ページ。
註：資料中には、12 万 8998 円余のような記述がみられるが、円余がどの位か不明なので、円未満は切り捨てた。

れたが、[13]明治一九（一八八六）年に至り、「仝八月突然用地代幷ニ移転料等下附ノ命ニ接ス是ニ於テヤ蘇生ノ思ヒヲナシ」たと述べられている。[14]

買収用地の面積と金額については、資料により相違がみられるが、年別・村別の数値がもっとも体系的に記されている『呉市史』第一輯によると、[15]表二－一のようになる。

一方、海軍省の資料によると、明治一九年に海軍省に編入した用地は、宮原村ほか五カ村で、官有地一二・五町歩、民有地約一七二・二町歩、合計一八四・七町歩となっており、このうち三・三町歩が新道路敷地として広島県へ引き渡されている。[16]その後二〇年に至り、荘山田村地内の二六町歩を「不用ニ付内務大臣へ照会ノ上返還」しているが、[17]これは地元の要請により宮原村の立退住民の住宅地として、海軍が一度買収した土地を同価格で払い下げたものと考えられる。さらに墓地用地として二・一町歩（うち民有地二町歩――一六四五円）が海軍用地に編入されている[18]（これ以降については省略）。なお呉市と海軍の集計にかなりの差異がみられるのは、官有地や吉浦村の火薬庫用地一一・一町歩[19]（一万一四八一円）や、警固屋村の用地などがふくまれているか否かなどのためと思われる。

用地買収にともない、海軍用地内の家屋、寺社などの立退きが行われた。明治一九年八月一五日の新聞によると、「民家移転ハ本月十五日までと期限を厳達せられしかば各々競ふて家屋解崩しに取り蒐りたるに市街ハ一面の土煙にて通行も出来ざる勢ひ又たその職人ハ汗の上に塵埃を被り何とも名の付け難き有様」であった。[20]また、「陸ニ海ニ家具什器ヲ運搬シ港内ノ如キハ船舶出入織ルカ如シ又家屋崩壊斧鉞ノ声四境ニ達ス其雑沓名状スヘカラスコノ時虎疫流行甚ダ猖獗ヲ極ム」と、これまで経験したことのない混乱となった。なおこの時に立退きの対象となった一〇二三戸[22]のうち、二五戸は官舎として利用されることになっている。[21]

立退きによって持家を失い、まだ新家屋が完成しない者、借屋住まいの者の大部分がわが家を失った。とくに「小民ニシテ借家住ノ者ハ移転料ヲ受クルノ資格ナシ家屋崩壊ノ為メ却テ中途ニ彷徨スルノ悲境ニ陥ルヲ以テ一時学校又ハ神社ニ立退カ」したが、[23]なかには「海辺ニ帆柱ヲ建テ、帆等ヲハリ、往古時代ノ家ノ如ク、只、雨露ヲ凌グニ足ルニ過キ」ない生活を強いられた者もいた。[24]そうしたなかで、明治一九年九月一〇日夜、暴風が発生、風雨によって宮原村内において死者二名、新建築物崩壊一六〇戸余という被害が発生した。[25]こうしたなかで「波ハ露舎ニ浸入シ、風雨ノ為復々、再度ノ害ヲ蒙リ、悲鳴救助ノ声、耳朶ニ達ス」という悲劇にみまわれた。[26]さらに、「虎疫ニ罹リ苦悶スルモノアリ其惨状ヲ究」めたが、村に救済の力があるわけでもなく、「彼等ハ里道買上金ノ内ヲ以テ一戸ニ付若干金ヲ与へ他村ニ移ラ」したと述べられている。[27]

住民を苦しめた伝染病（主にコレラ）についてみると、次のようになっている。明治一九年は、記録が残されているなかでもっとも多い三三万一三〇〇名の伝染病患者、一五万七七一名の死者を記録したが、そのうち患者一五万五九二三名、死者一〇万八四〇五名はコレラによるものであった。この年のコレラはほぼ全国に流行したが、五月には四国・中国地方に広がり広島県でも発生、六月八日には、「虎列刺病流行地ト認定」された[28]（一一月五日に解除）。この間、広島県においては七四七七名の患者が発生、このうち五三四七名が死亡するという未曾有のコレラ禍に襲われた。なかでも広島区が患者一八六二名（死者一四六六名）、呉港の諸村が属している安芸郡が一一九六名（同八二三名）と、人口の多い沿岸部に集中していた。[29]広島県の九月六日の訓令によると、この時のコレラは、「五月十四日広島区ニ発スルヲ以テ始トシ尋テ各地ニ散発其流行」している。[30] 広島区に次ぐ患者を記録した安芸郡では、「各村ニ散発シ甲斃シ乙発シ日ヲ逐テ増劇シ逆焔ノ煽ク所殆ト全郡ニ洽カラント」いう惨状を呈した。[31]

呉港におけるコレラについては、「漁夫鯖網ト唱へ、伊予沖ニ出漁シテ感染」し、「一日平均二十名内外」の患者が発生したが、患者を収容する設備がなく、瀬戸島（現在の呉市音戸町）に検疫所を設置し検疫を実施したと述べられている。[32] このうち患者数については、宮原村でコレラ患者が一二〇名（法定伝染病患者が一二〇名）、吉浦村で九三名（同一二三名）、荘山田村で五四名（同五七名）、警固屋村で二一名（同五三名）、和庄村で一四名（同一八名）を記録していることが、はじめて明らかになった。[33] まさに記録が残されているうちでもっとも多いコレラ患者であるが、恐らくこのうち約七〇パーセントは死亡したと推定される。当時の海軍関係の公式文書には記録されていないが、呉鎮守府建設工事に少なからぬ影響をもたらしたものと思われる。なお呉港のコレラは、「九月末ニ至テ漸ク減ズ」と記述されている。[34]

買収した海軍用地の測量については、当時、全国において鉄道工事が盛んに行われていたため土木技術者が不足した。こうしたなかで海軍省から委嘱を受けた広島県は、明治一九年四月から五月にかけて四名の職員と人夫を派遣し測量を実施した。[35] また六月九日には、横須賀造船所の佐藤成教一等技手など七名が来呉し、測量を実施している。[36] そのなかで職工のリーダー的存在として来呉した常田壬太郎は、雇職工として入業してから一年以上たって横須賀造船所修業職工として八年九月から学び[37]、新制度の職人黌舎《こうしゃ》をへて一四年三月一九日に「黌舎定科之造船学ヲ修メ」卒業、その後も横須賀造船所などにおいて艦船の造修に取り組んだ人物である。「横須賀黌舎学則」によると、三角術も履修することになっており、測量にも対応できたものと思われる。[38]

常田によると、「当時の呉は町とは名ばかりで、寂しい漁村であった」という。[39] また、「土地は、常に潮の干満の差が甚だしかつたから、海辺には満潮時の水を防ぐ為めの高い堤防が築かれて」おり、「堤防には樋があり、満潮時には、扉を立てて、水の侵入を防ぎ、干潮時には、扉をあけて内に溜まつてゐる水を、排出するやうに設備が出来てゐた」と述べられている。[40]なお一行は、明治二〇（一八八七）年の夏にコレラが流行したため帰途についたと記されているが、[41]二〇年には広島県内で二三名のコレラ患者が発生しただけであり、一九年の夏のことと思われる。

二　鎮守府建築委員の任命とその陣容

第二・第三海軍区の位置が決定する前日の明治一九（一八八六）年五月三日、第二海軍区および第三海軍区鎮守府建築委員をおき、これまで非公式にすすめられてきた鎮守府の建築の準備は、組織的に推進されることになった。建築委員の任命とその直後の活動については、次のように報告されているが、[42]委員の役職名については、目まぐるしく変更し正確に把握できない状況であり、ほぼ使用した資料のまま表記する。

本年〔明治一九年〕四月二十六日勅令ニ由リ五海軍区ノ制定マル〔ママ〕ヤ翌五月三日第二海軍区及第三海軍区鎮守府建築委員ヲ置ク尋テ樺山中将之カ委員長ト為ル……鎮守府官制ノ定マルヤ管海ノ規模始メテ建チ其建築モ亦大ニ完備ヲ要ス委員等此意ヲ体シ之カ経営ヲ為シ其図案計画ノ定マルヲ以テ十月委員中ヲ抜キ分テ第二海軍区ハ佐藤大佐第三海軍区ハ中溝少佐ヲ以テ各建築事務管理ト為シ其他衛生事務主任、会計主務官、土木主任、造家主任ヲ定メ建築地ニ派遣シテ起工セシム〔後略〕

この資料に登場する樺山資紀海軍次官の委員長就任については、明治一九年五月三日に「第二海軍区第三海軍区鎮守府建築委員長被仰付度」という申請がなされ、五月一〇日に認可された。[43]樺山は、天保八（一八三七）年に鹿児島に誕生（本籍・東京府）、陸軍省で活躍したが、明治一六（一八八三）年一二月一三日に海軍大輔に就任後は海軍省の中枢を歩み、一九年三月六日には海軍次官兼軍務局長に任命され、七月から二〇年六月まで西郷従道海軍大臣が欧米に派遣されたため大山巌陸軍中将が大臣を兼務したが、実質的には海軍の最高責任者の役割を果たした。そして同年九月二五日には欧米出張を命じられ、また二三年五月一七日から二五年八月八日まで海軍大臣として名実ともに海軍を領導した。[44]このように多くの業績を残しているなかで、「海軍の軍事部の創設は、彼の積極的努力である」といわれており、[45]呉鎮守府の設立計画、建設に際しても、最高責任者として活躍した樺山の影響が反映されたと考えられる。

また佐藤鎮雄は、明治四（一八七一）年二月に柳川藩より「航海修行トシテ英国留学」、その間オーストラリアへの航海などの経験を積んで九年六月二〇日に帰国、中尉となり海軍兵学校に出勤、その後「筑波」などに乗船、航海術に優れた才能を発揮したが、一七年二月以降は陸上勤務となり海軍大臣秘書官などを歴任した。[46]そして一九年五月三日に第二第三海軍区鎮守府建築委員、七月一二日に大佐、九月一〇日に第二海軍区鎮守府建築委員、一〇月七日に第二海軍区鎮守府建築地事務管理に任命された。[47]すでに述べたように（第一章第四節を参照）、一九年四月に樺山海軍次官に随行してベルタン顧問などとともに呉港の調査を実施しており、大規模な呉鎮守府建設工事の責任者として呉港に赴任したのであった。彼は、「自信強く且頗る胆力に富むを以て、事に当つて勇断決行し、世の毀誉褒貶の如きは毫も介意する所に非らず」という性格の持ち主と述べられており、[48]困難が予想される工事の責任者に適任と判断されたものと思われる。

明治一九年一〇月には、土木主任に石黒五十二《いそじ》海軍三等技師、衛生主任に豊住秀堅海軍軍医大監、会計主任に安井直則海軍主計大監、造家主任に曾禰達蔵海軍四等技師が任命された。[49]このうち石黒技師は、一一年に東京大学理学部（土木）を卒業、翌一二年に文部省留学生としてイギリスに留学、水道工事や灌漑工事などの実地研修を積み、一六年に帰国し内務省などに勤務、一九年に内務省と兼務のまま第二第三海軍区鎮守府建築委員（日時不明）、一〇月に土木主任に就任した。その後も内務省に籍をおきながら、海軍省の求めに応じて船渠の建築や事故調査に関わった。そして三一年には、海軍省に転じて海軍建築部工務監となり、三二年には欧米各国に出張して軍港を視察、三九年に退官した[50]。

豊住軍医大監は明治四年一二月に海軍省に入り、海軍病院や海軍病院学舎でイギリス人医師のホイラー（E. Wheeler）やアンダーソン（W. E. Anderson）から医学を習得するとともに、のちに日本海軍の医療制度を確立し、脚気の予防と治療に多大な貢献をすることになる高木兼寛と一緒に、学生教授補助などを務めた。その後は海軍軍医として研鑽を積み、一九年七月一三日には軍医大監、九月六日に第二海軍区鎮守府建築委員、一〇月四日に同衛生主任となり、一一月四日に呉に赴任、二〇年九月二九日に呉鎮守府建築委員を拝命、海軍内はもとより呉港全体の医療・衛生の向上につとめた[51]。この他、川俣四男也海軍大軍医も一九年九月に第二海軍区鎮守府建築委員に任命されるなど[52]、初期から複数の軍医が活動している。

安井主計大監は、すでに述べたように明治一九年四月に樺山海軍次官、ベルタン顧問、佐藤中佐とともに呉港の調査に参加している。唯一の文官委員として佐藤とともに会計を中心とする管理部門で活躍したものと思われるが、一〇月一七日に来呉した以外にその後の動向を示す資料は見当たらない。

建築主任の曾禰技師は、明治期の日本建築界の中心人物となる辰野金吾らと唐津藩の耐恒寮《たいこう》において、のちに大蔵大臣や内閣総理大臣となる高橋是清から英語を学び[53]、その後に辰野とともに工部大学校の造家学科第一回生（四名）となり、日本の西洋建築の生みの親ともいえるコンドル（J. Conder）の教えを受け、明治一二（一八七九）年一一月四日に同校を卒業。その時の卒業論文「日本の将来の住宅について」において、建築の様式として自由度のあるゴシック様式を評価しつつも、地震と湿気の多い日本の風土にあわせて修正をすべきことを指摘、構造、材料については、木は耐火性に、レンガは耐震性に問題があるが、それは基礎工事によって克服できるとしてレンガを使用することを主張した。卒業後、彼は工部省技師、母校の教官を務めたのち、一九年六月一五日、海軍省に入り第二海軍区第三海軍区鎮守府建築委員、九月一四日に第二海軍区鎮守府建築委員兼第三海軍区鎮守府建築委員、そして一〇月に造家主任として、鎮守府造家（建物）工事において中心的な役割を果たすことになった[54]。その後二〇年九月二九日をもって鎮守府の名称が呉鎮守府と佐世保鎮守府となり建築委員名も変更され、二一年には佐世保鎮守府建築委員の兼務を解かれ、呉鎮守府建築委員として呉鎮守府建築工事に専念、二二年四月一日には呉鎮守府建築部主幹、二三年には五月九日に海軍三等技師・呉鎮守府建築部長に就任したが、八月二二日に辞任、九月一二日に三菱社に入社した。辞任の直接的理由は明らかではないものの、「前年（明治二三年カ）末本年初頭に、海外鎮守府建築視察のための洋行を願い出るも許可されず」ということが影響したことは間違いないであろう[55]。いずれにしても海軍は、こうして有能な人材を失うことになる。なお三八年六月二日に発生した芸予地震に際し、被害調査を実施した曾禰は、自らが関わった建物の倒壊に対し率直に責任を認めている[56]。

これまで各建築委員の経歴をみてきたが、詳細な履歴書がそろっているわけではなく、正確には把握できない。ただし大筋として、明治一九年五月三日に第二海軍区および第三海軍区鎮守府建築委員が設置されたが、佐藤中佐のように当日に任命された委員もいるものの、たとえば豊住軍医大監、曾禰技師のようにのちに任命された者もいる。その後、九月に第二ないし第三海軍区のみ、または第三海軍医との兼務という形で所属が決定し、一〇月に主任に任命され呉に赴任したことがわかる。問題は、完成が急がれている工事であるにもかかわらず、五月三日の委員任命から呉港への着任までの期間が非常に長いことである。九月下旬にコレラ患者が減少し、その後に委員が呉港に赴任していること、コレラが流行したため測量を中止して帰ったという記録もあるように、そこにはコレラが影響していたのではないだろうか。

三　仮事務所の開所と諸準備

すでに述べたように明治一九（一八八六）年四月以降、海軍の技術者や広島県の職員によって測量が行われた。こうしたなかで二〇年になると、三月二六日に樺山次官と村上敬次郎海軍主計少監、八月一二日に華頂宮博恭《ひろやす》王、山階宮菊麿《きくまろ》王など要人の視察が続いた。そして八月二一日には欧米視察から帰国した西郷海軍大臣が訪れ、仮事務所で工事関係者と懇談、その後に七回楼において地元代表者と懇親（出席者約六〇名）、「大臣自ラ其盡返杯頂戴セントノ事ニテ、然レバ不恐此盡返杯仕ラント差上、其体親キ大将流石皇国屈指ノ大将ナラント一同益々尊敬セリ」と、地元民の人心を掌握している。(57) そしてその夜は、川原石の佐藤事務管理の自宅に宿泊している。

佐藤事務管理の自宅は、「呉湾の北に位置する川原石港から、なだらかな坂を上った海抜19ｍ」にあり、「南に呉港が開け、東に休山が尾根を南に延ばし、西には江田島が見え」る風光明媚な場所に建てられた。(58) 現存するこの建物は、「沢原為綱が川原石の高台に和洋折衷の平家を建てて提供し、これを静観亭と称した」と述べられており、(59) 恐らく海軍の要請により呉地方随一の資産家の沢原家が自らの土地に静観亭を建設し、それを海軍に貸し付けるという形式をとったものと思われる。注目すべき点は、静観亭は佐藤の自宅としてだけでなく、軍政会議所が完成する明治二三（一八九〇）年まで賓客の宿舎や歓迎会場、海軍高官の会議や宴会場としても使用されたことである。現存する「客間天井のシャンデリヤ周辺の半浮彫りを形成する彫塑や廊下天井の木組など」を備えた洋館と、(60) 質素ななかにも気品のある和風建築をみる限り、こうした多様な役割をこなすに充分な建物であり、恐らく海軍の設計、指導により地元の最高の技術を有する職人たちによって建築されたものと想像される。なお二三年五月に佐藤が呉を離れたのち、静観亭は、赤峰伍作造船部長の自宅となるなど、海軍高官の宿舎として利用された。

西郷海軍大臣をむかえた佐藤事務管理は、「第二海軍区鎮守府建築状況具申」（以下、「建築状況具申」と省略）を提出した。この「建築状況具申」によると、佐藤は明治一九（一八八六）年一〇月二七日に呉に到着したと報告しており[61]、また安井会計主任、石黒土木主任は一〇月一七日以降に来呉している[62]。この間の一〇月二三日には主計科、軍医科、土木科、造家科からなる仮事務所を設置し一一月一日に業務を開始しており、こうした点を勘案すると一〇月中に鎮守府の建設準備が整ったといえよう。

明治二〇（一八八七）年一月に呉に出張した本宿宅命大佐によると、この仮事務所は、「旧来ノ民屋五六軒ヲ竹矢来ニテ囲込ミタルモノ」で、「本部主計部合併ニテ壱棟ニ居リ医科土木科造家科ハ各壱棟ヲ」使用していた[63]。また仮事務所や工事現場付近に適当の住居がなく、そのうえ、「未夕人力車ヲ通スヘキ道路ナク粗悪ノ耕作道ヨリ往復スルカ故雨雪ノ日ノ如キハ出張員ノ困難甚シ」と述べられている[64]。なおこの仮事務所は、前述の官舎用に残された二五戸を利用したものと思われる。

佐藤事務管理がもっとも憂慮したのは、「広島ニ達スルノ道路ハ啻ニ狭隘迂回ナルノミナラス二大山脈ノ横断スルアリ有事ノ時ニ際シ広島鎮台トノ聯絡無キトキハ軍略上不得策ト思考」される、広島との交通問題であった[65]。佐藤はただちにその改良を上請、その結果、広島に通ずる道路は国道に昇格した。そして沿線住民の出費によって明治二四（一八九一）年一二月から二五年一月にかけて荘山田村浜濃田から長ノ木間の改修がなされたように、各地で小規模な工事が実施されたが、本格的な改築には至らなかった[66]。また海岸線を通る呉と広島間の国道の開通は、昭和一三（一九三八）年まで待たなければならなかった。ベルタンも憂慮していた呉港の最大の欠点は、克服されることなく海軍と市民を悩ませることになる。

佐藤事務管理は、海軍施設の建設にともなう市街地の形成、家屋の制限、河川の保護、下水・汚物の処理、軍港内船舶係留禁止などについて、広島県、安芸郡、呉港内諸村と協議を重ねた。このなかで、やはりベルタンが指摘していた二河川上流の森林保護については、「鎮守府造船部兵営等総テ供給飲用水ノ本源ニシテ……而ルニ水源七箇村ハ多クハ民有山林ニシテ擅《ほしいまま》ニ之ヲ伐採セシメバ土砂益軍港内ニ流出シ浚疏砂防ノ困難焉ヨリ太シキハ莫シ是ヲ以テ濫伐禁止ノ訓令ヲ上請」した。(67) 呉軍港建設計画図（口絵を参照）をみると、海軍は堺川から二河川の東への放水路の建設を計画していたと思われるが、それは艦船の停泊地や船渠などへの土砂の流入をふせぐための対策であったと思われる。

佐藤事務管理は、呉港赴任当時のものと思われる手帳を残しており、そこにはこれまで取り上げてきたことばかりでなく、次のように多くの案件が記述されている。(68)

広島呉間国道之件　御用地取拡之件　二河川水源山林伐材禁止之件　売隠女放逐之件　隈〔猥〕ニ家屋建築スルヲ禁止ノ件　御用地背面之官用地内ニ取入ノ件　軍港制定ノ件　軍港ハ鎮守府司令長官地方官ト協議シ市区道路其他指定スヘキ件　県道着手之件　市街地域拡張之件　人民番地変換之件　衛生事務鎮守府長官関渉〔ママ〕之件　鉄管敷地之件　電信局長回答ニ対シ上申之件　小汽船請取之上、組人員之件〔中略〕広島県知事エ協議之件　市街大道三津田エ通スヘキ事　県道築設取急キノ事　砂防工事ノ事　郡役所移転ノ事　第一、第二ベルタ〔ママ〕計画ノ事　場合ニ依リ照会セシモノ也　予算書差引現在之金額　軍法会議病院掘鑿之金額届別紙委員長へ上申之件　軍港測量今日ヨリ着手スベキ事　道敷地土坪運搬之儀上申　仮倉庫陸揚地へ土捨ノ為メ立壱坪弐拾銭増給ノ事　石黒・曾〔禰〕根両技師佐世保出発之件御届　一、埋葬地取設ノ件　一、火葬場取設ノ件　一、遊廓制定ノ件　一、移転地払下ゲノ件　一、第二横道着手中ニ付同道路以南へ料理営業禁止之件　但シ軍港ハ特別之命令アリタシ　一、夏期虎疫予防ノ件　一、営業税ノ件　一、市街地予定返納ノ件〔中略〕大倉藤田請負営業税之件　高田属採用ノ始末　丸亀へ軍艦寄港之件　第一期ノ予算総額ニ対スル各成績ノ見込　下士以下軍人ノ行状昇降等御依〔委〕任ノ件　造船所建物予算取急之件　石壱坪是迄三銭之処俄ニ二拾六銭弐厘　石割七十銭　運搬六十銭〔後略〕

まさにこのメモをみると、軍港を新設するための多彩な業務が佐藤事務管理の肩にかかっていることが伝わってくる。このなかには興味深いことも少なくないが、とくに海軍省顧問のベルタンの進言を採用している点、物価の高騰に苦慮している点は、注目すべきことといえよう。試みに明治二〇（一八八七）年一月二八日に呉軍港に出張した本宿建築委員を迎えた佐藤は、「市街地幷ベルタン製鉄所見込地遊郭見込地等」を案内している。[69]

ここまで佐藤事務管理の行動を追ってきたが、ここで軍医の業務についてみることにする。この点について「呉海軍病院沿革史」は、「豊住軍医大監ハ十九年十月二十七日呉着港以来先ツ土地家屋ノ清潔消毒、水源ノ探求、病室ノ設置等ニ着手シ傍ラ天候気象ノ観測、人情風俗、生活状況等ノ視察、地方衛生ニ関シ当該官憲トノ交渉ニ従事シ傍ラ当時流行セル天然痘及虎列刺等ノ伝染病ノ予防撲滅ニ関シ地方医師及一般人民ノ指導啓発ニ努メタリ」と豊住衛生主任の活動を伝えている。[70]

次に、建築材料に関して述べることにする。まず呉鎮守府の建物に大量に使用されたレンガについてみると、明治二一（一八八八）年八月一五日の新聞は、「最初の程堺なる原口宮崎の両人にて専ら練化石を入来りしが近来は両人とも用達を廃め目下賀茂郡三津《みつ》村の練化石製造場より専ら積入已に百十万余の練化石に達したり」と伝えている。(71) 三津村のレンガについては、これより先の二月二二日の新聞に、同村のレンガ工場を日本土木会社が引き受け、六〇〇名余の職工や人夫を使用し呉鎮守府建設用として製造しているとの記事があり、(72) 呉鎮守府の工事にともない同村がレンガの産地として発展したことがわかる。(73)

船渠・護岸工事、建築用材として利用される石材については、すでに工事開始前に調査がなされており、「石材ハ吉浦ニ最モ多ク、客年（明治一七年）一時御用地ニ編入セシ両城近傍ノ如キ並湾口『ウルメ』島ニ対スル山岬ハ全ク岩石ヨリ成立ス、御影石ニテ長崎港船渠モ該所ノ石ヲ使用セシト云フ」と報告されている。(74) もっとも利用が多く重量物の石材は、近郊から供給可能となったのであるが、木材については、呉周辺から購入することができなかった。

請負業者選定に関しては、明治一九（一八八六）年五月二一日、当時の大手の建設業者であった藤田組より、「私義兼テ土工建築等ヲ以営業専務罷在申候ニ就テハ右鎮守府御設置ニ関スル一切ノ御建築御請負奉願度」という「願書」が提出された。(75) また六月一九日には、地元建設業者より、「本県下ニ興ル工業ヲシテ悉皆他府県之者共ニ従事被致候ハ如何ニモ遺憾之至リニ不堪就テハ年来本県下ニ在テ該職ヲ以テ官民之土工ニ従事セシ熟練之者共ヲ精撰シ土工其他之御用ヲ相勤度」という請願がなされた。(76)

結局、第二・第三海軍区鎮守府の請負業務は、東の大倉、西の藤田といわれた、当時の日本の最大の建設業者で政商の藤田組と大倉組商会によって担われることになった。両鎮守府の工事については、「当初、海軍省が両者に見積書を出させていずれかに請負せる予定だった」が、「大工事であるうえに工期を急ぐ事情もあったので、両組に共同で請負わせることにした」と述べられている。(77) ただ第二海軍区の場合は、両者が独立した企業として各工区を分担したのに対し、第三海軍区は共同企業という形態をとっている。なお請負業者の担当は、土木工事に限定されており、当時の造家工事といわれた建物の建築は海軍自らが行うことになっている。

請負業者の主な仕事は、人員の確保と管理監督であり、器械については、明治一九（一八八六）年七月一六日の新聞に、「去る八日海軍兵器局より諸器械を廻送された」と報道されているように、海軍省が主として用意し、貸し出した。[78]なお当時の建設器械については、「今のように自動車も建設機械もない時代だったから、山を割り海を埋め立てたのは発破（火薬）とつるはしともっこと大八車、それに人力だけだった」と述べられているが、[79]後述するように軌道による運搬や杭打器械が力を発揮している。

最後に、管理機構の変遷について述べておく。すでに叙述したように、呉鎮守府建設工事は、樺山第二海軍区第三海軍区鎮守府建築委員長のもと、佐藤事務管理と四名の主任の主導により、仮事務所を拠点として行われてきた。そうしたなかで明治二〇（一八八七）年六月一一日、第二海軍区鎮守府建築事務所が呉に設置された。また九月二五日には、「実質上鎮守府問題の最高責任者であった樺山が海外視察を命ぜられ」たため職を離れ[80]（一〇月一一日に出発）、翌二六日付で真木中将が呉鎮守府建築委員長に就任した。そして九月二九日には、呉鎮守府建築事務所と改称された。[81]なお名称については、当初、主な施設が宮原村に存在することから宮原鎮守府という説も唱えられたが、最終的には古くから呉湾一帯の呼称である呉が選ばれることになる。

実質上の最高責任者の離任は、呉鎮守府建設工事にとって痛手となったと思われるが、真木建築委員長も呉港の調査の経験があり地元住民に親しまれており、その意味では妥当な人選といえよう。一方、一〇月二七日には呉鎮守府建築委員副長に佐藤事務管理が任命された。真木委員長の着任は一一月一三日になるまでのび、またその後も事務の統括のみならず鎮守府開庁の準備もしなければならず、実質的には一貫して佐藤が責任者の役割を果たしたものと思われる。なお第二海軍区鎮守府建築委員が呉鎮守府建築委員に任命されたのは、豊住軍医大監が九月二二日であることから、同日かその前後と思われる。

第三節　呉鎮守府建設工事の推進と諸問題

本節では、呉鎮守府設立計画、呉鎮守府工事の準備、とくに前者と関連させながら、主に明治一九（一八八六）年一〇月から二一年三月まで行われた呉鎮守府建設工事の実態を明らかにすることを目指す。なおこの当時は、比較的計画どおり工事を遂行できた時期であり、その工事を通じて海軍の意図を探りたい。

一　呉鎮守府建設工事の推進と進捗状況

呉鎮守府建設工事は、明治一九（一八八六）年一〇月三〇日に土木工事、一一月七日に造家工事といわれた建物工事が起工された。このうち土木工事は、「第壱工区ハ砂防工事　第弐工区ハ境橋架設端船繋留所最寄保壁鎮守府倉庫官舎兵営最寄下水道路新川工事及臨時水道修築　第三工区ハ船渠及附属工事造船所兵器武庫地堀鑿　第四工区ハ軍法会議病院監獄地堀鑿仝最寄新川及濾過池貯水池工事　第五工区ハ飲用水道路入水口線路及鉄管据付幷火薬庫地工事」と、五工区にわけて請負工事として実施されることになっていた[82]。なお本章において使用した資料では、ほとんど掘る意味で「堀」を混用しており、煩わしさをさけるためすべて本文中は掘とするが、資料を引用する際は原文のままとする。

明治一九年一一月二六日に大倉組商会、一二月一七日に藤田組の起工式が挙行された。このうち大倉組の起工式は、

「佐藤海軍大佐の演説あり大倉喜八郎氏答辞をなし終に石黒土木監督には自ら鍬を採りて式を行わる夫より人夫数百人は各々鍬を採て業を初めたり此日は宴席三ヶ所を設けて海軍出張員近郷戸長豪商農等を三ヶ所に分て饗応し其酌女には芸妓二十名余り広島より聘して之に充て見物人に投餅等あり且つ饗応にハ芸妓の手踊等を加へ頗る盛挙」であったと報道されている。(83)

工事開始から約三カ月後の明治二〇（一八八七）年一月から二月にかけて、本宿建築委員による第二・第三海軍区鎮守府工事の視察がなされた。それによると一月二八日現在の第二海軍区鎮守府の土木工事の進捗状況は、平均三六パーセントで、その内訳については次のように報告された。まず予算一一万七三八〇円の鎮守府・倉庫地五万八六九〇坪は、藤田が五万五七五六円で請負い、一九年一二月一七日に起工し、二〇年一二月に竣工する契約になっているが、進捗率六六パーセントで、二〇年四月に完成するものと見込まれている。また予算一八万九五〇円の病院・監獄署・軍法会議所地九万四七五坪は、一〇万七五七五円で藤田が請負い、一九年一二月一七日に起工し、二〇年一二月一〇日に竣工する契約になっており、病院と監獄署が二五パーセント、軍法会議所が三四パーセント進捗、二〇年六月に完成と予想されている。これに対し予算二一万円の船渠地（のちに造船所地土工と記述）一五万坪の工事は、大倉が一八万三〇〇〇円で請負い、一九年一一月二六日に起工し、二一年一二月一〇日に竣工する契約となっているが、この時点で一七パーセントの進捗率にもかかわらず、実際見込期限は二〇年一二月とみなされている。

これに対し本宿建築委員は、両組の工事とも契約をはるかにしのぐ進捗率を示していると報告しているが、その理由について『海軍省年報』は、「初メ役工人夫ヲ募集スルモ日ニ五六千人以上ハ得ヘカラサルノ予図ナリシカ起工ニ及ヒ漸次人夫□至シ互ニ賃金ヲ減シテ傭役ヲ争ヒ加フルニ晴天ノ多キヲ以テ其就役人夫ノ数日ニ一万八九千人ニ下ラス請負人モ亦其勢ニ乗シ以テ緩慢冗費ノ多キニ失センヨリハ寧ロ速成蹉跌ナキニ如カスト為シ夜ヲ以テ日ニ継キ当時工事ノ競争ヲ極メタルハ亦盛ナリト謂フ可シ」と報告している。[84] 人夫の募集が予想より簡単であったこと、晴天に恵まれたこと、請負人が促成工事を有利とみなしたことの三点が、予想を上回る進捗率を示した理由としてあげられている。

一方、藤田組の方が大倉組の進捗率を上まわっている原因については、第一に、「人夫ノ熟否ヲ論スレハ呉ニテ藤田組ノ使役スル者最熟セシカ如シ他ナシ京坂又ハ山口県ニテ其嘗テ使役セル下受負人ヲ使役スルニ依ルナリ大倉ハ未タ土功ノ事ニ熟セズ随テ下受負人モ此事ニ熟セル者ヲ得ス故ニ人夫モ自然不熟ノ者多キナリ」と人夫の熟練度の差をあげている。また第二として、「呉ニ於テ大倉ノ受負シ部分ノ成功最遅キハ大倉ノ土功ニ熟セサルノミノ罪ニモアラズ此部分ハ石多ク工事最モ困難ナリ又藤田ノ部分ノ成功速カナルハ其熟セルカ為ノミニモアラズ土砂ノ質掘鑿甚容易ナレハナリ」と請負地区の工事の難易度の差異が考慮されている。[85] なお「請負」についても「受負」が使用されていることが多く、煩雑さをさけるためこれ以降、資料引用の際はそのまま使用する。

明治二〇（一八八七）年八月の報告によると、竣工し審査に合格したものとして、鎮守府ならびに倉庫地掘鑿五万八七三七坪（五万五八〇〇円）、鎮守府石段（一三五七円）、また竣工したものの審査中のものとしては、監獄署・病院・官舎・軍法会議所用地の掘鑿があげられる。さらに第一縦道下大下水（長二四〇間—四三六メートル）、鎮守府新川（延長一三一間—二三八メートル、官舎地より石段まで）、監獄地新川（既成延長二〇〇間—三六四メートル）がほぼ竣工している。[86]

工事中のものとしては、造船所地掘鑿、兵器武庫地掘鑿、軍港南端波止、砂防工石堰堤、同石垣、同土堰堤、同柵止連束藁網工、同積苗工、同苗木植込があげられる。また準備中で未着手の工事として、境橋架設工事、船渠工事、端船繋留所保壁築造、水道工事、火薬庫掘鑿、監獄署北部新門ならびに石垣がある。[87] この未着手工事に対しては、明治二〇年八月から九月に着手し、二〇年度中に竣工すると希望的観測を述べたあとで、すぐに、「船渠築造端船繋留所保壁築造水道工事ノ如キ本年度予算限リアリ以テ全工ヲ奏スル事ヲ得ス」と、予算上の理由で竣工できないと述べている。(88)

こうした点を要約すると、土木工事は藤田組請負の第二・第四工区は予想外の進展をみたものの、大倉組が担当した第三工区は難工事のため苦戦を強いられており、第一工区は工事中のものが多いが、第五工区のほとんどと第四工区の一部は予算の関係で着工できないでいるということになる。

同じ八月の報告には、海軍省直轄の造家工事の進捗状況も報告されている。それによると軍港司令部、中央倉庫三棟、石炭庫、兵営本営、兵営三棟、監獄監舎、監獄禁錮室、監獄病室の基礎工事が竣工し地上工事を開始した。ただし病院病室の基礎工事は、地形に段差が多いため工事中となっている。

ここで建物工事の基礎工事の状況について、地盤の軟弱な埋立地に建設されることになった兵営の本営工事に例をとってみることにする。(89)

明治二十年一月九日地中工事ニ着手ス元来此地質ハ海面ノ埋立地ニシテ杭打ヲ要スル場所ナルヲ以テ建家平坪百参拾三坪壱合五勺七才ニシテ土中ヲ堀鑿スル事（深四尺巾拾弐尺）ノ敷地ヲ水平ニナシ生松丸太（経五寸以上長三間）（此数千四百六拾五本）弐尺間毎ニ並列シ抗打器械（真棒拾六尺掛ノ者ヲ用ユ）ヲ以テ打込ミ杭頭ヲ平均シコンクリート地形突堅メ堰枠ヲ取設内仕切（長延三百尺巾拾弐尺高四尺五寸）コンクリートノ積（長延弐百三尺巾九尺高四尺五寸）ヲ（割石山土石灰ノ三種ヲ混和ス）以テ第一層コンクリート突堅メヲ為シ仝年二月廿四日ヲ以終ル次テ（長延弐百八拾弐尺巾八尺弐寸高九尺ナリ）ノ周囲ヲ埋立テ仝三月二日ニ竣ル尋テ又第二層コンクリート突堅メノ為メ（長延弐百拾九尺巾七尺高九尺六寸ノ積）堰枠取設ケ第一層ノ如クコンクリート地形突堅ヲ為シ三月九日ヲ以テ終ル依テ前

仝様周囲埋立ヲ為ス此二回ノコンクリートハ堀鑿ノ敷地ヨリ高サ拾四尺壱寸五分ナリ是ヨリ上ハ拾四段ノ土中煉化石（焼過煉化石七万三千百弐拾六本）積ヲ為シ（仕様ハセメント生石灰川砂ヲ混和シテ用ユ）七月二十七日ヲ以テ終ル

〔後略〕

少し長くなったが、当時の西洋式建造物における基礎工事の様子を明らかにするため、主要部分をすべて引用した。その結果、土中を掘って水平にしそこへ生松丸太を並べ、それを杭打器械で打ち込んで杭頭をそろえ、二回にわたりコンクリートで固め周囲を埋め立て、その上に焼過レンガをコンクリートで接合し基礎としていたことが判明した。

次に、明治二〇年一二月の進捗状況についてみることにする。まず二〇年に竣工した主な工事は、鎮守府および倉庫地掘削地均（明治二〇年六月二八日竣工、工事費五万五八〇〇円）、鎮守府前石段（二〇年七月一一日竣工、一〇七二円）、石炭庫二棟甲・乙（二〇年七月二七日竣工）、倉庫レンガ積（二〇年一〇月二七日竣工、一三五九円）、軍法会議所および病院地掘削地均（二〇年一二月七日竣工、一一万三三八八円）となっている。また未竣工の土木工事は、「境川架橋　造船所地掘鑿　造船所船渠汐留地浚渫　鎮守府前下水　造船所ポンプ所　端船繋留所保壁　火薬庫地掘鑿　監獄署地周囲新川貯水池濾過池位置掘鑿　火薬庫物揚場　兵器武庫地掘鑿　官舎地軍法会議所地裏溝渠　火薬庫海岸石垣」である。[90] そして未竣工の建物工事は、「兵舎甲乙　本営　本営賄所　監獄監倉　監獄禁錮室　病院病室　監獄病室　中央倉庫甲乙丙　軍港司令部」と報告されている。[91] なお二河川の砂防工事は、未着手のままである。

最後に、明治二一（一八八八）年二月五日から三月一〇日までに行われた主な工事をみると、土木部門は境橋架設工事、大下水暗渠工事、造船所地掘鑿、船渠ポンプ所など、建物部門は兵営本営、兵舎（乙・丙号）、軍港司令部、中央倉庫（甲・乙・丙号）、監獄の監倉・禁錮室・病室、病院の病室となっている。[92] 前年の工事が継続されるとともに、新たな工事も始まるなど、順調に推移しているかのようである。

二　労働問題と対策

機械力に頼れない当時の請負業者の主な役割は、人材の確保と管理・監督であり、土木・建設技術に優れた人材を確保しておくことは重要な意味があった。藤田組は、すでに述べたように組の所在地の大阪、近畿と藤田の出身地の山口県および山陽道に、大倉組商会は、「呉港船渠工事に使役なる人夫千五百名近々東京より来着する」というように[93]、東日本にそれぞれ懇意の技術者集団を抱えていたものと思われる。

また工事の能率は、こうした熟練者とともに大量の労務者を確保し、管理できるか否かによる点が多かった。呉鎮守府建設工事のような大工事の場合、藤田・大倉組の関係者だけですむはずもなく、明治二〇（一八八七）年八月作成の「建築状況具申」によると、「本県ハ生歯ノ多キ事隣国ニ冠タリ人夫職工ノ得易クシテ且綽々余裕アルハ当建築工事ノ著シク進捗セシ一大源因トス」と報告されているように、県内の労務者が多く参加した[94]。一例をあげると、「高田郡にてハ安芸郡呉港へ工事中なる第二海軍鎮守府建築事業に従はんとて該郡民五千余人出稼せる由なるが此の五千人が一日得る処ハ一人金五銭を得るとするも一日の総額は百弐拾五円と云ふ大金を得る筈にて其の工事に従ハんとするの日数は一月より四月初旬（農事の間暇）までとし仮りに百日とすれば一万五千円の巨額を得べく」と報道されている[95]。

当初の藤田組使用の近畿地方や山口県からの技術者集団に、しばらくして広島県の農閑期を利用した出稼農民が加わるようになったのである。試みに五週間ごとの労務者の雇用状況をみると、最初の五週間は一日当たり一三八名であったものが、一〇週目から一五週目になると一万二六五六名、そして一六週目から二〇週目には一万八六二六名とピークを記録し、以後、しだいに減少する。なおこれ以降「人員ノ逓減シタルハ已ニ堀鑿工事ノ着々竣成セシモノアレハナリ」と述べられているが、[96]農閑期の終了とも一致している。

明治二〇年一月から一二月まで一年間の雇用者数は、三三六万一五二三名を数えた。このうち職工は二四万一四六名(うち建築委員直接雇用二三万二一七四名)、人夫が三〇二万一三七七名(同六〇万七五九四名)となっている。これをみると、二〇年度は、主に土木工事主体ということもあって、請負人雇用の割合が圧倒的に多いが、職工については、建築委員直接雇用者が請負人雇用者をはるかに上回っている。[97]

呉鎮守府建設工事が行われていた当時の工事の状況については、呉の医師の記録した『呉港衛生記談』に詳しい。まず工事現場の様子をみると、「工場ノ現状内ハ警察ハ行届カズ、乱リニ警官モ入レズ。予ハ工場ヨリノ依頼ニ依リ負傷者ノ現場ニ到リ是レヲ知リ恰モ蟻ノ穴ニ虫類ヲ運ブト殆ンド類似セリ」と、[98]警察の監視も行き届かず、危険な作業が行われていたことがわかる。人夫の通勤時の状況は、「朝ハ午前八時夕ハ午後五時ナリ。朝夕人夫ノ往返時ニハ決シテ通常人ハ往来スル事能ハズ。婦人ノ如キハ一時町軒下ニ寄リ通過ヲ待チ往来スル有様」であった。[99]また宿舎と賃金に関しては、「人夫ハ和庄村荘山田村宮原村字坪内神原室瀬谷ニ寄宿シ或ハ人夫小家〔屋〕ニ宿ス。一日ノ賃銭凡ソ金八銭一日宿賃金五厘ヨリ八厘ナリ。人夫小家〔屋〕ノ造構ハ長サ拾間アリ八間アリ五間ノモ種々アリ。巾四間アリ座ハ土地ヨリ五六寸計リニシテ小サキ窓ヲ開キ僅カ三尺ノ入口ヲ二三ケ所ニ設ケ一小家〔屋〕ニ何百人ト寄宿シ、凡ソ蓆二枚ニ三人位平均ナリ。口論処々起リ乱暴殴打従ツテ絶ユルナシ」と報告されている。[100]さらに工事にともなう事故も多く、「今ノ軍法会議所　監督部　石炭庫　鎮守府病院地堀穿ノ時ハ負傷者大概一日平均五六十名ノ死傷者ヲ出シ、甚シキハ土塊崩落シテ一度二十八名ノ死亡者ヲ出ダセリ」と、[101]深刻な状況がもたらされている。

多くの問題が発生しているが、このうち賃金についてみると、明治二〇年二月六日作成の「呉佐世保実況視察ノ件」では、「呉ノ方ハ人夫ノ賃銀平均拾五六銭ヨリ拾七八銭ノ間」と述べられている[102]（ちなみに佐世保は一二、一三銭）。熟練、不熟練の差異とともに、「一二月頃ハ賃金も滞りなく払出でたるを以て人足も能く労働に堪へしが追々下請人の損耗を来たすより金主も末覚束なく思ひ兎角に手を引きて進まざるより人足賃の払方次第に減じ」と地元紙に報道されているように[103]、時期により雇主によって相違があったことがわかる。ちなみにこの報道がなされた二〇年五月当時の一日の賃金は、一三、四銭から現金がもらえず米一升ないし五合まで、はなはだしい場合は不払いとなる場合もみられると伝えられる。

こうした原因について地元紙は、「藤田大倉両組が海軍省よりの請負金の廉なると両組より下請の者の、約定金の甚だしく下直なる」ためと分析している[104]。海軍より安価に請負った藤田・大倉両組は、それを下請けに転化し、それを下請けは労務者への低賃金をはじめとする労働条件の切り下げで切り抜けようとした。農閑期に現金収入を求めて呉港に集まる出稼農民の存在が、それを可能にしたのであった。

人夫の住環境の改善のため、明治二〇年四月三日には、「呉港人夫小屋取締規則」が制定された。この規則によると人夫小屋は、一棟五〇坪以下、床下は高さ一尺五寸（四五センチメートル）以上、室内は五坪ないし一〇坪ごとに壁ないし板でもって数室に区切り、この部屋ごとに出入口をつくり、出入口から二間（三・六メートル）ごとに幅四尺（一・二メートル）、高さ三尺（九〇センチメートル）以上の窓を設け、空調をととのえることになっていた。また居住面積は、一坪に二名を超えてはならないと規定されている。これでも悪条件といえるが、実際には、「同規則に抵触する者も少からざるに依り郡役所掛り役人及び警察官ハ昼夜非常の尽力にて説諭に従事さるれと極めて困難事業なり」というように[105]、それさえ守られなかったのであった。

低賃金と劣悪な労働環境に加えて、この工事は非常に危険をともなうものであり、明治二〇年九月三日の新聞によると、工事開始よりその時までの死者五四名の追吊会が開催され、湯船に紀念碑を建立する計画であると報道されている。[106]試みに死亡者を出身地別に分類すると、広島県が三〇名と圧倒的に多く、その他は愛媛県が五名、大阪府が四名、兵庫・大分・岡山・島根県が二名ずつ、徳島・山口県が一名ずつ、不詳五名となっている[107]（六名が女性であり、危険な工事に女性も従事していたことがわかる）。なお二〇年中に三二〇名の死傷者が発生、そのうち一六名（すべて請負人雇用）が死亡した。[108]

こうした労働条件を改良するため、明治二〇年六月、「被保人より収受したる捐金を以て被保人の内に不幸者あるとき救護」することを目的とした職工人夫保険会社が企図されたが、[109]残念ながら設立をみるに至らなかった。また二一年九月には、大工、石工、鍛冶職人が宮原村の正円寺に集合し、「賃銀の安きを憤り之れを雇主に迫りて各々引上けしむへし若し我々の言ふ所を納れすば一同職を抛て立去るへしと」要求、これに対して「雇主も其請求を納れしかば幸にして同盟罷工の結果を見さりしと」いう事態も発生している。[110]ただし職人と異なり大部分を占める出稼農民は、農閑期に現金収入が得られることに魅力を感じ、多方面から呉港に集まり劣悪な労働条件にも耐えていたのであった。

三　日本土木会社の設立

呉と佐世保の鎮守府工事の請負人の藤田組と大倉組商会の間には、明治二〇（一八八七）年になると、合併の機運が醸成される。この点については、「両組は屢々所属人夫が暴力に訴へ流血の惨事をみんとするほどのせり合ひを演じたので、工事の進捗に支障を来すを憂へ海軍当路者は両組の共同組織を勧め、妥協成立」したと伝えられてきた。[111]たしかに工事に集まった労務者が関係した暴力事件は、しばしば報道されている。しかしながらそのほとんどは、「清酒の売捌所に至り代金を後払ひにて清酒を買はんとするに売渡さゝざりしより大喧嘩を起し」というように、仕事外のことに起因していた(112)。

両組の合併について、日本土木会社設立願が提出された翌日の明治二〇年三月一五日の地元新聞は、「我国にて豪商の名高かりし藤田、大倉の両組ハ今度二三大臣の諭しより出て両組は粗其資産を合併し一組とすることに内決したり合併の上は我政府より金百万円を貸与せらる、哉の説あり」と、政府の強い勧奨により両組の合併がすすめられたことを伝えている(113)。

日本資本主義の勃興にともない多くの土木建築事業が必要とされるなかで、当時の土木請負業者は、資本、技術、組織が未発達であった。こうした状況を打開したいと考えた海軍省をふくむ政府は、大倉組商会と藤田組に土木部門の合併を勧奨したものと思われる。これを受けた大倉喜八郎は、「当時に於ける唯一大規模の土木会社であつて、新智識ある内外の技師を傭聘して、動もすれば従来斯業者の陥り易き土木請負業者の積弊を一掃せんことを期し」、両組の合併を決意したと述べている(114)。こうしてみると、「会社設立の意図は建設業の近代化であり、その最大眼目は技術の改良進歩だった」といえよう(115)。

政府の勧奨を契機として近代的建設会社の設立を企図した大倉と藤田は、財界の重鎮、渋沢栄一へ仲介を依頼した。この点を渋沢は、「大倉さんから『我々の仲間で、今度、土木会社を起すことになつたが、我々ばかりでは、みな得手勝手なことばかり云つて困ることもあるから、貴下にも仲間に入つて貰ひたい』と云ふので、私もそれを承諾してその仲間に入った」と述懐している(116)。

こうして渋沢が加わり、大倉、藤田と三名が発起人総代となり会社の設立を計画、明治二〇年三月一四日に東京府に「会社創立御願」を提出した。この日、同時に提出された「有限責任日本土木会社創立約条書」によると、同社の設立目的は、水利土工の仕事、家屋堂宇の建築の請負と、関連する機械類の注文の引受けとされ、資本金は二〇〇万円で、一〇名の発起人が株式を引き受けることになっている。ちなみに一〇〇〇株（一株一〇〇円）以上の株主は、大倉の七〇〇〇株を筆頭に、藤田―五〇〇〇株、久原庄三郎―三八〇〇株、渋沢―二〇〇〇株、伊集院兼常―一〇〇〇株であった(117)。

明治二〇年三月一七日、会社設立が認可され、四月二日に開業した。四月一八日に役員選挙が実施され、委員長に渋沢、委員副長に大倉と久原、委員に藤田以下三名、理事三名が就任した。その後二一年七月三日の重役選挙において社長に大倉、副社長に久原が就任、渋沢と藤田は経営から手をひく。なお日本土木会社を受け継いだ大成建設は、「明治二十年三月渋沢栄一、大倉喜八郎、藤田伝三郎三名相□リ資本金弐百万円ヲ以テ有限責任日本土木会社ヲ設立シ大倉組商会ノ土木建築請負業ヲ分離継承ス」と述べている(118)。

日本土木会社は、大倉組商会と藤田組のすべての建設部門の工事と技術者と事務職員を受け継いで発足した。建設業界においても資本、技術、組織面において群をぬく存在となった日本土木会社は、その後六年間にわたり著名な工事を独占的に請負うことになる。

第四節　呉鎮守府建設工事の変更と呉鎮守府の開庁

一　呉鎮守府建設工事の変更

すでに述べたように、呉鎮守府建設工事は順調に推移しているようにみえた。ところが明治二一（一八八八）年三月になると、後述するように工事の変更が問題になる。本節の課題は、これまで問題にされなかった呉鎮守府建設工事変更の実態とその原因を明らかにすることである。

明治二一年二月に海軍省は伊藤総理大臣に「第二期海軍臨時費請求ノ議」を提出し、前述のように狭義の鎮守府工事が半分進捗しただけにすぎず、造船部工事がまだなされていないことを理由に多額の呉鎮守府設立費を要求した。しかしながら黒田清隆内閣は、五月二四日に「第二期海軍臨時費請求ノ儀」を否決したのであった。

こうしたなかで明治二一年三月六日、真木呉鎮守府建築委員長は西郷海軍大臣あてに「呉鎮守府建築費第二期予算之義ニ付伺」（以下、「予算之義ニ付伺」と省略）を提出した。このなかで真木委員長は、「鎮守府建設費第二期予算之義ニ付過日御内示之趣有之呉建築ニ就テハ従来之計画ニ放任シ施工スルトキハ鎮守府完備セシメントスルモ莫大ノ不足ヲ成シ或ハ不具ノモノト相成本府開庁無覚束次第ニ立至リ可申」と報告した[119]。二月に提出した「第二期海軍臨時費請求ノ議」は認められないという内示が五月二四日のはるか以前、少なくとも伊藤総理大臣の辞職前の三月六日までに届けられていたものと思われる。このことを知った真木は、従来の計画を放任し工事を続行すれば多額の予算不足をきたし、必要な施設ができず呉鎮守府の開庁は不可能であるとして、「速ニ施工ノ方針ヲ改定」せざるを得なくなったことを伝え、次の九項目を実施する許可を求めた[120]。

第一　呉鎮守府建設第二期費額ハ支出セラルヘキ見込無之モノト予定シ第一期即チ現時ノ残額ヲ以テ造船部工事ヲ除キ鎮守府開庁ノ費ニ充ル事

第二　可成丈ケ土工ヲ減省スル事
造船部土工目下開堀中ノ分ハ区画ヲ改正シ開鑿ヲ中止セシムル事但シ請負定約済ノ分ハ成功ヲ遂ル事
練兵場ハ原計画ヲ中止シ官舎地ヲ以テ之ニ充ル事

第三　従前ヨリ着手ノ分ハ落成マテ成功ヲ遂ル事
第四　堡壁築造ハ着手中ニ候得共当分中止セシムル事
第五　新川堀鑿ノ件ハ未着手中ニ有之候間取止ムル事
第六　大下水ハ現今出来ノ外ハ総テ明ケ放シ新設ノ分ハ両側ハ石垣、底ハ石ヲ以テ埋築スル事
第七　道路ノ修築ニ取係リ全府ノ体裁ヲ形作スル事
第八　諸建設ノ内既ニ着手中ナルハ不得止ト雖モ新タニ着手スヘキハ簡易ヲ旨トシ出費ヲ節減スル事
第九　諸項ノ減額ヲ以テ第一期中ノ予算ニ組込ナキ而モ鎮守府開庁ニ必要ナル軍法会議軽重砲台陸船台鍛冶場木工場物揚場端舟繫留所同石垣番兵所柵矢来等ニ充ル事

これ以降、こうした経緯を念頭におき、他の資料と照合しながら九項目の内容を吟味する。このうち第一項は、第二期計画の費用は支出される見込みがないものと予定して、第一期計画予算の残額によって造船部を除く残工事を実施し、呉鎮守府の開庁を可能にするという、全体を規定する内容になっている。そして第二項以下で具体的な変更事項を述べているが、このうち第二項ではなるべく土工を減少することとし、請負契約ずみ以外の造船部開鑿工事の中止、練兵場用地の整備は中止して官舎予定地を使用することになっている。第三項では、これまで着手の工事は落成のことと記述しているが、第四項で例外として工事中の堡壁築造は当分中止、第五項では放水路と記述してきた新川掘鑿は取り止め、第六項で大下水工事の簡易化、第七項で鎮守府内道路の速成、第八項で新工事の簡易化と経費節約を求める。そして第九項において、節約した資金で第一期計画にはふくまれていないが、鎮守府開庁に必要な軍法会議所等の工事を実施することが見込まれている。なお「予算之義ニ付伺」は、第九項の計画の実施に際して、再度、

許可を受けることを条件に、三月七日に許可された。

明治二一年四月三〇日、真木建築委員長は西郷海軍大臣あてに、二〇年度予算残高と二一年度予算をもって、第一期残工事と第二期工事の一部を実施し、年度内に呉鎮守府を開庁したいという内容の「呉鎮守府建築改定施工之義伺」を提出し、五月四日に許可を得た。これによると、収入四二万八〇五円（明治一九年度繰越金二八一円、二〇年度残額二三万三〇六四円、二一年度予算一九万七四六〇円）、支出四二万八〇五円（明治二〇年度内請負約定ずみ金一六万七五一八円、二一年四月より開庁まで土木費一〇万三八七二円、同造家費一一万七四一六円、同事務所費三万一九九九円）となっている。これを表二－二の現予算額と比較すると、繰越金が若干異なるが、それはこの時の収入に増額や翌年度への繰越金がふくまれていないためである。なお真木委員長は、「諸倉庫及賄所ノ如キ万不得止ケ所ハ煉化石造其他ハ概ネ木造トシ諸般専ラ節減」すると述べている。(121)

こうしたなかで「明治二十一年度特別費予算減額調書」が届けられ、これを受け取った真木建築委員長は明治二一年六月六日、西郷海軍大臣に対し、「工事計画ハ変更不致単ニ緩急ヲ計リ本年度及来年度ニ区分シ着手致度尤予算ニ超過不致限リハ実地ニ就キ尚又緩急ヲ計リ施行可致又来年度支出ニ係ルモノモ来年四月一日以降支出ノ見込ヲ以本年度内ヨリ着手之向モ可有」と上申、(122)六月二〇日に許可を得た。ふたたび表二－二をみると、現予算額が一〇万円減額されているが、表二－四では、五月二四日の決定にもとづいて二二年度に臨時費一〇万五〇〇〇円が計上されており、二一年度現予算が減少しても二二年度に補塡されたのであり、支払時期だけが問題となったのであった。

これ以降、明治二一年八月には砲術演習用軽重砲台工事を延期し、砲術操練等を軍艦で実施したり、端船繋留所堡壁築造用石代の未払分二万四四四二円を一四四四円の違約金を支払って解約するなど、必死の資金捻出がなされた。(123)また二一年一二月五日には、「会議所無之テハ往々差支ヲ可生」という理由で、(124)二一年度予算残額一万三〇〇〇円を

表2－2　呉鎮守府年度別建築費　単位：円

年度	予算原額	増額	前年度より繰越金	翌年度へ繰越金	現予算額	支出額	減額
明治19年度	487,623	51,000	—	281	538,342	538,342	—
20年度	884,053	—	281	222,600	661,734	661,453	281
21年度	197,460	42,349	222,600	19,925	442,485	342,485	100,000
22年度	—	990	19,925	—	20,915	20,847	*68
合計	1,569,137	94,340	—	—	1,663,476	1,563,128	100,349

出所：「海軍省所管特別費始末」（「斎藤実文書」明治24年8月調査）。
註：* は不用額である。

もって軍政会議所を建設するという上申が出され、二二年四月一六日に許可を得た。同じ一二月五日には、病室一棟では不充分なので二二年度経常費（臨時費）一〇万円によってレンガ造二階建病室（一五三坪）一棟を追加建設したいという内容の「伺」が提出され、一二月二二日に許可されている。[125]なおこれらは、すべて第二期計画の造家予算に計上されており、海軍は当初から呉鎮守府の開庁に必要な施設の費用を、第二期計画に組み込んでいたのであった。

二　呉鎮守府建設工事の総括

呉鎮守府建設工事により完成した施設については、多年にわたり『呉鎮守府沿革誌』にもとづいて、明治二三（一八九〇）年三月までに大部分の施設が落成したこと、そのうちの主な施設は、鎮守府本部、海兵団、病院、軍法会議所、倉庫、兵器武庫、石炭庫、監獄、造船部、射的場、練兵場、水雷局であると述べられてきた。[126]そこにおいては、なぜ二三年三月までの工事期間が一年間のびたのか、造船部の工事はどこまでなされたのか、鎮守府本部とはどの建物のことなのか、それらは第一期計画なのかそれとも第二期計画にふくまれていたものなのかなどについて何ら説明されていない。

こうした疑問は、「明治二十五年度呉鎮守府工事竣工報告」にふくまれている「造家工事落成調」により、明治二二（一八八九）年三月までに竣工した建物の詳細を知ることが可能となり、その結果、呉鎮守府庁舎などは、建設されていないことが明らかになった。[127]さらに「海軍省所管特別費始末」および「樺山資紀関係文書」の「工事成積〔績〕之概況表　鎮守府創立」（以下、「工事成績之概況表」と記す）により、[128]予算と支出、工事の全体像を把握することが可能になった。

　このうち明治二四（一八九一）年八月に調査、作成された海軍省の特別費に関する公式ないしそれに近い報告書と推測される「海軍省所管特別費始末」によって、特別費の年度別建築費を示すと、表二－二のように予算原額一五六万九一三七円に対し現予算額は一六六万三四七六円と九万四三三九円増加したものの、支出額は一五六万三一二八円とほぼ予算原額と同じ規模になっている。また年度別支出をみると、一九年度は予算原額を超えたが、もっとも予算原額の多い二〇年度は下回り、二一年度はそれを取り戻すかのように支出額が現予算額を大幅に増額したものの、すでに述べたように一〇万円減額されている。

　事業別と年度別建築費については、表二－三のように報告されている。これをみると、地所九七万九一三一坪を三一万六二五円で購入していたことがわかる。また支出額をみると、一五六万三一二八円のうち土工費が六一万六四〇一円（約四〇パーセント）と圧倒的に高い。この理由に関しては、「良港ト称スヘキノ地ハ必ス丘陵嶮峻ナリ是レ地形自然ノ理ナリ故ニ良港ヲ撰テ鎮守府ヲ置カントスレハ土功ニ

表２－３　呉鎮守府事業別・年度別建築費　　単位：坪・円

事業名	面積	支出				合計
		19年度	20年度	21年度	22年度	
地所買上	979,131	289,563	17,110	3,952	－	310,625
土工	－	183,117	343,723	89,028	533	616,401
水道	2,675	－	745	64,163	1,281	66,189
小計	－	472,680	361,578	157,143	1,814	993,215
兵営	1,687	18,489	78,597	49,181	－	146,266
病院	596	738	17,318	17,097	－	35,153
監獄	368	1,499	20,665	8,344	－	30,508
武庫	592	－	6,069	22,329	－	28,398
需品庫	479	9,113	38,016	1,267	－	48,396
石炭庫	225	－	1,581	525	－	2,106
官庁	761	3,474	27,906	7,730	19,033	58,143
小計	4,708	33,313	190,152	106,473	19,033	348,970
雑工事	－	2,789	2,065	42,550	－	47,404
雑費	－	29,561	107,659	36,319	－	173,539
合計	－	538,342	661,453	342,485	20,847	1,563,128

出所：前掲「海軍省所管特別費始末」26ページ。
註：1）地所買上以外は、建坪である。ただし水道の単位は、判読できない。
2）明治19年度の計は一致しないが、誤りの箇所が特定できないのでそのままにしている。

表２－４　呉鎮守府設立費予算と年度別支出　　単位：円

科目		予　算	19年度支出	20年度支出	21年度支出	22年度支出
特別費	呉鎮守府設立費	1,559,938	538,342	661,453	340,218	19,925
	建築費	1,328,627	508,781	553,794	264,166	19,925
	鉄軌購買	42,000	0	0	42,000	0
	雑費	189,311	29,561	107,659	34,052	0
	違約手当	2,444	0	0	2,444	0
	違約手当	2,444	0	0	2,444	0
	小　計	1,562,383	538,342	661,453	342,662	19,925
臨時費	呉鎮守府設立費	105,000	0	0	0	105,000
	建築費	105,000	0	0	0	105,000
	小　計	105,000	0	0	0	105,000
合　計		1,667,382	538,342	661,453	342,662	124,925

出所：「工事成績之概況表　鎮守府創立」（「樺山資紀関係文書」）。

多額ノ費用ヲ要スル亦不得止ナリ」と説明されている[129]。なお資料にはない小計を設けたのは、表二－五および表二－六との比較を可能にするためである。

次に、特別費と臨時費をふくむ呉鎮守府建設工事の報告書として、明治二三（一八九〇）年三月に作成された「工事成績之概況表」によって、呉鎮守府設立費予算と年度別支出を示すと、表二－四のようになる。これを表二－二と比較すると、予算を予算原額と仮定した場合、特別費の予算と支出についてはほぼ同額となっている。また年度別支出も、若干の相違が認められるだけである。最大の相違は、臨時費の収支が記載されていることであるが、両表を検討することによって、二一年度に減額となった一〇万円とほぼ同額の臨時費が計上され、特別費の残額を加えて二二年度の工事費が捻出されたことがわかる。

この資料には、「呉鎮守府土木費実況調」と「呉鎮守府造家費実況調」と題する、具体的な工事費の報告書がふくまれている。このうち前者によって作成された表二－五によると、現在計画高が七三万三五四二円、支出額が六八万七七五円、残高が五万二七六七円で、この間、五〇工事中の四二工事が終了、八工事が二二年度以降に実施されることになっている。問題となるのは、そのなかに境橋をはじめ境橋筋の道路、溝、下水、石垣、境橋上流砂溜池、八幡山道路、監獄付近の下水、石垣などもふくまれていることである。

表２－５　呉鎮守府土木工事の状況

単位：円

現在計画 名称	現在計画 金額	起工年月 竣工年月	竣工あるいは進捗率	支出高 19年度支出	支出高 20年度支出	支出高 21年度支出	支出高 合計	残高 計画残高	以後支出見込 特別費支出見込	以後支出見込 臨時費支出見込
各所測量	1,635	19年10月 21年9月	竣工	341	1,159	135	1,635	0		
大下水築造	15,726	19年12月 21年7月	〃	2,461	13,087	178	15,726	0		
新川掘換	29,120	20年1月 22年3月	〃	663	19,625	8,833	29,120	0		
砂防工事	4,143	20年1月 12月	〃	747	3,396		4,143	0		
保壁工事	44,916	20年2月 22年1月	〃	650	26,603	17,663	44,916	0		
病院その他位置土工	237,507	19年12月 21年3月	〃	100,320	137,187		237,507	0		
造船所地土工	189,463	19年11月 21年7月	〃	75,105	74,740	39,619	189,463	0		
地質試験	4,152	19年10月 20年10月	〃	2,830	1,322		4,152	0		
鎮守府正面石段築造	1,431	20年3月 6月	〃		1,431		1,431	0		
船渠工事	63,281	20年4月 21年9月	〃		56,417	6,865	63,281	0		
水道布設	103,698	20年11月	70		745	64,000	64,745	38,953	1,023	37,930
境橋架設	6,134	20年7月 21年3月	竣工		6,102	32	6,134	0		
土木用材料置場その他雑事業	3,001	20年3月 22年3月	〃		2,655	346	3,001	0		
病院兵舎その他建物より下水まで土管布設	963	22年2月 3月	〃			963	963	0		
兵舎地内下水築造	808	22年1月 3月	〃			808	808	0		
火薬庫地堤防修繕	684	21年3月 8月	〃			684	684	0		
倉庫地穴蔵築造	124	21年5月 7月	〃			124	124	0		
射的場築造	863	22年1月 3月	〃			863	863	0		
病院地通路および下水布設	392	22年1月 3月	〃			392	392	0		
中央倉庫近傍溝布設	877	22年2月 3月	〃			877	877	0		
仮水道竹管および水溜桝布設	163	21年8月 22年3月	〃			163	163	0		
火薬庫地小溝	1,330	21年3月 8月	〃			1,330	1,330	0		
監獄低地埋立	264	21年6月 9月	〃			264	264	0		
伝染病室以東堆積土砂兵舎地へ運搬	1,986	21年6月 9月	〃			1,986	1,986	0		
病院地上部谷川付換および貯水濾過池法上部小溝設置	1,146	21年9月 11月	〃			1,146	1,146	0		
石炭庫前物揚場築造	100	21年12月 22年1月	〃			100	100	0		

現在計画		起工年月 竣工年月	竣工あるいは進捗率	支出高				残高	以後支出見込	
名　称	金額			19年度支出	20年度支出	21年度支出	合計	計画残高	特別費支出見込	臨時費支出見込
兵器武庫地砂溜池および下水	3,148	21年6月 10月	〃			3,148	3,148	0		
官舎地仮下水掘鑿	6	21年7月 7月	〃			6	6	0		
兵舎地内鋤取地均および石橋架設	263	22年3月 3月	〃			263	263	0		
造船所地仮下水掘鑿	43	21年8月 8月	〃			43	43	0		
電信局裏手土溜	5	21年8月 8月	〃			5	5	0		
軍法会議所地法下下水浚渫	3	21年8月 8月	〃			3	3	0		
旧電信局城山近傍野面石および礫取片付	9	21年10月 10月	〃			9	9	0		
監獄地内土石掘取	7	21年12月 12月	〃			7	7	0		
八幡山道路築造	57	22年1月 2月	〃			57	57	0		
境橋筋道路鋤取	328	22年1月 3月	〃			328	328	0		
A線道路下水鎮守府石段近傍掘鑿等	909	22年2月 3月	〃			909	909	0		
兵舎地内禁錮室近傍石取片付	3	22年1月 1月	〃			3	3	0		
境橋筋南側溝布設	643	22年1月 3月	〃			643	643	0		
境橋筋道路北側下水および鉄管取片付	292	22年2月 3月	〃			292	292	0		
軍港司令部前道路築造	5	22年3月 3月	〃			5	5	0		
中央倉庫地法切および道路築造	86	22年2月 3月	〃			86	86	0		
兵舎南外部仮下水出口樋布設	14	22年3月 3月	〃			14	14	0		
兵舎地その他一般地均	1,500							1,500		1,500
端船繋留所物揚場および保壁工事	2,000							2,000		2,000
大下水海岸へ搬出口築造	300							300		300
軍港司令部その他建物より下水道土管布設	500							500		500
境橋上流砂溜池周囲浚渫および近傍石垣	1,450							1,450		1,450
第二縦道八幡山麓監獄前下水その他工事	4,774							4,774		4,774
樹木移植	790							790	662	128
職工人夫	2,500							2,500		2,500
	733,542			183,117	344,468	153,191	680,775	52,767	1,684	51,083

出所：前掲「工事成績之概況表　鎮守府創立」。

表２－６　呉鎮守府建物工事の状況　　単位：円

名称	現在計画 内訳	棟数	構造	数量	金額	起工年月 竣工年月	竣工あるいは進捗率	支出高 19年度支出	20年度支出	21年度支出	合計	残高 計画残高	以後支出見込 特別費支出見込	臨時費支出見込
軍港司令部	軍港司令部	1	レンガ造２階	134坪	34,383	20年２月 22年３月	竣工	3,474	27,906	3,003	34,383	0		
	〃 一等厠および廊下	1	木造平家	15坪		21年１月 ６月	〃							
	〃 二等厠	1	〃	4坪		21年６月 ８月	〃							
	〃 渡廊下	1	〃	12坪		22年２月 ３月	〃							
	文庫測器庫事務所	1	レンガ造２階	38坪	1,755	21年７月 22年３月	〃			1,755	1,755	0		
	〃 付属厠	1	木造平家	1坪		22年１月 ２月	〃							
	〃 湯呑所	1	〃	5坪		21年12月 22年２月	〃							
	〃 廊下および厠	1	〃	13坪		21年12月 22年２月	〃							
	文庫測器庫廊下共	1	レンガ造２階	14坪	950	21年７月 22年３月	〃			950	950	0		
	厨房	1	レンガ造平家	28坪	1,421	21年９月 22年３月	〃			1,421	1,421	0		
	門衛詰所	1	木造平家	10坪	237	21年10月 22年３月	〃			237	237	0		
	〃 廊下および厠	1	〃	4坪	81	21年10月 12月	〃			81	81	0		
	門		レンガ柱木扉	1ヵ所	114	21年12月 22年３月	〃			114	114	0		
	柵矢来		木鉄合造	130間	134	21年12月 22年３月	〃			134	134	0		
	小　計				39,074			3,474	27,906	7,694	39,074	0		
中央倉庫	中央倉庫甲号	1	レンガ造２階	153坪	48,205	19年11月 22年３月	〃	9,113	38,016	1,076	48,205	0		
	〃 乙号	1	〃	153坪		19年11月 22年３月	〃							
	〃 丙号	1	〃	153坪		19年11月 22年３月	〃							
	物品検査所	1	木造平家	18坪	77	21年12月 22年３月	〃			77	77	0		
	中央倉庫付属厠	1	〃	1坪	6	22年１月 ２月	〃			6	6	0		
	表門	1	レンガ柱木扉	1ヵ所	56	22年２月 ３月	〃			56	56	0		
	木門	1	木	1ヵ所		22年２月 ３月								
	柵矢来		吹抜丸太柵	194間	53	22年２月 ３月	〃			53	53	0		
	小　計				48,396			9,113	38,016	1,267	48,396	0		
石炭庫	石炭庫	1	木造平家	75坪	2,106	20年５月 ７月	〃		1,581	525	2,106	0		
	〃	1	〃	75坪		20年５月 ７月	〃							
	〃	1	〃	75坪		21年５月 ７月	〃							
	小　計				2,106		〃		1,581	525	2,106	0		

名称	現在計画 内訳	棟数	構造	数量	金額	起工年月 竣工年月	竣工あるいは進捗率	支出高 19年度支出	20年度支出	21年度支出	合計	残高 計画残高	以後支出見込 特別費支出見込	臨時費支出見込
兵営	本営	1	レンガ造2階	126坪		19年11月 22年2月	竣工							
	〃廊下および廁	1	木造平家	15坪		21年1月 12月	〃							
	甲号兵舎		基礎	327坪		19年12月	中止							
	乙号兵舎	1	レンガ造2階	323坪		20年2月 22年3月 3月	竣工							
	丙号兵舎	1	〃	323坪		20年1月 22年3月	〃							
	乙号兵舎廊下廁	1	木造平家	60坪		21年10月 22年1月	〃							
	丙号兵舎廊下廁	1	〃	60坪		21年10月 22年1月	〃							
	ランプ置所および理髪所	1	〃	6坪	141,044	22年1月 2月	〃	18,489	78,597	43,959	141,044	0		
	〃	1	〃	6坪		22年1月 2月	〃							
	賄所および付卸家	1	レンガ造平家	287坪		21年7月 22年2月	〃							
	〃廊下および廁	1	木造平家	10坪		21年6月 7月	〃							
	禁錮室	1	〃	16坪		21年10月 12月	〃							
	洗濯場		木造	4ヶ所		21年12月 22年1月	〃							
	食器洗場	1	木造平家	20坪		21年11月 12月	〃							
	〃	1	〃	20坪		21年11月 12月	〃							
	火薬庫	1	レンガ造平家	13坪	1,041	21年9月 22年1月	〃			1,041	1,041	0		
	雛型室木工長掌砲長水兵長主管品倉庫	1	レンガ造2階	76坪	3,377	21年8月 22年1月	〃			3,377	3,377	0		
	表門		レンガ柱木扉	1ヵ所		22年1月 3月	〃							
	門		木造	3ヵ所		22年1月 2月	〃							
	板塀		丸太柵板打	576間	804	22年1月 3月	〃			804	804	0		
	柵矢来		吹抜丸太柵	70間		22年1月 2月	〃							
	小　計				146,266			18,489	78,597	49,181	146,266	0		
火薬庫	吉浦火薬庫番兵小屋	1	木造平家	20坪	310	21年9月 22年2月	〃			310	310	0		
	〃廊下および廁	1	〃	5坪	115	21年10月 12月	〃			115	115	0		
	木門		木造	2ヵ所	132	21年9月 10月	〃			132	132	0		
	柵矢来		吹抜丸太柵	433間	211	21年8月 11月	〃			211	211	0		
	小　計				768					768	768	0		

名称	現在計画 内訳	棟数	構造	数量	金額	起工年月 竣工年月	竣工あるいは進捗率	支出高 19年度支出	20年度支出	21年度支出	合計	残高 計画残高	以後支出見込 特別費支出見込	臨時費支出見込
病院	病室	1	レンガ造 2 階	153坪	28,215	20年 5 月 22年 3 月	竣工	737	17,318	10,160	28,215	0		
	倉庫	1	〃	24坪		21年 7 月 12月	〃							
	手術室および検眼暗室	1	木造平家	19坪		21年 9 月 22年 3 月	〃							
	門番所	1	〃	5坪		22年 2 月 3 月	〃							
	板塀		木造	32間		22年 2 月 3 月	〃							
	伝染病室	1	木造平家	97坪	2,119	21年 7 月 10月	〃			2,119	2,119	0		
	〃 廊下および厠	1	〃	14坪		21年 7 月 10月	〃							
	賄所	1	〃	45坪	1,623	21年10月 22年 2 月	〃			1,623	1,623	0		
	〃 廊下物置および厠	1	〃	15坪	78	21年10月 22年 2 月	〃			78	78	0		
	浴室	1	〃	11坪	349	21年 9 月 22年 1 月	〃			349	349	0		
	看護手看病夫兵舎	1	〃	41坪	1,220	21年10月 22年 2 月	〃			1,220	1,220	0		
	〃 廊下および厠	1	〃	8坪		21年10月 22年 2 月	〃							
	各室渡廊下	1	〃	121坪	470	21年12月 22年 3 月	〃			470	470	0		
	消毒所	1	〃	12坪	123	21年12月 22年 2 月	〃			123	123	0		
	屍体室解剖室	1	〃	10坪	234	21年10月 12月	〃			234	234	0		
	洗濯所	1	〃	21坪	410	21年10月 12月	〃			410	410	0		
	表門		レンガ柱木扉	1ヵ所	30	22年 1 月 3 月	〃			30	30	0		
	柵矢来		吹抜丸太柵	477間	283	22年 1 月 3 月	〃			283	283	0		
	小　計				35,153		〃	737	17,318	17,097	35,153	0		
武庫	吉浦火薬庫	1	レンガ造平家	50坪	24,023	21年 6 月 12月	〃		6,069	17,954	24,023	0		
	〃	1	〃	50坪		21年 6 月 12月	〃							
	弾庫	1	レンガ造 2 階	278坪		21年 6 月 22年 1 月	〃							
	小銃庫	1	〃	102坪		21年 8 月 12月	〃							
	弾薬包庫	1	レンガ造平家	50坪	1,987	21年 7 月 11月	〃			1,987	1,987	0		
	物品検査所	1	木造平家	18坪	231	21年 9 月 11月	〃			231	231	0		
	門番所	1	〃	6坪	97	21年 9 月 11月	〃			97	97	0		
	兵器出納所	1	〃	28坪	685	21年 8 月 11月	〃			685	685	0		
	〃 廊下および厠	1	〃	6坪	160	21年 8 月 11月	〃			160	160	0		

現在計画						起工年月 竣工年月	竣工あるいは進捗率	支出高				残高	以後支出見込	
名称	内訳	棟数	構造	数量	金額			19年度支出	20年度支出	21年度支出	合計	計画残高	特別費支出見込	臨時費支出見込
	木門		木造	1ヵ所	116	21年10月 11月	〃			116	116	0		
	柵矢来		吹抜丸太柵	709間	331	21年10月 11月	〃			331	331	0		
	小　計				27,630				6,069	21,561	27,630	0		
監獄	監倉	1	レンガ造平家	82坪		20年4月 22年3月	竣工							
	禁錮室付卸家	1	〃	43坪		20年5月 22年3月	〃							
	病室	1	〃	60坪		20年5月 22年3月	〃							
	〃廊下および厠	1	木造平家	7坪		20年5月 22年3月	〃							
	浴室	1	レンガおよび木造平家	16坪		21年6月 22年1月	〃							
	屏禁室	1	木造平家	7坪		21年8月 11月	〃							
	賄所	1	〃	20坪		21年8月 11月	〃							
	暗室	1	〃	1坪	25,783	21年9月 11月	〃	1,499	20,665	3,619	25,783	0		
	屍体室	1	〃	2坪		21年12月 22年2月	〃							
	厠	1	〃	1坪		21年12月 22年1月	〃							
	〃	1	〃	1坪		21年12月 22年1月	〃							
	門番所	1	〃	2坪		21年12月 22年2月	〃							
	高見張所	1	〃	1坪		21年12月 22年2月	〃							
	〃	1	〃	1坪		21年12月 22年2月	〃							
	賄所付物置	1	〃	3坪		22年2月 2月	〃							
	被服領置庫	1	塗家造平家	16坪	375	21年8月 22年1月	〃			375	375	0		
	監獄署	1	木造平家	102坪	2,208	21年11月 22年3月	〃			2,208	2,208	0		
	〃廊下および厠	1	〃	8坪	272	21年11月 22年3月	〃			272	272	0		
	便器洗場	1	〃	3坪		21年12月 22年2月	〃							
	木門		木造	2ヶ所	80	21年10月 22年1月	〃			80	80	0		
	周囲塀		レンガ柱板塀	239間	1,790	21年10月 22年1月	〃			1,790	1,790	0		
	監獄署柵矢来		吹抜丸太柵	107間		21年10月 22年1月	〃							
	小　計				30,508			1,499	20,665	8,344	30,508			
	番兵塔		木造	8個	35	22年1月 2月				35	35	0		

現在計画						起工年月 竣工年月	竣工あるいは進捗率	支出高				残高	以後支出見込	
名称	内訳	棟数	構造	数量	金額			19年度支出	20年度支出	21年度支出	合計	計画残高	特別費支出見込	臨時費支出見込
病院	病院庁	1	木造２階	123坪	8,008							8,008		8,008
	〃 廊下および厠	1	木造平家	11坪	216							216		216
	〃 癲狂室	1	〃	23坪	1,125							1,125		1,125
	廊下および厠	1	〃	13坪	192							192		192
	定夫詰所	1	〃	6坪	150							150		150
	病室	1	レンガ造２階	153坪	17,000							17,000		17,000
	小　　計				26,691							26,691		26,691
軍法会議所	軍法会議所	1	木造平家	104坪	6,760							6,760		6,760
	〃 昇降口	1	〃	3坪	90							90		90
	〃 公判廷	1	〃	90坪	4,000							4,000		4,000
	〃 湯呑所および用使詰所	1	〃	25坪	530							530		530
	〃 廊下および厠	1	〃	23坪	460							460		460
	〃 下士以下被告人詰所	1	〃	8坪	160							160		160
	門番所	1	〃	6坪	150							150		150
	木門	1	木造	1ヵ所	100							100		100
	小　　計				12,250							12,250		12,250
武庫	物揚所	1	木造平家	50坪	750							750		750
中央倉庫	中央倉庫庁	1	木造平家	87坪	3,927							3,927		3,927
	〃 廊下および厠	1	〃	5坪	108							108		108
	〃 商人控所湯呑所廊下厠	1	〃	12坪	182							182		182
	小　　計				4,218							4,218		4,218
兵営	兵舎木工場	1	木造平家	18坪	360							360		360
	〃 鍛冶工場	1	塗家平家	25坪	1,250							1,250		1,250
	〃 雛型室	1		50坪	1,670							1,670		1,670
	〃 診療所	1	木造平家	52坪	2,080							2,080		2,080
	〃 廊下および厠	1	〃	9坪	141							141		141
	小　　計				5,501							5,501		5,501
	建物周囲塀				2,008							2,008		2,008
	公会所および付属建物		(内5,023円上申中)		18,241							18,241	18,241	
	職工人夫		(職工取締給)		2,500							2,500		2,500
合　　計					402,096			33,313	190,152	106,473	329,938	72,159	18,241	53,917

出所：前掲「工事成績之概況表　鎮守府創立」。

とくに境橋を市街地の県道にかかる堺橋と解釈すると、東西に走る県道より南、堺川より東の区域の市街地の形成に大きく関わったことになる。一方、境橋は海軍用地と市街地の境界、のちに眼鏡橋と呼ばれる石橋とすると、市街地に関しては境界の一部の工事にとどまったということになる。この点について確定することはできないが、海軍は当初計画では放水路など市街地の形成も計画していたが、予算の関係で境界部分に限定することにしたと解釈するのが妥当と思えるようになった。[130] なお「予算明細書」によると、第二期土木費のなかに約五万円の道路費が計上され、国道と県道が建設されることになっているが、後述するように前者は和庄村費と寄付金、後者は県費によって建設されたものと思われる（第一二章第一節を参照）。

参考までに、『呉海軍造船廠沿革録』に掲載されている明治一九（一八八六）年一〇月二二日から二二年三月三一日までの造船部を中心とした呉鎮守府建設工事の概要を報告した「土木工事成蹟《(績)》一覧表」により、この間の造船部工事をみると、約二三万円を支出して工事を実施している（詳細は表三―一〇参照）。興味深いのは、この工事費の材料費八万二五八四円のうち直轄材料費が七万八七八四円、請負人持出材料費が三七九九円、職工人夫費五三万二八三二円のうち定雇職工人夫費が六万七四九円、請負職工人夫費が四七万二〇八三円、直轄消耗品費が一四〇四円、直轄舟その他借上料費一二四一円と内訳が示されていることである。[131] このことから土木工事費のほとんどは人件費であること、請負人の役割は海軍からの指示、材料の供給を受けて人夫を集め現場の作業を監督することであったと推定できることである。なお工事により三三名が死亡し、二二八名が負傷している。

一方、後者により作成した表二―六によると、明治二一年度まで竣工した工事は、現在計画高が四〇万二〇九六円、支出額が三二万九九三八円、残金が七万二一五九円である。その内訳は、軍港司令部が三万九〇七四円、中央倉庫が四万八三九六円、石炭庫が二一〇六円、兵営が一四万六二六六円、病院が三万五一五三円、武庫が二万七六三〇円、監獄が三万五〇八円などとなる。また二二年度以降の工事は、現在計画高が七万二一五九円、その内訳は、病院が二万六六九一円、軍法会議所が一万二二五〇円、武庫が七五〇円、中央倉庫が四二一八円、兵営が五五〇一円、その他が二万二七四九円となっている。

さらに明治二二（一八八九）年三月までに竣工した建物等は一〇二カ所、残存工事は二五カ所などとなっている。ただしこれは、門、柵矢来、避雷柱、厠、番兵小屋、湯呑所などを加えた数であり、仮に一棟三〇坪以上の建家に限定すると（廊下などはふくまない）、軍港司令部一棟、中央倉庫四棟（うち一棟残工事）、石炭庫三棟、兵営八棟（うち二棟残工事）、病院六棟（うち二棟は残工事）、武庫六棟（うち一棟残工事）、監獄四棟、軍法会議所一棟（残工事）になる。

計画の変更において問題とされたレンガ建造物は、全体で三〇カ所（火薬庫は二棟とみなす）、門や塀をのぞくと二五棟を数える。これらを部門別に分類すると、軍港司令部四棟、中央倉庫三棟、兵営六棟、病院三棟、武庫五棟、監獄四棟となる。財政難にともなう変更があったとはいえ、すでにその時までに起工したものもあり、この段階では、「威厳や美的側面が重要視される」軍港司令部（のち鎮守府庁舎として使用）や、兵営の本営という管理部門と、兵舎、倉庫、火薬庫、賄所、監獄など、「もっとも火災を防止しなければならない建物」が多い[132]。ただし明治二二年度起工の建物の場合、浄水施設や病室以外は後述するように、威厳を要請される軍法会議所や軍政会議所もふくめて、ほとんど木造に変更されている。

ここで表二－五と表二－六の年度別支出額をみると、明治一九年度は二一万六四三〇円（土木費一八万三二一七円、造家費三万三二一三円）、二〇年度は五三万四六二〇円（三四万四四六八円と一九万一五二二円）、二一年度は二五万九六六四円（一五万三一九一円と一〇万六四七三円）、計一〇一万七一一三円（六八万七七五円と三二万九九三八円）、計画残高は一二万四九二六円（五万二七六七円と七万二一五九円）となる。これを表二－三と比較すると、計画年度の二一年度までは、同表の土工費と水道費予算の合計と一致するが（表二－三の土工費の内訳は不明）、同表の需品庫を中央倉庫、官庁を軍港司令部と解釈すると金額がほぼ一致する。このように両資料の特別費の収支を比較すると、ほぼ一致している。ただしそれ以降については、表二－三は支出、表二－五は支出見込と基準が相違するため比較が困難である。

このように「呉鎮守府土木費実況調」と「呉鎮守府造家費実況調」は、呉鎮守府建設工事についてもっとも具体的、体系的な資料といえる。ただし土木費の造船所地土工は明治二一（一八八八）年七月、船渠工事は二一年九月に竣工と報告されているが、両工事とも二二年四月以降に再開されている（第三章第三節を参照）。またこの資料からは、呉鎮守府庁舎が土台まで工事をして中止したこと、官舎地を練兵場に変更したことなど、工事の変更の状況を知ることもできない。要するに両資料は、特別費と臨時費予算で実施された多くの工事を計画どおりに竣工したということを示す意図にもとづいて作成されているのである。それゆえ造船地土工はまだ完成とはいえなくとも竣工とし、船渠工事は第一期計画の予算六万円を使い切り休止となったのに予算分の工事が行われたということで竣工と報告し、変更された工事はすべてなかったことにしたものと思われる。このように両資料には問題点があり、他の資料と照合することによって実態に迫る必要がある。

ここで海軍の意図を知るためにふたたび「海軍省特別費始末」をみると、すでに第一節で引用したように呉鎮守府建築費の第一期工事費として一六六万円を配当されたが、「之ヲ以テ造船部ヲ除クノ外悉皆ノ費用ニ供シ而シテ造船部ノ完備ハ第二期ノ工事トシ其費用ハ本費以外ニ於テ経費ヲ請求スルノ見込ナリシナリ」と興味深い文言がある。(133) ここから読み取れる海軍の意図は、工事は順調に進捗し第一期工事において狭義の鎮守府の工事を完了したので第二期工事で、未着手の造船部工事費を全額認めてほしいということであると理解できる。しかしながらすでに述べたように、工事は三年から四年に延長されたことをはじめ多くの変更をともなっていること、造船地土工や船渠工事など造船部の工事の一部が行われていること、後述するように実施された工事には第二期計画にふくまれているものが少なからずあることを忘れてはならない。

これまで述べてきたように呉鎮守府建設工事は、多くの計画の変更をともなっていた。こうした計画と実態の相違を明らかにするためには、第一期・第二期計画と実行された工事を対比することが求められる。しかしながらすでに述べたように「予算明細書」には、第一期計画の内訳が欠落している。そこで次善の策として、「予算明細書」のうちの造船部関係を除く第二期計画予算の土木費と造家費を示しそれを表二－五および表二－六と比較し、呉鎮守府建設工事に第二期工事がどれだけふくまれていたのかということを明らかにする。

「予算明細書」に記された第二期計画の土木費は二八四万四五七三円で、その内訳は水雷庫、火薬庫、射的場、兵器・武庫地域、その他土工費が一六万六八〇四円、造船所地土工が八〇万四二四四円、海岸保壁費一二八万五二五一円、海底浚鑿費が一一万七〇〇二円、水路改修費が三万三五八三円（放水路については中止）、道路費が四万九一〇六円（地元負担で実施）、溝渠費八万一〇三三円、用水費が一三万一〇〇〇円、中ノ島間堰堤費が四万七五〇〇円（中止と推定）、測量費四〇〇〇円、地所買上五〇〇〇円などとなっている。また第二期計画の造家費は七九万七六五円で、その内訳は鎮守府庁費が八万八二五円（中止後、明治四〇年に建設）、武庫費が九万八七八四円、官舎費が六万六七七三円（中止後、後日建設）、病院費が一〇万七八五二円、兵営費が九万二九四〇円、監獄費が二万七八四円、軍法会議所費が三万七六一九円（大幅に予算縮小し、臨時費で建設）、中央倉庫費が六七九五円、水雷武庫費が一八万七七五円、石炭庫費が一万二五六三円、集会所費が五万八〇五五円（明治二三年に竣工）、雑器械費が二万円などと報告されている。

このように第二期計画は、海軍が呉鎮守府建設工事で実施されたもの、延期され後日に建設されたもの、中止されたものに分かれる。こうした結果は、海軍が呉鎮守府建設工事に際し第一期計画だけでなく、第一期計画と第二期計画の一部によって狭義の鎮守府全体、所属艦艇の修理のために必要な船渠と関連工場（あるいは小型船の造修が可能な船台と関連工場がふくまれていた可能性もある）、小規模な兵器修理工場、そして市街地の築調を進捗させることによって呉鎮守府を開庁しようとしたものの、第二期計画予算を得ることができず不本意な形で呉鎮守府を開庁せざるを得なかったことによってもたらされたのであった。筆者が第一期工事という名称をさけ呉鎮守府建設工事としたのは、こうした点を明確にするためである。

最後に、呉鎮守府開庁後に竣工した主な工事についてみると、軍法会議所は明治二二（一八八九）年六月一七日に起工し、同年一二月二九日に竣工、また病室は二二年四月一六日に起工し、二三年二月一四日に竣工、そして軍政会議所は、二二年五月三一日に起工し、二三年二月二八日に竣工した(134)。さらに水道は、二一年一月に起工し二三年四月に給水を開始した(135)。

三　呉鎮守府の開庁

これ以降、呉鎮守府の開庁について、簡潔に述べることにする。呉と佐世保鎮守府は、当初、明治二二（一八八九）年四月一日をもって開庁することになっていた。しかしながら二二年一月二三日の地元新聞に、「呉港鎮守府の工事ハ予テ来る四月に竣工する筈なるか今度同処へ電気灯を設立せんとの企てあり目下頻りに其計画中なり(136)」と、電気という注目すべき新工事のために開庁が遅延するかのような記事が掲載される。そして翌二四日に至り、「第二第三の両鎮守府工事も追々捗取り来る四月一日より開府する都合なるも夫れ迄にハ悉皆竣工と成り兼る所あるを以て開府は一ケ月間余延期する都合なりと又呉港鎮守府司令官ハ真木海軍中将に佐世保鎮守府司令官にハ赤松海軍中将に任せらるゝ都合にて目下履歴等の取調中なり(137)」と、五月開庁とともに真木呉鎮守府司令長官が着任という観測記事が掲載される。

明治二二年三月八日、呉鎮守府司令長官に中牟田倉之助中将が任命された。呉港との関係が長く、第二期計画予算が認められないなかで、限られた予算で呉鎮守府の開庁にこぎつけた手腕をもつ真木中将が初代長官に任命されなかった理由を探すのはむずかしい。思いつくのは、呉港と呉鎮守府のことを熟知しすぎていること、規範を超えた行為を受け入れがたい人物と敬遠されたことぐらいである。

初代呉鎮守府長官に任命された中牟田中将は、すでに第一章第三節で述べたように江戸時代から佐野常民や真木と同様に佐賀藩から長崎海軍伝習所に派遣され、海軍に関する知識や技術を習得、三重津海軍所の経営に際し真木とともに佐野を支えるなど活躍、明治維新以降も明治一〇（一八七七）年に海軍兵学校長、一一年に横須賀造船所長、一三年に東海鎮守府長官、一九年に横須賀鎮守府長官を歴任している。『中牟田倉之助伝』によると、「横須賀鎮守府創業幾年の間に、重ね得たる経験と、鍛へ得たる手腕とは、呉軍港をして、第二の横須賀たらしめんと」という使命をもって呉に赴任したと述べられている。[138]この点についてはおおむね納得できる見解といえるが、呉鎮守府の建設において生じた混乱をおさめ厳正な伝統を築くために、「極めて厳格にして紀律正しく苟くも一旦規定せる事は必ず履行せずんば已まず」という性格が必要とされたという面もあったのではないかと思われる。[139]

その後、明治二二年四月一日に呉鎮守府建築委員を廃止、四月一〇日に海軍省内に呉鎮守府事務所を開設し、具体的な開庁準備を始めた。しかしながら鎮守府開庁式の予定となっていた五月になると、「都合にて延引し愈々来六月一日をトして其式を挙くることに決定」と、またしても延期となる。[140]こうしたなかで五月二八日には、「石川」以下の一三隻の艦船が呉鎮守府に配属された。また同日、先の「鎮守府官制」に代わって「鎮守府条例」が制定された。この改正の目的は、「鎮守府官制」はフランスの制度を模範としたものであるが、三年間の施行の結果、不備な点も認められたので、「呉佐世保ノ両鎮守府将ニ開庁セントスルニ際シテ旧官制ノ複雑不便ヲ改メ簡便ニシテ実地ニ適スルモノ」とするという点にあったと述べられている[141]（「鎮守府条例」については、序章第三節を参照）。

明治二二年六月一日になっても、呉鎮守府は開庁しなかった。そしてその後六月一五日、さらに、「本月〔六月〕下旬にあらされは来月上旬にても挙行せらる、ことならん」と迷走を続けることになる[142]。こうしたなかで六月二〇日、海軍省内に開設された呉鎮守府事務所が閉鎖された。そして六月二二日には、中牟田呉鎮守府長官が東京から呉港に向かった。さらに六月二三日、横須賀より水兵三六〇名が呉港に到着した[143]。このような準備がなされたにもかかわらず、呉鎮守府の開庁式は六月下旬にも七月下旬にも行われなかった。そして「海軍省告示第八号」において、二二年七月一日をもって、呉鎮守府は佐世保鎮守府とともに開庁することが告げられたのである。

一方、呉鎮守府の開庁式は明治天皇の行幸を得て、明治二三（一八九〇）年四月二〇日に挙行されることになった。延期の理由については、二二年は憲法の発布や政情不安のため行幸が中止となっていたことがあげられているが、すでに述べたように二二年七月の開庁当時は軍政会議所や水道工事も完成しておらず、施設からみて受入態勢も不充分でありこの点も少なからず影響したものと思われる。

明治二三年四月二〇日午後五時、明治天皇の乗船した「高千穂」等が呉港に入港（四月一九日の予定が悪天候のため延期）、四月二一日午前九時に上陸、一〇時より呉鎮守府側の広場において開庁式が挙行された[144]。なお竣工したばかりの軍政会議所は、明治天皇の行在所として使用された。

おわりに

これまで呉鎮守府設立計画の概要をはじめ、工事の準備、工事の状況、工事の変更と呉鎮守府の開庁について分析してきた。その結果、新資料の発掘により呉鎮守府設立計画をはじめこれまで知られていない多くのことが判明したが、解明し得ない問題も残った。ここではそれらのなかから呉鎮守府設立計画を概観し、なぜ呉鎮守府建設工事は変更を余儀なくされたのか、この間の海軍の方策はどのようなものだったのかという三点に絞り総括する。

呉鎮守府設立計画の概要は、三期八年以上（第一期―三年、第二期―五年、第三期―未定）、一三八二万円以上（第一期―一六二万円、第二期―九一二万円、第三期―三〇八万円以上、造船部造家費は未定）というものであった。この計画は、第一期計画が狭義の鎮守府の半分、造船部と市街地の一部、第二期計画で狭義の鎮守府の半分、市街地の一部、巡洋艦の造修が可能な造船部、第三期計画により大きな軍艦の造修が可能な造船部の建設を目指した（海軍省首脳の間では、艦種についての共通の認識があったと思われる）。海軍は呉鎮守府構想と軍備拡張計画の結論を受けて、海軍一の造船所を有する鎮守府の建設を目指したのであった。

呉鎮守府建設工事の変更を余儀なくされた理由の発端は、呉鎮守府設立計画として一三八二万円以上の経費を想定したのに対し、特別費から配分された額が一五六万円にすぎなかったことにあった。これを受けた海軍は、この額を形式上第一期計画とし、この額に第二期計画の一部を加えた工事を実施し呉鎮守府を開庁しようとした。ところがこうした目論見は、第二期計画予算が認められず水泡に帰し、海軍は基本的に第一期計画の予算で呉鎮守府建設工事を実施するという大幅な計画の変更を求められたのであった。

海軍は長期的展望のもと、理想的な呉鎮守府設立構想を策定した。そして低額の予算の配分を受け入れながらその構想を変えることなく、段階的にそれを実現することを目指した呉鎮守府設立計画を作成し提示した。こうした理想的な計画を提示しながら妥協を受け入れ、段階的に目的を実現しようというこの計画には、第一期計画の予算では船渠の一部しか建設できないこと、第二期計画の少なからぬ事業を完成させなければ呉鎮守府は開庁できないことなど、巧妙な方策が仕組まれていた。そしてそれに向けて工事を促進させ、第二期計画予算の要求をしたのであったが、認められなかった。このため海軍の目論見は挫折を余儀なくされたのであるが、狭義の鎮守府の開庁に必要な基本的施設の建設を実現したこと、中核となる造船部の計画については否定されたわけではなく、今後にもちこされたものであることを考えると、呉鎮守府設立計画の成否をここで判断することは早計といえよう。

註

（1）呉市史編纂室編『呉市史』第一輯（呉市役所、大正一三年）、呉市史編纂室編『呉市史』第三巻（呉市役所、昭和三九年）。

（2）広島県編『広島県史』近代一（昭和五五年）。

（3）「明治十九年乃至廿二年呉佐世保両鎮守府設立書　一、二、三」（防衛研究所戦史研究センター所蔵）（以下、「呉佐世保両鎮守府設立書」と省略）。

（4）海軍歴史保存会編『日本海軍史』第一巻（第一法規出版、平成七年）二九六ページ。

（5）呉鎮守府副官部『呉鎮守府沿革誌』（大正一二年）（あき書房により昭和五五年に復刻）、呉海軍造船廠『呉海軍造船廠沿革録』（明治三二年）、呉海軍工廠造船部『秘　呉海軍工廠造船部沿革誌』（大正一四年）（昭和五六年にあき書房により合本して復刻）。なお発刊されていないが、このほか呉鎮守府副官部『呉鎮守府沿革誌』（海上自衛隊呉地方総監部提供、昭和一一年）がある。

（6）『海軍省第十三年報（明治二十年）』（明治二一年）一四五ページ。

（7）「海軍省所管特別費始末」明治二四年八月調査（「斎藤実文書」国立国会図書館憲政資料室所蔵）二五ページ。

（8）「呉鎮守府設立費予算明細書」（呉市寄託「沢原家文書」）。

（9）同前。
（10）同前。
（11）西郷従道海軍大臣より伊藤博文内閣総理大臣あて「第二期海軍臨時費請求ノ議」明治二一年二月（「自明治二十一年至三十一年公文別録　海軍省　一」国立公文書館所蔵）。
（12）堤従正御用掛より真木長義海軍中将あて「呉浦現況報告」明治一八年八月（前掲『呉鎮守府沿革誌』）八ページ。この報告は、大正一二年発行の『呉鎮守府沿革誌』に掲載されているが、ここでは昭和一一年のものより引用した。
（13）青盛友太郎「宮原村沿革録」大正七年（「青盛家文書」呉市入船山記念館所蔵）。
（14）同前。
（15）前掲『呉市史』第一輯、二六〜二八ページ。
（16）大山巌海軍大臣より伊藤博文内閣総理大臣あて「海軍所轄官用地編入済報告」明治一九年一二月二八日（「明治二十年公文雑纂　海軍省　九」国立公文書館所蔵）。
（17）樺山資紀海軍次官より伊藤総理大臣あて「海軍省所轄官用地返付之件」明治二〇年四月一四日（同前）。
（18）山崎景則呉鎮守府司令長官代理より樺山海軍大臣あて「埋葬地受領済之義御届」明治二三年四月五日（「明治廿三年公文備考　巻十二　土地造営部」防衛研究所戦史研究センター所蔵）。
（19）安芸郡吉浦村「海軍省御用地反別及地代価通計上申書」明治一八年五月起。
（20）『芸備日報』明治一九年八月一五日。
（21）青盛友太郎「宮原村沿革録」。
（22）満村良次郎編『呉――明治の海軍と市民生活――』（呉公論社、明治四三年）三四ページ〈あき書房により昭和六〇年に復刻〉。
（23）青盛友太郎「宮原村沿革録」。
（24）佐々木進『呉港衛生記談』（文鮮堂印刷所、昭和一二年）四ページ。佐々木進は明治二七年一〇月一日に呉に開業し、二九年まで診療を続けた医師である。本書は、四〇年三月一〇日に脱稿されたまま書庫におさめられていた原稿を遺族の佐々木貞雄が昭和一二年に発行したものである。
（25）青盛敬篤「晴雨天変日誌」（呉市入船山記念館『館報　いりふね山』第三号、平成三年三月）六三ページ。
（26）佐々木進『呉港衛生記談』四ページ。
（27）青盛友太郎「宮原村沿革録」。

(28) 内務省衛生局編『衛生局年報』(明治一七年七月～二〇年一二月)一二および四二ページ〈東洋書林により平成四年に復刻〉。
(29) 広島県の状況に関しては、千田武志「明治前期の伝染病の流行と対策」(広島市立舟入市民病院120周年記念誌編集委員会企画・編集『広島市立舟入市民病院開設百二十周年記念誌』広島市立舟入市民病院、平成一八年)二六～三一ページを参照。
(30) 千田貞暁広島県知事より賀茂郡役所あて「訓令乙第三三号」明治一九年九月六日(仁方村戸長役場「庶関郡示諸達綴」明治一八、一九年)。
(31) 杉山新十郎安芸郡長より各村長あて「訓全第八号」明治一九年一二月六日(焼山村戸長役場「郡役所布達」明治一九年)。
(32) 佐々木進『呉港衛生記談』四ページ。
(33) 豊住秀堅「広島県呉港衛生報告」明治二〇年一月(海軍衛生部『海軍医事報告撮要　明治二十年自一月至六月』第一〇号)七ページ。
(34) 青盛敬篤「晴雨天変日誌」六三ページ。
(35) 「明治十九年公文雑輯　巻九　会計三」(防衛研究所戦史研究センター所蔵)。
(36) 青盛敬篤「晴雨天変日誌」六二ページ。
(37) 鈴木淳「黌舎」(横須賀市編『新横須賀市史　別編　軍事』横須賀市、平成二四年)九九ページ。
(38) 大平喜間多『赤帽技師　船大工常田壬太郎の生涯』(創造社、昭和一八年)一二〇ページ。
(39) 同前、一七九ページ。
(40) 同前。
(41) 同前、一八二～一八三ページ。なお明治二〇年の広島県のコレラについては、前掲『広島市立舟入市民病院開設百二十周年記念誌』二六ページを参照。
(42) 『海軍省第十二年報(明治十九年)』(明治二〇年)一三一ページ。
(43) 「明治十九年官吏進退十三　海軍省二」(国立公文書館所蔵)。
(44) 海軍歴史保存会編『日本海軍史』第九巻(第一法規出版、平成七年)二三ページ。
(45) 渡辺幾治郎『人物近代日本軍事史』(千倉書房、昭和一二年)二七九ページ。
(46) 海軍歴史保存会編『日本海軍史』第一〇巻(第一法規出版、平成七年)八五ページおよび「佐藤鎮雄履歴明細書」(加藤利子氏提供)。
(47) 同前「佐藤鎮雄履歴明細書」。

(48) 安井滄溟『陸海軍人物史論』(博文館、大正五年)二四五ページ〈日本図書センターにより平成二年に復刻〉。
(49) 前掲『呉鎮守府沿革誌』(大正一二年)四ページ。なお曾禰の名前が正蔵となっているが、誤りなので達蔵と訂正した。
(50) 藤井肇男『土木人物事典』(アテネ書房、平成一六年)三一〜三二ページ。
(51) 石川洋之助(森林太郎校閲)『豊住秀堅伝』(明治四二年)四〜一二ページ。なお本書によると、呉への赴任は明治一九年一一月四日となっている。なお本書は、森林太郎編著『西周伝』(西紳太郎、明治三一年)と合本となっているが、発行年が異なるなどから、元来、単著であると判断した。
(52) 川俣昭男「明治初期東京大学医学生川俣四男也──その学生生活を中心に」(『東京大学史紀要』第二三号、平成一七年)二一ページ。
(53) 佐賀県教育史編さん委員会編『佐賀県教育史』第四巻(佐賀県教育委員会、平成三年)三二八ページ。
(54) 藤森照信「明治建築をつくった人びと　コンドル先生と四人の弟子」(石田潤一郎『日本の建築〈明治大正昭和〉七　ブルジョワジーの装飾』三省堂、昭和五五年)九六〜九九ページ。
(55) 同前、一七五ページ。
(56) 芸予地震における呉海軍病院の被害と救出状況については、千田武志「日露戦争期に発生した芸予地震と呉海軍病院における救護活動」(『軍事史学』第四八巻第一号、平成二四年六月)一〇〜二六ページ、曾禰の調査に関しては、「広島愛媛二県下震災地建築物調査報告」明治三八年八月(『震災予防調査会報告』第五三号、明治三九年)を参照。
(57) 青盛敬篤「晴雨天変日誌」七〇ページ。
(58) 松下宏「呉で最初の洋風建築　海軍呉鎮守府初代参謀長海軍大佐佐藤鎮雄住宅」(呉市海事歴史科学館『研究紀要』第九号、平成二七年)五二ページ。
(59) 前掲『呉市史』第三巻、二二四ページ。
(60) 同前、二二五ページ。
(61) 佐藤鎮雄第二海軍区鎮守府事務管理「第二海軍区鎮守府建築状況具申」(以下、「建築状況具申」と省略)明治二〇年八月二一日(前掲「呉佐世保両鎮守府設立書　二」)。すでに述べたように「佐藤鎮雄履歴明細書」によると、明治一九年一〇月七日に第二海軍区鎮守府建築地事務管理となっているが、本資料では鎮守府事務管理と記述されている。これは二〇年七月五日に同職を免職、「事務管理トシテ同建築事務所在勤」となったことによるものと考えられる。
(62) 青盛敬篤「晴雨天変日誌」六三ページ。

(63) 本宿宅命第二海軍区第三海軍区鎮守府建築委員「呉佐世保実況視察ノ件」明治二〇年二月(前掲「呉佐世保両鎮守府設立書二」)。
(64) 同前。
(65) 前掲「建築状況具申」。
(66) 「国道改修書類綴」明治二四年一二月起(呉市寄託「沢原家文書」)。
(67) 前掲「建築状況具申」。
(68) 「埋もれた明治の海将　海軍少将・佐藤鎮雄(柳川藩出身)の家系――東郷平八郎、山本権兵衛のライバルを偲んで――」所収の佐藤事務管理「メモ(仮題)」明治一九～二〇年(推定)(加藤利子氏提供)。
(69) 前掲「呉佐世保実況視察ノ件」。
(70) 「呉鎮守府設置ノ概要並地方衛生状況」(「呉海軍病院沿革史　大正十五年まで」附録)。なお註(51)と呉への赴任した日が異なるが、どちらが正しいか判断しかねる。
(71) 『芸備日日新聞』明治二一年八月一五日。
(72) 『芸備日報』明治二一年二月二二日。
(73) 呉鎮守府とレンガについては、呉レンガ建造物研究会『街のいろはレンガ色――呉レンガ考――』(中国新聞社、平成五年)を参照。
(74) 前掲「呉浦現況報告」一九ページ。
(75) 藤田伝三郎藤田組頭取より西郷従道海軍大臣あて「願書」明治一九年五月二三日　(「明治十九年公文雑輯　物件四　巻十六」国立公文書館所蔵)。
(76) 津島林治・中沢茂助「広島県下安芸国安芸郡呉港第二海軍区鎮守府御設置ニ付土工其他請負願」明治一九年六月一九日(同前)。
(77) 砂川幸雄『藤田伝三郎の雄渾なる生涯』(草思社、平成一一年)一二〇ページ。
(78) 『芸備日報』明治一九年七月一六日。
(79) 砂川幸雄『藤田伝三郎の雄渾なる生涯』一一九ページ。
(80) 前掲『日本海軍史』第一巻、二九五ページ。
(81) 海軍大臣官房『明治海軍史職官編附録　海軍庁衙沿革撮要　完』(防衛研究所戦史センター所蔵)(大正二年)三四～三五ペー

ジ。
(82) 前掲「建築状況具申」。
(83) 『芸備日報』明治一九年一一月三〇日。
(84) 前掲『海軍省第十三年報（明治二十年）』一四五ページ。
(85) 前掲「呉佐世保実況視察ノ件」。
(86) 前掲「建築状況具申」。
(87) 同前。
(88) 同前。
(89) 同前。
(90) 前掲『海軍省第十三年報（明治二十年）』一四八ページ。
(91) 同前。
(92) 真木長義呉鎮守府建築委員長より西郷海軍大臣あて「五週日間報告進達」明治二一年三月二六日（前掲「呉佐世保両鎮守府設立書　一」）。
(93) 『芸備日報』明治二〇年九月一八日。
(94) 前掲「建築状況具申」。
(95) 『芸備日報』明治二〇年二月五日。
(96) 前掲「建築状況具申」。
(97) 前掲『海軍省第十三年報（明治二十年）』一四六ページ。
(98) 佐々木進『呉港衛生記談』七ページ。
(99) 同前。
(100) 同前。
(101) 同前、八ページ。
(102) 前掲「呉佐世保実況視察ノ件」。
(103) 『芸備日報』明治二〇年五月一一日。
(104) 同前。

(105)『芸備日報』明治二〇年五月六日。
(106)『芸備日報』明治二〇年九月三日。
(107)同前。
(108)前掲『海軍省第十三年報(明治二十年)』一四七ページ。
(109)「職工人夫保険会社設立趣意書」明治二〇年六月(『芸備日報』明治二〇年七月二九日)。
(110)『芸備日報』明治二一年九月一八日。
(111)呉新興日報社編『大呉市民史　明治篇』(呉新興日報社、昭和一八年)二七ページ〈「大呉市民史」刊行委員会により昭和五二年に復刻〉。
(112)『芸備日報』明治二〇年二月一六日。
(113)『芸備日報』明治二〇年三月一五日。
(114)鶴友会編『大倉鶴彦翁』(大正一三年)一三七ページ。
(115)砂川幸雄『藤田伝三郎の雄渾なる生涯』一二二ページ。
(116)渋沢栄一「交遊五十余年」(鶴友会編『鶴翁余影』鶴友会、昭和四年)四ページ。
(117)渋沢青淵記念財団竜門社編『渋沢栄一伝記資料』(渋沢栄一伝記資料刊行会、昭和三一年)七三〜七四ページ。
(118)「大成建設株式会社沿革」昭和二二年一月一八日(東京経済大学図書館所蔵)。
(119)真木呉鎮守府建築委員長より西郷海軍大臣あて「呉鎮守府建築費第二期予算之義ニ付伺」明治二一年三月六日(前掲「呉佐世保両鎮守府設立書　一」)。
(120)同前。
(121)真木建築委員長より西郷海軍大臣あて「呉鎮守府建築改定施工之義伺」明治二一年四月三〇日(前掲「呉佐世保両鎮守府設立書　一」)。
(122)真木建築委員長より西郷海軍大臣あて「二十一年度予算減額ニ付工事施行之件上申」明治二一年六月六日(同前)。
(123)真木建築委員長より西郷海軍大臣あて「端船繋留所堡壁築造用石材請負解約違約手当下渡之義ニ付御届」明治二一年八月二三日(同前)。
(124)真木建築委員長より西郷海軍大臣あて「会議所設立之義伺」明治二一年一二月五日(同前)。
(125)真木建築委員長より西郷海軍大臣あて「病室壱棟増設之儀伺」明治二一年一二月五日(同前)。

(126) 前掲『呉鎮守府沿革誌』（大正一二年）八～九ページ。試みに前掲『呉市史』第三巻（七〇～七一ページ）においては、一部を修正し採録している。
(127) 「造家工事落成調」（「明治二十五年度呉鎮守府工事竣工報告　巻一」防衛研究所戦史研究センター所蔵）。この調査による主な建物については、呉市史編纂委員会編『呉市制一〇〇周年記念版　呉の歴史』（呉市役所、平成一四年）一五八ページに掲載されている。
(128) 「工事成積〔績〕之概況表　鎮守府創立」（「樺山資紀関係文書」国立国会図書館憲政資料室所蔵）。
(129) 前掲「海軍省所管　特別費始末」二七ページ。
(130) 元入船山記念館長の津田文夫氏より海軍は海軍用地の下、宮原村と和庄村の境界を流れる川を境川、その下流にかかる橋（のちの眼鏡橋）を境橋と呼称したのではとの助言をいただいた。
(131) 前掲『呉海軍造船廠沿革録』付表。
(132) 千田武志「鎮守府内に二十六棟におよぶレンガ建造物」（前掲『街のいろはレンガ色――呉レンガ考――』）一〇四ページ。
(133) 前掲「海軍省所管　特別費始末」二五ページ。
(134) 「土木及造家工事月報表」（「明治二十三年度呉鎮守府工事竣工報告　巻二」防衛研究所戦史研究センター所蔵）。
(135) 工学会『明治工業史　土木篇』（工学会明治工業史発行所、昭和四年）八七七ページ〈学術文献普及会により昭和四五年に復刻〉。
(136) 『芸備日日新聞』明治二二年一月二三日。
(137) 『芸備日日新聞』明治二二年一月二四日。
(138) 中村孝也『中牟田倉之助伝』（中牟田武信、大正八年）六三五ページ〈平成七年に大空社より復刻〉。
(139) 安井滄溟『陸海軍人物史論』二四七～二四八ページ。
(140) 『芸備日日新聞』明治二二年五月三日。
(141) 西郷海軍大臣より黒田清隆内閣総理大臣あて「鎮守府官制ヲ廃シ鎮守府条例ヲ定メラレ度件」明治二二年四月三〇日（「公文類聚　第十三編　明治二十二年　第十二巻」国立公文書館所蔵）。
(142) 『芸備日日新聞』明治二二年六月一三日。
(143) 前掲『呉鎮守府沿革誌』一三ページ。
(144) 『明治天皇呉軍港行幸誌』（呉市役所、昭和一四年）二～四ページ。

第三章　呉鎮守府造船部の設立と活動

はじめに

明治二二（一八八九）年七月一日に呉鎮守府は開庁し、造船部も活動を開始した。しかしながら海軍一（事実上日本一）の造船所の建設を目指したにもかかわらず、そこには生産活動を担う設備はほとんど存在していなかった。本章では、こうした状況のなかで実施された造船部の計画、組織と人事、施設・設備の整備と生産過程の実態と特徴、またそれを実現するために海軍が採用した方策について解明することを目指す。その際、造船部を鎮守府の一組織として位置づけるとともに、先進国から武器移転を通じて横須賀鎮守府造船部や小野浜造船所（組織の変遷については、序章第三節、本章第二節、第九章第三節を参照）という先行する海軍工作庁に移転された技術が、どのように呉鎮守府造船部に再移転されたのかという視点から分析を試みる。なお対象とする時期については主に呉鎮守府が開庁した二二年七月一日から呉海軍造船廠と改称した三〇年一〇月八日までとするが、継続中の一部工事などについてはその範囲を超えることもある。

本章においては、まずこれまで不明であった呉鎮守府造船部八カ年計画（以下、造船部八カ年計画と省略）の実態と目的を示すとともに、呉鎮守府設立計画との関係を明らかにする。次に小野浜造船所と混同されてきた造船部の組織と人事を明らかにし、また人材がどこから集まり、彼らの労働環境はどのようなものであったのかなどについて検証する。そして造船部八カ年計画と対照しながら、工場、船渠・船台、とくに日本人だけで最初に完成した第一船渠（ドック）、存在が問われている第三船台の実態を解明する。さらに生産活動に関しては、小野浜造船所で建造されたと誤って伝えられてきた水雷艇、これまで無視されてきた小船をふくめた艦船の建造と修理と特徴について記述する。

呉鎮守府造船部については、「呉佐世保両鎮守府設立書」のようなまとまった原資料は残されていない。そのため多くの研究が『呉海軍造船廠沿革録』『呉海軍工廠造船部沿革誌』という海軍の刊行した小冊子を使用してきたが、両誌とも具体性に乏しく、信憑性にも問題がある。こうしたなかで明治二三（一八九〇）年に始まる「呉鎮守府工事竣工報告」は、一部欠落が認められるものの、工事ごとに起工日、竣工日、予算額、決算額に加え、工事仕様書を添付するなど信頼できる原資料のように思われるが、そこには予算額、決算額について請負金額か全工事金額か明確でないこと、施設がいつも仕様書どおり完成したとはいえないこと、後述する第三船台のように故意に虚偽の記述がなされることもあるなど、多くの問題がふくまれている。

一方、海軍全体のことを網羅した『海軍省報告』は、内容が抽象的であり予算額、決算額について請負金額か全工事金額か明確でなく、明治二七（一八九四）年以降は欠落している。艦艇史において知ることができるのは、起工、進水、竣工と要目などにすぎず、事実誤認もみられる。結局、膨大な「公文備考」や「公文雑輯」類や関係者の回想の利用、残された施設から建設時の実態を類推することが必要になる。なおこのように種々の資料を使用することによって生じた資料間の相違については、その原因を吟味しより信頼できるものを求めるように努力するが、それでも疑問の残るものは両者をそのまま提示し、後世の判断にゆだねることにする。

第一節　呉鎮守府造船部八カ年計画作成の経緯と内容

本節においては、まず呉鎮守府設立計画のなかの造船部計画を再確認する。次に明治二三年度当初の呉鎮守府造船部建設計画、さらに同年度末に作成された造船部八カ年計画の内容を吟味する。そしてそれぞれの計画の関係と、各計画がどのような艦艇の生産を目指したのか考察する。

前章において詳細に分析した「呉鎮守府設立費予算明細書」[1]（以下、「予算明細書」と省略）によって呉鎮守府設立計画の概要を示すと、工期は三期八年以上（第一期―三年、第二期―五年、第三期―未定）、費用は一三八二万一八五七円以上（第一期―一六二万一三七円、第二期―九一二万六七〇四円、第三期―三〇七万五〇一六円以上（造船部造家費は未定））となる。そのなかの造船部計画は、第一期に第一号船渠費として六万円、第二期が五一六万九三六六円（ただし第二期土木費中に八〇万四二四四円の造船所地土工費がふくまれており、それを加えると実質は五九七万三六一〇円）、第三期が三〇七万五〇一六円以上となる。

このうち呉鎮守府設立第二期造船部計画（以下、第二期造船部計画と省略）では、造船部建設土木費九八万八一二九円によって、表三―一に示したように第一・第二号船渠、表三―二のように第二・第三・第四号船台、また三万円の予算で第一から第五号までの水雷艇船台、三万一六六六円で水雷艇船渠三カ所、造船部建設造家費二一六万五六〇二円で工場など三七棟を建設するほか、その他、雑器械費に三万円、造船諸器械・諸道具・浚渫船費に一八九万一八六六円、臨時費に九万三七六九円の予算が計上されている。そして呉鎮守府設立第三期造船部計画（以下、第三期造船部計画と省略）では、二七〇万円で第三・第四・第五号船渠、六万五〇〇〇円で第一・第五・第六号船台を建造、二九万五

表３－１　第２期造船部計画土木費（船渠）　単位：円・m

名称	築造費	入渠可能艦船の全長	最外戸当りまでの船渠の長さ	渠口幅	
				上部	下部
第１号船渠	390,000	81	88	16	14
第２号船渠	490,000	115	125	21	18

出所：「予算明細書」。
　註：第１号船渠築造費には、この他に第１期分工費として６万円が支出されている。

表３－２　第２期造船部計画土木費（船台）　単位：円・m

名称	築造費	海岸より船台頭端までの長さ	海岸より水中前端までの長さ	建造可能艦船の全長	幅	傾斜
第２号船台	13,295	72	66	60	12	15
第３号船台	16,584	102	89	90	18	16
第４号船台	16,584	102	89	90	18	16

出所：前掲「予算明細書」。
　註：第１号船台は、呉鎮守府設立第３期計画にふくまれている。

二五四円で造船諸器械や諸道具を購入するほか臨時費一万四七六二円となっている（造家費は未定）。

　このように呉鎮守府設立計画の全体計画一三八二万一八五七円以上のうち造船部計画費は、呉鎮守府設立第一期造船部計画（以下、第一期造船部計画と省略）の六万円に第二期・第三期造船部計画の九〇四万八六二六円以上を加えて九一〇万八六二六円（六六パーセント）以上を占めている。またこれによって五船渠・六船台をはじめ、ほとんどがレンガ石造の工場など三七棟と機械類を整備することになっており、まさに艦艇国産化を目指す海軍一の造船所を形成するにふさわしい壮大なものであった。また表三－一と表三－二に示したように船渠・船台の構造からみて第二期造船部計画において、巡洋艦以下の艦艇の建造と保有艦艇すべての造修、そして第三期造船部計画で、一船渠当たり九〇万円、一船台当たり二万一六六七円という大規模な船渠・船台費を計上していることから、より大型の軍艦の造修を目指していたものといえよう。当然のことながら海軍省内においては、艦種に対しても共通認識があったと思われるが、軍備拡張計画で戦艦の導入が認められていないことから明記せず、工事直前に状況の変化を加味して、実施計画を作成する方策を選んだのではないかと思われる。

呉鎮守府設立計画には、第一期計画と第三期計画の内訳が不明なため、その内容や目的について第二期計画や軍備拡張計画などから推定しなければならないという欠点が存在する。そのため呉鎮守府建設工事で実施された造船部の主な工事である船渠と造船所地土工のうち、前者については第二期造船部計画の説明において第一船渠費のうち六万円は第一期計画に計上されたと明記されているため確定できるが、後者に関しては記述がみられないため第一期計画にふくまれていたものと推定するにとどまらざるを得ないという限界がある。幸いなことに造船部の初期の計画は、ほとんど第二期造船部計画にふくまれているため、その内容や目的を確認することが可能である。ところがすでに述べたように、明治二一（一八八八）年二月に呉鎮守府に関して第二期計画とほぼ同じ内容の「第二期海軍臨時費請求ノ議」を提出したが、五月二四日に却下された（第二章第一節、第四節を参照）。そのため第二期造船部計画は、再検討されることになった。

これ以降、造船部の新計画の作成過程を対象とするが、その際に海軍は、呉鎮守府設立計画の造船部門に関して中心的役割を果たしたと思われる佐双左仲海軍省第二局第二課長を呉港に派遣、「実地開墾之場所ニ就キ同府建築部長協議之上造船部建設之境域及設計本図面之通リ画定」した(2)。こうして五月四日、図三－一のように一船渠・一船台と関連工場からなる「呉鎮守府造船部建設計画図」が作成された。この計画については、短期間で計画が完成したこと、計画の内容が鎮守府の活動に最小限必要な施設であることなどを考慮すると、呉鎮守府設立第二期計画の造船部門の一部、恐らく海軍が呉鎮守府の開庁までに完成させることを目指したものの、その予算の裏づけとなる第二期海軍臨時費が却下されたため実現できなかった施設の建設を企図したものと推定される。なお図三－一によると、建築部長佐藤海軍大佐と記されているが、二二年四月一日より佐藤鎮雄は呉鎮守府参謀長と建築部長を兼務している。

佐双第二課長より「呉鎮守府造船部建設計画図」を受け取った海軍省は、明治二二（一八八九）年五月二〇日、西郷

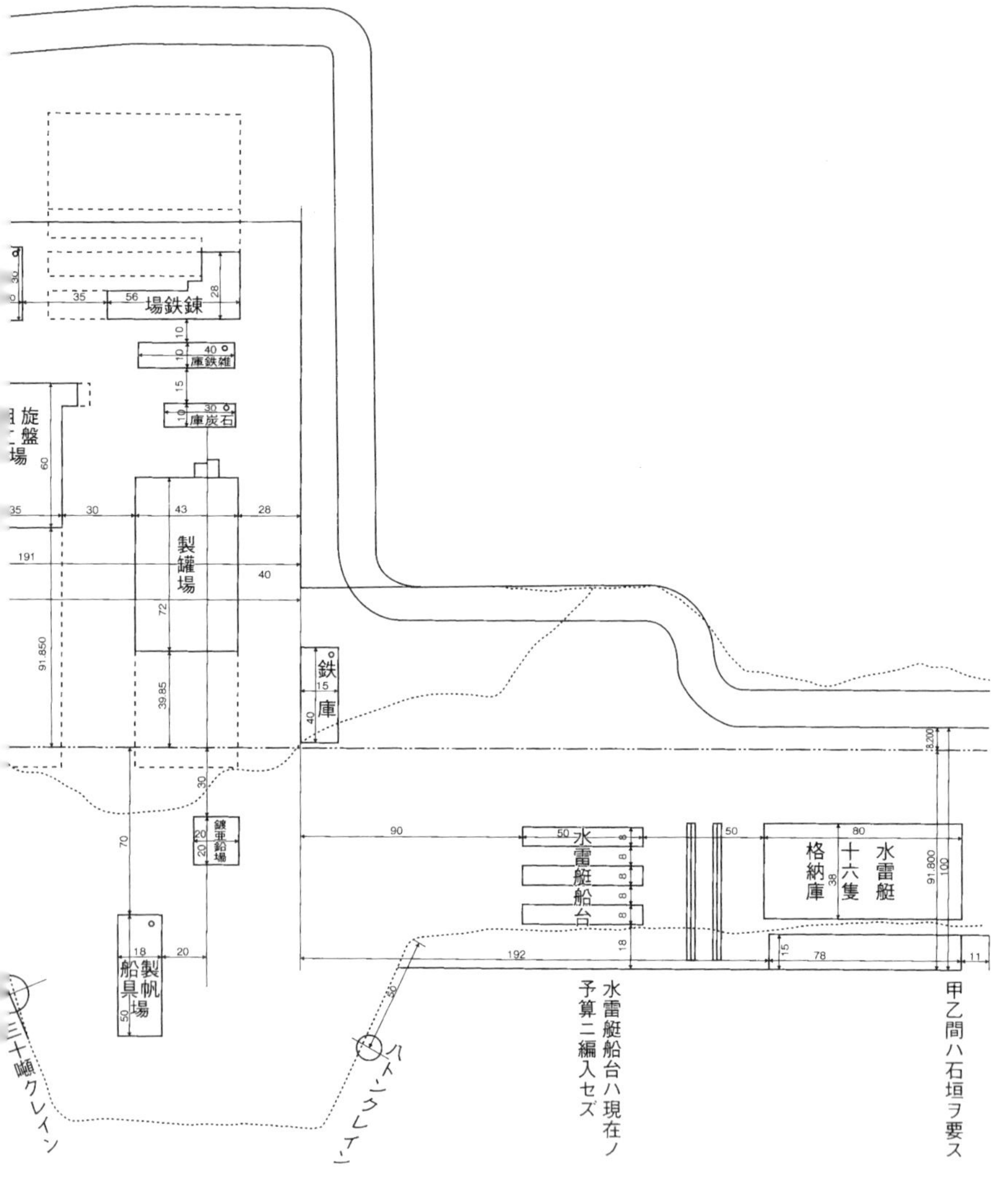

出所：「海軍大臣ヨリ送付ノ呉鎮守府造船部建設計画図（仮題）」明治 22 年 5 月 20 日（「呉佐世保両鎮守府設立書　一」防衛研究所戦史研究センター所蔵）。

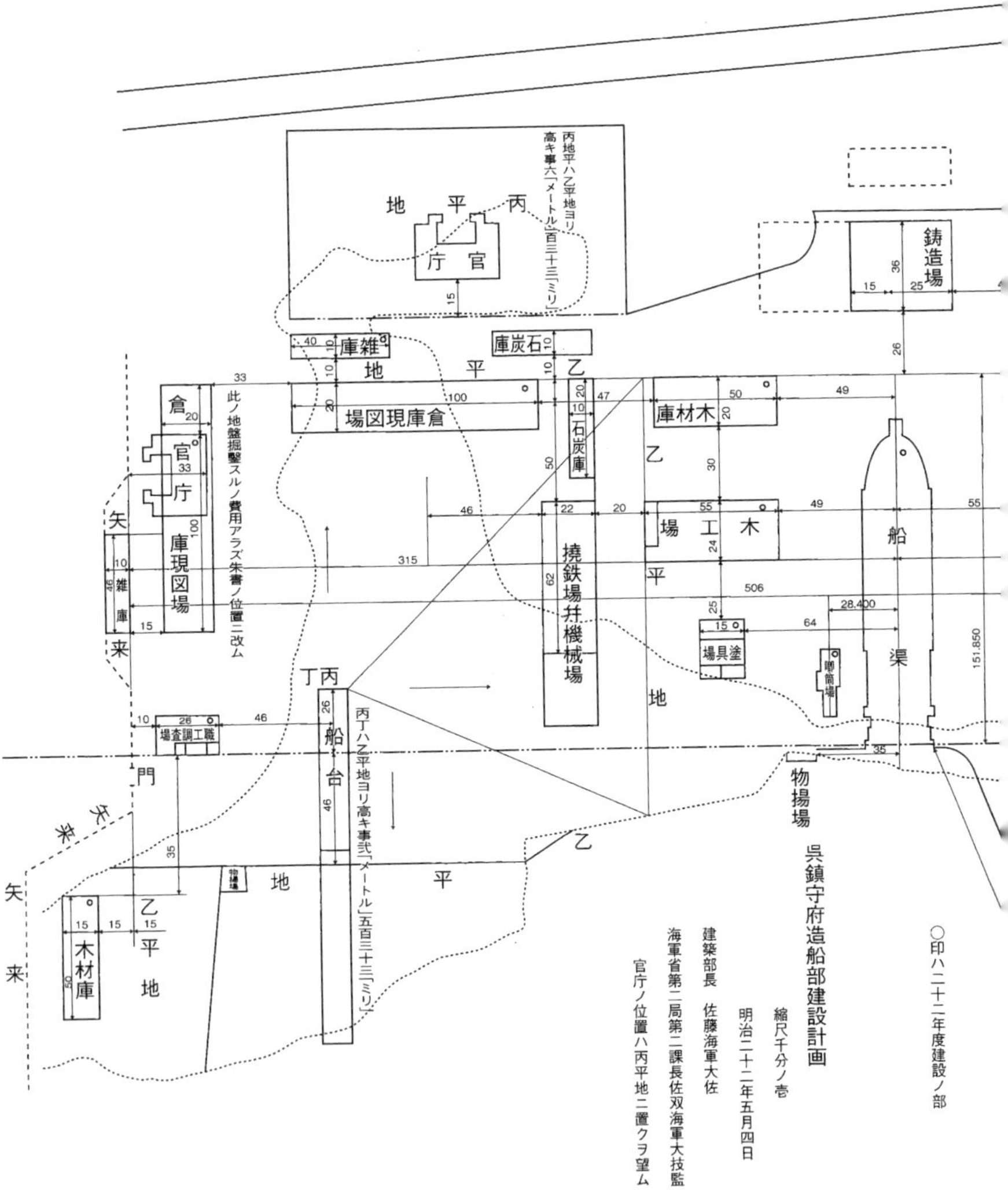

図３－１　呉鎮守府造船部建設計画図(明治22年5月4日)

従道海軍大臣名で中牟田倉之助呉鎮守府司令長官にこの計画によって工事を実施するよう指令した。この図三－一をみると、第二期造船部計画にふくまれていた水雷艇船渠がみられないが、これはすでに二一年三月八日に同船渠費予算三万一六六六円と新予算九〇七九円、計四万〇七四五円によって水雷艇引揚台費二万八七四五円、水雷艇格納庫一棟費二万八七四五円の予算化が海軍省内で決定したことによる（ただし海岸埋立費を除く）[3]。また図のなかに、「水雷艇船台ハ現在ノ予算ニ編入セズ」と記入されているが、このことは第二期造船部計画を基本としつつも、小野浜造船所の水雷艇建造専門工場化（第九章第五節を参照）にともない、呉鎮守府の活動に急ぎ必要とされる水雷艇運用施設をまず整備し、生産施設の建設は後年に延期したと解釈すべきといえよう。

この「呉鎮守府造船部建設計画」は、その後に若干の修正がなされる。その主なものをあげると、明治二二年六月五日に三〇トンクレーンの五〇トンへの変更が認可され、ついで七月一〇日に製帆船具場、石炭庫、撓鉄場ならびに機械場の位置の変更を上申[4]、七月二〇日に許可を得ている。その上申書に添付されている図面（明治二六年一〇月に呉鎮守府監督部より取り寄せたと註記されている）をみると、二船渠・三船台をはじめ各工場を建増しすることになっているなど、この図は後述する二三年二月二二日の上申書の添付図面と同じであるが、図三－二としてはより出所の明確な後者（二月二二日の上申書の添付図面）を使用する。なおこうした点から類推すると、造船部八カ年計画図はこの頃には策定され、実質的にこれに沿って工事がすすめられていたのではないかと思われる。

このように呉鎮守府造船部建設計画によって造船部工事がすすめられているなかで、明治二三（一八九〇）年二月二二日、中牟田呉鎮守府長官から西郷海軍大臣へ上申書が提出されたが、そこには、次のようなことが記されている[5]。

呉鎮守府造船部建設之義ハ既ニ廿二年度ヨリ着手致来候処来ル廿四年度迄之御内定額ニテハ艦船之小修理砲艦之

表３－３　呉鎮守府造船部８カ年計画予算　　単位：円

年度	造船機械器具購入および据付費	船渠費	船台費	船渠および船台費	造家費	掘鑿および堡壁費など	海底浚渫器械購入費	計
明治22年度	69,436	136,115			99,449			305,000
23年度	197,631	110,114			92,439			400,184
24年度	194,745		37,340		108,255	70,460		410,800
25年度	101,753		16,228		72,190	9,829		200,000
26年度	147,382		37,463			15,155		200,000
27年度				190,880		9,120		200,000
28年度		200,000						200,000
29年度		101,429				16,643	130,000	248,072
計	710,947	547,658	91,031	190,880	372,333	121,207	130,000	2,164,055

出所：「呉鎮守府造船部建設費継続之義ニ付上申」明治23年2月22日（「明治廿三年公文雑輯　土地営造部　十」）。

註：明治22年度の造船機械器具購入および据付費には、表に示した金額のほかに1万7312円を造家費より流用することになっている。

製造ニ止リ巡航艦之製造艦船之大修理ニ至テハ迚モ無覚束而巳ナラズ船渠ト雖トモ壱個ニテハ非常時ハ勿論平素ト雖トモ差支不少候条艦船之大修理及ヒ大凡八千噸余之新艦ヲ製造シ得ベキ機械幷ニ船渠船台増設方別紙計算書之通廿二年度ヨリ廿九年度ニ至ル八ヶ年間継続事業トシテ該費用御下付相成候様致度此段上申候也

この上申書によって、明治二二年度の当初より工事を再開したのは、二四年度までに図三－一に示されている施設を建設するという内定を受けてのことであったことがわかる。そしてこの図三－一の一船渠・一船台を中心とする施設では、艦船の小修理と砲艦の建造しかできないので、これに艦船の大修理と八〇〇〇排水トン（以下、トンとのみ表示）の軍艦が建造できるような船渠、船台、機械を増設する造船部八カ年計画を作成し許可を求めたのであった。添付された造船部八カ年計画予算（表三－三）によると、総額は二一六万四〇五五円で、そのうち機械・器具購入費および据付費が七一万九四七円、船渠・船台費が八二万九五六九円、造家費が三七万二三三三円、その他が二五万一二〇七円となっている。なおやはり添付された図（図三－二と同じ）によって、新設する船渠・船台、増設や移転をする工場などの規模と位置を知ることができる。

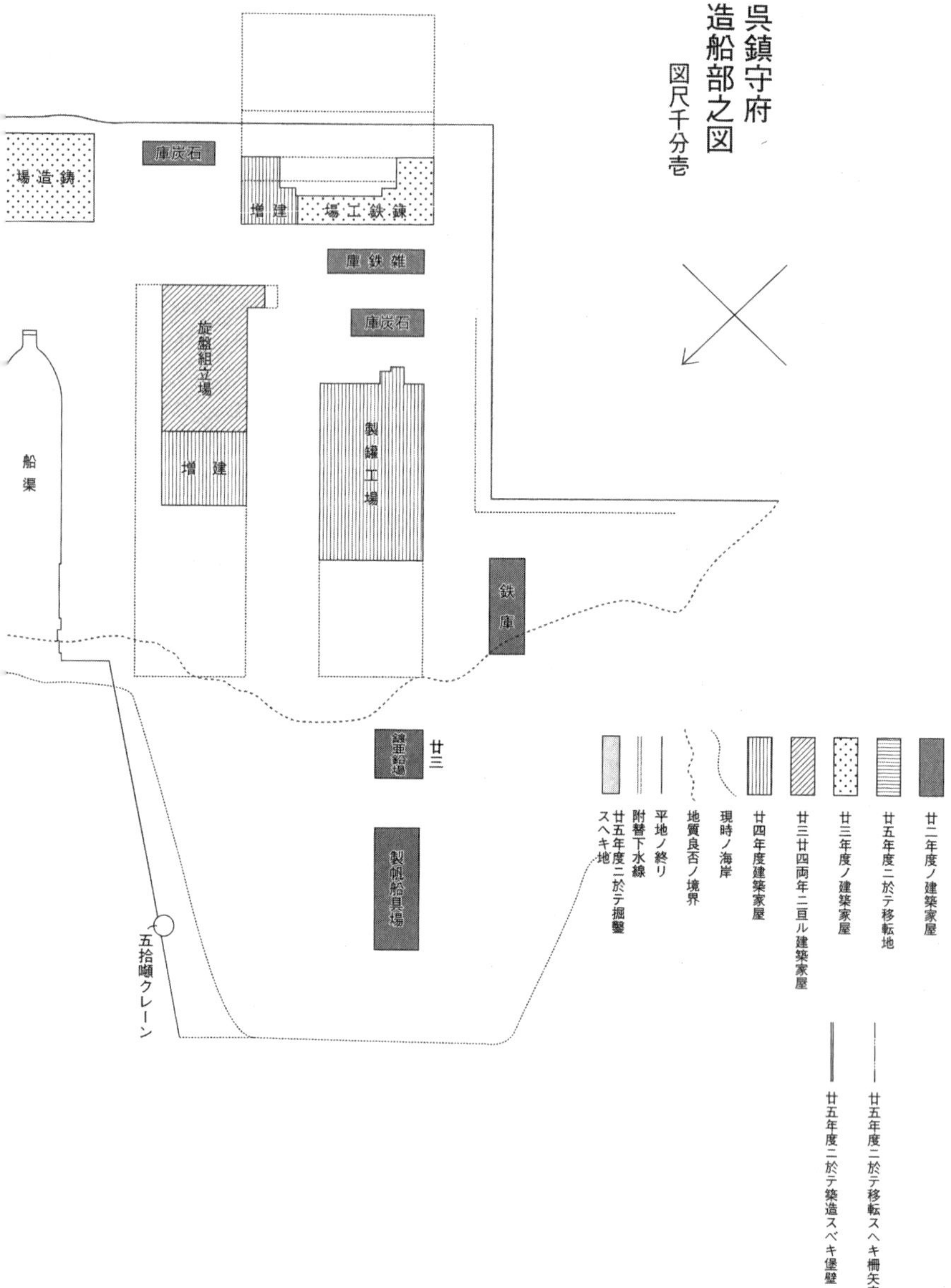

出所：前掲「呉鎮守府造船部建設費継続之義ニ付上申」。

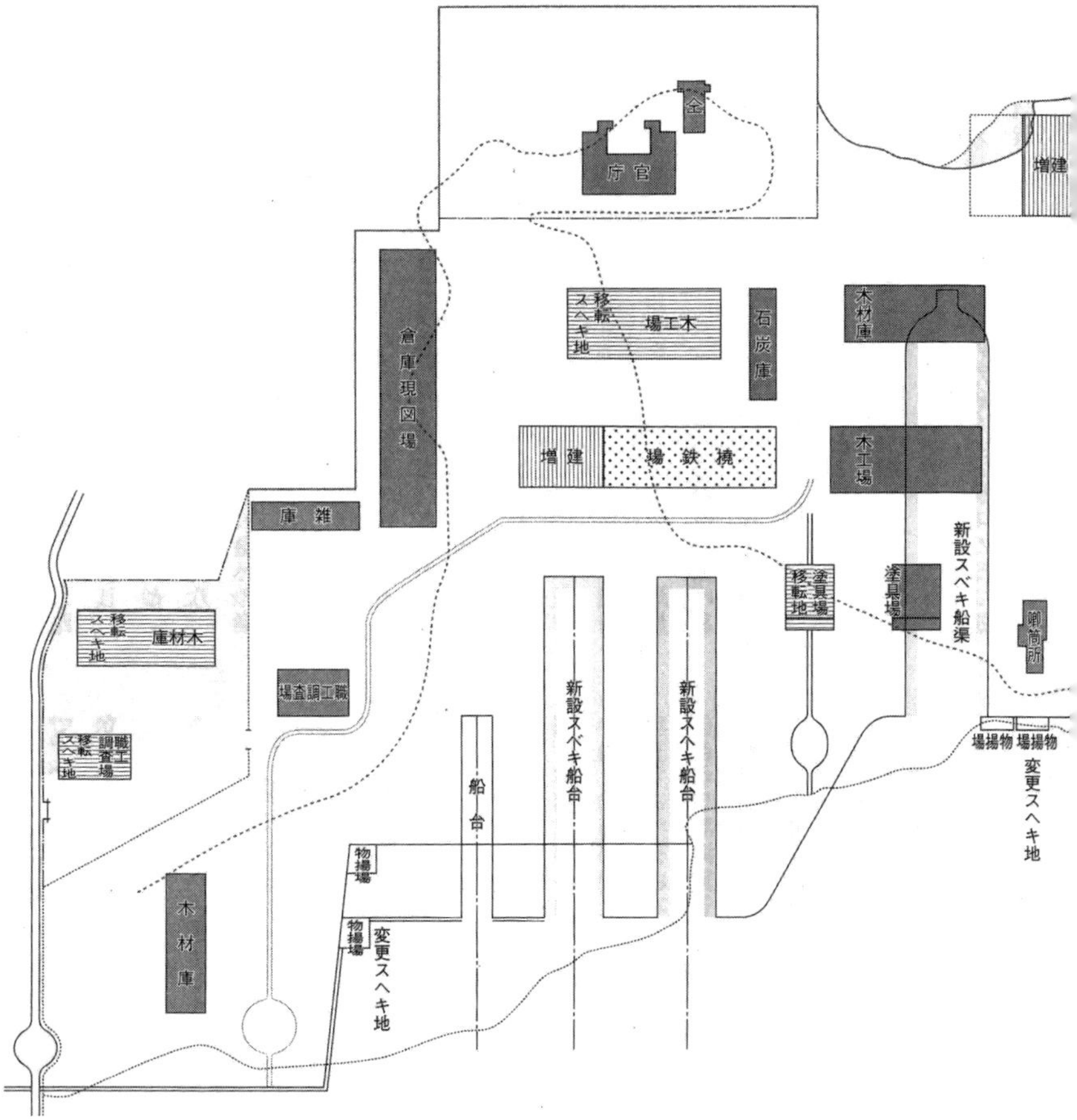

図3－2　呉鎮守府造船部8カ年計画図(明治23年2月22日)

表3－4　呉鎮守府造船部8カ年計画建設費予算　　単位：円

年度	名称	寸法ないし数量	金額
明治22年度	船渠費材料		76,285
	船渠費職工人夫		59,830
	造船所庁	1棟	12,365
	倉庫現図場	1棟	30,033
	木工場	1棟	9,334
	塗具場	1棟	2,584
	製綱製帆場	1棟	7,800
	船渠ポンプ所	1棟	1,468
	職工調査場	1棟	3,337
	木材庫	2棟	5,408
	石炭庫	3棟	3,137
	鉄庫	1棟	2,174
	雑庫	2棟	3,178
	造船部番兵塔および門番所		150
	造船部門内灯柵矢来		1,170
	機械据付費へ流用		17,312
	小　計		235,564
23年度	船渠	130 m	110,114
	旋盤工場	656坪	15,202
	撓鉄工場	408坪	18,247
	錬鉄工場	286坪	19,524
	鋳造工場	450坪	36,649
	鍍亜鉛場	111坪	2,817
	小　計		202,553
24年度	船台	122 m	37,340
	製罐工場	965坪	63,947
	旋盤工場	656坪	37,808
	材料倉庫	100坪	6,500
	造船所地区以東山地切取り	12,000坪	16,560
	クレーン左右堡壁	616坪	53,900
	小　計		216,055

年度	名称	寸法ないし数量	金額
明治25年度	鋳造工場	218坪	17,738
	旋盤工場	317坪	25,648
	錬鉄工場	170坪	11,685
	塗具場移転	130坪	1,629
	木工場移転	399坪	3,042
	職工調査場移転	222坪	1,111
	木材庫移転	303坪	1,845
	柵移転	90間	77
	門移転	1ヵ所	31
	甲船台　1ヶ所	122 m	16,228
	クレーン左右堡壁	616坪	5,000
	鋳造工場側掘鑿	450坪	563
	木材庫及職工調査場側掘鑿	3,000坪	2,400
	鋳造場側溝渠付替	22間	66
	撓鉄場側溝渠付替	180間	1,800
	撓鉄工場	200坪	9,384
	小　計		98,247
26年度	甲船台　1ヶ所	122 m	26,772
	乙船台　1ヶ所	122 m	10,691
	クレーン左右保壁	616坪	10,000
	突堤費	180間	5,155
	小　計		52,618
27年度	乙船台　1ヶ所	122 m	32,309
	船渠　1ヶ所	130 m	158,571
	堡壁費	760坪	9,120
	小　計		200,000
28年度	船渠　1ヶ所	130 m	200,000
	小　計		200,000
29年度	船渠　1ヶ所	130 m	101,429
	堡壁費	187坪	16,643
	海底浚渫器械購入費		130,000
	小　計		248,072

出所：「造船部建設費内訳明細書進達」明治23年3月25日（前掲「明治廿三年公文雑輯　土地営造部　十」）。

明治二三（一八九〇）年三月二五日、呉鎮守府は一カ月前の上申において約束した「造船部建設費内訳明細書進達」を提出した[6]（建設費ということのためか、表三ー三のうち造船機械具購入および据付費が除外されている）。これを一覧表にした表三ー四によると、二二・二三年度に二四万六二二九円で一三〇メートルの船渠、二四年度に三万七三四〇円で一二二メートルの船台、二五・二六年度に四万三〇〇〇円で一二二メートルの甲船台、二六・二七年度に四万三〇〇〇円で一二二メートルの乙船台、二七・二八・二九年度に四六万円で一三〇メートルの船渠を建設することに加え、各工場など建物の年度別の予算も知ることができる。ただし二船渠の規模が同じで金額が異なり、三船台とも同じ規模にもかかわらず甲と乙船台の金額の方が多いこと、一カ月前に提出した図三－二とも相違する点があるなど矛盾もみられる。

これらの上申書は、海軍大臣の指示や閣議の結果など関係資料がついていないため正式な資料とはいえず、造船部八カ年計画の決定に至る経緯を知ることはできない。しかしながら明治二二年度から二九年度までの八カ年計画であり二三年三月中に決定されたと思われること、ここで示された予算と施設のうち、前者の約二一六万円は決定された予算額と同額であること、後者も確定はできないものの それらの建設を目指して工事がなされていることから、造船部八カ年計画は上申どおり決定したと考えられる。

ここで第二期造船部計画と造船部八カ年計画を比較すると、予算額は実質五九七万円から二一六万円へと三六パーセントに減額[7]、工期は五年から八年に延期、施設は船渠・船台が同数、建物がレンガ石造を木造に変更しているなどの差異がみられる。造船部八カ年計画は政府と海軍によって予算額が決定され、それを提示された呉鎮守府が予算内で第二期造船部計画の目的を実現しようという意図にもとづいて作成したものといえよう。また翻って第二期造船部計画の目的を考えると、八〇〇〇トンまで確定していたか否かは断定できないが、大型巡洋艦の建造であり、それは造船部八カ年計画に継承されることになったと考えられる。ただし多くの節約がなされたとしても、大幅な予算の削減という条件下でそれを実現するのは至難の業であった。

またこの上申書には、同じ造船部八カ年計画として作成された他の資料とも差異がみられる。そのうちもっとも知られている『海軍省明治二十二年度報告』と比較すると、他の点は同じであるが、建造可能な艦艇について「大約一万噸許ノ甲鉄及鋼鉄巡洋艦等ハ容易ニ製造シ得ヘキ予図ナリキ」と述べられていることである。(8) また明治二三年四月二一日の呉鎮守府開庁式における中牟田呉鎮守府長官の明治天皇への奏上によると、二四年度までの工事については、「二十五年度ニ至レハ已ニ艦船ヲ修覆シ新艦ヲ製造スル事ヲ得ヘシ」と表現は異なるが造船部八カ年計画とほぼ同じ内容となっており、最終的に建造可能な艦艇に関しては、『海軍省明治二十二年度報告』と同じ記述である。(9) このように造船部八カ年計画は、一部の高官しか目にすることができない資料で八〇〇〇トン、外部の人もみることのできる資料では一万トンと異なる内容となっている。海軍は計画のなかに次の計画への移行を実現させるための事業をふくませるという方策を忍ばせる点がみられることを勘案すると、一万トンには外部の有識者に将来目指すべき方向を示す意図があったのではないかと考えられる。

造船部八カ年計画が決定し、その事業が推進されていた明治二三年一一月、第一回帝国議会が開会した。この議会に海軍省は、呉鎮守府造船部建設事業費をふくむ二四年度予算案を提案した。この時に海軍省はどのような資料を提出したのか知る由もないが、「明治二十四年度海軍省所管予定経費要求書」には、総額約二一六万円と年度別支出金額のみが提示されているだけである。(10) なお一二月一二日の衆議院予算委員会第五科において政府委員は、具体的質問がなされる前に、「呉ノ建築費ノ事ニ就イテ疑ノ起ラヌ前ニ申上ゲテ置キタイコトハ……只今マデ、百五十万円バカリヲ掛ケテ……呉ノ病院屯営監獄署ト云フ様ナモノヲ拵ヘタノデ、残ッテ居ルモノハ造船部デ造船部ハ全ク着手シテナイ」と事実と反する発言をするとともに、経費削減のため、「元呉ニハ三ツ造ル積リデス然シ此ノ金デハ造レマセヌガ、計画ハ三ツノ積リデアリマシタ」と三船渠を二船渠に縮小したと述べている。(11)

すでに述べたように、明治二四（一八九一）年八月に作成された「海軍省所管特別費始末」には、呉鎮守府建設工事において造船部工事はなされなかったと誤解を招くような内容の記述があることを指摘したが、それより早い第一回帝国議会において虚偽の説明をしていたのであった。また当初から、呉鎮守府設立第二期計画では二船渠の建造を予定していたにもかかわらず、あたかも経費削減を求める議員に応えたかのように一船渠削減を喧伝している。

このほか呉鎮守府の位置づけについて、次にみるように、当初から一貫して海軍第一（実質日本一）の造船所と考えられていることを明言する。(12)

ソレハ急ニハいきマセヌケレドモ、前途ノ希望ハ呉ノ造船所ト云フモノハ日本第一ニナル会議《ママ》ニナツテ居リマス、なぜ呉ノ造船所ヲ第一等ニスルト云フト彼処ハ地形ガ宜シウ御坐リマス、戦時ニ大変都合ガ宜イ、どうモ横須賀ハ平時ニハ都合ガ宜シウ御座リマスケレドモ、戦時ニ彼処ヲ安全ニ湊ノ防禦ヲシテ戦争中彼処デ安全ニ船ヲ修理シ、且船ヲ造リ出スト云フヤウナコトハ余程金ヲ掛ケマセヌト云フト防御ニたまりマセヌ、呉ハ天然ノ地形ヲ存シテ居リマシテ戦時トテモ防禦ニ大変宜シイ処デ御座リマスカラシテ、戦時ノ為ニ造船所ヲ拵ヘルニハ、日本第一等ハ呉ニ限ルト海軍デハ極ツテ居リマス、最モ急ナ訳ニハいきマセヌガ、規模ヲ初カラ立テ、彼処ニ手ヲ着ケタノデ御座リマス

この資料によると海軍省は、明治一四（一八八一）年に赤松則良海軍省主船局長が唱えた、防禦に最適な呉港に日本一の造船所を建設するという構想を、疑問の余地がないものとして受け継いでいることは明らかである。また長期的な展望にもとづいて大規模な造船所を段階的に建設するという方策を採用していることを披瀝している。

こうした説明に対し、議員から多くの質問が出された。そのなかには明治二四年一月一七日の衆議院の予算案に関する全院委員会における加藤平四郎議員の、「凡軍港ノ工事ト云フモノハ、どツくヨリ尚先キニ為スモノハナイ様ニ

承ツテ居リマス」が、船渠はできずに、「其ノ外ノ役所ガ出来ル、……軍港ノ工事中、どツくト云フモノハあと廻シニシテモヨイト云フ海軍省ノお見込ミデアリマセウカ」というもっともと思われる質問もみられる。(13) これについて海軍省は、呉鎮守府開庁までに一船渠・一船台、少なくとも船渠は竣工するつもりであったと本音を吐露するわけにもいかず、船渠の重要なことは理解しているが、予算の関係でやむなく役所等を先行させざるを得なかったと答弁、必要不可欠な船渠をはじめとする設備を整備するために予算成立への協賛を求めた。結局、経費削減を求める民党の要望は強かったものの、二四年度予算は可決され、造船部八カ年計画の工事も推進されたのであった。

明治二四年度予算は承認され、帝国議会の開会前の二二年度に造船部八カ年計画を決定し、議員からの干渉なしにその事業を実施しようとした海軍の目論見は達成されたかのようである。しかしながら後述するように議員のなかには、経費削減を求めながら海軍のある程度の拡張はやむを得ないと考える人も少なくなかったのであり、計画や事業の推進に議員を排除するような方策は、いらぬ敵をつくることになったともいえよう。

第二節　呉鎮守府造船部の組織と労働問題

本節においては、呉鎮守府造船部の組織と労働問題を明らかにすることを目指している。具体的には、呉鎮守府のなかの造船部の組織の特徴はどのようなものなのか、施設がほとんど存在しないうちに造船部が設立されたという事実は、その有り様にどのような影響をもたらしたのか、当時、職工と呼ばれた労働者はどこから呉港に集まり、彼らはどのような技術を有していたのか、技術の習得はどのようにしてなされたのかなどの課題を明らかにすることである。なお記述に際しては、組織に関しては主に『海軍制度沿革』、人事については『呉海軍造船廠沿革録』を使用する[14]（煩雑となることをさけるため、両資料に関してはとくに重要なこと以外は出典を省略）。

一　組織の整備

明治二二（一八八九）年五月二八日、勅令第七二号によって、「鎮守府条例」が制定された。同条例によると、「造船部ハ艦船ヲ製造修理シ船具及船体機関ニ属スル需用物品ヲ準備供給スル所トシ計画科製造科ヲ置キ其事業ヲ分担セシム」（第三五条）と規定されていた[15]。また主な組織と役員の定員は、部長―一名（機技総監あるいは技監）、計画科長―一名（技監）、計画科主幹―若干名（技監あるいは技士）、製造科長―一名（技監）、製造科主幹―若干名（機技部上長官士官）、倉庫主管―若干名（準士官あるいは判任官）であった（第三九条）。役員には、六月に部長代理に赤峰伍作海軍大技監（以下、「海軍」を省略）、製造科長に土師外次郎少技監、製造科主幹に西川真三少技監と岩田善明大技士が任命された（ただし後述するように、他の資料によると赤峰の部長就任は五月）。なお当初、計画科長と主幹、倉庫主管は欠員となっていた。

赤峰は、弘化四（一八四七）年二月一〇日に江戸に生まれ、海軍兵学寮に入学した。そして明治四（一八七一）年二月、志道貫一、佐双左仲、土師外次郎らと海軍兵学寮壮年生徒の身分でイギリスに留学し造船学を専攻、彼らは、「留学最後の時期を一八七五年九月に起工された艦である金剛、比叡、扶桑の建造現場に配属され、設計者エドワード・リードの直接指導の下に実習し、完成した艦に分乗して七八年五月から六月に帰国した」[16]。その後、赤峰は一一年八月一〇日から主に横須賀造船所で活躍、一九年九月一四日から横須賀鎮守府造船部機械科主幹兼横須賀造船所建築課長および同所機械科主幹を務め、一一月一一日に大技監となり、呉では二二年五月二〇日に造船部次長、五月二九日に造船部長、二九年四月一日に造船大監、三〇年一〇月八日に呉造船廠長として創設期の造船部門を指導した[17]。

明治二二年七月一日に呉鎮守府が開庁、造船部も業務を開始した。翌二三年二月、鎮守府司令長官は造船部長に対

表3－5　呉鎮守府造船部の科長(1)

計画科長		土師外次郎 明治23.3～24.9	黒川勇熊 明治24.9～25.11	桜井省三 明治25.11～26.5
製造科長	土師外次郎 明治22.6～23.3			

出所：呉海軍造船廠『呉海軍造船廠沿革録』(明治31年) 3～13ページなどによる。

表3－5　呉鎮守府造船部の科長(2)

造船科長	桜井省三 明治26.5～29.4			原田貫平 明治29.7～
造機科長	桜井省三 明治26.5～28.10	臼井藤一郎 明治28.10～29.1	山木良三郎 明治29.1～	

出所：前掲『呉海軍造船廠沿革録』13～34ページ。
註：1)臼井造機科長と原田造船科長は、心得への就任である。
2)山木に関しては、山本良三郎と記述されているが、他の資料により訂正した。

し、主計部長と協議して予算定額内において所轄判任官以下の二〇里（約七九キロメートル）以内の出張、定員内および予算定額内において雇員、傭人を任命・罷免すること、所轄判任官以下に帰省や湯治を許可し、除服出勤および事務分掌を命じたり、所属工場に配置することに関して委任した。また三月二七日、「鎮守府条例」が改正され、「造船部ハ艦船及其属具ヲ製造修理シ艦船ヲ艤装スル所トシ計画科、製造科ヲ置キ其事業ヲ分担セシム」（第三五条）ことになった。[18]この改正によって、造船部の業務に艤装が加わったが、倉庫主管は廃止された。また同月一〇日には、海軍省艦政局のもとにあった小野浜造船所は呉鎮守府造船部小野浜分工場と改称され、造船部員を在勤させることになった。ここで注意すべき点は、土師が製造科長から計画科長兼製造科主幹に代わり、山口辰弥少技監が製造科長兼計画科主幹に任命されたと記述されているが、後述するように（第九章第三節を参照）、山口は多年にわたり小野浜造船所に勤務していることは明らかであり、この時から造船部本部の製造科長は欠員となった。[19]

呉鎮守府造船部本部の科長は、表三－五のようになっている（主幹については人数が多いため省略）。このうち土師以降の黒川勇熊・桜井省三・原田貫平の三名は、いずれも横須賀造船所の黌舎を出てエコール・ポリテクニク（海軍造船学校）への留学経験者である。またいずれも留学後に横須賀造

表3－6　呉鎮守府造船部工場入退業時間（明治23年8月）

期　間	起　業	退　業	拘束時間
1.26～ 2.25	6：45	16：30	9時間45分
2.26～ 4.10	6：00	16：30	10時間30分
4.11～ 9.30	5：30	16：00	10時間30分
10. 1～10.20	6：00	16：30	10時間30分
10.21～ 1.25	6：45	16：15	9時間30分

出所：前掲『呉海軍造船廠沿革録』5ページ。
註：11時30分より12時までの30分間は、昼食時間である。

表3－7　呉鎮守府造船部の鳴鐘打数（明治23年8月）

名称	打数	備考
ヨセ鳴鐘	60	起業30分前
起業鳴鐘	40	
午食停業鳴鐘	50	
就業鳴鐘	30	
停業鳴鐘	60	退業5分前
退業鳴鐘	40	
非常警報	100以上	

出所：前掲『呉海軍造船廠沿革録』5～6ページ。

船所などに勤務、海外において造船監督官として活動している。このように当時の造船部の役員は、トップに海軍兵学寮の卒業生のうちイギリス留学組を配置しているが、その下の科長の多くは黌舎からフランスへの留学組で占められている。

明治二三（一八九〇）年五月二一日、「職工人夫取締規約」を制定、呉鎮守府において雇用した職工、人夫の就業中の各種違反（刑法に該当しない）に対し日給半日分から七日以内の減給にすることを決めた。その第五条によると規制対象は、官物の破損、官物の濫用・浪費、私品の製作・修理、整理・整頓しないままでの帰宅、所定の場所以外での焚火、乱暴な言語・動作、自分の物以外の所有、喫煙、無許可の退場、賭博や遊戯、職場の放棄や禁止区域への立入、就業時間中の睡眠や休止、裸体・放歌・高声・雑談、食事、飲酒、動植物の採取や捕獲、柵塀をこえての出入、掲示・報告・掛札などの破損、物品等への貼紙・落書、他の職場への出勤、糞尿・汚物の投棄、職札の不適切な取扱、法則・命令違反と機密漏洩の二三項におよんでいる(20)。これをみると、海軍の工場特有の秘密保持に関するものは二項しかなく、現在から考えると当然視されているマナー、道徳や躾に関することがほとんどである。

同じ五月に呉鎮守府の無給練習職工の出業内規を制定しているが、これをみると練習職工という名称で無給の若年労働者がいたことがわかる。ただし彼らが熟練職工に付随して入業し、賃金が熟練職工に支払われているのか、それ

表３－８　職工の服装（明治24年4月）

名称	材質	階級		
		伍長	下締	職工
上衣	色 地質	紺 適宜	紺 適宜	紺 適宜
袴	色 地質	紺 適宜	紺 適宜	紺 適宜
帽	色 地質	紺 羅紗	紺 適宜	紺 帆布
帽日覆	色 地質	白 適宜	白 適宜	— —
雨衣帽	色 地質	黒 適宜	黒 適宜	黒 適宜

出所：「海軍制度沿革史資料呉鎮関係　自明治二十一年至明治三十年」。

表３－９　呉鎮守府造船部役職員・職工の入退場時間（明治25年12月）

期　間	高等官･官庁詰等判任官	工場詰判任官	職　工
1.26 ～ 2.25	8：30 ～ 16：30	6：45 ～ 16：30	6：45 ～ 16：30
2.26 ～ 4.30	9：00 ～ 17：00	6：30 ～ 17：00	6：30 ～ 17：00
5. 1 ～ 10.20	8：30 ～ 16：30	6：00 ～ 16：30	6：00 ～ 16：30
10.21 ～ 1.25	8：15 ～ 16：15	6：45 ～ 16：15	6：45 ～ 16：45

出所：前掲『呉海軍造船廠沿革録』9ページ。

とも後述する直接雇用者として訓練を受けているものなのかは判断しかねる。また七月には、有職職工に対し試験を実施し、給料を決定した。そして八月には、表三－六のように造船部工場入退業時間、表三－七のように鳴鐘打数を決めた。これをみると拘束時間は九時間三〇分から一〇時間三〇分まで、実質労働時間は九時間から一〇時間と、季節により日の出から日の入りまでの日照時間にあわせて細分しているが、時刻を鐘によって知らせるなど、近代的な設備の工場において旧来どおりの就業時間割や告知方法が行われている。

　明治二四（一八九一）年四月一一日には、待望の第一船渠の開渠式を施行、艦艇の修理が可能になるなど本格的な生産活動が開始された。こうしたなかで五月七日、「呉鎮守府造船部工場職工着服着帽規則」を制定、職工は入業日から三〇日以内に、上衣、袴、帽子、雨帽・雨衣を自前で準備し（帽章は貸与）、「職工ニシテ制服帽ヲ着セサルモノハ一切入出門ヲ許サス」（第一五条）と決定した。(21) 表三－八によると、帽子の日覆を職工は着用できず、また上衣、袴、帽子とも紺色となっており、ここから評判の悪い「菜っ葉服」が登場したことがわかる。なお雨衣には油が塗られているが、どれだけ雨を防ぐことができたかは疑問である。

明治二五（一八九二）年八月一五日、全体が二六条からなる「呉鎮守府造船部構内取締規則」が制定された。これによって入門、出門が厳しく管理されたが、一方、「職工人夫取締規約」のうち不要と思われる規制はかなり緩和された。それでも所定の場所以外での糞尿の禁止、裸体の禁止などの文言が残されている。[22] また一二月、海軍省は各鎮守府造船部などの役員・職工の執務時間、服業時間の同一化を実施した（詳細は表三－九を参照）。これをみると、高等官は現場の管理者である判任官や職工に比較して、一時間半から二時間半も遅く出勤することが許されている。

明治二六（一八九三）年五月一九日、「鎮守府条例」を改正し、「造船部ハ艦船及其属具ノ製造修理及艤装ヲ掌ル造船科造機科ヲ置キ其事務ヲ分担セシム」（第二一条）と、造船科と造機科の分立体制となった。[23] 計画科と製造科から造船科と造機科への改称は、形式的な分科から機能的な面を重要視した組織への変化を意味するが、それは艦艇建造技術の第二段階といわれる純汽船期・鋼製艦艇の建造と修理に対応するためのものであった（艦艇建造技術史の段階規定については、序章と第八章を参照）。なお主な役職員は、造船部長（大技監）一名、造船科長（少技監）一名、造船科主幹（技士）四名、造機科長（機関少監あるいは少技監）一名、造機科主幹（機関士あるいは技士）三名、造船材料倉庫主管（大技士）一名であった。

一方、同日、小野浜分工場は、呉鎮守府造船支部となった。

明治二六年八月一七日、「呉鎮守府受托艦船心得」を制定し、「艦船ノ修理又ハ入渠ヲ願フモノ」に対するルール化がなされた。[24] 翌二七年二月一九日には、「呉鎮守府造船支部受托艦船心得」も制定されている。当時は、民間の船を修理したり、そのために船渠を貸与する体制が整えられていたことがわかる。

明治二六年七月一七日、西郷海軍大臣より有地品之允《ありちひんのじょう》呉鎮守府司令長官に造船支部を二七年度に廃止する内訓がもたらされた。このため職工、工場、機械などの移転に向けての準備がなされたが、二七年八月四日になり清国との戦争にともない工事が輻輳したため延期となり、結局、終戦後の二八年六月一〇日に閉鎖された。これによって呉鎮守府造船部には、二七年四月二七日に職工一三三名の移転が認可され、五月一九日には、先の一三三名（認可時より一名減少の理由は不明）をふくむ六一三名の移転を上申した。六月七日に認可されているが、実際の移動は日清戦争にともなう工事が終了するまで続いたものと思われる[25]（第九章第三節と第一〇章第二節を参照）。また機械については佐世保に多く割愛することになり、結局、横須賀に六台、呉に八六台、佐世保に一五六台が移転されることになった[26]。さらに四工場を移転、第三節で述べるように二八年九月には水雷艇造船工場と水雷艇現図場などを建設した（造船支部の閉鎖については、第九章第三節を参照）。

明治二八（一八九五）年一月六日、製罐工場と雑鉄庫の中間にあった石炭倉庫より出火、また二九年四月には、造船工場附属木工場内道具置場より出火、同工場一棟を焼失した。一方、五月には、「呉鎮守府各工場観覧内規」「造船部各工場職札場開扉手続」を制定し、七月二五日に「鎮守府条例」、同月に「呉鎮守府造船部工場職工着服着帽規則」を改定した。さらに三〇年九月三日、「鎮守府条例」を改正（一〇月八日に施行）、同条例から造船部に関する条項を削除し、同時に「海軍造船廠条例」を制定し、一〇月八日に施行、同日、呉海軍造船廠が設立された。

ここまで述べてきたことを踏まえ、呉鎮守府造船部の組織に関してまとめると次のようになる。まず造船部の役割についてみると、当初は艦船等の建造と修理、明治二三（一八九〇）年にはそれに艤装が加わり、二六年には計画科と製造科によって構成されていた造船部の組織は、艦艇建造技術の発展に沿って造船科と造機科となった。ここで注意すべきは、二三年まで計画科長、二三年以降は製造科長が欠員になっており、二六年まで実質一科長によって運営されている点である。これは後述するように、当時は職工も造船施設も少ない状態で、生産活動も活発ではなかったためと思われる。なお役員の経歴については、造船部長と筆頭科長は、海軍兵学寮からイギリスへの留学をへて、その他の科長は、黌舎からフランスへの留学をへて、横須賀造船所などにおける勤務を経験してから赴任している。

一方、工場運営に必要な規則については、明治二三年に近代的な労働の基本となる勤務時間を決め、同時に二三項目の罰則事項からなる「職工人夫取締規約」を制定するが、そこには海軍特有の秘密保持に関するものは二項しかなく、現在では当然視されるマナー、道徳や躾がほとんどを占めている。翌二四年に制定された「呉鎮守府造船部工場職工着服着帽規則」とともに、職工を一律に取り締まることを目指していたといえるが、なぜこうしたことが必要とされたのかという理由については、労働問題を対象とした際に再考する。その後、二五年になり「呉鎮守府造船部構内取締規則」を制定し、機密保持体制を強化するとともに、「職工人夫取締規約」の禁止事項も整理したが、基本的に細かく職工を監視するという姿勢は維持されたといえよう。なお造船支部の閉鎖は、造船部の充実に少なからず貢献した。

二　労働力の構成と労働環境

労働問題に入る前提として、表序―一により、職工数と待遇から呉鎮守府造船部の発展過程を跡づけることにする（序章第三節を参照）。まず職工数に焦点をあてると、明治二三（一八九〇）年のわずか四八名が、その後ほぼ毎年増加し、二九年には二八九三名に達した（同年の職工数は年間のべ人数であるが、就業日数の三六〇日から一日当たりの人数を求めた）。とくに修理を中心とする生産活動が本格化した二五年、艦船の修理の中心的役割を果たした日清戦争期の二七、二八年には、呉鎮守府造船支部からの移転もあり増加がいちじるしく、横須賀鎮守府造船部に接近することになる。なおそれまで漸増にとどまっていた役員数が三〇年に急増するのは、同年に呉鎮守府造船部から呉海軍造船廠に組織が変化したことによるものと思われる。

職工の待遇に密接に関係する賃金については、明治二三年当時に平均日当が三五銭であったものがしだいに下落し、二五年には二五銭を記録、その後は上昇に転じたものの、日清戦争期の物価高で職工不足の二七年でさえ二九銭にすぎなかった。試みにこの間の横須賀鎮守府造船部職工の賃金は、いずれも三三銭から三四銭と呉鎮守府造船部より高いままで安定している。呉の賃金が二三年当時に高かったのは、横須賀から熟練職工の移転を促すためであり、その後の下落は広島や呉において経験の浅い職人や未経験の若年職工を雇用したこと、広島や呉地方の賃銭が安いことによるものと考えられる。なお二七年の賃銭をみると、東京は大工が五五銭、鍛冶職が五〇銭、船大工が六五銭、養蚕が一七銭、広島はそれぞれ三八銭、四五銭、三八銭、一三銭（いずれも男性の賃銭）であり、呉鎮守府造船部職工の賃金は、民間の職人や熟練工以下に位置づけられている。(27)

呉鎮守府造船部の職工の出自をみると、熟練職工は役員の場合と同様、当初は横須賀鎮守府造船部から転勤してきた。横須賀には地元神奈川県や近県の静岡県に加え全国から職工が集まっていたが、そのなかには塩飽《しわく》諸島（香川県）や広島出身者が少なからずおり、彼らの多くは郷里に近いということで比較的スムーズに呉への転勤に応じたという。(28)横須賀の造船技術を支えた代表的な塩飽諸島出身者については、『新横須賀市史』により、幕府海軍に参加した本島の石川政太郎、瀬居島の古川庄八、高見島の山下岩吉（古川・山下は幕府初の海外留学生としてオランダに留学）の業績が紹介されており、(29)多くの熟練工が横須賀で活躍し呉に移動し、初期の造船部の技術を領導したものと思われる。

その後、呉鎮守府造船部には日清戦争後に造船支部からの熟練工が大量に加わり、技術力が向上した。一方、地元の呉港においても多くの職工が雇用されたが、広島県、とくに呉をふくむ沿岸部は耕地が狭く、特産物の生産、職人、日雇によって生活を維持する人が多く、職工の雇用に困難をきたすことはなかった。また先行する海軍工作庁の開庁時と異なり、若年労働者の多くは学校教育を受けている可能性が高いという特徴を有していたものと思われる。

鈴木淳氏によると、横須賀の職工には地元出身者が多く、「彼らの技能向上に期待し造船所を育てていくという方針は、創設期から明治期にかけて一貫して」おり、「呉でも地元の人をなるべく採用しようとし」たと述べられている。[30] こうしたなかで明治九（一八七六）年には「定雇職工規則」が制定されている。そして「熟練労働者の移動防止をはかるとともに、あわせて職工を養成しかつ職工を確保するために、賃金操作を行なわないで年期を定めるという手段がとられ」たが、これについて古賀比呂志氏は、「労働力の安定的な確保とそれに伴う技能水準の維持向上」を目指したものであったと述べている。[31] また同氏は、未経験者の採用に際しては技術の習得期間を考慮して年齢を制限したこと、こうして雇用した若年労働者を見習と位置づけたことの二点に注目し、「見習は、工場と直接雇用関係があり、職場組織のなかで訓練されるという意味で、『工場徒弟』と呼ぶことができる」と規定する。[32] この他にも少数であるが、黌舎（職人黌舎）において技術を習得して熟練職工、下級技術者、技術官吏などにすすむ道も開かれていた。なお二二年九月、「海軍造船工学校条例」が制定されたが、この横須賀鎮守府造船部に設置された「工学校は明確に技工＝技手の養成をその目的にかかげ」たものであり、[33] 呉鎮守府造船部の職工のなかからも選抜され入学している。

このように呉鎮守府造船部に職工を送り出した横須賀鎮守府造船部は、職人の経験者（間接雇用者）、未経験若年職工―工場徒弟（直接雇用者）、職人黌舎卒業者等によって構成されていた。その後に呉鎮守府造船部に職工を送り出した小野浜造船所の場合も、基本的には同じと思われる。これらの先行する海軍工作庁から職工を受け入れた呉鎮守府造船部の場合も、職工の構成はほぼ同じであると考えられる。ただし重要な点は、すでに序章で指摘し第八章で再考するように、艦艇建造技術からみて横須賀はすでに純汽船・全鋼製の小型巡洋艦、小野浜は同じく純汽船・全鋼製の水雷艇の建造技術を習得しており、呉鎮守府造船部の場合は、そうした技術を自らの工場で習得することなしに先行した二つの海軍工作庁から職工の転勤という方法で受け継いだという特徴を有していることである。

ここで横須賀鎮守府造船部と小野浜造船所から移転してきた職工の相違点と類似点、そして呉鎮守府造船部への影響について言及する。たしかに横須賀はフランス人、小野浜はイギリス人技術者と中国人熟練工から伝習を受けたという相違がある。しかし前者は、のちにイギリス人技術者を招聘しており、またイギリスへの留学者が重要な役割を果たすようになる。これに対し後者は、水雷艇建造に際してフランス人技術者の招聘や技術者を同国へ留学させており、両者ともイギリスとフランスの技術の影響を受けている。

ただし横須賀鎮守府造船部が主に軍艦の建造を手がけてきたのに対し、小野浜造船所は軍艦から水雷艇の建造に転換したこと、船体の組立工事を横須賀では鉄木工、小野浜は鉄工が担当していたという相違が存在した。こうして大型軍艦の建造に優れた横須賀の熟練職工に、水雷艇などの建造を得意とする小野浜の熟練職工が加わったことにより呉鎮守府造船部には、大型艦から小型艇までを建造できる素地ができた。さらに鉄木工本位の前者に鉄工本位の後者が加わり、「云わば両刀使いの状況を呈し」たという[34]。なお両者の間には対立もあったが、純粋の呉育ちが成長するに従い解消されたという。

このようにみてくると横須賀鎮守府造船部や小野浜造船所、そしてそこから移転してきた呉鎮守府造船部の職工は、「人間を機械体系の中に組み込んだ……産業革命期の綿業工場[35]」と同じような不熟練労働者はいるものの、中心をなしていたのは工場内で教習を受けた熟練職工やそれを目指す徒弟の集団であったと思われる。すでに述べたように呉鎮守府造船部は、造船支部の閉鎖に際しそこで働いていた熟練職工の割愛を希望したが、そこには彼らの技術なしには近代的な兵器の造修が不可能であるという事情があったといえよう。こうした点を考慮して先の「職工人夫取締規約」を再考すると、かつて職人、農民、漁民、商人であった職工のなかには、近代的な作業や時間によって制約される制度には短時間ではなじめない者が少なからずおり、それを理解せずに誇りを無視し、強圧的に取り締まろうとして反発をまねき悪循環に陥ったといえよう。

第三節　呉鎮守府造船部建設工事の概要

これ以降、呉鎮守府造船部の工事について記述するが、本節においては工事の概要を把握する。具体的には、まず土木工事、次に建物工事の実態について検証するとともに、進捗状況と第三船台の建設にともなう問題などを取り上げる。その際、呉鎮守府設立計画、呉鎮守府建設工事、造船部八カ年計画をはじめとする多くの面から問題を総合的に分析する。

再開後の造船部工事を検証する前に、呉鎮守府建設工事における造船部関連工事を確認する。すでに表二−五（第二章第四節に掲載）に示したように、造船所掘鑿地をふくむ各所測量が一六三五円で明治一九（一八八六）年一〇月から二一年九月まで、造船所地をふくむ地質試験が四一五二円で一九年一〇月から二〇年一〇月まで、造船所地土工が一八万九四六三円で一九年一一月から二一年七月まで、船渠工事が六万三三八一円で二〇年四月から二一年九月まで実施されたと報告されている。

また『呉海軍造船廠沿革録』には、「土木工事成蹟〔績〕一覧表」が掲載されている。これによって、明治一九年一〇月二二日から二二年三月三一日までの鎮守府建設土木工事の概要と造船部工事の詳細を知ることができる。このうち後者を示した表三−一〇によると、表二−五の船渠工事は主にポンプ所と船渠掘鑿および海中浚渫のことと思われるが、工事費に差異がある。一方、同表の造船地土工は、造船所地掘鑿とほぼ一致していることがわかる。注意しなければならないのは、備考欄に「起工打切年月日」と記述されていることであり、この点を斟酌すると表中の「竣工年月日」の実態は、船渠地地質試験などを除き、多くは打切年月日ということになると考えられる。こうした点について

表3－10　呉鎮守府建設工事における造船部土木工事の進捗状況　単位：円

工事名称	起工	竣工	材料費	職工人夫賃	その他	計
造船所南端仮堡壁	明治20. 4.20	明治20.10.12		2,462		2,462
製罐銅工場予定地埋築	19.12. 9	20. 1.16		1,762		1,762
船渠地地質試験	19.10.30	20. 3.21	560	1,577	103	2,240
ポンプ所	20. 4. 1	21. 9.10	16,490	—	884	31,568
船渠掘鑿および海中浚渫	20. 6.26	21. 3.16	1,948	393	256	6,168
造船所地掘鑿	19.11.26	21.□. 4		185,331		185,331
造船所庁地土留用石切築	20.11.19	21. 7. 7	1,997		1	1,998
造船所地仮下水	21. 8. 7	21. 8.16	9	3		52
造船所地雑工事	19.12.12	20. 9. 6	2	29		211
造船所地検潮所	20. 8.16	21. 3.10	43	7	4	114

出所：前掲『呉海軍造船廠沿革録』93ページ。
註：1)—は不明を示す。
2)竣工年月日は、実際には工事により竣工、中止、打切り、休業にわかれる。
3)ポンプ所と船渠掘鑿および海中浚渫、造船所地仮下水、雑工事、検潮所の合計は一致しないが、誤りの箇所が特定できないのでそのままにしている。
4)造船所地掘鑿の竣工の日(中止)は空欄となっているが、他の資料から明治21年7月4日と思われる。

他の資料で確認すると、船渠工事は二一年三月一七日に休業(36)、造船所地掘鑿は二一年七月四日に約九〇パーセント進捗したところで中止、船渠工事のポンプ所はほぼ竣工したとなっている(37)。これらの点をふまえて造船部土木工事の実態を再考すると、造船所地は一九年一一月に起工し二一年七月四日に九〇パーセント進捗した時点で中止したことが確定できるが、船渠の場合は二〇年四月に起工し二一年三月一七日に休業したことが確認できるものの、その後に作業を再開し九月まで工事を続けた可能性もある。

ここで再開後の造船部工事の状況を検証する前に、『呉海軍造船部沿革誌』によって工事と関連の深い工場などの開設を概観する。これによると明治二二(一八八九)年九月に造船・機械両工場、二四年には九月に製図工場を開設、機械工場を甲・乙工場に分割している。また二五年三月三日に造船工場を落成、そして二六年六月、甲機械工場を機械工場、乙機械工場を錬鉄工場と改称、製罐・鋳造・船具工場をそれぞれ開設した。さらに二九年一月に船渠工場を開設、これで八工場が全部完備した。

これをみると明治二二年九月に造船・機械両工場が竣工したのに、二五年三月三日に造船工場が落成していること、八工場が具

表3－11　造船部8カ年計画土木工事の状況　　単位：円

名称	構造	数量	費用	起工	竣工
船渠築造工事　石畳工事			4,755	明治23. 4. 9	明治23. 6.23
同上			16,976	23. 7.23	23.12.19
同上			108,992	22. 4. 1	24. 3.31
船渠海岸物揚場、南北石垣および下水	石造	1カ所	11,128	23. 8. 2	24. 3.31
船渠接続海中浚渫	—	1カ所	12,157	23. 7.29	24. 3.30
船渠周囲鋤取地平均	—	1カ所	5,390	24. 1.12	24. 3.25
50トン蒸気クレーン基礎石垣	石造	1カ所	16,724	23. 7. 3	24. 5. 2
第1船台築造	—	1カ所	26,962	24. 6. 9	25. 3. 3
第1船台付属物揚場および石垣築造	—	2カ所	5,391	24. 9. 7	25. 2.29
鋳造工場近傍山地掘鑿	—	1カ所	10,818	24. 6. 4	25. 2.28
造船部地以東山地開鑿	—	1カ所	4,538	24. 7.17	25. 2.28
船渠地接続海中浚渫	—	1カ所	9,250	24. 6.30	25. 2.20
50トンクレーン左右石垣および物揚場	—	1カ所	68,478	24. 5.31	25. 7.21
第2船台築造		1カ所	30,888	25. 6. 2	26. 9.16
第3船台築造		1カ所	28,706	26. 8. 8	27.11.27
保壁築造		1カ所	13,448	29. 6.17	30. 3.30

出所：『海軍省報告』各年度（主に明治26年度まで）、「呉鎮守府工事竣工報告」各年度。

体的に何を指しているのかわかりにくいなどの問題点がある。このうち造船・機械両工場については、二二年九月に機械中心の工場が完成、その後二五年三月三日に第一船台の竣工にあわせて造船工場を新設したと考えるのが妥当のように思える。また他の資料によると、これまでの製図工場、造船工場、機械工場に加え二六年六月一日から錬鉄工場、鋳造工場、製罐工場、さらに同年九月二一日より船具工場を開設する予定であると記述されており[38]、二九年一月に船渠工場を加え八工場体制を確立したことが判明した。

これ以降、第一節で取り上げた造船部八カ年計画を念頭におきながら、再開後の造船部土木工事をみると、表三－一一のようになる。このうち船渠築造工事（第一船渠工事）は、明治二二年四月一日に起工、二四年三月三一日に竣工している。また表には掲載していないが、一体をなすポンプ所は二二年一一月二九日に起工、一三八八円の費用で二三年三月七日に竣工した。さらに関連事業と思われる船渠接続海中浚渫、船渠海岸物揚場、南北石垣および下水は二三年七月から八月にかけて起工し、二四年三月に竣工した。後述する竣工文の内容などと比較して費用が少ないのは、

『海軍省報告』には、請負金のみが記入されているためと思われる。なおしばしば述べているように、第一船渠と関連工事はすでに呉鎮守府建設工事において工事を実施しており、資料に記述されている起工は多くの場合再開を意味する。

すでに述べたように明治二二年六月に三〇トンから五〇トンに変更が認められたクレーンの基礎については、二三年七月三日に起工、一万六七二四円で二四年五月二日に竣工した（本章第一節を参照）。また五〇トンクレーン左右石垣および物揚場は、二四年五月三一日に工事を開始、六万八四七八円の費用をかけて二五年七月二一日に完成している。さらに第一船台については二四年六月九日に起工、付属の物揚場などもふくめて三万二三五三円の工事費によって二五年三月三日までに竣工したことがわかる。

明治二五年度以降に実施された土木工事の第二・第三船台について『呉海軍造船廠沿革録』の表をみると、それぞれ明治二六（一八九三）年九月と二七年一一月に竣工と明記されながら、本文に記載がないこと、『呉海軍工廠造船部沿革誌』で第二船台工事の起工と竣工が三七年一一月一八日と三九年三月二〇日、第三船台工事が三六年八月二〇日と三七年一一月二五日と記述されているなど混乱している。(39) このうち第二船台については、「呉鎮守府工事竣工報告」においても二五年六月二日に起工、三万八八八円の費用をかけて二六年九月一六日に竣工したという記述があること、(40) 通報艦「宮古」が同船台で二七年五月二六日に起工していることからみて、期日、工事費とも信頼できるものと考えられる。

一方、第三船台は、「呉鎮守府工事竣工報告」で明治二六年八月八日に起工、二万八七〇六円の工事費によって二七年一一月二七日に竣工したと述べられているが、同報告にふくまれている工事仕様書において、第二船台と同様に陸上の長さ一二一メートル、幅二〇メートル、海中脚台長さ七〇メートル、幅八メートルの規模の船台を築造するとしているにもかかわらず、四万三〇〇〇円の予算のうち一万四二九四円の金額を残しその大部分を錬鉄工場建増費に流用したと報告していること、[41]第三船台で日露戦争以前に建造した艦船がないことからみて、計画どおりの船台が建設されたと考えることができない。ここで注意しなければならないのは、「呉鎮守府工事竣工報告」の工事内容を説明した仕様書が、工事前に作成されていると思われる点である。これでは実際に建設された施設であるかどうか確認できないことになるが、海軍は意識的にこうした方法を採用した可能性が高い。

この問題を解決するため『明治工業史』を紐解くと、「第二船台は明治二十六年十月、第三船台は二十七年十二月竣工」し、さらに、「三十七年十月より三十九年三月迄に第二船台を改築し、三十六年八月より三十九年一月迄に第三船台を改築」したと、二〇年代に建設した船台を三〇年代に改築したと述べている。第三船台の改築時期に少し問題があるものの、一度は竣工した船台をその後に改築したという説明は注目に値する。[42]

こうした見解を裏づけるかのように、明治二八（一八九五）年末に呉鎮守府造船部に就職した八木彬男氏は、「既に三カ船台共に在つた事を覚えて居り」、そのうち「主船台は第二で……第一船台は之に比べると余程小規模で、……第三船台は更に第一よりも小さかつたと記憶します、之が大改築されて主船台となつたのは、日露戦争直前の頃でありました」と回想している。[43]これまで提示した資料と八木氏の証言を総合すると、三船台とも存在したということは事実のように思われるが、第三船台は、日露戦争以前に何も建造されていないことから考えると、いかなる艦船も建造できない小規模のものを偽造したと考えられる。なおこの第二・第三船台の大改築に関しては、次の第四章で取り上げる。

その後、呉鎮守府造船部においては、明治二七（一八九四）年六月二八日に第二船渠が起工され、当初予算を超える七四万八〇三〇円の費用で三一年三月三一日に竣工した。大規模な工事ではあるが、完成が海軍造船廠時代に属して

表3－12　造船部8カ年計画建物工事の状況　単位：坪・円

名称	構造	面積	費用	起工	竣工
造船部庁	木造平家1棟	243	4,543	明治22. 8. 8	明治23. 3.20
同　建増		38	1,157		23. 3.27
木工場	木造平家1棟	399	6,915	22.10.31	23. 4. 5
倉庫現図場	木造2階建1棟	617	13,090	22. 9. 1	23. 6.20
製綱製帆所	木造2階建1棟	255	6,317	22.10.31	23. 4. 5
撓鉄工場	木造平家1棟	416	9,693	23. 6.22	23.12. 7
錬鉄場	木造	286	8,415	23. 8. 5	24. 6.25
同鉄屋根構造	鉄造		9,381	23. 9. 8	24. 3.25
第2撓鉄工場	木造	443	8,535	23.11. 2	24. 3. 4
鋳造場鉄屋根構造	鉄造		11,100	23.11.19	24.11.28
旋盤工場鉄屋根構造	鉄造		14,995	23.11.19	24.11.30
材料倉庫新営		100	5,379	24. 6.12	25. 3.29
鋳造場新築	木造	440	17,084	23. 9.16	25. 3.28
製罐工場鉄屋根鉄柱その他新営		965	60,939	24. 7.11	26. 3.30
旋盤工場新営		656	34,701	24. 5.30	26. 3.13
旋盤工場建増鉄屋根および鉄柱製造	木鉄造	318	24,396	25. 5.19	26. 8.30
鋳造工場建増	木鉄合造	218	15,924	25. 6. 6	26.12.22
錬鉄工場建増	木鉄合造		9,405	25. 7. 1	26.12.11
製図工場および円材置場建増			5,260	27. 6.12	28. 2. 3

出所：『海軍省報告』各年度(主に明治26年度まで)、「呉鎮守府工事竣工報告」各年度。

いるので、第四章において詳しく述べることにする。

次に造船部八カ年計画により、この時期に完成した工場などの建物について概観すると、明治二二（一八八九）年六月二七日に鉄庫と乙木材庫を起工、どちらも同年一二月二二日に竣工している(44)。その後の主な工事について表三－一二をみると、二二年度から二三年度にかけて五七〇〇円で造船部庁、一万三〇九〇円で倉庫現図場、二三年度に九六九三円で撓鉄工場、二三年度から二四年度にかけて鉄屋根分をふくめて一万七七九六円の費用で錬鉄場、八五三五円で第二撓鉄工場、一万一一〇〇円で鋳造場鉄屋根構造、一万四九九五円で旋盤工場鉄屋根構造、二四年度から二五年度にかけて六万九三九円で製罐工場鉄屋根鉄柱その他、三万四七〇一円で旋盤工場新営、二五年度から二六年度にかけて二万四三九六円で旋盤工場建増鉄屋根および鉄柱製造、一万五九二四円で鋳造工場建増、九四〇五円で錬鉄工場建増などの工事を完成した。

ここで室山義正氏の『近代日本の軍事と財政』における記述を手がかりに、造船部工事の進捗状況について検証する。室山氏は、「22年4月第1船渠の建築に着手……24年開渠する。続いて同年第1船台が起工され25年3月竣工する」がここまでは、「当初の予定通り計画が進行していた」ものの、「その後25・26両年度においては殆ど工事が中断され、27年工事再開後は、第2船渠の建設に主力が注がれることになる」という評価をしている[45]。こうした見解は、海軍の刊行物を分析したことによりもたらされたわけであるが、これらの刊行物には誤りがあるとともに基準となるべき計画がふくまれていないという欠点がある。ここでは造船部八カ年計画において対象とされた工事を中心に、進捗状況などを確認する。

すでに明らかにしたように造船部工事は、明治一九（一八八六）年一〇月に着工しており、二二年四月から工事を開始したというのは、海軍による作為的な発表にもとづく誤りである。船渠工事も二〇年四月に起工、二一年三月に休業し二二年四月に工事を再開したのである。また建物について触れられていないが、造船部八カ年計画建設費予算を示した表三－四によると、一年以内ではあるが遅れた工事もみられる。また同表によると、二五年度には第二船台と工場の新設・移転、二六年度には第二・第三船台の工事が計画されているが、同表と表三－一一と表三－一二とを照合すると、第二船台が計画どおり、工場等の建物が計画より最大一年遅れで建設されており、決して工事は中断されていない。二七年度以降は第三船台と第二船渠が計画されていたが、二七年度にはすでに述べたように使用不可能な小規模の第三船台しか建設されておらず、二七年六月二八日に起工された第二船渠は、戦艦二隻の購入に対応するためという理由で追加予算を獲得し、七四万八〇三〇円の巨費をかけて計画より一年遅れで三一年三月三一日竣工、一二月一四日に開渠式が挙行された。なおこの期間は、工場等の建物の建設は計画されていなかった。

このように呉鎮守府造船部工事は、造船部八カ年計画に対して工場等の建物は最大一カ年の遅延はあるものの、計画期間の明治二九年度内に竣工した。これに対して、船渠・船台に関しては、第一船渠、第一船台と第二船台については同計画とほぼ同じ時期に竣工した。ただし第一船渠に関しては、すでに二〇年度に一部の工事を実施しており、明治二二（一八八九）年四月から工事を開始したというのは誤りである。なお第二船渠は、規模を拡張することに計画を変更したこともあり一年間の遅延、第三船台は使用不可能な小規模のものを偽造したとしか考えられない事態が生じたのであった。

この点について室山氏は、「第3船台建設は棚上げされ……2船渠3船台計画は、2船渠2船台計画に変更されることになった」と解釈している。(46) たしかに第三船台は計画どおり建設されなかったが、それは後述するように二船渠・二船台計画に変更したのではなく第三船台を巡洋艦建造用から戦艦の建造可能な規模に大拡張するように変更したのであった（第四章第三節を参照）。

ここまで造船部八カ年計画の対象となった施設を取り上げたが、この時期にはそれ以外の工事も実施された。まず土木工事についてみると、明治二九（一八九六）年九月二六日には第一・第二水雷艇船台新設工事が起工、二万一八五九円の費用で三〇年一〇月二〇日に竣工した。これらの船台の構造などの内容には、「右仕様別紙図面（省略）之通四列ニ築造スルモノニシテ満潮面上水上部長六拾米突ノ内四拾五米突六百ミリ水平ニ致シ海岸ニ向長拾四米突四百ミリ之ヶ所ヨリ水中部長壱米突ニ付十二分ノ壱勾配ヲ仕付」となっている。(47) なお水雷艇船台に関しては、呉鎮守府設立計画において三万円の予算で海岸より船台の内端までの長さ五〇メートル（四四メートルの艦艇の建造可能）の船台を五台造ることになっていたが、すでに述べたように造船部八カ年計画では予算が計上されておらず、今回、二九年度と三〇年度継続費および第一一回軍備拡張計画で認められた三〇年度分の海軍拡張費によって、当初計画台数と予算を減少させ規模を拡大したものを建設したことが明らかになった（第一一回軍備拡張計画については、第七章第四節を参照）。

造船部八カ年計画以外の建物工事は、呉鎮守府造船支部の一部を移転する方法でも行われた。すでに述べたように日清戦争後に造船支部が閉鎖されることになり、日清戦争にともなう臨時軍事費二万四八七六円で明治二八（一八九五）年三月一一日から九月二七日にかけて造船支部鉄工場、組立工場の一部を分裂して造船部の水雷艇造船工場（五四〇坪）に合造移転、同製罐工場と組立工場の一部を分裂して造船部の水雷艇現図場（四二〇坪）に合造移転、そして木工場（八七坪）を造船部内に移転した（工事費には造船支部の倉庫および外柵、兵庫海軍倉庫石炭庫へ、同支部倉庫を呉鎮守府監督部倉庫に移転、改造する費用もふくむ）。さらにやはり臨時軍事費四二六七円で、六月二五日から一〇月一三日にかけて造船支部の鍛冶場、製図工場、石炭庫を造船部内に移転している[48]（第九章第三節を参照）。なお五〇〇〇円未満の費用のため表三－一二には加えなかったが、二七年一〇月二〇日から一二月一三日にかけて、同じく臨時軍事費二九九九円をもって諸工場に電気灯を架設、日清戦争にともなう夜間作業対策として自家発電により電灯の使用を目指したが[49]、発電所室の建設は戦後の三一年三月一日に実現している（第四章第二節を参照）。

最後に、造船部八カ年計画にも造船部工事にもふくまれないが、造船部と関係の深い水雷艇引揚台および水雷艇格納庫工事について言及する。この工事については、前述したようにすでに予算化されており（本章第一節を参照）、水雷艇引揚台は明治二三（一八九〇）年八月二日に起工し、工事費が三万七五三二円（請負金額一万八七六六円、材料六三八五円、職工人夫一万二三八一円）で二四年七月六日に竣工している[50]。なお二四年一月一九日から三月二八日の工事によって二一八九円の費用で水雷艇格納庫二棟が完成している[51]。

こうした点を踏まえてこの時期の工事を総括すると、呉鎮守府設立第二期計画がふくまれている第二期海軍臨時費が認められないなかで、造船部の施設は予算の縮小に直面しながらも、八〇〇〇トンという大型巡洋艦の建造と保有する全艦艇の改造・修理が可能な船渠・船台と工場の整備という当初の目的に向かって工事を行ったといえよう。そのために造船部八カ年計画で採用された方策は、船渠・船台の台数の維持と規模の拡大、レンガ石造を木造にするなど極端な建物予算の縮小であったが、その結果は工事の遅延、水雷艇造修設備の欠如、工場の不足、さらに第三船台の偽装による工事費の流用という不正をもたらすことになった。なお施設の不足に関しては、造船支部からの移転、日清戦争の臨時軍事費と第一一回軍備拡張計画の海軍拡張費の配分によって当初計画をほぼ実現できたのであった。

第四節　船渠と船台の建設とその実態

これまで造船部の工事を概観したのに続き、本節ではこれまでと同様に呉鎮守府設立計画や造船部八カ年計画と対照させながら、造船部の中心的施設である船渠と船台工事の実態を明らかにする。具体的には計画の変更や技術的問題にどのように対応したのか、工事において地元との関係はどのようなものであったのかなどについて詳しく記述する。

一　第一船渠工事の実態

造船部の最初の船渠工事の記述に際し、まず表三－一と表三－二において示した第二期造船部計画と表三－三に示した造船部八カ年計画の船渠・船台の予算と規模を提示する。ちなみに第一船渠は、表三－一では予算三九万円（ほかに第一期計画に六万円計上）、入渠可能艦船の長さ一八一メートル、表三－三と表三－四では二四万六二一九円（ただし明治二二年度の船渠費材料、船渠費職工人夫、二三年度の船渠の計）と長さ一三〇メートルとなっている。これをみると造船部八カ年計画では、規模を拡大しながら予算を縮小するという、一見すると無理な変更がなされている。なお呉鎮守府設立計画においては、第三期計画で第一船台が建設されることになっているが、造船部八カ年計画では工事開始順に番号がつけられるように変更されており、本書においてもそれに従う。

周知のように第一船渠は、「本邦技術者ガ始メテ外人ノ手ヲ離レ単独施工セシモノ」といわれている。(52) 予算縮小と規模拡大というなかで、日本人だけでどのようにして第一船渠を建設したのか、まず担当した恒川柳作技手（のち技師）の履歴と呉港との関わりについて取り上げる。

恒川は安政元（一八五四）年五月に生まれ、明治六（一八七三）年に横須賀造船所黌舎を卒業、同造船所などに勤務。その間に「フランス人お雇い技師ベルニーからフランス語及び軍用土木を学」んだといわれており、(53) おそらくヴェルニーのもとフロラン（L. F. Florent）建築課長によって設計され、四年五月に起工、七年一月に竣工した長さ九六・五メートルの横須賀造船所第三船渠を教材に教育を受けたものと思われる。そして長さ一五六・五メートルの第二船渠の建設においては、設計を担当したジュエット（E. A. Jouet）建築課長が一三年七月の起工直前に帰国したため、施工・監理は恒川が担当した。(54) なお彼は、呉鎮守府建設に関わる直前の一七年八月一日に海軍五等師、一二月二六日に建築課工場長に昇進している。

呉鎮守府建設工事との関係について恒川は、「明治十八年三月真木海軍少輔ニ随行当呉港ニ出張ヲ命セラレ鎮守府建築地造船部船渠構造地々質試験ヲ遂ケ謹テ其成蹟〔績〕ヲ具申ス仝十九年四月樺山次官ニ随行再ビ仝地ニ出張巡視シ仝年五月復タ仝船渠築造地実測ノ為メ出張被命其地ノ測量土積ヲ具申ス仝年十月仝建築地出張ノ命ヲ恭フセリ」と述べており、(55) 当初から船渠・船台の調査や建設に密接に関わっていたことがわかる。またこの間に彼は、明治一九（一八八六）年五月四日に二等技手、五日には第二海軍区第三海軍区鎮守府建築委員属員兼務、七月二三日に横須賀造船所勤務免除となっている（呉港の調査については、第一章第三節、第四節を参照）。なお同年一〇月七日には、第二海軍区鎮守府建築委員雇として牛島辰五郎が赴任、以後二人は呉だけでなく佐世保においてもコンビを組み、横浜船渠第二号ドックの建設では、恒川が設計監督、牛島が監督助手を務めている[56]。

ここで少し話がそれるが、当時の呉港と海軍の関係とそこで活動する恒川技手の性格を知る手がかりとして、一つの事件と出会いについて紹介する。すでに述べたように明治一九年一〇月に呉鎮守府の工事が開始されたのであるが、そうしたなかで宮原村の村民の一人が測量用の杭を一本引抜き、拘引されるという事件が発生した。このため村の代表が海軍に出頭して謝り、田を耕すためであり別に他意はないことを弁解し釈放を求めた。しかし応対に出た恒川が、「『どうしても許すことは出来ぬ、今後の見せしめだ』ときめつけ」、釈放を拒んだので、村民の代表は、「『許すことはできぬといふが、大体あなた方が勝手にクヒを打ったのではないか』」などと反論[57]、この逆襲に海軍側も閉口し、拘束者を釈放したという。

このエピソードの出所は、この時の村民の代表、のちにドックなど海洋土木に優れた技術を有するようになる水野組を創設する水野甚次郎の伝記ということもあって、彼の武勇伝的性格が強いが、そうしたなかからも当時の海軍が住民を見下していたこと、これに対して住民は形式的には海軍を奉りながら、理不尽なことには抗議し海軍との関わりのなかで生活の糧を見出そうとしていたこと、こうしたなかで恒川技手は、当初、海軍の威光をバックに高圧的に対応していたが、交渉を通じて住民の真意を知り理解を示すようになったことがわかる。後年、水野は三恩人として恒川、呉鎮守府建築部長や川崎造船所の技師として活躍した山崎鉉次郎、佐世保鎮守府建築部長の吉村長作の名前をあげ感謝していたといわれるが、水野は海軍との関係を通じて経済人として成功した典型的な呉人といえよう。

これ以降、工事の実態に移るが、記述に際しては第一船渠の事故において明治二八（一八九五）年二月一四日に提出した「呉鎮守府造船部第壱船渠顚末書」（以下、「顚末書」と省略）を主に使用する。この資料によると、一九年一〇月以降、恒川技手は、ドック予定地を試削し、「其地質タルヤ去ル明治十八年三月之レカ試験ヲ遂ケ其成蹟《（績）》ヲ具申シタル者ト一層ノ良結果ヲ得不肖ガ満足ノミナラス抑モ海軍一般ノ為メ亦大ニ賀セサル」という結果を得た。[58] なお一二メートル余までの掘鑿に際しては、通常のポンプを使用することが不可能であり「パルソメートル」を導入している。

調査を終えた恒川技手は、「仏国人ヨリ伝習セシ工業ヲ該所ニ実施シタルモノヲ彼此折衷シ」工事を行うことにした。[59] また施工業者については、会計法の適用以前ではあったが、掘鑿工事の場合は請負工事が得策であるという考えのもと、もっとも安い価格を提示した大倉組に決定した。工事に際して発生した湧水は、「総量一時間殆ント拾五噸ナルヲ知リ渠底ニ集水樋ヲ布設」している。[60] なお掘鑿用の道具として、主にツルハシとスコップが使用された。

すでに述べたように工事に際し、恒川技手はフランス人から伝習を受けた方法で工事をしようとしたが、「此業ヲ実施スルニ当リ上直接ニ其指揮ヲ受クル所アリテ大ニ意見ヲ異ニスル」ことになった。[61] 上司の誰と対立したかは不明であるが、もっとも関係の深い土木主任の石黒五十二技師は、土木界の若きエリートであったが、イギリスで水道や灌漑工事の技術は習得してきたものの、後述するように船渠や船台を建設した経験はなかった。一方の恒川は船渠建設の第一人者であり、両者の間には大学を出て留学をした上司と短期間の教育のあと、主に実践により技術を習得した部下との軋轢が生じたことも考えられる。また海軍内には、石黒自身、「私ハ海軍ニ於テ土木技師ノ主任トシテ参ツタノデアリマスガ、……総テガ蛇ノ眼士官(即チ真ノ武官)若クハ武官相当官ニアラザレバ幅ガ利キマセヌ、文官ハ無腰デアルガ故文官ハ恰モ蜂ノ中ノ蝿ノヤウナ有様デ、自分一人文官トシテ仕事ヲシテ居リマシタ為ニ甚ダ万事ガ困難デアリマシタ」と述べているように、武官と文官との軋轢も存在していた。[62]

すでに述べたように第一船渠工事は明治二一（一八八八）年三月に休業を余儀なくされたが、その際に恒川技手は、「呉鎮守府船渠工事之義ニ付建言」（「顚末書」内にふくまれている）を提出している。このなかで恒川は、「鎮守府開府ノ前ニ当リ之ニ伴フ船渠ノ如キハ一日モ遅緩ニ付スル事ナク医ノ患者ニ行ニ薬石ヲ先ツルカ如ク速ニ該工事ヲ再起セラレン事ヲ曩ニ該工事予算書ヲ呈」した[63]。この時の「船渠築造工事予算書」（これも「顚末書」にふくまれている）によると、この船渠の予算は三一万円となっているが、これは造船部八カ年計画の第一船渠の予算二四万六二二九円に第一期造船部計画の第一船渠費の六万円を加えた数値にほぼ一致したものとなっている。こうしたことを考えると、造船部八カ年計画の第一船渠予算二四万六二二九円（表三‐三と表三‐四参照）は、恒川の提示した金額を計上したものと推定される。

　第一船渠工事は呉鎮守府建設工事として開始されたため「呉鎮守府工事竣工報告」によって全体像を把握することは不可能であるが、「明治二十三年度呉鎮守府竣工報告」により、船渠築造工事が明治二三（一八九〇）年七月二三日から一二月一九日にかけて一万六九七六円で実施されたと報告されており、表三‐一一のように船渠工事は三工事に分けて行われたと考えられる[64]。一方、「船渠築造工事仕様書」をみると、「本工事ハ船渠物卸場以東ノ残部分」、すなわち底部、南北両側、頭部大法、左右側頭部大法、南北物卸場東各片妻の石材畳甃《せきざいじょうしゅう》、その裏積およびそれに付随する諸工事とされ、「頭部ニ向ヒ一メートルニ付五ミリノ勾配ニシテ登リ中心ヨリ南北両側ノ方へ即チ左右へ八メートル九百ミリニ付百ミリノ勾配ニテ降リ南北両側ニ至テ止ム左右両溝ハ幅三百ミリ深サ頭部ニ於テ百ミリ勾配一メートルニ付二ミリヲ以テ已成溝ニ合ス」となっている[65]。また、「盤木石ハ船渠中心ヨリ左右へ一メートル八百ミリヲ石ノ中心トス此中心ヨリ一メートル二百ミリヲ距テ、次ノ盤木石ノ中心トス其高サ四百ミリ」であった[66]。

　このように第一船渠の底部には、ほとんど石材が使用されているが、「石材据付ニ要スル『モルター』ハ其敷Ｃ『モルター』ヲ用ヒ」、その上に厚さ約三センチのＢ「モルター」を敷き、その敷周囲はＣ「モルター」で適度に塗ることになっている[67]。また、「底石接際ハＡ『モルター』ヲ以テ塡隙シ十分搗固メ『モルター』遍《あま》ネク石間ニ浸入凝結ノ後其上面ヲ深サ一寸内外堀リ出シ清水ニテ掃除シ『セメント一、砂〇・五ノモルター』ヲ以テ塗リ水気乾カザル中ニ幅三分深凡ソ五厘互ニ直角ヲナス様目地ヲ作ル可シ」と述べられている。[68] なお仕様書には記されていないが、後述する第一船渠の事故調査報告書のなかに「長七『モータル』」を使用したことが記されている。[69]

こうした準備をへてすでに述べたように、明治二二（一八八九）年四月一日に佐藤参謀長兼建築部長のもとで工事が再開された（本章第一節を参照）。また工事は、当初は直轄事業として行われたが、二二年二月に「会計法」が公布（明治二三年四月一日施行）されたことにより請負で工事をするよう指示が出された。これに対し恒川技師（明治二三年八月一三日に五等技師に昇進）は、技術的に問題があるとして反対したが受け入れられず、結局、「船渠石材畳甃職工人夫而已請負ハセ其他ノ分科請負ハ跡ニテ処分ノ件認許ス」という直轄と請負の中間的事業となったという。[70] こうして船渠内工事は中間的事業で行われることになったのであるが、船渠々口石材畳甃工事は津田信助が約四二〇五円で落札したものの、船渠接続海中工事は日本土木会社と明治工業会社の二社が入札したが落札に至らず、以後も入札不調事態が続き、ほぼ一年が経過したため、結局、「本工ニ限リ職工人夫出役而已競争請負ニ付シ官ニ於テ直接ニ之ヲ指揮シ予算内ヲ以テ施工候様致度」となっている。[71]

工事は、まず一部残っていた掘鑿を行い、それを終えて明治二二年一〇月より安全を保つため海面と現場を遮断する仮締切工事を開始、一二月には竣工した。[72] そして船渠内の畳石工事、さらに船渠々口工事を目指すことになるが、この工事は石材畳甃工事とともに、「渠口ニ戸船ヲ嵌付ケ以テ海潮ヲ遮断シ一朝怒涛アルモ以テ内部ノ安全ヲ計ル」ことになっていた。[73] この戸船は鉄製ということで外国からの輸入が考えられたが、事故やストライキという危険をさけるため国内の業者に発注することとし、二二年一〇月二八日、三菱造船所と川崎造船所との間で鋼製戸船一艘の入札を実施した。その結果、二万八〇〇〇円で三菱が落札、二三年三月三一日までに竣工することになった。[74]

その後、海軍と三菱との間で戸船の完成は明治二三（一八九〇）年八月と設定されたが、イギリスにおいてストライキが発生したため遅延を余儀なくされた（これをみると、三菱は素材または半製品をイギリスから輸入したものと思われる）。そこで長崎の三菱造船所において仮組立てを行い、台風シーズン前に完成させるため八月に呉鎮守府造船部に回航し、一〇月までに第一船渠において正式組立てをすることに変更した。ところが八月に至り長崎においてコレラが発生、呉でコレラが流行することを恐れた海軍は、戸船の回航を延期した。なお同じ八月には、物揚場および南北両袖石垣工事を開始している。

こうした状況のなかで工事関係者は、建設から約一年がすぎ腐敗が進行した旧仮締切を放置したまま台風が襲来することに不安を感じ、新たなものを建設し旧仮締切を除去し、船渠接続海中工事に入ることにした。そうしたなかでコレラも終息し明治二三年一〇月には遅延していた戸船材料が呉軍港に到着、正式組立工事が行われた。ところが新仮締切が未完成の一〇月二五日の夜、「天候不穏八時頃ニ至リ降雨雷鳴シ雨勢尤モ強シ時恰モ高潮ニシテ船渠物揚場土堤ヨリ潮水吹出シ仝廿六日朝従来ノ締切ト渠内袖石垣トノ間防禦ヶ所潰崩シ潮水渠内ニ氾濫スルニ至リタリ此ノ故ニ渠内ニ於テ組立中ノ三菱会社請負ニ係ル戸船ヲ流シ」、三菱は三一三六円の損害をこうむった[75]。そのために急遽、修復工事を実施、残りの船渠接続海中工事と内部畳甃工事に全力を注ぎ、二四年三月に工事を竣工、「四月以来艦船続々入渠シ艦体ノ検査修補ヲ為ス」ことになった[76]。

明治二四（一八九一）年四月一一日、第一船渠開渠式が行われた。この日、「竣工文」のなかで中牟田呉鎮守府長官は、第一船渠は二二年四月一日に起工し、工費二三万四一〇八円を投入して二四年三月三一日に竣工したこと、船渠の規模は、長さが一三二・七メートル、幅が上部二三・六メートル、下部一六・四メートル、深さが一〇・九メートルで、容積は二万三一四四トン（一時間で満水）であると報告している。注目すべきことは、「極端に公平にして毫も情実に囚はれざる」といわれる[77]中牟田長官が、「之ヲ各地既設ノ船渠工費ニ比スレハ自ラ差アルノミナラス其構造ニ至リテモ多ク改良セシ所アリ施行中先任技師ノ交々幹理セシモノアリト雖終始直接ニ工事ヲ董督セシハ恒川五等技師ナリ」と、第一船渠の完成を高く評価し、恒川技師の貢献に感謝の意を表していることである。(78)

完成から約三年後の明治二七（一八九四）年、第一船渠々口および左右側壁並びに第一戸当たりに亀裂が生じるという事態が発生した。一一月八日の調査に続き一二月七日には佐世保鎮守府より恒川技師が召喚され、関係する技術者による原因究明のための本格的な調査がなされた。そのなかの一人の呉鎮守府監督部建築科の達邑容吉主管は、第一船渠の欠陥として、地質調査の結果地盤の軟弱なることを知りながら、位置の変更が不充分で渠口底部が軟弱地盤にかかったこと、それにもかかわらず工費節約の関係で充分な防禦工事がなされなかったこと、使用した石材がきわめて粗製であること、「長七モータル」が水の浸透を防止する役目を果たしていないことをあげている。(79)

一方、すでに述べたように工事を担当した恒川技師は、「顚末書」を作成して提出した。このなかで恒川は亀裂の原因として、コレラにより戸船工事が遅延したため天災にあい事故が発生したこと、船渠用の石材としてボート係留所用のものを代用したこと、海岸戸当たり部分が軟弱のため船渠の位置を予定より山側に移動したが、沈下を防止できなかったことなどをあげている。なお恒川は、復旧工事は今後の経過を観察して再調査のうえ実施すべきであり、赤峰造船部長の新戸当たりに変更する案は、七万円の経費を必要とするものであり賛成できないと述べている。(80)

結局、この時の調査では、「今後実況ノ経過ヲ精査シタル後ニ非サレハ判定ヲ為スノ材料ニ乏シク従テ適当ノ善後策ヲ講究シ能ハサル義ニ有之候故ニ尚今後当分ノ間ハ実況ノ経過ヲ精査シ而ル後再ヒ調査ヲ為ス事ニ評決致候」となった。(81) この決定の背後には、これ以上急激に破損がすすむ心配が少ないこと、日清戦争で艦艇の修理に追われていることもあったものと思われる。

こうしてしばらく経過をみることになった第一船渠は、明治三一（一八九八）年に至り、「船渠々口全部及仝所ニ接続スル渠身側壁並ニ左右袖石垣取崩……改造」することになった。[82] なお二月一六日に開始された工事は、一六万八〇八一円という多額の費用をかけて三三年三月三一日に終了した。

二　船台工事の状況

船台については、第一船渠のように詳細な資料が残されておらず、第一船渠と異なる点に限定して記述する。具体的には、主に第一船台の計画の変更、地元との関係、船台建設に使用した材料を対象とする。

すでに表三－二において示したように、第二期造船部計画では、第二船台（のち第一船台）は予算一万三二九五円、長さ一七二メートル、第三・第四船台（のち第二・第三船台）はどちらも一万六五八四円・一〇二メートルなのに対し、造船部八カ年計画（表三－三、表三－四）では船台（のち第一船台）が三万七三四〇円・一二二メートル、甲・乙船台（のち第二・第三船台）がいずれも四万三〇〇〇円・一二二メートルというように、第一船渠の場合と異なり予算、規模とも後者が上回っている。これによると第一船台は、当初の七二メートルを一二二メートルに変更して建設されることになったと思われる。

ところが明治二四（一八九一）年三月三一日に至り、中牟田呉鎮守府長官より樺山海軍大臣あてに、「船台ノ義ハ予算提出之際長七十二『メートル』ノ計画ニ有之候」と、時期を確定できないが予算提出時は当初計画と同じ七二メートルになっていたと述べている。[83] ところが次に、「当今各国ニ於テ製造中ノ巡洋艦ハ高速力ヲ得ル為メ艦体ノ長ヲ次第ニ増加スル傾向有之候ニ付前計画船台ノ長サニ於テ不足有之……既定予算以内ニ於テ長百『メートル』」に変更することを要求、[84] 四月七日をもって許可された。なお起工直前に作成されたと思われる仕様書によると、海岸より頭部まで幅一二メートル、長さ一〇〇メートルとなっているが、[85] 八木氏によって第二船台に比較して「余程小規模」と述べられ、長さ五五メートルの砲艦「宇治」（五四〇トン）を建造したのちに埋設され材料置場にされたことを考えると、この時の決定どおり一〇〇メートルの船台が建設されたとは確定し得ない。

この工事に際しては、二つの興味深い点がみられる。第一点は、森岡峯助が第一船台建設を請負い、その森岡から地元の資力を有する海軍の工事にたずさわった経験のある者が共同で下請負をし、工事を実施したことである。起工日の翌日の明治二四年六月一〇日、坂田真七、水野甚次郎、水野作太郎、田中吉之助、青木仙助、松本半三郎、田中清之助、小泉重三郎、中川武助、田中佐助、水野倉吉、後藤嘉吉、野間寿助、今中清左衛門、中野光次郎の一五名は、「定約証」を締結している。この「定約証」は八項によって構成されているが、その一項目において工事請負金は二万四八〇五円で、そのうち「取下金ハ出来高ニ対シ七歩金ヲ拾日毎ニ請取其請取金通シテ参千六百円請取タルモ未タ森岡ニ於テ官ヨリ取下金無之時ハ左ニ記載之持出金共合シテ支払方ニ不足ヲ生ズルノ見込アルトキハ工事出勤之人協議之上ハ即時持出増金可致事」と、元請負と下請負の金銭授受の関係が規定されている。[86]また持出金は各自一五〇円で、この合計金額のうち四〇〇円を森岡に保証金として納付すること、種々の理由で組を離脱する時には持出金は組のものとすること（ただし組内において承諾を得た場合は例外）などとなっている。さらに青木仙助を監督人とするなど、各人の役割と給料が決められている。

明治一九（一八八六）年一〇月に開始された呉鎮守府建設工事に際し、呉港、とくに宅地のほとんどと田畑の大半を買収され職を失った宮原村民の多くは、鎮守府工事の労務者などとして生活を支えた。こうして、「二三年を経つうち、工事上の経験を積んだので資金調達の能力あるもの数名が団結し、工事の下請をするものが幾組も出来た」[87]。ただしそれらの組には、「設計書や会計其他交渉に当るものがないので、……森岡峯助、佐々木寛一両氏等の下で下請工事をした」という。[88]第一船台の工事は、呉鎮守府建設工事によって経験を積んだ宮原・吉浦両村を中心とする呉港の有力者が、森岡から下請けをして工事を実施したのであった。なお宮原村についで吉浦村の住民が多いのは、呉鎮守府造船部の船渠や船台は吉浦村民が造ったといわれるほど石工が多かったためと思われる。なお三一年一二月三一日の調査によると、同村には六〇〇名の石工がいる。(89)

こうしたなかで有力視されるようになったのが、宮原の有力土木業者の集団である神原組であった。彼らは、当初、第一船渠頭部の鋤取工事を担当、その後も船台工事などで、「当時から国内のドック建設の第一人者といわれていた技師恒川柳作」から薫陶を受けた。(90)そのなかの一人水野甚次郎によって設立されたのが、海洋土木に秀でた水野組（現在の五洋建設株式会社）である。江戸時代後期から埋立てや水路工事によって培われてきた呉地域の土木技術が、呉鎮守府建設工事を画期として近代的な土木技術へと転化、発展をとげようとしたのであった。

二点目は材料のなかに、第一船渠の時からであるが、第一船台の工事においても長七モータル（石灰一斗、真砂土五斗）、長七コンクリート（真砂土五斗、石灰一斗、砕石六斗）、長七平栗積（平栗一坪、石灰九〇貫、真砂土六合）と呼ばれる日本特有の製品が使用されていることである。(91)服部長七の発案した人造石は、「三和土または二和土であるが、……水中の凝固という点において、大規模水中土木工事に適合しえ」ることが判明、(92)広島の宇品港が低予算で完成（明治二三年四月二一日落成式）したことによって広く用いられるようになった。試みに宇品築港工事（明治一七～二三年）の例をみると、「『種土八十二石灰十八』」、すなわち、石灰と種土の比率は一対四・五五であったが、明治二〇年代から、「強度対策として、セメントを混入するようになった」と述べられている。(93)

これまで海軍は潤沢な予算を確保し外国製のセメントのみを使用してきたと考えられてきたが、それに加え日本製の人造石（タタキ）も併用していたのであり、このことは人造石に対して一定の評価がなされていたこととともに、造船部工事が予算制約のなかで実施されていたことを示している。また工事に際しては、海軍より請負人に材料とともに、「モルタルミル機、『セントルヒウカルポンプ』及杭打機無代価ニテ貸渡」すことになっている。[94] なおすでに述べたように第一船台は、明治二四(一八九一)年六月九日に起工し、二五年三月三日に竣工している。

第二船台は、表三－一一によると明治二五（一八九二）年六月二日に起工、三万八八八円の費用で二六年九月一六日に竣工している。どの資料にも完成時の規模は示されていないが、工事直前に作成したと思われる仕様書によると、海岸より頭部まで長さ一二〇メートル、幅二〇メートルで、そのうち頭部六五メートルは地盤と同じ高さとし、二五メートルは二〇分の一の勾配、三〇メートルは一六分の一の勾配、海中脚台は長さ七〇メートル、幅八メートルで勾配は一六分の一となっている。なお掘鑿した土砂は、練兵場に運搬し埋築した。[95]

第二船台の工事においては、「請負人ノ請願ニ由リセントルビウーガルポンプ壱台及ビポルテーブルインジン付モルターミル機二組」を海軍より請負者に提供することになっている[96]（使用料徴収）。材料は、ポートランドセメント、蒲刈島《かまがりじま》産の石灰、太田川産の川砂、木材や石材はすべて清浄のものを選別し使用することと決められており、長七セメントなどは用いた形跡はない。ただし真砂土は造船部庁の裏山から採取し使用すること、火山灰は造船部内において提供することになっている。第一船台の時と同様、重量物である建設材料は近在から購入されているが、第一船台工事の時に比較し材料が吟味され、工事方法も改良されていることがうかがわれる。

ここで地元に残されている、「造船部第二船台築造工事仕訳書」を使用して工事の一端を示すことにする。[97] この文書の冒頭をみると、工事費は三万六三一四円で、そのうち材料費が二万四七二一円、職工費が一万一五六九円と記入され（合計が若干異なる）、「此訳」として種目（松杭）、形（長さ一二尺・末口七寸）、数量（八六四本）、単価（六〇銭）、小計（五一八円四〇銭）、適要（基礎用）というように細かく記入されている。ただしここには、材料だけではなく掘鑿という種目もある。そして後半部分には、日計表と数通の請負人からの受取りが残されているが、これをみると請負人は材料の提供を受けて工事を実施していたことがわかる。

またこの文書は、第一船台工事の下請負をした水野甚次郎が第二船台の工事にもかかわっていたことを示している。地元土木業者との関係としては、明治二七（一八九四）年六月一二日に請負人森岡峯助代理人として中川武助が「間地石材受取記」を提出していることなどから考えても、第一船台工事の時のように森岡から一五名もの地元業者が共同で下請負したか否かはわからないが、地元の業者が下請負をしていたことは確かである。なおこの文書をみると、二六年九月一六日にはまだ完全には工事が竣工していなかったことがわかる。

ここまで、船台の建設について述べてきた。その結果、船渠建設の時の経験が生かされたのか、第一船台と第二船台については大きな混乱もなく、後者の方がよりスムーズに工事がなされたこと、宇品港の建設において使用された服部の考案した人造石が採用されていたこと、これらの工事で呉港の土木業者が重要な働きをしていることが判明した。

これまで造船部の主要設備である船渠・船台が、多くの困難を克服して建設された過程について、第一船渠を中心に述べてきた。その結果、最初の日本人だけによる設計をふくむ船渠の建設を担ったのは、横須賀造船所の黌舎においてヴェルニーから軍用土木などを学び、その後に同所の船渠・船台の建設でフランス人から実地訓練を受けた恒川技師であること、建設に際しては経費の節約のために人造石が使用されたこと、地元の有力者が共同で下請負として参加し技術を習得したこと、第一船渠についてはのちに亀裂が生じたことなどを明らかにした。ただし第三船台だけでなく、第一船台の規模にも疑問点が残った。

このように船渠・船台の建設には、少なからぬ問題や疑問点が存在する。しかしながら横須賀造船所で外国人から習得した船渠・船台の建設技術が、呉鎮守府造船部第一船渠工事で日本人の技術者のもとで確立し、他の船渠・船台の建設において技術力を向上させ、転勤という形で佐世保に技術が再移転され、さらに民間にも普及したことは特筆すべきこととといえよう。また呉鎮守府造船部において、艦船の建造を目的とする船台に先駆けて、より建設費が嵩み技術的にも困難な第一船渠の建設が実施されたこと、同船渠の開渠式が盛大に挙行されその席上において中牟田呉鎮守府長官が実名をあげて恒川技師の労をねぎらったことなどから考えて、鎮守府に属する造船部の第一義的役割は、艦艇の建造ではなく修繕や改造であることが認識できる。

第五節　艦船の建造と修理

本節は、呉鎮守府造船部において行われた艦船の建造と修理について取り上げる。その際、これまでのように軍艦の建造を中心とした研究ではなく、開業以来の小舟をふくむ全艦船の建造と修理を対象とする。また鎮守府の一組織である造船部の役割と、後発造船所における技術移転上の特徴を解明することを目指す。

表三－一三によると、呉鎮守府造船部は、設立当初の明治二二（一八八九）年度に四隻、翌二三年度に一〇隻の雑種船を建造し、二四年度から二六年度にかけて二隻の水雷艇を組み立てるなど活動を本格化した。そして第二船台の完成後の明治二七（一八九四）年には、軍艦（通報艦）「宮古」（一八〇〇トン）の建造に着手、結局、三〇年度までに二一〇隻の艦船を建造（二隻は組立）するという成果をあげたことがわかる（ただし二隻は未完成）。

ここで問題となるのは、「第二十二号」と「第二十三号」水雷艇について、『海軍軍備沿革　完』は両艇ともドイツで建造、[98]『日本海軍全艦艇史〔資料篇〕』は両艇ともドイツのシーヒャウ社において建造、呉鎮守府造船支部で組み立てたと述べているように、[99]多くの艦艇史や造船史は、呉鎮守府造船部での組立に否定的なことである。とはいえ『海軍省明治二十五年度報告』において明治二六（一八九三）年三月三一日現在、呉鎮守府造船部で水雷艇一隻落成、一隻

表3－13　呉鎮守府造船部における艦船の建造状況　　単位：隻

	明治22年度	23	24	25	26	27	28	29	30	計
通報艦「宮古」									(1)	(1)
水雷艇（「第22号」）					1					1
同　（「第23号」）					1					1
小船（汽船）				1	1	4 1	2	2 1	1 (1) (6)	20 (7)
端舟			1	4		1 1	17 6	6	4 (4)	44 (4)
雑種船	4	10	7	13	12	32	19 10	13	11 3 (2) (7)	143 (9)
計	4	10	8	18	15	39	54	22	40 (21)	210 (21)

出所：前掲『呉海軍造船廠沿革録』36～40ページ。
註：1）下段の━━は複数年度にわたる工事、━▶は明治30年度において未完成であることを示す。なお30年度と計の（　）内数値は、未完成の艦船を示す。
2）水雷艇は、組立てである。ただし製造期間は、『呉鎮守府沿革誌』（昭和11年）にもとづいて起工から竣工までとなっている。

艤装中と記述されていること、[100] 昭和一一（一九三六）年作成の『呉鎮守府沿革誌』において、両艇とも呉鎮守府造船部で建造されたと明記されていることを考えると、真相の解明にはさらなる検証が必要となる[101]。

呉鎮守府造船部における水雷艇の建造に関する資料については、明治二四（一八九一）年六月二六日に樺山資紀海軍大臣より中牟田呉鎮守府長官にあてた、「独国シッヒャウ社へ注文ノ水雷艇弐隻ハ其府造船部ニ於テ仏国ノルマン社へ注文ノ水雷艇壱隻ハ同部小野浜分工場ニ於テ組立方取計フヘシ」という訓令の存在が確認された[102]。ここに至る背景には、ドイツに注文の二隻は横須賀鎮守府造船部において建造する予定になっていたが、「本年度ヨリ更ニ製造可相成水雷艇弐隻ハ呉鎮守府ニ於テ右独国注文ノ分ト同様ノモノ製造可相成筈ニ付本艇ハ呉鎮守府ニ於テ組立候事必要ニ付本邦へ回著ノ上ハ更ニ呉鎮守府へ回送之手順可致」という理由があった。[103]呉鎮守府造船部に二四年度よりドイツに注文したものと同様の水雷艇を建造させることにしていた海軍省は、そのためにはまず組立ての経験をさせようとしたのであった。

こうした計画を裏づけるように、明治二四年七月四日に樺山海軍大臣から中牟田呉鎮守府長官に「独国シッヒャウ社へ注文ノ水雷艇ト同様ノ水雷艇二隻其府造船部ニ於テ更ニ製造セシムヘキニ付同艦回著之上詳細ノ図面ヲ製シ製造入費工事日数取調申出ヘシ」という訓令が出された。[104]しかしながら同年一一月二五日になると、「小野浜分工場水雷艇製造機械ヲ呉工場ヘ引移方御取消相成候ニ付製造方不便之義ト存候」という理由で水雷艇建造は取り止めとなり、[105]小野浜分工場で建造されることになった。後述するように、小野浜造船所においては、二〇年度から三カ年計画で一六隻の水雷艇を建造する計画がスタートしており、この事業の減少にあわせて機械を呉鎮守府造船部に移転し、ここにシーヒャウ社製の水雷艇二隻を回航し徹底的に調査して図面を作成、二隻の水雷艇を建造しようとしたものと思われる。ところが小野浜造船所の水雷艇建造は、計画より遅延し当時は佳境を迎えており、呉への機械の移転は不可能となり、さらに日清戦争が勃発し同所の閉鎖、呉への職工・施設・機械の移転ものびのびになったのであった（第九章第三節を参照）。

こうして最初の水雷艇の建造は中止されたが、明治二四年九月一日には、水雷艇二隻がドイツから横須賀に到着し、呉に回航されてきた。[106]その後の組立状況を記した資料は見当たらないが、二六年三月二一日、「第二十二号」水雷艇公試委員より、「第弐拾弐号水雷艇（シーショ社ノ計画ニ係ルモノニシテ呉鎮守府造船部ニ於テ組立ヲ為シタルモノ）公試報告」が、また五月二六日に「第二十三号」水雷艇公試委員より「第弐拾三号水雷艇試験報告」が、ともに有地呉鎮守府長官に届けられた。[107]そして八月一二日には、鏑木誠横須賀水雷隊攻撃部司令心得より西郷海軍大臣に「呉鎮守府造船部ニ於テ組立タル第二十二号及第二十三号水雷艇竣工ニ付過般其筋之命ニ依リ回航員派遣中之処本月五日呉港発航海上故障ナク昨十一日長浦帰着」を報告する届が提出された(108)。

これらの資料から、海軍は呉鎮守府造船部における最初の水雷艇の建造に先立ち同型艇の組立てをすること、その際に同型艦の調査と図面作成を前提としていたこと、この水雷艇を建造する計画は小野浜分工場から機械の移転が中止され取り止めとなったこと、その後、「第二十二号」と「第二十三号」（シーヒャウ型）が、呉鎮守府造船部において組み立てられたことがわかる。なお『呉鎮守府沿革誌』（昭和一一年）によると、「第二十二号」は明治二四年一一月一六日起工、二五年三月一五日進水、二六年八月一日竣工、「第二十三号」は二四年一一月一六日起工、二五年一二月二二日進水、二六年八月一日竣工で、排水量はともに七八トンと報告されている。ただし『日本海軍艦艇史〔資料篇〕』は、前者が二五年三月一五日進水、二六年八月五日竣工、後者が二五年一二月二二日進水、二六年八月五日竣工と記述している。なお当時は、水雷艇船台が建設される前であり組立場所については特定できないが、二四年三月に水雷艇格納庫二棟、七月に水雷艇引揚台が完成しておりそれらが使用されたのではないかと思われる。

艦船の修理については、第一船渠が完成した明治二四年度にはそれを待ちかねたように、「天龍ノ第二検査ニ係ル工事……金剛筑波」など、八隻の軍艦の修理と検査が行われた(109)。そして翌二五年度には、「金剛ノ修理比叡ノ第三検査……大和ノ検査及修理」「比叡第三検査後ノ工事」など一九隻の軍艦に加え、水雷艇・小蒸汽船の修理と検査が実施された(111)。さらに二六年度には、「比叡第三検査後ノ工事」をはじめ一二隻の軍艦の修理と検査、小蒸汽船・端舟・雑種船の修理がなされた(110)。なおこれ以降の艦船ごとの修理については、『海軍省報告』がないため不明である。

一方、修理費用をみると、後掲の表八－五のように明治二五年度が六万六七三八円（全体の二一パーセント、横須賀鎮守府造船部の四三パーセント）、二六年度が九万三六五四円（二七パーセントと五七パーセント）、二七年度には八万五二一四〇円（三六パーセントと八六パーセント）と急追し、二八年度には一五万九六四二円（六二パーセントと二八四パーセント）と横須賀を大きく追い越し、これ以後、三三年度まで海軍一の修理高を維持する（第八章第五節を参照）。なお日清戦争期に艦船修理費が減少するのはこのなかに臨時軍事費の支出がふくまれていないためと考えられるが、こうしたなかで呉鎮守府造船部の修理高の比率が激増するのは、横須賀が戦場から遠く佐世保鎮守府造船部の生産能力がまだ未整備のためである（日清戦争期の艦船の改造と修理については、第一〇章を参照）。なお開港場から離れていることもあってか、民間船を修繕した記録はみられない。

これまで述べてきたように、呉鎮守府造船部は明治二二年に開業し、未成艦をふくむ二一〇隻を建造した。注目すべき点は、そのうち二〇七隻が二二年度の開業当初から建造された一四三隻の雑種船をふくむ小船（汽船）や端舟で占められており、日清戦争期にとくに多いことである。そこには呉鎮守府が必要とする船を供給する役割とともに、未経験の職工が西洋型船の建造技術を習得する意味もあったものと思われる。また二四年度から艦艇の修理や改造が開始され、日清戦争期にはその作業をほぼ一手に引き受けている。これに対し艦艇の建造は、二四年度末から水雷艇の組立てを開始、二七年五月二六日に軍艦「宮古」を起工しているにすぎない。

こうした実績について、日本一の造船所を目指して出発したことからすると期待外れと即断することは、当を得た評価とはいえない。なぜならば雑種船、小船（汽船）、端舟、そして艦船の改造、修理は、鎮守府に所属する造船所、とくに戦時期の任務の遂行にとって第一義的役割であり、またそのことは、先行する海軍工作庁から転勤してきた技術者や職工の指導を受けながら、未経験の職工が西洋型船の建造技術を習得する場でもあり、呉鎮守府造船部はそれらの役割を充分に果たしているからである。また先行する工作庁と異なり当初から日本人だけで、艦艇建造技術の発展段階における第二期の純汽船期の鋼船にふくまれる水雷艇を完成させ軍艦を起工することができたことは特筆すべきことといえる。それは先行する海軍工作庁において、外国人の指導を受けながら第一期に属する機帆船の木造船や鉄船期をへて獲得した純汽船・鋼船建造技術を、海軍工作庁内の転勤という形で継承できたのであった。

おわりに

本章では呉鎮守府造船部が開庁したことにより、計画、組織と労働、施設・設備の整備、艦船の建造と修理など、はじめて総合的な記述を行うことが可能となった。そして造船部八カ年計画の内容と目的、第一船渠建設の経緯、船渠・船台の建設と地元との関係、第三船台が偽造されたこと、造船部で最初に建造された艦艇は水雷艇二隻であることなどを明らかにした。こうしたなかでここでは本章を総括するうえで重要と思われる、呉鎮守府設立計画と造船部八カ年計画の関係、造船部八カ年計画と造船部工事の結果、完成した施設と組織・人事の適合性、技術移転とその特徴と海軍の方策について要約する。

すでに述べたように呉鎮守府設立計画は、第二期造船部計画で二船渠・三船台と関連施設・設備の整備、第三期造船部計画で三船渠・三船台と関連施設・設備を整備することになっていた。呉鎮守府設立第二期計画の裏づけとなる「第二期海軍臨時費請求ノ議」が認められなかったこともあり、造船部八カ年計画の予算額は第二期造船部計画の三六パーセントに縮小された。それにもかかわらず海軍は、造船部八カ年計画において工場等の施設費を削減しながら第二期造船部計画と同数の二船渠・三船台を建設し、八〇〇〇トンの大型巡洋艦の建造を目指すなど、第二期造船部計画の目的を継承した。

次に造船部八カ年計画を基準として、造船部の建物と船渠・船台の建設を概観する。このうち工場などの建物については、最大一年の遅延は認められるものの計画期間の明治二九年度内に竣工した。一方、第一船渠と第一・第二船台は、ほぼ計画どおり建設された。ただし第二船渠は、規模を拡張することに計画を変更したこともあり一年の遅延、第三船台に関しては、使用不能の小規模のものを偽造したのであった。なお第一船渠については、造船部八カ年計画期間内で建設されたが、すでに呉鎮守府建設工事において事業が行われていたことを忘れてはいけない。

ここで、生産施設と組織・人事の適合性について考察する。明治二二（一八八九）年七月一日、呉鎮守府造船部は赤峰部長のもと、製造科と計画科の二科体制で業務を開始した。しかしながらその後の二年間に行われた主な事業は、建築部の管轄する施設の建設であり、造船部は本務の生産活動において雑種船などを建造したにすぎず、人的能力を発揮することができなかった。また艦船の修繕ができないことは、呉鎮守府自身の活動も規制した。このことは呉鎮守府設立第二期計画の予算がふくまれている第二期海軍臨時費が認められず、造船部の生産施設が完成しないうちに、横須賀鎮守府造船部とほぼ同じ組織で（ただし当初、計画科長と倉庫主任は欠員となるなど人事は相違）開業したことによってもたらされたのであった。こうした弊害は、二四年の第一船渠の完成後しだいに改善されることになる。

技術移転とその特徴について、建設と艦艇造修技術にわけて述べることにする。このうち建設技術に関しては、すでに第二章で述べたように土木・造家（建築）主任とも高等教育機関の出身者が任命されたのであるが、造船部にとってもっとも重要な船渠・船台の建設技術のうち第一船渠は、横須賀造船所においてフランス人から指導を受けた恒川技手が呉鎮守府に赴任、困難に遭遇しながら日本人のみで完成させた。一方、艦艇造修技術については、先行する二つの海軍工作庁の場合、イギリスやフランス人技術者から指導を受けた日本人技術者によって、第一期の木製・鉄製の機帆船から第二期の鋼製の汽船へと段階的に艦艇の造修がなされたのに対し、呉鎮守府造船部では転勤した日本人技術者の力量で、最初から第二期にあたる鋼製の汽船の艦艇を造修したという特徴を有している。

最後に、こうした結果をもたらした海軍の方策について要約する。これまでにも海軍は長期的展望にもとづいて理想的な計画を策定し、妥協を受け入れながら段階的にそれを実現すると述べてきたが、呉鎮守府設立計画の作成、同第二期計画予算の不許可、低額予算の受入れと第二期造船部計画と同じ目的を掲げる造船部八カ年計画の作成は、まさにそれを表したものであった。そして削減された予算で当初の目的を追求するという方策は、これまでの呉鎮守府建設工事で造船部工事は実施されていないとか、第三船台を計画どおり建設したと報告するなどの偽装・偽造とともに、それを隠蔽するための秘密主義をもたらすことになった。また海軍は計画段階では、計画の承認を得るために好都合な施設の規模、経費を示し、建設の直前にそれを検討し状勢の変化を理由に計画を変更するという方策を用いることが判明した。なお第三船台偽造の背景に関しては、第四章において考察する。

註

（1）「呉鎮守府設立費予算明細書」（呉市寄託「沢原家文書」）（以下、「予算明細書」と省略）。

（2）西郷従道海軍大臣より中牟田倉之助呉鎮守府司令長官あて「呉鎮守府造船部工事計画之件指令（仮題）」明治二一年五月二〇日（「明治十九年乃至廿二年呉佐世保両鎮守府設立書　一」（防衛研究所戦史研究センター所蔵）（以下、「呉佐世保両鎮守府設立書」と省略）。

（3）西郷海軍大臣より真木長義呉鎮守府建築委員長あて「案」明治二一年三月八日（同前）。

（4）中牟田呉鎮守府長官より西郷海軍大臣あて「造船部工場等位置変換之義ニ付上申」明治二二年七月一〇日（同前）。

（5）中牟田呉鎮守府長官より西郷海軍大臣あて「呉鎮守府造船部建設費継続之義ニ付上申」明治二三年一月二二日（「明治廿三年公文雑輯　土地営造部　十」防衛研究所戦史研究センター所蔵）。

（6）中牟田呉鎮守府長官より西郷海軍大臣あて「造船部建設費内訳明細書進達」明治二三年三月二五日（同前）。

（7）第二期海軍臨時費と「予算明細書」の第二期計画には若干の相違があるが、第一期から第三期まで一貫して検討するため後者を使用した。

（8）『海軍省明治二十二年度報告』五五ページ。

(9) 「呉佐世保江田島行幸一件」(「明治二十三年公文備考　官職 儀制 検閲　巻一」防衛研究所戦史研究センター所蔵)。
(10) 樺山資紀海軍大臣「明治二十四年度海軍省所管予定経費要求書」(「明治廿四年度歳入歳出総予算」国立公文書館所蔵)。
(11) 「衆議院予算委員会速記録」第三号(第五科)明治二三年一二月一二日(『帝国議会衆議院委員会会議録　明治篇 一』東京大学出版会、昭和六〇年)二二ページ。
(12) 同前、二二～二三ページ。
(13) 「衆議院第一回通常会議事速記録」第二九号、明治二四年一月一七日(内閣官報局『官報』号外、明治二四年一月一八日)四四一ページ。
(14) 呉海軍造船廠『呉海軍造船廠沿革録』(明治三一年)、呉海軍工廠造船部『呉海軍工廠造船部沿革誌』(大正一四年)〈両誌ともあき書房により昭和五六年に復刻〉。
(15) 「鎮守府条例」明治二二年五月二八日(海軍大臣官房『海軍制度沿革』巻三、昭和一四年)一七ページ〈原書房により昭和四六年に復刻〉。
(16) 中岡哲郎『日本近代技術の形成――〈伝統〉と〈近代〉のダイナミクス――』(朝日新聞社、平成一八年)三五〇ページ。
(17) 海軍歴史保存会編『日本海軍史』第一〇巻(第一法規出版、平成七年)七五六ページおよび横須賀海軍工廠『横須賀海軍船廠史』第二巻(横須賀海軍工廠、大正四年)三五九ページ〈原書房により昭和五四年に復刻〉。
(18) 「鎮守府条例改正(仮題)」明治二三年三月二七日(前掲『海軍制度沿革』巻三)一八ページ。
(19) 呉鎮守府造船部と小野浜造船所の人事は区別することなく記述されることが多く、筆者はかつて「呉鎮守府造船部の建設と活動」(呉市海事歴史科学館『研究紀要』第六号、平成二四年)の二五ページにおいて、山口辰弥が明治二三年三月から二六年五月まで製造科長を務めたと述べたが、小野浜造船所で勤務していたことが判明したので訂正する。
(20) 第二復員局残務処理部資料課「海軍制度沿革史資料　呉鎮関係　自明治二十一年至明治三十年」(防衛研究所戦史研究センター所蔵)。
(21) 同前。
(22) 同前。
(23) 「鎮守府条例」明治二六年五月一九日(前掲『海軍制度沿革』巻三)一九～二〇ページ。
(24) 前掲「海軍制度沿革史資料　呉鎮関係　自明治二十一年至明治三十年」。
(25) 有地品之允呉鎮守府司令長官より西郷海軍大臣あて「造船支部職工移転之義ニ付上申」明治二七年五月一九日(「明治廿八

年公文備考　官職 儀制 検閲 教育 艦船」防衛研究所戦史研究センター所蔵)。
(26) 伊藤雋吉海軍省軍務局長より有地呉鎮守府長官あて「造船支部機械割愛ノ件(仮題)」明治二七年一月二〇日(同前)。
(27) 内閣書記官室記録課『日本帝国第十五統計年鑑』(東京統計協会出版部、明治二九年)五一三～五一九ページ〈東京リプリント出版社により昭和三九年に復刻〉。
(28) 八木彬男『明治の呉及呉海軍』(呉造船所、昭和三二年)二〇ページ。
(29) 上杉孝良「古川庄八」「山下岩吉」(横須賀市編『新横須賀市史　別編　軍事』横須賀市、平成二四年)一一六～一一八、一二五～一二六ページ。
(30) 鈴木淳「横須賀造船所再考──地元出身者の就業に注目して──」(横須賀開国史研究会『開国史研究──横須賀製鉄所(造船所)創設一五〇周年紀念特集号──』第一六号、平成二八年)二一ページ。
(31) 古賀比呂志「工場における徒弟制の成立」(隅谷三喜男編著『日本職業訓練発展史〈上〉──先進技術土着化の過程──』日本労働協会、昭和四五年)九五～九六ページ。
(32) 同前、九七ページ
(33) 同前、一〇二ページ。
(34) 八木彬男『明治の呉及呉海軍』二一ページ。
(35) 小野塚知二「労務管理の生成とはいかなるできごとであったか」(榎一江・小野塚知二編著『労務管理の生成と終焉』日本経済評論社、平成二六年)二〇ページ。
(36)「明治二十一年自三月十一日至四月十四日土木工事概略」(前掲「呉佐世保両鎮守府設立書　一」)。
(37)「明治二十一年自六月二十四日至七月二十八日土木工事概況」(同前)。
(38)「工場創置之義ニ付御届」明治二六年五月二七日および「工場創置之義御届」明治二六年九月一八日(前掲「海軍制度沿革史資料　呉鎮関係　自明治二十一年至明治三十年」)。
(39) 前掲『呉海軍造船廠沿革録』八三～九一ページおよび前掲『呉海軍工廠造船部沿革誌』一四～一八ページ。
(40)「明治廿五廿六年度継続土木費工事竣功報告」明治二六年一〇月一二日(「明治二十六年度呉鎮守府工事竣功報告　巻一」防衛研究所戦史研究センター所蔵)。なお工事竣工報告については、これ以降、所蔵場所を省略する。
(41)「明治廿六廿七年度継続ニ係ル土木費工事竣功報告」明治二七年一二月二日(「明治二十七年度呉鎮守府工事竣功報告書　巻一」)。なお工事竣功報告書にもかかわらずそこに添付されているのは、工事前に作成されたと思われる工事仕様書である。

(42) 工学会『明治工業史　土木篇』(工学会明治工業史発行所、昭和四年)八七八ページ〈学術文献普及会により昭和四五年に復刻〉八七八ページ。
(43) 八木彬男『明治の呉及呉海軍』一六〜一七ページ。
(44) 「自明治二十二年十二月一日至仝年仝月三十一日造家工事月報表」(「明治二十三年度呉鎮守府工事竣工報告　巻一」)。
(45) 室山義正『近代日本の軍事と財政』(東京大学出版会、昭和五九年)三四二ページ。
(46) 同前。
(47) 「明治二十九三十年度継続及三十年度内海軍拡張建築費工事竣功報告」明治三一年一月二〇日(「明治三十年度呉鎮守府工事竣工報告　巻二」)。
(48) 「臨時軍事費営繕費工事竣功報告」明治二九年二月一〇日(「呉鎮守府監督部主管臨時軍事費営繕費工事竣功報告書」明治二七〜二九年)。
(49) 「臨時軍事費営繕費工事竣功報告」明治二七年一二月二四日(同前)。
(50) 「明治廿三年度ヨリ仝廿四年度ニ繰越ニ係ル新営費実費調書」明治二四年八月三日(「明治二十四年度呉鎮守府工事竣工報告巻一」)。
(51) 海軍大臣官房『海軍省明治二十四年度報告』(明治二五年)七三ページ。
(52) 海軍省建築局・第二復員局残務処理部資料課『部外秘　海軍省建築局海軍建築部沿革概要』(防衛研究所戦史研究センター所蔵)七五ページ。
(53) 三菱地所株式会社『旧横浜船渠第二号ドック・解体調査報告書』(平成三年)一三ページ。なお本資料については、横須賀市(市史編纂担当)の水野僚子氏の協力を得た。
(54) 水野僚子「ドライドック(乾船渠)」(前掲『新横須賀市史　別編　軍事』)八三〜八五ページ。
(55) 恒川柳作「呉鎮守府造船部第壱船渠顚末書」明治二八年二月一四日(「明治二十八年公文備考十四　土木下　外国人」防衛研究所戦史研究センター所蔵)(以下、「顚末書」と省略)。
(56) 前掲『旧横浜船渠第二号ドック・解体調査報告書』一二ページ。
(57) 水野才正『道光』(昭和五年)一一三ページ。
(58) 前掲「顚末書」。
(59) 同前。

(60) 同前。
(61) 同前。
(62) 「山田氏講演『造船船渠ニ就テ』ニ対スル質疑及討論」(造船協会『造船協会会報』第一八号、大正五年四月)九一ページに掲載の石黒五十二の発言。その後に石黒は、呉海軍工廠において早期に造船ドックの建設を提唱したが受け入れられなかった点に言及しているが、その時期については「筑波」進水以前ということはわかるが、それ以上は特定できない。
(63) 前掲「顚末書」。
(64) 「明治廿三年度新営費実費調書」明治二四年二月二日(「明治二十三年度呉鎮守府工事竣工報告　巻一」)。
(65) 同前。
(66) 同前。
(67) 同前。
(68) 同前。
(69) 達邑容吉呉鎮守府監督部建築科主管「呉鎮守府造船部第一船渠々口側壁破損ニ関スル調査報告」明治二七年一二月(前掲「明治二十八年公文備考　十四　土木下　外国人」)。
(70) 前掲「顚末書」。
(71) 中牟田呉鎮守府長官より樺山資紀海軍大臣あて「船渠接続海中浚渫工事之義ニ付上申」明治二三年六月二三日(「明治廿四年公文備考　巻十六　土地営造」防衛研究所戦史研究センター所蔵)。
(72) 山崎景則呉鎮守府司令長官代理より本宿宅命海軍省第三局長あて「船渠締切決潰ノ顚末」明治二四年一二月(同前)。
(73) 前掲「顚末書」。
(74) 赤峰伍作呉鎮守府造船部長より山脇正勝三菱造船所長あて「鋼製戸船壱艘製造命令書」明治二三年一〇月二八日(前掲「明治廿四年公文備考　巻十六　土地営造」)。
(75) 中牟田呉鎮守府長官より樺山海軍大臣あて「船渠戸船請負金増額ノ義ニ付上申」明治二三年一二月二四日(同前)。なおこの事故にともなう三菱造船所の損害は、三菱に責任はないということで海軍は請負金を増補している。
(76) 前掲「船渠締切決潰ノ顚末」への「追加」。
(77) 安井滄溟『陸海軍人物史論』(博文館、大正五年)二四八ページ(日本図書センターにより平成二年に復刻)。
(78) 中牟田呉鎮守府長官「竣工文」明治二四年四月一一日(前掲『呉海軍工廠造船部沿革誌』)四ページ。

(79) 前掲「呉鎮守府造船部第一船渠々口側壁破損ニ関スル調査報告」。
(80) 前掲「顚末書」。
(81) 平野為信呉鎮守府監督部長より西郷海軍大臣あて「御届」明治二七年一二月二四日(前掲「明治二十八年公文備考　十四　土木下　外国人」)。
(82) 「明治二十九三十二年度海軍拡張費建築費土木費兵器製造所建築費呉鎮守府第一船渠改造費工事竣功報告」明治三三年一〇月六日(「明治三十二年度呉鎮工事竣工報告　巻二」)。
(83) 中牟田呉鎮守府長官より樺山海軍大臣あて「船台設計改之義上申」明治二四年三月三一日(前掲「明治廿四年公文備考　巻十六　土地営造」)。
(84) 同前。
(85) 「二十四年度土木費工事実費調書」明治二五年三月二一日(「明治二十四年度呉鎮守府工事竣工報告　巻二」)。
(86) 「定約証」(中野光次郎氏所蔵)明治二四年六月一〇日。
(87) 水野才正『道光』一二四ページ。
(88) 同前。
(89) 吉浦村役場「伺上申報告綴」明治三一年。
(90) 五洋建設株式会社『五洋建設百年史　一八九六—一九九六』(五洋建設、平成九年)六二ページ。
(91) 前掲「二十四年度土木費工事実費調書」。
(92) 高橋衛「宇品築港史(四)」(『福山大学人間科学研究センター紀要』第一四号、平成一一年一〇月)一四ページ。
(93) 樋口輝久・馬場俊介・天野武弘・片岡靖志「中国地方の人造石工法—服部長七をめぐる人間関係—」(『土木史研究論文集』第二六巻、平成一九年)一〇九ページ。なお引用文中の『　』内は、広島県編『千田知事と宇品港』(広島県、昭和一五年)二〇三ページからの引用となっている。
(94) 前掲「二十四年度土木費工事実費調書」。
(95) 「明治廿五廿六年度継続土木費工事竣工報告」明治二六年一〇月一二日(「明治二十六年度呉鎮守府工事竣工報告　巻一」)。
(96) 同前。
(97) 「造船部第二船台築造工事仕訳書」明治二七年(呉市入船山記念館所蔵)。
(98) 海軍大臣官房『海軍軍備沿革　完』附録第二(大正一一年)三七ページ。

(99) 中川務作成「主要艦艇艦歴表」(福井静夫編『日本海軍全艦艇史〔資料篇〕』KKベストセラーズ、平成六年)二七ページ。
(100) 海軍大臣官房『海軍省明治二十五年度報告』(明治二六年)三ページ。
(101) 呉鎮守府副官部『呉鎮守府沿革誌』(海上自衛隊呉地方総監部提供、昭和一一年)一七一ページ。
(102) 「訓令案」明治二四年六月二六日 JACAR(アジア歴史資料センター)Ref. C11081488200, 公文備考別輯　新艦製造書類　小蒸汽船　水雷艇一　明治一九～二三年(防衛研究所)。
(103) 「訓令案」の「付記」明治二四年六月二六日、同前。
(104) 「訓令案」明治二四年七月四日 JACAR: Ref. C11081489900, 公文備考別輯　新艦製造書類　水雷艇二止　明治一九～二三年(防衛研究所)。
(105) 「訓令案(仮題)」の「付記」明治二四年一一月二五日、同前。
(106) 「水雷艇到着之件報告(仮題)」明治二四年一一月二五日 JACAR: Ref. C11081488200, 公文備考別輯　新艦製造書類　小蒸汽船　水雷艇一、同前。
(107) 「第弐拾弐号水雷艇(シーショ社ノ計画ニ係ルモノニシテ呉鎮守府造船部ニ於テ組立ヲ為シタルモノ)公試報告」明治二六年三月二一日および「第弐拾三号水雷艇試験報告」明治二六年五月二六日 JACAR: Ref. C11081489100, 公文備考別輯　新艦製造書類　水雷艇二止、同前。
(108) 「新造水雷艇着港之義ニ付御届」明治二六年八月一二日、同前。
(109) 海軍大臣官房『海軍省明治二十四年度報告』(明治二五年)一一～一二ページ。
(110) 前掲『海軍省明治二十五年度報告』七～九ページ。
(111) 海軍大臣官房『海軍省明治二十六年度報告』(明治二八年)一二ページ。

第四章　呉海軍造船廠の設立と発展

はじめに

本章の目的は、軍備拡張計画を中心とする海軍の政策や呉海軍工廠の形成にともなう諸計画と関連させながら、呉海軍造船廠の組織と労働、施設・設備の整備、生産活動の実態を示すことである。とくにこの時期に建設された施設、造修された艦艇は、呉鎮守府設立第二期造船部計画（以下、第二期造船部計画と省略）の骨子を継承した呉鎮守府造船部八カ年計画に属するのか、それとも呉鎮守府設立第三期造船部計画（以下、第三期造船部計画と省略）にふくまれるものなのか、またそれを実施する際にどのような方策が採用されたのかについて解明することを目指す。なお本章は、基本的に明治三〇（一八九七）年一〇月八日の呉造船廠の設立から三六年一一月一〇日の呉海軍工廠の誕生までを範囲とするが、継続中の工事に関しては前後することがある。

本章では、この時期に新たな造船部門に関する計画が作成されなかったためまず組織と労働環境を把握し、そのうえで日本労働運動史上最初の大規模なストライキとなった明治三五（一九〇二）年争議について、海軍側の新資料も使用して検証する。次に諸計画との関連を重要視しながら、施設・設備の整備を概観し（第二節）、第三船台の改築（実態は建設）の実情と目的、その目的を実現するために採用した方策を明らかにする（第三節）。最後に、この時期に本格化する生産活動を対象とするが、前章と同じように艦艇の建造だけでなく鎮守府の維持や戦時に重要な役割を果たす改造や修理などにも言及する。

呉造船廠に関しては原資料も刊本も、まとまったものは存在しない。ただしその概要については、『呉海軍工廠造船部沿革誌』[1]や『海軍省年報』によって把握することが可能であり、労働運動史や艦艇史については研究が蓄積されている。また多くの分野で、「公文雑輯」「公文備考」「公文備考別輯」「呉鎮守府工事竣工報告」など豊富な原資料が残されており、こうした種々の資料を駆使して実態の解明に努める。

第一節　呉海軍造船廠の組織と労働問題

まず組織と職務権限の変化を示し、造船部時代との相違を明らかにする。次に職工数、給料、階層、教育、勤続年数など、労働環境について取り上げる。そしてこれまでの研究成果によって、明治三五（一九〇二）年の大争議を概観するとともに、使用されることのなかった海軍側の資料などにより、事実の確認と争議の背景を解明する。

一　呉海軍造船廠の設立と役割

明治三〇（一八九七）年九月三日、「鎮守府条例」が改正され（一〇月八日施行）、新たに鎮守府所管の組織として海軍造船廠が設立された。同じ日、「海軍造船廠条例」が制定された（一〇月八日施行）が、これによると造船廠長は、「鎮守府司令長官ニ隷シ廠務ヲ総理セシム」（第三条）と規定されている。[2]これらを総合すると、造船部が鎮守府司令長官の直轄組織であったのに対し造船廠は監督を受けるが、実質的には独立した組織として扱われることになったものと思われる(序章第三節を参照)。またその業務は、「鎮守府ニ属シ艦船ノ製造修理艤装其ノ他造船事業ニ関スル事ヲ掌ル」(第二条)とされ[3]、その組織は造船科、造機科、会計課、材料庫によって構成され、造船科、造機科に科長と主幹、会計課に課長、材料庫に主管がおかれることになっている。なお呉造船廠の定員は、これら役員に医師を加えた幹部職員が一八名、その他六〇名となっている(このなかに、職工などはふくまれていない)。

その後、「海軍造船廠条例」は、明治三〇年一一月三〇日(一二月一日施行)、三三(一九〇〇)年二月七日と五月二四日に改正された。このうち前二回は職名の改正にとどまるが、三三年五月の場合は、「第二条中『鎮守府』ノ下ニ『艦政部』ヲ加フ」とか、「第三条中『司令長官』ヲ『艦政部長』ニ改ム」という、実質的な変化をともなっていた[4]。この背景には、序章で述べたように五月二〇日に海軍省に四部からなる海軍艦政本部が設立されたことへの対応と、拡大する兵器生産部門の統制の必要性が高まったという事情があったが、とくに造船廠を上回る造兵廠を有する呉の場合に必要性が高かったと思われる。

海軍造船廠の設立にともない、明治三〇年九月二八日に「海軍造船廠処務細則」が制定された(一〇月八日施行)。試みに造船科(第二条)と造機科(第三条)の事務分掌をみると、以下のようになっている[5]。

第二条　造船科ニ於テハ左ノ事務ヲ掌ル

一　船体及属具ヲ製造改造修理試験及検査スル事

二　船体及属具ニ要スル材料ノ試験検査ニ関スル事

三　船体及属具ノ改造修理等ニ要スル入費概算書ヲ調製スル事

四　船体及属具ノ計画方案及其ノ入費概算書ヲ調製スル事
五　所属工場船渠船台及其ノ機械物品等ヲ整備保管スル事
六　所属工場船渠船台ノ新設改築ニ係ル大体計画ニ関スル事
七　所属工場機械物品等ノ入費概算ニ関スル事
八　内国私立工場ヘ委託スル船体及属具ノ監督ニ関スル事
九　進水終ルマテ未成艦ヲ保管スル事
十　船渠ニ在ル艦船ヲ保護スル事
十一　修理ノ為メ陸上ニ在ル艦船ヲ保護スル事

第三条　造機科ニ於テハ左ノ事務ヲ掌ル

一　諸機関ヲ製造改造修理試験及検査スル事
二　機関ニ要スル材料ノ試験検査ニ関スル事
三　諸機関ノ修理改造等ニ要スル入費概算書ヲ調製スル事
四　機関及属具ノ計画方案及其ノ入費概算書ヲ調製スル事
五　所属工場及其ノ機械物品等ヲ整備保管スル事
六　所属工場ノ新築及改築ニ係ル大体計画ニ関スル事
七　所属工場機械物品ノ入費概算ニ関スル事
八　内国私立工場ヘ委託スル機関及属具ノ監督ニ関スル事

これをみると造船部時代に比較し、両科の職務権限が明確化されるとともに範囲が広がったことがわかる。とくにこれまで建築関係部門に属していた施設の新設、改築の大体計画が加えられたこと、日清戦争の反省から私立（民間）工場への委託工事を拡大するための職務が加わったことは、当を得た改正といえよう。

次に明治三〇（一八九七）年一一月一日現在の役職員についてみると、初代の呉海軍造船廠長には、呉鎮守府造船部長の赤峰伍作が就任した（一〇月八日に就任）。また造船科は科長が原田貫平、主幹は伊藤辰吉・佐波一郎・山田佐久・石川綾治、造機科は科長が山木艮三郎、主幹は高木太刀三郎・片野保、会計課長と材料庫主管は矢野常太郎がかねている。(6)

しかし早くも明治三〇年一二月三日には赤峰は待命となり、一二月二〇日に呉港の有志百余名が三好楼に集まり、送別会が開かれた。この席で幹事総代の沢原為綱（元貴族院議員）は、「『九ヶ年の永き呉の造船事務に従ひ斯業の発達に尽さる、無智文盲の吾々子弟を良職工に仕上げていたゞきしは単に吾々地方の幸福のみならず、本邦の為に慶賀すべきこと』と挨拶するに赤峰大監亦演説してこれを謝し」たという。(7) 沢原総代の挨拶のなかで、呉港と周辺の子弟を良職工に育成してくれたことに感謝していることが印象深い。

代わって明治三〇年一二月三日、黒川勇熊《ゆうくま》海軍造船大監（以下、海軍を省略）が第二代呉海軍造船廠長に就任した。黒川は嘉永五（一八五二）年九月九日に生まれ（本籍地山口県）、明治六（一八七三）年に横須賀造船所黌舎を卒業、八年九月二七日に主船寮一五等出仕、横須賀造船所勤務となり、一一年二月二六日に海軍生徒としてフランスへ留学し（エコール・ポリテクニク）造機学を学び、(8) 帰国後は一四年一〇月二一日に海軍省御用掛、横須賀造船所勤務（機械課員）や艦政局で機関技師として活躍した。そして二四年九月一〇日に呉鎮守府造船部計画科長として呉に赴任、三〇年一〇月八日に佐世保海軍造船廠長兼造機科長を務めたのち、「宮古」をはじめとする艦船の建造と修理が本格化しつつあった呉造船廠を主導することになったのであった。黒川造船廠長は三二年三月二七日に文部省より工学博士号を授与されるなど研究熱心であったが、三四年三月一日に健康を害したためか待命となり、一度は復帰したものの三五年四月五日にふたたび待命、九月一八日をもって休職となった。なお三五年三月二九日の「雑役船舟起工報告」は、岩田善明呉海軍造船廠長代理名で提出されており、この時にはすでに黒川は執務を遂行できる状況ではなかったようである。[9]

黒川造船廠長の二度目の待命後、明治三五（一九〇二）年四月に高山保綱造船大監が第三代呉海軍造船廠長に就任した。[10]高山は一〇年一月八日に黌舎予科一等生の身分で委託生として東京開成学校本科一年生となり、一二年七月二二日に造船学修業のため三年間の予定でフランスに留学、エコール・ポリテクニクで学び一五年一一月二九日に帰国している。そののちは一九年五月八日に横須賀造船所を中心に経験を重ね、三〇年一二月に佐世保海軍造船廠長、三三年一一月一三日に横須賀海軍造船廠長兼造船科長に就任した。[11]そして呉造船廠長になったのであったが、三カ月後の七月一五日に廠長に反発するストライキが発生、九月に転任となった。[12]

明治三五年九月、第四代呉海軍造船廠長に岩田造船大監が任命された。[13]岩田がどのようにして造船技術を習得したのか明らかにし得なかったが、一七年一二月に横須賀造船所造船課工場長心得などを歴任し、二二年六月に呉鎮守府造船部製造科主幹に任命されて以来、造船部、造船廠を通じて呉勤務が長く（第三章第二節を参照）、呉造船廠に精通しており、それが緊急事態発生時の造船廠長を務めることにつながったものと思われる。なお岩田廠長はストライキ発生後の呉造船廠の融和に努力し、三六年一一月一〇日に呉海軍工廠造船部となるまでその任務を果たした。

以上、歴代造船廠長の経歴をみてきたが、新たに就任した三名の廠長のうち前歴が判明している二名とも、また幹部の桜井省三、原田貫平も黌舎からフランスへ留学していることが判明した。呉造船廠の首脳部は、海軍兵学寮を出て、「技術は教育機関を通じてではなく、実務経験によって伝授されるものであるとする考え」の強いイギリスの工場で技術を習得してきた者から、[14] 黌舎を卒業しフランスのエコール・ポリテクニクで体系的に造船学を修めた者に交替したのであった。

彼らのなかには、黒川造船廠長のように比較的長期間にわたり任務を遂行した者もいたが、黒川の病気による辞任後に就任した高山廠長は、職工から辞職を求められ転任となった。また兵学校出身者のように、艦政本部の部長や海軍工廠長にまで昇進した者は見当たらない。なお呉工廠の設立とともに、明治一七（一八八四）年九月に東京大学理学部に設置された造船学科で学んだ[15]小幡文三郎が初代造船部長に就任するように、呉工廠造船部の首脳部は大学出身者によって占められることになるが、小幡が一九年四月一七日から二一年一一月三日までフランスに留学（パリ造船学校）していたように、大学卒業者のなかにもフランスへの留学者が少なからずみられる。

二　労働者を取り巻く環境

すでに述べたように、呉鎮守府造船部の職工は、先行する海軍工作庁からの移転者に加え、しだいに呉鎮守府において採用された職人からの転職者、若年者によって構成されるようになった。彼らの中核は、全面的に機械体系に組み込まれた産業革命期の綿工業にみられた労働者とは異なり、熟練工ないしそれを目指す「工場徒弟」と呼ばれる者たちであった。[16] 以下、こうした職工について、人数、賃金、教育などにわけて取り上げる。なおここでは呉造船廠、呉造兵廠に共通の問題に限定し、呉造兵廠により関係の深い福利厚生などは第六章において記述する。

すでに示した表序－一により呉造船廠の職工数をみると、明治三〇（一八九七）年の一日平均二七二九名が三一年には三〇一六名、三二年に三二〇五名、三三年に三八五〇名、三四年に四三五八名、そして三五年には五七四五名と二倍を超える増加を示すものの、三六年には四八四四名へと減少する（序章第三節を参照）。ちなみに横須賀海軍造船廠は、

表4－1　呉海軍造船廠職工の日給(明治35年)　単位：銭

職　名	日給標準額	職　名	日給標準額	職　名	日給標準額
図工	43	造船工	51	造舟工	61
木工	61	建具工	62	撓鉄工	51
造船機工	48	機械工	57	仕上工	55
組立工	65	製罐工	52	鍛冶工	53
鋳鋼工	56	鋳鉄工	59	鏈工	56
塡隙工	48	銅工	42	鋼具工	63
塗工	50	模型工	63	製帆工	57
運搬工	42	木挽工	60	記録工	59
使工	45	倉庫工	54	焚火工	60
煉瓦工	65	電気工	71	鉛工	60

出所：農商務省商工局『職工事情』第2巻(明治36年)17～18ページ。

三一年が三二七九名、三五年が五八八○名となっており（表八－一○を参照）、三○年代になると両者の差はほとんど認められない（第八章第五節を参照）。なお三六年度の減少の原因は明らかではないが、主に造船部で行われていた製鋼事業を製鋼部へ移転したことをふくめ同一種類の事業を同一工場に集約したことに関係したのではないかと思われる。

呉造船廠の職工の一日平均の給料をみると、明治三○（一八九七）年の三七銭がしだいに上昇し、三六年には六一銭となるが、三五年当時の日本鉄道会社大宮工場の平均日当は五五銭と記録されており、呉鎮守府造船部時代の低賃金はかなり改善され、類似企業をやや上回るようになったことがわかる。[17] また表四－一によると、新職と考えられる電気工の七一銭を筆頭に組立工、煉瓦工の六五銭から運搬工の四二銭まで職種による差異が認められる。一方、三五年二月二一日の日給を分類すると（表四－二）、一○銭から一五銭までが三一名（○・六パーセント）、一五銭から二○銭までが七○名（一・四パーセント）、二○銭から三○銭までが二六八名（五・四パーセント）、三○銭から四○銭までが七一一名（一四・三パーセント）、四○銭から五○銭までが一二五三名（二五・二パーセント）、五○銭から六○銭までが九八三名（一九・七パーセント）、六○銭から八○銭までが一一四五名（二三・○パーセント）、八○銭から一円までが三四五名（六・九パーセント）、一円以上が一七六名（三・五パーセント）とかなりの較差がみられる。しかしながらこれを民間会社の平均と比較すると、三○銭以下が呉造船廠の七・四パーセントに対し民間会社の一一・四パーセント、三○銭から八○銭まで

表4－2　呉海軍造船廠職工の賃金（明治35年）　　単位：人・%

金額	10銭未満	10～15銭	15～20銭	20～30銭	30～40銭	40～50銭	50～60銭	60～80銭	80～1円	1円以上
人数	－ －	31 (0.6)	70 (1.4)	268 (5.4)	711 (14.3)	1,253 (25.2)	983 (19.7)	1,145 (23.0)	345 (6.9)	176 (3.5)

出所：前掲『職工事情』第2巻、19ページ。
註：(　)内の数字は、割合を示す。

表4－3　造船科職工人員表（明治32年5月）　　単位：人

工場		製図工場			造船工場									船渠工場						船具工場				計
区分＼職名		図工	雑役	計	図工	木工	撓鉄工	鉄工	端船工	指物工	亜鉛鍍工	雑役	計	木工	塡隙工	塗具工	潜水工	雑役	計	製帆工	綱具工	雑役	計	
組長	定期					7	3	6	1	1			18	6	1	1			8	1	3		4	30
	普通	3		3		1		6				2	9	1	2				3			2	2	17
伍長	定期					12	1	4	3			1	21	7	4	1			12	1	3		4	37
	普通	3		3		5	3	15		3	1		27	11	9	2			22	1	7	1	9	61
平職工	定期		1	1		29		5	3	3			40	10	3	1			14		2		2	57
	普通	3	11	14	3	122	69	336	22	18	9	14	593	96	94	43	4	6	243	17	103	8	128	978
	見習		30	30		9	3	19	1	2			34	8	1				9	1			1	74
未成業者（見習工を除く）					1	8	16	125	1	1			152											152
計		9	42	51	4	193	95	516	31	28	10	17	894	139	114	48	4	6	311	21	118	11	150	1,406

出所：呉海軍工廠造船部『呉海軍工廠造船部沿革誌』（大正14年）59ページ。

の中間層が八二・二パーセント対七七・五パーセント、八〇銭以上が一〇・四パーセントに対し一一・二パーセントと上下の差が少ないことになる。

表四－三により、明治三二（一八九九）年五月当時の造船科を例として職工の構成をみることにする。まず工場別に分類すると、一四〇六名のうち造船工場が八九四名（六三・六パーセント）ともっとも多く、次に船渠工場が三一一名（二二・一パーセント）、船具工場一五〇名（一〇・七パーセント）で、職工に一番人気のあった製図工場は五一名（三・六パーセント）と小規模である。また職名では、鉄工が五一六名（三六・七パーセント）、木工が造船工場の一九三名と船渠工場の一三九名をあわせて三三二名（二三・六パーセント）と両者は圧倒的多数を占めるが、この頃になるとなかでも鉄工が優位になっている。

職工の階層については、組長、伍長、平職工、未成業者に区分され、平職工を基準とすると、伍長は一一名に一名、組長は二四名に一名となっている。

また組長と伍長は定期と普通、平職工は定期、普通、見習にわかれている。このうち定期職工と普通職工を比較すると、平職工が五七名と九七八名、伍長が三七名と六一名、組長が三〇名と一七名となっており、平職工では圧倒的に普通職工が多いが、役付職工になると定期職工の割合が増加し、組長になると定期職工の方が多くなっている。注目すべき点は、平職工、伍長、組長となるにしたがって定期職工の人数が漸減するものの一定数を保持していることであり、この時期になると見習から基幹職工である定期職工への道が定着しつつあったものと思われる。ただし明治三六（一九〇三）年一一月一〇日に呉工廠造機部長に就任した水谷叔彦機関大監は、当時の造機部では、「見習工は直に横坐に手伝として附けて置く丈で、何ら基礎的の作業を授くることもなく云はば放牧の姿で自然の会得に任せてあった」と回想しており、見習工や職工に座学などの教育がなされるのは四〇年代になってからのことであった(18)。

すでに述べたように見習職工は、明治二七（一八九四）年に使用されるようになり、二九年に「見習職工規則」が制定され入部者の基幹職工養成コースとして整備されたわけであるが（第三章第二節を参照）、こうしたなかで三三年に海軍は、見習職工の採用方法をこれまでの「無職者」から学科試験に切り替え、中等学校卒業者を無試験で合格とするなど、学力重視の方向を打ち出した。

広島県では広島市に明治三〇（一八九七）年八月一日、「徒弟学校規定」に従い、「木工若くは金工たるに必要なる教科を授くるをもって目的」とし、木工科（大工および指物、付として挽物・彫刻）と金工科（板金）の二科からなる広島県職工学校が設立された(19)。そして試験に合格した三五名の新入生をむかえ、九月二七日に入学式を行った。また三一年には、「将来木工または金工の業に従事するに適した善良な職工を養成するのを目的」とし、「木工科・金工科の科名を木工部・金工部の二部名に改め、木工部は従来の二工科に変動はないが、金工部は従来の板金工の外更に鍛工・鋳工・仕上の三科を加設し、はじめて機械工業の基礎を開いた」と述べられているように、時代の要請に応えられるように学則を改正した（四月から適用）[20]。

最初の入学から三年後の明治三三（一九〇〇）年七月三〇日に第一回卒業式を行い、二九名（木工一五名、金工一四名）を社会に送り出した。ちなみに三四年一一月における卒業生の所属先は、官庁が九名（うち木工九名）、官設工場一六名（同四名）、同校助手三名（同一名）、民間工場一九名（同四名）、自営一名（同一名）、上級学校入学の準備五名（同一名）、同校で専修一名、外国一名、教職一名（同一名）、未定五名（同三名）、死亡二名（同一名）と工場への就職がもっとも多く[21]、民間工場の場合は分散していたと考えられるので、単独の職場としては恐らく呉造船廠と呉造兵廠が圧倒的に多数を占めており、両廠と学校（とくに金工部）の密接な関係がうかがわれる。

呉においても明治三五（一九〇二）年四月一日、「工業に従事し又は従事せんとする児童に小学校教育の補修をなし兼て工業に要する智識技能を授くるを以て目的」とする呉工業補習学校が呉高等小学校内の二教室を借用して夜学校とし開校[22]、四月二一日に授業を開始した。同校は甲科（高等小学校卒業程度）と乙科（尋常小学校卒業程度）からなり、修業年限は両科とも一年、授業時間は毎週一二時間（毎夜二時間）、授業料は月三〇銭となっている。また科目は二科とも修身、国語、算術、工業の四科目で、そのうち工業の内容は、甲科が図画（自在画および製図）、力学（実用的な簡易力学）、幾何（平面初歩）、英語（名詞の読み方と書き方）、乙科が図画（自在画、用器画）、力学（実用的な簡易力学）、英語（名詞の読み方、綴り方、書き方）であった。なお「入学生は呉海軍造船廠に通勤せる職工最も多」く、「六十七名は甲種科生、六十五名は乙種科生たり」と報道されている[23]。

同校は明治三五年一〇月一日の市制施行とともに呉市の経営となり「もっぱら海軍職工の予備教育」を実施、「卒業者は無試験で工廠見習職工に採用されること」となった。その結果、毎年五〇名前後の卒業者が呉工廠に見習職工として就職した[24]。なお呉工業補習学校については、「この公教育——見習い制度は、その後、浦賀船渠（一九〇六年）、横須賀（一九一〇年）、佐世保（一九一二年頃）、三菱長崎（一九一一年）でも踏襲されることになり、基幹工再生産構造の基軸として機能することになった」と評価されている[25]（第一二章第四節を参照）。

技術者の育成としては、これまで述べてきた海外への留学、外国人からの工場における伝習、黌舎における教育に加え、明治一五（一八八二）年に横須賀造船所黌舎の本科課程の廃止にともない一六年から工部大学校へ、また一七年に東京大学理学部付属造船学科の設置（明治一九年に両校は合併し帝国大学工科大学が発足、同校造船学科となる）、二〇年に工科大学に造兵学科と火薬学科が設置されたのにともない、そこに海軍造船官と造兵官の養成を委託した[26]。この時期は、前述の小幡が三〇年に造船中監となり三三年に艦政本部部員（第三部）、三四年に横須賀造船廠造船科主幹、三五年に造船大監に昇進し、同時に呉造船廠造船科長に就任したように、近い将来の造船部長を嘱望され活躍していた時期といえよう。

一方、職工の留学は、明治二八年度から三カ年間の継続費として造兵職工を対象とした職工外国派遣費が認められて以来充実し、三〇年度からは造船造兵職工外国派遣費と拡大され二八年度から三四年度まで一八万二七八円の予算が計上されており[27]、呉造船廠からも派遣されたことは確実であるが、人数を確認することはできない。このほかにも入廠した職工に対して給与を保障しながら教育を行い、中堅幹部を養成する途が開かれていた。こうした教育機関として三〇年九月三日に「海軍造船工練習所条例」が公布され（一〇月八日施行）、横須賀海軍造船廠付属の海軍造船工練習所が設立された。これによると、練習所に志願できる資格は、三年以上勤務経験がある満二一歳から三〇歳未満の、「品行方正ニシテ将来技芸熟達衆工ヲ御シ得ル見込アル者」とされ、三カ年の教育を受け卒業した者は、一〇カ年以上業務に従事する義務があった[28]。試みに呉造船廠からの練習生は、三一年度末が造船科四名、造機科八名、三二年度末が一〇名と一〇名、三三年度末八名と八名、三四年度末九名と一二名、三五年度末三名と一二名、三六年度末

四名と八名と報告されている。(29)

ここで呉造船廠の明治三四（一九〇一）年上半期の負傷者をみると、表四‐四のように一四八一名と非常に多い。ただし三日以上の療養を必要とする者に限定すると、三四年には一年間を通じて、表四‐五によると六三名に減少する。この点については、骨折患者が三四年上半期だけで二一名を数えたにもかかわらず、三四年を通じて骨折によって三日以上療養を必要とする者は一五名にとどまるなど、三日以上療養が必要という範疇が非常に厳しく制限されていることを考慮すべきであり、六三名以外は軽傷と判断することはできない。なお一四八一名の患者の負傷箇所は、指が四一一名、眼が三〇九名、頭部または顔面が一八九名などとなっている。

表4－4　呉海軍造船廠の負傷者
（明治34年上半期）
単位：人

病名	人数
挫創	649
挫傷	321
眼異物竄入	283
切創	78
熱傷	64
刺創	32
複雑骨折	17
捻挫	10
挫断	9
歯切断	7
歯脱落	4
単純骨折	4
脱臼	2
酸化炭素中毒	1
計	1,481

出所：前掲『職工事情』第2巻、26～28ページ。

表4－5　呉海軍造船廠の負傷者（明治34年分）
単位：人

病名	人数
皮下挫傷	17
挫創	22
挫断（手部）	3
切創	3
刺創	1
骨折	15
捻挫（上肢関節）	1
熱傷	1
計	63

出所：前掲『職工事情』第2巻、26～28ページ。
註：1）人数は、3日以上の療養を必要とする者の数である。
2）（　）は、負傷部位を示す。複数にわたる時は省略した。

呉造船廠の直接の施策ではないが、明治三〇年代初期に山田佐久造船科主幹は、「職工間に体質虚弱の者が多く、此儘放任して置けば将来憂ふべきものありとて体質改善策として野球を廠内に奨励」したという。(30) こうして造船廠に始まった野球は、三六年一一月一〇日の呉工廠設立頃には製鋼部、造兵部へと工廠全体に波及し、試合はさながら職場対抗戦の様相をみせるようになった。(31) こうして呉工廠に野球が広まったわけであるが、このことは職工の健康維持だけでなく、職場の人間関係の改善にも成果をあげたものと思われる。

最後に、技術の習得に関係の深い職場への定着率の指標として、職工の勤続年数をみることにする。まず明治三〇（一八九七）年に海軍が行った「職工異動調」によると、三三五九名の職工中、勤続一〇年未満が三二三八名（九六・四パーセント）、一〇年以上一五年未満が一一五名（三・四パーセント）、一五年以上二〇年未満と二〇年以上は三名ずつとなっている。[32]当初、横須賀鎮守府造船部、途中で小野浜造船所から移転してきた職工がかなりいたとはいえ、多数を占めるのは呉で採用された職工であり、呉鎮守府造船部の設置が

表4−6　呉海軍造船廠職工の勤続年数
（明治35年3月31日）
単位：人・%

勤続年	人数	（割合）
6ヵ月未満	1,227	(24.6)
6ヵ月以上1年未満	1,145	(23.0)
1年以上2年未満	782	(15.7)
2年以上3年未満	320	(6.4)
3年以上4年未満	340	(6.8)
4年以上5年未満	221	(4.4)
5年以上	947	(19.0)
計	4,982	

出所：前掲『呉海軍工廠造船部沿革誌』11ページ。

二二年七月一日であることを考えると、一〇年未満の比率が高いのは当然のことであり、離職率を判断する資料とはなりにくい。そこで農商務省の調査により、三五年三月三一日の呉造船廠職工の勤続年数をみると（表四－六）、当時の職工数四九八二名のうち一年未満が二三七二名（四七・六パーセント）となっているが、これは呉造船廠特有の問題ではなく、民間会社においても平均五五・二パーセントとなっており、工業界全体の傾向であった。この点に関して農商務省は、「紡績、織物又ハ生糸職工ニ比シ較ヤ少キモ之ヲ欧米ノ鉄工ニ比シ甚タ多キカ如シ……本業ハ多年ノ修業ヲ経ルニ非サレハ技能ノ上達ヲ遂ケ難ク本邦鉄工中技術優秀ノモノ少ク精巧ノ機械ヲ製スル能サル一大原因」と憂慮している。[33]ただし勤続五年以上の職工が呉造船廠において一九・〇パーセント（民間平均で一一・七パーセント）存在しており、半数近くの職工が一年以内に離職するが、すでに述べたように「衆工ヲ御シ得ル」組長・伍長は定期職工として、その候補は見習職工として育成されていたのではないかと思われる。なおすでに示したように、呉造船廠は民間平均より勤続年数が長いが、これはほとんどの海軍工作庁にあてはまる。

これまで呉造船廠の職工の労働環境を概観してきたが、海軍は多くの制限のなかで、多くの技術者や職工を確保するとともに技術を向上させるために、種々の施策を実施していることが判明した。そうしたなかで技師や技手に対する技術教育は比較的早期に実施され効果をあげているが、職工への施策はただちに顕著な成果を認められるものは少なかった。とはいえ軽工業や民間重工業より勤続年数が長く、呉市において見習職工希望者が多くみられたことは、見習職工、定期職工、能率による賃金較差、公務による死傷者への保障、工廠内福利厚生などが不充分ながらも一定程度の評価を得たことを示すものといえよう。

三　明治三五年の大争議の原因とその背景

日清戦争後に不穏な雰囲気が続くなかで明治三〇(一八九七)年には、「造船部には職工は技士組長、伍長、下締の三役に贈賄を要する弊風あり、同部三千有余のため且は造船業の進歩を図るべく」、竹中秀一、鈴木長景、河崎憲顕の部外の三名が赤峰造船部長に面談、村田某の横暴を訴えるという事態が発生した[34]。そして九月一日は、森浅吉伍長の免職に激怒した職工が前記三名等を弁士として笑楽座において午後八時から演説会を開いた(一三〇〇名入場)。この結末を知ることはできないが、呉鎮守府造船部においては役付職工と平職工の間に抜き差しならない対立が生じていたことがうかがわれる。

この明治三〇年は日本における労働運動の黎明期であり、その息吹は日本一の労働都市呉にも伝わってきた。同年七月、組合結成を促進する役割を担うことを目的に、高野房太郎、片山潜等が労働組合期成会を設立、一二月一日、期成会の鉄工関係者は鉄工組合を結成した。そして三二年三月、呉造船廠と呉兵廠両廠の職工を中心に鉄工組合呉支部が組織された[35]。この組織は一年ほどの短命に終わったが、三四年には工業団体同盟会長で労働組合期成会の指導者のひとりであった村松民太郎が、東京砲兵工廠を辞職して呉造兵廠に入職し、工業団体同盟会呉支部を形成した。また呉市には、三六年には確立されていたといわれる大日本労働協会広島支部の会員もいた(36)。

明治三三（一九〇〇）年四月、呉造船廠の「機械工場三百六十余名の職工は何事か憤る所ありて去る八日午後十一時過突然暴行を始めたるが暴行に与せしものは組長伍長を始め職工の全部にて組長は先づ伍長等に命じて工場事務室を破壊せしめんとせしに工場長技手大坪種次郎なるもの百方之を説諭すれども猛り狂ひたる潮の如き同勢は従ふべくもあらす忽ちにして同室を毀ち其れより第一見張所に押し寄せ同所一棟を破壊し其裏手に備へありたる石油函を取出し石油を散布し之に火を放ちたり」という事態が発生した(37)。一見、突発事件のようにもみえるが、かねてより賃金に関する紛争があり、その不満が三年前とは異なり、役付職工の指導のもとに平職工が従うという形で爆発したものとみられる。同年一一月には、外国艦隊の水兵の歓迎会を計画し芸妓検番の呉栄舎に協力を依頼したのに対し、拒否された水兵が立腹し、呉栄舎や同舎の役員が経営する士官の通う高級料亭を襲撃するという事件もおこっており、職工だけでなく水兵の海軍士官などに対する怒りも高まっていた(38)。

こうしたなかで明治三五（一九〇二）年七月、呉造船廠を舞台として多くの職工がストライキに参加した大争議が発生した。この問題に関しては多くの研究がなされてきたが、当時の新聞や刊行物に依拠していることもあり、具体的な事実関係に差異がみられたり、海軍当局の意図が不明であるなどの限界があった。このようななかで、今回、海軍を中心に憲兵隊、広島県関係の文書がふくまれている「呉海軍造船廠職工同盟ノ件」がみつかった。これ以降、これまでの研究によって争議の経緯を概観し、新資料によってそれを補充、確認するとともにこの争議の結末や海軍上層部の見解を述べることにする。

これまでの研究によると、事の発端に関しては明治三五年七月一四日夜九時頃、呉造船廠の職工約二〇〇名が海軍墓地に集合、その時に選ばれた談判委員数名が和庄町七丁目の高山造船廠長の止宿先に押しかけ会見を申し込んだが、留守のため断念し引き揚げたと述べられている。翌一五日の午後七時三〇分頃、一〇〇〇余名の職工が呉造船廠の裏門木柵や事務所内の帳簿、器具を破壊して退散した。そしてその日の夜、一八〇余名の伍長等が海軍墓地において集会、黒川前廠長時代の規則に復旧することなど、八項目の要求を決定した(39)。

七月一六日には午前四時、五時頃から市街地の要所において出勤職工を説得、ほとんど全員がそれを受け入れ、伍長以下がその日から、組長も翌日から同盟罷業（ストライキ）に突入した。この間、八名が呉警察署に身柄を拘束されたが、組長らの要請を受け入れて釈放した。一方、こうした状況を憂慮した片岡七郎艦政部長はこの日、大井上久麿呉鎮守府参謀長とともに錬鉄場に組長、伍長、職工の有志二〇〇余名を集め、仕事を休むことはせず不平があれば書面で提出するよう説得した。組長、伍長等はこのことを職工に説明、協議の結果、次のような「嘆願書」を提出することとした(40)。

一、高山廠長を速に転任せしむる事

一、材料の渡方は従前は伍長組長等より技手の証印を得夫より工場長の証認を受け廠長検査の上渡すこととなり居りしに高山廠長は右の手続を廃し直接組長に下渡し且つ其方は頗るケチなるを以て矢張り従前の如く其係りの手を経て例へば鉄棒十本請求せば直ちに十本を渡されたきこと

一、職場作業服は鉄屑又はペンキ等にて汚穢極まる者なるより退出の際は之を脱ぎて一定の所にかけ而して平常着と着換へて帰家するを例とせるに高山廠長は斯る汚穢極る不潔物を職場に置くは衛生上大害あるものなればとて尽く之を焼棄し更に命を下して自家より着用し来りし衣服にて作業せしむることとしたるが右は到底職人の耐へ

得る所に非ざれば同じく従前の如く作業服と平常着とは格別にせられ度きこと
一、取締規則は総て従前の如く寛大にせられたきこと然らざれば到底就業労働すること能はざること

この「嘆願書」は岩田造船科長、香坂季太郎造機科長の手をへて柴山矢八呉鎮守府長官に届けられた。柴山呉鎮守府長官は、水兵暴動事件で謹慎中であったが、高山造船廠長から事情を聴取するとともに、各工場に呉海兵団衛兵を配備し警戒にあたらせた。こうしたなかで七月一八日、片岡艦政部長は呉造船廠に組長らを集め、「嘆願書」を却下するとの柴山長官の意向を伝えるとともに、造船は国家を支える重要な産業であること、「嘆願書」の主旨は理解しているので、ただちに職場に復帰してほしいと説諭した。これを聞いた組長は、一応、納得し伍長以下の職工を集め事情を説明した。これによって一九日には三分の一の職工が出勤したが、まだ不穏な情勢は解消されず軍隊、警察、憲兵による厳重な警戒は続いたものの、二〇日には平常な状態に戻った。そして高山廠長は争議後に進退伺いを提出して退職、九月一〇日に呉を離れた。

これ以降、新資料により争議の経緯を確認する。まず争議の発端について憲兵隊の報告は、七月一二日および一三日の両夜に高山造船廠長宅を破壊し廠長を殺傷すべしと叫ぶ者がおり、廠長をはじめとする職工の怨磋の対象者と思われる上司の自宅に憲兵や巡査を派出するとともに、呉造船廠に海兵団衛兵四〇名を派遣するなど予防措置を講じたとより具体的な報告がなされている。[41] また一五日の事件に関して高山廠長は、午後七時に二時間の残業を終えた職工二六〇五名が職工通用門から退出の折、「其内約一二百名ノモノ職工調査場ヲ目掛ケ瓦礫或ハ木片ヲ投ジ及該門左側木柵二十間計リ押シ倒シ」たと届けている。[42] そして七月一六日には組長一六七名、図工七九名、雑工一〇八名が出勤したほかは出業拒否という事態となり、この状況は三日間におよんだ。なお当時の職工数を正確に把握することはで

きないが、仮に表序－一の数字である五七四五名をあてはめると、ストライキ参加者は五三九一名となる。

ストライキへの対応についてその任にあたった片岡艦政部長は、「第一着ニ職工ヲ出業セシムルノ策ヲ執リ其後ノ方法ハ追テ講スル」という方針で臨んだという。(43)そして七月一六日、出勤した組長を一堂に集めストライキに参加した職工を批判しつつも一日も早く出勤することを求め、願意があれば穏当な手段によって伝えることなどと訓示した。その結果、片岡部長のもとに職工一同名義の「哀願書」（前掲の「嘆願書」のことと推定）が届けられた。これを検討した片岡は、七月一八日に組長総員を集め、その席で職工が廠長の転任を求めることを容認できないという理由で「其願書ヲ却下シ同時ニ之ニ記載シアル願意ニシテ相当ノ理由アル者ハ之ヲ容ルベキヲ諭シ尚懇々其利害ヲ説キ更ニ職工ヲシテ一日モ速ニ出業セシメン事ヲ訓示」したのであった。(44)

ここまで新資料により争議の経過を確認してきたが、いずれも内部資料であり、利害にあまり関係がないことなどから、かなり信頼がおける内容のように思われる。こうした判断が正しいとすると、充分とはいえないまでも、これまでよりかなり詳細に事実関係が明らかになったといえよう。

次に争議の原因に移るが、地元新聞は明治三五（一九〇二）年四月の就任後の高山造船廠長は職工に対して、「三四ケ月間にして減給罰者を出したること既に十余名中には服装三犯ありと、殊に破落漢の嫌ひある者幷びに身体に文身《ぶんしん》を施したる者等は容赦無く技術の有無に拘はらず尽く解雇せり、又就業時間、喫飯時間及び休憩時間等は極めて之を励行し、且つ分秒にても遅刻するあれば其当日の日給は猶予無く時間割として支給した」と伝えている。(45)そして、「斯の如くなれば単り職工のみならず技手乃至守衛等に至る迄其窮屈なるに困じ到底其職に堪ずとして辞職願を差出し其儘引籠り居る者現に三十余名ありといふ」と、廠長の厳罰主義に起因すると断定する。(46)

こうした職工の取締りについて高山造船廠長は、七月二三日の柴山呉鎮守府長官への意見のなかで、着任以来二七項目の例規を制定したと報告している。このなかには、規程により組長は組合員の身体検査を行うことになっているにもかかわらずそれをしないので、守衛に対して職工が札場を通る際に厳重な身体検査をするように命じたこと（「呉造第一四九八号」）、これまで職場への往復に服装を交換するため油のしみた仕事着を造船廠内においていた習慣を、火災防止のためという理由で禁止したこと（呉造第一六八七号）など、職工がもっとも嫌うこともふくまれていた。こうした文書による取締りのほかにも高山は、終業時間三〇分前に仕事を停止することを禁じたり、徹夜工事に従事する者が仮眠することをやめるように説諭したという。そして職工取締りに対して高山廠長は、「以上述ブル処ノ職工ニ対スル改正ハ熟レモ普通一般ノ事柄ニシテ特ニ職工共ヨリ云々スル程ノ価値ナキモノト認メ居候」と結論づける。(47)高山にとって一連の行為は「改正」であり、「廠務ニ改良ヲ施シタ」との認識から、行きすぎたという点について一部は除いた可能性も残るが、基本的に「改正」「改良」した事項をほぼ報告したと考えられる。

争議の原因について高山造船廠長は、呉造船廠内に「百人組若クハ五十人組ト唱ヘ小団体ヲ結合シ以テ組合員相互ニ応援スルノ約束アリ」と、職工の自衛団体の存在の影響をあげている。高山廠長によると、この百人組の「組長」が呉造船廠の定めた組長を負傷させ解雇されたことを怨み、百人組の組合員と共謀し、職工取締りに対し「不平ヲ唱ヘツ、アリシヲ……煽動シ」たことが原因とされる。(48)

このように原因を把握した高山造船廠長は、今後の対策としてさらなる職工取締りの強化を提案する。そして、「職工ノ示威的挙動ニ打チ勝ツ威力ヲ彼輩ニ示シ以テ今後再ヒ今回ノ如キ挙動ニ出ヅルモ何等ノ効ヲ収得スル事ナキヲ戒メ置ク考ナリ」と、(49)今後もこれまでの職工取締りを継続することを明言し、上司も支持してくれるものと信じていた。なお高山のこうした自信は、佐世保造船廠長時代に職工がストライキを実行し要求を提示したのに対し、これを拒絶しストライキを一日半で終結させたという「成功例」にもとづいていた。

一方、片岡艦政部長は、争議は呉造船廠には横須賀や佐世保からの転勤者が多く、彼らは、「当初ヨリ其下ニ在テ服業スルヲ好マズ就任後執務上ノ処置如何ニ因テハ好時機ヲ待テ反抗ノ姿勢ヲ執ラント計画」していたこと、それに高山造船廠長のあげた百人組問題が加わったことにより発生したと分析する。(50)しかしその根本的な原因は、「廠長其人ハ部下ヲ統御スルノ材能ト信用ニ欠グル所」にあったと高山廠長の責任を追及する。(51)そして今後の対策として、このまま高山廠長がその職にあれば職工の反発は明白であり、「同廠ノ工業上ニ及ボス影響ハ実ニ小少ニアラス……速ニ其禍源ヲ絶ツノ英断ニ出テ以テ廠内全般ノ人心ヲ刷新」することを求めた。(52)

高山廠長と片岡艦政部長の報告や意見を検討した柴山呉鎮守府長官は、大争議の原因について、「今回ノ事件タル廠長ノ不人望之レカ主因ニシテ改革ノ過激等ハ其従因タル義ト存候」と結論づけた。(53)そして七月二五日に、「到底此廠長ヲシテ将来ノ事業ヲ完フセシムル事覚束ナク之レヲ要スルニ本人ハ技術ニ於テ欠ル処ナキモ衆ノ長ニ立テ部下ヲ御スルノオナキ人物ト認メ候間時宜ヲ見テ他ヘ転職セシメラレ」るよう、山本権兵衛海軍大臣（明治三一年一月八日就任）に「意見」を提出した。(54)柴山長官は、高山廠長の人望の欠如と管理能力の不足を理由に彼の転任を求めたのであるが、もっとも重要視したのは廠長の転任なしには廠内の融和が保たれず、重大な事業が全うできないという点にあったといえよう。

明治三五（一九〇二）年の大争議に関しては、これまで高山造船廠長の転任のみが取り上げられてきたが、新資料により職工も処分されていたことが判明した。職工の処分について高山廠長は、八月一一日と九月二日に二回目の報告をしている。そのうちの第一回目は騒動の責任者として一〇名（そのうち八名を首謀者として解雇のうえ警察に通知し、二名は解雇処分）(55)、二回目は職工通用門の破壊に加わった当日残業者二六〇〇余名に対し八月二一日に予定されていた定期増給の一時見合わせと、一三名の解雇となっている。(56)このうち二回目の処分について呉鎮守府は、九月四日に斎藤実海軍総務長官あてに一二名の処分を実施したと報告しているが（一名が相違している原因は不明）、一回目に関しては処分実施の報告をみつけることはできなかったものの、高山の報告どおり実施されたものと思われる。このように三五年の大争議は、高山の転任と騒動の責任者とされた職工の解雇という結末で終息した。

ここで明治三五年争議の原因と、こうした結末となった理由について考察する。このうち前者については、「高山廠長個人の管理姿勢や方針（あるいは、それらが正確に伝わらなかったこと）によるところが大きい」といわれている(57)。たしかにこれまでの経緯をみても、このような指摘は争議の直接的な原因としては妥当といえよう。しかしながらそれだけではなぜ日清戦争以降にしばしば呉造船廠で争議が発生したのか、なぜ職工は職を失う危険を冒してまで高山造船廠長の転任にこだわったのか、なぜ海軍上層部は高山廠長の転任に応じたのかなどの疑問に答えることはできない。

こうした問題を明らかにするためには、呉造船廠で働く職工の性格、日清戦争以降の労働環境の変化、明治三五年当時の呉造船廠の役割などについて考慮することが必要となる。ここで働く多くの職工は、職人や徒弟に出自をもつ熟練工やそれを目指す徒弟であり技術に誇りをもっていたことを理解しなければならない（この件に関しては、第三章第二節を参照）。また日清戦争において職工は、昼夜兼行の労働を通じて自らの技術が国家的な重要な役割を果たしていることを認識するようになった。

ところが戦時期に不眠不休の過酷な勤務の代償として勝ち得た賃金の上昇が、戦後になると物価の高騰や残業が減少したことなどのため実質的に減少した。また種々の改革にもかかわらず労働環境が画期的といえるまでには向上せず、戦時期には苦しいなかにも職場に協力関係が築かれていたのに、戦後は役付職工と平職工を分断するような管理体制が強くなった。こうしたことが重なり、日清戦争後に争議が頻発するようになったなかで、高山造船廠長が厳罰主義を押し付けたことが職工の誇りを大きく傷つけ、職を賭しても廠長の転任を実現することを第一の目的とする大争議に発展したのであった。そこには呉造船廠を解雇されても、他に職を得ることができるという読みもあったものと思われる。

最後に、高山造船廠長の転任と少数の職工の解雇などに至った結末について考察すると、そこには呉造船廠に課せられた使命、とくに来るべき戦争の前に「対馬」を完成させるという大義があり、そのためには直接生産にあたる職工が求める高山廠長の転任を認めるとともに、生産を止めた首謀者とみなされる少数の職工を解雇することが望ましいという海軍高官の判断があった。また高山廠長にはほとんど支持者がいなかったこと、柴山呉鎮守府長官、片岡艦政部長に責任がおよばないということもあったと思われる。日清戦争後の職工の意識には、「彼らの雇い主はむしろ国家そのものであり、生産力の伸長という目標の前では廠長とはいえ、国家と自らの間に存在する管理職にすぎないという発想」があったといわれるが[58]、職工が兵器の生産を通じて国家の一翼を担っていると認識するとともに、呉造船廠の幹部も職工の協力なくしては同廠に課された使命を果たすことができないと理解していたことが、こうした結末をもたらしたのであった。

第二節　施設・設備の整備

これ以降、船渠・船台を中心とする土木工事、次に工場などの建物工事について、計画と関連させながら概観する。その際、船渠・船台に関しては、どのような艦艇の造修を目指したのかを明らかにする。なお一部の工事については、明治二〇年代に起工し竣工に至っていないもの、重要な施設については呉造船廠時代に竣工しなかったものについても言及する。なお第三船台に関しては、問題の重要性にかんがみ、第三節において詳しく述べる。

すでに述べたように、呉鎮守府造船部八カ年計画にもとづいて明治二七（一八九四）年六月二八日、五一万五一八円の予算で第二船渠築造工事が開始された。ところが工事中の二八年一月一二日に平野為信呉鎮守府監督部長は、西郷従道海軍大臣に対し、第二船渠の渠口にあたる部分の土質が軟弱なため船渠頭部の位置を変更する必要があるとして一万四〇二七円の工事費の増加を求める上申をし、二月二六日に許可を得た。(59) また同年四月二一日、有地品之允呉鎮守府司令長官は西郷海軍大臣に「第二船渠計画変更之義ニ付上申」を提出した。このなかで有地呉鎮守府長官は、現在の設計は一万トン級の軍艦を想定しているが、「今般事務局ニ於テ計画中ノ軍艦ハ壱万五千噸余ノモノ有之由ニ伝承……他日本艦落成ノ上入渠セシムルニ差支ナキヲ期ス」と理由を述べている。(60)

それから二日後の明治二八（一八九五）年四月二三日、平野呉鎮守府監督部長は西郷海軍大臣に、「第二船渠設計変更之件上申」と付属書類を提出、「一　渠口ノ底全体　中真ニ於テ現形ヨリ四百ミリ米突深ク弧形ニ改造スル事　一　渠身底全体　頭部渠底ニ於テ八百五十三ミリ米突堀下ケ渠口底ニ於テ四百三ミリ米堀下渠身全底ニ約六百分一ノ勾配ヲスル　一　戸扉船　底部弧形ニ改造スル事」の三点を求めた。(61) なおこの費用として、五万二九三六円が計上されている。

海軍省はこの上申書と付属書類一式を臨時海軍建築部嘱託の石黒五十二に送付し意見を求めるなど検討し、明治二八年五月二七日に許可した。ただし五万三〇〇〇円の予算の増額については認めず、二九年度の呉鎮守府建築費に計上されている海底浚渫器械購入費一三万円のうち七万七〇〇〇円で同上器械を購入し残額を流用してあてるよう指示した。こうして呉鎮守府は、予算の増額については同意を得ることができなかったものの、やむを得ない事情ということで計画を拡大変更し、予算の流用と期間の延長を認めさせることに成功したのであった。

これ以降、第二船渠築造工事は変更設計にもとづいて実施された。「呉鎮守府工事竣工報告」によると、船渠本体七〇万九三三八円、同付属ポンプ所築造ならびに上屋改築費三万八六九二円、合計七四万八〇三〇円の巨費を投じて明治三一（一八九八）年三月三一日をもって竣工した。この船渠の予算については、当初は五一万五一八円であったが、二七年度に第三船台建築費三二五四円をはじめ製図工場および円材置場建増費、保壁建造費など、二九年度に海底浚渫器械購入費より六万四〇〇〇円、保壁築造費などを流用して合計七七万五六七九円を確保し、二万七六四九円の残額が生じたと説明されている。造船部八カ年計画の内容を示した表三－四によると、第二船渠費は二七年度に一五万八五七一円、二八年度に二〇万円、二九年度に一〇万一四二九円、計四六万円の予算で一三〇メートルの船渠を建設することになっていたのであるが（第三章第一節を参照）、四年後の二七年六月一八日の起工時には五一万五一八円に予算が増加していたこと、さらに二七年度と二九年度に計上されていたほとんどの工事費から流用し二六万五一六一円を捻出していたことがわかる。[62] なおこの工事に関連して、三〇年三月一日に第二船渠前面海底掘鑿工事を起工、二万八五三二円の費用で三一年三月三一日に竣工した。

「呉鎮守府工事竣工報告」の仕様書によると、船渠の規模は、長さが約一六〇メートルとなっており、第二期造船部計画の一二五メートル、造船部八カ年計画の一三〇メートルをはるかに凌駕している。明治二六（一八九三）年に戦艦の購入が決定し、他の施設の予算を流用してでも海軍の戦艦をふくむ保有軍艦をすべて修理・改造できる船渠の建設が必要になったのであった。同資料にはこのほか、使用したセメントは、「一吋平方ニ付四百ポンド以上ニ耐ユル試験力ニ合格セシ」輸入品と国産（浅野セメント製）を使用すること、川砂は太田川産であること、またモルタルはすべて機械練りとすること、工事に際して、浚渫船二台、モルタルミル機二台、揚水ポンプ二台、蒸汽ウインチ、軽便鉄道一三六〇メートルの官品を請負業者に貸し出すことと記述されている。[63]

それから半年近く経過した明治三一年一二月一四日、第二船渠開渠式が挙行された。原田啓呉鎮守府経理部長の「式辞」によると、第二船渠は、石黒（嘱託）、達邑容吉・恒川柳作技師等により計画、最初に達邑、次に渡辺譲の監督のもと工事が行われた。その規模は長さが八八間（一六〇メートル）、幅が上部二一間（三八・二メートル）で下部が一四間（二五・五メートル）、容積五万四〇〇〇余トンで、「今ヤ東洋ニ於ケル船渠其ノ数鮮カナラスト雖優ニ一万噸以上ノ艦船ヲ容ル、ニ足ルモノハ実ニ本船渠ヲ以テ嚆矢トス」と述べられている。(64)

呉造船廠においては、明治二四（一八九一）年四月一一日に開渠した第一船渠の大規模な修理（改造工事）も実施されている。この船渠は、完成以来、呉鎮守府唯一の船渠として重要な役割を果たしてきたのであるが、石材接ぎ際に微小の決裂が生じたため二七年一一月八日に調査した結果、前述のように種々の不備がみつかり復旧工事の必要性が高まった（第三章第四節を参照）。とはいえ当時は日清戦争にともなう艦船の修理工事が錯綜していた時期であり、戦後に至り三〇年度と三一年度の二カ年間に工事が実施されることになった。ところがこの工事は、待望されていたにもかかわらず延期となる。その理由について『海軍省年報』は、「起工ニ先チ該渠口ニ一大締切ヲ設ケサルヘカラス然ルニ当時軍事上ノ関係ヨリ一時該渠口ヲ閉塞シ能ハサリシ結果本工事ノ著手自然遷延」したという。(65)

「呉鎮守府工事竣工報告」によると、第一船渠修理工事は明治三一（一八九八）年二月一六日に起工、一六万八〇八一円の巨費を投じて船渠渠口全部と同所に接続する渠身側壁ならびに左右袖石垣を取り崩すという大規模な修復を実施し、三三年三月三一日に竣工している。(66)なお「明治二十三年度（一八九〇年）以降海軍予算、決算科目別一覧表」によると、呉鎮守府第一船渠改造費（臨時部）として三〇年度に一二万円、三一年度に四万八六一四円の予算が計上され、三〇年度に一万九一四〇円、三一年度に六万七七〇九円、三二年度に八万一二三二円が支出されている。(67)

第一船渠に続いて明治三五（一九〇二）年には、巡洋艦の「対馬」が建造されている第二船台の修繕が実施された。

この工事について『海軍省明治三十五年度年報』は、三五年五月二日に第二船台修繕工事（陸上部分）を起工、一〇月三一日に五七六〇円の費用で竣工、また九月一二日には第二船台増修工事（水中部、長さ四五メートル）を起工、一〇月二〇日に七五〇〇円を費やして竣工したと記述している。(68) なお修繕工事と増修工事にわけて報告されているのは、次のような原因によるものと思われる。

第二船台の修繕工事開始後、建設時の工事仕様書と異なる点があるのではという疑念が生じた。このため海軍は明治三五年七月に実地調査を開始、その結果、多くの箇所で仕様書より「短縮シアリ又表部混凝土既設厚サ五百ミリノ筈ナルモ実際百ミリヨリ四百ミリニ過ス」という手抜き工事が発見された。(69) そのため八月には、さらに試掘調査、載荷重試験を実施、多くの不備、脆弱性が明らかになった。(70)

こうした事態を知った柴山呉鎮守府長官は、明治三五年七月二二日、斎藤実海軍総務長官あてに、「此儘施工難相成ノミナラズ事重大ノ関係ヲ有スルモノト認ムルニ付石黒臨時海軍建築部工務監ヲシテ至急臨検セシメラレ候様」上申した。(71) この背景には、「追テ……軍艦対馬ノ進水ニモ影響ヲ及ホス」という事情があった。(72) なおこの上申に対し海軍艦政本部は、「船台ニ斯ノ如キ不正ノ工事アリテハ安ンシテ艦船ノ据付及進水ヲナス能ワス本船台ハ勿論他船台及佐世保造船廠ノ船台ニ至ルマテ此際厳密ニ調査アラン事最モ必要ト認ム」と、工事の必要性を強調する見解を示した。(73)

明治三五年七月二七日に東京を出発した石黒工務監は、呉に到着後ただちに第二船台の調査を実施した。これを受けて呉鎮守府は、石黒案によって第二船台修繕増加工事仕様書を作成した。そして八月六日に経理局に七五〇〇円の予算の増額を要求、交渉の結果、八月一一日に二〇〇〇円の増額は認めるが、不足額は呉鎮守府内修繕費から工面することで決着した。翌八月一二日、柴山長官は山本海軍大臣に対し、第二船台修繕増加工事費七五〇〇円のうち五五〇〇円の流用と二〇〇〇円の増額について上申、(74) 九月三日に許可を得た。

一連の資料を検証した結果、第二船台工事が二分割して報告されたのは、当初から明治三五年度予算に計上されていた修繕工事と、その工事の途中で判明した仕様書と異なる箇所の修繕増加工事を区分したことによることが判明した。問題は、多くの箇所で建設時の仕様書と異なった工事がなされていたといわれながら、それでは仕様書で一二〇メートルとされた第二船台の実際の長さはいくらだったのか、またこうした不正工事が担当の恒川技師の独断で実施されたものなのかという点が明らかにされなかったことである。残された仕様書と実際に建設された施設が相違していることは、次に述べる第三船台をはじめしばしばみられることであり、そうした一連の行為が上司の許可なく担当技師の責任において実施できたとは思われない。

船渠・船台以外の土木工事をみると、海軍拡張費によってなされているものが多い。後述するように明治二九（一八九六）年に第一回軍備拡張計画が決定し、多額の艦艇費に加え施設費が海軍拡張費という名目で認められ、呉造船廠など海軍工作庁に少なからぬ予算が配分されたのであった（第七章第四節を参照）。

明治三一（一八九八）年九月一五日、三一年度海軍拡張費によって水雷艇用木工場裏手山地掘鑿工事が起工された。この工事は二万八二九二円の工費で七七四三坪の用地を造成し、三二年一〇月一一日に竣工した。[75] また二九年度から三一年度継続海軍拡張費によって、二九年九月一八日に倉庫現図場掘鑿工事が開始され、一三万六九〇七円の費用で二万四七五〇坪の広い土地を造成し、三二年一月一八日に完成した。[76]

明治三三年度と三四年度継続海軍拡張費によって、次の二工事が完成した。まず呉造船廠水道増設工事についてみると、明治三四（一九〇一）年三月一四日に起工、六〇六二円の費用で三インチ（七・六センチメートル）の水道鋳鉄管七八五メートル、四インチ（一〇・二センチメートル）の水道鋳鉄管一九〇メートルを敷設し、五月二八日に竣工した。[77] また呉造船廠海岸物揚場築設工事は、三三年一一月八日に起工、一万八九四六円の費用をかけ三四年九月一五日に竣工

表4－7　呉海軍造船廠の建物工事　単位：坪・円

名称	構造	建坪	費用	起工	竣工
機械工場ならびに同下家建増新営工事	レンガ石造5棟	1,144	179,527	明治30. 2.16	明治31.12.19
甲材料倉庫新営	レンガ石造2階	376	55,845	30. 3. 6	32. 6.29
端船製造場新営	木造平家連接	616	19,645	31.12. 2	32. 9.13
造船工場機械場建増	木造	360	16,642	31.12. 9	32. 9.15
物品検査場新営	甲－レンガ石造平家 乙－木造	甲－106 乙－180	11,441	32. 3.28	32.10. 9
端船格納場新営	木造平家連接	320	11,489	32.12.27	33. 7. 4
鋳造工場建増新営	レンガ石造平家5棟	448	65,554	30. 3. 6	33. 8.16
水雷艇木工場および付属品格納庫新営	木造連接2階	232	15,417	32.10.21	33. 3.19
水雷艇鍛冶場新営	レンガ石造 平家2棟	429	30,739	32. 9.26	33. 8.19
造船材料倉庫木材庫新営	木造平家	385	10,440	33. 3. 2	33. 9. 5
造船工場機械場建増	木造2階	300	24,000	33.12.20	34.10. 5
造船材料倉庫乙鉄材庫新営	木造平家	182	9,986	34. 6. 9	34.12.24
錬鉄工場建増	木造平家	87	5,294	34.12.29	35. 7.15

出所：『海軍省年報』明治32、33、34、35年度を中心に、欠損部分は「呉鎮守府工事竣工報告」で補った。

した。この物揚場の規模は、水平幅二六メートル、天端長さ二三八メートルであった(78)。さらに三四年度と三五年度継続海軍拡張費によって、三五年一月一六日から六月二〇日にかけて、八〇七九円の費用をかけて船渠前面海底浚渫工事を実施した(79)。

次に呉造船廠への移行後に完成した建造物の工事状況を示すと、表四－七のようになる。これをみると、造船部八カ年計画が終了した時期なのに、多くの大規模なレンガ石造の高価な工場などが建設されていること、錬鉄工場建増をのぞき確認できた建物すべてが、海軍拡張費によってまかなわれているという注目すべき特徴がみられる。

このうちもっとも規模の大きい機械工場ならびに同下家建増工事は、明治二九年度から三一年度の継続海軍拡張費として、明治三〇（一八九七）年二月一六日から三一年一二月一九日にかけて当初予算一三万一九六二円を大幅に上回る一七万九五二七円によって建設した。なおこの工場は、レンガ石造平家五棟、一一四四坪（甲号が二五〇坪、乙号が二〇四坪、丙号が四八七坪、丁号が一四九坪、下家が五三坪）となっている(80)。

また二番目に建設費の多い鋳造工場建増工事によって完成した

工場は、明治二九年度から三三年度の継続海軍拡張費によって、六万五五五四円の工事費で明治三〇年三月六日から三三年八月一六日にかけて建設した。工場の構造は、甲号と乙号がレンガ石造平家建小屋組および内部揚重器受柱共鉄柱、残る三棟がレンガ石造平家建小屋組鉄製で、面積はそれぞれ一五〇坪、四四坪、一三二坪、六五坪、五七坪、計四四八坪である。[81]

さらに五〇〇〇円以下のため表示されていない工事を取り上げると、明治三〇年九月一〇日から三一年三月一日にかけて二五一八円の工事費で造船廠の電化に重要な役割を果たした発電室が完成、これによって自家発電による電灯の使用が可能になったものと思われる。[82] また三一年五月二四日には、経理部建築科セメント試験所新営工事が開始され、四四〇円の費用で八月一七日に完成した。この試験所は木造平家、建坪一一坪の小規模なもので、呉造船廠に所属するものではないが、呉鎮守府管内の工事、とくに多くのコンクリートを使用する船渠・船台に関係の深い施設であるので取り上げた。[83]

ここで明治三六（一九〇三）年当時の呉造船廠の施設を概観すると、図四－一のようになっている。これをみると、造船部時代には多くみられた空地がほとんどなくなり、軍艦造船工場（甲造船工場と呼称）を中心に水雷艇工場（乙造船工場と呼称）、小規模ではあるが端船工場が配置され、総合的な造船所として施設が整備されたことがわかる。とくに甲造船工場は機械工場、製罐工場、鋳造工場、錬鉄工場などの大型工場も完成、大型船台が建設されれば、待望の戦艦の造修も可能になるのではないかとさえ思われる。なお後述するように、第三船台は小型船台を偽造したことが明確なのに、公式的には第二船台と同規模のものが存在していたことになっている。

しかしながら生産設備となると、「電動力の機械はまだ一つも無」く、「空気動力の機械器具は勿論皆無で……随て現場作業としては鉄板をハツルにもタガネと手ハンマー、穴を明けるにもイナヅマを仕掛けてハンドポールと云ふ調子で……何事も人力に依らなければならない時代で……対馬以上の艦が造れる筈がなかったと云ふ実情」であったと回想されている[84]。また後述するように第三船台の実態は、どのような艦艇も建造できない小規模のものであり、戦艦の建造が可能な船台の完成は呉工廠設立後の明治三七（一九〇四）年一一月までまたなければならず、生産設備の電力による機械化もその前後に行われたのであった。

　最後に、これまで実現しなかった建設関係技師の海外派遣について言及する。明治二九（一八九六）年五月に臨時海軍建築部が設立され、三一年一月には同部工務監にこれまで兼務や嘱託として土木工事を指導してきた石黒海軍技監（明治三一年一一月に海軍技師）が就任した。石黒工務監は三一年一二月二〇日、山本海軍大臣あてに、「欧米各国ノ軍港幷ニ土木、建築工事視察ノ為メ技術官ヲ海外江派遣セシメラレ（ン脱カ）事ヲ請フノ建議」を行った[85]。このなかで石黒は、船渠・船台や兵器工場などは土木・建築学のなかでも特種の学問であり、とくに研究が必要な分野にもかかわらず放置されてきた。その結果、「是迄海軍部内ニ於テ築造セラレタル船渠船台等ノ築造法ヲ視ルニ啻ニ石工ノ力ニノミ依頼シ敢テ自在起重機ノ如キ機械的工法ヲ以テ施行セラレタルヲ聞カス」と述べ、それによってもたらされた欠陥をあげ、「欧米諸国ノ軍港幷ニ一般工事ノ日進月歩ノ程度視察ノタメ其筋ノ専門者ヲシテ海外ヘ派遣」することを求めた[86]。

　海軍は当初から軍人、兵器生産を担う技術者・職工を積極的に海外に留学、視察、監督官などとして派遣し大きな成果をあげてきたにもかかわらず、土木・建築に関しては門戸を開かなかったため貴重な人材を失い、そのことが船渠・船台をはじめとする施設の欠陥の頻発を招いたともいえよう。それだけに的を射た建議といえるが、若手技師を推薦するのではなく、当人が一年余の視察を希望する結末には驚きを禁じ得ない。それはともかくとして明治三二（一八九九）年にはそれが実現、すでに述べたように帰国後の石黒工務監は、船渠の建造や修理において活躍したのであった。

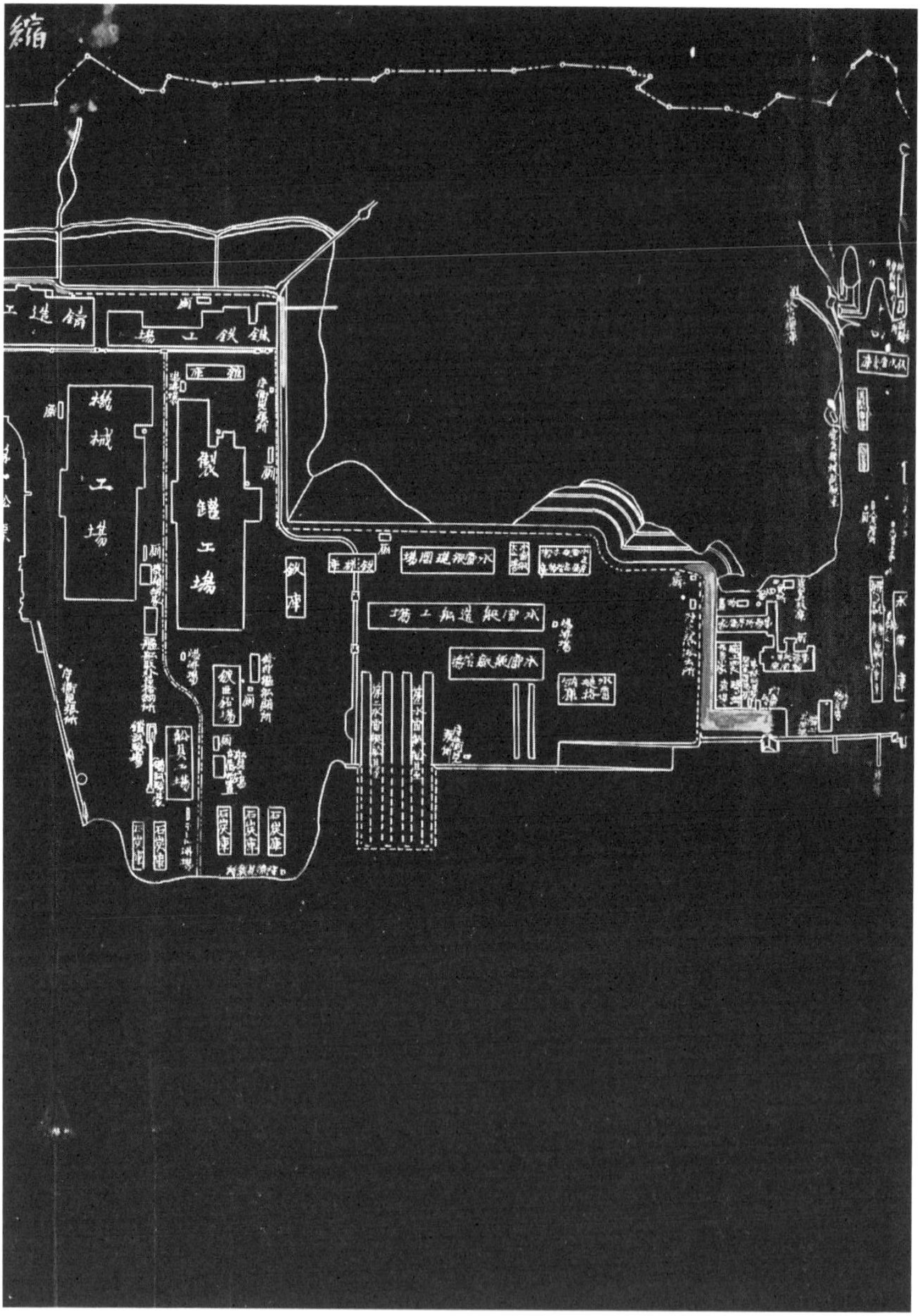

出所：「明治三十六年度呉鎮工事竣工報告　巻二」。

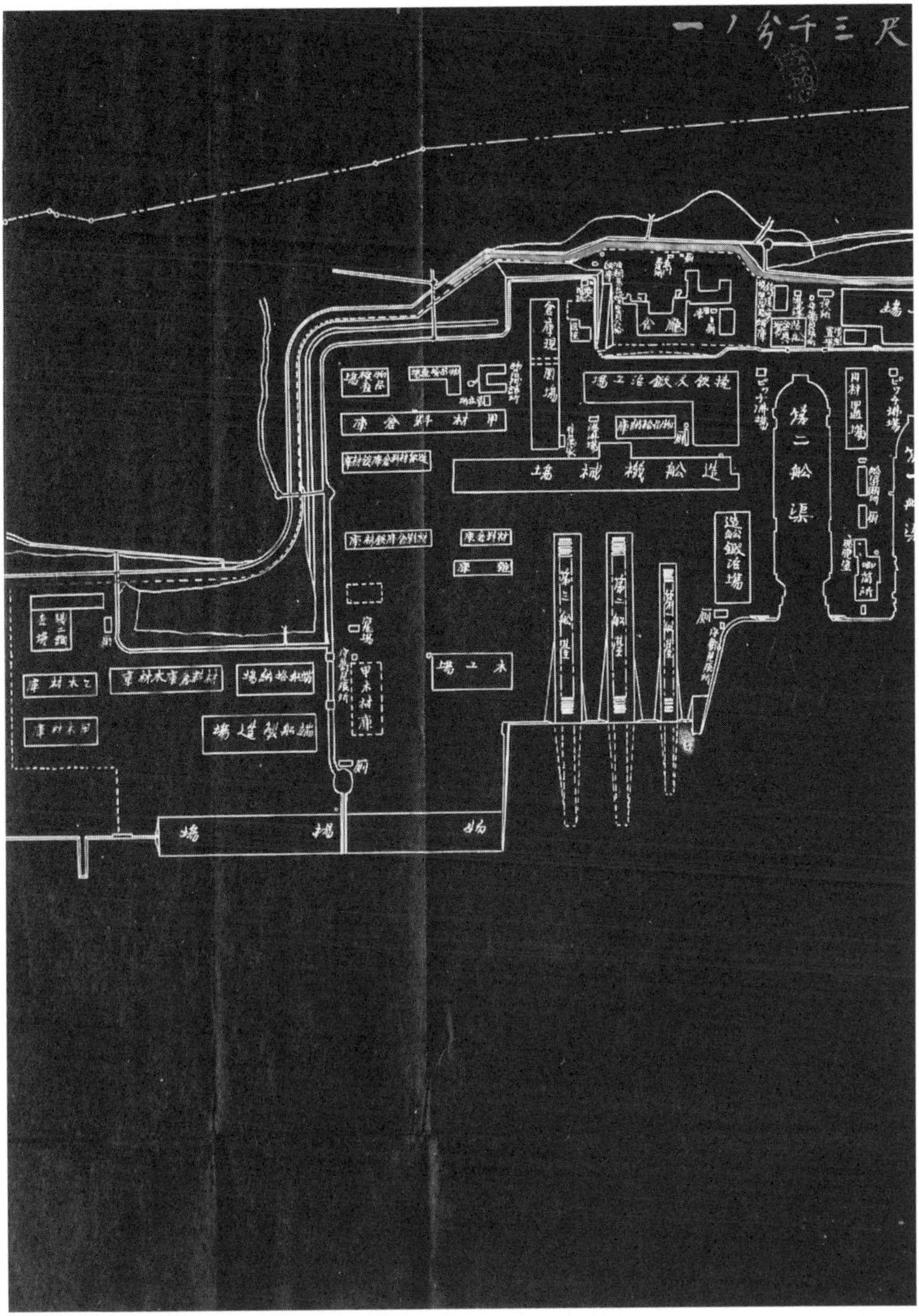

図4－1　呉海軍造船廠の配置図(明治36年)

第三節　第三船台大改築(建設)の決定とその意義

日清戦争後の海軍は、明治二九年度から三五年度までの第一期拡張計画と、三〇年度から三八年度にわたる第二期拡張計画からなる第一一回軍備拡張計画が認められ、艦艇のみではなく海軍工作庁などの施設・設備を整備する拡張費も確保された。これによって呉造船廠にも少なからぬ予算が配分されることになった(第一一回軍備拡張計画とそれにともなう呉造船廠と呉造兵廠の施設拡充については、第七章第四節を参照)。本節においては、こうしたなかで第三船台の大改築(実態は建設)がどのようにして実現したのか、その決定の経緯と意義について解明することを目指す。一船台の工事に一節をあてるのは、そこに呉工廠形成の最大の謎が秘められているとともに、その背景に日本海軍最初の主力艦の建造を企図する海軍の意図が込められていることによる。なお記述に際しては、まず関連する計画とこれまでの過程を要約し、次に総合的な観点により第三船台工事の決定に至る経緯を実証し、最後にその意義を明らかにする。

すでに述べたように呉鎮守府設立計画によると、第二期造船部計画で第一・第二船渠と第二・第三・第四船台、第三期造船部計画で第三・第四・第五船渠と第一・第五・第六船台を建設することになっていた。ところが明治二一(一八八八)年五月に呉鎮守府設立第二期計画をふくむ第二期臨時軍事費が否決され、二二年度から造船部八カ年計画によってこのうち二船渠・三船台が建設されることになった(同時に船台の名称を着工順に呼ぶようにした)。そして計画期間内に第一船渠と第一・第二船台、計画期間後に第二船渠を完成させたが、第三船台については使用不可能な小規模の船台を偽造しただけなのに、計画どおり全長一九〇メートル(これまで全長については不明であって、後述のように第三船台の改築で判明)、陸上部一二一メートル、幅二〇メートル、海中脚台七〇メートルの船台を建設したと虚偽の報告をした。このようなわけで図四－一のように、公式的には第三船台は存在することになっており、海軍拡張費によって建設される最初の船台として、第三期造船部計画にふくまれていた第一船台（第四船台と名称変更）に白羽の矢が立ったものと思われる。

こうしたなかで明治三三（一九〇〇）年に至り、大桟橋が必要であるという要望が出され、第四船台の新設に代わり第三船台を改築するべきであるという主張が浮上した。そして完全な大桟橋を建設するためには、第三船台の改築を延期するのもやむを得ないという案が有力視されるようになった。このような事態を憂慮した村上敬次郎海軍省経理局長は、三五年一月二八日、有馬新一海軍艦政本部長あてに次のような照会をした(87)。

海軍拡張費ヲ以テ呉造船廠ニ第四船台ヲ新設スル予定ナリシモ桟橋ノ築造ヲ必要トスルガ為メ該船台ノ新設ヲ止メ之ニ代ユルニ第三船台ヲ改築スルコトノ議アリタリ然ルニ該桟橋ヲ完全ナラシムル為メ更ニ第三船台ヲ改築スルコトヲモ見合スコトニ相成居候処一面ニ於テハ艦艇補充基金ノ制既ニ定マリ呉造兵廠ニ於テ装甲板製造ノ事業亦将ニ起ラントスルニ際シ呉造船廠ニ一等戦艦以下ヲ製造スヘキ船台ノ備ナカル可ラス被存候ヘ共右戦艦ノ製造モ現在ノ船台ニテ不都合無之ヤ又ハ船台ノ新築若ハ改造ヲ要スルヤ其辺御意見致承知度若シ其新築若ハ改造ヲ要スルモノトセハ自然桟橋築造ノ設計ヲ変更スルノ必要モ起ルヘキカト存候条至急御回報〔以下省略〕

村上敬次郎経理局長は、「軍艦水雷艇補充基金特別会計法」（以下、「特別会計法」と省略）の制定に連動させて明治三七（一九〇四）年から戦艦の建造を開始するという海軍の方針を前提とし、呉造兵廠においては主砲に続き甲鉄板の製造が可能な施設の整備計画が決定しようとしていることに呼応して、呉造船廠においても戦艦の建造も可能な船台の新設または第三船台の改築が必要ではないのかと述べ、見解を求めたのであった。これをみると海軍首脳は、二六年の戦艦の購入の決定、三二年三月に「特別会計法」の制定をへて戦艦の建造を現実のものと考えるようになったこと、建造場所は設立計画時から海軍一（実質的に日本一）の造船所と位置づけてきた呉造船廠を予定していること、戦艦には呉造兵廠製の主砲（ここでは記載されていないがすでに決定済み）と甲鉄板を使用しようとしていることがわかる（「特別会計法」については、第七章第四節、主砲と甲鉄板生産計画に関しては、第六章第一節および第一一章第四節、第五節を参照）。

こうしたなかで、村上経理局長は、明治三五（一九〇二）年二月一八日、原田呉鎮守府経理部長に三六年度新営費のうち第三船台改築設計書類と図面の提出を求める電報を送った。また三月二〇日には、計画の概要のみでもかまわないので回答するよう督促した。これに対し後述するように、三月三一日に回答が提出されるのであるが、これより先の三月二九日には、上京の折に斎藤海軍総務長官より第三船台改築計画の提出を求められていた柴山呉鎮守府長官は、第三船台に関する調査結果を報告している。それによると、呉鎮守府には船台建設時の資料が残されていないので強度試験をしたところ、水面以下に欠陥が多く、「到底大改造ヲ施サレハ仕用〔使〕ニ堪ヘサルモノ、如シ」となった(88)。そしてこれを踏まえ、「予テ提出セシ拾壱万有余ノ予算ハ右ノ大改造ヲ施シ且ツ若干尺ノ長幅ヲ増加スヘキ見込金額ナルカユヘニ到底減額ノ余地ナシト云ヘリ」と、すでに提出済みの予算（資料上の確認はできない）の減額は不可能であると主張する(89)。さらに柴山は、「今ヤ愈ヨ大改造ヲ要スルモノトスレハ一等巡洋艦ノミ製造ノ目的ヲ以テセス寧ロ進テ戦闘艦製造ニモ堪ヘ得ル如ク堅固ナル基礎ヲ以テ建造スル方得策ト存候」と述べている(90)。また末尾において、「昨今岩田廠長代理モ寒冒引入中ニ付重量算出等ノ詳細ハ尚ホ聞事能ハス」と言及している(91)。これまで八〇〇〇トンとされてきた第三船台の目的は、ここで一等巡洋艦であること、それを戦闘艦（戦艦）用に拡張すると明言されたのであった。

明治三五年三月三一日、原田経理部長は二月一八日に要請されていた第三船台改築計画を村上経理局長に提出した。

その要点は、全長は一九〇・〇八メートルを二一五・〇八メートルに延長（ただし頭部を一〇メートル、海中部を一五メートル伸長）、脚部はコンクリート幅八メートルを一二メートルに増大するというものであった。またこれに必要な予算は一一万五〇〇〇円で、その内訳は船台改築費六万四四五〇円、第三船台改築用潮止仮設費四万六〇五〇円となっている。なお改築理由については、「本廠三個ノ船台ハ何レモ巡洋艦以下ノ艦船製造ニ供セラルヽ目的ヲ以テ設置セラレタルモノニ依リ将来戦闘艦製造ノ暁ニハ其長サ及幅員共不足ヲ告クヘキニ依リ在来船台ノ内最大ナルモノヲ拡張シ以テ戦闘艦製造用ニ充用セントス」と述べている。[92]

これによると呉造船廠の三船台は、いずれも巡洋艦以下の建造を目的に建設されたものと記されている。それを戦闘艦（戦艦）の建造を可能にするため最大の第三船台を拡張すると説明しているが、図四－一のように公式には第二・第三船台は同規模ということになっているのに、どうして第三船台を拡張するのかについては説明が見当たらない。

この間の明治三五年三月六日、村上経理局長は有馬艦政本部長に一月二八日の照会に対する回答を督促した。これに対し有馬艦政本部長は四月九日に至り、「同廠現在ノ船台ニテハ戦闘艦ノ製造ニ適セサルニ付第三船台ヲ改築シ充分戦闘艦ノ製造ニ適スル様三十六年度ニ於テ実行相成様致度」と回答をした。[93]　これを受けた村上経理局長は四月一〇日、呉造船廠が第四船台予算を鋳造工場と桟橋建設費に流用しながら、新たに第三船台改築費を要求するのは認められないとして、桟橋か水雷艇船渠の建設を中止して第三船台を改築するよう求めた。[94]

こうした見解に対し、有馬艦政本部長は明治三五年四月二二日、村上経理局長の要請を了承すると回答するとともに、呉鎮守府提出の計画を拡張するように改正、その費用はまず桟橋建設費、それでも不足する場合には、水雷艇船渠費を充用することを提案した。改正の要点は、「呉提出ノ改築要領ハ弐百拾五米突八拾『ミリ』ノ処右長サニテハ将来ノ巡洋艦等ヲ製造スルニ充分ナラス故ニ頭部ニ於テ更ニ拾米突伸長ヲ要ス」（幅については、呉提案の一二メートルに同意）という内容になっている。[95]こうして第三船台は、呉提案の全長二一五・〇八メートルが艦政本部案に沿って二二五・〇八メートルに拡大された。なお有馬の「将来ノ巡洋艦等」は、戦艦もふくむものと解釈すべきもののように思われる。

明治三五年四月二九日、山本海軍大臣より柴山呉鎮守府長官に、桟橋建設（明治三三年四月官房一六一六号指令）を廃止し、第四船台の予算によって第三船台の改築工事を施工するよう訓令がなされた。[96]翌三〇日、海軍大臣の訓令にもとづき経理局長から呉鎮守府長官に通牒が届けられたが、それによると第三船台改築計画は、艦政本部の提案どおり全長二二五・〇八メートル、幅一二メートルとなっており、予算については第四船台予算の範囲内でおさまらない場合は、相当の財源を求め許可を得て工事を開始することになっている。[97]

明治三五年六月二八日、柴山呉鎮守府長官は山本海軍大臣に第三船台改築費流用と同工事の直営について上申した。それによると第三船台改築費を一一万六九七〇円と概算、その費用として第四船台建築費九万七四七七円、不足額を端船格納場費の残額七七一一円のうち七三三五円と造船工場機械場建増費の残額一万二一五八円を流用することになっている。また本工事は、「緊要且ツ水中事業ニ属シ随テ施行上最モ厳密ノ注意ヲ要スル」という理由で直営工事にするよう要請した。[98]これに対し山本海軍大臣は七月一五日に工事費の増額の件は認めたものの、「本工事ハ請負ニ附シ施行スル儀ト相心得該工費増加額ハ上申金額ヲ目途トシ追テ確定ノ上報告スヘシ」と回答している。[99]

こうして海軍は、公式には約二万八七〇〇円で明治二七（一八九四）年一一月二七日に竣工したことになっていた全長約一九〇メートル、陸上部一二一メートルの第三船台を約一一万七〇〇〇円で戦艦の建造が可能な約二二五メートルに改築することを決定、多年にわたる念願をかなえることに成功した。ここには最新式といわれる第三船台において、一隻も艦艇が建造されていないのはなぜか、なぜ一九〇メートルの船台を二二五メートルに改築するのに、第四船台建築費約九万七五〇〇円を大幅に上回る費用が必要なのか、それならば第四船台を建設した方がよいのではないかなど新たな疑問点が発生する。こうした点を勘案すると、第三船台改築工事は実態は新たな建設であり、第三船台の偽造を隠蔽するとともに、戦艦建造の実現を目指した海軍の巧みな方策であったといえよう。

こうした鮮やかなシナリオを描き、実行するためには、海軍内に共通の目的をもち秘密を共有できる強力な人脈の存在が必要となる。第三船台の偽造と改築（実態は建設）に関しては、山本海軍大臣、斎藤総務長官、村上経理局長、有馬艦政本部長、柴山呉鎮守府長官、原田呉鎮守府経理部長が関わっているが（岩田造船廠長代理は感冒に罹ったとされ、知らされなかった）、一連の過程を検証するとシナリオライターは村上経理局長以外に考えられない。なお所管が異なることもあり登場しないが、呉造兵廠長として戦艦搭載用の大砲と甲鉄板の生産計画を推進していた山内万寿治も情報を得ていたものと思われる。

村上経理局長は、嘉永六（一八五三）年に生まれ（広島県出身）、明治二（一八六九）年二月から七年三月までヨーロッパに留学し、帰国後に広島英語学校に奉職したのち、九年三月四日に海軍省七等出仕となり、以後、一九年一二月八日に第二・第三海軍区鎮守府建築委員、第三船台を竣工したと報告した二七年二月から一二月までと二九年三月から三〇年六月まで呉鎮守府監督部長を務めた後に海軍主計総監・経理局長に昇進したこともあって(100)、呉鎮守府や造船廠・造兵廠のことを熟知しており、資料から彼の主導のもとに事態が進展していく様子がみてとれる。なお有馬と原田を除く四名が、一九年から二〇年にかけての西郷海軍大臣、樺山資紀海軍次官の海外視察に随員として参加しているのも興味深い。

第三船台の工事は、ほとんど本書の対象外の呉海軍工廠の設立後に属しており、ここでは明治三六（一九〇三）年八月二〇日に起工、三七年一一月二五日に竣工したことを記すにとどめる。

ここまで呉造船廠の施設の建設について述べてきたが、この時期には造船部八カ年計画に属しながら延期された工事、同計画の期間内に完成したものの欠陥のある工事の修覆、第三期造船部計画にふくまれていると思われる第四船台を建設することにし、その後にその計画を戦艦も建造可能な第三船台の大改築（実態は建設）に変更するとともに、それと対応する工場の建設が実施されたことを明らかにした。またこれを可能にするために、第二船渠の場合には同時期の他の工事費からの流用、第一船渠の修繕（改造）の場合には臨時予算、第四船台および全建物と多くの土木工事は軍備拡張費を充用するという方策が採用された。こうして大規模な施設の拡張が図られたのであるが、第三船台の工事が竣工するのは明治三七（一九〇四）年一一月であること、この時期には電動式の機械が皆無であったことなど、戦艦建造設備の整備は呉工廠設立後のさらなる設備投資によって実現したのであった。

第四節　艦艇の建造と改修

本節では、艦艇の建造と改修、沈没船の引揚げについて取り上げる。記述に際しては、諸計画や施設・設備の整備状況と関連させるとともに、呉鎮守府造船部時代には水雷艇の建造（組立て）にとどまっていた艦艇の建造を、どのように軍艦にまで発展させたのかに焦点をあてることにする。

一　艦艇の建造

呉造船廠時代に進水した艦艇は、表四－八のように二〇隻になる。その内訳は、小型の軍艦で速力を重視し通信の任務にあたる報知艦「宮古」（一八〇〇排水トン。以下、トンとのみ表示）、巡洋艦「対馬」（三一二〇トン）、砲艦「宇治」（五

表4－8　呉海軍造船廠における建造艦艇　　単位：トン

艦艇名	艦　種	排水量	起工年月日	進水年月日	竣工年月日	備　考
宮古	報知艦	1,800	明治 27. 5.26	明治 30.10.27	明治 32. 3.31	
第二十九号	水雷艇	88	32. 3. 7	32. 7.11	33. 3.23	ノルマン社製を組立
第三十号	水雷艇	88	32. 3.10	32. 7.12	33. 3.30	同　上
隼	水雷艇	152	32. 3.15	32.12.19	33. 4.19	同　上
真鶴	水雷艇	152	32.10. 9	33. 6.27	33.11. 7	同　上
鵲	水雷艇	152	32.12.26	33. 6.30	33.11.30	同　上
第五十三号	水雷艇	54	33. 4.11	33. 9.28	34. 4.22	
第五十四号	水雷艇	54	33. 4.12	33.10.30	34. 4.22	
第五十五号	水雷艇	54	33. 5. 1	33.11.21	34. 5.16	
第五十七号	水雷艇	54	34. 3.18	34. 8.16	34.11.20	
第五十八号	水雷艇	53	34. 4.26	34.10.16	35. 1.27	
第五十九号	水雷艇	53	34. 8.20	34.12.16	35. 4. 8	
対馬	巡洋艦	3,120	34.10. 1	35.12.15	37. 2.14	
雁	水雷艇	137	35. 4. 5	36. 3.14	36. 7.25	
蒼鷹	水雷艇	137	35. 4.15	36. 3.14	36. 8. 1	
宇治	砲　艦	540	35. 9. 1	36. 3.14	36. 8.11	
鴿	水雷艇	137	35. 5.22	36. 8.22	36.10.22	
燕	水雷艇	137	35. 6. 2	36.10.21	36.11.24	
雲雀	水雷艇	137	35. 7.25	36.10.21	37. 1.10	
雉	水雷艇	137	35. 9. 2	36.11. 5	37. 1.23	

出所：水雷艇に関しては、中川務作成『日本海軍全艦艇史〔資料篇〕』（平成6年）。ただし水雷艇の排水量は、海軍大臣官房『海軍軍備沿革　完』附録第二（大正11年）によった。また「宮古」「対馬」「宇治」については、本文に従った。

註：本表には、呉海軍造船廠時代に進水した艦艇を掲載した。

四〇トン）の三艦と、一七隻の水雷艇である。ここでは主に、呉造船廠における最初の軍艦の「宮古」と最初の巡洋艦の「対馬」について取り上げる。

呉造船廠において最初に建造した軍艦である報知艦「宮古」は、横須賀造船所で日本最初の報知艦として建造された「八重山」（明治二二年三月一二日に進水、一六〇〇トン）の姉妹艦であった。「八重山」は、「三段膨張式の主機を装備したのは本艦が最初であるが、主機はイギリス、ニューキャッスルのホーソン・レスリー社から輸入」[101]し、計画は海軍省顧問でフランス人技術者のベルタンに委ねるなど、船体の建造以外は海外の技術に依存した面が多かった。これに対し「宮古」は、「『八重山』に改良を加へ、通報艦として艦政局造船課の計画したるもの……二重底を設けて排水量を増し、馬力を加へて優に二十節《ノット》の海上速力を維持」するとともに、汽機は、「英国トムソン会社にて製造せられたる軍艦『千代田』の汽機を模範」としながらも、軍務局造船課が設計し、「呉に於いて製造せし」ものが使用されるなど、報知艦の国産化に向けての前進がみられる。[102]

「宮古」は、戦艦導入をめぐり日本の軍備拡張計画においで、まれにみる対立をみた明治二六年度計画の四艦（甲鉄戦艦二隻、巡洋艦一隻、報知艦一隻）の一隻として計画された。そして早くも明治二六（一八九三）年四月一一日、西郷海軍大臣より有地呉鎮守府司令長官に、二六年度に起業の報知艦を呉鎮守府造船部において建造すること、送付した要領にもとづいて詳細計画を作成し予算と竣工期限を提出するよう「訓令」が届けられた。[103] これを受けた呉鎮守府造船部は四月一五日、予算一七五万五八六一円（船体部一三八万四三〇九円、機関部三六万九五五二円、進水式費二〇〇〇円）、期間一七二カ月（製造費支出開始から船脊材据付まで九カ月、それから進水まで三〇カ月、そこから竣工引渡しまで一三三カ月）、要領、計画図からなる「報知艦計画図等進達」を提出した。[104] なお表四－九は、海軍省の要領と造船部の詳細計画要領を示したものである。

明治二六年五月一〇日、海軍省より甲号報知艦製造費予算の認許と、計画に関しては一部変更のうえ建造に着手するよう「指令」が届けられた。なお変更箇所は、次の六カ所を数えている（図面はいずれも見当たらない[105]）。

一　諸室倉庫等別紙図面三葉ノ通改正スルコト
一　「ビルジキール」ヲ付著スルコト
一　見張ノ檣楼ハ設ケサルコト
一　適当ノ面積ヲ有スル装帆ヲ備付ルコト
一　機関部製造方法書中ノ蒸溜器二個ハ各一昼夜ニ水量五噸ヲ得ル様装置スルコト
一　上甲板中央四十七「ミリ」速射砲ハ「スポンクン」ヲ設ケ又前部艦橋上ノ機砲ハ艦橋ヲ取広ケ各其位置ヲ別件

表4－9 「宮古」の要領の推移

		海軍省の要領	詳細計画要領	備　考
艦種			報知艦	
艦質		鋼	同	
乗組定員		227名	同	
垂線間長			96.0メートル	
最大幅			10.5メートル	
吃水			前　3.4メートル 平均4.0メートル 後　4.6メートル	
排水量		1,800トン	同	
速力		自然通風18カイリ 強迫通風、気圧2インチ20カイリ	同 同	
馬力			自然通風4,140馬力 強迫通風6,130馬力	
推進器		双螺旋	同	
マスト		2本	同	前マストに見張檣楼を設置
規定吃水時石炭		200トン	同	
石炭庫容量		400トン	同	
糧食		2ヵ月分	同	
飲水		14日分	同	
兵装	12センチ速射砲	2門	同	艦首楼および艦尾楼に搭載
	同弾薬	300発	同	
	同空砲薬	40発	同	
	47ミリ速射砲	6門	同	上甲板上両舷側に搭載
	同弾薬	2,400発	同	
	同空砲薬	425発	同	
	小銃口径機砲	4門	同	前後艦橋上に搭載
	同弾薬	8万発	同	
	電気灯	2灯	同	1灯は艦橋上の海図室の上、1灯は艦尾楼の上に設置
	水雷発射管	2門	同	後部機関室上両舷側に設置
端舟	9.15メートル小汽艇	1隻	同	
	8.5メートルカッター	2隻	同	
	8.25メートルギグ	1隻	同	
	8.25メートルライフボート	1隻	同	
	4.30ヂンギー	1隻	同	

出所：「公文備考別輯　新艦製造書　軍艦宮古製造一件」。
註：表現上の相違がみられる時には、詳細計画要領に従った。

図面之通改メ充分ノ発射角度ヲ与フルコト

これを受けて明治二六年六月八日、「甲号報知艦掌砲長室其他改正之件ニ付上申」（六月二〇日認許）[106]、また八月一六日、「報知艦装帆之件ニ付上申」（八月二四日認許）[107]が提出された（明治三一年一月二七日に至り、製造費の不足、役務上必要性が薄いという理由で中止）。さらに一一月四日には、「甲号報知艦計画図等進達」が提出されている（変更箇所の図面は見当たらない）。なお同時に提出された計画担当者官姓名書によると、船体部計画主任は桜井省三少技監、同分担者は岩田大技士、機関部計画主任も桜井、同分担者は主機が山崎甲子次郎大技士、補助機械が香坂季太郎大技士、汽罐が高倉作太郎少技士であった[108]。

少し前後するが、明治二六年九月二一日、有地呉鎮守府長官は伊藤雋吉海軍省軍務局長より竣工期限を三一年五月から三一年度末、すなわち三二年三月にするよう要請された[109]。このため工期を七二カ月から七〇カ月に短縮（進水から竣工まで期間を三三カ月から三一カ月に修正）、三二年三月に竣工することにし、九月二八日に承諾の回答をした[110]。その結果、一〇月三日に西郷海軍大臣より工期を三一年度限りとする「訓令」が届けられた[111]。

こうしたなかで明治二六年一二月一五日、中牟田倉之助海軍軍令部長より西郷海軍大臣に、予備室を増加するよう要請がなされた[112]。この件について呉鎮守府造船部は、部屋の配置替えなどにより予備室を増加させることにし、二七年六月二五日に許可を得た[113]。

明治二七（一八九四）年五月二六日、甲号報知艦工事が起工され完成を目指して工事がすすめられた。一方、進水後の艤装工事についての検討もなされることになる。こうしたなかで同年一二月五日、海軍省より艤装工事において木材部分をできるだけ金属に変更するよう要請された[114]。また二八年二月五日には、伊藤軍務局長より横須賀と呉の鎮守府長官に対し、同件について督促状が届けられた。このため艤装に関して諸公室および寝室の隔壁など一〇カ所、室備品について火災桶など八種類を金属にすることとし、三月一七日に提出した(115)。これに対して三月二三日、海軍省より、「諸机、洗面台、寝台、小銃掛ヲ金属製ニ為シ能ハサルヤ」と、「御提出ノ別紙備考中『鉄甲板ノ下ニアル寝室ニハ下張ヲ用ユ』トアリ此下張ハ木板ヲ以テ通常ノ如ク下張スル意ナルヤ」と二項目の質問が届けられた(116)。

この点に関して呉鎮守府は、明治二八(一八九五)年四月八日、「第一項諸机其外共工業施行上ニ於テハ差支ナキモ若シ御来書之如ク金属製ニスルトキハ寒ニ熱ニ感スル事甚敷自然衛生上有害ノモノト被認候ニ付此内小銃掛胴乱入ヲ除クノ外総テ木製トシ是ヲ『エンニフラメーブル』不可燃質ニシ備付ベキ見込……第二項鉄甲板下ニアル寝室下張モ亦木板ヲ『エンニフラメーブル』トシ通常ノ如ク張付ベキ考按ニ有之候」と回答した(117)。また第二項については、「追テ鉄甲板下寝室ニ下張ヲ施サズ露鉄ノマヽニ付シ置クトキハ厳寒ニ際シ自然天井ニ蒸着セシ気息ノ水分氷柱トナリシ他艦ノ経験モ有之シニ付本文ノ如ク下張スル義ニ候」と、本案を妥当とする理由を述べている(118)。この問題は、五月二日に海軍大臣より、「甲号報知艦艤装部其他木材ノ個所別紙廉書ノ通金属製ニ改正スヘシ」との指令により決着することになる(119)。なお残念ながら、別紙は不明である。

この間、明治二八年二月一四日、海軍省より艦長室、士官室、士官次室、准士官室、食堂、水兵屯所、その他必要と認められる部屋に暖炉を設置するよう指令を受けた(120)。このように艤装の打ち合わせがすすむなかで、予定の二九年一一月になっても進水式の準備はなされなかった。そして一二月二八日になり、井上良馨呉鎮守府長官より西郷海軍大臣に、「目下築造中ノ本府造船部第二船渠竣工期モ未定ニ付無止本艦工事ハ陸上ニテ可出来得丈ノモノヲ執行セシメ候ニ付其進水期ハ明三十年十一月迄遅延可致候」と、進水遅延の報告が届けられた(121)。すでに記したように第二船渠については、二八年五月二七日に変更計画が認められ三〇年一一月より遅い三一年三月三一日に竣工することになっており、第二船渠竣工の遅れを理由にするのは無理のように思われる。結局、紆余曲折の末に進水式は三〇年一〇月二七日に行われることになった[122]。

当日の呉の街は、前日から近郊より押し寄せた群衆により、混雑を極めた。そうしたなかで、「午前九時十五分を期し諸員は前記の定めによりて各々式場に着席したり、少焉《しばらく》あつて有栖川宮殿下には梨本宮、華頂宮両殿下と共に海軍大臣、司令長官等の御先導に依り御休憩所を立出たせられ式場へ臨御遊ばされたるが此時軍楽隊は楽を奏し諸員何れも敬礼を行ひて奉迎しまゐらせたり、満場静粛、謹慎を表するもの、如し」と、進水式は皇族や海軍大臣を迎え、厳かに始まった[123]。その後、西郷海軍大臣が軍艦「宮古」の進水命令書を朗読し、いよいよ進水の準備にかかり、「艦体浮動の全準備を了るや一喝の命の下に軍艦宮古の艦体は漸く動揺を始め見る間に恙事陸場を却きて海面に馳せ竟に全体を水中に浮ぶるに至りぬ此時軍楽隊は頌歌の楽を奏し各工場及船艇は汽笛を鳴らしたるが参列諸員を始め拝観人一同は快絶壮絶の活勢に打たれて覚えず拍手喝采をなし万雷の一時に墜下せるが如き頌声は天地を震感して其状況は殆ど筆紙に尽し難きを覚ゆ、軍艦宮古は是に於て進水の成効を示した」と報道されている[124]。

はじめての軍艦の進水式ということで、多くの来賓を迎え、大がかりな式典がとり行われており、当時の軍艦の建造に求められた期待が感じられる。また進水前の緊張感と進水後の安堵と歓喜に沸く対照的な情景から、進水式が必ずしも成功を約束された行事ではなかったことがうかがわれる。事実、新聞の報道ではすべてに成功したように報じられているが、「船尾浮始メ後一時進行ヲ中止シ凡ソ四十分間バカリ静止」するという事態が発生し関係者を震撼させたが、「汽船七艘ヲ以テ無事曳下」げ大事に至らずにすんだのであった[125]。なお進水式当日は休業（有給）、進水作業に直接関係ない者は一定の場所で拝観、式後に判任官以上は祝宴に出席したが、雇員、傭人、職工は酒饌料を受け取り帰宅したといわれる[126]。

これ以降、「宮古」は本格的な艤装工事に入るわけであるが、すでに述べたように第一船渠は明治三一（一八九八）年二月から三三年三月まで修理を行っており、また第二船渠の竣工は三一年三月を待たなければならず、どこで工事が行われたか特定することはむずかしい。ともあれ三二年三月三一日、予定どおり「宮古」は竣工し、「公試未済ノ儘」の受渡しが行われた[127]。まさに、薄氷を踏むような結末であった。

「宮古」の建造は、明治二七年度以降の銀貨の暴落による輸入材料の高騰という深刻な問題を抱えていた。このため呉鎮守府は、明治三〇年五月に海軍省に輸入材料費の不足金一三万五一六八円の増額を要求し許可を得たのであるが、「尚客年〔明治三〇年〕以降諸物価暴騰ニ伴ヒ随テ職工賃ノ如キ甚敷之レガ影響ヲ蒙リ到底現今ノ予算ニテハ本艦竣工迄維持難致候ニ付」という状況に直面した[128]。このため三一年八月三日に井上呉鎮守府長官は西郷海軍大臣に四万四三七二円の予算増額を上申、九月一〇日に認可されている。さらに三二年に至り三月七日に井上長官は山本海軍大臣に「軍艦宮古製造費不足ニ付金参万円増額方認許アリタシ」と打電[129]、三月八日に、「明石造艦費ノ残余ヲ以テ宮古造艦費へ流用」が認められている[130]。ほぼ同じような経済状況のなかで、なぜ「宮古」が予算不足に陥り、「明石」は予算を残すことができたのか、その相違を解明する資料を得ることはできなかった。

これまで「宮古」の建造について、できるだけ具体的に記述してきた。その結果、海軍省艦政局において基本設計がなされたあと、同局からの要領にもとづいて鎮守府造船部で実施設計がなされていたこと、大幅な工事費の増加がなされたことなどが明らかになった。しかし工事の具体的状況に関しては、資料をみつけることはできなかった。

次に、巡洋艦「対馬」の建造について取り扱う。巡洋艦の場合も当初は海外からの技術の移転により建造がなされたが、「秋津洲」(三一五〇トン)建造以降、国産化が進展することになる(この点に関しては、第八章第二節を参照)。「対馬」は「新高」の同型艦として艦政局造船課で計画されたが、その「基本計画は、『須磨』、『明石』の拡大強化版ともいうべきもので、船体は平甲板型、艦首はラム・バウ、艦尾はクルーザー・スターン、前檣と後檣は棒檣であった」[131]。また艦政本部第四部の計画による「主汽機は双螺旋・表面復水・直立・四汽筩・三聯成式のものにして、二個の低圧汽筩を備ふ。本邦製軍艦中、四汽筩を有する汽機を製造せしは該艦を以て初め」であり[132]、「対馬」用の主汽機の製造は呉造船廠で行われたが、後述するように主罐はニクロース式水管が使用された。

「対馬」は「新高」とともに、明治三〇年度計画として建造されることになった。そして計画にもとづいた諸準備がすすめられ明治三三（一九〇〇）年一〇月、三三年度以降四カ年継続費によって、呉造船廠において建造するよう訓令が届けられた。それによると予算額は、船体が六八万五一五〇円、機関が六五万六九二円であった。

明治三四（一九〇一）年一〇月一日、呉造船廠第二船台において「対馬」が起工された。そして三五年一二月一五日、有栖川宮威仁《たけひと》親王の臨場のもと、「対馬」の進水式が挙行された。この日の呉市は、「眼鏡橋に大アーチを設け町内要所に大国旗を交叉、各戸檐に青松葉を刺し金銀の短冊を吊り赤提灯に国旗の掲げるの装ひ、夜は炬火を焚く、市より酒数樽を贈り芸妓の手踊を余興に供す、宮原村民は山下よりその他八十五艘の通船を総出動して港内第二区よりの拝観を許され、広島からは第二早速丸、利済丸が拝観者を満載入港、造船部三千五百名（一時五千四百名、この頃減）の職工はこの日廠内大掃除後退業、十六日休業で、市中は大賑ひ、遊廓の屋台は殊に人気を博した」と、祝賀一色に包まれた[133]。なお職工のささやかな楽しみである酒饌料については、三五年一二月一一日に柴山呉鎮守府長官が電報により山本海軍大臣に雇員に二〇銭、傭人に一〇銭の支給について許可を求めたが、一二日に、「雇員傭人職工へ支給ノ件認許シ難シ但弁当支給スルハ差支ナキ儀ト心得ヘシ」という回答があり廃止された[134]。

「対馬」の建造においては、しばしば計画が変更され、それにともない予算不足が発生している。最初の問題は、「新高製造予算令達ノ際ハ仝艦汽罐ハ普通式ナリシモ其後『ニクロース』式ヲ採用ノ事ニ変更セラレタ」ことにより発生した。[135] このため呉鎮守府は、明治三四年五月七日、「製造方法書」に指定されている「ニクロース」式汽罐一六個（六六万八〇五〇フラン）をイギリス駐在の造船監督官を通じてフランスのニクロース社に発注することを上申（八月一四日認許[136]）。その一方で、「製造方法書通リ製造致候トキハ到底右金額ヲ以テ完成難致」という理由をあげて、六月二五日に一五万円の増額を要求した。[137] しかしながら同型艦を建造する横須賀造船廠から提出された一〇万円の増額が妥当と認められたため、「対馬」も一〇万円の増額となった（八月一四日認許）。

これ以降、許可された費用内で「対馬」を完成できるよう経費の節約がはかられたが、五万円の差額を縮小できず、反対にフランスへ注文した汽罐の代価が一万円、工費および物価が一万円上昇した。そのため明治三六（一九〇三）年八月一五日に岩田呉造船廠長から艦政本部へ七万円不足の状況を説明、[138] これに対して八月二五日にこの件を上申するよう指示された。八月三一日、柴山呉鎮守府長官より山本海軍大臣に七万円の増額の上申が提出され、[139] 一〇月九日に認許された。[140]

こうしたなかで明治三六年九月一八日、有馬艦政本部長より柴山呉鎮守府長官あてに、「蒸化器拾弐台及喞筒弐台購入相成度若シ製造費予算内支弁難相成候ハ、増額可取計候」という内容の照会が届けられた。[141] これに対する直接の回答はなかったが、前後の関係から判断してこれらの費用として一〇万五〇〇〇円の増額が求められたものと思われる。さすがにこれに対しては、一〇月九日に斎藤総務長官より報告が遅れたことなどに対して注意がなされたが、同じ日に両増額要求に対し水雷艇製造費からの流用が認められている。なお一〇月一〇日には、柴山長官より有馬本部長に合計一七万五〇〇〇円の増額要求が提出されている。[142]

明治三七（一九〇四）年三月三一日の竣工を目指して、艤装工事が最終段階を迎えようとしていた三六年一二月二二日、有馬艦政本部長より柴山呉鎮守府長官に対し、「目下ノ時局上至急竣工ヲ要シ候ニ付製造費予算金三万円ヲ増額セラル、モノトセバ何月何日頃マデニ竣工セシメ得ルヤ」という打診がなされた[143]。この結果、「対馬」の竣工は三七年一月三一日に設定され、公試運転は一部を実施しただけで省略され、二月七日より戦闘航海に必要な残工事を実施、二月一四日に舞鶴鎮守府に引き渡された。なお当初予算からの増額は、これまでの二七万五〇〇〇円と今回の三万円、それに船体費の九万四九一七円を合計して三九万九九一七円となった。

こうして建造された「対馬」の主要目は、排水量―三三六六トン（常備状態）、三一二〇トン（基準状態）、長さ―一〇四・八フィート（一〇二・一メートル）、幅―四四・一フィート（一三・五メートル）、機関出力―九四〇〇馬力、速力―二〇ノット（三八・〇キロメートル）、備砲―一五センチ六門、八センチ一〇門となっている[144]。これをみると、「宮古」に比較して排水量が一・七倍に増加したのに、建造期間が五五カ月から二八カ月とほぼ半分に短縮するなど、呉造船廠の技術が急速に成長したことがわかる。なお完成した「対馬」は、公試運転を省略して確認運転にとどめて連合艦隊に編入され活躍した。

その後、佐世保造船廠で予定していた砲艦「宇治」が呉造船廠で建造されることになり、明治三五（一九〇二）年九月一日に第一船台において起工、三六年三月一四日に進水、同年八月一一日に竣工した。同艦の主要目は、基準排水量―五四〇トン、長さ―五四・九九メートル、幅―八・四一メートル、機関―直立三段膨張式二、罐―艦本式、機関出力―一〇〇〇馬力、速力―一三ノット（二四・七キロメートル毎時）、備砲―八センチ砲四門となっている[145]。

表四―八をみると、軍艦をうわまわる一七隻の水雷艇が建造されている。最初にノルマン社製を組み立て、次に小型艇を建造し、やがてしだいに大型化しながら年とともに建造隻数を増加している。日清戦争後に水雷艇の建造に先駆的な役割を果たした小野浜造船所から施設と技術者、職工を移転するとともに呉造船廠に第一、第二船台を建設、呉で入所した職工への技術移転もスムーズに行われ生産活動が本格化した成果といえよう。

これまで述べてきたように、水雷艇の建造（組立て）に限定されていた呉鎮守府造船部時代の艦艇建造技術は、呉造船廠時代になり軍艦の建造も可能になった。しかも最新の「対馬」は、「宮古」と比較すると排水量、建造期間ともいちじるしく進歩し、姉妹艦の「新高」より建造期間が少し長いもののほぼ同じ時期に横須賀造船廠と同型艦を建造できるようになるなど、短期間のうちに急速に成長した。しかしながら「対馬」は三等巡洋艦であり、造船部八カ年計画で目指した一等巡洋艦や戦艦の建造は、次の時代に持ち越されることになる。

二　艦艇の改修と沈没船の引揚げ

これ以降、軍事力の維持とともに、艦艇の建造技術の発展に重要な役割を有する艦艇の改修と沈没船の引揚げを対象とする。まず表八－五により呉造船廠の修理費をみると大型艦艇の増加を反映して、七年間に約一・四倍になっている（第八章第五節を参照）。そうしたなかで明治三三年度まで呉造船廠は、横須賀造船廠をやや上回る実績を示しているが、三四年度以降になると佐世保造船廠が首位を占めるようになる。伊藤博文は、「佐世保鎮守府ハ最モ枢要ノ位置ニシテ、直チニ各隣邦ニ面シ、沖縄、壱岐、対馬及五島等ノ遠隔地ヲ管轄スルヲ以テ、支邦及欧洲諸国ト事ヲ生ズルハ必ズ此方面ニ在ルコトヲ断言シ得ベシ。故ニ該鎮守府ニ在テハ専ラ出師準備ノ規模ヲ大ニシ、造船業ノ如キハ呉長崎ニ製造所アルヲ以テ左ノミ之ヲ拡大ニセザルモ可ナルベシ」と分析しているが[146]、出師準備には艦船の改修が必要であり、高度な技術をともなう場合は呉や長崎を使用するとしても、日常的な改修に果たす佐世保造船廠の役割の重要性が認められたことがわかる。

次に呉造船廠で行われた艦艇の修理費について、新たに保有した戦艦に代表させてみると次のようになる。まず二戦艦時代の明治三二年度は「八島」（一万二三二〇トン）―二万一一一四円、三三年度は、「富士」（一万二五三三トン）―

四万七二八一円、「八島」—一万一六九六円、三四年度は、「富士」—一万六五〇円、「八島」—七万七八四九円、次に六戦艦時代となった三五年度をみると、「富士」—六万八三一一円、「八島」—五万四一一一円、「敷島」（一万四八五〇トン）—五五二二円、「初瀬」（一万五〇〇〇トン）—五五四二円、「三笠」（一万五一四〇トン）—一万九二四六円、三六年度は、「富士」—二万五一四五円、「八島」—一万七一六四円、「敷島」—一万二八〇八円、「朝日」（一万五二〇〇トン）—五七三三円、「初瀬」—六一〇三円、「三笠」—三万一一七三円となっている。毎年度のようにほとんどの戦艦の改修を行っており、多くの技術者や職工が全艦に精通できるようになっていたことがわかる(147)。

明治三〇（一八九七）年一〇月二九日、愛媛県長浜沖で訓練中の「扶桑」（三七一七トン）、「松島」「厳島」（両艦とも四二一〇トン）が接触し、三艦とも損害が発生した。とりわけ「扶桑ハ松島『ラム』ノ為メ前部右舷水線下ニ受ケタル損所ヨリ漏水甚シキ為メ前部漸ク沈ミ従テ後部揚カリ推進螺旋ハ央バ水面上ニ現ハレ将ニ沈没セントスル有様ナリシカ全速力ヲ以テ前進シ終ニ比地川口ノ浅洲ニ乗揚ケ午後四時五十一分ニ於テ投錨」した(148)。これ以降、僚艦による必死の救助作業が続けられ、乗組員の救助、物資の陸揚げに成功したものの、一〇月三〇日午前五時頃に艦体すべてに浸水した。こうしたなかで午後には呉軍港から技師、技士、職工、潜水者などおよそ六〇名と諸材料を搭載した「呉丸」と「山東丸」が到着、ただちに作業を開始した。そして一〇月三〇日には「厳島」、一一月四日には「松島」が呉造船廠に到着、ともに修理が行われた。

明治三〇年一一月一日、「軍艦金剛ハ『シャラン』二隻水船一隻ヲ曳キ尚喞筒用汽罐二台損所及『ハッチ』等ヲ閉塞スヘキ材料ト技士及職工百弐拾名ヲ乗載シテ呉ヨリ」長浜沖の現場に到着、「扶桑」引揚げの準備をすすめた(149)。しかしながら、「鋭意引揚工事ニ従事シ爾来再三排水ヲ試ミ引揚方ニ着手セシモ施設不十分ニシテ毎ニ其目的ニ差軼〔蹉跌カ〕シ乍遺憾其効果ヲ見ルコト能ハズ」という状態が続いた(150)。こうしたなかで一二月一日、井上呉鎮守府長官は作業員の寒気対策として古毛布または古外套の貸与を要求、一二月三日に古毛布貸与の許可を得た[151]。

明治三〇年一二月二二日、事態を憂慮した西郷海軍大臣は横須賀鎮守府長官代理に、蛭田伊兵衛技手以下、船具潜水者一名、大工潜水者五名、同付属者若干名、見取図を作成する者一名を派遣するよう訓令した[152]。また三一年一月一三日には、西郷大臣より井上呉鎮守府長官に「扶桑引揚方ハ専ラ其府ニ於テ担当……引揚ノ上ハ其軍港ヘ回航セシメ直ニ入渠セシムヘシ」との訓令が届けられた[153]。

明治三一（一八九八）年一月三一日、井上呉鎮守府長官は西郷海軍大臣に「扶桑」引揚げの新方法について報告した。それによると、「『プープ』ト『ブームス』間ニ仮甲板ヲ設ケ其甲板ノ両側ニハ外舷ニ添フテ助材ヲ取リ付ケ之ニ外板ヲ張リ其甲板ト外板トニ依リテ水防ヲ保チ而シテ喞筒ニ依リテ船内ノ水ヲ排出シ浮泛セシム」というものであった[154]。これに要する費用は八万三〇〇〇円、工事日数は七五日（ただし晴天日）と予定されている。これ以降、こうした方法によって引揚作業が実施され、七月にようやく「扶桑」が浮揚、一九日に呉造船廠の船渠に入り修繕工事が行われることになった[155]。

この間、「扶桑」引揚費として明治三〇年一一月二五日に勅裁を得て第二予備金より五万円、三一年一月二八日にやはり勅裁によって国庫剰余金より五万七〇〇〇円、同様の方法で四月二日に第二予備金より五万円の支出が認められた。また五月開会の第一二回臨時帝国議会において、「松島」と「厳島」の搭載兵器の補充、引替えなどの費用として二万二七七七円の追加要求をしたのに対して協賛を得た。一方、調査の結果、「扶桑」については船体、機関、兵装の修理に約五五万円が必要なことが判明、このうち一万八〇〇〇円は九月一二日に勅裁によって第二予備金より支出、残る五三万二〇一三円は第一三回帝国議会において三一・三二年度にわたる継続費として提出し協賛を得た。こうして二年度をかけて「扶桑」の大改修工事が実施されることになったのであるが、イギリスのアームストロング社に発注した一五センチ速射砲製造材料の供給と天候不良のため公試運転が遅延、五万四八八二円の予算と一部工事が三三年度に繰り越された。結局、この間の支払命令済額は、七八万一七三四円にのぼった。[156] このように「扶桑」沈没事故によって日本海軍は、膨大な経費と労力と時間を費やすことになった。一方で担当した呉造船廠が、「沈没艦ノ引揚ハ之ヲ以テ嚆矢トスルモ如何ニ作業ノ幼稚ナリシカ今日ヨリ顧レハ実ニ隔世ノ感アラシム」と記述しているように、[157] この経験を生かし海難事故や戦闘における座礁や沈没に有効なサルベージ技術を確立したことも忘れてはならない。

おわりに

本章は造船部門を対象とした記述の最後に位置しており、ここでこの部門の全体像を把握することを目指す。記述に際しては、これまでの経緯と成果が明示できるように、まず計画とそれに直結する施設と設備の整備を対象とし、次に組織と人事、そして艦艇の建造と修理、最後にそれを遂行するための海軍の方策と今後の展望に言及する。

呉鎮守府設立計画において造船部は、第一期計画（三年）で第一船渠の一部、第二期計画（五年）で二船渠・三船台などを建設、第三期計画（期間未定）で三船渠・三船台など整備することになっていたが、目的とする艦艇については明示されなかった。こうした目論見は、呉鎮守府設立第二期計画の予算が認められず修正を余儀なくされたものの、その骨子は大幅に予算を縮小されたにもかかわらず明治二三（一八九〇）年三月に同じ二船渠・三船台を建設し、八〇〇〇トンの大型巡洋艦の建造を目的とする造船部八カ年計画が決定したことによって継承された。

この計画期間中の明治二九年度までに造船部においては、一船渠・二船台と工場などが建設されたが、公式的には竣工したことになっている第三船台は小規模なものが偽造されただけであり、第二船渠は戦艦用に変更されたこともあり、計画期間内の完成には至らなかった。呉造船廠の設立後、海軍は他の予算を流用し明治三一（一八九八）年に戦艦の改修が可能な第二船渠を竣工、また第三船台については、第三期造船部計画にふくまれていた第四船台を海軍拡張費の投入により建設することにし、その後に第三船台を戦艦用に大改築（実態は建設）することにした。こうして戦艦造修用の船渠・船台の保有が現実のものとなり、一等巡洋艦の造修という目的は一気に戦艦のそれに拡大変更されたのであった。ただしその施設・設備の完成は、核となる第三船台の竣工が三七年一一月であること、この時期に皆無であった電動式の機械を導入する必要があるなど、呉工廠の設立後の設備投資を待たなければならなかった。

この時期、組織や労働環境の改革も遂行されたが、それが充分でなかったことは、明治三五（一九〇二）年に高山呉造船廠長の厳格な職工取締りに反発して約五〇〇〇名が三日間にわたるストライキを敢行したことによって証明された。この大争議によって首謀者とみられる職工は解雇されたが、注目すべき点は職工が第一の要求として掲げた廠長の転任が実現したことである。ロシアとの緊張が高まるなかで、艦艇の造修の促進を至上命題と考えた海軍上層部は、熟練職工の協力なしにそれを達成できないと判断し、管理能力の欠如が争議をもたらしたという理由で高山廠長の更迭に踏み切ったのであった。しかしながら真の原因は労働環境の不備にあり、今後に大きな課題を残すことになったといえよう。

造船部時代には水雷艇にとどまっていた艦艇の建造能力は、この時期に至り巡洋艦まで可能となり、横須賀造船廠の建造する艦艇と同型艦を建造するまでに向上した。とはいえ建造された艦艇は、最大の「対馬」でさえ三〇〇〇トン台の三等巡洋艦にすぎなかったが、明治三七（一九〇四）年五月一五日に「初瀬」と「八島」を失った海軍は、大本営御前会議において日本海軍のはじめての主力艦となる二隻の装甲巡洋艦を建造することにした。その席にいた当時の斎藤海軍次官は、その際、「技術家中にも呉の鋼鉄板では到底出来ないと云ふ話があつたが、我々は非常な決心をもつて、呉でやれないことはない。よしやれないのでも此の際やらさなければならないと主張してやらせることに決定した」と回想している。(158)ここで注目すべきことは、装甲巡洋艦の建造で懸念されたのは艦体の建造技術ではなく、鋼(甲)鉄板についてであり、造船技術に対しては飛躍的な努力は必要でも、一定の信頼があったのではないかと考えられる。

こうした推論が成立する根拠は、海軍は二隻の装甲巡洋艦の建造に際しても、次のような技術移転の方策を踏襲していると考えられるからである。海軍は新兵器の登場に際して、長期的展望にもとづいて段階的にそれを実現するための軍備拡張計画（保有）と造修するための海軍工作庁設立計画を作成した。それとともに兵器の保有の決定に際し、先進国の兵器製造会社に技術者を派遣し技術や制度を習得させ、輸入した兵器の改修などを通じて派遣した技術者から一般職工へと技術を伝え、同型の兵器の製造を可能にし、その技術を他の海軍工作庁や兵器製造会社へと再移転してきた。その後も同一の方法を繰り返し、より高度な兵器の製造を段階的に実現したのであった。

すでに述べたように呉鎮守府設立計画において海軍は、第二期計画で二船渠・三船台、第三期計画で三船渠・三船台の建設を目指したが、目的とする艦種に関しては明示していない。この点に関しては、明治二三（一八九〇）年の造船部八カ年計画から第二期計画で大型巡洋艦の建造を目指したこと、本章で三五年に一等巡洋艦用の第三船台を戦艦用に拡張する名目で工事を開始したことを実証したことによって、呉鎮守府設立計画は第二期計画で一等巡洋艦、第三期計画で戦艦の建造を目的としたこと、一等巡洋艦の建造はされないまま戦艦を目的とする計画に変更されたことを明らかにした。

呉鎮守府設立計画は、明治一八（一八八五）年の軍備拡張計画において閣議決定したのは、戦艦導入を主張した軍事部案であるという立場に立脚した軍人、技術士官によって作成された。彼らは密かに第二期計画で一等巡洋艦、第三期計画で戦艦の建造を目指したのであった。そして二六年の戦艦二隻の購入決定を契機として、同じ年に一等巡洋艦建造用の第三船台の建設を中止し、発注した戦艦の完成にあわせて巡洋艦改修用の船渠を戦艦用に変更した。さらに発注した兵器製造会社に技術者を派遣し、戦艦建造技術の習得に努めるとともに、呉造船廠などにおいては一等巡洋艦用から戦艦用に計画を変更した第二船渠を使用した戦艦の改修工事を通じて建造に必要な技術を集積しながら戦艦建造用の施設・設備の整備をすすめた。海軍にとって戦艦の建造は、決して日露戦争に際し戦艦二隻を失ったことにより思いついたものではなかったのである。

註

（1）呉海軍工廠造船部『呉海軍工廠造船部沿革誌』（大正一四年）〈昭和五六年にあき書房により、呉海軍造船廠『呉海軍造船廠沿革録』（明治三一年）と合本して復刻〉。
（2）海軍大臣官房『海軍制度沿革』巻三（昭和一四年）三〇三ページ〈昭和四六年に原書房により復刻〉。
（3）同前。
（4）同前、三〇四～三〇五ページ。
（5）同前、三〇五ページ。
（6）呉造船廠より海軍省人事課あて「本月一日現在職員録送付（仮題）」明治三〇年一一月五日 JACAR（アジア歴史資料センター）Ref. C10126202600, 明治三〇年公文雑輯　巻一三　図書　医事（防衛研究所）。
（7）呉新興日報社編『大呉市民史　明治篇』（呉新興日報社、昭和一八年）二四三～二四四ページ〈昭和五二年に「大呉市民史」刊行委員会により復刻〉。
（8）海軍歴史保存会編『日本海軍史』第一〇巻（第一法規出版、平成七年）七七三ページ。
（9）岩田善明呉海軍造船廠長代理より山本権兵衛海軍大臣あて「雑役船舟起工報告」明治三五年三月二九日 JACAR: Ref. C06091393200, 明治三五年公文備考　巻一六　艦船七（防衛研究所）。
（10）『呉海軍工廠概況』（呉市寄託「沢原家文書」大正一一年三月）。

(11) 佐世保鎮守府『佐世保鎮守府沿革史』(昭和一五年)、横須賀海軍工廠『横須賀海軍船廠史』第二巻(大正四年)八九、一三四、二一七ページ〈昭和五四年に原書房により復刻〉および横須賀海軍工廠『横須賀海軍工廠史』第四巻(昭和一〇年)五五、八〇ページ〈昭和五八年に原書房により復刻〉。なお海軍技手養成所「海軍技手養成所沿革誌」において、「明治十二年七月東京大学ニ委託シタル生徒一名モ同ク仏国留学ヲ命ス」(四ページ)と記されているのは、高山保綱のことであると思われる。
(12) 前掲『呉海軍工廠概況』によると、高山造船廠長の在任期間は〇・五年となっており、九月に転任したことが裏づけられる。
(13) 同前。
(14) 松本純「イギリスの工業化に対する実業教育の役割」(横井勝彦編著『日英経済史』日本経済評論社、平成一八年)九ページ。
(15) 海軍教育本部編『帝国海軍教育史』第七巻(明治四四年)四五四〜四五五ページ〈昭和五九年に原書房により復刻〉。
(16) 古賀比呂志「職人徒弟制の変容と展開(隅谷三喜男編著『日本職業訓練発展史　上——先進技術土着化の過程——』日本労働協会、昭和四五年)七九ページ。
(17) 農商務省商工局『職工事情』第二巻(明治三六年)一五〜一九ページ〈新紀元社により昭和五一年に復刻〉。
(18) 水谷叔彦少将「思ひ出づるまゝ」(海軍機関学会『会誌』第二〇〇号、昭和一三年一二月)三六ページ。なお呉工廠造機部では、明治四二年に部員となった宮川邦基機関中佐により実地作業の基礎や座学の教習を開始している。
(19) 三宅卓雄編『六十年史』(広島県広島工業高等学校、昭和三二年)八〜九ページ。
(20) 同前、一四ページ。
(21) 『芸備日日新聞』明治三四年一二月四日。
(22) 『芸備日日新聞』明治三五年四月八日。
(23) 『芸備日日新聞』明治三五年四月二四日。
(24) 呉市史編さん委員会編『呉市史』第四巻(呉市、昭和五一年)一二四ページ。
(25) 若林幸男「日清戦後呉市の発展と呉造兵廠の設立　一八九六〜一九〇三——呉海軍工廠における労使関係の史的分析(二)——」(『明治大学大学院紀要』第二五集(二)、昭和六三年二月)二六ページ。
(26) 畑野勇『近代日本の軍産学複合体——海軍・重工業界・大学——』(創文社、平成一七年)二〇〜二一ページ。
(27) 海軍省総務局『海軍省明治三十四年度年報』(明治三六年)四四〜四五ページ。
(28) 横須賀海軍工廠『横須賀海軍船廠史』第三巻(大正四年)二五七ページ〈昭和五四年に原書房により復刻〉。
(29) 『海軍省年報』各年。

(30) 中谷白楊『呉野球史』第一巻（大正一五年）八ページ。本書は、明治三二年に山田佐久海軍造船中技士の尽力により呉海軍造船廠に野球部が設立されたと述べているが、海軍歴史保存会編『日本海軍史』第九巻（第一法規出版、平成七年）五八四ページによると、山田は三〇年一二月一日に造船中技士、一二月二七日に造船大技士、三一年一〇月一日から三四年（四月六日に帰国命令）までイギリスに出張中であり、野球部は造船中技士になった三〇年一二月からイギリス出張までに結成されたものと思われる。なお高嶋航『軍隊とスポーツの近代』（青弓社、平成二七年）七四ページにおいても、三二年説は誤りと述べられている。

(31) 千田武志「呉市体育協会の歩み」（記念史委員会『呉市体育協会創立一〇〇周年記念史　呉スポーツ一〇〇年史』呉市体育協会、平成二八年）五〇～五一ページ。

(32) 「造船造兵職工員数并異動等調査報告ノ件」明治三〇年九月一六日 JACAR：Ref. C06091094900, 明治三〇年公文備考　官職儀制　上巻一（防衛研究所）。

(33) 前掲『職工事情』第二巻、一二ページ。

(34) 前掲『大呉市民史　明治篇』二三六ページ。

(35) 広島県労働運動史編集委員会編『広島県労働運動史』第一巻（広島県労働組合会議、昭和五五年）三、五ページ。

(36) 広島県商工労働部労政課編『広島県労働運動史』（第一法規出版、昭和五六年）一〇八ページなどによる。

(37) 『芸備日日新聞』明治三三年四月一二日。

(38) 満村良次郎編『呉――明治の海軍と市民生活――』（呉公論社、明治四三年）二三三～二三四ページ〈あき書房により昭和六〇年に復刻〉。

(39) 山木茂『広島県社会運動史』（労働旬報社、昭和四五年）一〇一～一〇二ページ。

(40) 同前、一〇三ページ。

(41) 「第五憲兵隊長報告　造船廠職工暴動事件報告」明治三五年七月一六日 JACAR: Ref. C10127817600, 明治三五年公文雑輯　巻三一　雑件二（防衛研究所）。

(42) 高山保綱呉海軍造船廠長より柴山矢八呉鎮守府司令長官あて「御届」明治三五年七月一六日、同前。

(43) 片岡七郎呉鎮守府艦政部長より柴山呉鎮守府長官あて「造船廠職工紛擾事件ニ関スル意見上申」（以下、「意見上申」と省略）明治三五年七月二一日 JACAR:C10127817700, 明治三五年公文雑輯　巻三一　雑件二（防衛研究所）。

(44) 同前。

(45)『芸備日日新聞』明治三五年七月二〇日。
(46) 同前。
(47) 高山呉造船廠長より柴山呉鎮守府長官あて「廠務ニ改良ヲ施シタル重要ノ廉々職工三日間出業セザリシ原因及之ニ対スル処置幷ニ今後当廠ノ業務改善ニ関スル意見等具申」（以下、「意見等具申」と省略）明治三五年七月二三日 JACAR: Ref. C10127817600, 明治三五年公文雑輯　巻三一　雑件二(防衛研究所)。
(48) 高山呉造船廠長より柴山呉鎮守府長官あて「当廠職工出業不致ニ付原因御届」明治三五年七月一七日 JACAR: Ref. C10127817600, 同前。
(49) 前掲「意見等具申」。
(50) 前掲「意見上申」。
(51) 同前。
(52) 同前。
(53) 柴山呉鎮守府長官より山本海軍大臣あて「意見」明治三五年七月二五日 JACAR: Ref. C10127817800, 明治三五年公文雑輯　巻三一　雑件二(防衛研究所)。
(54) 同前。
(55) 高山呉造船廠長より柴山呉鎮守府長官あて「御届」明治三五年八月一一日、同前。
(56) 高山呉造船廠長より柴山呉鎮守府長官あて「職工処分御届」明治三五年九月二日、同前。
(57) 池田憲隆「日清・日露戦争前後における海軍工廠の労使関係に関する一考察——労働市場と労働争議の検討——」(弘前大学経済学会『弘前大学経済研究』第一八号、平成七年一一月)四六ページ。
(58) 若林幸男「日清戦期呉海軍工廠における労使関係の展開」(『明治大学大学院紀要』第二四集〈二〉、昭和六二年二月）五五ページ。
(59) 平野為信呉鎮守府監督部長より西郷従道海軍大臣あて「第二船渠頭部築造設計変更之義ニ付上申」明治二八年一月一二日(「明治二十八年公文備考　十四　土木下　外国人」防衛研究所戦史研究センター所蔵)。
(60) 有地品之允呉鎮守府長官より西郷海軍大臣あて「第二船渠計画変更之義ニ付上申」明治二八年四月二一日(同前)。
(61) 平野為信呉鎮守府監督部長より西郷海軍大臣あて「第二船渠設計変更之件上申」明治二八年四月二三日(同前)。
(62) 呉鎮守府「明治二十七三十年度継続土木費呉鎮守府建築費工事竣功報告」明治三一年一〇月一八日(「明治三十年度呉鎮守

府工事竣工報告　巻四」防衛研究所戦史研究センター所蔵）。なお「呉鎮守府工事竣工報告」については、以下、所蔵を省略する。

(63) 同前。

(64) 呉鎮守府副官部『呉鎮守府沿革誌』（大正一二年）二九〜三〇ページ〈あき書房により昭和五五年に復刻〉。

(65) 海軍省総務局『海軍省明治三十二年度年報』（明治三四年）三八〜三九ページ。

(66) 「明治二十九三十二年度海軍拡張費建築費土木費兵器製造所建築費呉鎮守府第一船渠改造費」明治三三年一〇月六日（「明治三十二年度呉鎮工事竣工報告　巻二」）。

(67) 海軍省経理局「明治二十三年度（一八九〇年）以降海軍予算、決算科目別一覧表」昭和一〇年一一月（防衛研究所戦史研究センター所蔵）。

(68) 海軍大臣官房『海軍省明治三十五年度年報』（明治三七年）一〇三ページ。なお残されている「呉鎮守府工事竣工報告」のなかに、第二船台の修繕工事に関する資料をみつけることはできなかった。

(69) 福岡清一郎第二船台修繕工事主任（海軍技師）「造船廠第弐船台修繕施工ニ関スル現況調書（初回）」明治三五年七月一九日 JACAR: Ref. C10127778000, 明治三五年公文雑輯　巻二一　土木二（防衛研究所）。

(70) 「呉海軍造船廠第弐船台修繕施工ニ関スル現況調書（後回）」明治三五年八月五日、同前。

(71) 柴山呉鎮守府長官より斎藤実海軍総務長官あて「石黒五十二技師臨検ニ付上申（仮題）」明治三五年七月二二日、同前。

(72) 同前。

(73) 同前。

(74) 柴山呉鎮守府長官より山本海軍大臣あて「呉造船廠第二船台増修費之義ニ付上申」明治三五年八月一二日、同前。

(75) 「明治三十三十三年度海軍拡張費建築費工事竣功報告」明治三三年一〇月六日（「明治三十三年度呉鎮工事竣工報告」）。

(76) 「明治二十九三十一年度継続海軍拡張費建築費工事竣功報告」明治三二年二月一五日（「明治三十一年度呉鎮工事竣工報告　巻三」）。

(77) 「明治三十三三十四年度海軍拡張費建築費工事竣功報告」明治三四年六月一八日（「明治三十四年度呉鎮工事竣工報告　巻一」）。

(78) 「明治三十三三十四年度海軍拡張費建築費工事竣功報告」明治三四年一〇月一日（同前）。

(79) 「明治三十四五年度海軍拡張費建築費工事竣功報告」明治三五年八月四日（「明治三十四三十五年度呉鎮工事竣工報告　巻

一」）。

（80）「明治二十九三十一年度継続海軍拡張費建築費工事竣功報告」明治三二年二月七日（「明治三十一年度呉鎮工事竣工報告　巻三」）。

（81）「明治二十九三十二三十三年度海軍拡張費建築費工事竣功報告」明治三三年九月一四日（「明治三十二三十三年度呉鎮工事竣工報告　巻一」）。

（82）「明治三十年度海軍拡張費建築費工事竣功報告」明治三一年四月二八日（「明治三十年度呉鎮守府工事竣工報告　四」）。

（83）「明治三十一年度営繕費新営費工事竣工報告」明治三一年九月一四日（「明治三十一年度呉鎮工事竣工報告　巻二」）。

（84）八木彬男『日露戦役中及び其の前後に於ける呉海軍工廠造船部の活動』（呉海軍工廠造船部、昭和七年）一〇〜一一ページ。

（85）石黒海軍技師より山本海軍大臣あて「欧米各国ノ軍港幷ニ土木、建築工事視察ノ為メ技術官ヲ海外エ派遣セシメラレ〔ン脱カ〕事ヲ請フノ建議」明治三一年一二月二〇日（「斎藤実文書」国立国会図書館憲政資料室所蔵）。

（86）同前。

（87）村上敬次郎海軍省経理局長より有馬新一海軍艦政本部長あて「呉造船廠第三船台改築ニ付照会（仮題）」明治三五年一月二八日 JACAR: Ref. C10127777900, 明治三五年公文雑輯　巻二一　土木二（防衛研究所）。

（88）柴山呉鎮守府長官より斎藤実総務長官あて「第三船台ニ関スル調査報告（仮題）」明治三五年三月二九日、同前。

（89）同前。

（90）同前。

（91）同前。

（92）原田啓呉鎮守府経理部長より村上経理局長あて「呉造船廠第三船台改築工事計画ノ件（仮題）」明治三五年三月三一日、同前。

（93）有馬艦政本部長より村上経理局長あて「呉造船廠第三船台ノ件ニ付回答（仮題）」明治三五年四月九日、同前。

（94）村上経理局長より有馬艦政本部長あて「呉造船廠第三船台経費ノ件（仮題）」明治三五年四月一〇日、同前。

（95）有馬艦政本部長より村上経理局長あて「第三船台改築費並ニ計画改正ノ件（仮題）」明治三五年四月二二日、同前。

（96）山本海軍大臣より柴山呉鎮守府長官あて「訓令案」明治三五年四月二九日、同前。

（97）村上経理局長より柴山呉鎮守府長官あて「第三船台改築ニ付通牒（仮題）」明治三五年四月三〇日、同前。

（98）柴山呉鎮守府長官より山本海軍大臣あて「呉造船廠第三船台改築工費流用並ニ直営施行之義ニ付上申」明治三五年六月二八日 JACAR: Ref. C10127777800, 明治三五年公文雑輯　巻二一　土木二（防衛研究所）。

(99)「指令案」明治三五年七月一五日、同前。
(100) 前掲『日本海軍史』第九巻、五四三～五四四ページおよび『芸備日報』明治一九年一二月一六日。
(101) 鈴木淳「報知艦　八重山」（横須賀市編『新横須賀市史　別編　軍事』横須賀市、平成二四年）一六五ページ。
(102) 工学会『明治工業史　造船篇』（工学会、大正一四年）五二、八五～八六ページ〈昭和四三年に学術文献普及会により復刻〉。
(103) 西郷海軍大臣より有地品之允呉鎮守府長官あて「訓令案」明治二六年四月一一日（「公文備考別輯　新艦製造書　軍艦宮古製造一件」防衛研究所戦史研究センター所蔵）。
(104) 有地呉鎮守府長官より西郷海軍大臣あて「報知艦計画図等進達」明治二六年四月一五日（同前）。
(105)「指令案」明治二六年五月一〇日（同前）。
(106) 有地呉鎮守府長官より西郷海軍大臣あて「甲号報知艦掌砲長室其他改正之件ニ付上申」明治二六年六月八日（同前）。
(107) 有地呉鎮守府長官より西郷海軍大臣あて「報知艦装帆之件ニ付上申」明治二六年八月一六日（同前）。
(108) 有地呉鎮守府長官より西郷海軍大臣あて「甲号報知艦計画図等進達」明治二六年一一月四日（同前）。
(109) 伊藤雋吉海軍省軍務局長より有地呉鎮守府長官あて「甲号報知艦工期短縮之件（仮題）」明治二六年九月二一日（同前）。
(110) 有地呉鎮守府長官より伊藤軍務局長あて「甲号報知艦工期短縮之件回答（仮題）」明治二六年九月二八日（同前）。
(111) 西郷海軍大臣より有地呉鎮守府長官あて「訓令案」明治二六年一〇月三日（同前）。
(112) 中牟田倉之助軍令部長より西郷海軍大臣あて「予備室増加之件（仮題）」明治二六年一二月一五日（同前）。
(113) 西郷海軍大臣より有地呉鎮守府長官あて「訓令案」明治二七年六月二五日（同前）。
(114) 伊藤局長より井上良馨・有地呉鎮守府長官あて「報知艦之艤装等ニ使用木材ヲ金属ニ変換之件（仮題）」明治二八年二月五日（同前）。
(115) 有地呉鎮守府長官より西郷海軍大臣あて「報知艦艤装ニ木材ニ換エ金属使用之件回答（仮題）」明治二八年三月一七日（同前）。
(116) 伊藤局長より有地呉鎮守府長官あて「報知艦艤装ニ金属使用難出来理由問合（仮題）」明治二八年三月二三日（同前）。
(117) 有地呉鎮守府長官より山本権兵衛軍務局長あて「報知艦艤装ニ金属使用難出来理由ニ付回答（仮題）」明治二八年四月八日（同前）。
(118) 同前。
(119) 西郷海軍大臣より有地呉鎮守府長官あて「甲号報知艦艤装部其他木材ノ個所別紙廉書ノ通金属製ニ改正スヘシ」明治二八年五月二日（同前）。

（120）西郷海軍大臣より有地呉鎮守府長官あて「蒸気暖炉設置之件指令（仮題）」明治二八年二月一四日（同前）。
（121）井上良馨呉鎮守府長官より西郷海軍大臣あて「軍艦宮古進水期遅延之義ニ付報告」明治二九年一二月二八日（同前）。
（122）西郷海軍大臣より井上呉鎮守府長官あて「訓令案」明治三〇年九月二七日（同前）。
（123）『芸備日日新聞』明治三〇年一〇月二九日。
（124）同前。
（125）山本軍務局長（在呉）「電報写」明治三〇年一〇月二七日（前掲「公文備考別輯　新艦製造書　軍艦宮古製造一件」）。
（126）八木彬男「進水事故の追懐」（吉田光邦編『現代日本記録全集』九、筑摩書房、昭和四五年）一九四ページ。
（127）井上呉鎮守府長官より山本海軍大臣あて「軍艦宮古授受結了報告」明治三一年四月六日（前掲「公文備考別輯　新艦製造書　軍艦宮古製造一件」）。
（128）井上呉鎮守府長官より西郷海軍大臣あて「軍艦宮古製造費増額相成度儀ニ付上申」明治三一年八月三日（同前）。
（129）井上呉鎮守府長官より山本海軍大臣あて「電信（仮題）」明治三一年三月七日（同前）。
（130）山本海軍大臣より井上呉鎮守府長官あて「電信指令案」明治三一年三月八日（同前）。
（131）高木宏之「巡洋艦　新高・音羽」（前掲『新横須賀市史　別編　軍事』三八六ページ。
（132）前掲『明治工業史　造船篇』八七ページ。
（133）前掲『大呉市民史　明治篇』三〇〇ページ。
（134）「指令案（電信）」明治三五年一二月一二日 JACAR: Ref. C06091538400, 明治三七年公文備考　巻五　艦船二（防衛研究所）。
（135）黒部広生横須賀造船廠長より伊東義五郎横須賀鎮守府艦政部長あて「軍艦新高機関部製造費増額上申ノ顚末（仮題）」明治三六年一〇月一四日 JACAR: Ref. C06091537800, 明治三七年公文備考　巻五　艦船二（同前）。
（136）柴山呉鎮守府長官より山本海軍大臣あて「軍艦対馬汽罐製造方注文致度義ニ付上申」明治三四年五月七日、同前。
（137）岩田呉海軍造船廠長より佐双左仲海軍艦政本部第三部長・宮原二郎海軍艦政本部第四部長あて「機関部製造費不足之件（仮題）」明治三六年八月一五日 JACAR: Ref. C06091537900, 明治三七年公文備考　巻五　艦船二（防衛研究所）。
（138）前掲「機関部製造費予算不足之件（仮題）」。
（139）柴山呉鎮守府長官より山本海軍大臣あて「上申」明治三六年八月三一日 JACAR: Ref. C06091537900, 明治三七年公文備考　巻五　艦船二（防衛研究所）。
（140）山本海軍大臣より柴山呉鎮守府長官あて「指令案」明治三六年一〇月九日、同前。

(141) 有馬艦政本部長より柴山呉鎮守府長官あて「蒸化器拾弐台及喞筒弐台購入ノ件照会（仮題）」明治三六年九月一八日、同前。
(142) 柴山呉鎮守府長官より有馬艦政本部長あて「軍艦対馬製造費拾七万五千円増額ノ件（仮題）」明治三六年一〇月一〇日、同前。
(143) 有馬艦政本部長より柴山呉鎮守府長官あて「軍艦対馬竣工時期繰上ノ件（仮題）」明治三六年一二月一二日 JACAR: Ref. C06091538500, 同前。
(144) 福井静夫『海軍艦艇史　二　巡洋艦コルベット　スループ』（KKベストセラーズ、昭和五七年）八四ページ。
(145) 福田一郎他編『写真日本軍艦史』（海と空社、昭和九年）二五七ページ〈昭和五八年に今日の話題社により復刻〉。
(146) 伊藤博文「鎮守府配置ノ理由及目的」（『秘書類纂　一〇　兵政関係資料』（秘書類纂刊行会、昭和一〇年）一五ページ〈昭和五三年に原書房により復刻〉）。
(147) 『海軍省年報』各年度。
(148) 柴山常備艦隊司令長官より西郷海軍大臣あて「十月廿九日伊予国長浜ニ於テ軍艦松島、厳島、扶桑損傷ニ関スル第一回報告」明治三〇年一〇月三一日 JACAR: Ref. C06091155100, 明治三十一年公文備考　巻六　艦船三（防衛研究所）。
(149) 柴山常備艦隊長官より西郷海軍大臣あて「十月廿九日伊予国長浜ニ於テ軍艦松島厳島扶桑損傷ニ関スル第二回報告」明治三〇年一一月五日、同前。
(150) 柴山常備艦隊長官より西郷海軍大臣あて「軍艦鎮遠及須磨入渠等ノ為メ長浜港引上ケノ件ニ付報告」明治三〇年一二月一〇日 JACAR: Ref. C06091155300, 明治三一年公文備考　巻六　艦船三（防衛研究所）。
(151) 「電令案」明治三〇年一二月三日 JACAR: Ref. C10126269700, 明治三〇年公文雑輯　巻一八　物件下（防衛研究所）。
(152) 西郷海軍大臣より坪井航三横須賀鎮守府司令長官代理あて「訓令案」明治三〇年一二月一二日 JACAR: Ref. C06091155300, 明治三一年公文備考　巻六　艦船三（同前）。
(153) 西郷海軍大臣より井上呉鎮守府長官あて「訓令案」明治三一年一月一三日、同前。
(154) 井上呉鎮守府長官より西郷海軍大臣あて「扶桑引揚之義ニ付御届」明治三一年一月三一日 JACAR: Ref. C06091155500, 明治三一年公文備考　巻六　艦船三（同前）。
(155) 「軍艦扶桑現状報告」明治三一年八月一日 JACAR: Ref. C10100194400, 明治三一年公文雑輯別集　巻三（同前）。
(156) 海軍省総務局『海軍省明治三十三年度年報』（明治三五年）四五〜四九ページ。
(157) 前掲『呉海軍工廠造船部沿革誌』一一ページ。
(158) 「斎藤子爵に聴く　八」（『新岩手人』第五巻第八号、岩手県立図書館所蔵、昭和一〇年八月）四ページ。

第五章　呉鎮守府造兵部門の形成過程と活動

はじめに

呉海軍工廠の特徴の一つは、他の海軍工廠をしのぐ造兵部門を有していることである。本章は主に、他の鎮守府と同様に兵器部が設立され、他の鎮守府にはみられない新造兵廠[1]（呉兵器製造所）の設立計画が組織的になされるようになった明治二二（一八八九）年から、両者を継承した組織が合併によって呉海軍造兵廠が形成される三〇年までを対象とする。この形成過程、とくに後者については、呉兵器製造所の建設の途中で存続問題が発生し、同計画の一環として新たな予算によって仮兵器工場[2]が建設され、仮設呉兵器製造所と仮呉兵器製造所という臨時組織をへて呉造兵廠が形成されるという複雑な経緯をたどっており、本章の目的は第一に、複雑な組織の変遷を正しく把握することである。そして第二に、こうした巨大な造兵部門を呉に形成した目的と理由とともに、造船部門と対照しながらその特徴を明らかにすることを目指す。なお本章の主な対象とはいえないが、呉兵器製造所設立計画を作成するなど呉鎮守府造兵部門の母体となった東京の海軍造兵廠[3]に関しても、可能な限り取り上げる。

本章の中心をなす呉兵器製造所に関しては、戦前に『明治工業史』[4]などによりその概要が知られていた。戦後は昭和四〇（一九六五）年に山田太郎氏が『呉造兵物語』の執筆を開始、(5)呉兵器製造所建設の中心の一人であった山内万寿治の『回顧録』(6)や地元に残された資料を使用して内容を充実させたが、日清戦争後の仮兵器工場建設を中心とする山内の業績に偏ることになった。また五〇年代には、「自明治廿三年至同三十年兵器製造所設立書類」（以下、「兵器製造所設立書類」と省略）(7)などを網羅した『広島県史　近代現代資料編』Ⅱと、それらの原資料を使用した『広島県史』近代一が発刊された。(8)その後、佐藤昌一郎氏により呉兵器製造所の目的と役割、呉軍港への立地の理由、海軍製鋼所問題との関連などの解明を目指した研究が行われた。(9)一方、資料集も昭和一〇（一九三五）年に「兵器製造所設立書類」などを網羅した『海軍造兵史資料　仮呉兵器製造所設立経過』(10)が編集され、近年、この資料に製鋼関係資料を加えた『呉海軍工廠製鋼部史料集成』(11)が発刊された。

本章はこうした研究を参考にしながらすすめるが、そこには、次のような問題点がある。その第一は、呉兵器製造所の計画、計画の変更、存続問題、仮兵器工場は分析の対象とされてきたが充分とはいえず、海外からの技術移転、施設の建設、兵器の生産、そして兵器部についてはほとんど取り上げられていない。第二に、次の三点―呉兵器製造所設立計画の第二回変更計画において山内案が採用され、呉兵器製造所工事は途中で中止され、兵器部は兵器工場に縮小されたという説には疑問があり、呉兵器製造所と仮兵器工場、仮設呉兵器製造所などとの関係に曖昧さが残る。第三は、資料集に関するもので、山内の『回顧録』には、彼の活躍を誇張する一方で、シーメンス事件直後の発刊ということで山本権兵衛や斎藤実との関係を希薄にみせようという意図があること、さらに発行された資料集には、原資料なのか編者の見解を述べたものなのか判然としない点がみられることである。

これまで述べてきた方針や問題点に注意しながら、本章を次の六節によって構成する。第一節は、主にこれまでほとんど知られることのなかった呉鎮守府兵器部とその後身の実態を検証する。また第二節においては、呉兵器製造所設立計画、第三節では、同計画の変更と存続問題を取り上げ、両者を関連づけながら呉兵器製造所の目的と役割、呉軍港へ立地する必然性を明らかにする。そして第四節で、呉兵器製造所設立計画と関連させながら工事状況を具体的に検証し、両者を比較し進捗状況と工事の実態を検証する。さらに第五節に至り、仮兵器工場計画、海外からの機械と原材料の購入と技術の習得のための技術者や職工の派遣、東京の海軍造兵廠からの施設・設備の移転と技術者・職工の受入れ、工場の建設について記述する。最後の第六節で、仮設呉兵器製造所と仮呉兵器製造所の設立と兵器の生産について取り扱うことにする。この他、全体を通じて、事業推進に果たした人物の役割にも言及する。なお記述に際しては、これまで取り上げた資料に加え「呉鎮守府工事竣工報告」[12]や「斎藤実文書」[13]などを使用する。

第一節　呉鎮守府兵器部の設立と展開

明治二二（一八八九）年七月一日、呉鎮守府の開庁とともに設置された兵器部について『呉造兵物語』には、「工場はわづか一棟で、……兵器の小修理を行なっていたにすぎなかった」と述べられているが[14]、それはいつのことなのか、その実態は明示されていない。また二六年には、兵器部は兵器工場と名称を変更し縮小されたといわれるが、そのようなかで日清戦争をふくむ兵器修理業務の拡大にどのように対応したのか疑問が生じる。こうした点を念頭におきながら本節においては、兵器部の組織の変遷、人事、役割、施設の整備などについて可能な限り明らかにする。なお兵器部の役割が主に修理に限定されているためか、生産活動については資料を得ることができなかった。

一　呉鎮守府兵器部の設立と改組

明治二二（一八八九）年五月二八日に制定された「鎮守府条例」によると、「兵器部ハ砲銃水雷弾薬火具其他兵器及之ニ属スル需用物品ヲ製造修理準備供給スル所トス」（第三六条）と規定されている。[15] また兵器部には、部長一名（佐官）、主幹若干名（大尉あるいは機技部上長官士官）、倉庫主管若干名（准士官または判任官）の役職員をおくことになっているが、役職員の氏名は不明である。なお『明治海軍史職官編附録　海軍庁衙沿革撮要』によると、造船部は、計画科　製造科の二科に加えて倉庫が存在するのに対し、兵器部は、「兵器部　倉庫」と記されているだけで、[16] 部とはいえ科も存在せず、実態は兵器の倉庫があっただけと思われる。

明治二三（一八九〇）年三月二七日、「鎮守府条例」が改正され、その任務を、「兵器部ハ砲銃、水雷、弾薬、火具其他兵器ヲ製造修理備装シ及之ヲ準備供給スル所トス」（第三六条）とした。[17] また役職員も、部長一名（佐官）は変わらなかったものの、主幹若干名（少佐、大尉あるいは機技部上長官士官）、武庫主管一名（少佐あるいは大尉）と少し変化した。この時期の兵器部長は、二四年一二月一四日から二六年五月二〇日まで、東京にあった兵器製造所長や造兵廠長の経験もあり、川村純義元海軍卿とも親しい田中綱常大佐が務めている。[18] なお先の『明治海軍史職官編附録　海軍庁衙沿革撮要』をみると、兵器部には、「兵器部　武庫」と記述されているように倉庫に代わり武庫がふくまれることになった。[19]

明治二六（一八九三）年には兵器部は廃止されたのであるが、この件については、この年以降、「いわゆる海軍改革が実施されており、鎮守府の兵器部は、これによってむしろ縮小され……兵器工場と名称を変更し、たんに『兵器火具ノ修理ヲ掌ル』ものに機能を限定された」と解釈されている。[20] このうち海軍改革は、同年二月一〇日の第四回帝国議会において戦艦二隻をふくむ軍艦製造費が詔勅を受けて可決された際に、政府と議会の協議により行政改革の一環として早急な海軍改革の実施を決定したことと考えられる。ところが、五月一九日の「鎮守府条例」の改正をみると、実際の改革は、「兵器部ヲ廃シ新ニ武庫、水雷庫、兵器工場ヲ設ケ」るとなっており、[21]それらの職務は、「武庫ハ砲銃弾薬及火具ノ準備供給」（第二三条）、「水雷庫ハ水雷ノ準備供給」（第二四条）、「兵器工場ハ兵器火具ノ修理」（第二五条）をするというものであった[22]（序章第三節を参照）。

兵器部は兵器工場になったのではなく、武庫、水雷庫、兵器工場に三分割されたのであり、また後述するように明治二六（一八九三）年には兵器工場の職工だけでも前年の兵器部のそれを上回っている。海軍は部には小規模すぎる兵器部を廃止して縮小したかのように装いながら、同じ職務を三つの組織によって分担し、職工数を増加させ、後述するように施設・設備を整備するなど実質的には組織を拡充したのであった。なおこの当時の役職員は、武庫主管一名（大尉）、武庫付一名（海軍大技士〈以下、海軍を省略〉）、水雷庫主管一名（大尉）、兵器工場主管一名（大技士）となっている。ちなみに二七年三月調査の『水交社々員名簿』によると、武庫主管に石原忠俊（大尉）、水雷庫主管に花田満之助（大尉）、兵器工場主管に肥後盛良（大技士）が就任している。[23]

明治二〇年代の造兵部門の職工数などについては、表序一―一で示したように、明治二四（一八九一）年が兵器部三九名（うち職工三七名）、二五年が兵器部四九名（同四七名）、二六年が兵器工場七六名（同七四名）、二七年が兵器工場一二〇名（同一一八名）、二八年が兵器工場一五二名（同一四九名）、二九年が兵器工場二〇八名（同二〇五名）、仮呉兵器製造所六九三名（同六八二名）と推移している（序章第三節を参照）。造船部に比較すると当初は非常に小規模であり、同じ部とすること自体無理があったと思われるが、二六年以降は三組織のうち兵器工場だけでも兵器部当時をかなり上回り、二九年には二〇〇名を超え、後述する仮呉兵器製造所を加えると、造兵部門は約九〇〇名となった。

表5－1　兵器部の主な施設の工事状況(明治23年度まで)　単位：坪・円

名称	構造および種類	所有期日	建坪	価格
弾庫	レンガ造連接2階	明治22. 1	278	10,315
小銃庫	レンガ造連接2階	21.12	102	4,050
弾薬包庫	レンガ造連接平家	21.11	50	2,056
物品検査所	レンガ造連接平家	21.11	18	420
兵器出納所	木造平家	21.11	28	889
水兵および保護手砲丁詰所	木造平家	23. 3	23	302
仮工場	木造平家	23. 3	90	202
仮物置	木造平家	23. 3	150	726
水雷艇格納庫	木造平家	24. 3	219	2,374
物揚所	木造平家	23.10	50	486
水雷倉庫	レンガ造平家	23.12	38	850
爆発管格納庫	レンガ造平家	23.12	219	2,374
魚形水雷調製所	木造平家	24. 3	61	2,564
造修工場	木造平家	24. 3	100	2,227
魚形水雷倉庫	レンガ造平家	24. 3	111	4,357

出所：「海軍省財産目録」明治24年3月31日現在(「明治廿四年公文備考　物件部　十五」)。

二　施設工事の状況

明治二二(一八八九)年三月の建造物を示した表二－六をみると、造船部と同様に兵器部に属している施設はなく、兵器部に属していた倉庫が何を意味していたかも不明である。その後、二三年三月二七日に倉庫に代わり武庫がふくまれることになったのであるが、同表によると、二二年三月の時点では、武庫は吉浦火薬庫の二棟、弾庫、小銃庫、弾薬包庫などによって構成されている(第二章第四節を参照)。このように武庫と吉浦の火薬庫は密接な関係を有していたが、呉鎮守府の開庁後の八月一九日に、「呉軍港内吉浦ニ新築ノ火薬庫ヲ吉浦火薬庫ト称ス」(海達三一三号)と小規模の独立した組織となった(24)。

表五－一により明治二三(一八九〇)年三月に武庫がふくまれた当時の主要建物をみると、表二－六の武庫から吉浦火薬庫二棟を除いたものに水兵および保護手砲丁詰所と仮工場が加わっており、兵器の小修理が可能になったものと思われる。その後二四年三月までに水雷関係施設と造修工場が建設され、水雷をふくむ兵器の修理と小兵器の製造も可能になったといえよう。これ以降の施設

表5－2　兵器部・水雷庫・兵器工場の主要な施設の建設(明治24年度以降)　　単位：坪・円

所属	名称	構造	面積(坪)	工事費	起工	竣工
—	水雷艇引揚台および石垣築造	石造1カ所		18,766	23. 8. 2	24. 7. 6
兵器部	水雷艇格納庫	木造連接建2棟	219	2,189	24. 1.19	25. 3.28
兵器部	水雷発射場	木鉄合造1カ所		13,438	24. 9. 1	25. 6.29
兵器部	危険物格納庫	レンガ石造平家建	54	2,400	25. 9.22	26. 3.16
兵器工場	水雷発射場袖石垣			2,673	25. 6. 8	26. 3.25
武庫	吉浦火薬庫構内預弾丸格納庫	木造	50	1,260	26. 7. 3	26.12.15
兵器部	兵器部入渠船弾薬および危険物格納庫2棟			2,120	26. 7. 3	27. 2.27
水雷庫	攻撃品格納庫			6,600	28. 6. 6	28.12.21
兵器工場	魚形水雷調整室			975	28. 6.21	29. 1. 9

出所：主に海軍大臣官房『海軍省報告』(明治24～26年度)各年および「呉鎮守府工事竣工報告」による。

註：1)水雷発射場石垣の長さは、401尺(122メートル)である。

2)水雷艇引揚台および石垣築造には所属が記されていないが、造船部門、造兵部門ともに関連があるので第3章第3節とともにここでも取り上げた。なお起工については、『海軍省明治二十四年度報告』では明治24年8月2日となっているが、「明治二十四年度呉鎮守府工事竣工報告　巻一」によって修正した。

3)工事費については、『海軍省報告』は請負金額のみ、「呉鎮守府工事竣工報告」の場合は、それに材料、職工人夫を加えたものが多い。ちなみに後者によると、水雷艇引揚台および石垣築造工事費は、請負金1万8766円、材料費6385円、職工人夫費1万2381円、計3万7532円となっている。

に関して、『海軍省報告』により作成した表五－二をみると、水雷発射場など水雷関係施設の建設がもっとも多い。

こうして明治二三年度以降、水雷をふくむ兵器の工場や兵器庫、試験施設などが整備された。しかしながらこうした実態は明らかにされることなく、当時、造船部に勤務していた八木彬男氏の「造兵は日清戦役当時迄は呉鎮守府兵器工場と申しまして僅か一棟の兵器修理場が只今の中央発電所裏手の方に置かれてあり[25]」という回想記に従って、すでに示した『呉造兵物語』のように「工場はわづか一棟」が通説となり、山内の『回顧録』の記述と相俟って呉の造兵部門は、ほとんど日清戦争後に建設されたとみなされるようになった。なお八木氏の回想などにおいては、造兵部門は兵器工場と同一視され、武庫、水雷庫の存在は無視されている。

兵器部の後身の三部門は、日清戦争にともなう臨時軍事費によって整備された。主な施設をあげると(建設費一〇〇〇円以上)、兵器工場所属仮工場新営(一三六二円)、武庫仮砲庫新営(六二四六円)、水雷庫要具庫建設(一五八二円)、仮水雷倉庫新営(二八一五円)となっている。[26] こうした施設の拡充と、すでに述べたような職工を中心とする従業員の増加(ただし兵器工場以外は不明)があって、日清戦争にともなう艦艇等への兵器の供給、修理、手入れ、据付けが可能になったのであった(日清戦争期の三部門の活動については、第一〇章第三節を参照)。

第二節　新兵器製造所設立構想の進展と呉兵器製造所設立計画の作成

呉海軍工廠が日本一の兵器製造所と位置づけられるのは、横須賀海軍工廠と並ぶ造船部に加え、比類なき造兵部門を有していることによる。それはすべての鎮守府に設置された兵器部とは別に、呉兵器製造所が建設されたことによってもたらされたのであり、ここではその原点に遡り、新兵器製造所設立構想から呉兵器製造所設立計画の作成に至る経緯について総合的な観点から明らかにする。

一　新兵器製造所設立構想の進展

呉兵器製造所設立計画の分析は、可能な限り原点に遡り広範な視野に立脚した総合的な観点から行われることが望まれる。こうした点をふまえ、本項においては海軍の兵器製造所の草分けである東京の海軍造兵廠の分析を通じて、新兵器製造所が必要とされ構想が生まれる過程と、東京の海軍造兵廠の発展と呉兵器製造所設立構想から計画に至る過程において中心的な働きをした原田宗助の経歴を取り上げる。

東京の海軍造兵廠は、明治元(一八六八)年四月二一日に維新政府が軍務官の管下に兵器司を設置、幕府の兵器関係諸施設などを引き継いで事業を開始した。その後は組織の変遷を繰り返し七年九月、築地小田原町に兵器製造所を設置、八年一月には石川島所在の元製造所を同所に移転した。ただし、「当時造兵所ノ機械ハ旋盤僅カニ五台ニシテ職工百七十余人機械ハ人力ニテ運転ス工業甚タ幼稚ニシテ例ヘハ砲架ノ照準螺ノ如キ先ヅ鉄ノ丸棒ニ細キ角鉄条ヲ捲着ケ之ヲ鑞着セルガ如キ有様」[27]で、「精々砲架の修理をする位が関の山」という程度であった[28]。

東京の海軍造兵廠の技術発展の原動力となったのは、原田宗助（のち海軍造兵総監）であった。嘉永元（一八四八）年に鹿児島に生まれた原田は、明治元年に鹿児島藩の「乾巧丸」に乗り組んで以来、海軍軍人の道を歩んできたが、四年二月にイギリスに派遣され、アームストロング社において造砲術を習得して一〇年五月二一日に帰国[29]、全工場の指導にあたった。ついで一一年に、製鋼技術研究のため大河平才蔵と阪本俊一（ともにのち造兵大監）が、ドイツのクルップ社に派遣され、一四年に帰国した。また後述するように（第一一章第一節を参照）、一五年六月にはこれら三名の技術者を中心に製鋼および鍛鋼工場を新設、九月に製鋼事業を開始した。そして一二月には国産の黒鉛坩堝（ルツボ）を完成、一六年一月に山陰地方の砂鉄を原料鉄として使用し鋳鋼製煉を開始、砲架用金物などを製造した[30]。

こうしたなかで築地の敷地では手狭になり、明治一六（一八八三）年三月三日、東京の海軍造兵廠は芝区赤羽の工部省工作分局跡に移転した。ただし築地の工場は、第三工場（のち製鋼所）としてそのまま使用した。この東京の海軍造兵廠が製造した鋼によって一七年一二月には四連機砲四挺、一八年にはクルップ式短七・五センチ砲一門と同砲架を製造した。そして二〇年には、機械の新設、製鋼炉の改築、蒸気力の増設があり、蒸気力の総高一五三馬力、職工総数約八〇〇名に達した[31]。

このように東京の海軍造兵廠は、着実に発展しつつあった。しかしながら同廠の生産能力は、主に弾丸類および付属兵器の製造と砲銃、魚形水雷の修理であり、小銃、大砲、魚形水雷は試製の段階で量産するまでには至らず、海軍の需要に応ずることは量的にも質的にも不可能であった。また後述するように、市街地に近いこと、水運に恵まれていないことなど、立地上も問題があった（具体的には、第三節を参照）。こうした事情が重なり、新たな造兵廠を求める声が高まったのであった。

多年にわたり呉兵器製造所設立計画の作成は、明治二二（一八八九）年に開始されたと考えられてきた。事実、「兵器製造所設立書類」を紐解いても、二二年以降の文書しかなく、したがってはじめて一次資料を使用した『広島県史』においても、それ以降の叙述しかみられない。注目すべき点は、戦前に発行された『明治工業史』において、「明治二十二年樺山・西郷両海軍中将親しく泰西諸国を視察し、帰朝後、我が国に兵器製造所の新設を企図せらる[32]」と述べられていることである。西郷従道海軍大臣は、一九年七月一四日に出発し二〇年六月三〇日に帰国、樺山資紀海軍次官は、二〇年一〇月一一日に出発、二一年一〇月一九日に帰国しており、二二年に同時に海外視察したという記述は誤りであるが、両首脳の海外視察と呉兵器製造所の設立との関連を指摘したことは卓見といえよう。

こうしたなかで山田氏と佐藤氏は、山内万寿治の『回顧録』の「西郷海軍大臣外遊の際随行員原田宗助氏に命じ、『ノーブル』翁に依嘱して大体の設計を作さしめ、憲法発布前に十年計画として予算確立し、既に幾分事業に着手せしも、財政の都合上未だ予期の進行を見るに至らざりき[33]」という部分を援用、西郷海軍大臣一行の視察に際し、アームストロング社との協力関係が成立したことを提示したが[34]、西郷の海外視察が明治一九（一八八六）年から二〇年に行われたことには言及されていない。山内の『回顧録』を使用した成果であるが、彼は呉兵器製造所設立計画の作成に関わっておらず、したがって当時の具体的経緯については知り得る立場ではなく、後述する一三年間の呉兵器製造所設立計画を一〇年と誤解するなど記述内容にも誤りがみられる。

いずれにしても新たな兵器製造所の設立構想は、西郷海軍大臣一行の出発する明治一九年七月までには一定の方向性を出していたものと思われる。この点について、一九年当時に海軍省艦政局に勤務していた沢鑑之丞は、次のような興味深い記述を残している。[35]

> 明治十九年の官制大改革の時海軍省に艦政局が出来、その兵器課に於て兵器に関する一切の事を取扱はるゝに至つた際、兵器製造所製造科長原田（宗助）海軍少匠司が、頻りに工場の規模の不充分な事を感じ、その拡張方を艦政局長に建白されたので、局長は坪井（航三）兵器課長を委員長とせられ、委員を設けられ、原田科長はこれが立案者となつた。その案は克式《クルップ》二十四拇砲までを製造する程度だつたが、費用が多額のため大蔵省に於て何分にも都合が叶はないのである。

艦政局の設立は明治一九年一月二九日であり、時期的にも一致しており、この記述内容は呉兵器製造所設立計画の出発点として有力な説といえよう。さらに注目すべき点は、一八年一二月に海軍省の技術顧問に就任したフランス人のベルタンが、一九年五月に兵器製造所に関連した二つの意見書を提出していることである。そのうちの一つは大砲に関するもので、このなかでベルタンは、「余ハ本論ノ第一段ニ在テ日本海軍ガ国式ノ大砲即チ日本ノ為メニ鋳造ス可キ諸製砲所ニ供設スル所ノ日本常用ノ模式ヲ選定セン事ヲ企望スルナリ」とし、「三十年来顕著ノ功用ヲ積メル仏国海軍ノ現用式」を最良として、具体的に一四センチから一六センチ砲製造に実績のあるフランスの兵器製造会社を推薦する。[36] もう一方は、すでに述べたように（第一章第四節を参照）、ベルタンが一九年四月九日から呉港に出張し造船所としての適性を調査した際、「造船所と相対する大筏礁島ノ近傍ハ大砲及ビ水雷用地トス」と、あえて兵器工場の立地にまで言及していることである。[37] 海軍省はすでに新兵器製造所の建設の必要を認識し、ベルタンに呉の可能性に関して意見を求めたものと思われる。なおこのベルタンの指摘した用地について、佐藤鎮雄第二海軍区鎮守府事務管理もベルタン製鉄所見込地と述べ、候補地の選定に配慮しているが（第二章第二節を参照）、これがのちの造船部の鋳造工場をさすのか（第一一章第一節を参照）、呉兵器製造所の候補地のことなのか判断しかねる。

二　新兵器製造所設立構想の具体化と海外の兵器製造会社の協力

東京の海軍造兵廠が幕府の兵器関係諸施設を受け継いで設立したのに対し、新兵器製造所は本格的な兵器生産を実現する海軍工作庁として新たな地を求めて設立されることになった。すでにみたようにこの点に関してはこれまでの研究によって、時期は明確にされないまま西郷海軍大臣の欧米視察に際し、アームストロング社との協力関係が成立したと述べられている。本項においては、西郷海軍大臣の海外視察は明治一九（一八八六）年であることを前提にしながら、アームストロング社とクルップ社の競合のすえ前者を協力者に決定する経緯を示すとともに、さらに西郷海軍大臣のイギリス訪問に際し一行と対面し、のちに呉兵器製造所の建設に始まる呉工廠造兵部門の発展に中心的な役割を果たした山内の経歴を取り上げる。

後述するように西郷海軍大臣の欧米視察は、主に軍備拡張計画を再構築するために行われたわけであるが、その一環として新兵器製造所設立計画の推進という当面の課題を有していた。そのため一行には、前述したようにアームストロング社で技術の習得に励んだ経験をもつ原田（当時一等技師）が随行し、明治一九年九月二〇日から二三日まで三泊四日にわたってニューカッスルに滞在し、アームストロング社を中心に視察をするとともに、同社のアームストロング（W. G. Armstrong）、ノウブル（A. Noble）両首脳と親しく懇談している。また他のメンバーがニューカッスルを離れたのちも原田技師だけは残っており、新兵器製造所設立計画について、同社の社員から具体的なアドバイスを受けたものと思われる[38]（西郷海軍大臣一行の欧米視察については、第七章第三節を参照）。

海軍が新兵器製造所設立を計画しているという情報は、西郷海軍大臣の視察とも重なり先進国の兵器製造会社の知るところとなっていたようである。この点は、一行がアームストロング社を訪問した直後の明治一九年一〇月七日に記された、横浜在留のクルップ社代理人のアーレンス（H. Ahrens）より海軍省への、「仄カニ拝承仕候処今般日本国内ニ大砲製造所新設之件ニ付御省ニ於テ御計画相成居候由聞及候若シ左様之儀モ有之候ハ、此事件ニ関シ御政府之御相談ニ預カリ必用ナル御申込有之候節者拙者受継候上直ニ本国『クルップ』氏ニ通達スルノ労ハ拙者ノ喜ンデ服膺スルトコロニ御座候左様候得バ同氏許ニ於テモ殊別之注意ヲ惹キ起シ可申候事毫モ疑ヒ無之候」という書簡が届けられたことからも明らかである。[39] ドイツの代表的な製鋼兵器会社のクルップ社と海軍は、「明治十二年ニ至リ新造艦ニハ克式砲ヲ採用スルコトニ決定セリ」と述べられているように、[40] 海軍の大砲の購入先としてもっとも親密な関係にあった。事実、「浪速」「高千穂」「畝傍」には、同社製の砲熕《ほうこう》が搭載されており、また前述のように大河平・阪本両技師が同社に派遣されている。ところが海軍の搭載砲は、「仏人『ベルタン』氏招聘以後、其方針一変して独、仏混用」となったといわれる[41]（大砲の海外からの購入と技術移転に関しては、第八章第三節を参照）。

海軍の搭載砲がクルップ社から、ドイツ・フランス混用をへてアームストロング社中心となった理由に対しては、西郷・樺山両大臣のドイツ訪問資料がないこともあって確定的な回答を提示することはできない。ただしこの問題を解く鍵は、海軍は兵器輸入の際に技術者を派遣し、その技術を習得してきたという点にあるように思われる。こうした例として思い当たるのは、明治一八（一八八五）年九月にクルップ社に対し製鋼事業研究のために横須賀造船所の三名の工夫の受入れと製造技術の教授を要請したのに対し同社がこれを断り、一九年六月にベルタンの斡旋もあり、技術者の派遣先をフランスのクルゾー社に変更したという事実である（この間の経緯については、第一一章第一節を参照）。

日本海軍の兵器輸入を通じてその技術を習得する基本的な方策を否定したクルップ社は、軍備計画の再構築を目指した西郷海軍大臣の率いる海軍にとって、当然のことながら好ましい存在ではなかったものと考えられる。

こうした点も考慮しながら前記の書簡をみると、もし海軍が望むなら大砲製造所設立への協力をしてもよいというクルップ社の態度は、アームストロング社の丁重なもてなしとは雲泥の差があるように思われる。またこれまでの実績もあったせいか、特定の有力者にあてた紹介状などもないなど、アームストロング社のノウブルがロンドンの公使館や外務省を通じて樺山海軍次官に自社の代理人を紹介したのと比較して（第七章第三節を参照）、海軍省首脳との人脈の欠落が感じられる。なお海軍省は、「本件ハ未定ニ属スル義哉ト被存候ニ付御覧至相成ル丈ケニテ可然ト存候」という理由で回答をしないことにしている。[42]

ここで西郷海軍大臣一行と山内との関係を確認し、その後に山内の経歴について検証する。まず前者について『斎藤実伝』は、明治一九年九月一四日に、西郷海軍大臣一行がリバプールを離れロンドンに到着すると、フランス、ドイツに派遣されていた「海軍兵学校時代の三羽烏の一人、山内万寿治が歓迎してくれた」と述べている。[43]また斎藤自身、当日の「日記」に「六時半倫敦『ユーストン』停車場ニ着ス山内ニ会ス」と記述している[44]（九月一六日、九月三〇日にも再会）。これをみると山内は、ロンドンで西郷海軍大臣と面識を得た可能性があること、斎藤がアームストロング社を訪問した前後に会合していること、造兵学の教えを受けるなど原田とも親しいことなどを勘案すると、この間の経緯を知ることのできる可能性が高いといえよう。ただし彼が実際に呉兵器製造所の設立に関わるのは帰国した二四年以降のことであり、帰国以前の実態については把握していない。なお山内は斎藤との親密さを隠すためか、『回顧録』ではいっさいこの時のことに触れていない。

次に、明治二四（一八九一）年一〇月四日に帰国する頃までの山内の経歴[45]と活動について、やや詳しく述べることにする。山内の出自について、歴代の呉鎮守府司令長官の研究をしている津田文夫氏は、万延元（一八六〇）年三月二九日に熊本出身の父仁（あるいは二）右衛門、母幸の子供として江戸麻布に生まれたと述べている。また幼年期に影響を与えた人物として曹洞宗禅僧の鴻雪爪、海軍兵学寮に入学をすすめ学力を授けた恩人として「近藤真琴の世話になっていたとせざるを得ない」と推定している。(46) この点について『近藤真琴伝』は、父の死後に能の金剛流家元の金剛右近の内弟子となったが、才気を見抜き学問をさせた方が良いと考えた右近は近藤に託し、「真琴は万寿治を自宅に引き取って学習させ、明治六年、海軍兵学寮予科に進学させ」、卒業後の一五年に山内は数学・英語を学ぶために攻玉社に再入塾したが、この年に近藤は、「愛娘を、身内同様に育てた文字通り愛弟子である万寿治と娶わせた」と述べており妥当な解釈といえよう。(47) 当時の攻玉社には海軍を志願する青年が競って入塾しており、その結果、「日清戦争中、海軍に従軍した将校総数六〇六名中二三四名の者は攻玉社の出身者……日露戦争においては海軍将校数一四二五名中、攻玉社出身者は二九三名」を数えるほどであった。(48) 薩摩閥とはいかないまでも、攻玉社という同門意識の強い一大勢力のなかでの特殊な位置づけが、のちの山内の活動を支えたと思われる。

さらに明治六（一八七三）年一〇月二七日の海軍兵学寮への入寮（第六期）後の足跡をたどると、七年一〇月一七日に本科に入り、一〇年七月一三日の終期試験をへて乗艦実習を経験、一二年七月八日の卒業大試験に合格、八月九日に少尉補に任官した。同期に海軍大臣、首相になった斎藤、海軍の教育制度を確立した坂元俊篤がおり、級中の三秀才と呼ばれるが、卒業席次は山内が首席であった。(49) 山内には、攻玉社における特別な地位、兵学寮の首席、そしてのちに海軍次官、海軍大臣となる斎藤と同期という有利な条件があった。

その後に山内は、「乾行」「摂津」に乗り組み、明治一四（一八八一）年四月一四日に海軍兵学校兼勤、一五年九月八日に海軍少尉（以下、海軍を省略）、一七年一月二三日に海軍兵学校の教授に就任、同年二月二五日に中尉、四月二一日に軍事部出勤となり二四日にフランス・ドイツに派遣された（四月二七日出発）。このように山内は兵学校への勤務後、ほとんど兵学校で砲術教官としてすごしたが、その間に造兵について興味をもち原田から教えを受けている。

ヨーロッパに到着した山内は、ドイツのキールで語学の勉学に専念したのち砲術・造兵学の習得を目指すが、しばらくは受入先が決まらず、西園寺公望オーストリア公使の斡旋により明治一九年一月三一日にオーストリア海軍に編入を許され、ここで四年間にわたり砲術・造兵学の調査・研究を続ける機会を得た[50]。なおこの間、先に述べたように一九年にイギリスにおいて西郷海軍大臣一行と会見している可能性が高い。

留学中に山内は、後述するように明治二一（一八八八）年から二二年にかけて海軍省より速射砲を採用する際に調査を命じられ、アームストロング社から秘密とされていた情報を得、同社の一二センチ速射砲採用に重要な役割を果たすとともに、速射砲の製造技術を伝授された（第八章第三節を参照）。また砲架の改良に取り組み、「同心退却砲架及自働閉鎖機ヲ考案シ試製方ヲ当局ニ上申セリ然ルニ其ノ認可ヲ得ザリシモ『アームストロング』会社ノ懇請ニヨリ試製スルヲ許サレタル四十七密砲ガ非常ノ好成績ヲ示セルヲ以テ海軍省ハ山内大尉考案ノ五十七密砲ノ製作ヲ安社ニ註文スルニ至レリ、同砲ハ明治二十五年本邦ニ艀着シ試験ノ結果同年九月十七日達第六十九号ヲ以テ我海軍ニ採用」された[51]。このように彼は、多くの実績を残すとともにアームストロング社との密接な関係を築いて帰国したのであった。

最後に、西郷海軍大臣一行の帰国後の呉兵器製造所設立計画の動向について考えることにする。といっても資料が乏しく推測の域を出ないのであるが、これまでのことを勘案すると、設計図の提供を受けたか否かは確認できないが、原田に対してアームストロング社から具体的なアドバイスがなされた可能性は高い。なお計画の開始について原田は、後述するように呉兵器製造所設立計画は明治二〇（一八八七）年に開始したと述べているが[52]（第三節第二項を参照）、それは帰国後に彼を中心に計画が本格化したことを示しているといえよう。アームストロング社からの指導により原田を中心に、製品、工場建設地、工場規模、据付機械、予算、従業員人数など計画の具体化がはかられたものと思われる。もちろん二二年に至るまでこうした作業は、海軍省内だけで密かにすすめられた。

三　呉兵器製造所設立計画の作成と決定

こうした準備ののち、明治二二（一八八九）年一一月二五日、野村貞大佐、原田・前田亨両大技監の三名が造兵廠設立取調委員に任命された。このうち野村は、「富士山」艦長から五月一五日に海軍造兵廠長に転じた武官で、兵器製造には直接関係のない経歴であった。これに対して、原田は東京の海軍造兵廠製造科長、前田は海軍省第二局第一課長としてともに軍人出身ながら、多年にわたり東京の海軍造兵廠に勤務するなど兵器製造技術に通じており、両人はこの計画の中核を担うことが期待されていた。

明治二三（一八九〇）年二月八日、調査の結果、新兵器製造所の所在地について、「呉軍港ヲ以テ最適ノ地」と定め(53)、呉鎮守府兵器部兵器庫の隣接地に建設することにした。なお呉軍港を選定した理由についての詳細は第三節に譲るが、ここが防御に最適な瀬戸内海の中間に位置しており、海軍はそこに鎮守府および造船部とともに呉兵器製造所を設置することを理想と考え

表5－3　呉兵器製造所の建築費予算（明治23年2月）　単位：円

	建築費（地所買上費もふくむ）	器械費	作場費	計
明治22年度	70,000	0		70,000
23	47,760	0	2,240	50,000
24	67,760	0	2,240	70,000
25	97,000	0	3,000	100,000
26	54,000	42,600	3,400	100,000
27	21,220	75,780	3,000	100,000
28	97,000	0	3,000	100,000
29	9,070	87,930	3,000	100,000
30	72,370	124,120	3,510	200,000
31	45,840	350,660	3,500	400,000
32	176,080	218,920	5,000	400,000
33	125,400	269,600	5,000	400,000
34	55,100	381,400	5,000	441,500
計	938,600	1,551,010	41,890	2,531,500

出所：「兵器製造所建築費取調書」明治23年2月（「兵器製造所設立書類　三」）。
註：明治32年度の建築費は7万6080円と記述されているが、単純な誤りと思われるので訂正した。

ていたという点のみを指摘しておく。

明治二三年二月、造兵廠設立取調委員より呉兵器製造所工事計画および建築費取調書が提出された。これによると、表五－三に示したように呉兵器製造所は、二五三万一五〇〇円の予算で、二二年度より三四年度まで一三年間にわたって建設されることになっていた。この予算を費目別に分類すると、建築費（地所買上費もふくむ）九三万八六〇〇円、器械費一五五万一〇一〇円、作場費四万一八九〇円と、器機費が多い。このように長期にわたる計画となった最大の理由は財政面であることはもちろんであるが、技術的にも解決しなければならない問題が多かったものと思われる。なおこの計画は、七月九日に樺山資紀海軍大臣により許可され工事着手の訓令が出された。

他の工事計画と同じように、この時も生産品目等の計画は提示されなかったようである。ただし兵器については次節の第二項で取り上げる「二十四年度歳出臨時部土木費予定経費明細書ニ対スル質問　第三項　兵器製造所建築費」に記述されているので、ここではそれとは少し異なるが、もっとも重要な大砲の製造についての計画を示すと、二四センチ砲（年間八門）、一七センチ砲から一二センチ砲（同二〇門）、一〇センチから四センチの速射砲あるいは機砲（同三〇門）となっている。[54]またこの資料にはないが、大砲の付属兵器、魚形水雷、小規模な製鋼所の設置が計画されていた。なお具体的な計画の内容に関しては、製品をふくめて次節で補うことにする。

第三節　呉兵器製造所設立計画の変更と存続問題

本節では、他の章ではみられない計画の変更と進捗中の事業を存続するか廃止するかという問題を取り扱う。そして呉兵器製造所設立計画の具体像、計画から事業の開始に至る過程の実態、呉兵器製造所の目的と役割、議会や陸軍

単位：円

26	27	28	29	30	31	32	33	34	計
									12,203
29,000									257,317
									6,000
									3,000
									3,000
									10,000
10,000									10,000
10,000									10,000
									5,000
									5,000
									10,000
5,000									5,000
	2,620								2,620
	10,000								10,000
	8,600								8,600
		57,600							57,600
		39,400	6,680			30,720			76,800
			2,390	30,610					33,000
				36,000					36,000
				5,760	7,040				12,800
					38,800	33,200			72,000
						36,000			36,000
						10,600			10,600
						4,900			4,900
						48,000			48,000
						8,960			8,960
							15,000		15,000
							16,000		16,000
							3,500		3,500
							71,000		71,000
							19,900		19,900
								7,200	7,200
								18,900	18,900
								7,000	7,000
						3,700			3,700
								12,000	12,000
								10,000	10,000
54,000	21,220	97,000	9,070	72,370	45,840	176,080	125,400	55,100	938,600

表5－4　呉兵器製造所建築費予算(明治23年2月)

		明治22年度	23	24	25
地所買上	11町4反1畝14歩	12,203			
山地開鑿土工		57,797	25,760	57,760	87,000
用水水道土工			6,000		
下水新設土工			3,000		
下水新設石材諸色			3,000		
用水水道鉄管その他材料諸式			10,000		
鉄道布設用諸鉄軌買上					
鉄道布設工事費					
事務所	木製1棟250坪			5,000	
製図場	レンガ石造1棟100坪			5,000	
倉庫	レンガ石造1棟100坪				10,000
検査場	レンガ石造1棟100坪				
工場地均し土工					
工場地均し用石材類					
ガス製出場建築	鉄製家屋1棟110坪				
鋳工場	レンガ石造1棟480坪				
鍛工場	レンガ石造2棟384坪、256坪				
鋼鉄鋳造場	レンガ石造1棟550坪				
製弾機械場	レンガ石造1棟300坪				
弾淬硬場	レンガ石造1棟120坪				
砲架機械場	レンガ石造1棟600坪				
木工場	レンガ石造1棟400坪				
火工場	レンガ石造4棟				
舎密場	レンガ石造1棟70坪				
機械集成場	レンガ石造1棟480坪				
黄銅鋳造場	レンガ石造1棟120坪				
材料庫	レンガ石造1棟250坪				
塗ならびに革工場	レンガ石造1棟200坪				
金属試験場	レンガ石造1棟50坪				
造砲機械場	レンガ石造1棟600坪				
薬包機械場鉄製家屋改築	レンガ石造1棟500坪				
淬硬ならびに収縮場	レンガ石造1棟75坪				
水雷機械場	レンガ石造1棟320坪				
水雷集成場	レンガ石造1棟100坪				
火工場土壁	1ヵ所				
埠頭新設土工					
埠頭新設石材その他					
計		70,000	47,760	67,760	97,000

出所：前掲「兵器製造所建築費取調書」。

単位：円

27	28	29	30	31	32	33	34	計
43,300			63,350					125,850
			43,050					66,450
		87,930		253,000				340,930
					21,930			21,930
						8,500		8,500
					98,910			98,910
				56,160	28,290			84,450
						16,100		16,100
					4,800			4,800
					14,500			14,500
					3,450			3,450
					2,900			2,900
						9,820		9,820
15,200								15,200
						156,020	51,340	207,360
							44,440	44,440
							121,100	121,100
							13,000	13,000
						36,070		36,070
							84,000	84,000
17,280			17,720	41,500	44,140	43,090	67,520	231,250
75,780	0	87,930	124,120	350,660	218,920	269,600	381,400	1,551,010

との関係などを明らかにすることを目指すが、このことは、本書が対象とする他の組織の設立問題を考察する際にも、示唆を与えてくれるものと思われる。このように重要な問題であるので全体を検証するとともに、また疑問点についても明らかにする。

一　計画の変更

呉兵器製造所設立計画の変更を対象とする前に、まず当初計画を確認する。そのためにすでに示した年度割全体予算の内訳をみると、建築費については表五－四のように、当初は土地の購入や基盤整備に重点がおかれ、多額の予算が必要とされる製鋼工場をふくむ主要工場の建設は明治二八年度以降、とくに三〇年代に集中している。また器械については表五－五のように二六年度以降に限定、とくに三〇年度以降に多く

表5－5　呉兵器製造所器械費予算(明治23年2月)

		明治26年度
鍛工場	高圧蒸気罐他33廉	19,200
鋳造場	10トン円形鎔銑炉他16廉	23,400
鋼鉄鋳造場	12トンマーチン・シーメンス氏鋼炉他18廉	
木工場	野砲機砲架々軸製造機械他8廉	
塗ならびに工場	諸器具他1廉	
砲架機械場	120馬力蒸気機関他22廉	
製弾機械場	弾体施床他13廉	
機械集成場	鉄製15トン梁上クレーン、蒸気機関付他3廉	
黄銅鋳造場	黄銅鎔炉他3廉	
弾淬硬場	ガス装置煖炉台他4廉	
火工場	温室銅管類他2廉	
舎密場	煙筒他1廉	
金属試験場	12馬力蒸気罐ならびに機関他7廉	
ガス製出場	ガス管他2廉	
造砲機械場	50馬力蒸気罐他30廉	
淬硬ならびに収縮場	40トン梁上クレーン他7廉	
水雷機械場	35馬力蒸気機関他46廉	
水雷集成場	梁上クレーン他5廉	
薬包機械場	機械装置他2廉	
埠頭クレーン	85トンクレーン他1廉	
機械運搬ならびに保険料	ヨーロッパより呉港まで機械運搬ならびに保険料	
計		42,600

出所：前掲「兵器製造所建築費取調書」。
註：計の一致しないもの、数字の一致しないものは、他の資料により照合し訂正した。

なっている。また図五－一をみると、これらの工場がいつ、どこに建設されるのかということを概観できる。

呉兵器製造所設立計画は主に三回にわたって変更されているが、これまでの研究では、二回目のみが取り上げられてきた。もちろんその時がもっとも重要なことに異存はないが、全体を分析することによって個々の問題の意味が把握できることもあり、ここでは三回とも対象とする。

工場用地の整備、倉庫の建設などの工事が行われていた明治二五（一八九二）年、三景艦のうち唯一国内の横須賀鎮守府造船部で建造されている「橋立」(四二七八トン)を呉軍港に回航し、フランスで製造された三二センチ主砲の搭載に必要なクレーンを早期に据え付けるため、呉兵器製造所設立計画は変更されることになった。この件に関

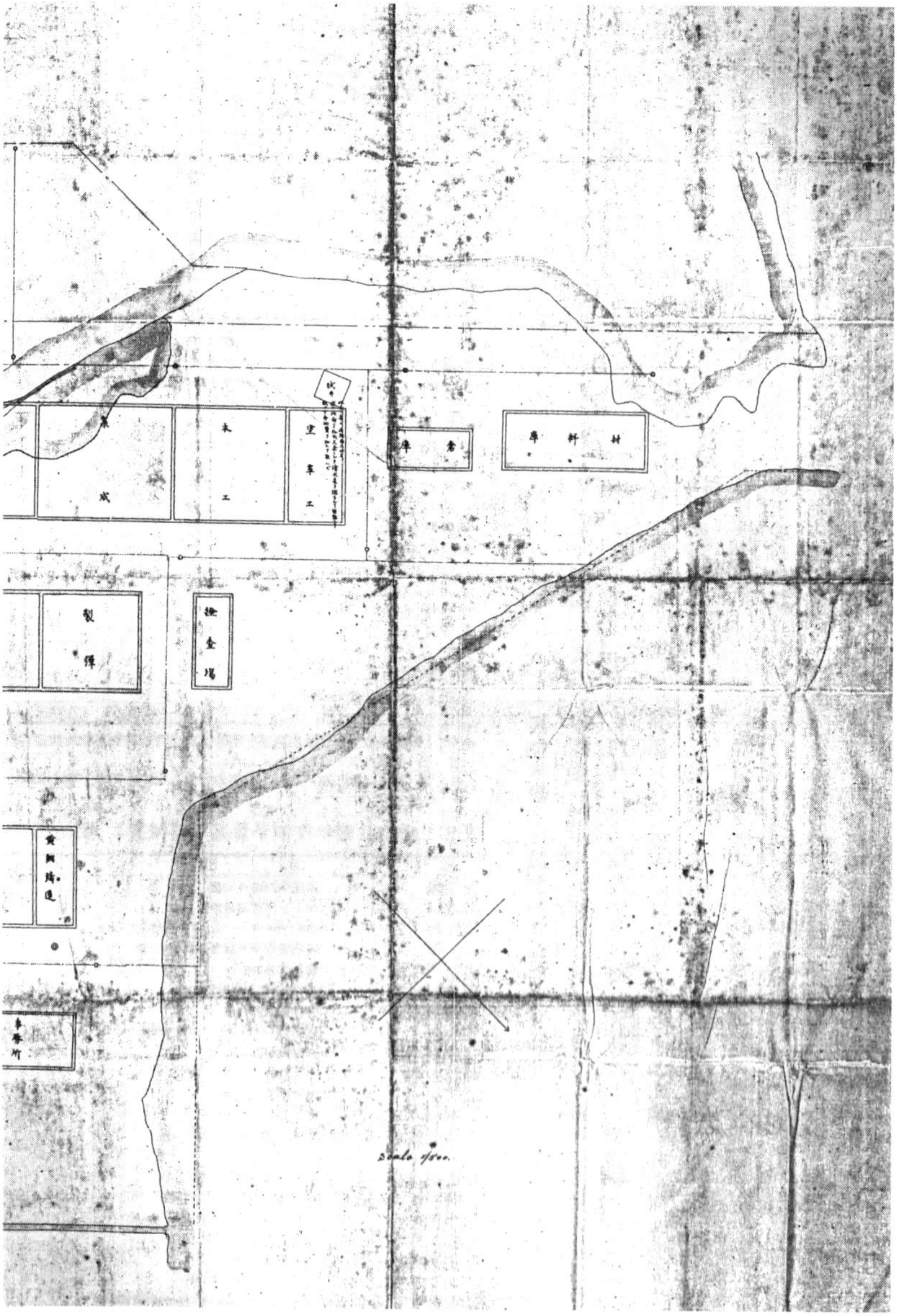

出所：「兵器製造所建設建物の配置（仮題）」明治23年7月9日（「兵器製造所設立書類　一」（防衛研究所戦史研究センター所蔵）。

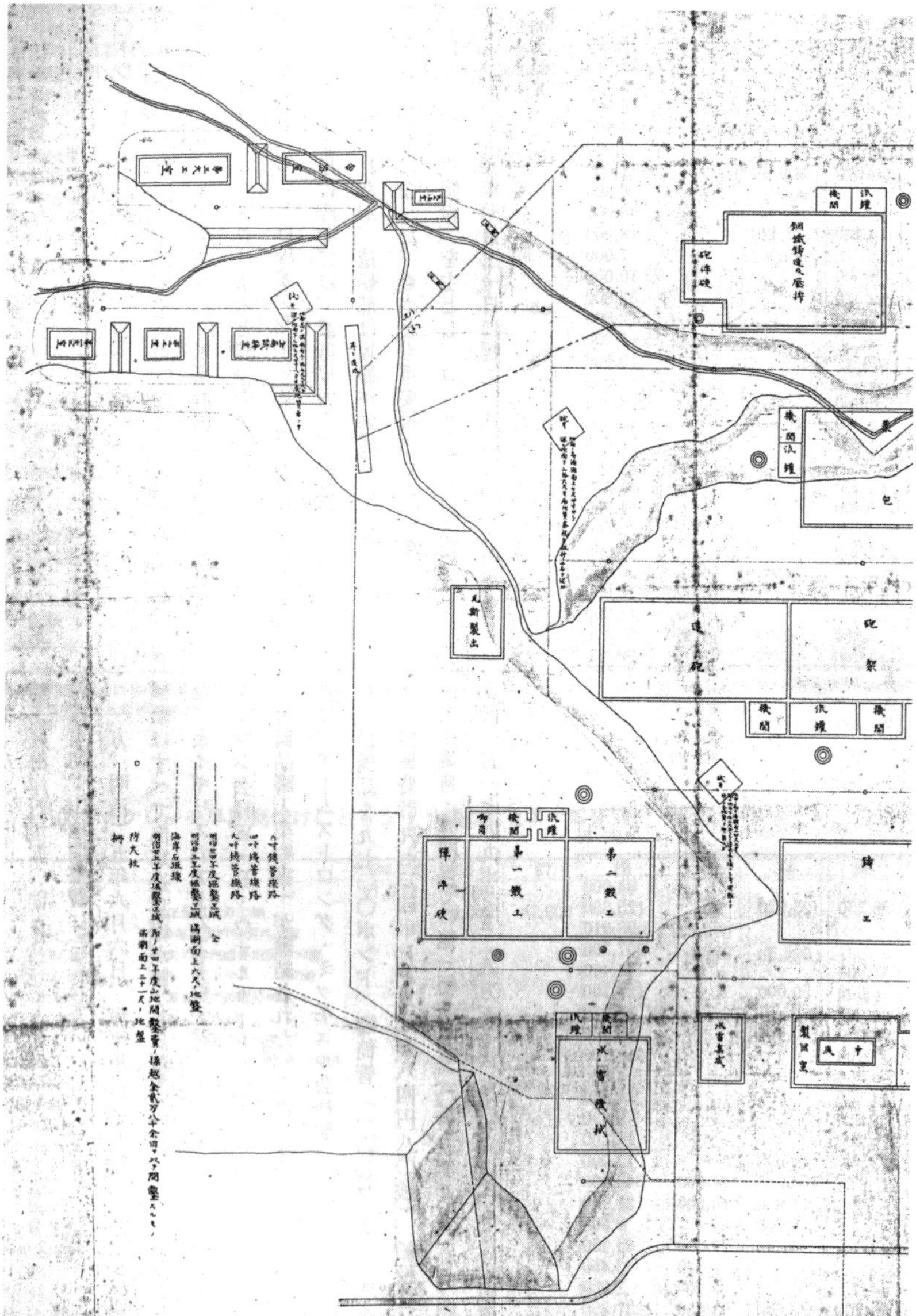

図5－1　呉兵器製造所計画図(明治23年)

しては、当初、横須賀で行われることになっていた「橋立」への主砲の装備は、安全性に疑問が出されフランスに変更されたのであるが、「然ルニ明治二十五年一月百噸起重機ヲ至急呉ニ設置スルコトニ決定シ既ニ工事進捗中ナルヲ以テ橋立ノ仏国回航ヲ取止」めたと、淡々とその理由が記されている。[55]

呉軍港において「橋立」の主砲を搭載することに決定したのと同じ明治二五（一八九二）年一月、「呉兵器製造所ニ建設スヘキ海岸起重器ハ八十五噸ノ予定ニ候処砲種ノ進歩著大ニシテ将来尚重量増大ノ砲種ヲ要シ候哉モ難計且器械モ年数経過ノ後幾分ノ器械力ヲ減少候ハ必然ニ付百噸ノ器械ニ更定」した[56]（明治二五年一月一九日に決裁）。この一〇〇トンという能力は、アームストロング社でも一八年にイタリア政府に販売した一六〇トンに次ぐ規模のクレーンであり[57]、「橋立」と同型艦の「厳島」や「松島」の主砲の重量が六六トンであることを考えると、まさに将来は戦艦に主砲を搭載することも見込んだ変更といえよう。そして表五－五のように三四年度予算に計上されていたクレーン設置費を二五年度以降に繰り上げるなど計画を変更、二月二〇日に海軍省第二・第三局長より呉鎮守府司令長官に照会されている。なお予算変更は、表五－六と表五－七、表五－八に示したように巧妙に建築費と器械費の支出を調整することによって年度割合計を変えないという条件のなかで行われている。このようにみてくると、「橋立」の主砲搭載のためという理由で一〇〇トンクレーンを呉軍港へ設置した背景には、後述する存続か廃止かの討論の対象とされている呉兵器製造所の設立を確実なものとし、さらに将来はここを主力艦用の兵器の製造も可能なものに拡張したいという、海軍省内の関係者の強い意図があったといえよう。

ほぼ時を同じくして、二回目の計画の変更が問題となった。明治二四（一八九一）年一〇月四日に新技術を習得して帰国した山内大尉は、一〇月二二日に製鉄所設立案取扱委員、一〇月三〇日に海軍造兵廠検査科長心得兼海軍技術会議議員、二五年二月九日に造兵廠設立取調委員（後述するように二三年七月九日に新造兵廠は兵器製造所と改称されるが、委

表5－6　100トンクレーン早期据付けにともなう予算の変更（明治25年6月）　単位：円

	建築費		器械費		計
	当初計画	新計画	当初計画	新計画	（新計画）
明治25年度	97,000	89,000	0	11,000	100,000
26	54,000	4,570	42,600	95,430	100,000
27	21,220	56,830	75,780	43,170	100,000
28	97,000	64,620	0	35,380	100,000
29	9,070	20,000	87,930	80,000	100,000
30	72,370	103,510	124,120	96,490	200,000
31	45,840	148,290	350,660	251,710	400,000
32	176,080	155,600	218,920	244,400	400,000
33	125,400	77,060	269,600	322,940	400,000
34	55,100	71,010	381,400	370,490	441,500
計	753,080	790,490	1,551,010	1,551,010	2,341,500

出所：「呉兵器製造所建築事業変更並ニ予算年度割変更ノ件」明治25年6月14日（「兵器製造所設立書類　一」）。
註：新計画には、当初計画で独立していた作場費が建築費にふくまれている。

員についてはこの他に呉兵器製造所設立取調委員などさまざまな名称が用いられている）に任命された。[58] 山内は本務の東京の海軍造兵廠については、「到底吾等如き新参者の力に及ばざれば、寧ろ此際旧窟を去り新規創設の一日も忽にすべからざるを看破し、乃ち此方面に関して大に画策する所あらんと欲し、同じく委員たりし原田、前田の両氏とも屢々協議を重ね、只管之が進捗に全力を尽くした」のであった。[59] こうした回想を裏づけるように山内は、二五年三月に呉に出張して建築工事の現場を視察し、復命書に添えて次のような速成案を提出した。[60]

（一）二十六年度以降五ケ年ニシテ完成セシム
（二）之カ為メ工場設備ヲ十五拇速射砲ヲ新製シ三十二拇砲迄ノ修理ヲ行ヒ得ル程度ニ止ム
（三）製鋼工場ハ目下官立製鋼所計画中ニシテ議会通過ノ見込アルニ鑑ミ之ヲ設ケサルコト
（四）右年度繰上並ニ規模縮少ノ結果総額ニ於テ七十五万七千五百三十円ヲ減少スルコトヲ得ト云フニ在リ

単位：円

28	29	30	31	32	33	34	計
18,650							115,650
							3,000
							3,000
							6,000
5,000							10,000
9,420							12,620
28,550	11,400	6,250					70,400
	5,600						5,600
		4,400					4,400
		25,000	47,000				72,000
		25,000	36,000	10,000			71,000
		8,600					8,600
		24,260	23,740				48,000
				13,480	5,420		18,900
		7,000					7,000
			1,500	8,500			10,000
			12,480	40,320			52,800
			5,520	7,280			12,800
			7,200				7,200
			10,000				10,000
				5,350			5,350
				8,960			8,960
				14,260	29,940		44,200
				3,700			3,700
					17,100	18,900	36,000
				10,600			10,600
				4,900			4,900
				3,500			3,500
				19,900			19,900
					19,750	16,250	36,000
						16,000	16,000
						15,000	15,000
3,000	3,000	3,000	4,850	4,850	4,850	4,860	37,410
64,620	20,000	103,510	148,290	155,600	77,060	71,010	790,490

表5－7　100トンクレーン早期据付けにともなう建築費予算の変更(明治25年6月)

		明治25年度	26	27
埠頭新設工事		82,000	1,070	13,930
下水新設石材諸色		3,000		
下水新設土工		3,000		
用水水道土工				6,000
工場地均し用石材				5,000
工場地均し用土工				3,200
鍛工場	レンガ石造2棟384坪、256坪			24,200
事務所	木製1棟200坪			
製図場	木製1棟200坪			
砲架機械場	レンガ石造1棟600坪			
造砲機械場	レンガ石造1棟600坪			
ガス製出場	鉄製家屋1棟110坪			
機械集成場	レンガ石造1棟480坪			
水雷機械場	レンガ石造1棟320坪			
水雷集成場	レンガ石造1棟100坪			
鉄道布設工事				
鋳工場	レンガ石造1棟480坪			
弾淬硬場	レンガ石造1棟128坪			
淬硬ならびに収縮場	レンガ石造1棟75坪			
鉄軌買上				
検査所	レンガ石造1棟100坪			
黄銅鋳造場	レンガ石造1棟112坪			
鋼鉄鋳造場	レンガ石造1棟550坪			
火工場土壁				
製弾機械場	レンガ石造1棟300坪			
火工場	木製4棟 屋根瓦葺			
舎密場	レンガ石造1棟70坪			
金属試験所	木製50坪			
薬包機械場改築	500坪			
木工場	レンガ石造1棟400坪			
塗ならびに革工場	木製200坪			
材料倉庫	レンガ石造1棟250坪			
作場費		1,000	3,500	4,500
計		89,000	4,570	56,830

出所：前掲「呉兵器製造所建築事業変更並ニ予算年度割変更ノ件」。
　註：計の一致しないもの、数字の一致しないものは、他の資料により照合し訂正した。

単位：円

27	28	29	30	31	32	33	34	計
								84,000
37,600					56,330	25,920		125,850
	34,640	64,270						98,910
		4,770	85,990	116,600				207,360
				16,540	27,900			44,440
				66,100	5,000	50,000		121,100
				35,070	1,000			36,070
					36,050	30,400		66,450
					16,100			16,100
					4,800			4,800
					14,500			14,500
					9,820			9,820
					15,200			15,200
					2,500	10,500		13,000
						156,330	184,600	340,930
						11,930	10,000	21,930
						8,500		8,500
						6,760	77,690	84,450
							3,450	3,450
							2,900	2,900
5,570	740	10,960	10,500	17,400	55,200	22,600	91,850	231,250
43,170	35,380	80,000	96,490	251,710	244,400	322,940	370,490	1,551,010

山内大尉は、大砲と帝国議会に上程され可決の見込みのある製鋼事業を計画から除外し、同計画で一〇センチ以下とされていた速射砲を一五センチに拡大し、製造を早期に実現しようとしたのであった。すでにアームストロング社において速射砲の威力を確認し、またその製造技術を会得していた山内は、清国との関係が悪化しているなかで、一刻も早く速射砲の製造を開始すべきと考えたものと思われる。注目すべき点は、『海軍造兵史資料　仮呉兵器製造所設立経過』には「兵器製造所設立書類」にはみられない、「然レトモ本案ニ依レハ十七拇以上ノ砲ヲ製造シ得サルコトトナルヲ以テ此議ハ遂ニ採用セサルコトニ決定セリ」とその結末が記されていることである[61]。こうした記述は重要視されるべきものであるが、『海軍造兵史資料　仮呉兵器製造所設立経過』の編集者である有馬成甫氏の見解

表5－8　100トンクレーン早期据付けにともなう器械費予算の変更(明治25年6月)

		明治25年度	26
埠頭クレーン		11,000	73,000
鍜工場	高圧蒸気罐他33廉		6,000
砲架機械場	120馬力蒸気機関他22廉		
造砲機械場	50馬力蒸気罐ならびに機関他30廉		
淬硬ならびに収縮場	40トン梁上クレーン他7廉		
水雷機械場	35馬力蒸気機関他46廉		
薬包機械場	機械装置他2廉		
鋳工場	10トン鎔銑炉他16廉		
機械集成場	鉄製15トン梁上クレーン蒸気罐共他3廉		
黄銅鋳造場	鎔炉他3廉		
弾淬硬場	ガス装置煖炉台他4廉		
金属試験場	12馬力蒸気罐ならびに機関他7廉		
ガス製出場	ガス管他2廉		
水雷集成場	梁上クレーン他5廉		
鋼鉄鋳造場	12トンマーチン・シーメンス氏鋼炉他18廉		
木工場	野砲機砲架々軸機械他8廉		
塗ならびに革工場	諸器具他1廉		
製弾機械場	弾体旋床他13廉		
火工場	温室銅管類他2廉		
舎密場	煙筒他1廉		
機械運搬ならびに保険料	ヨーロッパより呉港まで機械運搬ならびに保険料		16,430
計		11,000	95,430

出所：前掲「呉兵器製造所建築事業変更並ニ予算年度割変更ノ件」。

という可能性もすてきれない。

ここで「兵器製造所設立書類」によって、山内大尉の速成案に対する審議過程を検証する。それによると山内案に対し原田大技監は、旧計画の順序を変更して明治三二年度までに山内案と同じ生産能力を整備し、その後に大砲製造工場や製鋼工場を建設するという対案を作成している[62]。そして前田、原田、大河平大技監、山内、貴志泰大技士、坂東喜八技手の六名により両案の内容の確認、利害について検討がなされた。その結果、旧計画の順序を変更した乙号(原田案)と新計画である甲号(山内案)の利害が、次のように整理された[63]。

旧計画ノ順序ヲ更正シタルトキノ利害

第一ノ利　廿四拇砲以下ヲ新製シ修理ハ廿六拇以下内筒ヲ換装シ得ル事

第二ノ利　造兵事業ヲ中止セザル事

第一ノ害　造兵新事業ヲ始ムルニ廿六年ヨリ八年目ニシテ新計画ヨリ後ル、コト二年ナル事
第二ノ害　卅二年半期已後二ヶ年半ハ工場東京、呉ノ両所ニ分レ不便ナル事
第三ノ害　初年ノ支出額少ク末ニ至テ増加ス、故ニ起業上整理ニ困難ナル事

新計画ノ利害
第一ノ利　竣工年度ヲ四ヶ年短縮スルヲ以テ造兵新事業ヲ始ムル事モ亦早シトス
第二ノ利　費額ニ於テ凡ソ七拾五万円、減少スル事
第一ノ害　十七拇以上ノ砲ニ至テハ新造シ得ザル事
但シ内筒ヲ換装スル等ノ大修理ハ行フ能ハス
砲架ノ修理モ亦之ニ準ス
第二ノ害　製鋼所設立議案通過セサルトキハ小製鋼場ヲ追加スル為メニ更ニ二拾余万円ノ請求ヲ要スル事

こうした検討を重ねた六名は、明治二五（一八九二）年三月二四日に連名で技術部門の責任者である相浦紀道海軍省第二局長あてに、「呉兵器製造所新設ニ関スル件」を提出した。そのなかで、「甲号山内大尉之新計画ニ依レハ十五拇砲マテヲ新製シ得、乙号即チ旧計画ハ二十四拇砲マテヲ新製シ得ルモノニ有之」と大砲の製造できる規模を問題とし、「軍器ノ独立ヲ主張候際従来ノ計画ヲ短縮シ製砲ノ事業ヲ十五拇ニ止メ候ハ得策ニ非スト思惟候ニ付旧計画ニ従ヒ乙号之通リ順序ヲ更正候方可然ト存候」と討議の結論を報告するとともに、相浦局長の指示を求めた(64)。

「兵器製造所設立書類」には、このほかに会計責任者の本宿宅命海軍省第三局長の意見もふくまれている。本宿第

三局長は、「最初ノ目的ヲ変セスシテ砲ノ大ナルモノモ海軍ニテ造ルモノナラハ乙号案ハ可ナリ目的ヲ変スルモノナラハ甲号案ヲ可トス」とし、「本官ハ先以テ最初ノ目的ヲ変セラル、ヤ否ヤヲ決セラレンコトヲ望ム」と、目的の重要性を強調する。(65) 議会の状況に通じていた本宿によると、甲号は全体として七五万七五三〇円の予算の縮小となるものの、期間を三年縮小し前半に事業を集中するため明治二六年度から二九年度まで予算を超過することになり、それには帝国議会の協賛が必要であり、そうなると議会が求めているように、「砲ノ大ナルモノハ陸軍ニテ製造シ海軍ニテハ其小ナルモノ、ミヲ製造スルコトヲ確定セサルヲ得ス」という結果になるという懸念があった。(66) このように甲号(山内案)と乙号(原田案)の検討結果では、六名は二四センチ砲の製造が可能な原田案を支持、本宿第三局長は最初の目的を変更するか否かを決定することが大切と明確な態度は示さなかったが、山内案を採用すると議会や陸軍の反対にあい、これまで目的としてきた大砲の製造は不可能になると懸念を示すなど、実質的には原田案に与していたと考えるべきであろう。

「兵器製造所設立書類」には、この問題の結論を示す文書はふくまれていない。しかしながらこれ以降の工事において、速射砲などにとどまらず大砲の生産施設や製鋼所の建設がすすめられたことを考えると、原田案が採用されたことは明白といえよう。したがって『海軍造兵史資料　仮呉兵器製造所設立経過』の山内案は、「採用セサルコトニ決定セリ」という記述は正しいと考えられる。

二回目の計画の変更をめぐる経緯を検証した結果、そこには造船部の時と同様、というよりそれ以上に長期的展望に立脚して、段階的に計画を実現していこうという意図が確認された。目前の目標のために大砲製造や製鋼事業を中止することは、当時の帝国議会の状況を考えると半永久的にそれを失いかねないと判断したものと思われる。また造船部の時もみられたことであるが、今回はより具体的に呉兵器製造所設立計画によって予算を獲得したのち、工事の開始を前に状況の変化を踏まえた修正を加えた方策を採用することが明らかになった。また大砲製造と製鋼事業計画の中止と予算の組替えを必要とする計画の変更を認めなかった理由は、ここで二事業を中止すれば巡洋艦の兵装が可能な兵器を製造することとともに、次なる飛躍を目指す布石の役割も失いかねないという危機感があったのではないかと思われる。なお相浦第二局長への答申が山内をふくむ全委員名でなされていること、決定した原田案は速射砲の早期製造という点で山内案を取り入れたものであることを勘案すると、この時の討論は他を排撃するような性質のものではなく、より良い方策を求めての生産的なものであったといえよう。

明治二六（一八九三）年六月二〇日、山内は造兵廠設立取調委員兼造兵監督官としてイギリス出張を命じられた。そして六月三〇日に呉兵器製造所建設用の機械の購入に必要な調査をなすこと、七月四日に、ワシントンにおいて「甲鉄戦艦へ備付クヘキ十二吋砲身材料ノ儀ニ付調査ヲ為シ及同材料試験法等ヲ調査スヘシ」という注目すべき訓令を受け[67]、七月一四日に出発した。この点について山内の『回顧録』は、呉兵器製造所設立計画については、「徒らに原案を墨守すべきにあらず、且つ或程度までは製鋼業をも加味し、従来の如く単に坩堝炉のみに止めずして『シイメンス』式平炉を用ゆるの必要を認めたれば、更に之を欧米各国の現況に徴すべしとて、……製鋼業に経験ある坂東喜八氏を随行」したと述べている[68]。注意しなければならないのは、これを読むと山内が当初計画にふくまれていた製鋼計画を中止しようとした事実が微塵も感じられず、逆に彼の主導によって製鋼業が飛躍したかのような思えることである。それはともかくとして重要なのは、二六年度予算で甲鉄戦艦を発注した海軍は、その国産化に備え搭載兵器や甲鉄板の製造準備を開始したということである。

明治二六年一二月三〇日、山内委員は造兵監督官としてふたたびイギリスへの出張を命じられた。そのため出発に先立ち、呉兵器製造所の計画の変更に関して委員会が開催された。そしてこれまでの経緯を踏まえ、三二年度までに東京の海軍造兵廠赤羽工場を呉に移転、それまでに呉兵器製造所に一五センチ以下の速射砲を製造できるように施設・設備を整備することにした。もちろん従来の総予算額はもとより、各年度割予算支出額もそのままとして、ただその支出内容を組み替えることによってそれを実現するようになっていた。

明治二七（一八九四）年二月一三日、イギリスにおいて呉兵器製造所の修正計画を樹立した山内委員は、それを東京の海軍造兵廠長で造兵廠設立取調委員長の諸岡頼之大佐に提出した。

修正の要点を予算変更（表五－九）と建築費予算（表五－一〇）、器械費予算（表五－一一）を参考にしながら分析すると、二七年度においてはすでに決定している鍛工場はそのまま建設するものの、二八年度には水雷機械場、水雷集成場を建設し、二九年度に鍛工場の残工事も完了することになっている。そして三〇・三一年度に砲架機械場、造砲機械場、鋳工場を整備して小口径の砲身の製造を可能にし、三二年度には鋼鉄鋳造場やその他の工場を建設し、三三年度には製鋼業の準備を終えるとともに製弾施設の整備に着手、最終の三四年度に全生産施設・設備と事務所や完備された製図室、検査場、倉庫などの建設を終了するというものであった。これによると建築費と器械費の組替えによって二九年度中に魚形水雷、三二年度中に一五センチ以下の速射砲を製造しようと苦心していることがわかる。なお表五－九によると、前計画と新計画の年度予算は一致しており、年

表5－9　呉兵器製造所の修正計画予算（明治27年5月）　　単位：円

	建築費		器械費		計（新計画）
	前計画	新計画	前計画	新計画	
明治25年度	89,000	89,000	11,000	11,000	100,000
26	4,570	4,570	95,430	95,430	100,000
27	56,830	56,830	43,170	43,170	100,000
28	64,620	64,620	35,380	35,380	100,000
29	20,000	20,000	80,000	80,000	100,000
30	103,510	103,510	96,490	96,490	200,000
31	148,290	148,290	251,710	251,710	400,000
32	155,600	155,600	244,400	244,400	400,000
33	77,060	77,060	322,940	322,940	400,000
34	71,010	71,010	370,490	370,490	441,500
計	790,490	790,490	1,551,010	1,551,010	2,341,500

出所：「呉兵器製造所建築事業変換并ニ予算年度割変換之件」明治27年4月（前掲「兵器製造所設立書類　一」）。
註：計の一致しないもの、数字の一致しないものは、他の資料により照合した。

表５－10　呉兵器製造所修正計画建築費予算（明治 27 年５月）　単位：円

摘要	明治25年度	26	27	28	29	30	31	32	33	34	計
埠頭新設工事	82,000	1,070	13,930					18,650			115,650
下水新設石材	3,000										3,000
下水新設土工	3,000										3,000
用水水道土工			6,000								6,000
工場地均し用石材			5,000							5,000	10,000
工場地均し土工			3,200							9,420	12,620
事務所ならびに製図場										10,000	10,000
鍛工場			24,200	35,720	10,480						70,400
砲架機械場					6,520	65,480					72,000
造砲機械場						7,000	64,000				71,000
鋳工場						11,950	40,850				52,800
ガス製出場						8,600					8,600
鋼鉄鋳造場							38,590	5,610			44,200
鉄軌買上								10,000			10,000
鉄道布設工事								1,500	8,500		10,000
火工場土壁								3,700			3,700
黄銅鋳造場						8,960					8,960
弾淬硬場								5,520	7,280		12,800
製弾機械場								4,770	31,230		36,000
火工場								10,600			10,600
舎密場								4,900			4,900
金属試験場								3,500			3,500
木工場								31,000	5,000		36,000
塗革工場								13,000	3,000		16,000
機械集成場								38,000	10,000		48,000
材料倉庫										15,000	15,000
淬硬ならびに収縮場									7,200		7,200
検査場										5,350	5,350
水雷機械場				18,900							18,900
薬包機械場										19,900	19,900
水雷集成場				7,000							7,000
作場費	1,000	3,500	4,500	3,000	3,000	1,520	4,850	4,850	4,850	6,340	37,410
計	89,000	4,570	56,830	64,620	20,000	103,510	148,290	155,600	77,060	71,010	790,490

出所：前掲「呉兵器製造所建築事業変換并ニ予算年度割変換之件」。

表5－11　呉兵器製造所修正計画器械費予算（明治27年5月）　単位：円

摘要	明治25年度	26	27	28	29	30	31	32	33	34	計
100トンクレーン	11,000	73,000									84,000
鍛工場		6,000	37,600	1,200	15,150	1,000			49,400	15,500	125,850
砲架機械場					15,580	33,620	34,210		7,660	7,840	98,910
造砲機械場						32,570	107,180	67,610			207,360
淬硬ならびに収縮場							15,500		6,800	22,140	44,440
水雷機械場				33,440	31,460				14,760	41,440	121,100
ガス製出場							10,000	5,200			15,200
機械集成場						9,800			1,860	4,440	16,100
黄銅鋳造場					1,450		3,350				4,800
弾淬硬場									4,460	10,040	14,500
金属試験場									3,390	6,430	9,820
銑鉄鋳造場					5,400		27,000	24,300	9,750		66,450
鋼鉄鋳造場						9,000	37,070	92,090	131,110	71,660	340,930
木工場									12,790	9,140	21,930
製弾機械場									53,030	31,420	84,450
火工場									1,360	2,090	3,450
舎密場										2,900	2,900
水雷集成場									3,970	9,030	13,000
薬莢場										36,070	36,070
塗革工場										8,500	8,500
機械運搬ならびに保険料		16,430	5,570	740	10,960	10,500	17,400	55,200	22,600	91,850	231,250
計	11,000	95,430	43,170	35,380	80,000	96,490	251,710	244,400	322,940	370,490	1,551,010

出所：前掲「呉兵器製造所建築事業変換并ニ予算年度割変換之件」。

度予算額を変えることなく計画の変更を実施したことがわかる。

こうして明治二五（一八九二）年から検討されてきた呉兵器製造所設立計画の変更は、二七年五月二日に海軍大臣の許可を得た。この変更は大筋で原田案に沿ったものであったが、費用対効果を考えて、まず水雷、次に速射砲、最後に大砲と製鋼と生産の順序を定めた点など、そこには作成者の山内委員の意図がかなり反映されている。山内は、「代価貴カラサル普通器械ヲ以テ事ヲ了シ得ベキ工業ハ抑モ如何ナル種類ナリヤト考フルニ魚形水雷製造ニ若クハナシ」と、魚形水雷を高く評価していた[69]。そして、「我手ニテ製造シ得ルハ信シテ疑ハズ成績モ亦舶来品ニ比シテ決シテ譲ラザルベキヲ保証ス」と述べるとともに、イギリスのホワイトヘッド社製品は高価で欠点が多いことをあげて、国産の有利性とそれを製造し得ると断言している。[70] なおこの計画によると、東京の海軍造兵廠の水雷機械一式を呉兵器製造所に移転し、二九年度に呉兵器製造所は東京の海軍造兵廠の呉分局として開業することになっている。

こうしたなかで後述するように日清戦争が勃発し、呉兵器製造所設立計画にもとづきながら仮兵器工場が建設されるという大きな変更が行われた。また仮兵器工場の建設がすすむなかで、明治二八（一八九五）年七月に呉造兵廠設立取調委員は、仮兵器工場が竣工する二九年度以降の呉兵器製造所設立計画の変更を具申した。この実質三回目の計画変更の骨子は、三四年度竣功予定の呉兵器製造所設立計画を二九年度から三一年度までの三年間に繰り上げるとともに、二九年度から三四年度までの予算総経費を一九四万一五〇〇円（建築費五五万六〇〇円、器械費一三六万六〇三〇円、作場費二万五四一〇円）を一五三万三二四〇円（建築費四五万九五一〇円、器械費一〇五万八〇三〇円、作場費一万五七〇〇円）に四〇万八二六〇円減額させるというものであった（印刷が不鮮明なため金額に不確定な点がある）。なお経費の削減は、「今回臨時軍事費ヲ以テ築造シタル呉仮設兵器製造所ハ将来大約十年乃至十二年間ハ保存ニ堪フベキ見込ニ付此保存ニ堪フベキ年期間ハ此工場ヲ利用シテ本設工場ノ建築ノ幾分ヲ縮少シ器械モ亦使用シ得ル限リハ専ラ之ヲ用フル」ことによって行われることになっている。[71]

こうした提案は海軍省に認められ、明治二八年七月二四日に大蔵省に追加予算の請求がなされた。しかし財源がないことを理由に大蔵省の許可は得られず、海軍省は三〇年以降に改めて要求を提出することにした。このため九月一六日、山本権兵衛海軍省軍務局長は山内委員に、「本設ノ方ハ従前ノ計画ニ従ヒ漸次進行」しながら、「仮設工場落成ノ上ハ之ヲ利用スルコト」とし、その際の問題点を具体的に指摘し、それに対する具体策の提示を求めた。[72]

明治二八年一〇月二七日、山内委員は山本軍務局長に対し、来年度において火工場および舎密場を建設し仮兵器工場の欠点を補い、東京の海軍造兵廠から薬莢製造所を移転する準備をすること、二九年度以降の呉兵器製造所設立計

表5－12　呉兵器製造所建築工事年度割案(明治28年10月)　　単位：円

摘要	明治25年度	26	27	28	29	30	31	32	33	34	計
埠頭新設工事	82,000	1,070	13,930					18,650			115,650
下水新設石材	3,000										3,000
下水新設土工	3,000										3,000
用水水道土工			6,000								6,000
工場地均し用石材			5,000							5,000	10,000
工場地均し土工			3,200							9,420	12,620
事務所ならびに製図場								3,000		7,000	10,000
鍛工場			24,200	35,720	8,019			2,461			70,400
砲架機械場						65,480		6,520			72,000
造砲機械場						7,000	64,000				71,000
鋳工場						11,950	40,850				52,800
ガス製出場						8,600					8,600
鋼鉄鋳造場							38,590	5,610			44,200
鉄軌買上								10,000			10,000
鉄道敷設工事								1,500	8,500		10,000
火工場土壁								3,700			3,700
黄銅鋳造場						8,960					8,960
弾淬硬場								5,520	7,280		12,800
製弾機械場								4,770	31,230		36,000
火工場					10,600						10,600
舎密場					1,181			3,719			4,900
金属試験所								3,500			3,500
木工場								31,000	5,000		36,000
塗革工場								13,000	3,000		16,000
機械集成場								38,000	10,000		48,000
材料倉庫										15,000	15,000
淬硬ならびに収縮場									7,200		7,200
検査所										5,350	5,350
水雷機械場				18,900							18,900
薬包機械場										19,900	19,900
水雷集成場				7,000							7,000
作場費	1,000	3,500	4,500	3,000	200	1,520	4,850	4,650	4,850	9,340	37,410
計	89,000	4,570	56,830	64,620	20,000	103,510	148,290	155,600	77,060	71,010	790,490

出所：山内兵器製造所設立取調委員より山本軍務局長あて「兵器製造所建築工事年度割案」明治28年10月27日(「兵器製造所設立書類　一」)。

画の変更に関しては後日に精査することを回答するとともに、二九年度に火工場と舎密場の建設にともなう兵器製造所建築費年度割案を提出した。(73)これを示した表五－一二によると、年度予算額を変えないで三二年度に計画されていた火工場と舎密場を二九年度に建設するため、直接には関係のない多くの予算の変更がなされていることがわかる。

この年度割案は、明治二八（一八九五）年一一月一二日、西郷海軍大臣の決裁を得た。こうして日清戦争にともなう臨時軍事費により仮兵器工場を建設できたため二九年度に水雷や速射砲の製造が可能になり、三四年度までの計画は三一年度までに縮小されることになった。ただし大砲の製造や製鋼事業が対象となるであろう二九年度以降の計画については、後日に再検討されることになった。

二　呉兵器製造所の存続問題の発生と対応

海軍は呉兵器製造所工事の開始を、造船部の場合と同様に、明治二三（一八九〇）年一一月二九日に帝国議会が開会されることを予定し、その一年前に設定した。そこには多分に議会開会前に既成事実をつくり、すでに決定済みのこととして議員にそれを認めさせようとする意図があったものと思われる。この項では海軍は第一回帝国議会にどのように臨み、それに対して議員はどのように対応したのか、そしてそれに関して作成された資料から呉兵器製造所の目的や役割などを明らかにしたい。

まず海軍省が提出した「明治二十四年度海軍省所管予定経費要求書」により、臨時部歳出の第一款土木費中兵器製造所建築費の必要性についての説明をみると、東京の海軍造兵廠は工部省工作分局から譲り受けたもので、兵器工場としては、「不完全ニシテ漸ク毎歳消費スル弾丸類及諸附属兵器ノ新製並ニ砲銃ノ修理ヲ為スニ過」ぎないと述べている。(74)またこのような状態では、「万一有事ニ際セハ啻ニ不便ヲ感スルノミナラス利害ノ関スル所大ナルヘキハ必然タリ」と、このままでは軍事上において支障をきたすと警鐘を鳴らす。[75]そしてこうした状況を打開するため、東京の海軍造兵廠の改造とともに、「更ニ呉鎮守府管内ニ於テ枢要便利ノ土地ヲ相シ完全ナル兵器製造所ノ設立ヲ計画シ」たと結論のみを述べている。[76]これをみると東京の海軍造兵廠が不充分なので呉軍港に兵器製造所を設立することにしたと結果を述べているだけで、計画の内容、なぜ呉が選定されたのかなど、秘密保持という点もあってか肝心なことにはほとんど触れられていない。

明治二三年一二月三日に二四年度予算案が衆議院に提出され議論が沸騰したが、呉兵器製造所建設費も例外ではあり得ず、一二月一二日の衆議院予算委員会で多くの質問が出された。それらは東京の海軍造兵廠に加え呉兵器製造所を設立する目的は何か、陸軍の大阪砲兵工廠で海軍の兵器を製造できないのかという点に集中していた。

これに対して政府（海軍省）は、前者の質問について、東京の海軍造兵廠では弾丸は製造できるが大砲はできない、そこで明治二二年度から三四年度までという一三年間の長期継続事業により二四センチ以下の大砲と特殊鋼を製造することを目的とすると答弁している。また、「海陸兼ネテやル事ハ出来マセヌカ」[77]という質問に対しては、最初に、「出来マセヌ」と結論を述べるとともに、「一体地盤ガ宜ク水ガ宜ク海ガ深クナクテハナリマセヌガ、斯ウ揃ツタモノハ呉ノ外ニアリマセヌ、船ノ出来ル間ニ大砲ヲ作リ船ヲ泛べテクレバ直チニ大砲ヲ積ムト云フヤウニナラナケレバナリマセヌ、大坂ノ陸軍大砲製造所デハ出来ナイ事ハアリマセヌガ、如何ニモ運送ニ不便デアリマス」と、呉鎮守府造船部に隣接して立地することの理由が説明されている。[78]

帝国議会における討論については、議事録にもそれほど掘り下げた議論はみられないが、「兵器製造所設立書類」のなかに「二十四年度歳出臨時部土木費予定経費明細書ニ対スル質問　第三項　兵器製造所建築費」（以下、「質問」と省略）と題する文書が残されている。[79]これは一五の質問と答弁によって構成されているが、注意すべき点はこの文書が終わると一行空欄となり、次に明治二五（一八九二）年一二月六日に、「呉兵器製造所ヲ大坂砲兵工廠ニ合併シ難キ理由」（以下、「理由」と省略）と題する文書[80]、さらに翌七日に「呉兵器製造所ヲ大坂砲兵工廠ニ合併シ難キ理由追加」（以下、「理由追加」と省略）が付加され、呉兵器製造所設立調査委員（山内、前田、原田）から相浦第二局長に提出されていることである[81]。

この点について『海軍造兵史資料　仮呉兵器製造所設立経過』は、最初に「議会ニ於ケル質問」という項のもと、「海軍省ハ曩ニ立案決定セル兵器製造所設立費ヲ明治二十四年度歳出臨時部明細書第三項ニ掲ケ第四回帝国議会ニ提出セシカ之ニ関シ左ノ如キ質問提出セラレタリ」と述べ、先の「質問」中の質問のみを掲載する。次に「政府ノ答弁」と題する項に、「右ノ質問ニ対スル政府ノ答弁左ノ如シ」として一五の質問と答弁を掲載する。そして「設立取調委員ノ所見」と題した項に移り、「尚右質問事項中第九項並ニ第十項ノ海軍兵器製作所ヲ大阪砲兵工廠ニ合併シ難キ理由ニ就キ造兵廠設立調査委員ノ提出セル追加意見左ノ如シ」と説明があり、先の「理由追加」と同じ文書を採録しているが、なぜか「理由」は掲載していない[82]。

「兵器製造所設立書類」と、同資料を中核としながら他の資料をまじえて編集した『海軍造兵史資料　仮呉兵器製造所設立経過』との相違をどのように解釈するかは、むずかしい問題である。このうち「質問」については、議会からの質問とそれについての回答と考えるのが一般的といえる。しかしながら、「質問」には質問者名、提出日、提出者名がないこと、「理由」と「理由追加」は第四回帝国議会中の明治二五年一二月六日と七日に相浦第二局長に提出されていること、二三年一二月一二日の衆議院予算委員会の質問と答弁は「質問」の一部と似ていること、機微にわたる資料を議会に提出したと考えにくいことなどから、「質問」は第一回帝国議会の想定問答として作成されたものであり、二五年に陸軍の大阪砲兵工廠との合併問題が再燃したことによりその対策が必要となり、過去の経緯を整理するのに便利な「質問」と、合併反対について補強した「理由」と「理由追加」を加えて、委員から相浦第二局長に提出したと判断することが妥当のように思われる。こうした解釈には異論が出ることが予想されるが、重要なことは、これらの資料は議会の疑問とそれに対する海軍省の見解を整理したものであるのはまぎれもない事実であるという点である。またこの文書によって、呉兵器製造所の建設に対する海軍省、陸軍省と議会の見解に加え、その必要性、目的と役割、呉港を選択した理由、計画の具体的内容を把握することも可能となる。

「質問」は実に多方面にわたっているが、これらは、一、現在の東京の海軍造兵廠のほかに呉兵器製造所の設立を必要とする理由（質問二）、二、呉兵器製造所設立の根拠と内容（質問二、三、五、六）、三、現在の東京の海軍造兵廠の兵器生産能力と兵器輸入の状況（質問四、七）、四、呉兵器製造所予算を緊急事業に転用すべきではないか（質問八）、五、呉兵器製造所を陸軍の大阪砲兵工廠と合併すべきではないか（質問九、一〇）、六、呉軍港に立地する特別な理由（質問一一、一二）、七、鋼材製造の必要性（質問一三、一四）、八、呉兵器製造所の軍艦への兵器供給能力（質問一五）に分類できるように思われる。いずれも興味深い問題であるが、ここでは呉兵器製造書設立計画の内容そのものと呉兵器製造所の存廃に関係する一、二と五について取り上げる。(83)

このうちもっとも基本となる一（質問二）について海軍は、まず東京の海軍造兵廠について、「毎歳消費スル弾丸類及諸附属兵器ノ新製並ニ砲銃ノ修理ヲ行フニ過キス魚形水雷ノ如キハ全ク製造スルヲ得ス……現今此工場ノ全力ヲ尽スモ現海軍ノ需要ニ応スル能ハス止ムヲ得ス砲銃ハ勿論小兵器ニ至ル迄……海外ニ仰キ以テ僅カニ急需ヲ補充スルノ現況ナリ」と小規模であり海軍の需要に対応できないこと、位置が水路による運送に不便で市民の住宅に接近し、鎮守府所在地に遠く不便であり、この工場を拡張することは不可能であると説明する。(84)そして、「呉軍港内兵器製造所ノ設立地ハ海湾深クシテ大艦ヲ海岸ニ接近セシムルヲ得大砲ノ揚卸ニ便ナルノミナラス用水潤沢ニ且石炭供給地ニ近ク又軍港内ナルヲ以テ特ニ防禦ヲ設クルノ必要アラサル等ノ利便不少ヲ以テナリ」と、呉軍港が理想の立地条件を備えていることを力説する。(85)

次の二に関しては、計画内容を把握するのに重要な点を考慮し、質問六と答弁を全文引用する。(86)

六　兵器製造所新設工事落成ノ上ハ砲銃水雷等何程ノ兵器ヲ製出シ得ルノ目的ナリヤ

答　新設兵器製造所落成ノ上鋼材ノ供給ヲ得ハ左ノ兵器ヲ製出シ得ルノ見込ナリ

一　弐拾四拇砲　壱ケ年　八門

一　拾七拇乃至拾二拇砲　仝　二拾門

一　拾拇乃至四拇速射砲或ハ機砲　仝　三拾門

計五拾八門　鋼鉄四十口径長ト仮定ス

一　砲架　仝　七拾個

但五十八門ニ対スル艦用砲架、艇用砲架、野戦砲架、前車等ニシテ今普通ノ製式ヲ以テ標準トス

一　三拾二拇乃至四拇砲弾丸　一日　五拾個

一　機砲弾薬包　一週　四千二百個

一　魚形水雷　一ケ年　三拾個

一　防禦水雷　仝　二百個乃至四百個

一　攻撃水雷　仝　五百個乃至七百個

前各種ニ応スル諸附属具ヲ新製スルヲ得ルノ目的ナリトス但小銃ハ新製スルノ計画ニ非ス唯修理ヲ行フマデト

ス

なお兵器という質問に対する答弁のためか、製鋼製品がふくまれていないが、後述の七（質問一三に対する答弁）で少量の鋼鉄を製造することにしている。

五については、（質問九）と（質問一〇）に対して、巨大な大砲を水陸交通の不便な大阪砲兵工廠で製造し運搬するのが不利なこと、戦時には迅速な修理が求められること、戦時において当事国以外は局外中立を保つため外国から兵器を購入するのが困難であることなどの答弁がなされている。とくに戦時の迅速な修理については、「軍艦ノ修理ト兵器ノ修理ハ戦時ニハ大概同時ニ起ルモノニシテ軍艦ハ造船所ニ至リ大砲ハ之ヲ大坂ニ送ル等ノ事ハ決シテ為スベカラズ必ス之ヲ同時同所ニ於テ行ハサルベカラズ是レ軍機ニ関シ止ヲ得ス大坂ニ合併シ難キノ一大理由ナリ」と強調している。(87)

この他、三については、（質問四）に対して、東京の海軍造兵廠では大砲の製造は不可能、小銃、速射砲、魚形水雷は試製段階にすぎず、（質問七）に対して、三年間の国内兵器製造費九〇万五二六一円に対して兵器購入費（ほとんど輸入）は二七四万三二一円に達すると答えている。また六については、（質問一一）と（質問一二）に対して、呉軍港は、石炭・砂鉄の産地に近いこと、湾が深く静穏で艦船の横づけに便利で安全なこと、瀬戸内海の中央にあり防禦に適していること、造船所と隣接して便利なこと、水が豊富なこと、もし呉軍港が敵襲を受けるようなら海軍の敗北が決定しているといえるほどもっとも防禦に適していると答えている。さらに七については、（質問一三）に対して、「造砲用ノ鋼鉄材ハ製出セズ購入スル見込ナリ併シ大砲砲架等ノ一小部分ニ適用スベキ小量ノ鋼鉄ハ製出スル見込ナリ」と、最小限の特殊鋼は製造すると答えている。(88)なお八についてみると、（質問一五）への答弁として、「此製造所落成ノ上ハ現今ノ海軍勢力ニ応スルノ外毎歳壱等巡洋艦程ノ軍艦弐隻ノ新設兵器ヲ製出シ得ル見込ナリ」と一等巡洋艦二隻に搭載する兵器の製造が可能と記されている。[89]

次に、明治二五（一八九二）年一二月六日と七日に委員より相浦第二局長に提出された「理由」と「理由追加」について、簡単に検証する。[90] このうち前者は、基本的に（質問九）と（質問一〇）の答弁をさらに具体化した内容となっている。その骨子は、「第一従来大坂ニテ製造シタル砲ハ所謂鋳鉄砲ニシテ別ニ鍛錬ヲ要セサルモノ故工場ノ設立等モ手軽ニシテ一般ノ方式ニテ可ナルモ海軍砲ハ皆鋼砲ナレバ鍛錬ノ装置ヲ以テ第一位ニ置クモノナリ……海軍砲ハ鋼砲ナルガ上ニ陸軍製海岸砲ノ如キ短且ツ軽易ナル者ナラズ皆長大ナル制式ニシテ其全長ハ弾丸ノ直径四十倍ノ者アリ而シテ弾丸ノ如キモ亦陸軍ト異ニシテ多クハ鋼製ナリ故ニ砲身其他ノ工事全ク従来大坂ニテ行フガ如キ者トハ大差アリ」、呉兵器製造所は、大阪砲兵工廠を少額の資金で改修して製造できるようなものではないというものであった。また後者では、呉兵器製造所には大阪砲兵工廠にはない魚形水雷製造施設も整備されることになっており、この点からも両工場の合併はむずかしいという見解が披瀝されている。

ここには、呉兵器製造所を大阪砲兵工廠と合併できないとする調査委員の意見は述べられているが、この問題に彼らがなぜ危機感を抱いたのかという理由を知ることができない。この点について明確に答えることはできないが、明治二五年五月一四日の第三回帝国議会衆議院予算委員会（第三科）における政府委員（陸軍省）の「大阪砲兵工廠デ大砲ヲ鋳造シマスニ、只今デハ二十四さんち丈ハ出来マスケレドモ、二十七さんちハ未ダ出来マセヌ、依ツテ此大砲ヲ拵ヘマスレバ十分ノ試験ヲセネバナラヌ、……宜シイト云フ認メヲツケル迄ニハ巨額ノ試験費カ要ル」という答弁に示唆があるように思われる。[91] 当時、海軍を超える大口径砲製造技術を有していた陸軍は、海軍が呉兵器製造所で目標としていたものと同じ二四センチ砲（海岸砲）の製造が可能になったことを表明することで、議会の協賛を得て呉兵器製造所を合併し、事業をさらに発展させることを目論んだのではないだろうか。これに対して海軍は、海岸砲と海軍砲との相違を訴えたのであった。

大阪砲兵工廠との合併問題は、明治二六（一八九三）年にも再燃した。その発端は、帝国議会用に陸軍省が三四項目にわたる質問と答弁によって構成される「製砲事業ノ問答」を作成したことにあった。そこには、議員の質問に答えるという形で、大阪砲兵工廠の製造能力が優れていること、同所においても陸軍の兵器だけでなく海軍砲の製造も可能であること、大砲など兵器の運搬も問題がないことなど、前年の海軍省の主張への反論が列挙されていた。参考までに一例（三〇番目の「問」と「答」）を示すと、「問　一　海軍砲ト海岸砲トハ同一ノ製造所ニテ製造スル事ヲ得ストノ説アリ如何　答　了解スル事ヲ得ス現ニ欧洲ニ於テ有名ナル『クルップ』『アルムストロング』『クルゾー』『フォルヂュエシヤンチェー』等皆同一工場ニ於テ同一器械ヲ以テ同一ノ人カ製造シ居ルニアラスヤ」となっている。[92]海軍省にとっては、第四回帝国議会において二月一〇日に製艦費を詔勅によって認められた代償として改革を求められている時であり、一一月二八日の第五回帝国議会の開会とあわせるような陸軍省のこうした動きには、前年以上の危機感を抱いたものと思われる。

明治二六年一一月にこの問答を入手した海軍省の関係者は、この文面から陸軍省が呉兵器製造所を併合してこれを契機にさらなる飛躍を期していることを感じるとともに、経費削減を唱える少なからぬ議員が、この陸軍省の見解に同調するのではと考えた。そして同月、「製砲事業ノ問答」対して「意見書（仮題）」を作成し、軍令部において中牟田倉之助部長に提出した。これは呉軍港に呉兵器製造所を設立する理由と、大阪砲兵工廠が呉の兵器製造所に比較して不利な点について述べた二部によって構成されている。このうち前者については、「呉軍港ハ我カ内海ノ中腹ニ位シ天然ニ防衛ノ形勝ヲ具ヘ帝国海軍ノ心腑トモ称ス可キ要害ノ地ニシテ万一敵ノ為メ我カ海面ヲ制セラル、事アルモ暫ク退イテ創痍ヲ医シ精鋭ヲ養ヒ再興ノ策ヲ建ツルニ倔強無二ノ処タリ是レ実ニ百年ノ良計ヲ画定シテ此地ヲ撰ミ完全ナル造船所ト所謂海軍中央兵器工廠トヲ設立セントスル所以ニシテ軍略上其ノ宜シキヲ得タルハ敢テ喋々ヲ要セス」と記されている。[93] また後者については、大阪砲兵工廠の不利な点として、「第一　運搬ノ不便ナル事　第二　産炭地ニ遠隔ナル事　第三　軍港ニ遠隔ナル事　第四　水雷ノ製造ニ尤モ不便ナル事　第五　海陸用砲ノ製造法ノ異ナル事　第六　地勢軍略上ノ要素ヲ欠ク事」の六項目をあげている。[94]

第五回帝国議会中の明治二六（一八九三）年一二月二日、伊藤雋吉《としよし》海軍次官よりこれらの文書を下付された原田大技監は、熟慮のうえ一二月四日、「製砲事業ニ関スル意見陳述（仮題）」を認め、前記の両書類をそえて西郷海軍大臣に提出した。このなかで彼は、まず陸軍省の「製砲事業ノ問答」に憤りを示すとともに、「意見書（仮題）」に対しても弁明書であると不満を表明した。次に当初からこの事業に関係している者として、呉兵器製造所設立計画は二〇年に開始されたものであること、大阪砲兵工廠との合併談はその際も議論の対象となったこと、その時に合併の不利を認め閣議において呉兵器製造所の立地を決定したこと、この計画は帝国議会の協賛を得て推進されていることなど、事実経過を確認する。そしてこれを踏まえ、「陸軍大臣ハ帝国議会ニ向ヒ大坂砲兵工廠ノ製砲事業ノ問答書ヲ準備スルニ当リ一旦閣議ヲ経タル海軍兵器製造所ノ事ニ及ホセルモノ、如シ斯ノ如キハ閣議ヲ重ンセサルモノ」と、陸軍の態度を糾弾した。[95] さらに政府がこれを容認するなら、「独リ朝定暮改ノ譏ヲ免レサルノミナラス国家経済上ノ損失ハ実ニ莫大ナラン」と述べるとともに、海軍大臣に賢慮ある行動を求めた。[96]

東京の海軍造兵廠の製造科長を本務とする原田大技監に、こうした行為をとらせた背景としては、大砲の国産化を目指し自らが手塩にかけ計画、建造している呉兵器製造所への愛着があり、大阪砲兵工廠に合併されれば海軍の目指す本格的な兵器の造修は実現できないという危機感があった。また同郷の上司、欧米視察に随行しアームストロング社に同行するなど出発点から呉兵器製造所を支援してきた西郷海軍大臣に対する信頼があったものと考えられる。その後の経緯については不明であるが、以後も呉兵器製造所の建設が遂行されたことを考えると、この問題は海軍省の意図した形で解決したものと思われる。なお余談ではあるが、イギリス海軍省が明治二七（一八九四）年に発行した日本の沿岸防備と造船所に関する報告書は、第五回帝国議会の予算審議において大阪と呉の二カ所に造兵廠を有する必要はないと主張され、呉の工事を中止した資金によって甲鉄艦の建造を行うべきであるという質問がなされたが、建設は未だ続いていると伝えている。(97) 第五回帝国議会は二六年一二月三〇日に解散されており、呉兵器製造所存続問題は決着のつかないまま日清戦争を迎えることになったのであった。

ここまで計画の変更と、呉兵器製造所設立計画そのものを否定しかねない存続か廃止かという問題を取り上げてきた。その結果、前者については、海軍は造兵部門においても長期的展望のもと段階的にそれを実現する方策を採用したこと、計画は主な事業の前に再検討されたこと、その際にあらゆる可能性を求める闊達な討論が行われ変更がなされたが、長期的展望を中断する変更は許されなかったことなどがわかった。また後者の分析によって、呉兵器製造所設立計画の目的は一等巡洋艦用の兵器の造修（ただし、将来的に戦艦用の兵器の造修を目指す）、具体的には二四センチ以下の大砲などと小規模な兵器用特殊鋼の生産、役割は他の海軍工作庁にも兵器を供給する中央兵器工廠、立地した理由は防禦に最適な呉軍港に理想的な造船所と一体化した造兵施設の並置が可能なことなどが判明した。

第四節　呉兵器製造所の建設

本節では、日清戦争期に計画された仮兵器工場を除く、呉兵器製造所の工事を対象とする。記述に際しては、工事の実態を示すとともに呉兵器製造所設立計画を基本としそれと比較して進捗状況を判断する。そして呉兵器製造所の建設は、「事実上の建設中断を余儀なくされる」という通説[98]が妥当なのか否かを実証を通じて解明する。

一　用地買収と整備

これまでの研究においては、呉兵器製造所の建設について、根拠のないまま工事の遅延が強調されてきた。本項においては、こうした点が事実か否かを検証するため、第三節で掲載した年度ごとの建築費予算と器械費予算によって、計画と実績とを比較することにした。なおこのうち表五－四によると、工事は地所買上と山地開鑿からすすめられることになっており、まずこの点に焦点をあてることにする。

明治二三（一八九〇）年二月八日、呉兵器製造所を呉鎮守府兵器部の兵器庫の隣接地に建設することを決定、用地買収と工事は、呉鎮守府が造兵廠設立取調委員と協議しながら担当することになった。そして二月二〇日、中牟田呉鎮守府司令長官より地所買上命令が出され、これ以降三月三一日までに警固屋・宮原両村内の用地買収が実施されることになる。

明治二三年二月一八日、野村・原田造兵廠設立取調委員が列車で東京を出発、二月二〇日午後二時に呉鎮守府に到着した。二人は呉鎮守府司令長官の官舎において中牟田司令長官と協議し、用地買収の順序を決定し関係機関に連絡するとともに、山崎鉉次郎呉鎮守府建築部主幹と細部について打ち合わせをした。翌二一日、中牟田長官と呉兵器製造所予定地に行き実地調査をし、各工場の位置を決定した。二月二二日から二六日まで広島県と安芸郡の職員により用地の検分と実測が行われ、二七日をもって実測図が作成された。なお実測が必要とされたのは、買上用地が山林・田地・畑地の三種にわかれていて地価にいちじるしい差があったためと述べられている[99]。

この結果、新規に買い上げることになった地所は、およそ四万六〇〇〇坪となったが、このなかには人家が一六戸ふくまれていた。当初に予定していた二万一二〇〇坪の二倍を超える用地を買収することにしたのは、将来の工場用地、砂防地を確保したことによる。これをみると呉鎮守府建設時に採用された、将来の拡張を予想した土地の確保という方針が、ここでも貫徹されている。なお地価は、郡長と住民との間で評価し建築部員がそれを査定し、宅地、田地、畑地、山野地あわせて一坪平均二三銭余、民家移転料、樹木料も相当の評価によって購入するという協議がまとまり、明治二三年三月五日には土地所有者の承諾書が広島県庁に届けられた。これを確認した野村と原田は、三月六日に帰京の途についた(100)。

明治二三年三月一八日の広島県から呉鎮守府への報告などによると、実際の呉兵器製造所用地は官有地・民有地を合計して約一一町五反(実測四万九三〇坪)、このうち民有地は約一一町四反(宮原村約一町六反、警固屋村約九町八反)で、ほとんど警固屋村の民有地が買収の対象になったことがわかる。なおこの用地代金は九二九二円で、このほか家屋移転料八九三円、樹木買上代二〇二二円があり、合計は一万二二〇七円であった。なお四月五日には、呉鎮守府より海軍省に「地所受領済之義御届」が提出された(101)。

こうしたなかで明治二三年七月九日、西郷海軍大臣は呉兵器製造所設立計画を許可した。また同じ七月九日、造兵廠設立取調委員によりすでに第三節に掲載した呉兵器製造所計画図(図五‐一)が作成され、同日に許可された。これによると、造船部の東側に兵器部と隣接して大規模な兵器工場を建設するという計画であった。なお地所買上とともに二二年度から開始する計画の山地開鑿は、「満潮面ヨリ高サ六尺ノ平地ト為ス」ことになっている(102)。

明治二三年九月四日、工事を落札した兵庫県明石郡明石町ノ内西本町一五番屋敷の米沢長次郎と山崎建築部長(明治二三年八月に昇任)の間で、「呉鎮守府兵器製造所建設地堀鑿工事契約書」が締結された(103)。これによると米沢は、七万三六七五円で工事を請負い、契約締結の翌日から工事に着手し、二四年三月二八日までに竣工することになっていた。

なお工事に使用する火薬（約三〇貫―一一三キログラム）は海軍が下付、機械類（機関車二台、土運車二〇〇輌、軌条二五〇〇間―四五四六メートル、回転台二台）は無償で貸付けられることになっている。

表五－四によると、五年間に約二五万七〇〇〇円の予算で用地を整備することになっており、この契約は予算や竣工期日から考えて明治二二・二三年度分と考えられる。この五万九二二四坪の掘鑿工事は、明治二三年九月四日に起工、七万三六七五円の費用で二四年三月三一日に竣工した(104)。なおこれをみると、約四万坪の買収地に約二万坪の保有地を加えた約六万坪の掘鑿がなされたものと思われる。

次に明治二四年度に完成した事業をみると、建設地開鑿工事が二四年六月二日に起工、三万二八四四円の費用で二五年二月二五日に竣工した(105)。この工事では、「堀鑿シタル土沙ハ適宜ノ方法ニヨリ之ヲ烏小島以東ノ突堤ノ南側ニ運搬取捨ルモノトス」と述べられており、整地により生じた残土は烏小島の東の埋立てに使用されたことがわかる(106)。また一五〇坪のレンガ石造倉庫が二四年六月一〇日に起工、六六八四円の費用で二五年二月一一日に竣工した(107)。さらに二五年度の工事をみると、二万三六二三円の費用（予算二万八一六五円）で二五年七月二六日から二六年三月二五日にかけて呉兵器製造所掘鑿地および同地の雨水吐築造工事（雨水排水のための粗石溝築造）が実施されている(108)。

以上、明治二五年度までの工事についてみてきた。その結果、用地整備事業の最大の山地開鑿土工に関しては、年度別計画の内容を知ることができないので断定はできないが、二三年度に掘鑿工事、二四年度に整地が行われており、二年間はほぼ予定どおり進捗していたものと思われる。ただし二五年度に八万七〇〇〇円の予算のうち約二万四〇〇〇円で雨水吐築造工事が実施されたにすぎないが、これは一〇〇トンクレーンの設置にともなう計画の変更によるものといえよう。なお鉄道敷設工事や用水水道土工の遅延も、同じ理由と考えられる。

二　一〇〇トンクレーンの設置と工場建設の開始

明治二五（一八九二）年になると、すでに述べたように一〇〇トンクレーンを早期に設置することが優先され、工事計画は表五－六、表五－七、表五－八のように変更されることになった。このうち表五－七によると建築費では山地開鑿に代わり埠頭新設、また表五－八（器機費）によると、それまで三四年度に八万四〇〇〇円計上されていた（表五－五を参照）埠頭クレーン費が二五・二六年に変更されている。

一〇〇トンクレーンの工事に際しては、設置場所を造船部にするか呉兵器製造所にするかで議論されたが、造船部は地盤が軟弱ということで呉兵器製造所予定地の地先の海底を浚渫し石垣を築造し基礎を設置することになった。仕様書によると、その基礎は、地盤満潮面下四二尺（一三メートル）、干潮面下二七尺（八・二メートル）の海底を浚渫し、完成すると高さが満潮面上二六尺（七・九メートル）、満潮面下三七尺（一一メートル）になるように計画されている。また基礎部分の素材は、石材（花崗岩）を主とし、コンクリートで固めることになっている。工事は明治二五年七月三一日に起工、八万三〇六六円の費用をかけて二七年二月一七日に竣工した。[109] なお埠頭工事においては、第一区海岸石垣三二八間（五九六メートル）、このうち物揚場一二三尺（三七メートル）、第二区海岸石垣六五間（一一八メートル）、第三区海岸石垣五〇間（九一メートル）と兵器部との境界の下水工事も行われている。[110]

一方、明治二五年六月六日、松村正命海軍造兵廠長（呉兵器製造所の機械類は、すべて東京の海軍造兵廠が購入し、呉鎮守府に交付することになっていた）とイギリスのアームストロング社の代理人ジャーディン・マセソン社W・B・ウォルター（W. B. Walter）との間で、「百噸水力起重機及喞筒管其他ノ附属品購入契約書」が締結された。[111] これによるとジャーディン・マセソン社は、アームストロング社製一〇〇トン水力クレーン一基と付属品を九七〇〇ポンド、一〇〇フィート（三〇メートル）の喞筒管を三四ポンド、機械費計九七三四ポンド、船積費・運搬費・海上保険料・海関税その他一切の諸費二〇一五ポンド、合計一万一七四九ポンド（九万六四〇二円）でこの事業を請け負うことになっていた。なおこの請負代価には、受渡場所の神戸の呉鎮守府造船部小野浜分工場に陸揚げするまでのすべての費用がふくまれており、納期は二六年六月三〇日と決められていた。

明治二六（一八九三）年八月、一〇〇トンクレーンが神戸の小野浜分工場に到着した。それを知った西郷海軍大臣は、九月八日、「橋立」用主砲の到着を二七年一月一〇日頃と予定し、それまでにクレーン工事を竣工するよう佐久間義一郎呉鎮守府監督部長に訓令した。これは当初に設定された二七年三月一三日という竣工を約二カ月短縮しようとするものであり、佐久間監督部長は二六年七月三〇日に竣工した基礎コンクリートの凝固に三カ月を要するなどと抵抗したが、時局の逼迫はそれを許さなかった。逆に三二センチ砲の到着が一二月一五、一六日に早められ、それまでに工事を終了するよう命じられたのであった。

このため工事を担当することになった呉鎮守府造船部は、「職工三百名ヲ精撰シ日曜廃休ハ勿論日々五時間宛残業ヲ為シ且夫々部署ヲ区分シ起重機組立ニ従事」した[112]。しかし経験不足に加え、クレーンの基礎面積が狭く一度に多くの職工を就役させることが不可能であるなど、工事は難渋を極めた。それでも明治二六年一二月二二日には組立てを終了、一二月二六日には八〇トンまでの重量揚方試験に合格、工事を竣工させた。こうして日清戦争前に完了することが求められた三二センチ砲の陸揚げと「橋立」への搭載は、支障なく行うことができたのであった。なおクレーンは、当初、工事を担当した造船部に所属したが、二七年三月三一日をもって呉兵器製造所の予算で購入され同所敷地内の海岸に建設されたこともあり同所に所属替えとなった[113]。

このように八五トンクレーンを明治三四（一九〇一）年に建設するという計画は、一〇〇トンに規模を拡大し時期を繰り上げて実施された。こうした計画とその変更の背景としては、逼迫した時局という面もあったが、それを利用して、危ぶまれていた呉兵器製造所の存続を確実なものとし、やがてそれを完全な造船所と一体化した理想的な海軍中央兵器工廠にし、やがて戦艦に搭載する兵器を生産しようという海軍省の意図があったといえるだろう。

すでに述べたように明治二七（一八九四）年五月に変更計画が認められ、これ以降の呉兵器製造所の建設は、表五－一〇、表五－一一のように実施されることになった。これによると二七年度は、これまでの計画どおり、埠頭建設、水道工事、工場用地の整地、そして鍛工場の建築が行われることになっているが、実際の工事はほとんど日清戦争の開戦後になるので、項を改めて記述する。

三　日清戦争後の工事

ここで第五節で記述する仮兵器工場と並行して行われていた日清戦争後の呉兵器製造所と同時期の兵器工場、水雷庫の工事を取り上げる。まず前者についてみると、明治二七（一八九四）年五月一七日に開始された埠頭石垣築造工事は、途中で契約不履行のため中断したが、改めて一一月二二日に再開し二八年九月二〇日に完成した。この間の工事費は、一万一〇〇〇円であった。なお石垣の総延長は二六五間（四八二メートル）、高さは三・六間（七メートル）となっている(114)。

明治二七年五月二六日には、水道布設工事を開始、四八四四円の費用で一〇月一五日に完成した。この工事は、呉鎮守府造船部内の水道鉄管終端より接続し、武庫前面をへて呉兵器製造所地内に移設するもので、鉄管総延長は一万三二〇尺（三一二七メートル）、そのうち九インチ（二三センチメートル）の本管は三三六〇尺（一〇一八メートル）であった(115)。

呉兵器製造所設立計画のはじめての本格的な工場である鍛工場の工事は、明治二七年八月六日に開始、二九年九月三日に完成した。この工場は中央平家小屋組で、柱は鉄製となっており建坪二九八坪であった。なおこれら鍛工場の工事に要した費用は、本工事（工場）二万四七三九円、屋根工事三万三二〇〇円、汽罐室六九七六円、合計六万四九一六円に達した。[116]

明治二八（一八九五）年六月一日には水雷機械集成工場の工事を開始し、二万七八二五円の費用で二九年三月一五日に完成した。仕様書によると、この工場は甲号（レンガ石造平家、建坪二一一坪とレンガ石造平家角家、建坪二六坪）と乙号（レンガ石造平家、建坪一六八坪）からなる堂々たる構造をしていた。その後この工場に、金属試験室（レンガ石造平家、建坪五四坪）を建て増した。[117]

このほか明治二八年一二月七日には下水工事を開始、二六八八円をかけて二九年三月二六日をもって終了した。この下水道は全長二七〇間（四九一メートル）、甲号—延長一一八間（二一五メートル）、乙号—延長八五間（一五五メートル）、丙号—延長六七間（一二二メートル）からなっている。[118]

これまで計画と対照しながら、呉兵器製造所の工事を検証してきた。その結果、当初はほぼ計画どおり工事が進捗しており（当初から工場が建設されるように計画されていない）、その後は、計画の変更によって工事も変わったが、それほど大幅な遅延は認められない。また工事は、日清戦争後も継続、待望の工場も建設された。

次に、兵器部が三分割された工場について対象とする（工事が少ないので、小規模なものもふくむ）。表五－二によると（第一節を参照）、水雷庫では明治二八年六月六日に攻撃品格納庫の工事が開始され、六六〇〇円の費用で一二月二一日に竣工している。[119] また兵器工場においては、九七五円で二八年六月二一日から二九年一月九日にかけて魚形水雷調整室が建設されている。[120]

第五節　日清戦争と仮兵器工場の建設

本節では、主に仮兵器工場の建設と海外からの機械等の購入および技術者の派遣を対象とする。一見すると異質の問題を組み合わせたのは、時期的な経過を重視したことによる。ここで注意しなければならないのは、仮兵器工場は呉兵器製造所設立計画の一環として計画・建設されたものであること、すでに述べたように本体工事ともいうべき呉兵器製造所工事も同時並行的に実施されていること、機械等の購入、技術者の派遣などは仮兵器工場をふくむ呉兵器製造所の活動のためになされたものであることである。本節はこうした前提に立脚して、仮兵器工場の果たした役割について考察することを目指す。

一　仮兵器工場設置の決定

明治二七（一八九四）年八月一日、清国に対する宣戦布告がなされ、日清間の全面戦争となった。これによって通常は問題の少ない外国からの兵器購入は、「戦時禁制品ノ故ナルヲ以テ甚タ困難ナリトス」という状態になった[121]。かくして兵器の国内製造の必要性が認識され、仮兵器工場の建設が急がれることになったのであるが、この経緯を山内の『回顧録』とそれを裏づける文書に沿って注意深くたどってみることにする。

前年の一二月にイギリスに出張した山内少技監は、清国に対する宣戦布告と同じ明治二七年八月八日に神戸港に上陸した。そしてただちに上京して復職し、各地の海軍の兵器庫を調査したところ、出港した艦艇に武器を補充した後ということもあり、いずれにおいても在庫は底をついていた。そこで海軍省に行き、伊藤雋吉海軍次官に、「詳に前記の状を具し、且つ之を救ふの途は唯兵器製造所の急設に在る事を切論せしも、而も国庫欠乏用度給せざるの故を以て聴かれず」、失敗に終わったかのようであった[122]。ところが山内のもとに、広島市におかれていた大本営に出仕するよう命令が届けられた。そこで西郷海軍大臣と会見した山内は、急遽、伊藤博文内閣総理大臣を訪問し、仮兵器工場急設について上申することを知らされた。

海軍省の公式記録を紐解くと、まず明治二七年八月三〇日に伊藤軍務局長より諸岡海軍造兵廠長に、呉兵器製造所事業実地調査のため山内の出張の件が打診され、九月上旬なら差し支えないと回答がなされ、三一日に旅行日を除く一週間の出張が内定、そして九月一九日に伊藤局長から諸岡廠長へ、「呉兵器製造所建設之義ニ関シ大臣ヘ具申ノ為メ山内委員ヲ大本営ヘ出張セシムヘシ」という指示がもたらされた[123]。同日、大本営の西郷海軍大臣へ「山内少技監ヨリ提出ノ呉軍港ニ速成兵器製造所新設ノ予算調書」を届けることになった[124]。これらをみると仮兵器工場の急設についての山内の提案は、少なくとも八月末には伊藤など海軍省首脳部の支持を得、九月一九日には、山内が中心となって作成したと思われる予算調書を持参して西郷海軍大臣への説明のため広島に向かったことが確認できる。

こうして広島に到着した山内は、明治二七年九月二二日の伊藤総理大臣と西郷海軍大臣との会談に同席することになる。この時の様子については、山内は『回顧録』に、次のように記している[125]。

〔前略〕西郷海軍大臣即時予を延き、諮詢するに兵器製造所急設の事を以てし、翌早昧、予を従へて伊藤総理大臣を其宿舎溝口旅館に訪ひ、公の未だ起きざるにより直に寝室に到り、予をして救急の策を説かしむ。時に首相は悠然と雪を欺く白綸子の褥上に安座し、予が切々と説き来るを冷然として黙聴せしが、終に最後に至るまで一言隻句だに発せず、唯だ公の駙馬末松謙澄氏傍より僅に二三の質疑を試みしのみ。此間西郷海軍大臣は終始首相の褥後に危座し、例により額に汗し、只管公の辞色を候ふもの丶如し。既にして辞して将に閾を踰えんとするや、沈黙の首相初めて口を開き、「鉄砲などがサウ早く出来るものか。」と独語せられし様なりしも、予は故らに聴かざる為ねして室を出でたり。予が伊藤公に面謁する実に此時を以て初めてとす。西郷大臣手巾もて淋漓たる顔の汗を拭ひつ丶、予を顧みて曰く、「イヤどうもまことに御苦労で御坐りました」。

これを読んだ読者は、芝居か映画をみている気分になり、いつしか山内を主人公と思い込む。幼少期に金剛流家元の内弟子であった山内には、物語を面白く展開し自分にスポットライトをあてさせるシナリオを描く術と舞台が脳裏に刻まれていたのではないだろうか。こうした山内の演出により、失敗したと思われた説得が急転直下成功に変わり、大本営のおかれた広島の旅館を檜舞台として、時の総理大臣、海軍大臣という最高の役者を揃え、そのなかで自分が流れをつくる主人公となる劇が演じられたのであった。『回顧録』には誇張された物語がふくまれていることを前提として、そこから事実を引き出すことが求められているのである。

『回顧録』の執筆がシーメンス事件以降ということもあって、ここにも山本大本営大臣副官が登場しないが、当時の新聞を資料として編集された『大呉市民史』は、「山本(権兵衛)軍務局長のはからひで、直接首相伊藤博文にぶつ丶からしめること丶なり、西郷海相の斡旋で、山内少監は吉川旅館に伊藤首相を訪ふた」と記述している。[126]『明治工業史』も、「西郷海軍大臣に迫り、海軍大臣は之を伊藤首相に諮り、此の間山内は山本軍務局長と提携して時の内閣を説得し、遂に特別費の支出を以て兵器製造所の拡張を可決」したと述べているように[127]、山内の発議に山本を中心とする海軍省が賛同し、伊藤総理大臣に同意を求めたというのが真相に近いと思われる。ただし当時の軍務局長は伊藤海軍次官が兼務しており、山本が同局長となるのは明治二八（一八九五）年三月八日からであるが、二七年九月六日から大本営大臣副官という地位にあり、本事業を推進できる重要な立場にあった。なお西郷海軍大臣は、九月二二日午後七時二〇分「呉兵器仮製造所ノ件本日山内同道内閣総理大臣ニ面談粗々許可ナル事ニ決セリ」と淡々と事実を報告している。[128]

山内が持参し、西郷海軍大臣から伊藤総理大臣に提示された予算調書と思われる「朝鮮事件費臨時支出請求計算書」によると、兵器工場建設費一五万六七九八円、兵器工場器具機械費一一一万六六三五円、雑費九四〇六円、合計一二八万二八四〇円の予算となっている。これをみると圧倒的に器具機械費が多く、ここからも粗末な工場を短期間に建設し、長期にわたり利用可能な完全な機械により早急に戦時に必要とされる兵器を製造しようという意図が感じられる。こうした点を裏づけるように、同資料内の「仮兵器工場急設ノ理由」には、「兵器製造所ハ来ル明治三十四年度ニ落成スヘキ計画ナリシガ今ヤ時勢一変シ大砲水雷等緊急ノ必要アリト雖モ内ニハ之ヲ製出スルノ工場未タ完カラス外ニハ局外中立ノ制アリテ之ヲ購入スルノ便ヲ欠キ此急要ニ応スルヲ得ス」と記され、その方法に関しては、「呉兵器製造所ノ旧計画ヲ基礎トシ急造仮設ノ工場ヲ建築シ現今ノ急需ニ応セントス」と説明がなされている。[129]

具体的には、八カ月間で木造の仮兵器工場を建設、そこにヨーロッパから購入した機械・器具を八カ月で据え付け、ただちに兵器の生産と製鋼を開始することになっている。なおここで生産される兵器は、年間、一五センチおよび一二センチ速射砲三〇門ないし四〇門、小口径速射砲八〇門ないし一〇〇門とこれに付属する砲架・弾丸・薬莢、そして「尚此外魚形水雷ハ必要ノ附属器具等ヲ併セ一歳中ニ」八〇個ないし一〇〇個（付属品をふくむ）と見込まれている。[130] 魚形水雷について曖昧な記述となっているのは、急速に製造すべき兵器であるが、水雷関係工場は本体の呉兵器製造所設立計画で建設されることになっているためと思われる。

ここで注目すべきことは、この仮兵器工場は呉兵器製造所の旧計画を基礎とすると述べられており、こうした点を裏づけるように、「海軍省所管臨時軍事費決算書」において科目名は「兵器製造場仮設費」とされ、そして備考欄に「呉兵器製造所建設費ナリ」と記述されていることである。[131] 仮兵器工場は、呉兵器製造所建設の一環であり、この仮兵器工場設立計画は、明治二七（一八九四）年二月一三日に山内が滞在先のイギリスから提出し、五月二日に海軍大臣の決裁を得た、建設費と器械費の組替えによって二九年度中に水雷、三二年度中に一五センチ以下の速射砲、その後に大砲の製造と製鋼事業を開始するという変更計画を基本的に踏襲し、そこでもっとも早く製造されることになっていた水雷と速射砲をさらに短期間で生産しようというものであったといえよう。ただし工場の一部は、本体工事で建設されることになっている。

伊藤総理大臣から内諾を得た翌日の明治二七年九月二三日に大蔵大臣の協賛（書類は九月二五日に届く）、さらに二四日には勅許を得た。そして一〇月に広島市で開かれた第七回帝国議会において、一億五〇〇〇万円という巨額の臨時軍事費予算が両院とも全会一致で可決され、仮兵器工場計画は正式に承認された。なお本節では、この工事がのちに設立される仮設呉兵器製造所工事であるかのように誤解されることをさけるため、正式名称ではないが当時の文書にも用いられている仮兵器工場という名称を使用した。

二　海外からの機械・材料の購入と職工の海外派遣

臨時軍事費予算について勅許を得た西郷海軍大臣は、明治二七（一八九四）年一〇月九日に諸岡海軍造兵廠長に対し兵器製造所設立取調委員と仮兵器工場および水道の建設工事について協議するとともに器械の購入に着手すること、また村上敬次郎呉鎮守府監督部長に同工事への着手を訓令した。[132] 諸岡海軍造兵廠長は一〇月一三日に機械購入計画を作成し、すでに一〇月七日にイギリス出張を命じられていた山内少技監に、「一　錬鋼炉起重機水力錬鉄器火炉蓄水

力器試験器　一　拾五拇速射砲以下製造用器具機械壱式　一　仝上砲架製造用器具機械壱式　一　弾丸製造器具機械　一　魚形水雷製造器具機械　一　工場用蒸汽関　一　仝　蒸汽鑵」と兵器（大部分は速射砲）を購入させることとした。[133]そして、「現今ノ形勢ニテハ到底急速購入シ得ルノ途ナク」という理由で、「山内少技監英国エ派遣ニ付各製造会社ニ就キ直接購入方仝人エ委托致度」と上申した。[134]なお魚形水雷製造器具機械のように、仮兵器工場として建設する工場以外の生産設備もこの臨時軍事費で購入したことがわかる。

出発直前の明治二七年一〇月一七日、山内に、「総テ一私人ノ名義ヲ以テシ諸事不都合無之様取計フヘシ」という訓令が出された。[135]おそらく戦時期の中立国からの兵器購入を追及された場合に、国家としての責任を逃れるための手段であったと思われる。なおこの時、山内の出張先はイギリスからヨーロッパに変更された。

明治二七年一〇月一九日、山内は、アメリカ経由の渡欧を変更しフランス船「シドニー」に乗船して横浜を出港し神戸に向かった。しかしそこで船が火災をおこしたため「サラゼン」に転乗、長崎を出て清国沿岸の厳しい警戒を潜り抜けてフランスのマルセイユに到着した。これ以降、半年間にわたりヨーロッパを東奔西走、機械、兵器の購入に取り組んだ。なお中心となるイギリスの首都ロンドンには、一二月一日に到着している。

こうしたなかで山内少技監は、明治二八（一八九五）年二月一五日に伊藤軍務局長から四三万九五九〇円で造兵材料を購入するようにという電報を受けた。この造兵材料費は、海軍省が呉の兵器製造所に必要な一年間の材料費一五四万六二六〇円のうち海外より購入を必要とする材料費一一八万六九〇〇円を要求したのに対し、大蔵省が六カ月分の五九万三四五〇円を日清戦争にともなう臨時軍事費から支出することを認め、同年二月九日に伊藤総理大臣の許可を得たことにより加えられたのであった。[136]ここには差額はどうしたのかという疑問も残るが、より重要なことは海軍は臨時軍事費によって約一二八万円の仮兵器工場費に加え、約五九万円（国内購入分も同じ比率で認められたとすると約七七万円）の材料費を獲得することに成功したこと、本格的な兵器製造事業の開始に際して七七パーセントの材料を海外から輸入しなければならなかったことである。

機械、材料、兵器などの購入に際し山内は、多年にわたるヨーロッパ滞在の経験にもとづいて、「漫りに之を直接供給元のみに聴く事なく、先づ造兵専門家の説を叩き、次に造兵専門工場の実際に就きて、何々作業には某々会社製造の機械最も適当なり、又何々物の構成には、某々の供給する品甚だ可なりと云ふが如く、一々之を考究」した(137)。そして戦時期にもかかわらず多くの商品を購入し、明治二八年六月六日に帰途につき、七月七日に東京に戻った。こうした成果は本人の能力と努力はもとより、駐在していた造兵監督官、海外に派遣されていた職工などの協力の賜物であった。

とくに戦時期に危険をおして、中立国のイギリスが禁止している戦争当事国の日本へ兵器、機械・器具、兵器材料などの輸送を担当した高田商会の役割は重要であった。そのなかから呉に関係する例として、明治二八年七月二七日に高田慎蔵高田商会会主から海軍省軍務局に届いた文書をみることにする。そこにはアントワープを六月八日に出港した「アスワンレイ号」は、八月一〇日頃に到着する予定になっているが、「格別ノ重量ニテ横浜並ニ神戸ニ於テハ相当ノ装置ニ乏シク陸揚難仕候ニ付同号ハ直接呉並ニ横須賀へ入港為致同所御装置ノ器具ニ由リ陸揚仕度」と記されている。なお横須賀には、大砲および付属品など、呉には、鍛鉄品、兵器製造器械、レール、コークス、ベンヂャンサンドなどを陸揚げすることになっている(138)。日清戦争期に高田商会は、主にアームストロング社のノウブルを通じて購入した兵器などの日本への輸送を一手に引き受けることによって、同社や日本海軍から絶大な信頼を得て、特別の存在になったのであった。

山内が帰国後の明治二八年七月七日に提出した「復命書（仮題）」によると、購入した物資のうち機械、材料については、三つに分類されている。そのうち（甲）は臨時軍事費によって許可せられたもので、その予算額は機械購入費銀貨七五万二九五五円（七万五二九五ポンド一〇シリングと仮定）、運搬・保険料銀貨二一万五一三〇円（二万一五一三ポンドと仮定）、合計銀貨九六万八〇八五円に達する。なお「復命書（仮題）」には、マンチェスターのハルス社において、軽重砲熕製造用諸器械ならびに付属装置等六拾廉（魚形水雷製造用器械一廉をふくむ）、ロンドンのシーメンス社で新式鋳鋼炉三トンおよび一二トン二組（詳細図をふくむ）をはじめ二二社からの購入リストが添付されており参考となるが、ここでは割愛する。[139] なおこれに要した費用は、七万四六六四ポンド一一シリング九ペンスで、予算高に比較して六三〇ポンド残った（実際に支出した額については円換算額は記述されていない）。

そして明治二八（一八九五）年三月二日の東京の海軍造兵廠からの電信により山内は、二八年度土木費中の呉兵器製造所建設費のうち銀貨三万四六四〇円により機械を購入した（乙）。これについても、マンチェスターのゼームス・スペンサー社から魚形水雷製造用器械三廉など四社からの購入品リストが存在する。なおこれらの購入に要した費用は、三一三〇ポンド一五シリングとなり、予算を残すことになった。しかしこれは銀貨相場の変動によって予定していた水雷製造機械を購入できなかったためであり、追加要求が必要との見解が示されている。[140] なお魚形水雷製造用機械は、臨時軍事費と土木費で購入されていたことが判明した。

さらに前述のように明治二八年二月一五日の電信により山内少技監は、約五九万円の臨時軍事費のうち四三万九五九〇円によって三万四二〇五ポンド五シリング八ペンスで兵器製造に必要な材料を求めた。これら（丙）については、「復命書（仮題）」に二七番から五七番（ただし四四番と四五番は欠落）として報告されており、ニューカッスルのアームストロング社からの一二センチおよび一五センチ速射砲、砲架一八門分の材料をはじめ、薬莢地金、銑鉄、鋼材、魚形水雷用の銅板、ネジ、釘、黄銅管など多種多様の造兵材料におよんでいる。[141]

海外との関係で注目すべきこととして、少し性格が異なるが造兵職工の外国派遣がある。この点に関し山内少技監は、「新に一事を創めんと欲せば、之に必要なる設備以外、必ずや『技術者養成』てふ最大要件の一」と位置づけ、「若干可り有為の青年を抜擢し機会ある毎に之を外遊せしめ、以て実業の見学と技術の練習とを為さしめ」ることとし、明治二六(一八九三)年の外遊に際しても数名の技手、職工を渡英させ、各地の工場に受入れを委託した。(142)

こうした経験から、海外の技術の優れた民間兵器製造会社に職工を委託するためには、「犠牲的に多少の物資を購入するか、或は技術修得の為め相当の伝習料を支弁するか、二者孰れをか選ばざるべからず」と考えた山内少技監は、「当局会計官吏と協議し、或種の物資を限り、之を在外監督官に委託購買せしむるの措置を取りしかは、爾来之が為め進取の気に富める青年技術者の研学上、尠からざる便宜を得た」のであった。(143)兵器の購入を活用した技術移転は造船部門においてはかなり一般化しており、その意味で山内の発案とはいえないのであるが、ほとんどは技師などのエリートであり、造兵部門において技手や職工の海外派遣による技術の習得が急速に実現したことは山内の功績といえる。一方でこうした配慮に感謝した彼らは、帰国後に山内の意を汲んで奔走するようになる。

こうした懐旧談を裏づけるかのように、明治二七(一八九四)年四月二四日には諸岡海軍造兵廠長より西郷海軍大臣あてに、呉兵器製造所設立にともない、技手以上の海外派遣に続き、職工一〇名を二年間イギリスに派遣し技術幹部附として育成したいという上申書が提出された。その理由については、「新兵器製造所ニ於テ製造スヘキ兵器及ヒ之ニ使用スル諸機械ハ多ク新規ノモノニシテ仮令技手以上ニ其人ヲ得ルモ之レカ手足トナリテ働作スヘキ職工ニ適当ノ技芸アルモノナキ時ハ之レヲ養生スル迄ノ間ハ到底其用ヲ為スヲ得ス……然ルニ奈何セン本邦ニハ未タ之レニ適当スル製造所之レナキヲ以テ大ニ苦慮致居候」と述べられている。また派遣先とその効果に関しては、「折柄幸ヒ今ヤ甲鉄艦二隻海外ヘ御注文ノコトニ相成従テ之レニ伴フ兵器ヲ同一ニ嘱託セラルルコトト相考候此好時機ニ乗シ本廠ヨリ選抜職工十名ヲ被差遣其社ニ託シ各兵器成立ノ始メヨリ終リニ至ル迄現業ヲ伝習練熟セシムルトキハ帰朝ノ際恰モ呉兵器製造所創業ノ時期ニ合スルヲ以テ工業上無量ノ裨益ト相認メ候」と説明されている。(144)

この上申は明治二八年三月二二日に認められ、製鋼工の富田群太郎・萩原虎袈裟・今井栄治郎、鋳工の茂住清次郎・福田八五郎、鍛工の小栗多吉、機工の辻茂吉・大草鑑之助、鑢工の浦野乙吉、電気工の吉田光三がイギリスに派遣されることになり、一行は二八年四月二〇日、フランス船で横浜を出港した。なお彼らには、帰国後六年間の在職義務が課せられていた。(145)試みに富田と萩原の訓令をみると、伝習期間は約二年（往復日数を除く）、入業場所は在英造兵監督官の指定する所、研究対象は、「シーメンス式製鋼炉ニ就キ鋼鉄ノ製錬及鋼炉内部ノ構造方幷修理ノ方法」となっている。(146)

これと前後して、技手の長谷部小三郎と吉田正心の二名のイギリスへの派遣が認められた。このうち明治二七年一一月二八日に訓令を受けた長谷部は、アームストロング社においてシーメンスマーチン式製鋼法（熔解鍛業鋳造法）と鋼錠鍛錬法（汽鎚鍛錬水圧造形技術）、二八年七月一六日に吉田に与えられた「訓示案」をみると、「英国着後直ニ新城《ニューカッスル》ニ在テ安社《アームストロング社》ノ製造工場ニ入リ左ノ科目ヲ専業トシ其実地ヲ研究練磨スヘシ」とし、左の科目として「造兵ニ要スル鋳造法」と記されている。(147)

このようにヨーロッパから先進的な兵器や機械類を購入するとともに、そうした民間兵器製造会社に技師だけでなく技手・職工の伝習を依頼することによって、呉の兵器製造と製鋼技術が短期間に飛躍的に発展したものと思われる。まさしく慧眼といえるが、このことは特定の企業と結びつきを強めることによる危険と表裏一体の関係にあったといえよう。

三　仮兵器工場の建設

明治二七（一八九四）年一〇月九日、すでに述べたように西郷海軍大臣は、村上呉鎮守府監督部長に対し、「目下建設中ニ係ル呉兵器製造所ノ内大砲弾丸製造ニ要スル諸工場及水道濾過池急速仮設」するように指示した。(148)一〇月二二日に坂東呉造兵廠設立取調委員は東京を出発、仮兵器工場の建設状況を視察するとともに今後の工事について打ち合わせ一〇月二九日に帰京した。そして工事の状況について、集成製弾などの工場一棟、銑鉄黄銅鋳鋼工場一棟、木工薬莢工場一棟の合計三棟については、一一月上旬に起工し二八年六月三〇日に竣工する予定であること、ただし今回の出張の結果、鋳工場および砲身淬硬場については計画を変更すること、水道濾過池は早急に着手すること、器械費に関する工事は、まずもっとも急を要する甲種（砲身淬硬ならびに層成坑一式など五種）、次に乙種（鋳鋼薬莢および水雷工場用煙突大一ヵ所など四種）にわけて実施すると報告している。(149)

明治二七年一二月一八日、呉鎮守府濾過池築造工事が開始され、一万五六八〇円をかけて二八年九月一四日に竣工した。この工事によって、既存の貯水池、濾過池の近くに、底辺の長さ二〇間（約三六メートル）、幅一八間（三三メートル）、深さ九尺二寸（二・八メートル）の新濾過池が整備された。(150)

同じ明治二七年一二月一八日には、兵器製造場仮設費三〇万五三四八円によって造砲・鋳造・薬莢三工場仮設工事が開始された。このうち造砲工場は集成製弾砲架造砲機械水圧鎚錬砲淬硬場、甲号―建坪六〇九坪、乙号―四四〇坪、丙号―四一三坪、丁号―一六八坪、戊号―一五八坪、己号―二七二坪、庚号―一一六坪、辛号―一三一坪、計二二三〇六坪の巨大な規模となっている。また鋳造工場は銑鉄黄銅鋳造ならびに鋳鋼場―九七九坪、薬莢工場―八一三坪によって構成されていた。これらの工場は、すべて木造平家で一七万八五〇七円を投じて、二八年一〇月一四日に竣工した。[151]

三工場の付属工事については、一万円以上の工事に限定して言及する。明治二八（一八九五）年二月二〇日には、砲身淬硬ならびに層成坑および鎔解炉ほか四廉の工事が開始され、一万二四七四円の費用で八月一五日に完了した。この四廉の内訳は、三トンシーメンス式鋼炉および煙突、黄銅鎔解炉ならびに三トンシーメンス式鋼炉用鉄板製煙突基礎、鋳鋼坩堝鋼炉となっている。また二八年四月四日から一一月五日にかけて、一万三三二九円の費用で一〇トン熔鉱炉、煙突ほか一廉の工事が実施されている。[152]

以上、「呉鎮守府工事竣工報告書」によって主な工事をみてきたが、これによるとそれほど問題がないかのようである。しかし明治二八年七月二四日に呉に到着した山内万寿治仮設呉兵器製造所長（後述するように明治二八年七月八日に就任）によると、全体の完成期日が八月二四日となっているにもかかわらず、「造砲、造砲架、製弾工場幷ニ鋳工場ニ至テハ柱棟梁等ノ骨組サヘモ未タ全ク調ハズ」、そのため、「英国ニテ万寿治ガ購入運搬方ヲ取計ヒタル諸器械類幷ニ材料等ハ続々到着シ来リ候ヘ共工場不成立ナル為メ之レヲ所属ノ建物内ニ取リ入レ難ク」という混乱した事態が発生していた。[153]工事遅延の「重ナル原因ハ着手後ニ生シタル模様換ヘ及ヒ材料欠乏」であった。[154]とくに三工場中の鋳造工場（銑鉄黄銅鋳造ならびに鋳鋼）は木造として設計されたが、「火気ノ激烈ナルヲ以テ……中通リ柱ノ全部ヲ悉皆鋳鉄柱」にするなどの変更が必要となり、工事遅延とともに建設費の超過をもたらすことになった。[155]こうした状況を打開するため山内所長は、請負人の大倉組土木主任の田中工学士と相談し、緊急度の高い部分から工事を完成させ、一一月には薬莢工場の一部機械の試運転を目指すことにした。なお九月一〇日の平野為信呉鎮守府監督部長の上申によると、最大の三工場の工事において、「偶然水脈ニ衝突」、八三四七円の費用と九〇日間にかけて防水工事が実施されることになっている。[156]

こうした多くの問題が発生したこともあってか、当時の資料に仮兵器工場全体の完成を示す資料は見当たらない。ところが後年に発行された『呉海軍造兵廠案内』によると、明治二七年一二月に起工し、「翌廿八年十月諸工場ノ建築落成ヲ告クル」と記されている。[157]九月に水脈にあたり、九〇日間で防水工事を施すことになっている状況のなかで、一〇月にすべての工事が完成したとは到底考えられない。それにもかかわらずこうした記述がなされたのは、後述するように、『呉海軍造兵廠案内』が第一六回帝国議会において呉造兵廠拡張費案を左右する貴衆両院議員らを呉海軍造兵廠に招待した際に配布されたものであり、山内所長の就任後の工事が迅速になされたことを示す必要があるという意図のもとに作成されたからと思われる。

第六節　仮呉兵器製造所の設立と生産の開始

本節においては、仮設呉兵器製造所と仮呉兵器製造所の設立、「職工取締規則」、東京の海軍造兵廠からの施設・設備の移転と職工等の転勤、兵器の生産について取り上げる。これらはこれまであまり対象とされてこなかった問題であり、可能な限り具体的に実証するとともに、呉兵器製造所や仮兵器工場との関係、国内の技術移転における問題点、生産された兵器の確認と評価を目指す。

一　組織と施設・設備の整備

明治二八（一八九五）年六月一八日、全体が四条からなる「仮設呉兵器製造所条例」（官房二二七六号）が定められた。これによると、第一条において、「仮設呉兵器製造所ハ呉鎮守府ニ属シ兵器ノ造修ヲ掌ル所トス」と規定され、[158]第二条で職員（所長一名、製造主幹三名、検査主幹二名、材料主幹は製造主幹が兼務）の配置と階級、第三条で職員の職務権限、第四条で職員以外の構成員（上等兵曹二名、書記五名、技手七名）が配置されることになっている[159]（明治二八年一二月二五日の改正により、軍医長をおき、看護手一名、看護一名が加わる）。なお七月八日、山内少技監が所長に任命された。

ここで問題となるのは、仮設呉兵器製造所と呉兵器製造所と仮兵器工場の三者の関係である。これまでの研究では、実際の工事はほとんど対象とされることなく、呉兵器製造所の工事の遅延が強調され、工場等の施設は日清戦争にともなう仮設呉兵器製造所として建設されたと考えられてきた。しかしながらすでに述べたように、仮兵器工場は呉兵器製造所設立計画の一環として計画され、日清戦争期には呉鎮守府の責任によって呉兵器製造所と仮兵器工場の建設工事が並行して行われ、後者は明治三〇（一八九七）年の呉海軍造兵廠の設立以降も工事が続行されたのである。こうした事実を踏まえ三者の関係を整理すると、「仮設呉兵器製造所条例」第一条から考えて、仮設呉兵器製造所は、呉兵器製造所と仮兵器工場の計画や工事によって完成した工場や機械などの施設を使用して、兵器の造修を行う役割を担う組織であるといえるだろう。

明治二九（一八九六）年には、「臨時軍事費ノ使用期限即チ本年三月三十一日以後ニ於テモ引続キ同所ニ於テ兵器ノ修造ヲ為サシムルノ必要アルヲ以テ此際勅令ヲ以テ該仮設呉兵器製造所条例」を制定することになった[160]。これをみると変更条例も「仮設呉兵器製造所条例」という名称が考えられていたことがわかる。しかしその後に改称されることになり、二九年三月二六日に一一条と定員表で構成される「仮呉兵器製造所条例」（勅令六一号）が公布、四月一日に施行された[161]。これによると、第一条において、「仮呉兵器製造所ハ呉鎮守府ニ属シ兵器ノ製造修理ニ関スル事ヲ掌ル所トス」と規定され、第二条で職員（所長、製造主幹、検査主幹、材料主管、軍医長、主計長）の配置と階級、第三条から第八条で職員の職務権限、第九条で職員以外の構成員（上等兵曹、看護手、看護、書記、技手）の配置、第一〇条別表（定員表）、

第一一条附則となっている。別表によると、職員の定員は製造主幹が二名となっている以外は一名である。[162]

ここでこの当時に制定されたと思われる「仮呉兵器製造所職工仮規則」により、職工の種類、採用、取締りなどについて検証する。まず第一条によると、職工の職名は、図工、筆算工、検査工、機工、鑢工、鋳工、製鋼工、鍛工、薬莢工、水雷工、火工、木工、塗工の一三であった。また職工の募集は、広告とその他の方法と述べられており、志願者の年齢は満一六歳から五五歳、ただし特別の技術を有するものは一四歳から六〇歳までと規定されている。採用試験は体格検査のあと、「其使用ノ目的ニ対スル事業ヲ試験シ而シテ優等者ヨリ順次採用スヘシ」とあり、特別な学力試験はなかったようであるが、製図職工志願者の場合はそのほかに数学、見取図、洋学等の学科が加わっている。[163]

第一一条から第一九条までは物品検査について具体的に記されているが、その方法には着服と裸体があり、守衛のほか所属組長も行うことになっている。また物品を携帯して出門する時には、係技術官の証明書が必要とされた。就業時間は一月二六日から二月二五日までは午前六時四五分から午後四時三〇分まで、二月二六日から四月三〇日までは午前六時三〇分から午後五時まで、五月一日から一〇月二〇日までは午前六時から午後四時三〇分まで、一〇月二一日から一月二五日まで午前六時四五分から午後四時一五分までと、季節によってわかれる。なお製図室勤務者は、ほぼ一時間遅く起業し、同時刻に停業という特典があった。

この規則の第五〇条には三三項目におよぶ細かい犯約科目が列挙されており、違反すると日給半日以上七日以内の減給が待っていた。また第五三条から第六六条までには制条という禁止事項が列挙されているが、このなかには雨合羽、衣類、弁当箱を所定外の場所におくこと、事業服のほか各自所有の物件を携帯すること、上司の許可なく衣類を乾燥することなど、細かいだけでなく自尊心を傷つけるような規定もみられる。職工にとってもっとも重要な日給は、特撰工が一円五〇銭から七〇銭まで一六段階、並職工は六八銭から二二銭まで二四段階、見習工は二〇銭から一二銭まで五段階に分類されている。

注目すべきは、第七五条から第一〇三条にわたって規定されている組合諸則である。このうち最初の第七五条によると、「工場諸般ノ整頓ヲ主トシ工業ニ渋滞ナク職工ノ工芸ヲ進メ平等ニ規則ヲ遵奉セシムル為メニ職工組合ヲ定ム」と定義されている。[164]この組合は通常三〇名までを一組とし、一組に伍長一名、三組に組長一名を配置し組合を取り締まらせることになっていた。最高位の組長の資格は、技能優秀な伍長より選抜志願させ、読書（海軍諸例則など）、作文（普通往復文）、算術（四則および正転比例）、実業の科目に合格した者となっている。また伍長は、職工中の技能優秀者を選抜し、組長を補佐するとともに組長の命を受け自分の組で組長と同一の職務を執行できた。組合工は当然ながら規則を守り組長の指揮に従うことが要求されたが、組合中に怠惰や不正の者がいることを知りながら隠蔽した時には罰せられた。組合は、職工を職工によって取り締まるために存在していたことがわかる。

二　兵器の生産

「仮呉兵器製造所条例」が公布されたのと同じ明治二九（一八九六）年三月二六日、西郷海軍大臣より井上良馨呉鎮守府司令長官あてに二九年度中の製造命令が出された。これによると、製造すべきものは一五センチならびに一二センチ速射砲（砲架付属品とも）三門と八門、四七ミリ重および軽速射砲（砲架付属品とも）四門と一六門、一五センチならびに一二センチ速射砲用鋼鉄榴弾四〇〇発と八〇〇発、四七ミリ重および軽速射砲用鋼鉄榴弾一〇〇〇発と三五〇〇発、一五センチと一二センチ速射砲用薬莢八〇〇発と一五〇〇発、魚形水雷一〇発となっている。[165]

こうして仮呉兵器製造所の業務が開始されることになったのであるが、『呉海軍造兵廠案内』は、開業は「仝年（明治二十八年）十一月三日ヲ以テ初メテ事業ノ一端ヲ開始スルニ至レリ是レ実ニ本廠ノ起源トス」と、これより先の仮設呉兵器製造所時代であったと明記している(166)（製造されたのは、一二センチ速射砲用薬莢と推定）。ただし明治二九年二月五日に仮設呉兵器製造所製造主幹に就任した有坂鉊蔵によると、「呉の方に参りました当時は（後の呉工廠）其処はまだ木造の建物が二三箇しかなくゴロ〳〵とあちらこちらに礎石がゴロがつて居て新に建築をする準備時代」と述懐しているように(167)、まだ工場は建設途上であったと思われる。そうしたなかで山内所長は、急いで一二センチ速射砲薬莢の製造を開始し、それをもって『呉海軍造兵廠案内』にあたかも開業記念日かのように記述したのであるが、本格的な操業は二九年三月に機械二四八台を据え付けたのちと考えるのが妥当といえよう(168)。またしても山内所長のもと、事業が順調に進捗したことが強調されたのであった。

明治二九年四月九日、東京の海軍造兵廠の中核を形成する芝区赤羽町の工場の薬莢工場、軽砲製造および修理機械・器具と職工（職工についてはなるべく）を仮呉兵器製造所に移転するよう訓令が出された(169)。このうち施設については、三トンと六トン蒸気鎚（付属器具とも）両方とも一式、四七ミリおよび三七ミリ保式（ホワイトヘッド式）速射砲製造機械（付属品とも）全部、一インチ砲製造機械（付属品とも）全部、第四工場内薬莢工場所在諸機械器具（ただし原動汽機汽罐とも一式）全部となっている(170)。

この計画において問題となったのは、職工の移動であった。この問題が困難なことを認識していた原田海軍造兵廠長は、明治二九年四月二〇日、西郷海軍大臣に「彼等ハ平素薄給ニ浴シ漸ヤク一家計ヲ営ミ居ルモノ共ニ付僅少ノ旅費ニテハ一家取纏メ移転シ能ハザルノ事情ヨリ応セザルモノ多数有之」と説明した(171)。そして移転を求められている職工は、専門技術の保有者で新たに募集しても求めることが困難であり、旅費のほか手当として一〇円を支給することを上申した。これを受けた海軍大臣は、四月二八日に「平時如此移転ヲ要スルハ実ニ今回ヲ嚆矢トス故ニ此場合ニ限リ」、仮呉兵器製造所の「事業費職工給ノ予算内ニ於テ繰合セ特ニ一人ニ対シ金拾円ツヽ、ノ一時手当金ヲ給与」することを閣議に提出するよう伊藤総理大臣に請議した[172]。しかしながらこの件は、「勅令ヲ以テ制定セラル、歟又ハ海軍大臣ニ於テ断行セラル、歟ノ二途アルノミ」という法制局の見解に従って先の請議を撤回し、「手当金給与ハ断行セラル、事」になった[173]。こうして手当金は支払われることになったのであるが、海軍省内の協議により、「但手当金ハ一人金六円」なったものと思われる[174]。ここには職工への経済的負担を軽減しようとする海軍当局の配慮が感じられるが、そこには熟練職工の存在なくしては本格的な兵器の生産が不可能であるという認識があったといえよう。

開業間もない明治二九年四月七日と八日、仮呉兵器製造所で製造したアームストロング式一二センチ速射砲用薬莢試験が軍艦「松島」で行われ、「其試験成績極メテ良好」という結果を得た[175]。そして四月二九日には山内所長は前田海軍省軍務局第二課長に、「第四工場全ク整頓保式水雷製造初ム分解図アラバ送附ヲ乞フ」と発信している[176]。

明治三〇（一八九七）年三月八日には、軍艦「高千穂」において新製された一五センチ速射砲用薬莢の試験が実施され、良好な成績をおさめたのに続き、三月一三日にホワイトヘッド式魚形水雷、三月二一日に重四七ミリ速射砲の発射試験が実施され、いずれも好成績をおさめた。そして四月二〇日には、待望の一二センチ速射砲の発射試験が実施された。なお「呉第一号」の製造を担当した有坂仮設呉兵器製造所製造主幹は、「発射試験には非常なる好成績をあげ将来それ以上の大砲を造り出す事の確信を得」たと回想している[177]。

明治二九年度に生産された兵器について『明治工業史』は、一二センチ速射砲砲身（砲架とも）一門、重四七ミリ速射砲砲身（砲架とも）一門、軽四七ミリ速射砲砲身（砲架とも）一門、一五センチ速射砲薬莢八〇〇箇、一二センチ速射砲薬莢一五〇〇箇と記述している[178]。一方、『明治二十九年度海軍省報告』をみると、次のようにより詳細な記述がなされている[179]。

又仮兵器製造所ノ製造ニ係ル主ナルモノヲ挙クレハ左ノ如シ

十二拇《センチメートル》　速射砲砲身砲架　本砲ハ今回ノ製造ヲ以テ我国ニ於ケル嚆矢トス而シテ数回ノ発射試験ニ於ケル成績ハ頗ル良好ナルヲ得タリ元来同砲ハ専ラ英国政府ノ採用式ニ係ルモノニシテ我海軍ニ於テ未タ曾テ製造ヲ試ミタルコトアラス故ニ必要アル毎ニ之ヲ外国ニ仰クノ止ムヲ得サリシハ常ニ遺憾トスル所ナリキ今ヤ本所之カ製造ヲ開始シタルニ英国製造品ニ比シ毫モ遜色ナキ好成績ヲ見ルニ至レリ

重四十七密米速射砲　本砲ノ閉鎖機及ヒ砲架ハ海軍造兵少監山内万寿治カ曾テ発明ニ係ルモノニシテ我海軍ニ於テ製造セシモノ僅ニ数門ニ過スキサルニ今回試験ノ結果ニ徴スレハ前記十二拇速射砲ト同一ノ好成績ヲ得タリ

保《ホワイトヘッド》式魚形水雷　同水雷モ亦十二拇速射砲ニ於ケルカ如ク我海軍ニ於テハ曾テ製造ヲ試ミシコトナク今回ヲ以テ嚆矢トス而シテ試験ノ成績ニ於ケルモ亦前者ト異ナラス加之其構造ニ至リテハ従来購入品ト差異アルコトナシ

十二拇十五拇用速射砲薬莢　同薬莢モ亦今回ノ製造ヲ以テ嚆矢トス然カモ発射試験ノ成績ハ良好ニシテ就中十二拇用ノ如キ其発射耐力三回以上ニ堪フルモノヲ製出シ得タル如キハ実ニ空前ノ好成績ト言フベシ況ヤ英国製造ノ十五拇薬莢ト雖モ従来ノ経験スレハ僅ニ一二回ノ発射ニ依リ其用ヲ失フモノアルニ於テヲヤ将来製造法ノ発達ト共ニ益々其耐力ヲ増加スルヤ必然ナルヲ信ス

此他完成品ニシテ試験未済ノモノ及修理ニ係ルモノ亦数多アリ

これをみると、『明治工業史』にはないホワイトヘッド式魚形水雷がふくまれているが、同書にある軽四七ミリ速射砲が見当たらない。このうち魚雷については、東京の海軍造兵廠において朱式(シュワルツコフ式)二個を試製しただけであったが、明治二六（一八九三）年にホワイトヘッド社から一〇〇個を購入、二六式として国産化を目指すことにした。そして二九年八月、仮呉兵器製造所第四工場において一四インチ（三六センチメートル）の製造に着手、三〇年六月に、「実ニ帝国海軍ニ於ケル魚雷製造ノ濫觴ナリ」と位置づけられる製品を完成した。[180] なお、引用はしなかったが、仮呉兵器製造所では、この他に鋳鉄鋼一四・八トンを製造している。

こうした成果について『明治二十九年度海軍省報告』は、「明治廿九年度ニ於テ兵器造修ニ関スル事項中特ニ報告スヘキモノハ仮呉兵器製造所ニ於テ事業ヲ開始スル一時《（事カ）》トス……兵器独立ノ基礎茲ニ於テ其端緒ヲ啓クコトヲ得ン」と、その意義を述べている。[181] また仮呉兵器製造所が短期間に大きな功績をあげたことについては、「呉における造船部門の熟練工調達が横須賀、小野浜からの職工引揚げによったのと同様に呉以前の海軍造兵生産の大部分を担当していた東京赤羽造兵廠からの設備、労働力移転によるところが大きかった」と述べられている。[182] すでに日清戦争期に東京の海軍造兵廠は、三二センチ以下通常榴弾、四七ミリ鋼鉄榴弾、一二センチならびに一七センチ砲架、四七ミリ砲および砲架、諸信管、火管類、四七ミリ薬莢、海底水雷罐等を製造できるようになっており、[183] 将来は閉鎖することを前提としてこうした実績を有する施設と人材を惜しげもなく移転することを決断した東京の海軍造兵廠の協力なくしては、こうした成果は果たせなかった。しかしそれだけでは、造船部門と同じように先行した海軍工作庁で実現できた兵器を生産することしかできないのであり、海軍で最初の本格的兵器を生産し得た理由としては不充分といえる。ここではそのためには、総合的な分析が必要であるとのみ述べ、最後に再考する。

おわりに

これまで、呉鎮守府に属する造兵部門の形成と活動について具体的に検証してきた。その結果、多くのことが明らかになり、またいくつかの課題が残った。ここでは主に全体に関わる問題、具体的には計画、施設・設備の整備、技術移転、兵器の生産、事業を推進するために海軍が採用した方策、造船部門との相違について要約する。

明治二三（一八九〇）年二月、約二五三万円で二四センチ以下の砲と小規模の兵器用特殊鋼の造修を目指す呉兵器製造所設立計画を決定した。この計画は、造船部門と同じように防禦に最適な呉軍港に海軍一の兵器工場（中央兵器工廠）を形成することを前提とし、造船部八カ年計画と歩調をあわせるかのように一等巡洋艦に搭載する兵器の造修を目的としていた。呉鎮守府設立計画に造兵部門がふくまれていないので明確ではないが、両部門によって最終的に戦艦の建造と搭載兵器の生産を目指していたものと思われる。

こうした計画を基本としつつ、工事前に計画の変更をともないながら工場用地の整備、一〇〇トンクレーンの敷設、また日清戦争期前後に鍛工場や水雷機械集成工場を建設した。さらに日清戦争により発生した兵器の不足に対応するため、呉兵器製造所設立計画の一環として臨時軍事費約一二八万円よって仮兵器工場計画を決定した。これによって木造の三工場を建設するとともに、イギリス等から最新機械、材料などを輸入し、本来の呉兵器製造所設立計画で建設した工場も利用して一五センチ以下の速射砲、水雷と関連兵器、兵器用特殊鋼の生産施設・設備を整備した。

一方、海軍の艦艇、兵器、機械、原材料の発注を利用してアームストロング社をはじめとする海外の兵器製造会社から工場の建設計画をふくむ技術指導を受けるとともに、そこへ技師だけでなく技手や職工までも派遣して技術の習得がなされた。また東京の海軍造兵廠からの従業員の転勤、施設・設備の移設も行われた。なお海外へ派遣された技術者は、東京の海軍造兵廠の従業員や同廠が将来は呉に転勤させることを前提として採用した者たちであった。

明治二九年度（正確には明治三〇年四月もふくまれる）に呉兵器製造所は、「呉第一号」と呼称された一二インチ速射砲をはじめ四七ミリ速射砲、保式魚形水雷、一五センチおよび一二センチ速射砲用薬莢、鋳鉄鋼などを製造した。このうち四七ミリ速射砲以外は海軍内で最初の製品であり、ほとんどがイギリスの兵器と比較しても遜色がないものであったという。当初に作成された呉兵器製造所設立計画と比較しても、早く高度な（速射砲は一〇センチ以下と計画）成果に対し海軍は、「兵器独立ノ基礎茲ニ於テ其端緒ヲ啓ク」と高く評価した。なおこうした成果をもたらした原因について、筆者は総合的な分析が必要であると述べたが、それはここで述べた周到な計画とそれにもとづく施設・設備の整備、海外からの技術移転と国内における再移転、そして後述する目的を実現するために海軍が採用した方策、造兵関係者の一致した協力体制とリーダーの存在などである。

造兵部門に関しては計画を作成する過程を検証する資料がないので断定はできないが、おそらく呉鎮守府設立計画の時に目的を実現するための予算を計算したところ一〇〇〇万円を超えたので、長期的展望に立脚して現実に即応した変更をしながら段階的に目的を実現したのと同じ方策が採用されたのではないかと思われる。当初に少額の予算を計上し、事業の実行に際し計画を変更し予算の増額を要求するという手法も、造船部の時と基本的には同じであるが、日清戦争を好機ととらえて高額の臨時軍事費を獲得するなど、はるかに大胆にして機をみるに敏であった。将来の兵器生産にあわせて技術者を派遣して新技術を習得させるという面でも、造兵部門の指導者の方が長期的な展望と先見性を有していた。

これまで述べてきたように造兵部門の形成は、基本的には造船部門と同じであるが、そこには次のような相違もみられる。呉鎮守府の造兵部門は後発の海軍工作庁でありながら、中央兵器工廠という海軍一の工場の役割を担うことを求められ、明治二九年度に海軍で最初に本格的な兵器を製造することでその一歩を印した。注目すべき点は、先発の東京の海軍造兵廠長をはじめとする造兵部門の指導層が、こうした目的に一丸となって取り組み、それが現場で情熱的に活躍する若手リーダーを生み出したことである。そしてそのリーダーのもと、造兵部門には造船部門よりも海軍技術学生として大学を卒業した技師から現場で直接機械を操作する職工まで、技術を重要視する気風が生まれたように思われる。

註

(1) 呉軍港に立地することになった兵器工場は、新造兵廠設立計画として出発したが、明治二三年七月九日に兵器製造所と改称される。その後も多くの名称が使用されているが、本章においては正式名称が必要な際にはそれを使用するが、それ以外にはもっとも多く用いられ他の組織との差異も明確な呉兵器製造所と表記する。

(2) 日清戦争期に計画された仮兵器工場は、呉兵器製造所の一環として計画されたのであり、明治二八年六月一八日に設立された仮設呉兵器製造所という組織と混同しないように、当時の資料に使用されていた仮兵器工場と呼ぶことにする。

(3) 東京に設立された海軍の造兵施設は明治一九年に海軍兵器製造所、二二年に海軍造兵廠、三〇年に東京海軍造兵廠とめまぐるしく名称を変更しており、東京の海軍造兵廠という名称は存在しないが、便宜上その時の正式名を示す必要がある時以外は総称として使用する。

(4) 工学会『明治工業史　火兵・鉄鋼篇』(工学会明治工業史発行所、昭和四年)三六二ページ〈学術文献普及会により昭和四四年に復刻〉。

(5) 山田太郎『呉造兵物語』昭和四〇年起。この著書は、『銃砲史研究』に掲載された論文を中心に編集されたものと思われるが、表紙には、「一九六五年一一月一日　筆を執る　年　月　日　了　」と、しだいに加筆されるようになっている。

(6) 山内万寿治『回顧録』(大正三年)。本書の入手に際しては、奈倉文二氏にご尽力をいただいた。

(7) 「自明治廿三年至同三十年兵器製造所設立書類一、二、三」(防衛研究所戦史研究センター所蔵)(以下、「兵器製造所設立書類」と省略)。これはもっとも基本的な資料であり、なるべくこれから引用するが、読みにくい点や引用部分の確認がむずかしい面があり、編集上問題がないと考えられる場合には、後掲の(10)や(11)を使用する。

(8) 広島県編『広島県史　近代現代資料編』Ⅱ(昭和五〇年)、同編『広島県史』近代一(昭和五五年)九五四〜九八五ページ。

(9) 佐藤昌一郎『陸軍工廠の研究』(八朔社、平成一一年)。

(10) 有馬成甫編『海軍造兵史資料　仮呉兵器製造所設立経過』昭和一〇年(防衛研究所戦史研究センター保管)。

(11) 山田太郎・堀川一男・冨屋康昭編『呉海軍工廠製鋼部史料集成』(『呉海軍工廠製鋼部史料集成』編纂委員会、平成八年)。
(12) 「呉鎮守府工事竣工報告」(防衛研究所戦史研究センター所蔵)(以下、同資料については、所蔵場所を省略)。
(13) 「斎藤実文書」(国立国会図書館憲政資料室所蔵)。
(14) 山田太郎『呉造兵物語』七九ページ。
(15) 海軍大臣官房『海軍制度沿革』巻三(昭和一四年)〈昭和四六年に原書房により復刻〉一七ページ。
(16) 海軍大臣官房『明治海軍史職官編附録　海軍庁衙沿革撮要』(大正二年)四三ページ。
(17) 前掲『海軍制度沿革』巻三、一八ページ。
(18) 海軍歴史保存会編『日本海軍史』第一〇巻(第一法規出版、平成七年)一七九ページ。
(19) 前掲『明治海軍史職官編附録　海軍庁衙沿革撮要』四八ページ。
(20) 前掲『広島県史』近代一、九六五ページ。
(21) 呉鎮守府副官部『呉鎮守府沿革誌』(海上自衛隊呉地方総監部提供、昭和一一年)七六ページ。
(22) 前掲『海軍制度沿革』巻三、二〇～二一ページ。
(23) 呉市史編纂委員会編『呉市史』第三巻(呉市役所、昭和三九年)一五一～一五二ページ。
(24) 第二復員局残務処理部資料課「海軍制度沿革史資料　呉鎮関係　自明治二十一年至明治三十年」(防衛研究所戦史研究センター所蔵)。
(25) 八木彬男『日露戦役中及び其の前後に於ける呉海軍工廠造船部の活動』(呉海軍工廠造船部、昭和七年)三ページ。
(26) 海軍省経理局『海軍省所管臨時軍事費決算書』(防衛研究所戦史研究センター所蔵、明治三〇年)七〇～七一ページ。
(27) 有馬成甫編『海軍造兵史資料　海軍技術研究所沿革　海軍造兵廠沿革』(防衛研究所戦史研究センター保管、昭和一〇年)五ページ。
(28) 沢鑑之丞「我が国に於ける海軍兵器の沿革大要」(『有終』第二六巻第一号、昭和一四年一月)八〇ページ。
(29) 前掲『日本海軍史』第一〇巻、七九九ページ。
(30) 有馬成甫編『海軍造兵史資料　製鋼事業の沿革』昭和一〇年(防衛研究所戦史研究センター保管)。
(31) 前掲『海軍造兵史資料　海軍技術研究所沿革　海軍造兵廠沿革』一〇～一一ページ。
(32) 前掲『明治工業史　火兵・鉄鋼篇』三六二ページ。
(33) 山内万寿治『回顧録』六四ページ。

(34) 佐藤昌一郎『陸軍工廠の研究』六九ページおよび山田太郎『呉造兵物語』八三ページ。

(35) 沢鑑之丞『海軍七十年史談』(文政同志社、昭和一七年)一九三〜一九四ページ。

(36) ベルタン(桜井省三訳)「大砲ニ関スル意見」第二篇、明治一九年五月二五日提出(「明治十九年公文雑輯 巻一 職官」防衛研究所戦史研究センター所蔵)。

(37) ベルタン(桜井省三訳)「呉湾ニ創設スル造船所ノ場所ニ関スル意見」明治一九年五月六日(同前)。

(38) 舟木錬太郎大尉「西郷海軍大臣欧米国巡回日誌概略(仮題)」明治一九年一一月二〇日(「明治二十年公文備考 第壱巻 職官」(防衛研究所戦史研究センター所蔵)。

(39) アーレンスクルップ社代理人より海軍省あて「書簡」明治一九年一〇月七日(「明治十九年公文雑輯 第拾七巻 土木」防衛研究所戦史研究センター所蔵)。

(40) 第二復員局残務処理部資料課『海軍制度沿革史資料 海軍造兵史概略』(防衛研究所戦史研究センター所蔵)二ページ。この資料は、有馬成甫編著『海軍造兵史資料』の概略と思われる。

(41) 山内万寿治『回顧録』四五ページ。

(42) 「普四七三三大砲製造所新設之件」明治一九年一〇月一三日(前掲「明治十九年公文雑輯 第拾七巻 土木」)。

(43) 松田十刻『斎藤実伝 「二・二六事件」で暗殺された提督の真実』(元就出版社、平成二〇年)六二ページ。

(44) 斎藤実「日記」明治一九年九月一四日、一六日、三〇日(前掲「斎藤実文書」)。

(45) 山内の経歴については、「海軍少将正五位勲三等山内万寿治以下九名叙勲ノ件」明治三六年三月二〇日 JACAR(アジア歴史資料センター)Ref. A10112559500, 叙勲裁可書 明治三六年叙勲巻一 内国人一(国立公文書館)、山崎誠一『山内万寿治男爵伝』昭和一五年(呉市寄託「沢原家文書」)などによる。

(46) 津田文夫「山内万寿治ノート一 海軍兵学寮入寮以前」(『呉市海事歴史科学館研究紀要』第九号、平成二七年)三六ページ。

(47) 攻玉社学園『近藤真琴伝』(攻玉社学園、平成元年)一八〇ページ。

(48) 攻玉社学園『攻玉社百年史』(攻玉社学園、昭和三八年)六四ページおよび攻玉社『近藤真琴先生伝』(攻玉社維持会、昭和一二年)九八ページ。

(49) 鈴木淳「山内万寿治」(『日本歴史』第五〇〇号、吉川弘文館、平成二年一月)六一ページ。

(50) 山内万寿治『回顧録』二九〜四〇ページ。

(51) 前掲『海軍制度沿革史資料 海軍造兵史概略』七ページ。

(52) 原田宗助海軍大技監より西郷従道海軍大臣あて「製砲事業ニ関スル意見陳述(仮題)」明治二六年一二月四日(前掲「斎藤実文書」)。
(53) 前掲『海軍造兵史資料　仮呉兵器製造所設立経過』一一ページ。
(54) 「明治廿六年九月原田大技監ヨリ山本主事江出セシ控」(前掲「兵器製造所設立書類　一」)。
(55) 前掲『海軍造兵史資料　仮呉兵器製造所設立経過』四一ページ。
(56) 同前、一七ページ。
(57) 「アームストロング社のエルズィック造機工場起重機製造簿」(タイン＝ウィア文書館所蔵)。なおこの資料は、小野塚知二氏より提供を受けた。
(58) 前掲「海軍少将正五位勲三等山内万寿治以下九名叙勲ノ件」。
(59) 山内万寿治『回顧録』六四〜六五ページ。
(60) 前掲『海軍造兵史資料　仮呉兵器製造所設立経過』二一ページ。
(61) 同前。
(62) 「呉兵器製造所設立計画変更(仮題)」明治二五年三月(前掲「兵器製造所設立書類　一」)。
(63) 同前。
(64) 坂東喜八海軍技手・貴志泰海軍大技士・山内万寿治大尉・大河平才蔵・前田亨海軍大技監・原田宗助大技監より相浦紀道第二局長あて「呉兵器製造所新設ニ関スル件」明治二五年三月二四日(前掲「兵器製造所設立書類　一」)。
(65) 本宿宅命海軍省第三局長「甲案、乙案ニ対スル見解(仮題)」明治二五年三月三日(同前)。
(66) 同前。
(67) 前掲「海軍少将正五位勲三等山内万寿治以下九名叙勲ノ件」。
(68) 山内万寿治『回顧録』七三〜七四ページ。
(69) 前掲『海軍造兵史資料　仮呉兵器製造所設立経過』五〇〜五一ページ。
(70) 同前、五一ページ。
(71) 同前、一〇三ページ。
(72) 同前、一一三ページ。
(73) 同前、一一五〜一一六ページ。

(74) 樺山資紀海軍大臣「明治二十四年度海軍省所管予定経費要求書」明治二三年九月（「明治二十三年公文備考　巻十六　会計部」防衛研究所戦史研究センター所蔵）。
(75) 同前。
(76) 同前。
(77) 「衆議院予算委員会速記録」第三号（第五科）、明治二三年一二月一二日（『帝国議会衆議院委員会議録　明治篇　一、第一・二回議会　明治二三〜二五年』東京大学出版会、昭和六〇年）二四ページ。
(78) 同前。
(79) 「二十四年度歳出臨時部土木費予定経費明細書ニ対スル質問　第三項　兵器製造所建築費」（前掲「兵器製造所設立書類一」）（以下、「質問」と省略）。なお判読しにくい部分については、前掲『海軍造兵史資料　仮呉兵器製造所設立経過』も参考にした。
(80) 呉兵器製造所設立調査委員より相浦第二局長あて「呉兵器製造所ヲ大坂砲兵工廠ニ合併シ難キ理由」明治二五年一二月六日（同前）（以下、「理由」と省略）。
(81) 呉兵器製造所設立調査委員より相浦第二局長あて「呉兵器製造所ヲ大坂砲兵工廠ニ合併シ難キ理由追加」明治二五年一二月七日（同前）（以下、「理由追加」と省略）。
(82) 前掲『海軍造兵史資料　仮呉兵器製造所設立経過』二一、二五、三五ページ。
(83) 千田武志「海軍の兵器国産化に果たした新造兵廠（兵器製造所）の役割」（『呉市海事歴史科学館研究紀要』第四号、平成二二年）二四〜五〇ページ。なお一五項目の質問については、同論文に全文引用しており、答弁も具体的な説明がなされているので参照されたい。
(84) 前掲「質問」。
(85) 同前。
(86) 同前。
(87) 同前。
(88) 同前。
(89) 同前。
(90) 前掲「理由」および「理由追加」。

(91) 「第三回帝国議会衆議院予算委員会速記録」第八号(第三科)明治二五年五月一四日(『帝国議会衆議院委員会会議録　明治篇二、第三・四回議会、明治二五年』東京大学出版会、昭和六〇年)四五ページ。
(92) 陸軍省「製砲事業ノ問答」(前掲「齋藤実文書」)。これには冒頭に、「此問答書ハ陸軍省ニ於テ出来セシモノ、趣ニテ次官ヨリ下附ノ写　明治二十六年十一月」というメモがある。
(93) 海軍省「意見書(仮題)」明治二六年一一月(同前)。これには冒頭に「明治廿六年十一月軍令部ニ於テ部長江出セシ意見書ノ写」と記したメモがある。
(94) 同前。
(95) 原田大技監より西郷海軍大臣あて「製法事業ニ関スル意見陳述(仮題)」明治二六年一二月四日(同前)。
(96) 同前。
(97) Intelligence Department, JAPAN. Coast Defences, Dockyards, & C., 1894. P. 42 (イギリス海軍図書館〔ポーツマス〕所蔵)。
(98) 佐藤昌一郎『陸軍工廠の研究』七八ページ。
(99) 野村貞海軍造兵廠長より西郷海軍大臣あて「復命書進達」明治二三年三月一七日(「明治廿三年公文備考　土地営造部　下巻　十三」防衛研究所戦史研究センター所蔵)。
(100) 同前。
(101) 山崎景則呉鎮守府司令長官代理より西郷海軍大臣あて「地所受領済之義御届」明治二三年四月五日(同前)。
(102) 造兵廠設立取調委員より相浦第二局長あて「兵器製造所図面ノ件(仮題)」明治二三年七月九日(前掲「兵器製造所設立書類一」)。
(103) 「呉鎮守府兵器製造所建設地掘鑿工事契約書」(相原謙次氏提供)明治二三年九月四日。
(104) 海軍大臣官房『海軍省明治二十四年度報告』(明治二五年)七三ページ。
(105) 海軍大臣官房『海軍省明治二十五年度報告』(明治二六年)六四ページ。
(106) 「明治二十四年度土木費工事実費調書」明治二五年四月一五日(「明治二十四年度呉鎮守府工事竣工報告　巻二」防衛研究所戦史研究センター所蔵)。
(107) 前掲『海軍省明治二十五年度報告』六四ページ。
(108) 「明治廿五年度土木費工事竣功報告」明治二六年五月一八日(「明治二十五年度呉鎮守府工事竣工報告　巻三」)。
(109) 「明治廿五廿六年度継続土木費及廿六年度営繕費工事竣功報告」明治二七年三月六日(「明治二十六年度呉鎮守府工事竣工報

告　巻二」。

(110)　同前。
(111)　「百噸水力起重機及喞筒管其他ノ附属品購入契約書」明治二五年六月六日(前掲「兵器製造所設立書類　一」)。
(112)　一〇〇トンクレーンの工事経過については、前掲『海軍造兵史資料　仮呉兵器製造所設立経過』四三〜四八ページ参照。
(113)　同前、四八ページ。
(114)　「明治廿七廿八年度継続ニ係ル土木費工事竣功報告」明治二八年九月二七日(「明治二十八年度呉鎮守府工事竣工報告」)。
(115)　「明治廿七年度土木費工事竣功報告」明治二七年一〇月二七日(「明治二十七年度呉鎮守府工事竣工報告　巻一」)。
(116)　「明治二十七二十八二十九年度継続ニ係ル土木費工事竣功報告」明治二九年九月一六日(「明治二十九年度呉鎮守府工事竣工報告」)。
(117)　「明治廿八年度土木費兵器製造所建築費工事竣功報告」明治二九年四月四日(「明治二十八年度呉鎮守府工事竣工報告」)。
(118)　「明治廿八年度土木費兵器製造所建築費工事竣功報告」明治二九年四月八日(同前)。
(119)　「明治廿八年度営善費新営費工事竣功報告」明治二九年二月二四日(同前)。
(120)　同前。
(121)　海軍軍令部『廿七八年海戦史　省部ノ施設』(防衛研究所戦史研究センター所蔵)八五ページ。
(122)　山内万寿治『回顧録』八三〜八四ページ。なお伊藤雋吉海軍次官は、この当時軍務局長を兼務していた。
(123)　伊藤軍務局長より諸岡頼之呉兵器製造所建設取調委員長あて「山内委員呉兵器製造所建設ニ関シ海軍大臣へ具申ノ為メ大本営へ出張ノ件(仮題)」明治二七年九月一九日(「兵器製造所設立書類　一」)。なお委員に関して、日清戦争後も、(呉)兵器製造所設立(建設)取調委員、(呉)造兵廠設立取調委員など多くの名称が使用されている。
(124)　海軍省と大本営間の電文、明治二七年九月一九日(同前)。
(125)　山内万寿治『回顧録』八五〜八六ページ。
(126)　呉新興日報社編『大呉市民史　明治篇』(呉新興日報社、昭和一八年)二〇九〜二一〇ページ。なお伊藤内閣総理大臣の宿泊場所に関しては、日清戦争時の広島県の公式記録である広島県庁『広島臨戦地日誌』(志熊直人、明治三二年)一五七〜一五八ページ〈昭和五九年に溪水社より復刻〉に記されている大手町四丁目の三好貞四郎邸が正しいと思われる。
(127)　前掲『明治工業史　火兵・鉄鋼篇』三六四ページ。
(128)　西郷海軍大臣より伊藤海軍次官あて電文、明治二七年九月二三日(前掲「兵器製造所設立書類　一」)。

(129)「朝鮮事件費臨時支出請求計算書」（同前）。この文書の作成者については公文書、前掲『回顧録』でも触れられていないが、前後の関係から山内を中心として作成されたものと思われる。
(130) 同前。
(131) 海軍省経理局「明治二十七八年海軍省所管臨時軍事費決算書」明治三〇年（防衛研究所戦史研究センター所蔵）八一ページ。
(132) 西郷海軍大臣より諸岡海軍造兵廠長、呉鎮守府監督部長あて「御訓令案」明治二七年一〇月九日（前掲「兵器製造所設立書類　一」）。
(133) 諸岡海軍造兵廠長より西郷海軍大臣あて「呉兵器製造所ノ内仮設工場ニ要スル諸機械幷兵器水雷具購入方山内少技監エ委托ノ件ニ付上申」明治二七年一〇月一三日（同前）。
(134) 同前。
(135) 伊藤軍務局長より山内委員「按」明治二七年一〇月一七日（同前）。
(136) 渡辺国武大蔵大臣より伊藤博文内閣総理大臣あて「呉兵器製造所開業ニ付外国ヨリ購入スル材料費ノ件（仮題）」明治二八年二月七日（「公文類聚　第十九編　明治廿八年　巻十九」）。
(137) 山内万寿治『回顧録』九〇～九一ページ。
(138) 高田商会より海軍省軍務局あて「大砲等重量兵器ヲ横須賀軍港へ兵器製造機械ヲ呉軍港へ陸揚ノ件許可願（仮題）」明治二八年七月二七日（前掲「兵器製造所設立書類　二」）。
(139) 山内少技監より山本権兵衛軍務局長あて「復命書（仮題）」明治二八年七月七日（前掲「兵器製造所設立書類　二」）。なお購入品の詳細に関しては、千田武志「日清戦争期の呉軍港における兵器工場の建設と生産」（『軍事史学』第四六巻第四号、平成二三年三月）四二～六〇ページを参照されたい（乙号についても同様）。
(140) 同前。
(141) 同前。
(142) 山内万寿治『回顧録』七四～七五ページ。
(143) 同前、七五ページ。
(144) 諸岡海軍造兵廠長より西郷海軍大臣あて「本省職工十名海外へ派遣セラレ度上申」明治二七年四月二四日（前掲『海軍造兵史資料　仮呉兵器製造所設立経過』）九〇～九一ページ。
(145) 諸岡海軍造兵廠長より西郷海軍大臣あて「職工英国派遣御届」明治二八年四月一九日　JACAR: Ref. C06091028300, 明治二八

年公文備考　巻二　教育二（防衛研究所）。なお註の（145）～（147）については、前掲『海軍造兵史資料　仮呉兵器製造所設立経過』九二～九六ページも参照。

（146）諸岡海軍造兵廠長より西郷海軍大臣あて「在英造兵監督官へ御訓令ヲ要スル上申」明治二八年三月二三日、同前。

（147）西郷海軍大臣より吉田正心技手あて「訓事案」明治二八年七月一六日、同前。

（148）西郷海軍大臣より諸岡海軍造兵廠長あて「御訓令案」明治二七年一〇月九日（前掲「兵器製造所設立書類　一」）。

（149）坂東喜八呉造兵廠設立取調委員より諸岡呉造兵廠設立委員長あて「急速仮設工場目下現況」明治二七年一〇月（同前）。

（150）「臨時軍事費兵器製造場仮設費工事竣功報告」明治二八年一〇月一日（「呉鎮守府監督部主管臨時軍事費営繕費工事竣功報告書」明治二七～二九年）。

（151）「臨時軍事費兵器製造場仮設費工事竣功報告」明治二九年一月一四日（同前）。

（152）同前。

（153）山内仮設呉兵器製造所長より山本軍務局長あて「仮設呉兵器製造所建築工事進捗状況（仮題）」明治二八年七月二八日（前掲「兵器製造所設立書類　二」）。

（154）同前。

（155）平野為信呉鎮守府監督部長より西郷海軍大臣あて「兵器製造所仮設建物模様替并ニ経費内訳金額流用方ノ義ニ付上申」明治二七年一二月二四日（同前）。

（156）平野呉鎮守府監督部長より西郷海軍大臣あて「仮設呉兵器製造所造砲工場砲身淬硬及層成坑防水工事施行ノ件ニ付上申」明治二八年九月一〇日（同前）。

（157）呉海軍造兵廠『呉海軍造兵廠案内』明治三四年一一月（推定）（前掲「斎藤実文書」）。この資料には発行年月日がないが、他の資料との関係などから明治三四年一一月に両院議員などを呉に招待した時に作成したものと判断した。

（158）「仮設呉兵製造所条例」明治二八年六月一八日（前掲『海軍制度沿革』巻三）二六八ページ。

（159）同前。

（160）「仮設呉兵器製造所条例制定ノ件」明治二九年三月一二日（「明治廿九年公文類聚　第二十編」国立公文書館所蔵）。

（161）「仮呉兵器製造所条例」明治二九年三月二六日（前掲『海軍制度沿革』巻三）二六六～二六七ページ。

（162）同前。

（163）「仮呉兵器製造所職工仮規則」明治二九年（推定）。

(164) 同前。
(165) 西郷海軍大臣より井上良馨呉鎮守府長官あて「御訓令按」明治二九年三月二六日(前掲「兵器製造所設立書類　二」)。
(166) 前掲『呉海軍造兵廠案内』。
(167) 有坂鉊蔵「呉兵器製造所仮設当時の追懐」昭和一〇年九月一八日(前掲『山内万寿治男爵伝』)七八ページ。
(168) 前掲『明治工業史　火兵・鉄鋼篇』三六四ページ。
(169) 西郷海軍大臣より諸岡海軍造兵廠長あて「御訓令按」明治二九年四月九日(前掲「兵器製造所設立書類　二」)。
(170) 同前。
(171) 原田海軍造兵廠長より西郷海軍大臣あて「職工移転ノ為メ手当金御支給相成度上申」明治二九年四月二〇日(同前)。
(172) 西郷海軍大臣より伊藤総理大臣あて「移転職工ニ一時手当金給与ノ件」明治二九年四月二八日(同前)。
(173) 「仰裁」明治二九年五月一六日(同前)。
(174) 「按」明治二九年五月二一日(同前)。
(175) 有坂造兵少技士「記事」明治二九年四月九日(同前)。
(176) 山内仮兵器製造所長より前田亨軍務局第二課長あて「電信」明治二九年四月二九日(同前)。
(177) 有坂鉊蔵「呉兵器製造所仮設当時の追懐」八一ページ。
(178) 前掲『明治工業史　火兵・鉄鋼篇』三六五ページ。
(179) 海軍大臣官房「明治二十九年度海軍省報告」。なおこの資料は、造兵関係部分を筆写したものを資料調査会海軍文庫が所蔵していたものであり、判読が困難な部分が少なからずみられるなど必ずしも正確とはいえない。
(180) 館明次郎海軍少将編『帝国海軍水雷術史』巻三(海軍省教育局、昭和八年)二四九ページ。
(181) 前掲「明治二十九年度海軍省報告」。
(182) 若林幸男「日清戦後呉市の発展と呉造兵廠の設立　一八九六～一九〇三——呉海軍工廠における労使関係の史的分析(一)——」(『明治大学大学院紀要』第二五集(二)、昭和六三年)二一一～二三ページ。
(183) 前掲『海軍造兵史資料　海軍技術研究所沿革　海軍造兵廠沿革』一三ページ。

第六章　呉海軍造兵廠の設立と拡張の実態とその意義

はじめに

呉海軍造兵廠が設立された明治三〇（一八九七）年は、多年にわたる建設期をへて本格的に兵器生産を行える時期をむかえていた。本章の目的は、呉造兵廠の拡張計画、組織と人事、施設・設備の整備、兵器の生産の実態を検証するとともに、呉造船廠と関連づけながら、なぜ他の海軍工作庁には存在しない呉造兵廠が設立され、どのような目的と方策によって急速な拡張計画が作成・決定されたのか、その問題点は何かについて解明することである。なおこの時期、一三カ年にわたる呉兵器製造所設立計画に続き、三三年度から四年で大口径砲製造所、三五年度から四年間で甲鉄板製造所を建設する計画が決定されるが、それらについては便宜上、前者を第一期呉造兵廠拡張計画、後者を第二期呉造兵廠拡張計画と呼ぶことにする。

第一節においては、呉兵器製造所設立計画の総括、第一期・第二期呉造兵廠拡張計画を概観するとともに、それぞれの計画の関連性と目的について明らかにする。また第二節では、組織と技術の習得などの労働環境と他の節にふくまれない重要と思われる事項を取り上げる。そして第三節で、工場の建設や機械の整備を対象とするが、その際できるだけどの計画によってどこに属する施設が整備されたのかを明らかにする。さらに第四節に至り、兵器の生産の実態を示すこととする。

本章の記述に際しては、これまで基本資料としてきた「自明治廿三年至同三十年兵器製造所設立書類」（以下、「兵器製造所設立書類」と省略）の対象外であること、また山内万寿治呉海軍造兵廠長の『回顧録』にも記述が少ないなどのため実証には困難が予想される。ただし施設の整備については「呉鎮守府工事竣工報告」、生産活動については一部ではあるが『海軍省報告』が残されている。さらに「斎藤実文書」「公文備考」や地元資料などもあり、それらを組み合わせることによってその実態に迫りたい。

第一節　呉海軍造兵廠拡張計画決定の経緯と方策

本節の課題は、これまでの諸計画と関連させながら、呉兵器製造所設立計画、第一期・第二期呉造兵廠拡張計画について、それぞれの計画の継続性と目的とともに、こうした多くの計画を実現させた海軍の方策と問題点を解明することである。なお第二期呉造兵廠拡張計画をめぐる帝国議会における審議過程などに関しては、第一一章で詳しく記述する。

この時期の造兵部門に関する拡張計画を総合的に理解するためには、これまでの経緯を把握しておくことが必要とされる。第六回軍備拡張計画の軍事部案に沿って明治一九（一八八六）年に作成された呉鎮守府設立計画は、三期計画によって構成されている。この計画の呉鎮守府設立第二期造船部計画（以下、第二期造船部計画と省略）は造船部八カ年計画に継承されたが、その骨子は八〇〇〇トン級の一等巡洋艦の建造と海軍が保有するすべての艦艇を改修できる施

表6－1　呉兵器製造所建築費(決算)　単位：円

年度	予算額	前年度繰越額	予算現額	支払命令済額	翌年度繰越額	不用額
明治22年度	70,000	—	70,000	12,203	57,797	—
23	50,000	57,797	107,797	86,391	21,406	—
24	70,000	21,406	91,406	58,012	30,324	3,070
25	100,000	30,324	130,324	50,485	79,839	—
26	100,000	79,839	179,839	163,254	16,585	—
27	100,000	16,585	116,585	51,409	65,175	—
28	100,000	65,175	165,175	111,537	53,639	—
29	100,000	53,639	153,639	124,353	29,286	—
30	200,000	29,286	229,286	181,771	47,515	—
31	400,000	47,515	447,515	220,047	227,468	—
32	400,000	227,468	627,468	317,980	309,488	—
33	400,000	309,488	709,488	461,803	247,686	—
34	441,500	247,686	689,186	455,225	231,835	2,125
35	—	231,835	231,835	213,103	—	18,732
計	2,531,500			2,507,572		23,928

出所：『海軍省明治三十五年度年報』(明治37年) 42ページ。

設の建設を目指すというものであった。その後、第四回帝国議会で一万二〇〇〇トン台の戦艦二隻の購入が認められ、二六年にイギリスの兵器製造会社に発注されたため、第二船渠は戦艦の入渠可能なものに拡大された。一方、一等巡洋艦の建造を目指していたと思われる第三船台は、どのような艦艇も建造できない小型船台を偽造し、公式的には第二船台と同規模のものを竣工したことにした。そして三五年に至り、この第三船台を戦艦の建造が可能な大規模なものに大改築（実質的な建設）することにし、三六年八月二〇日に起工、三七年一一月二五日に竣工した。このことは、造船部八カ年計画で目的とした八〇〇〇トン台の一等巡洋艦の建造を、その後に好機をとらえ一気に戦艦造修用に変更したといえる。

呉鎮守府設立計画に、造兵部門はふくまれていない。しかしながら明治二三（一八九〇）年に策定した呉兵器製造所設立計画が一等巡洋艦用の兵器の造修を目的としたように、そこには造船部八カ年計画との連動が認められる。注目すべき点は、戦艦を発注した二六年に戦艦用と思われる一二インチ（三〇・五センチメートル）砲の砲身材料の調査を実施するなど、戦艦建造を目指す準備が行われたこと、そして仮兵器工場の建設の目途がついた二八年に、呉兵器製造所設

表６－２　呉兵器製造所建築費(決算)の内訳　　単位：円

科目	予算額	流用増減	予算現額	支払命令済額	不用額
兵器製造所建築費	2,531,500	—	2,531,500	2,507,572	23,928
地所買上	70,000	△ 57,797	12,203	12,203	—
建築費	115,520	29,632	145,152	142,081	3,071
工場地開鑿および水道用材料費	47,760	△ 3,249	44,511	44,511	—
職工人夫	—	57,797	57,797	57,797	—
倉庫	10,000	—	10,000	6,929	3,071
山地掘鑿土工費	57,760	△ 24,916	32,844	32,844	—
作場費	23,890	△ 2,003	21,887	21,877	10
傭給	15,996	2,064	18,060	18,050	10
雑器械	1,224	△ 544	680	680	—
消耗品	686	△ 402	284	284	—
舟車馬類傭賃	852	△ 721	131	131	—
諸手当	316	△ 316	—	—	—
療養費	400	△ 400	—	—	—
通信運搬費	902	△ 805	97	97	—
備品	808	△ 244	564	564	—
旅費	1,462	△ 1,462	—	—	—
家屋その他借料	672	△ 672	—	—	—
諸謝金および広告料	572	1,500	2,072	2,072	—
埠頭工事	43,296	60,592	103,888	103,888	—
開鑿土工	—	28,045	28,045	28,045	—
下水工事	—	5,998	5,998	5,998	—
器械費	1,622,010	△ 71,000	1,551,010	1,532,234	18,776
水道工事	6,000	△ 808	5,192	5,192	—
工場地均し土工	8,200	△ 2,953	5,247	5,245	3
鍛工場新営	67,939	△ 2,761	65,178	65,178	—
水雷器械および集成工場新営	25,900	△ 1,975	27,875	27,875	—
火工場新営	12,600	—	12,600	12,600	—
舎密場新営	4,900	342	5,242	5,242	—
事務所ならびに製図室新営	26,000	5,027	31,027	31,027	—
金属試験室検査場塗革工場新営	24,850	△ 1,430	23,420	23,420	—
造砲・砲架・製弾・集成弾丸淬硬場新営	12,831	2,000	14,831	14,831	—
木工場新営	26,000	△ 1,000	25,000	25,000	—
火工場土壁築造	3,700	△ 933	2,767	2,760	7
鋼鉄鋳造場新営	44,200	△ 13,764	30,436	30,436	—
砲熕製造場新営	327,464	17,583	345,047	344,898	149
砲身淬硬および収縮場新営	16,200	3,256	19,456	19,456	—
材料庫新営	30,000	△ 3,474	26,526	26,526	—
鉄道敷設	20,000	—	20,000	18,088	1,912
職工調査場新営	—	3,474	3,474	3,474	—

出所：前掲『海軍省明治三十五年度年報』43 ～ 45 ページ。
　註：流用増減の△は、減額を示す。

立計画を三年間短縮することを骨子とする三回目の計画変更を試みたことである。このことは一等巡洋艦用の兵器の製造を凍結して、一気に戦艦用のそれを実現しようとしたことを意図したように思われるが、三年間の計画の短縮をともなう大幅な計画の変更は大蔵省の反対にあい決定に至らず、海軍の新計画をまって判断がなされることになった。

ここで海軍の新計画を検討する前に、呉兵器製造所設立計画について統計的に検証する。まず年度ごとの予算額と支払命令済額、繰越額等についてみると、表六－一、その内訳については表六－二のように報告されている。両表によると、ほぼ一年遅れで事業が実施され、計画年度を一年延期して明治三五年度に事業が完了しており、これまでの研究で述べられてきたような予算不足による大幅な事業の遅延は認められない。

こうした前提のうえでこれ以降、明治二八（一八九五）年の第三回変更計画にかわる新計画を分析する。その際の糸口として、「兵器製造所設立書類　二」の最後にふくまれている「呉海軍造兵廠ノ拡張ヲ要スル理由及経歴」（以下、「理由及経歴」と省略）と題する文書を使用する。残念ながらこの文書には、提出先も作成年月日も記入されていないが、呉兵器製造所設立計画と第一期呉造兵廠拡張計画の関係や後者の計画を説明する文言がみられることから、同文書の全文を引用し、その意味を明らかにしたい(1)。

呉海軍造兵廠ノ拡張ヲ要スル理由及経歴

呉海軍造兵廠ノ儀ハ当初去ル明治二十三年二月ニ於テ先ノ目的即チ

○二十四拇《〔センチメートル〕》砲及全口径以下ノ諸砲並機関砲ノ新製

○右ニ対スル砲架弾丸類附属品共一切新製

○朱式《〔シュワルツコフ〕》　三五五ミリ魚形水雷及其他防禦攻撃諸水雷附属品共一切新製

但シ造砲及水雷用鋼鉄材料ハ製出セス大略購入スル見込ヲ以テ設計シ二十二年度ヨリ三十四年度ニ至ル継続事業トシテ仝二十二年度ヨリ之レガ工ヲ起シ着々歩ヲ進メツヽアリシニ偶々明治二十七八年日清戦役ニ際シ急速兵器ノ補充ヲ要スルニ当リ臨時軍事費ヲ以テ仮呉兵器製造所ヲ仮設シ

○十五拇及其以下ノ各速射砲並ニ之ニ要スル弾丸薬莢等

ヲ製出シ応急ノ任務ヲ尽シ尚諸機械中使用ニ堪ユルモノハ其儘ニナシ引続キ本計画ノモノト合シタリト雖モ其当初ニ於ケル計画タルヤ兵器ノ進歩ニ伴フヲ得ス依テ去ル三十年度及三十一年度継続事業トシテ海軍拡張費中ニ所用ノ造兵機械ヲ増設シ造兵事業ニ在テハ猶進ンテ其工事ニ着手シ居レリ然ルニ日清戦争ノ結果ニ依リ速射砲ノ効力実ニ著大ナルヲ実験シ我海軍ハ素ヨリ各国海軍ニ於テモ八尹《インチ》速射砲及ヒ十二尹砲以上ノ如キ大口径ノ新式ヲ採用スルニ至レリ時世ノ変遷ニ伴ヒ兵器改良ノ進歩モ亦夫レ此ノ如シ況ンヤ我主戦艦ノ主戦兵器ハ十二尹新式砲幷ニ八尹速射砲ナルヲ従来ノ大口径砲ニ比スルトキハ其発射速度モ亦非常ニ速カナルニ依リ戦時ノ際啻ニ弾丸供給ノ頻繁ヲ来タスノミナラス砲ノ命数モ亦非常ニ短縮セラルヘシ然ルニ今ヤ呉造兵廠ハ技術非常ニ進歩シ大口径速射砲ニ対シ兵器補充ノ技術アリト雖モ之レニ要スル諸機械ノ欠乏ナルカ為メ兵器ノ独立ヲ全フスル能ハサルハ誠ニ遺憾ナルノミナラス一朝事アルノ時ニ至テ百方苦慮スルモ兵器ノ補充ヲナス能ハサルハ日清戦争ノ結果ニ照ラシテ明瞭ナリトス故ニ呉造兵廠ヲシテ尚進テ大口径砲ニ対スル兵器補充ノ方法ヲ完備セシメ以テ兵器ノ独立ヲ全フセシムルハ目下焦眉ノ急務ナリト確信シ今回呉造兵廠ノ拡張ヲ要求スル所以ニシテ其目的左ノ如シ

○十二尹砲及八尹以下各速射砲其他小口径砲一切ノ新製

○右ニ対スル砲架弾丸薬莢附属品一切新製

○保式《ホワイトヘッド》大形及十八尹十四尹魚形水雷各種防禦攻撃諸水雷附属品等一切新製

○右ニ要スル材料ノ新製

これは、呉兵器製造所設立計画をもとにしながら、新兵器の登場という状況の変化に対応するために新計画が必要となったことを記した起案書の原文であると考えられる。ただしここで注意しなければならないのは、呉兵器製造所設立計画には一〇センチ以下の速射砲と小規模の製鋼事業がふくまれていたこと、仮兵器工場計画はそうした呉兵器製造所設立計画の一環として策定されたことが正確に認識されているとはいえないことである（第五章を参照）。ここには呉兵器製造所設立計画に対する、山内呉造海軍兵廠長の恣意的な解釈がある。

この新計画に関して、『海軍造兵史資料　仮呉兵器製造所設立経過』は、この全文を引用し、「右理由ニ基キ明治三十三年度予算ニ左ノ如ク計上セラレ従来ヨリノ継続費(三十四年度迄)ト合シテ拡張工事ニ着手スルニ至レリ」と、提出先も作成年月日もない起案書の原文と思われる文書を政府へ提出した正式文書として取り扱い、途中の経緯を省略して明治三三（一九〇〇）年一月二六日に公布された予算を示す。[2]果たしてこのように事態は進展したのか、可能な限り検証することが必要といえよう。

明治三二年度以降の予算に関する資料を調査するなかで、「明治三十二年度歳出追加概算書」がみつかった。そのなかで明治三一（一八九八）年八月に「呉海軍造兵廠ノ拡張ヲ要スル理由」を作成しているが、その内容は「理由及経歴」を基本としながら、呉兵器製造所設立計画の内訳と海軍拡張費によって造兵機械を増設しているという記述を削除し、反対に三二年度から三五年度までの継続費を加え、そしてこれを若干変更したものとなっている。この概算書によると、総額三〇七万五二五四円、そのうち建築費が八四万一六五六円、機械費が二二〇万四四五五円、作場費が二万九一四三円と機械費の占める比率が高い。[3]

この概算書は大蔵省に提出されたが、「閣議ニ於テハ之カ支出ニ対スル財源ノ都合ニ因リ決定ニ至ラス」となった(4)。それでもあきらめることのできない海軍省は大蔵省と交渉、一二月二日には、「当省所管海軍拡張費ニ於テ外国貨幣相庭ヲ改算シ三十二年度以降各年度通シテ金百四拾五万八百四拾八円五拾九銭三厘減額スルコトニ致候ニ付テハ該減額金ノ儀ハ右造兵廠拡張財源ノ一部ニ充テラレ度」と新財源を提案した(5)。これに対し大蔵省は一二月七日、海軍省のいう減額金は、「金七拾八万余円」にとどまることを示し、「呉造兵廠拡張費予算ノ義ハ財政今日ノ状況到底他日ノ詮議ニ譲ル外無之」と回答、これを認めなかった(6)。

財源が得られれば、新年度予算において呉造兵廠拡張予算が認められるという感触を得た海軍省は、明治三二（一八九九）年二月一〇日、「呉造兵廠拡張ノ上ハ海軍拡張費予算中ノ外国購入兵器ヲ同所ニ於テ製造セシムルガ故工費ノ廉ナルト運搬費ヲ要セサルトニ依リ剰余ヲ生スルニ付該費ヲ以テ本文機械費ニ流用」するという方策によって、機械費二二〇万四四五五円のうち一〇二万九七四二円を海軍拡張費によって支弁するという案を作成した(7)。この文書の別紙によると、購入予定の主な機械は四〇〇〇トン水圧機およびその他砲熕材料鍛煉機一式（七七万二五〇〇円）、鋼塊切断および粗糙機一式（二四万八三〇〇円）、一二インチ（三〇・五センチメートル）以下砲身・砲架製造用機械一揃（二〇万円）、二五トンシーメンス、マルチン式鎔解炉その他鋼材鋳造装置一式（一八万円）、ガス暖炉一式（一七万八五〇〇円）、重砲々身層成装置一式（七万四〇〇〇円）など、一二インチ以下の砲熕兵器と材料を造修するのに必要な高額の大型機械を設備しようとしていたことを知ることができる。なおここに登場する第一一回軍備拡張費は、造船部門、造兵部門の拡張にも重大な影響を与えたのであるが、その全体像については第七章第四節で詳述する。

この妙案による大蔵省との交渉を示す資料は、みつけることはできなかった。ただし海軍省は明治三二年三月二〇日、海軍拡張費造兵費中の外国購入予定の砲熕・弾丸などの費用を流用してすべての機械を購入し、呉造兵廠においてこれらの機械によって当該兵器を製造するという「一挙両全ノ方法」を提案したことが判明した(8)。また海軍省が三二年六月六日に大蔵省に提出した「明治三十三年度歳出追加概算」をみると、総費額一一一万三四五円（明治三三年度三〇万九八六七円、三四年度五三万一六六三円、三五年度二三万七七五六円、三六年度三万一〇六〇円）のうち建築費が一〇八万六六二二円（砲材鍛錬場費－四二万六四七九円、敷地掘削費－二八万九一四六円、砲材鋳造場費－二三万七七三六円、精密機械場費－八万九六九〇円、溝渠改造費－一万二二〇一円など）、作場費二万三七二三円となっている(9)。ここには機械費がふくまれていないが、それについて次のような説明がなされており、「一挙両全ノ方法」が採用されたことが確認できる(10)。

〔前略〕外国品購買代価予算ノ範囲内ニ於テ該兵器製造機械ヲ購買シテ予定兵器ノ数量ヲ製出スルノ方案ヲ講シ之レカ計画ニ著手シタルヲ以テ既ニ造兵機械ノ設備ニアリテハ特ニ経費ノ支出ヲ要セスカ故ニ此際単ニ工場増設ノ経費ニ於テ総費額百拾壱万三百四拾四円五拾四銭五厘ヲ要スルニ依リ明治三十三年度ヨリ三十六年度ニ渉ル継続費トシテ之ガ支出ヲ要ス〔後略〕

明治三二年一二月一日の第一四回帝国議会の衆議院予算委員会において山本権兵衛海軍大臣は呉造兵廠拡張費について、「呉造兵廠ハ技術ガ大ニ進歩致シマシテ、今ヤ大口径新式砲ヲ製造シ得ベキ程度ニ進ンデ居リマスルガ、如何セン是ニ応ズル所ノ工場ノ設備ガ無イ、故ニ刻下焦眉ノ急タル軍備兵器ノ独立ヲ全フスル事ガ出来ヌト云フ遺憾ナル位置ニ立至ッテ居リマス、是ハ之ヲ完成センガタメニ軍備上経済上ニツナガラ挙ラン事ヲ期シマシテ、茲ニ三十三年度ヨリ三十六年度ニ跨ル所ノ四ケ年度ノ継続事業ト致シマシテ、総額百拾壱万円程要求致シマシタ」と提案理由を説明、そして「其内三十三年度ニ於キマシテハ僅ニ〔二カ〕拾八万円程ノ支出」であることを強調した(11)。ここにおいては、大

表6－3　第1期呉造兵廠拡張費予算　単位：円

科目	明治33年度	34年度	35年度	36年度	計
建築費	267,644	527,898	261,456	29,625	1,086,622
作場費	14,867	3,765	3,656	1,435	23,723
計	282,511	531,663	265,112	31,060	1,110,345

出所：『海軍省明治三十三年度年報』(明治35年) 42ページ。

口径砲とのみ述べられているだけで実際の規模、魚雷等の他の兵器、また兵器用の特殊鋼の製造、そしてこの計画の目的（戦艦搭載用の兵器の生産）についての説明は見当たらないが、議員からそれらを問題視する発言はなかった。

決定した第一期呉造兵廠拡張費は、建設費、作業費の合計額が一一一万三四五円と概算要求と変わらなかった。しかしながら年度別支出は、表六－三のように明治三三年度が二八万二五一一円、三四年度が五三万一六六三円、三五年度が二六万五一一二円、三六年度が三万一〇六〇円と、議会対策のためか三三年度が縮小され三五年度が増加している。これをみると大部分が建築費となっているが、それでも概算要求時の主な工事費をみると、一二インチ以下の砲熕兵器と材料を製造するための全施設ではなく、施設の一部にすぎないのではないのかという疑問が生じる。

第一期呉造兵廠拡張計画については、当初計画から一年間遅延したものであること、この予算には海軍拡張費から流用した機械費の二二〇万四四五五円がふくまれていないことが判明した。また「理由及経歴」において記述されていた海軍拡張費によって造兵機械を増設しているという文言が起案書の作成段階で削除されたことを考えると、この約二二〇円の流用とは別に海軍拡張費で購入された機械があったのではないか、建築費で建設する施設が少ないことから海軍拡張費、さらに明治三〇（一八九七）年以降の呉兵器製造所設立計画により工場などが整備されたのではないかという疑問が生じる。これらを正確に示すことは不可能であるが、一二インチ以下の砲熕兵器とその素材を製造する施設・設備の整備が一一一万円余で実現できたというのは、現実とかけ離れたものといえよう。

表6－4　第2期呉造兵廠拡張費予算(建築費)　　単位：円

	概算額	支出年度	
		明治34年度支出額	明治35～38年度支出額
建築費			
輾圧工場	82,579	55,053	27,526
発電工場	16,388	11,388	5,000
材料庫	52,500	25,000	27,500
貯水池	52,173	32,782	19,391
鉄管購入ならびに敷設	12,033	10,000	2,033
熞淬工場	156,951	80,000	76,951
機械工場	138,862	70,000	68,862
事務所および付属家	5,600	0	5,600
製図工場	13,949	0	13,949
同上付属便所および廊下	259	0	259
鉄道	50,000	0	50,000
発射場堡壁	10,000	10,000	0
砲材鋳造工場建増	89,597	0	89,597
作場費	2,000	600	1,400
計	682,889	294,822	388,067

出所：「甲鉄板製造所設立ノ件」明治33年8月29日(「自明治三十二年至同三十九年公文別録 海軍省二」)。

表6－5　第2期呉造兵廠拡張費予算(器械費)　　単位：円

	概算額	支出年度	
		明治34年度支出額	明治35～38年度支出額
熞淬部器械	1,441,000	1,441,000	
電気部器械	128,000	128,000	
輾圧部器械	545,000		545,000
機工部器械	1,001,000		1,001,000
運搬ならびに保険料	1,090,250		1,090,250
据付費	1,401,750		1,401,750
計	5,607,000	1,569,000	4,038,000

出所：前掲「甲鉄板製造所設立ノ件」。

第一四回帝国議会において、一二インチ砲に代表される大砲製造を目指す第一期呉造兵廠拡張計画の承認を得た海軍省は、次に軍艦用甲鉄板ならびに砲楯用鋼板製造所設立計画の具体化に取り組んだ。そして明治三三（一九〇〇）年八月二九日、山本海軍大臣より山県有朋内閣総理大臣あてに、「甲鉄板製造所設立ノ件」を提出した。これによると三四年度より三八年度までの五年間に、表六－四と表六－五のように六二八万九八八九円（建築費六八万二八八九円、器械費五六〇万七〇〇〇円）の予算で、呉造兵廠内に甲鉄板および砲楯用鋼板製造所を設立するというものであった。なお財源については、海軍省既定継続費からの流用一八六万円余、日清戦争期に日本郵船と大阪商船に払い下げた汽船一〇隻の代金三七七万円余、一般財源六五万円余をあてることとなっている。

次にこの計画の必要性について本文書は、海軍既定計画（とくに軍艦水雷艇補充基金）により明治三七年度以降、甲鉄艦をふくむ軍艦の建造を予定しているにもかかわらず、甲鉄板および鋼板が国内において製造できないため（官営製鉄所においては厚さ五インチの普通鋼が製造できるのみで厚さ五インチ以上一四インチまでの甲鉄板の供給は不可能）、すべて海外より購入しなければならない点をあげている。そしてこれらは戦時禁制品のため有事の際に輸入することが不可能なこと、平時においても、「甲鉄板ノ製造法タルヤ艦体ノ形状及ヒ其彎曲ニ応シ製作ヲ要スルモノナレハ図面ヲ以テ其形状彎曲等ヲ表示スルコト甚タ困難」なため逐一模型を作り甲鉄板製造会社に送らなければならず、海外の会社とこのような作業を繰り返すのは困難であること、したがって国内で甲鉄板を製造できない限り、甲鉄艦を建造することはできないことになると述べられている。[12] なお「軍艦水雷艇補充基金特別会計法」については、第七章第四節において取り上げる。

最後に、海軍の唱える国内（とくに呉造兵廠）において甲鉄板を製造することの利点について、その主なものを列挙する。それによると、まずすでに海軍（呉造兵廠）には甲鉄板を製造できる技術者がおり、外国から専売権を購入する必要がないことがあげられる。次に原料は、山陰地方の砂鉄および今後は官営製鉄所から供給される製品が九割を占め、貴重な外貨により輸入する製品は一割にすぎないことが主張される。そして呉造兵廠に甲鉄板製造所を設立すれば、すでに同廠に設備されている諸機械の併用が可能であること、国内で甲鉄板を製造することによる国内経済への波及などとなっている（第一一章第四節において詳述）。

明治三三（一九〇〇）年九月一二日、閣議の了解がなり、第二期呉造兵廠拡張計画は許可された。これを受けて海軍省は予算案を第一五回帝国議会に提出することとし、この件について一〇月六日に農商務省に通知した。こうして呉造兵廠拡張費案は、一二月二五日に開会した第一五回帝国議会で審議されたのだが、衆議院は通過したものの三四年三月一九日の貴族院予算委員会、二〇日の同本会議で原案が否決された。このため三月二二日の両院協議会で討議されたが、貴族院における否決が採用された（この間の経緯については第一一章第五節を参照）。

第一五回帝国議会で呉造兵廠拡張費案を否決された海軍省は、明治三四（一九〇一）年一二月一〇日に開会の第一六回帝国議会に、「宇内ノ形勢ハ倍々軍備ノ独立ヲ促シ……之カ設備ノ愈々急切ナルヲ認メ」、五年計画を四年計画に短縮しふたたび呉造兵廠拡張費案を上程し、後述するように周到な準備もあり成立にこぎつけた[13]。なおその内容は、三五年度から三八年度までの四年間に六三四万九四円の予算を投入して、呉造兵廠に製鋼所を設置しようというもので、その年度割は、三五年度—一二九万二一五二円、三六年度—一八〇万二五二二円、三七年度—一七六万六六九円、三八年度—一四八万四七五〇円となっている[14]。

これまで造兵部門の三計画について考察し、海軍は呉兵器製造所設立計画を基本としながら、短期間にいずれも戦艦建造を視野に入れた一二インチ砲以下の砲熕兵器とその素材などと、甲鉄板の製造を目指す第一期・第二期呉造兵廠拡張計画の決定にこぎつけたことを検証した。こうしたことが可能になったのは、海軍は第六回軍備拡張計画以来、将来は戦艦の建造を実現することを目標に掲げ、その中核となる海軍工作庁に呉鎮守府を位置づけ漸進的にそれを実現したことによる。具体的には戦艦搭載用の兵器の製造を目標としつつ、まず一等巡洋艦用の二四センチ以下の砲熕兵器とその一部素材の製造を目指しながら、実際には一五センチ速射砲などの製造にとどめ、日清戦争後の兵器の発展という理由によって、一等巡洋艦用の搭載兵器と特殊鋼の生産計画を変更して、一気に戦艦をふくむ全艦艇用の搭載兵器の製造が可能な第一期・第二期呉造兵廠拡張計画を提示し承認を得たのであった。

こうした大規模な計画を可能にしたのは、当初の呉兵器製造所設立計画と第一期・第二期呉造兵廠拡張計画に加え、日清戦争にともなう臨時軍事費や戦後の海軍拡張費から潤沢な予算を利用できたことがあげられる。第一期呉造兵廠拡張予算は一一一万円余であるが、一二インチ以下の砲熕兵器と素材の製造に必要な施設の整備に投下した費用は、海軍拡張費の流用による機械費だけで二二〇万円余、その他にも臨時軍事費と呉兵器製造所設立予算から投入されたと推定されるのである。そしてこの施設・設備の充実した大口径砲と素材を製造する工場を建設しそれを利用できたことによって、甲鉄板製造所の建設を目指す第二期呉造兵廠拡張計画が予想より安価なものになり、そのことが官営製鉄所との競争に勝利する一因にもなったのであった。こうして呉造兵廠は、「軍器独立」のスローガンのもと、いささか強引な方策によって短期間のうちに戦艦をふくむ全艦艇に搭載する主要兵器を供給できる体制を構築したのであるが、果たしてどれだけの日本人が日本の国力で先進国と軍備拡張競争に乗り出すことの意味を理解していたのか、はなはだ疑問である。

第二節　呉海軍造兵廠の組織と労働環境

本節においては、第一項で組織の変遷と他の節で扱われない事項、第二項においては主に第四章の呉海軍造船廠で取り上げた以外の労働環境を対象とする。そのうち前者においては、他の鎮守府にはみられない海軍造兵廠がどのように形成され、どのような役割を担ったのかについて明らかにする。また後者では、とくに技術者の養成と職場の気風などに注目する。

一　呉海軍造兵廠の設立とその後の変遷

明治三〇（一八九七）年五月二一日、「海軍造兵廠条例」（勅令第一五一号）が制定、施行され呉海軍造兵廠が、そして一〇月八日に呉海軍造船廠が設立された。他の鎮守府では造船廠と兵器部が設置されたのに対し、呉の場合はどこの鎮守府にもない両廠の併置によって呉鎮守府は、伊藤博文が唱えた「帝国海軍第一ノ製造所」への実現を目捷としたのであった。なお「海軍造兵廠条例」によると、海軍造兵廠の組織は次のようになっている。(15)

第一条　呉軍港及東京ニ海軍造兵廠ヲ置ク
　海軍造兵廠ハ其ノ所在ノ地名ヲ冠称ス
第二条　海軍造兵廠ハ兵器ノ製造修理購買其ノ他造兵事業ニ関スル事ヲ掌ル所トス
第三条　海軍造兵廠ニ廠長ヲ置キ海軍少将、大佐、造兵総監若ハ造兵大監ヲ以テ之ニ補シ呉造兵廠長ハ呉鎮守府司令長官ニ隷シ東京造兵廠長ハ海軍大臣ニ隷シ廠務ヲ総理セシム
第四条　海軍造兵廠ニ製造科検査科及会計課ヲ置ク
　〔以下省略〕

この条例の第一条をみると、呉造兵廠とともに東京造兵廠が設立されている。また呉造兵廠の場合、明治三〇年五月二五日に海軍造兵少監（以下、海軍を省略）で仮呉兵器製造所長の山内が呉海軍造兵廠長心得となり、一二月一日の海軍造兵中監督への就任をへて、三一年二月一八日に大佐・呉海軍造兵廠長という複雑な経緯をたどっている。(16)これに

は、未だ若く経験も浅い山内を廠長に就任させるための手続きという側面もあったものと思われる。さらに第三条によると、組織上は呉鎮守府司令長官に隷するとされるが、他方で廠務を総理すると記されており、日常業務においては独立性を保持していたといえよう。なお呉造兵廠の三〇年一一月一日当時の山内廠長心得以下の役職員は、製造科長が鶴田留吉造兵少監、主幹が有坂鉊蔵造兵少技士と坂東喜八技師、検査科長は高桑勇少佐、主幹は矢島純吉大尉・高松数馬造兵大技士と甘利忠技師、会計課長は片桐酉次郎主計少監、軍医長は浅野勝太郎大軍医などとなっている。(17)

「海軍造兵廠条例」第一五条によると、呉造兵廠の設立にともない、「仮呉兵器製造所条例」(勅令第六一号)は廃止された。ここで疑問となるのは、明治二六(一八九三)年五月一九日の「鎮守府条例」の改正で呉鎮守府兵器部を廃止し新たに設置された武庫、水雷庫、兵器工場の帰趨である。この点については、『呉鎮守府沿革誌』において三〇年九月三日の「鎮守府条例」の「第十九条ニ『鎮守府ニ軍港部、機関部、医務部、経理部、司法部及測器庫ヲ置ク』ト定メラレ従来ノ予備艦部、知港事、造船部、武庫、水雷庫、兵器工場、病院ヲ廃止セラレタリ」と述べられていることから考えて、(18)武庫、水雷庫、兵器工場はこの時に呉造兵廠にふくまれたものとみなした。なお呉兵器製造所設立計画によって建設された施設は、基本的に仮設呉兵器製造所、仮呉兵器製造所の所属とされ、そして呉造兵廠設立後はそこに属したものと判断した。

ここで問題となるのは、これ以外にも呉造兵廠に加わった組織があったのではないかという点であるが、明確な資料は見当たらない。しかしながら後述するように、明治三三(一九〇〇)年一一月に発生した吉浦火薬庫爆発事故に際し、呉造兵廠に所属していることが明記されている(註(27)を参照)ことなどから考えて、それまで呉鎮守府内の独立組織であった吉浦火薬庫は恐らく造兵廠設立時に加わったものと思われる。

すでに述べたように明治二九(一八九六)年四月九日には、東京の海軍造兵廠赤羽工場の薬莢場などの機械・器具移転の訓令が出されていた（第五章第六節を参照）。そして三〇年五月二七日には、東京造兵廠長に対し、「火工場ノ半バと、「會テ英国へ派遣ノ其廠職工十名帰朝ノ上ハ呉海軍造兵廠へ」移転することという「訓令」が発せられた。[19] こうして東京の造兵廠を母体として育成された呉造兵廠は、本格的な兵器を造修する中央兵器工廠への道をすすむことになったのであった。

呉造兵廠の設立に際し呉鎮守府は、明治三〇（一八九七）年一〇月一一日、「進水式挙行ノ機会ニ……開庁式施行セラレ殿下ノ御臨場ヲ仰キ度就テハ其開庁費トシテ金五百円並ニ職工各自へ酒肴料トシテ金五拾銭ヅツ賜リ候様致度此段上申」した。[20] 軍艦「宮古」（一八〇〇トン）の進水式にあわせて開庁式を行おうとしたのであるが、開庁式は許可されずかわりに創製兵器発射式が施行され、進水式に造船部の職工に配分される酒肴料と同額がこれら兵器の製造に関わった職工に支給されることになった。

明治三〇年一〇月二七日、有栖川宮威仁親王、西郷海軍大臣などを迎えて、呉造船廠において最初の軍艦（報知艦）「宮古」の進水式が挙行された。そして翌二八日に創製兵器発射式が行われ、これまでに製造した一五センチ、一二センチ、四七ミリ速射砲などの発射式が行われた。この日は各砲門を試射場に陳列、最新の一五センチ砲より順次発射し、最後に兵員が各砲を同時に速射、「万雷一時に轟き海波為に驚飜し、観衆皆歓呼して其成功を祝」したと述べられている。[21] 山内がこうしたセレモニーにこだわったのは、内外に偉業を知らせるとともに、関係した技術者や職工の苦労をねぎらい、士気を高める意味があったものと思われる。

明治三二（一八九九）年一〇月二七日、皇太子（のちの大正天皇）が海路により呉に行啓している。この時の巡覧については、次のように記録されており、当時の呉造兵廠の施設や兵器の生産状況を知ることができる。[22]

〔前略〕午前十時二十分造兵廠御巡覧ノ為第一工場へ入御各種速射砲製造及其ノ他造兵ノ模様ヲ御覧中途十五拇速射砲仕上ケ機械ノ側ニ於テ同砲三十分ノ一ノ模形ヲ御覧ニ供ス夫ヨリ第五工場附属「プレッス」ニ於テ砲身ノ鍛錬並ニ四十七密速射砲弾丸製造法ヲ御覧次ニ水圧機械及原動機関室御通過弾丸仕上場へ入御各種弾丸製造ノ模様ヲ御覧此所ニ於テ各種弾丸及薬莢等五分ノ一ノ模型並ニ新式発光信号灯ノ現品及模型ヲ御覧ニ供シ且ツ実地信号〔殿下万歳〕ヲ為ス次ニ薬莢工場ニ於テ各種薬莢ノ製造ヲ御覧此所ニテ薬莢用地金ノ試験器ヲ御覧ニ供ス夫ヨリ一尹弾丸ノ製造ヨリ水雷罐ノ製造及六噸「スチームハンマー」鍛錬法ヲ御覧アラセラレ水雷罐ノ現品及同五分ノ一ノ模型トヲ対照御覧次ニ鋳造場ノ御巡覧桟敷ニ於テ暫時御休憩十二噸「シーメン」式鎔鋼炉ノ動作ヲ御覧此所ニ於テ鋼鉄製造ノ模様ヲ申上ケ鋳鋼試験品三種及青鋼試験品ヲ御覧ニ供ス右終テ魚形水雷製造ノ模様及魚形水雷ノ各種並十二分ノ一魚形水雷ノ模様ヲ御覧ニ供ス次ニ各種弾薬並火工品ノ陳列場内御覧夫ヨリ途上風船砲ヲ御覧ニ入レ大砲庫ニ於テ造兵廠製各種速射砲水雷庫ニ於テ造兵廠製ノ魚形水雷並ニ各種魚形水雷ヲ御覧ニ供ス終テ造兵廠事務室楼上ニ於テ暫時御休憩百噸起重機ノ運転ヲ御覧楼上ニ各模型ヲ陳列シ再ヒ御覧ニ供ス十一時五十分正門前桟橋ヨリ御乗艇同五十五分第一上陸場ニ御上陸〔後略〕

これ以降の組織の変革としては、すでに述べたように明治三三（一九〇〇）年五月二〇日に中央に海軍艦政本部、呉鎮守府に艦政部が設立された（この件については、序章第三節と第四章第一節を参照）。また主要な行事としては、三四年一一月一八日に行われる官営製鉄所の作業開始式に参列する帝国議会議員や政府要人などを対象として開催された呉造兵廠観覧会がある。この企画に応じて呉造兵廠の施設、兵器製造の状況などを観覧した参加者は、呉造兵廠の技術水準の高さを認識するようになり、この計画に理解を示すようになった（詳細は、第一一章第五節を参照）。

二　労働環境をめぐる諸問題

本稿においては労働問題について、呉造兵廠に関係の深い問題に限定して取り上げる（呉造船廠との共通の問題については、第四章第一節を参照）。まず職工を中心とする従業員数をみると、表序－一に示したように、明治二九（一八九六）年には兵器工場二〇八名（そのうち役員三名）、仮呉兵器製造所六九三名（同一一名）であったが、呉造兵廠設立時の三〇年には一七八二名（同一三名）、三一年に二六五六名（同二一名）、三二年に三二一七名（同三九名）と増加し、三三五六名（同五一名）の呉造船廠と比肩されるまでになった。そして三三年には、三九〇九名（同五九名）の呉造船廠をはるかに上回る五三五四名（四二名）へ、翌三四年にも六六五七名（同四八名）へと急増したのち、三五年に六六八八名（同五五名）とようやく落ち着くことになる。海軍一の規模を有する中央兵器廠として繁忙を極め、さらに相次ぐ呉造兵廠拡張計画に備えて職工の採用が続いたことによるものと思われる（序章第三節を参照）。

同じ表序－一によると、明治二九年の造船部の職工の一日平均賃金が三四銭なのに対し、兵器工場は三八銭と少し高く、仮呉兵器製造所は四五銭と造船部の一・三倍強とかなり高額となっている。こうした較差は少しずつ狭まりながらも三三年までみられるが、三四年以降は解消されることになる。東京の海軍造兵廠には熟練工が多く、転勤に際してはこれまでの賃金の維持、移転にともなう費用、さらに東京という日本の首都から呉という新興都市に移住することへの配慮などから、呉造兵廠への転勤当初は比較的高い賃金が支払われたのではないかと思われる。しかしながらしだいに呉における若年採用者が多くなり、呉造船廠との較差がなくなったものと推定される。

ここで賃金に関係の深い、工費請負制について取り上げる。明治三四（一九〇一）年三月二二日には、この制度のもとになった「工費請負規程」が定められているが、その理由について、「工事ニシテ緻密ヲ要セサルモノニ対シテハ

表6－6　呉造兵廠の死傷者（明治34年）

単位：人

病名	人数
皮下挫傷	72 (1)
挫創	127
挺断	16
切創	4
刺傷	1
爆傷	1
骨折	44 (1)
捻挫（下肢関節）	4
脱臼（肘関節）	1
熱傷	26
計	296 (2)

出所：農商務省商工局『職工事情』第2巻（明治36年）26～28ページ。
註：1）病名の（　）は主な負傷部位、人数の（　）は死亡者を示す。
2）人数は3日以上の療養を必要とする者の数である。

欧洲ニ行ハルル『ビースウアーク』ノ法ニ依リ職工ノ利己心ヲ利用シ其ノ工事ヲ負担セシメテ彼カ最高働力ヲ発達セシメ以テ一般職工ノ働力ヲ最高ニ導キ又一方ニ於テハ総テ技術官ヲシテ此最高働力ニ基キ工事日数ヲ予定シ得ルコトニ熟セシメテ職工働力ヲ励行セシムルトキハ工事上利益アルモノト思考ス」と説明されている。(23) 呉造兵廠は、海軍工作庁においてもっとも早い五月一〇日に施行細則を制定し、六月より実施し経費節減に効果をあげている。なお『海軍省明治三十五年度年報』によると、「工費請負ノ制ハ呉造兵廠及横須賀兵器廠ニ於テ施行セシカ漸々経験ヲ積メルモノ、如クニシテ凡ソ二割内外ノ利益ヲ見」たと記述されている。(24)

次に呉造兵廠の明治三四（一九〇一）年の三日以上の療養を必要とする傷者と死者をみると、表六－六のように二九六名が負傷しうち二名が死亡している。この数値を平均一日出勤職工数六五一九名で割ると四・五パーセントとなるが、これを呉造船廠の負傷者六三名、平均一日出勤職工数四七三七名、一・三パーセントと比較するとかなり高く、同じ兵器製造所である東京造兵廠の三・四パーセントよりやや高いが、陸軍の大阪砲兵工廠の六・二パーセントより低い。なおこれら死傷者数は、三日以上の療養を必要とする者と死者に限定されており、実際の死傷者ははるかに多かったものと思われる。試みに呉造船廠の三四年上半期の負傷者は二九六二名となっており、仮に一年間この状態が続くと五九二四名となり、これを先の四・五パーセント対一・三パーセントの比率である三・四六倍すると、三四年の呉造兵廠の年間負傷者は二万四九七名になる。(25) 工場内において負傷者が多く発生し、悲惨な状況については山内廠

長自身、次のように認めている。(26)

〔前略〕予等職として旦暮《たんぼ》作業の実況を監視する者、日として小災大危の起るを見ざるはなく、酷しきに至ては一時に幾十人の死傷者をさへ見ることあり。此悲惨事を目撃す、豈慄然として惻隠《そくいん》の心を起さゞるを得んや。由て私に思へらく、官既に救済の途なく、人亦恩典に浴する能はずとせば、宜しく自ら志を一にして救恤の法を講じ、以て其欠陥を補ふべきなりと、乃ち有志者相謀りて茲に一の共済機関を設くるに至れり。

一例を示すと、明治三三（一九〇〇）年一一月一七日には、吉浦火薬庫構内の炸薬装塡所において、「弾丸破裂火薬爆発シ該建築物ヲ粉砕飛散セシメ隣接セル危険物庫ノ一側及屋根ヲ破損シ衛兵控所ノ梁一本ヲ破断シ窓ノ硝子ヲ悉ク破《は》毀《き》」、このため作業に従事していた職工七名全員が死亡、衛兵四名が負傷、その他二名が微傷という事故が発生している。(27) 炸薬装塡所においては前日の早朝より「吉野」と「富士」から還納された一五センチ鋼鉄榴弾のうち四〇七個の炸薬抜出作業が行われていたが、「同日ハ事業中日没ニ近ツキタルヲ以テ抜出シタル炸薬ヲ他ニ移ス能ハス十七日早朝事業ニ掛ル前之ヲ他ニ移スノ準備ヲナシ置タリ然ルニ十七日ハ大雨ナリシヲ以テ又火薬ヲ他ニ移ヲ得ス而シテ炸薬抜取ハ該弾ヲ二号徹甲榴弾ニ改造ノ為メ至急ヲ要スルヲ以テ続テ事業ニ従事」していたなかで、午後一時一五分に悲劇が生じたのであった。(28) 危険防止の管理を怠ったと思われるが、調査の結果は、「全ク人為上避クベカラサル原因ニ拠リ発生シタル災害」とされた。(29)

官営事業における業務上の死傷に対する手当としては、明治八（一八七五）年四月九日に「官役人夫死傷手当規則」が制定され、負傷の程度によって一等から五等にわけられ、「重傷死ニ至ル者」の一等には、療養料と扶助料三〇円、埋葬料一〇円、二等から四等までは同額の療養料と二〇円から一〇円の扶助料、五等には療養料のみが支給されることになっていた。その後二〇年にこれに加え、「工夫及職工人夫等死傷者手当取扱内規」が制定され、業務上の傷痍については、海軍軍医などによって治療が行われ治療費は官費で支払われることになるとともに、傷痍による就業不能期間に一〇〇日を限度として工夫は日給の四分の一、その他は五分の一を上限として手当が支給されることになった。このように、「賃金の一定額が保障されるという規則が制定されたということは、障害の程度による救済といった『技術的合理性』的施策に加えて、労働者の地位に基づく救済という要素が付加された」ことを意味し、「後の企業内福利政策へと繋がる施策がここにきて初めて登場してきた」と評価されている。[30]なお三三年一月に改正された「職工人夫給与規則」によると、海軍工作庁に勤務する職工は、公務による傷痍または疾病により勤務することができない時には、一〇〇日を限度として賃金の半額の支給を受けることができるようになった。

呉造兵廠内の福利厚生施策としては、明治二九（一八九六）年四月に物価高に苦しむ職工救済策として、山内仮呉兵器製造所長の発案により所内に、「諸物品販売所を設け部内判任官以下に何品も原価」で頒布（造船部も考慮中）、また九月には仮呉兵器製造所と造船部に弁当仕出所を設置し、市内の業者に請負わせた。このうち物品販売所については、「後年の重工業大経営で一般化する政策であり、呉の１８９６（明治29）年の導入はその先駆をなしている」と高い評価を得ているが、[31]その内実は明確ではない。また仮呉兵器製造所においては、「負傷するもの続出し……当局者は翌廿九年より郵便貯金を奨励せしも宵越しの金を使はぬ江戸児膚の人物多く其奨励は毫も効を奏する所なかり」という状況であり、保護団体の設置を提議しても受け入れられず、ここに至って「当路者は英断を以て兎も角共済会の設立を宣言した」[32]。なおその時期については、「呉職工同済会は元職工共済会と称し明治三十年一月より設置経営」したことが判明した。[33]

明治三六（一九〇三）年一一月一〇日の呉海軍工廠設立に際し、呉海軍造兵廠職工共済会と呉海軍造船廠職工救済会議が合併し呉海軍工廠職工共済会が設立された。その性格は、「19世紀イギリスの友愛組合に慈善機能を有する団体が存在していた」と述べられているが[34]、それに近いものであったように思われる。なお企業内福利厚生施策が本格化するのは、三七年一一月三日に呉海軍工廠職工共済会病院が開院してからのことであった（第一二章第四節を参照）。

技師や職工の養成については、呉造船廠と共通する点はそちらにゆずり、ここでは造兵部門を中心とした施策を取り上げる。まず技師の育成に関してみると、明治二〇（一八八七）年に帝国大学工科大学に造兵学科、火薬学科が設置されることになり、三月に海軍省と文部省の間で「条款」が締結され、これまでの造船・造機に加え造兵・火薬の海軍技術学生の委託教育が行われることになった。造兵の定員は二名であったが、希望したのは有坂鉊蔵一名のみで、学資が支給され海軍省内において一定の身分が保障されるなどの特典があるにもかかわらず、未知の分野ということもあってか、当初は人気がなかった。なおこうした造兵委託学生の道を選択した理由について有坂は、次のように回想している[35]。

　其の時に自分は考へた、学問丈を修めても、御国の為めに何か尽す所なくてはいけない、何んとかして国の為になる事を成し遂げたい、之が一つ、次には将来発展性のあるもの、換言すれば研究の余地大なるもの、即ち兵器学は正しく之に当て嵌る、第三には当時の大学の先生男爵古市公威博士が是非海軍に入つてやれと勧めてくれる、仏国仕込みの先生は、仏国海軍事情を説明し、我が国でも誰かやらなければならないとの立ち入つての勧誘で自分は半ば好奇心も伴つてはゐたもの丶、海軍に入るに決したのである。

国に尽くすこと、将来の研究の余地が大きいこと、恩師の勧めがあったことが決め手となったわけであるが、当時の理系大学生の進路決定として興味深いものがある。

明治二〇年九月に入学した有坂は、同月三〇日に海軍技術学生（海軍造兵学科専科）となった。ただし帝国大学工科大学や海軍には大砲について研究した者がいないということで、フランスの砲兵学校を卒業して帰国し陸軍参謀本部に勤務していた天野富太郎大尉より一年間、教育を受けた。そしてそれから二年間、天野大尉が大阪砲兵工廠の検査官として転勤したことにともない、同所において、「午前は天野先生からレクチュア、午後は実地を課せられ、一般職工と同様に菜葉服を著て、鋳造、鍛工、旋盤等を手づから実習した」が、この間、「陸軍の下士工等が親切に導いてくれた」と述べている。(36)

明治二三（一八九〇）年七月一〇日に工科大学を卒業した有坂は、三年間の予定でフランスに留学をする。留学中のことについて三六年三月二〇日に裁可された「海軍少将正五位勲三等山内万寿治以下九名叙勲ノ件」に添付されている「履歴書」によると、二四年一月から一年間ホッチキス速射砲製造所の製図部で勉学を積み、二五年一月から二〇カ月間にわたり三景艦のうち「松島」と「厳島」（ともに四二七八トン）を建造している地中海鉄工造船会社において火砲製造技術の習得に励んだ。(37)その間の有坂の研修について、同社は次のように証明している。(38)

〔前略〕砲兵部長カネー氏ハアーブル砲兵工場内ニ於テ同氏式火砲製作上ノ研究及ヒ実験ヲ為ス事ノ承諾ヲ大日本海軍技術学生有坂氏ニ与エタリ　カネー氏ハアーブルニ於ケル日本政府派遣ノ将校ト常ニ懇篤ナルヲ以テ有坂氏ノ諸質問ニ対シ常ニ懇ロナル回答ヲ吝マザリシ而シテ当会社ニ於テ大半秘密ニ属スル研究材料ヲ同氏ニ与ヘタルヲ以テ同氏ハ其研究ノ目的ニ於テ最モ必用ナル智識ヲ得ラレタリ〔後略〕

こうして有坂は、兵器の発注という好機を活用してフランスの兵器製造会社において、速射砲と大砲の製造技術を習得した。注目すべきは、有坂が、「フランスに留学を命ぜられあちらに居ります間山内閣下には非常なる御好意を受けました」と記しているように、寸暇を利用して面識のない留学生に会いに行く山内の行動力である。[39] なお有坂は、明治三一（一八九八）年三月一九日から三三年一〇月一日まで二年間以上もの期間、「敷島」など一万五〇〇〇トン級の戦艦四隻が建造されているイギリスに造兵監督官として出張している。後述する三五年に完成した八インチ（二〇・三センチメートル）砲や、一二インチ（三〇・五センチメートル）砲の開発に影響を与えたものと思われる。

フランスの留学から帰国後は、明治二六（一八九三）年一二月一九日に海軍少技士・海軍造兵廠製造科主幹に任命され、二七年二月に前田亨軍務局第二課長の娘の敏子と結婚、そして二九年二月五日に仮設呉兵器製造所製造主幹として呉に赴任し、仮呉兵器製造所、呉造兵廠、呉工廠において活躍、三五年二月六日には東京帝国大学工学部教授を兼務、造兵学科第二講座で火砲・砲架を担当、第一講座の大河内正敏の弾道学などとともに、造兵学の研究と教育の確立に貢献した（明治三五年一一月、工学博士）。その後も有坂は造兵技術者、管理者、教育者、造兵監督官などとして活躍、四二年一〇月には呉工廠造兵部長兼艦政本部出仕となった。[40]

こうして帝国大学工科大学における造兵委託学生制度が開始され成果をあげていくことになるが、委託学生は明治二五（一八九二）年に一名、三二年に二名と人数に限りがあるという欠点があった。そこで海軍は三二年五月、「海軍造兵生徒条例」（勅令第二一四号）を制定し、「東京工業学校生徒ニシテ海軍出身志願者ニ就キ身体検査ヲ為シ合格者中ヨリ採用シ同校ニ於テ指定ノ学科ヲ修メシメ卒業シタル者ハ海軍技手ニ任用スルコトヲ得ルコト」とした。[41] これにもとづいて同年七月二〇日に小林四郎以下八名、一〇月二日に竹田要人、一二月一一日に古屋季三を「身体検査合格者ニ就キ尚東京工業学校長ト協議ヲ遂ケ」海軍造兵生徒として採用している。(42) これをみるとなかなか定員を満たすことができないなど、当初から人気が高かったわけではないが、造兵生徒は三二年度に一〇名、三三年度に一二名採用されており、呉造兵廠を中心とする海軍の造兵部門のなかで、もっとも多い技術者出身校を形成することになる。なおその費用は、一名当たり年間一五〇〇円（被服費三〇〇円、手当金一二〇〇円）となっている。(43)

一方、職工の留学は、明治二八年度から三カ年間の継続費として造兵職工を対象とした職工外国派遣費三万八四三一円が認められて以来、充実したものとなった。この制度は明治三〇（一八九七）年から造船職工ふくめたものに改革され、三四年度まで継続された。こうして約三〇名（一期、二年間、約一〇名）の造兵職工が先進国の兵器製造会社において先進的な技術を習得して帰国し、呉造兵廠などにおいて現場における技術指導者として活躍した。なお造船職工に先駆けて造兵職工の留学が実現したのは、実際に機械を操作する職工の役割が重要であること、外国人教師を招聘して教育を受けるより、海外に留学して現場で教わる方が効果的であることを体験から会得した山内の信念によるものであった（第八章第四節を参照）。

ここで山内の部下との関係について、一二センチ速射砲開発当時の様子を記した有坂の回想を採録する。(44)

〔前略〕総べて人を御使ひになりますのに悪い処は十分に御叱り下さつて遣り遂げた暁には又非常にお賞め下さいましたので一向に部下の方々が酷く引き廻はされたなどとは考へられませんでした　其れについて一例を申上げますればその頃は非常に多忙を極めた時でありますから徹夜をする事は稀でありませぬ〔中略〕吾々が徹夜をして居る時に或は夜半の十二時頃或は一時頃といふ深夜に於きましても御心配であったと見えまして突然と工廠を御視廻はり下さいました　さういふ時に吾々一同が働いて居りますところを御覧になられて非常に御悦びになりましては御

賞めの言葉を頂戴し時によりますとお宅にお帰りになられて直ぐにウドン或はソバ等を人員数丈工廠まで御届け下さいました　吾々は大砲の切端などに腰を掛けまして実際工事をする人達と共に此温い御贈物を心から嬉しく頂戴いたした事が度々のやうに御座いました　こんな様子でしたから皆一に閣下を慈父の如くにお慕ひ申して居りました……一度男爵が御命令になりますれば上から下まで皆同時に一生懸命になつてつとめました〔以下省略〕

自分の所属する組織の拡大発展によって日本の国防力を高めようとする山内は、呉造兵廠の生産性を高めるため、優秀な技術者、職工を選抜して留学などの機会を与え、一般職工に対しても条件の許す限り労働環境の改善に努めるとともに、労りの言葉をかけたり身銭を切って夜食を提供したのであった。また後述するように、明治三二（一八九九）年六月三日には職工からの希望が多かった職工雨衣弁当小屋が建築されている（第三節を参照）。いずれも根本的な待遇改善に結びつくものではないものの、職工の日頃の不満に対する配慮がみられる点で厳しい取締りを優先した高山保綱呉造船廠長との差異が感じられる。

最後に明治三六（一九〇三）年三月二〇日に裁可を受けた山内少将以下九名の叙勲について、その功績を簡単に紹介する。まず山内については、「多年心ヲ製鋼術ニ潜メ拮据経営遂ニ海軍兵器ノ大部ヲ製造供弁スルニ至リ且呉式尾栓ヲ創製」したことにより勲二等旭日重光章、有坂造兵大技士は、「五十口径十二斤速射砲尾栓ヲ創製シ且呉式尾栓ノ肇造」の功績により勲五等双光旭日章を受章した。また中島正賢技師は、「徹甲弾熞焠《〔けんさい〕》法ヲ発明シ且之ニ適スル暖炉並ニ水力鍛煉機附属大暖炉用瓦斯発生器ヲ創製」し単光旭日章、長谷部小三郎技師は、「徹甲弾合金法ヲ発明シ且製鋼用白色坩堝ヲ創製」したことにより勲六等単光旭日章を受けた。辻茂吉技手と大草鑑之助技手は、「造砲用各種ノ工具器類ヲ創製シ且鋼線纏絡式ノ砲身製造ノ装置ニ改良ヲ加」えたことにより、前者は勲八等白色桐葉章、後者は白色桐葉章、茂住清次郎技手は、「鋳鋼用模型ヲ改良シ砂土混淆法ヲ発明」し勲八等白色桐葉章、富田群太郎技手は、「シーメンス炉ヲ以テ砲身用ノ大鋼塊及ヒ各種ノ鋼材料ヲ製造シ得ルニ至ラシメ且製鋼用白色坩堝ノ肇造」により勲八等白色桐葉章、道家栄治郎技手は、「煙焠装置ヲ創製シ煙焠用水ノ温度ヲ調和スルノ方法ヲ案出」し勲八等白色桐葉章をそれぞれ受章した(45)。

いずれも呉造兵廠に所属し、呉造兵廠が目標としてきた速射砲や大砲、徹甲弾、そして兵器の材料となる特殊鋼の開発に功績のあった技術者であり、ここに呉造兵廠の発展に心血を注いだ部下に報いたいという山内廠長と、呉造兵廠の短期間の発展を評価した山本海軍大臣、斎藤実海軍次官ら海軍省幹部の意図が込められた叙勲といえよう。山内と有坂を除く個々の叙勲者に目を転じると、中島と長谷部はともに明治二三(一八九〇)年七月に東京工業学校を卒業、中島は鉄道庁をへて二四年一〇月に、一方の長谷部は二五年三月に、それぞれ海軍技手見習として海軍造兵廠に勤務し、二七年から三一年にかけてともにイギリスに出張し、帰国後は呉造兵廠で活躍している。残る五名はいずれも海軍赤羽工作分局、横須賀造船所鋳造工場、海軍兵器製造所に職工として入所、その後にイギリスに出張しアームストロング社などで造兵・製鋼技術を習得し、帰国後に呉造兵廠に入廠し現場のリーダーとなった。自分が若くして父を失い周囲の援助によって成長できたこともあってか、山内には能力、とくに技術に優れ努力する青年に目をかけ育成する傾向があり、それが呉造兵廠から多くの技術者を輩出する原動力になったのであるが、他方でその恩恵にあずかれない部署の者の怨嗟を生むことになった。

第三節　工場などの施設の整備

呉造兵廠の計画を分析するなかで、同造兵廠の施設・設備の整備は、三つの予算によって実施されたことが判明した。これを受けて本節では、どの計画によって整備された施設かを明らかにするため、呉兵器製造所建築費（予算の名称は兵器製造所建築費であるが、混乱をさけるため呉兵器製造所建築費とする）、海軍拡張費、呉造兵廠拡張費にわけて、原則として五〇〇〇円を超える工事に限定して記述する。ただし工事によっては、複数の予算でなされたもの、必ずしも予算の出所が明確でないものもあり、推定をふくむ分類であることをことわっておく。なお記述に際しては、煩雑な点はあるが仕様書がふくまれている原資料の「呉鎮守府工事竣工報告」を基本とし、便利ではあるが明治三〇・三一年度が欠落している『海軍省年報』を補助的に用いる。

一　呉兵器製造所建築費などによる工事

最初に呉兵器製造所建築費による工事をみると、明治二九（一八九六）年一〇月二九日に起工した舎密場の新営工事が四七四九円の工費で三〇年六月二二日に竣工している。この施設はレンガ石造平家で、建坪は七〇坪であった(46)。また三〇年七月七日には、金属試験室・検査場・塗革工場の新営工事が開始された。この工事は二万三三〇〇円の費用をかけて、三一年三月二八日に完成した。なお仕様書によると、この工場はレンガ石造平家で建坪は三五〇坪と記録されている(47)。

明治三〇（一八九七）年七月二九日には、事務所ならびに製図室の新営工事を起工、三万円の工事費で三一年七月七日をもって竣工した。この建物はレンガ石造二階で、建坪は一二五坪であった(48)。また三一年六月二日に材料倉庫の新営工事を開始、一万九六八一円で一二月一八日に完成した。この倉庫はレンガ石造二階で、建坪は二〇〇坪となっている(49)。

明治三一（一八九八）年六月一六日から三一年一二月一五日にかけて、鋼鉄鋳造場が建設された。この工事の内訳は、鋼鉄鋳造場鉄小屋組その他（一万一六〇三円、明治三一年六月一六日～三二年三月二二日）、本体工事といえる一九三坪のレンガ石造平家の鋼鉄鋳造場新営工事（一万六一四七円、三一年六月一七日～三二年六月三日）、四九坪のレンガ石造平家の鋼鉄鋳造場附属坩堝製造室（二六八六円、三一年七月一八日～一二月一五日）となっている。なお付図によると、両工場は銑鉄黄銅鋳造ならびに鋳鋼場の脇に建設されることになっているが、明治三六（一九〇三）年当時の呉造兵廠の施設を示した図六－二（第四項に掲載）においては、一体の工場とみなされたためか、個別の名称はみられない。このほか三二年四月二六日から三三年三月一五日にかけて、一万五七六〇円の工事費で造砲工場起重器受柱の改造工事が実施されている(50)。そして三二年三月二九日、砲身淬硬ならびに収縮場新営工事を開始し、一万九四五六円の工事費をかけて三三年一二月一九日に完成した。この工場はレンガ石造七九坪の中央棟、レンガ石造の二棟（あわせて四八坪）からなり、全部で一二七坪と記録されている(51)。

さらに明治三三（一九〇〇）年八月一八日には、砲熕製造場新営工事を起工、三四万三七〇六円という巨費をかけて三五年三月二〇日に竣工した。この工場は鋼骨レンガ石造、建坪二二五八坪という堂々たる構造をしていた。なお当初、建築費は三一万三〇四四円であったが、不足分は他の工事費から流用している(52)。その他、三三年三月二七日から三四年八月三一日にかけて、一万五六一四円の工事費（すでに二四七四円で一部の工事がなされており、合計すると一万八〇八八円となる）によって、延長二五五〇フィート（七七七メートル）の呉造兵廠広軌鉄道敷設工事がなされた(53)。なおこの工事については、三五年三月三一日に完成した呉造兵廠内軽便鉄道敷設工事の一部なのか、単独のものなのか判断しかねる。

これまで呉兵器製造所建築費による工事を取り上げてきたが、これ以降の三工事は明治二九年度から三二年度の呉兵器製造所建築費と海軍拡張費による工事が同一の報告書に記述されているため、どちらにふくまれるのか区別することが不可能である。そこで呉兵器製造所建築費の内訳を示した表六－二と照合した結果（第一節を参照）、造砲・砲架・製弾・集成弾丸淬硬場新営と火工場新営工事の二工事が該当することが判明した。そのうち前者は明治三〇（一八九七）年九月三日に起工、一万四七八八円の費用により三二年三月三一日に竣工した。この工場は建坪五五九坪と一七〇坪、合計七二九坪の連接鉄製平家二棟から構成されている[54]。すでに述べたようにこの工場は仮兵器工場の一環として建設されており、費用や仕様書の内容から判断して補強工事がなされたものと考えられる。また二九年七月一〇日には、後者が起工、一万二六〇〇円の工事費により三二年三月三一日に竣工した。この工場も、レンガ石造平家三棟（建坪一六〇坪）であった[55]（第一火工場―建坪八〇坪、第二火工場―建坪四〇坪、第三火工場―建坪三〇坪、第四火工場―建坪一〇坪）。

ここまで呉兵器製造所建築費による工事について記述してきたが、五〇〇〇円以下の職工調査場新営工事以外は、第一節に掲載した表六－二と一致している。これらの工事については、仮兵器工場として建設された工場の補強、欠点の補完と呉兵器製造所設立計画の実施という二つの側面がある。ただし後者には砲熕製造場新営工事のように、大口径砲の製造にも使用できる、それゆえ第一期呉造兵廠拡張計画と一体化した工事も認められる。

二　海軍拡張費などによる工事

残る薬包装填場新営工事は同じ文書に記載されているが、海軍拡張費によって建設したものと判断した。このレンガ石造一〇〇坪の工場は、明治三〇（一八九七）年九月二〇日に起工、五五六二円の費用で三二年三月三一日に竣工している。[56] また三三年度の呉兵器製造所建築費と海軍拡張費の報告書のなかに記載されている木材庫などの工事は、表六－二に見当たらないことから、海軍拡張費によるものとした。なお本工事は三三年三月一五日に起工し、七月九日には、六五七二円の費用で木造平家（建坪一〇八坪）の木材庫、有毒物材料格納庫、砂置場を竣工している。[57]

これ以降は、海軍拡張費だけによる工事を取り上げる。まず明治三一（一八九八）年一月一五日から六月一三日にかけて、三〇・三一年度の海軍拡張費三四四九円を支出して長さ一二〇尺（三六・四メートル）、幅一八尺（五・五メートル）の石造の吉浦火薬庫桟橋新設工事を行っている。[58] なおこの工事費は五〇〇〇円未満であるが、吉浦火薬庫の数少ない施設ということで取り上げた。

明治三〇年度から三三年度海軍拡張費によると、明治三〇（一八九七）年一〇月一日には、当初、呉鎮守府武庫物揚場費として計上された武庫前面物揚場ならびに起重器基礎築造工事と、呉鎮守府土工石垣費として計上された武庫前面海岸石垣築造工事が同時に起工され、二万一五八〇円と六四五二円の工事費によって三二年一月三〇日に竣工した。また三〇年九月には、呉兵器製造所工場内防火工事費として予算化された造砲工場ならびに鋳造工場内防火工事を起工、一万二四九五円をかけて三一年一月二〇日に竣工した。具体的には、延長四八五間（八八一・八メートル）、高さ一五尺（四・五メートル）のレンガ石造の壁が取り付けられている。そして三〇年一〇月一九日、呉鎮守府兵器工場費として予算化された水雷試射場工事を開始し、三万九八二〇円の費用により三二年一二月一三日に完成した。この工事は、現存の「海岸石垣線ニ東西八拾壱度三拾分傾ク方向ヲ中心線トシテ海中ニ構造スルモノ」であった。[59]

同じく三〇年度から三三年度の海軍拡張費によって、明治三一（一八九八）年八月一三日には、呉兵器製造所製品置場費、呉鎮守府武庫大砲庫費、呉鎮守府造船部兵器工場移転費として計上された工事が、呉海軍造兵廠製品置場、大砲庫新営および魚形水雷調製室移転合造工事として起工された。この工事はそれぞれ六万一五〇円、一万四一七八円、七八六円、合計七万五一一四円の費用により三二年一二月二一日に完成した。これをみると、呉造船廠に所属していた魚形水雷調製室が、水雷製造に携わる呉造兵廠に移管されたことがわかる。(60)なお翌三三年度海軍拡張費五九五四円を支出して、三三年七月一〇日から一〇月二〇日にかけて、製品置場と大砲庫の床張り工事をしている。(61)

明治三二年度と三三年度の海軍拡張費による工事をみると、明治三二（一八九九）年五月一八日には呉鎮守府武庫の弾丸庫費、同武庫の雑器庫費、同水雷庫の魚形水雷庫費、同水雷庫の水雷庫費によって計画された工事を、呉造兵廠弾丸庫雑器庫ならびに魚形水雷庫合造新営工事として起工した。そしてそれぞれ一万一二八八円、九六六〇円、一万四〇四七円、三万一八七二円、合計六万六八六七円の工事費をかけて、前三庫は三三年一〇月三日、残る一庫（水雷庫）は一一月五日に竣工した。この建物はレンガ石造（二階）の一棟で、建坪は三七〇坪におよんでいる。(62)

明治三三・三四年度の海軍拡張費工事として、明治三三（一九〇〇）年五月二一日から三四年一一月三〇日にかけて二万三三九〇円によって三一八〇フィート（九六九メートル）におよぶ呉造兵廠広軌鉄道敷設工事が行われた。(63)すでにほぼ同じ時期に、呉兵器製造所建築費でも同様の工事が実施されており、同じ工事が異なる予算で推進されることもあったようである。また三〇年度から三五年度までの海軍拡張費によって、呉造兵廠内軽便鉄道敷設工事が実施されている。この工事は三〇年六月二一日に起工、二万九八八三円の費用と約五年の歳月をかけて三五年三月三一日に各工場、武庫、水雷庫、材料倉庫、石炭庫、発射場、一〇〇トン起重器等を連絡する全長五マイル（約八キロメートル）の鉄道を完成した。(64)

このように海軍拡張費による工事は、実に多方面にわたっている。とくに呉兵器製造所設立計画や二期にわたる呉造兵廠拡張費以外への支出が多い。こうした施設の整備によって、呉造兵廠の施設の整備・拡張がスムーズにすすめられるようになったといえよう。なお海軍拡張費の流用によって造兵用の新機械が購入されたことは、すでに述べたとおりである。

三　第一期・第二期呉造兵廠拡張費などによる工事

ここで二回にわたる呉造兵廠拡張費による工事について対象とするが、「呉鎮守府工事竣工報告」には、呉造兵廠拡張費と記されているだけで区別ができない。そのため第一節で取り上げた表六－三の第一期呉造兵廠拡張費予算、表六－四の第二期呉造兵廠拡張費予算（建築費）を参考に分類する。まず第一期についてみると、次のようになる。

明治三三（一九〇〇）年五月一五日に、精密機械工場新営工事を起工している。この工事は八万四四七八円の工事費（すでに執行ずみの三〇〇〇円をあわせると八万七四七八円）によって、三五年一月一六日に竣工した。なおこの工場は全体が六二二坪で、レンガ石造二階（四五九坪）の甲号と、レンガ石造平家（一六三坪）の乙号によって構成されている。(65)

明治三三年九月二一日から三五年一一月二九日にわたって、二一万八五〇六円の工事費（すでに三万五三四九円は報告済みであり、合計すると二五万三八五五円となる）によって敷地掘鑿工事が実施された。この工事は、掘鑿土石六万一二二八坪、下水築造延長三〇五間（五五五メートル、二カ所）、同五〇間（九一メートル、一カ所）、石垣築造一カ所、階段新設三カ所、橋梁新設三カ所、トンネル一カ所、鉄道線路堀割一〇五尺（三二メートル、一カ所）など、大規模なものであった。(66)また三五年五月一七日から一一月一九日にわたり明治三五年度呉造兵廠拡張費九七一八円によって、呉造兵廠構内法尻および海岸下水ならびに暗渠築造工事が実施された。(67)

明治三三年一二月二一日には、三三年度から三六年度呉造兵廠拡張費によって砲材鋳造場新営工事を起工し、一二三万三八一円の費用をかけて三六年七月二〇日に竣工した。この工場は、鉄骨レンガ造四棟（甲家、乙家、丙家、丁家）か

らなり、建坪一一五〇坪、桁行四四間（八〇メートル）、梁間二六間（四七メートル）の規模を有している。(68)

同じ明治三三年度から三六年度呉造兵廠拡張費として、三三年一二月二一日に砲材鍛錬場新営工事を起工し、四三万三四七七円という巨費を投じて三七年三月二〇日に竣工した。この工場は、鉄骨レンガ造三棟（甲家、乙家、丙家）からなり、建坪二一八八坪、桁行八五間（一五五メートル）、梁間二六間（四七メートル）という巨大なものであった。(69)

次に第二期に移ると、明治三五（一九〇二）年七月二日から三六年二月一〇日にわたって、一万四二〇八円の工事費によって製図工場が完成した。なおこの工場は、レンガ石造二階で、建坪は約一〇〇坪となっている。(70)

明治三五年二月一三日には、三四・三五年度呉造兵廠拡張費によって鋳造場改築工事を起工、二万四九一六円を費やして三六年三月三一日に竣工した。この工事は、仮兵器工場建設工事の一環として二八年一〇月一四日に竣工していた木造九七九坪の工場をレンガ石造に改造するとともに、一四〇坪を建て増しするというものであった。(71) また三五年一二月九日には、三五・三六年度呉造兵廠拡張費によって鋼鉄鋳造場建増工事を開始し、三万七三三八円の費用をかけて三六年八月二〇日に三〇八坪の鉄骨レンガ造の工場が完成した。(72) これによって仮兵器工場として促成された鋳造場関係施設は、耐火建築に改築されるとともに兵器用素材供給のために拡張された。

また明治三六（一九〇三）年七月一日には、三六年度呉造兵廠拡張費によって呉造兵廠の水道工事を開始し、一万二五〇八円の工事費（ただしこれまで四万五一九四円で工事をしており、合計五万七七〇二円）で、三七年三月二六日に終了した。(73) また三六年七月一日から三七年三月二八日にかけて二万四六八四円の費用で、呉鎮守府水道貯水池から呉造兵廠増設水道まで鉄管を敷設し引水する水道増設工事を実施している。(74)

明治三六年一二月六日には、三六年度呉造兵廠拡張費によって汽罐上家新営工事を起工、一万五九五三円を費やして三七年三月一三日に完成している。この工事についてはどちらの参考資料にも合致した科目がなく、表六-四の発電工場と概算額が近いということで第二期と推定した。[75] なおこの他、三六年には表六-四に示されているように、発射場堡壁工事も第二期にふくまれているが、亀ヶ首の施設なので内容については後述する。

ここで一部は海軍拡張費と呉造兵廠拡張費によって倉橋島に建設された、呉造兵廠亀ヶ首砲弾発射試験場について、これまでの研究を参考にしながら述べることにする。[76] 明治三三年六月二八日、柴山矢八呉鎮守府司令長官は山本海軍大臣に、亀ヶ首に発射試験場用地として一万一七四八坪を、海軍拡張費の呉兵器製造所火工場用地買上費予算の残額により三三三六円で購入したいという上申書を提出した。それによるとこれまで実弾射撃試験は造兵廠構内で行われてきたが、「大口径砲弾ヲ試験セシムル場合ニ当リテハ同廠構内ニ於テ之ニ充ツヘキ余地無之」、周辺を調査した結果、「倉橋島村字亀ノ首ナル土地一部ハ最モ発射試験地ニ適シ」ていることが判明、大口径砲製造にあわせて亀ヶ首発射試験場の設置を計画し、土地購入の許可を求めたのであった。[77] なおこの件は七月一〇日に認許され、九月二六日に用地を受領している。

この間の明治三三（一九〇〇）年八月六日から八日にかけて、亀ヶ首砲弾発射試験場において、早くも八インチ（二〇・三センチメートル）徹甲実弾および一二インチ薄壁鍛鋼榴弾に下瀬火薬を装塡し実射する試験が実施されている。[78] また柴山呉鎮守府長官は九月二八日、山本海軍大臣に亀ヶ首砲弾発射試験場の火薬装塡所・格納所・砲具格納所として三七九円の費用で呉造兵廠内の仮物置（三六坪）を移転し、二棟に分けて使用することを上申、一〇月一〇日に許可を得ている。[79]

その後、明治三四（一九〇一）年四月二〇日には、角田秀松海軍技術会議議長より山本海軍大臣に、一二インチならびに八インチ砲用徹甲実弾および徹甲榴弾の発射試験に関する報告が提出されており、[80] 亀ヶ首砲弾発射試験場は本格的に使用されていることがわかる。また同年八月七日に、山内呉造兵廠長より山本海軍大臣に、これまで試験の際には在庫品を持ち込み使用していたが、今後は二五口径軽三〇・五センチ克砲（クルップ砲）と安式（アームストロング式）八インチ速射砲を据え付けて呉造兵廠の供用としたいという上申が提出され、八月二〇日に許可を受けている。[81]すでに述べた発射場保壁工事は、三五年五月二七日から一一月一三日にかけて呉造兵廠拡張費九九八一円で実施され、山腹の掘鑿、長さ七間（一二・七メートル）の隧道、長さ七八間（一四二メートル）の堡壁、延長一三二尺（四〇メートル）の下水が建設されており、これ以降に本格的な工事がなされたものと思われる。[82]

少し不明な点があるものの、第一期・第二期呉造兵廠拡張工事から次のような傾向が浮き彫りになった。呉兵器製造所設立計画の方針が仮兵器工場、第一期・第二期造兵廠拡張工事に継承され、拡大して実現しているように造兵部門に関する四計画の連続性の強さである。海軍は新計画の作成に際し、事業の継続性とこれまでの施設・設備を利用することによる安さを強調し、政府や帝国議会の協賛を得ることに成功したのであった。

四　その他の工事と呉海軍造兵廠の施設の概要

少し性格が異なるが、明治三四（一九〇一）年七月二〇日には、前述した吉浦火薬庫の爆発事故のため焼失した炸薬装塡所新営工事を開始、災害費七六八八円をかけて工事がすすめられ三五年三月一六日に木造平家三〇坪の工場が完成した。[83]

すでに述べたように、「呉鎮守府工事竣工報告」にも文書の欠落の可能性があり、また筆者の見落としも考えられるので、ここで一部の期間に限定されるが、『海軍省年報』により、これまで述べた以外の工事を補完する。まず明治三二年度に竣工した工事をあげると、職工雨衣弁当小屋新営（木造、二三七四円、明治三二年一月一九日～六月三日）、水雷工場新営（レンガ造、一万六七〇〇円、三一年八月三一日～三二年六月二四日）、機関車移動起重器置場新営（レンガ造、

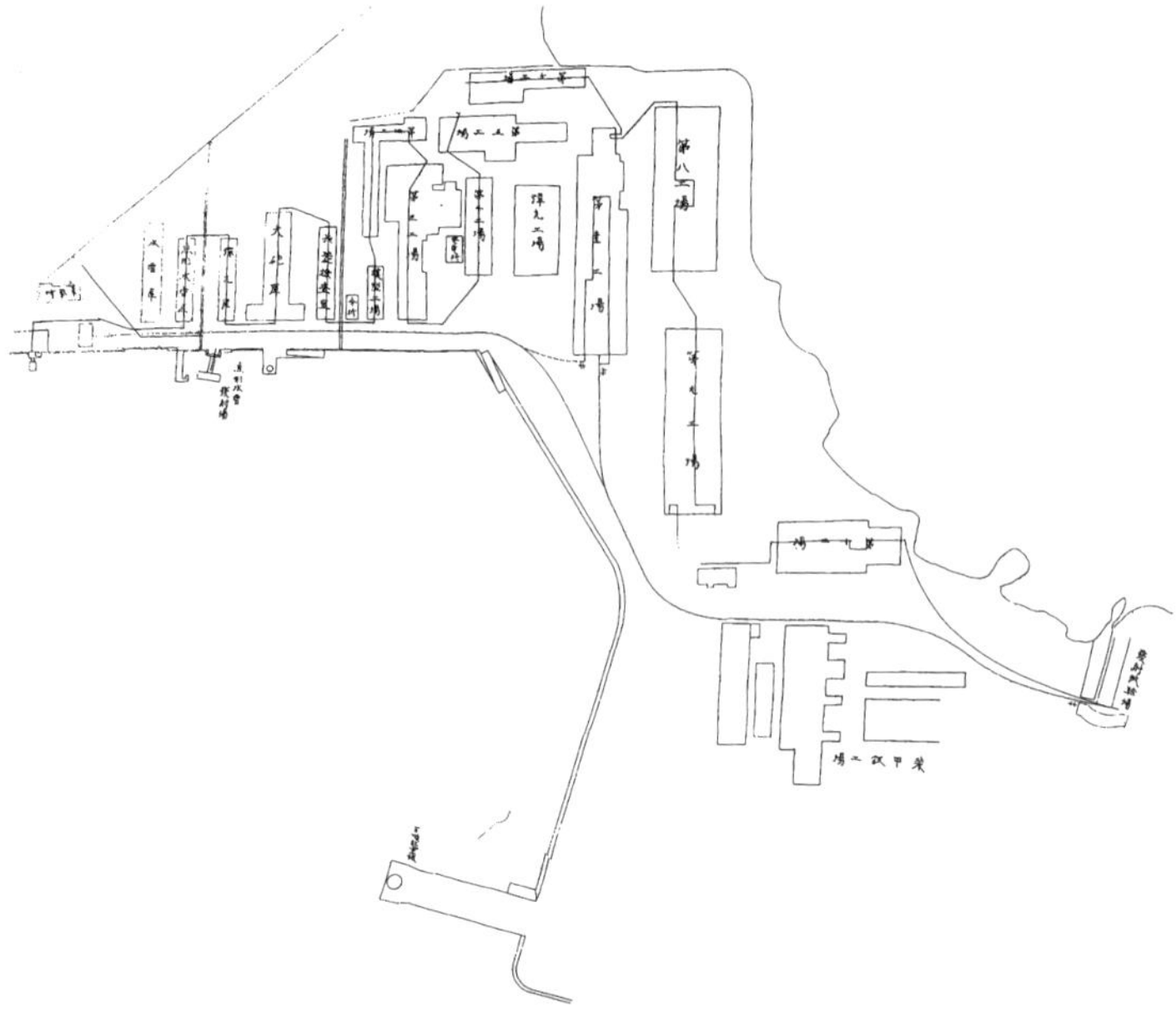

図６－１　呉海軍造兵廠配置図（明治 34 年 11 月）
出所：『呉海軍造兵廠案内』明治 34 年 11 月（「斎藤実文書」国立国会図書館憲政資料室所蔵）。

五七〇〇円、三二年四月一八日～一一月四日）となる。(84)なお五〇〇〇円以下の職工雨衣弁当小屋新営を取り上げたのは、職工の福利厚生との関係からである。

次に明治三三年度の工事をみると、予備艦兵器庫ならびに預兵器庫合造（レンガ石造二階、三万八八二五円、明治三二年九月二六日～三三年八月三日）、製品置場大砲庫内部床張（五九五四円、三三年七月一〇日～一〇月二〇日）、旧水雷試験場を桟橋に改造（木鉄造、七八五四円、三三年二月一日～三四年一月三一日）となる。(85)また三四年度は、これまで述べた以外の工事はなく、(86)三五年度には、製図工場と付属便所ならびに渡廊下（木造、一万四二〇八円、三五年七月二日～三六年二月一〇日）が建設された。(87)なお三六年度は、いずれもすでに取り上げた工事のみである。(88)

明治三四年一一月に、呉造兵廠は帝国議会議員や政府要人を招待し施設や活動を供覧したが、呉造兵廠の観覧の折に作成されたと思われる『呉海軍造兵廠案内』と図（図六−一）により、当時の呉造兵廠の施設、設備を中心とした全体の状況をみることにする。この資料の最初の項の「起原」によると、日清戦争期の臨時軍事費によって呉軍港に「兵器製造所ヲ創設スル事ニ決定」し、二七年一二月に起工、二八年一〇月に落成、一一月三日に事業の一部を開始したという。(89) ここで疑問に感じるのは、二二年度から三四年度にわたる呉兵器製造所設立計画と実施過程が欠落していることである。臨時軍事費で設置が決定されたのは、呉兵器製造所ではなく仮兵器工場であり、それは呉兵器製造所設立計画を基盤として推進されたことを忘れてはいけないだろう。

「位置面積幷ニ築造物」をみると、呉造兵廠は呉軍港の南岸の呉造船廠に隣接して建設され、湾内の水深に恵まれ（一〇〇トンクレーン埠頭は、干潮面以下一一メートル）、どのような巨大な軍艦でも繋留が可能であると立地のよさが強調される。また構内の土地面積は周囲の山地をふくむ約一八万坪（事業完成時には、さらに一万坪が加わる予定）、建築物は庁舎、工場、兵器格納庫、材料倉庫など総建坪一万六一〇〇坪余（目下建築中の七工場より一〇工場までの総建坪は六三三二坪、なおこの六三三二坪が一万六一〇〇坪にふくまれているのか否かについては判断できない）に達すると記されている。

また「給水」については、一日約八〇〇〇トン、「石炭使用高」は、一日当たり工業用三六トン、汽罐用五六トン、合計九二トンと報告されている。さらに「運輸」の項では、一〇〇トン水力クレーン一台をはじめ、一五トン汽力クレーン一台、五トン移動クレーン三台および二〇トン汽関車一台、小汽関車二台を備え、一〇〇トンクレーンの下から諸工場、庁舎まで一・五哩（二四一四メートル）に広軌鉄道、各工場間に狭軌鉄道延長五・五哩（八八五一メートル）を敷設しているという（すでに述べた延長より少し長いが、理由は不明）。このほか「原働機」は三六台・三三二四馬力、「諸機械」は一〇二八台（建築中の諸工場が完成すると五〇〇台増加）、「点灯」は二一四〇アンペヤの発電機を備え、諸工場の夜業に備えたと報告されている。

これ以降の「工場」については、本節に関係の深い工場や設備、そしてそれらを使用しての作業について紹介されており、全体を引用する。[90]

工場

一　工場ノ名称ヲ第一、二、三、四、五、六、七、八、九、十、工場トス但シ第七工場以下ハ拡張費支弁ニ関スル者ニシテ目下建築中ニ属ス

第一工場　当工場ノ重モナル製作品ハ八吋《インチ》、十五拇、十二拇、十二斤、速射砲、同砲架、并ニ十二吋、及八吋ノ弾丸ナリ又一千噸《トン》ノ水力鍛錬機ヲ備ヘ砲材其他重要ナル鋼材ヲ鍛錬ス此外大油漕アリ深サ六十　呎《フィート》　径十二呎ニシテ克ク二百七十石ノ水油ヲ容ル但シ専ラ砲材焼入レニ供スル者ナリ

第二工場　各種ノ薬莢信管類、十五拇以下各種弾丸及銅工事業ヲ施行ス

第三工場　製鋼、鋳鉄、各種青銅等ノ鋳造ヲ施行スル所ナリ

製鋼部ニハ十二「トン」及三噸シーメンス式熔鋼炉各壱台及坩堝熔鋼炉ヲ備ヘ(一日ノ熔鋼高約三噸)前者ハ砲材弾材其他万般ノ鋳鋼ニ用ヰ後者ハ特種弾材其他特質鋼ノ製造ニ用ユ

鋳鉄部ニハ熔解炉弐台ヲ備ヘ一時間平均十五噸ヲ熔解ス

青銅部ニハ坩堝熔解炉弐拾個ヲ備ヘ砲熕、水雷属具及信管火管類ノ材料ヲ鋳造ス

第四工場　魚形水雷、発射管、縦舵調整器、其他水雷附属具一式及電気ニ関スル一切ノ器具ヲ製作ス

第五工場　砲材弾材其他凡テノ鍛錬焼入焼鈍及敷設水雷罐等ノ鉄工々事ヲ為ス所ニシテ六噸已下ノ汽鎚大小八台ヲ備フ

第六工場　装薬炸薬、火工品、等ヲ製造ス
第七工場　建築中ナリ落成ノ上ハ大砲照準器信管火管類、魚形水雷内部等凡テ精密品ノ製作ニ充ツル所トス
第八工場　是レ亦建築中ナリ当工場ニ於テハ砲材ノ鍛錬焼鈍及各種弾丸ノ鍛錬圧搾ヲ行フ計画ニシテ内弾丸圧搾用五百噸水圧機二台、同二百五十噸水圧機二台、十二噸蒸汽鎚一台等ハ已ニ据附ヲ結了シ目下使用中ナリ其他四千噸水圧機ハ現ニ据附中ナリ此ノ四千噸水圧機ハ最新ノ「ウキットウオルス」式ニシテ十二吋以下総テ砲材鍛錬ニ使用スルモノニシテ実ニ東洋唯一ノ鍛錬機ナリ
第九工場　目下敷地開鑿中ナレ共来年度ニハ建築等一切落成ノ予定ニシテ落成ノ上ハ十二吋砲以下一切ノ製作ヲ為ス所トス
第十工場　敷地開鑿半成ナリ完成ノ一部ニ於テ已ニ建築ニ着手セリ落成ノ上ハ二十五噸「シーメンス式」熔鋼炉弐台同「十二噸」及三噸熔鋼炉各壱台ヲ据付ケ十二吋砲材以下凡テ造兵用製鋼ヲ行フ計画ナリ

これをみると仮兵器工場として建設された造砲工場が第一工場、薬莢・弾丸工場が第二工場、鋳造工場が第三工場、呉兵器製造所設立計画で建設した水雷機械集成工場が第四工場、鍛工場が第五工場、装薬・炸薬・火工品工場が第六工場となっている。また建設中の第七工場は精密兵器工場、第八・第九・第一〇工場は一二インチ（三〇・五センチメートル）砲以下の砲材鍛錬・砲熕製造・製鋼工場となると述べられている。なおこれらの工場には、一〇〇〇トン水力鍛錬機、一二トンシーメンス式熔鋼炉、四〇〇〇トン水圧機など、一二インチ砲以下の砲熕や製鋼が可能な設備もふくまれている。まさに自ら造修する兵器は、自らの材料で賄うという体制を整えようとしていたことがわかる。なお二年後の明治三六（一九〇三）年当時の各工場の配置は、図六－二のようになっている。呉工廠へ移行する直前の呉

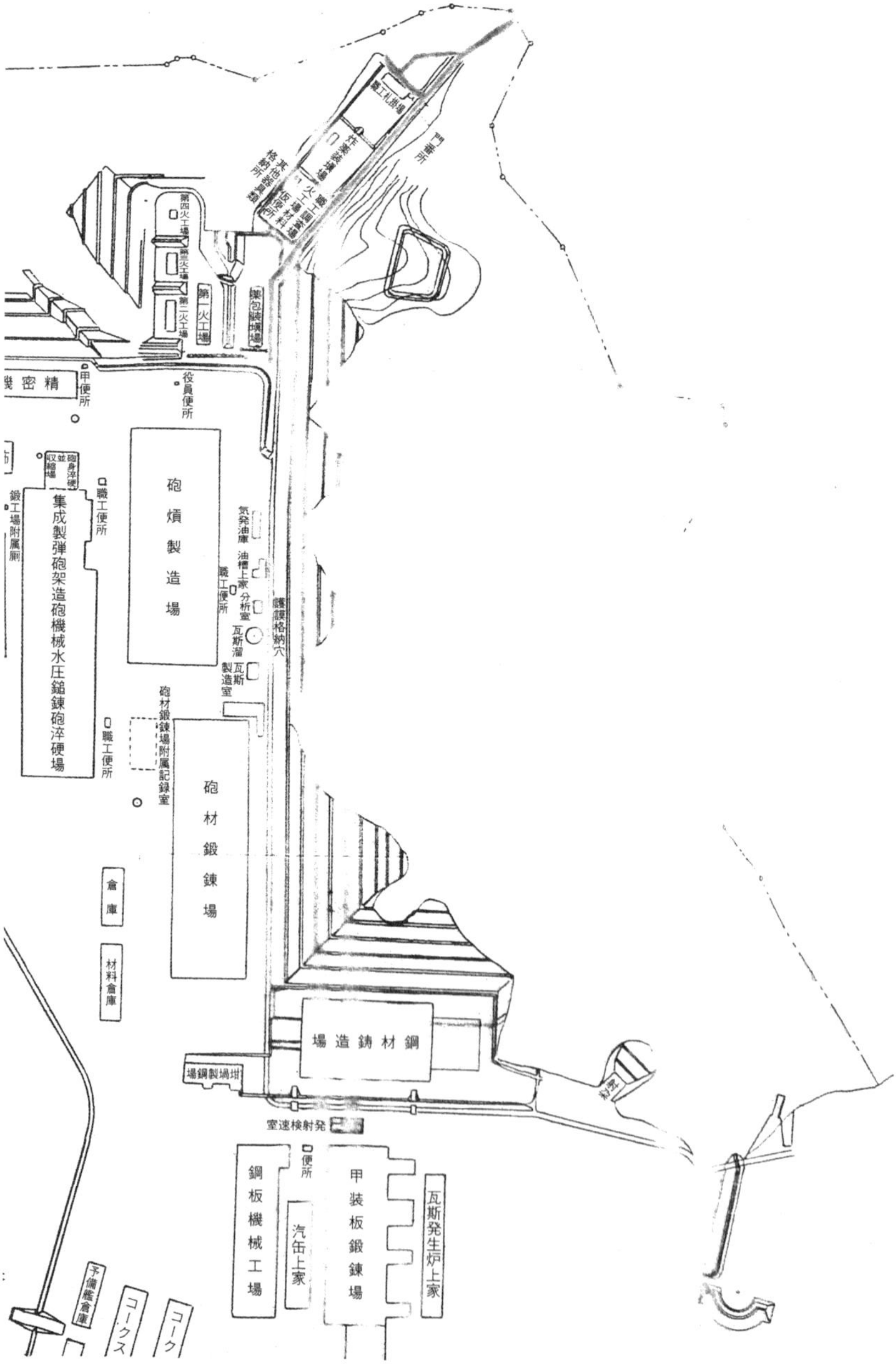
精密機
甲便所
役員便所
砲煩製造場
集成製弾砲架造砲機械水圧鉛錬砲淬硬場
鍛工場附属厠
職工便所
気発油庫
油槽上家
分析室
瓦斯溜
瓦斯製造室
砲材鍛錬場附属記録室
砲材鍛錬場
倉庫
材料倉庫
鋼材鋳造場
坩堝製鋼場
発射検速室
便所
鋼板機械工場
汽缶上家
甲装板鍛錬場
瓦斯発生炉上家
予備艦倉庫
コークス
コーク
第一火工場
第二火工場
第三火工場
第四火工場
薬包装填場
番所
門

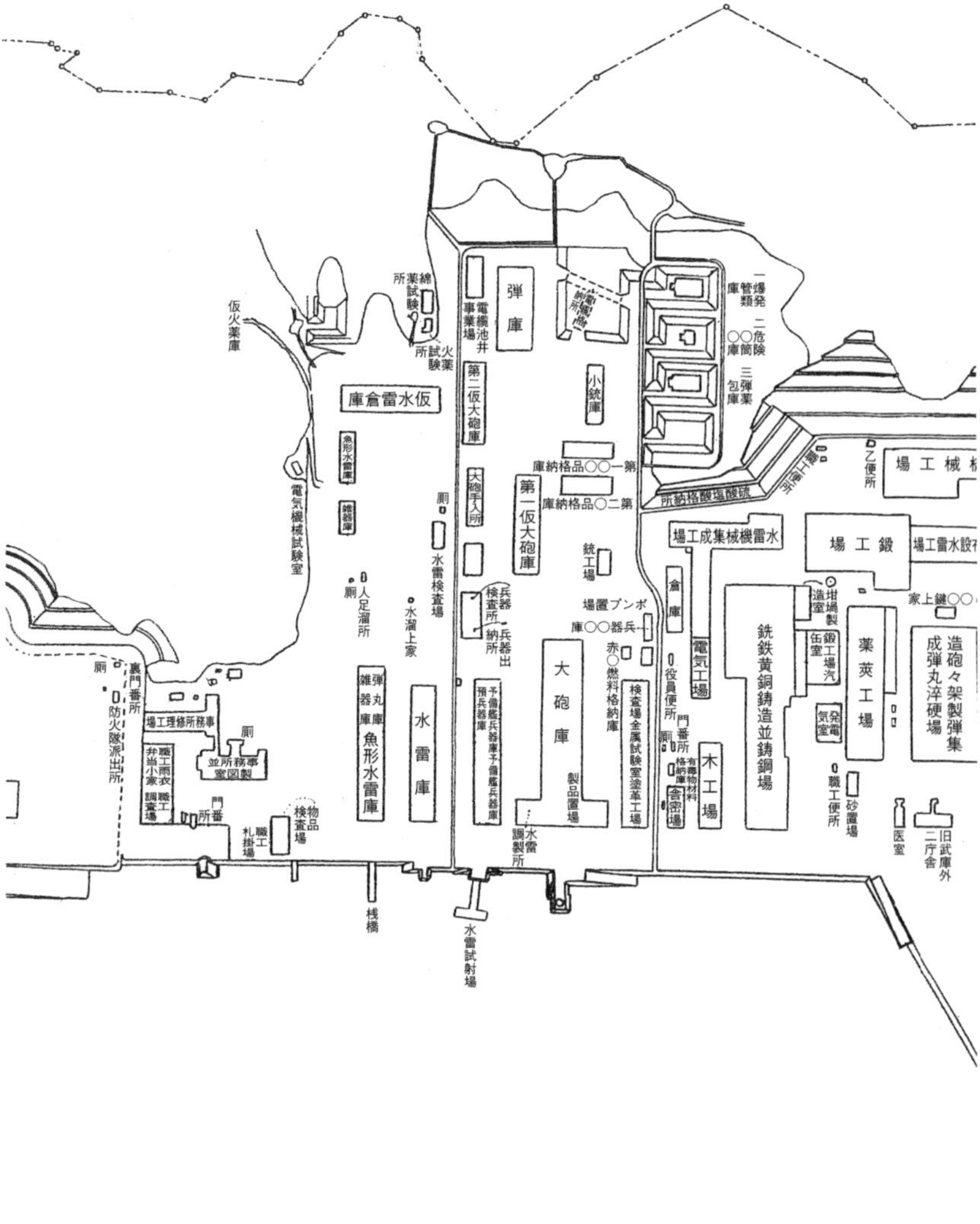

図6－2　呉海軍造兵廠配置図(明治36年11月)

出所：「明治三十六年度軍事費修繕費工事竣功報告」明治36年11月2日(「明治三十六年度呉鎮工事竣工報告　巻二」防衛研究所戦史研究センター所蔵)を基本とし、みえにくい箇所は他の資料で補充した。

予備艦

造兵廠の施設を一覧できる貴重な資料であるが、計画および建設時と名称が異なる施設や不明な文字があるなど、検証するべき点が残されている。

これまで述べてきたように、明治三〇（一八九七）年から三六年に至る間に呉造兵廠は、一二インチ砲以下の砲熕兵器とその素材の製造を可能とする施設・設備の整備を終え、甲鉄板用の施設・設備の建設を開始した。こうした大事業は二度にわたる呉造兵廠拡張費に加え、呉兵器製造所建築費、臨時軍事費、海軍拡張費による潤沢な資金が投入されて可能になったのであった。ここで注意すべき点は、ほとんどの事業が日清戦争後に実施されたことによって日清戦争後の軍備拡張のみが強調されがちであるが、予算や施設・設備の拡大は戦艦搭載用の兵器の製造によってもたらされたこと、そしてそれは呉鎮守府設立計画時からの長期的展望のもとで漸進的に実施されたものであることを忘れてはならない。なおこの時期に建設されたほとんどの工場は鉄骨レンガ構造で、丈夫で耐火性だけでなく美的にも優れている。

第四節　兵器の生産と製鋼の状況

すでに述べたように海軍は、一等巡洋艦用の兵器と小規模製鋼の生産を目指した呉兵器製造所設立計画を戦艦用の兵器生産に変更し、施設・設備の整備に邁進した。本節の目的は、そうした状況下の呉造兵廠においてどのような兵器が生産されたのかという点を解明することである。記述に際しては、主に『海軍省年報』を使用するが、そこには明治三一年度までは筆写のものしか見当たらないこと、それ以降は具体的な記述がみられなくなるなどの限界がある。

まず兵器の生産額を示すと、表八－六（第八章第五節に掲載）のように推移している（表中の組織の名称は、初出時のものを使用しているので本文と異なる）。なお明治三一年度の数値は、筆写の際に省略されたため掲載できなかったが、総費額については、「前年度ニ比シ実ニ五拾二万二千余円ノ増加」と述べられており、約一二六万五〇〇〇円であることがわかる(91)。

表八－六によると、明治二九年度は東京の海軍造兵廠が首位であるが、三〇年度には呉造兵廠の兵器生産額は二九万三六二二円で、すでに二四万五四九四円の東京の造兵廠を上回っている。その後は差が開き、三六年度になると三二二万五六七三円対一〇三万九四五一円と三・一倍の較差が生じている。この間、三〇年度には全体の約四〇パーセントであった呉造兵廠の割合は、三二年度に五三パーセントと半分を超え、以後、三三年度に六二パーセント、三四年度に六一パーセント、三五年度には六五パーセント、三六年度は五八パーセントと六〇パーセント前後を占めるようになる。また砲熕と水雷を比較すると、呉造兵廠は前者の比率が高い。

このようにこの間の生産額が拡大し、本節の対象とする明治三〇年度以降、呉造兵廠はその中枢を担ったことが確認できる。なおその理由について、三四年度の『海軍省年報』は、「就中呉造兵廠ニ於テ最モ多額ノ増加ヲ見ルハ同廠既定計画ノ諸機械等ノ設備完結ノ期ニ近ツキ各工場略整頓ノ域ニ達シタルヲ以テ工業力ノ程度逐日増進シタルニ外ナラサルナリ」と述べている(92)。

兵器の主要材料を形成する製鋼については、明治二九年度から三一年度と三六年度の『海軍省年報』に記録が残されている。このうち二九年度の製鋼高は、表八－七（第八章第五節に掲載）のように圧倒的に東京の海軍造兵廠が多い。ところが三〇年度になると表八－八（第八章第五節に掲載）のように鋳鋼高は、東京造兵廠の一四万五五四四キログラムに対し呉造兵廠は一四万二五四七キログラムとほとんど同じになり、三一年度になると、二八万三五四九キログラム対九〇万九〇〇五キログラムと呉造兵廠の鋳鋼生産量は全体の約九一パーセントとなる。ここで注目すべきは、東京造兵廠の方が呉造兵廠より圧倒的に職工使用人数が多く、生産費が高く、またコークスと坩堝（以下、ルツボと表記）が多いのに対し、呉造兵廠は石灰の使用が多く、コークスとルツボへの依存が少ないことである。新式のシーメンス鎔鉱炉（実際には平炉）を導入した呉造兵廠は、生産量だけでなく生産性においても優れていたことを示しているといえよう。

明治三六（一九〇三）年になると製鋼事業はいちじるしい発展を示すが、表八-九（第八章第五節に掲載）によると、そのほとんどは呉海軍工廠において生産されている。それについては、「製鋼事業ノ近年著シキ進歩ヲ来シタル一ハ呉工廠ノ拡張ニ因リ据付ケラレタル諸機械ノ一部能ク之カ事業ニ応スルヲ得ルニ至リタルト兵器ノ造修ニ伴ヒ益々其需要多キヲ加フルニ職由スル」と述べられていることからも明らかである。[93]

ここまで主に統計的にみてきたのに続き、これ以降、具体的に分析する。その際、明治三〇・三一年度に関しては、『海軍省年報』の「第八兵器」が、概要（タイトルなし）、「東京海軍造兵廠」「呉海軍造兵廠」にわけられて詳細に記されており、同資料を使用する。ただし三二年度以降に関しては、『海軍省年報』の記述は抽象的であり、他の資料により補うことにする。

「明治三十年度海軍省報告」の概要から呉造兵廠に該当する部分を引用すると、「呉海軍造兵廠ハ前年報ニ述フルカ如ク其規模極メテ大ナリト雖モ各工場ノ工事諸機械ノ据付諸般ノ準備等頗ル進歩シ随テ製造力モ亦前年度ニ倍蓰シ左ニ掲記スルカ如キ成績ヲ顕ハスニ至レリ」と総記されている。[94]そして、「加フルニ過般帰朝シタル外国派遣ノ職工ハ皆能ク其業ニ習熟シテ斯道ニ利スル所尠カラス是ニ於テ乎或ル特種ノモノヲ除クノ外概ネ製出シ得ルニ至レリ」と大口径の大砲や甲鉄板のような特種な兵器を除き、生産が可能になったと記されている。[95]これ以降、「呉海軍造兵廠」の記述により呉造兵廠の兵器の生産についての状況を要約する。[96]

一　安式(アームストロング式)一五センチ、一二センチ速射砲砲身・砲架　これらは前年度に製造したものであるが、領収検査、試験発射の成績はすべて良好で、イギリス製と比較しても遜色がない。
一　軽重四七ミリ速射砲　この砲も、すべて好成績を示した。砲身には国産の鉄材を使用したが、輸入鉄材と同一の成績を示したので、今後は国産鉄材によって重大な砲熕も製造することを試みる。
一　新式四七ミリ速射砲　この砲は有坂造兵大技士の意匠によるもので、試製し技術会議の実験を受け良好な成績を示した。
一　軽四七ミリ速射砲々架　この砲架は重量が少し重く小型の水雷艇には適当ではないため、新たに軽い砲架を製造し実験した結果、好成績を記録した。
一　保式(ホワイトヘッド式)魚形水雷　ますます精巧となり、領収検査および発射成績はほとんどイギリスやオーストリア製と変わらないものになった。
一　一五センチ速射砲用「クローム」鋼製徹甲弾　製造品をイギリスの同種弾丸領収試験法の例にならいイギリス製の八・五インチ(二一・六センチメートル)半鋼板に対し透射試験を行った結果、実用にたえ得ることが判明した。なおこの徹甲弾については、筆写資料が消えかかっていることもあり、正確とはいえない面がある。
一　一五センチ速射砲用鋳鋼榴弾　国産の鉄材のみを使用して製造し、厚さ一三〇ミリの鍛鉄板に対し透射試験を実施し好成績を記録したので実用に決定する。
一　弾丸導心帯　本年度は民間の銅業者を奨励し、四七ミリないし一五センチ銅環を製造させこれを使用した。
一　一五センチ、一二センチ以下薬莢　ますます熟練し、原材料の品質さえ良ければ製造中の破損を生ずることはなくなった。

一　新式シーメンス鎔鋼炉　前年度に設置したこの炉によって砲材用の鋼塊製造が発展した。前述のように国産の鉄材を精製し四七ないし七五ミリ砲身を製造、また鋳鋼術もしだいに発達し鋳鋼品はほとんど内部に鎼空を生ずることがなくなったと記されている。ただし七五ミリ砲身の製造については、この資料では確認できない。

一　製鋼用ルツボ　これまで日本における製鋼用のルツボはすべて黒鉛を使用してきたが、硅質ルツボを製造し使用し好成績をあげた。

一　火工　火工は創立時に十分な装備を欠いていたが、本年度に工場、器械類をほぼ整備した。

このように一部に不明な点はあるものの、詳細にわたる記述がなされており、明治三〇年度の呉造兵廠の兵器生産における発展の様子を伝えている。

これ以降、「明治三十一年度海軍省報告」により呉造兵廠兵器生産の状況を分析する。まず概観をみると、「工事ハ予期ノ如ク着々歩ヲ進メ各工場ノ工事諸機械ノ据付百般ノ設備等略々竣工ヲ告ントス而シテ其製造修理ノ事業ハ目下ノ需要ニ応スルコトヲ得ヘシ」と、順調に工場の建設、設備・機械の整備がすすみ、兵器製造・修理の需要を満たすことができるようになったと述べられている。(97) 次に「呉海軍造兵廠」の記述に移ると、冒頭において、明治三一年度に八〇年式三五口径一五センチ克砲(クルップ砲)、一インチ(二・五四センチメートル)内筒砲、アームストロング式一五センチ速射砲および砲架付属品、アームストロング式一二センチ速射砲および砲架付属品、四七ミリ山内重速射砲および砲架付属品、四七ミリ山内軽速射砲および砲架付属品、魚形水雷爆発信管、ホワイトヘッド式魚形水雷の新製、匙形発射管の改造がなされたと報告されている。(98) つづいて兵器ごとの詳細な記述が行われているが、前年度と重複する部分については要約にとどめる。[99]

一　各鋳造

シーメンス鎔鋼炉は、前年度に比較して製造力が数倍になり、鋼塊も大小思うように製造が可能になるとともに、燃料の消費が前年度に比較して半減した。また本年度より鋼鉄通常榴弾の鋳造方法の改正を試み、工費と労力の削減を実現するとともに、一五センチ弾丸の製法および「マンガニース、ブロンズノ鋳造」を開始した。

一　各種砲材の鍛錬および焼入

各種砲材の鍛錬法および熌焠焼鈍法を改良し、本年度に製出した軽四七ミリ砲の全部および重四七ミリ砲の大半は、呉造兵廠廠内で製造した鋼材を用い年度の後半に至るとすべてこの砲に輸入地金を使用しなくてもすむようになった。また一二斤速射砲の製造に着手したが、その材料もことごとく呉造兵廠内製造鋼材を使用した。

一二インチ・八インチ・一五センチ徹甲弾および鋼鉄榴弾の熌焠装置を整備しすでに各数個の焼入を完了したので、一五センチ徹甲弾をイギリスのブラウン社製の八・五インチの熌焠した鋼板に向けて透射試験を実施し、良好な結果を得た。また重軽四七ミリ鋼鉄榴弾および鋼鉄通常榴弾は、水圧機を使用して製造し、多数の弾を鍛錬製出し得るようになった。なお徹甲弾について、焼入をしたことに関しては確認できたが、呉造兵廠製かイギリス製かについては確認し得なかった。

一　砲熕砲架

アームストロング式一五センチ・一二センチ速射砲砲身、砲架製造用の器具および模範類は、前年度に比較して整頓し、職工も熟練し、ほとんど同数の機械を使用して非常に多くの製品を完成した。また精密さも加わり、各砲の一部の置換が可能になった。

一　薬莢及弾丸

本年度は、弾丸製造機械を増加し、製造力はこれまでの二倍以上となり、職工の熟練度も向上した。また銅工場を創設し、施設、機械・器具がほぼ完備したことにより、製造力が向上し、需用に応ずることが可能になった。

一　火工

火工場は、本年度に工場の増設とともに、錫箔嵌入機械、ワニス塗機械、時限信管製造機械、雷管装塡機械、雷粉圧搾機械、爆発薬混合安全装置、その他にハンドプレスを増置し製造力はいちじるしく高まった。

一　水雷等は、すべて良好に推移し、ホワイトヘッド式水雷の製造は数倍に達し、発射試験の成績も良好であった。

このように明治三〇年度に続き、三一年度の兵器の生産状況が詳細に報告され、発展の様子を知ることができる。ところが三二年度の『明治三十二年度海軍省年報』の「呉造兵廠」では、冒頭でアームストロング式各速射砲、重軽速射砲および砲架、速射砲用内筒砲、各種通常榴弾、各種徹甲実弾、アームストロング式速射砲下瀬弾、鋳鋼榴弾、各種鋼鉄榴弾、砲架、薬莢、各種魚形水雷、同演習用頭部、海底水雷罐、水雷発射管、火工品、錘量等の数十種が製造されたと述べられているだけで、「以上叙述シタル外本年度間造修シタルモノ数多アリト雖モ枚挙ニ遑アラサルヲ以テ茲ニ省略ス」と、具体的な実態は報告されないようになる。[100]そして三三年度以降の『海軍省年報』には、兵器や製鋼の製造所別生産状況のまとまった記述は見当たらなくなる。

これまでの記述を補うため、『海軍省年報』とは異なる点などに限定して、『明治工業史』をみることにする。まず明治三〇（一八九七）年には、前者では四七ミリだけであった砲身が、「四十七粍乃至七十五粍砲身を製造」、あいまいであった徹甲弾については、「創製」と述べられている。[101] また三一年には、「新に安式八吋速射砲を起工し」、一八インチ（四五・七センチメートル）魚形水雷を創製し、そして三五年には、「八吋速射砲及び砲架を完成し、三十六年には八吋連装砲架を落成す」と記述されている。[102] その結果、一二センチ・一五センチ・八インチ（二〇センチ）速射砲をはじめ、軽・重四七ミリ速射砲、魚形水雷、徹甲弾など砲弾・薬莢、そしてルツボの他にシーメンス炉を使用し兵器用特殊鋼の生産が行われたことが判明した。これをみると疑問の残る徹甲弾を除いて、ほとんど明治二九・三〇年度に製造が開始されたものであり、この間は大型砲などの製造は行わず、量産化と品質の向上に力点がおかれたものと考えられる。

次に製鋼関係について、「呉海軍工廠製鋼部沿革誌」から呉に関する部分を引用する。[103]

○　呉ニ於ケル最初ノ製鋼作業ハ明治25年5月当時ノ呉海軍造船部鋳造工場ニ於テ仏式重油燃焼「シーメンス」「マルチン」式酸性3屯炉ヲ以テ行ハレ専ラ艦艇用ノ鋼鋳物ヲ造リタリキ

○　次デ仮呉兵器製造所（後呉造兵廠ト改称）設立セラレ明治28年7月同所第三工場ニ「コークス」使用ノ白坩堝炉及瓦斯発生装置附「シーメンス」式酸性3屯炉ノ操業ヲ開始サル之実ニ今日ノ呉海軍工廠製鋼部ノ揺籃ナリトス

○　明治30年中造船廠ニ更ニ仏式酸性6屯炉ヲ増設シ又造兵廠第三工場ニハ瓦斯発生装置附酸性12屯炉ト第一工場ノ一端ニ千屯水圧鍛錬機及砲材焼入装置トヲ増設シテ何レモ此ノ年ニ操業ヲ開始シ進ンデ明治35年度ニ造兵廠第八工場ニ4千屯水圧機及12屯汽鎚作業ヲ開始シ第十工場ニハ25屯酸性「シーメンス」炉2基ノ作業ヲ始ム

○　之ヲ要スルニ造船廠ノモノハ明治23年仏国ヨリ製鋼方法ヲ修得シテ帰朝シタル海軍技師松村六郎ガ横須賀造船部ニテ開始シタル仏式製鋼炉ニ習ヒテ海軍技手豊田鋹《ママ》次郎ニヨリ仏式ニテ行ハル

造兵廠ノ方ハ廠長山内満寿治《〔ママ〕》ト其助手タリシ海軍技師坂東喜八及海軍技手長谷部小三郎ニヨリ純英国式製鋼法ヲ開始シタルナリキ

○徹甲弾丸ハ明治30年ヨリ英国「ファース」式ニヨリ焼入作業ノミヲ施行ス　但弾丸其ノモノハ「ファース」社ヨリ購入シタルモノナリキ　明治31年鵠沼ニ於テ6吋弾ノ発射試験ヲ行フ

○明治35年1月造兵廠第八工場ニ於テ試験的ニ水圧機ヲ以テ鍛造セル6吋炭和鈑ヲ作リ此月発射試験ヲ行ヒタリ

〔中略〕

明治36年度

作業開始事項

○10吋砲内筒（炭素鋼）ノ焼入ヲ行フ　鍛錬ハ昨年度中ニ施行シタルモノナリ

熔鋼高（坩堝鋼ヲ含ム）（塩基性鋼ハ製品ノモノノミヲ含ム）　8、261屯

鍛錬高　6、671屯

〔以下省略〕

これをみると造兵部門だけでなく、造船部門における製鋼事業の発展の概要を知ることができる。ただし明治二五（一八九二）年当時の造船部門の正式名称は、呉海軍造船部ではなく呉鎮守府造船部である。また二八年七月に仮呉兵器製造所（当時の正式名称は、仮設呉兵器製造所）においてルツボと新式シーメンス炉で製鋼事業を開始したということについては、仮呉兵器製造所の設立が二九年四月一日であること、「明治三十年度海軍省報告」において、「新式シーメンス鎔鉱炉　該炉ハ前年度設置シタ」と述べられていることから考えて[104]二九年度が妥当といえよう。

徹甲弾製造については、『海軍省年報』はあいまいで『明治工業史』は創製したと断定しているが、「呉海軍工廠製鋼部沿革誌」は明治三〇（一八九七）年に弾丸をイギリスのファース社より購入し焼入作業のみを実施し、翌三一年に鵠沼において発射試験を実施したと述べている。また野田鶴雄氏は、「明治廿九年ノ頃呉海軍造兵廠創立準備ノ一作業トシテ英国ニ派遣中ノ技師及職工（技手中島正賢及職工一名）ヲ『シェフィールド』市『ファース』社ニ相当ノ伝授料ヲ払ヒテ入業セシメ当時英国ニ於テ第一位ノ称アリシ徹甲弾ノ製造法中最重要作業タル最後ノ焼入法ヲ習得セシメタリ」と説明している。(105)なお鉄甲弾の技術の習得に関しては、ファース社に相当の伝授料を支払ったことがわかる。

これ以降の徹甲弾の生産について「海軍ニ於ケル徹甲弾製造発達史」は、「明治三十年呉海軍造兵廠ニ於テ『ファース』社ヨリ購入ノ鍛錬焼鈍済ノ六吋弾及十二吋弾素材ヲ以テ習得シ来リタル焼入作業を開始ス……此焼入作業ノ開始ト共ニ坩堝ニヨリテ弾丸地金ノ製鋼ニモ着手シタレ共鍛錬中『クラック』ヲ生ズルモノ不少…… 一発モ自製ノ地金ニテ焼入ヲ了シタル完全弾ヲ得ルニ至ラザリキ」と記している。(106)海軍は外国製の弾丸を使用し、最重要の焼入作業に成功したが、地金から焼入まで完全に呉造兵廠で成功裏に実施することはできなかったというのが実態といえよう。なお失敗の原因は、ルツボ鋼塊製造の不熟練、製鋼鋳造と鍛錬焼入技術者の共同作業を指揮する技術者の不在にあった。再度、「呉海軍工廠製鋼部沿革誌」にもどると、明治三五（一九〇二）年一月には、第八工場において試験的に水圧機を使用して鍛造した六インチ（一五・二センチメートル）炭和鈑を製造して発射試験を実施したと述べられているが、ここに至る経緯について、「海軍ニ於ケル甲鈑製造発達史」は次のように述べている。(107)

明治三十三年度議会ニ於テ甲鈑製造設備ヲ行フベク呉海軍製鋼所ノ予算提出セラレ山内造兵廠長ハ之ガ為メ特ニ政府委員トナリシモ不幸遂ニ否決セラレタリ。

> 明治三十四年（一九〇一）製鋼技術ニ関シ相当ノ自信ヲ得タルト一方ニハ議会ニ対シ本邦ニ於テモ甲鈑製造ノ可能ナルヲ示スノ必要ニ迫ラレタルヲ以テ呉造兵廠ニ於テ既成設備ノ範囲ニテ六吋甲鈑ノ試製ニ着手ス当時未ダ「ローリングミル」ノ設備ナキヲ以テ一千噸水圧機ニヨリ試験的ニ鍛錬作業ヲ行ヒ炭和油焼等ノ加熱作業ハ恰モ其際英国毘《ヴィッカーズ》社ニ於テ建造中ナリシ軍艦三笠ノ工事監督中ノ窺見ヨリ得タル推定ニ依リ施行スルノ外ナク曽テ経験ナキ特種作業トシテ尠カラス困難ヲ感シタルモノトス（技師長谷部小三郎担当）

甲鉄板開発の中心となった長谷部技手は、すでに述べたように製鋼技術を習得するため明治二七（一八九四）年一一月から二年間の予定でアームストロング社に留学（第五章第五節を参照）、二九年一〇月には、造兵監督助手（留学は免除）としてイギリス出張を命じられている。この時期は、海軍が最初に導入した戦艦の「富士」（一万二五三三トン、テムズ造船鉄工所で建造）と「八島」（一万二三二〇トン、アームストロング社エルジック工場で建造）の建造がかさなっており、基本的な製鋼技術とともに戦艦に搭載する兵器用特殊鋼の製造技術の習得に励んだものと思われる。そして三一年九月二日に技師となり製造科主幹に昇進した長谷部は、三三年二月に戦艦「三笠」（一万五一四〇トン）を建造中（明治三二年一月二四日起工、同年一一月八日進水、三五年三月一日竣工）のヴィッカーズ社に造兵監督官として派遣され、一二月まで滞在して甲鉄板の製造を窺見し技術を習得したのであった。[108]

帰国した長谷部主幹は、明治三〇（一八九七）年に導入した一〇〇〇トン水圧鍛錬機を使用し、苦難の末、「明治三十五年一月前記第一回試製六吋鈑二枚漸ク成リ其ノ二十一日ヲ以テ始メテ本邦製甲鈑ニ対スル射撃試験ヲ行ヒシニ、其ノ中一枚ハ全ク亀裂破砕シ失敗セルモ、他ノ一枚ハ十五糎徹甲弾撃速四五六乃至五四六米秒（F・M・一・〇九―一・三〇）ノ三弾発射ニ於テ何レモ無亀裂不貫ノ好成績ヲ挙ケ、之ヲ衆議院議長以下議員に観覧セシメタ[109]」。この六インチ甲鉄板の試製と発射試験などについては、呉造兵廠の偉業として伝えられてきた。しかしながら第六回帝国議会対策についての資料調査のなかで、最初の六インチ甲鉄板の発射試験は、三四年一一月九日に実施されたこと、三五年一月二一日は、第三回の発射試験であることが判明した（第一一章第五節を参照）。恐らく要人の観覧に供したということで大正一四（一九二五）年に執筆された「海軍ニ於ケル甲鈑製造発達史」に一月二一日を第一回と誤解した記述がなされ、昭和一〇（一九三五）年の『海軍造兵史資料　製鋼事業の沿革』でもそれが踏襲されたものと考えられる。なおこうした誤りはあるものの、紹介した資料の記述が、甲鉄板開発史にとって重要な意義を有していることは、紛れもない事実である。

これまで充分とはいえないが、呉造兵廠における兵器生産について述べてきた。その結果、この時期、一五センチや八インチという速射砲の砲身、砲塔や付属品、一八インチ魚雷、それに使用する弾丸などを製造、またその素材である特殊鋼もほとんど国内で供給できるようになったことが明らかになった。さらに製造には至らなかったが、高度な技術を要する徹甲弾の焼入、六インチ甲鉄板の試製をしている。一方、普通砲の製造については成果はみられない。海軍は呉兵器製造所設立計画の変更に際し、普通砲の製造を延期し、速射砲、魚形水雷、砲弾、薬莢、兵器用特殊鋼の製造技術を高度化し、大口径砲や甲鉄板用の施設・設備の完成をまって、戦艦搭載用の兵器の生産を目指したのであった。

おわりに

これまで造兵部門の三計画、組織と労働環境、施設・設備の整備、生産活動について記述してきた。以下、これらの分析結果にもとづいて呉造兵廠の全体像を解明し、今後の展望に言及する。その際、呉造兵廠の発展をもたらした方策と問題点、造船部門との相違を示す。

明治三一（一八九八）年、海軍は日清戦争後の兵器の変化・発展を理由として、一等巡洋艦用の兵器の造修を目的とする呉兵器製造所設立計画を変更し、戦艦搭載用の一二インチ砲以下の大口径砲とその素材である特殊鋼などの生産を目指す計画（四カ年、三〇八万円）を樹立したが、大蔵省の許可を得ることができなかった。このため改めて三二年に海軍拡張費の流用などの方策によって同額の資金を確保し、そのうちの一一一万円のみを予算要求するという三三年度から三六年度にわたる第一期呉造兵廠拡張費計画を樹立し、政府・議会の協賛を得ることに成功した。そして三三年に、三四年度から五カ年で六二九万円の予算によって軍艦用の甲鉄板などの造修を目的とする第二期呉造兵廠拡張計画を作成、帝国議会の反対のため一年の遅延と一年の工期短縮を余儀なくされたものの、決定へとこぎつけた。

こうした計画に対応して、呉造兵廠には東京造兵廠から留学経験者をふくむ優秀な技術者や職工が集められた。そして呉造兵廠からも新兵器を開発する技師や技手はもとより実際に機械を操作し工場のリーダーとなる職工に至るまで、留学生や造兵監督等として戦艦を発注した兵器製造所などに派遣された。そのなかには、戦艦建造中に造兵監督官として派遣された有坂海軍造兵廠製造科主幹と長谷部海軍造兵廠製造科主幹のような中心人物もふくまれており、将来の戦艦搭載用の兵器の開発のための技術の習得がなされたのであった。

一方、呉兵器製造所費、日清戦争にともなう臨時軍事費、海軍拡張費、第一期・第二期呉造兵廠拡張費によって呉造兵廠は、戦艦用をふくむ基本的な兵器の造修施設・設備を手にすることができるようになった。そしてこの時期、一二インチ砲以下の砲熕兵器と素材を造修できる施設・設備をほぼ整備し、甲鉄板などに用いる工場などの建設を開始した。

こうしたなかで呉造兵廠は、これまでの一二センチ速射砲や付属品と小規模な特殊鋼から、一五センチや八インチ速射砲の砲身・砲塔や付属品、一八インチ魚雷、弾丸などを製造、また素材となる特殊鋼もほぼ国産化できるようになった。さらに製造には至らなかったが、高度な技術を要する鉄甲弾の焼入や六インチ甲鉄板の試製に成功したが、一方で普通砲の製造がみられない。こうした点を総合すると、一等巡洋艦用の兵器の造修と小規模の製鋼を目的とした呉兵器製造所設立計画を変更した海軍は、普通砲の製造を延期し、速射砲、魚形水雷、弾丸、薬莢、特殊鋼の量的、質的高度化を実現し、その間に戦艦に欠かすことのできない一二インチ砲と素材、甲鉄板の開発技術を修得し、施設・設備の完成をまって戦艦搭載用もふくむ基本的な兵器の国産化を実現しようとしたといえよう。

造船部門、造兵部門とも長期的展望のもと、段階的にそれを実現するため一等巡洋艦とその兵器等の造修を目指す造船部八カ年計画と呉兵器製造所設立計画を決定した。しかしながら明治二六（一八九三）年に戦艦の導入が決定されたことにともない、その目的は将来において戦艦の建造とそれに必要な兵器の造修に変更されたが、その間に造船部門が小型軍艦の造修を行ったのに対し、造兵部門は普通砲以外の兵器製造技術の高度化に邁進するという、やや異なった道をたどる。また前者は、当初の呉鎮守府設立計画にふくまれていた第四船台を手掛かりとして、戦艦建造に必要な船台を確保したのに対し、戦艦用の兵器の造修計画のなかった後者の場合は、新たに二計画を提示して軍器の独立の必要性を訴えた。そこには戦艦の建造に際し、歴史は浅くとも造船部門に後塵を拝したくないという造兵部門を牽引する呉造兵廠の気概と気負いが感じられる。

これまで述べてきたように、戦艦の建造と搭載兵器の製造は、多年にわたり計画されてきた。そして明治三一（一八九八）年から三二年頃には、三七年に生産を開始することを目指して具体的な準備に入ったのであり、そのことは二戦艦を失ったことを知った山内呉造兵廠長が斎藤海軍次官に書簡を認め、「二大艦亡失之補充ハ目下ノ最大急務ナリト思惟ス故ニ兼テ御計画ノ一等巡洋（マヽ）一万三千五百噸之者ヲ此際直チニ着手」することを提案したことからも[110]決して日露戦争にともなう戦艦の沈没によって浮上したものではなかったことがわかる。ただしそこには、八インチ砲以上の大口径砲を製造した経験がないこと、甲鉄板については、六インチのものを試製したものの施設・設備のほとんどが未整備であるなど、少なからぬ不安が残されていた（第四章「おわりに」を参照）。

註

（1）「自明治廿三年至同三十年兵器製造所設立書類　一二」（防衛研究所戦史研究センター所蔵）（以下、「兵器製造所設立書類」と省略）。

（2）有馬成甫編『海軍造兵史資料　仮呉兵器製造所設立経過』（防衛研究所戦史研究センター保管、昭和一〇年）一四五ページ。本稿は、ほとんど「兵器製造所設立書類」など各海軍工作庁から提出された文書によって構成されており、原資料と同一の場合はこれから使用する。ただし稀にではあるが、ここにおけるように提出された文書と同じ文体で編者が記述し、またそこには誤解と思われる部分もあり、注意が必要とされる。

（3）「明治三十二年度歳出追加概算書」JACAR（アジア歴史資料センター）Ref. C06091192900, 明治三一年公文備考　巻二六　会計一（防衛研究所）。

（4）山本権兵衛海軍大臣より松方正義大蔵大臣あて「呉海軍造兵廠拡張予算ノ件（仮題）」明治三一年一二月二日（「明治卅一年公文備考　巻二十六　会計一」防衛研究所戦史研究センター所蔵）。

（5）同前。

（6）松方大蔵大臣より山本海軍大臣あて「呉海軍造兵廠拡張予算ノ件ニ付回答（仮題）」明治三一年一二月七日（同前）。

（7）「仰裁」明治三一年一二月一〇日　JACAR: Ref. C06091192900, 明治三一年公文備考　巻二六　会計一（防衛研究所）。

（8）山本海軍大臣より松方大蔵大臣あて「造兵費流用シ造兵機械購入ノ件（仮題）」明治三二年三月二〇日（「明治卅二年公文備考　巻三十三　会計一」防衛研究所戦史研究センター所蔵）。

（9）山本海軍大臣より松方大蔵大臣あて「明治三十三年度歳出追加概算」明治三二年六月六日（同前）。

（10）同前。

（11）「第十四回帝国議会衆議院予算委員会速記録」（第三科第四号）、明治三二年一二月一日（『帝国議会衆議院委員会会議録　明

治篇一四』東京大学出版会、昭和六二年）二七九ページ。他の資料から考えて、「三」は「二二」の誤りであることは確実である。

（12）山本海軍大臣より山県有朋内閣総理大臣あて「甲鉄板製造所設立ノ件」明治三三年八月二九日（「自明治三十二年至同三十九年公文別録　海軍省二」国立公文書館所蔵）。

（13）「明治三十五年度海軍省所管予定経費要求書」明治三四年一〇月二四日（「明治三十四年公文備考　巻三十八　会計一」防衛研究所戦史研究センター所蔵）。

（14）堤恭二『帝国議会に於ける我海軍』（東京水交社、昭和七年）一四七ページ〈原書房により昭和五九年に復刻〉。

（15）「呉海軍造兵廠条例」明治三〇年五月二一日（海軍大臣官房『海軍制度沿革』巻三、昭和一四年）二七三ページ〈原書房により昭和四六年に復刻〉。

（16）海軍歴史保存会編『日本海軍史』第九巻（第一法規出版、平成七年）四四四ページ。

（17）呉海軍造兵廠より海軍省人事課あて「当廠職員録原稿送付ノ件（仮題）」明治三〇年一一月二日 JACAR: Ref. C10126201400, 明治三〇年公文雑輯　巻一三　図書　医事（防衛研究所）。

（18）呉鎮守府副官部『呉鎮守府沿革誌』（昭和一一年、海上自衛隊呉総監部提供）五五ページ。

（19）前掲『海軍造兵史資料　仮呉兵器製造所設立経過』一三六～一三七ページ。

（20）同前、一三八～一三九ページ。

（21）山内万寿治『回顧録』（大正三年）九六～九七ページ。

（22）呉鎮守府副官部『呉鎮守府沿革誌』（大正一一年）三二一～三二三ページ〈あき書房により平成二四年に復刻〉。

（23）山口一海軍主計少佐「海軍職工規則ノ沿革（承前）」（『水交社記事』第二八巻第三号、東京水交社、昭和五年九月）C一三六～一三七ページ。

（24）海軍大臣官房『海軍省明治三十五年度年報』（明治三七年）八〇～八一ページ。

（25）農商務省商工局『職工事情』第二巻（明治三六年）二四～二八ページ〈新紀元社により昭和五一年に復刻〉。

（26）山内万寿治『回顧録』一〇九～一一〇ページ。

（27）西山保吉呉造兵廠長代理より柴山矢八呉鎮守府司令長官あて「吉浦火薬庫内炸薬装塡所ニ於テ火薬爆発ノ件ニ付報告」明治三三年一一月二一日および「呉憲兵分隊長報告」明治三三年一一月一七日 JACAR: Ref. C10127217200, 明治三三年公文雑輯　巻二四　変災　雑件一（防衛研究所）。両資料には若干の相違がみられるが、総合的に判断した。なお一一月二八日に柴山呉鎮守府長官より山本海軍大臣に「火薬爆発之義ニ付報告」が提出されているが、そこには「呉海軍造兵廠所属吉浦火薬庫内炸薬装塡所」と所属が明記されている。

(28) 同前。

(29) 柴山呉鎮守府長官より山本海軍大臣あて「吉浦火薬庫爆発原因調査届」明治三四年二月二一日 JACAR: Ref. C10127531200, 明治三四年公文雑輯　巻二七　徴発三止　変災　雑件一（同前）。

(30) 池田憲隆「近代日本の重工業における福利政策の展開――海軍事業所を中心にして――」（『立教経済学研究』第五四巻第二号、平成一二年）四九ページ。

(31) 若林幸男「日清戦後呉市の発展と呉造兵廠の設立　1896～1903――呉海軍工廠における労使関係の史的分析（2）――」（『明治大学大学院紀要』第二五集（二）、昭和六三年二月）二七ページ。

(32) 『芸備日日新聞』明治三九年四月二一日。

(33) 『広島衛生医事月報』第一七八号（広島衛生医事月報社、大正二年一〇月）三八三ページ。

(34) 小野塚知二「共済団体の慈善機能――19世紀後半イギリス労働組合の『慈善基金』に注目して――」（『経済学論集』第七八巻第一号、平成二四年四月）一六ページ。

(35) 有坂鉊蔵談（西川理事記）「造兵依託学生当時その他に於ける昔話」（『有終』第二七巻第四号、海軍有終会、昭和一六年五月）八一ページ。

(36) 同前、八二ページ。

(37) 「海軍少将正五位勲三等山内万寿治以下九名叙勲ノ件」明治三六年三月二〇日 JACAR: Ref. A10112559500, 叙勲裁可書・明治三六年・叙勲巻一・内国人一（国立公文書館）の有坂の「履歴書」による。

(38) 同前。

(39) 有坂鉊蔵「呉兵器製造所仮設当時の述懐」（山崎誠一『山内万寿治男爵伝』呉市寄託「沢原家文書」昭和一五年）七六～七七ページ。

(40) 主に望月澄男『弥生土器、海軍砲、新技術で近代史を彩った有坂鉊蔵』（三樹書房、平成二三年）一〇五～一〇六ページの年譜による。

(41) 海軍省総務局『海軍省明治三十二年度年報』（明治三四年）一九五ページ。

(42) 諸岡頼之軍務局長より山本海軍大臣あて「海軍造兵生徒採用御届」明治三二年七月二〇日 JACAR: Ref. C06091201900, 明治三二年公文備考　巻四　教育三（防衛研究所）。

(43) 前掲『海軍省明治三十二年度年報』一九五ページ、海軍大臣官房『海軍省明治三十三年度年報』(明治三五年)二一七ページ。
(44) 有坂鉊蔵「呉兵器製造所仮設当時の述懐」八三〜八六ページ。
(45) 叙勲については、前掲「海軍少将正五位勲三等山内万寿治以下九名叙勲ノ件」による。
(46) 「明治二十九三十年度土木費兵器製造所建築工事竣功報告」明治三〇年七月九日(「明治三十年度呉鎮守府工事竣工報告　巻一」防衛研究所戦史研究センター所蔵)(以下、「呉鎮守府工事竣工報告」の所蔵場所は省略)。
(47) 「明治三十年度土木費兵器製造所建築費工事竣功報告」明治三一年四月二八日(「明治三十年度呉鎮守府工事竣工報告　巻四」)。
(48) 「明治三十三十一年度継続土木費兵器製造所建築費工事竣功報告」明治三一年九月一〇日(「明治三十一年度呉鎮工事竣工報告　巻二」)。
(49) 「明治三十一年度土木費営繕費兵器製造所建築費新営費工事竣功報告」明治三二年一月二四日(同前)。
(50) 「明治三十一三十二年度土木費兵器製造所建築費営繕費新営費営繕費呉鎮守府水道水害修繕費工事竣功報告」明治三三年一〇月六日(「明治三十一年度呉鎮工事竣工報告　巻一」)。
(51) 「明治三十一三十二三十三年度土木費兵器製造所建築費工事竣功報告」明治三四年一月一一日(「明治三十二三十三年度呉鎮工事竣工報告　巻二」)。
(52) 「明治三十三三十四年度土木費兵器製造所建築費工事竣功報告」明治三五年三月二二日(「明治三十三年度呉鎮工事竣工報告　巻四」)。
(53) 「明治三十三三十四年度土木費兵器製造所建築費工事竣功報告」明治三四年一〇月二五日(「明治三十四年度呉鎮工事竣工報告　巻二」)。
(54) 「明治二十九三十二年度海軍拡張費建築費土木費兵器製造所建築費呉鎮守府第一船渠改造費工事竣功報告」明治三三年一〇月六日(「明治三十二年度呉鎮工事竣工報告　巻二」)。
(55) 同前。
(56) 同前。
(57) 「明治三十三年度海軍拡張費建築費土木費兵器製造所建築費工事竣功報告」明治三三年八月二八日(「明治三十三年度呉鎮工事竣工報告　巻一」)。
(58) 「明治三十三十一年度継続及明治三十一年度海軍拡張費建築費工事竣功報告」明治三一年六月二八日(「明治三十一年度呉鎮

工事竣工報告　巻一」)。
(59)「明治三十三十三年度海軍拡張費建築費工事竣功報告」明治三三年一〇月六日(「明治三十三十三年度呉鎮工事竣工報告」)。
(60)同前。
(61)「明治三十三年度海軍拡張費建築費工事竣功報告」明治三三年一〇月二五日(「明治三十三年度呉鎮工事竣工報告　巻二」)。
(62)「明治三十二三年度海軍拡張費建築費工事竣功報告」明治三三年一一月二九日(「明治三十二三十三年度呉鎮工事竣工報告　巻二」)。
(63)「明治三十三四年度海軍拡張費建築費工事竣功報告」明治三五年一月七日(「明治三十四年度呉鎮工事竣工報告　巻二」)。
(64)「明治三十三十一三十二三十三三十四三十五年度海軍拡張費建築費工事竣功報告」明治三五年九月一〇日(「明治三十五年度呉鎮竣工報告　巻二」)。
(65)「明治三十三三十四年度呉造兵廠拡張費呉造兵廠拡張費工事竣功報告」明治三五年三月五日(「明治三十四三十五年度呉鎮工事竣功報告　巻二」)。
(66)「明治三十三四五年度呉造兵廠拡張費呉造兵廠拡張費工事竣功報告」明治三六年二月一〇日(「明治三十五年度呉鎮工事竣工報告　巻二」)。
(67)「明治三十五年度呉造兵廠拡張費呉造兵廠拡張費工事竣功報告」明治三五年一二月一二日(同前)。
(68)「明治自三十三至三十六年度呉造兵廠拡張費呉造兵廠拡張費工事竣功報告」明治三七年一月二四日(「明治三十三年度呉鎮工事竣工報告　巻四」)。
(69)「明治自三十三至三十六年度呉造兵廠拡張費呉造兵廠拡張費工事竣功報告」明治三七年五月一四日（東京大学附属図書館所蔵)。
(70)「明治三十五年度呉造兵廠拡張費呉造兵廠拡張費工事竣功報告」明治三六年二月二八日(「明治三十五年度呉鎮工事竣工報告　巻三」)。
(71)「明治三十四五年度呉造兵廠拡張費呉造兵廠拡張費工事竣功報告」明治三六年五月三〇日(同前)。
(72)「明治三十五三十六年度呉造兵廠拡張費呉造兵廠拡張費工事竣功報告」明治三七年五月八日（明治三十六年度呉鎮工事竣工報告　巻三)。
(73)「明治三十六年度呉造兵廠拡張費呉造兵廠拡張費工事竣功報告」明治三七年四月一九日(同前)。
(74)「明治三十六年度呉造兵廠拡張費呉造兵廠拡張費工事竣功報告」明治三七年五月二〇日(同前)。

(75) 「明治三十六年度呉造兵廠拡張費呉造兵廠拡張費工事竣功報告」明治三七年三月二一日(同前)。

(76) 道岡尚生「呉軍港の周辺——海軍施設の設置とその影響——」(『呉市海事歴史科学館研究紀要』第八号、平成二六年三月)四九～六〇ページ。なお亀ヶ首砲弾発射試験場に関しては、この論文によって概要を知ることができる。

(77) 柴山呉鎮守府司令長官より山本海軍大臣あて「火工場用地買上之義ニ付上申」明治三三年六月二八日 JACAR: Ref. C06091290700, 明治三三年公文備考 巻二七 土木一(防衛研究所)。

(78) 角田秀松海軍技術会議議長より山本海軍大臣あて「八尹徹甲実弾及十二尹薄壁鍛鋼榴弾ニ下瀬火薬ヲ装塡シ試験シタル件ニ付報告」明治三三年八月二〇日 JACAR: Ref. C10127026800, 明治三三年公文雑輯 巻七 兵器一(同前)。

(79) 柴山呉鎮守府司令長官より山本海軍大臣あて「呉海軍造兵廠仮物置移転工事施行上之義ニ付上申」明治三三年九月二八日 JACAR: Ref. C10127176800, 明治三三年公文雑輯 巻一七 土木二(同前)。

(80) 角田海軍技術会議議長より山本海軍大臣あて「十二尹及八尹砲用徹甲実弾并ニ徹甲榴弾ニ関スル件報告」明治三四年四月二〇日 JACAR: Ref. C06091332800, 明治三四年公文備考 巻一八 兵員二止 兵器図書一(同前)。

(81) 山内呉造兵廠長より山本海軍大臣あて「試験砲御備附相成度上申」明治三四年八月七日、同前。

(82) 「明治三十五年度呉造兵廠拡張費呉造兵廠拡張費工事竣功報告」明治三五年一一月二九日(「明治三十五年度呉鎮工事竣工報告 巻二」)。

(83) 「明治三十四年度災害費呉造兵廠建物火災復旧費工事竣功報告」明治三五年四月一日(「明治三十四三十五年度呉鎮工事竣工報告 巻二」)。

(84) 前掲『海軍省明治三十二年度年報』九二～九三ページ。

(85) 海軍省総務局『海軍省明治三十三年度年報』(明治三五年)一〇四、一〇六ページ。

(86) 前掲『海軍省明治三十四年度年報』九六～九七ページ。

(87) 海軍大臣官房『海軍省明治三十五年度年報』(明治三七年)一〇三ページ。

(88) 海軍大臣官房『海軍省明治三十六年度年報』(明治三七年)五九ページ。

(89) 『呉海軍造兵廠案内』明治三四年一一月(「斎藤実文書」国立国会図書館憲政資料室所蔵)。

(90) 同前。

(91) 「明治三十一年度海軍省報告」(史料調査会海軍文庫所蔵)。なおこの資料は、海軍大臣官房記録庫に保管されていたものを一部筆写したため、欠落や不鮮明な点がある。

(92) 前掲『海軍省明治三十四年度年報』七八ページ。
(93) 前掲『海軍省明治三十六年度年報』四二ページ。
(94)「明治三十年度海軍省報告」(史料調査会海軍文庫所蔵)。この資料も、一部不鮮明である。
(95) 同前。
(96) 同前による。
(97) 前掲「明治三十一年度海軍省報告」。
(98) 同前。
(99) 同前による。
(100) 前掲『海軍省明治三十二年度年報』七一ページ。
(101) 工学会『明治工業史　火兵・鉄鋼篇』(工学会明治工業史発行所、昭和四年)三六七ページ〈昭和四四年に学術文献普及会により復刻〉。
(102) 同前、三六七〜三六八ページ。
(103)「呉海軍工廠製鋼部沿革誌」(山田太郎・堀川一男・冨屋康昭『呉海軍工廠製鋼部史料集成』〈呉海軍工廠製鋼部史料集成〉編纂委員会、平成八年)六四〜六五ページ。
(104) 前掲「明治三十年度海軍省報告」。
(105) 野田鶴雄「極秘　海軍ニ於ケル徹甲弾製造発達史」大正一三年(有馬成甫編『海軍造兵史原稿　クルップ砲、速射砲、三十六糎砲の採用　火薬事業沿革、技術研究所沿革　呉兵器製造所設立経過、製鋼関係等』防衛研究所戦史研究センター保管、昭和一〇年)。
(106) 同前。
(107) 野田鶴雄「海軍ニ於ケル甲鈑製造発達史」大正一四年四月(有馬成甫編『海軍造兵史資料　製鋼事業の沿革』防衛研究所戦史研究センター保管、昭和一〇年の編集資料として所収)。
(108) 前掲「海軍少将正五位勲三等山内万寿治以下九名叙勲ノ件」の長谷部の「履歴書」。
(109) 有馬成甫編『海軍造兵史資料　製鋼事業の沿革』。
(110) 山内呉造兵廠長より斎藤実海軍次官あて「書簡」明治三七年五月一九日朝(〈財〉斎藤子爵記念会『子爵斎藤実伝』第一巻、昭和一六年)九九〇ページ。

第二編　呉海軍工廠形成の背景

第七章　海軍の軍備拡張計画と兵器保有の方法

はじめに

　これまで第一編では、主に呉海軍工廠に連なる呉鎮守府の設立、造船部門と造兵部門の形成過程を対象とし、それぞれ各種計画、組織の設立と変遷、技術者や職工の育成と労働環境、施設・設備の整備、兵器の生産（修理をふくむ）に関して具体的に検証してきた。これ以降は第二編として、呉工廠の前身にあたる組織の形成過程に関する以外のことを取り上げるが、そのうち本章においては、多岐にわたる呉工廠の形成に関連する事項のうち、軍備拡張計画を中心とする軍事政策を対象とし、兵器の保有と海軍工作庁の中心的な役割である兵器生産との関係について体系的に解明することを目指す。

　こうした目的に対応するため、これまでにもまして「武器移転的視角」、すなわち新兵器の登場―保有する兵器の決定と輸入―発注先の海外の兵器製造会社への技術者の派遣―兵器の国産化のための海軍工作庁を中心とする企業の設立と育成という連関のなかで実態の解明を目指す。具体的には海軍は先進国で開発された兵器のうち、どのようなものを保有しようとし、どのような方策によってそれを実現したのか、またそれを国産化するためにどのような海軍工作庁（主に呉工廠の形成に連なる組織）を設立し、施設・設備を整備したのかということを明らかにする。その際、常に対象とする兵器は艦艇建造技術上、どのような段階のものなのかということが考慮されなければならない。なお軍事史、財政史、技術史、政治史、国際関係史的な問題については、これまでの研究が蓄積されており、可能な限りそれらの成果を使用する。

このような視角に沿って軍備拡張計画を分析するには、少なからぬ困難が予想される。なかでも軍備拡張計画の内容は、兵器の保有と兵器生産施設の整備によって構成されるべきなのに、そのほとんどは艦艇によって占められており、搭載する兵器や海軍工作庁に言及したものが非常に少ないことである。また最初に海軍が作成した計画と最終的な決定が懸隔しているため（とくに日清戦争以前）、軍備拡張計画の本質を把握しにくいことがあげられる。さらに資料の不足という問題が加わる。こうした困難を克服するには、保有が計画されている艦艇から搭載兵器や兵器生産施設・設備の整備について類推したり、軍備拡張計画を分析する際、閣議に提出された計画とその結果だけでなく、その前提となった政策決定過程をふくめた全体を検証するなど総合的な対応が必要とされる。

本章は第一節で、明治初期の軍備拡張計画を概観し、第二節では、先進国の艦艇建造技術の発展を受けて保有する艦艇をめぐり混乱した明治一八（一八八五）年の第六回軍備拡張計画に焦点をあてる。また第三節では、毎年のように海軍拡張計画を提示し続け、二六年の第一〇回軍備拡張計画で戦艦二隻の保有などその一部を実現した過程を跡づける。そして第四節において、日清戦争後の豊富な資金の投入により、第一〇回軍備拡張計画の全面的な実現を果たし、新たな軍備拡張計画を実行していく状況を検証する。

本章の記述に際しては、海軍省が編纂したと思われる『海軍軍備沿革　完』(1)『秘　海軍艦船拡張沿革』(2)『秘　艦船製造沿革記事』(3)を基本資料とする。なかでももっとも知られ体系的な『海軍軍備沿革　完』と、一部に政策決定過程の資料や記述もみられる『秘　海軍艦船拡張沿革』を重要視する。さらに、「川村伯爵ヨリ還納書類」[4]や「公文備考」「公文別録」などによって補充する。

第一節　明治初期の軍備拡張計画

すでに述べた目的と分析視角にもとづいて、本節では実現に至らなかったものもふくめ第一回から第五回までの全軍備拡張計画を対象とする。また呉工廠の形成と海軍の兵器生産に重要な影響をもたらしたと考えられる第四回軍備拡張計画に関しては、政府に提出された文書だけではなく可能な限りの資料を発掘し実態を把握する。そしてきびしい国際環境のなかでどのように日本の国力を把握し軍事政策を樹立し、その一環として軍備拡張計画を策定したのかという点を明らかにすることを目指す。

慶応四（明治元―一八六八）年正月一七日、海陸軍が設立、海陸軍務課がおかれ、二月三日には海陸軍は軍防事務局となった。しかし閏四月二一日に至り同局が廃止され、軍務官のもと、海軍局、陸軍局が設置された。[5]なお当時、軍務官が保有する艦船は、軍艦一一隻、運送船八隻、合計一九隻であった[6]（このほか諸藩の保有する艦船が三五隻あった）。

明治二（一八六九）年七月八日、軍務官が廃止となり兵部省が設立、三年二月九日、海軍掛と陸軍掛が設置された。そして同年五月、「上下一心、全国協力、至速ニ強大ノ海軍ヲ振起シ、之ヲ用テ数千歳赫々タル我皇国ヲ擁護」することを目的として、[7]二〇年間に軍艦二〇〇隻、運送船二〇隻を建造、完成後も毎年一〇隻ずつ新船を補充するという第一回軍備拡張計画が建議された。この最初の軍備拡張計画は、多大な予算をともなうこともあって実現に至らなかった。

明治五（一八七二）年二月二七日、兵部省が廃止となり、翌二八日、海軍省が設立されたが、当時の保有艦船は軍艦一四隻、運送船三隻、合計一七隻、一万三八三二トンにすぎなかった。こうしたなかで六年一月一七日に左院の諮問を受けた勝安芳海軍卿は、一月一九日に一八年間に甲鉄艦二六隻、大艦一四隻、中艦三二隻、小艦一六隻、運送船八隻、練習船二隻、帆前運送船六隻、合計一〇四隻を整備するという計画を答申した。(8)この第二回軍備拡張計画に対し左院は、財政面で実現不可能という理由で許可を与えなかった。

これまでの二回の軍備拡張計画が長期・大規模であったのに対し、第三回軍備拡張計画は明治七（一八七四）年の佐賀の乱と台湾出兵への対応に迫られて、急遽、軍艦二隻の輸入を検討したという点において異なる性格を有している。この計画は、事態が沈静化したこともあり、「只一時応急ノ計ニシテ永久ノ得策ニ非サル」という理由で中止となり、「八年ニ至リ堅艦三隻ヲ英国ニ注文」することになった。(9)同年四月一五日、川村純義海軍大輔（当時は海軍卿は欠員）は、軍艦三隻をイギリスの兵器製造会社で建造することにし、五月二日に許可を得た。こうして明治期に至り最初に外国に発注された「扶桑」（三七一七トン）、「金剛」「比叡」（両艦とも二二五〇トン）は、いずれも機帆船の鉄骨木皮艦（コルベット）であった（第六回軍備拡張計画において「扶桑」は一等巡洋艦、残る二艦は二等巡洋艦に分類）。これらは、当時のヨーロッパで軍艦設計者として著名なリード（Sir E. J. Reed）により設計、監督、回航まで責任をもって行われ、一一年四月から六月にかけて日本に回航された。(10)なお三艦の建造と日本の留学生の技術の習得については、のちに詳しく取り上げる（第八章第二節を参照）。

海軍の軍備拡張計画は、明治一四（一八八一）年をむかえ現実味を帯びることになった。この軍備拡張計画については、海軍省の発行物もほとんどの研究も一二月二〇日の川村海軍卿から三条実美太政大臣への上申のみを取り上げ、赤松則良海軍省主船局長の川村への建議を重要視してこなかった。しかしながら「川村の計画は主船局長であった赤松則良海軍少将がつくった原案に基づくことは明らか」であること、[11]またこの上申は、軍備拡張計画に大きな影響をもつ財政を中心とする政策との関係や防衛構想―海防策をふくんでいること、さらにのちの軍備拡張計画や呉鎮守府造船部と兵器部にはじまる呉工廠の形成に大きな影響をもたらしたことなど重要な役割を担ったのであり、第四回軍備拡張計画についてはここを出発点として論を深めることにする。

赤松主船局長は、明治一四年一二月一日に川村海軍卿に、「至急西部ニ造船所一ヶ所増設セラレンヲ要スル建議」（「主船第三千三百六号」）を提出したが、一二月一〇日にそれを若干修正した同じ題名の「主船第三千三百六号」とそれを具体的に補強した「主船第三千三百六号ノ弐」を提出した。そして「主船第三千三百六号」において、第一章第二節で述べたように、防禦に最適な西部に急いで造船所を一カ所建設することを建議した。

ここで海軍拡張計画を中心とする軍事政策により関係の深い「主船第三千三百六号ノ弐」をみると、最初に、「今哉将校ヲ養成スルニ兵学校機関学校アリ卒夫ヲ習練スルニ諸営アリ練習諸艦アリ粗具足セリ……非常ニ際シ士卒ヲ得ントスルハ尚ホ能クスヘシ軍艦ヲ購求センハ甚困難ナリト予メ平時ニ於テ非常ノ備ヲ成シ非常ニ臨ミ拡充スルノ方略ナカルヘカラス」と、将兵の養成に目途がついたとして艦艇の整備の必要性を主張する。[12]

ついで本題に入り、艦艇の数と種類の決定に移るが、本来は海陸連合の海防計画のもとに決定されるべきことではあるがとことわりながら、「大略其目的トスルハ敵国ノ軍情本邦ニ侵入スヘキ敵ノ兵力及ヒ軍艦ノ種類幷ニ之ヲ支ユヘキ年月及ヒ軍資ノ如何ヲ考究シテ然ル後之ニ対抗スヘキ海軍ヲ備ヘ且ツ海防ノ策ヲ設クヘシ」とその方法論を説く。[13]そして仮にイギリスないしフランスが侵攻してきたならば、一〇〇隻以上の軍艦と二万名以上の将兵が必要となるが、国費をともなわなくては架空の論にすぎず、保有すべき軍艦の数と種類は資力にもとづいて確定すべきであるとする。しかしながら予算額を想定できないので、当分の軍艦の保有数を現時点で兵員を活用できる四〇隻とし、そのために明治一五年度から二五年度に至る一一年間に一六五五万円の費用で、新たに三二隻の軍艦を建造することを提起した。

このように軍備拡張計画に続き、軍艦保有方法に言及した赤松主船局長は、「経済ノ道ヨリスルモ軍略ノ点ヨリスルモ常ニ補充ヲ要スレハ外国ヨリ購求スルハ得策ニアラズ必ス内国ニ於テ漸次製造」することと、軍艦を国内で建造することの有利性を主張する。(14) そしてそれを実現するため、横須賀に加え西部に三〇〇万円で六年間に造船所を建設、一一年間に二造船所において三二隻の艦艇を建造することを主張した。さらに横須賀の一四隻に対し西海造船所は一八隻と、「国内建造拠点を横須賀から新造船所へと移行させる」ことを提起した。(15) なお新造船所の会計について赤松は、横須賀造船所と異なり作業費ではなく経常経費で取り扱うことを求めているが、ここから軍艦の国内建造は経済的にも有利であると唱えながら、一方で彼は、艦艇の建造は市場の動向に左右されるべきではないと考えていたことがうかがわれる（この点に関しては序章第二節を参照）。

赤松主船局長の建議は、相手国の兵力と国力を想定して軍備拡張計画を策定しなければならないという一般論を展開しながらも、現実的には国力をともなわなくては空論となるとして経済、財政との調和をより重視している点、また経済面、軍略面（記述されていないが、戦時期に外国から艦艇を購入することは困難であり、膨大な艦船の改造と修理への対応が必要）から艦艇の国産化を明言している点に特徴がある。そしてそれを実現する方法として、防禦に最適な西部に横須賀造船所にかわる海軍一（実質的に日本一）の造船所を新設することを主張するが、これは彼我の海軍力の較差を考慮した沿岸防備、最終的に瀬戸内海防備を中心とする海防策と一体化した立地論といえよう。赤松案は海外と日本との国力や軍事力の較差を直視し、そうしたなかで日本を防衛する方策を立案した優れた戦略・戦術に裏づけられた軍備拡張計画であり、その後の海軍の動向に少なからぬ影響を与えた。ただしこの案は国力との調和を重視し、保有すべき軍艦数を抑制しながら艦種を明示しなかったこともあり、その点について新たな論議を呼ぶことになった。

これを受けた川村海軍卿は、明治一四（一八八一）年一二月二〇日、三条実美太政大臣に第四回軍備拡張計画となる「軍艦製造及造船所建築ノ義ニ付上申」を提出した。[16] その内容は、第一期計画として総額四〇一四万三四〇円の費用で、一五年度以降二〇カ年で毎年三隻ずつ六〇隻の軍艦を建造し、第一期計画終了後に第二期計画を作成すること、またこの計画を実現するため西部の防禦に優れた良港に造船所を建設（まず三〇〇万円の費用で五カ年間に新造船所を一カ所建設）するというもので、赤松案を基本としつつそれを拡大したものとなっている。なおこの上申は、松方正義大蔵卿の主導する緊縮政策のため認可を得るに至らなかった。

明治一五（一八八二）年七月に、京城で朝鮮兵の反乱が発生、日本公使館が襲撃されるという壬午《じんご》事変が発生、軍備拡張計画に影響をもたらすことになった。一一月一五日に川村海軍卿は三条太政大臣に、第五回軍備拡張計画となる「軍艦製造之儀ニ付再度上申」を提出、東洋の情勢が緊迫しているという認識のもと、必要軍艦六〇隻のうち四八隻を毎年六隻ずつ八カ年で建造し、一二隻は現有艦を使用し八カ年後に新造するという整備案を提出した。[17] こうしたなかで三条太政大臣は、一二月二五日、諸省卿に陸海軍整備の沙汰を伝えた。これに対してもっとも関係の深い松方大蔵卿は、予想される酒造、煙草等の諸税額七五〇万円を陸海軍軍備拡張費にあてることとしたが（そのうち新艦製造費は三〇〇万円）、池田憲隆氏によると、これは一六年度以降「八年計画の前半期には増税による収入が軍拡費支出を上回り、その超過額を軍備部に蓄積し、後半期には不足する財源をこの軍備部のファンドから補足するという構想」であり、この「軍備部方式」は、「軍拡を押し進めつつも、それが紙幣整理遂行に支障を来さないことを企図したもの」と解釈されている。[18] なおこの結果は、一二月三〇日に太政大臣より海軍卿に内達された。

注目すべき点は、この明治一四年度と一五年度の軍備拡張計画の策定を通じて海軍省内において、必要（保有）艦艇数―六〇隻（うち四八隻新造）、艦艇の国産化、国産化のための日本一の造船所の建設、四八隻の艦艇による四艦隊・

四鎮守府体制の構築、軍装準備と艦船の造修を管理する鎮守府の役割、日本一の造船所を有する鎮守府の呉への設置などについて共通認識が形成されたと考えられることである（第一章第二節を参照）。ただし呉への鎮守府の設置など少なからぬ問題は、この段階では政府に認められるまでには至っていなかった。

明治一六（一八八三）年二月二四日、川村海軍卿は一六年度以降に毎年認められることになった新艦製造費三〇〇万円に、これまでの新艦製造費三三万円を加えた年額三三三万円、合計二六六四万円によって八年間に三二隻の軍艦を建造することを稟議し、許可された。また五月二五日に至り、軍艦整備は急を要するとして一八年度までに八隻を建造することを目的に新艦製造費の繰上支出を稟請、五月二八日に裁可を得た。[19] 池田氏はこうした変更が実施されると、「たとえ増税額が予定通りであったとしても、四年目の八六年度になると軍備部は単年度・累計ともに赤字に転落してしまい、その後赤字を累積させていくことになるので、軍備部方式は成り立ちえない」と分析している。[20] そしてこの計画により、一六年度から一八年度において、大艦―「浪速」「高千穂」「畝傍」、中艦―「葛城」「高雄」「大和」「武蔵」「筑紫」、小艦―「愛宕」「鳥海」「摩耶」、航洋水雷艇―「小鷹」を輸入ないし建造（着手）した（「葛城」「武蔵」は、明治一五年度に着手しているが、同年の支出が少なく、こちらの計画に組み入れられている）。なおこれをみると、先進国で用いられている艦種の分類は採用されていない。

こうした明治一四年度と一五年度の軍備拡張計画について室山義正氏は、「15年案が14年案と決定的に異っている点は、造船所新設案が切り捨てられていること」であると強調し、「15年案は、14年案が目指していた漸進的整備・国産化重点主義を180度転換した急速整備と輸入依存主義に貫かれたもの」であると結論づけている。[21] しかしながら、このうち造船所新設案について『海軍軍備沿革　完』は、一四年に続き「十六年二月十四日再ヒ前議造船所新設ノ外、西海鎮守府設置費二十四万八千円、及水雷布設費別途請求ノ稟申ヲ為シ」[22] たと述べており、海軍が同案を切り捨てたというのは事実誤認である（政府の許可は得られなかった）。また造船所新設予算が認められなかったのとほぼ同時期の一六年二月に、西海鎮守府（造船所）候補地の調査が実施されていること（第一章第三節を参照）、さらに同じ時期に、日本人の技術の向上と輸入の減少を目的に、一五年度に建造が決定した軍艦四隻のうち一隻を横須賀造船所、もう一隻を神戸鉄工所に発注することの許可を得ていること（第九章第二節を参照）などを考えると、国産化重点主義を一八〇度転換したという説には疑問を抱かざるを得ない。軍備の漸進的整備から急速整備への変化は認められるが、必要艦船を六〇隻としていること、保有艦種に大きな変化がみられないことなどを考えると、そこに一八〇度とか根本的な方針の変化があったとはいえないのではなかろうか。

第二節　甲鉄艦の保有をめぐる諸問題

本節は、第六回軍備拡張計画のみを対象とする。それだけ海軍の軍備拡張計画、呉工廠の形成に第六回軍備拡張計画が大きな影響をもたらしたと判断したことによる。分析に際しては、艦艇建造技術の発展段階、艦種に留意するとともに、政府に提出した公式文書はもとより、当時の軍事政策に関わった軍人の覚書なども使用する。

明治一七（一八八四）年二月八日、海軍は軍務局を廃止して軍事部を設置、軍令機関の発展の一歩を築いた。こうしたなかで省内において、「甲鉄艦を中心とする外洋艦隊を整備すべきであるという海軍軍事部の意見と、海防艦と水雷艇を中心とする海防艦隊を整備すべきであるという主船局の意見が対立」することになった[23]。なお導入艦種をめぐる路線の相違の背景には、「仮想敵たる清は七四〇〇トンの戦艦二隻を建造中であり八二年冬と八三年に順次回航される予定」であるという切実な問題もあった[24]。

すでに述べたように小野塚知二氏は、艦艇の用兵・設計思想の変化には艦艇建造技術の革新が作用していると主張する。艦艇建造技術は、動力が帆船・機帆船から純汽船へ、主要材質が木造から鉄・鋼へと進歩し、第一期（帆船・機帆船期）から第二期（純汽船・前ド級期）への変化は、一八八〇年代を過渡期として一八九〇年代に確立したという。そして帆装から解放され巨砲を搭載して敵艦の攻撃に耐える装甲を備えた戦艦、それに対応する巡洋艦、駆逐艦、水雷艇などが登場したとされている（詳しくは、序章第一節を参照[25]）。

技術の発展が用兵にもたらす変化について大沢博明氏は、一九世紀半ばの先進国における艦艇建造技術が、「蒸気力によるスクリュー・プロペラ推進機関の発達、建造素材としての鉄や鋼の採用、防禦用装甲板の装着とそれを打ち抜こうとする砲の競争的発展・改良等が海軍を大きく変化させた」とほぼ小野塚氏同じような見解をとっている[26]。また大沢氏は、先進国のイギリスとフランスでは、こうして誕生した戦艦、巡洋艦、水雷艇と砲艦などをどのように組み合わせて戦術、作戦を展開するのかという点で異なっており、さらにこの選択が単に軍事、艦艇建造技術にとどまらず外交、政治、経済力、財政などに関わるだけに重要な問題となったと述べている。

第六回軍備拡張計画には、重要であるにもかかわらず少なからぬ疑問点がみられる。そこで『海軍軍備沿革　完』よりその全文を引用し、この計画の内容を吟味する[27]。

明治十八年（月日佚ス）川村海軍卿ハ三条太政大臣ニ大要左ノ提議ヲ為セリ

十六年度以降八箇年計画軍艦三十二隻新造ノ予定ヲ以テ進行中ノ処造船技術ノ進歩ト兵器製式ノ改良トニ伴ヒ茲ニ其計画ヲ改定スルノ要アリ例セハ英、仏、伊ニ於ケル新戦艦ノ如キ其構造著シク改良セラレ排水量及装甲鉄ノ増大等到底我艦ノ比ニアラス則チ我亦相当ノ甲鉄艦ヲ備ヘサル可ラス而シテ甲鉄艦ノ外巡洋艦、砲艦、水雷艇ノ整備

ヲ要ス其計画左ノ如シ

		（現有及製造中ノモノ充当）	（新造スヘキモノ）
甲鉄艦	八隻		八隻
一等巡洋艦	十六隻	（扶桑、浪速、高千穂、畝傍ノ四隻）	十二隻
二等巡洋艦	十二隻	（比叡、金剛、海門、天龍、葛城、大和、武蔵ノ七隻）	五隻
砲艦	二十四隻	（筑紫、磐城、愛宕、摩耶、鳥海ノ五隻）	十九隻
水雷運輸船	四隻		四隻
一等水雷艇	十二隻		十二隻
二等水雷艇	三十二隻		三十二隻
計	百八隻	（十六隻）	九十二隻

此整備費額通貨七千五百五十一万四千二百四十二円トス

十六年度以降八箇年計画軍艦製造費二千六百六十四万円中既ニ支出セシ高及将来支出スヘキ高（十八年末ノ計算）ノ合計一千百四万三千八百円ナルヲ以テ其残額千五百五十九万六千二百円ヲ今回計画ノ整備費ニ充当スルモ尚ホ五千九百九十一万八千四百四十二円ノ増額ヲ要ス

若シ今後ノ造艦ヲ既定ノ軍艦製造費額ニ限ルトセハ甲鉄艦ノ製造ヲ止メ巡洋艦砲艦等二十二隻、水雷艇二十四隻、装甲水雷船十八隻ヲ新造セントス

両者其採択ヲ請フ云々

これをみると第一期（帆船・機帆船期）段階にとどまっていた日本海軍は、先進国の例にならい第二期（純汽船・前ド級期）段階に転換しようとしていたことがわかる。とはいえ現有艦船のなかには、第一期に属するものもふくまれており、計画が終了してもすべてが第二期の鋼製の汽船になるわけではないことが確認できる。また軍事部と主船局の異なる計画が併記されているが、両者の基本的な相違は甲鉄艦を導入するか否かであるといえる。問題となった甲鉄艦に関して福井静夫氏が、「日露戦役の6艦は、近世軍艦史上、装甲艦または甲鉄艦、いわゆるアイアンクラッド Ironclad が戦艦 Battleship の形体へと発達した当初のもので、のちに弩級前戦艦と称される」と述べているように[28]、基本的には弩級前戦艦に分類される。ただしその範囲は、日露戦役に投入された一万二〇〇〇トン台から一万五〇〇〇トン台の大型戦艦だけでなく七〇〇〇トン台の「定遠」「鎮遠」までもふくむ広範囲にわたるが、この計画では特定されていない。

この第六回軍備拡張計画には、一、異なる二案を併記し決定を太政官に委ねているが、こうした事態はなぜ発生したのか、二、この軍備拡張計画に対する海軍省の見解はどのようなものなのか、三、川村海軍卿の本心はどちらにあったのかなど、興味深い問題がふくまれている。

このうち一の問題について大沢氏は、「樺山日記」などを利用しながら、次のように説明している。明治一八（一八八五）年四月一八日に「天津条約」に調印して帰国した伊藤博文全権大使に対し樺山資紀海軍少将は、海軍の将来に対する意見を陳述、また大山巌陸軍卿に面談し海軍拡張計画を説明、また五月二七日に川村海軍卿に、既定の軍備拡張予算残高を除き六〇〇〇万円で戦艦八隻を中心に四四隻の軍艦および水雷艇などを新造する計画を具申した。清国との開戦も辞さずと主張する軍事部は「天津条約」に不満を抱きつつ軍備大拡張を要求するわけであるが、海軍省内は樺山や仁礼景範軍事部長等の対清強硬論でまとまっていたわけではなく、赤松主船局長を中心とする海防艦、水雷艇を中心とする海軍編制を主張する水雷学派の主船局も一定の勢力を維持しており、「海軍内調整が不能のまま川村は『両者其採択を請う』と太政官に決定を委ねた」。[29]

しかしながらこの点について、伊藤全権大使に仁礼軍事部長とともに随行した黒岡帯刀軍事部第四課長は、「明治十八年ニ至リ仁礼軍事部長及黒岡軍事部課長ハ伊藤全権大使ニ随伴シテ清国ヨリ帰朝ノ後軍事部ニ於テ会議ノ結果海軍省ハ二十三年帝国議会ノ開会ヲ待タス更ニ造船費ノ増加ヲ必要ト認メラレタリ　故ニ左ノ考案ヲ川村海軍卿ヨリ内閣ニ提出セラレタリ」と、軍事部案が海軍省の計画として政府に提出されたと記述している。[30]そして海軍省は、甲鉄戦艦二隻、巡洋艦七隻、砲艦六隻をもって編制する四艦隊に水雷隊を分属した軍備とそれに必要な予算を盛り込んだ軍事部案こそ海軍省案であったと主張する。なおその後の経緯について、黒岡は次のような記述を残している。[31]

太政大臣ハ十五年十二月ニ於テ定メラレタル来ル二十三年国会開会迄八ケ年ノ海軍造船方案ヲ変スル重大事件ナルヲ以テ伊藤山県井上ノ諸参議等ニ委員ヲ命シ之ヲ審査セシメラレタリ　又此歳国防会議ヲ創設セラレタリ重ナル海陸軍将官ヲ以テ之ニ補セラレ国防ノ大方針ヲ確定スル事ニナレリ　因テ川村海軍卿ヨリ提出セラレタル艦隊編制等ノ考案ハ速ニ議定ニ至ラス十八年十二月二十三日大〔太〕政官及各省官制ヲ廃シ総理大臣及各省大臣ヲ置レタリ

まさに「海軍造船方案ヲ変スル重大事件」であり、時の政権の最高首脳部が論議に関わったが決定には至らなかったことがわかる。非常に興味深い内容であるが、ここで第三の問題について検証するため川村海軍卿の回想をみることにする。[32]

私が日清戦争を見に往つた所が或る将校がいふのに『黄海の戦争で日本は甲鉄艦でなかつた故非常な苦戦をした、閣下は毎度甲鉄艦に反対の論者でしたが、実際に於て甲鉄でなければ用を為さぬ』と斯う云ふから『夫は違ふだらう、私の毎度甲鉄艦に反対したのは、決して軍艦が悪いと云ふ訳ヂヤなかつた、政府で金を出さぬ、実際亦予算が無いのヂヤから拠なく巡洋艦を造らう、甲鉄艦壱艘より木造の艦でも三艘あつた方が仕事が出来ると云ふ議論ぢや、併し黄海の海戦で敵は甲鉄艦でないから侮つて掛かり、此方は苦戦とは云ひながら大勝利を得たのは、詰り甲鉄艦でなくとも戦争が出来ると云ふ、実地試験の好機会ヂヤらう、昨今のやうに二億三億の予算があれば、甲鉄艦も出来やう、正宗の刀も買えやうが僅か二三千万の予算で十分な仕事をするには、余程骨の折た話だ、』と云ふて大笑したハ、、、、

ここには、第六回軍備拡張計画とその前後の川村海軍卿の複雑な心境が描かれており、彼の心情とその背後にある海軍省内の内情を知ることができる。まず確認すべき点は、川村は海軍省内では甲鉄艦の導入に反対したと考えられており、自らもそれを認めているということである。しかしそれは甲鉄艦の機能に疑問を抱いたという理由ではなく、財政の現状がそれを許さず費用対効果を考えて巡洋艦以下の小艦艇の建造を選択せざるを得なかったためであった。そして興味深い点は、「甲鉄艦壱艘より木造の艦でも三艘あつた方が仕事が出来る」と実戦においては巡洋艦以下の小艦艇の効力を認めながら、「二億三億の予算があれば、甲鉄艦も出来やう」と、予算が確保できれば甲鉄艦を導入したいという軍人としての憧れを抱いていたことである。

ここで第六回軍備拡張計画と川村海軍卿の本意、艦隊計画および呉工廠の形成過程との関係を考察するために、明治一八（一八八五）年六月に川村が作成した軍備計画案（無題のため川村計画案と仮題をつける）を一覧表（表七－一）にすると

表7－1　明治18年の軍艦整備計画案　　単位：隻・万円

	軍事部案			川村計画案						主船局案		
	計画	現有	新造	計画	現有	新造				計画	現有	新造
						1期	2期	3期	計			
一等甲鉄艦	8	0	8	8	0	2	3	3	8	0	0	0
一等巡洋艦	16	4	12	13	4	1	4	4	9	4	4	0
二等巡洋艦	12	7	5	17	8	3	3	3	9	2	0	2
三等巡洋艦	0	0	0	0	0	0	0	0	0	12	9	3
砲艦 一等砲艦	24	5	19	9	1	2	3	3	8	18	4	14
砲艦 二等砲艦				12	4	2	3	3	8			
巡洋水雷艦	0	0	0	12	0	12			12	0	0	0
水雷運送船	4	0	4	4	0	4			4	3	0	3
一等水雷艇	12	0	12	0	0					18	0	18
二等水雷艇	32	0	32	32	0	32			32	24	0	24
計	108	16	92	107	17	58	16	16	90	81	17	64
費　用			7,551			1,753	2,130					1,542

出所：海軍大臣官房『海軍軍備沿革　完』（大正11年）12～13ページ、川村純義「海軍軍艦整備計画ニ付補足説明（仮題）」明治18年6月（「川村伯爵ヨリ還納書類　五　製艦」）、大沢博明『近代日本の東アジア政策と軍事――内閣制と軍備路線の対立――』（平成13年）57～59ページ。

ともに、川村計画案について分析する。まずこの川村計画案の骨子をみると、一九年度より二七年度まで一期三年の三期計画となっており、現有艦艇と第一期計画の建造艦艇で二艦隊、第二期計画建造艦艇で第三艦隊、第三期計画の建造艦艇で第四艦隊を編制すると記しているように、艦艇整備計画と艦隊編制が一体として構想されている。次に表七－一により具体的な艦艇数をみると、現有数一七隻、新造数九〇隻となるが、新造三期計画については明示されていないので、第二期計画と同数と判断した。なお川村は、現有艦の「扶桑」を甲鉄艦、新造のものを一等甲鉄艦と区別し、後者については「アンバレシーブル」や「デバステーション」[33]を想定しているとしつつ、「艦ノ構造兵器ノ装備等ハ日ニ月ニ進歩スルカ故ニ今日ヨリ数年ノ後ヲ推計シ一定ノ成則ヲ設クル能ハサレハ時ノ進歩ニ従ヒ時々利用ノモノヲ採用スヘシ」と述べている[34]。なお本表には甲鉄艦の欄がないので、現有艦の「扶桑」は、一応、一等巡洋艦としてある。

川村計画案を軍事部案、主船局案と比較すると軍事部案に近いが、第一期計画は甲鉄艦を二艦にとどめ、主船局案を上回る巡洋艦以下の艦船を保有することになっている。全体計画を三期という長期計画とし、第一期計画を主船局案と類似した低予算にするなど、川村はどうにかして軍事部案を実施しようとしたものと思われる。また川村計画案をふくむ第六回軍備拡張計画は、西海鎮守府計画には言及していないが、明治一四（一八八一）年、一六年に続き一八年三月一八日に西海鎮守府設立に関して三回目の上申をし、紆余曲折をへて一九年五月四日に第二鎮守府の所在地が呉港に決定していることを勘案すると（この点に関しては、第一章第三節と第四節を参照）、第六回軍備拡張計画と呉鎮守府設立計画は密接な関係を有していたものと考えられる。

第三節　内閣制度の発足と軍備計画の推移

本節では、内閣制度のもと再出発した海軍が、主にどのような目的と意図により軍備拡張計画を作成し、どのような方策によりそれを実現しようとしたのかということの解明を目指す。また同時に、軍備拡張計画、西郷従道海軍大臣および樺山次官の欧米視察と呉工廠の形成との相互関連を明らかにする。なおこの時期の軍備拡張計画は、帝国議会と対立することになるが、ここでは本書の目的、筆者の力量から議会の審議については、行論の必要な点に限定して言及するにとどめる。

一　内閣制度発足にともなう新体制と軍備拡張計画の再構築

明治一八（一八八五）年一二月二二日、太政官制を廃止して内閣制度を創設、各大臣を統括する内閣総理大臣に伊藤博文が就任した。伊藤総理大臣は海軍大臣に陸海軍の調和と海軍内の統御をはかり外交、財政と有機的に関連した海軍の建設を担う人材として陸軍卿の経験のある西郷、また次官には海軍拡張論者といわれ、海軍の内部事情に詳しい樺山を任命した。なお川村は黒岡に、「予ハ西郷中将ヲ推挙シタリ其理由ハ海軍ノ拡張案ヲ海軍将官ヨリ提出スレバ同意ヲ得ル事難ク陸軍将官ヨリ提出スレバ返テ賛成スルモノアラント考ヘリト」と話している。(35)

内閣制度に移行後のもっとも大きな変化は、明治一九（一八八六）年三月一八日に「参謀本部条例」が改正され、陸海軍の統合的軍令機関として参謀本部のもとに陸軍部と海軍部がおかれ、これにともない二二日には海軍省軍事部が廃止されたことである。また二一年五月一二日には参謀本部を廃止して、皇族大中将より任命の参軍を全軍の参謀長としてそのもとに陸・海軍参謀本部を設置することになったが、二二年三月七日には陸軍は天皇に直隷する参謀本部、海軍は海軍大臣のもとにある海軍参謀部を設置するなどめまぐるしく変遷した。そして二六年五月二〇日、海軍は天皇に直隷する海軍軍令部をおくことになり、軍令機構の独立が実現したのであった。

一方、明治一九年四月二二日に「海軍条例」が制定され、第六条に五海軍区・五鎮守府制が盛り込まれた。しかしながら五海軍区・五鎮守府制は、反対が多く三六年に四海軍区制にもどり、結局、五海軍区・五鎮守府制は実施されることなく消滅している。

ここで本節の対象とする第七回以後の軍備拡張計画の分析に入る前提として、西郷海軍大臣を中心とする新体制は、第六回軍備拡張計画をどのように引き継ごうとしたのかということを明らかにする。その際、この点を知る糸口として、明治一八年から二五年に至る海軍の軍備拡張計画をまとめた西郷海軍大臣のメモを検討する。(36)

明治十八年軍事部計画（川村海軍卿閣議ニ提出）

帝国海軍（四箇）艦隊

毎艦隊　　　　　四艦隊合計

甲鉄艦　二隻　　　　　　八隻
巡洋艦　七隻　　　二十八隻
砲艦　　六隻　　　二十四隻
水雷艇隊

右ハ明治十六年以降既定ノ造艦費ニテ不充分ナルヲ以テ十八年ニ於テ川村海軍卿ヨリ内閣ニ提出セラレタリ内閣ニテ委員ニ移サレ其後官制ハ改正サレ西郷中将海軍大臣ニ任ス
十九年ニ至リ十六年度既定ノ造船費ノ残額ヲ公債ニテ十九年度以降三ケ年ニテ支給スル事ニナレリ之ヲ特別費トス
特別費ノ一部ヨリ左ノ新艦ヲ製造スル事ニ決セリ
松島　厳島　橋立　八重山　千島　一等水雷艇　八隻　二等水雷艇　八隻
特別費ノ他ノ一部分ヲ以テ左ノ事業ヲ起サレタリ
呉佐世保鎮守府設立　海防水雷　江田島兵学校設立　火薬製造所　長浦湾堀割　其他
特別費終了ノ後二十二年ニ於テ西郷大臣ハ左ノ新船二隻ノ造船費ヲ得タリ
秋津洲　大島
二十三年　樺山海軍大臣ハ左ノ新艦費ヲ請求セリ而シテ第一議会ノ決議ヲ得タリ
吉野　須磨　龍田　水雷艇二隻
二十五年六月　仁礼海軍大臣ハ左ノ新艦費ヲ得タリ
明石　宮古

製艦費ノ詔勅ニ依リ製造セラレシモノハ左ノ如シ
富士　八島
廿六年三月十一日　西郷海軍大臣

一見すると、単に事実関係を要約したメモにすぎないようにみえるが、西郷海軍大臣は、先の黒岡の主張と同様に川村海軍卿が海軍省の第六回軍備拡張計画として閣議に提出したものは、軍事部案であると認識していることを示す貴重な文書といえよう。またこの文書は、こうした見解に立脚していた西郷が海軍大臣に就任後に戦艦の保有を目指して運動を続け、明治二六（一八九三）年に詔勅により目的を実現した過程を振り返り作成されたものと考えられる。なお「明石」「宮古」は二五年六月ではなく、「富士」「八島」と同時に二六年の詔勅により保有が決定している。

内閣制創設後はじめてとなる明治一九（一八八六）年の最初の閣議において、第五回軍備拡張計画の残額一六七三万六五〇九円を一九年度以降の概定額として、これに対して海軍公債一七〇〇万円を発行して、一九・二〇・二一年度にわたって支出することを決定した（明治一九年度は別途費、二〇年度以降は特別費と呼ばれるが、本章では特別費と総称する）[37]。この特別費の当初予算は、造船費一六九六万八一九一円の他に呉鎮守府設立費一五六万三一九五円など海軍施設の建設費が加わり、二一七五万八一〇九円になった[38]。これによって、西郷海軍大臣のメモに記されていたように三景艦などの艦艇を建造し、呉鎮守府の一部などを建設した。

こうした財政的制約のなかで、艦艇建造技術の発展に対応した軍備拡張計画を作成する大役を担ったのは、明治一九年二月二日に海軍省顧問として着任したフランス人のベルタンであった。二月二〇日、ベルタンは「艦隊組織ノ計画」を策定し、五カ年からなる軍備拡張計画案を示した。これによると日本海軍が導入すべき艦種は、第一は、四〇

表7－2　第1期軍備拡張計画　　単位：トン

艦種	等級	排水量	隻数	合計排水量	建造順位	備考
海防艦	1	6,000	2	12,000	4	二等水雷艇使用も可
	2	4,000	4	16,000	1	もっとも早く建造のこと
甲鉄艦	1	9,000	1	9,000	7甲	後年の進歩に注目ししだいに建造
	警湾艦	－	1	－	7乙	数隻の警湾艦をもって1隻の二等甲鉄艦と交換可能
巡洋艦	1	6,000	1	6,000	5	清国がイギリスに発注しており建造が必要
	2	4,000	1	4,000	8	すでに「浪速」など3隻起工につき遅延も可能
	装帆	2,500	2	5,000	9	すでに「葛城」など3隻起工につき遅延も可能
報知艦	1	1,750	2	3,500	3	
	2	1,250	4	5,000	6	
砲　艦	1	800	2	1,600	10	すでに2隻あり
	2	500	6	3,000	11	すでに6隻あり
水雷艇	1	56.25	16	900	2	もっとも有用につき数年で完備すること
	2	25	12	300	2	
計			54	66,300		

出所：ベルタン「艦隊組織ノ計画」明治19年2月20日（「川村伯爵ヨリ還納書類　三　官制 軍艦配置」）。

註：合計排水量の計は6万7300トンと記されているが、計算によると6万6300トンとなる。なお排水量は、合計排水量と隻数から求めたものである。

○○トン海防艦四隻以上、第二は、「大洋ニ航進ス可キ五十噸乃至六拾噸ナル一等水雷艇十六隻ト海岸及ヒ内海ノ防禦ヲ以テ其ノ本分トセル二十五噸乃至三十噸ナル二等水雷艇十六隻」と位置づける。[39] これに対して甲鉄艦については、「未タ其ノ蘊奥ヲ究メザル者ニシテ之ガ構造ニ着手スルハ現今尚ホ早計ニ失セリ」と時期尚早説を唱えるが、計画のなかには一等甲鉄艦（九○○○トン）、一等巡洋艦（六○○○トン）も一隻ずつふくまれており、決して否定しているわけではなかった。[40]

こうした理論にもとづいてベルタンは、表七―二のように五年間に五四隻・六万七三○○トンないし六万六三○○トンの艦艇を建造する案を示した。このベルタン案は大沢氏が、「水雷学派の理論を基礎に財政・軍事戦略・外交論の整合性を保持しつつ、強硬派から一程〔定〕の妥協を引き出し得る様に砲力にも考慮する造艦計画」と述べているように、[41] 政府首脳部はもちろん、海軍省の甲鉄艦導入論者からも受け入れられ、懸案となっていた第六回軍備拡張計画（第一期軍備拡張計画と呼ばれる）として採用された。ただし五カ年計画は、三カ年計画に短縮された。

このような結果について大沢氏は、「滄海学派と水雷学派との日本での対立は、三景艦として知られる海防艦の砲力と付随する水雷艇から成る『主戦艦隊』を編制することで水雷学派理論の内に包摂されることになった」と分析し、「それは、清艦隊と外洋決戦によって制海権を確保するという一等戦艦導入論者の海軍戦略を否定するもの」であったと結論づける。(42) この大沢説は、第六回軍備拡張計画とその背景を詳細に分析した緻密な理論によって構成されており、説得性に富んでいる。ただしそれをもって、「滄海学派と水雷学派との日本での対立は、……水雷学派理論の内に包摂」されたとか、「一等戦艦導入論者の海軍戦略を否定」したといい切ることには疑問を感じる。というのは前述のように西郷海軍大臣は、第六回軍備拡張計画として閣議に提出されたのは軍事部案であると認識していること、水雷学派の中心を占めていたといわれる赤松主船局長がその職を離れて以降の海軍省は軍事部の流れをくむ者たちが主流となっていることと大沢説は符合しないからである。特別費という予算内では、ベルタン案を受容する以外に方策はないと考えた海軍は、期間を三年に短縮しその間に戦艦保有をふくむ長期的展望策を構築しようとしたのではないだろうか。

ここで、三年内の準備期間に政府を納得させる軍備拡張計画を作成するうえで大きな役割を果したと思われる、西郷海軍大臣と樺山海軍次官の欧米視察について考察する。明治一九年七月一四日、西郷海軍大臣は柴山矢八海軍大佐（以下、海軍を省略）、原田宗助二等技師、舟木錬太郎大尉、吉井幸蔵中尉、日高正雄中尉、片岡直輝主計の六名の随員をともない、今後の軍備の有り様を求めて欧米視察に出発し二〇年六月三〇日に帰国した。一行は七月二八日にサンフランシスコに到着、アナポリス兵学校や兵器製造所を視察した。なおその間のシカゴから駐米アメリカ公使館付武官の斎藤実大尉が同行、斎藤により詳細なアメリカ、イギリス、フランス視察の報告書が作成され二〇年九月に発刊されている。(43)

一行はアメリカから最大の目的地のイギリスに向かい、明治一九年九月一二日にリバプールに到着したが、注目すべき点はこの視察旅行の前に、「日本海軍の拡張計画に注目し……フランスが軍艦発注を取ることについても心配」していたイギリスのプランケット（Sir F. Plunkette）駐日公使が、欧米視察前に西郷海軍大臣と会談していたことである。(44)この席で、プランケットは日本海軍がこれまでどおりイギリス海軍をモデルとして近代化をすすめるべきであると主張したのに対し、西郷はこの忠告を受け入れるとともに、海軍兵学校と開校予定の海軍大学にイギリス人教師の派遣を要請したという。

イギリスは、日本海軍がベルタンの案にもとづいて第一期軍備拡張計画を策定したことなどにより、フランス製軍艦の輸入がふえ、イギリス製軍艦が締め出されるのではないかと心配していたのであった。これに対し西郷海軍大臣は、こうした先進国の思惑を踏まえつつ、当面の第一期軍備拡張計画に必要な艦艇などの兵器の選択、戦艦をふくむ将来の軍備拡張計画の構想と艦艇など兵器の発注先、そして原田技師が随員として同道していることに端的に示されているように、新たな兵器製造所を建設するための協力先を選別するなどの目的をもって欧米視察に出かけたものと思われる。

こうしたこともありイギリスでの視察場所は、一部の陸海軍教育機関以外は、陸海軍（海軍中心）造船廠、造兵廠、私立の造船所、兵器製造所、製鋼所、火薬製造所、機械製造所、水雷製造所、そして大砲試射場など、圧倒的に兵器製造所が多い。斎藤大尉の報告書には、製造中の艦艇や兵器の性能、製造方法、工場の施設の状況が記述されており、それによって国内にいる軍人や技術者も詳細な実態を知ることができたのであった。(45)

斎藤大尉の報告書をみると、民間兵器製造会社のなかではアームストロング社に関する記述が多い。そのなかで造船部門は三ページにすぎないが、造兵部門についてはアームストロング社の経営する「エルスウ井ッキ」製砲会社を一五ページにわたって取り上げている。原田技師のかつての留学先ということもあるが、新兵器製造所建設の際の協力会社として期待があったものと思われる。なお斎藤の報告書のなかには同社について、安政五（一八五八）年にイギリス政府がアームストロング砲を採用したことにともない、「ウール井ッチ」製砲部の補助工場として急成長を実現したこと、その後こうした政府との関係が批判され、文久三（一八六三）年に純粋な民間会社となり海外との取引に力を注ぐようになったこと、鋼製後装砲の発明で内外から高い評価を得ていること、その他に水圧機械、とくにクレーンの性能が優れていること、同社の製鋼所で使用する製砲用鋼材は他より購入し加工していることなど、取引先としての可能性についても具体的に長所、短所が記されている。(46)

ここで舟木大尉の報告や斎藤大尉の日誌などにより、のちに重要な関係を築くアームストロング社などについての記述を具体的に紹介する。まず明治一九年九月一二日のリバプール到着時の様子をみると、イギリス駐在の海軍将校とともに、府長より提供された専用の汽船のなかで、「幕末に英海軍顧問団の団長として来日していたリチャード・トレイシイ大佐（Captain Richard E. Tracey）」(47)と「曾テ『アームストロング』社代理人トシテ日本ニ滞留セシ旧海兵少佐『ブリツヂフオート』」の出迎えを受けた。(48)次にニューカッスルにおける状況を追うと、九月二〇日の四時に駅に到着、ニューカッスル府の代表とアームストロング社などのノウブル支配人の出迎えを受け、西郷大臣は招待によりノウブル宅に投宿した。(49)翌二一日は、府長の用意した汽船でタイン川の景色を楽しみ、対岸の兵器・造船会社を見学、午後一時、船内で府長主催の昼食会に招かれた。その後、ニューカッスル市内の観光を行いノウブル宅などに帰った。(50)そして二二日には、ノウブルなどの案内でアームストロング社の各工場を見学、「其景況ハ有名ノ名ニ負カス大砲、弾丸、製鋼、造船等一切ノ工事盛大ニシテ僅々一日ノ巡見ヲ以テ各事ヲ見尽シ能フ所ニ非ス」と、圧倒された感想を残している。(51)夜は、アームストロングの別荘に招待され宿泊した。さらに二三日は、アームストロング自身の案内で庭園などを見学し、四時にグラスゴーに向かった。ここで注目すべきは、「原田技師ハ『ニューカツスル』ニ於テ取調ノ為メ同地ニ帰ル」と書かれていることである。[52] 一行はノウブル支配人はもちろん、アームストロングにもこのうえない歓待を受けており、親密な関係が築かれたと考えられる。

イギリスについで西郷海軍大臣一行は、フランスを訪問、五軍港のうち四軍港を視察、シェルブール軍港では鎮守府造船部や兵器部をはじめ、艦艇、軍法会議などの諸施設を視察、西郷は組織的、具体的に海軍に対する知識を得た。また「松島」や「厳島」を建造することになる地中海鉄工造船会社、砲艦「千島」、水雷艇を発注したシュナイダー社、ノルマン社などにも足を伸ばしている。[53] なおこれ以降、一行はドイツなどを訪問するが、残念ながら報告書をみつけることができず、斎藤大尉が一行と別れたこともあって日記にも記載されていない。

西郷海軍大臣と入れ替わるように明治二〇（一八八七）年一〇月一一日、今度は樺山海軍次官が山本権兵衛少佐、村上敬次郎主計少監、日高壮之丞少佐、遠藤喜太郎大尉を随員として、その他に橋口文蔵（農商務省官吏、樺山次官の甥）、赤星弥之助（樺山の姪の夫）も同じ船で横浜港を出港（明治二一年一〇月一九日に帰国）、一〇月二六日にサンフランシスコに到着後も赤星・橋口、またアメリカ留学中の樺山愛輔（樺山の子息）も頻繁に行動をともにしている。さらに西郷海軍大臣の視察の時と同様、斎藤大尉も同道している。[54]

アメリカにおいて樺山海軍次官一行は、海軍関係施設、兵器工場、造船所等を視察した。そうしたなかでダイナマイト砲の試射に立ち会ってその威力に驚嘆、日本海軍への導入を計画、樺山・斎藤・赤星の連携のもとで購入が実現した。その後、樺山次官一行はイギリスの視察を行うが、これに赤星も同道、こうした点について奈倉文二氏は、「アームストロング社の対日工作（とくに海軍への売り込み工作）は、ジャーディン・マセソン商会による活動のみでなく、ミュンターや赤星弥之助も含めて、より一層究明されるべき」と指摘している。[55] なお海軍と高田商会の関係については、第五章第五節および第一一章第五節においても言及している。

こうした点を示すかのように、明治二〇年二月一日には、一九年一二月二〇日付けのアームストロング社ノウブル支配人からミュンター（B. Münter）を紹介する書状がロンドンの日本公使館、外務省をへて樺山次官に届けられており、[56]恐らく樺山は、西郷海軍大臣などに加えミュンターからアームストロング社に関する詳しい情報を得て出発したものと思われる。なおアームストロング社ではないが、前述のようにこれより先の一九年一〇月七日に記されたクルップ社代理人アーレンスの大砲製造所新設について協力を申し出る書簡が、海軍省に届けられている（第五章第二節を参照）。

このように西郷海軍大臣、樺山次官の欧米視察については、前者についてはかなり詳細な報告が残されているが、後者に関しては断片的に把握できるだけである。[57]そのため前者を中心とした分析という限界があるが、視察は全海軍施設、なかでも艦艇をふくむ兵器と兵器製造所を中心に行われたこと、一行はほとんどの海軍工廠、民間兵器会社において歓迎を受けている（とくにアームストロング社の歓迎は熱がこもっていた）。またフランスも兵器製造会社からの日本への兵器輸出を望んでおり、それぞれの政府は何らかの側面援助をしていたのではないかと考えられる（この点は第八章において再考する）。

また視察の間接的な影響として斎藤大尉が、「西郷さんという人は磊落《らいらく》な人で、……非常に冗談、諧謔をいわれる人で、毎晩食事が終ってから、一行の士が色々議論の花を咲かせていると『その議論は、俺が後を引き受けよう』といって、仲間入りをされる」と回顧しているように、大臣と随員および随員同士の親密な関係が築かれた。[58]ここからは推論となるのであるが、将来の海軍の有り様、とくに軍備拡張計画については腹を割った議論が行われ、それが西郷海軍大臣から山本海軍大臣、斎藤次官に連なる戦艦の保有を目指す軍事政策、人脈の形成に少なからぬ影響を与えたように思われる。

西郷・樺山両首脳の視察についてはこのくらいにして、ふたたび軍備拡張計画にもどると、第一期軍備拡張計画が終了する一年前にあたる明治二一（一八八八）年二月、西郷海軍大臣より伊藤総理大臣に第七回軍備拡張計画（第二期軍備拡張計画）が提出された。しかしながらその内容については、『秘　艦船製造沿革記事』および『秘　海軍艦船拡張沿革』には有栖川宮熾仁親王《ありすがわのみやたるひとしんのう》参謀本部長の計画が記されているのに、『海軍軍備沿革　完』ならびに正式文書の「第二期海軍臨時費請求ノ議」には、掲載されていないという相違がみられる。

そこで前二資料により参謀本部長の計画を概観すると、「方今英清両国ノ形勢ハ一旦有時ニ当リ相聯合スルハ疑ナキモノ、如シ……英清聯合軍ヲ待ツノ日アルモ此大計画ニシテ悉皆整頓ノ後ハ稍々相匹敵スルヲ得ヘキノ目的ナリ」と、英清聯合軍に対抗できる大拡張計画であることを明言している。[59] そして具体策として、甲鉄艦一六隻―艦隊甲鉄艦八隻（八〇〇〇トン以上）、巡航甲鉄艦（巡洋艦）八隻（八〇〇〇トン以下）をはじめとする大小軍艦一三九隻、四〇万七八〇〇トンと水雷艇二〇二隻の全体計画を三期にわけて実施することにし、その第一期計画として明治二七（一八九四）年までに、六五二三万円で巡航甲鉄艦四隻（六〇〇〇トン内外）など軍艦五六隻・一二万七一五〇トン、水雷艇八九隻を保有する内容となっている（第一期計画では、艦隊甲鉄艦の導入は要求されていない）。これをみると甲鉄艦八隻をふくむ艦艇を三期計画で保有することになっており、全体計画は第六回軍備計画の川村計画案と類似しているが、第一期計画を比較すると、川村計画案は甲鉄艦二隻保有を目指したのに、ここでは見送られるなど相違が認められる。なお正式文書である「第二期海軍臨時費請求ノ議」では、この参謀本部長の計画は、別冊として提示すると記述されているが、別冊の存在を確認できず、六五二三万円にのぼる軍艦製造費が提示されたことのみ記されただけであり、『海軍軍備沿革　完』にはそれすらみられない。

参謀本部長の計画以外の記述については、骨子は四資料ともほぼ同じであり、もっとも詳しい内容となっている「第二期海軍臨時費請求ノ議」によって要約する。これをみると参謀本部長の第一期計画とほぼ同じ明治二二年度から二六年度の五年間に、「国事ノ多端国用ノ給セサルヲ知ル徒ラニ欧洲諸強国ノ如キ軍備ヲ冀望シ国力ノ及フヘカラサル費額ヲ請求スルニアラズ唯独立国ノ海軍ト称スルニ足ル丈ケノ準備」として、二二五八五万七七九一円で海防艦一隻、巡洋艦三隻、モニトル艦四隻、報知艦一隻、砲艦六隻、練習艦一隻、水雷艇三〇隻、また二六九八万九五六三円で兵器の購入、艦艇の修理、鎮守府など海軍施設の整備をすることになっている。(60)

このように第二期軍備拡張計画には、多額の海軍施設の整備費が計上されているが、そのなかで呉鎮守府設立費は、九三七万四二四七円（その内訳は土木費に二八三万九五七三円、造家費に八八万六五二一円、造船部建設費に五三二万七〇二二円、地所買上費に三万円、事務所諸費に二九万七〇〇〇円）で、呉鎮守府設立計画の第二期計画を若干上回る額となっており、第二期計画と若干の第一期計画の残存工事費が計上されたものと思われる。なおもっとも多い造船部建設費の中核となる船渠・船台費は、第一・第二船渠費が八八万円、第二・第三・第四船台費が四万六四六三円、水雷艇船台（五カ所）が三万円、同船渠（三カ所）が三万一六六六円となっている（第二章第一節などを参照）。

この要求は、明治二一（一八八八）年五月二四日の閣議によって却下され、二二年度に本年度定額五九二万円に一〇八万円を加えた七〇〇万円を限度とし予算を調整すること、ただし三一五万円が特別費補充として支給されることになった。これによって巡洋艦「秋津洲」（三一七二トン）と砲艦「大島」（六四〇トン）、水雷艇三隻が建造されることが決定した。またその後、約二一六万円の予算で呉鎮守府造船部八カ年計画（明治二二年度から二九年度まで）が決定され、二船渠・三船台と工場を建設することになった（この点については、第三章第一節を参照）。ちなみに三船台はいずれも一二二メートルで、目的とする艦種は最大八〇〇〇トンとなっており、参謀本部案の巡航甲鉄艦の建造を目指したものと思われる。

第二期軍備拡張計画について大沢氏は、「造艦方針自体はベルタン第一期計画の補充という性格のものであった」

とし、西郷海軍大臣の役割は内閣の意向に沿って、「海軍内強硬派を抑え海軍路線をベルタン路線に定着させること」であったと述べている。(61) こうした見解は、この計画の「第二期海軍臨時費請求ノ議」の艦艇計画とその結果のみを対象とした主張といえよう。すでに述べたように第二期軍備拡張計画は、参謀本部長案を基本としつつ閣議に提出したものであり、参謀本部が作成した三期計画からなる全体計画とそのうちの第一期計画、その第一期計画を縮小した「第二期海軍臨時費請求ノ議」の艦艇保有と施設計画を総合的に分析してその意義を考えるべきものといえよう。

また第二期軍備拡張計画は、内閣制度への移行後に西郷海軍大臣が率いる海軍省が欧米視察の成果を取り入れて軍事部案を再構築したものであること、軍事部案との相違は、第一期計画において甲鉄艦の保有を除外していること、この計画には明治二三（一八九〇）年の帝国議会の開会をひかえ、できるだけ議会の影響を受けることなく将来の軍備拡張計画を確定しておきたいという海軍の意向が反映されていると考えられる。いずれにしても海軍にとってこれは将来を左右する基本計画と位置づけられていたのであり、決して第一期軍備拡張計画の補充ではなく、また海軍大臣が参謀本部を説得するなどの多少の軋轢はあっても、軍事部路線を踏襲している大臣と参謀本部に基本的路線の対立はなかったといえよう。

次にこうした海軍省の意図と結果についてみると、表面的には軍艦二隻、水雷艇三隻しか得ることができなかった海軍省の完敗のように思われる。しかしながら英清聯合軍に対抗可能な大拡張計画である参謀本部長作成の第二期軍備拡張計画全体計画を伊藤内閣に提示したこと、その第一期計画として要求した艦艇の購入が一部認められたこと、この計画で要求した呉鎮守府造船部予算が八カ年計画として継承され、さらに同じ年に新たに呉兵器製造所設立計画が認められたことを考慮すると、あながち海軍省の意図がことごとく拒絶されたとはいえないのである。なぜならば呉鎮守府造船部八カ年計画と呉兵器製造所設立計画によって、一等巡洋艦と搭載兵器の造修施設が整備されることが認められたからである。

二　戦艦の保有を目指す海軍の方策と実現の影響

こうしたなかで西郷海軍大臣は、明治二三（一八九〇）年、「先ツ本邦艦隊ノ基本ヲ建テ二十余年ヲ経テ全工ヲ終リ艦隊ヲ編制スル軍艦四十五隻ニシテ新旧合計噸数二十三万〇四百余ヲ有シ儼然タル艦隊ノ勢力アルモノヲ造成シ而シテ後チ彼ノ聯合艦船ノ噸数ニ匹敵セシメ以テ国威ヲ遠播セント欲ス之ヲ施行スルニハ応ニ三期ニ分チ第一着ヲ七箇年ト定ム」という第八回軍備拡張計画案を策定した[62]。この計画の内容は明示されていないので断定はできないが、第二期軍備拡張計画の参謀本部海軍部の路線を踏襲しつつ現実路線に縮小したもののように思われる。なおこの案は、五月一七日に西郷から樺山に海軍大臣が交替したことにより提出されずに終わった。

明治二三年九月一九日、樺山海軍大臣は、西郷前海軍大臣の計画にもとづいて清国の軍艦とイギリスの東洋派遣軍艦トン数を「合シタル勢力」を一二万トンと想定し、それに対抗するため現有の五万一九四一トンに甲鉄艦二隻（各九五〇〇トン）をはじめとする軍艦二五隻（六万九〇〇〇トン）を建造して一二万トンとし、その他に水雷艇など二八隻（六六八〇トン）、合計五三隻（七万五六八〇トン）を五八五五万二六四五円、舞鶴および室蘭鎮守府などの施設を七年間で整備することを骨子とする、総額七〇三一万六〇五二円にのぼる第八回軍備拡張計画を山県有朋総理大臣に提出した。

注目すべき点は、この計画のなかで海軍は、「我海軍ハ防禦ヲ主トシ小艦ヲ造ルヘシ敵国ニ航進スルヲ目的トスル大艦ハ造ルニ及ハス然ルトキハ費用省ケント是甚タ目的ヲ誤ル者ナリ我国権ヲ維持スルトハ他ノ侮ヲ禦クヲ云退テ守ルノ策アレハ進テ攻ルノ実無ル可ラズ」と、甲鉄艦を中心とする艦隊を編制し外洋決戦を主張していることである[63]。

この計画に対しては、「国費多端ノ時ニ於テ如此巨額ノ軍需ヲ支出スルハ容易ノ事ニ非ス依テ其費用支出ノ財源ニ付キ宜ク先ツ大蔵大臣ヨリ計画ヲ定メ閣議ニ提出」することになったが[64]、閣議においては、「不可トスルノ説ナキモ財源ナキノ故ヲ以テ国庫ヨリ供給シ得ヘキ金高五百弐拾壱万円ヲ目途トシ先ツ本計画中ノ軍艦ヲ製造スル事ニ決シ」た[65]。

この結果をもとに海軍省は、「明治二十四年度軍艦製造費要求書追加」を第一回帝国議会に提出した。このなかで海軍は先述の軍艦一二万トン保有論を展開しつつも、明治二四年度から二八年度の五年間に五二一万八二一六円の予算によって巡航艦二隻（「吉野」四一六〇トン、「須磨」二六五七トン）、水雷艦一隻（「龍田」八五〇トン）と水雷艇二隻を建造することを求めた。第一回帝国議会の衆議院の予算審議は、民党が民力休養、地租軽減を主張して緊張したが、「自由党が内部分裂して一部議員が削減を減額する方針に転換したことにより、衆議院の大勢は政府との妥協を求め」、政府もそれに同意し、「削減内容は政費節減＝通常の経費にかかわるものであったから、海軍の新規事業である軍艦製造費はそのまま承認された[66]」。

一方、第一回帝国議会における貴族院は、全体として政府の予算案に協調的であったが、佐々木克氏によると、そこには不満はあっても、「東洋における最初の立憲議会を無事におさめることが、国内はもとより諸外国の信用を得ることになり、国権を高め、条約改正にも有利に働く」という「ナショナリズムの観点」があったという[67]。ところがこのナショナリズムが第二回帝国議会においては、谷干城の「勤倹尚武」の建議となったが、「この建議案は貴族院による政府不信任の意志表示を意味する」と危機感を抱いた建議案反対派の切り崩しにあい[68]、激論の末、賛成七八対反対九七票で否決された。とはいえ初期帝国議会において、経費を節減しその財源によって軍備を拡張し国の独立の保持を主張する「硬派が議決を左右する力を持っていた」ことは[69]、海軍にとって理解者となり得る可能性を有していたといえよう[70]。

ふたたび第八回軍備拡張計画にもどると、大沢氏は、「この一二万トン保有論はこの後政府の公式見解」となったとしつつも、建造が決定した艦艇が少なかったこともあり、「それはあくまでも宣言政策」であると、基本的に状勢に変化はないという評価をする。[71] しかしながら英清聯合軍に対抗することを目指して甲鉄艦を中心とする艦隊を編制し外洋決戦を可能にするため短期計画に九五〇〇トンという本格的な甲鉄艦二隻をふくむ一二万トン保有論を提示しそれが公式見解となったことは、海軍省にとって自らの主張を実現するための道が開かれたと理解する方が妥当のように思える。

明治二四（一八九一）年七月八日、樺山海軍大臣は、公式見解となった一二万トン保有論を根拠として、現有の五万トンに加え、九年間に五八五五万二六三六円の費用で甲鉄艦四隻をはじめとする軍艦一一隻（七万三九〇〇トン）、水雷艇六〇隻を建造するという第九回軍備拡張計画を閣議に提出したが、巡洋艦と報知艦の二隻の建造が認められただけであった。こうして二四年一二月の第二回帝国議会に、巡洋艦と報知艦の四五〇〇トンを二七五万円で六年間に建造する軍艦製造費が提出されたが、民党の予算削減案に政府が反発し解散となり前年度予算が執行されることになった。このため政府は、二五年五月に開会の第三回帝国議会に新規事業に関する追加予算を再提出したが（ただし軍艦製造費は七カ年に延長）、否決されてしまった。[72]

こうした状況を打開するため仁礼海軍大臣は、明治二五（一八九二）年一〇月、艦艇一二万トン保有論をもとに、現有艦艇に加え一六年間に五九一九万七四一九円の費用で一万一四〇〇トンの甲鉄艦四隻など軍艦一九隻（八万七八〇〇トン）を建造するという第一〇回軍備拡張計画を閣議に提出した。ただし期間短縮をする時は、一六三〇トンの軍艦建造を中止するという条件になっていた。この提案に対し政府は、一九五五万八五四三円の予算で甲鉄戦艦二隻（七カ年継続）、三等巡洋艦一隻、報知艦一隻（両艦とも六カ年継続）を建造することに決定した。[73]

明治二五年一一月二九日に開会した第四回帝国議会において、海軍省所管歳出臨時部に計上された軍艦製造費は、衆議院予算委員会（第四科）ではそれほど問題視されることはなかった。ところが一二月一三日の予算委員会総会では、犬養毅議員のように、「何故海軍ニ於テハ日本ノ国ヲ守ルニハドノ位ノモノガアレバ出来ルカ其方針ガアルカト云フ方ヲ進ンデ質問スレバ、其方針ハアルケレドモ財政ガ許サナイト云フノデアリマス、実ニ怪シカラヌ」というように、(74)海軍の姿勢、方策に対する質問がつぎつぎに出された。そして、「此海軍ノ臨時部ノ案ト云フモノハ速ニ一時政府ニ撤回シテ、サウシテ更ニ此議会中ニ相当ノモノヲ調製サレテ議会ニ提出サレンコトヲ希望スル」意見が出され、同調議員も少なくなかったが、決議とはせず政府に再考をもとめることになった。(75)こうしたなかで杉田定一・江原素六両議員から「海軍改革建議案」が提出され、後述するように一二月二〇日の衆議院本会議において多方面から海軍批判が展開された。

このような大きな問題をかかえたまま明治二六（一八九三）年一月一〇日、衆議院において海軍省提出予算を審議する本会議が開かれた。最初に加藤政之助議員から海軍省臨時費の審査についての報告がなされたが、そこでは筆者が判断しかねた予算委員会総会の結末を、海軍は軍備拡張の基本方針がないことなどの理由をあげて「軍艦製造費ト云フモノヲ否決」したと断言している。(76)これに対して仁礼海軍大臣は、「我海軍ノ方針ハ過大ノ艦船ヲ造リ諸強国ニ均シキ艦隊ヲ編制シテ、……、帝国ノ地位ト宇内ノ情勢トヲ観察シテ国防上ノ必要ニ考ヘ、少クモ十二万噸ノ実力アル軍艦ヲ要スルト」陳述し、続いて「要求致シマシタ甲鉄艦二隻巡洋艦一隻報知艦一隻ハ、今我財政上其製造ヲ許シ得ル丈ヲ以テ、前ニ述ベタル方針中ノ最モ緊急ナル軍艦中ノ最モ急ナルモノヲ撰定シタルモノデアリマシテ、漸次財源ノ許ス所ニ随ヒ歩ヲ進メ終ニ計画ヲ完フセントスル方針デアリマス」と、予算要求に対する提案理由を述べた。(77)なお甲鉄艦については、「今ヤ我当局者ノ研究調査ヲ遂ゲタル結果ハ、欧米諸国ノ実験ヲ利用シテ甲鉄艦ノ製造ニ著手スルノ時機ニ達シタルモノデアリマシテ、最モ急務ナルモノデアリマス」と、早急に保有する必要性を説いた。(78)

こうした説明に対しても、衆議院本会議はこれまでと同じように軍備拡張計画に一貫性がみられないこと、海軍内の積弊が改められていないと反発し軍艦製造費案を否決した。これに対し政府はそれを認めず、衆議院は政府に対し議決への同意を求めたが、政府はそれを拒否した。その後、衆議院は休会、停会と混乱、停会あけの明治二六年二月七日に上奏案が一八一対一〇三票で可決された。そして二月一〇日、内廷費から毎年三〇万円を六年間下付し、また文武の官僚の俸給の一〇分の一を納付し軍艦製造費にあてることを内容とする、政府と議会との和協を求める詔勅が発せられた。

詔勅を受けた「両院議員は痛く感激し、衆議院は『和衷協同』の奉答文を捧呈し、議員も亦た六箇年間歳費十分の一を納めることを決議」するとともに、政府との間で話し合いを行い、「議会は予算修正案を固執せず、政府も亦た前説に拘泥せず」、第一に、「憲法第六十七条の費目中緩急を図りてその削減に同意すること」、第二に、「第五議会迄に行政を整理して政費を節減すること」、第三に、「急速に海軍の改革を決行し議会の希望に応ずること」を決定した。(79)これによって一四七万六〇一七円を減額した一八〇八万二五二六円の予算案が認められることになったが、翌年に至り甲鉄艦継続費は五年に短縮された。こうして海軍にとって最初の戦艦「富士」(一万二六四九トン)と「八島」(一万二五一七トン)、巡洋艦「明石」(二八〇〇トン)、そして呉鎮守府造船部で建造された最初の軍艦(報知艦)となる「宮古」(一七七二トン)の予算が認められることになったのであった。

内閣制度への移行後、海軍は第六回軍備拡張計画において川村海軍卿が閣議に提出したのは軍事部案であるという前提により、長期的展望のもと漸進的に軍備計画を推進してきた。そして第一〇回軍備拡張計画に臨んだわけであるが、注目すべきは軍艦製造費をめぐって海軍が窮地に立たされていた明治二六年一月九日に、川村元海軍卿から田中綱常大佐(呉鎮守府兵器部長)に、「造艦費も否決と相成り……実ニ為国家可憂次第(80)」という内容の書簡が送られ、それを受けた田中大佐が、一月二〇日に仁礼海軍大臣に意見書を送るという事態が発生していることである。

そのなかで田中大佐は、帝国議会開設以来、軍備拡張計画に反対を続ける民党の不当性を強調するとともに、今回の件に関して、「此儘黙示スルニ於ヒテハ益々世上一般ノ信義ヲ無シ海軍拡張ノ方針抑モ何レノ日カ其実行ヲ観ル事ヲ得ラルヘキヤ」と、是が非でも軍艦製造費の決定を主張する。(81) そして事態の解決策として、「乍恐憲法ヲ御中止相成速ニ軍艦製造ノ事ニ断然御着眼被為在候」という第一策およびこの策が実行不可能の時は、「本年一月十二日時事新報ニ於ヒテ軍艦製造費ニ対シ説ク所ノ如キ趣意ニ因リ勅令ヲ以テ製造ノ事ニ御断行相成然シテ后議会ニ協賛ヲ求ムル」という第二策を提示する。(82) 最後に田中は、軍人が政治に介入することが禁じられているのは承知しているものの、切迫した重要問題に黙止することができず意見を開陳したと釈明する。

元海軍卿をふくむ海軍が、重大な決意をもって第四回帝国議会に臨んだ最大の理由は、軍備拡張の必要性を認めつつも財政的問題から延期してきた政府が、財政が緩和されたことにより第八回軍備拡張計画に組み入れた甲鉄艦をふくむ艦艇一二万トン保有論を認め、さらに財政的な余裕が生じた第一〇回軍備拡張計画において、待望の甲鉄艦をふくんだ軍艦製造費を議会へ提出することにも同意したことであった。また民党が多数派を占める議会という難関が待ち受けているが、民党の真意は決して軍備拡張計画に反対したものではなく、必ずしも海軍が有利な条件で妥協することが不可能ではないとの判断があったためと思われる。

事実、明治二五年一二月二〇日の衆議院本会議において提出された「海軍改革建議案」は、「予メ我国勢ヲ察シ我国力ヲ量リ茲ニ海軍拡張ノ策ヲ立テ以テ海外列国ト均勢ヲ持スルハ実ニ我国当今ノ急務ナリ今ヤ我国ニ於テ凡ソ十五万噸ノ軍艦ヲ備ヘハ以テ東洋ニ海軍ノ勢力ヲ張ルヲ得ヘシ現在ノ軍艦凡五万噸アリ茲ニ凡十万噸ヲ増製スルヲ要ス海軍ノ勢力ハ独リ噸数ノ多少ニ在ラス艦種ノ大小如何ニ在リ当局者ハ深ク茲ニ意ヲ留メテ之カ設計ヲ立テ其財源ニ至テモ亦タ宜ク之カ考案ヲ立テ議会ニ協賛ヲ求ムヘシ[83]」と、海軍以上に軍備拡張を主張しているのである。海軍が基本となる長期的な大拡張計画を秘匿し、予算の対象となる第一期計画ないし政府案として帝国議会に提案したものに限定して説明するために、議員に対し方針もなく財政状況によって計画を変更しているような誤解を与えているといえよう。彼らの反対理由は、「従来議会カ屢々政府ニ反対シ軍艦製造費ヲ否決シタルハ海軍ノ計画方針一定セス且ツ海軍省ハ弊竇〔偽カ〕ト為リ組織其宜ヲ失ヒ経理上信任ヲ置ク能ハサルヲ以テナリ」という点にあり、「其計画方針能ク茲ニ一定シ積弊ヲ洗滌シ冗費ヲ節減シ以テ信任ヲ置クニ足ラハ今日我国ノ海軍ヲ拡張スルカ為メニ必要ノ経費ハ之ヲ協賛セサルニ非ラス」と、軍備拡張計画方針を確定し冗費の節約などの改革を実施した時には、軍備拡張を認める意向を示しているのである。[84]

ここで大沢氏の主張と対比することによって、筆者の見解を示すことにする。当時の外交と海軍の路線について大沢氏は、「政府の政策は親英清路線を枠組みとしその下で朝鮮保全を図ろうとするもので」あり、「軍事的にも対清戦争の核と見做された海軍は、清北洋艦隊と外洋決戦を行い得るような戦艦導入を否定した上に立った海軍路線であり防禦的性格が強い海軍軍備であった」と述べている。[85]確かに明治二〇年代前半は、抑制的軍備と協調的外交が展開されたが、それは長期的展望のもとで戦艦の導入を目指した三期計画からなる第二期軍備拡張計画の全体像を示した参謀本部長計画を無視し、戦艦をふくまない第一期計画を縮小し閣議に提出した「第二期海軍臨時費請求ノ議」など、閣議や帝国議会に提出、決定された末端の現象のみを対象とし分析した結論といえよう。海軍は全体像を提示しつつ、まず政府や議会から協賛の得られ易い第一期計画の予算化を繰り返し、やがて戦艦をふくむ第二期計画と考えられる一二万トン保有論の閣議了承を得、二五年に戦艦二隻などの導入を実現した。まさにそれは、長期的展望のもとと段階的に目的を実現する方策といえよう。議会も表面的には反海軍を掲げながら海軍拡張に積極的であり、これを阻止する勢力となることはできなかったのである。

第一〇回軍備拡張計画の一部である二隻の戦艦などの導入を実現した海軍は、それを基本計画とし長期的展望のもとに提示した全艦艇の保有とともに、それらの国産化を目指すことになる。こうしたことを証明するかのように海軍は、明治二六（一八九三）年にイギリス出張を命じた山内万寿治造兵廠設立取調委員兼造兵監督官に対し、ワシントンにおいて当時の戦艦搭載用として最大の一二インチ（三〇・五センチメートル）砲の砲身材料の調査するように訓令した。またこの頃から、戦艦を発注した兵器製造会社などに多くの技術者を留学生や監督官として派遣し、戦艦の建造や搭載兵器の製造に備えるようになったのであった。

第四節　日清戦争後の軍備拡張計画

本節においては、第一に、日清戦争以前と以後の軍備拡張計画の継続性と相違点を明確にする。第二として、第一一回軍備拡張計画の特徴の一つである多額の海軍拡張費に関して、兵器製造施設の建設に果たした役割を明らかにする。第三は、戦艦など大型艦の保有の増大によって輸入艦（排水量）が増加したことと、一見するとそのことと矛盾するようにみえる兵器の国産化政策とを統一的に把握することを目指す。

日清戦争の終了後、海軍は第一一回軍備拡張計画の作成を開始した。その基本方針について海軍は、「明治二十六年度拡張当時ノ計画ニ起因スルモノニシテ明治二十六年度拡張ノ際ニハ前述ノ如ク僅カニ其計画ノ一部タル甲鉄艦二隻及巡洋艦報知艦各一隻計四隻ヲ新造スルコト、ナリ他ハ之ヲ後年ノ計画ニ譲レリ……計画ハ其後一二ノ変更アリシモ明治二十八年ニ至リ二十七八年日清戦役ノ結果局面ニ変化ヲ来シタルト実地ノ経験トニ依リ前記製艦計画ニ左ノ修正ヲ加フルコト、ナレリ」と説明している。[86]

第一一回軍備拡張計画の作成を任された山本権兵衛海軍省軍務局長は、政府に提出された第一〇回軍備拡張計画を基本案とし、それに日清戦争の戦訓と三国干渉にみられる列強の東洋に対する圧力を加味して新計画の策定に取り組んだ。その結果、「今日我国力に相当する海軍力を決するには英国か又は露の一国に仏国又は他の劣勢なる一、二箇国が聯合するものとし其聯合国が東洋に派遣し得べき艦隊の程度を予想し之に優るの艦隊を備うるを以て急務とすべきなり」という基本方針を樹立した。[87]具体的には、甲鉄戦艦六隻、一等巡洋艦六隻、その他二等巡洋艦、三等巡洋艦、報知艦、水雷砲艦、水雷母艦兼工作船、水雷駆逐艇によって構成される製艦計画と、それに対応する鎮守府・要港などの施設拡充計画によって構成されている。このうち六隻の甲鉄戦艦については、建造中の「富士」「八島」を除く四隻が新造されることになっているが、その排水量を一万五〇〇〇トンとした背景には、日清戦争において「砲力の大に加うるに尚お船体部の防護一層堅固なりしならば敵の堅艦に対抗して尚お一層の効果を収め得たるやも知る可らず」という戦訓があった。[88]なおこの時から、基本的に甲鉄戦艦と呼ばれるようになった。そこには、誰はばかることなく最新式の戦艦を購入できるという自信が感じられる。

海軍省は山本軍務局長の案をもとに、甲鉄戦艦四隻をふくむ軍艦一七隻、水雷艇七五隻の製艦計画と搭載兵器や多くの施設・設備の拡張を求める第一一回軍備拡張計画を作成した。しかし、これらに要する費用を合計すると二億円を超えることが判明したため、費用を二億円以内に節減することとし、明治二八(一八九五)年七月の閣議に提出した。閣議の席で西郷海軍大臣は冒頭、「海軍拡張ノ事ハ今ヤ既ニ朝野ノ等シク急務ト認メ一人ノ異議ヲ唱フルモノナキノ気運ニ達シタレハ復タ之ヲ論スルノ要ナシ」と、閣僚の賛同を得られる自信を示すかのように、これまで重要視してきた計画の必要性に対する論述を省略する。[89]続いて、「海軍ノ主要ハ海上ノ権ヲ制スルニ在リ海上ノ権ヲ制センニハ先ツ充分洋中ノ戦闘航海ニ堪ヘ敵ノ艦隊ヲ洋面ヨリ撃攘スルニ足ルノ主戦艦隊ヲ備ヘサル可ラス而シテ此主戦艦隊ノ主体ハ甲鉄艦隊タラザルヘカサルハ素ヨリ明カナル所ナリ」と、当然のように甲鉄戦艦を中心とした艦隊の必要性を強調する。[90]

このように甲鉄戦艦の重要性を力説したあと、西郷海軍大臣は、主戦艦隊を構成するのに必要な軍艦として速力迅速な巡洋艦、甲鉄戦艦のもっとも恐れる水雷艇を攻撃する水雷砲艦、水雷艇を適地に運搬する水雷母艦をあげる。次にイギリスないしロシアと他の聯合国が東洋に派遣し得る新式甲鉄戦艦をほぼ五、六隻と想定、これに対応する日本の主力艦隊として、甲鉄戦艦六隻（うち四隻新造）、巡洋艦一八隻、水雷砲艦六隻が必要であり、それを一〇年間で完備することを目指す。このほかイギリスの戦艦と見劣りしない一万五〇〇〇トンの甲鉄戦艦を導入する理由について、こうした大艦はパナマ運河の通過が不可能であり喜望峰を回ることになるが、この航路に石炭貯蔵所を有しているのはイギリスだけであり、イギリスが中立を守る時は、同国以外の艦艇は石炭の確保に苦悩することになるためであると説明する。また国内において艦艇の建造を維持することについては、以下のように述べている。[91]

追テ尚ホ一言スヘキコトアリ本計画ニ於テ新製スヘキ軍艦ヲ外国ニ注文スルモノト内国ニテ製造スルモノト区分セル理由是レナリ全体経費ノ上ト竣工年月ノ上トヨリ云フトキハ外国ニ注文スルコト内国ニ於テ製造スルヨリ遥ニ得策ナリト雖モ此ノ如クスルトキハ我職工ヲ維持シ又其枝〔技カ〕術ヲシテ熟練セシムルノ機会ヲ与フル能ハスシテ戦時及将来ニ大関係ヲ及ホシ海軍永遠ノ上ヨリ観テ甚タ不得策ナルヲ覚フ是レ経費多額ニ上リ竣工年月延引スルノ不利益アルニ関セス若干ノ軍艦ハ本邦鎮守府ニ於テ製造セシメントスル所以ナリ

甲鉄戦艦をふくむ艦艇の大拡張計画を実施することは、未だその能力のない日本においては輸入の増加をもたらすことになるが、そうしたなかでも戦時の緊急時の兵器の造修や将来の技術発展を考慮して一定の割合を国内で建造することが重要視されている。こうした措置が採用されても、排水量の大きい甲鉄戦艦を輸入する限り一度は増加した国産化率が減少することになるのであるが、それは段階的に高度な技術を習得することにともなう必然的な現象であった。注目すべきは、この間に高度な技術を要求されながら排水量の少ない小型巡洋艦以下の艦艇の建造を増加させ、甲鉄戦艦とその搭載兵器などの製造に向けて施設の整備や技術の習得が行われていることである。こうしたことを総合的に分析すると、排水量の大きい戦艦などの輸入が増加したことをもって技術力が低下したとか兵器の国産化の方針が変更されたと判断することは、的を射た主張とはいえないだろう。

この第一回軍備拡張計画は明治二八年七月の閣議において了承されたが、財政の関係より二期にわけて帝国議会に提出することになった。こうした決定にもとづき、費用を償金繰入、事業公債、普通財源によって賄うこととし、二九年度より三五年度にわたる七カ年間に、造船費四七一五万四五七六円、造兵費三三七五万一一六三円、建築費一三八七万五〇七円、合計九四七七万六二四六円に達する第一期拡張計画を策定し、二八年一二月に開会の第九回帝国議会に提出した。これに対して議会は、建築費を二〇万三四四〇円削減しただけで協賛した。こうして甲鉄戦艦（一万五一四〇トン）一隻、一等巡洋艦（七三〇〇トン）二隻、二等巡洋艦（四八五〇トン）三隻、水雷砲艦（一二〇〇トン）一隻、駆逐艦（二五四トン）八隻、水雷艇三九隻（一等―五隻、二等―二八隻、三等―六隻）の艦艇の建造が決定した。

明治二九（一八九六）年五月、西郷海軍大臣は、「目下東洋ノ形勢ヲ見ルニ風雲益々急ニシテ将ニ多事ナラントスルノ傾向ヲ生シ有力ナル巡洋艦ノ必要切ニ急迫ヲ告ク故ニ右拡張計画ノ内ニ更ニ一等巡洋艦二隻（浅間　常磐）ヲ加ヘ以テ総計六隻トナシ」という第二期拡張計画を閣議に提出し了承を得た。[92] この第二期拡張計画の予算は、当初計画に一等巡洋艦二隻の追加費をふくむ造船費七三五五万四七七九円、造兵費三三一七万六三三〇円、建築費六二五万四九九〇円、計一億一二九八万六〇九九円に一等巡洋艦二隻の設計変更費用五三三万八六二〇円を加えた総額一億一八三二万四七一九円で、それを三〇年度より三八年度にわたって支出することになっていた。

明治二九年一二月に開会された第一〇回帝国議会に西郷海軍大臣は、二九年度において確定した九四七七万六二四六円に、第二期拡張計画で認められた一億一八三二万四七一九円を加えた二億一三一〇万〇九六五円の軍備拡張費を、二九年度より三八年度の一〇カ年間の継続費として支出する予算を提案、修正を受けることなく協賛を得た。この第一一回軍備拡張計画によって、甲鉄戦艦四隻、装甲一等巡洋艦六隻、二等巡洋艦三隻、三等巡洋艦二隻、水雷砲艦三隻、水雷母艦兼工作船一隻、駆逐艦一二隻、一等水雷艇一六隻、二等水雷艇三七隻、三等水雷艇一〇隻、雑船五八四隻が建造されることになった。ただし計画中に水雷母艦兼工作船一隻にかわり駆逐艦八隻、水雷砲艦二隻の代替として三等巡洋艦一隻「音羽」および浅喫水砲艦一隻「宇治」を建造するなどの変更が行われた。

すでに述べたように海軍は、第一一回軍備拡張計画は第一〇回軍備拡張計画を基本としたものであると説明していた。この点については艦艇に関する限り肯定できるが、そこには大規模な海軍拡張費によって既設鎮守府の施設整備が計画されているという差異があることを忘れてはいけない。これ以降、これが呉工廠の形成に果たした役割を認識するため、当初に予定した造船部門と造兵部門の工事リストを示す(93)。

このうち造船部門にふくまれる施設は、第一水雷艇船渠、第二水雷艇船渠、第四船台、造船材料倉庫材料庫（乙）、同鉄材庫（乙）、同木材庫、同物品検査場、同端船格納場、同端船入堀、造船工場機械場建増、同端船製造場、水雷艇鍛冶場、水雷艇木工場および付属品格納庫、水雷艇機械工場建増、錬鉄工場建増、同下家建増、鋳造工場建増、船具工場鎖試験場、同試験台、船渠工場ピッチ沸場、水雷艇船渠喞筒場、同付属賄所、同付属便所、便所、医室、湯沸場

一棟、倉庫現図場の一部移転、職工調査場建増、表門番所付便所、木材庫移転、雑庫移転、職工調査場移転、同竈場移転、表門番所移転、裏門番所移転、表門および鉄柵移転、裏門移転、職工通用門移転、周囲柵移転、錬鉄工場付便所移転、コークス庫移転、監督部石炭庫移転、電話、下水溝（ただし暗溝と合併の部分）、鉄道、海中浚渫、水道増設、周囲柵増設、海岸物揚場、暗溝、海岸石垣（ただし残工事の部分）、艤装場石垣となっている。

次に造兵部門をみると、呉兵器製造所の場合、製品置場、電気機械試験室、電気工場、汽罐室、水雷工場、機関車移動起重器置場、職工雨衣弁当小屋、工場周囲柵、工場内電話、大砲発射試験用砲床、射垜、軽便鉄道、水道鉄管増設が対象とされている。また武庫は、大砲庫、弾丸庫、火薬庫（三棟）、弾薬包庫（四棟）、危険物庫、予備艦火薬庫（三棟）、予備艦兵器庫、預火薬庫（二棟）、火薬出納所（二棟）、火薬庫番兵舎、雑器庫、予備艦危険物庫（三棟）、預危険物庫、預兵器庫、下瀬火薬庫（四棟）、兵器出納所、鉄道、水雷庫は魚形水雷庫、乾綿火薬庫（二棟）、湿綿火薬庫、綿火薬出納所（二棟）、電纜格納所、水雷庫がふくまれている。

ここに提示したのは、呉鎮守府のうち呉工廠の形成に関係する施設のみであるが、実に多彩な費目にわたっており兵器造修施設の拡充に貢献したことが認められる。とくに造船部の場合、不充分な予算しか獲得できず計画倒れになっていた施設を整備する好機ととらえ、船渠・船台、工場の増設にとどまらず便所や電話に至るまで計上したこと、造兵部門では火薬関係施設の拡張が多いことがわかる。こうしたなかですでに述べたように、第四船台費などを流用してカモフラージュのための小船台にすぎなかった第三船台の大拡充を実施し（第四章第三節を参照）、呉兵器製造所、武庫などの建設費、第一期呉造兵廠拡張計画の実施などにあてられるなど（主に第六章の第一節と第三節を参照）、戦艦の建造と搭載兵器の生産を目指した施設・設備の整備がなされたのであった。

このように日清戦争後になると、海軍拡張計画がほぼ認められるようになったが、この財源は清国からの賠償金などの臨時財源に依存した面が強かった。こうした状況を放置しておけば、艦艇や兵器の補充に支障をきたすと考えた海軍省は、明治三二（一八九九）年に帝国議会の協賛を得て「軍艦水雷艇補充基金特別会計法」（以下、「特別会計法」と省略）を制定した（明治三二年三月二二日公布）。その骨子は、清国からの賠償金のうち三〇〇〇万円を基金とし、また艦艇製造費の逓減歩率額を一般会計からこの基金に組み入れて財源を確保するというものであった。なお海軍省は、「明治三十七年度以降毎年凡六百六十余万円を積立つるの計算にして、艦船の補充に応じ海軍の勢力を維持するを得べく、此に於てか帝国海軍の基礎初て確立すと云うべきなり」と、この法律を高く評価をしている。(94)

「特別会計法」の制定は、これまで海軍省首脳の胸中に温めてきた戦艦をふくむ艦艇ならびに搭載兵器と兵器素材の国産化という目標を前面に掲げ、各種計画を推進する契機となった。呉造兵廠においては、第一四回帝国議会において明治三三年度から四カ年計画、第一六回帝国議会で三五年度から四カ年計画が成立、一二インチ（三〇・五センチメートル）以下の大砲と素材、甲鉄板や砲楯用鋼板の国産化を目指した（第六章第一節および第一一章第四節、第五節を参照）。

明治三五（一九〇二）年一二月二七日、山本海軍大臣は当初の一億五〇〇〇万円の予定を財政的理由により一億一五〇〇万円に縮小し、これによって一等戦艦三隻、一等巡洋艦三隻、二等巡洋艦二隻、その他船渠、教育機関の増設などの陸上設備を充実させることを骨子とする第一二回軍備拡張計画（第三期海軍拡張計画）を閣議に提出し、翌二八日に将来の維持費を除いた九九八六万三〇五円を一一カ年にわたる継続費とすることで承認を得た。この案は三五年一二月に開会の第一七回帝国議会に提出されたが、財政上の問題で政府と議会が対立して解散となり、不成立に終わった。海軍拡張の遅延は許されないと考えた山本海軍大臣は、三六年五月に開会された第一八回帝国議会に、同じ内容の軍備拡張案を上程、今度は異議なく可決され、(95)軍艦八隻などが導入されることになった。

こうしたなかで日露間の関係が緊迫、明治三六（一九〇三）年一〇月二一日に山本海軍大臣は、イギリスにおいて建造中のチリの戦艦二隻に加え、第三期計画にふくまれている一戦艦の繰上建造を閣議に提出、一二月二八日に、「帝国憲法第七十条ニ依ル財政上必要処分ニ関スル勅令ヲ公布」することで三戦艦の購入を決定した[96]。なおチリの戦艦をめぐっては、イギリス、日本、ロシアの間で外交問題に発展したためイギリスが購入し、日本はアームストロング社との合弁会社のイタリアの造船所で建造中のアルゼンチンの二隻の装甲巡洋艦「春日」と「日進」を緊急輸入した[97]。

最後に、日清戦争後の「特別会計法」の制定をふくむ軍備拡張計画を評価する。その際、これまであまり取り上げてこなかった財政面から軍備拡張計画の全体像を概観し、他の時期と比較する。海軍の経費の推移をまとめた表七－三によると、軍備拡張計画は明治四年度から一五年度、一六年度から二六年度まで、そして日清戦争期を挟んで三〇年度から三六年度までに区分できる。このうち一五年度までは、未だ本格的な軍備拡張計画が作成されていない段階といえよう。その後一六年度以降になり、海軍は軍備拡張計画にもとづく軍備の拡充を本格化するのであるが、それはしばしば述べてきたように財政の規律を乱すようなものではなく、支出額をみてもほぼ一〇〇〇万円以下にとどまっており、決して海軍軍事費が突出していたわけではなかった。ところが日清戦争後、とくに三〇年度以降になると軍事費は、軍備拡張計画がほぼ認められ戦艦などがつぎつぎと導入され急激に拡大することになった。

こうした軍事費の急拡大について、池田氏は、「第一に賠償金の獲得、第二に戦勝によって高まった陸海軍の威信と『三国干渉』によるナショナリズムの高揚、第三に政府と民党の接近、などによって説明されてきたが、日清戦争以前の財政政策と軍拡決定過程を教訓とした陸海軍の新たな予算獲得戦術にも着目する必要があろう」と説明している[98]。軍事費が日清戦争後に拡大したことは明白な事実であり、日清戦争前とは大きな相違点といえよう。しかしながら戦艦の導入と戦艦を中心とする艦隊を編成し外洋決戦にいどむという長期的展望のもと、兵器の変化に合わせて、計画を修正しながら漸進的に目的に近づくという海軍の方策は一貫したものであり、目的が実現されることにより支

表7－3　海軍経費の推移

単位：円・％

	海軍経費		決算額	国庫歳出総額	決算額の国庫歳出総額に対する比率
	経常部	臨時部	合計		
明治　4年度	886,856	—	886,856	19,235,158	4.6
5	1,995,509	—	1,995,509	57,730,025	3.5
6	2,141,681	—	2,141,681	62,678,601	3.4
7	2,622,439	167,004	2,789,444	82,269,528	3.4
前8	2,370,273	1,627,424	3,997,697	66,134,772	6.0
後8	2,972,244	—	2,972,244	69,203,242	4.3
9	2,468,976	985,784	3,454,760	59,308,956	5.8
10	2,235,721	1,477,436	3,713,157	48,428,324	7.7
11	2,817,454	16,494	2,833,947	60,941,336	4.7
12	2,904,348	237,326	3,141,674	60,317,578	5.2
13	3,024,124	391,748	3,415,872	63,140,897	5.4
14	2,851,577	256,939	3,108,516	71,460,321	4.4
15	3,249,676	396,328	3,646,004	73,480,667	5.0
16	3,172,466	3,064,032	6,236,498	83,106,859	7.5
17	3,324,782	4,186,154	7,510,937	76,663,108	9.8
18	2,878,205	2,208,171	5,086,376	61,115,313	8.3
19	4,731,959	4,220,408	8,952,368	83,223,960	10.8
20	4,941,524	5,954,845	10,896,369	79,453,036	13.7
21	5,468,552	4,340,909	9,809,461	81,504,024	12.0
22	5,277,332	4,045,826	9,323,157	79,713,671	11.7
23	5,786,381	4,372,923	10,159,305	82,125,403	12.4
24	5,412,491	4,089,201	9,501,691	83,555,891	11.4
25	5,347,186	3,785,920	9,133,106	76,734,740	11.9
26	5,141,475	2,959,446	8,100,921	84,581,872	9.6
27	4,573,605	5,679,549	10,253,155	78,128,643	13.1
28	4,913,244	8,607,025	13,520,269	85,317,179	15.9
29	7,351,330	12,654,428	20,005,758	168,856,509	11.9
30	9,543,889	40,850,645	50,494,534	223,678,844	22.5
31	11,191,475	47,338,427	58,529,902	219,757,569	26.6
32	14,577,114	47,084,496	61,661,610	254,165,538	24.3
33	16,911,000	41,363,895	58,274,895	292,750,059	19.9
34	19,484,953	24,494,375	43,979,328	266,856,824	16.5
35	21,063,345	15,262,843	36,326,188	289,226,626	12.6
36	21,530,237	14,587,620	36,117,857	249,596,131	14.5

出所：海軍大臣官房『海軍軍備沿革』(大正 11 年)附録第八。

出が拡大するのは当然の帰結であった。

おわりに

これまで兵器の保有と兵器生産との関係について体系的に解明することを目的として、明治初期から日露戦争に至るまでの軍備拡張計画を、「武器移転的視角」によって分析してきた。その結果、少なからぬ事実が明らかになったが、ここではそのうちまず軍備拡張計画と呉工廠の形成との関係、次に軍備拡張を実現するために海軍が採用した方策を対象とし本章の総括とする。

まず軍備拡張計画と呉工廠の形成との関係をみると、明治一四年度と一五年度の第四回と第五回軍備拡張計画の作成を通じて海軍省首脳の間に、艦艇の国産化を目指すこと、それを実現するため防禦に最適な呉港に海軍一（事実上、日本一）の造船所を有する鎮守府を設立するという認識が共有されたことがあげられる。その後の一八（一八八五）年の第六回軍備拡張計画は、戦艦をふくむ大幅な軍備の拡張を目指す軍事部案と現有予算内で海防艦や水雷艇を中心とする現状維持を説く主船局案が併存したものとなった。こうしたなかで三期八年以上、一三八二万円以上という長期・大規模な呉鎮守府設立計画が作成されたが、それは軍事部案をもとにしたことが明白であるにもかかわらず、そこに目的とする艦種は示されていなかった。

明治二一（一八八八）年五月二四日に第七回軍備拡張計画（第二期軍備拡張計画）が大幅に縮小されたことにより、呉鎮守府設立第二期造船部計画は、二二年度から二九年度までの呉鎮守府造船部八カ年計画に変更され、八〇〇〇トンまでの一等巡洋艦（巡航甲鉄艦）の建造を目指すことになった。一方、呉鎮守府設立計画にふくまれていなかった造兵部門においても、二二年度から三四年度までの呉兵器製造所設立計画が策定され、一等巡洋艦用の兵器と小規模の製鋼を行うことになった。こうしたなかで二六年に第一〇回軍備拡張計画の一部が認められ、戦艦二隻などの保有が決定、一等巡洋艦の建造と搭載兵器の製造を目的とした計画は、それをふくむ戦艦と搭載兵器に変更され、戦艦を発注した兵器製造会社への技術者の派遣、戦艦用の船台などの整備、一二インチ以下の砲熕兵器と素材や甲鉄板の製造が計画され実行されることになった。

次に軍備拡張を実現するための海軍の方策について、軍備拡張計画と戦艦の保有に焦点をあわせて記述する。すでに述べたように海軍は、第六回軍備拡張計画において軍事部案と主船局案を同時に提示した。その後、内閣制度のもとで新発足した西郷海軍大臣の主導する海軍省は、首脳部を軍事部案支持者で固め、第六回軍備拡張計画において海軍が閣議に提出したのは、戦艦の保有を主張した軍事部案であるという見解を明確にした。そして明治一九（一八八六）年に、将来の戦艦保有に妨げとならない線で妥協して第一期軍備拡張計画を受け入れるとともに、あるべき軍備拡張計画とその実行方法を求めて西郷一行は海外視察に出かけた。

明治二一年の第七回軍備拡張計画（第二期軍備拡張計画）以降、軍備拡張計画を再構築した海軍は、戦艦をふくむ全体計画とその一部にあたる戦艦ぬきの短期計画を作成して閣議に提出し、短期計画のうちの一部の艦艇製造予算を獲得するという作業を繰り返し、巡洋艦以下の保有が一定の段階に達した時点で、戦艦をふくむ全体計画について閣議の承認を得た。そして財政的な余裕が生じた二五年に、戦艦をふくむ第一〇回軍備拡張計画を政府案とすることに成功、二六年に議会の協賛を得て二隻の戦艦などを保有することが決定した。さらに日清戦争後の二九年に至り、一部が実現したにすぎない第一〇回軍備拡張計画の完成を目指した第一一回軍備拡張計画が作成され、ほぼ全額の予算が認められたのであった。

こうして海軍は、戦艦の保有という多年にわたる目的を独特な方策によって実現した。その目的は、明治一六（一八八三）年頃から一八年頃まで行われた主船局と軍事部の論争の成果として生まれたものではなく、国力と軍備の調和を求め巡洋艦や海防艦、水雷艇を中核とする海軍編制を主張する赤松主船局長らを海軍省の中枢から排除し、海外で開発されたもっとも威力のある戦艦を中核とした艦隊を構築することを目指す軍事部案を継承する軍人や技術者を海軍省の中核に配置することによりもたらされたのであった。こうした人事によって省内は統一されたのであるが、それは総合的な分析により軍備の有り様を求めることを放棄し、最先端の兵器の導入と生産を至上命題とする戦略論ぬきの軍備拡張となる危険を有していたといえよう。

註

（1）海軍大臣官房『海軍軍備沿革　完』（大正一一年）。
（2）海軍大臣官房『秘　海軍艦船拡張沿革』（明治三七年）。
（3）『秘　艦船製造沿革記事』（明治二六年）。作成者名、作成年は記されていないが、前者は内容から判断して海軍省、後者は表紙に鉛筆で、「廿六年九月成」と記され、また内容も同年までとなっている。
（4）「川村伯爵ヨリ還納書類　五　製艦」（防衛研究所戦史研究センター所蔵）。
（5）海軍歴史保存会編『日本海軍史』第一巻（第一法規出版、平成七年）五八〜五九ページ。
（6）前掲『海軍軍備沿革　完』二〜三ページ。
（7）兵部省「大ニ海軍ヲ創立スベキノ議」明治三年五月（広瀬彦太編『近世帝国海軍史要』海軍有終会、昭和一三年）二〇二ページ。
（8）前掲『日本海軍史』第一巻、二三七〜二三八ページ。
（9）前掲『秘　海軍艦船拡張沿革』一一ページ。
（10）篠原宏『海軍創設史――イギリス軍事顧問団の影――』（リブロポート、昭和六一年）二九八〜二九九ページ。

(11) 同前、三〇〇ページ。
(12) 赤松則良海軍省主船局長より川村純義海軍卿あて「至急西部ニ造船所一ケ所増設セラレンヲ要スル建議(主船第三千三百六号ノ弐)」明治一四年一二月一〇日(前掲「川村伯爵ヨリ還納書類　五　製艦」)。
(13) 同前。
(14) 同前。
(15) 池田憲隆「松方財政前半期における海軍軍備拡張の展開――一八八一―八三年――」(弘前大学人文学部『人文社会論叢(社会科学篇)』第六号、平成一三年八月)四五ページ。
(16) 川村海軍卿より三条実美太政大臣あて「軍艦製造及造船所建築ノ義ニ付上申」明治一四年一二月二〇日(前掲「川村伯爵ヨリ還納書類　五　製艦」)。
(17) 前掲『秘　海軍艦船拡張沿革』一二ページ。
(18) 池田憲隆「松方財政から軍拡財政へ」(明治維新史学会編『講座　明治維新五　立憲制と帝国への道』有志舎、平成二四年)九六ページ。
(19) 前掲『海軍軍備沿革　完』九～一〇ページ。
(20) 池田憲隆「松方財政から軍拡財政へ」九八ページ。
(21) 室山義正『近代日本の軍事と財政』(東京大学出版会、昭和五九年)一二〇ページ。
(22) 前掲『海軍軍備沿革　完』一三ページ。
(23) 原剛『明治期国土防衛史』(錦正社、平成一四年)二二三ページ。
(24) 大沢博明『近代日本の東アジア政策と軍事――内閣制と軍備路線の対立――』(成文堂、平成一三年)五〇ページ。
(25) 小野塚知二「イギリス民間企業の艦艇輸出と日本　一八七〇～一九一〇年代」(奈倉文二・横井勝彦・小野塚知二『日英兵器産業とジーメンス事件――武器移転の国際経済史――』(日本経済評論社、平成一五年)一九～二一ページ。
(26) 大沢博明『近代日本の東アジア政策と軍事――内閣制と軍備路線の対立――』六二ページ。
(27) 前掲『海軍軍備沿革　完』一二～一三ページ。
(28) 福井静夫『「海軍艦艇史」一　戦艦・巡洋戦艦』(ＫＫベストセラーズ、昭和四九年)一二ページ。
(29) 大沢博明『近代日本の東アジア政策と軍事――内閣制と軍備路線の対立――』五九ページ。
(30) 「黒岡帯刀覚書　造船ニ関スル事件」(「斎藤実文書」国立国会図書館憲政資料室所蔵)。この覚書には日露戦争直後のことまで記述されているが、作成年月日はみられない。また宛先もないが、恐らく本人が斎藤実海軍大臣または複数の海軍省首脳に提出したものと推測される。
(31) 同前。
(32) 『伯爵川村純義追懐談』(鹿児島県立図書館所蔵)四三〜四五ページ。こうした見解は、田村栄太郎『川村純義　中牟田倉之助伝』(日本軍用図書、昭和一九年)一七三ページにもみられる。
(33) 大沢博明『近代日本の東アジア政策と軍事――内閣制と軍備路線の対立――』六一ページによると、「デバステーション」は、一八七一年に進水、排水量九三〇〇トンで重装甲、蒸気スクリュー・プロペラ推進(帆装なし)、鉄(鋼)製で、長射程の破裂弾を旋回砲塔から発射する近代戦艦の原型であったが、イギリスの主力戦艦はすでにアドミラル級に移行していたと述べられている。
(34) 「川村計画案(仮題)」明治一八年六月(前掲「川村伯爵ヨリ還納書類　五　製艦」)。
(35) 前掲「黒岡帯刀覚書　造船ニ関スル事件」。
(36) 西郷従道海軍大臣「海軍拡張計画ニ関スルメモ(仮題)」明治二六年三月一一日(前掲「川村伯爵ヨリ還納書類　七　サー、エドワード、リード関係他」)。
(37) 前掲『海軍軍備沿革　完』一四ページ。
(38) 同前、二一〜二二ページ。
(39) ベルタン(桜井省三訳)「艦隊組織ノ計画」明治一九年二月二〇日(前掲「川村伯爵ヨリ還納書類　三　官制　軍艦配置」)。
(40) 同前。
(41) 大沢博明『近代日本の東アジア政策と軍事――内閣制と軍備路線の対立――』一一八ページ。
(42) 同前、一二二ページ。
(43) 斎藤実大尉「報告」(海軍参謀本部『西郷海軍大臣随行雑誌　米国之部　英国之部』東京大学附属図書館所蔵、明治二〇年)。なお松田十刻『斎藤実伝』(元就出版社、平成二〇年)六九ページによると、斎藤はドイツのベルリンで西郷一行と別れて、黒田清隆内閣顧問一行のイギリス、アメリカ案内をしている。
(44) 篠原宏『海軍創設史――イギリス軍事顧問団の影――』一二三ページ。
(45) 前掲『西郷海軍大臣随行雑誌　英国之部』一四九〜一六五ページ。
(46) 同前。

(47) 篠原宏『海軍創設史──イギリス軍事顧問団の影──』三三二ページ。
(48) 舟木錬太郎大尉より樺山次官あて「西郷海軍大臣欧米国巡視日誌　第弐報告」明治一九年一一月二〇日（「明治二十年公文備考　第壱巻　職官」防衛研究所戦史研究センター所蔵）。
(49) 同前。
(50) 同前。なお一部、斎藤実「日記」明治一九年九月二一日（「斎藤実文書」国立国会図書館憲政資料室所蔵）で補足した。
(51) 同前。
(52) 同前。
(53) 斎藤実大尉「報告」（海軍参謀本部『西郷海軍大臣随行雑誌　仏国之部』東京大学附属図書館所蔵、明治二〇年）一～一二ページおよび篠原宏『海軍創設史──イギリス軍事顧問団の影──』三三三～三三四ページ。
(54) 奈倉文二『日本軍事関連産業史──海軍と英国兵器会社──』（日本経済評論社、平成二五年）八二～八三ページ。
(55) 同前、八四～八五ページ。
(56) ノウブル（アーム社トロング社支配人）より樺山海軍次官あて「書簡」明治一九年一一月二〇日（「明治二十年公文雑輯　巻一　職官」防衛研究所戦史研究センター所蔵）。
(57) 樺山次官より西郷海軍大臣あて「報告」第四号、第五号、明治二一年四月二〇日 JACAR（アジア歴史資料センター）Ref. C10124277200, 明治二一年公文雑輯　巻一　官職（防衛研究所）。この資料には、フランスの機関学校、水雷学校等の視察報告があるが、兵器に関係ないので省略する。
(58) 篠原宏『海軍創設史──イギリス軍事顧問団の影──』三三四ページ。
(59) 参謀本部案については、前掲『秘　艦船製造沿革記事』二四～三〇ページおよび前掲『秘　海軍艦船拡張沿革』二九～三四ページに記載されている。
(60) 西郷海軍大臣より伊藤博文内閣総理大臣あて「第二期海軍臨時費請求ノ議」明治二一年二月（「自明治二十一年至同三十一年公文別録　海軍省一」国立公文書館所蔵）。
(61) 大沢博明『近代日本の東アジア政策と軍事──内閣制と軍備路線の対立──』一六九～一七〇ページ。
(62) 前掲『秘　海軍艦船拡張沿革』三九ページ。
(63) 樺山海軍大臣より山県有朋内閣総理大臣あて「海軍事業計画ノ議」明治二三年九月一九日（前掲「自明治二十一年至同三十一年公文別録　海軍省一」）。

(64)「海軍拡張ノ議」明治二三年一〇月二四日(同前)。
(65) 前掲『秘　海軍艦船拡張沿革』四九ページ。
(66) 池田憲隆「松方財政から軍拡財政へ」一〇八ページ。
(67) 佐々木克「初期議会の貴族院と華族」(京都大学人文科学研究所『人文学報』第六七号、平成二年)四五、四六ページ。
(68) 同前、四七ページ。
(69) 近沢史恵「明治期の貴族院議員の政党観と『非政党主義』」(『法制史学』第七七号、平成二四年)四五ページ。
(70) 第一回帝国議会において予算は「土佐派の裏切り」で成立したのであるが、板垣退助に師事した広島県出身の内藤守三(のち衆議院議員)の『回顧小話』(昭和一九年)によると、板垣は内藤に、「全国多額納税貴族院議員四十五名を一団に纏めて政務の研究を行ひなば、数の上にも一廉、立派なる政団として役に立つと思ふ」と特命を与えた。内藤は同郷(のち呉市となる荘山田村出身)の沢原為綱(貴族院多額納税者議員、懇話会に所属)ら五名を発起人として貴族院多額納税者議員の政務調査事務所を設置、自身は調査事務長(ただし午前は自由党本部に出勤)として七年間活動した。自由党と貴族院多額納税者議員との関係がどのようなものであったかなどについては今後の研究をまたなければ明らかにすることができないが、後述するように軍港都市の呉においては、沢原・板垣の影響もあり自由党系が主流派を占め、海軍の支持基盤を形成する。
(71) 大沢博明『近代日本の東アジア政策と軍事――内閣制と軍備路線の対立――』一七八ページ。
(72) 前掲『秘　海軍艦船拡張沿革』五四～六三ページ。
(73) 同前、六三～六九ページ。
(74)「第四回帝国議会衆議院予算委員会速記録」明治二五年一二月一三日(総会海軍省ノ部)四ページ(国立国会図書館・帝国議会会議録検索システム)。
(75) 同前、五ページ。
(76)「第四回帝国議会衆議院議事速記録」第二三号、明治二六年一月一〇日(内閣官報局『官報』号外、明治二六年一月一一日)二二三～二二四ページ。
(77) 同前、二二四ページ。
(78) 同前。
(79) 広瀬彦太編『近世帝国海軍史要』四三八～四三九ページ。
(80) 川村元海軍卿より田中綱常呉鎮守府兵器部長あて「書簡」明治二六年一月九日(鹿児島県歴史資料センター黎明館所蔵)。

(81)「田中綱常意見書進書」明治二六年一月二〇日(同前)。
(82) 同前。
(83)「第四回帝国議会衆議院議事速記録」第一七号、明治二五年一二月二〇日(内閣官報局『官報』号外、明治二五年一二月二一日)一四ページ。
(84) 同前。
(85) 大沢博明『近代日本の東アジア政策と軍事――内閣制と軍備路線の対立――』一八二ページ。
(86) 前掲『秘　海軍艦船拡張沿革』七五～七六ページ。
(87) 海軍大臣官房編『山本権兵衛と海軍』(昭和二年)一〇〇～一〇一ページ〈昭和四一年に原書房により復刻〉。
(88) 同前、一〇〇ページ。
(89) 前掲『秘　海軍艦船拡張沿革』七八ページ。
(90) 同前。
(91) 同前、八七～八八ページ。
(92) 同前、九一ページ。
(93) 西郷海軍大臣より三鎮守府司令長官あて「拡張費建築工事着手順序ノ件」明治三一年八月一〇日(「明治卅一年公文備考巻廿二　土木下」防衛研究所戦史研究センター所蔵)。
(94) 前掲『山本権兵衛と海軍』三八八ページ。
(95) 前掲『秘　海軍艦船拡張沿革』一一五ページ。
(96) 同前、一一九ページ。
(97) この間の経緯については、鈴木俊夫「日露戦争前夜の武器取引とマーチャント・バンク」(奈倉文二・横井勝彦編著『日英兵器産業史――武器移転の経済史的研究――』日本経済評論社、平成一七年)を参照。
(98) 池田憲隆「松方財政から軍拡財政へ」一一一ページ。

第八章　兵器の保有と技術移転

はじめに

本章においても前章と同様に、新兵器の登場―保有する兵器の決定と輸入―発注先の企業への技術者の派遣―兵器の国産化のための企業の設立と育成という「武器移転的視角」によって分析する。ただし第七章においては、保有する兵器の決定と兵器の国産化のための企業の設立などに関する政策を対象としたのに対し、本章では、主に保有する兵器の輸入と発注先への技術者の派遣に焦点をあて、技術の習得と民間企業をふくむ国内への再移転の関係について明らかにする。また技術の発展の基礎となる技術者や職工の養成と教育、さらに第七章との関連で軍備拡張計画と技術者との関係についても言及する。

記述に際しては、次の点に注意する。まず兵器については、これまでほとんど艦艇が対象とされてきたが、搭載兵器やその素材についても取り扱う。また可能な限り数値化するが、兵器、とくに艦艇の場合には起工から竣工までの期間が長く、表示された数字からだけではそれ以前の生産能力を過小評価することになるため、同型の兵器（とくに艦艇）の輸入を決定した時点に遡り、受注した兵器製造会社への技術者の派遣と技術の習得、主導的な企業における施設・設備の稼働、人員の確保、発注兵器と派遣技術者の帰国、帰国した技術者の指導による配備された兵器の修理と改造を通じての一般職工への技術の波及、発注した兵器と同型の兵器の製造などを体系的に把握し、一国なり企業なりの生産能力を総合的に判断する。

こうした方針により第一節で、海軍が保有した艦艇について、どこで建造されたものなのかなどその実態を客観的に分析する。また第二節では、そのなかから艦艇建造技術の発展段階において代表的な艦艇を選択し、それぞれについてどのようにして技術を習得したのかということを明らかにする。そして第三節においては、砲熕兵器、とくに速射砲を中心とする兵器の技術の習得と移転に関して検証する。さらに第四節で、技術の発展の基礎となる技術者や職工の養成、教育、留学について、第五節で、各兵器生産企業の役割、第六節では、海軍の民間企業への工事の発注と同企業の育成について記述する。

第一節　艦艇の保有とその実態

本節では、技術移転の基本的な資料とするため、海軍の保有した艦艇について、建造場所や隻数・排水量など多方面から分析する。艦艇には多くの種類があり艦種によって技術的な難易度も建造期間も異なっており、国や企業の生産能力を把握するためには、これまでの研究に多い竣工時点の排水量を指標とする方法に隻数を加え、また一年間だけではあるが、対象年を明治元（一八六八）年から三六年ではなく三七年に延長することによって当時の生産能力を類推できるようにした。

『海軍軍備沿革　完』によると海軍は、明治三七（一九〇四）年までに二三一隻の艦艇を保有している。このうち建造場所や排水量不明などの一四隻を除いた二一七隻について日本製、外国製別に隻数と排水量を示すと、表八－一のようになる。また水雷艇のなかには、外国で製造し日本で組み立てられたものもあるが、その際は隻数・排水量とも〇・五とする。なお比率に関しては、単位未満を四捨五入するので、必ずしも合計が一〇〇パーセントとはならない。

この表によりまず保有艦艇を合計すると、二一七隻、三一万八三〇三トン、一隻当たり一四六七トン、年平均五・九隻、八六〇三トンとなる。次に一〇年ごとに両者の合計を求めると（ただし明治三一年以降は七年）、明治一〇（一八七七）年までは三二隻（一五パーセント）、二万二六三〇トン（七パーセント）、二〇年までは一九隻（九パーセント）、三万八八トン（九パーセント）、三〇年までは六一隻（二八パーセント）、八万七一〇四トン（二七パーセント）、三一年以降は一〇五隻（四八パーセント）、一七万八四八一トン（五六パーセント）となっている。

これをみると保有艦艇は、明治二〇（一八八七）年まではそれほどの増加はみられないが、二一年から三〇年の一〇年間に増加に転じ（とくに隻数）、三一年以降に隻数・排水量とも急増している。ただし日清戦争の戦利艦艇一七隻のうち排水量の明らかな一六隻、一万七〇一三トンを除くと、二一年から三〇年までの一〇年間は四五隻、七万九一トンとなる。仮に二〇年の二隻、二九六〇トンを加え三〇年の三隻、二万九二七九トンを除外し、日本の予算で保有した二〇年代の艦艇を求めると四四隻、四万三七七二トンとなり、一〇年代と比較して隻数は多くなっているものの排水量はあまり増加しておらず、顕著な軍備拡張は認められない。日本海軍は、三〇年以降に戦艦などの大型艦艇と多数の水雷艇などの小型艦艇を保有し、軍拡を実現したのであった。ただし三〇年に保有した最初の二戦艦の購入が、一〇年代からの念願がかない二六年に決定し建造が開始されたように、それぞれの艦には計画、購入決定、起工、竣工、保有に長い時間が経過している。

同じ表により日本製と外国製を比較すると、日本製が一〇三隻、五万四七四五・五トン、外国製が一一四隻、二六

表８－１　保有艦船の国内製と外国製の比較　　単位：トン・％

	日本製（A）		外国製（B）		計（C）		（B）／（C）×100	
	隻数	排水量	隻数	排水量	隻数	排水量	隻数	排水量
明治元年			4	2,425	4	2,425	100	100
2	1	138	3	2,794	4	2,932	75	95
3	0	0	7	6,489	7	6,489	100	100
4	0	0	6	5,181	6	5,181	100	100
5	1	198	0	0	1	198	0	0
6	1	170	0	0	1	170	0	0
7	1	109	2	2,613	3	2,722	67	96
8	2	555	1	443	3	998	33	44
9	2	1,145	0	0	2	1,145	0	0
10	0	0	1	370	1	370	100	100
小計	8	2,315	24	20,315	32	22,630	75	90
11	1	936	3	8,213	4	9,149	75	90
13	1	656	0	0	1	656	0	0
14	1.5	1,470	0.5	20	2	1,490	25	1
16	1	543	1	1,350	2	1,893	50	71
17	2.5	1,418	1.5	60	4	1,478	38	4
18	1	1,547	0	0	1	1,547	0	0
19	0	0	3	10,915	3	10,915	100	100
20	2	2,960	0	0	2	2,960	0	0
小計	10	9,530	9	20,558	19	30,088	47	68
21	5.5	4,563.5	0.5	101.5	6	4,665	8	2
22	2	2,392	0	0	2	2,392	0	0
23	2	2,223	0	0	2	2,223	0	0
24	0	0	2	6,649	2	6,649	100	100
25	4	802	5	5,122	9	5,924	56	86
26	7	408	4	4,353	11	4,761	36	91
27	4	7,509	4	4,477	8	11,986	50	37
			(1)	(610)	(1)	(610)		
28	2	165	15	16,403	17	16,568	88	99
			(15)	(16,403)	(15)	(16,403)		
29	1	2,657	0	0	1	2,657	0	0
30	0	0	3	29,279	3	29,279	100	100
小計	27.5	20,719.5	33.5	66,384.5	61	87,104	55	76
31	0	0	3	9,344	3	9,344	100	100
32	2	4,572	12	27,779	14	32,351	86	86
33	12	1,066.5	17	61,319.5	29	62,386	59	98
34	10	1,945.5	7	25,935.5	17	27,881	41	93
35	5.5	434	6.5	16,666	12	17,100	54	97
36	16	3,296	0	0	16	3,296	0	0
37	12	10,867	2	15,256	14	26,123	14	58
小計	57.5	22,181	47.5	156,300	105	178,481	45	88
合計	103	54,745.5	114	263,557.5	217	318,303	53	83

出所：海軍大臣官房『海軍軍備沿革　完』（大正 11 年）附録第二、8 ～ 18 ページ、26 ～ 27 ページ、36 ～ 41 ページを基本とし、中川務作成『日本海軍全艦艇史〔資料編〕』（平成 6 年）によって補完した。

註：1）保有艦艇は 231 隻であるが、建造場所の不明なもの 8 隻、排水量の不明ないし石数表示のもの 6 隻は除外した。

2）外国で製造し日本で組み立てた艦艇については、50 パーセントとした。

3）小計と合計の単位未満の数値は、四捨五入した。

4）両資料間に相違が生じた時には、基本的には前者のままにしているが、次の 3 隻の水雷艇については後者の記述を採用し、明治 34 年の「第六十号」と「第六十一号」はドイツのシーヒャウ社、36 年の「第七十号」は佐世保海軍工廠製とした。

5）水雷艇の建造所に関しては少なからぬ混乱がみられるが、本書の記述に際して確認できたものはそれを使用した。

6）（　）内は、全体のうち日清戦争にともなう戦利艦艇である。

万三五五七・五トンと、外国製の比率は隻数が五三パーセント、排水量が八三パーセントと、隻数では日本製をやや上回る程度であるが、排水量は圧倒的に多い。ただし日清戦争の戦利艦艇一七隻のうち排水量と建造国の明らかな一六隻、一万七〇一三トンを除くと、全体が二〇一隻、三〇万一二九〇トン、外国製は九八隻（四九パーセント）、二四万六五四四・五トン（八二パーセント）となる。

また一〇年ごとの動向をたどると、明治一〇（一八七七）年までは隻数の七五パーセント、排水量の九〇パーセントと圧倒的地位を占めていた外国製は、一一年から二〇年まで四七パーセントと六八パーセント、二一年から三〇年までをみると、五五パーセントと七六パーセント（ただし日清戦争の戦利艦艇を除くと三九パーセントと七〇パーセント）と低下する。しかし三一年以降は、四五パーセントと八八パーセントと隻数は横ばいであるが排水量は急上昇する。

このうち明治初期の高い輸入化率は、保有したほとんどの艦艇を日本海軍の艦艇技術では建造できなかったことによってもたらされた。しかしそれ以降、たとえば明治一七（一八八四）年頃から二三年頃には、日本製一五隻、一万五一〇三・五トンに対し外国製五隻、一万一〇七六・五トンと国産艦艇が隻数で三倍、排水量でほぼ同じとなったが、その原因は、この時期になると技術の習得がすすみ、旧来の小型艦艇については国内で建造が可能になったことによる。また三〇年からの外国製の排水量の急増は、海軍が戦艦や大型巡洋艦、高速の水雷艇など高度な艦艇建造技術を求められる艦艇の保有が必要となったのに際し、戦艦、大型巡洋艦などを輸入し、国内では主に小型巡洋艦や水雷艇の建造を行ったことによってもたらされたと考えられる。

ここで日本海軍が艦艇を輸入している主な国をあげると、表八－二のように一一四隻、二六万三五五七・五トンのうちイギリス（イギリス領もふくむ）が六五・五隻、一八万九七一・五トン、隻数で五七パーセント、排水量で六九パーセントと圧倒的な比率を占め、その他はフランスが一六隻、二万五七四二・五トン、ドイツが一五隻、二万四六〇ト

単位：隻・トン

清国		オランダ		計	
隻数	排水量	隻数	排水量	隻数	排水量
				4	2,425
				3	2,794
1	450	1	1,468	7	6,489
				6	5,181
				2	2,613
				1	443
				1	370
				3	8,213
				0.5	20
				1	1,350
				1.5	60
				3	10,915
				0.5	101.5
				2	6,649
				5	5,122
				4	4,353
1 (1)	610 (610)			4 (1)	4,477 (610)
4.5 (4.5)	4,035.5 (4,035.5)			15 (15)	16,403 (16,403)
				3	29,279
				3	9,344
				12	27,779
				17	61,319.5
				7	25,935.5
				6.5	16,666
				2	15,256
6.5	5,095.5	1	1,468	114	263,557.5

ン、アメリカが八隻、一万四五六四トン、イタリアが二隻、一万五二五六トン、清国が六・五隻、五〇九五・五トン、オランダが一隻、一四六八トンとなる。ただし日清戦争の戦利艦艇を除くと、イギリスが五九・五隻、一七万八四五一・五トン、ドイツが一〇・五隻、一万六一二・五トン、清国が一隻、四五〇トンとなり、ドイツと清国の比率が低下する。

　このようにイギリスはあらゆる艦種、すべての時期で首位を占めるが、とくに日本が戦艦を導入した明治三〇年代は独占的ともいえる地位を確保した。一方、イギリス以外にも、フランス、ドイツ、アメリカ、イタリアからも一万トンから二万トン台の艦艇を輸入するという広がりをみせている。このうちフランスは、二〇年代前期まではイギリスに続く地位を確保しているが、その後はドイツより減少する。ただしドイツの明治二八（一八九五）年の数値は、日清戦争にともなう戦利艦艇であり日本が直接に輸入したものではないこと、イタリアの場合は日露戦争に向けての緊急輸入であることを考慮しなければならない。

　すでに序章などにおいて指摘したように、国際間の兵器取引の主たる当事者は「送り手」が先進国の民間兵器製造会社、「受け手」が国家とされ、「送り手」の国家

表8－2　外国製艦船の国別建造状況

	イギリス		フランス		ドイツ		アメリカ		イタリア	
	隻数	排水量	隻数	排水量	隻数	排水量	隻数	排水量	隻数	排水量
明治元年							4	2,425		
2	2	1,436	1	1,358						
3	5	4,571								
4	4	2,896					2	2,285		
7	1	1,191	1	1,422						
8	1	443								
10	1	370								
11	3	8,213								
14	0.5	20								
16	1	1,350								
17	1.5	60								
19	2	7,300	1	3,615						
21	0.5	101.5								
24	1	2,439	1	4,210						
25			5	5,122						
26	1	4,160	2	108	1	85				
27	2	3,800	1	67						
28	6 (6)	2,520 (2,520)			4.5 (4.5)	9,847.5 (9,847.5)				
30	3	29,279								
31	2	4,482					1	4,862		
32	11	22,787					1	4,992		
33	5	41,103	3.5	9,772	8.5	10,444.5				
34	5.5	25,784	0.5	68.5	1	83				
35	6.5	16,666								
37									2	15,256
合計	65.5	180,971.5	16	25,742.5	15	20,460	8	14,564	2	15,256

出所：表8－1に同じ。
註：表8－1に同じ。

に関しては、イギリスを例として政府や海軍が関与せず、兵器製造会社は自由に取引ができた。確かに国家機密に属する兵器の輸出に国が関与しないことは、兵器製造会社の輸出にとって有利に作用したといえるが、そこには国家にもメリットがあったのではないだろうか。考えられるのは、戦時に国家は国内の兵器製造会社に高品質の兵器を多量に発注しなければならず、そのためには平時においても会社が利益を確保するための輸出が必要となり、国家は他国のライバル会社との競争に勝利するように支援するのではないかということである。

　前章で指摘したように、明治一

単位：隻・トン

アンサルド社		ヤーロー社		シーヒャウ社		ソーニクロフト社		ノルマン社		シュナイダー社	
隻数	排水量	隻数	排水量	隻数	排水量	隻数	排水量	隻数	排水量	隻数	排水量
		0.5	20								
		1.5	60								
		1	101.5								
										3	162
				1	85			0.5	27	1.5	81
								0.5	40	0.5	27
						1	322				
		5	1,717			4	1,300				
		1	340	7.5	644.5	1	326	2.5	316		
		3.5	638	1	83			0.5	68.5		
		3.5	638			2	666				
2	15,256										
2	15,256	16	3,514.5	9.5	812.5	8	2,614	4	451.5	5	270

九（一八八六）年に西郷従道海軍大臣は欧米への視察前に、イギリスの駐日公使プランケットと会談し、海軍兵学校と大学校への教員の派遣を要請したのであるが、その際に公使からこれまでどおりイギリス海軍をモデルとして兵器の近代化をするように求められた。その背景には、ベルタン案を採用し、第一期軍備拡張計画が策定されたことによりフランスへの兵器の発注が多くなるのではという懸念とともに、同じモデルの兵器を使用することによる「送り手」の優位性による自国勢力への囲込み、自国の兵器製造会社の保護が考えられる。こうしたこともありイギリスとフランスは、海軍兵学校や海軍大学校、海軍工作庁への教員や技術者の派遣、日本人軍人や技術者の受入れなどに応じたのであった。ただし日清戦争後になると、イギリス海軍は極東における日本海軍に脅威を感じるようになり、特別にアメリカと日本に駐在武官を三名配置し、情報収集に努めたのであるが、三三年に義和団事件が発生した際にイギリス海軍は協同した日本海軍の実力を認め、共通の敵であるロシア、フランスに対抗する方針もあり[1]、日本への兵器輸

表8－3　輸入艦船の主要製造所

	アームストロング社		テムズ社		フルカン社		ジョンブラウン社		ヴィッカーズ社	
	隻数	排水量	隻数	排水量	隻数	排水量	隻数	排水量	隻数	排水量
明治14年										
16	1	1,350								
17										
19	2	7,300								
21										
25										
26	1	4,160								
27	2	3,800								
28	6	2,520			2	9,660				
30	1	12,517	1	12,649						
31	1	4,160								
32	2	19,770								
33	1	9,906	1	15,088	1	9,800	1	15,443		
34	2	25,146								
35									1	15,362
37										
合計	19	90,629	2	27,737	3	19,460	1	15,443	1	15,362

出所：表8－1に同じ。
註：外国で製造し日本で組み立てた艦艇については、50パーセントとした。

出に制限を加えることはなかった。

一方、兵器の「受け手」の日本は、日本が必要とする兵器の開発力に優れ、兵器の受注を通じて技術移転に応じる国の兵器製造会社を重要視した。しかしながら兵器の発注先の決定はそれだけにとどまらず、技術移転へ協力的な国を優先しながらも、可能な限り多くの国から兵器を輸入して、できるだけどの先進国とも敵対しない配慮も必要とされた。イギリスの兵器製造会社の優位性が確立されていくなかで、『畝傍』をはじめとするフランスへの発注についても、単に製造費が廉価であるという理由のほかに、イギリスが清国と連合した場合を考慮して」なされたのではないかと述べられているように[2]、イギリス一国に発注することによる危険を分散する意味もあったのである。こうしたなかで日清戦争後に両者の較差が開くのは、イギリスは日本海軍が建造できない大型艦艇と搭載兵器を輸出できたのに対し、フランスはそれができなかったことによる。なお危険分散という意味では、アメリカとドイツも同じ性格を有するが、ドイツの場合は、明治一〇年代を通じて砲熕兵器の受注で優位に立ちながら、日本海軍への生産技術の教授を拒否したためそれを失った。

日本海軍が艦艇を輸入した主な兵器製造会社については、表八－三のようになっている。排水量一万五〇〇〇トン、隻数四隻以上の兵器製造会社を対象としたため、この表には、対象が七〇・五隻、一九万一五四九・五トンに限定されたこと、とくに明治一三（一八八〇）年以前は会社名の不明などのため表示できないなどの短所がある。しかしながら、当初は特化していなかった発注先が、大型艦艇ではしだいにイギリスのアームストロング社が優位となり一九年頃から独占的地位を築くこと、これに同国のテムズ社、そしてジョンブラウン社、ヴィッカーズ社とイタリアのアンサルド社とドイツのフルカン社（明治二八年の日清戦争の戦利艦艇を除く）が続いていることがわかる。また小型艦艇については、やはりイギリスのヤーロー社、ソーニクロフト社が第一位・二位を占め、次いでドイツのシーヒャウ社、そしてフランスのノルマン社、シュナイダー社などとなっている。

アームストロング社が、日本への艦艇など兵器の輸出において圧倒的地位を築くに至った理由について、小野塚知二氏は次のように分析している(3)。

1880年代以降、イギリスには戦艦・大型装甲巡洋艦の建造実績を持つ民間企業が、若干の消長はありながらも、常に十社以上存在していたから、アームストロング社がそこに参入するには上述のような困難を乗り越えなければならなかったのである。そこでは日本、清国、チリ、ブラジル、アルゼンチンのような新興海軍国が後発企業の実績形成に寄与したのだが、競合他社を押し退けて外国からの発注を得るためにはそれなりの「努力」が必要であったのは言うまでもない。アームストロング社の場合、既に1860年代に先進的な砲製造業者としての評価が確立していたのは有利であったが、それだけでなく、ホワイトなど海軍省技術者との人事交流を通じた技術面・人的関係面での信用の確立、1870年代以降の日本人技術者・職工の研修受入れ、同社経営者ノウブル（A. Noble）の積極的な活動、1886年以降同社代理人として日本、清国等への売り込みに活躍したデンマーク海軍退役将校ミュンター（B. Münter）の存在など、さまざまな「努力」の跡が知られている。

要約すると、イギリスでは有力な兵器製造会社が多数存在しており、そのなかで後発企業であるアームストロング社が自国の海軍省から発注を得るためには、輸出において実績をあげることが必要であり、それなりの「努力」がなされたということになる。なおそれなりの「努力」の中核となる艦艇の発注と建造にともなう技術移転については、次節で具体的に取り扱うことにする。

第二節　艦艇の発注と建造にともなう技術移転

前節において保有艦艇を統計的に分析したのに対し、本節では艦艇建造技術において画期となる艦艇の建造と技術移転について考察する。記述に際しては、序章において示したように、小野塚氏の提起した動力をもとに第一期（帆船・機帆船期）、第二期（純汽船・前ド級期）とする分類により、第一期についてはそれに素材（木製—鉄製—鋼製）を組み合わせて表示する。なお第二期に関しては素材はすべて鋼製とし、海軍が保有した順序に従い水雷艇、非装甲巡洋艦、駆逐艦、装甲巡洋艦、戦艦というように小段階に区分し、それぞれの艦艇の建造（修理もふくむ）と技術移転の関係を明らかにする。

日本海軍が最初に建造した軍艦（スループ）の「清輝」（八九七トン）は、横須賀造船所において明治六（一八七三）年に起工、九年に竣工した。また姉妹艦の「天城」（九三六トン）は、八年に起工、一一年に竣工した。いずれも木造・非装甲の機帆船で、フランス人のヴェルニーらの指導のもとに建造され、火器やその他の装備品もほとんど外国に依存していた。その後一〇年から一八年にかけて、一部フランス人技術者のアドバイスを受けながら砲艦「磐城」（六五六トン）を、そして横須賀造船所の赤松則良計画主任のもとで巡洋艦（海防艦）の「海門」（一三五八トン）と姉妹艦の「天龍」（一五四七トン）を建造した。この時期は、最初にフランス人技術者、次に日本人技術者の計画により、第一期（機帆船期）の木造軍艦を建造していたのであった。なお注目すべき点は、江戸時代の末期にオランダに留学して近代的な造船技術を習得した技術者たちが横須賀造船所で活躍し、九年にヴェルニーが解任されたのちは、赤松を中心として同造船所の経営を担ったことである（赤松の留学については第一章第一節を参照）。

この間、海軍は新たな飛躍を期してイギリスの兵器製造会社に三隻の軍艦を発注、明治八（一八七五）年には、サミューダ造船会社において小型の甲鉄艦の「扶桑」（三七一七トン）、アールス社とミルフォード・ヘヴン造船会社で鉄骨木皮の装甲コルヴェットの「金剛」と「扶桑」（二二四八トン）が起工され、それぞれ一〇年に進水、一一年に竣工した。注目すべき点は中岡哲郎氏が指摘しているように、設計者であるリードが「アールス造船所の社長になった時期に金剛、比叡、扶桑の設計・建造・回送は一括してリードに発注されていますから、発注はリードの指導下にある留学生に、建造現場での実習の機会を与える目的もあった」と考えられることである。(4) まさにより多くの艦艇を受注したいイギリスの兵器製造会社と、鉄製軍艦の輸入を通じて技術を習得したい日本海軍の意向が一致したのであった。

鉄骨木皮軍艦の建造という新技術を習得した留学生たちは、帰国後に海軍省主船局や横須賀造船所勤務となった。そして彼らを中心に主船局は、「イギリスで建造された鉄骨木皮の『金剛』、『比叡』に倣い」、「葛城」「大和」「武蔵」（いずれも一四八〇トン）を計画したのであるが、(5) 留意すべきことは「葛城」が明治一五（一八八二）年一二月二五日に起工するまでにそれから約三年を要している点である。すでに述べたように当時は可能な限り軍艦の国内建造が求められていたことを考えると(第七章第一節を参照)、その遅れは主に技術面に起因していたといえよう。思い当たるのは次のような理由である。鉄骨木皮軍艦の国内建造には、より多くの留学経験者と留学経験者の造船監督官派遣などによるさらなる新技術の向上、さらに輸入した鉄製軍艦の運用、清掃、修理、改造などを通じた技師から職工に至るまでの技術の習得、設備の整備などが必要だったのである。なおこうした条件をみたすために海軍は、「葛城」起工後の一六年六月二五日に、イギリスのペンブローク造船所の技師二名と雇用契約を締結するとともに、伊藤雋吉少将と佐双左仲少匠司をヨーロッパに出張させ、鉄・鋼船製造調査と軍艦購入などの調査を実施した。

「葛城」より約二カ月遅れて明治一六(一八八三)年一月二三日、イギリス人のキルビー(E. C. Kirby)の経営する神戸鉄工所において同型艦の「大和」が起工された。神戸鉄工所がいかにして鉄製軍艦を建造する技術を習得、施設を整備、日本の軍艦を受注したのかという経緯については後述するが(第九章第二節を参照)、神戸鉄工所とそれを継いだ小野浜造船所が、国をあげて資金と人材を投入した海軍工作庁とほぼ同時に、鉄骨木皮艦を建造したのは注目すべきことといえよう。ただし艤装を横須賀造船所で行わなければならないなど、施設面の差異があった。

こうして軍艦の建造は、木造から鉄骨木皮艦へと発展した。ところがその後の四砲艦は、「摩耶」(小野浜造船所建造)と「鳥海」(石川島造船所建造)が鉄製、「愛宕」(横須賀造船所建造)が鉄骨木皮艦、二年後に小野浜で建造された「赤城」は鋼製となり、これ以降の軍艦には鋼材が使用されるようになった。鉄骨木皮艦は、「鉄と木材の長所を混用するもので」あり、「考え方は理想的であるが、鉄材と木材の接合部が実際にはうまくなじまず、快速を要する大艦船には不適当である」ことがわかり、「木船より鉄船へ移る過渡」期の役割を果たすにとどまった(6)。

このように第一期の軍艦の国内建造は、主に木造船がフランス人技術者と幕府によりオランダに派遣された技術者の主導のもとに横須賀造船所で行われたが、このことは同時に西洋型の艦艇の基本技術の伝習がなされたことをも意味していた。これに対して鉄製および鋼製軍艦の場合は、イギリスの兵器製造会社で技術を習得して帰国した技師たちを中核として数年後に横須賀造船所で建造されたが、ほぼ同じ時期にイギリス人が創立した神戸鉄工所を買収した小野浜造船所においても、イギリス人技師や中国人技手の協力のもとでそれを実現している。

ここで第二期（純汽船・前ド級期）の艦艇の記述に移るが、その際、まずもっとも早く日本が保有した水雷艇について取り上げる。イギリス人技術者ホワイトヘッド（R. Whitehead）によって開発された魚形水雷（魚雷）は、その後に急速に進歩し、「一八七〇年代には魚雷は実用の域に達し、それを装備する新種の水雷艇（魚雷艇）が登場」し、フランスとドイツはこれを大量に配備して、「装甲巨艦を多数有するイギリス海軍に対する劣位を補った」(7)。日本海軍は、イギリスのヤーロー社製の第一水雷艇（四〇トン、鋼製、一七ノット）を明治一四（一八八一）年に一隻、一七年に三隻（第二・第三・第四水雷艇）、その後は同社製の大型、高速（二〇三トン、一九ノット――時速三五キロメートル）の一等水雷艇「小鷹」を輸入し（明治二一年に竣工）、いずれも横須賀造船所で組み立てた。これについては、「廻航費の負担、廻航の危険性と日本で組み立てた場合は将来の国産化に参考になることや他の軍艦の廻航に際して部品を運ぶことも考えられることなどを勘案して、建造後解体して日本に運ぶこととした」が、「これは、ほぼ同じ時期に清国海軍がドイツで建造した同規模の水雷艇『福龍』を現地で完成の上で廻航したのと対照的である」と『新横須賀市史』で説明されている(8)。こうして水雷艇の建造においても、横須賀は先鞭をつけたのであるが、全工程を建造するまでには至らず組立てにとどまっている。

水雷艇の建造が本格化するのは、フランスから海軍省顧問として招聘されたベルタンが第一期軍備拡張計画を立案し、明治一九（一八八六）年四月一九日に水雷艇の建造を推進する意見書を作成してからのことである。このなかでベルタンは、近い将来に日本においても水雷艇を重要視する時代が訪れること、水雷艇の建造には良質の材料と熟練した職工が必要であること、日本でも建造が可能であり経費の面で適していること、水雷艇の建造は立地上も高度な技術を有している点からも小野浜造船所が好ましいこと、建造に際してはヨーロッパで製造し小野浜で組み立てる過程をへて国産化をはかることが望ましいことなど具体的な提言をした(9)（水雷艇の建造に関しては、第九章第五節を参照）。

その直後の明治一九（一八八六）年六月、海軍省はフランスに留学経験のある山口辰弥技師を同国に派遣し、水雷艇に関する調査を開始させ、会社の選別や契約条件の調査を行わせることにした。その結果、シュナイダー社と協力し一等水雷艇を建造することになったのであるが、そのうち一〇隻は同社で製造し小野浜造船所で組み立てること、残りは同社から材料と技術者を小野浜に送り建造することという契約が締結された。注目すべき点は、受注会社における水雷艇の製造に際し、日本海軍から艦体工事に三名、機関工事に七名の技術者を派遣したが、それは受注品の品質を保持するために同社の方から要求されたということである。こうして小野浜は受注企業への技術者の派遣、受注会社からの技術者の受入れによって組立てを行い、さらに受注会社から素材の提供を受けて建造を実現した。なお水雷艇に関しては、その後にイギリスやドイツにも同じように発注され、他の国内の兵器製造所において組立て、建造が行われることになる。

次に第二期の二番目の例として、巡洋艦の建造過程を取り上げると、明治一六（一八八三）年に非防護巡洋艦「筑紫」（一三五〇トン）をアームストロング社から輸入したのに続き、一七年から一九年にかけて防護巡洋艦の「浪速」と「高千穂」をアームストロング社に、「畝傍」をフランスのル・アーブル社に発注し建造した。これら四艦はまさに第二期に属する鋼製の巡洋艦であるが、このうち「浪速」以下の比較的大型（三六五〇トン）、快速（一八ノット―時速三三キロメートル）の三艦は、「単なる海軍力強化のための発注ではなく、まちがいなく次なる技術吸収のモデル」であり、「建造に当たって監督官として浪速・高千穂には土師外次郎と宮原二郎、畝傍には若山鉉吉と第二世代のエンジニアが派遣」された。[10] 彼らは監督官とは名目であって、そこでみたり聞いたりすることによって技術を吸収し帰国後に同型艦を建造する際に主導的な役割を果たすことのできる能力を備えていたという。

三艦を輸入したのと同じ明治一九（一八八六）年一〇月三〇日、日本最初の純汽船の「高雄」が起工された。鉄製艦の輸入から日本での起工まで三年が経過していたのと比較して、非常に早く国産化が実現したわけであるが、それは留学し新技術を習得した技術者が増加したこと、技師や職工が鉄製軍艦の建造、改造、修理の経験を積んだ成果といえよう。ただし材質が鉄骨木皮艦で排水量が一七七八トン、速力一五ノット（時速二八キロメートル）と性能において「浪速」などの三艦にいちじるしく劣り、フランス人の海軍省顧問のベルタンに設計を依頼するなど、条件付きの国産化であった。

こうしたなかでベルタンの基本計画により、純汽船の装甲巡洋艦（海防艦）を三隻建造することになり、そのうち「厳島」と「松島」（いずれも四二一〇トン）はフランスのラ・セーヌ（地中海鉄鋼造船会社）において明治二一（一八八八）年一月と二月に、「橋立」（四二一六トン）は横須賀造船所で八月六日に起工された。このように三景艦は排水量においては輸入三艦を上回るものの、速度は一六ノット（時速三〇キロメートル）と劣っていたことに加え、計画を外国人のベルタンに委ねたことなど純粋な国産とはいえず、国内建造の「橋立」の竣工が二七年六月二六日まで延びるなどの欠点もみられる。なお横須賀における工事の遅延などは、「浪速」以下三艦の輸入から日も浅く、改造、修理等の経験をつむ時間的余裕がなかったために生じたものと考えられる。

三景艦は、「重量がかさむ甲鉄板を用いない軽量な船体構造という利点はありながらも、主砲の重量が大きく、それが艦のバランスを崩すもとになり、主砲も故障し実戦では機能しなかった」と評価されている。[11] こうした艦のバランスの悪さについては、「摩耶」「鳥海」「愛宕」「赤城」（いずれも六一四トン）の搭載砲が、ベルタンの「艦量ニ比較シ其装砲過大」という指摘により軽砲に変更されたことから考えて、[12]彼の設計理論の反映とは考えにくい（第九章第四節を参照）。そもそも三景艦は常備排水量七二二〇トン、三〇センチ連装砲二基を備えた清国の「定遠」「鎮遠」に対抗するために計画されたものであり、その結果、四二〇〇トンクラスの巡洋艦の船体に三二センチという過大な単装砲一基を搭載、また「松島」の場合は主砲を後ろ向きに備えるという特異な構造を採用したのであり、それは巡洋艦（海防艦）をもって戦艦に対抗しようという日本海軍の要求を受け入れたことに起因したものといえよう。

明治二三（一八九〇）年三月一五日、日本海軍初の近代的防護巡洋艦の「秋津洲」（三一七二トン）が横須賀鎮守府造船部において起工された。同艦の基本計画はベルタンが担当したが、「イギリスに留学し、造船官サー・エドワード・リードの門下生であった造船少監の佐双左仲が海軍大臣に不備を報告し、改めて艦政局造船課で基本計画をやり直した」と述べられている。[13]「秋津洲」は三景艦に比較すると小型ではあったが、一九ノット（時速三五キロメートル）と高速であり、主機も海軍省第二局で計画し横須賀で製造した。これ以降、巡洋艦の国産化が実現することになるが、三景艦を超える規模のものは建造されなかった。

ここで第二期の第三の例として、フランス、ドイツの水雷艇に対抗してイギリスが開発した水雷砲艦、そして水雷砲艦より軽便な船体と高速を誇る駆逐艦の導入と建造について検証する。このうち水雷砲艦は、明治二五（一八九二）年にフランスのロアール社から「千島」（七五〇トン、二二ノット―時速四一キロメートル）、二七年にイギリスのアームストロング社から「龍田」（八五〇トン、二四ノット―時速四四キロメートル）を輸入、それから四年後の三一年五月七日に横須賀海軍造船廠で「千早」（一二五〇トン、二一ノット―時速三九キロメートル）を起工し、三三年五月二六日に進水、三四年九月九日に竣工した。同艦は、「艦政局造船課において、水雷砲艦として計画された」が、「基本計画は水雷砲艦『龍田』……の拡大改良版」と述べられているように、[14]輸入艦を参考に国産化を果したのであった。

こうしたなかで明治三〇年代になると、水雷砲艦と同様に「速射砲や機関銃で水雷艇を攻撃するだけでなく、自ら魚雷を装備し、高速性を利して電撃も可能」な駆逐艦が導入されるようになる。[15]また明治三一（一八九八）年にイギリスのソーニクロフト社から「叢雲」（三二二トン、三〇ノット―時速五六キロメートル）、三二年には同社やヤーロー社から九隻を輸入するなど、大量の駆逐艦を導入した。そして三五年には輸入艦を参考に艦政本部第三部が設計した「春雨」「村雨」「速鳥」「朝霧」が横須賀造船廠で起工され、三六年に竣工した。これらの「春雨」型は、「初の国内製駆逐艦で、排水量三七五トン、速力二九ノット。四五センチ発射管二基を備え、火力は水雷艇が四七ミリまたは五七ミリ単装機砲一〜二基であったのに対し、八センチ単装速射砲二基、五七ミリ単装機砲四基と、格段に強力であった」と高く評価されている。[16]

さらに主力艦といわれる戦艦、一等巡洋艦の導入と建造について記述する。最初に先行研究として、室山義正氏の論考の結論部分を取り上げる。[17]

日清戦後の海軍拡張は、ほぼ全面的な海外依存方針で遂行された。したがって横須賀・呉の2大造船廠体制（佐世保は修理専門工場）が整備されたにも拘らず、国産化政策は却て後退現象を示し、国内建造は概して停滞を示すことになった。しかし32年軍艦水雷艇補充基金設置を契機として建艦政策は転換され、呉造兵廠拡張・呉製鋼所増設・呉造船廠第3船台建設と相次ぐ施設整備によって、呉工廠で国産化方針が具体化していき、遂に日露戦時に主力艦国産に踏み切る。戦時には、軍艦補充の必要が切迫するのに対して、輸入は全く不可能になるため、軍艦建造にあたって工期・コスト上の問題は全く考慮されないからである。こうして従来3千屯級の3等巡洋艦の建造実績しかなかった呉工廠が、一挙にその4倍に達する巨艦筑波（1万3、750屯）の建造に着手することになるのである。

こうした、「日清戦後の海軍拡張は、ほぼ全面的な海外依存方針で遂行された」という主張は、表八―一において示したように明治三一年以降の保有艦艇の排水量の八八パーセントが外国製となっており（明治三〇年をふくめるとさらに多くなる）、一見すると妥当なようにみえる。しかしながら第一一回軍備拡張計画において海軍は、経費や建造期間からすると輸入する方が有利であるが、そのような方法は技術の熟練、戦時への対応、将来性を考慮すると得策といえず、若干の軍艦は国内において建造すると国産化維持方針を明言している。また同表で示したように五七・五隻の艦艇を国内で建造しているが、それらの小型巡洋艦、駆逐艦、水雷艇は、排水量が少なくともすべて造艦技術上の第二期の艦艇であり、決して後退した訳ではないのである。

次に、「軍艦水雷艇補充基金特別会計法」を契機として建艦政策は変換され、国産化のために呉の造船部門、造兵部門の施設の整備がなされ、日露戦争時に主力艦国産化に踏み切ったという主張に対する見解を明らかにする。まず建艦政策であるが、兵器の国産化は海軍の基本方針であり一時的に輸入が増加することはあってもその方針を変えたことはなかった。また主力艦建造時期については、すでに述べたように、海軍は同種の艦艇の兵器製造会社への発注とともに受注先に技術者を派遣し、国内において修繕用の船渠、建造用の船台、戦艦搭載用の兵器製造設備の整備を開始するのであり、同法により艦艇製造費の財源が確保され、同法は施設・設備の拡張を促進したが、海外依存から国産化へと建艦政策の変換する役割を担ったわけではなかった。

ここで艦艇の生産に関する一般的な体系を図式化すると、艦艇の発注―受注会社への同種の艦艇の生産のための技術者の派遣―船渠・船台など施設・設備の整備―完成した艦艇と派遣技術者の帰国―艦艇の調査、修理、改造による設計の準備と一般職工への技術の波及、同種の艦艇の建造と搭載兵器の製造のための施設・設備の整備―同種の艦艇と搭載兵器の製造開始となる。なお戦艦の建造に際し海軍は、搭載兵器の製造をともなう最終的な兵器の国産化を目標としたため困難が重なり、発注から竣工まで一四年間という長時間を要することになった。この間、小型巡洋艦以下の小型艦艇を建造し、戦艦と建造計画を中止した大型巡洋艦を輸入したことにより、隻数は国内製、排水量は外国製が増加するという現象が生じたのであるが、戦艦と搭載兵器の製造の準備を推進していた事実を認識すれば、それは艦艇建造技術のステップアップの常道であり、海外依存方針でも国産化の後退でもなかったことが理解できるだろう。

第三節　兵器の保有にともなう技術移転

本節においては、前節に対応して兵器（製鋼をふくむ）の保有と国産化にともなう技術移転を取り上げる。こうした視角からの研究は乏しく、また筆者の能力の限界もあり、クルップ砲および速射砲の採用、三景艦の建造と砲熕兵器の製造技術の習得、そして戦艦の発注にともなう砲熕および甲鉄板の製造技術の習得について概観するにとどめる。

明治初期の海軍の砲熕は、多くの制式が混交し統一性に欠けていた。明治五（一八七二）年から六年にかけて外遊した川村純義海軍少輔一行は、ヨーロッパにおいては各砲の比較実験をした結果にもとづいて採用砲を決定することとし、ドイツのクルップ砲の優秀性を確認して帰国した。そして横須賀造船所において建造中の「清輝」にクルップ砲を搭載することを決定し、クルップ社代理人のアーレンスより取り寄せたクルップ諸砲の要目書をヴェルニーに提示し、彼の答申にもとづいて、同艦の備砲として一五センチクルップ砲一門、一二センチクルップ砲四門などを装備した。

その後、各社の諸砲を購入した海軍は、明治八（一八七五）年六月にアームストロングやクルップなどの諸砲の実射試験を実施した。その結果、クルップ砲の優秀性が証明されたと判断し、「新ニ建造セントスル新艦ニハ克《クルップ》式砲ヲ採用スルコトニ決定」した。[18] そしてイギリスに発注し同年九月に起工した「扶桑」「金剛」「比叡」をはじめ、一九年までに起工した「筑紫」を除く艦艇にクルップ砲を搭載した。

この間、明治四（一八七一）年から一〇年まで原田宗助がイギリスのアームストロング社で造兵技術を習得し、また一一年から一四年まで製鋼技術の習得のため、大河平才蔵と阪本俊一がクルップ社に派遣されている。さらに製鋼事業については、横須賀造船所も一八年にクルップ社に三名の工夫派遣を希望したが受入れを拒否され、やむなくフランスのクルゾーにおいて技術を習得、この技術は呉鎮守府造船部へと移転されることになる（第一一章第一節を参照）。

こうしたなかで海軍は、「千代田」「厳島」「松島」「橋立」「八重山」などの建造を計画、備砲については一二センチ通常砲を採用することにした。ところがイギリス海軍においては、一二センチ速射砲を搭載したという情報がもたらされ、これに対処するため明治二一（一八八八）年七月二六日、相浦紀道海軍兵器会議議長は、「各種各一門御取寄相成精細試験ノ上孰カ一種良全ノモノ選定相成」るよう上申した。[19] そして一一月九日に兵器会議を開き、新艦艇にすべて一二センチ速射砲を採用することを決議、一二日に西郷海軍大臣に上申した。またフランス駐在の富岡定恭少佐とオーストリア駐在の山内万寿治大尉に対し、各国の速射砲の調査を命じた。

このうち山内大尉は、当時クルップ砲の信奉者であったこともあり、まず同社を訪れるが技術秘匿の壁に阻まれて調査できず、フランスにおいても開発途上ということで予期した成果が得られなかった。最後の望みを託してイギリスにわたった山内は、公使館付の伊月武官の紹介でアームストロング社のノウブルと会見した。ノウブルは、「直ちに予を工場に導き、自ら先づ砲の取外し及び組立を行ひ、夫より操法手続を演出し、続て弾丸、装薬及び火工品等に至るまで、懇々縷説して剰す所なく、尚ほ其他に英国海軍巡洋艦用として、幾多製造中のものあるを示し、最後に政府最近の刊行に係る速射砲図説一部を贈られ、且つ曰く、『若し質疑あらば、何時にても来りて之を予に問へ、決して謙退する勿れ。』と」親切な対応に終始する。[20] 翌日、山内は、試射場で実射を見学した結果、アームストロング社の速射砲の優秀なことを確信した。

調査の結果について、富岡と山内は報告書を提出した。これを受けた西郷海軍大臣は、明治二二（一八八九）年五月二一日に海軍技術会議に対しクルップ、アームストロング、マキシムールデンヘルト、ホッチキス、カネー速射砲および砲架のうち最良のものを選択するよう命じた。これを受けた技術会議は、六月一三日に会議を開き、今回に限りアームストロング式一二センチ速射砲と砲架を採用することを決議した。なおその理由については、「『アームストロング』社ヲ除クノ外ハ単ニ計画ニ止リテ未タ試験等ヲ為シタルコトナキニ依リ優劣ヲ比較スルノ材料無ク唯図面等ニ依ルノミニテ何分信用ヲ置クニ至ラズ然レトモ『アームストロング』社ノ分タリトモ充分信用ヲ置クヘキ材料ハナケレトモ英国政府ノ命令ニ依リ該社ニ於テ執行シタル試験成績ヲ先ツ信用シテ現今ニ限リ採用」したと述べている。[21]

この結果、「八重山」「千代田」「厳島」「松島」「橋立」にアームストロング式一二センチ速射砲が採用された。また「秋津洲」には、一二センチに加え最新式の一五センチ速射砲も搭載された。これらの速射砲は、日清戦争の勝利に大きく貢献したが、アームストロング社にも巨大な市場を提供することになった。一方、アームストロング社で技術を習得した技術者たちと、同社などから購入した機械、素材によって仮呉兵器製造所は明治二九年度に速射砲の製造を実現した。

この他にもアームストロング社は、すでに述べたように呉兵器製造所建設に対して協力している。それにもまして日本海軍の信頼を勝ち得たのは、日清戦争期における日本海軍への兵器の供給であった。周知のように兵器は戦時期に輸出が禁じられており、当時、イギリスは厳正中立の立場を堅持したため、同国からの兵器の購入と国外への持ち出しは困難を極めた。こうしたなかで日本海軍は、「英国安〔アームストロング〕社ヨリ如何ナルモノト雖モ我政府ノ需ニ応スル旨申出テタルヲ以テ、大ニ便宜ヲ得タ」のであった。[22] アームストロング社は、この点においてもそれなりの「努力」をしていたのであった。

また、「戦役中兵器ノ運送ハ専ラ高田商会」が担当したが、「輸出方困難ニシテ、……東方ニ送ル可キモノハ先ツ之ヲ西方ニ出シテ更ニ本邦ニ輸送シ、或ハアントウヱルブ港ニ送リ、更ニ同港ニ於テ雇入船ニ積ミ替ヘ、以テ本邦ニ輸送」するなどの工夫がなされた。[23] すでに述べたように山内海軍少技監（以下、海軍を省略）も、明治二七（一八九四）年一二月一日にロンドンに到着、アームストロング社や高田商会の協力を得ながら二八年六月六日に帰途につくまで海軍用の兵器に加え仮兵器工場用の機械・材料・兵器を購入し、日本まで輸送することができたのであった。[24] なおこれによって日本は窮地を脱することができたのであるが、アームストロング社は同社の速射砲を搭載した日本海軍が勝利したことによって巨利を得ることになる。

ここで三景艦、とくにフランスで建造された「松島」「厳島」の発注と、留学生の派遣による砲熕技術の移転について述べることにする。ただしこの点についてはすでに詳述しており（第六章第二節を参照）、明治二三（一八九〇）年七月一〇日に帝国大学工科大学を卒業し、三年間フランスに留学した有坂鉊蔵について簡単に述べるにとどめる。有坂は、まず二四年一月から一年間ホッチキス社の速射砲製造所の製図部で勉学を積み、優秀な成績をおさめた。さらに二五年一月から二〇カ月間にわたり、前二艦を建造している地中海鉄工造船会社において火砲製造技術の習得に励んだ。こうして兵器の発注という好機を利用して、フランスの民間兵器製造会社において速射砲と大砲の製造技術を習得した有坂は、二九年二月五日に仮設呉兵器製造所製造主幹に任命されて以来、山内の片腕として速射砲、その後は、大砲製造などに貢献した。

すでに述べたように、最初の戦艦の「富士」(一万二五三三トン)と「八島」(一万二三二〇トン)の発注に際しては明治二八(一八九五)年から二年間、両艦の搭載砲を製造するアームストロング社をはじめとする兵器製造会社に職工一〇名・技手二名を派遣した(第五章第五節を参照)。帰国後に彼らは呉海軍造兵廠に勤務したが、「成績良好ニシテ斯道ニ利スル所実ニ僅少ナラス」と高い評価を受けているが、注目すべき点は、「外人ノ教師ヲ聘シ練習セシムル等ニ比スレバ其功顕霄壌《しょうじょう》ノ差異アルヘシ」と、[25] 外国人教師の招聘より職工派遣の方が効果的であるという山内の持論が展開されていることである。こうした功績にもとづいて三〇年から二回目の職工派遣が実施され、その途上の三一年に、「技官ハ高等学理ノ研究ヲナスト同時ニ実地操業ノ任ニ当ルベキ熟練ナル職工無之候テハ完全ヲ期スル事克ハザル」という理由によって、「少クモ十名ノ造兵職工ヲ英国へ派遣セシメル」ることを要求し実現させた。[26]

こうして留学した一人である長谷部小三郎技手は、明治二七(一八九四)年一一月から二年間アームストロング社に留学したあと、二九年一〇月に造兵監督助手に切り替えてイギリスに滞在、さらに技師となり呉造兵廠製造科主幹に昇進し、三三年三月に造兵監督官として戦艦「三笠」(一万五一四〇トン)が建造されているヴィッカーズ社に派遣され、甲鉄板をふくむ戦艦建造に必要な製鋼技術を習得した。また有坂呉造兵廠製造科主幹は、戦艦「敷島」(一万五〇八八トン)、「初瀬」(一万五二四〇トン)、「朝日」(一万五四四三トン)、「三笠」建造中の三一年三月一九日から三三年一〇月一日まで造兵監督官としてイギリスに出張しており、戦艦に搭載される大口径砲をふくむ最新の砲熕兵器の技術を習得したものと思われる。

第四節　技術者の養成と教育

艦艇と兵器の発注にともなう技術者の派遣と技術の習得について記述したのに続き、本節では主に技術者の教育と養成を対象とする。その際、二つのことを前提とする。一つは、明治初期に近代的な艦艇建造の場となったのは、江戸時代の慶応元（一八六五）年に横須賀製鉄所として設立され、明治四（一八七一）年改称された横須賀造船所であったということである。もう一つは、横須賀造船所においてフランス人とともに技術的に主導したのは、長崎の海軍伝習所でオランダ人から造船技術を学んだり、伊豆国戸田村でロシア人の指導のもとで日本最初の本格的な西洋型船を建造した者やその流れをくむ者たち、さらに幕府がオランダに「開陽丸」を発注する時に受注先のギップス造船所に派遣された技術者たちであった点である。要するに日本の近代造船技術の起点は、幕末にさかのぼるといえよう。

横須賀製鉄所は、軍艦の修理、建造とともに技術者養成の教育機関の役割を担って出発したが、教育については成果をあげることなく、維新後にその業務は廃止された。しかし明治三（一八七〇）年二月に、技士養成を目的とする正則学校と、技手の養成にあたる変則学校の二つのコースからなる技術伝習制度（黌舎と呼称）として復活し、フランス人による技士養成教育が行われた。その後、八年にフランス人が帰国し、同国に留学経験のある日本人による教育が行われるようになり、九年に予科・本科制度を導入した。そして一〇年には、予科生徒を学力に応じて東京開成学校（翌年に東京大学に編成）の本科と予科、東京外国語学校に振り分け、開成学校本科三年のうち二年次までの課程を学ばせたところで黌舎に引き取り、造船学などの専門教育を受けさせることにした。こうして技士養成教育が確立したのであるが、一五年には生徒の募集を停止した[27]。

一方、明治四（一八七一）年一二月二八日には、のちの技手養成課程である職工生徒の教育を開始した。この職人黌舎は、九年九月に新たに学則を制定するなど改革を実施し、一〇年七月から新制度の教育に取り組んだ。この時に入舎した常田壬太郎の記憶をもとに作成された学則によると、第一条で「職人生徒の儀は、敢て博学多識を要するにあらず、只船体及蒸汽器械等の道理を粗弁し、且平常工業用に於て略図を為し、右は平積立積等を、実際算加し得るを以て足れりとなす。故に教授方に於て格別テオリー（理論）を要せず、専らプラクチック（実際）を教へて早く工業上に稗〔裨カ〕益されんことを目的」とすると明記されている。[28]また第二条以下で、フランス海軍職工学校の教科書を翻訳して日本語で教えること、別にフランス学を教育するが最小限にとどめること、学科はすべてフランス海軍職人黌舎の学則により、初学・四等生―実数学、幾何学、代数学、製図学、仏学、二年・三等生―幾何図学、幾何曲形学、舎密学初部、仏学、三角術、究理学初部、製図学、三年・二等生―器械学、究理学、製図学、物器および諸器具学、舎密学、仏学、四年・一等生―造船学、蒸汽器械学、製帆学、仏学、健康学、製図学を四年間で学ぶことになっていた。

明治二二（一八八九）年五月二九日に横須賀造船所が廃止され、横須賀鎮守府造船部と技手の養成を目指した横須賀造船学校が設置されたが、そこには他の鎮守府造船部の職工のなかから選抜された職工も入学できることになった。また三〇年九月三日に「海軍造船工練習所条例」が公布され、三年以上の勤務経験を有し二一歳から三〇歳までの優秀な職工を三年間にわたり教育する横須賀海軍造船廠付属の海軍造船工練習所が設立された。ここには呉海軍造船廠からも、毎年一二名から二一名の練習生が入学している（第四章第一節を参照）。

横須賀造船所における技士養成教育が、明治一五（一八八二）年に廃止された翌一六年、海軍は造船官の養成を工部大学校に委託した。その後、一七年に東京大学理学部付属造船学科が設置されたが、一九年に両校は合併され、火薬学科が設置されたのにともない、そこに造船官・造兵官の養成を委託した。このうち造兵委託学生についてみると、当初の定員は二名であったが、希望したのは有坂鉊蔵一名のみであった。このように委託学生、とくに造兵委託学生は少なく、それを補うため海軍は三二年五月、「海軍造兵生徒条例」（勅令第二一四号）を制定し、東京工業学校生徒を海軍造兵生徒として採用、呉造兵廠を中心とする海軍の造兵部門のなかでもっとも多い技術者集団を形成することになる（第六章第二節を参照）。

海軍工作庁の初期の役職員のなかには、こうした技術専門教育機関だけではなく、海軍兵学寮（のちの海軍兵学校）や機関学校などの出身者もみられる。彼らがそこでどのような技術教育を受けてきたのかという点にまで踏み込む余裕がないので、ここでは彼らの留学からその一端をみることにする。なお海軍兵学校の江田島への移転の一つの理由として、日本一の海軍工作庁の設立が予定されていた呉に近く、技術教育に適している点があった。

明治初期にもっとも留学への道が開かれていたのは、海軍兵学寮生であり、明治四（一八七一）年には同寮から一一名、軍艦乗組などを加えると二〇名以上が留学した。そのうち造船・造兵にすすんだ者（全員イギリス留学）として、壮年生徒の志道貫一（造船）、西村猪三郎（造船）、佐双左仲（造船）、赤峰伍作（造船）、幼年生徒の土師外次郎（造船）、軍艦乗組の原田宗助（造兵）、山県少太郎（造船）、丹羽雄九郎（造船）の八名が確認できる。[29] なおそのうち四名（志道、佐双、赤峰、土師）は、すでに述べたように留学の最後の時期を「金剛」「扶桑」「比叡」の建造に参加し、帰国後は中核的な造船技術者としての役割を果たすことになる。

留学から海軍工作庁などにおける幹部への道は、黌舎において技士養成教育を受けた者や委託学生にも開かれていた。明治九（一八七六）年に第一期生の山口辰弥、一〇年に若山鉉吉・桜井省三・辰巳一・広野静一郎、一一年に黒川勇熊、一二年に高山保綱がフランスのエコール・ポリテクニクに留学し、そこで三年間学び帰国している。彼等は海軍工作庁の技術者、艦艇の受注先への造船監督官としての経験を積み、海軍造船廠長などになっている。こうしたコースは委託学生にも引き継がれ、東京大学造船科出身の小幡文三郎（のち呉海軍工廠初代造船部長）や造兵学科出身の有坂（のち東京帝国大学工学部教授、呉海軍工廠造兵部長）がともにフランスに留学したように、その多くが留学を経験し海軍工作庁の造船部長や造兵部長などに就任している。

海外における技術習得の道は、技手や職工にも開かれていた。たとえば明治二〇（一八八七）年には、水雷艇の組立て、建造に関連して八名がフランスに派遣されている（第九章第五節を参照）。ただしそれが組織的、継続的になるのは、明治二八年度に造兵職工を対象に三カ年の継続費として海外派遣費三万八四三一円が認められてからといえる。また三〇年度には、造船造兵職工派遣費と改称され、三二年には二年計画が四年に延長され、結局、三〇年度から三四年度までの継続費として一四万六八四六円の予算が認められ、少なからぬ職工に海外において技術を習得し、帰国後に昇進する道を開くことになった。なお年度ごとの予算額は、二八年度が一万七八二二円、二九年度が一万二〇四五円、三〇年度が三万一〇七五円、三一年度が一万五四九二円、三二年度が五万一二六二円、三三年度が二万五二一〇九円、三四年度が三万二三七三円、計一八万五二七八円であった。[30]

これまで技術者の養成と教育について、多方面から検証してきた。その結果、海軍の技術教育は江戸時代の経験を受け継いで、横須賀造船所の黌舎における技師と中堅技術者の技手の養成と、海軍兵学寮出身者などの留学による軍人技術者の育成によって開始されたことが判明した。このうち前者における技師の養成は工部大学校、東京大学などへの委託生、技手の養成は造船については横須賀造船学校、造兵の場合は東京工業学校への委託生に引き継がれた。またここでは取り上げなかったが、工業学校や工業補習学校などを卒業し職工から技手、まれには技師への道も開かれていた（第四章第一節と第六章第二節を参照）。

これらの技術教育機関を卒業した者には、相当の地位が与えられることが多かった。しかしながら留学経験者であるか否かによって、かなりの相違が生じていると思われる。たとえば黌舎を卒業して留学した場合は、造船部長や造船廠長の地位につけるが、そうした経験のないものは技師になれても部長や廠長への昇進は無理だったようである。また海軍内の昇進をみると、軍人技術者、東大の委託学生、黌舎、東京工業学校の順になっている。いずれにしても彼らはエリートにあたるわけであるが、職工の場合も職場で認められて横須賀造船学校にすすみ、留学するという道があり、造兵の場合は職場から選抜により留学して実績をあげれば出世の道が開かれていた。

ここで畑野勇氏の説を取り上げ、そこから技術教育と技術移転に関して考察する。畑野氏は、「日本では、大学工学部における軍の関与が当初からきわめて高かっただけでなく、この技術導入の対象をフランスからイギリスに転換させたことによって、はじめて海軍拡張と産業育成とを結びつけることが可能となった」と述べている。[31] 軍産学複合体を視野にいれた興味深い指摘であるが、大学の工学部が海軍工作庁や民間の兵器製造会社に優秀な人材を輩出したことは認められるものの、すでに述べたように造兵学科の学生の指導を陸軍大尉、実地指導を陸軍の大阪砲兵工廠に委託していたのであり、これでは海軍と大学の共同研究など思いもよらない状況といえよう。一方、後述するように民間の兵器製造会社と海軍との関係も、日清戦争後に海軍の指導のもとに水雷艇の建造から技術の習得を開始したのであった。こうした点を総合すると、当時は軍の技術力がすすんでおり、互いに協力して課題の解決に向けて研究するというような段階ではなかったといえよう。

またヴェルニーなどフランス人技術者の解雇についてであるが、中岡氏が「当時の最先端技術を念頭に置いてこの表〔ヴェルニー在職中の艦船製造リスト〕を眺めると、幕末に上海経由で日本に来たお雇い外国人であった彼の限界がはっきり現れていて、彼の解雇は必然であったと思わざるを得」ないが、「この限界はヴェルニーのみならず、磐城で証明されている第一世代エンジニアの限界でもあった」と述べているように、技術の進歩に取り残された結末と考えるべきである。[32]もし日本海軍がフランスの技術を評価していなかったなら、明治一九（一八八六）年二月二日に海軍省顧問として招聘したベルタンに対し、艦艇建造計画のみならず、軍備拡張計画、海岸の防禦、呉港の造船所としての適性、小野浜造船所における水雷艇建造の助言、フランスへの技術者派遣の斡旋、大砲や製鋼計画についての意見などを求めることはしなかったであろう。

さらに畑野氏は黌舎の教育内容の変化、廃止、工部大学校や東京大学などへの造船官、造兵官の委託をもってフランス技術教育の終焉と位置づけているが、多くの黌舎出身者や東京大学出身者もフランスに留学させている事実を考えると妥当とはいえないであろう。一九世紀末に至るまで、「イギリスでは教養教育中心のエリート教育が支配層によって重視され、実業教育の有用性がなかなか認められなかった」と述べられており、[33]この時期に体系的な高等技術教育機関をフランスからイギリスに変更することには無理があったといえよう。注目すべき点は、両国の優劣をつけることではなく両国の教育の相違を認識し、そのことが日本海軍の兵器生産にどのような影響をもたらしたのかについて考察することである。

最後に初期の造船武官三〇名の形成過程を中心に、近代的艦艇建造技術を日本に移植してきた人物群像と特性を探究した竹内常善氏の研究を通じて、兵器生産を担った技術者の有り様を考えることにする。竹内氏の主張は多岐にわたるが、本書との関係で重要視すべきは、「初期造船武官の第一世代は、単に造船の専門家としての第一世代を構成したのではなく、ともかくも兵科、機関、技術の全体領域を見渡しながら、それぞれの持ち場を見定め、その上で敢えて特定領域の確立に全力を注いでいる」という点である。[34]氏によるとこの第一世代には、海軍兵学寮、海軍兵学校の初期出身者、軍艦乗務員からの転身者ばかりでなく幕末期の人材もふくまれるが、注目すべきは前者より後者が、そして第一世代の方が分業化された専門教育を受けた者より優れた人材を輩出していると考えられていることである。

なおその際の判断基準は、「激しい葛藤と自己規制の局面で、自己の人生選択を進めてきている」か否かであり、そうした経験がない者には、「総合的判断力をもつ人材は育ちにくくなる」という点におかれる。(35)

たしかに人間である技術者の育成は、国内で教育を受け留学すれば自然に実現するものではない。また幕末期に教育を受け留学した赤松則良や肥田浜五郎らによって明治初期の海軍の兵器生産の基礎が確立され、軍艦乗組員であった原田宗助、兵学寮出身の佐双、兵学校の初期卒業者の山内がその発展に多大な貢献をしたことは事実である。しかしながら幕末に長崎の海軍伝習所で教育を受けオランダに留学した赤松が日本の国力を基底として軍備計画を策定したのに対し、明治期にイギリスへ留学ないし同国から多大な影響を受けた佐双、山内が日本の実情よりも最新兵器の生産に目的をおいたという差異は、時代と国内教育に加え留学先が少なからぬ影響を与えることを示している。赤松には幕臣からの転身という葛藤に加え、大国の狭間で地位を保持するために総合的な情勢判断にもとづいて軍備計画を策定しなければならなかったオランダで学んだ体験があったのに対し、明治期にイギリスに留学した佐双らは、自らの学んだ最先端技術を日本に転換することに使命感をもち、国力と生産を目指す兵器との乖離を疑問視することが少なかったように思われる。

第五節　海軍兵器製造企業の動向

本節においては、国内における企業別の艦艇、兵器と素材の生産状況、職工数、馬力数を示し、それらを総合的に分析して、それぞれの企業の能力と役割、企業間の技術移転について考察する。

まず表八－四により企業別の艦艇建造状況を示すと、一〇三隻、五万四七四五・五トンのうち海軍工作庁が九三隻

単位：隻・トン

民間造船所										計	
三菱長崎造船所		神戸川崎造船所		石川島造船所		その他		小計			
隻数	排水量	隻数	排水量	隻数	排水量	隻数	排水量	隻数	排水量	隻数	排水量
										1	138
										1	198
										1	170
										1	109
										2	555
										2	1,145
										1	936
										1	656
										1.5	1,470
						1	543	1	543	1	543
										2.5	1,418
										1	1,547
										2	2,960
				1	614			1	614	5.5	4,563.5
										2	2,392
										2	2,223
										4	802
										7	408
										4	7,509
										2	165
										1	2,657
										2	4,572
1.5	146.5	1	83					2.5	229.5	12	1,066.5
		1.5	151.5					1.5	151.5	10	1,945.5
										5.5	434
										16	3,296
		4	450					4	450	12	10,867
1.5	146.5	6.5	684.5	1	614	1	543	10	1,988	103	54,745.5

（九〇パーセント）、五万二七五七・五トン（九六パーセント）と圧倒的な地位を占めている。なかでも横須賀造船所は四〇・五隻（三九パーセント）、三万七八五〇トン（六九パーセント）と、隻数・排水量とも一位となっている。とくに排水量の占める比率が高く、大型艦艇の建造をリードしていたことがわかる。その他、明治二〇（一八八七）年から二三年頃までの小野浜造船所、三三年以降の呉鎮守府

表8－4　国内における企業別の艦船建造状況

	海軍工作庁											
	横須賀造船所		小野浜造船所		呉鎮守府造船部		佐世保造船廠		石川島造船所		小計	
	隻数	排水量	隻数	排水量	隻数	排水量	隻数	排水量	隻数	排水量	隻数	排水量
明治2年									1	138	1	138
5	1	198									1	198
6	1	170									1	170
7	1	109									1	109
8	1	450							1	105	2	555
9	1	897							1	248	2	1,145
11	1	936									1	936
13	1	656									1	656
14	1.5	1,470									1.5	1,470
16											0	0
17	2.5	1,418									2.5	1,418
18	1	1,547									1	1,547
20	1	1,480	1	1,480							2	2,960
21	1.5	1,581.5	3	2,368							4.5	3,949.5
22	2	2,392									2	2,392
23	1	1,609	1	614							2	2,223
25			4	802							4	802
26			6	323	1	85					7	408
27	2	7,388	2	121							4	7,509
28			2	165							2	165
29	1	2,657									1	2,657
32	1	2,800			1	1,772					2	4,572
33	3.5	230.5			2.5	316	3.5	290.5			9.5	837
34	4.5	1,578			4	216					8.5	1,794
35	1	53			2	106	2.5	275			5.5	434
36	8	1,864			5	1,168	3	264			16	3,296
37	2	6,366			6	4,051					8	10,417
合計	40.5	37,850	19	5,873	21.5	7,714	9	829.5	3	491	93	52,757.5

出所：表8－1に同じ。
註：1)明治16年のその他は、東京川崎造船所である。
2)石川島は、明治9年まで官営、それ以降を民営とした。
3)企業名は、初出時のものを使用した(以下の表も同様)。

造船部の躍進がいちじるしい。一方、民間企業は、一度は艦艇の建造に参加しながら中断し、三〇年代になって再開している。

こうした傾向は、おおむね艦艇建造技術の発展段階を反映したものといえる。このうち第一期は、木造船がほぼ横須賀造船所（一隻のみ東京の川崎造船所）、鉄製、鋼製の艦船が横須賀造船所と小野浜造船所（一隻のみ石川島造船所）で建造されたが、これらの四企業の間で

表８－５　艦船修理費の推移

単位：円

	明治25年度	26	27	28	29	30	31	32	33	34	35	36
横須賀鎮守府造船部	154,713	164,175	98,605	56,125	177,852	284,094	459,275	534,421	692,002	752,732	632,935	538,926
呉鎮守府造船部	66,738	93,654	85,240	159,642	190,077	401,620	441,874	626,337	853,147	637,746	839,475	557,992
呉鎮守府造船支部	41,897	35,249	27,715									
佐世保鎮守府造船部			7,981	22,250	101,228	137,562	175,790	272,720	490,319	967,622	768,222	986,463
舞鶴工廠										2,655	30,682	82,503
竹敷修理工場											13,161	51,134
大湊修理工場												1,323
その他	49,678	47,930	18,820	18,342	42,136	17,213	196,825	29,616	54,671	438,574	118,613	61,295
計	313,026	341,007	238,364	256,360	511,292	840,488	1,273,764	1,463,094	2,090,139	2,799,329	2,403,088	2,279,636

出所：『海軍省報告』各年度。

は一部の技術者、職工の移動はみられても、本格的な技術移転はなかったと思われる。一方、第二期になると、軍艦（主に一〇〇〇トンクラスの巡洋艦）は横須賀、水雷艇は小野浜で建造するという形で出発した。その後、横須賀は三〇〇〇トン台までの軍艦に加え、水雷艇、駆逐艦など総合的な造船所として発展するなかで、小型の水雷艇と軍艦（一〇〇〇トン台）から出発した呉鎮守府造船部は、大型水雷艇と三〇〇〇トン台の軍艦を建造するまでに成長した。そして明治三〇年代になると、佐世保造船廠と民間企業においても水雷艇の建造が開始されるようになった。なお第二期には、初期に横須賀から、二八年の合併時に小野浜から呉に技術者が移転しているように、他の企業間でも人的移動を中心とする技術移転がなされたものと思われる。

海軍工作庁の艦船の修理費に関しては、表八－五のように推移している。これをみると明治二五・二六年度に三〇万円台だったものが、二七・二八年度に二〇万円台に減少している。これは日清戦争にともなう経費は臨時軍事費によって支払われたためであり、戦時期の多大な支出が反映されていない（実態に関しては、「海軍省所管臨時軍事費決算書」によっても知ることはできない）。戦後は二九年度の五〇万円台から三一年度に一〇〇万円台、三三年度以降は二〇〇万円台へと大幅に上昇するが、これは保有艦艇、とりわけ戦艦をふくむ大型軍艦の増加による。

一方、海軍工作庁別では、当初は横須賀鎮守府造船部における修理が多かったが、日清戦争期には佐世保鎮守府造船部がまだ設備が不充分であり、横須賀が戦地から遠いため呉鎮守府造船部に作業が集中し、明治二八年度から三〇年度まで首位を占める。これ以降、呉と横須賀が伯仲するなかで佐世保が急成長をとげ、三四・三五年度は三者がほぼ同じ作業量となる。そして日露戦争前年の三六年度には、佐世保が圧倒的な地位を占め、修理に重きをおいた本来の目的を果たすことができるようになっている。

しばしば述べているように、海軍工作庁にとって艦艇の運用に直結する修理や改造は、重要な役割を担っている。とくに戦時期には短時間に改造、修理ができるか否かは勝敗の帰趨に直結するといっても過言ではない。また日本の場合、新型艦を輸入し改造と修理を通じて同型艦を建造する技術を体得するという役目もあった。一方、軍港ではない神戸市の民間企業を買収した小野浜造船所は、船渠がないこともあり、本格的な修理を行うことはできなかった。なお民間企業に修理工事を委託することは建造以上に少ないが、そこには海軍の保有する艦艇を修理できる船渠を建設するには高額の費用が必要となること、工事費の算定や計画的に人員や資材を用意するのがむずかしいこと、総じて利益に結びつきにくい部門であるという理由があったと思われる。

次に造兵部門について、表八－六により兵器と製鋼（造兵廠と呉仮兵器製造所以外は、製鋼の生産額もふくむと推定）の生産額（明治二三年度は個数）の推移をみることにする。これによると明治二八年度までは海軍造兵廠が首位を占め、以下、横須賀・呉・佐世保という順になっている。ところが明治二八（一八九五）年に仮設呉兵器製造所が設立され、二九年

単位：円・個

30	32	33	34	35	36
162,861	292,332	352,550	440,458	443,357	786,975
82,633	200,496	229,625	237,448	173,947	252,476
251,683	827,482	1,619,793	2,056,825	2,251,172	2,792,058
41,939	118,711	290,781	393,601	734,562	433,615
51,616	11	87,499	92,761	101,361	101,636
81,134	142,091	159,208	169,728	132,927	222,034
13,330					
12,377					
13,953	48,296	43,480	44,855	62,818	106,553
30,822	69,466	77,852	106,163	114,712	83,200
		74,477	83,094	357,667	487,171
		145,298	356,380	241,957	206,876
			1,233	3,408	27,820
			2,223	6,730	24,075
				73	4,357
				2,867	22,865
					-
					1,706
					-
					1,145
742,349	1,780,681	3,080,563	3,984,769	4,627,557	5,554,562

の仮呉兵器製造所をへて三〇年に呉海軍造兵廠となった呉が、三〇年度には東京海軍造兵廠（二二年に海軍造兵廠、三〇年に東京海軍造兵廠と改称）を追い越し、それ以降、圧倒的な地位を占めるようになるが、他の海軍工作庁でも一定程度の数値が維持されている。呉は速射砲に代表される本格的な兵器を、東京の海軍造兵廠は小型兵器を造修し各工作庁に供給しているのに対し、それ以外の工作庁は主に修理を目的としていることによる（呉における兵器の造修に関しては、第五章と第六章を参照）。

ここで表八－七～九により製鋼事業の推移をたどると、明治二九年度は海軍造兵廠の独壇場となっている。ところが三〇年度には呉海軍造兵廠の鋳鋼生産量が東京海軍造兵廠とほぼ同じまでに急成長し、三一年度は全鋳鋼生産量の九二パーセント、さらに三六年度になると、そのほとんどを占めるようになる。呉は新式のシーメンス溶鉱炉（実際には平炉）などを導入して生産量を拡大し、兵器と甲鉄板の素材となる特殊鋼の生産へと準備をすすめていたのであった（呉における製鋼に関しては、第五章、第六章と第一一章を参照）。

ここで海軍工作庁の機関、職工および給料について、明治二三（一八九〇）年から四年ごとに示すと、表八－一〇のように推移している。このうち職工数について

表8－6　海軍工作庁の兵器生産状況

名称	品種	明治23年度	24	25	26	27	28	29
海軍造兵廠	砲熕と属具	1,160,713	344,462	244,859	143,486	331,243	165,742	140,907
	水雷と属具	18,007	70,407	57,996	55,158	48,652	33,623	51,099
仮呉兵器製造所	砲熕と属具							48,995
	水雷と属具							3,774
横須賀鎮守府	砲熕と属具	934	15,739	24,609	22,687	17,135	16,146	24,399
	水雷と属具	199	19,677	17,297	29,771	15,404	10,764	41,982
呉鎮守府	砲熕と属具	2,321	3,552	6,329	7,296	11,836	9,099	15,404
	水雷と属具	142	852	1,121	1,660	3,620	10,434	15,961
佐世保鎮守府	砲熕と属具	724	1,528	3,178	3,974	2,951	1,891	14,111
	水雷と属具	49	887	1,993	3,263	4,294	2,210	16,217
下瀬火薬製造所	砲熕用火薬							
	水雷用火薬							
舞鶴兵器廠	砲熕と属具							
	水雷と属具							
竹敷海軍修理工場	砲熕と属具							
	水雷と属具							
馬公海軍修理工場	砲熕と属具							
	水雷と属具							
大湊海軍修理工場	砲熕と属具							
	水雷と属具							
計		1,183,089	457,104	357,382	267,296	334,635	249,900	372,849

出所：『海軍省報告』各年度。
註：1)一部、筆写が不鮮明なため、不明確な数値がある。
2)明治27年度、28年度は計が一致しないが、誤りの箇所が特定できないので資料のままにしている。
3)明治23年度の各鎮守府の名称には兵器部がついている。
4)単位は、明治23年度のみ個数である。
5)表中の数値には、製造と修理がふくまれている。

表8－7　明治29年度の海軍工作庁の製鋼事業　単位：kg・個・人・円

	製鋼高	コークス消費量	ルツボ使用高	職工使用数	費額
海軍造兵廠	110,836	254,995	2,501	43,957	43,862
仮呉兵器製造所	14,800	58,500	382	2,722	1,133
計	125,636	313,495	2,883	46,679	44,995

出所：「明治二十九年度海軍省報告」。
註：一部、筆写が不鮮明なため、不明確な数値がある。

表8－8　明治30・31年度の製鋼事業の状況　単位：kg・個・人・円

		コークス・石灰消費量	鋳鋼高	ルツボ使用高	職工使用数	費額
明治30年度	東京海軍造兵廠	(コ) 507,919	145,544	3,207	63,703	59,263
	呉海軍造兵廠	(コ) 85,570 (石) 175,000	142,547	1,080	13,216	22,125
	計	(コ) 593,489 (石) 175,000	288,091	4,287	76,919	81,388
31	東京海軍造兵廠	(コ) 1,090,750	283,549	11,300	76,950	101,374
	呉海軍造兵廠	(コ) 95,200 (石) 384,800	218,005 691,000	1,900	3,000 15,748	15,611 38,390
	計	(コ) 1,185,950 (石) 384,800	1,002,554	13,200	97,698	155,375

出所：『海軍省報告』各年度。
註：明治31年度の計が一致しないが、誤りの箇所が特定できないのでそのままにしている。

表 8 − 9　明治 36 年度の製鋼事業の状況　単位：kg

	製鋼高	鋳鋼溶解高	青銅製造高
東京海軍造兵廠	475,492		
呉海軍工廠	8,261,937	2,372,875	437,537
計	8,737,429	2,372,875	437,537

出所：海軍総務省『明治三十六年度海軍年報』(明治 37 年) 41 ページ。

みると、二三年当時、横須賀鎮守府造船部は二四五六名を擁し、八八三名の海軍造兵廠と八三九名（うち小野浜分工場は七九一名）の呉鎮守府造船部を大きく引き離している。四年後の二七年になると、横須賀は三一七三名、呉は二四七四名（うち小野浜分工場は八六四名）、海軍造兵廠は一一九七名と三海軍工作庁とも増加するなかで、呉は造船部を中心に急増し二位に浮上している。そして日清戦争後の三一年には、呉は五六五一名（造船は三〇一

単位：基・馬力・人・銭

31 年				35 年			
機関		職工 1 ヵ年のべ人員（平均 1 日人員）	職工 1 日平均 1 人の給料	機関		職工 1 ヵ年のべ人員（平均 1 日人員）	職工 1 日平均 1 人の給料
数	馬力			数	馬力		
27	352	1,141,025 (3,279)	45	32	614	2,075,553 (5,880)	54
2	50	208,598 (591)	45	2	50	295,297 (881)	52
17	510	1,085,891 (3,016)	43	17	510	1,809,764 (5,745)	55
24	1,767	793,274 (2,635)	46	50	6,652	2,361,300 (6,633)	55
6	288	534,966 (1,537)	45	11	916	1,061,332 (3,015)	54
1	30	112,386 (325)	42	2	40	211,783 (597)	51
8	158	416,810 (1,294)	46	8	66	469,952 (1,521)	53
				3	180	38,396 (131)	64
				2	66	13,860 (42)	64
				1	62	74,250 (218)	36
85	3,155	4,292,950 (12,677)		128	9,156	8,411,487 (24,663)	

六名、造兵は二六三五名）と横須賀の三八七〇名（造船は三二七九名、造兵は五九一名）の約一・五倍、佐世保も一八六二名（造船は一五三七名、造兵は三二五名）と海軍造兵廠を上回り三位となる。そして海軍工廠設立の一年前の三五年には、呉は約一万二三七八名（造船は五七四五名、造兵は六六三三名）、横須賀は六七六一名（造船は五八八〇名、造兵は八八一名）、佐世保は三六一二名（造船は三〇一五名、造兵は五九七名）と、呉が横須賀の一・八倍、佐世保の三・四倍と圧倒的な地位を占めるようになる。

　次に機関についてみると、明治二三年当時、横須賀鎮守府は五二〇馬力、海軍造兵廠は三四三馬力、呉鎮守府は一一九馬力（すべて小野浜分工場）と、横須賀は首位を占めているが、職工数ほど大きな差

表8－10　海軍工作庁の機関・職工・給料

名称		明治23年				27年			
		機関		職工	職工1日平均1人の給料	機関		職工	職工1日平均1人の給料
		数	馬力			数	馬力		
横須賀鎮守府	造船部	29	425	2,330	33	27	352	2,870	34
	兵器部	3	95	126	36	1	32	303	38
呉鎮守府	造船部	—	—	48	35	8	168	1,492	29
	小野浜分工場	12	119	791	34	13	119	864	39
	兵器部				40	1	10	118	37
	呉海軍造兵廠								
佐世保鎮守府	造船部					6	67	147	37
	兵器工場					1	30	265	35
海軍造兵廠	造兵科	8	225	776	39	9	238	1,197	39
	製薬科	4	118	107	41				
舞鶴	造船廠								
	兵器廠								
下瀬火薬製造所									
計		56	982	4,178		66	1,016	7,256	

出所：内閣統計局『日本帝国統計年鑑』各年。
註：明治31年と35年の職工の（　）内数値は、のべ人数と就業日数から求めたものである。

はみられない。その後二七年には、横須賀は三八四馬力、海軍造兵廠は二三八馬力と減少したなかで、呉は二九七馬力（小野浜分工場は一一九馬力）と増加し、三者の差はほとんどみられなくなった。そして三一年に、呉は二二七七馬力（造船は五一〇馬力、造兵は一七六七馬力）と急増、横須賀の四〇二馬力（造船は三五二馬力）、佐世保の三一八馬力（造船は二八八馬力）を引き離して一位となる。さらに三五年には、呉は七一六二馬力（造船は五一〇馬力、造兵は六六五二馬力）で六六四馬力（造船は六一四馬力、造兵は五〇馬力）の横須賀の一〇・八倍、九五六馬力（造船は九一六馬力、兵器は四〇馬力）の佐世保の七・五倍と圧倒的な馬力数を誇るようになる。

一方、給料に関しては、明治二〇年代は造船部門より造兵部門が高いが、三〇年代にはほぼ同等となること、開業当初は熟練工の移転のため高いが、その後は地元の若年職工の入職が増え給料が逓減すること、そして明治三五（一九〇二）年には、下瀬火薬製造所を除きほぼ同一になったことがわかる。なお下瀬火薬の給料の低い理由は示されていないが、女工数が多いことによるのではないかと思われる。

これまでみてきたように明治元（一八六八）年から三五ないし三六・三七年までの海軍は、造船・造兵部門ともいちじるしい発展をした。そうしたなかで呉は、横須賀、海軍造兵廠、小野浜分工場よりも後発海軍工作庁として出発した。しかしながら二三年に横須賀に対し馬力が二三パーセント、職工数が三四パーセントにすぎなかった小野浜をふくむ呉は、二七年に七七パーセントと七八パーセント、三一年に五六六パーセントと一四六パーセント、三五年には一〇七九パーセントと一八三パーセントと急上昇する。こうした結果がもたらされた原因は、表八－一〇の三五年の数値に示されているように、呉は横須賀に対し七・五倍の職工数と一三三倍の馬力をもつ造兵部門と、ほぼ同じ規模の造船部門を有していることによる。

第六節　民間企業への発注と育成

先進国を手本として兵器生産を開始した日本海軍にとって、民間企業の活用は当然視されていたものと思われる。しかしながら表八－四に示したように、艦艇を受注した民間企業は少なく、また一度なされた民間企業の活用は、純汽船（鋼製）艦艇の建造に対応できないため中止された。本節では、海軍はいつ本格的に民間企業を活用しようとしたのか、またどのような方法でそれを開始し、どのような企業が成功したのかについて明らかにする。

日清戦争期に海軍（呉鎮守府）に民間から納入された船は、少数の小蒸汽船、端舟、雑船などにすぎず、また修理などを委託した民間企業も少なかった（日清戦争期の民間企業への工事委託に関しては、第一〇章第二節を参照）。戦時期に民間企業の協力が不可欠であることを実感した海軍は、戦後に本格的に民間企業への工事委託を考えることになる。とはいえこの当時、海軍の計画した艦船を受注して建造できる民間企業が存在しているわけではなく、その可能性のある企業をみつけて育成することが必要とされたのであった。

ただし民間企業が、すべての点で海軍工作庁に劣るわけではなかった。たとえば明治三一（一八九八）年当時の佐世保海軍造船廠は、「諸工場機械並ニ船渠等ノ設備未タ完全セズ殊ニ入渠ヲ要スル艦船工事ノ如キハ当廠ニ於テ施行難敷右之場合ニハ横須賀及呉両造船廠へ工事ヲ依托スルノ方針」であったが、横須賀・呉両海軍造船廠に差し支えがある時には、「堅牢ナル船渠ヲ有シ且ツ工場機械モ可ナリ完全」な「長崎三菱造船所」に修理を委託せざるを得ない状況であった。[36] このため佐世保造船廠は、海軍省に将来は三菱造船所と随意契約と契約保証金免除によって修理工事を委託することを希望し、許可を得ている。こうした事例は存在したが、このことをもって海軍工作庁の技術的優位性が否定されるわけでもなく、また工事委託は民間企業の技術発展なくしては実現できるものではなかった。

これまで述べたように、日清戦争において工事を委託できる民間企業の少ないことを懸念した海軍省は、その対策の第一歩として全国の民間企業の調査を開始した。呉鎮守府にも、戦後の艦艇の修理が一段落した明治三一年四月二八日、西郷海軍大臣より井上良馨司令長官に、「其府所管内ニ於テ海軍ノ造船造機ノ工事ヲ委托スルニ足ルヘキ私立造船所ヲ調査シ別表ノ通リ報告スヘシ」という訓令が届けられた[37]。

海軍省の依頼により調査を実施した呉鎮守府は、「当府所管内ニ於テ海軍ノ造船造機ノ工事ヲ委托スルニ足ルヘキ私立製造所」として白峰造船所、大阪鉄工所、川崎造船所を選出、明治三一年七月六日に海軍省より求められた別表「私立船舶用機関製造所摘要」（以下、「製造所摘要」と省略）に必要事項を記載して報告した[38]。これらの民間企業の実態や、海軍省がどのような調査を実施したかを知るのは重要なことであり、筆者はすでに呉軍港に隣接する吉浦村に立地した白峰造船所と川崎造船所を比較した研究を行っており[39]（白峰造船所については、第一二章第三節で概説する）、ここでは主に三造船所のうちもっとも設備、技術とも発達していた川崎造船所の主要事項について記述し、その後に白峰造船所と比較する。

東京の築地で造船業を営んでいた川崎正蔵は、明治一九（一八八六）年五月に政府から神戸の用地の払下げを受け、川崎造船所を設立、二九年一〇月に株式会社に組織を変更、当時の資本金は二〇〇万円であった。役員は、専務取締役社長の松方幸次郎（アメリカのラトガース、イエール、フランスのソルボンヌ大学で学び、明治二九年に本職に就任）を筆頭に、専務取締役副社長川崎芳太郎（アメリカの商業学校卒業、一九年に入所）、技術監督津村福広（予備海軍造船少監、二一年に入所）、機械課長坂堪（一三年に工部大学校卒業、二〇年に入所）、造船課長田中泰薫（一九年に工部大学校卒業、二一年に入所）となっている。また技師は、安部正也（造船工学士、二六年に工科大学校卒業、同年に入所）、松岡右左松（造船工学士、二九

表8－11　川崎造船所造船工場の規模

単位：間・坪・台

	長さ	幅	建坪	機械の数
機械工場	18	6	108	12
原図場	20	5	100	
細木工場	19 16	10 6	190 96	
鍛冶工場	16	11	176	
鋸鉋場	16	8	128	4

出所：「製造所摘要」（川崎造船所の分）（「明治三十一年公文備考 巻八　艦船五止」明治31年）。

註：鋸鉋場の機械は、外国へ注文中である。

表8－12　川崎造船所機械工場の規模

単位：間・坪・台

	長さ	幅	建坪	機械の数
旋盤工場	23	10	230	50
組立工場	35	10	350	-
製罐工場	23	16	366	17
鉄鋳造工場	18	8	148	4
青銅工場	10	5	55	3
模型工場	8	7	61	4
錬鉄工場	20	11	220	6
銅工場	7	5	36	1

出所：表8－11に同じ。

年にフランスのエコール・ポリテクニクを卒業、ノルマン社で水雷艇の研究中）、松元彦二（造船工学士、東京の川崎造船所をへて二二年に入所）、坂井又熊（造船工学士、元海軍技手、二六年に入所）、篠田恒太郎（機械工学士、二九年に工科大学校卒業、二九年に入所）、藤井総太郎（東京の川崎造船所をへて一九年に入所）、市原敬三（機械工学士、イギリスのハムフレーテンネント会社で修業、三〇年に入所）という陣容であった（「製造所摘要」の末尾に、三一年八月に帝国大学より造船と機械の二名の学士を雇用することに決定と記述）。この他の人員は、製図所員が一一名（造船の部五名、機械の部六名）、工場長九名（同二名、同七名）、職工一六〇〇名（同八五〇名、同七五〇名）となっている。[40]

設備のうち船渠については、ドライドック一カ所建造中、船架はスリップ二カ所で、入渠可能な最大艦船は、長さが四二〇フィート（一二八メートル）、幅が六〇フィート（一八メートル）、吃水が二二フィート（七メートル）となっている。また船台は二台あり、長さは三五〇フィート（一〇七メートル）と記入されているが、二台とも同じ規模なのか否かについては不明であり、新造し得る最大艦船に関しては答えていない。

これ以外の設備は、造船工場と機械工場にわけられており、そのうち造船工場の規模などに関しては、表八－一一のように報告されている。また機械工場の規模などは、表八－一二のように示されている。さらに明治二五（一八九二）

年以来の主要な生産物については、汽船六〇隻（「造船奨励法」によるもの二隻）、舶用および陸用機関六四組、同汽罐九七個となっている。

この報告をみると、工部大学校卒業や帝国大学工科大学卒業、海軍工作庁、東京の川崎造船所における造船業経験者、留学経験者など、当時の一流技術者養成機関出身者、そして一六〇〇名と多くの職工を擁している。ただし船渠がなく建設中であることなど、設備に関しては未だ整備途上といえよう。生産品については、報告では内容が不明なので社史によると、明治二九（一八九六）年までに八〇隻を建造しているが、そのなかには汽船で鋼製の「多摩川丸」（五六五トン）と「富士川丸」（五七一トン）がふくまれており、[41] その後、二九年一〇月一日より七〇〇トン以上の鉄ないし鋼船に奨励金を与える「造船奨励法」が施行され、川崎造船所では三〇年に同法の適用の最初の商船「伊予丸」（七二七トン）、さらに「大元丸」（一六九四トン）を進水するなど、三菱造船所に次ぐ民間造船所として発展したのであった。

このように川崎造船所は、陣容、設備を整備し、海軍からの発注に備えた。とくにノルマン社で水雷艇について研究中の技師を入所させていること、資料では確認できないが同じく神戸にあり水雷艇の建造に秀でた小野浜造船所が明治二八（一八九五）年六月一〇日に廃止されたことにともなう技術者や職工の入社も予想されるなど、水雷艇の受注に備えて生産態勢の確立を急いでいたように思われる。

こうしたことを裏づけるように、明治三一年一二月二六日、諸岡頼之海軍省軍務局長は上原伸治郎造船造兵監督官に呉造船廠において組み立てられることになっていたドイツ製の水雷艇について、「外国船ヲ我軍港ニ入ラシムルハ少シク故障之義アルニ付第七号第八号〔第三十五号と第三十六号〕ハ川崎造船所ニテ組立工事施行セシムル事トシ神戸ニテ陸揚」し、佐世保造船廠で組立予定の「第九号第十号〔第三十七号と第三十八号〕及白鷹ハ三菱造船所ニテ組立セシムルコト、シ長崎ニテ陸揚スル事トナシタリ」と指示した。[42] なおこの指示は、これ以降、外国製造、国内組立ての水雷艇はすべて日本郵船の汽船で回送することを求めている。こうして海軍工作庁の時と同様に、民間企業でも水雷艇の建造は組立てから開始されたのであるが、海軍で予定していたものを民間企業へ転換する理由は、軍港に外国船を入港させることによって機密が漏れることを防ぐためであった。なお四隻はいずれも二等水雷艇で、「第三十五号」と「第三十六号」は川崎造船所、「第三十七号」と「第三十八号」は三菱造船所でいずれも三三年に組立て竣工した。

続いて明治三三（一九〇〇）年八月二五日には、山本権兵衛海軍大臣より柴山矢八呉鎮守府司令長官あてに、「第六十号」および「第六十一号」水雷艇は川崎造船所に委託して組み立てるという訓令が届けられた。その理由は、「本件水雷艇ハ神戸陸揚ノ契約ナルニ付呉ニ於テ組立ルトキハ神戸ヨリ呉マテ運送ノ為メ日数ト費用トヲ要シ竣工ヲ遅延セシムルノ不利」があること、神戸から呉までの運送途中に損傷の危険があること、すでに同社において水雷艇「第三十五号」「第三十六号」の組立てを終え、現在「千鳥」を組み立て中という経験を有していることであった[43]。日本一の海軍工作庁の所在地の呉軍港には、機密保持上から外国船の入港ができないことに加え、外国船の入港が可能な開港である神戸から呉までの輸送には費用と時間を要するという不利と不便があった。なお一等水雷艇の「千鳥」は三四年四月九日に、二等水雷艇の「第六十号」と「第六十一号」は三四年一〇月二〇日と同年一二月一六日に組立て竣工している。

こうして五隻の水雷艇の組立てを経験した川崎造船所は、明治三四（一九〇一）年六月、呉鎮守府に対し水雷艇建造に関してはこれまでに主管技師を四回ヨーロッパやアメリカに派遣し調査していること、これまでの組立て注文に際し派出員の「御精密ナル監督ノ御蔭ヲ以テ意外ノ好結果ヲ来シ」たことなどをあげて、「水雷艇建造方ノ義ニ付御願」を提出した[44]。呉鎮守府を通じてこれを受け取った海軍省は、七月二六日、次のような理由によって同社への水雷艇の発注を決定した[45]。

〔前略〕同造船所ハ既ニ一等水雷艇一隻二等水雷艇四隻ノ組立ヲ為シタル経験上今日ニ至リテハ大ニ熟練ヲ得、其工事欧洲ニ於ケル普通ノ製造会社ノ為ス処ニ毫モ劣ルコトナク工場ノ設備モ稍ニ整頓シ相当ノ技術者ヲ有シ資産亦確実ナリ水雷艇ノ新造ヲ命スルモ懸念無之シト認定致候私立造船所ヲシテ水雷艇等ノ製造ニ経験ヲ与ヘ熟練セシムルハ造船事業ノ奨励ニモ相成且他日有事ノ日ニ於テ大ニ我海軍ノ利益トモ可相成ニ付出願ノ趣意ヲ採用シ此際二、三ノ水雷艇ヲ製造セシメラレ可然ト存候〔以下省略〕

最後に、これまでの経緯を要約するとともに、川崎造船所と白峰造船所について比較する。日清戦争時の繁忙期に協力工場の少ないことを憂慮した海軍は、造船業の発達、有事に際しての海軍工作庁の補完という理由を掲げて、それまでの必要に応じての単発的な艦船の発注にかえて、組織的に民間企業を育成し、継続的に彼らに事業を委託することにした。そして明治三一年に造船・造機の事業を委託できる民間企業を調査、呉鎮守府管内においては、白峰造船所、大阪造船所、川崎造船所を選出した。この時に提出された「製造所摘要」の分析によって、これら三造船所には実力的に差異が認められるが、小舟〔小蒸汽船〕、端舟、雑船の造修は可能であるものの、純汽船期の艦艇の建造の経験はないという共通点があること、海軍はこれら三社に短期間に水雷艇はもとより巡洋艦クラスの軍艦の造修ができる実力を備えることを求めていることが判明した。

三造船所のなかで、川崎造船所は、日清戦争期に小舟〔小蒸汽船〕などに加え水雷敷設艇、水雷艇組立事業の分担、軍艦の修理などを経験するとともに、当時すでに民間用の一〇〇〇トンを超える汽船を建造するなど、もっとも実力を備えており、「製造所摘要」をみると、すぐにでも水雷艇の組立て、建造が可能と思えるような技術者と設備が整備され、ドライドックが建設されれば、巡洋艦の修理も可能となるとさえ思われる。こうした予想を裏づけるように、ここでは呉造船廠の技術援助を受けながら水雷艇の組立てから建造へと確実に純汽船期の艦艇の技術を確立したのであるが、そこには機密を重要視しなければならない呉軍港にはない、神戸という開港に立地する便利さも有利に働いていた。さらに同社は、資金調達に便利な株式会社であること、阪神経済圏にあり海軍に依存しなくても民間企業からの受注だけでも経営できる基盤を有しているという利点もあった。

一方の白峰造船所は、軍事用の小舟（小蒸汽船）、民間用でも二〇〇トン以下の船舶しか造修したことのないもっとも実力の劣る造船所であった。こうした限界については、明治三〇（一八九七）年一一月に新聞記者の取材に応じた創業者の白峰駿馬が、「余の如きは今日無用の人たる可くして未だ無用の人とならず是れ余一個人に取ては寧ろ喜ぶ可きに似たり然れども造船業の発達上深く歎ず可き事にあらずやと」話していることからみてある程度自覚していたといえるが[46]、やはり海軍の委託造船所として艦艇の造修を手がける夢を捨てることはできなかったものと思われる。当然のことながら海軍もそのことは認識していたはずであるが、それにもかかわらず白峰造船所を選出したのは、「同造船所が呉鎮守府に接近して造船上非常の便宜あることは何人も承知する所ならん」とこの上ない立地条件を備えており[47]、住友財閥と海軍の支援があれば委託造船所に相応した発展が可能であると考えてのことといえよう。住友銀行にとっても、海軍の委託造船所を傘下におさめるのは望ましいことに思えたが、白峰造船所の技術と海軍の求める技術の較差、自らの技術の限界を知りながら社長と技師長を兼務する白峰個人の性格、株式会社制度を利用することなく銀行借入金のみで短期間に大規模な拡張計画を実現しようとする経営能力への不安に不景気が重なり、貸付金の回収を断行したのであった。その結果、白峰造船所は三四年一〇月に操業中止に追い込まれ、三六年七月に倒産した。

これまで主に海軍省の側から民間造船所への艦艇の発注について述べてきたが、民間企業は海軍から経営を圧迫するような大規模な設備投資を求められていることが明らかになった。それにもかかわらず海軍からの受注を望む点について井上洋一郎氏は、「艦艇の価格は、建造コストに一定率の利益率を上積みする方法で決定され、造船市況や外国建造船の価格とは無関係に、安定した利潤を企業に保証」することになり、「この安定した利潤が三菱・川崎の独占を進行させる一要因となり、かかるものとして、明治期における造船業発展のパターンを形成するひとつの要素となった」(48)と分析している。ただしすでに示したように、海軍保有艦艇に占める民間造船所の比率は、日露戦争以前はそれほど高いものではなかった。

おわりに

これまで兵器の保有―技術の習得と移転―兵器の国産化の過程を体系的に分析するという視角にもとづいて、保有艦艇の統計的分析、造艦・造兵技術上において代表的な兵器の生産と技術の習得と技術移転、技術の発展の基礎となる技術者や職工の養成、教育、留学、兵器製造企業における主導的企業と他の企業との関係、海軍の民間企業への工事委託と育成について記述してきた。その際、対象とする兵器を技術発展上から規定すること、兵器に艦艇のみでなく搭載兵器などを加えること、兵器の生産に修理もふくめること、保有兵器、とくに艦艇の統計表の分析については、保有時点だけでなくそこに至る経緯を考慮することなどについて配慮した。その結果、次のようなことが判明した。

まず保有艦艇などの分析により、艦艇の保有は隻数・排水量とも明治三〇年代に拡張したこと、保有艦艇を外国製と国産にわけると前者が多く、また一旦は減少した前者が三〇年代に増加したこと、外国製ではイギリス、とくにアームストロング社、国内では横須賀造船所の占める比率（とくに排水量）が高いことが明らかになった。また艦艇建造技術上の代表的な艦艇と技術の習得と移転については、第一期の木造船はフランス人と江戸時代末期に造船技術を習得した日本人技術者の指導により横須賀で、鉄・鋼船は受注先のイギリス兵器製造会社における建造に参加した留学生（技術者）が横須賀で、ほぼ同時にイギリス人の設立した兵器製造会社を買収した小野浜造船所で建造された。そして第二期の大型艦艇は、ふたたびフランス人技術者の指導を受けて横須賀で、小型艦艇はフランスへの技術者の派遣などにより小野浜で国産化された。一方、大砲を中心とする兵器の供給先は、当初はドイツのクルップ社が独占的地位を確立していたが、速射砲の輸入に関して同社が技術情報の開示を拒否し、フランスが開発途上であったのに対し、イギリスのアームストロング社が積極的に最新情報を提供したため、アームストロング社が圧倒的な地位を占めるようになった。

次に技術者や職工の育成、教育、留学についてみると、横須賀造船所の黌舎に代表されるように日本においては、当初から技術者の育成のための教育機関が設立され、その後、高度な技術を習得するために、留学や派遣の道が開かれていた。また国内の兵器製造企業の関係を分析すると、当初は造船では横須賀造船所、造兵では東京の海軍造兵廠が主導的企業の役割を果たしていたが、明治三〇年代になると前者では呉が接近し、後者では呉が圧倒的地位を占めるようになるなど、全体としては呉が主導的企業の地位を築いた。一方、民間の兵器製造会社は第二期の艦艇を受注できずにいたが、日清戦争後に海軍は民間の兵器製造会社の重要性を認識し、事業委託にともなう育成策がとられるようになり、国内における主導的な海軍工作庁から他の海軍工作庁へ、さらに民間企業への技術移転がみられるようになる。

こうした現象を理解するためには、兵器の「送り手」と「受け手」の関係を考える必要がある。このうち前者の代表的な兵器製造会社であるアームストロング社は、イギリス国内では後発企業であることから輸出において実績をあげなければ、自国の海軍から受注を得ることができないという事情があり、このことが技術を供与してでも日本海軍からの受注を確保するという行動をとらせることになった。一方、海軍は兵器の輸入の見返りに技術を習得し、それを国産化することを基本としており、その結果、両者の間に相互依存関係が生じることになった。すなわち海軍は、先進国で開発された兵器の保有を計画し、受注企業へ技術者を派遣し技術を習得し、帰国後に輸入した兵器の改修を通じて一般職工への技術の普及をはかり、数年後に主導的企業で同型の兵器を完成させ、やがて他企業に技術を移転させるという方策を採用したのであった。

ここでなぜ明治三〇年代に軍備拡張がなされるなかで、艦艇を中心とする兵器の輸入が増加し、アームストロング社がその中心を占めたのかという問題を考えることにする。この点に関しては、まず海軍は兵器の輸入を通じてその生産技術を習得し、国産化するという方策をとっていることを確認しなければならない。次にこの時期には、水雷艇や小規模の巡洋艦の国産化を実現し戦艦の建造を目指したが、同時に技術的に困難な搭載兵器や甲鉄板、機関の国産化を求めたこともあり戦艦の建造には長期間を必要とし、その間に対ロシア戦にそなえて戦艦や大型巡洋艦の輸入が増加したことである。そしてその輸入先として、従来からの関係に加え戦艦と兵器を同時に供給でき、両方の技術移転に協力的なアームストロング社の役割が増加したのであった。日本海軍の場合、兵器の輸入と国産化が一体となっており、この時期には戦艦の輸入と同時に、戦艦と搭載兵器の製造のための準備が急速にすすめられていたのであり、一時的に輸入艦艇が増加したことをもって兵器の国産化が否定されたとはいえないのである。

註

（1）イアン・ガウ「英国海軍と日本──一九〇〇─一九二〇年──」（平間洋一・イアン・ガウ・波多野澄雄『日英交流史　1600─

2000　3　軍事』東京大学出版会、平成一三年）四〇ページ。

（2）篠原宏『海軍創設史――イギリス軍事顧問団の影――』（リブロポート、昭和六一年）三二六ページ。

（3）小野塚知二「イギリス民間造船企業にとっての日本海軍」（横浜市立大学学術研究会『横浜市立大学論叢』第四六巻、社会科学系列第二・三合併号、平成七年三月）一七六～一七七ページ。

（4）中岡哲郎『日本近代技術の形成――〈伝統〉と〈近代〉のダイナミクス――』（朝日新聞社、平成一八年）三五一～三五二ページ。

（5）鈴木淳「軍艦　葛城・武蔵」（横須賀市編『新横須賀市史　別編　軍事』横須賀市、平成二四年）一五七ページ。

（6）寺谷武明『日本近代造船史序説』（巌南堂書店、昭和五四年）五九ページ。

（7）小野塚知二「イギリス民間企業の艦艇輸出と日本――一八七〇～一九一〇年代――」（奈倉文二・横井勝彦・小野塚知二『日英兵器産業とジーメンス事件――武器移転の国際経済史――』日本経済評論社、平成一五年）二六ページ。

（8）鈴木淳「水雷艇　小鷹」（前掲『新横須賀市史　別編　軍事』）一五九ページ。

（9）ベルタン「神戸造船所ニ於テ新ニ水雷艇製造ノ業ヲ起スベキ意見」明治一九年四月一九日（「明治十九年公文雑輯　職官巻一」国立公文書館所蔵）。

（10）中岡哲郎『日本近代技術の形成――〈伝統〉と〈近代〉のダイナミクス――』三五二ページ。

（11）飯窪秀樹「ルイ・エミール・ベルタン（Lois Emile BERTIN）」（前掲『新横須賀市史　別編　軍事』）一三六ページ。

（12）西郷従道海軍大臣より有栖川宮熾仁親王参謀本部長あて「摩耶愛宕両艦備付砲変更之件」明治二〇年一一月二八日 JACAR（アジア歴史資料センター）Ref. C11081475600, 公文備考別輯　新艦製造部　高雄　赤城　摩耶　愛宕　明治一六～二二年（防衛研究所）。

（13）高木宏之「巡洋艦　秋津島」（前掲『新横須賀市史　別編　軍事』）三七八ページ。

（14）高木宏之「通報艦　千早（二代）」（同前）三八四ページ。

（15）小野塚知二「イギリス民間企業の艦艇輸出と日本――一八七〇～一九一〇年代――」二六～二七ページ。

（16）高木宏之「明治期の水雷艇と駆逐艦」（前掲『新横須賀市史　別編　軍事』）四〇〇ページ。

（17）室山義正『近代日本の軍事と財政』（東京大学出版会、昭和五九年）二四六ページ。

（18）有馬成甫「克式砲ノ採用」昭和九年（有馬成甫編「海軍造兵史原稿――クルップ砲、速射砲、三十六糎砲の採用――」昭和一〇年、防衛研究所戦史研究センター保管）。

（19）有馬成甫「速射砲ノ採用」（同前）。

（20）山内万寿治『回顧録』（大正三年）四九～五〇ページ。
（21）有馬成甫「速射砲ノ採用」。
（22）海軍軍令部『極秘　廿七八年海戦史　省部ノ施設』（防衛研究所戦史研究センター所蔵）八五ページ。
（23）同前、八七～八八ページ。
（24）山内万寿治「復命書（仮題）」明治二八年七月七日（「自明治廿三年同三十年兵器製造所設立書類　二」）。この件に関しては、千田武志「日清戦争期の呉軍港における兵器工場の建設と生産」（『軍事史学』第四六巻第四号、平成二三年三月）四六～四八ページを参照。
（25）井上良馨呉鎮守府司令長官より西郷海軍大臣あて「造船造兵職工実地研究ノ為メ外国派遣ニ関スル件」明治三一年三月二五日「明治卅一年公文備考　巻四　教育下　演習　艦船一」（防衛研究所戦史研究センター所蔵）。
（26）同前。
（27）鈴木淳「饗舎」（前掲『新横須賀市史　別編　軍事』）九二～一〇〇ページ。
（28）大平喜間多『赤帽技師――船大工常田壬太郎の生涯――』（創造社、昭和一八年）一〇七ページ。
（29）海軍歴史保存会編『日本海軍史』第一巻（第一法規出版、平成七年）七八～七九ページおよび篠原宏『海軍創設史――イギリス軍事顧問団の影――』一三六ページ。
（30）海軍省総務局『海軍省明治三十四年度年報』（明治三六年）四四ページ。予算額の計は一八万二七八円となっているが、明らかな誤りなので訂正した。
（31）畑野勇『近代日本の軍産学複合体』（創文社、平成一七年）二一ページ。
（32）中岡哲郎『日本近代技術の形成――〈伝統〉と〈近代〉のダイナミクス――』三五一ページ。
（33）松本純「イギリスの工業化に対する実業教育の役割」（横井勝彦編『日英経済史』日本経済評論社、平成一八年）二六ページ。
（34）竹内常善「技術移転と人材開発――初期海軍造船武官の事例――」（『広島大学経済論叢』第一七巻第一号、平成五年）一三一ページ。
（35）同前、一三四、一三五ページ。
（36）高山保綱佐世保海軍造船廠長より西郷海軍大臣あて「長崎三菱造船所へ依托工事ニ対スル契約保証金免除之義ニ付稟申」明治三一年一〇月一〇日 JACAR: Ref. C06091159800, 明治三一年公文備考　巻八　艦船五止（防衛研究所）。なおこの件に関しては、一〇月一四日に許可を受けている。

（37）西郷海軍大臣より井上呉鎮守府司令長官あて「訓令案」明治三一年四月二八日 JACAR: Ref. C06091159700, 同前。
（38）井上呉鎮守府長官より西郷海軍大臣あて「報告」明治三一年七月六日、同前。
（39）千田武志「日清戦争後における海軍の私立造船所の育成と艦船の発注――川崎造船所と白峰造船所を例として――」（『呉市海事歴史科学館研究紀要』第九号、平成二七年三月）。
（40）川崎造船所に関しては、主に前掲「報告」所収の「私立船舶用機関製造所摘要」の川崎造船所の事項による。
（41）阿部市助『川崎造船所四十年史』（川崎造船所、昭和一一年）一一ページ。
（42）諸岡頼之海軍省軍務局長より上原伸次郎造船造兵監督官あて「外国船我軍港へ入港ノ件（仮題）」明治三一年一一月二六日 JACAR: Ref. C11081489400, 公文備考別輯　新艦製造書類　水雷艇　二止　明治一九～三二年（防衛研究所）。
（43）山本権兵衛海軍大臣より柴山矢八呉鎮守府司令長官あて「訓令案」明治三三年八月二五日 JACAR: Ref. C06091270400, 明治三三年公文備考　巻一二　艦船五（同前）。
（44）松下幸次郎川崎造船所社長より柴山呉鎮守府長官あて「水雷艇建造方ノ義ニ付御願」明治三四年六月 JACAR: Ref. C06091324700, 明治三四年公文備考　巻一五　艦船八（同前）。
（45）「水雷艇製造ヲ私立造船所へ命スルノ件」明治三四年七月二六日、同前。
（46）『芸備日日新聞』明治三〇年一一月二一日。
（47）『芸備日日新聞』明治三三年五月二〇日。
（48）井上洋一郎『日本近代造船業の展開』（ミネルヴァ書房、平成二年）一一九ページ。

第九章　小野浜造船所の艦艇を中心とする造船業の発展と呉海軍工廠の形成に果たした役割

はじめに

明治六（一八七三）年にイギリス人によって設立された神戸鉄工所は、一七年に海軍省に買収され小野浜海軍造船所として再出発し、二三年に呉鎮守府造船部小野浜分工場、二六年から呉鎮守府造船支部として活動し、二八年にその歴史を閉じた。本章の目的は、このように複雑な過程をたどった小野浜造船所の全体像を把握し、日本の海軍艦艇を中心とする造船業の発展と呉海軍工廠の形成（とくに呉鎮守府造船部）に果たした役割を解明することである。なお本章においては、煩雑さをさけるため正式名称を必要とする時以外は、小野浜造船所と表記する。

小野浜造船所については、明治四四（一九一一）年発行の『日本近世造船史』において概要が示されて以来、研究が蓄積されてきた(1)。戦後、洲脇一郎氏は、神戸における初期外国人の代表的製造業という観点から神戸鉄工所を取り上げるなかで、『コマーシャルレポート』（Commercial Reports――各開港場のイギリス領事の通商報告）などを使用して、E・C・キルビー（以下、キルビーと省略）の神戸進出時の活動、神戸鉄工所の創業年や琵琶湖の鉄道連絡船の建造の状況については実証するなど、これまでの研究を前進させた。[2]また鈴木淳氏は、「今まで総括的に展望されて来なかった外国人経営や民間工場に雇用される外国人を中心に、この分野における外国人の役割とその変遷を検討」するという視点を明示し、その一例として神戸鉄工所を分析している。[3]

最近、中岡哲郎氏により神戸鉄工所の技術的発展を設備投資の面まで広げ、同社の「破綻の構造を、木造汽船製造から鉄製汽船製造への技術跳躍の困難として考察」した研究がなされた。[4]また少し前後するが、世界の艦艇建造段階について動力を基本として第一期（帆船・機帆船期）、第二期（純汽船・前ド級期）に区分し、従的要因として主要材質（木造、鉄骨木皮から鉄製、鋼骨鉄皮をへて全鋼製へ）を加え、小野浜造船所を第一期の鉄製から鋼製への移行をリードしたと評価した小野塚知二氏の理論が提示された。[5]またこれに対して、「大和」の発注から完成までを詳細に分析した論考、[6]小野浜造船所の技術的革新性を認めつつ、それをもたらした一因として中国人の果たした役割を指摘する説が展開されている。[7]

こうしたなかで筆者は、平成一六（二〇〇四）年の研究において、オーストラリア国立図書館所蔵のウイリアムズコレクション[8]などにより神戸鉄工所の設立過程とともに、当時、ほとんど取り扱われることのなかった海軍省の神戸鉄工所買収の経緯、海軍省買収後の活動について解明した。また二六年の論稿で、それまで取り上げられることの少なかった水雷艇の建造や組織と経営状況を加えるなど、可能な限り全体像を明らかにするとともに小野塚氏の説に立脚し、艦艇の建造について第一期の鉄製・全鋼製の軍艦と、第二期の水雷艇に分けて小野浜造船所の果たした役割について記述した。[9]

本章はこうした方法を引き継ぎつつ、本書の構成の一環としてこれまで以上に全体像を検証し、各章との関連と、「武器移転的視角」、すなわち兵器の保有―技術移転―兵器の国産化の体系によって、小野浜造船所の果たした役割を明らかにする。このうち後者については、主に艦艇建造技術の発展段階にもとづいて対象とする兵器を規定し、兵器の保有と国産化を目指す軍備拡張計画との関係、第一期の鉄製・全鋼製の軍艦と第二期の水雷艇の建造と技術移転、その技術の後発企業への再移転、民間の兵器製造会社と海軍工作庁との関連や差異について検証する。この他にも小野浜造船所に関しては、イギリス商人によって設立された当時の民間随一の造船所として発展し、倒産後に海軍工作庁として再出発したこと、神戸という立地など興味深いテーマが多く、そうした面にも可能な限り言及したい。

こうした視角によって第一節で、先行研究を最大限利用するとともに、ウイリアムズコレクションなどの資料を使用して神戸鉄工所の設立、生産活動、技術水準、経営状況、外国人経営の特徴などについて分析する。また「大和」の建造契約、神戸鉄工所の破産と海軍による買収を対象とする第二節では、当事者、とくに海軍省の意図や呉鎮守府設立との関係について、ほとんどを一次資料によって検証する。そして第三節において、海軍工作庁となった小野浜造船所の組織、施設、従業員、経営状況、閉鎖にともなう人員と設備の移転などを取り上げる。さらに兵器の保有―技術移転―兵器の国産化という視角、とくに技術移転に焦点をあてることによって、第四節で、第一期の鉄製および全鋼製の軍艦の建造、そして第五節では、第二期の水雷艇の建造にそれぞれ果たした小野浜造船所の役割を明らかにしたい。なお「大和」の契約や神戸鉄工所については当時の英字新聞などを、同鉄工所の買収、小野浜造船所の経営、生産などに関しては主に「公文録」「公文備考」「公文備考別輯」「公文類聚」などの公文書や『海軍省年報』を使用する。

第一節　神戸鉄工所の設立と鉄製汽船の建造

この節においては、イギリス人のキルビーが神戸鉄工所を経営するに至る過程、そして日本最初の鉄製汽船を建造した背景とそれが日本の造船業の発展に果たした役割について解明する。記述に際しては、まず神戸鉄工所の経営者となるキルビーの経歴をたどることにする。彼については、「Edward Charles Kirby 略伝」が知られているが[10]、ここでは、その原文である死亡直後の明治一六（一八八三）年一二月発行の英字新聞に掲載された追悼文を使用する[11]。

キルビーは、イングランドのウースタアシャーのスタウアブリッジにおいて、父親がグラマースクール（中等学校）の校長をしている家庭に生まれた。しかし幼少期にチフスのため父も親戚も失い孤児となり、彼自身も熱のためいくぶん聴力に障害が残ったことにより、教区孤児学院で苦しい生活を送った。成長して孤児学院を出たあとは、製薬調剤師のもとに徒弟奉公に出され、年季が明けると一八五五（安政二）年（本書においては和暦を基本としているが、キルビーの追悼文については、外国の事項が多くふくまれており、原文にしたがって西暦を基本とする）ないし五六（安政三）年頃にゴールドラッシュにわくオーストラリアに渡り、金鉱掘りや売薬業などの仕事を経験した。その後、六〇（万延元）年頃、新天地を求めて上海に移り、そこで薬局の助手をしていたがあきたらず、中国の寧波で上海の有力者の支援のもとに倉庫業、傭船業、売薬業、ホテル業などを経験、太平天国の乱もあって事業は大きく発展した。しかし乱後は景気が停滞したため、さらに六五（慶応元）年の春、新天地を横浜に求め同地において雑貨商、屠畜業、製パン業（日本へはじめてパン焼器械を輸入）、不動産業を手広く営んだ。さらに彼は、開港にともない神戸に進出、店舗を構え広く雑貨商を営むとともに造船業に進出、しだいに事業の中心を横浜から神戸に移す。

一八六九（明治二）年頃、キルビーは神戸が造船業、機械製造業の本拠地となると確信し、小野浜に小さな造船所を立地し、大阪などへ航行する小船などを建造した。また彼は難破船（Pride of the Thames）を購入し、これを浮上させ沿岸交易に使用した。こうしたなかでこの造船所はしだいに発達し、神戸鉄工所と呼ばれるようになった。ここで数隻の鉄木沿岸用汽船を建造、八三（明治一六）年には琵琶湖就航用として日本で最初の鉄製汽船二隻を完成させた。また同年二月、海軍省との間で鉄骨木皮軍艦の建造契約を結び、工事をすすめていた。

これが追悼文の概略である。このキルビーの略歴について、神戸来訪と初期の活動、神戸鉄工所の創設、同所の共同経営時代とキルビーの単独経営時期に区分して、他の資料と照合しながら要点を整理する。

まずキルビーが神戸に足を踏み入れた時期についてみると、『新修神戸市史』は、兵庫開港の慶応三年一二月七日（一八六八年一月一日）直後から神戸を訪れる外国人が多くなったが、「その代表がイギリス人のE・C・キルビーで……兵庫開港と共にこの地に移り、慶応四年七月に神戸居留地の一三・一四番を購入して、E・C・キルビー商会を設立した」と述べており[12]、開港直後と考えてよさそうである。そして明治二（一八六九）年には、神戸の居留地にビルディングを建設、五年には先の一三・一四番に自社ビルを建設し拠点とした[13]。

キルビーの造船業への進出については、追悼文は明治二年頃と記している[14]。この点について前掲『新修神戸市史』は、「彼は日本の地勢が故国イギリスに似ているところから将来造船業が盛んになることを予想して、ハーガン、テイラーという二人のイギリス人と共同で小野浜（現中央区）に工場を設立した」と記している[15]。また洲脇氏も、明言しているわけではないが、「イギリス領事裁判記録」をもとに二年説を裏づけている。なお五年九月四日の判決文によると、次のようになる。

ハート（原告、J. W. Hart　神戸外国人居留地の設計者として著名）とキルビー（被告）は、明治二年九月一〇日に両者が共同で携わる蒸気船およびその他の機械の仕事については、原告と被告とが平等に損失と利益をわけあうべきであること、原告は設計図を提供し事業が実施された場合は、経費の五パーセントを設計料とすることという内容の契約を締結した。こうしたなかで原告の設計図で二隻の船が建造されたのであるが、原告は被告が二隻目の設計料を支払わないのは契約違反であるとして、神戸のイギリス領事法廷に出訴した[16]。その結果、原告が勝訴し被告はただちに上訴を求めたが、結局、九月七日に至り二三二五ドルと訴訟費用六四ドル六三セントの支払いを命じられた[17]。

次に神戸鉄工所の出発点となる、創業について検証する。この点については先の追悼文と同じように、多くの資料が明言をさけている。こうしたなかで、鈴木氏は、「ヴァルカン鉄工所を工部省に引き渡したR・ハーガンは生田鉄工所を引き継ぐが、……八年に神戸鉄工所(Kobe Iron Works)と名称を変え、……ディレクトリによれば、彼〔キルビー〕は一〇年にR・ハーガン、J・テイラーとの共同経営者として神戸鉄工所に参加し、一三年までにキルビー商会単独の所有とした」と述べている[18]。これに対して洲脇氏は、明治一二(一八七九)年発行の『コマーシャルレポート[19]』にもとづいて、神戸鉄工所は六年に創業されたという(資料については、のちに引用する)。

このようにもっとも基本的な神戸鉄工所の創立時期と経営形態について異なった見解が示されるが、ウイリアムズコレクションの資料には、この点を解明する決め手となる次のような文書が残されている[20]。

一八七三年五月一七日、神戸鉄工所契約成立。資本持ち分をエドワード・チャールズ・キルビーが六分の四、ロバート・ハーガンとジョン・テイラーが六分の一ずつとし、機械製造修理、鋳造、鍛造及び造船(船大工)を営むパートナーシップを設立し、商号は神戸鉄工所会社とする。契約期間は七年半、資本金は二万ドルである。

文書に題名がないなど不明な点も残るが、内容から考えて信頼度の高い文書と判断できる。神戸鉄工所は明治六(一八七三)年五月一七日に、全資本の三分の二をキルビー、残りの三分の一をハーガン(R. Huggan)とテイラー(J. Taylor)が出資するパートナーシップとして創立されたのであった。

神戸鉄工所の経営者について『ディレクトリ』(英字新聞社発行の人名録)をみると、明治七(一八七四)年にはハーガン

表９－１　神戸鉄工所の経営者（明治８年）

氏　名	役　職
Kirby, E. C	
Huggan, Robert	Manager
Taylor, John	Superintendent
Owens, Jno	Boiler Department
Taylor, Geo	Machinery & Engine Department
Keetch, J. Z.	Book-Keeper
Reid, Jno	Moulding Department
West, Peter	Ship-yard
Huggan, James	
Do La. Cruz, A.	
Francis, Felix	

出所：Japan Gazette,Hong List and Directory for 1875, p. 66.

が支配人として掲載されている。[21] そして翌八年には、表九－一のように、キルビーを先頭に、ハーガン、テイラーの三名が同列で並び、一ランク下に八名の幹部職員の名前が掲載されることになる。[22] こうした形式は、一〇年まで続く。一一年になるとキルビー商会という名称のもと、一ランク下がって一三名の幹部職員が記載される[23]（ハーガンは見当たらない）。

このように明治一〇（一八七七）年に至るまで最大の資本提供者であるキルビーが前面に出なかったのは、「E・C・キルビーは、神戸居留地に多くの財産を購入し、日本で最初の西洋式造船所をはじめたハーガンとテイラーに金を貸し」たと述べられているように、[24] 当初、彼は出資したものの、資本提供者にとどまり、経営には深くかかわっていなかったためと思われる。また一一年の変化は、「ハーガンとテイラーが一八七八年に事業を放棄した時、E・C・キルビーは造船業を続けるだけでなく、その事業を相当に拡大する事を決定した」という記述があるように、[25] 会社の再建にキルビーが乗り出したことを示している。なおこうした変化を裏づけるように、一〇年二月二〇日にハーガンがキルビーに資本金の持ち分を売却（キルビー四分の三、テイラー四分の一に修正）、さらに一二年五月二七日にテイラーがキルビーに持ち分を売却、全資本金がキルビーのものとなった。[26]

明治一二（一八七九）年発行の『コマーシャルレポート』に、はじめて神戸鉄工所が紹介されることになる。そこには創業時と一一年当時の様子が、次のように記されている。[27]

神戸鉄工所は、一八七三年六月に事業が開始された。工場は外国人居留地から四分の一マイル離れた神戸湾の東側約三エーカーの土地に位置しており、海岸に面した埠頭に重量物を揚陸する二又クレーンをそなえているので、喫水一八フィートの船舶が接岸して重量機械、ボイラ、その他の物資を揚陸し搭載することができる。舶用機械や一般機械製造、船舶の建造と修繕、ボイラ製作、鉄および合金鋳造などが、すべて民間資本で運営されている。またヨーロッパ人の職長からなる完璧なスタッフの監督のもとに、ドックの利用を必要としない汽船の機械類の修理が可能である。

ここで「完璧なるスタッフ」と記されている経営陣については、明治一二年の『ディレクトリ』を紐解いても、それほどの変化は認められない。だが翌一三年の『ディレクトリ』においては、キルビーを筆頭に、A・キルビー（A. Kirby）、R・J・キルビー（R. J. Kirby）以下が続く体制となっている。[28] ウイリアムズコレクションに収められている文書によると、カラチのインダス河外輪船会社に勤務していた甥のA・キルビーを技術部門の監督に、R・J・キルビー（縁戚関係はないといわれる）を会社の秘書に就任させたという。[29] なお同じ文書には、香港上海銀行から五万メキシコドルを借用したことが記されている。

一方、生産活動に焦点をあてると、明治一二年に内海用汽船七隻（木造）、ボイラとエンジン、その他が船二隻分、さらにボイラのみ船二隻分が完成した。[30] そして翌一三年には、期間中にエンジン、ボイラ、その他を完備した汽船九隻（木造船）が建造された。これらのうち鉄道局発注の「敦賀」用の外輪曳航船を除いたすべてが、八〇から一五〇トンのスクリュープロペラ船で、また船舶用エンジンは公称二五から六〇馬力である。そして汽船二隻にエンジンとボイラ、シリンダーとデッキ、キャビンなどを再艤装し、三菱の汽船（複数）およびロシアの軍艦（複数）などの大規模な修理をした。当時の従業員は、ヨーロッパ人一六名、中国人二三名、日本人約三二五名である[31]。

明治一四（一八八一）年には、木造汽船四隻を進水し、他の二隻に対し、エンジンとボイラを供給した。その他、群馬県にある岩鼻の火薬工場用の機械類などを製造した。ここで注目すべき点は、日本で最初の鉄製汽船（三〇〇トン）を二隻建造中と報告されていることである[32]。この鉄製汽船こそ、神戸鉄工所が太湖汽船株式会社（準備中）より長浜〜大津間の鉄道連絡船として受注したものであった。琵琶湖の水運は、一三年四月の京都〜大津間鉄道の開通以来競争が激しくなり、敦賀・関ヶ原〜長浜間の鉄道開通を前に長浜〜大津間の鉄道連絡輸送の担い手が問題となり、一五年に小汽船一八隻を有する太湖汽船が設立されることになった。そして設立前の一四年九月に、鉄道省へ提出した鉄道連絡輸送業務の申請で鋼鉄汽船二隻を使用することを明記し、神戸鉄工所に発注したのであった。

この当時、「国内に鉄製汽船を建造できる造船所はなく、……彼〔キルビー〕は神戸鉄工所に鉄鋼船の製造施設を設けてこの二隻を製造」したと述べられている[33]。神戸鉄工所は、他の造船会社を上回る技術によって、鉄製汽船という新たな市場を獲得したのであった。

明治一六（一八八三）年発行の『コマーシャルレポート』によると、二隻は約四〇〇トン（前年には三〇〇トンと報告）の鉄製汽船で、乗客三〇〇名と荷物を搭載して一二ノット（時速二二キロメートル）で航行できる能力を有している[34]。同誌によると、前年に神戸で建造を開始した二隻は、琵琶湖畔で組み立て進水し完成した。なおエンジン（公称九〇馬力）については、一組は自社製、もう一組はイギリスから輸入している。なお鈴木氏は、神戸鉄工所は鉄船の製造に際し内務省駅逓寮、農商務省で五年間にわたり海員司験管、汽船検査官をしていたエラートン（J. Ellerton）を技師としたほか、新たに五名の西洋人技術者を雇用（これまで一〇名前後）、このほか当時、中国人三〇名、日本人四五〇名の職工を擁しており、横須賀・長崎造船所に次ぐ規模を有していたと述べている[35]。

明治一七(一八八四)年発行の『コマーシャルレポート』によると、一六年に鉄製汽船二隻(「第一太湖丸」「第二太湖丸」)、エンジンとボイラ二組が完成(一組は半製品)、汽船二隻の大修理、多くの船の小修理、海軍より軍艦一隻を受注したという。また従業員は、西洋人一一名、中国人三〇名、日本人五〇〇名と前年より五〇名増加している。なお完成した二隻の汽船は、竜骨一五二フィート(四六メートル)、梁二三フィート(七メートル)、下部船倉に米四〇〇トン、乗客を主甲板とハリケーン甲板の中間に収容する構造となっている。[36]これによると、前年報告の四〇〇トンは米の積荷であり、乗客等はふくまれていないことになるが、鈴木氏によると、両船は五〇〇トン前後で、当時、琵琶湖で就航していた小汽船の三倍以上で、のちに瀬戸内海の海運に利用されたという。[37]

このように資料により多少の差があるものの、神戸鉄工所は日本で最初の鉄製汽船の建造に成功した。中岡氏によると、木造船から鉄船への移行には、船体容積の拡大に加え、「船体構造で木製から鉄製へ、機関で単式から二段膨張式へ(太湖丸以降はすべて二段膨張)という大きな跳躍を実現」することが必要であったという。[38]このうち船体の拡大については、大きな荷重に耐えるような基礎を強固にした船台、重い鉄板や型材を運搬する広い輸送路、それらを吊り上げるデリック(俯仰起重機)やウィンチ、艤装用のクレーンなどの設備と工場の拡張が求められたと予想している。また船体の木造から鉄製への変化にともない、作業過程が製図場の作業、現図場の作業、撓鉄場の作業、組立て、鋲接して船体を完成させる船台の作業の四つの基本作業をつなぐ流れに発展すると考えている。また「太湖丸」用の二台の二段膨張機関のうち一台をイギリスから輸入し、もう一台はそれをモデルにして自作したと推測している。[39]

以上、神戸鉄工所の経営について、日本海軍の軍艦建造以前に限定して記述した。その結果、主に商業活動を展開してきたキルビーが明治六(一八七三)年五月一七日の神戸鉄工所の設立に際し共同出資者として参加、実際の経営にあたっていた他の二名が経営を放棄した一一年以降は、A・キルビーらへ経営陣を刷新、香港上海銀行からの資金導入により設備の拡充に努め、日本最初の鉄製汽船を建造する高い技術力を有するようになったことが判明した。

第二節　軍艦の建造をめぐる神戸鉄工所と海軍との関係

本節では、鉄製汽船の建造ができる日本の民間造船業において最高の技術力を有する企業へと発展した神戸鉄工所が、軍艦の受注に成功しながら建造中に倒産し、それを海軍省が買収する過程を取り上げる。これ以降、なぜこのような稀有な状況が現出したのか、兵器の「送り手」と「受け手」という両者の視点から解明する。

一　神戸鉄工所の軍艦建造と倒産

後発国の日本海軍は、兵器を海外に発注し、受注した兵器製造会社に技術者を派遣して技術を習得させ、購入した兵器の改修を通じて彼らから職工へと新技術を広げ、やがて海軍工作庁において同型の兵器を設計し製造する方法によって兵器の国産化をすすめていた。こうしたなかで、なぜ鉄製汽船の建造に成功した神戸鉄工所が軍艦の建造に乗り出したのか、また海軍はなぜ未経験の鉄骨木皮艦の建造を、横須賀造船所と同時にまだ軍艦建造の経験のない神戸鉄工所に託したのか、両者の思惑を通じてその事情を明らかにする。

神戸鉄工所と海軍省との接触は、キルビーが明治一五（一八八二）年二月四日に川村純義海軍卿に書簡を発したことによって開始された。このなかで彼は、「現今余ハ軍艦及ヒ水雷端舟等ニ適用ス可キ鉄船或ハ鉄木合成ノ船舶及ヒ汽船ヲ製造ス可キ地位ニ在リ」と自社の技術力の優れていることを述べるとともに、「余ニ其投票ヲ為サシム可キ機会ヲ与ヘラレン事」を求めた(40)。この時の書簡は、担当の主船局に一般の広告と同一視され無視されたため、それ以上の

進展はみられなかった。そこで彼は、同年九月二八日に再度、次のような文面の「書簡」を川村海軍卿あてに送った。(41)

〔前略〕余ハ神戸製鉄所ノ持主タルニ因リ在神戸機関士及ヒ造船師ヲシテ職業ニ従事セシメン為メ悉ク余カ資本ヲ出シ当地ノ職工数百人ヲ傭使シ聊カ其費用ヲ日本政府ニ仰カズシテ右職工等ニ余カ職業トスル諸般ノ工業ヲ教授スルノ方法ヲ設ケリ又余ハ鉄艦製造ノ技術ヲ日本ニ弘メントスル其先鞭ヲ着ケタル者ニシテ目今二千噸以上ノ鉄艦及ヒ機関等ヲ全ク製造落成セン事ヲ定約セラル可キ地位ニ在リ而シテ該工事ハ総テ当地ニ於テ之レヲ為シ唯鉄ノ輸入ヲ仰ク而已ナレハ船舶及ヒ機関製造ノ費用四分ノ三ハ当地ニ止リ外国ニ出ル事無カルヘシ〔以下省略〕

このキルビーの、国内に存在する神戸鉄工所に鉄製軍艦を発注する有利性を認めた「書簡」に興味をいだいた川村海軍卿は、明治一五年一一月二日、赤松則良海軍省主船局長に調査・研究を命じた。これを受けた海軍省（主船局）は、一一月四日、横須賀造船所で建造する鉄骨木皮軍艦「葛城」と同一の仕様書を神戸鉄工所に提示し、費用、期限等を問い合わせた。これに対しキルビーは、一一月二五日、「竣工迄ノ時日ハ二十ヶ月ヲ要ス代価目録ニ随フテ製造スル時ハ銀貨三十八万五千五百円」と回答した。(42)

その後、数回にわたる交渉により、横須賀造船所と同一条件で建造できることを確認した赤松主船局長は、明治一五年一二月四日、川村海軍卿にこの調査結果を報告するとともに、現在は横須賀造船所において建造するだけの予算しかないので断念せざるを得ないが、もし予算増加が認められ外国へ注文の機会があれば、「其際右キルビー社へ製造方ヲ御注文相成ル方海外ヨリ輸入ヲ減シ職工ヲ養成スルノ一端トモ相成ルト存候」と上申した。(43)

赤松主船局長が予算の動向を心配しているのは、明治一五年一一月一五日、川村海軍卿が三条実美太政大臣に毎年六隻ずつ八カ年で四八隻の軍艦を建造することを骨子とする第五回軍備拡張計画案を上申し、その帰趨がまだ決定していないことにあった。こうしたなかで年間三〇〇万円の新艦製造費の内定を得た川村海軍卿は一二月二八日、松方正義大蔵卿に対し三〇〇万円のなかからドイツのキール港にある二艦の購入費一二八万七三六〇円の残額一七一万二六四〇円中の約六〇万円で軍艦一隻を神戸鉄工所に発注したいので、その三分の一の二〇万円を前金として一六年一月に支払うことについての承諾を求め許可を得ている[44]。

明治一六（一八八三）年二月二日、川村海軍卿は、三条太政大臣に対し上記案を提示し、二月一二日に許可を得た。その際に川村は、横須賀造船所は、「頗ル忙劇ニシテ一時数隻之軍艦製造ハ難相成不得已海外ノ造船会社ニ製造セシメサルヲ得ス」と可能な限り軍艦の国内建造を目指していると述べている[45]。こうした前提に立って、国内（神戸鉄工所）において軍艦を建造することの有利な点として、「職工役夫等多ク内国人ヲ使用シ其材料モ亦多ク内国産ヲ需用致候為メ間接ニ於テ内国人ノ技術ヲ進マシメ且輸入品ヲ省キ其費金モ亦多ク内国ニ留リ其直接ノ益ニ至テハ落成ノ節遠洋運送スルノ費用ナク又海上保険料ヲ要セス其製造之際ニ当リテモ亦直チニ当省ヨリ監督者ヲ派シ終始充分監督セシムルノ便アリ」とその理由をあげる[46]。

注目すべき点は、川村海軍卿が国内（神戸鉄工所）で軍艦を建造することを主張する理由である。そこには輸入の抑制という国の政策に加え、明治一四（一八八一）年一二月に赤松主船局長が経済上、軍略上から考えて艦艇の国産化が有利であり、そのためには横須賀造船所に加え防禦に最適な西海の地に海軍一の造船所を建設することを建議し、これを受けた川村が二〇年間に六〇隻の軍艦を保有するとともに、この計画を実現するために西部の良港に造船所を新設することを骨子とする第四回軍備拡張計画を上申したように、海軍省内では艦艇の国産化、海軍一の造船所の新設が共通の認識となっていたことがあった。この計画は松方緊縮財政の前に許可を得るに至らなかったが、第五回軍備拡張計画に引き継がれ、すでに述べたように艦艇保有計画については一部が認められた。また一六年二月一四日には、造船所をふくむ西海鎮守府設立を求め却下されたが、引き続き要求を続け最終的に実現にこぎつけている（この間の経緯については、第一章および第七章第一節を参照）。

こうした交渉をへて明治一六年二月二三日、海軍省とキルビーとの間で鉄骨木皮製の軍艦一隻を銀貨三九万九〇〇〇円（銀貨一円に対し通貨一円五〇銭）で製造するという契約が締結された。この契約書によると、軍艦の性能は、構造が鉄骨木皮、垂直線間長さ一二〇一フィート（六一メートル）、極端幅員一三五フィート（一一メートル）、排水量一一七二トン、速力一試運転時一三ノット（時速二四キロメートル）、汽罐は横置連合で一六〇〇馬力に適し汽力七〇ポンドを保つものとなっている。また製造期限は、一六年二月より一七年九月までの二〇カ月間で一カ月遅延するごとに請負代価の一パーセントを削減すること、契約金の支払い方法は、銀貨三九万九〇〇〇円を進水時に七万四〇〇〇円、あとは六万五〇〇〇円ずつ五回の分割払と記されている。注目すべき点は第一七条に、「神戸ノ製造所モ維持為シ難ク軍艦製造ノ成功ヲ了ル能ワズ且毎期渡シ済金額ノ全員返還スル道ヲ得サルガ如キ事アル時ハ該金額ニ比較算当シテ着手半途ノ軍艦ヲ以テ之レニ換へ其儘注文者へ引継クベシ而ルモ猶幾分歟ノ不足アラバ製造所ノ諸器械器具ヲ以テ弁償スル事」と記されていることである。[47]このように契約内容については、神戸鉄工所に対して「かなり厳しい条件を課していた」と述べられているが、[48]この契約にはさらに、「第五条中製造期限ニ拾ケ月ハキール据付ノ日ヨリ起算スル事トス而シテキール据付ノ期ハ本約定調印交換ノ日ヨリ五ケ月ヲ超過セサル事トス」など、受注者に厳しい五カ条の副約が加えられていた。[49]

先に艦艇の保有計画と国産化について指摘したが、ここでは発注された軍艦が第一期の機帆船でありながら、まだ国産化されていない鉄骨木皮製であり、この軍艦と同型の軍艦がどのような経緯をへて技術移転と国産化を実現したのかについて確認する。すでに述べたように鉄骨木皮艦の技術移転は、明治八（一八七五）年にイギリスの兵器製造会社に発注された三隻の軍艦の建造に参加した留学生によって開始され、一一年の帰国後にそれらの軍艦の修理などを通じて一般職工へ普及、留学経験技師の造船監督官などとしてのさらなる外国への派遣、同型艦の模写などによって設計、建造のための技術の蓄積がなされ、当時の唯一の海軍工作庁である横須賀造船所で最初の鉄骨木皮軍艦の建造が実施されようとしていたのであった（第八章第二節を参照）。

その意味で池田憲隆氏の主張するように、「『大和』は海軍横須賀造船所で先に起工された『葛城』の同型艦（２番艦）」であり、横須賀造船所は神戸鉄工所に対し二段膨張式機関の製造において先行し、三番艦の建造も行うなど生産能力も上回っていた[50]。このように当時の最大の生産能力を有し、同型艦の一番艦の建造において主導的役割を果たしたのは横須賀造船所であることは事実だが、それにもかかわらず鉄製軍艦建造に際し横須賀に准じる地位に神戸鉄工所をおいたのは、先進国の技師による指導や先進国への軍艦の発注にともなう受注企業への技師の派遣とは異なる、イギリス人の経営する民間企業への軍艦の発注による技術移転であること、そして一番艦を建造した海軍工作庁から直接建造に関わる技術指導を受けることなくほぼ同時期に鉄製軍艦の建造をなし得たことによる。なお海軍があえて危険を冒してまで、神戸鉄工所に軍艦を発注することに踏み切ったのは、これから主流となる鉄製軍艦の国産化を重視するとともに神戸鉄工所の技術にその可能性を認めたものと考えられる。

「大和」の起工について、『海軍軍備沿革　完』は、明治一六（一八八三）年二月二三日と記述している[51]。また三月二八日の新聞には、赤松主船局長が神戸鉄工所を訪問したことが報じられており[52]、二月二三日に契約、その日に起工し、工事の模様を視察したとも解釈できる。なお二月二三日説に対しては、「これは契約締結日のようである」として、同年一一月二三日という異説が存在する[53]。こうした点の解明もふくめ、当時の神戸鉄工所の状況を知るため、長崎造船局長の「神戸大阪地方諸工場順覧ノ命」により同年九月に出張した工部大学校出身の新進技師佐立二郎の報告をみると、次のように述べられている。(54)

神戸キルベー造船会社―

○当今工業ノ不振ニ従ヒキルベー造船場ノ如キモ最モ仕業ノ欠亡ニ苦ムト雖トモ予備品製造ノ盛ナルト職工督責ノ厳ナルトハ実ニ感嘆セザルヲ得ズ

○過般政府ヨリ大和艦製造ノ命ヲ受ケ昨今略々其ノ機械部ニ着手スレトモ艦体部ハ未ダ全ク製図幷材料聚集中ニシテ鉄部ハ英国ヨリ購入シ右組立計画中ナリト云フ機械部ハ低圧汽筒ヲ鋳造シピストン類ノ鑿削ヲ見受タリ然レトモ是等ハ職工ノ幾部分カヲ役スル而已ニシテ猶全力ヲ尽スニ足ラズ

○予備品製造……適応ノ聯成船用機械三組幷鉄船壱艘(之ハ昨今既ニ引受人定レリト云フ)ヲ製作中ナリ

○……工場ノ地位組成等ハ都テ其ノ宜キヲ得ズ初メ築造着手ノトキハ摸形小ニシテ追々工事ノ隆盛ニ趣クニ従ヒ増築スル者ナレバ職場狭隘ニシテ運送ノ不便最モ甚シ……大和艦製造ニ付近頃新器械ヲ敝購ヒ蔽ノ屋下精妙ノ機械アリ

○従業ノ活発ナルハ全国中蓋シ其比ヲ見ザルベシ然リ而テ持主キルベー氏ハ単ニ一ノ商業家ニシテ能ク機ニ投シ変ニ応スルハ晋ク人ノ知ル処ナリ仕業ノ景況ハ逡速ニシテ稍粗製ノ傾向アレトモ人ノ意向ニ適スルハ同氏ノ最モ長スル処ナルベシ

○職工ノ員数ハ確承セサレトモ本邦人ノ外支那人数十名ヲ雇使シ亦職頭ハ悉ク欧人ヲ用ユ該会社ノ隆盛ハ一喜一憂ノ感アレトモ従業ノ法方ニ付テハ彼ニ則トルベキ者多シ矣

この佐立報告書は、冒頭において造船業の不振にもかかわらず予備品の製造が盛んに行われていること、労働の規律が厳格に守られていることを評価している。また「朝日丸」と思われる鉄船を注文をまたず見込み生産をしていると述べられている。不況下で設備を稼働させるための良策ではあるが、一歩誤れば材料費や人件費も失いかねない冒険といえよう。次に「大和」の工事が対象とされ、機械部は開始しているものの艦体部は鉄材が到着しないため未着手、職工の一部が働いているだけであり、新式機械も遊休のままになっている。そのほか狭い敷地のまま工場を拡張したため工場のレイアウトの不備であること、キルビーは顧客の要請に機敏に応える人物であることなどが報告される。そして最後に、長所と短所が混在するものの、学ぶべき点が多いと締めくくっている。

この報告によると、「大和」は明治一六（一八八三）年九月になっても機械部は着手しているが、艦体部は未着手であり、本格的な工事はなされていない。その理由は、一〇月のキルビーより赤松主船局長あての書簡に記されているように、イギリス鉄工労働者のストライキにより軍艦用鉄の到着が二カ月半遅れたためであった(55)。海軍は不可抗力ということで、竣工日を同じ期間延期するが、キルビーは稼働率の低下にともなう大きな損失を被ったといえよう。

明治一六年一二月九日、キルビーは、横浜で自殺した。自殺の原因について新聞は直接には触れていないが、香港上海銀行に二五万五〇〇〇ドルの負債を抱えていたこと、七年と一二年に大火災に遭い財産を失うなかで、一五年には横浜の建物を売却したことなどを伝えている(56)。神戸鉄工所は、甥のA・キルビーを技術的指導者に迎え、香港上海銀行からの資金的援助を得て急速に事業を拡大したが、利益を超えた投資が資金的不安をもたらし、それに気がついたキルビーが資産の整理を始めたものの解決できず、自殺に追い込まれたと推測される。

ここで、キルビーを自殺に追い込んだ外国人企業家の日本における活動基盤に言及する。すでに述べたようにキルビーは、主に活動舞台を商業から産業資本家へと転化していった。一般に安政五（一八五八）年の通商条約は、不平等条約といわれているが、内地通商権否定条項は、「外商の国内流通機構の掌握を妨げる条件となったことは明らか」といわれているように、[57]外商の活動に制限をもたらした。また産業活動は保証されていても、他の日本人企業家のように政府から保護を得ることができず、そのことがキルビーに日本企業に不可能な技術水準の維持―未だ経験のない鉄製軍艦の建造による生き残りの途を選択させ、無理を重ねた投資に火災と不況という不幸が重なり、自殺へと追い込まれたものと考えられる。

二　海軍による神戸鉄工所の買収

キルビーの自殺は、彼の経営する神戸鉄工所ばかりでなく、鉄骨木皮軍艦の国産化と外国人経営企業から技術移転を目指していた海軍省に対しても困難をもたらすことになった。こうしたなかで海軍は神戸鉄工所を買収したのであるが、官営工場の払下げが一般化するなかでの民間工場の官営化は稀有なことといえよう。以下、なぜこのような結果がもたらされたのか、これまで「大和」の建造の遅れることを心配したためと簡単にかたづけられてきたこの問題について、海軍の意図を探ることにする。

キルビーの死後も、神戸鉄工所は「大和」や民間の船舶、機械等の製造と修理で拡大を続けていた。しかし事業が拡張するにつれ資金問題が深刻になり、香港上海銀行は神戸鉄工所の経営に不安を抱くようになった。そして「大和」の発注者の日本政府に全施設を買収することを勧めるとともに、神戸鉄工所にそれを受容することを強いた。これに対して経営を受け継いだA・キルビーは反対を表明したが、銀行の意向を覆すことはできなかった。[58]

こうしたなかで赤松主船局長は、明治一六（一八八三）年一二月二一日、川村海軍卿に対して、神戸鉄工所は経営危機の状態にあり、香港上海銀行からの借入金約二六万ドル（正確には二五万五〇〇〇ドル）の抵当となっていることを報告した。そして今後の方策として、（一）軍艦建造に要した実費と納付すべき金額との差額を支払い、軍艦、関連機械等を引き取るのが順当であるが、この際、（二）借金を引き受けて工場を官有にしたいと上申した。(59)

赤松主船局長は艦艇の国産化を主張してきた人物であり、多年の念願の一つである軍備拡張計画が認められても、神戸鉄工所が廃業してしまえば年四艦建造計画のうち一艦しか国内（横須賀造船所）では建造できず、「甚タ遺憾ノ次第」と考えた。(60)また赤松は、廃業によって技術移転に重要な「鉄艦ヲ製造スヘキ諸器械」と「熟練ノ職工」が散逸することを防ごうとした。(61)さらに彼の構想のなかでは、「其器械職工ハ追テ西海某所ニ設置セラルヘキ造船所」に移転すると、買収した神戸鉄工所の将来に向けての位置づけがなされていた。(62)すでに述べたように海軍省首脳の間では、明治一四年度と一五年度の第四回と第五回軍備拡張計画の策定を通じて、艦艇の国産化とそれを実現するために防禦に最適な呉港に海軍一の造船所を建設するという案が共通認識となっており、それとの関連で神戸鉄工所の買収が考えられていたのであった。

こうした赤松主船局長案に対しては、海軍省内においても当初の契約時の調査不足を指摘するとともに、現実問題としては、前記二案のうち第一案を選択すべきであるという意見があった。その根拠は、「其負債ヲ担負スルノ事ニ至テハ対手者ハ外人ナリ」という、外国人への不信感からきていた。(63)

相反する意見が出されたなかで川村海軍卿は、神戸鉄工所を買収し官有にする決意を固め、明治一七（一八八四）年一月七日、三条太政大臣あてに伺いをたてた。このなかで川村は、「此際『キルビー』旧所有ノ製造場諸機械等ヲ購入シ大和艦ヲ始メ他ノ新艦ヲモ同所ニ於テ致製造候ハ、其落成モ速ニシテ大和艦ヲ横須賀造船所ヘ転送スヘキ冗費ヲモ省キ将タ海外ヨリ購入スヘキ軍艦ノ数ヲモ減スル而已ナラス其諸機械職工等ハ皆ナ他日西海エ建設スヘキ造船所ノ需用ニ供スヘク」と赤松とほぼ同様の考えを述べている。[64]なお香港上海銀行が神戸鉄工所への貸付金額と同額で日本政府に会社を売却しようとしたことに対して、A・キルビーは、「香港上海銀行は、価値以下の値段で日本政府に売ることをしいた」と不満をもったという。[65]

明治一七年一月一七日、川村海軍卿の伺いは三条太政大臣によって受理され、二二日に海軍省と香港上海銀行との間で、「大和」関係を除くすべての物件を銀貨二二万三五〇〇円で売買する契約が締結された。これによると代金は契約直後に二万三五〇〇円、残りは三カ年賦（毎年六万六六六六円支払い、利子一ヵ年六朱）で支払うこととなっている。[66]また会社所有の機械・家屋・諸物品は受け継がれるが、外国人については香港上海銀行において引き受けると明記されていた。

日本人に比較して産業資本家として不利な立場におかれていたキルビーは、日本の民間造船所にはできない鉄製汽船、鉄骨木皮の蒸汽軍艦の建造に将来を託し全財産をつぎ込むような設備投資を行うとともに、海運会社や海軍への営業活動を展開した。これに対して海軍省は、鉄製汽船の建造経験を有する外国人経営の造船所において鉄骨木皮の軍艦を建造することによって、外国人技術者から日本人職工への技術移転と国産化を実現することを目指し神戸鉄工所へ軍艦を発注した。

残念ながら神戸鉄工所は、巨大な投資による拡張を保障するような受注が確保できず低い稼働率に悩まされ、過度な借入金もあって経営危機に遭遇した。その際、貸金の安全な回収を望む香港上海銀行から買収を要請された海軍省は、「当時本邦横須賀造船所ヲ除クノ外応ニ鉄船ヲ製造スヘキ処ハ只此製造所アルノミ」という状況を考え、[67]鉄船の建造が可能な技術をもつ日本人職工と設備を四散させることなく海軍工作庁へ移管させるという道を選択した。こうした一連の過程を中岡氏は、「木造船製造の経験を基礎に、鉄船製造へ進むことは、技術習得というよりは技術跳躍」

であり、神戸鉄工所の破綻を、後発国における「技術跳躍の困難」と意義づけ、一方、海軍が神戸鉄工所に鉄骨木皮の軍艦を発注し、倒産後に買収した行為を、「労せずして民間最高の造船設備と訓練された造船鉄工の一団が海軍のものとなった」と結論づけている[68]。

ここで注目すべき点は、買収する神戸鉄工所の機械と職工が、明治一六年度予算で認められなかった西海造船所に引き継がれるという案をふくむ海軍卿の伺いが、太政大臣によって許可されたことである。政府としても西海造船所は一六年度予算には財源難で計上できなかったものの、近い将来建設すべきものと考えていたと解釈できるだろう。海軍にとって一六年度予算において西海造船所建設が認められないからといって、「国産化重点主義を180度転換した[69]」とはいえないのである。

第三節　小野浜造船所の経営状況

これ以降、海軍省によって買収された小野浜造船所の組織、施設・設備、職員・職工、収支、閉鎖にともなう技術移転などを取り上げる。こうした経営状況の解明は、小野浜造船所の艦艇の建造に関する理解を深めることはもとより、兵器製造会社や他の海軍工作庁との比較をするうえでも必要なことと考えられる。

まず組織をみると、明治一七（一八八四）年一月一七日、赤松主船局長より川村海軍卿に、「該所ハ当局ノ所轄ニ附セラレ且小野浜海軍造船所ト名号」し、組織については所長、技術長、庶務係、会計主任等とするよう上申した[70]。これに対して川村は組織についてはは棚上げにし、一月二五日に三条太政大臣に、「神戸小野浜ニアル英国人イ、シー、キルビー氏旧所有製造所諸機械其他買入之義伺済ニ付今般該地ニ小野浜海軍造船所ヲ設置シ主船局所管ニ附候」と届け出た。[71] こうして主船局のもと、小野浜海軍造船所が開所した。

明治一七年七月二日、「小野浜海軍造船所ハ主船局ニ属シ艦船汽機及ヒ其属具等ヲ製造修理スル所トス」に始まる「小野浜海軍造船所条例」が制定された。[72] この条例によると、小野浜海軍造船所は所長のもとに、庶務課、造船課、計算課が設置されることになっている。

明治一九（一八八六）年七月一日、「小野浜造船所ハ呉鎮守府開庁マテ海軍省艦政局ノ管理ニ属シ作業費ヲ以テ艦船機関及其属具ヲ製造艤装シ並ニ之ヲ改造修理スル所トス」（第一条）に始まる一三条によって構成される「小野浜造船所官制」が制定され、[73] 小野浜造船所と改称された。この条例によると、同造船所には製造科、計算課が設置され、所長一名（技師）、製造科長一名（技師）、製造科主幹二名（技師）、製造科工場総長一名（技手）、製造科工場長一一名以内（技手）、計算課長一名（大主計）、主庫一名（製造科長兼務）の役職員がおかれることになっている。翌二〇年一〇月一二日には「小野浜造船所官制」が改正され、軍医と看護手一名ずつと判任官若干名が追加された。その後、「造船顧問ベルタン氏ノ計画ニ依リ小野浜造船所ニ於テ水雷艇ヲ建造スルニ付」という理由で、二一年七月一四日に同官制がふたたび改正、「呉鎮守府開庁マテ」いう文字が削除され、役職員についても若干修正された。[74] 海軍の二大造船所としての体制を整備するとともに、水雷艇の建造を前にしての再編がほぼ同時に行われている様子がうかがえる。

呉鎮守府開庁後の明治二三（一八九〇）年三月七日、「小野浜造船所官制」が廃止された。三月一〇日、旧小野浜造船所跡に呉鎮守府造船部分工場をおき、呉鎮守府造船部小野浜分工場と改称、造船部員が在勤することになった。これにともない小野浜分工場の「在勤先任主幹ハ造船部長ノ命ヲ受ケ分工場一切ノ工事ヲ掌理」し、「主計部工費課ヲ置キ分工場一切ノ会計ヲ掌理」することになった。[75] その後三月二八日に至り、「先任主幹」を製造科長、工費課長に代わり倉庫主管、会計主務官をおくことになった。こうした組織改革は、「造船部ノ工事進歩スルニ従ヒ漸ヲ以テ分工場ノ器械等ヲ呉ニ移スノ便宜ヲ図ル」目的で行われたものと思われる。[76] しかし実態は、当初の明治一九年度から二一年度までの水雷艇建造計画が大幅に遅れたため、生産活動は佳境をむかえ職工数は増加し、器械等の移転を実施できるような状況ではなかった。そうしたなかで、海軍は自らの責任には触れることなく、「該工場ハ専ラ水雷艇ヲ製造シ其工事タルヤ一種ノ技術ニ渉リ且経済モ亦造船材料資金ヲ以テ特別会計ヲ立ツルヲ以テ純然タル一ノ造船機関タリ」という理由をあげ、新たな組織への移行を求めた。[77]

明治二六（一八九三）年五月一九日、独立性は強いが定員を縮小した呉鎮守府造船支部が誕生した。「呉鎮守府造船支部条例」によると、造船支部長（海軍少技監）のもと製造主幹（海軍技士三名）、会計課長（海軍大主計）、造船材料支庫主管（会計課長兼務）、海軍大軍医が配置されている。[78] こうしたなかで日清戦争中の二七年一一月二五日、呉鎮守府造船支部の建物・器械等の移転費として八万四四五二円の予算が認められた。[79] 日清戦争後の二八年六月、「呉鎮守府造船支部ハ造船工事ノ都合ニ依リ之ヲ廃止シ其器具器械等ヲ呉ヘ移ス」こととなり、[80] 六月一〇日を期して廃止された。

初代の所長は、工部省の電信頭や大蔵省造兵局長を歴任し海軍省主船局で赤松に次ぐ副長の地位にあった石丸安世が務めたが、事実上の責任者は明治五（一八七二）年に兵学寮に入寮し八年に海軍省生徒としてイギリスに留学し一六年に帰国した、宮原二郎とともに機関の専門家として期待されていた丸田秀実が担ったとされる。[81] 後述のベルタンの意見書によると、一九年四月当時は石丸が所長の地位にあり、その後二一年二月二日まで山県少太郎海軍大技監（以下、海軍を省略）がこの職を務めている。[82] この間、三年に横須賀製鉄所黌舎の第一期生として入学し、九年から一三年までフランスへ留学、シェルブール海軍造船学校で勉学し、帰国後は主船局などに勤務していた山口辰弥権少匠司が一八年六月五日に小野浜造船所造船課長、一九年五月八日から二一日まで同造船所長心得（三等技師）、二一年二月一日から二三年三月七日まで同造船所長（少技監）の職にあった。[83]

小野浜分工場時代については、ほとんどの資料が呉鎮守府造船部の役職となっているため特定することがむずかしい。たとえば山口技師は、分工場となった明治二三年三月八日から六月一〇日まで旧小野浜造船所残務取扱の任にありながら、三月二〇日に呉鎮守府造船部計画科主幹兼製造科主幹、三月二八日に呉鎮守府造船部製造科長兼計画科主幹に任命され、二六年五月一九日まで務めている。[84] この点に関しては、在勤先任主幹が分工場を統率し工事を推進することを内容とする「小野浜造船所官制」と一致していること、分工場の水雷艇建造の中心人物であり小野浜を離れることは不可能であったこと、文書に製造科長ないし小野浜分工場製造科長名で登場することなどから勘案して、役職名は呉造船部製造科長で実態は分工場の責任者として在勤していたものと考えられる。

山口技師以外について『呉海軍造船廠沿革録』をみると、明治二三年九月に小幡文三郎大技士（明治二四年七月まで）が赴任し、同年一〇月に「職工傭入内規」「職工増給内規」「本部監護服務概則」を定めたことが記されている。また山崎甲子次郎大技士（任官日不明、明治二四年七月まで）、二五年三月に上野富一少技士、一二月に甲斐鉄三郎大技士が分工場勤務となっている。その後、二六年五月の造船支部への改組にともない、辰巳一少技監が支部長、小山吉郎大技士と甲斐大技士・上野少技士が製造科主幹に就任し業務を指導した。なおこれらの役職員は、最後までその任にあったものと思われる。[85]

次に工場、設備、器械、労働力についてみると、すでに述べたように神戸鉄工所の所有するすべての機械、家屋、諸物品、また外国人を除く従業員は、小野浜造船所に引き継がれることになっていた。試みに海軍省に移管した明治一七年当時の施設、従業員と労働条件の一部を示した表九－二によると、一一工場（係）に一三二台の機械が設置（五二馬力）、そこでのべ二一万三三〇五名の職工などの従業員が、年間二七九日、平均日給四一銭八厘、一日平均労働時間九時間一三分という条件で働いている。[86] ちなみに同時期の横須賀造船所は、船台・船渠（ドック）をふくむ二四工場

表９－２　小野浜造船所の施設・従業員(明治17年)　単位：台・馬力・名・厘・日・時間

工　場	機　械		工夫・職工・人夫		年間労働	１日当り
	数	蒸汽馬力	のべ人員	1人当り平均日給	日　数	平均労働時間
船台鉄工係	40	—	68,220	298	282	9.30
銅工係	5	—	1,721	917	277	9.05
錬鉄係	22	—	10,872	379	279	9.15
模型係	6	—	9,672	422	279	9.10
製罐係	9	12	21,524	370	280	9.15
鋳造係	11	—	17,531	354	278	9.10
旋盤係	35	40	14,460	351	279	9.10
船具係	4	—	8,717	304	278	9.05
製図係	—	—	698	505	277	9.10
船台木工係	—	—	40,659	323	282	9.30
組立係	—	—	19,231	377	279	9.10
計	132	52	213,305	418	279	9.13

出所：『海軍省第十年報』(明治17年) 149ページ。
註：—は、該当するものが存在しないことを示すと思われる。

(係)、職工などのべ七一万八〇九一名、一日平均一二時間労働と記録されている。

その後の小野浜造船所の営業状況は、表九－三のように推移している。そのうち明治一六(一八八三)年一二月のキルビーの死亡に際しての追悼文を掲載した英字新聞に約八〇〇名と記されていた従業員数は、一七年には役員が日本人六〇名、外国人一六名、職工七五五名の八三一名とほぼ同数となっている。一方、一七年一二月三一日現在の従業員の報告である『海軍省第十年報』では、事務官・事務傭四九名、技術官・技術傭七六名、工夫・職工・人夫一〇八〇名(うち職工六五六名)、計一二〇五名と調査時点の相違に加え役員や職工以外も対象としたためかかなり多くなっている。ふたたび表九－三によりその後の職工数をみると、一八年に一〇一五名になるが、一九年に七〇〇名台に急減、二一年に六〇〇名台に漸減する。しかしそれ以降は、二二年に七〇〇名台へと上昇に向かい、二四・二五年は一一〇〇名台へと急上昇し、以後、八〇〇名から七〇〇名台を維持する。なお職工数について横須賀造船所に対する比率をみると、一七年が三〇パーセント、一八年が三三パーセント、二〇年が二九パーセント、二二年が三三パーセント、二四年が四一パーセント、二六年が三一パーセントと、ほぼ三〇から

表9－3　横須賀造船所・小野浜造船所の営業状況　　単位：基・馬力・名・円・日

	名称	機関		役員数	職工数	1カ年給料計		1日平均1人の給料		営業費	営業費中の原質物代価	収入	就業日数
		数	馬力			役員	職工	役員	職工				
明治17年	横須賀	13	311	214 (2)	2,478	65,646 (2,880)	251,708	0.84 (3.95)	0.30	987,479	479,544	996,108	
	小野浜	3	52	60 (16)	755	14,495 (20,094)	83,034	0.72 (3.75)	0.39	112,913	72,840	134,231	
18	横須賀	—	336	246 (2)	3,080	76,180 (2,880)	275,145	0.85 (3.95)	0.31	878,479	434,839	1,025,252	
	小野浜	—	45	55 (8)	1,015	15,383 (14,328)	102,569	0.76 (4.90)	0.30	409,289	218,936	480,890	
19	横須賀	—	296	50 (2)	2,894	26,496 (3,840)	263,705	1.45 (5.26)	0.31	807,081	413,426	847,140	
	小野浜	—	11	11 (5)	743	4,104 (9,276)	90,963	1.02 (5.08)	0.32	260,811	109,535	298,657	
20	横須賀	34	399	64 (2)	2,428	30,041 (3,840)	270,394		0.31	1,054,485	527,607	1,080,200	
	小野浜	6	11	9 (1)	712	3,747 (738)	73,295		0.34	370,924	200,385	515,332	
21	横須賀	37	441	66 (2)	2,336	33,194 (3,976)	265,106		0.31	996,433	488,000	1,017,948	
	小野浜	6	11	6 (1)	664	3,089 (841)	66,861		0.33	394,743	235,098	473,938	
22	横須賀	26	295	70 (2)	2,215	36,535 (3,976)	252,162		0.31	1,190,304	666,124	1,218,877	
	小野浜	11	113	5 (1)	733	2,053 (856)	74,575		0.34	308,999	152,910	328,979	
23	横須賀	29	425	74	2,330	33,003	280,771		0.33	1,140,219	595,853	1,221,766	
	小野浜	12	119	5 (1)	791	1,949 (701)	81,992		0.35	278,661	119,114	282,162	
24	横須賀	28	425	78	2,831	33,503	309,956		0.30				365
	小野浜	12	119	11	1,169 (1)	4,877	117,055 (818)		0.34 (2.60)				295
25	横須賀	21	304	82	3,030	34,863	370,961		0.33				366
	小野浜	13	119	10	1,107 (1)	4,440	117,131 (973)		0.35 (2.60)				300
26	横須賀	25	332	90	2,581	33,087	313,664		0.34				365
	小野浜	13	119	9	800 (1)	4,270	91,018 (797)		0.38 (2.60)				298
27	横須賀	27	352	77	2,870	35,785	360,998		0.34				365
	小野浜	13	119	9	864 (1)	3,882	111,009 (242)		0.39 (2.60)				328
28	横須賀	27	352	82	3,756	28,400	439,881		0.33				353
	小野浜	13	118	8	728	885	27,277		0.42				90

出所：『日本帝国統計年鑑』各年。

註：1)（　）内数値は、外国人数である。

2)明治17年の小野浜の数値は2月以降、また28年は3月31日までの記録である。

3)役員数は12月31日の、職工は1カ年間ののべ人員を就業日数で算出している。

4)給料は、役員は365日、職工は就業日数で算出している。

四〇パーセント前後となっている。

小野浜造船所の職工などの一日の平均給料は、明治一七年当時三九銭で、横須賀造船所の三〇銭をはるかに上回っており、労働時間も一日一二時間に対して九時間と短時間であり、イギリス人が経営する神戸鉄工所の職工などは、日本の海軍工作庁をはるかに上回る好条件で働いていたことになる。しかしながらこうした好待遇は、一八年に給料が横須賀とほぼ同一になったことにより終焉をむかえたものと思われるが、とはいえ呉鎮守府造船部や兵器部よりはわずかに高かった。海軍工作庁の給料は、技能や経験に加え短期的には地域、職種に影響を受けるが、長期的には同一労働、同一賃金に向かうといえよう。なお外国人の労働時間については、後述するように異なった条件となっている。

外国人技術者については、明治一七年一月二二日の契約において、香港上海銀行が処理し、海軍省は「一切関係セサルモノ」と規定されていた[87]。しかし実際には、当時は外国人ぬきで技術を維持することは不可能であり、一月二九日に「当省於テ施業上最モ必要ノ者ニ付……雇入方目下詮議」することとし[88]、その間一〇名のイギリス人と五名の中国人を臨時的に雇用することを求めた（明治一七年二月八日に太政官より許可）。そして二月二三日には一七名の再雇用を上申、三月五日には、表九－四に示した一七名について雇用契約を結ぶ許可を得た[89]。

契約条件についてA・キルビーに代表させてみると、月給は銀貨二五〇円と他の海軍省雇用外国人と比較しても高額であるが、一年契約で、経営上の権限については、「アルフレッドキルビー造船所長ノ命ニ服シ」と記されており一切与えられていなかった[90]。また労働時間については、「英国人ノ義連日就業時限ハ九時間ノ約束」となっていたが、「往々工業ノ都合ニ寄リ定時限外又ハ公休日等就業セシムル義可有之候」という事態が発生し、そのため海軍省は、明治一七年七月一六日に「其際ニ於テハ本人給額ヲ時間割ニシテ平日ノ増働ハ一ト四分ノ一又日曜其他一般ノ休業日

表9－4　小野浜造船所の外国人技術者

氏　名	国　籍	月給(日給)	地　位
アルフレッド・キルビー	イギリス	銀貨250円	係総長
チョルヂ・テーロル	イギリス	銀貨200円	機械係長
トーマス・エドワード・ビーチー	イギリス	銀貨165円	製罐係長兼煉鉄係長
ロバート・クラーク	イギリス	銀貨165円	造船係長
ウォルター・メーソン	イギリス	銀貨140円	製鉄係長
ヂョセフ・デンチー	イギリス	銀貨140円	鋳造係長
ローバート・ミッチェル	イギリス	銀貨150円	製図師
ウィリヤム・テーロル・ハーレー	イギリス	銀貨120円	製図師補
ヂョルヂ・チョン・ペンニー	イギリス	銀貨100円	造船師補
ナサニール・エドワード・ホーガン	イギリス領インド人	銀貨 50円	守時兼書記
応詩興	中国	(銀貨1円30銭)	倉庫番
陳允史	中国	(銀貨2円50銭)	銅工
方阿慶	中国	(銀貨1円25銭)	造船工
李満	中国	(銀貨1円70銭)	汽罐工
甯厳閏	中国	(銀貨1円40銭)	鉄工
銭栄慶	中国	(銀貨1円40銭)	汽罐工
ルイス・ガエタン・フエルナンデス	ポルトガル領インド人	(銀貨1円20銭)	倉庫番

出所：「小野浜海軍造船所へ外国人雇入度上請」明治17年2月23日(「明治十七年普号通覧 正編　一月分　壱」)などによる。
註：(　)内の数字は、日給である。

一時間ニ付一ト二分ノ一ヲ増働料トシテ給与致度」という案を作成し、伺いを立て、八月八日に許可を得ている。(91)

すでに示したように、明治一七年二月に一七名(表九－三とは調査日が異なるためか一名相違している)いた外国人技術者は、一八年に八名に半減した。さらに一九年頭初には五名に減少、二〇年には三月一七日に四名のイギリス人を解雇したため、清国人の銅工一名だけとなった。(92)これによると二〇年頃には、一応、技術移転の伝習段階は終了したものと考えられる。

ここで小野寺香月氏の研究をもとに、清国人がもたらした成果について考察する。まず明治一七年に再雇用した人数であるが、表九－四をみると六名となっている。また彼らの技術移転に果たした功績については、技師であるイギリス人と日本人職工の間で、技術の伝達とともに意思疎通の役割を担った。なお最後まで残った陳允史は、銅工として二七年まで在職し日本人職工の指導にあたったと述べられている。(93)注目すべき点は、日本海軍は一定の技術を習得した職工が四散することを恐れて倒産した外国人経営の造船所を買収したのに対し、清国人はライバル関係にあった日本に働く場を求めていることである。呉鎮守府造船部への移転を前提としていたためか、小野浜造船所の設備拡張に関する資料は少ない。こうしたなかで明治一七年六月から七月にかけて、神戸鉄工所は小畠二郎との間で無期限借用権を得て使用していた五六四九坪の工場用地の契約交渉を行っている。その際に海軍省は大蔵省が無期限借用権の継続を勧めたのに対し、神戸鉄工所の買収の時に香港上海銀行に支払った洋銀五九九五ドルの無期限借用権料の返却を求め、新たに貸借期限三カ年、年間六三七円の借地料を支払う方法を採用している。その理由は、「造船所ノ義ハ到底神戸港ノ如キ開港場ニ差置カル、ハ有事之際不都合ニ付早晩西海筋へ移転セシメラル、方ト思考」してのことと述べられている。(94)

ところが同じ明治一七年に小野浜造船所は、加納宗七が開いた小野浜の波止場約五万五〇〇〇坪を購入している。(95)そして一九年一月には、掘削工事が、「此程全く落成せしに付き来月早々大和艦を同堀内へ入れ諸機械等の据付けを為す筈なり」と報道される。(96)工場の敷地については、工場が早期に移転するとの理由で短期契約をしながら、新たに広い用地を購入し堀を築調して艤装工事に使用するという異なった対応がみられる。その理由については明らかにし得なかったが、「大和」の艤装に堀が必要であったことに加え会計上の問題や廃止時期が確定しなかったことが関係したものと推測される。

すでに述べたように、小野浜造船所は作業費をもって経営されることになっていた。ただし民間造船所を買収して経営した例はなく、会計的にどのように処理するか混乱した様子がうかがわれる。また海軍省は、できるだけ節約に心掛けているが、先の無期限借用権料の返却もその一環とも考えられる。

小野浜造船所の収支状況については、「作業特別会計」が採用されていた明治一六年度（途中から官営に移管）から二二年度について、表九－五、九－六、九－七によって跡づけることができる（これまでと同じように円未満を四捨五入しているため一部に計が一致しないものがある)。まず表九－五により営業費収支を概観すると、一七年度以降に収入が増加し、収入の多い一七・一九年度ばかりでなく、常に益金を記録していることが目につく。次に表九－六により一六・一九・二一・二二年度の営業費収入の内訳を分析すると、収入のなかで主力を占めているのは艦船製造および機械の製作代であるが、しだいに修繕代が増加していることがわかる。一方、表九－七により営業費支出に目を転ずると、一九年度をピークとして職工費を中心とする人件費と材料費が大幅に減少したのに対し、作場費や機械費が増加を示している。なお二三年度以降については、会計方法が変更され企業体ごとの収支を分析することが不可能になったが、これは海軍が収支勘定にあまり影響されることなく兵器生産に邁進するための方策であったと思われる。

表9－5　小野浜造船所の営業費収支　　単位：円

	営業資本	収入	支出	益金
明治16年度	264,823	144,939	112,913	32,025
17	65,270	481,400	409,289	72,111
18	65,270	298,657	260,811	37,847
19	65,270	515,332	370,924	144,408
20	99,869	—	394,743	—
21	158,722	328,979	308,999	19,980
22	165,056	282,162	278,661	3,501

出所：『海軍省年報』各年。

　小野浜造船所が常に利益を計上できた背景には、収入の増加とそれを上回る経費の節約があった。後述するようにこの時期は、軍需ばかりでなく民需にも比較的恵まれ、また最初の鉄骨木皮の軍艦「大和」の建造には手間取ったものの、その後はその経験を生かし比較的短期間に鉄製の軍艦を完成させている。神戸鉄工所時代の課題であった設備と人員の低稼働率が、需要の増加と経験によって解決されたのであった。さらに労賃の低下、労働時間の延長、外国人技術者の解雇や民間船の建造中止による職工等の解雇などによる人件費の圧縮が大きく貢献していたものと思われる。こうして収入の増加とそれを上回る経費の節約により常に利益を確保し得たのであるが、それは神戸鉄工所の「技術跳躍」を基礎として、さらに海軍工作庁になったことによる仕事量の安定、転勤により新技術を有する技師の受入れなどが可能になった成果といえよう。ただし後述するように、小野浜造船所は艦艇の建造費が予算を超えた時には、軍

表９－６　小野浜造船所の営業費収入

単位：円

	明治16年度	17	18	19	20	21	22
艦船製造および機械製作代	124,444	—	—	428,277	—	144,636	182,506
艦船および機械類修繕代	4,471	—	—	14,898	—	93,946	50,716
機械その他貸渡料	5,291	—	—	243	—	749	1,744
営業費支弁のための不要品売却代	—	—	—	22,672	—	—	—
物件払下代	25	—	—	—	—	36,394	14,809
興業費支弁のための不要品売却代	10,708	—	—	27,192	—	—	—
雑　収	—	—	—	22,051	—	53,254	32,387
計	144,939	481,340	298,657	515,332	—	328,979	282,162

出所：『海軍省年報』各年。

表９－７　小野浜造船所の営業費支出

単位：円

	明治16年度	17	18	19	20	21	22
俸　給	7,295	42,086	35,417	42,080	—	23,020	20,509
雑　給	3,428	8,811	8,039	12,261	—	12,820	15,022
作場費	2,382	14,280	13,464	12,121	—	36,420	21,285
職工費	17,756	90,629	60,318	72,308	—	55,438	59,306
機械費	7,087	12,680	16,756	8,841	—	22,660	34,010
材料費	72,840	218,936	109,535	200,385	—	152,910	119,114
建築費	2,126	7,042	9,282	13,515	—	5,732	6,387
雑　件	—	14,825	8,000	9,414	394,743	—	3,027
計	112,913	409,289	260,811	370,924	394,743	308,999	278,661

出所：『海軍省年報』各年。

艦の製造費の引き上げを求めているように、作業会計には厳密に経営の状況を反映していたとはいえない面もある。

ここで、呉鎮守府造船支部の廃止にともなう施設と人員の移転について取り上げるが、この点については、すでに日清戦争前の明治二六年七月一七日、西郷従道海軍大臣より有地品之允呉鎮守府司令長官に、造船支部を二七年度に廃止するので同支部に属する機械のうち呉鎮守府造船部に移転を必要とするものを調査するよう訓令が届けられていた[97]。調査の結果、九一台の機械が必要なことを知った有地呉鎮守府長官は、一一月一日にそのことを西郷海軍大臣に回答した[98]。ところが二七年一月二〇日になり、伊藤雋吉海軍省軍務局長より「佐世保鎮守府造船部ニ於テ新ニ購入スヘキ諸機械銀貨下落ノ為メ充分購入難致モノ有之ニ付造船支部機械ノ内ニテ佐世保造船部ノ用ニ適スルモノハ可成同部へ引移ス事ニ致度」という要請があり[99]、三月一日に八四台に減少したリストを提出した[100]。一方、佐世保鎮守府造船部は、一六四台の移転を希望したが[101]、このうち横須賀造船所が六台（カップレーズ四台、サーフェーステーブル一台、ポータブルスチームエンジン一台）の移転、さらに呉鎮守府がハース七台の留置を希望するなど紆余曲折があり、結局、一二月一七日に呉に八六台、佐世保に一五六台、横須賀に六台の機械を配分することを決定した[102]。これをみると一七年当時、一三二台にすぎなかった機械が、他の海軍工作庁に移転したものだけで二四八台に増加している。おそらく新機械は水雷艇の造修のために購入されたものであり、そのほとんどは再利用されることになったものと思われる。

呉鎮守府造船支部の機械を除く施設についてみると、明治二七（一八九四）年四月二一日に村上敬次郎呉鎮守府監督部長は、西郷海軍大臣あてに「小野浜造船支部諸建物及営造物等処分方之件上申」を提出している[103]。これに対して海軍省は、一二月一七日に上申のとおり鉄工ならびに亜鉛鍍工場、製罐工場、組立工場、木工場を呉鎮守府造船部、倉庫一棟を呉鎮守府監督部、倉庫ならびに外柵を兵庫海軍炭庫へ臨時軍事費を使用して移転することに決定した[104]（このうち造船部への移転の詳細については、第三章第三節を参照）。さらに二八年三月二二日には、やはり上申のとおりこの他の建物の売却、三井銀行より借用の土地の返却、構内鉄軌の呉鎮守府への移転を決定した[105]。ここで参考のために二七年四月二一日の上申に添付された図面と建物リストを示すと、図九－一と表九－八のように一七年当時の一一工場が一四工場に増加し、船台鉄工工場が鉄工工場、船台木工工場が木工工場に変更、船体上家が四棟建設（うち一棟は廃止）されるなどの変化がみられる。軍艦建造用の船台や工場にかわり水雷艇を建造するため新工場が建設され、水雷艇船

出所：「小野浜造船支部諸建物及営造物等処分方之件上申」明治 27 年 4 月 21 日（「明治廿八年公文備考　巻壱　官職　儀制　検閲」防衛研究所戦史研究センター所蔵）。

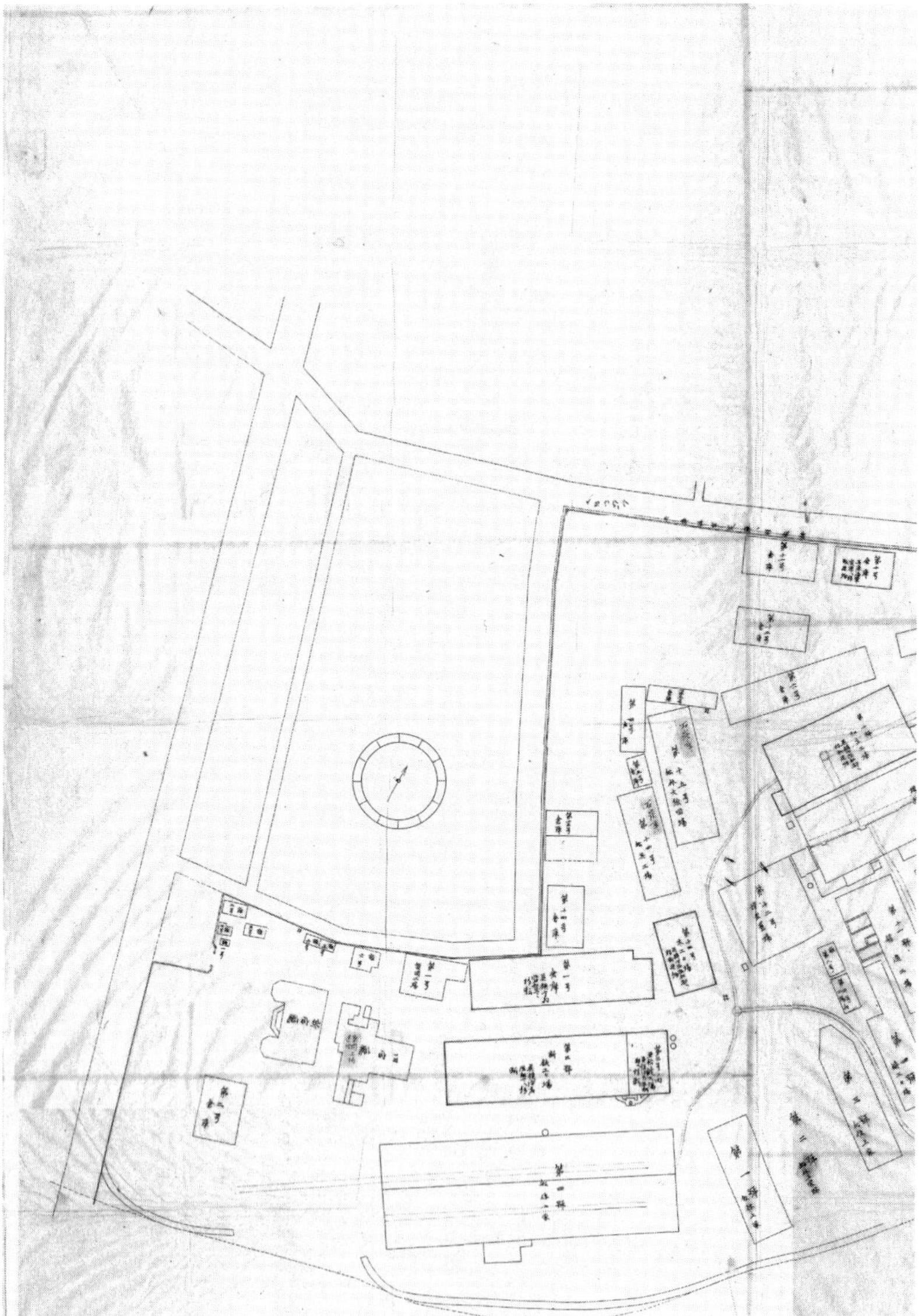

図9－1　呉鎮守府造船支部の施設図（明治27年）

表9－8　呉鎮守府造船支部の施設（明治27年）　単位：坪

名称		構造	建坪
官庁	旧官庁	木造瓦家根平家建	93
	新官庁	同2階	91
工場	製図工場	木造瓦家根2階建	55
	新鉄工工場	木造瓦および亜鉛板家根平家建	368
	旧鉄工工場	同亜鉛板家根平家建	253
	製罐工場	同瓦家根平家建	194
	新製罐工場	同瓦および亜鉛板家根平家建	300
	煉鉄工場	同瓦家根平家建	117
	銅工工場	同	72
	機械工場	同瓦および亜鉛板家根平家建	470
	組立工場	同	293
	鋳造工場	同	158
	模型工場	同瓦家根平家建	176
	木工工場	同	88
	船具工場	同コケラ家根平家建	108
	船体大絵図場	同杉皮家根平家建	154
船体上家	船体上家	掘立柱コケラ家根	225
	同		0
	同	同板家根	160
	同	同杉皮家根	812
倉庫	倉庫	木造瓦家根2階建	236
	同	同亜鉛家根平家建	70
	同	同瓦家根平家建	29
	同	同	44
	同	同瓦家根2階建	15
	同	同コケラ家根平家建	118
	同	同瓦家根平家建	48
	同	土蔵造瓦家根2階建	23
	同	同	32
	同	木造瓦家根平家建	58
	同	同杉皮家根平家建	72
	同	同	72
	同	同瓦家根2階建	34
	同	同平家建	60
雑種建物	門衛	木造瓦家根平家建	2
	消防夫詰所	同	8
	非常道具入	同	10
	用達控所	同	4
	物品検査所	同	3
	会計々理掛支部	同	15
	監護主務并休憩所	同	5
	職工伍長会食所	同	15

出所：図9－1に同じ。

台ないし類似施設と上家が整備されたものと思われる。

残る入堀等の物件に関しては、明治二七（一八九四）年五月四日に村上呉鎮守府監督部長は西郷海軍大臣に、石垣、波除、入堀などは現存のまま土地とともに海軍が所有、また入堀に架設の橋梁は海軍と神戸市の共有の公道となっており、兵庫県に引き渡すことにしたいと上申した(106)。これに対し海軍省は、二八年三月二五日、橋梁に関しては提案のとおりとするが、残る物件は内務省へ引き渡すよう指示している(107)。

一方、職工の移転に関しては、明治二六年七月一七日の訓令において機械のみ対象とされたこともあってか、しばらく話題にならなかったが、二七年四月二七日に海軍省より神戸に出張中の有地呉鎮守府長官に、移転を必要とする職工数、理由を上申するように電報が届けられた（認可の際は、旅費を支給、のち六円と決定）。この電報を受けた有地長官は、ただちに業務上必要に付き職工一三三名の移転を認可するよう返電、その日のうちに認許された[108]。

その後、明治二七年五月一九日には、「当造船部ハ事業発達ノ為メ熟練ノ職工多人数ヲ要シ候処当地方ニ於テハ熟練ノ職工ヲ得ルハ容易ノ事ニアラス就テハ水雷艇製造事業ニ従事シ其他ノ職ニモ熟練ノ者当造船部ニ移シ候方最モ海軍ノ鴻益ト被存候」と理由を掲げ、先の承認を得ていた一三二名（一名欠員の理由は不明）をふくむ六一三名の移転を上申し[109]、六月七日に認可を得ている[110]。この他にも、佐世保鎮守府造船部に二八年二月に四〇名、三月に二〇名[111]、横須賀鎮守府造船部にも若干名（時期・人数不明）の移転が呉と同じ条件で認可されている[112]（第三章第二節を参照）。

日清戦争において呉鎮守府造船部は、佐世保鎮守府造船部の施設が整備されていないこと、横須賀鎮守府造船部が戦地から遠距離であることなどから損傷した艦船の修理を一手に引き受けた。そのため横須賀鎮守府造船部と呉鎮守府造船支部からも呉鎮守府造船部に職工が派遣された。また造船支部も戦時期に対応するため繁忙を極めた（日清戦争期の艦艇の造修に関しては、第一〇章第二節を参照）。そのため呉鎮守府造船部への実際の移転は、明治二八（一八九五）年二月四日に一二五名、一五日に一三名、三月から七月まで三〇一名と記録されており、造船支部の工事が終了するまで続いたものと思われる。

このように、明治二八年六月一〇日に呉鎮守府造船支部は廃止されたが、使用されていた機械が主に佐世保鎮守府造船部と呉鎮守府造船部に、工場と倉庫の一部が呉鎮守府造船部と同監督部に、職工のほとんどが呉鎮守府造船部に移転されるなど、その後の海軍工作庁の水雷艇を中心とする艦艇の造修活動を担うことになった。とくに呉鎮守府造船部は、技術移転の主役ともいえる多くの職工と機械を受け入れたことにより、水雷艇や軍艦の造修技術の発展を実現し得たのであった。なお海軍は、工場の敷地や海岸施設を所有したまま維持することを望んだが、果たされなかったことも判明した。

第四節　軍艦等の建造と修理

小野浜造船所の生産活動について、まず第一期の鉄製および鋼製軍艦の建造と修理などを対象とする。記述に際してはできるだけその実態を検証し、なぜ横須賀造船所に劣る生産能力でほぼ同時期に同種の艦艇を建造することが可能であったのか、また問題点は何かなどについて明らかにしたい。ただし建造に関する原資料は非常に少なく、また概要を知ることのできる『海軍省年報』も明治二一（一八八八）年以降は形式が変わり、海軍工作庁ごとの具体的報告がみられなくなるなど、困難が予想される。

明治一七（一八八四）年の小野浜造船所について『海軍省年報』は、「概ネ従前起工ノ残緒ヲ継キ本年二月大坂商船会社汽船朝日丸製造ノ工ヲ竣フ而シテ大和艦ハ製造中ニ在リ其他大坂水上警察署及兵庫造船局ノ委嘱ニ由リ製造条約ヲ為スモノ三艘ニシテ亦漸次其工ヲ創メリ」と報告している(113)。このうち神戸鉄工所時代に中村宗一より受注していた鉄製汽船「朝日丸」（七四五トン）は、同年二月に竣工、大阪商船に引き渡され、瀬戸内海航路に使用され高い評価を得ている。このように神戸鉄工所を受け継いだ小野浜造船所は、「大和」の工事だけでは設備や労働力に余裕があり、買収費をふくむ多額の支出をまかなう収入を得なければならず、また受注した工事を完成させる義務もあり、海軍省関係にとらわれず他の官庁や民間の工事を実施している。

明治一八（一八八五）年には新たに五月二七日に「赤城」、九月二九日に「摩耶」を起工、また工事中の「大和艦艦体落成シ本年五月一日進水式」を挙行、六月には、「筑波艦ノ汽罐落成シ之ヲ横須賀造船所ニ送致シ」(114)たと報告されているが、「赤城」については一九年の五月二七日ではないかと思われる。これ以外も、大阪水上警察署の「飛龍丸」二隻、広島県警察署の小蒸汽船一艘、兵庫造船局の「安治川丸」一隻、兵庫新聞社ジョンクレー氏の遊船を竣工した。さらに「海門」「比叡」「金剛」の修理も手がけた。これをみると神戸鉄工所時代に受注した以外、海軍省関係工事によって占められている。

明治一九(一八八六)年の生産状況については、次のようにかなり詳細な報告が残されている。(115)

其工業ニ至テハ前年ヨリ製造着手ノ軍艦ハ大和摩耶ノ二艦ニシテ大和艦ハ落成シ八月十四日本艦長ニ交付ノ後横須賀ニ回航シテ之カ兵装ヲ為シ摩耶艦ハ八月十八日進水命名式ヲ行ヒ継テ艤装ヲ為ス又本年間新ニ製造ヲ創ムルモノ赤城艦及風帆練習艦二隻十五馬力船、十馬力船、小蒸気四十五呎《フィート》船、土受船ノ七艘ニシテ其赤城艦ハ肋骨屈撓等ノ工ヲ起シ風帆練習艦ノ二隻ハ共ニ龍骨ヲ施設シ小蒸気四十五呎船ハ竣工シテ第二海軍区鎮守府建築地ニ交付シ他ハ皆製造中ニ係レリ而シテ修理著手ノモノハ筑紫、比叡、海門、天龍、筑波ノ五艦及旧東京丸トス其東京丸ノ工事ハ頗ル大ニシテ本年修理準備ヲ為シ他ノ五艦ハ小修理ニシテ皆竣工セリ

この報告をみると、海軍の艦船の建造のほか修理も相当数に達しており、順調に推移しているように思われる。工事のなかに、第二海軍区鎮守府工事用の小蒸気船がふくまれていることは興味深い。なお引用はしなかったが、海軍工事のほかに民間人から注文を受けた鉄柱鋳造、隧道掘削用送風器製造、鋳鉄管製造、陸揚用の汽罐修理なども行っている。このように工事が増加するなかで職工を減少させることができたのは、鉄製軍艦の建造などに精通したこと

表9－9　小野浜造船所における艦船の建造状況　　単位：トン・馬力・台・円

艦名	艦　種	起工	進水	竣工	排水量	馬力	質	砲数	製造費
大和	スループ	明治16.2.23	明治18.5.1	明治20.11.16	1,656	1,071	鉄骨木皮	7	1,039,903
摩耶	砲艦	18.9.29	19.8.18	21.1.20	750	735	鉄	2	411,499
満珠	風帆練習艦	19.9.1	20.8.18	21.6.13	862	－	木製鉄帯	4	175,748
干珠	風帆練習艦	19.9.1	20.8.18	21.6.13	833	－	木製鉄帯	4	176,461
赤城	砲艦	19.4.15	21.8.6	23.8.20	622	950	鋼	4	382,964
大島	砲艦	22.8.29	24.10.14	25.3.31	630	1,200	鋼	4	397,619

出所：「艦艇総数表」「軍艦製造費始末」「海軍省所管特別費始末」（いずれも明治24年8月調査で「斎藤実文書」所収）。ただし「大島」については、福田一郎他編『写真日本軍艦史』（昭和9年）71ページによる。

に加え、労働時間の延長によるものと思われる。

明治二〇（一八八七）年には、前年より引き続いて建造された一三隻（「摩耶」「満珠」「干珠」「赤城」の四艦と、佐世保鎮守府用一五馬力船一隻、呉鎮守府用一〇馬力船一隻と土受船七隻）のうち一五馬力船は一月二一日、一〇馬力船は一月二九日、土受船は五月一六日と六月一五日に竣工した。また「赤城」は三月二日に龍骨を設置、練習艦の「満珠」と「干珠」は八月一八日に進水、「摩耶」は艤装をほぼ終え一二月八日に公試運転を行った。このほか旧「東京丸」の改造、「浪速」「金剛」、呉鎮守府用の器具等の製造、修理、さらに民間から受注した工事を実施している[116]。しだいに海軍部内中心の工事に的を絞り、職工を減少させながら順調に生産活動を続けているといえよう。

これ以降、小野浜造船所において建造された艦船について、表九－九を基本としながらそれぞれの艦船の建造に関する原資料で修正、補充する。なお表九－九の作成については、「斎藤実文書」に所収されている海軍省の公式文書といえる「艦艇総数表」「軍艦製造費始末」「海軍省所管特別費始末」（いずれも明治二四年八月調査）と、『写真日本軍艦史』を使用する[117]。

まず「大和」であるが、起工は『海軍軍備沿革　完』と同様に明治一六（一八八三）年二月二三日となっており、これが海軍の公式記録といえる。とすると、イギリスに鉄材を注文したままキルビーが自殺したため、一七年三月一二日になっても

「該鉄類英国ヨリ積出シ方見合相成居」という状況は起工後に発生したことになり、「大和」の工事に少なからぬ影響を与えたものと思われる。[118] また製造費については、一九年三月一一日にキルビーと契約した六〇万円に加え、当初計画外の工事のため、「竣成迄ニハ凡金八万円程ノ増費」を求めるなど、[119] 結局、表九‐九によると一〇〇万円を超えたことがわかる。竣工に関しては、「大和艦之義該艦長引渡済ノ旨去十四日小野浜造船所ヨリ電報有之」という正式な届があり一九年八月一四日とも考えられるが、この引渡し後に横須賀造船所で兵装を行うことになっており、[120] 表九‐九のとおり二〇年一一月一六日に完全に竣工したものとする。

次に取り上げる砲艦の「摩耶」について表九‐九をみると、明治一八（一八八五）年九月二九日に起工、一九年八月一八日に進水、二一年一月二〇日に竣工となっている。進水式に際して作成された「摩耶艦明細書」[121] においても同様である。また同資料により主要要目と兵装をみると、船質―鉄製、長さ―一五四フィート（四七メートル）、幅―二六フィート（八メートル）、排水量―六一四トン、装帆種類―スクーナー、マスト―二本、砲数―二四センチクルップ砲一門、一五センチクルップ砲一門、機砲二門、実馬力―七〇〇と記録されるなど表九‐九と少し差異がみられる。なお進水式において艦首の一部が水際にとどまるという事故が発生したが、その日のうちに作業を終えている。

「摩耶」については、搭載砲が変更された。「摩耶」「愛宕」と「赤城」「鳥海」は、当初、前部に二四センチ砲と後部に一五センチ砲を装備することになっていた。ところが明治一九（一八八六）年一一月、海軍省顧問として招聘されていたベルタンより、それでは「前部ニ過重ヲ生シ著シク戦略上ノ能力ヲ確《（獲）》得セズシテ唯大ニ航海性ヲ減スル事明カナリ」との指摘があり、[122] 二〇年四月に協議した結果、「赤城」と「鳥海」は軽砲に取り換えることになった。ところが「摩耶」と「愛宕」の場合は、すでに大砲を海外に注文していたこともありそのままになっていたのであるが、工事の進捗にともない過重による航海上の危険が明白になり、「摩耶」には前部と後部に一五センチ砲一門ずつ、他に速射砲二門、「愛宕」には前部に二一センチ砲一門、後部に一二センチ砲一門を搭載することに変更された。なお「摩耶」は多額の予算不足が発生、八万七七八七円の増額が認められたが、さらに七〇〇〇円不足となるなど、大幅な予算不足が生じている。

風帆練習艦については、明治一六（一八八三）年四月九日に東海鎮守府が二隻の建造を求めたことに端を発している。この時に主船局は、民間造船所において建造することとし、白峰造船所、川崎造船所、平野富二の経営する石川島造船所に見積価格の提出を求め、一七年九月一一日にもっとも安い（六万四五五四円）白峰造船所に練習艦一隻を発注することを上申したが、当分延期となってしまった。[123]その後一八年九月一二日、中牟田倉之助横須賀鎮守府司令長官は、改めて風帆練習艦の建造を川村海軍大臣に要請、海軍内で調整が行われ、一旦、一艦は民間造船所において建造することにしたものの、「海軍造船所於テ着手致候方工事経済共ニ便益不尠」という理由で、最終的に二隻の風帆練習艦は、小野浜造船所において建造されることになった。[124]

こうして木製風帆練習艦二隻が小野浜造船所で建造されることになり、明治一九年九月一日に起工、その後二〇年八月一八日に進水、それぞれ「満珠」（八六二トン）、「干珠」（八二三トン）と命名された。その後に艤装が行われ、二一年六月一三日に竣工、それぞれの艦長に引き渡された。なお表九－九によると、当初予算（両艦とも一二万六三二七円）と比較して、大幅な超過が生じている。

ベルタンの設計した砲艦「赤城」については、当初、横須賀造船所において建造されることになっていたが、明治一九年四月一五日に小野浜造船所に変更されており、同艦の工事の進捗状況について表九－九をみると、四月一五日に起工、二一年八月六日に進水、二三年八月二〇日に竣工となっている。このうち進水については進水式に関する文書で八月六日であることが確認できる。ただしそれ以外については、「赤城製造手続」の「五月構造ヲ始メ」たという記述から類推すると、起工は『海軍省年報』の一八年五月二七日は論外としても一九年五月二七日の可能性が高く、竣工に関しては、「粗ホ落成ニ付……八月二十日本艦長へ仮引渡」をしたと述べられている。[125] すでに述べたようにベルタンは四艦の大砲の軽減を進言していたが、「赤城」については一二センチ砲を二門搭載するよう述べている。また他艦と同じように、大砲など兵装の変更にともない二万五四七円、材料焼失により四六一八円など経費の超過が発生した。なお同艦は、最初の全鋼製の軍艦として起工されたが、それにともなう建造中の問題点などについては検証することができなかった。

同じくベルタンの計画した鋼製の砲艦の「大島」について表九-九には、明治二二(一八八九)年八月二九日に起工、二四年一〇月一四日に進水、二五年三月三一日に竣工と記載されている。このうち「軍艦大島製造一件」によって進水式は事実であることが確認できるが、起工については「二十一年十二月構造ヲ始メ」と述べられていることから二一年一二月頃、竣工は落成届から二五年四月四日と確定できる。また進水式に作成された資料によると、同艦の構造は、艦質―鋼、長さ―五三・五メートル、幅―八メートル、排水量―六四〇トン、汽機―縦置三面膨張聯成二基、汽罐―ロコモチーブ形二個、実馬力―一二〇〇、マスト―三本などとなっており、排水量に若干の相違がみられる。なお当初の計画によると、速力は一三ノット(時速二四キロメートル)、兵装は大砲が一二センチ三八口径四門、四七ミリ速射砲二門、三七ミリ機砲六門、予算四七万四〇五三円、竣工期限二四年三月中となっている。[126]

これまで述べてきたように、明治二〇年から二四年にかけて小野浜造船所においては、六隻、約五〇〇〇トンの軍艦を製造したが、これは同時期の横須賀造船所の五・五隻、約七〇〇〇トンに対し、隻数はほぼ同じで排水量は約七〇パーセントを占めていたことになる。また技術的にも、「大和」は「葛城」とともに、推進器が外輪からスクリューへ、船体が木造から鉄骨木皮へと変化するなど、「機帆船国産化の到達点」の役割を果たした。[127] さらにそれ以降の軍艦も、「摩耶」は「国産初の鉄製帆装砲艦」、「赤城」は横須賀造船所で建造された「八重山」に次ぐ全鋼製艦と位置づけられるなど、機帆船期の「木から鉄・鋼への転換の過程で先行した」と述べられている。[128]このように小野浜造船所は、生産能力において横須賀造船所に劣るものの、第一期の鉄製および鋼製軍艦の建造において横須賀とともに先導的役割を担ったのであった。

イギリス人経営の造船所を引き継いだ小野浜造船所が、小規模な設備と少人数の従業員で（横須賀造船所のほぼ三分の一）短期間のうちにこうした成果をあげたことは、ベルタンも認めているように鉄の加工などの技術に優れていること、海軍工作庁になったことにより、仕事と人材の確保が可能になったことなどによるものと思われる。しかしながらそこには同時に、建造艦船の排水量が少ないこと、建造期間が長いこと、ほとんどの艦船の建造において当初予算を上回り補塡を受けていることなどの問題がみられた。「作業特別会計」による効率化を優先したことに加え、近い将来に閉鎖するということが設備投資を抑制させた結果といえよう。

第五節　水雷艇の建造と技術移転

本節においては、艦艇建造技術の第一期の鉄製と鋼製軍艦に続き、第二期（純汽船期・前ド級期）の水雷艇の建造と技術移転について取り上げる。ここでは主に、なぜ第一期（帆船・機帆船期）の鉄製および鋼製軍艦の建造において横須賀造船所とともに主導的企業の役割を果たした小野浜造船所が水雷艇のそれに転換したのか、また小野浜造船所が水雷艇建造技術をどのように習得したのかという点を解明する。

小野浜造船所は、明治二三（一八九〇）年一一月から水雷艇の組立てと建造を開始、やがて水雷艇の主導的企業の役割を果たすようになる。こうした転換をもたらす契機となったのは、一九年四月一九日に作成され五月一一日に提出されたベルタンの意見書であった。日本海軍の水雷艇建造に大きな影響をもたらしたと思われるこの意見書は、冒頭において次のように述べている。[129]

排水量二十乃至六十噸ノ所謂水雷艇ナル者ハ日本海軍ニ於テ至要ノ者トナルニ至ルハ其日蓋シ遠キニ非ザルナリ此等ノ小船ヲ製造スルノ工事ハ頗ル困難ニシテ最良質ノ材料ト錬巧ナル職工トヲ要セリ然レトモ亦之ガ為メニ日本ニ於テ該艇ヲ製造シテ成功ノ望無キノ恐アルヲ以テ遂ニ其造ヲ遏止《あっし》スルガ如キハ毫モ之レ非ザルナリ〔以下省略〕

ベルタンは三景艦など軍艦の計画、建造の指導者として知られるが、フランス海軍の技術者として当然のことながらヨーロッパ、とくに母国のフランスにおいていちじるしい発展をとげつつあった水雷艇の戦術的重要性を熟知しており、近い将来、日本においても水雷艇が必要とされることを確信、その早期建造を建言したのであった。注目すべき点は、小艇ということでともすれば戦艦や巡洋艦と比較して技術的に低くみられがちな水雷艇について、良質の材料と高度に熟練した職工を必要とすると位置づけていたことである。一方で彼は、日本においても建造が可能であるとともに、工費中の大部分が労賃で材料費が少ないなど日本に適しているという見解を示す。

次に意見書は、水雷艇建造に適した造船所の選定に移り、「最モ適当ナルニ似タル所ハ則チ神戸海軍造船所ナリ」と断言する。[130]そしてその理由として、「同所ノ位地ハ大工業ヲ起コスノ目的ヲ以テ之ヲ拡張スル事能ハザルナリ然レトモ之レニ反シテ其位置並ニ広袤ハ共ニ善ク多数ノ小船ヲ構造スルニ適セリ同所ノ職工等ハ既ニ善ク機及ビ鉄製船殻ノ製造ニ慣レ且ツ英人ノ指揮監督ヲ受ケリ惟フニ此英人等ハ業ニ巧ミニ職ニ誠ナルガ如シ而シテ工事ノ細目ハ則チ石丸所長ノ下ニ山口氏在リテ其任ニ当レリ氏ハ夙ニ教育ヲ受ケタル匠司ニシテ造船術ノ諸岐ニ属スル諸工事ヲ処理スルニ適セリ」と説明する。(131)また現在ある機械類を改良、古い機械については新しいものを購入し水雷艇専用工場とすることによって、不要となる大型機械を他の造船所に移転することが可能となるとも述べている。これを読むとベルタンは、小野浜造船所の立地条件、職工の技能、役員、とくに石丸所長のもとにいる山口造船課長の技量、工場内の機械設備などについて詳細に把握している。そのうえで大型設備の不足という短所にとらわれることなく、長所を生かすことのできる水雷艇の建造を提唱したのであった。

小野浜造船所において水雷艇を建造することについてベルタンは、「欧洲ニ於テ最良ノ聞アル製造家ニ通シテ其若干隻ハ欧洲ニ於テ製造シ日本ニ廻送シタル後更ニ神戸ニ於テ之ヲ組成シ其若干隻ハ全ク神戸ニ於テ製造スル事ヲ契約スル」よう助言している。(132)また小野浜造船所において建造、組立てを行う際、受注企業は監督を派遣、小野浜造船所は必要な機械、労働者を貸与するという方法をとるよう述べている。そして今後、山口技師をヨーロッパに派遣し、少なくとも八カ月間はイギリス、フランスの四大工廠を見学させるべきであるともいう。

明治一九（一八八六）年六月一八日、西郷海軍大臣は伊藤雋吉海軍省督買部長に、水雷艇を海外に発注するので契約の方法などを準備するよう訓令した。(133)六月二一日、山口技師に対し督買部理事官心得として、水雷艇の輸入等に関する調査のためイギリス、フランス、ドイツへの出張命令が出された。(134)こうしてヨーロッパにおける水雷艇の調査は、山口を中心として行われることになったのであるが、六月二五日には海軍省内で山口へ訓条を与えること、また「水雷艇竣成之期迄外国へ駐劄《ちゅうさつ》可相成哉否ハ予メ難決定」という理由で、締約については三国公使に依頼することにした。(135)なおその文案の骨子は、「同人駐劄中ハ百事御斡旋ニ相成度且ツ締約スヘキ場合ニ至リ候ハ、督買部長ヨリ貴官へ右締約方可及御依頼候間其節ハ煩御配意度候」となっている。(136)

督買課は、全体が一一条からなる「外国製造所ニ水雷艇ノ製造ヲ注文スル事ニ係ル訓条」（以下、「督買部訓条」と省略）を作成[137]（作成日は不明）、山口技師へ渡すとともに外務省を経由して三国に駐在の公使に転送されることになった。一方、造船課は明治一九年六月二五日に一七条によって構成される「三等技師山口辰弥英仏独三ケ国へ差遣ニ付訓条」（以下、「造船課訓条」と省略）を作成[138]、翌二六日に樺山資紀次官の決裁を得た。両訓条の骨子はほぼ同様であるが、「造船課訓条」は内密の特命も記されるなどより具体的な内容となっており、ここでは「造船課訓条」を中心に取り上げる。

「造船課訓条」によると、三国内の一造船所に注文する水雷艇は一等水雷艇八隻、二等水雷艇八隻、計一六隻で、そのうち一等四隻と二等二隻は、受注した造船所で建造し日本で組み立てること、残る一等四隻と二等六隻は、同一の造船所で原材を調製し小野浜造船所において原材調製者が建造、組成することになっている（第一条）。公行速力試験は、受注者の負担、責任であること（第二条）、もし条約速力を超過、または不足した場合の処置（賞金、罰金、解約）を明確にすること（第三条）、一等の規模と代価は、フランス海軍の「第六十号」および「第六十一号」、二等はその「第十六号」および「第十七号」と同類、同額とすること（第四条）、一等、二等とも水雷発射管二個（火薬発射）、携帯水雷に要する器具を装置すること（ただし一等にはノルデン砲を搭載する架台も装備）（第五条、第六条）と記載されている。

また一等、二等とも速力は二〇海里（時速三七キロメートル）を必要とし一〇海里（時速一八・五キロメートル）の速力での続航可能距離は、一等が三二〇海里（五九三キロメートル）、二等が二五〇海里（四六三キロメートル）とすること（第九条）、注文に先立ち、利害得失を吟味して改良を要する点は意見を報告すること（第一〇条）、建造中は工事を監督し現況を報告すること（第一一条）などと指示されていた。さらに独行水雷艇（約七〇トン）、小水雷艇（約一一トン）の利害得失と価額の調査をすること（第一二条）、もし決められた価額内でおさまれば独行水雷艇を二隻海外に注文し、小水雷艇六隻を小野浜造船所において建造することにしたいので両方の図面および詳細書を入手すること（第一三条）、小野浜造船所で建造、組立てを承諾しながら枢要項目について責任を負わない造船所には発注しないこと、もしそれを承諾する者がいない場合には専門の技術者を雇用すること（第一四条）、小野浜造船所の装備する器械の購入に際しては利害得失を吟味し、図面、据付けの詳細の知識を得ること（第一五条）、魚形水雷の製造研究をすること（第一六条）、水雷艇以外のことも報告すること（第一七条）などについての記述もみられる。

このように多くの使命をおびて渡航した山口技師は、恐らく最初に留学経験のあるフランスにおいて調査活動を開始し、訓条に沿って造船所との交渉に入ったものと思われる。その結果、明治一九年一〇月一三日にノルマン（J. A. Normand）より山口あてに回答が届けられた。[139] ノルマンの回答は、水雷艇六隻の建造と組立て（第一条）と一〇隻の材料送付と建造（第二条）によって構成されている。そのうち第一条は、日本から一〇名の職工を受け入れ水雷艇建造に従事させ、一年後に当社より派遣する職長とともに日本に帰国し、組立て、試運転を行うこと、速力については一等の二〇海里を受け入れるが二等は一八海里半（時速三四キロメートル）が限度であり、しかも神戸における試運転では優秀な機関手と火夫がいないためそれぞれ一・五海里（時速二・八キロメートル）減速するというものであった。第二条は、一年後に当社から送付する一〇隻分の材料と図面を使用して、当社から派遣する職長と当社において経験を積んだ日本人職工により日本で水雷艇を建造するが、速力に関しては保証しかねるという内容になっている。

また期日がなく正式な回答とはいえないが、フヲルヂュ社からも書面が寄せられている。[140] その骨子は日本からの職工の派遣を要請するなどノルマンの回答と基本的には同じであるが、二等水雷艇について二〇海里の速度を求めるなら長さ三一メートル、幅三メートルの規模が必要であると回答するなどの注目すべき点もみられる。

これらの回答を受け取った山口技師は、明治一九年一〇月一七日、両社とも「職工派出方ヲ請求致候右ハ製造者一般ノ請求ト被存候……仮令ヒ欧洲製造ノ注文ヲ止メ二三名ノ水雷艇製造者ヲ傭入レ神戸ニ於テ製造方ヲ企候トモ注意ノ届カザル所出来致スベクシテ好結果ヲ得ル事難ク殊ニ三ケ年間ニ水雷艇十六隻悉皆落成セシムルニハ職工ノ熟練ヲ要候」と回答の主旨とそれに対する見解を認めた。(141) そして最後に、六項目について海軍省の判断を求めたが、それを要約すると次のようになる。(142)

一　ノルマンの第一条の発注を受ける際、受注側より職工を受け入れるのが一般的となっていることへの対応。

二　日本における公試に際し速力が一・五海里減少することの可否。

三　第二条の注文について、造船所が負担を承諾しないという時には、職工と物品を送らせ図面を購入し小野浜造船所自らの責任において建造するのか。

四　ノルマンのように速力を三海里減少、第二条の発注において幾らかの責任を負うという造船所が一般的であるが、それに対する見解は。

五　二等水雷艇に関しては一八海里半の速力でも良いか。

六　あるいは二〇海里を固守し規模の拡大を受け入れるか。

明治一九年一二月一一日になって山口技師の書状を受け取った海軍省は、一二月一四日に一～四項については不都合であることを伝え、五と六項については二〇海里の速力の必要性をベルタンより打電することにした。残念ながら海軍省の山口への指示がどのようなものであったのか、またその後の山口のフランスの造船所との交渉について知ることはできない。ただし二〇年三月一五日、大山巌海軍大臣（西郷海軍大臣の欧米視察の間の明治一九年七月から二〇年六月まで陸軍大臣と兼任）は伊藤博文内閣総理大臣に水雷艇建造に関する研究のため小野浜造船所と横須賀造船所の職工八名をフランスに派遣すること、またイギリスに滞在中の横須賀造船所の山田一生工夫長をフランスに転任させることを上申、三月二二日に許可を得ている。(143)これをみると山口が賛意を唱えながら海軍省が否定的であった職工派遣の件は、ベルタンからの意見が功を奏したのか実現しつつあることがわかる。

また明治二〇（一八八七）年三月一九日に起案し、三月二五日に決裁を受けたベルタン顧問の山口技師への、「他ノ会社ヨリ別ニ勝ル意見ヲ呈出セザル時ハ総製造費二百四拾壱万五千法《フラン》ノ一等水雷艇十六隻ノ為メクルーゾー社ト談判ヲ開キ直ニ詳細ナル図面及ヒ製造目録ヲ送致スベシ」という電文案が残されている。(144)これをみると山口はフランスの造船所と折衝を続け、シュナイダー社のクルーゾー鋳造所と最終交渉に入っており、それに対してベルタンが海軍省の許可を得て条件を提示し契約をまとめるよう指示したことがわかる。さらにそれから三カ月後の六月一五日、海軍省は原敬フランス駐在臨時代理公使へ、一等水雷艇一七隻をフランスへ注文すること、そのうち一〇隻はフランスにおいて建造し小野浜造船所で組み立てること、残る七隻は材料と技術者を小野浜造船所に送り同所で建造すること、ベルタンを通じてフランスにおける全工事の監督をフランス海軍省検査部に委託することなどについて説明するとともに、これらにともなう契約締結などへの協力を依頼した。(145)

明治二〇年八月一二日に、伊藤督買部長より樺山次官あてにシュナイダー社のクルーゾー鋳造所との間でかわされた契約の認許を求める上申がなされている。そして八月一七日には、「水雷艇十七隻製造条約ノ件」が「認可」されている。(146)残念ながら山口技師から送付された契約書類が不明なので具体的内容を知ることができないが、後述する二三年二月二〇日の「壱等水雷艇追加条約」の正式名称からフランスでの契約日が二〇年六月一八日であったことが類推できる。

一方、明治二〇年七月二一日、黒川勇熊と辰巳一両少技監と山口少技監に対して、職工派遣についての訓令が出された。[147] これらの資料によると、七月二〇日に小野浜造船所より工夫長の石田富次郎（鋳造職）と木村勘次郎（組立職）、工夫の寺本亀吉（製罐職、板貼を兼ねる）、長井孫三郎（製罐職）、清田福松（鍛冶職）、原田市太郎（旋盤職）、横須賀造船所より工夫の角田豊次郎（製罐職）、竹本米吉（鋲打職）に出張命令が出され、七月二三日に日本を出発した。またこれらの八名のほかに、前述のイギリスへ私費留学中の山田工夫長もフランスに向かった。彼らはベルタンの提案により、艦艇工事と機関工事を異なった工場で行うことになったため、原田艦艇監督補助のもとに寺本と竹本工夫が艦艇工事、山田工夫長が統括して他の六名が機関工事に従事することになった。

こうして準備が整いフランスにおいて水雷艇の建造が開始されたものと思われるが、明治二一（一八八八）年一一月一三日に至り、クルーゾーにおいて九月二一日に作成されたペラール技師派遣の「書簡」が西郷海軍大臣のもとに届けられた。[148] これによるとペラールはリーダーであり、数名の部下とともに来日したものと思われるが、一名の火夫の存在が確認できるだけである。いずれにしても日本人職工がフランスに到着して約一年間にわたり水雷艇の建造や材料の製造を経験、その成果を受けてこれ以降は小野浜造船所において工事が実施されることになったのであった。なお山口技師は、二月一日に小野浜造船所長に任命されており、一足早く帰国して準備にあたっていたものと思われる。

こうしたなかで明治二二（一八八九）年一〇月、日本がシュナイダー社に注文したものと同種の水雷艇がフランスにおいて転覆したという報告が届けられた。これを聞いた海軍省は、ただちに小野浜造船所で行われていた水雷艇の組立てを中止し、善後策を検討し、組立てを終わり打釘したもの四隻、打釘していないもの六隻、小野浜で建造すべきもの四隻、計一四隻はフランス海軍と同じように改造し、二隻はノルマン式の新式水雷艇二隻に変更、一隻は経費増加のため中止することにした。[149]

こうした変更にともない明治二三年二月二〇日、シュナイダー社と「壱等水雷艇追加条約」（正式名称は「シュナイドル社ヨリ日本政府ニ一等水雷艇十七隻ヲ供給スル為メ締結セル一千八百八十七年六月十八日附条約書ノ追加条約」）を締結することに承認を求める「水雷艇改正条約ノ件」が提出された。(150) これによって海軍はシュナイダー社に五万七六七八ポンドを支払うことになった。なお正式名称から最初の契約は認可を受けた八月一七日より二カ月前の六月一八日に締結されていることがわかる。その後、シュナイダー社との間で、小野浜で製造する四隻の船体構造の改造について、「千八百九十年二月二十二日追加条約追加」、さらにノルマン社との契約もなされた。

明治二三年一一月二〇日、山口呉鎮守府造船部製造科長より相浦紀道海軍省第二局長に、「水雷艇壱隻ハ本日午後二時無滞進水済候」という報告が届けられた。(151) これによって一度は進水直前まで進捗しながら、改造工事が必要となり遅れていた水雷艇のうち最初の一隻がようやく進水式を終えたのであった。その二日後の二二日、海軍省は呉鎮守府に公試に対する訓令を発した。そして一二月には、「小野浜ニ於テ製造ノ水雷艇ノ内二隻廿四年一月竣工ノ見込ニ付左記ノ通番号ヲ付シ横須賀鎮守府ノ所管」とすることが決定した。(152) こうして一一月二〇日に進水した公称番号「第五号」と一一月二七日に進水した公称番号「第六号」水雷艇（両艇とも長さ三五メートル、幅三・三五メートル、深さ二・五メートル、排水量五三・九五トン）は、公試運転を行い所管鎮守府に引き渡されることになった。なお所管先については、当初、呉鎮守府が予定されたが、参謀部の「水雷艇ハ一種ノ新製ニ而……此際充分其性質ヲ分明致度候就テハ横須賀鎮守府ニハ是迄数艘之水雷艇有之比較上之実験ニモ好都合」という意見により横須賀鎮守府に変更されたのであった。(153)

こうしたなかで明治二三年一二月二六日、山口製造科長は相浦第二局長に改正三五メートル水雷艇一〇隻分に対する発射管位置変更にともなう改造工事に関する意見を提出するとともに指示を求めた。その要点は、改正前に甲板下に取り付けることになっていた発射管が改正後は甲板上に据え付けることに変更されたこと、それにもかかわらずシュナイダー社から到着した一部の発射管はすべて改正前仕様になっており改造が必要なこと、改造のためフランスに回送したのでは時間と費用が嵩むので、当方において実施したいこと、その費用は小野浜造船所に配布された水雷艇組立費用予算内でまかなうというものであった[154]。結局、この意見は受け入れられ、発射管据付位置変更工事は二五〇〇円で当方（後述の明治二五年三月一一日の文書の附記から必要な器具類は、東京の海軍造兵廠において製造と推定）で実施されることになった。

明治二四（一八九一）年一月二〇日、呉鎮守府は、「水雷艇弐艘ノ義ハ水雷発射管及速射砲共完備ノ上所管庁即横須賀鎮守府へ可引渡筈ニ有之然ルニ其仏国ヨリノ到着期ハ今後尚ホ六七ケ月程遅延可致見込ニ付是ハ来着ノ上取付ルモノトシ先ツ以テ船体并機関ノ公試ヲ執行シ引渡ス事ニ致度」と上申した[155]。これに対し海軍省は二月七日、それでは、「更ニ発射管取付ノ為メ再ヒ小野浜へ廻航ヲ要シ不都合」という理由で、速力公試のみを行い、その後に付属品の到着を待って小野浜で装備し横須賀鎮守府に引き渡すよう訓令した[156]。ところが七月一四日になると、公試運転に必要な石炭が届かず、また派遣された火夫が病気になり、結局、九月まで延期となった[157]。そして延期期限がきれた一〇月二三日、海軍省は前年一一月二二日の公試に関する訓令を関係鎮守府に送付した。しかしながら二五年三月になっても、フランスから速射砲は到着せず、東京の海軍造兵廠における発射管関連器具も製造中であり、海軍省はやむを得ず、「発射管并速射砲共搭載セサル儘引渡ス」ことにし、関係鎮守府に訓令した[158]。

これ以降、直接公試に関する資料はしばらくみられなくなるが、明治二五（一八九二）年六月二四日には、水雷艇の速力のことについてシュナイダー社との間で条約文の解釈の相違が生じていることが報告されている[159]。この点については複雑になるので結論のみを記すと、同年一二月二七日にシュナイダー社から、罰金額を一万八七五〇フランとするよう依頼があり、海軍省がそれを受け入れることで決着している。また二六年一月九日には、一〇隻（公称番号「第五号」から「第十四号」全部の公試が終了し、その結果が報告された。そのうち一時間当たりの速力のみをみると、「第八号」の一九・五二海里（三六・一五キロメートル）から「第十三号」の一八・〇六（三三・四五キロメートル）となっている。このうち「第五隻目ヨリ第十隻目迄ノ六隻ハ追加条約ニ於テ定メル第二類ニ属シ……追加条約ニ依ル改造ニ基クモノト相認メ候」と説明されているように、[160]第五隻目（公称番号「第九号」）から第一〇隻目（公称番号「第十四号」）まで改定され、先の「第十三号」が一八・五〇海里（三四・二六キロメートル）になるなどすべて速力があがることになる。

また最後に備考として、次のように条約第一七条（明治二〇年六月一八日の条約と推定）の骨子が採録されているが、そこから小野浜で組み立てられる一〇隻の水雷艇の速力に関する契約内容を知ることができる。[161]

備考

二十海里ヨリ十九海里半迄ハ十分ノ一海里毎ニ百法十九海里半以下ハ十分ノ一海里毎ニ二百五十法ヲ減却ス而シテ十分ノ一海里ニ満タサル端数ハ計算セサルモノトス

この文面から判断して、フランスで建造し小野浜造船所で組み立てる一〇隻の水雷艇の契約で、公試において二〇海里を維持するという海軍の方針が貫かれたことがわかる。

明治二六（一八九三）年一月三一日に「第十七号」（平均速力一九・八六海里—三六・七八キロメートル）と「第十八号」（平均速力一九・八一七海里—三六・七〇キロメートル）、二月一八日に「第十九号」（平均速力一九・一二五海里—三五・六五キロメートル）、「第二十号」（平均速力一九・六七海里—三六・四三キロメートル）の公試運転の成績が報告された。[162]四隻はすべてシュナイダー社から材料の供給を受け小野浜造船所において建造したもので、「第二十号」が長さ三四メートルのほかはすべて三五メートルとなっている。これらをみるといずれも一九海里を上回っており、シュナイダー社に対して合計六〇〇〇フランの報奨金が支払われた。試みに参照として採録された条約第一七条の抜粋をみると、次のように記述されている。(163)

参照

条約第十七条末節抜粋

仏国ニ於テ製造スル水雷艇ニ付二十海里以上ノ速力ヲ生シ日本ニ於テ製造スル水雷艇ニ付キ十九海里以上ノ速力ニ及フトキハ我社ハ一海里ノ十分ノ一毎ニ弐百五拾法ノ賞金ヲ受領スヘシ但一海里十分ノ一以下ノ分数ハ之ヲ計算セス

この文面から判断すると、小野浜造船所において建造の四隻の水雷艇の速力の基準を一九海里と設定し、それ以上の時には受注会社に賞金を、また文面にはないがそれ以下の時には罰金を支払う規定であったものと思われる。こうしてシュナイダー社へ発注した一四隻の水雷艇の公試が終了、同社ペラール派出員長以下に仁礼景範海軍大臣より記念品が贈呈された。これに対して明治二六年三月一日にペラールより礼状が届けられ、山口小野浜分工場製造科長より福島敬典海軍省第二局長あてに届けられた。(164) この礼状には、「事業ヲ完了致候ハ……是レ全ク山口氏部下ノ吏員ト不肖配下ノ者トノ間ニ不和ノ雲霧タニ生セサリシノ特色ニ外ナラスト被考候」という文面があり、(165) フランス人と日本人との軋轢はなかったようである。

一方、一隻は完成品を輸入、一隻は小野浜造船所において組み立てることになっていたノルマン社へ発注の水雷艇

表9－10　小野浜造船所において組立てないし建造した水雷艇　単位：トン

艦　名	製造所	組立所	排水量	起工	進水	竣工(引渡)
第5号水雷艇	シュナイダー社	呉鎮守府小野浜分工場	54	明治23	23．11．20	25．3．26
第6号水雷艇	シュナイダー社	呉鎮守府小野浜分工場	54	23	(23．11．27)	25．3．26
第7号水雷艇	シュナイダー社	呉鎮守府小野浜分工場	54	23	24．3．24	25．4．2
第8号水雷艇	シュナイダー社	呉鎮守府小野浜分工場	54	23	24．3．26	25．4．7
第9号水雷艇	シュナイダー社	呉鎮守府小野浜分工場	54	23	24．9．25	25．4．11
第10号水雷艇	〈シュナイダー社〉	呉鎮守府小野浜分工場	54		24．9．29	25．4．17
第11号水雷艇	〈シュナイダー社〉	呉鎮守府小野浜分工場	54		24．10．3	27．3．31
第12号水雷艇	〈シュナイダー社〉	呉鎮守府小野浜分工場	54		24．10．14	26．10．11
第13号水雷艇	〈シュナイダー社〉	呉鎮守府小野浜分工場	54		25．3．4	26．10．11
第14号水雷艇	〈シュナイダー社〉	呉鎮守府小野浜分工場	54		25．3．1	26．10．18
第15号水雷艇	ノルマン社	呉鎮守府小野浜分工場	54		25．5．14	26．11．1
第16号水雷艇	呉鎮守府小野浜分工場		54		25．5．11	26．11．29
第17号水雷艇	呉鎮守府小野浜分工場		54		25．8．6	26．11．29
第18号水雷艇	呉鎮守府小野浜分工場		54		25．8．9	26．11．1
第19号水雷艇	呉鎮守府小野浜分工場		54		25．11．7	27．2．17
第20号水雷艇	呉鎮守府小野浜分工場		53		25．11．4	26．10．18
第21号水雷艇	ノルマン社	呉鎮守府造船支部	80		27．2．5	(27．3．31)
第24号水雷艇	呉鎮守府造船支部		80		27．10．15	(28．1．15)
第25号水雷艇	呉鎮守府造船支部		85		27．11．28	28．2．28

出所：中川務作成『日本海軍全艦艇史〔資料篇〕』(平成6年)。
註：1)排水量は、海軍大臣官房『海軍軍備沿革　完』附録第二(大正11年)による。
2)原資料により、誤りと判明したものは訂正し〈　〉をつけた。

については、当初から組立てとなっていた「第十五号」は明治二五（一八九二）年五月一四日に進水、二六年一一月一日に引渡しを行っている。ところがもう一隻（「第二十一号」）は、二三年九月に至り、「回航ノ義ハ取止メ更ニ本邦ニ於テ我負担ヲ以テ組立致度候ニ付ノルマン社ニ於テハ仮組立済ノ後之ヲ解放シ悉皆荷造ノ上引渡」と修正することになった[166]（のちに荷造、輸送費として四万九四〇〇フラン支払う）。この条約の修正による一隻の水雷艇の材料は、二五年二月一日に小野浜分工場に到着、[167]二五年度中の完成を目指して工事がすすめられたが、シュナイダー社と契約した水雷艇の建造などに忙殺され、二七年二月五日に進水、三月三一日に竣工、七月二三日に佐世保鎮守府に引き渡した。

　これ以外の水雷艇の建造状況については、表九－一〇のようになっている。本表は『日本海軍全艦艇史〔資料篇〕』を基本としながら、原資料により「第二十二号」と「第二十三号」は呉鎮守府造船支部ではなく呉鎮守府造船部で組み立てたこと（第三章第五節を参照）、「第六号」の進水が明治二三（一八九〇）年一一月二〇日ではなく一一月二七日であること、「第十号」から「第十四号」までは「第五号」から「第九号」までと同様シュナイダー社で製造し、小野浜分工場で組み立てたことなどが判明したため修正した。また「第二十四号」と「第二十五号」に関しては、日清戦争期の生産活動なので後述する（第一〇章第二節を参照）。なお日清戦争までに小野浜造船所で建造された水雷艇一六隻については検証できたが、残る一隻「第十六号」については明らかにできなかった。

ここでこれまで記述してきた水雷艇に関する事柄について、その要点をまとめると、次のようになる。

一、第一期軍備計画を策定したベルタンは、重要な新兵器である水雷艇の建造場所について長所、短所を勘案し、小野浜造船所を最適地として選定した。

二、ベルタンは水雷艇の保有に際し海外の造船所と契約し、一部は製造した水雷艇を小野浜造船所で組み立て、一部は小野浜で建造する方法を示したが、その際、受注企業からの技術者を受け入れることを助言した。

三、海外における造船所の調査、選択、契約は、フランスへの留学経験のある山口技師に委ねられた。交渉に際しフランスの造船所は水雷艇の製造は日本人技師と職工を受け入れて行うこと、日本での組立てと材料送付による建造はフランス人技術者と派遣された日本人技術者を中心に実施すること、海軍の速力二〇海里という要求は認められないなどと主張した。そのため交渉は難航したが、結局、前者は日本がフランスの要求を入れ、後者はフランスで建造の場合二〇海里、日本で建造のものは一九海里と日本の主張に近い内容で妥結した。

四、小野浜造船所における水雷艇建造は明治二三年に開始されたものではなく、一九年からの三カ年計画が八カ年計画に延長されるなど長期間を要したが、それは艦艇建造技術の第一期から第二期への移転のむずかしさを反映したものといえよう。

五、計画の大幅な延長は主に建造途中に改造が必要になったことに起因するが、そのほかにも契約締結まで長時間を要したこと、輸送上の手違いなどがみられた。

六、水雷艇の建造自体は、さしたるトラブルもなく推進された。これはフランスに技師、職工、とくにこれまで経験したことのない直接現場で生産にあたる大量の職工を派遣したこと、技術と労働意欲の向上、日本人とフランス人の友好関係が貢献したものと思われる。

おわりに

これまでイギリス人の経営する民間の造船所から海軍工作庁へと特異な転換をした、小野浜造船所の二〇年余におよぶ活動について記述してきた。その際、本書の構成の一環として小野浜造船所の全体像を把握するとともに、艦艇を中心とする造船技術の発展と兵器の国産化および呉工廠の形成過程に果たした役割などについて明らかにすることを目的とした。これ以降、これらの点を中心に成果と課題について要約する。

このうち小野浜造船所の全体像の把握に関しては、これまで不明であった同造船所の日清戦争後の動向を検証した。具体的には当時の施設・設備、人事、閉鎖に対する海軍の意向、設備や職工の移転先を実証した。その結果、同所の施設面の限界、閉鎖にともなう全海軍工作庁と民間の兵器製造所、とくに呉鎮守府造船部、次に佐世保鎮守府造船部への水雷艇建造技術の移転の関連がかなり明らかになった。ただし今回の研究においても、艦艇の建造過程や作業特別会計については不充分な点が残った。

造船業の発展に果たした役割に関しては、すでに鉄製汽船の建造に成功していた神戸鉄工所が海軍に移管され、横須賀造船所とともに第一期の鉄製から鋼製艦艇の建造、また第二期の全鋼製艦艇の建造に関しては水雷艇の建造において、主導的な役割を果たしたことを検証した。そこには排水量が横須賀造船所の約七〇パーセントにとどまるなど、生産能力という点では劣る面があったが、小規模な施設・設備と少人数でこれだけの成果を記録したことは評価にあたいするといえよう。神戸鉄工所時代の民間造船所一の技術に加え、海軍工作庁になったことによって販売先について心配せず生産活動に専念できること、海外の兵器製造会社への技術者の派遣、他の工作庁からの転勤により技術移転が容易になったこと、外国人の解雇により人件費が減少したことなどが成果をもたらしたのであった。

このように小野浜造船所は、兵器の国産化において重要な役割を果たしたのであるが、注目すべき点は神戸鉄工所に鉄製艦を発注した時からそのことは充分に認識されていたことである。第五回軍備拡張計画において海軍は、年間四艦の保有の許可を得たものの、建造の可能な海軍工作庁は横須賀造船所だけしかないというなかで、鉄製汽船の建造実績を有する神戸鉄工所から受注を希望する書簡を受け、イギリス人経営の同鉄工所において技術移転と国産化を実現することを目的に、建造実績のない同鉄工所に危険を冒して軍艦を発注したのであった。神戸鉄工所の買収に関しても基本的には軍艦発注の時と同様であるが、さらに同所の倒産を放置すると鉄の加工に秀でた職工が四散してしまうこと、買収することによって鉄製艦艇を建造できる海軍工作庁が二カ所になり、職工と設備は将来設立する西海鎮守府（造船所）に利用できるという理由が加わることになる。

小野浜造船所が存在したことによって、そこで画期的な艦艇が国産化されただけでなく、「此処に養成せられたる職工は、他日各地方に分れ、斯界の牛耳を執れり」と述べられているように[168]、他の海軍工作庁、民間企業の技術の発展に貢献した。とくに当初からの予定に沿ってもっとも多くの従業員と建物、佐世保鎮守府造船部についで多くの機械を継承した呉鎮守府造船部は、横須賀鎮守府造船部から転勤してきた大型軍艦の造修を得意とする職工に加え、小型軍艦や水雷艇の扱いに習熟した小野浜造船所の職工を受け入れたことによって、海軍一の造船所に向けて技術的基盤を構築し得たのであった。

註

（1）造船協会編『日本近世造船史』（弘道館、明治四四年）二二七～二八二、五九一～五九二、七六五～七六六、九三七～九三九ページ。

（2）洲脇一郎「神戸における外資系製造業の起源」（財団法人神戸都市問題研究所『都市政策』第七三号、勁草書房、平成五年）九八～一〇三ページ。

（3）鈴木淳『明治の機械工業――その生成と展開――』（ミネルヴァ書房、平成八年）四八ページ。

（4）中岡哲郎『日本近代技術の形成――〈伝統〉と〈近代〉のダイナミクス――』（朝日新聞社、平成一八年）三六一ページ。

（5）小野塚知二「イギリス民間企業の艦艇輸出と日本――一八七〇～一九一〇年代――」（奈倉文二・横井勝彦・小野塚知二編著『日英兵器産業とジーメンス事件――武器移転の国際経済史――』日本経済評論社、平成一五年）二〇～二一ページ。

（6）池田憲隆氏の主な研究としては、「１８８３年海軍軍拡前後期の艦船整備と横須賀造船所」（弘前大学人文学部『人文社会論叢』〈社会科学篇〉第七号、平成一四年二月）、「軍艦『大和』に関するノート」（同前、第三二号、平成二六年八月）、「神戸鉄工所の破綻と海軍小野浜造船所の成立――軍艦「大和」建造の行方――」（同前、第三四号、平成二七年八月）がある。

（7）小野寺香月「小野浜造船所における技能形成の事例――清国人職工への処遇から――」（『経営史学』第五一巻第三号、平成二八年一二月）。

（8）Harold S. Williams Collection は長年日本に滞在し、日本で活躍した外国人や日本の社会・文化等の研究を続けたウイリアムズ氏（一八九八～一九八七）が収集した資料である。現在 National Library of Australia（以下、ＮＬＡと省略）に所蔵されている。同コレクションの所在については桃山学院年史委員会の西口忠氏、名古屋女子大学の升本匡彦氏、神戸市立博物館の田井玲子氏、資料収集にあたってはオーストラリア戦争記念館の豪日調査プロジェクト（軍事史部門）上級調査員の田村恵子氏の協力を得た。

（9）千田武志の主な研究としては、「官営軍需工場の技術移転に果たした外国人経営企業の役割――神戸鉄工所、小野浜造船所を例として——」（『政治経済史学』第四五八号、平成一六年一〇月）、「明治中期の官営軍事工場と技術移転——呉海軍工廠造船部の形成を例として——」（奈倉文二・横井勝彦編著『日英兵器産業史——武器移転の経済史的研究——』日本経済評論社、平成一七年）、「小野浜造船所の海軍造艦技術の発展と呉海軍工廠の形成に果たした役割」（『呉市海事歴史科学館研究紀要』第八号、平成二六年）がある。

（10）西田長寿訳「Edward Charles Kirby 略伝」（明治文化研究会『明治文化』九巻八・九・一〇号、昭和一一年）〈広文庫により昭和四七年に復刻〉。

（11）The Hiogo News, December 28, 1883 (Harold S. Williams Collection, NLA-MS 6681/1/77).

（12）新修神戸市史編集委員会編『新修神戸市史　産業経済編Ⅱ　第二次産業』（神戸市、平成一二年）二九ページ。

（13）Harold S. Williams, "Biographical details concerning EDWARD CHARLES KIRBY" (Harold S. Williams Collection, NLA-MS 6681/1/77).

（14）The Hiogo News, December 28, 1883.

（15）前掲『新修神戸市史　産業経済編Ⅱ　第二次産業』二九ページ。

（16）岩村等「神戸市立中央図書館所蔵神戸駐在英国領事館の裁判記録邦訳（六）——一八七一年九月より一八七二年一一月までの記録——」（大阪経済法科大学『法学論集』第二二号、平成二年三月）一三一～一三四ページ。

（17）岩村等「神戸市立中央図書館所蔵神戸駐在英国領事館の裁判記録邦訳（七）——一八七一年九月より一八七二年一一月までの記録——」（同前、第二三号、平成二年一〇月）六五ページ。

（18）鈴木淳『明治の機械工業——その生成と展開——』六一ページ。

（19）Commercial Reports by Her Majesty's Consuls in Japan for the year 1878, presented to both Houses of Parliament by Command of Her Majesty, London, August 1879（横浜開港資料館所蔵）（以下、Commercial Reports と省略。当該年と発行年のみを記す）。

（20）Agreement dated 17th May, 1873 (Harold S. Williams Collection, NLA-MS 6681/1/77).

（21）The China Directory for 1874, 1874（立脇和夫監修『ジャパン・ディレクトリー　幕末明治在日外国人・機関名鑑』第一巻、ゆまに書房、平成八年）。

（22）The Japan Gazette, Hong List and Directory for 1875, 1875 同前。

（23）The Japan Gazette, Hong List and Directory for 1878, 1878（神戸市文書館所蔵）。

（24）Harold S. Williams, "Alfred Kirby and Edward Charles Kirby" (Unpublished Harold S. Williams Collection, NLA-MS 6681/1/77).

(25) "Alfred Kirby and Edward Charles Kirby".
(26) "Biographical details concerning Edward Charles Kirby" (Unpublished Harold S. Williams Collection, NLA-MS 668/1/77).
(27) Commercial Reports for 1878, 1879.
(28) The Japan Directory For the year 1880, 1880（神戸市文書館所蔵）。
(29) "Alfred Kirby and Edward Charles Kirby".
(30) Commercial Reports for 1879, 1880.
(31) Commercial Reports for 1880, 1881.
(32) Commercial Reports for 1881, part I, 1882.
(33) 鈴木淳『明治の機械工業――その生成と展開――』六二ページ。なお鉄製汽船の受注の経緯については、本書による。
(34) Commercial Reports for 1882, 1883.
(35) 鈴木淳『明治の機械工業――その生成と展開――』六三ページ。
(36) Commercial Reports for 1883, part II, 1884.
(37) 鈴木淳『明治の機械工業――その生成と展開――』六二ページ。
(38) 中岡哲郎『日本近代技術の形成――〈伝統〉と〈近代〉のダイナミクス――』三六二ページ。
(39) 同前、三六二～三六六ページ。
(40) E・C・キルビーより川村純義海軍卿あて「書簡」明治一五年二月四日（「公文備考別輯　新艦製造部　葛城艦　大和艦」防衛研究所戦史研究センター所蔵）（以下、「公文備考」等については所蔵場所を省略）。
(41) キルビーより川村海軍卿あて「書簡」明治一五年九月二八日（同前）。
(42) キルビーより川村海軍卿あて「皇国鉄骨木皮軍艦」明治一五年一一月二五日（同前）。
(43) 赤松則良海軍省主船局長より川村海軍卿あて「艦船製造方キルビー社へ御注文之義上申」明治一五年一二月四日（同前）。
(44) 川村海軍卿より松方正義大蔵卿あて「御照会按」明治一五年一二月二八日（同前）。
(45) 川村海軍卿より三条実美太政大臣あて「神戸在留英国人キルビーニ製艦為致度儀ニ付伺」明治一六年二月二日（同前）。
(46) 同前。
(47) 「海軍卿ノ命ヲ以テ海軍省主船局長タル海軍少将赤松則良ハ蒸気軍艦壱艘ノ製造ヲ注文シ神戸ニ居留シ船舶製造所ノ所有者タル英国人イ、シー、キルビーハ其製造艤装ヲ請負スルニ付双方ニ於テ左ノ条款ヲ定約ス」明治一六年二月二三日（同前）。

（48）池田憲隆「1883年海軍軍拡前後期の艦船整備と横須賀造船所」二四ページ。

（49）「海軍省主船局長少将赤松則良ヨリ蒸気軍艦壱艘ノ製造ヲ神戸ニ居留セル英国人イー・シー・キルビーヱ注文セル条約ニ就テ左ノ条約ヲ副約ス」明治一六年二月二三日（前掲「公文備考別輯　新艦製造部　葛城艦　大和艦」）。

（50）池田憲隆「神戸鉄工所の破綻と海軍小野浜造船所の成立――軍艦「大和」建造の行方――」三九ページ。

（51）海軍大臣官房『海軍軍備沿革　完』（大正一一年）附録第二。

（52）The Hiogo News, March 2, 1883.（神戸市文書館所蔵）。

（53）中川務作成「主要艦艇艦歴表」（福井静夫編『日本海軍全艦艇史〔資料篇〕』ＫＫベストセラーズ、平成六年）三ページ。

（54）佐立二郎「明治十六年九月　阪神地方諸工場景況報告草案」明治一六年一〇月（中西洋『日本近代化の基礎過程（中）――長崎造船所とその労資関係：1855～1900年――』（東京大学出版会、昭和五八年）六二四～六二五ページ。

（55）キルビーより赤松主船局長あて「書簡」明治一六年一〇月四日（前掲「公文備考別輯　新艦製造部　葛城艦　大和艦」）。

（56）The Hiogo News, December 28, 1883.

（57）石井寛治『近代日本とイギリス資本――ジャーディン＝マセソン商会を中心に――』（東京大学出版会、昭和五九年）四二一ページ。

（58）Harold S. Williams, Rejected by Peers, Kirbys Help Start Iron, Shipbuilding Industries, The Japan Times, March 25, 1979 (Harold S. Williams Collection, NLA-MS 6681/1/79).

（59）赤松主船局長より川村海軍卿あて「神戸港キルヒー社所有造船場ノ義ニ付見込上申」明治一六年一二月二一日（前掲「公文備考別輯　新艦製造部　葛城艦　大和艦」）。

（60）同前。

（61）同前。

（62）同前。

（63）「別紙主船局上申大和艦請負人キルビー氏死去ニ付右処分見込之義ハ何分ノ御評決ヲ仰キ候也」明治一六年一二月二二日（同前）。

（64）川村海軍卿より三条太政大臣あて「神戸港小野浜ニアル英国人『イ、シー、キルビー』氏旧所有製造所諸機械其他買入方伺」明治一七年一月七日（「明治十七年普号通覧　正編　一月分壱」防衛研究所戦史研究センター所蔵）。

（65）Harold S. Williams, Extract from W. Lackie's letter of 4/10/1968 concerning E. C. Kirby as told to him by Alfred Kirby (Harold S. Williams Collection, NLA-MS 668/1/79).

(66)「兵庫県下神戸港小野浜英国人イ、シー、キルビー氏旧所有現今香港上海銀行ノ所有タル諸機械家屋物品等該銀行ヨリ海軍省エ買受クルニ付双方ニ於テ左ノ条款ヲ定約ス」明治一七年一月二二日（前掲「明治十七年普号通覧　正編　一月分壱」）。
(67)『海軍省第十年報』（明治一七年）一四五ページ。
(68)中岡哲郎『日本近代技術の形成――〈伝統〉と〈近代〉のダイナミクス――』三六一、三七一ページ。
(69)室山義正『近代日本の軍事と財政』（東京大学出版会、昭和五九年）一二〇ページ。
(70)赤松主船局長より川村海軍卿あて「神戸小野浜製造所之義ニ付上申」明治一七年一月一七日（「明治十七年普号通覧　正編　三」防衛研究所戦史研究センター所蔵）。
(71)川村海軍卿より三条太政大臣あて「神戸小野浜へ海軍造船所設置之義御届」明治一七年一月二五日（同前）。
(72)「小野浜海軍造船所条例」明治一七年七月二日　JACAR（アジア歴史資料センター）Ref. C11019097400, 明治一七年普号通覧　正編　巻二八　自普一八三一号至普一九〇九号　六月分（防衛研究所）。
(73)「小野浜造船所官制」明治一九年七月一日（「公文類聚第十編　明治十九年巻之十四」国立公文書館所蔵）（以下、「公文類聚」に関しては所蔵場所を省略）。
(74)「小野浜造船所官制中改正ノ件」明治二一年七月一四日（「公文類聚第十二編　明治二十一年第十四巻」）。
(75)「呉鎮守府造船部小野浜分工場設置ノ件（仮題）」明治二三年三月八日（第二復員局残務処理部資料課「海軍制度沿革史資料呉鎮関係　自明治二十一年至明治三十年」防衛研究所戦史研究センター所蔵）。
(76)「明治二十六年五月閣議決定」（「公文類聚第十九編　明治廿八年巻七」）。この文書は、西郷従道海軍大臣より伊藤博文内閣総理大臣あて「呉鎮守府造船支部条例廃止ノ件」明治二八年六月一日の参照資料である。
(77)同前。
(78)「呉鎮守府造船支部条例」明治二六年五月（同前）。この文書も、「呉鎮守府造船支部条例廃止ノ件」の参照資料である。
(79)「呉鎮守府造船支部諸建物其他物件移転費ノ件（仮題）」明治二七年一一月二二日（「公文類聚第十八編　明治廿七年巻二十七」）。
(80)前掲「呉鎮守府造船支部条例廃止ノ件」。
(81)池田憲隆「神戸鉄工所の破綻と海軍小野浜造船所の成立――軍艦「大和」建造の行方――」五一～五二ページ。
(82)伊藤雋吉海軍艦政局長より西郷海軍大臣あて「山県大技監転職事務引継方等ノ義ニ付御届」明治二一年二月二日　JACAR: Ref. C10124271900, 明治二一年公文雑輯　巻一　官職（防衛研究所）。

(83) 鈴木淳「山口辰弥」(横須賀市編『新横須賀市史　別編　軍事』(横須賀市、平成二四年) 一二七〜一二八ページなどによる。
(84) 海軍歴史保存会編『日本海軍史』第一〇巻(第一法規出版、平成七年) 八一一ページ。
(85) 呉海軍造船廠『呉海軍造船廠沿革録』(明治三一年) 六〜一三ページ〈呉海軍工廠『呉海軍工廠造船部沿革誌』(大正一四年) とともにあき書房により昭和五六年に『呉海軍工廠造船部沿革誌』として復刻〉。
(86) 前掲『海軍省第十年報』一四九ページ。
(87) 前掲「兵庫県下神戸港小野浜英国人イ、シー、キルビー氏旧所有現今香港上海銀行ノ所有タル諸機械家屋物品等該銀行ヨリ海軍省エ買受クルニ付双方ニ於テ左ノ条款ヲ定約ス」明治一七年一月二二日。
(88) 川村海軍卿より三条太政大臣あて「小野浜製造所へ英国人雇入度伺」明治一七年一月二九日(「明治十七年普号通覧　正編　一月分　壱」防衛研究所戦史研究センター所蔵)。
(89) 川村海軍卿より三条太政大臣あて「小野浜海軍造船所へ外国人雇入度上請」明治一七年二月二三日(同前)。
(90) 「条約書」明治一七年(同前)。
(91) 川村海軍卿より三条太政大臣あて「小野浜造船所雇英国人定時間外就業ノ節増働料給与方伺」明治一七年七月一六日(「明治十七年公文録海軍省八月九月全」国立公文書館所蔵)。
(92) 『海軍省第十三年報(明治二十年)』(明治二一年) 一〇二〜一〇三ページ。
(93) 小野寺香月「小野浜造船所における技能形成の事例——清国人職工への処遇から——」五九〜六一ページ。
(94) 「工場敷地借用ニ付海軍省ノ案(仮題)」明治一七年六月一二日(「明治十七年普号通覧　正編　六月分　廿七」防衛研究所戦史研究センター所蔵)。
(95) 神戸市編『神戸市史』(神戸市役所、大正一二年) 一三〜一四ページ〈昭和一三年に再版〉。
(96) 『神戸新報』明治一九年一月一〇日(神戸市文書館所蔵)。
(97) 西郷海軍大臣より有地品之允呉鎮守府司令長官あて「呉鎮守府造船支部諸機械移転之件(仮題)」明治二六年七月一七日(「明治廿八年公文備考　巻壱　官職　儀制　検閲」)。
(98) 有地呉鎮守府長官より西郷海軍大臣あて「諸機械引移之義ニ付具申」明治二六年一一月一日(同前)。
(99) 伊藤雋吉海軍省軍務局長より有地呉鎮守府長官あて「佐世保鎮守府造船部ニ機械割愛之件(仮題)」明治二七年一月二〇日(同前)。
(100) 有地呉鎮守府長官より伊藤軍務局長あて「造船支部諸機械引移之義ニ付再度具申(仮題)」明治二七年三月一日(同前)。

(101) 相浦紀道佐世保鎮守府長官より西郷海軍大臣あて「呉鎮守府造船支部諸機械ノ内本府へ引受方ニ付稟申」明治二七年五月一九日(同前)。
(102) 西郷海軍大臣より三鎮守府長官あて「訓令案」明治二七年一二月一七日(同前)。
(103) 村上敬次郎呉鎮守府監督部長より西郷海軍大臣あて「小野浜造船支部諸建物及営造物等処分方之件上申」明治二七年四月二一日(同前)。
(104) 西郷海軍大臣より呉鎮守府監督部長心得あて「訓令案」明治二七年一二月一七日(同前)。
(105) 西郷海軍大臣より呉鎮守府あて「指令案」明治二八年三月二二日(同前)。
(106) 村上呉鎮守府監督部長より西郷海軍大臣あて「小野浜造船支部敷地及営造物等処分方之件上申」明治二七年五月四日（同前）。
(107) 西郷海軍大臣より呉鎮守府あて「指令案」明治二八年三月二五日(同前)。
(108) 伊藤海軍次官より有地呉鎮守府長官あて「電信案」および西郷海軍大臣より有地呉鎮守府長官あて「電令案」明治二七年四月二七日(同前)。
(109) 有地呉鎮守府長官より西郷海軍大臣あて「造船支部職工移転之義ニ付上申」明治二七年五月一九日(同前)。
(110) 西郷海軍大臣より呉鎮守府あて「按」明治二七年六月七日(同前)。
(111) 柴山矢八佐世保鎮守府長官より西郷海軍大臣あて「呉鎮守府造船支部職工ヲ当府造船部へ移転相成度義ニ付稟申」明治二八年二月一四日(同前)などによる。
(112) 伊藤軍務局長より柴山佐世保鎮守府長官あての明治二八年三月七日「暗号電信」(同前)のなかに、「呉造船支部ヨリ移転職工手当金横須賀造船部へ移転スルモノモ遠路ナレドモ矢張六円ナリ」という文言があり、横須賀へも職工が移転したこと、手当金は距離に関係なく一律六円であったことがわかる。
(113) 前掲『海軍省第十年報』一四五ページ。
(114) 『海軍省第十一年報(明治十八年)』(明治二〇年)一五三、一五九ページ。
(115) 『海軍省第十二年報(明治十九年)』(明治二〇年)九二〜九三ページ。
(116) 前掲『海軍省第十三年報(明治二十年)』一〇二ページ。
(117) 「艦艇総数表」「軍艦製造費始末」「海軍省所管特別費始末」(いずれも明治二四年八月調査、国立国会図書館憲政資料室「斎藤実文書」所収)および福田一郎他編『写真日本軍艦史』(海と空社、昭和九年)七一ページ〈今日の話題社により昭和五八年に復刻〉。

(118) 赤松主船局より川村海軍卿あて「キルビー発注鉄類之件(仮題)」明治一七年三月一二日(「明治十七年普号通覧　正編　十二」防衛研究所戦史研究センター所蔵)。

(119) 坪井航三艦政局長代理より西郷海軍大臣あて「大和艦製造費目途高増加之件」明治一九年三月一一日(前掲「公文備考別輯　新艦製造部　葛城艦　大和艦」)。

(120) 坪井艦政局長代理より樺山資紀海軍次官あて「大和艦引渡済ノ義御届」明治一九年八月一九日(同前)。

(121) 伊藤雋吉海軍省艦政局長より樺山海軍次官あて「摩耶艦進水命名式施行済之件御届」明治一九年八月二七日 JACAR: Ref. C11081475800, 公文備考別輯　完　新艦製造部　高雄　赤城　摩耶　愛宕　明治一六〜二二(防衛研究所)。

(122) ベルタン(桜井省三等技師訳)「鳥海及赤城両艦ノ砲熕ニ関スル意見」明治一九年一一月一日 JACAR: Ref. C11081475300, 同前。

(123) 「普二三九三ノ四風帆練習艦製造之件」明治一九年五月二一日 JACAR: Ref. C11081441400, 公文備考別輯　完　新艦製造部　武蔵　鳥海　小鷹　満珠　干珠　明治一五〜二二(防衛研究所)。

(124) この間の経緯に関しては、「満珠干珠製造手続」JACAR: Ref. C11081441300, 同前などによる。

(125) この間の経緯は、「赤城製造手続」JACAR: Ref. C11081475300, 公文備考別輯　完　新艦製造部　高雄　赤城　摩耶　愛宕　明治一六〜二二(防衛研究所)などによる。

(126) 「大島」の建造については、「軍艦大島製造一件」JACAR: Ref. C11081480300, 公文備考別輯　完　新艦製造部　大島　秋津洲　吉野　明治二一〜二七(同前)などによる。

(127) 小野塚知二「イギリス民間企業の艦艇輸出と日本――一八七〇〜一九一〇年代――」一三ページ。

(128) 同前。

(129) ベルタン「神戸造船所ニ於テ新ニ水雷艇製造ノ業ヲ起スベキ意見」明治一九年四月一九日(「明治十九年公文雑輯　巻一職官」国立公文書館所蔵)。

(130) 同前。

(131) 同前。

(132) 同前。

(133) 西郷海軍大臣より伊藤雋吉海軍省督買部長あて「普第二九五三号訓令」明治一九年六月一八日 JACAR: Ref. C11081487800,

公文備考別輯　新艦製造書類　小蒸汽船　水雷艇一　明治一九～二三(防衛研究所)。
(134) 前掲『日本海軍史』第一〇巻、八一一ページ。
(135) 伊藤督買部長より西郷海軍大臣あて「普第二九五三号御訓令ニ付上申」明治一九年六月二五日 JACAR: Ref. C11081487800, 公文備考別輯　新艦製造書類　小蒸気船　水雷艇一　明治一九～二三(防衛研究所)。
(136) 西郷海軍大臣より「三国駐劄公使へ照会」明治一九年六月二五日、同前。
(137) 督買部「外国製造所ニ水雷艇ノ製造ヲ注文スル事ニ係ル訓条」同前。
(138) 造船課「三等技師山口辰弥英仏独三ケ国へ差遣ニ付訓条」明治一九年六月二五日、同前。
(139) ノルマンより山口技師あて「アーブル港ノルマン氏ヨリ差出セシ書面」明治一九年一〇月一三日、同前。
(140) フヲルヂュ社より山口技師あて「アーブル港フヲルヂュ社カザバン氏ヨリ差出セシ書面」同前。
(141) 山口技師より伊藤艦政局長あて「書簡」明治一九年一〇月一七日、同前。
(142) 同前による。
(143) 大山巌海軍大臣より伊藤博文総理大臣あて「秘三第六十七号ノ二」明治二〇年三月一五日 JACAR: Ref. C11081487900, 公文備考別輯　新艦製造書類　小蒸汽船　水雷艇　一　明治一九～二三(防衛研究所)。
(144) 「水雷艇注文方ノ件」明治二〇年三月一九日、同前。
(145) 「水雷艇ノ件ニ付在仏国原臨時代理公使へ御依頼案」明治二〇年六月一五日 JACAR: Ref. C11081488600, 公文備考別輯　新艦製造書類　水雷艇二止　明治一九～二三(防衛研究所)。
(146) 伊藤督買部長より樺山資紀海軍次官あて「水雷艇製造締約ノ義ニ付上申」明治二〇年八月一二日および「普第四一九二号督買部上申水雷艇十七隻製造条約ノ件」明治二〇年八月一七日 JACAR: Ref. C11081488700, 同前。
(147) 「黒川辰巳両技監江訓令写」明治二〇年七月二一日、同前などによる。なお原田貫平四等技師、黒川勇熊少技監、辰巳一少技監とも「松島」「厳島」の造船監督官としてフランスに滞在していた。
(148) シュナイダーより西郷海軍大臣あて「書簡」明治二一年九月二一日(明治二一年一一月一三日受付) JACAR: Ref. C11081488900, 同前。
(149) 「クルゾーへ注文ノ水雷艇ト同種ノ水雷艇転覆ニ付対策(仮題)」明治二三年一〇月 JACAR: Ref. C11081488700, 同前。
(150) 「水雷艇改正条約ノ件」明治二三年二月二〇日、同前。
(151) 山口製造科長より相浦紀道第二局長あて「水雷艇進水ノ件(仮題)」明治二三年一一月二〇日 JACAR: Ref. C11081488800, 同前。

(152) 「官房第三五一二号」明治二三年一二月 JACAR: Ref. C11081488900, 同前。

(153) 同前に所収の参謀部第二課の「意見(仮題)」明治二三年一二月一五日、同前。

(154) 山口製造科長より相浦第二局長あて「呉造分電第二一号ノ三」明治二三年一二月二六日、同前。山口の役職については、あえて資料のまま使用する。

(155) 中牟田倉之助呉鎮守府長官より樺山資紀海軍大臣あて「水雷艇引渡ノ件ニ付上申」明治二四年一月二〇日 JACAR: Ref. C11081488900, 同前。

(156) 樺山海軍大臣より仁礼景範横須賀鎮守府長官あて「訓令案」明治二四年二月七日、同前。

(157) 中牟田呉鎮守府長官より樺山海軍大臣あて「水雷艇速力公試施行方延期之義ニ付上申」明治二四年七月一四日 JACAR: Ref. C11081489000, 同前。

(158) 樺山海軍大臣より赤松横須賀鎮守府長官および林清康佐世保鎮守府長官あて「御訓令按」明治二五年三月一一日 JACAR: Ref. C11081489000, 同前。

(159) 「官房一四六二号」明治二五年六月二四日、同前。

(160) 「水雷艇速力計算方ノ件」明治二六年一月九日、同前。

(161) 同前。

(162) 新井有貫公試委員長、香坂季太郎・山口公試委員より有地呉鎮守府長官あて「クルーゾート条約セシ水雷艇ノ内小野浜分工場ニ於テ製造シタル三十五メートル水雷艇公称第十七号第十三隻及ヒ仝第十八号第十四隻ノ公試成績報告」明治二六年一月三一日 JACAR: Ref. C11081489100, 同前。なお二月二八日の公試成績報告については、同様の内容のため省略する。

(163) 「水雷艇速力計算及賞金支払ノ件(仮題)」明治二六年二月(推定) JACAR: Ref. C11081489100, 同前。

(164) 山口小野浜分工場製造科長より福島敬典海軍省第二局長あて「ペラール氏ヘノ礼状ノ件(仮題)」明治二六年三月八日、同前。

(165) エ・ペラールより仁礼海軍大臣あて「書簡」明治二六年三月一日、同前。

(166) 西郷海軍大臣より大山臨時代理公使あて「電信案」明治二三年九月二〇日 JACAR: Ref. C11081488800, 同前。

(167) 中牟田呉鎮守府長官より樺山海軍大臣あて「仏国ノルマン社ヘ注文水雷艇材料領収済ノ義御届」明治二五年二月一日 JACAR: Ref. C11081489000, 同前。

(168) 前掲『日本近世造船史』九三八ページ。

第一〇章　日清戦争期の呉鎮守府の活動と兵器生産部門の役割

はじめに

本章においては、日清戦争期の呉鎮守府の主要機関の活動を対象とし、そのことを通じて海軍のなかにおける兵器生産部門の役割の一端を解明する。呉海軍工廠の形成過程の分析を対象とする本書において、あえてこうした内容の章を設けたのは、戦時期は究極的に勝利に向けて全組織が動員される特殊な時期であるが、そこに平時とは異なったある種の海軍工作庁としての本質が存在し、戦争に勝つことを目的に整備された兵器生産（改造や修理もふくむ）の本来の役割が把握できるように思われるからである。

こうした目的に沿って本章においては、兵器生産を中心としながらも、日清戦争期に重要視された呉鎮守府の諸活動を取り上げる。具体的にはまず作戦活動という題名のもと、艦艇および船舶の出港（出師）準備、海兵団の任務の遂行、知港事の活動を概観する。次に呉鎮守府の兵器造修と補給について、造船部門、造兵部門にわけて記述したい。そしてかなり性格が異なるが、兵士や職工の治療と軍港の衛生を保持するうえで必要な呉鎮守府病院(1)の活動を取り扱う。

さらに戦時期に不可欠な防禦態勢の構築について、明治初期の計画、日清戦争への対応、戦後の工事について検証する。

記述に際しては、全体を通じて『極秘　廿七八年海戦史　呉鎮守府ノ行動』を基本資料として使用する。(2) さらに造船部に関しては『呉海軍造船廠沿革録』(3)、鎮守府病院は『日清戦役海軍衛生史』(4)、防禦態勢の構築については『現代本邦築城史　第二部　第十九巻　広島湾要塞築城史』(5) などを使用する。

第一節　日清戦争と呉鎮守府の作戦活動

日清戦争期の主要機関の活動を明らかにすることを目的とする本章において、本節は主に日清戦争に対応して呉鎮守府の出師準備が、どのように実施されたのかを把握することを目指す。とくに最初の対外戦争において、艦艇などの出師準備、兵士の応召、そして広島に大本営がおかれたことで宇品港が最大の兵站基地になったことによる、陸軍との関係に焦点をあてる。

一　日清戦争と広島

まずこれ以降の記述に必要な点に限定して、日清戦争の経過を示すことにする。明治二七（一八九四）年三月、朝鮮において発生した農民の反乱（東学党の乱）は急速に拡大し、農民戦争の様相をみせるようになった。やがて騒乱は和解が成立し沈静化するかのように思われたが、五月三一日に至り朝鮮政府が清国援兵要請を決議（この公文は六月三日に清国に届く）したことによってにわかに緊張した。こうした事態に対して伊藤博文内閣は、六月二日、議会の解散と朝鮮出兵を決定、六月五日に大本営を設置した。そして朝鮮に対し内政改革を要求するが、受諾される様子は認められなかった。

このようななかで、明治二七年七月二五日、日本の軍艦が豊島沖で清国の軍艦と遭遇し戦闘状態となった。この海戦において勝利をおさめた日本は、八月一日、清国に宣戦を布告、全面戦争へと突入した。そして九月の平城の戦いで清国軍を撃破、黄海の海戦で北洋艦隊を半ば壊滅させた。その後一〇月には、陸軍が遼東半島に上陸、一一月に旅順要塞の陥落に成功。年が改まった二八年一月には陸軍が山東半島に進出し、二月に威海衛の要塞を陥落させた。一方の海軍は、威海衛に退いていた北洋艦隊の残りの半分を降伏させた。こうした戦闘の結果を踏まえ、四月一七日、清国が朝鮮の独立、遼東半島・台湾の割譲、賠償金二億両を支払うことを認めることを骨子とする下関条約が締結され講和が成立した。

一方、大本営が設置されたのと同じ明治二七年六月五日、広島の第五師団に最初の動員命令が出され、八月二〇日には広島駅と宇品港を結ぶ軍用鉄道が完成した。全国から兵員・物資などが集められ、宇品港から大陸へ送られるなど、広島は陸軍最大の兵站基地の役割を果すことになった。また九月一五日には、明治天皇が広島に到着し第五師団司令部庁舎に大本営が開設された。そして一〇月五日に至り、広島市および宇品地域が臨戦地境と定められ戒厳下におかれ、一〇月一八日、広島西練兵場内の仮議事堂において第七回臨時帝国議会が開会された。このように日清戦争において広島は、軍都ばかりでなく臨時首都としての役割を担ったのであった。

こうしたなかで、呉鎮守府は後述するように、他の鎮守府と同じように作戦活動、兵器造修に従事した。とくに艦艇や船舶の修繕においては、佐世保鎮守府造船部が未整備であり、横須賀鎮守府造船部が戦地より遠隔地であるため、呉鎮守府造船部が中核的役割を果たした。またこれまで重要視されてこなかったが、呉鎮守府は広島における陸軍の兵站業務を多方面から支援していた。

二　艦艇および船舶の出港準備

明治二七（一八九四）年六月二日に、西郷従道海軍大臣より、航海に支障がないよう至急準備するよう命令を受けた呉鎮守府所属の艦艇は、次のような準備をして出港した。まず軍艦についてみると、「吉野」は横須賀鎮守府造船部で修理中であったが、六月七日に竣工し受領、五日に常備艦隊に編入されており呉軍港から宇品に出港した。「天龍」は七月一三日に佐世保鎮守府造船部において修理工事を終了し、臨時警備艦隊に編入された。長崎の三菱造船所で修理を終え佐世保軍港に在泊していた「赤城」は、七月一三日に警備艦隊に編入、二〇日に居留民保護のため朝鮮国派遣を命じられ二二日に出港した。非役艦の「比叡」と「厳島」は、呉鎮守府造船部で出師に必要な諸工事をし、「比叡」は七月二日、「厳島」は七月八日に常備艦隊に編入された。同じく非役艦であった「鳳翔」は、七月二五日に警備艦となり八月二四日に長崎港の臨時警備にあてられ、佐世保鎮守府司令長官の指揮下となった。

次に水雷艇について述べると、「第十二号」と「第十三号」は、明治二七年六月一三日に海軍大臣の命令により、佐世保軍港に回航して佐世保鎮守府司令長官の指揮下となり、佐世保鎮守府造船部と三菱造船所で修理工事を実施、同港の防禦に従事した。また「第二十四号」は二八年二月二一日に呉鎮守府の所属を離れ、佐世保鎮守府所属の「第十六号」「第十七号」とともに第四水雷艇隊に編入され、佐世保から南洋に向けて出港した。(6)

海軍は陸軍から委託を受け種々の支援活動をしているが、とくに陸軍最大の兵站基地の広島に近いこともあって、呉鎮守府はその中心的な役割を果たした。明治二七年六月五日、海軍次官より呉鎮守府に、「陸軍兵搭載ノ為メ宇品ニ入港ス可キ護送船ノ水路指導」に関する通牒が届けられた。(7)また同日、陸軍の兵站総監よりの委託にもとづいて、護送船が宇品に到着し兵員乗組みの際は、呉鎮守府知港事庁および部員が出張し補助するよう通達があった。これにより陸軍運輸船の艤装の設計および工事、人馬や行李の搭載の指揮等は呉鎮守府知港事庁などの職員があたることになった。さらに運送船信号兵として、横須賀・佐世保・呉各鎮守府、兵学校現職者が乗り組み、使用する信号旗、発光信号灯、同付属具や消耗品は、呉鎮守府の現在品および各鎮守府から集めることになったが、兵員、物資とも不足の時は呉鎮守府の責任において補給することになっている。

また当時、広島市に水道が敷設されていなかったこともあり、運送船への給水と工事について呉鎮守府は、次にみるような役割を果たしている(8)。

〔前略〕宇品ニ在ル陸軍御用船ハ従来用水ニ欠乏シ、本港ニ供給ヲ仰キシカ、更ニ海軍大臣ヨリ之ニ関シテ命令アリ、曰ク、今回大輸送ノ為メ陸軍運送船ヲ宇品ニ集合セシム、然ルニ同地ハ給水欠乏セルヲ以テ、其府ノ用水中ヨリ成ルヘク給水ノ便利ヲ与へ、尚ホ之ヲ監督部長ニ通達セヨト、其他運送船艤装修理等総テ委託工事トシテ要求ニ応シタリシカ、当時艦艇ノ大至急工事施行中ナルカ為メ、特ニ命令ヲ受クルニ非サレハ如何トモスルコト能ハス、然ルニ此際海軍大臣ヨリ令達アリ、曰ク、近日軍隊大輸送ノ為メ宇品ニ於テ多数ノ運送船ニ工事ヲ要スルヲ以テ、同地ニ造船職工ノ派遣ヲ兵站総監陸軍中将川上操六ヨリ工兵少佐山根武亮ヲ経テ請求シ来レリ、因テ其ノ需ニ応ス可シト、是ニ於テ工事ヲ繰合セノ上之ニ応セリ

三　海兵団の活動

日清戦争を前にして明治二七（一八九四）年七月二日、呉海兵団は臨時召集を開始、予備役は同月一五日、後備役は一九日をもって令状を呉鎮守府管区内の役所に発送した。そして八月三日午前零時、召集の令がくだり、八月中に応召入団すべき人数が決定した。しかし八月三一日までに召集に応じた下士卒のうち、造船部および兵器工場へ勤務し召集を中止された者、すでに海陸軍使用船舶に乗り組んでいて召集を猶予された者、事故のため参加しなかった者があり、結局、九月一日までの入団者は、下士応召人員が二六名中一九名、予備役応召人員が四八四名中四三八名、後備役応召人員が三〇四名中二六六名、合計で八一四名中七二三名であった。また事故不参者のうち、理由なく召集の期限に遅れて応召入団後に刑を受けた者が一二名、応召入団せず検察具申した者が二三名、疾病または海外にいるため応召しなかった者が一三名となっている。なおその原因については、次のように記されている(9)。

〔前略〕元来予備、後備兵ノ解隊帰郷スルヤ、郷里ニ生計ヲ営ムモノ少ナクシテ、多クハ他府県ニ寄寓シ、適意ノ業ニ就キ、又ハ内外商船ニ雇ハレ、或ハ和船ニ乗組ミ漁業ヲ為ス等、其ノ住処多クハ一定セス、解隊帰郷後一身上及戸籍上ニ異動アル時ハ、直ニ其旨ヲ届出ツ可キ制規ナルモ、之ヲ履行スルモノ尠ク、為ニ令状配附ニ当リ、父母親戚スラ其ノ所在ヲ知ラス、止コトヲ得ス事故不参ノ手続ヲ為スノ状況ナルヲ以テ、島庁郡区市役所ハ頗ル困難ヲ極メタリ〔以下省略〕

こうして明治二七年八月中に応召した予備・後備兵のうち、身体検査に合格して入団した者は六九一名、帰郷者二三名（うち一名は造船部において必要のため退団）となった。また期日に遅れて九月から一二月に入団した者は、三五名を数えた。さらに二八年一月から五月に入団した予備・後備兵は、一〇名（本文の記述は一一名、表中は一〇名）と記録されている。なお志願兵については、二七年八月に規定の人員を二〇一名としたが、のち一〇五名を増員、九月一〇日に検査を終了、その際に合格者五六名を余分に採用した。その後、二八年に三六一名が臨時徴募入団している。

明治二七年六月からは通常の教育に変えて、軍艦などからの補充に応えるため短時間の速成科を設置、卒業した者を各所に配属し、実地練習後は四等卒に進級させた。その兵種の速成学を示すと、五等水兵速成本科、五等火夫速成、五等木工速成、五等鍛冶速成教育、五等看病夫速成、五等信号兵速成、厨夫速成教育（内容は通常教育と同じ）と多岐にわたっている。

四　知港事庁の活動

日清戦争期に知港事庁は、内外艦船出入りの嚮導（道案内）、兵器等の運搬、飲料水供給、水雷施設材料の運搬など繁忙を極めた。そのため所属の船舶だけでは不足し、臨時に民間の汽船を徴発しあるいは雇入れこれに対処した。

このうち水路嚮導については、明治二七（一八九四）年八月一六日、「呉軍港早瀬水道、隠戸瀬戸、広島湾、那沙美海峡ヲ出入スル普通船舶心得」を定め(10)、錯綜する軍港内の船舶航行のルールを示した。そして早瀬・隠戸（音戸）海峡に一隻ずつ、那沙美海峡に二隻の嚮導船を派遣（すべて徴用および雇入船で一週間交替）、八月一八日より水路嚮導を開始し、一二月一四日に終了した。なお嚮導船は、のべ一八隻におよんだ。

次に運搬任務についてみると、所属の船舶は、「本府司令長官ノ外武庫、建築科ノ要求ニ応シテ輸送に従事」したが、「過半ハ兵器ノ輸送ヲナシ、又ハ水船ヲ曳キテ宇品ニ往来スル等」、多様性を有している(11)。とくに陸軍への飲料水の供給は、呉で単に陸軍の運送船に飲料水を供給したにとどまらず、陸軍の要求に応じて飲料水を積んだ運送船を宇品まで派遣した。

使用船舶については、主に小蒸気船による兵器などの輸送と飲料水運送船にわけて報告されている。そのうち前者（ただし飲料水運送船の曳航船をふくむ）は、明治二七年六月が二七隻、七月が一九隻、八月が一七隻、九月が八隻、一〇月が五隻、一一月が一九隻、一二月が九隻、二八年一月が二一隻、二月が一九隻、三月が四二隻、四月が一八隻、五月が三隻、合計二〇七隻に達した。また後者は、二七年六月一七日の「門司丸」に始まり、同月二七日の「遠江丸」、七月二日の「筑紫丸」、同月五日の「熊本丸」と「品川丸」、一二日の「越後丸」、一四日の「高砂丸」、二三日の「小倉丸」、二五日の「金沢丸」と続いた。これ以降も八月に一一隻、九月に一三隻、一〇月に三四隻、一一月に一九隻、一二月に一七隻、二八年一月に二四隻、二月に二四隻、三月に三四隻、四月に一三隻、五月に一九隻、合計二一七隻の多くを数えた。

以上、艦艇などの準備、海兵団の活動、知港事庁の活動についてみてきたが、いずれの部署も繁忙を極めたものの、困難を克服してほぼ任務を遂行している。ただし海兵団の場合、はじめての対外戦争ということもあり、応召入団しなかったものが少なからずいるなど問題を残している。一方、艦艇などの準備、知港事庁の活動において、護送船の水路指導、運送船への信号兵としての乗組みと信号器具の供与、小蒸気船による兵器と運送船による宇品までの飲料水の輸送など、多方面にわたって陸軍への協力がなされた。

第二節　兵器生産部門の活動

本節では、本書の主な対象である兵器造修部門（ただし造兵部門は、建設途上のため主に造船部門）の日清戦争における活動を取り上げる。そのことによって各軍港に開設された海軍工作庁の本質とともに、呉鎮守府の兵器造修部門の役割を解明する一助となると考えられるからである。なお造船部においては、報知艦「宮古」が建設されているにもかかわらず、日清戦争期の活動を対象とする『極秘　廿七八年海戦史　呉鎮守府ノ行動』に記述がなく、また建造に日清戦争が大きく影響した様子もみられない（「宮古」の建造については、第四章第四節を参照）。

一　呉鎮守府造船部の活動

(一)　艦船艇の出撃準備工事

呉鎮守府造船部の日清戦争のための出撃準備工事は、明治二七（一八九四）年六月三日に開始された。当時、修理のため入港していた艦艇は、軍艦の「摩耶」「比叡」「厳島」「海門」、水雷艇の「第七号」と「第九号」であった。これらの艦艇について、軍艦と水雷艇にわけて工事の状況を概観する。(12)

「摩耶」の主な工事は、石炭庫の隔壁へ保温剤を塗り、同庫へ空気流通管を設置することであり、明治二七年六月三日から工事を開始、予定期間より四日早く、六月二〇日に完成した。「比叡」は開戦当初は総検査中であったが、艦尾楼に一七センチクルップ砲を搭載、さらに汽罐工事を実施、八月二日に出港した。「厳島」は二七年三月一二日に入港し、二八年二月までかけて汽罐の改造を行う予定であったが、開戦必至の状況となり、六〇日間で竣工できる大至急工事に限定することになり七月一〇日に出撃した。佐世保鎮守府所属の「海門」は、同府の委託を受けて二七年三月七日から総検査に着手していたが、風雲急を告げたため水防工事に限定して、二七年中に予定されていた竣工をさらに短縮し八月二四日に工事を終えた。

水雷艇「第七号」と「第九号」の主要工事は、船体部の船底塗換え、機関部のシャフトなどの調整、リグナムバイターの取換えなどであった。工事は明治二七年六月五日に開始され、二六日に落成した（六月二四日までは船渠に「海門」が入渠していたため水雷艇引揚台で実施）。その後は両艇に四七ミリ速射砲を搭載、七月九日に竣工した。

この他にも、次の艦船が寄港し修理がなされた。そのうち横須賀鎮守府造船部における武装工事により巡洋艦代用となった「山城丸」は、出征の途中に呉軍港に寄り補足工事が行われた。また明治二七年八月一七日、「相模丸」を呉鎮守府所管の代用巡洋艦に改造することになり、八月二四日より弾薬庫の構造、小銃掛台、乗員用の食卓、寝具などの改装工事を実施、九月八日に竣工した。こうしたなかで八月二八日には、淡路島の岩屋沖において軍艦「筑波」が汽船の「東洋丸」と衝突し、浅瀬に座礁する事故が発生、このため必要器具・材料をもった職工一〇名余を派遣、後述するように呉鎮守府造船支部の職工と協力して九月五日に同艦を浮上させ、その後、造船支部と川崎造船所によって修理工事を実施、呉軍港に回航して一一月二四日に公試運転を行った。なおこの点に関しては、㈥において詳述する。

㈡ 海戦にともなう修理工事

日清間の最初の海戦である豊島海戦後に修理した軍艦は、「大島」のみであった。同艦は直接戦闘に参加せず報知艦の役割を担ったが、焚炭過度のため汽罐が損傷した。このため帰港後の明治二七（一八九四）年九月六日から一〇月六日にわたって、燃焼局天井垂下の修理、艦底の塗換え、蒸留器一個を新設した。

黄海海戦において日本海軍は、「松島」「比叡」「赤城」「西京丸」の四艦が被害を受けた。そのうち呉鎮守府造船部は、「赤城」を除く三艦の修理を行ったが、もっとも大きな被害を受けたのは、旗艦ということで敵艦の注視の的と

なり集中攻撃を受けた「松島」であった。「松島」の船体部の被害について、次のように報告されている。(13)

敵艦鎮遠ヨリ放発セル三十拇半並装ノ二弾左舷四番砲門ヲ洞貫シ、一弾ハ上甲板ヲ貫キ、釣床格納所ヲ通過シテ舷外ニ出テ、一弾ハ四番砲身ニ命中シテ破裂シ、左舷側砲ニ供給スル為メ、中甲板ニ取出シ置ケル火薬ヲ爆発セシメ、火災ヲ起シ、同甲板ニ左右二個ノ大孔ヲ穿チ、大砲一門ヲ破壊シ、三個ノ砲坐ヲ傷ケ、之ヲ用ユルコト能ハサルニ至ラシメ、又揚錨機ノ支柱ヲ破壊シ、其ノ附近ニアリタル蒸気管、水管、通声管、電纜ヲ破壊或ハ損傷シ、其他士官次室及機関士室ノ前部隔壁ハ屈曲シテ後方ニ傾ケリ、而シテ上甲板ハ火薬爆発ノ為メ鋼梁、鋼板屈曲、甲板罅裂《かれつ》シ、釣床格納所、准士官室、迫撃砲台、治療台等モ亦悉ク破損シ、原形ノ存スルモノナシ、右舷「ボラート」ハ通過セシ弾丸ノ為ニ破壊セラレ、迫撃砲モ亦其ノ甲板ノ変形ニヨリ旋回スルヲ得サルニ至レリ、前城楼モ上甲板ノ如ク梁材屈曲、甲板変形シ、「キヤプスタン」ハ座ヲ離レテ飛騰シ、其ノ軸屈曲シタル為メ、軸ノ中途ニ止マリ、座ニ亀裂ヲ生セリ、「スキッドビーム」モ亦中間ヨリ折レ、「フオーア、アンド、アフト、ブリツヂ」破壊シ、其ノ「グレーチング」モ破損若クハ飛散シテ原形ヲ存セス、中甲板以下ニ於テハ激動ノ為メ水罐三個凹屈シ、火薬庫内板ニ罅裂ヲ生シタル所多シ、外板ハ右舷激動ノ為ニ第十七肋材ヨリ第二十二肋材迄ノ甲板間鋼板伸張シ、肋材ニ離レ、鋲釘ヲ折リ、外部ニ膨脹シ、右舷ハ継キ目ヨリ断タレ、上下屈曲シ、同所ヨリ前部ノ鋲釘ハ悉皆弛ミヲ生セリ

まさに船体は原形をとどめないほどの破損を被ったわけであるが、機関部も敵弾が煙突に命中し、右舷より貫通し、「ウエースト、スチーム、パイプ」および賄所用煙管が破損した。また、「敵艦平遠ヨリ発セシ二十六拇《センチメートル》砲弾左舷機関士室、掌水雷長事務室及後部機械室入口ノ隔壁ヲ貫キ、三十二拇砲々台ニ中リ爆発シ、其ノ砕片自余ノ鉄片ト

共ニ飛ヒ来リ、後機低圧汽筩《きとう》側面ニ取附ケアリタル油箱ノ側辺ニ中リ、少シク屈曲」したと述べられている。(14)

「松島」の修理は、明治二七年一〇月二日に天皇が広島市の大本営より呉に行幸し、視察後に開始された。その際、このような「大破損ハ姑息ノ修理法ノ能ク治ス可キニアラズ故ニ前城楼甲板及上甲板ノ破損ケ所ハ悉ク甲板及梁板ヲ撤去シ其屈曲ヲ矯メ其変形ヲ改メ之ヲ旧ノ如ク取付」けた。その際、梁材二本、鋼板三枚を取り換えただけで、残りはすべて旧材を使用している。(15)工事は、一〇月四日に横須賀鎮守府造船部から派遣された三〇〇名の職工などの応援を受け、昼夜兼行で続けられ、早くも一〇月三〇日には出港している。

「比叡」は、敵艦の発射した三〇・五センチの通常榴弾が右舷カッターダビットの下、喫水線上一メートルを貫通、士官室内後檣下甲板から八〇センチメートルの上に命中して破裂、下甲板後部のほとんどが破壊された。このため黄海海戦後、工作船「元山丸」で応急工事を施し呉軍港に回航した。修理は、一時航海、戦闘の役務に耐えることに限定し、士官寝室などは仮修理にとどめられた。なお工事は、明治二七年一一月九日に起工し一二月二九日に完成している。

巡洋艦代用「西京丸」は、敵艦の三〇・五センチ砲弾四個、二一センチ砲弾一個、一二センチ砲弾一個が左舷より貫通し士官室およびその後部二室、大機関士室が破壊され、明治二七年一〇月二日に呉軍港に入港した。なお同船は、外観が商船ということで敵艦の的になり一八発と多数の砲弾を受けたが、破損箇所がほとんど木材の部分ということもあって工事は容易で、一〇月三日に起工し一三日に竣工した。

威海衛の攻撃を前に、造船部において軍艦「橋立」と「浪速」の応急工事を行った。このうち「橋立」は明治二七年一二月二六日に呉軍港に入港、一二月二九日から渠内において船底塗換えなどを実施、二八年一月一日に竣工、翌二日に威海衛に向けて出発した。一方、「浪速」は同年一月六日に入港、七日に入渠させ船底塗換えとともに黄海海戦で敵弾を受けた損傷九カ所のうち七カ所を修理し一〇日に完了、翌一一日に出港した。

明治二八（一八九五）年一月三一日に威海衛を陥落させた海軍は、三月五日に戦利軍艦「済遠」「平遠」、六日に「広丙」を率いて凱旋した。ただしその後も澎湖列島への攻撃、四月一七日の講和条約調印後も三国干渉と不穏な状況が続き、造船部は多忙を強いられた。この当時に修理した軍艦は、「高千穂」（二月二一日入港、二月二二日入渠、三月三日竣工）、「厳島」（二月二六日入港、三月一〇日竣工）、「松島」（三月四日入港、三月六日入渠、三月一一日竣工）、「八重山」（三月六日入港、三月一〇日入渠、工事中に三月一五日出渠、乗組技手・職工により三月一七日竣工）、「千代田」（三月五日入港、三月一六日入渠、四月一〇日竣工）、「金剛」（三月二三日入港、三月二五日入渠、三月三一日竣工）、「和泉」（三月三一日入港、四月一日起工、四月一〇日竣工）、「龍田」（四月一〇日入港、四月一一日起工、四月一二日竣工・出港、五月二五日再入港、五月二八日竣工）の八隻を数える。船渠が空くのを待ちかねるように工事を急いでいる様子がわかるが、これらの修理を終えた艦のうち「高千穂」「厳島」「松島」は講和後も戦闘の続く澎湖列島に出撃、「千代田」は大総督府護衛の、「八重山」は宇品と馬関で報知艦の役務についている。

明治二八年三月五日と六日、前述のように呉鎮守府所属の艦艇は戦利軍艦三隻を率いて凱旋した。調査の結果、これらの三艦には、次のように構造上ばかりでなく、運用上からも多くの問題点があった(16)。

〔前略〕該三艦ハ概シテ舷側低ク、復原力、速力共ニ微弱ニシテ、大洋ニ臨ミ戦闘航海ニ堪ユヘキ性質ニ乏キカ如シ、又船体要部ノ防禦ハ、甲部ニ厚ク、乙部ニ薄ク、大ニ偏重ノ嫌ナキヲ得ス、又船体、機関各部ハ強弱ノ比例ヲ失スルモノアリ、尚ホ又衛生上ニ大関係アル光線ノ応用及空気ノ流通等ニハ毫モ注意スル所ナキカ如シ、船体及機関ヲ見ルニ、曾テ要部ヲ検査シ、修理ヲ加ヘタルノ痕跡ヲ見ス、又各室、諸倉庫ノ如キ塵埃堆積シ、寝室ハ鼠族跳梁ヲ

恣ニシ、艦内ヲ通シテ異臭鼻ヲ撲チ、其ノ不潔ナルコト名状スヘカラス、

こうした状況に直面した海軍は、三隻とも大規模な改修の必要性を実感したが、修理中に三国干渉事件が発生、工事は機関の運転と大砲発射に支障がない程度にとどめられた。このうち「済遠」は、明治二八年三月一九日に工事に着手、四月一日に入渠し、艦底塗換え、水雷発射管の蓋などの工事を行い、一八日に出渠している。また「平遠」は、二八年五月一四日に入渠し主に艦底塗換え、甲鉄板の塡隙などを実施、五月二六日に出渠した。「広丙」は、五月三日に入渠し、一四日に出渠、その間に艦底の塗換えなどを行った。

(三)　日清戦争後の修理

日清戦争後の明治二八（一八九五）年六月四日、西郷従道海軍大臣は艦船使用の緩急によって修理の順序を決めるため艦艇を、「第一類ハ戦闘航海ノ役務ニ完全ナルモノトシ、第二類之ニ亜キ、第三類ハ練習用トシ[17]」、第一類の修理をし、次に第二類にすすむよう各鎮守府に通達した。これにより第一類に分類されたのは、「厳島」「松島」「橋立」「吉野」「扶桑」「浪速」「高千穂」「秋津洲」「千代田」「龍田」「和泉」「鎮遠」「済遠」「平遠」「八重山」の一五隻、第二類は、「金剛」「比叡」「高雄」「筑紫」「葛城」「大和」「武蔵」「大島」「愛宕」の九隻、第三類は、「海門」「天龍」「磐城」「筑波」「鳳翔」「満珠」「干珠」「館山」「操江」「鎮東」「鎮西」「鎮南」「鎮北」「鎮辺」「鎮中」の一五隻となっている。

こうした原則が設けられたにもかかわらず、実際に呉鎮守府造船部において修理がなされたのは、「橋立」「厳島」「千代田」と水雷艇だけであった。このうち「橋立」は、明治二八年五月一三日に起工、第五汽罐および燃焼局を交換し八月八日に竣工した。また「厳島」は、九月五日から船体部の一二センチ砲弾薬庫および綿火薬庫の改造、一二

センチ砲揚弾機の新設、機関部の汽罐煙管の改造などの工事を行い一〇月一三日に竣工した。なお「千代田」は、造船部が繁忙を極めたため川崎造船所において修理を行い九月二五日に完成、その後に呉軍港に回航し、九月三〇日から一〇月四日にわたり船渠で検査、修理を実施、公試運転をへて一〇月一四日に竣工した。このほか水雷艇「第十八号」と「第十九号」の修理も実施している。

(四)　その他の活動と民間造船所の活用

小蒸気船、端舟、雑船は、水雷敷設、曳船、通信など用途が広く、日清戦争期に四一隻を修理、一二一隻を建造した。なお建造船の内訳は、小蒸気船が一七隻（うち一〇隻は民間造船所で建造）、端舟が五三隻（うち一七隻は民間造船所で建造）、雑船が五一隻（うち一〇隻は民間造船所で建造）となっている。(18)

日清戦争には、各種の徴用船が使用された。この徴用船の建造、修理、改造は八隻と少なかったが、弾薬運搬のために弾薬庫を仮設するなど、手間のかかる工事が多かった。

呉鎮守府造船部では、海軍部内の兵器工場、水雷庫、監督部からの受託工事も行われた。このうち兵器工場から依頼を受けたのは、軍港防禦のため呉鎮守府知港事所属の小蒸気船、足場船、桟橋用箱船、装水雷押送船《おしおくりぶね》などへの水雷発射筐または外装水雷の装備、軍艦の檣楼への機砲据付工事であった。また水雷庫からは、水圧検査ポンプ属具の調製、水雷調製用木杆三〇組など、監督部からは、陸上用角天幕一〇張、帆布製覆各種、角形釜新製および修理、敷設水雷用浮標一五個の製造、第二船渠汽船雛型などとなっている。

海軍部外受託工事は、普通修理工事五〇隻、衝突による修理五隻、座礁による修理二隻、馬欄《ばらん》（船の上で馬を入れておくかこい）取付五隻（五〇四個）、船底塗換え（修理とも）一七隻、船底および舵機検査六隻と記録されている。このほか宇品運輸通信支部に明治二七（一八九四）年六月九日から七月七日にわたり職工五〇名を派遣し、馬欄三一一個、九月六日から一九日まで同じく五〇名の職工を送り「長門丸」に一二一個、その他の用船に若干の馬欄を新設している。

しばしば述べてきたように日清戦争期、呉鎮守府造船部は繁忙を極めており、そうした状態をいくらかでも緩和するため民間造船所に工事の委託が行われた。そのうち川崎造船所では、軍艦「千代田」「磐城」の修理、水雷敷設艇「第六十号」と「第六十一号」、軍艦「広丙」用端舟など五隻を建造した。また大阪川口鉄工所においては、曳船八隻、軍艦「平遠」用端舟六隻を建造した。さらに摂津造船所においては軍艦「厳島」用端舟八隻、浅木森造船所で運貨船一〇隻を建造している。

(五)　日清戦争期の造船部の労働環境

これまでみてきたように呉鎮守府造船部は、日清戦争期に多くの艦船の改造、修理工事を実施した。こうした状況は、「当時佐世保はまだ呉よりも幼稚、兄貴に当る横須賀は余りに遠隔で地の利が無い」ためにもたらされたものであり、「呉は是が非でも之等を背負い込まなければならぬ宿命にあつた」といわれている[19]。以下、造船部において働いた職工数、働歩数、給料の推移を掲載した表一〇‐一を参考にしながら、日清戦争期の労働状況を述べることにする。

平時の人数で戦時の工事に対応することの困難を認識した造船部は、各種方法により職工募集を開始したが、表一〇‐一に明らかなように明治二七（一八九四）年六月から八月まで職工数の増加は認められない。こうしたなかで出撃準備工事の増幅に直面した造船部は、「労働時間ヲ増シ又公休日ト雖モ休業セシメズ尚適宜残業ト徹夜工事ヲ施行」した[20]。そして九月下旬まで、工事を完遂することができたのであった。

ところが一〇月になると、黄海海戦で損傷を受けた「軍艦松島比叡西京丸等ノ工事一時ニ幅（輻）輳シ之レガ措置ニ苦」

表10－1　呉鎮守府造船部の職工の労働状況　　単位：人・円

年　月	現人員	並働歩数	増働歩数	働歩数合計	給料	通　計	
						働歩数	給料
明治27年6月	1,460	16,087 (1,882)	12,693 (2,106)	28,780 (3,988)	8,294 (1,240)	32,788	9,534
7月	1,461	20,569 (10,617)	4,777 (8,751)	25,346 (19,368)	7,234 (5,848)	44,714	13,082
8月	1,465	14,274 (22,147)	3,066 (5,147)	17,339 (27,294)	4,993 (8,231)	44,633	13,224
9月	1,513	19,751 (12,482)	7,152 (7,315)	26,903 (19,796)	7,895 (6,005)	46,699	13,899
10月	1,699 (530)	5,144 (12,919) (13,780)	7,489 (39,119) (2,892)	12,633 (52,038) (16,672)	3,698 15,316 6,017	81,343	25,030
11月	1,738	11,597 35,953	6,877 8,494	18,474 44,447	5,275 13,145	62,921	18,420
12月	1,786	23,302 (5,135)	16,588 (5,716)	39,890 (10,851)	11,535 (3,161)	50,741	14,696
28年1月	1,848	22,767 (14,700)	12,853 (5,850)	35,620 (20,550)	9,973 (6,017)	56,170	15,990
2月	2,031	26,213 (12,590)	11,636 (8,003)	37,849 (20,593)	10,986 (6,160)	58,441	17,146
3月	2,191 (230) 20	18,181 (35,073) (3,680) (660)	5,889 (24,799) (60) (80)	24,070 (59,872) (3,740) (740)	7,072 (17,637) (1,400) (185)	88,422	26,295
4月	2,289 (230) 55	5,663 (14,828) (4,140) (990)	2,066 (19,910) (2,618) (110)	7,729 (34,738) (6,758) (1,100)	2,235 (10,535) (2,527) (350)	50,325	15,647
5月	2,466 (230) 26	13,084 (33,986) (5,980) (676)	2,964 (15,841) (410) (49)	16,049 (49,828) (6,390) (725)	4,817 (15,175) (2,466) (229)	72,991	22,686
6月	2,581 (226) 30	15,665 (35,413) (5,650) 313 (438)	3,790 (11,852) (1,142) 188 (263)	19,455 (47,266) (6,792) 500 (700)	5,743 (14,839) (2,552) 123 (172)	74,712	23,429
7月	2,609 (222) 30	28,677 (43,188) (5,772) 158 (622)	4,406 (8,854) (720) 154 (615)	33,082 (52,041) (6,492) 312 (1,237)	10,045 (16,271) (2,442) 103 308	93,164	29,168
合計		241,443 (333,301)	102,587 (180,715)	344,030 (514,015)	100,019 (158,226)	858,045	258,244
総計	28,970	574,743	283,302	858,045	258,244		
内　訳							
当部使役職工		241,443 (294,299)	102,587 (172,873)	344,030 (467,172)	100,017 (140,823)	811,201	240,840
横須賀よりの派遣職工		(13,780)	(2,892)	(16,672)	(6,017)	16,672	6,017
旅順口への派遣職工		(25,222)	(4,949)	(30,171)	(11,387)	30,171	11,387

出所：呉海軍造船廠『呉海軍造船廠沿革録』(明治31年) 77～79ページ。

註：1)(　)内数字は、臨時軍事費からの支出を表す。

2)明治27年10月の上から3段目（最下段）の数値は、横須賀鎮守府造船部派遣職工への支払い分である。

3)明治28年3～5月の上から3段目の数値は、旅順口派遣職工の本給、4段目は臨時雇入職工の賃金を示す。

4)明治28年6、7月の上から3段目の数値は、旅順口派遣職工の本給、4、5段目は臨時雇入職工の賃金を示す。

しむことになる。[21]こうした窮状を呉鎮守府から聞いた海軍は、九月三〇日に横須賀鎮守府に対し、「松島ノ工事速成ヲ要シ、職工不足ナルヲ以テ造船部職工三百名、技手、技工ノ内二名ニ道具ヲ携帯シテ呉鎮守府ニ派遣」するように訓令、これを受けて一〇月三日に呉に向けて出発した。[22]また一〇月六日の海軍からの「比叡」「西京丸」の緊急工事用職工派遣の訓令により、同じく横須賀から職工一〇〇名、木工一三〇名が呉を目指した。すでに述べたようにこれらの工事、とくに「松島」の場合は、呉鎮守府造船部では建造したことのない四二七八トンという大型艦の大修理であり、同型艦の「橋立」の建造経験のある横須賀造船所の職工などの支援を得たことにより早期に完成できたものと思われる。なお横須賀鎮守府造船部より派遣の職工数について呉鎮守府造船部は、一〇月四日より一一月五日まで三〇〇名、一〇月八日から一一月二五日まで二三〇名、合計五三〇名と報告している[23](この他に技手と技工を一名ずつ派遣)。

この間の造船部の職工数は、しだいに増加(平均一カ月五二名)し、表一〇‐一のように明治二八(一八九五)年一月になると一八四八名になったが、呉鎮守府造船支部の工事が減少し、二月四日に一二五名、一五日に一三名が造船部に移動となり、人員は二〇三一名に急増した。ところが一六日には、西郷海軍大臣より旅順口根拠地工作部に職工二三〇名(造船職工一三〇名、造機職工一〇〇名)貸与の要請があり、三月四日に出発した。このためまたもや人員不足に苦しむことになったが、臨時職工と人夫を雇用、造船支部からの移転(三月から七月まで三〇一名)、養成職工二六八名の採用によって難局を乗り切った。

(六)　呉鎮守府造船支部の活動

イギリス人の創設した神戸鉄工所を受け継ぎ、鉄船や鋼鉄船の建造に優れた技術を発揮した呉鎮守府造船支部は、やがてその技術的伝統と神戸という立地条件をいかし水雷艇建造の中心的存在となった。日清戦争開戦時も造船支部は、呉鎮守府造船部への移転と戦時への対応という理由によって、前年度から建造中の二隻の水雷艇を明治二七（一八九四）年一二月までにほぼ完成させることにした。そして、「毎日四時間ノ増服業ヲ実行」し、長時間を要する機関工事のうち「精密ヲ要セス又材料ニ重キヲ置カサル物品ハ、川崎造船所ヲシテ製造セシメ」るとともに、造船支部では、「本府造船部迄回航シ得ルヲ程度トシ」[24]、公試運転等は呉鎮守府造船部において実施することにした。こうした方針のもと水雷艇の建造は続けられ、フランスのノルマン型で長さ三六メートルの「第二十四号」（八〇トン）は、二七年一〇月一五日に進水、一二月二九日に出発、二八年一月一五日に造船部において公試運転を終了した。またドイツのシーヒャウ型で長さ三九メートルの「第二十五号」（八五トン）は、二七年一一月二八日に進水、二八年二月六日に造船部に回航して公試運転を開始し二月二八日に終了した。

すでに述べたように明治二七年八月二八日、軍艦「筑波」が汽船「東洋丸」と淡路島沖において衝突、この報告を聞いた造船支部はただちに職工を派遣した[25]。そして翌二九日から呉鎮守府造船部の職工とともに工事に着手、九月一日に排水に着手するが失敗、九月五日にポンプ一台を追加、漏水を防ぎふたたび排水に挑戦し、船体浮揚に成功した。そして翌六日、造船支部の沖で「筑波」から火薬などの危険物をおろし、二二日に川崎造船所の船渠に入渠して修理、造船支部から技術者を派出して艦内の造作と機関部の修理を実施した。そして一一月七日に試運転を行い、一二日に呉に向けて出航した。

この他、主に次のような工事を実施した。

○　佐世保鎮守府「第五十号」水雷敷設艇建造（明治二七年九月九日引渡し）
○　水雷艇「第二十三号」の修理（二七年六月二〇日起工、七月八日竣工）
○　水雷艇「第二十二号」の修理（二七年六月二〇日起工、六月二三日竣工）、（二七年一〇月一八日起工、一一月一七日竣工）

○　水雷艇「小鷹」の修理（二七年六月二二日起工、六月二三日竣工）
○　水雷艇「第六号」の修理（二七年六月二四日起工、七月三日竣工）
○　「第一震天」の修理（二七年六月二七日に即日終了）
○　水雷艇「第二十一号」の修理（二七年七月二二日竣工）
○　軍艦「扶桑」の修理（二七年七月二五日起工、七月二七日竣工）

これをみると造船支部の工事は、日清戦争期といえども突発事故以外は水雷艇の建造、修理が圧倒的に多いことがわかる。

二　武庫、水雷庫、兵器工場、測器庫の活動

明治二二（一八八九）年七月一日の呉鎮守府の開庁と同時に設立された兵器部は、二六年五月一九日に廃止され、新たに武庫、水雷庫、兵器工場が設置された。なお呉鎮守府は、兵器の製造、修理を主たる任務としており、横須賀鎮守府、佐世保鎮守府に比較して出師準備の役割が低く、したがって兵器の補給も少なかったが、それでも修理のため入港する艦船がもっとも多いこともあり、庫員や職工は残業や徹夜をすることも稀ではなかった。

明治二七（一八九四）年六月、有地品之允呉鎮守府司令長官より内訓を受けた武庫は、ただちに各艦船、海兵団、水雷隊攻撃部などに向けて貯蔵兵器の補給の準備および予備品の補充に着手した。清国に宣戦を布告した八月一日以降、さらに黄海海戦後は復旧工事のため入港する船舶が輻輳し、事業は繁忙を極めた。また二八年に捕獲軍艦の「済遠」「平遠」「広丙」の入港に際して、「庫員ハ直ニ其ノ搭載兵器ヲ調査シテ陸揚シ、或ハ修理ヲ加ヘ、或ハ手入ヲ施シ、或ハ艤装上ノ供給ヲ為ス等、百忙中ニ在リテ敏活ニ之ヲ処理シタ」と報告されている。(26)

水雷庫においても、明治二七年六月から水雷兵器の供給準備を開始した。そして黄海海戦後は多くの艦船が入港、「兵器ノ損害甚シキヲ以テ、修造、引換、補充等ノ為メ、其ノ事業益々頻繁トナリ、終ニハ在庫品ニ欠乏ヲ生セルヲ以テ、他鎮守府ヨリ回送ヲ求メテ、之カ準備ヲ」したという。(27) 捕獲軍艦の入港に際しては、付属の水雷、兵器の現状を調査、報告し、それらの修理、手入れを行った。

明治二七年六月に出撃準備の命令により、各部所より兵器工場に兵器の修理、手入れ、据付けの依頼が殺到した。さらに「豊島海戦ニ次テ、黄海、威海衛ノ海戦後ハ、業務益々多端トナリ、水雷職工ノ如キ、本工場ノ水雷工ノミニテハ到底急要ニ応シ難ク、已ヲ得ス横須賀兵器工場ト交渉シテ、水雷職工ノ補助ヲ求メ」(28)て、どうにか対応した。そのほか、呉軍港の防備にあたる陸軍の第五師団第九連隊の兵器の修理も行っている。

兵器部から分立した組織ではないが、兵器の補給に重要な働きをした測器庫について記述する。明治二七年六月、測器庫は測器供給の準備に入り、出航する艦船に測器、海図を補給した。また黄海海戦後は入港艦船があいつぎ、測器の緊急的な手入れに追われ、加えて陸軍省に港湾防禦用測器を貸与するなど繁忙な日が続いた。とくに捕獲軍艦の入港に際しては、測器を陸揚げして倉庫におさめて再生可能な物を急速修理するなど対応に追われた。

これまで述べてきたように日清戦争時に呉鎮守府の兵器造修部門において重要視されたのは、艦艇の改造、修理、座礁した軍艦の引揚げと修理、小型船舶の建造(陸軍の支援もふくむ)、兵器の補給などであり、報知艦の「宮古」が建造されていたが、早期完成が求められるようなことはなかった。このうち開戦にともなう修理においては、呉鎮守府造船部が中心的役割を果たしたためとくに繁忙を極めたが、そうしたなかで黄海海戦によって損傷した旗艦の「松島」などを横須賀鎮守府造船部の職工などの支援を受けて早期に完成したことは、巡洋艦の建造技術の向上を助長することになったと思われる。また繁忙期対策として採用された休日出勤、残業などは、一人当たりの給料の増加とともに職工の地位の向上をもたらすことになった。なお繁忙期対策として民間造船所の活用が行われているが、艦艇の建造はみられず小型船にとどまっている。

第三節　日清戦争期の呉鎮守府病院の活動

本節においては、戦争時に重要な役割を担う病院の活動に焦点をあてる。そして呉鎮守府病院の戦争への対応、傷病者の分析などにより広島陸軍予備病院と比較する。さらに日清戦争がもたらしたコレラなどの伝染病の流行と、呉鎮守府病院の地域医療活動を取り上げる。

明治二二（一八八九）年七月一日、呉鎮守府管内の将兵などの医療にあたる目的をもって呉海軍病院が開院した。開院当時、レンガ石造の第一病舎（内科病室）、伝染病室、手術室のみで出発した呉海軍病院は、その後、同年一二月にレンガ石造の第二病室（外科病室）、癲狂室や木造の病院庁などを完成させた。それにともない職員も充実、入院患者も二三年の一九〇名から二六年には四四〇名に増加するなど、短期間のうちに整備された[29]。なお呉海軍病院においては、呉鎮守府管内の軍人以外に職工や文官も、公務にともなう傷病の場合に限り診療を受けることができた。

清国との関係が深刻化した明治二七（一八九四）年六月六日、海軍衛生会議は電報により横須賀・呉・佐世保の三鎮守府病院長に治療品を貯蓄準備するよう指示した[30]。これを受けた三田村忠国呉鎮守府病院長は、清国との戦争に備え治療品の補給の準備をすすめるとともに、戦時傷病者の収容計画を樹立した。そして七月には、海軍衛生会議議長の指示に従い呉鎮守府所管の兵員約四一一四名、軍港防禦陸軍兵約一八三三名、合計五九四七名の一〇分の一にあたる約六〇〇名の収容施設を確保することとした[31]。

当時、呉鎮守府病院には、レンガ石造二階建ての病室二棟、伝染病室一棟、癲狂室一棟があった。こうしたなかで収容施設を確保するため、まずレンガ石造の病室二棟に保管してあった鉄製寝台一二八基を備えた。また軍法会議所および呉水雷隊攻撃部兵舎を仮病室に改装し、前者に五〇名、後者に六〇名の患者を収容するため、木製畳付寝台などを購入、八月一〇日に準備を完了し、九月一八日にはレンガ石造の二棟に入院している平病患者三〇名を軍法会議所仮病室に移し、快適なレンガ石造の病室に戦闘による負傷兵を収容できる態勢を整えた。さらに二日後の九月二〇日には、呉水交支社の建物を借用し、四〇名収容可能な仮病室とすることとし室内消毒を実施した。[32]

こうした呉鎮守府病院の環境について、日清戦争期に日本赤十字社救護員として広島陸軍予備病院に派遣され、明治二七年八月二八日に入院兵士の慰問と視察のため呉鎮守府病院を訪れた高橋種紀医師は、同病院と広島陸軍予備病院とを比較しつつ、次のように報告している。[33]

鎮守府病院ハ港ノ中央ニ在リ土地高燥空気ノ流通ヨロシク事務室及煉瓦病室二棟ヨリ成リ伝染病室精神病室等ヲ隷ス同院ノ構造ハ慈恵医院ニ類シ規模大ナラスト雖トモ病室ノ清潔ナル万般ノ整理頗ル見ルベキモノアリ殊ニ水ノ供給充分ニシテ到ル所水ノ使用ニ便宜ナルハ驚クニ堪ヘタリ

報告にあるように、呉鎮守府病院は上陸場から約五〇〇メートルと患者の搬送に便利で、採光、通風のよい丘の上に立地していた。また高価なレンガ石造病室二棟に水道が完備し、病室は清潔に維持されていた。

海軍の医療機関は、明治一四（一八八一）年五月一日に成医会講習所（のちの東京慈恵医院学校）、翌一五年八月一〇日に有志共立東京病院（のちの東京慈恵医院）、一八年四月に日本最初の看護教育機関である有志共立東京病院看護婦教育所（のちの東京慈恵医院看護婦教育所）を開くとともに、海軍の医務・衛生制度をイギリス式に改革し、食事の改善により脚気を克服することに貢献した高木兼寛の影響が強かった。[34]とくに呉鎮守府病院は、高木の忠実な部下であり姻戚関係にある豊住秀堅が初代院長として建設から初期の運営まで心血を注いだということもあって、高木の考えが浸透していたといわれる。[35]

日清戦争期（明治二七年七月一日から二八年一二月三一日）に呉鎮守府病院に入院した患者は、表一〇－一二に示したように一二二五名のうち海軍軍人非戦闘者が九二六名ともっとも多く、海軍非軍人が一〇六名（黄海海戦三七名、威海衛海戦五名）、海軍軍人戦闘者が四二名、そして陸軍軍人（呉軍港と周辺の砲台守備）が一五一名となっている。海軍非軍人が戦闘入院者を上回るのは、造船部などの兵器造修事業の繁忙にともなう職工の増加と電灯のないなかで昼夜兼行などの長時間労働に従事しなければならなかったことによる。また戦闘入院者が少ないのは、負傷した将兵はまず佐世保鎮守府病院に収容され、そのうち比較的軽症で搬送に堪え得ると判断された患者が呉鎮守府病院に転送されたこと、大量の死傷者を出す戦闘が黄海海戦くらいだったことによるものと思われる。

これを病類・病名別に分類すると、花柳病、すなわち性病が四七三名（三八・六パーセント）ともっとも多く、次に外傷が二四六名（二〇・〇パーセント）、以下、呼吸器病が一三〇名（一〇・六パーセント）、栄養器病八〇名（六・五パーセント）と続くが、伝染病は五六名（四・六パーセント、うちコレラ一一名）、脚気は八名（〇・七パーセント）にすぎない。このうち性病は、海軍軍人非戦闘者が四二四名、陸軍軍人が四九名と非戦闘軍人によって占められている。また外傷のうち戦闘によるものは海軍軍人戦闘者が三八名で、残る二〇八名のうち九九名は海軍非軍人となっている。[36]なお海軍非軍人の大部分は、電灯もないなかで昼夜兼行をせざるを得なかった造船部などの職工であった。

一方、日清戦争期の広島陸軍予備病院は、戦地から最初に戦傷病者を受け入れる陸軍の最大の病院ということで、五万四〇二〇名と非常に多くの患者が入院している。これらの患者を病名・病類別に分類すると、脚気が一万六八八五名（三二・三パーセント）ともっとも多く、次に伝染病が一万二三六一名（二二・九パーセント）、以下、消食器病六八二四名（一二・六パーセント）、器械的外傷四二六一名（七・九パーセント）、呉鎮守府病院で多い愛憐（性）病は、一七〇六名（三・二パーセント）にすぎない。これをみると広島陸軍予備病院の場合、戦闘による外傷は非常に少なく、脚気と伝染病、とくに致死率の高いコレラ（患者―二一九一名、死者―二二二名）に悩まされていたことがわかる。なお広島では、明治二八（一八九五）年六月一日から一〇月三一日まで似島《にのしま》臨時陸軍検疫所と避病院が活動しており、同病院に疑似をふくむコレラ患者九二六名（うち死者三一三名）をふくむ一二六〇名（うち死者三八二名）の伝染病患者が入院している。(37)

このように海軍と陸軍の医療施設への入院患者を比較すると、そこに大きな相違がみられる。そのうち呉鎮守府病院で性病が多いのは、広島陸軍予備病院の入院患者がほとんど戦地からの戦傷病者の後送患者であるのに対し、大部分が非戦闘者で占められていること、海軍軍人は海上生活が長く寄港地で性的快楽を求める傾向が強いことなどが原因と思われる。また呉鎮守府病院でほとんどみられない脚気が広島陸軍予備病院で多いのは、すでに海軍において洋食と麦飯、陸軍でも麦飯の採用により脚気の撲滅に成功していたにもかかわらず、日清戦争に際しては、陸軍軍医の上層部がほとんど麦を補給せず白米食にこだわったことによる。(38)さらに明治二〇年代に減少していたコレラが陸軍で多発したのは、コレラ多発地帯に進出したにもかかわらず防疫体制が不充分であったこと、帰還軍人の受入地の広島においても検疫所の開所が遅れるなど対策が後手にまわったことに原因があった。いずれにしても予防が可能な病気であり、それができなかったために多くの兵士が苦しみ、戦力を失ったのであった。

日清戦争期という繁忙期においても、呉鎮守府病院の正規の職員は軍医官六名、薬剤官一名、看護手および看護人三八名にすぎなかったが、雇看護人とともに篤志看護婦会が看護助手の役割を果したことによって比較的スムーズ

表10－2　日清戦争期の呉鎮守府病院の動向　　単位：人・％

転帰 / 病類・病名	患者 海軍軍人 戦闘者	海軍軍人 非戦闘者	海軍 非軍人	陸軍 軍人	計	割合	全治および軽快 人数	割合	死亡 人数	割合	転送 人数	割合	その他 人数	割合
花柳(性)病	0	424	0	49	473	38.6	378	79.9	0	0	47	9.9	48	10.1
外傷	38	102	99	7	246	20.0	180	73.2	12	4.9	3	1.2	51	20.7
呼吸器病	0	117	1	12	130	10.6	61	46.9	10	7.7	18	13.8	41	31.5
栄養器病	0	46	2	32	80	6.5	62	77.5	1	1.3	15	18.8	2	2.5
伝染病	0	38	0	18	56	4.6	41	73.2	8	14.3	4	7.1	3	5.4
皮膚病	0	40	0	4	44	3.6	34	77.3	0	0	2	4.5	8	18.2
その他全身病	0	28	1	11	40	3.3	31	77.5	2	5.0	4	10.0	3	7.5
泌尿器および生殖器病	0	33	0	6	39	3.2	33	84.6	0	0	1	2.6	5	12.8
眼病	0	29	0	5	34	2.8	19	55.9	0	0	6	17.6	9	26.5
神経系病	0	21	0	2	23	1.9	12	52.2	2	8.7	1	4.3	8	34.8
蜂巣織病	0	11	1	0	12	1.0	10	83.3	0	0	0	0	2	16.7
循環器病	0	11	0		11	0.9	7	63.6	0	0	0	0	4	36.4
運動器病	0	8	0	3	11	0.9	7	63.6	0	0	1	9.1	3	27.3
脚気	0	6	0	2	8	0.7	5	62.5	0	0	2	25.0	1	12.5
凍傷	1	5	2	0	8	0.7	8	100.0	0	0	0	0	0	0
耳病	0	7	0	0	7	0.6	3	42.9	0	0	0	0	4	57.1
火傷	3	0	0	0	3	0.2	2	66.7	0	0	0	0	1	33.3
合計	42	926	106	151	1,225		893		35		104		193	

出所：海軍省医務局編『日清戦役海軍衛生史』(明治37年) 228～235ページ。
註：患者の割合は患者全体に対する比率、その他は、同一の病類・病名におけるそれぞれの比率である。

に運営された。この篤志看護婦会は、清国との緊張が高まると海軍軍医官妻女によって構成される愛生社員がただちに看護術練習を企画し、これを知った有地呉鎮守府長官夫人が呉在住の海軍高等官夫人に呼びかけ、明治二七年七月に、両者を中心に組織されたのであった。同会は准士官・下士卒の妻女も加わり一七四名に増加、会員は、「毎日交番に十五名宛午前八時より正午時まで病院に出頭し繃帯交換の助勢及繃帯品製造等」の救護活動を行っている[39]。

日清戦争においては、コレラをはじめとする伝染病が陸軍の兵站基地となった広島市と周辺町村で猛威をふるったが、呉地方においても、明治二七年六月から七月にかけて安芸郡本庄村川角《かわすみ》と同郡熊野村で赤痢が発生、二河川に沿って呉軍港の和庄町などに蔓延し三六八名の住民が罹患した。これに対して三田村呉鎮守府軍医長（病院長を兼務）は、すみやかに発生地に軍医を派遣し視察させ適切な対策を指示するとともに、呉鎮守府内においては徹底した予防策を講じた(40)。

明治二八（一八九五）年一月に清国の金州、二月から三月にかけて門司、宇品においてもっとも恐れていたコレラが発生した。呉軍港と周辺においても四月一七日に吉浦村（川原石、両城以外の地域）、五月二一日に商港の所在地の吉浦村内の川原石でコレラが発生、つぎつぎに隣接地や市街地に伝播し七月三一日までに六〇名から七〇名の患者を記録、またこの頃になると赤痢がふたたび流行した。こうした事態に対し呉鎮守府は、事態の重要性を認識し、次にみるようにただちにきめ細かい対策を実施した(41)。

本府構内ハ既ニ二月中一般ニ清潔法ヲ施行シ而シテ門司宇品ノ諸港ニ虎列刺《コレラ》発生ノ報アルヤ流行病予防掛ヲ設ケ鎮守府病院附軍医官ヲ以テ之ニ任シ鎮守府軍医長之ヲ監督シ造船部其他通勤者ノアル官衙ニハ夫々予防掛ヲ置キ兵員ノ有病地ニ到ルヲ禁シ新ニ本府ニ来レル兵員ハ一時之ヲ隔離シ又地方官ト協議シテ町村内ニ消毒的清潔法ヲ励行シ患者発生ノ報アル毎ニ予防掛軍医官ヲ派シテ其消毒法ヲ監督セシメ町村人民ヲ学校寺院等ニ集メ軍医官ヲシテ虎列刺予防法ヲ講演セシメ以テ衛生的自治心ヲ喚起セシムルコトニ努メタリ

これらの報告をみると、伝染病の流行経路と呉鎮守府病院による予防対策を具体的に知ることができる。注目すべき点は、海軍の施設のみならず市街地や周辺町村においても消毒や予防教育も実施していることであるが、そこには兵器生産を担う職工などの住居地帯を伝染病から守るという使命感があったものと思われる。このようにコレラの報告から有益な情報を得ることができるのであるが、残念ながらこの資料からは町村ごとの患者や死者数を把握することは不可能である。

日清戦争前後の呉と周辺村の伝染病の流行に関しては、表一〇－三のような数値が得られた。この統計は、戦時期の伝染病の流行に際して隣接する阿賀村も統一的な対策を実施する必要があるとして、同村の安芸郡への編入を求める海軍省へ反論する資料として、内務省が広島県の資料をもとに作成したものである。そのためのちに呉市を形成する安芸郡の和庄町、荘山田村、宮原村と、ほぼ半数が呉市となり（呉市の商港の所在地の川原石と隣接する両城地区）半数が残る（本村と落走《おちはしり》地区）吉浦村、そして賀茂郡で呉に隣接する阿賀村とその東に位置する大村の広村から構成されており、呉と周辺町村を比較できる貴重な資料といえよう(42)。

前置きはこのくらいにして、表の分析をすると、全国的な傾向を反映して両年とも赤痢が流行していることが目につく。また赤痢は、明治二七年に市域、とくに最大の市街地を有する和庄町に多い。これに対してコレラは、二七年にはほとんどみられないが、二八年に呉鎮守府病院の報告からは予想もつかないような二七六名という多くの患者が発生し、治療の効果もなく患者の八〇パーセントにもおよぶ二二一名が死亡するという惨事となった。日清戦争が予想以上に早く終結したことで、似島臨時陸軍検疫所が開所される前に最大の兵站基地の広島（宇品港）に軍人や軍役夫が凱旋し、コレラなどの伝染病が広島、呉や周辺部などの沿岸部をはじめ県内全域に流行したのであった。

試みに広島県の民間人の伝染病患者と死者をみると、明治二六（一八九三）年が一万二二一二名（死者三六四〇名）、二七年が一万一二三八名（同三五一六名）、二八年が七一五八名（同三九〇三名）となっている。また広島市は、同時期一一六九名（同三九二名）、七五八名（同二九二名）、一八七〇名（同一三九〇名）と報告されている。これをみると広島県、広島市とも二八年の死亡者が多いが、これは広島県において大阪についで二番目に多い三九一〇名のコレラ患者が発生し二九五七名が死亡したこと、そのうち広島市は一五六七名の患者と一三〇二名の死者を記録するという、未曾有のコ

表10－3　日清戦争期の呉軍港と周辺地域の伝染病患者　　単位：人

		阿賀村		広　村		和庄町		荘山田村		吉浦村		宮原村		計	
		明治27年	28年	明治27年	28年	明治27年	28年	明治27年	28年	明治27年	28年	明治27年	28年	明治27年	28年
コレラ	患者	0	26	0	37	1	99	1	28	3	63	0	23	5	276
	死者	0	23	0	28	1	76	1	24	1	49	0	21	3	221
赤痢	患者	0	2	6	0	94	0	48	12	34	15	55	0	237	29
	死者	0	1	2	0	27	0	23	0	13	3	18	0	83	4
天然痘	患者	0	0	1	0	4	0	1	0	0	0	0	0	6	0
	死者	0	0	0	0	1	0	1	0	0	0	0	0	2	0
腸チフス	患者	3	0	2	5	0	1	0	1	2	5	0	1	7	13
	死者	1	0	1	1	0	0	0	1	1	1	0	0	3	3
計	患者	3	28	9	42	99	100	50	41	39	83	55	24	255	318
	死者	1	24	3	29	29	76	25	25	15	53	18	21	91	228

出所：「安芸郡呉地方（和庄町、庄山田村、宮原村、吉浦村）ト是ニ接続スル賀茂郡阿賀村トノ衛生上ノ関係及比較ハ左ノ如シ」（「明治卅一年公文備考　廿二　土木下」）。

レラ禍にみまわれたことによる。すでに述べたように広島市には陸軍の医療機関にも二〇〇〇名を超えるコレラ患者が入院しており、勝利の陰で市民は塗炭の苦しみを味わわされていたのであった(43)。

このように日清戦争は、兵站基地の広島と軍港の呉に伝染病という災禍をもたらした。とくに広島の被害が大きいがこうした相違が生じた最大の原因は、広島が最大の兵站基地として人と物の交流が激しく、それを計画的にコントロールできなかった点にあった。そのことについてはやむを得ない面もあるが、すでにみたように呉鎮守府内の場合は海軍内だけでなく兵器生産を担う職工の住んでいる市街地や周辺地域の衛生に敏感に反応し、呉にコレラが発生する前の明治二八年二月に清潔法を実施するなど素早く行動したのに、陸軍は二月一七日に最初の患者が発生してから、一カ月以上経過した三月下旬に清潔法を実施し、六月一日に似島臨時陸軍検疫所を開所するなど、すべてが後手にまわってしまったことが最大の原因といえよう。

また、伝染病患者の収容された国泰寺《こくたいじ》の広島陸軍予備病院第三分院の一部病室が暴風雨で倒壊した際、市民が救助に駆けつけコレラに感染するなど、市民への教育という点でも問題があった。さらに呉には海軍水道が完備していたのに、広島にはまだ水道が敷設されていなかったことも無視できない。このように海軍の医療は、平時から外国との交流を前提としているのに対し、陸軍の場合は、対外戦争を想定した受入態勢を構築するのに遅れたのであるが、日清戦争における経験を生かしてその後の陸軍の伝染病対策は改善されることになる。

第四節　呉・広島湾の防禦計画と日清戦争期の防禦態勢の整備

呉港が、海軍省の首脳のなかで日本一の造船所を有する西海鎮守府（造船所）の有力な候補地として認識されたのは、明治一四（一八八一）年のことであった。ヨーロッパとの戦力の差を認識していた赤松則良海軍省主船局長は、川村純義海軍卿に、「防禦充分行届クヘキ港ニ拠テ砲台水雷ノ助ヲ借リ軍艦商船ヲ保護シ且ツ此港内ニ造船所ヲ置キ敵ノタメ港口ヲ封鎖セラル、モ安全ニ製造修理ニ従事シ敵ノ虚ヲ窺ヒ機ヲ見テ突出スルノ要港」に海軍一の造船所を有する呉鎮守府を設立することを提案し、[44] こうした方針にもとづいて二二年七月一日を期して呉鎮守府が開庁したのであった（第一章、第二章を参照）。ここでは呉鎮守府設立の前提となった最適防禦地である呉軍港に、どのような経緯により防備態勢が構築されたのかという点について明らかにする。なお呉港をふくむ広島湾の防禦計画は、当初は広島湾、二六年一月に呉広、同年一一月に呉要塞、三六年に広島湾要塞とめまぐるしく改称されており、本節においてはその時期の名称を必要とする時以外は、総称として呉・広島湾を使用する。

一　防禦計画の推移

海岸防禦は、陸軍、海軍とも密接な関係にあり、明治八（一八七五）年九月二二日には、山県有朋陸軍卿と川村海軍大輔の連名により、陸海軍統合の海岸防禦を担当する海防局の設置を求める伺いが提出されたが実現に至らず[45]、結局、この事業は陸軍によって推進されることになった。これより先、陸軍省は五年にフランス陸軍教師団のマルクリー（C. Marquerie）中佐に沿海防禦の方策を諮問、翌六年八月二五日、はじめて日本全国を対象とした海岸防禦方案が提出された。それによると、防禦の必要な第一の地点として、東京湾口、品川湾、横浜、横須賀湾、第二に内海の諸海峡、神戸、大阪湾、第三に鹿児島、長崎、仙台があげられている[46]。東京湾の防禦が最重要視され、次に瀬戸内海の諸海峡が重要視されているが、呉も広島も対象となっていない。

マルクリー中佐にかわって明治七（一八七四）年五月に来日したミュニエー（C. Munier）中佐は、図上ではなく実際に日本各地を巡視し、防禦法案を策定し八年から一〇年にかけて陸軍卿に上申した。その一環として作成された『日本国南部海岸防禦方案』の第四編「内海通船路及大坂街衢防禦法」の第三部「豊後海峡ノ防禦」をみると、そこには「広島避難港」という項目が設けられている。それによると、「広島碇泊場ハ恰モ天然ノ創造ニシテ其近隣ハ数個ノ小島ヲ以テ繞周シ各島ノ間ハ頗ル危険ニシテ容易ニ敵艦ノ進航シ得サル所ナリ」とされ、また「海峡ノ後部ニハ一大広闊ノ碇泊場アリテ敵艦ノ守禦殊ニ颱風ノ難ヲ避クルニ極メテ切要ナリ」と敵艦や台風を避ける港の適地であるともみなされている[47]。そして、「一朝有事ノ際ハ避難港トシテ極メテ切要ニシテ、之ガ防備ニハ大野瀬戸（厳島及本土間）ハ其ノ幅員頗ル狭ク且水底至浅ナルヲ以テ水雷ニヨリ守禦シ、那沙美瀬戸（法案ニテハ『ツクシマ』海峡ト称ス）及早瀬瀬戸（法案ニテハ『ヒガシノビ』海峡ト称ス）ハ夫々砲台ヲ以テ防禦セントスルニアリ」と具体的な防備体制も示される[48]。なおその砲台の位置と砲数は、イツクシマ（厳島）に三、小島（絵の島）に二、那沙美島に四、岸根に四、東能美島に四、倉橋島南部に四、計二一となっている[49]（一部、地名変更）。

これをみると広島湾と呉湾が一体とされ、敵艦の侵攻の困難な天然の要害であるとみなされ、具体的な防備方策も示されている。こうした防御法案は、赤松主船局長の西海鎮守府の呉港への立地案と共通点が多い。赤松案への影響についでは確認できなかったが、参考とされたと想像される。なお砲台の位置については、後年の計画の基本となったものと思われる。

西南戦争後、海防事業の重要性が認識され、明治一三（一八八〇）年には東京湾観音崎地区に砲台の建築工事が開始された。その後の一五年一月、参謀本部内に海防局を設置、七月に朝鮮に内乱が勃発するという事態に直面し、主に東京湾と西南地方の臨時海防調査が実施された。そしてそれをもとに今井兼利海防局長は、全国臨時海防施設の必要を建議し、広島湾、芸予海峡、紀淡海峡、鳴門海峡、下関海峡に防備施設を設けること、東京湾の防備拡張が急務であると主張した。朝鮮をめぐる清国との緊張がますなかで、広島湾をふくむ瀬戸内海の防衛の重要性が高まったのであった。そして九月、海防局長はこれらの地区の防禦法案を建議したが、そのうち広島湾の防禦は、「厳島西海峡（大野瀬戸）、厳島東海峡（那沙美瀬戸）、早瀬海峡及隠戸海峡ヲ閉鎖スルヲ以テ足ル」と、非常に簡単、明快なものとなっている(50)。なお具体的には、厳島西には若干の臨時砲台、厳島東には一五、早瀬には一一、隠戸（音戸）には若干の臨時砲台を築くという内容であった(51)。

こうして朝鮮をめぐる清国との関係が緊張するなかで、広島湾の防備の必要性が認識されたのであるが、ミュニエーの法案を基本としつつ、砲台の位置として新たに音戸が加わるなど、若干の変化がみられる。なお音戸砲台案が明治一四年の西海鎮守府の呉港立地案に影響を受けて浮上したものであるのか否か、またこの案がのちの西海鎮守府構想の具体化にどのような影響をおよぼしたかという点に関しては、明らかにし得なかった。ただしその後に海防局によって作成され参謀本部長に提出された防禦法案のうち、一八年四月に提出された「防予海峡防禦要領」は、「瀬戸内海の防護及び広島湾に設置予定の海軍軍港の防護のために、今回初めて立案されたもので、これまでの計画案である広島湾防禦法案・芸予海峡防禦法案の防禦線を、さらに前進させて、周防〜伊予の諸海峡で防禦しようとするもの」であったと述べられている。[52]

こうして西海鎮守府の防備に必要な広島湾、芸予海峡、防予海峡の防禦法案が策定されたが、財政難のため進展しなかった。このため参謀本部長は、明治一九（一八八六）年九月二八日に「海岸防禦ノ速成ヲ要スル意見」を陸軍大臣に提出した。また二〇年一月一八日に紀淡海峡、防予海峡、広島湾、下関海峡、長崎湾の防禦要領一覧および射圏図を提出し、防禦実施について陸軍大臣と協議し、その結果、四月二〇日に至り陸軍大臣より異存のない旨の回答を得た。これによって、まず下関海峡の砲台工事が開始された。なお時を同じくして、海岸防禦用の砲種が決定された。[53]

明治二三（一八九〇）年一一月、海岸砲種の選定が決定したため防禦法案が再検討されることになり、「海岸防禦計画大要」が作成された。これによると広島湾（呉港とも）は第一等（東京湾口など一一カ所）に分類された。翌二四年九月、参謀総長はこれまでの工事着手地に加え、広島湾（呉港とも）や芸予海峡など一七カ所を防備施行の地に選定、二六年一月に呉広ほか三カ所（芸予、鳴門、佐世保）の工事が裁可されたのであるが、清国との関係が悪化し実行には至らなかった。[54]

一方、海岸防備および西海鎮守府の立地に砲台とともに必要とされた水雷の敷設については、明治一五（一八八二）年八月に川村海軍卿が、三条実美太政大臣に水雷の敷設管理など一切を海軍省に委任するよう上申し、承認を得た。その後、一九年五月一一日、柴山矢八（海防水雷調査委員長、のちに呉鎮守府司令長官として活躍）は、西郷海軍大臣に意見書を提出した。そこで柴山委員長は、「曾テ鄙官ノ海防水雷準備ニ関スル予算書ヲ提出セシ時ト今日トハ時勢ノ変更少ナカラズ仮令ハ広島湾内ノ防禦ノ如キ当時ハ第一着ニ置カザリシモ今日ニ於テハ第二海軍区鎮守府ノ所在地ト定メラレ已ニ工事着手ノ運ニ至リシ以上ハ第一着中ニ之ヲ置カザルヲ得ザル等ノ場合アリ」として、広島湾口の工事着手順序を東京湾口に次ぐ第二着に位置づけている[55]。二〇年一〇月二六日、参謀総長の有栖川宮熾仁親王は柴山委員長の意見にもとづき、東京湾、内海（紀淡海峡、鳴門海峡、佐賀ノ関海峡、下ノ関海峡）など二二カ所の水雷防禦準備に早急に着手するよう西郷海軍大臣に要望した。なお東京湾や横須賀・呉・佐世保各軍港に水雷が敷設されるのは、日清戦争期のことになる。

こうしたなかで海軍は、魚形水雷の購入、水雷艇の保有と建造を実施した。また明治二二（一八八九）年四月、「水雷隊条例」を制定、軍港の防備のために水雷隊を設置することにした。そして水雷艇の配備とともに、漸次、水雷隊が編成され、二七年六月二五日には呉鎮守府水雷隊敷設部設置の勅令が発布された[56]。

二　日清戦争期とその後の防禦態勢の整備

日清戦争にともない各師団が動員出征したのに対し、本土の守備は要塞部隊と後備部隊が担当することになり、呉要塞には第五師団の後備歩兵第九聯隊（二中隊欠）と後備騎兵一分隊が配置された。一方、明治二七（一八九四）年七月一九日、呉、佐世保、長崎の臨時防禦工事に着手命令が下った。このうち呉要塞は第五師団管下の後備歩兵第九聯隊が担当することになり、八月六日に呉に到着し呉鎮守府司令長官の指揮下に入り、表一〇‐四のような配備についた。そして臨時堡塁、砲台、弾薬庫、通信網などの工事を実施した。なお使用した火砲は、六センチ山砲一六門、海軍砲四〇門であった[57]。

一方、開戦とともに海軍は水雷の敷設、水雷艇の配備、臨時砲台の建設、湾口の閉鎖などを実施した。呉鎮守府においても水雷隊敷設部により能美島～大那沙美島に六四個（浮標水雷二六個、電気触発水雷二〇個、電気機械水雷一八個）、那沙美島～宮島（厳島）に触発水雷一五八個、計二二二個を敷設した。また表一〇‐五のように、海軍も七カ所の臨時

表10－4　日清戦争期の呉軍港陸軍部隊防備配置

部隊				配置	守備区域
後備歩兵第九聯隊	第一大隊	第一中隊		警固屋村鍋	呉背後右翼
		第二中隊		和庄町	予備隊
		第三中隊			
		第四中隊		荘山田村	呉背後左翼
	第二大隊	第五中隊	第一小隊	大那沙美島	那沙美瀬戸
			第二小隊	宮島	
			第三小隊	宮島	大野瀬戸
		第六中隊	第一小隊	能美島	那沙美瀬戸
			第二小隊	東能美島	早瀬瀬戸
			第三小隊		

出所：原剛『明治期国土防衛史』(平成14年)327ページ。

表10－5　日清戦争期の呉軍港の海軍砲台　単位：門

守備海面	砲台位置	砲数
宮島瀬戸	宮島鷹ノ巣	6
	大那沙美島	3
那沙美瀬戸	大那沙美島	6
	西能美島神祢鼻	5
早瀬瀬戸	東能美島	2
隠戸瀬戸	警固屋	2
大野瀬戸	宮島西部	2
合　計		26

出所：原剛『明治期国土防衛史』328ページ。

砲台を建設した。そして「第十六号」「第十七号」水雷艇、警備艦「館山」を配置し、呉要塞の警備にあたった。(58)

日清戦争まで一部の砲台の建設にとどまり、臨時砲台の築造によって対応せざるを得なかった陸軍は、砲台建設を推進することにした。そして明治二九(一八九六)年五月、先の防御計画に多少の修正を加えた呉要塞の防御計画および砲台建築費一一六万一五五八円とその年度割（明治二九年度八万一一八四円、三〇年度七万六四九八円、三一年度一七万一七一二円、三二年度二七万七三五四円、三三年度二七万七三五四円、三四年度二二万七三五六円）を決定した。しかしながらその後、三三年一月二六日に至り三二年度まで支出額六五万二二四八円、三三年度以降支出額五八万五二二三円（三三年度二三万二五五四円、三四年度二三万二六六九円、三五年度五万円、三六年度七万円）計一二三万七四七一円に変更された。(59)

工事に先立ち明治二九年四月、広島市に工兵方面呉支署を設置、九月に大那沙美砲台、鶴原山堡塁用地の買収を行った。そして翌三〇年には、三月に大那沙美砲台、五月に鶴原山堡塁、八月に鷹ノ巣低砲台の建設を開始した。(60) なお三二年度以降の呉・広島湾の砲台建設は、表一〇－六のように三六年度までにすべて竣工、備砲工事も日露戦争までに終了している。

これまでみてきたように、海岸防御を担当することになった陸軍は、明治九(一八七六)年には呉・広島湾を敵艦や台風から艦艇を守る天然の要害と位置づ

表10－6　呉・広島湾要塞砲台　単位：門

砲　台	起　工	竣　工	備　砲		備砲完了
			平射砲	曲射砲	
大空山	明治 35．4	明治 36．12		28H × 4	
高烏	33．12	35．6		28H × 6	
休石	33．9	34．3	9K × 2		明治35.12
早瀬　第一	32．10	34．3		28H × 6	
早瀬　第二	32．10	33．8	9K × 6	9M × 4	35．4
大君	32．5	33．6	12K × 4		34.12
三高山	32．3	34．3	9K × 4	28H × 6 9M × 4	36．3（28H）
鶴原山	30．5	33．3	9K × 2 24K × 6		34．4
岸根	31．6	33．9	9K × 4 27K × 4		
大那沙美島	30．3	33．3	24K × 4		32.11
鷹ノ巣　低	30．8	33．3	9K × 4 27K × 4		35．9
鷹ノ巣　高	31．7	33．3		28H × 6	34．6
室浜	31．10	32．3	9K × 4		37．2

出所：原剛『明治期国土防衛史』378ページ。
註：Kは加農砲、Hは榴弾砲、Mは臼砲である。

け、具体的な防禦計画を策定した。その後一四年に至り海軍は、呉港を防禦に最適の地とし日本一の造船所を有する西海鎮守府の所在地と内定し、軍港の建設計画を具体化した。一方、陸軍も呉・広島湾の防禦計画を具体化し二〇年以降に防禦水雷の敷設を決定した。しかしながら呉鎮守府水雷隊敷設部の設立は二七年六月まで遅れ、日清戦争における防禦は、本格的な水雷の敷設はなされたものの、砲台は仮設のもので対応せざるを得ず、本格的な砲台の建設は、二九年になってはじめて開始されたのであった。このように呉・広島湾の防禦計画は、早期に策定されながら実現が遅れたのであるが、日清戦争期に不充分とはいえ防禦態勢が整備され、また日露戦争以前に完備された防禦態勢を構築できたのは、日清戦争以前にその重要性を認識し、計画を樹立していたこと、そして日清戦争によりそれを実感したことによる面が強いと考えられる。

おわりに

これまで戦時における諸活動を通じて、鎮守府における兵器生産施設の役割と戦争が兵器生産などにおよぼす影響を解明することを目的に、主に日清戦争期の呉鎮守府の諸活動について分析してきた。その結果、戦時期に重要視されたのは、出師準備といわれた作戦活動、それに直結する艦艇の改造・修理、座礁した軍艦の引揚げと修理、そして兵器の補給、端船や運送船の造修であることが明らかになった。一方、軍港の活動を側面から維持するため、傷病者の治療と伝染病対策を中心とする医療活動が必要とされた。さらに戦時期に不可欠な軍港の防禦については、広島と一体とみなされ、陸軍による砲台設置の計画および海軍による水雷敷設の計画が樹立されたにもかかわらず、財政難ということもあり、防禦水雷については日清戦争開戦前に一部敷設することができたにとどまり、開戦とともに急いで臨時砲台を設置したり大量の水雷を敷設することなどによって対応したことが判明した。

こうした戦時期における呉軍港の主な組織の活動は、呉鎮守府の兵器生産機関の役割を考えるうえで示唆を与えているように思われる。すでに述べたように戦時期の鎮守府の役割は出師準備であり、それに必要な兵器の供給、戦傷病者の治療と軍港地の衛生の保持、軍港の防禦などであった。このようななかで鎮守府における兵器生産施設に求められている任務は、軍艦より小型艦船の建造や小型兵器の製造と補給、既存艦艇と兵器の改造と修理ということが明らかになった。戦時期は特殊で短期間ではあるが重要な時期であることを考えると、これまで以上に戦時期の実態を加味した研究が必要のように思われる。

日清戦争において呉鎮守府は、大本営がおかれ兵站基地となった広島・宇品に近いこともあり、陸軍護送船の水路嚮導、陸軍運送船などの艤装や修理、呉軍港における飲料水の供給と宇品までの運送など、多くの点で陸軍の活動を支援した。また第五師団管下後備兵により、呉要塞の臨時砲台の建設や防備活動が行われた。こうした相互協力が行われたなかで、脚気に関して呉鎮守府病院においては西洋食と麦飯によって撲滅に成功したのに対し、広島陸軍予備病院では白米食に固執し大量の患者が発生、さけることのできた悲劇に見舞われるなど協力関係は築かれなかった。

日清戦争が呉鎮守府に与えた影響は多いが、主な点をあげると次のようになる。まず造船部門に関してみると、海軍の中心となって多くの艦艇の修繕、とくに大破した海軍の保有する最大の軍艦「松島」の修理を横須賀造船所の職工などの支援を受けながら迅速に完遂できたことは、その後の巡洋艦の建造に貢献することになった。次に造兵部門に移ると、これまでの呉兵器製造所の設立に加えて、日清戦争期に呉兵器製造所設立計画に沿いながら早期に兵器を供給することを目指した仮兵器工場が促成されることになった。また日清戦争後の軍備拡張予算によって、造船・造兵部門の発展が確実なものとなり、やがて呉海軍工廠において日露戦争期に呉工廠製の一二インチ砲、甲鉄板、機関を使用した最初の主力艦（一等装甲巡洋艦）「筑波」の建造を可能にさせたのであった。

これまで日清戦争の影響の大きさについて述べてきたが、それらはほとんど戦前から計画ないし実施されていた事業であることも考慮しなければならない。たしかに海軍は、日清戦争後の第一一回軍備拡張計画によってはじめて要求どおりの大規模な艦艇と施設の整備費の獲得に成功したが、この計画は一部しか予算が認められなかった戦前の第一〇回軍備拡張計画を基本案として、それに日清戦争の戦訓などを加味して策定されたものであった（両軍備拡張計画については、第七章第三節、第四節を参照）。

また日清戦争にともなう臨時費と第一一回軍備拡張計画の施設費によって、呉鎮守府の造船・造兵部門の設備も少なからず整備されたが、それらはあくまでも明治二二年度から二九年度までの呉鎮守府造船部八カ年計画と二二年度から三四年度までの呉兵器製造所設立計画を早期に完成させる役割を果たしたといえる。両計画とも事業内容に比較して少ない予算のため困難に遭遇しており、日清戦争とその後の豊富な予算によって計画が完遂できたのであるが、豊富な予算はそれまでの計画と工事に対して配分されたものであることも加味して評価すべきであろう。なお呉・広島湾の防禦も日清戦争後に完成しているが、陸軍により施工されているため少し方法が異なるものの、やはり戦前の計画が基本となっている点は同じである。

註

(1) 呉海軍病院は、明治二六年五月一九日から三〇年一〇月八日まで呉鎮守府病院と呼ばれた。
(2) 海軍軍令部『極秘　廿七八年海戦史　呉鎮守府ノ行動』(防衛研究所戦史研究センター所蔵)。
(3) 呉海軍造船廠『呉海軍造船廠沿革録』(明治三一年)〈あき書房により昭和五六年に呉海軍工廠造船部『呉海軍工廠造船部沿革誌』(大正一四年)と合本して『呉海軍工廠造船部沿革誌』として復刻〉。本章では主に、「日清事件ノ際急要工事ノ模様」(四五～八〇ページ)を使用する。
(4) 海軍省医務局編『日清戦役海軍衛生史』(明治三七年)。
(5) 陸軍築城部本部編『現代本邦築城史　第二部　第十九巻　広島湾要塞築城史』(国立国会図書館古典籍室所蔵。写、防衛研究所所蔵) 附録第三「日本国南部海岸防禦法案」第四編第三部「豊後海峡ノ防禦」。なお本書の収集に際しては、原剛氏の協力を得た。
(6) 第一節に関しては、直接引用した以外にも、前掲『極秘　廿七八年海戦史　呉鎮守府ノ行動』一～六四ページを使用した。
(7) 同前、七～八ページ。
(8) 同前、九～一〇ページ。
(9) 同前、一九ページ。
(10) 同前、五一ページ。
(11) 同前、五四ページ。

(12) 第二節に関しては、直接に引用した以外にも基本資料として同前、六五～二四四ページを使用した。
(13) 同前、七五～七六ページ。
(14) 同前、七九～八〇ページ。
(15) 「日清事件ノ際急用工事ノ模様」(前掲『呉海軍造船廠沿革録』)四八ページ。
(16) 前掲『極秘　廿七八年海戦史　呉鎮守府ノ行動』九七ページ。
(17) 同前、一一八ページ。
(18) 同前、一二四～一二五ページ。
(19) 八木彬男『明治の呉及呉海軍』(呉造船所、昭和三二年)二九ページ。
(20) 前掲「日清事件ノ際急用工事ノ模様」七六ページ。
(21) 同前。
(22) 海軍軍令部『極秘　廿七八年海戦史　省部ノ施設』(防衛研究所戦史研究センター所蔵)一一ページ。
(23) 前掲「日清事件ノ際急用工事ノ模様」七九ページ。
(24) 前掲『極秘　廿七八年海戦史　呉鎮守府ノ行動』一四五～一四六ページ。
(25) 「筑波」の引揚げについては、同前、一四九～一五〇ページによる。
(26) 前掲『極秘　廿七八年海戦史　呉鎮守府ノ行動』一五二ページ。
(27) 同前、一九二ページ。
(28) 同前、二〇一～二〇二ページ。
(29) 呉海軍病院については、千田武志『呉海軍病院史』(呉海軍病院史編集委員会、平成一八年発行、平成二六年に改訂版発行)、千田武志「日清・日露戦争期の呉海軍病院の活動と特徴――広島陸軍予備病院との比較を通じて――」(『軍事史学』第四六巻第二号、平成二二年九月)を参照。
(30) 前掲『極秘　廿七八年海戦史　省部ノ施設』二七五ページ。
(31) 前掲『日清戦役海軍衛生史』二二〇ページ。
(32) 同前、二二〇～二二一ページ。
(33) 高橋種紀(在広島日本赤十字社救護員医長)「第十回報告」明治二七年八月三〇日(「明治廿七八年戦役広島予備病院医長報告」博物館明治村所蔵・日本赤十字豊田看護大学保管、明治三四～三五年)。

(34) 高木兼寛については、東京慈恵会医科大学創立八十五年記念事業委員会編『高木兼寛伝』（東京慈恵会医科大学創立八十五周年記念事業委員会、昭和四〇年）を参照。
(35) 豊住秀堅については、石川洋之助（森林太郎校閲）『豊住秀堅略伝』（明治四二年）を参照。
(36) 前掲『日清戦役海軍衛生史』二二八～二三五ページ。
(37) 広島陸軍予備病院編『明治二十七、八年役広島陸軍予備病院衛生業務報告』第一（明治二九年）九～一二ページ。なお日清戦争期の広島のコレラの流行と対策については、千田武志「日清戦争期における広島の医療と看護」（『広島医学』第六二巻第六号、平成二一年）、千田武志「軍都広島と戦時救護」（黒沢文貴・河合利修編『日本赤十字社と人道援助』東京大学出版会、平成二一年）、千田武志「日清戦争期における伝染病の流行と広島西避病院の開院」（広島市立舟入市民病院120周年記念誌編集委員会編『広島市立舟入市民病院開設百二十周年記念誌』平成二八年）を参照。
(38) 陸軍の脚気の状況と対策に関しては、坂村八恵・隅田寛・千田武志「陸軍における脚気対策」（『軍事史学』第四九巻第三号、平成二五年一二月）を参照。
(39) 成医会『成医会月報』第二〇六号（東京慈恵会医科大学図書館所蔵、明治三二年）三六ページ。
(40) 前掲『日清戦役海軍衛生史』六六～六七ページ。
(41) 同前、六八ページ。
(42) 「安芸郡呉地方（和庄町、庄山田村、宮原村、吉浦村）ト是ニ接続スル賀茂郡阿賀村トノ衛生上ノ関係及比較ハ左ノ如シ」（西郷従道内務大臣より山本権兵衛海軍大臣あて「阿賀村ヲ安芸郡ニ編入ニ反対ノ理由（仮題）」明治三二年一二月五日、「明治卅一年公文備考　廿二　土木下」防衛研究所戦史研究センター所蔵）。なお明治期には荘山田村が一般的となるが、江戸時代の名称である庄山田村という呼称もしばしば使用されている。
(43) 広島県と広島市のコレラを中心とする伝染病の流行と対策については、千田武志「明治前期の伝染病の流行と対策」および「日清戦争期における伝染病の流行と広島市西避病院の開院」（前掲『広島市立舟入市民病院開設百二十周年記念誌』）を参照。
(44) 赤松則良海軍省主船局長より川村純義海軍卿あて「至急西部ニ造船所一ヶ所増設セラレンヲ要スル建議（主船局第三千三百六号）」明治一四年一二月一〇日（「川村伯爵ヨリ還納書類　五　製艦」防衛研究所戦史研究センター所蔵）。
(45) 原剛『明治期国土防衛史』（錦正社、平成一四年）九六～九七ページ。
(46) 同前、六九～七〇ページ。

(47) 前掲『日本国南部海岸防禦法案』第四編第三部「豊後海峡ノ防禦」。
(48) 前掲『現代本邦築城史　第二部　第十九巻　広島湾要塞築城史』五ページ。
(49) 原剛『明治期国土防衛史』七四ページ。
(50) 前掲『現代本邦築城史　第二部　第十九巻　広島湾要塞築城史』六ページ。
(51) 原剛『明治期国土防衛史』一〇一ページ。
(52) 同前、一〇四ページ。
(53) 同前、一〇八〜一一二ページおよび前掲『現代本邦築城史　第二部　第十九巻　広島湾要塞築城史』八〜九ページ。
(54) 原剛『明治期国土防衛史』一一三ページおよび前掲『現代本邦築城史　第二部　第十九巻　広島湾要塞築城史』九〜一二ページ。
(55) 柴山矢八海防水雷調査委員長より西郷海軍大臣あて「東京湾以下海防水雷敷設線ノ位置裁定相成度意見書」明治一九年五月一一日(館明次郎海軍少将編『帝国海軍水雷術史』巻三、海軍省教育局、昭和八年)一九八〜一九九ページ。
(56) 海軍軍令部『極秘　廿七八年海戦史　内国海軍防備』(防衛研究所戦史研究センター所蔵)五九ページ。
(57) 原剛『明治期国土防衛史』三〇五〜三一七ページおよび前掲『現代本邦築城史　第二部　第十九巻　広島湾要塞築城史』一二ページ。
(58) 原剛『明治期国土防衛史』三二七〜三二九ページおよび前掲『極秘　廿七八年海戦史　内国海軍防備』六〇〜六五ページ。
(59) 前掲『現代本邦築城史　第二部　第十九巻　広島湾要塞築城史』一一〜一四ページ。
(60) 同前、一四〜一五ページ。

第一一章　海軍の製鋼事業の国産化と呉海軍工廠製鋼部の形成

はじめに

本章では、海軍が使用する兵器用鋼材と原料鉄を分析の対象とすることによって、呉海軍工廠製鋼部の形成過程の実態を解明することを目指す。とくに裾野の広い製鉄業において海軍はどの分野を選択したのか、またそれにともない生じた農商務省所管製鉄所（以下、官営製鉄所と省略）や原料鉄供給業者との対立や協力関係の変化などについて検証する。なお一三年間という長期にわたる呉兵器製造所設立計画に始まる呉における兵器生産と関連する製鋼事業に関してはすでに詳述しており（第五章、第六章を参照）、ここでは行論上において必要な最小限にとどめる。

海軍の製鋼事業に関しては、早い時期から研究対象とされてきたが、近年、有馬成甫海軍少将が昭和一〇（一九三五）年に野田鶴雄造兵少将の原稿をもとに編集した『海軍造兵史資料　製鋼事業の沿革』が公開され[1]、山田太郎氏を中心に『呉海軍工廠製鋼部史料集成』[2]も発刊され、この問題を深く考究できるようになった。また海軍の製鋼事業と関連づけた砂鉄事業の研究もめざましく、原料鉄の供給面からの分析も可能になった[3]。一方、呉における製鋼事業に影響を与えた官営製鉄所に関しては、三枝博音・飯田賢一氏の『日本近代製鉄技術発達史』をはじめ、[4]多くの業績が積み重ねられてきたが、そのほとんどは官営製鉄所の設立との関連で間接的に取り上げられたものであった。こうしたなかで近年、官営製鉄所関係資料の整理に携わりそれを使用した諸研究が発表され、[5]海軍省所管製鋼所、官営製鉄所の性格、[6]官営製鉄所に対する海軍の対応、両者の相違[7]について新たな見解が示されるようになった。

本章では、こうした研究を積極的に利用しながら、海軍の製鋼事業と原料鉄供給事業の変遷を総合的に分析する。その際、これまでと同じように先進国からの兵器の輸入を通じて技術移転を行い、国産化を目指すという図式に立脚し、記述する。ここで注意しなければならないのは、「兵器素材の鉄鋼は、量的にはそう大きくないが、一般の産業用、労働手段素材の鉄よりも高級、良質のものが要求されたのであって、同じ鉄鋼でも厳密に言えば別商品」ということである。[8]ただし同時に海軍は、艦艇用として一般の産業用と同じ鋼材を必要としていること、官営製鉄所の主力品は、この一般鋼材であったことも念頭におかなければならない。

これ以降、第一節においては、東京の海軍造兵廠と横須賀造船所などの、第二節では、呉の造兵部門における海軍の兵器用特殊鋼の生産について、砂鉄の供給をふくめて概観する。また第三節では、海軍省所管製鋼所案と海軍省の方針、そして第四節において、官営製鉄所の設立と呉造兵廠拡張計画の関係、第五節で、帝国議会における呉造兵廠拡張費案の審議過程などを具体的に検証する。このように本章は多岐にわたり、筆者の能力を超える点もあり、資料についてもできるだけこれまでの研究成果を活用するが、それ以外にも「斎藤実文書」や砂鉄に関する「近藤家文書」「公文備考」なども利用する。

第一節　海軍における製鋼事業の開始と原料鉄の供給

本節においては、呉兵器製造所設立計画に至るまでの海軍の製鋼事業と、原料である砂鉄の供給を対象とする。そして原点に遡り、いつ、どのようにして兵器用特殊鋼の生産技術を移転し、国産化しようとしたのかを明らかにする。またその際に、原料鉄として山陰のたたら製鉄を使用するに至った経緯も検証する。

一　海軍造兵廠における製鋼事業の開始と原料鉄の供給

海軍の兵器と兵器用特殊鋼の生産は、東京の海軍造兵廠において開始された。しかしそこに至るには、明治四（一八七一）年二月からイギリスのアームストロング社において造砲技術を学び一〇年五月二一日に帰国し、海軍造兵廠の前身である兵器局に勤務していた原田宗助技師の経験が大きな役割を果たしていた。彼は一二年四月一六日に海軍大尉兼工部権少技長に任命され、翌一七日から工部省鉱山局に出勤して製鋼事業を推進し、一三年三月三一日に製鋼炉を竣工、五月一八日には好結果を得た。ただし完成するまでには至らなかったが、その理由について鈴木淳氏は、経済的採算がとれなかったことに加えて、「海軍省兵器局としては製鋼事業だけではなく兵器関係に幅広い新知識を持つ原田技師が他省の事業に使われることを好まなかった様子が察せられる」と推測している。(9)

海軍の製鋼事業の開始については、「海軍自身が製鋼事業を行い鋼材兵器を作らざるを得ないとし、西欧の進歩した製鋼技術を導入する方針を固め(10)」、原田技師に続き、明治一一（一八七八）年に優秀なクルップ砲の材料の製造方法を習得させるために、大河平才蔵、阪本俊一をドイツのクルップ社に派遣し、彼らの帰国を待って一四年に工場が建設されたことがこれまでの研究で明らかにされている。(11)そして同年の一月一五日に、兵器局製造課長になっていた原田から末川久敬兵器局副長に対し上申した製鋼炉建設計画について記した文書が新たに見つかった。

このなかで原田課長は、日本においてはヨーロッパから輸入した兵器を修理ないし模造している状態であり、こうした状況を打開するためには製鋼事業を興さなければならないと主張する。そして幸い国内の原料を分析した結果、「上等ノ鋳鋼ヲ製煉シ得ル事ヲ確証ス因テ兵器局内ニ鎔鋼炉一ケ所幷煖炉一ケ所ヲ建設シテ粗鋼或ハ上等ノ木炭鉄ヲ鋳鋼ニ製煉シ舶来品同等ノ鋳鋼ヲ製出」することを要請した。(12)これを受けた末川兵器局副長は、明治一四（一八八一）年一月一八日に榎本武揚海軍卿に兵器補欠費を転用して兵器局内に製鋼所を設置するよう上請した。(13)こうした方策に対しては会計局より疑問が出されたが、榎本海軍卿は三月九日に、「主船局ニテ建築」するように裁定を下した。(14)

その後の経緯は不明であるが、次に引用したように明治一四年三月に兵器局において製鋼所等の建設が開始された(15)（なお、兵器局製造課が海軍兵器製造所と改称されるのは、明治一六年八月である）。


明治十五年、帝国海軍ニ初メテ製鋼事業起レリ。先是十四年三月築地海軍兵器製造所内ニ、製鋼工場及鍛鋼工場各一棟ヲ新設シ、翌十五年六月ニ至リ工場建築並ニ機械据付等ヲ竣《おわ》リ、同九月器具ヲ整備シテ作業ヲ開始セリ。該製鋼所主任ハ前年独逸ヨリ帰朝セシ大河平才蔵之ニ当リ、製造課長原田宗助ト共ニ製鋼法ヲ研究シ、鹿児島県産粘土及陸中釜石、飛騨、加賀等ニ産スル黒鉛ヲ以テ苦心研鑽ノ末、十五年十二月鎔鋼用黒鉛坩堝ヲ創製シ従来使用ノ外国製「モルガン」坩堝ニ劣ラサル良品ヲ得タリ。是本邦ニ於ケル黒鉛坩堝製造ノ嚆矢ナリ。同時ニ炉用耐火煉瓦モ亦本工場ニ於テ内地産原料ヲ用ヰテ優秀ナルモノヲ製出スルニ至リ、明治十六年一月、伯耆国日野郡笠木産、同国鑪面山産及出雲国飯石《いいし》郡吉田村産、同能義郡上山佐村産ノ粗鋼ヲ以テ前記黒鉛坩堝ヲ用ヰ鋳鋼製煉ヲ開始シ、同年九月ニハ砲架用金物，普通刃物，螺絲，機関砲及弾子、滑車類ヲ製造シテ稍十分ノ成績ヲ得ルニ至リ。

この資料によると、明治一五（一八八二）年九月に外国製のモルガン坩堝（ルツボ）を使用し事業を開始し、その後一五年一二月に国産の原料を使用して黒鉛ルツボを製造したと述べられている。その実態は、「熔鋼炉の構造はセフィールドに於ける普通の骸炭熔鋼炉に則とりて築造し異なる所はセフィールドの一炉一煙突式に代るに焔路を以て結合せる中央煙突を設けたる」ものであった(16)。すでに述べたように八年頃から海軍は、艦艇搭載の砲熕兵器をクルップ社製に統一しており（第八章第三節を参照）、大河平らを受け入れていたにもかかわらず、ルツボ鋼の製造事業において同社より直接的に指導を受けた形跡は見当たらず、イギリスのシェフィールド地方の技術を導入したのであった。

また原料については、明治八（一八七五）年には島根県飯石郡の鉄師が、工部省や内務省管轄の工場や民間企業を訪問するなど市場開拓に乗り出し、一二年九月には工部省から納入代金を受け取っている(17)。すでに工部省に出向した原田技師を通じて山陰のたたら製鉄についての品質を把握していた兵器局は、「当時既に兵器の独立上内地産物を使用すへき旨内訓」を受け、「原鋼としては当時中国地方に産するもの、外なく其庖丁鉄玉鋼を分析に附し鋼質に就きては充分使用に堪るものなるを認め更に明治十六年の秋大河平氏は出雲石見地方を巡視し其数量に於ても亦品質に就きても坩堝鋼原料として適当なるを確め爾来常に之を使用」した(18)。兵器の国産化を推進していた海軍は、兵器（製品）のみではなく兵器用特殊鋼、さらに原料鉄までも国内産（中国地方）を使用することにしたのであった。

ルツボ用の原料鉄を求めて、明治一六（一八八三）年一〇月から一一月に山陰に出張した大河平技手の活動の状況について、鳥取県日野郡根雨《ねう》村の鉄師であった近藤家は情報を入手している。それによると地元の鉄師との会見の席で大河平は、「海軍省用具鋭器乃製造スル鉄鋼ハ木炭ヲ以鎔化イシタル国産鉄之方利方ナリト」し、また「厳鉄石炭ヲ以鎔化イシタル洋鉄ハ石炭ニ硫黄ノ気ヲ含有セシニ付製造品ニ故障アリ」と、砂鉄を原料とし木炭で熔解するたたら製鉄の必要性を強調し、海軍へ納入することを促した。[19] こうして海軍は、当時の最大のたたら製鉄の産地である山陰に白羽の矢を立てたのであるが、それは明治期に至り欧米先進国から輸入される鉄鋼におされ販路を失いつつあった鉄師にとっても再建へのチャンスであり、不安を感じつつも海軍への供給に希望を託した。

明治一七（一八八四）年二月九日、島根県勧業課より同県仁多郡大谷村の絲原権造に対し、「海軍省兵器局ニ於テ銃器類製造用試ミトシテ左之通買上相成候」として、鋼地一万斤（六〇トン）と煉鉄一万斤の納入を認める達しが届けられた。[20] 翌一八年三月には、田部家も、「東京海軍造兵廠ヨリ玉鋼四千百斤、ジャミ鋼弐千九百斤ノ指名購買」を受けている。[21] その後、二四年には会計法により、それまでの指名購買から競争入札方式になり、絲原・桜井・田部の三家と高田商会との間で「代理店約定書」が締結された。これによって東京の海軍造兵廠などへの納入は高田商会を通じて行われることになったが、三家の割合は、田部が三八パーセント、桜井が三四パーセント、絲原が二八パーセントとなっている。また「玉鋼ノ品位ハ極ト一番トヲ除キ以下打込ミ其歩合ハ各種等分トス尤《もっとも》ぐす目ノ分ハ之レヲ除クヘシ」と規定されている。[22] なおこの契約は納付が指名購買となり、二六年三月に解除された。

一方、鳥取県日野郡根雨村の近藤家は、明治一七年三月六日に、「昨年十月以来東京ノ近況風カニ聞ク処ニヨレハ海陸軍両御省ニ於テ内国産ノ鉄鋼トモ機砲弾子或ハ滑車鑿地鉋地等ノ兵器ニ御使用相成候趣其品質ノ如キモ御分析上ニテハ舶来品ニモ敢テ劣ラズトカ就中鋼ノ如キハ最モ純良ニ有之旨果シテ然ルトキハ今ヤ衰頽ヲ極メ居候鉄鉱業ニ有之候得者可成的我郡ノ製出品ヲシテ該兵器ニ御使用」するよう鳥取県に請願した。[23] これに対し山田信道鳥取県令は、三月一五日に川村純義海軍卿に「製鉱鉄御買上ノ義ニ付上申」した。[24] これを受けた海軍省は、「見本品」を取り寄せ、兵器局と横須賀造船所で試験を実施、一二月二五日に兵器局、主船局、総務局は、使用上適当と認め、「上申之趣聞届多少使用候条当省兵器局及横須賀造船所へ直ニ可申出旨」の「御指令按」を示し、高裁を求めた。[25] 一月二三日に、この決定の知らせを受けた近藤は、翌一月二四日に鳥取県令に「海軍省兵器局及横須賀造船所へ御添書之儀ニ付願」を提出、[26] 県を通じて上申がなされ、兵器局と横須賀造船所への納入が実現した。

二　横須賀造船所における兵器用特殊鋼の製造と原料鉄の供給

明治一八（一八八五）年九月二五日には、横須賀造船所主計部より近藤家あてに「注文書」が発送された。これによると角鉄（角四〇ミリ、長六〇〇ミリ）五トン、平鉄（幅六〇ミリ、厚さ四〇ミリ、長さ六〇〇ミリ）一五トン、平鉄（幅八〇ミリ、厚さ四〇ミリ、長さ六〇〇ミリ）一五トン、平鉄（幅一〇〇ミリ、厚さ四〇ミリ、長さ六〇〇ミリ）一五トンを、代金一トンあたり四九円六二銭で、一八年一二月より一九年七月までに、原則として毎月、やむを得ない場合は二、三カ月に取り纏めて廻漕することになっている。[27]

横須賀造船所に対し近藤家は、明治一八年一〇月に「御用鉄御注文請書」を提出したが、恐らく成分試験などのため、早期の納入が求められたものと思われる。なお横須賀造船所の二一年二月から二二年二月までの購買調によると、金属と鋳物の納入業者は、「釜石製鉄所の田中長兵衛と在来のたたら製鉄業者たる近藤喜八郎であり、両者で38パーセントを占めている」が、このうち近藤は一七パーセントで、錬鉄に関しては二六六九円で一〇〇パーセントとなっている。[28]

こうしたなかで近藤家は、在来の器械では平鉄の製造は幅八〇ミリが限界であり、幅一〇〇ミリの注文に応ずるために汽鎚《きづち》を導入するのでそれまで猶予を求め、イギリス製の汽鎚（五インチ一台、のちに四インチ一台追加）、汽罐（一〇馬力一台）を導入し、明治二一（一八八八）年二月一日に福岡山鉄鉱所の開業式にこぎつけた。池本美緒氏によると、その間、「近藤家と海軍省は折衝を繰り返した」が、「両者は、発注者と受注者という関係を越えて、各々が抱えていた課題を解決するために互いを必要とする存在になっていった」という。[29]なお福岡山鉄鉱所は、もっとも海軍からの需要が多かった三〇年代には、海軍の要求する高品質の錬鉄を生産する拠点として近藤家の製鉄業を支えた。

近藤家が東京の海軍造兵廠とともに原料鉄の納入を希望した横須賀造船所[30]（明治二二年五月二九日に横須賀鎮守府造船部と改称）においては、「明治二十三年（一八九〇年）……仏国『マルタン』式重油使用平炉製鋼法ヲ施行シタ」と述べられている。[31]ここに至るまで同造船所では、まず一八年九月一八日、庄司藤三郎・加藤栄吉・豊田磯吉の三名の工夫に、鉄および鋼製事業研究のため三カ年間ドイツのクルップ社に派遣の辞令を交付するとともに、当時フランスに滞在中の松村六郎四等工長もクルップ社に派遣し、監督兼鉄鋼製錬法の研究に従事させることを海軍省に上申、許可を得た。ところが海軍からもっとも兵器を受注していたクルップ社は、派遣者に対し「同製造所買入ルル現物ノ試験法其取扱方等ヲ指導スルニ止リ其ノ余ハ指導出来難キ」と購入した製品の試験法と取扱方法は指導するが、製造技術の習得については認めようとしなかった。[32]

そのため海軍は、フランスのクルーゾーからの承諾を得て、明治一九（一八八六）年六月一八日に四名は同社において伝習を受けることに決定した。クルップ社の堅固な技術防衛策に遭遇した海軍は、海軍省顧問のベルタンとの関係もあり、クルーゾーに依頼することになったものと思われる。確証があるわけではないが、兵器の輸入を通じて新技術の習得を目指していた海軍にとって、砲熕兵器の最大の発注先であるクルップ社からそれを断られたことは、そうした方針が否定されかねない大きな問題であった。さらにすでに述べたように、速射砲の発注先をめぐるクルップ社の秘密主義などがかさなり、海軍のクルップ社離れが生じたものと推測される（この点については、第八章第三節を参照）。

クルーゾーには、明治一九年一一月三〇日に豊田鋹次郎工夫長、二〇年一一月一八日に横溝龍蔵・浅羽民吉両工夫を派遣することを決定、彼らも同社において鋳造技術の習得に励んだ。またフランス滞在の黒川勇熊海軍少技監（以下、海軍を省略）に、「凡ソ五噸ノ『シーメンマルチン式フアーネース』ヲ新設シ鋳鋼及鍛錬シ得ヘキ鋼材製造ヲ為ス為メ」の調査を命じるとともに、二二年八月五日には、そのためには技術の確立が肝要であるとして、先の松村六等技手以下の研修期間の延長を決定し、購入先のクルーゾーにおいて製造および取扱方法を学び二三年一二月一五日に帰国[33]、こうした準備をへて二四年に横須賀鎮守府造船部において製鋼事業が行われたものと思われる。なお二五年には、「松村六郎仏国より帰朝してシーメンス式火炉を用ひて」、同造船部で建造された巡洋艦「秋津洲」（三一七二トン）の主汽機汽筩蓋のすべてを「鋳鋼にて製造」した[34]。

参考までに陸軍の兵器用特殊鋼の生産をみると、明治二二（一八八九）年に大阪砲兵工廠におけるルツボ製鋼をもってその嚆矢とすると述べられている。その際、材料として出雲産の白銑に酸化鉄と過酸化マンガンを若干加えたもの、山陰と山陽産鉄に釜石マンガン鉄を加えたもの、出雲産白銑をこねて海綿状の鋼にしたものにマンガン鉄を加えたものと、三種類が使用されている[35]。

三　呉鎮守府造船部における艦艇用鋳鋼（鋼鋳物）の製造

こうして横須賀造船所で開発された製鋼技術は、やがて呉にも移転されることになる。明治二五（一八九二）年には、呉鎮守府造船部鋳造工場においてフランス式重油燃焼シーメンス式酸性三トン炉によって、「専ラ艦艇用ノ鋼鋳物」を製造した[36]（第六章第四節を参照）。この時に製鋼事業の技術指導をしたのは、黌舎を卒業し、「約二箇年間留学ノ予定ヲ以テ」クルーゾーに派遣され、「精錬上ニ要スル鋳造業ヲ研究」し二三年にフランスから帰国して、横須賀鎮守府造船部で中心となって製鋼事業を開始した松村のもとで経験を積んだ豊田銀次郎技手であった[37]。その後、呉海軍造船廠と改称される三〇年に、さらにフランス式の酸性六トン炉が増設された。なお、原料鉄の供給については不明である。

これまで海軍における初期の製鋼事業について、原料鉄の供給をふくめて述べてきた。その結果、次のようなことが判明した。まず日本における兵器用特殊鋼の製造は海軍によって実現したが、原田技師の明治一二（一八七九）年から一三年にかけての工部省における製鋼事業の体験が役立っている。また原料鉄に関しては、苦境からの脱出を求めて八年頃から島根県の鉄師が市場開拓に奔走し、こうしたこともあり一二年には工部省への納入を実現した。そしてこうした成果をもとに原田は、兵器および兵器用素材の特殊鋼の国産化を目指し、兵器局に製鋼工場を設置する計画を樹立し、一五年にルツボによる特殊鋼の製造に成功した。注目すべき点は、技術の習得先が最大の砲熕兵器の輸入先であるドイツのクルップ社ではなく、イギリス（兵器局）とフランス（横須賀造船所など）であったことである。いずれにしてもまだ発注先への技術者の派遣という方式は、この段階では確立していなかったといえよう。

第二節　呉海軍造兵廠などにおける製鋼事業と原料鉄の供給

これまで小型兵器の造修用の特殊鋼や艦艇用の鋳鋼の製造を対象としてきたのに続き、これ以降は本格的な兵器の製造と修理が行われた呉造兵廠などにおける大規模な製鋼事業と原料鉄の供給について取り上げる。ただし呉における製鋼事業に関してはこれまで詳述しており、行論上において欠かすことのできない点について概観するにとどめ、これまで対象としてこなかった原料鉄の供給に力点をおく（呉における製鋼事業に関しては、第五章と第六章を参照）。なお呉で製造されたのは、これまでと同様すべて兵器用特殊鋼である。

一　呉海軍造兵廠における製鋼事業

明治一九（一八八六）年の西郷従道海軍大臣の欧米視察に際し、イギリスのアームストロング社の協力を取り付けた海軍は、随員として調査活動に従事した原田二等技師を中心に新兵器工場の設立構想を具体化した。そして二三年二月に、二二年度より三四年度までの一三年間に二四センチ以下の大砲などの兵器とともに、二九年度以降に一二トンシーメンス熔鉱炉を備えた鋼鉄鋳造場を建設するという呉兵器製造所設立計画を樹立した（第五章第二節を参照）。

呉兵器製造所の建設中に日清戦争が勃発し、兵器が不足していることを知った山内万寿治大尉は、明治二七（一八九四）年九月、兵器製造所設立計画を基礎とし八カ月間で木造の仮兵器工場を急設し、そこへイギリスなどから購入した機械などを八カ月間で備え付け、ただちに速射砲や水雷を中心とした兵器の生産と製鋼事業を開始するという仮兵器工場設立計画を提出し承認を得た。ここで注目すべき点は、イギリスの兵器製造会社アームストロング社などに艦艇や機械などの購入の条件として技師ばかりでなく技手、職工を派遣し、東京の海軍造兵廠をへて呉に転籍させたことである。なお輸入品のなかには、機械類ばかりでなく兵器やその素材である兵器用特殊鋼もふくまれている（第五章第五節を参照）。

このように海軍は、呉兵器製造所設立計画、またその計画の一部を速成する仮兵器工場設立計画を通じて工場を建設し、明治二八（一八九五）年六月一八日に仮設呉兵器製造所を設立、一一月三日に一部操業を開始し、二九年四月一日に仮呉兵器製造所と改称した。そして二九年度に、第三工場にコークス使用の白ルツボ炉およびガス発生装置付シーメンス式酸性三トン炉を設備し、たたら製鉄を原料として兵器用の特殊鋼を製造した。

明治三〇（一八九七）年五月二一日、仮呉兵器製造所を中核として武庫、水雷庫、兵器工場などを加えて呉海軍造兵廠が設立された。同年、呉造兵廠第三工場にガス発生装置付酸性一二トン炉、そして第一工場に一〇〇〇トン水圧鍛錬機と砲材焼入装置を増設して操業を開始した。さらに三五年には、大口径砲の砲材の鍛練焼鈍および各種弾丸の鍛練圧搾工場として建設された造兵廠第八工場に四〇〇〇トン水圧機（一二月二日使用開始、口絵参照）、一二トン汽鎚、第一〇工場に二五トン酸性シーメンス炉二基を据え付け、それぞれ作業を開始した。なお呉造兵廠の場合、山内呉造兵廠長をはじめその助手の坂東喜八・長谷部小三郎技手などは、日本がイギリスから兵器を購入した会社において一貫して技術を習得している。

この間の製鋼（鋳鋼）実績を示すと、表八－七のように明治二九年度は圧倒的に東京の海軍造兵廠が多いが、三〇年度になると呉造兵廠は表八－八に示したように東京の海軍造兵廠とほぼ同じ一四万二五四七キログラムを記録している。そして翌三一年度になると、東京の海軍造兵廠の二八万三五四九キログラムに対し、呉造兵廠は九〇万九〇〇五キログラムと全体の九一パーセントを占めるようになる。さらに三六年度は、表八－九のように製鋼高（ルツボ鋼をふくむ熔鋼高）は、東京の海軍造兵廠の四七万五四九二トンに対し呉造兵廠は八二六万一九三七トン（九五パーセント）と海軍内で圧倒的な地位を築く（第八章第五節を参照）。これは呉造兵廠に大口径砲工場の設立が認められ、操業が開始されたことによる。

このように呉造兵廠においては、いち早く酸性平炉が導入され急速に大型化し製鋼高を増加させている。こうした大型酸性炉は、大口径砲や甲鉄板用の製造に良質で大量の溶鋼が必要であることから導入されたのであるが、酸性炉は塩基性炉のようにリン分やイオウ分を除去することができないため、原料鉄として低リン銑が必要とされた。しかしながら「平炉用低燐銑に関しては国産品に適当なものが存在せず、明治初期よりスウェーデンその他からの輸入に頼っていた[38]」。たとえたたら製鉄が豊富に存在しても、一定の良質の低リン銑は輸入しなければならず、大口径砲や甲鉄板の製造を目捷としている呉造兵廠の場合は、より多くの輸入低リン銑が必要とされたのであった。

二　呉海軍造兵廠などへの原料鉄の供給

東京の海軍造兵廠をはじめ横須賀や呉の各鎮守府造船部において製鋼事業が行われているなかで、すでに述べたように仮設呉兵器製造所、仮呉兵器製造所、呉海軍造兵廠において本格的な兵器製造と製鋼事業が推進されるようになった。本項においては、他の海軍工作庁に関してはこれまで紹介してきた他の研究に譲り、ここでは本書の目的に沿って、呉造兵廠などにおけるたたら製鉄の供給に焦点をあてることにする。ただしその前提として、明治二八（一八九五）年二月、東京の海軍造兵廠から山陰の鉄師四家に対し、玉鋼六七トンを四月に指名競売法により納入するように求められたが、田部家は断り残る三家は団体を組織してそれに応じたことを述べておく。

仮呉兵器製造所が設立された明治二九（一八九六）年四月、田部家ははじめて、「庖刀切鉄弐万五千基瓦《キログラム》ヲ納入」[39]し、その後もたたら製鉄の供給を続けている。ここで注目すべき点は、「而シテ呉海軍工廠ハ常ニ指名購買法ニ依テ供給ヲナサシメラル、之他工廠ニ見ザル特典ト云フ可シ」と述べられていることである[40]。

一方、桜井・近藤・絲原の三家（甲）は明治二九年一二月、広島市の平尾雅次郎（乙）との間で、「玉鋼ジャミ鋼並ニ庖丁切断鉄ヲ呉軍港諸官省所属ノ諸工廠諸製造所へ売納方ヲ乙ニ委任」する期間三年の代理店契約を締結した。これによると甲は乙に五パーセントの手数料を支払い、乙は無利息で保証金を立て替え、発注情報の伝達、陸揚げから納品までの費用負担を行うことになっている。また三家の納入割合は、「競買入札ト随意契約トニ拘ハラス」桜井が三八パーセント、近藤が三六パーセント、絲原が二六パーセントとなっている[41]。

呉造兵廠と三家との関係について、明治三〇（一八九七）年一〇月二日に山内呉造兵廠長と三家を代表する近藤（請負人）が交換した「契約書」をみることにする。この請負契約によると近藤は、庖丁切断鉄三万七五〇〇キログラムを四三一二円五〇銭（一〇〇キログラム当たり一一円五〇銭）で五期にわけて（明治三〇年一〇月三一日、一一月三〇日、一二月三一日は六〇〇〇キログラムずつ、三一年一月三一日と二月二八日は九七五〇キログラムずつ）納入することになっている。ここで特徴的なことは、これまでは形状は具体的に指示されていたものの、品質については見本を検査し合格しているとこともあってか道徳的な文言にとどまっていたが、「本品ハ左ノ方法ニ依リ検査ヲ行ヒ合格ノ上ニテ領収ス」（第六条）と明記され、次のような検査基準が示されたことである。(42)

庖丁切断鉄説明書

一　品質　燐　〇・〇一三以下　　硫黄　〇・〇〇五以下　　硅素　〇・二以下

炭素　〇・一五以下

他金属ヲ含有スルモ痕跡ニ止ルモノタルベシ

二　形状　厚凡ソ四分以下　長壱尺五寸乃至壱尺九寸

また第七条は、「検査ノ結果ニ依リ本品ヲ排却シタルトキハ契約ノ全部若クハ一部ヲ解除スヘシ此場合ニ於テハ契約保証金ハ第五条ニ拠リ処分シ排却ノ物品ハ五日内ニ搬移スルモノトス」ときびしく規定する一方、「但時宜ニ依リ呉海軍造兵廠長ハ更ニ期限ヲ定メ代品ヲ納入セシムルコトアルベシ」と、救出できる道も残したものとなっている。(43)一定の質と量の原料鉄を安定的に確保し、さらに努力した供給者には、温情によって応えることをねらった山内廠長らしい対応といえよう。

こうした状況がしばらく続いたのち、明治三五（一九〇二）年四月二一日、田部・桜井・近藤・絲原四家によって「海軍用鉄材売納ニ関スル組合契約書」が締結され、これら四家による指名購買となった。[44]この「契約書」によると、組合の目的は庖丁鉄、頃鋼、鉧鉄、玉鋼などの鉄材を海軍に売納することとされ、納付の割合は呉造兵廠の場合には平等供給、東京の海軍造兵廠は田部が三八パーセント、桜井が二四パーセント、近藤が二二パーセント、絲原が一六パーセントと決められ、組合の事務は一年ずつ交代で行うことになっている。

この四家の契約に関しては、「たたら製鉄業者の経営的困難を一挙に解消しようとする一策として海軍とむすびつこうとする経営戦略があらわれたもの」とされ、「販売カルテル的意味あいをもつ」とする説もある。[45]たしかに四家の同盟によってたたら製鉄供給者大手の団体が誕生し、販売競争、事務費や輸送費、諸経費の節約が可能となり、経営的な合理化はすすむことになったであろう。しかし結論をだすには海軍省（呉造兵廠）の意向も考える必要があるように思われる。

この直前の明治三三（一九〇〇）年末から三五年のはじめにかけて、後述するように海軍省は第一五回および第一六回帝国議会に呉造兵廠拡張費案を上程し、甲鉄板工場の建設に対し協賛が得られるように議会対策に全力を傾注していた。議会においては当然のことながら、原料鉄のことも討論の対象になったが、三四年二月二六日の第一五回帝国議会貴族院予算委員第四分科会において山内呉造兵廠長は、「外国品ガ三分日本品ガ七分」、山陰地方の原料鉄供給能力については、「今日ノ所デ沢山買フ年モアリ、少イ年モアリマスガ二千噸マデハ出シ得ル力ヲ持ッテ居ル」といい、また、「装甲板モ造ラヌナラヌト云フ時ニナレバ彼等ハ今直グニサウ云フ訳ニモ行キマスマイガ、設備ノ完備スルニハ四箇年モ掛リマス、其間ニ彼等ハ矢張リ彼等ノ事業ヲ拡張シテ凡ソ七千噸マデハ出セルト云フ力ヲ持ッテ居ル、ソレハ調査シテ居リマス、其他枝光ノ方カラモ出レバ是ハ大仕掛デアリマスカラ良イモノサヘ出レバ決シテ材料ニ困ルヤウナコトハ無イト思ヒマス」と将来の必要量にまで言及し、国産化が可能であると説明している。[46]

山陰地方の四家のたたら製鉄の呉造兵廠と呉海軍工廠（明治三六年一一月一〇日に呉海軍造船廠と呉海軍造兵廠が合併して設立）への供給の実態について、渡辺ともみ氏は、明治三五年四月に設立された組合が呉造兵廠に納入したたたら製鉄について、三五年が二〇〇〇トン、三六年が八〇〇トン、三七年が二一五〇トン、三八年が四五〇トン、四一年が九五〇トン、四五年が一〇〇〇トンと述べている。[47] また呉海軍経理部の報告によると三六年度は、七九〇トン（庖丁鉄二四七トン、頃鋼一七三トン、鉧鉄三七〇トン）であった。また品質の規格は、リン〇・〇二パーセント以下、イオウ〇・〇〇五パーセント以下、他金属に関しては痕跡にとどまる範囲と規定されている。[48]

明治三七（一九〇四）年二月に日露戦争が勃発すると、たたら製鉄への需要も高まり、三月に東京の海軍造兵廠は四家と鳥取県日野郡印賀村杉原吉弥との間で指名競争入札とすることを上申、許可を得た。[49] ちなみに東京の海軍造兵廠が購入した際の品質は、庖丁鉄がリン〇・〇一八パーセント以下、イオウ〇・〇〇五パーセント以下、玉鋼が炭素一・五パーセント以下、リン〇・〇一二パーセント以下、イオウ〇・〇〇五パーセント以下と、呉工廠よりきびしい。

かねてから指名競争入札への移行を望んでいた海軍省経理局は、明治三七年三月一七日に呉海軍経理部に、東京の海軍造兵廠と同様に指名競争入札にすることの是非を照会した。呉海軍経理部からこの点について問われた呉工廠会計部は、三月二二日、「当廠ニ於ケル同品之需要高ハ年々増加シ今日ニ於テハ糸原外三ケ所ノ産出額ヲ合シテ尚ホ不足ヲ感スル有様ナルカ故到底杉原吉弥所有製錬所ノ産出高ノミニテハ当廠ノ需要ヲ充タスコト出来難カルベク従テ右四家共同組合ト競争セシムルハ不可能」と四家との指名購買の継続を希望すると答えた。[50] このため呉海軍経理部は、三月二三日に経理局に対し指名購買の継続を求める回答を提出している。

一連の東京の海軍造兵廠と異なる呉工廠の対応について田部家では、「呉ハ東京ト異リ、万事保護的ニ御購入相成候」と認識している。[51] 必要量が少ない東京の海軍造兵廠が、多くの鉄師を競争させ品質の良いたたら製鉄を安価に入手しようとしたのに対し、呉工廠の場合は、需要がはるかに多くそれをみたすことが優先され、一定の質のものを大量に入手するには、「余リ小サイ家ノモノハ当テニナリマセヌ」ということで、[52] 種々の不満はあっても生産能力を有する四家を保護・育成・指導することが効果的と考えていたのであった。

こうした両者の関係は、前述したように日露戦争後に大口径砲や甲鉄板の製造が本格化し、原料鉄への需要が増加しなければならない時にたたら製鉄の供給比率が減少するという形で大きく変化することになる。こうした状況を招いたことについて、山内呉工廠長は、明治三八（一九〇五）年五月七日に松永武吉島根県知事に次のような「書簡」を送っている。[53]

〔前略〕嘗テ当廠製鋼部拡張ニ際シ政府ニ在テハ可成丈其原料ヲ本邦産鉄ニ採ルヘキノ希望有之、当時貴県下産鉄業者ニ於テモ亦奮テ製産力ノ増加ヲ計リ、三・五年ヲ出テスシテ必ス年々七千噸以上ノ良鉄ヲ産出シ、以テ当廠ノ需要ニ応スベシトノ口約アリ、然ルニ爾来已ニ三星霜ヲ経過シタル今日、製産力ハ尚ホ依然トシテ旧態ヲ更メス、辛フシテ三・四千噸ヲ出スニ過キス、現状如斯次第ニ付、当廠トシテハ自ラ他ニ成算アリ、敢テ彼等ニ依頼スルノ必要ハ全然無之〔以下省略〕

この「書簡」をみると、四年前に当時呉造兵廠長だった山内が帝国議会で発言した年間七〇〇〇トンの供給能力を目標とするという口約束がなされていたことなどが裏づけられる。また文言から兵器の国産化の一環として山陰のたたら製鉄への期待もうかがわれるが、それは「可成」であり「希望」であった。山内は帝国議会では、議員や産地への配慮から今後の事業の拡大に際し、さらに多くの山陰のたたら製鉄を使用し、将来は官営製鉄所において良質の銑鉄が製造されることに期待するという言説を繰り返していたが、その本音は大口径砲と甲鉄板の製造には良質で大量の原料鉄が必要であり、その供給は海外に求めざるを得ないというものであった。

こうした希望を実現するため山内呉造兵廠長は、甲鉄板工場を設立することが決定した第一六回帝国議会が閉会した明治三五（一九〇二）年三月九日の三日前である六日から六月一〇日まで造兵監督官として欧米各国に出張、アメリカとヨーロッパ諸国で甲鉄板などとその素材の特殊鋼の製造に必要な設備・機械、原料鉄の調査を行った。そしてもはや議員の眼を気にする必要のなくなった山内は、「精良なる鋼材を造らんとせば、必ずや瑞典《スウェーデン》木炭銑若くは之と同等以上の物を得ざるべからず……今斯かる絶海の国に此必要欠く可らざる資料を仰ぐは、実に万已を得ざる」措置として、かねてから希望していた大量の低リン銑の輸入を実現することにしたのであった[54]。

「最高の品質」を誇るスウェーデンの木炭銑鉄を大量に入手できることになった呉工廠にとって、山陰のたたら製鉄はもっとも大切な資源から、平時に外貨の節約のための小規模な兵器製造用の特殊鋼の原料、戦時に輸入が途絶えた時の予備としての補助的な役割に格下げされた。そしてその原因は、増産の約束を果たすことができなかった鉄師にあると責任を転嫁されたのであった。こうして三〇〇〇トンないし四〇〇〇トンといわれる供給能力を有するたたら生産地は供給過剰に陥り、鉄山師と労働者は塗炭の苦しみに直面することになった。一方、「軍器独立」論者の山内呉工廠長にとっても、自ら導入したスウェーデン銑鉄の輸入は、あくまでも一時的処置であり、「一日も早く本邦若くは隣邦に於て、此瑞鉄に比すべき純良物を出さん事を熱望して」いたのであった[55]。

第三節　官営製鉄所設立計画と海軍省の製鋼事業に対する方針

明治二〇年代前期の海軍は、これまでどおり小型兵器や艦艇用の鋳鋼の製造を続けるとともに、艦艇用と民間用の一般鋼材、兵器用特殊鋼を生産できる大規模製鋼所と本格的な兵器と製鋼所をふくむ呉兵器製造所設立計画の実現に取り組んでいた。本節においては、これらの二つの製鋼所設立計画を取り上げることによって、兵器用特殊鋼だけでなく艦艇をふくむ兵器用鋼材、さらに製鉄業全体に対する海軍省の方針を明らかにしたい。これ以降、最初に海軍省所管製鋼所設立計画、次に同計画と呉兵器製造所設立計画との関係、最後に官営製鉄所設立計画と海軍の対応について記述する。

一　海軍省所管製鋼所設立計画と海軍の意向

海軍省所管製鋼所設立計画の性格を明らかにするには、これに連なる計画を検討することが必要となるが、この点に関して長島修氏は、「海軍側との話し合いの中で、三菱が政府の『勧誘』にしたがって、製鉄業進出構想を内閣了解も取りつけて計画していたが、政府との調整に失敗した結果、あるいは、三菱の過大な保護要求に応えるには制度的な近代化が進んでいた結果、挫折した」と分析している[56]。

一方、鍵となる海軍省の動向に関しては、残念ながら同書には見当たらないが、明治二二（一八八九）年一月一〇日に西郷従道海軍大臣と大山巌陸軍大臣から黒田清隆内閣総理大臣にあてた「請議案」が残されている[57]。なお前日の一月九日に大山陸軍大臣より樺山資紀海軍次官あてに、「製鋼事業ニ関スル意見上奏之儀ニ付御協議之趣致承知候」に始まり、陸軍省の三カ年間の鉄材需用を記した文書が送付されていること、[58]そして「請議案」にそれが加えられたが清書されていないことから判断して、この文書は海軍省の主導で作成されたこと、しかし公文書として作成途上のものであると考えられる。

「請議案」によると、海軍省が製鋼事業の必要性を主張する理由は、「海軍艦船兵器ノ製造ニ付テハ近時改良進歩シ其材料タル悉ク鋼造ニ帰シ」ているにもかかわらず、「本邦ニ在テハ艦船兵器製造ノ材料ハ専ラ海外ニ仰カザルヲ得ス」という状況にあり、もしこれを放置しておけば、海外への莫大な支出という経済的な面に加え、「一朝事変ニ際シ海路閉塞シ或ハ彼我戦国トナルニ及ヒテハ之ヲ海外ニ求ント欲ストモ不可得」という軍事的要因に根ざしていた。[59]戦時期に兵器の購入が困難となることを認識していた海軍は、「堅艦巨砲幾多ヲ購入シ得ルトモ之ヲ自国ニ於テ製造シ得サル限リハ未タ軍備ノ実力ヲ有スル者ト唱ス可カラス」と兵器の国産化をもっとも重要視し、そのためには、「抑モ軍国ノ実備ハ自国ニ於テ其材料ヲ製造シ得ルヲ以テ要点トス」と、材料の国産化を必然のことと考えている。[60]

製鋼事業の方法と目的に関しては、「政府御即断ヲ以テ奨励シテ製鋼ノ事業ヲ起サシメ陸海軍ハ固ヨリ汎ク公衆ノ需用ニ応セン事」[61]と述べている。そして「請議案」の備考に、事業開始に際しては、海外より老練な技師を招聘し実地調査を行うこと、さらにたとえ民間において興業することになっても、実地調査は政府において行うことを求めている。こうした点を踏まえ「請議案」の主旨を考察すると、製鋼事業は国の発展、とくに兵器の国産化のために重要であり、国の奨励により民間企業の創立を促すとともにその際の支援を要請したものといえよう。前述の長島氏によると、これ以降に国による三菱への勧誘がなされたことになる。

ここでこの問題に関連して、海軍の兵器国産化の理由に言及する。この点については、松方財政との関係で一般的に、「兵器の国内生産も、この『正貨蓄積』との関連で、つまり正貨節約のねらいをもつものとして重視」されたと述べられている。(62) たしかにそのとおりであるが、兵器の場合は、明治一四（一八八一）年に赤松則良主船局長が艦艇の国産化の理由として唱えたように、こうした経済的要因とともに、軍事的要因がより重要視される。この点は艦艇のみではなく兵器、さらに兵器用材料においても共通した問題といえる。

これ以降、「請議案」との関係を踏まえつつ海軍省所管製鋼所案を検討するが、長島氏によると、官営製鉄所設立計画が浮上したのは、明治二五年度予算案の策定のなかで剰余金六四五万円の使途として明治二四（一八九一）年八月までに一九の案が提出され、そのなかに貴族院からの要求として「製鉄場」がふくまれていたことによる。(63) それらは大蔵省の査定をへて八月二四日に松方正義内閣総理大臣（兼大蔵大臣）に提出され、九月には内閣において予算案の検討がなされた。一方、海軍省は本宿宅命海軍主計総監・第三局長を中心に製鋼所建設の調査を開始した。

明治二四年九月一一日、内閣の予算会議において、製鋼所設立計画は承認された。所管については、海軍省が多くの事業を抱えて負担が大きいと固辞したため、一〇月五日、内閣直属の製鉄所取調委員（渡辺国武大蔵次官、牧野毅陸軍少将、原田大技監、和田維四郎農商務省鉱山局長、宮原二郎少技監、野呂景義工科大学教授（工学博士）、小花冬吉（農商務省技師））が任命され、彼らによって計画が具体化された。そして協議の結果、一〇月一九日に海軍省所管となったといわれる。

こうした過程をへて、明治二四年一一月に開会された第二回帝国議会に海軍省所管製鋼所設立費案が上程された。この時に提出された「明治二十五年度海軍省所管　予定経費追加要求書」（以下、「経費追加要求書」と省略）によると、「製鋼所設立費ヲ要求スルノ目的ハ主トシテ海軍造船用製砲用ノ鋼材ヲ製造シ又陸軍所要ノ鋼材ヲ製造シ以テ軍備基本ノ確立ヲ企図スルニ在リ現今ノ如ク造船材製砲材ト為ルヘキ鋼材ノ供給ヲ悉ク外国ニ仰クハ軍備上一大欠典ニシテ……是軍備ノ独立ヲ企画スルニ於テ製鋼所ノ設立ヲ必要トスル所以」であると説明している。(64) また鋼材の製造高は、現在の海陸軍の使用高三〇〇〇トン、呉と佐世保鎮守府造船部完成後の使用高一五〇〇トンずつ、横須賀鎮守府造船部増加高一五〇〇ないし一六〇〇トン、呉兵器製造所完成後の使用高七〇〇ないし八〇〇トンで約八〇〇〇トンと見積もられている。そして設立費は、二五年度から三〇年度の六年間に一七五万円で製鋼所を建設し五〇万円を資本とする内容になっている。

ここで明治二四年一二月一日の第二回帝国議会衆議院予算委員会における樺山資紀海軍大臣の説明により、製鋼所の目的、製造高、製鋼所経営への意図を検証する。まず製鋼所設立の目的をみると、要求書と同じく鋼材を外国に依存していては、「海陸軍ノ艦船兵器ノ独立ト云フ事ガ出来ヌ」と説明する。[65] また計画の作成と海軍省が主務省となった経緯については、当初、海軍省が求められて調査をし、内閣において委員を選出し計画を作成したものの、主務省に関しては、「海軍省ハ新設ノ事業ガ多ク……意気地モ無イ事デスガ、到底力ノ及バヌ仕事デス」と固辞したが、「各大臣ハ到底是ハ海軍省デ運動シテヤラヌケレバ往カヌ」という考えが強く、結局、海軍省に不足しているシーメンス式製鋼技術について、「各省ヘ人ヲ求メテヤラセル」という言質を得て、「ソレナラ宜シイ私ガヤリマセウ」となったと、やむを得ず引き受けた点が強調されている。[66] さらに製造高については、「八千噸ノ材料ノ器械ヲ据付ケルト一万五千噸迄ハ出来ル事ニナル」と注目すべき発言をする。[67]

「経費追加要求書」および樺山海軍大臣の説明をみる限り、製鋼所の目的は、「兵器ノ独立」のための鋼材の国産化であり、製造する鋼材に関しても軍事用の説明が大部分を占めているが、海軍省は所管となることには消極的である。また産業用の鋼材に関しては、一端を示しているだけであり、したがって全体の製造量も不明である。こうした疑問に対し長島氏は、「海軍省所管製鉄《ママ》所設立費要求書」を分析して、海軍省所管製鋼所設立費案は、明治二五年度から三〇年度までの六カ年に二二五万円を支出し、地鉄（鋼塊）三万トン（鋼材二万八〇〇〇トン）、当初の陸海軍用として八〇〇〇トン（鋼材六〇〇〇トン）、一般用として鋼材二万二〇〇〇トンを製造するもので、「海軍省所管とは言いながら、鋼塊73％、鋼材79％は一般経済用（とりわけインフラストラクチュア向け）の需要に応ずるものであった」と独自の見解を展開する。(68)そして製鋼所は海軍の兵器素材を製造するためというのは建前であり、「量産品目であるレールを基本とした圧延鋼材を主として、部分的に軍需用素材供給設備をもつ」ものであるとし、(69)海軍省の消極性の原因をここに求めている。

こうした長島説に対して共同研究者の清水憲一氏は、長島氏が指摘したように製品の多くが一般経済用であること、海軍省が所管となることに消極的であることを認めつつ、「需要の多寡で性格規定すべきではないし、海軍省が所管に消極的であったとしても、できあがる製鋼所は陸海軍が必要とする鋼材量をすべて供給する体制を築きあげようとするもので」あるとして、「海軍省所管製鋼所案のもつ軍事優先性」を強調する。(70)これ以降こうした論争を踏まえながら、製鋼事業に対する海軍の意図ないし方針を求めるために、ここで「請議案」に立ち返ってこの問題を要約し、次に海軍省所管製鋼所とほぼ同時期に進行していた呉兵器製造所設立計画との関係を検討する。

すでに述べたように、「請議案」は、海軍省と陸軍省が国力の発展、とくに鋼製の兵器の国産化のために不可欠な製鋼事業について、民間資本への企業奨励と支援を政府に求めたものであり、海軍は軍事用だけでなく民間需要を賄うこの製鋼事業を経営する意図はなかった。ところが三菱の製鋼事業からの撤退により、製鋼事業は官営で行われることになり、思わぬ形で海軍省所管となったのであった。そうしたなかで第二回帝国議会が開会され海軍省所管製鋼所設立費案が上程されたのであるが、注目すべき点は、「経費追加要求書」および樺山海軍大臣の説明とも、「請議案」と同じように製鋼所の目的を「兵器ノ独立」のためには鋼材の国産化が必要であること、また製造する鋼材に関しても、軍事用の説明が大部分を占め産業用の鋼材に関しては一端を示したにすぎないことである。

こうした事態は、議会対策として軍事上の必要性を強調する方が有利であるという判断が勝ったため、議会資料として「請議案」を基本としてその後の変化を加味したものを提出し、それにもとづいて大臣説明がなされたことにより生じたものと思われる。「請議案」はもともと製鋼事業の必要性、重要性を兵器の国産化の見地から主張したものであり、一見すると海軍省所管製鋼所設立費案の説明として妥当のように思えるが、注意しなければならないのは、この事業全体について述べたものではないことである。

その意味で製鋼所において海軍用素材を製造するためということについては、長島氏のいう建前のようにも、清水氏の主張するようにそこにこそ本質があると異なった解釈をすることも可能になる。重要なのはそこでは軍事用と民間用の鋼材の製造を目指していたこと、海軍省は明治二二（一八八九）年の「請議案」提出時から一貫してこの事業の必要性を認識しているが自ら経営することには消極的であること、海軍省所管製鋼所設立費案はやむを得ず引き受けたものでそこでは「請議案」の骨子が転用され軍事的側面が強調されているが、それは実態も海軍の本意も示すものとはいえないことである。では海軍省の製鋼事業に対する本意はどこにあるのだろうか、呉兵器製造所と海軍省所管製鋼所計画の関係を考察したのちに結論を導くことにする。

二　呉兵器製造所設立計画と海軍省所管製鋼所設立計画との関係

すでに述べたように海軍は、明治一五（一八八二）年から兵器用特殊鋼を製造しており、一九年には新たに本格的な兵器製造所を設立することとし、「請議案」を提出した二二年にはそれを呉港に立地することを決定、二三年二月には呉兵器製造所設立計画を作成した。その骨子は二二年度より三四年度までの一三年間に二五三万一五〇〇〇円の予算で、防御に堅固な呉軍港に理想的な造船所と隣接して本格的な兵器工場を建設し、兵器の製造と修理、兵器用特殊鋼の製造を目指すというものであった。なお製鋼事業に関しては、二九年度と三〇年度に三万三〇〇〇円で鋼鉄鋳造場を建設しそこへ計三四万九三〇円の予算で器械を据え付け、三〇年代に兵器用特殊鋼を製造することになっていた。注目すべき点は、「請議案」において政府に鋼材事業の企業化を求めながら自らはそれを経営せず、本格的な兵器の製造と兵器用特殊鋼の製造のみを目指していたことである（呉兵器製造所設立計画については、第五章第二節と第三節を参照）。

呉兵器製造所事業は、帝国議会における反対にあいながらもすすめられた。一方、すでに述べたように明治二四（一八九一）年一一月に海軍省所管製鋼所設立費案が第二回帝国議会に上程され審議されたものの、一二月二三日に否決され、政府は一二月二五日に議会を解散した。こうしたなかで呉兵器製造所設立計画の変更が問題となるのであるが、すでにこの点については、第五章第三節で詳しく述べているので、ここでは行論上において必要な点に限って記述する。(71)

明治二四年一〇月四日に、ヨーロッパにおいて新技術を習得して帰国した山内大尉は、二五年三月に呉兵器製造所の工事現場を視察し促成案を提出した。その要点は、期間を一三年間から二六年度から三〇年度までの五カ年間に短縮、予算も二五三万一五〇〇円から七五万七五三〇円を差し引いた一七七万三九七〇円に減少させ、一五センチ速射砲を製造し、三二センチ砲までの修理を行える施設を建設するというもので、これまで計画にふくまれていた製鋼場と一七センチ砲以上の大砲を製造する施設の建設は除外することになっていた。なお製鋼場計画を除外した理由として山内は、海軍省所管製鋼所設立費案が議会通過の可能性が高いことをあげている。

山内大尉が提出した案をめぐって、呉兵器製造所設立取調委員を中心とする六名により検討がなされることになった。そして呉兵器製造所設立計画作成を担った原田大技監により、旧計画の順序を変更して明治三二年度までに山内の促成案と同じ生産設備を整備し、その後に大砲の製造や製鋼に必要な残余の設備を建設するという対案（乙号）が作成され、甲号（山内案）と乙号（原田案）の確認と比較がなされることになる。

こうした経緯をへて、甲号（新計画）案と乙号（旧計画の修正）案の利害の比較が行われた。その結果、甲号案には早期の開業、費用の短縮という利益があるが、害として一七センチ以上の砲を製造し得ないこと、海軍省所管製鋼所設立費案が議会を通過しない時には新たに製鋼場の建設に二〇余万円を要することが指摘され、乙号案には二四センチ砲を製造し二六センチ砲以下の砲の換装ができること、造兵事業を中止しないことという利益があるものの害として甲号案に比較して操業開始が遅れること、明治三二（一八九九）年後半期以後の事業が東京と呉に分散されること、後半に建設事業が集中しており期限内に竣工することの困難性が指摘された。

討論の結果、これまでの計画を短縮し一五センチ砲の製造にとどめるのは得策ではないという結論となり、明治二五（一八九二）年三月二四日、山内大尉をふくむ六名全員の連名で相浦紀道第二局長に討論の経緯と結論を報告し判断をゆだねた。また本宿第三局長も明確な態度は示さなかったが、甲号案は予算の縮小となるものの、期間を三年縮小し前半に事業を集中するため、二六年度から二九年度まで予算を超過することになり帝国議会の協賛を得ることが必要となるなどの理由で、議会の協賛を必要としない乙号案寄りの考えを示した。

山内大尉の促成案をめぐる討議については、先行研究においてしばしば取り上げられてきた。佐藤昌一郎氏は、「甲号（山内作成の新計画で15センチ砲までを製造し、期間も短縮して93年度より5年度とする）、乙号（旧計画）いずれをとるべきか決裁を仰いでいる」と解釈し、また海軍省所管の「製鋼所と兵器製造所との結合も考慮の対象になっていた」と認識している。(72) たしかに六名は相浦第二局長に判断をゆだねたが、乙号案を支持するに至った経緯を明示し最終決定をあおいだのであり、その後の事業においても大砲や製鋼施設の建設が推進されたことを考えると、海軍は乙号案を採用したといえよう。

また長島氏は、「山内は、官設の製鋼所建設を第一議として、海軍省所管製鋼所案が議会を通過しなかった場合には、小製鋼所を設けるという案である。一方、乙号案（原田案）は、『製鋼所設立議案通過セザルトキハ小製鋼場ヲ追加スル為メニ更ニ二拾余万円ノ請求ヲ要スルコト』となっており、海軍省所管製鋼所案が議会通過しない場合には、呉兵器製造所内に『小製鋼場』を設置することについては両者共通であった」と解釈している。[73]すでに述べたように山内の甲号案は、海軍省所管製鋼所設立費案が通過すると考えられるので呉兵器製造所に製鋼所を設置する必要がないという主張であり、それが議会を通過しなかった時に二〇万円必要となるのは甲号案の害なのである。また乙号案の製鋼場に関する主張は、帝国議会の動向に関係なく呉兵器製造所に製鋼場を建設するというものであった。

そもそも甲号案が真剣に討議されたうえで受け入れられなかったのは、山内大尉以外の構成員は呉兵器製造所の役割は、速射砲や水雷にとどまらず大砲をふくむ兵器とその素材である特殊鋼の製造であり、この計画では最終目的とする戦艦と搭載兵器の国産化は実現できないが、そこに至る橋渡しをすることであると認識していたことによると考えられる。さらに困難な国内事情を知る彼らには、予算の組替えを要する山内の甲号案を採用した場合、帝国議会や陸軍の反対により呉兵器製造所設立計画そのものが否定されかねないという懸念も強かった。海外への滞在が長く実情を知らなかった山内も、討論のなかでそれを知り納得したものと思われる。

海軍省所管製鋼所設立計画との関係で重要な点は、山内大尉以外の構成員は海軍省所管といいながら帝国議会に上程されている製鋼所案について協賛が得られると考えておらず、また同案の通過に期待を寄せている様子がみられないことである。そこには海軍省が官営製鋼所を経営することに反対する有力な理由があったことが考えられるが、ほぼ一〇年後の明治三四（一九〇一）年一二月二一日に開かれた第一六回帝国議会衆議院予算委員第三分科会（陸軍省、海軍省所管）において山本権兵衛海軍大臣は、その点について次のように述懐している。[74]

〔前略〕私ガ主事デ居ッタ時ニ起ッテ、政府デハ殆ド海軍所管ト云フマデニナッタノデアリマス、其当時ノ歴史ヲ申セバ、私ハ其当時反対デ之ヲ海軍所管ニスベキモノデナイ、重モニ民間デスル作業事業ハ海軍デヤッテ立派ナ結果ヲ見ナカッタカラ、海軍々人ハ軍事ノミノ一方ニ脳髄ヲ纏メンケレバ、諸般ノ仕事ハ出来ヌカライカヌト云フコトデ反対シタ〔以下省略〕

山本海軍大臣は、民間の事業を主とする官営製鋼所を海軍省が所管となり経営すべきではないという理由で反対したのであった。すでに述べたように海軍は明治一五（一八八二）年から兵器用特殊鋼を製造し、海軍省所管製鋼所設立費案が帝国議会で審議されているなかで討議された呉兵器製造所設立計画の変更においても、兵器用特殊鋼のみを海軍は製造するという方針は踏襲されることになった。こうした点を総合すると、海軍は量が少なく高品質の兵器用特殊鋼をより重視して自ら海軍工作庁で製造し、一般の産業用と軍事用鋼材（主に一般産業用と同じ種類の艦艇用鋼材）に関しては、民間企業や他の官庁にゆだねる考えであったといえよう。また資料的に裏づけることはできないが、一般産業用の鋼材を海軍工作庁で製造した場合、「一般会計予算（決算）書には、艦船兵器造修に要した直接製造原価（材料費・職工費・附属費）のみが計上される仕組(75)」の海軍特有の会計の変更を求められるのではという不安があったのではないかと推測される。海軍は兵器の生産に際し、経済上の理由に左右されることを極度に嫌っていたのである。

最後に明治二五（一八九二）年五月に開かれた第三回帝国議会にふたたび上程された、海軍省所管製鋼所設立費案の結末と海軍省から農商務省への所管の変更について言及する。第三回帝国議会において、衆議院では製鋼所の設立には賛成であるという意見も少なくなかったが、結局、五月二八日の本会議において否決された。そして六月六日、かつて海軍省の大技士であった内藤政共議員によって貴族院に建議案が提出され、六月八日の通常会において可決された。なお建議案の内容は、次のようなものであった(76)。

製鋼原料並に製鋼所組織の調査に関する建議案
製鋼所設立は我国の軍備及経済上最も必要なることは本院の認むる所なり然れとも製鋼に供用する原料の調査及ひ試験並に製鋼所設立の組織に関する政府の調査未た充分ならす故に本院は政府に於て製鋼事業調査委員を設け是等の調査を施行せんことを希望す因て茲に之を建議す

発言のなかで内藤議員は、「本員の考へる所では第一に其形の同様なものであつてロールの掛替を要さぬもので、さうして需用の一番余計なものであり、さうして拵えるに一番やさしいと云ふものを第一の目的として始めねばならぬ」と、官営製鉄所の目的を規定した(77)。そして、「海軍省で之をやると云ふ事になればどうあつても軍備を第一の目的としなければならぬ」と、両者の目的の相違を明確にし、「本員の考へる所では是れはどうあつても農商務省でやらなければ仕方があるまい」と、海軍省から農商務省への所管の変更を主張した(78)。内藤の発言について長島氏は、「軍需の性格、技術水準を考慮に入れて、農商務省所管の大量生産の製鉄所構想を示したもの」であり、「所管の変更は、製鉄所の性格を実情に合せて形式的に変えたもの」と認識し、海軍省から抵抗を受けることもなかったと述べている(79)。当を得た解釈であり、大技士の経歴をもつ内藤が海軍の意向もふまえ行動したと考えても良いように思われる。

第四節　官営製鉄所の設立と呉造兵廠拡張計画との関係

内藤議員の建議案に沿って、明治二五（一八九二）年六月二八日に製鋼事業調査委員が任命され、また二六年四月二二日に臨時製鉄事業調査委員会、そして日清戦争の帰趨が明確になった二八年四月に製鉄事業調査会が発足した。これらの委員会における審議はのちに設立する官営製鉄所の性格を考えるうえで重要であるが、同製鉄所と呉海軍造兵廠拡張計画の関係を解明することに主眼におく本節においては、長島氏のこれらの委員会について詳細に検証した論文によって、その行論に必要な部分の結論のみを記述する。

一　官営製鉄所設立計画の作成

長島氏は、製鉄事業調査会による官営製鉄所構想について五点に要約している。その中心をなすのは、「第一に、陸海軍は、とりわけ海軍は兵器用素材を全て最初から官営製鉄所において供給することを目指していたのではなかったこと、製鋼所の建設は望んでいたが、日清戦争以前の段階では製鋼所への要求は控えめなものであったことが明らかである。しかし、同時に官立の製鉄所は、最初から軍部や鉄道など様々な要求を取り込んで行かなければならず、経済合理性を追求する製鉄所として成立させることは困難であった」という主張であり[80]、残る四点はその内実の説明と位置づけられる。すなわち内実は鉄道を中心とする製鉄所であるが、建前として軍事を前面に出さなければ議会の協賛を得ることができないというギャップが存在していたこと、また議会対策として予算縮小を余儀なくされ高炉の能力も四万二〇〇〇トンに引き下げられたこと、この当時は、国内資源を利用することを原則としていたという。

製鉄事業調査会により製鉄所設立予算案が作成され、明治二八（一八九五）年一二月に開会された第九回帝国議会に提出され、二九年度から三二年度までの四年間に四〇九万円を支出するという予算が成立した。なおこの計画の内容は、鋼材の年間需要高を一三万トン（海軍用一万トン、陸軍用二〇〇〇トン、鉄道用六万七〇〇〇トン、その他五万トン）と予想し、そのうち六万トン（ベッセマー転炉鋼材三万五〇〇〇トン、マルチン平炉鋼材二万トン、錬鉄四五〇〇トン、ルツボ鋼材五〇〇トン）を製造することを目指しており、これに必要な銑鉄についてはベッセマー鋼製造用四万二〇〇〇トンを製造し、不足分はなるべく民間から購入することになっている。

こうしたなかで明治二九（一八九六）年四月一日に「製鉄所官制」が施行され、山内提雲官営製鉄所長官以下の陣容が整えられ、製鉄所位置の決定がなされ、三〇年六月一日をもって官営製鉄所が開庁した。この間、技術者がヨーロッパに派遣され、具体的な調査が実施された。その結果、大島道太郎技監により製鉄所設立計画の変更が提案されたのであるが、新たに三代長官となった和田維四郎はこれを認め、三〇年一一月一八日に農商務大臣に「意見書」を提出し裁可を得た[81]。

こうして作成された製鉄所設立変更計画によると、製鉄所は一三六四万円で採掘・製銑・製鋼・圧延過程をふくむ銑鋼一貫製鉄所を設立し、銑鉄二四万トン、鋼材一八万トンを製造するというものであった。そしてそのうち明治三三年度終了の第一期計画で銑鉄一二万トン、鋼材九万トン、三五年度開始の第二期計画でも同量の銑鉄および鋼材を製造する施設を整備することになっている。このうち本書と関連する兵器用鋼材については、「兵器用機械費トシテ四十八万円ヲ予定シタレトモ此費額タル大砲々身ヲ製作セントスルトキハ著大ナル不足ヲ告ケ且兵器ノ製作ハ製鉄事業中最モ至難ニ属スルヲ以テ製作ノ難易ニ応シテ漸次起業スルヲ以テ得策トス」と述べ、第一期計画で、「坩堝〔鋼カ〕品及大砲、甲鉄板ヲ除キ軍艦砲架機械及其他ノ材料ヲ供給」、第二期計画において、「坩鋼工場ト兵器製造用鍛鋼プレッス工場トヲ起スヘシ然ルトキハ甲鉄板ノ外総テ他ノ鋼材ハ悉ク製作シ得ヘシ」と記されている。[82] なお「兵器中十五サンチ已〔巳カ〕上ノ甲鉄板ノ製造ハ巨額ノ資本ヲ要シ本邦ノミノ需用ヲ以テ経済上存立シ難シ故ニ本所ニ於テハ其製造ヲ為サ、ルコトニ定ムヘシ若シ軍政上経済如何ニ係ラス其製造ヲ必要トスルトキハ別途ノ経済トシ製鉄所構内ニ於テ特ニ其工場ヲ設クヘシ」と甲鉄板の製造が必要な時は、別途経済（会計）で行うことを考えていた。[83]

製鉄所設立予算が四〇九万円から一三六四万円に増加したことにともなう九五五万円の追加予算は、明治三〇（一八九七）年一二月二四日に第一一回帝国議会に提出されたが、翌二五日に議会が解散したため不成立に終わった。そのため三一年五月一九日に開会の第一二回臨時帝国議会に上程され（予算額は政府内で原料鉱山費二六五万円、浚渫費のうち五〇万円を減額した六四七万円）、それほどの異論もなく協賛を得た。また継続事業年度も三三年度より三四年度までに延長された。さらに三二年に原料鉱山買収費三六三万円、若松築港補助費五〇万円、据置運転資本として四五〇万円が認められ、創立費は一九〇〇万円に拡大した。しかしながら三四年頃から予算の不足が深刻化するが、それについては省略する。

二　兵器の国産化と兵器用鋼材の供給

明治二六（一八九三）年に戦艦二隻保有の承認を得た海軍は、発注先のイギリスの民間兵器製造会社などに造船・造兵・製鋼関係技術者を派遣し、戦艦および搭載兵器と素材の特殊鋼の造修技術の習得に向けた活動を開始した。一方、施設・設備面では、それまでの一等巡洋艦およびそれに見合った兵器と特殊鋼の造修可能な規模から、一気にその対象を戦艦以下の全艦艇および兵器と特殊鋼に変更した。そして二九年の第一一回軍備拡張計画において、艦艇とともに海軍工作庁の大幅な拡張費が認められたことによって、各海軍工作庁の施設・設備の整備が可能となった。さらに三二年には「軍艦水雷艇補充基金特別会計法」（以下、「特別会計法」と省略）の制定にこぎつけ、艦艇の造修基金を確保することに成功、これを契機として海軍はこれまで省内の首脳の胸中に温めてきた甲鉄戦艦をふくむ艦艇ならびに搭載兵器と兵器素材の国産化という目標を前面に掲げ各種計画を推進するようになった。

こうしたなかで海軍は、明治三一（一八九八）年に三二年度から三五年度までの四年間に三〇八万円（建築費八四万円、機械費二二〇万円、作場費三万円）の予算を骨子とする第一期呉造兵廠拡張計画を決定したが、大蔵省の同意を得られず実現に至らなかった。そこで三二年に至り、三三年度から三六年度の四年間に一一一万円（建築費一〇九万円、作場費二万円）の費用で、呉造兵廠に一二インチ（三〇・五センチメートル）砲および八インチ（二〇・三センチメートル）以下の速射砲やその他小口径砲、それに用いる砲架・弾丸・薬莢など、大型をふくむ各種水雷などを製造、そしてこれらに用いる特殊鋼を製造することができる施設・設備を整備するという内容の第一期呉造兵廠拡張計画を作成、大蔵省はもとより、一一月二二日に開会した第一四回帝国議会においても異論なく協賛を得た。

これまで第一期呉造兵廠拡張計画については、問題視されることがなかったが、そこには次のような注目すべき点がある。その第一は、明治三二年計画は一一一万円となっているが、実際には三一年計画に二二〇万円と記録されていた機械費が第一一回軍備拡張費の外国兵器購入費の流用によってまかなわれていることなど、はるかに高額なことがあげられる。そして高額な資金の流用によって、第二期呉造兵廠拡張計画にも使用できる大型機械が導入され、官営製鉄所に比較して安価に工場が建設できる一因となったことである。第二にこの計画には大口径砲の製造を中心とする最新兵器とともに、それに用いる特殊鋼の製造がふくまれているにもかかわらず、製鉄所設立変更計画の第二期において、甲鉄板以外の鋼材を製造することになっている官営製鉄所や所管官庁の農商務省と海軍省の間で調整がなされた記録が見当たらない点である（呉造兵廠拡張計画に関しては、第六章第一節を参照）。

こうしたなかで明治三二（一八九九）年一二月二七日、諸岡頼之海軍省軍務局長より和田官営製鉄所長官に、「特別会計法」の制度が設けられ、三七年度より戦艦をふくむ艦艇建造補充事業に着手することになったが、これにともない「鋼鉄板製造所ヲ本邦内ニ設立センコト兵器独立上最モ緊急ノ事業ト思料候処貴所ニ於テ右設立方ニ関シ将来御計画相成ルヘキ御見込モ可有之哉」と照会がなされた[84]。これに対し和田長官は翌二八日、「目下着手中ノ事業ニ於テハ鋼鉄板製造ノ計画無之将来之ヲ当所ニ於テ製造スヘキヤ否ヤハ政府ノ方針ニ依ルヘキ考案ニ有之」と回答をした[85]。なお照会と回答に対し田中隆三農商務省鉱山局長は、「此回答ハ明治卅年来理論上公知ニ属スル事実ヲ通知シタルモノニシテ何等ノ怪ムヘキモノナカルヘシト雖海軍省ニ取リテハ全ク意想外ナリ何ントナレハ海軍省ハ製鉄所ノ現計画中ニ鋼鉄板製造事業ヲ包含スルモノト信シタレトモ只其開始ヲ速ニセント欲シタルモノ」という見解を示している[86]。

これに対し海軍省は、明治三三（一九〇〇）年一月二三日に山本海軍大臣名で曽禰荒助農商務大臣に、官営製鉄所における海軍兵器用鋼材の生産計画について、ふたたび照会した。この文書においては、まず三七年度より艦艇補充建造事業に着手する予定のもと、これに対応するため、すでに帝国議会の協賛を得て呉造兵廠拡張費予算により大口径砲の製造の準備をすすめており、残る課題は甲鉄板および砲楯用鋼板の製造であると問題点を明らかにする。そして、「目下ニ於ケル軍備上ノ急迫ハ最早之カ稽緩ヲ忍フノ余地ナキニ付キ支給何等ノ施設ヲ経画スル必要有之ト思考候条至急何分ノ御意見承知致度且当初該事業創設ノ目的ニ於テ軍備ノ独立ヲ図リ軍艦兵器製造所ノ鉄材ヲ供給シ軍備拡張ノ企画ト共ニ之カ経画ヲ立テラレタルハ如何ナル程度如何ナル設計ニ止ムルノ趣意ナリシカ」と、詳細な回答を求めた[87]。

これを受け取った曽禰農商務大臣は、早くも翌一月二四日に山本海軍大臣に、和田長官の案文にもとづいて回答した。そのなかで官営製鉄所創設の趣旨は、軍備上および工業上の鉄材の供給であるが、事業の順序として、「第一ニ普通鉄材即チ工業上需用鉄材ヲ製造スルノ考案ヲ以テ目下其ノ創業中ニ有之明年度ヨリハ漸次竣功ノ工場ヨリ作業ヲ開始シ卅四年度ヲ以テ工事ヲ終ルヘキニ付キ其ノ全部竣功ヲ俟チ兵器用鉄材ヲ製造スルニ充分ナル場処ヲ設クル見込ニ有之」と、主に製鉄所設立変更計画の第二期以降において兵器用鉄材を製造することを明らかにした(88)。

さらに明治三三年二月一日、海軍大臣は農商務大臣に、「鋼鉄板製造工場ハ卅四年度ニ於テ設立ニ着手セラシ〔ママ〕候様致度（中略）是非トモ卅六年度ニ於テ鉄鋼板幷兵器用材ヲ製造供給セラルル様致度」と照会した(89)。これに対し農商務大臣は、「右ハ陸軍省ニモ関係有之事業ニ付キ貴大臣幷陸軍大臣ト御熟議ノ上閣議ノ決定ニ依ルヘキモノト存候ニ付キ其ノ運ニ致度」と回答した(90)。

こうした一連の経緯について三枝・飯田氏は、「兵器用鋼鉄板の製造に関しては、海軍省側が『目下ニ於ケル軍備上ノ急迫ハ最早之ガ稽緩ヲ忍ブノ余地ナシ』と詰問したのにもかかわらず、製鉄所はあくまでもそれは第二期における事業だとして、独自の方針を貫くことになった」ため、海軍省は、「製鉄所に対して軍艦用甲鉄板および砲楯用鋼板等の製造を要求することを断念」し、自らその製造に乗り出すことにしたと主張する(91)。こうした説は、多年にわたり通説とされてきたが、これに対しては官営製鉄所が第二期事業で甲鉄板および砲楯用鋼板等を製造するという解釈、また海軍省は製鉄所からことわられたためにそれらを製造することになったという指摘は妥当なのかという疑問が投げかけられることになる。

このうち後者について池田憲隆氏は、「以上の経緯をみる限り、海軍はすでに99年12月時点で装甲鈑製造を決意していたように思われる。すなわち、閣議での同意を得るために製鉄所や農商務大臣にわざわざ詰問ともいうべき照会をおこない、予想通り消極的・否定的な回答しか得られなかったことを盾にとって、それならば海軍が独自に生産をおこなうということを宣言したとしか考えられないのである」と、独自の理論を展開する(92)。そして、「この推測には直接的な資料の裏付けはないが、99年5月から11月まで山内が欧米で装甲鈑調査に（ママ）おこなっていることから、その調査報告をもとに海軍首脳（山本権兵衛海相―斎藤実次官体制）は呉製鋼所案を決定した」としている(93)。

ただし裏づけとなると、山内呉造兵廠長の視察以外に認められないといわれるが、すでに述べたように海軍は明治一五（一八八二）年から兵器用の特殊鋼を製造、戦艦搭載用の兵器や甲鉄板等に限っても二六年に戦艦二隻の購入を契機として、七月四日に造兵監督官としてイギリスに出張する山内大尉に対してワシントンにおいて一二インチ砲身材料などの調査を命ずるとともに、戦艦の発注先などのイギリスの民間兵器製造会社に技術者を派遣して、造兵および製鋼技術の習得に励んでいる。そして三七年度以降に戦艦の建造を開始することを目指し、三二年から四カ年計画で一二インチ砲など戦艦搭載用の主砲の製造計画に着手し、いよいよ残された甲鉄板や砲楯用鋼板の製造に取り組むことにしたのであり、そこには長期的展望に立脚して、計画的、段階的に兵器の国産化を実現しようとする方針がみられる。海軍の性格として、戦艦搭載用の大口径砲や甲鉄板という重要にして高度な技術を必要とする兵器を、開業して日も浅く技術的に不安があり、景気変動にともなう一般鋼材の需給に左右される官営製鉄所に委ねることはできなかったのである。さらに製鉄所設立変更計画によると、第一期に産業用鋼材とそれと同質の艦艇用の構造材などの製造、第二期に兵器用特殊鋼の製造とされ、甲鉄板等に関しては政府の方針によるとされるなど、とても三七年度からの戦艦建造に間に合わないという危機感があったと考えられる。

新たに政府からの要請がない限り、甲鉄板を製造するつもりはないという回答を農商務省から得た海軍省は、明治三三（一九〇〇）年八月二九日、山本海軍大臣より山県有朋内閣総理大臣あてに、「甲鉄板製造所設立ノ件」を提出した。このなかで海軍は、既定計画（とくに「特別会計法」）により三七年度以降、戦艦をふくむ軍艦の建造を予定しているにもかかわらず甲鉄板および砲楯用鋼板等は国内において製造できないため（官営製鉄所においては、厚さ五インチの普通鋼が製造できるのみで、厚さ五インチ（一二・七センチメートル）以上一四インチ（三五・六センチメートル）までの甲鉄板の供給は不可能）、すべて海外より購入しなければならないという現状を説明する。そしてこれらはすべて戦時禁制品のため有事の際に輸入することが不可能であり、平時においても、「甲鉄板ノ製造法タルヤ艦体ノ形状及ヒ其彎曲ニ応シ製作ヲ要スルモノナレハ図面ヲ以テ其形状彎曲等ヲ表示スルコト甚タ困難」なため、逐一模型をつくり甲鉄板製造会社に送らなければならず、結局、国内で甲鉄板を製造できない限り、甲鉄艦を建造することはできないと理由を述べている。(94)

最後に、国内（海軍、とくに呉造兵廠）において甲鉄板を製造することの利点をあげている。その主なものを列挙すると、すでに海軍（呉造兵廠）においては甲鉄板を製造できる技術者がおり、外国から専売権を購入する必要がないこと、原料は山陰地方の砂鉄に今後は官営製鉄所から供給される製品が加わり国内製が九割を占めるようになり、貴重な外貨により輸入する製品は一割にすぎないこと、呉造兵廠に甲鉄板製造所を設立すれば第一期呉造兵廠拡張計画で整備した諸機械の併用が可能であること、国内で甲鉄板を製造することによる国内経済への波及が大きいことなどとなっている。なおこの計画によると、明治三四年度より三八年度までの五年間に六二九万円（建築費六八万円、器械費五六一万円）の予算が計上されている（第六章第一節を参照）。

明治三三（一九〇〇）年九月一二日、閣議の了解がなり、第二期呉造兵廠拡張計画（甲鉄板製造所設立計画）が許可された。これを受けて海軍省は、予算案を第一五回帝国議会に提出することとし、この件について一〇月六日に農商務省に通知した。こうして呉造兵廠拡張費案は、第一五回帝国議会で審議されることになった。

第五節　呉造兵廠拡張費案の帝国議会における審議と海軍省の対応

周知のようにこの呉造兵廠拡張費案は、第一五回帝国議会で否決されたにもかかわらず、計画期間を一年短縮した以外は、ほぼ同様の内容の予算案を第一六回帝国議会に提出し、協賛を得たという異例の経過をたどっている。本節においては、こうした複雑な過程を分析することによって、なぜこの問題が紛糾したのか、なぜ海軍はこの計画の実現にこだわったのか、またこの計画を実現した海軍の方策はどのようなものなのかについて明らかにすることを目指す。

一　第一五回帝国議会における審議

第一五回帝国議会は、明治三三（一九〇〇）年一二月二二日に召集され、二五日に開会した。呉造兵廠拡張費案の審議は三四年一月二三日・二四日に衆議院予算委員会、二五日・二六日に予算委員第三分科会（陸軍、海軍省所管）、二八日に第三分科会と予算委員会、二九日の第三分科会をへて、二月一日の予算委員会に和田官営製鉄所長官の出席を求めて質疑が行われた。そして四日の分科会、五日の予算委員会、七日の本会議で原案に対し協賛を得た。

衆議院における紛糾を反省した海軍省と農商務省は、明治三四（一九〇一）年二月一五日の貴族院予算委員会後の一八日に、協定を結び想定問答を確認し審議に臨んだ。こうした努力にもかかわらず二六日の第四分科会後の三月一六日の分科会で議員を説得できず、一九日の予算委員会、二〇日の本会議で原案は否決された。このため二二日に両院協議会で討議されたが、貴族院否決が採用された。

以上のような第一五回帝国議会の経過を詳細にたどることは本節の趣旨にそわないので、ここではなぜこの問題は紛糾したのか、それに対してどのような対策を講じたのか、また議会における発言や議会対策を通じてそれぞれ一枚岩というわけではなかったが海軍省と農商務省、さらに議会の本意に迫ってみたい。

帝国議会における呉造兵廠拡張費案審議の紛糾は、明治三四年一月二三日の衆議院予算委員会において永江純一議員から、官営製鉄所は兵器用鋼材を製造するために設立したのではなかったのか、それなのに海軍大臣は兵器用鋼材の製造はできないという、「若松デ製造所ヲ起ス目的ハイツノ間ニカ変ジ」たのかと質問されたように、(95)製鉄所問題に端を発していた。答弁に立った林有造農商務大臣は、当初、官営製鉄所においては陸・海軍の兵器用の鋼材の製造を予定していたこと、計画の作成に際して、第一期において一般の需要に対応する製鉄、三五年度からの第二期において兵器用鋼材の製造、甲鉄板については大量に製造しなければ採算がとれないので除外したが、もし実施すると八〇〇万円を必要とすること、第二期に予定していた大口径砲の砲身とその鋼材を製造する計画については、すでに海軍省が第一四回帝国議会において協賛を得ており、残る陸軍用の砲身のみの製造では採算がとれないので関係者間で打ち合わせをしたいことなど、かなり率直な答弁をしている。

翌一月二四日の予算委員会では、加藤政之助議員より、農商務省は製鋼所設置にパテント料が必要で採算がとれないといい、海軍省はパテント料が必要ではなく経済的に引き合わないわけではないというが、同じ官営にもかかわらず、こうした相違はなぜ生じるのかなどと質問が出された。これに対して農商務省は、これまで経験がなくパテント料を支払って伝習する必要があると答えた。一方、山本海軍大臣と山内政府委員（呉造兵廠長）は、これまで多年にわたり兵器とその素材を生産してきたため人材と設備が蓄積されており活用できること、また甲鉄板をふくむ製鋼技術を習得するため外国に派遣した技術者、職工が二四名を数え、そのなかには派遣先で甲鉄板の製造に従事したものもありパテント料を支払わなくても製造できること、兵器用の特殊鋼の生産は一万七〇〇〇トンと見込まれるなどと答弁している。(96) このように海軍省は、呉造兵廠で特殊鋼を生産することの有利性を主張したが、経済的に採算がとれると言明することはさけている。

その後一月二五日に第一回、翌二六日に第二回の予算委員第三科分科会が開かれ、官営製鉄所と新設する甲鉄板製造所の役割の相違などが討議された。これに対しては山内委員を中心に答弁がなされたが、そのなかには第一期呉造兵廠拡張計画の中心をなす秘密工場とされた砲身工場などの詳細な説明がふくまれるなど、これまでの態度とは異なる面がみられる。

一月二八日の第三回分科会において、石田貫之助議員は、和田長官が農商務大臣に提出した意見書に、「海軍大臣ハ軍艦製造ノタメ鋼鉄板ノ必要アルヲ以テ、之ヲ製鉄所ニ製造センコトヲ要求シ、後自ラ之ヲ製造セントシテ其予算ヲ閣議ニ提出セラレタリト云フ」と記されているが、それは事実かと質した。(97) これに関して山本海軍大臣は、「甲鉄板ト云フモノハ、枝光ノ製鉄所ニ於テハ出来ヌトハ知ッテ居ルケレドモ、製鉄所ハ世ニ現ハレテ居ルカラ、如何ナルモノ迄出来ル、斯ウ云フモノガ出来ルカト云フハ、確ニ問フタコトト記憶シテ居リマス」と答弁している。(98)

二月一日に開催された予算委員会には、和田長官が参考人として出席し多方面から質問が出されたが、なかでも焦点となったのは明治三二（一八九九）年から三三年にかけて行われた海軍省からの照会とそれに対する回答の内容であった。海軍大臣から農商務大臣への照会は、製鉄所に甲鉄板を製造することを要求したものだったのかという質問に対して和田長官は、「三十五年度カラ甲鉄板ガ要ル、ソレヲ製鉄所デ拵ヘテ欲シイト云フ初メ要求デアッタト思ヒマス」と答えている。(99) この日はさらに、製鉄所で製造するにはパテント料が必要といい、呉造兵廠は必要ないというのは、政府内の不統一ではないかと追及された。これに対して山本海軍大臣は、あくまでも照会は質問しただけで要求ではないこと、また和田長官は政府委員でないので政府内不統一にはあたらないと苦しい答弁した。

このように多くの疑問が出されたものの、衆議院においては誰からも「軍器独立」やそのための呉造兵廠拡張費案に反対する議論が出されることがなく、議員の誤解や不明な点を解くためのこれまでの秘密主義とは異なる丁寧な説明がなされたこともあり、かろうじて協賛を得ることができた。こうした状況に危機感を抱いた海軍省は、明治三四（一九〇一）年二月一五日の貴族院予算委員会後の一八日に政府の方針を統一するため農商務省と交渉し協定を締結、貴族院の予算委員会でこの骨子を説明することにし政府委員の説明、答弁もこの範囲で行うことにした。

その骨子は、「抑モ呉造兵廠拡張費製鋼事業ハ明治三十四年度海軍省予定経費要求書ニ説明シメル〔ママ〕カ如ク又海軍大臣カ衆議院予算委員会ニ於テ述ヘタルカ如ク特種ノ甲鉄板及砲楯用鋼板ヲ製作セントスルモノニシテ、該事業ハ若松製鉄所ノ現計画ニ於テ其設備ナキノミナラズ、同所ニ於テハ将来ノ設計ニモ是等特種ノ鋼板ヲ製作スルノ企図ハ確定セラレザレシコトニ属ス」と述べられている[100]。そして両者の軍事用製鉄、製鋼について官営製鉄所は銑鉄、造船材料、速射砲弾丸用丸棒、砲架の材料、呉造兵廠は砲身、大砲、水雷、弾丸、甲鉄板、砲楯と明記された。

少し前後するが貴族院における状況を示すと、明治三四年二月一五日の予算委員会において、阪谷芳郎委員（大蔵次官）が予算全体について説明し、審議が開始された。その後、予算委員会、予算委員分科会で討議がなされた。その間に海軍省は農商務省と協定を締結し、その範囲で答弁を心がけたにもかかわらず議員の疑問、不満は解消されず、三月一六日の第四分科会で原案は否決された。そして一九日の予算委員会で総括的な審議が行われたが、ここで貴族院の審議を代表していると思われる山本海軍大臣と曽我祐準議員（元陸軍中将）の演説の要旨を示すことにする。

まず山本海軍大臣の演説を筆者なりにまとめると、日本海軍は、造船・造兵技術の研鑽の結果、今や戦艦を建造できるようになったこと、官営製鉄所は、当初、軍器独立と工業用の鋼材を生産すると説明してきたが、その後に経済性を重要視した工業用鋼材（艦体用にも使用可能）を先行することにしたこと、一方、呉造兵廠においては軍器独立に必要な艦艇に搭載する大砲製造用の施設・設備などを建設中であること、それらの供用により甲鉄板、砲楯用鋼板などの製造に要する施設や設備は、安価に整備できるというものであった。また甲鉄板等を呉造兵廠で製造する利点について、製鉄所で製造した場合は、港湾が浅く製品を呉などの軍港に運搬するのは困難であるが、それに対し呉造兵廠は水深があり港湾設備が整備されているうえ造船廠と隣接しており、好立地条件であると説明する。そして戦時期に戦艦が損傷した際、「一枚トテモ其鋼板ヲ取換ヘルコトガ出来ヌト云フコトデゴザイマシタナラバ、共〔其カ〕一枚ノ鋼板ハ軍艦一隻ニ当ル」と、戦時期に甲鉄板とそれを造修する施設と技術が必要であると、これまでなら秘匿したであろう内実を吐露し、こうした計画を一年延長することは取り返しのつかない損失となると協力を訴えた[101]。

このような必死の説得に対し曽我議員は、甲鉄板など製鋼や兵器製造の必要性は充分に理解できるとしながらも、次のような疑問を唱えた。その要点は、「我々ハ斯ノ如キ大金ヲ使フ事業ニ賛否ヲ表スルニハ最モ大丈夫ノ方針ヲ執ラナケレバナラヌ、今日枝光ノ製鉄所ニ名ヲ付ケマシテ此用ヲヤラセルガ宜シイカ、海軍ノ製鋼所ニ足シ継ギヲシテヤラセルガ宜シイカ、又若シぱてんとヲ買ハヌデ宜シイカ、又技術ニ係ル所ノ職員ナドハ今ノデ宜シイカ、外国人ヲ傭フタ方ガ便利デアルカ、斯ノ如キコトハ余程調査ヲ要スルコトデアラウト思フ」というものであった[102]。

結局、貴族院においては三月一九日の予算委員会、三月二〇日の本会議において、呉造兵廠拡張費案は否決された。また二二日の両院協議会で貴族院の決定が採用され、ここに同案は否決と決定したのであった。

ここで第一五回帝国議会の審議から、一応のまとめを試みる。まずなぜこの問題は紛糾したのか、議員の側と政府の側から考察する。このうち議員が怒ったのは、多年にわたり軍器独立のために官営製鉄所を設立するといい、当初案をはるかに上回る予算に協賛したのに、実態は主要な兵器用鋼材は呉造兵廠で製造することを知り驚いたところに、政府委員が一連の計画についてはそのつど議会の協賛を得ていると、暗に議員の不勉強と怠慢をほのめかすような態度をとり、プライドが傷つけられたことに起因しているように思われる。一方、政府のうち農商務省は、甲鉄板などについては官営製鉄所の計画にふくまれていないのを知りながら、海軍がそのことを詰問するかのような照会を行い、そのため甲鉄板製造の調査まで実施したのに対して、迷惑視するかのような発言をしたことに許しがたいものを感じていた。また海軍省は、問題の発端は官営製鉄所から飛び火したものであるのに、政府間の調整を無視して製鉄所で甲鉄板製造が可能のような答弁をする農商務省(とくに官営製鉄所)に不満をつのらせたのであった。

呉造兵廠拡張費案の協賛を得なければ「軍器独立」を達成できない海軍省は、自らの不満は胸中にしまい、従来からの秘密主義、日清戦争後に顕著になった高圧的態度、傲慢さを改め、実態を丁寧に説明するとともに、甲鉄板の造修技術が戦時期に欠かせないものであることを率直に訴えた。また農商務省との交渉により、甲鉄板などの製造は呉造兵廠が行うことを明確にするとともに、官営製鉄所と呉造兵廠において製造する兵器用鋼材を明確に区分した。こうした努力により呉造兵廠拡張費案に対する理解も深まり、衆議院において協賛を得ることができたのであるが、貴族院では呉造兵廠において甲鉄板などを製造することへの不安を解消するまでには至らなかった。

これまでの審議過程から、海軍省と農商務省の本意、本音、方針の一端を知ることができる。海軍省は自ら経営することには消極的であったものの官営製鉄所の設立には賛成であり、船材や小規模な特殊鋼の製造を委託することは望むが、砲身や甲鉄板用の大規模で高度な技術を必要とする主要な鋼材に関しては、兵器用の特殊鋼の技術を集積し好立地条件を具備している呉造兵廠において製造する方針であることがわかる。そもそも海軍（とくに呉造兵廠）は、兵器の発注先に技術者を派遣し技術を習得し段階的に技術移転を実現する方法を採用しており、技術者の受入れを拒否したドイツのクルップ社からパテントを購入し、ドイツ人技術者を招聘して技術を伝習しようとする官営製鉄所の技術移転策を好意的に評価することができなかった。これに対し技術の集積のない製鉄所は、白紙の状態で先進国から技術を導入する道を選び、少なからぬ帝国議会議員もそれを支持したのであった。また海軍工作庁のように特殊な会計制度によって保護されておらず、競争の激しい一般産業用の製品を主力製品とする製鉄所の場合、合理的経営が命題とされており、それにそぐわない兵器用特殊鋼、とくに甲鉄板などの製造に関しては消極的であった。製鉄所変更計画の第二期と競合する第一期呉造兵廠拡張計画に農商務省が異を唱えることがなかった背景には、製鉄所を所管する農商務省のこうした本音が隠されていたように思われる。

二　第一六回帝国議会対策

第一五回帝国議会終了後に海軍省は、呉造兵廠において甲鉄板の製造はできないのではないかという議員の不安感を取り除けば、次の第一六回帝国議会において呉造兵廠拡張費案への協賛は得られると考え、諸準備に取りかかった。そしてその対策の一つとして、明治三四（一九〇一）年八月頃から「議会前ニ一ト働キ」することを決意し[103]、すでに述べたようにこれまでの研究では、呉造兵廠において三五年一月に六インチ（一五・二センチ）の甲鉄板を試製し、一月二一日に発射試験を実施し衆議院議長などの観覧を得たと述べられてきた（第六章第四節を参照）。

ところが「斎藤実文書」のなかから明治三四年一一月一〇日の山内呉造兵廠長の「書簡」が見つかり、そのなかに呉造兵廠で六インチ甲鈑を試製し、「昨九日亀ヶ首ニ於テ試製六尹甲鈑射撃試験執行、結果ハ電報ノ通リ頗ル良好ニシテ最早成功疑無シト認メタリ、……此旨大臣閣下ヘモ宜敷御披露シ被下度、尚ホ第二種甲鈑モ議会召集時ニハ実試ノ運ニ及ブベク候」という文言があることが判明した[104]。この「書簡」は、当事者の山内造兵廠長が射撃試験の翌日に無二の親友の斎藤総務長官にあてたもので、山本海軍大臣にも報告を求めていることなど信憑性が高く、六インチ甲鉄板の最初の射撃試験が一一月九日に行われたことは、揺るぎのない事実といえる。

注目すべき点は、この事実の一端が明治三四年一一月二二日の地元新聞に掲載されていることである。それによると、後述する一一月一六日の呉造兵廠観覧については、「甲鉄板製造所の設計一斑をも取調べたりといふ今其実地目撃者の語る所に拠れば同造兵廠は此程最新式の軍艦用甲鉄板即ちクルップの専売に属するニッケルクロムスチールと殆ど同一の甲鉄板を試製して更に定規の発射試験を行ひたり」と、[105]恐らく山内の提示したメモにより甲鉄板の試製と発射試験の事実を掲載している。さらに新聞を集成した『大呉市民史』は、「前年（明治三四年）十月その製造に着手、同十一月第一回の試験を行ふたところ意外の好結果を得、爾来第二、第三回の試験を行ふに益々好成績を得たので、斯くて第三回の試験に供した鉄板は軍艦出雲で横須賀に送り海軍省裏庭に運んで、中央当局者、両院議員に示し、山内廠長の苦心は遂に酬はれた」[106]と、帝国議会議員等が観覧したのは、第三回発射試験に供した甲鉄板であったことを具体的に矛盾なく説明している。

次に、反対派と思われる団体や人物に対する説得について取り上げることにする。まず山内の『回顧録』をみると、呉造兵廠拡張費案に反対を表明している者は政治家だけでなく、政府部内、そしてあろうことか海軍部内にも存在すると述べられている。また、「枝光製鉄所なるものは、当初より全然之を独逸人の経営に委ね、其建築材料の大よりして器具機械類の細小設置に至るまで、悉く某々巨商の手に依て供給せられしを以て、従来之に関与せし独人及び我が巨商等の当然枝光に同情を表し、只管其意の如くならん事を嘱望」していたという。[107]

「斎藤実文書」のなかに、明治三四年一〇月二日に山内呉造兵廠長より山本海軍大臣あての「書簡」が残されている。このなかで山内呉造兵廠長は、一一月中旬に行われる予定の官営製鉄所作業開始式に招待する貴・衆両院議員を呉に招待し、呉造兵廠を見学させる計画があると斎藤総務長官より耳にしたが、この点については準備の都合もあり決定しだい通知を願いたいと述べている。次に一〇月一日付の『大阪毎日新聞』の記事中の「此に不思議なるは製鋼所新設問題に対しては農商務省（大臣を除く）の人々は概ね反対にして今日も異論多きのみならず海軍省部内にも反対者甚だ多く技術官某々等は切《しき》りにその失敗に終るべきを予言し居ること是なり反対論の要を摘めば創設の困難なること、ヨシ設立したればとて営業として引合はざること、造船の専門上寧ろ海外より輸入する方有益なること及び軍器独立など、叫び立つることの小児らしく且実行的ならざること等なり」という文言を問題視している。[108]

このうち農商務省内の実情について山内呉造兵廠長は、「是レハ過日平田農相来呉ノ砌随行シ来リシ窪田書記官幷ニ山脇秘書官之口気ト稍符号スルヤノ感アリ彼等ハ『早晩ヤラネバナリマスマイガ中々本年モ六ヶ敷ウゴザイマシヤウ』ト云ヒ居タリ就レモ製鉄所側ニ在テハ反対ナルコト勿論ニ可有之候」と分析している。[109] また海軍省にあっては宮原と鶴田（宮原水管式汽罐で有名な宮原二郎と横須賀造船所黌舎を卒業後の明治一一年からフランスに留学し砲熕製造技術を学んだ鶴田留吉と推定）が反対論を唱えたことがあるなど、多少技術関係者に反対者がいるので、表面化しないように造兵・造機・造船部門の幹部に諭告を発することを希望した。このほか第一五回帝国議会の貴族院における堀田正養議員の、「農商務省ガ出来ナイノデアルカ、出来サセナイノデアルカ」という発言、とくに「此『出来サセナイノデアルカ』ト云フ一句意味頗ル深クシテ如何ニモ両省ノ間ニ大葛藤、大モンチャクデモアルカノ様ニ相聞エ居候ニ付今年ハ此点ニ付説明上戒心ヲ加フヘキ事カト被存候」と、作戦の練り直しを求めている。[110]

三日後の明治三四年一〇月五日、ふたたび山内呉造兵廠長は山本海軍大臣あてに書簡を送り、農商務省の藤田四郎総務長官の談話をもとに書かれた『大阪毎日新聞』（一〇月三日）の記事の切り抜きを同封し、その背景を分析した。山内造兵廠長によると、一連の反対は、「井上ガ研究会ヲ動カシ又一方ニハ藤田和田如キ奴等ヲ陰ニ陽ニ使ヒテ反対ヲ試ミシハ明カナル事実」であると断言し、山本大臣が「井上ヘ御会見ノ上充分御話シ置被下度又小子ガ預リテ恰モ昨冬伊藤侯を訪問セシ如ク説明仕候テモ宜敷候」と提案している。(111)また前年にヨーロッパに派遣された大島技監による甲鉄板工場の調査報告書を平田東助農商務大臣から入手してほしいこと、もしそれが不可能なら和田長官なり大島技監と東京において会見し協議しておく必要があるとの考えを示している。なお井上については、同じ書簡内に井上伯という記述もみられる点から、井上馨と推定できる。

このように呉造兵廠拡張費案に反対する勢力は多方面に存在したが、注目すべき点は、ここにアームストロング社・高田商会・海軍（とくに山内）とクルップ社・三井物産・井上馨、すなわち海外の兵器製造会社・商社・海軍・政治家という図式がみられることである。山内呉造兵廠長の提案に、山本海軍大臣がどのように対応したかは不明である。大切なことは、明治三六（一九〇三）年に当初の「戦艦二隻順次発注方針が」、アームストロング社・高田商会とヴィッカーズ社・三井物産（物産側として井上も関与）の激烈な受注合戦の末、「急遽二隻同時発注に切り替えられた」こと、「後の巡洋戦艦『金剛』の発注・受注過程で明らかになる問題は、この戦艦二隻（『香取』『鹿島』）同時発注過程ですでに孕んでいた」と述べられているように、(112)一連の流れのなかでとらえることである。ちなみに奈倉文二氏によると、その後のシーメンス事件は、「図式的に簡略化して言えば、アームストロング社・高田商会・山内万寿治とヴィッカーズ社・三井物産・松尾鶴太郎（海軍造船総監、三井物産技術顧問）との対抗関係のもとで生起した」と把握されており、(113)呉造兵廠拡張費案問題を兵器、設備の取引をめぐる対立の初期形態として位置づけることは、あながち無理とはいえないだろう。

官営製鉄所は、明治三四年一一月一八日に貴・衆両院議員、皇族、新聞記者などを招待して作業開始式を挙行することにした。これを知った海軍省は、これにあわせて呉造兵廠観覧を計画した。そして一〇月二四日、山本海軍大臣名で両院議員五九三名（貴族院二九九名、衆議院二九四名）などに、「今般枝光製鉄所作業開始式挙行ニ付農商務大臣ヨリ御案内相成候趣ニ就テハ其序ヲ以テ呉造兵廠事業ノ現況御一覧ニ供シ度候間開始式御参観ノ帰途御来廠被下候ヘハ好都合ト存候」という招待状を発送した(114)。

その後、呉造兵廠の観覧を希望した者には、スケジュール表と馬関（下関）発臨時汽車乗車切符代用証と乗車しない人のための「呉海軍造兵廠観覧招待員汽車賃金割引証」（二割引き）が届けられた。なおスケジュールは、一一月一九日午前六時に汽車で下関を出発し一一時五分に宮島に到着、そこで軍艦に乗り換えて昼食をとり、午後一時二〇分に呉に到着、二時から呉造兵廠を観覧し呉に宿泊。翌二〇日には、午前九時に軍艦で呉を出港、一〇時三〇分に宮島に到着、一一時五分に宮島発の汽車（農商務省借切の臨時列車）で帰京するというものであった(115)。当時は呉線がまだ開通しておらず、宮島から軍艦を使用する案は妥当といえよう。

こうしたなかで、明治三四年一〇月下旬、突如としてこの案に加え、横浜から軍艦で呉に向かい呉造兵廠の観覧後に官営製鉄所作業開始式に参列するという計画が浮上した。そして訓練予定を変更しての軍艦の選定、乗員・寝台・食料の確保など実施し、一一月に入り山本海軍大臣名で案内状を発送した。それによると、「磐手」「常磐」の二艦（定員一艦二五名ずつ五〇名）により一一月一三日正午に横浜を出港、一五日の午後に呉に到着（艦内に在泊するか上陸するかは自由）、一六日、呉造兵廠観覧、終了後に乗艦、一七日未明に呉を出発し、門司港外で夕景を鑑賞、一八日の早朝に門司港に上陸する予定になっている(116)。なお案内状には、官営製鉄所よりの帰途の一九日以降の呉造兵廠観覧計画に変更はないこと、二艦は一八日の夜に門司を出港し呉に向かうので、それに便乗しても差し支えないことなどの添え書きがある。

こうした必死の準備にもかかわらず、乗艦希望者は二〇名にすぎず、また山本海軍大臣も列車で行くことになり、使用艦は「磐手」だけに変更された。また出港日の一一月一三日には井上角五郎衆議院議員が横浜に現れず、やむなく一九名（ほかに数人の官員や随員）で出港した。

一方、呉においては一一月一一日に地元有志が協議会を開き、歓迎のための委員会（委員長・沢原為綱元貴族院議員）を組織し、賓客の到着を待っていた。こうしたなかで「磐手」乗艦者は、一五日午後四時三〇分に呉軍港に到着し、呉の旅館の双璧に位置づけられる海軍御用達の吉川旅館と徳田旅館に分宿、一六日に呉造兵廠を視察、一七日に一行はふたたび「磐手」に乗艦し門司を目指したが、同艦に地元有志代表三名と地元選出三代議士が同乗し、一八日の官営製鉄所の作業開始式への参列者に呉に招待の意向を伝える役割を果たしたと述べられている[117]。こうして多くの議員や政府要人などが官営製鉄所に向かったのであるが、一方、呉では東京から列車で来広し、宇品で山内呉造兵廠長の出迎えを受け、「第七号艇」で呉に到着（一一月一七日夕刻）した山本海軍大臣をむかえ（当日は山内邸に宿泊）、最後の調整が行われた。

一一月一九日、大部分の招待者は宮島口で列車を降り、最新鋭の戦艦「八島」に乗船、また残りの招待者は門司から「磐手」で、あるいは宇品から海路で呉軍港の一〇〇トンクレーン付近に上陸した。そして待機していた山内呉造兵廠長らの案内で、次のような順序で見学することになっていた（一六日の視察もほぼ同様と思われる）。

まず上陸地の近くで一五センチ速射砲砲身焼嵌を見学、それを終えて広軌線で工場に向かう途中で砲材用の鋼塊を見学。次に第三工場（砲材および弾丸地金の鋳造）、第四工場（魚形水雷用従舵調整器の説明、水槽内の魚雷速力試験と機関室試験）、第五工場（六トン蒸汽鎚による弾巌材料鍛錬と水雷の製作）、第二工場（薬莢の圧搾および信管の製造）、弾丸工場（一五センチ以下の弾丸製作）、第一工場（各種大砲、砲架の製作、八インチ速射砲の施条切り方、一五センチ速射砲の「ワイヤリング」、一〇〇〇トン圧縮機による鋼材鍛錬）を実視、また目下建築中の第八工場（一二インチおよび一五センチ弾丸圧縮製造、四〇〇

○トン水圧機の据付け）、開鑿中の第九工場、第一〇工場も観覧。その後、「当廠ニ於テ試検シタル装甲板ヲ観」て、[118] さらに製品置場で各種兵器・弾丸庫で各種弾丸、水雷発射場に移動して一四インチおよび一八インチ魚雷の発射を実視、最後に仮休憩所において製鋼原料の説明を聞くことになっていた。

注目すべき点は観覧予定に呉造兵廠が試製し亀ケ首で射撃試験をした六インチ甲鈑が組み込まれていたと思えることである。

その後の様子については、以下のように報道されている。[119]

〔前略〕造兵廠其他を参観したる後呉鎮守府の催ほしにかゝる水交社の宴会に臨み午後五時頃散会して夫より又吉川楼に開会したる呉港有志の招待会に臨みたり出席者の重なるは平田農相、山本海相、江木知事、柴山司令長官、山口中将、浅田逓信総務長官、斎藤海軍総務長官、村上経理局長其他両院議員等無慮百有余名にして沢原元貴族院議員開会の趣旨を述べ井上代議士は主客の間に斡旋し余興には烟火、芸妓四五十名の手踊ありて各自十二分の快を尽し興を極めて散会したるは午後十二時頃なりし〔以下省略〕

まさに吉川旅館の百畳敷の大広間に一〇〇名を超える要人が集まって、地元呉の資産家が主催する大宴会が開かれたのであった。翌一一月二〇日、「八島」に乗艦して招待者が帰り、一週間を超える一大行事は大きな成果をあげて終了したといわれる。一一月一五日に海軍が把握していた招待を受けた要人は一五〇名（衆議院議員九三名、貴族院議員四七名、官吏一〇名）に達しており、[120] 呉造兵廠の現状を理解することに役立ったと思われるが、そのなかに貴族院で決定的な質問をした曽我祐準議員や山内呉造兵廠長がもっとも恐れた堀田議員がふくまれていないこと、しかし堀田議員はこの後に開かれる第一六回帝国議会において、呉造兵廠の観覧を前提にした発言をしていることなど疑問点が残る。

そこで関連資料をみると、一一月九日の海軍省から横須賀鎮守府への電話のなかで、「此前、軍艦常磐ガ貴族院議員等ヲ便乗セシメテ呉造兵廠ヲ見ニ行キシトキ寝台ヲ横須賀ヨリ借リタトノ事ナルガ右ハ鎮守府ノ病院カラデモ借リタモノデショーカ」と問い合わせていること、[121] また山内が一〇日（受信）の斎藤あての書簡のなかで、「堀田正養氏一行未ダ来ラズ明日来ルカト被考候」と堀田議員一行を待ち望んでいること、[122] さらに一一日の電信で、「ホッタホカ二メイキノフライセウマンソクノモヨウコンニチナホタイザイス」と堀田一行三名が呉造兵廠を見学し満足していると報告していることが判明した。[123] 恐らく彼らは発射試験の様子を生々しく伝える甲鉄板を目の当たりにして満足したものと思われる。こうした資料をみると、海軍省の計画以外の日にも呉造兵廠を観覧した議員が少なからずおり、それぞれ呉造兵廠の実態を確認し帰京したものと考えられる。

三　第一六回帝国議会における審議と呉造兵廠拡張費案の決定

明治三四（一九〇一）年一二月一〇日に開会された第一六回帝国議会の衆議院予算委員会、予算委員第三分科会においても新たに委員となった者もおり、官営製鉄所は軍器独立のために設立したのではないのか、官営製鉄所の最初の計画は甲鉄板をふくむものではなかったのかなど第一五回帝国議会と同じような質問がなされた。これに対して海軍省も前議会とほぼ同様の答弁をしている。ここでは一二月二一日に開かれた衆議院予算委員第三分科会における山本海軍大臣の答弁から、呉造兵廠で甲鉄板を製造することの必要性を述べた点を要約する。

その第一点は、「兵器ノ独立ハ即チ海軍ハ呉造兵廠ヲ以テ、或程度マデハ是ヲ充タシ得ルノデゴザイマス、所ガ枝光製鉄所デハ何ヲスルカト云フト、軍器ノ独立ノ一部ヲ補助スル所ノモノガ出来ル」と、兵器用鋼材の製造における関係を明示したことである。(124)第二点は、「呉ハ天然不抜ノ良地デアル、如何ナル場合ニ於テモ、人ガ覗フコトガ出来ヌ要害ノ土地デアルノミナラズ、十二『インチ』ノ大砲ヲ運搬スル準備モ出来テ居ル、船ヲ岸ニ着ケル準備モシテアル」(125)と、甲鉄板製造における呉造兵廠の立地条件の良さが主張されたことである。すでにロシアとの戦争がさけられないと判断した海軍は、戦時期に戦艦をふくむ甲鉄艦の製造、修理のための甲鉄板の必要性、軍港として最適な呉で兵器をそろえることの重要性を、可能な範囲で説明したのであった。

こうした山本海軍大臣の説明に対し、江藤新作議員は、次のように発言した。(126)

枝光ノ製鉄所ノコトニ附テハ、吾々ノ感ジタト云フモノハ、唯今海軍大臣ノ御言葉ノ通リニ、エライ声ノ下ニ立チマシタノデ、実ハ此度呉製鋼所ヲ起サレル、其呉デ拵ヘルヤウナコトヲ、枝光ノ製鉄所ニ於テモヤルコトデアルト、実ハ信ジテ居ッタノデアリマス、所ガ先日来段々当局者ノ説明ヲ聞イテ見レバ、吾々ノ考テ居ッタト云フノハマルデ吾々ノ誤リデアッテ、若シクハ当局者ノ計画ガ変更シタノデアルカ、兎ニ角吾々ガ初メ希望シタコトモ煙ニナッタノデアリマス、其辺ニ至ッテハ吾々ハ誠ニ遺憾トスルノデアリマスガ、其以上ハ吾々ハ最早初メ希望シテ居ッタ——枝光製鉄所ニ向ッテ希望シテ居ッタコトヲ、呉製鋼所ニ向ッテ希望シナケレバナラヌヤウニナッタノデアリマス〔以下省略〕

また第一五回帝国議会でどちらかといえば批判的であった征矢野半弥議員も、一二月二五日の予算委員第三分科会で、次のような理由で原案に賛成の意見を述べる。(127)

私ハ呉ノ造兵廠拡張ニ賛成致シマス、……最初八幡製鉄所ノ起ル時ニ於キマシテハ、未ダ技術上ノ意見ガ一般人民ノ幼稚ノ時デアリマシテ、軍器独立ト云ヒ或ハ製鉄ト云ヘバ、何デモ八百屋的ニ技術上出来ルヤウニ思ッタ時節デアリマスガ、製鉄ノ進歩ト共ニヤハリ専門ニ各々別レテ往カナケレバナラヌト思ヒマス、故ニ私ハアノ地方ニ於キマシテハ、先日当局者ノ説明ノアル特種ノモノヲ除クノ外、普通ニ民業ニ使ウ方ノモノ、若クハ普通ノ商品ハアスコデ造リ、此呉ノ方ニ於キマシテハ、単純ニ軍器ニ属スルモノノミヲ製作スル、斯ウ云フコトハ分業ト致シマシテモ、最モ相当ノコトデアラウト考ヘマス〔以下省略〕

こうして原案支持議員が多数を占め、明治三四年一二月二五日の予算委員第三分科会、一二月二八日の衆議院本会議で呉造兵廠拡張費案は可決された。そして舞台は貴族院に移り、三五年一月三一日に第四分科会、二月五日に予算委員会、そして二月八日の本会議で可決された。ここでは山内呉造兵廠長が恐れた、二月五日の予算委員会における堀田議員の発言を中心にみることにする。(128)

〔前略〕諸君モ御承知ノ通リ若松ハ創業ノ時デアリマスカラ、決シテ十分ノ結果ハ得ナイ、随分れーるヲ拵ヘル所モ見マシタ、又鉄板ヲ拵ヘル所モ見マシタケレドモ、未ダ職工ノ不慣レト又十分ノ試験ノ期日ヲ経ナイト云フ所カラ十分ニ出来ハ致サナイ、ソレデアルカラ若シモ是デ例ヘバサウ云フ鋼板ヲ拵ヘルトシテモ、ナカ〳〵容易ニハ出来得ナイト云フコトデアッテ、時ノ短イ間ニハ到底出来得ルト云フコトハ考ヘラレナイ、何レ年月サヘ掛ケタナラバ必ズ出来得ルニハ相違ナイ、……若松デサウ云フモノヲ製造スルヨリハ呉デ製造スル方ガ余程早イト云フコトガ一ツアル、ソレデ呉ノ如キハ大分二十一年頃カラ既ニサウ云フ鉄ノ工作上ニ付テハ色々ノ仕事ヲシテ居ルガ為ニ、今日デハモウ其試験ノ時期ハ経過シテ仕舞ッテ、ナカ〳〵熟練シテ居ル、既ニ我々ノ参ッタ時分ニ鋼板ノ試験板ヲ製造スル所ヲ見マシタケレドモ、ナカ〳〵慣レテ手際宜ク我々素人ガ見テモ出来ルヤウニ思フ、ソレデ既ニ其拵ヘタ板モ我々ノ参ッタ時分拵ヘタ板ヲ試験スルノハ見マセヌガ、併シ同ジ物ヲ試験シタ所ヲ見マシタケレドモ、其成蹟ハ我々素人ニハ分リマセヌケレドモ、段々承ッテ見ルト英吉利アタリデ試験スル法則ニ適ッタ試験ノ仕方ヲシテ、サウシテ、試験ノ結果及第シテ居ル有様デアリマスカラ、斯ノ如キコトデアルナラバ呉デ鋼板ヲ製造スルコトトシタナラバ必ズ出来得ル〔以下省略〕

呉軍港の立地条件の良さ、職工の熟練度など、呉造兵廠を観察した成果が如実に表れている。とくに呉造兵廠において六インチと思われる甲鈑の試製現場と、それと同一の甲鈑の発射試験後の状況を目の当たりにした効果が絶大であったことがわかる。なおここでも内藤政共議員は、「私ハドウシテモ今度此呉造兵廠ノ拡張ノ中デ鋼板ノ製造ト云フモノハドウシテモ今議会デ決議シテ一日モ早クセネバナラヌ」と熱烈な支援者としての役割を果たした。(129)

おわりに

これまで呉工廠の兵器事業形成過程の一環として、海軍に関する製鋼事業の全体を分析の対象とし、製鋼事業の分業関係の成立と問題点、製鋼部の役割などについて述べてきた。その結果、海軍は兵器の国産化を実現するため兵器用特殊鋼とその原料鉄の国内供給を目指し、兵器用特殊鋼(甲鉄板等をふくむ)については呉工廠を主とし、官営製鉄所がそれを補い、艦艇用材などに用いる一般鋼材は官営製鉄所、原料鉄に関してはたたら製鉄業者から供給を受けるという方針であったことが判明した。海軍は兵器製造に欠かすことができず、高度な技術を有する特殊鋼の製造を経済的要因が優先される企業に委託することも、経済的要因に左右されやすい一般鋼材などを自ら製造することも良しとしなかったのであった。

こうした原則に沿って海軍は、呉兵器製造所設立計画で小規模な製鋼所を設置、その一環として仮兵器工場を建設し速射砲などの兵器と素材となる特殊鋼の国産化を目指し、明治三〇（一八九七）年に設立された呉造兵廠時代にそれをほぼ実現した。またこの間の二六年の戦艦の発注を契機として、戦艦と搭載兵器の造修技術を習得するため、アームストロング社などのイギリスの兵器製造会社へ兵器・製鋼関係技術者を派遣した。さらに三一年に一二口径砲までの大型砲熕兵器の製造を目指す第一期呉造兵廠拡張計画（四カ年）を作成し、一年遅れで決定にこぎつけるとともに、三三年に甲鉄板などの製造を目的とする第二期呉造兵廠拡張計画（五カ年）を策定し帝国議会に上程した。

このようにのちの呉工廠製鋼部に連なる製鋼事業の形成計画も、造船部門や造兵部門と基本的に同じように長期的展望のもと、最終的には戦艦への搭載兵器の素材を製造することを目的とし、段階的に状況に応じて計画を変更しながら継続事業としてそれを実現することを目指していた。ただし呉兵器製造所設立計画において、造兵部門は一等巡洋艦への搭載兵器の造修を目的としたのに対し、製鋼部門は明確な目標は設定されず、将来の夢を残すように小型製鋼場が計画されたにすぎなかった。こうしたなかで戦艦の発注が実現し、状況の変化を反映して呉兵器製造所設立計画は速射砲や魚形水雷の造修と素材の製造に変更され、その後、呉兵器製造所設立計画の継続という名目で戦艦用の大口径砲と素材の供給、甲鉄板の製造を目指す二つの計画が策定された。そこには呉兵器製造所設立計画費、日清戦争にともなう臨時軍事費、戦後の豊富な軍備拡張費が投入され、第一期、第二期呉造兵廠拡張計画の少額の予算で戦艦用の兵器や素材が生産できるかのような幻想が盛り込まれていた。

こうした用意周到な海軍の方策に帝国議会は、第一期呉造兵廠拡張費案までは疑問を感ずることなく協賛した。ところが第一五回帝国議会において第二期の呉造兵廠拡張費案が審議されるなかで、軍事兵器用の鋼材を生産すると喧伝されてきた官営製鉄所の主力製品は一般鋼材であり、兵器用特殊鋼や甲鉄板は呉造兵廠で生産されることを知った多くの議員は、面目を失い怒りをあらわにした。また分業体制で一致したはずの農商務省（とくに製鉄所の技術者）からも、海軍の政府内の組織までも欺くような交渉態度、自らの技術の優越性を誇示する配慮のなさに反発する者があらわれ、政府答弁に齟齬が発生した。そして海軍の内部からも、呉造兵廠の突出した拡張に異論がささやかれるようになった。さらにこうした感情的な不満に便乗するように、実利を求める兵器製造会社・商社・政治家が暗躍することになった。その結果、第二期の呉造兵廠拡張費案は、第一五回帝国議会において否決されたのであった。

こうした反対にあいながらも海軍は、呉造兵廠拡張費案の決定に固執し、計画期間を明治三五年度から三八年度に一年間短縮した以外はほぼ同内容の予算案を第一六回帝国議会に上程した。そこには予定どおり、明治三七（一九〇四）年から戦艦を建造する際、搭載兵器に加え甲鉄板等の造修施設が必要なこと、もし開戦のため起工が遅れても、戦艦の消失に備えいつでも建造できる態勢を整えたいこと、そして議場で説明したように、戦時期における甲鉄艦の損傷に際して敏速な修理に対応するため甲鉄板と造修技術が欠かせないこと、これらのことから防禦に最適な呉軍港に最新の造船・造兵施設に加え製鋼設備を整備することを断念するわけにはいかなかったものと思われる。このため海軍は、これまで部外者を拒絶し続けてきた呉造兵廠の観覧を断行し、議員への懇切丁寧な説明と協力要請などを行い（資料的に明らかにできなかったが、水面下の交渉も推測される）、その結果、感情的な反発も和らぎ、時局の逼迫しているなかで甲鉄板造修の必要性と呉造兵廠以外にそれに対応できる企業はないことが理解され、第一六回帝国議会では反対意見が出されることなく協賛を得たのであった。

註

（1）有馬成甫『海軍造兵史資料　製鋼事業の沿革』（昭和一〇年、防衛研究所戦史研究センター保管）。
（2）山田太郎・堀川一男・冨屋康昭編『呉海軍工廠製鋼部史料集成』（「呉海軍工廠製鋼部史料集成」編纂委員会、平成八年）。
（3）渡辺ともみ『たたら製鉄の近代史』（吉川弘文館、平成一八年）。
（4）三枝博音・飯田賢一『日本近代製鉄技術発達史』（東洋経済新報社、昭和三二年）。
（5）清水憲一「官営八幡製鉄所創立期の再検討」（平成二〇年）。本報告は、「八幡製鉄所文書」を詳細に検討して全面的に利用した成果として、「平成16年度～平成19年度科学研究費補助金　基盤研究（B）研究成果報告書」（研究代表者清水憲一）としてまとめられたものであり、製鉄所文書の引用については可能な限り本報告に採録されたものを活用する。なお本報告書に収載された以外の製鉄所文書の利用に関しては、清水氏にお世話になった。
（6）長島修『官営八幡製鉄所論――国家資本の経営史――』（日本経済評論社、平成二四年）。
（7）池田憲隆「海軍製鋼事業と創立期官営製鉄所」（『九州国際大学経営経済論集』第一〇巻第三号、平成一六年三月）。
（8）大橋周治『幕末明治製鉄史』（柏心社、昭和五〇年）二八三ページ。なお長谷部宏一「明治期陸海軍工廠における特殊鋼生産体制の確立」（北海道大学経済学部『経済学研究』第三三巻第三号、昭和五八年一二月）は、兵器用特殊鋼と一般鋼材の生産技術の確立を区別することを強調している。
（9）鈴木淳「製鉄事業の挫折」（鈴木淳編『工部省とその時代』山川出版社、平成一四年）一六八～一七〇ページ。
（10）伊木常世「海軍技術物語（三九）――製鋼技術の創設と終焉①――」（水交会『水交』第四〇八号、昭和六三年五月）二四ページおよび向井哲吉「我邦に於ける坩堝製鋼の発達」（『鉄と鋼』第二号、大正四年四月）一三九ページ。
（11）堀川一男『海軍製鋼技術物語――大型高級特殊鋼の製造技術の発展――』（アグネ技術センター、平成一二年）三ページ。
（12）原田宗助海軍省兵器局製造課長より末川久敬兵器局副長あて「製鋼炉建築之義ニ付上申」明治一四年一月一五日 JACAR（アジア歴史資料センター）Ref. C09115030400, 明治一四年公文類纂　前編　巻一二　本省公文土木部　二止（防衛研究所）。
（13）末川兵器局副長より榎本武揚海軍卿あて「当局製造所内へ製鋼所設置之義上請」明治一四年一月一八日、同前。
（14）同前への指示、明治一四年三月九日、同前。

(15) 有馬成甫『海軍造兵史資料　製鋼事業の沿革』。
(16) 向井哲吉「我邦に於ける坩堝製鋼の発達」一三九ページ。
(17) 加地至「明治期の在来製鉄業と海軍需要」（島根県古代文化センター『山陰におけるたたら製鉄の比較研究』平成一三年）九二、九三ページ。
(18) 向井哲吉「我邦に於ける坩堝製鋼の発達」一四〇ページ。
(19) 窪田柳七郎「大河平才蔵氏来松ニ付周旋ニ差出候処懸違、景況丈承リ帰ル」明治一六年一一月二四日（近藤家文書二三七六）。
(20) 加地至「明治期の絲原家と海軍需用」（横田町教育委員会編『鉄師絲原家の研究と文書目録――絲原家文書悉皆調査報告書――』平成一七年）八九ページ。
(21) 加地至「明治期の在来製鉄業と海軍需要」一〇二ページ。
(22) 加地至「明治期の絲原家と海軍需用」九二ページ。
(23) 近藤喜八郎より山田信道鳥取県令あて「産品御買上ヶ願之義ニ付請願書」明治一七年三月六日 JACAR: Ref. C11018998500, 明治一七年普号通覧　正編　巻一四（防衛研究所）。
(24) 山田県令より川村純義海軍卿あて「製鉱鉄御買上ノ義ニ付上申」明治一七年三月一五日、同前。
(25) 兵器局長・主船局長・総務局長「製鉱鉄御買上ニ付高裁之件（仮題）」明治一七年一二月二五日、同前。
(26) 近藤喜八郎（代理黒田乙次郎）より山田県令あて「海軍省兵器局及横須賀造船所へ御添書之儀ニ付願」明治一八年一月二四日（近藤家文書二三八八「横須賀造船所御用鉄御買上書類在中」）。
(27) 横須賀造船所主計部「注文書」明治一八年九月二五日（同前）。
(28) 笠井雅直「海軍工廠の需用構造――明治21・22年横須賀造船所需用物品購買調の分析――」（『経済科学』第三三巻第二号、昭和六一年二月）二一一～二二一ページ。
(29) 池本美緒「伯耆近藤家の製鉄事業について――福岡山鉄鉱所の錬鉄生産を中心に――」（『たたら研究』第五五号、平成二八年一一月）三六ページ。
(30) 鈴木淳「鎮守府造船部と海軍工廠」（横須賀市編『新横須賀市史　別編　軍事』横須賀市、平成二四年）三三六ページおよび浅井将秀編『明治海軍史職官編附録　海軍庁衙沿革撮要』（海軍大臣官房、大正二年）四五ページ。
(31) 有馬成甫『海軍造兵史資料　製鋼事業の沿革』。
(32) 横須賀海軍工廠『横須賀海軍船廠史』第二巻（大正四年）三五一ページ〈原書房により昭和四八年に復刻〉。

(33) 横須賀海軍工廠『横須賀海軍船廠史』第三巻（大正四年）四九、一〇三ページ〈原書房により昭和四八年に復刻〉。
(34) 工学会『明治工業史　造船篇』（工学会、大正一四年）八三ページ〈学術文献普及会により昭和四三年に復刻〉。
(35) 三宅宏司『大阪砲兵工廠の研究』（思文閣出版、平成五年）二五九～二六〇ページ。
(36) 呉海軍工廠製鋼部『呉海軍工廠製鋼部沿革誌』（前掲『呉海軍工廠製鋼部史料集成』）六四ページ。
(37) 前掲『横須賀海軍船廠史』第二巻、三五八～三五九ページ、第三巻、一〇二～一〇三ページなどによる。
(38) 寺西英之「砲熕技術国産化と純銑鉄製造」（『銃砲史研究』第三〇九号、平成一一年一一月）三ページ。
(39) 加地至「明治期の在来製鉄業と海軍需要」一〇四ページ。
(40) 同前。
(41) 櫻井三郎右衛門・絲原武太郎・近藤喜八郎と平尾雅次郎との「契約書」明治二九年一二月（近藤家文書二九八八「明治三十年一月ヨリ　玉鋼事件書類在中・契約証書類在中」）。
(42) 山内万寿治と近藤喜八郎請負人との「契約書」明治三〇年一〇月二日（近藤家文書二九八八）。なお渡辺ともみ『たたら製鉄の近代史』二二〇～二二二ページには、絲原家所蔵の明治三〇年一〇月一六日の「契約書」の全文が掲載され、詳細な解説がなされている。
(43) 同前。
(44) 田部・櫻井・近藤・絲原「海軍用鉄材売納ニ関スル組合契約書」明治三五年四月二一日（近藤家文書三三三九「田部・櫻井・絲原・近藤四家造兵廠売納ニ付共同之契約書一通」）。
(45) 野原建一『たたら製鉄業史の研究』（渓水社、平成二〇年）一七七、一七九ページ。なお同書には、「海軍用鉄材売納ニ関スル組合契約書」の全文が掲載されている。
(46) 「第十五回帝国議会貴族院予算委員第四分科会（陸軍省海軍省）議事速記録」第四号（明治三四年二月二六日）三六、三七ページ。なお呉海軍造兵廠『呉海軍造兵廠案内』明治三四年一一月（「斎藤実文書」国立国会図書館所蔵）においても、国内産七割と記述されている。
(47) 渡辺ともみ『たたら製鉄の近代史』二二八ページ。
(48) 呉海軍経理部より海軍省経理局あて「庖丁鉄及玉鋼ノ指名競争購買ニ関シ是非ノ件回答（仮題）」明治三七年三月二三日 JACAR: Ref. C06091570300, 明治三七年公文備考　巻二一　物件三（防衛研究所）。
(49) 沢鑑之丞海軍造兵廠長より山本権兵衛海軍大臣あて「指名競争購入ノ義ニ付上申」明治三七年三月一四日、同前。

(50) 呉海軍工廠会計部より呉海軍経理部第二課あて「庖丁鉄玉鋼購入ニ関スル当廠ノ見解（仮題）」明治三七年三月二一日、同前。
(51) 平下義記「在来製鉄業と呉海軍工廠――田部家文書の分析を中心に――」（河西英通編『軍港都市史研究　Ⅲ　呉編』清文堂出版、平成二六年）八七ページ。
(52) 前掲「第十五回帝国議会貴族院予算委員第四分科会（陸軍省海軍省）議事速記録」三七ページ。
(53) 加地至「明治期の在来製鉄業と海軍需要」九七ページ。
(54) 山内万寿治『回顧録』（大正三年）一四五ページ。
(55) 同前。
(56) 長島修『官営八幡製鉄所論――国家資本の経営史――』二五ページ。
(57) 西郷従道海軍大臣・大山巌陸軍大臣より黒田清隆内閣総理大臣あて「請議案」明治二二年一月一〇日（「明治廿二年公文備考　巻一　官職　儀制」防衛研究所戦史研究センター所蔵）。
(58) 大山陸軍大臣より樺山資紀海軍次官あて「当省ニ於ケル三カ年間需用鉄材報告（仮題）」明治二二年一月九日（同前）。
(59) 前掲「請議案」。
(60) 同前。
(61) 同前。
(62) 長谷部宏一「明治期陸海軍工廠における特殊鋼生産体制の確立」九三ページ。
(63) 海軍省所管製鋼所案の成立過程については、長島修『官営八幡製鉄所論――国家資本の経営史――』二六～三二ページによった。
(64) 樺山海軍大臣「明治二十五年度海軍省所管　予定経費追加要求書」二～三ページ（「明治二十五年度歳入歳出予算追加」国立公文書館所蔵）。
(65) 『衆議院第二回予算委員会速記録』第三号（第五科）（明治二四年一二月一日）一ページ。
(66) 同前、三ページ。
(67) 同前、四ページ。
(68) 長島修『官営八幡製鉄所論――国家資本の経営史――』三三ページ。なお三枝博音・飯田賢一『日本近代製鉄技術発達史』一二五～一三一ページには、ほぼ同じ内容の「製鉄所設立費要求書説明」が掲載されている。
(69) 長島修『官営八幡製鉄所論――国家資本の経営史――』三四ページ。

(70) 清水憲一「官営八幡製鉄所創立期の再検討」二二ページ。
(71) 山内の呉兵器製造所速成案に関しては、有馬成甫編『海軍造兵史資料　仮呉兵器製造所設立経過』(昭和一〇年、防衛研究所戦史研究センター保管)を参照。なおこの資料によると山内案は、「本案ニ依レハ十七拇以上ノ砲ヲ製造シ得サルコトトナルヲ以テ此議ハ遂ニ採用セサルコトニ決定セリ」と記述されている。また同案の審議過程については、「自明治廿三年至同三十年兵器製造所設立書類　二」に詳しい。
(72) 佐藤昌一郎『陸軍工廠の研究』(八朔社、平成一一年)七四～七五ページ。
(73) 長島修『官営八幡製鉄所論――国家資本の経営史――』三八ページ。
(74) 『第十六回帝国議会衆議院予算委員第三分科会(陸軍省、海軍省所管)会議録(速記)第六回』(明治三四年二月二一日)四一ページ。なおこの山本発言は、長島修『戦前日本鉄鋼業の構造分析』(ミネルヴァ書房、昭和六二年)七九ページにおいて指摘されている。
(75) 室山義正『近代日本の軍事と財政』(東京大学出版会、昭和五九年)一三九ページ。
(76) 『大日本帝国議会誌』第一巻(大日本帝国議会誌刊行会、大正一五年)一七二〇ページ。
(77) 同前、一七二一ページ。
(78) 同前。
(79) 長島修『戦前日本鉄鋼業の構造分析』三二ページ。
(80) 長島修「製鉄事業の調査委員会と製鉄所建設構想」(長野暹編著『八幡製鉄所史の研究』日本経済評論社、平成一五年)九二ページ。
(81) 和田維四郎「意見書」明治三〇年一一月一八日(清水憲一「官営八幡製鉄所創立期の再検討」)二三六～二三九ページ。
(82) 同前。
(83) 同前。
(84) 田中隆三農商務省鉱山局長「製鉄所ト兵器材トノ関係」(同前)二六二～二六六ページ。
(85) 同前。
(86) 同前。
(87) 同前。
(88) 同前。

(89)　同前。
(90)　同前。
(91)　三枝博音・飯田賢一『日本近代製鉄技術発達史』二二九ページ。
(92)　池田憲隆「海軍製鋼事業と創立期官営製鉄所」九四ページ。
(93)　同前、九四〜九五ページ。なお山内の視察に関して山内万寿治『回顧録』一一四〜一一五ページは、明治三二年五月出発し一一月に帰国、海軍歴史保存会編『日本海軍史』第九巻（第一法規出版、平成七年）四四四ページは、同年四月二五日から一〇月三日まで欧米各国出張と記述しているが、山内以下九名の叙勲に際しての「履歴書」の四月二五日に欧米各国出張を命じられ、五月二四日に出発、一〇月三日に帰国命令を受け一一月二四日に帰京という記述がもっとも具体的で正確のように思われる。
(94)　山本海軍大臣より山県有朋内閣総理大臣あて「甲鉄板製造所設立ノ件」明治三三年八月二九日（「自明治三十二年至同三十九年公文別録　海軍省二」国立公文書館所蔵）。
(95)　「第十五回帝国議会衆議院予算委員会会議録（速記）第一回」（明治三四年一月二三日）六ページ。
(96)　「第十五回帝国議会衆議院予算委員会会議録（速記）第二回」（明治三四年一月二四日）一一ページ。
(97)　「第十五回帝国議会衆議院予算委員第三分科会（陸軍省海軍省所管）会議録（速記）第三回」（明治三四年一月二八日）二一ページ。
(98)　同前。
(99)　「第十五回帝国議会衆議院予算委員会会議録（速記）第四回」（明治三四年二月一日）。
(100)　「呉造兵廠拡張費ニ関シ海軍省ト協定ノ件」明治三四年二月一八日（清水憲一「官営八幡製鉄所創立期の再検討」）二七一ページ。
(101)　「第十五回帝国議会貴族院予算委員会議事速記録」第三号（明治三四年三月一九日）二九ページ。
(102)　同前、三二ページ。
(103)　山内呉海軍造兵廠長より斎藤実総務長官あて「書簡」明治三四年八月二七日（「斎藤実文書」国立国会図書館憲政資料室所蔵）。
(104)　山内呉造兵廠長より斎藤総務長官あて「書簡」明治三四年一一月一〇日（同前）。
(105)　この件に関しては、明治三四年一一月二二日の『広島中国』と『芸備日日新聞』に同様の内容の記事が掲載されており、山内造兵廠長の関与があったものと推測される。
(106) 呉新興日報社編『大呉市民史　明治篇』(呉新興日報社、昭和一八年)二七三ページ〈「大呉市民史」刊行委員会により昭和五二年に復刻〉。
(107) 山内万寿治『回顧録』一二一ページ。
(108) 「財政問題の一段落」(『大阪毎日新聞』明治三四年一〇月一日)。なおこの記事には、九月三〇日　東京　中原鹿一という署名が入っているが、山内は仮名と推測している。
(109) 山内呉造兵廠長より山本海軍大臣あて「書簡」明治三四年一〇月二日(前掲「斎藤実文書」)。
(110) 同前。
(111) 山内呉造兵廠長より山本海軍大臣あて「書簡」明治三四年一〇月五日(同前)。
(112) 奈倉文二『日本軍事関連産業史──海軍と英国兵器会社──』(日本経済評論社、平成二五年)五八、三〇五ページ。
(113) 奈倉文二「日清戦争期における高田商会の活動──英国からの『戦時禁制品』輸送を中心に──」(『国際武器移転史』第四号、平成二九年七月)五八ページ。
(114) 山本海軍大臣よりの「呉造兵廠観覧ノ招待状」JACAR: Ref. C10127536600, 明治三四年公文雑輯　巻二八　雑件二止(防衛研究所)。
(115) 「乗船指定案」明治三四年一〇月など、同前。
(116) 同前。
(117) 『芸備日日新聞』明治三四年一一月二一日。
(118) 呉海軍造兵廠「観覧順序」明治三四年一一月(前掲「斎藤実文書」)。
(119) 『芸備日日新聞』明治三四年一一月二一日。
(120) 「呉造兵廠観覧者ノ件報告(仮題)」明治三四年一一月一五日 JACAR: Ref. C10127536900, 明治三四年公文雑輯　巻二八　雑件二止(防衛研究所)。
(121) 「寝台借用ノ件(仮題)」明治三四年一一月九日 JACAR: Ref. C10127536300, 同前。
(122) 前掲「書簡」明治三四年一一月一〇日(前掲「斎藤実文書」)。
(123) 山内呉造兵廠長より斎藤総務長官あて「堀田議員ノ動向(仮題)」明治三四年一一月二一日 JACAR: Ref. C10127536900, 明治三四年公文雑輯　巻二八　雑件二止(防衛研究所)。

(124) 「第十六回帝国議会衆議院予算委員第三分科会(陸軍省、海軍省所管)会議録(速記)第六回」(明治三四年一二月二一日)三七ページ。
(125) 同前、三九ページ。
(126) 同前、四一ページ。
(127) 「第十六回帝国議会衆議院予算委員第三分科会(陸軍省、海軍省所管)会議録(速記)第七回」(明治三四年一二月二五日)五六ページ。
(128) 「第十六回帝国議会貴族院予算委員会議事速記録」第三号(明治三五年二月五日)四〇~四一ページ。
(129) 同前、四二ページ。

第一二章　海軍の呉港への進出と軍港都市の形成

はじめに

これまで呉海軍工廠の形成過程を対象としてきたのに対し、本章は呉工廠の所在地にして職工などが生活する呉市の形成過程に焦点をあてる。そして代表的な軍港都市といわれる呉市はどのようにして形成されたのか、その際、海軍の意図と住民の対応はどのようなものであったのか、誕生した呉市はどのような特徴を有していたのかを解明することを目指す。なお呉市は、明治三五（一九〇二）年一〇月一日に宮原村、和庄町、荘山田村、二川町《ふたかわ》（吉浦村の川原石・両城地区を分離して成立）の合併によって誕生したのであるが、それ以前からこの地域は呉や呉浦、呉港と呼ばれており、本書においては市域を示す総称として、呉市に加えこのような通称も使用する。

これ以降、本章は次のような構成をとる。第一節では、市街地の形成と人口の推移の分析を通じて、海軍の進出にともなう呉の変容を概観する。また第二節において、海軍の進出により生じた政治問題、第三節で、海軍一の工廠を有する呉の経済的特徴を示す。そして第四節では、交通、電気、教育などの都市基盤の整備を取り上げる。さらに第五節に至り、軍港都市の住民に焦点をあて、多様な階層の心情や気質に言及する。

残念ながら、軍港都市の形成に関する広島県や呉市の行政文書は、ほとんど残されていない。こうした点を補うため、これまでのように海軍関係や周辺町村の文書、『呉市史』や『広島県史』などの歴史書に加え、新たに発掘された家文書を活用する。とはいえ資料的な限界があり、海軍進出時や市制施行前後の記述を中心とせざるを得ない。

第一節　市街地の築調と人口の推移

呉鎮守府建設工事そのものについては、すでに詳述しており（第二章を参照）、ここでは呉鎮守府建設工事による住民の移転、市街地の築調、海軍の進出にともなう戸数・人口の変化について取り上げる。なおこの節の中心となる市街地の築調に際しては、海軍の意図と住民の対応に焦点をあてて記述する。

一　海軍の進出と市街地の築調

呉鎮守府建設工事によってもっとも大きな影響を受けたのは、平坦部の大部分が海軍に買収された宮原村、とくにほぼすべてが対象となった旧呉町（明治四年に宮原村に編入）であった。旧呉町とその周辺の約七七町歩が海軍によって買収され、一〇二三戸の住民は明治一九（一八八六）年八月一五日までに立ち退くよう命令を受けた。しかしながら土地や労賃が急騰し、耕地や住居の売却により入手した代金では、新たな土地を購入し家屋を新築することが困難となった。住民は、「西せんか東せんか、殆んど混迷の状態」に陥った[1]。また、「赤貧ノ為借家ナキ者ハ一時、今ノ港務部ヨリ鎮守府下ノ海辺ニ帆柱ヲ建テ、帆等ヲハリ、往古時代ノ家ノ如ク、只、雨露ヲ凌グニ足ルニ過キ」ない生活を強いられた[2]。

結局、旧呉町の住民は、のちの呉駅前から市役所付近へ四一二戸（この点については後述）、宮原村高地部へ三八五戸、海軍用地付近へ四四戸、吉浦村の川原石・両城へ一八二戸と分散、移転した。(3)なお移転は、民家ばかりでなく呉浦の総氏神の亀山神社や寺院の正円寺にまでおよんだ。

移転にともなう混乱が続くなかで、明治一九（一八八六）年一〇月三〇日に呉鎮守府の土木工事、一一月七日に造家工事が起工された。そして次にみるように、さらなる混乱がもたらされたのであった。(4)

呉ノ如キハ……大凡二千余戸中央町形ヲ為セル所三四百戸ノ処俄然四万ノ人民輻湊シ来リタルカ為メ昨日マテハ牧童ノ吹笛扁舟ノ漁哥汀波松風ニ和シ転睡眠ヲ催サシムルノ片田舎今日忽チ変シテ来往織ルカ如ク肩相摩シ肱相触レ喧騒雑沓名状スヘカラサルノ熱閙市街ヲ現出ス人民ノ狂スルモ亦怪ムニ足ラサルナリ〔以下省略〕

こうした混迷のなかで、「呉ノ市街ハ曾テ東京ニ於テ計画」され、それにもとづいて築調された。(5)海軍は、「曾テ横須賀鎮守府設置ノ際ハ……予メ市区ノ制定等ナカリシ故ヲ以爾来人民等随意家屋ヲ建築シ今日ニ至リ頗ル困難ノ状況」に至ったことを反省し、(6)市街化計画を作成するとともに家屋の建築を制限したのであった。それらの資料は、膨大なものであったと推測されるが、確認することができるのは数枚の図面にすぎない。このうちの一枚、呉軍港建設計画図（口絵を参照）をみると、軍事施設の延長線上の平地全体に市街地が広がり、そこに北東から南西と東南から西北に道路が碁盤の目のように伸びている。

これによると呉の市街地は、主に一八世紀末から一九世紀初頭にかけて干潟であった遠浅の海を埋め立てた新開地に形成されることになっている。新開地の広さを知るうえの参考として、近世初頭と地租改正時の耕地面積を比較すると、宮原村が三六町九反から一五二町七反に、和庄村が七八町五反から一九四町七反へ、荘山田村が六七町六反から二八二町四反へと実に二〇〇町歩以上の増加を示している。海軍は呉を軍港の適地とした条件の一つに、充分な用地の存在をあげているが、それは宮原村の海岸部に兵器工場をふくむ鎮守府を建設するとともに、この広大な農地に、そこで働く人たちの生活基盤となる市街地を形成することを想定しての判断であったと思われる。(7) なお海軍が呉の調査を開始した当時、この新開地には米・麦・棉が栽培されていたものと推定される。

海軍は広い低地に理想の近代都市を建設するため、すでに第二章で述べたように、海軍用地内や隣接地の河川の付替えや下水事業、堺川から二河川の隣接地までの放水路や道路の建設などを企図した。しかしながら予算不足のため、それらは中止や縮小を余儀なくされ、市街化計画の実施は住民の肩に重くのしかかることになったのであるが、そのなかで海軍と住民は、どのように対応し役割を果たしたのか、道路と市街地の築調にわけて可能な限り明らかにする。

このうち道路について海軍は、呉鎮守府第二期土木費予算に四万九一〇六円の道路費、五〇〇〇円の地所買上費を計上しており、この予算の一部によって幅一五間(二七メートル)と延長五〇〇間(九〇九メートル)の国道(本通)と幅八間(一五メートル)、延長一八八三間(三四二四メートル)の県道を建設することにしたものと思われる(第二章第一節を参照)。これらの道路は、明治二〇(一八八七)年中に完成したのであるが、県道については和庄村檜垣谷の海軍監獄下から堺川、二河川をわたり川原石までほぼ計画どおり建設されたものの、国道に関しては眼鏡橋の海軍第一門から和庄村十文字新開に至る幅一〇間(一八メートル)、延長三二四間(五八九メートル)に縮小された。

すでに述べたように呉鎮守府第二期計画の予算は認められず、そのため計画は変更を求められた。このことがどのように影響したかについて明らかにすることはできないが、国道工事は、「工費六千八百余円其の内三千円は和庄村々費の支出とし残額三千円は村内外有志の寄附金を以て支弁せり」と述べられており、(8) 負担金の多くなることを嫌った住民の抵抗にあい、海軍は譲歩せざるを得なかったのであった。とはいえ海軍用地より灰ヶ峰に向かって直進する国道は、和庄大通とか本通大通と呼ばれ、広い道路に並木の整備された「一種の模範的道路」として呉のシンボルとなった。なお並木は本通のみではなく、海軍区域のほとんどにも植栽された。

一方、呉鎮守府建設工事にともない、和庄村から宮原村をへて警固屋村に至る道路のうち、宮原村を通過する部分が海軍用地内に組み込まれて中断され、交通上大きな障害がもたらされた。そこで関係の諸村は、これにかわる道路として警固屋村字瀬の向より鍋峠をへて宮原村の山腹を迂回し和庄村の明法寺下に至る新道の敷設を請願し、広島県より里道として建設する許可を得た。(9)のちに宮原上道路といわれるこの道路は、こうして明治二〇年に開通したが、旧道(宮原下道路)に対して距離が二倍になるなど、住民に不便を強いることになった。この他にも呉鎮守府開庁直後、吉浦村川原石から同村字東浜新開に達する道路が建設された。またこれと前後して、荘山田村字浜濃田から山を越え焼山村に通ずる国道、和庄村と阿賀村を結ぶ県道が改修された。なお当時の道路工事は、住民が経費や土地・労力を提供してなされることが多かった。

道路の開通は、家屋の建設を促進することになる。これに対応して広島県は、明治二〇年五月七日、全体が一三条からなる「呉港家屋建築制限法」を公布した。これによって住民は、「呉部内ヲ分ツテ二区トシ其各区内ニ設クル家屋下水等ハ総テ本則ニ依リ築造スヘシ」(第一条)と述べられているように、(10)道路、下水、家屋、工場などの建築に際し、厳しい制限を受けた。しかしながら、「これによって、その後の市街地形成が整序的に進行したことを思うと、この建築制限法のはたした役割は高く評価されなければならない」と述べられている。(11)

この「呉港家屋建築制限法」の趣旨に沿って市街化を推進するため、宮原、和庄、荘山田、吉浦の四カ村からのそれぞれ三名の代表(商議員)によって組合が設立された。この組合は、「商議員は市街の整理に付ては其利害得失を講究し実際施設の方法を審議弁論し而して地民に代り郡長戸長に其意見を具状し及ひ郡長戸長の諮訊に応する責任あるものとす」（第三条）という文言のように、[12] 住民の利害を代表して郡長と戸長に伝える諮問機関の役割を担うことになっていた。一方で、商議員には、「市街整理上の儀に付商議員の意見により施行せらるゝものは其村浦人民之を拒むを得さるものとす」（第五条）と強い権限が与えられており、またその資格は資産家で名望ある者に限定されている。なお、「商議員の干与する所は、すべて四ヶ村共通の利益を目的とするの経営に止まり、各村単独の施画には、何等特殊の権利をも附与せられざりしなり」と記述されている。[13] このように郡長・戸長・資産家の上層部の意見によって市街地の形成が推進できるようになっているが、当時の呉地方の実態を考えると、実際は地主の総意が得られなければ、事業を推進することは不可能であったと思われる。

こうした態勢のもと、呉の市街地はまず本通と県道筋、そして荘山田の大新開においてすすめられた。ほとんどは個人による小規模なものであったが、このなかで海軍は、八幡山道路、監獄付近の下水、石垣工事を実施したことが確認されている。こうした点を考えると、海軍は自ら都市計画を樹立し近代的な軍港都市の形成を目指し可能な限り市街地形成に取り組もうとしたが予算が認められず、海軍用地の境界の整備に限定されたことがわかる（第二章第四節を参照）。

注目すべきことは、荘山田大新開の堺川と二河川の中間点に約二三町歩の市街地の築調が計画され完成したことである。この大新開の市街化の経緯については、沢原為綱安芸郡長が千田貞暁広島県令に陳情したこと以外は不明であったが、青盛敬篤の「晴雨天変日誌」によって明治一八（一八八五）年三月に真木長義海軍少輔（以下、海軍を省略）一行が呉港の調査に出張の折、「県官・郡書記等示合庄山田村新開地ノ内御買上ニ相成候テ当村人民へ御払下ゲノ事御協議相成度旨内々移合候処、事情御汲取アリ、該新開其御見込ニテ実地測量試ナル、凡十四、五丁ノ見積リナリ」と、海軍から内諾を得たことが判明した[14]。その後、海軍により大新開の二三町歩が買収されたのであるが、一九年五月一〇日に第二海軍区第三海軍区鎮守府建築委員長に就任した樺山資紀海軍次官が同地に海軍施設を建築する意向を示したこともあり、同地に移転を希望する者に海軍買収時と同じ値段で払い下げるという口約束は宙に浮いた形となった。

その後の経緯については明確ではないが、「沢原家文書」に明治二〇年九月に作成された「官有地御払下願」、「呉港市街地々盤築調土工会社創立規約書」など多くの資料が残されており、これらの新資料により大筋を知ることができる。まず前者の骨子を示すと、次のようになっている[15]。

〔前略〕今ニシテ早ク市街地ヲ築調シ官府ノ事業ト共ニ其歩ヲ進メ相当ナル家屋ヲ建造セサレハ到底民益ヲ増長スルノ策ニアラス……蓋シ村民中茲ニ見ル事アルモノハ目下第一区内ニ係ル私有地ノ埋築ニ着手セルモノアリト雖トモ此地タルヤ和庄村又ハ吉浦等ニシテ呉港内西端ト東端トニ偏シ仮令ヒ完全築調ノ工ヲ了ルトスルモ一小部分ニ過キスシテ未ダ目的ヲ将来ニ属スヘキ事難カルヘシト思量候到底其中央ナル一大広闊ノ官有地ヲ築調シ呉港市街ノ枢軸トナサスンハ安ンゾ他日民業ヲ振起スルヲ得ンヤ　是レ実ニ燃頭焦眉ノ急ニシテ我輩共ノ最熱心仕候義ニ有之候伏シテ以ミルニ此官有地ヲ備ヘ置カレタル所以ノモノハ海軍御用地御買上ノ節民屋ヲ移転セシメ尚他年完整ノ市街地タラシムルノ御旨趣ニ外ナラズ即市街予定地ト称スルモ可ナリ果シテ然レバ我輩共ハ乃チ此地ニ移転ヲ希望シ且ハ従来此地ヲ所持シテ生計ヲ成スモノニテ縁故ノ尤深ク尤厚キ者ニ有之候間相当価格ヲ以御払下被成降度然ルトキ我共率先シテ普ク呉港内縁故アルノ人民ヲ団結協力御制限法ニ従ヒ漸次完然ナル市街宅地ヲ築成セント欲ス〔以下省略〕

ここには大新開が官有地となった経緯、鎮守府の建設とあわせて地元民が市街地の築調を担う決意を固め官有地の払下げを求めたこと、また当時、県道沿いの西端（吉浦村に属する川原石・両城）と和庄村の本通の沿線が個人的に整備され出したことがわかる。一方、後者によると、官有地二三町三反歩のうち公共施設用地などを除く一四町歩の払下請願地に、「市街宅地道路等ヲ調成スルヲ目的」とし、「此地ニ縁故アルモノニ限リ加入権アル」特殊な株式会社を設立することを目指している[16]。なお官有地払下運動はその後も続けられ、明治二一（一八八八）年には、二月二〇日から三月一九日まで杉山新十郎安芸郡長や関係村指導者らが上京し海軍省内で真木呉鎮守府建築委員長と再会、陳情活動を行い承諾を得るという成果をあげている[17]（この間、樺山次官は外遊中）。その結果、ただちに土工会社による工事が実施され、出資額に応じて造成地が株主に配分された。当時、呉の人口は急増し土地の値段が急上昇しており、農地の市街地化による利益が実感され、その後の市街地形成の呼び水の役割を果たすことになった。

こうしてしだいに市街化がすすめられていくなかで、明治三〇（一八九七）年には和庄町において本格的な市街地の築調が企画された。佐々木高栄町長のもと、「市街は各地主に於て、自費を以て之を築調するものとす」など一八項からなる「市街築調規約」が策定され[18]、地主の協力を得て事業が展開され三一年五月に竣工した。こうした和庄町の試みは他の地区にも刺激を与え、全体の市街化が進展することになった。この頃ともなると地主たちも市街地の築調は、「一時困難の感あるも、我所有地所が市街宅地となるの暁には、特殊の労力と投資とを要せずして、其売買価格の騰貴するのみならず、之を賃貸するも耕地としての収入に比して、遥かに優越なる」ことを認識したのであった[19]。

二　戸数と人口の推移

海軍の進出にともない生じた戸数と人口の推移から、呉浦の変化の状況を検証する。まず明治三五（一九〇二）年に

表12－1　呉市を形成する地域の戸数と人口の推移

単位：戸・人

	戸数	人口
明治18年	3,133	15,385
19	3,139	15,318
20	4,362	18,450
21	3,844	18,353
22	4,522	20,550
23	5,081	21,258
24	5,236	23,312
25	5,273	24,530
26	5,406	25,572
27	5,912	27,717
28	6,722	31,567
29	7,178	35,098
30	7,678	37,249
31	8,541	41,470
32	10,046	44,554
33	10,841	49,806
34	12,086	53,119
35	13,809	60,113
36	14,287	66,395

出所：『呉市治政一斑』第2号表(明治36年)。

呉市を形成する和庄町、宮原・荘山田村と吉浦村の川原石・両城地区によって形成された二川町をあわせた現住戸数と人口を示すと、表一二―一のように推移している。これによると海軍が進出する以前の一九年まで三一〇〇戸台、一万五〇〇〇名台で推移してきた呉の戸口は、翌二〇年に四三六二戸・一万八四五〇名に上昇、二三年には五〇〇〇戸台・二万一〇〇〇名台になる。そして日清戦争期の二八年に六七二二戸・三万一五六七名を記録、以後も増加を続け、三一年に四万名台、三四年に五万名台、呉市となった三五年には一万三八〇九戸・六万一一三名となった。

呉市を形成する四町村の現住戸数と人口の推移については、表一二―二が得られた。この表によると、明治一八（一八八五）年当時の呉港の現住戸口は、宮原村が一〇二八戸・五〇一八名、和庄村が七一一戸・三四八一名、荘山田村が九四二戸・四二五八名となっている。その後の戸口の変動について、一八年と二二年の比率を求めると、平野部のほとんどが海軍用地として買収された宮原は戸数・人口とも〇・七に急減、和庄は二・三と二・一に急増、荘山田は一・三と一・二へと漸増し、また二〇年と二二年しか比較できないが、川原石・両城地区は、基準となる数値が少ないとはいえ、戸数が六・五、人口が七・二へと激増するなど、地域間において大きな差異が認められる。

一方、明治三一（一八九八）年と三六年の戸口は、宮原村が九六五戸・三二三九名から一六九五戸・七四七九名（一・八と二・三）へ、和庄町が四二五〇戸・二万二三一〇名から六七五一戸・三万三一六八名（一・六と一・五）へ、荘山田村が一五八五戸・八七五七名から三九三五戸・一万六四八六名（二・五と一・九）へ、川原石・両城地区が一二〇八戸・

表12－2　呉市を形成する地域の戸数と人口　　単位：戸・人

		18年(A)	19年	20年	22年(B)	(B)/(A)	31年(C)	32年	33年	34年	35年	36年(D)	(D)/(C)	(D)/(A)
宮原村	戸数	1,028	429	911	748	0.7	965	1,368	1,319	1,443	1,635	1,695	1.8	1.6
	人口	5,018	2,414	3,635	3,389	0.7	3,239	3,747	3,960	4,189	6,799	7,479	2.3	1.5
和庄村	戸数	711	999	1,496	1,670	2.3	4,250	4,950	5,265	5,565	6,519	6,751	1.6	9.5
	人口	3,481	4,466	6,083	7,325	2.1	22,310	23,397	26,702	28,052	30,462	33,168	1.5	9.5
荘山田村	戸数	942	808	981	1,200	1.3	1,585	2,130	2,515	3,161	3,711	3,935	2.5	4.2
	人口	4,258	4,280	4,823	5,218	1.2	8,757	9,794	10,060	14,540	14,721	16,486	1.9	3.9
川原石・両城（二川町）	戸数	—	—	137	890	(6.5)	1,208	1,310	1,417	1,567	1,944	1,906	1.6	(13.9)
	人口	—	—	617	4,450	(7.2)	5,331	5,779	6,249	6,909	8,142	9,262	1.7	(15.0)
計	戸数	2,681	2,236	3,525	4,508	1.7	8,008	9,758	10,512	11,736	13,809	14,287	1.8	5.3
	人口	12,757	11,160	15,158	20,382	1.6	39,637	42,717	46,971	53,690	60,124	66,395	1.7	5.2

出所：『明治十八年広島県統計書』（明治19年）17～18ページ、『明治十九年広島県統計書』（明治20年）24ページ、呉市役所『呉市史』第1輯（大正13年）130～132ページ。
註：1)小数点以下を四捨五入した。
2)川原石・両城の戸口の変動率については、明治20年を(A)とし、(　)内に示した。

五三三一名から一九〇六戸・九二六二名（一・六と一・七）へ、全体で八〇〇八戸・三万九六三七名から一万四二八七戸・六万六三九五名（一・八と一・七）へと推移している。これをみると、比較的農耕地の多く残っていた荘山田と二〇年代初期に著減した宮原の増加がいちじるしく、もっとも早く市街化した和庄と川原石・両城は緩やかな増加に転じ、全体として二〇年代初期とほぼ同じ増加率を示している。

ここで明治三五（一九〇二）年の地区別の現住・本籍・寄留人口を示すと、表一二－三のようになっている。これによると、宮原が六七九九名のうちの二六二四名（うち男性が一七六一名）、和庄が三万四六二名中の一万七九八五名（同一万六九四名）、荘山田が一万四七一〇名中の六三六三名（同三六六四名）、二川町が八一四二名中の三五七四名（同二〇〇七名）、全人口六万一一三名のうち、三万五四六名（同一万八一二六名）と約五〇パーセント（男性の場合は五五パーセント）が寄留者である。

また明治三四（一九〇一）年の職業別人口をみると、表一二－四のように呉の有職人口二万四五八二名のうち八一四七名（三三パーセント）の工業がもっとも多く、ついで商業が五九二九名（二四パーセント）を占め、全国的に多い農業は三六〇七名（一五パーセント）と少なく、漁業に至っては川原石・両城地区の川原石にわずかに一三一名（一パーセ

表12－3　市制施行当時の戸口の状況（明治35年12月）

単位：戸・人

	和庄	荘山田	宮原	二川	合計
戸数	6,519	3,713	1,635	1,942	13,809
現住人口	30,462	14,710	6,799	8,142	60,113
男性	16,989	7,881	3,926	4,311	33,107
女性	13,473	6,829	2,873	3,831	27,006
本籍人口	12,477	8,347	4,175	4,568	29,567
男性	6,295	4,217	2,165	2,304	14,981
女性	6,182	4,130	2,010	2,264	14,586
寄留人口	17,985	6,363	2,624	3,574	30,546
男性	10,694	3,664	1,761	2,007	18,126
女性	7,291	2,699	863	1,567	12,420

出所：前掲『呉市治政一斑』第2号表。

註：宮原村の現住人口は6799名、男性2926名、女性1873名となっていたが、単純な誤りと思われるので男性3926名、女性2873名と訂正した。

表12－4　明治34年度の職業別人口

単位：人

	和庄町	荘山田村	宮原村	川原石・両城	計
現住人口	28,550	14,540	5,957	6,909	55,956
農業	600	2,472	500	35	3,607
工業	610	5,235	1,952	350	8,147
商業	1,340	3,635	374	580	5,929
漁業	0	0	0	131	131
その他	2,600	3,198	500	470	6,768

出所：満村良次郎『呉――明治の呉と市民生活――』（明治43年）55ページ。

註：1）現住人口は、家族や無職者をふくめたものであり、その他は有職者のみと思われる。

2）現住人口の計は5万9956名と記述されているが、表12―2と対照した結果、5万5956名が正しいと判断した。

3）その他の計は、3万168名と記載されているが、それはその他に家族や無職者を加えた数値と思われるので、他の項目と同じように各町村の合計額に訂正した。

ント）、そしてその他が六七六八名で二八パーセントとなっている。もともと呉浦は、記録では農業となっていても、漁業、手工業、商業、交通業で生活を支える兼業の多い地域であったが、ほぼ一五年の間に工業、商業人口が圧倒的に多い都市に変貌したのであった。ただしそこには、次のような呉市の特殊性があった(20)。

〔前略〕本市の工業なるものは、海軍工廠なる官設工場を有するものにして、市該工場に何等の関係交渉を有するにあらず。唯呉市は此の官設の大工場に労働する職工を、市民の重要なる要素として包有し、是等多数の職工に対する生活上の需要品を供給し、彼等が散ずる巨大の資金を吸収するにあり。此点に於て市は工業の目的たる生産地にあらずして、寧ろ消費地とするの適切なるを認めずんば非ざるなり。

この著者は、海軍工作庁（のち海軍工廠）を除けば呉市にはみるべき工場が存在せず、工業人口の大部分は工廠の職工であることを見抜いている。また呉市の経済は、職工に生活必需品を供給することによって成立する消費都市であり、民間工業を中心とする生産都市ではないと分析している。

これまで述べてきたように呉市は、他の市町村から海軍工廠の職工などを受け入れ、短期間のうちに人口が急増した。これを可能にしたのは、海軍が広大な埋立地を近代的な市街地に築調することを計画し、若干の修正はしたものの、ほぼそれを実現し得たことによるが、海軍用地に近い一部を除く大部分は地主の土地と資金の提供によってなされたのは注目すべきことといえよう。呉の地主は市街化への出費は短期的には負担となるものの、長期的には土地や家賃の値上がりとなり呉の繁栄と自らに利益をもたらすという点を理解していたのであった。

第二節　海軍の進出と政治問題

海軍の進出によって、それまで比較的平穏に過ごしてきた呉浦は、大きな混乱に巻き込まれることになった。海軍の要求と住民の困惑のなかで、村の指導者はどのようにしてそれを治め、呉の未来をどのように描いたのか、また市制・町村制や帝国議会の開会などの政治的改革は、軍港都市の政治にどのような影響を与えたのかなどについて分析を試みることにする。

まず軍港境域の指定などにより、海軍は周辺の地域をどのように管理しようとしたのかという点を考察する。呉鎮守府が開庁した翌年の明治二三（一八九〇）年六月、安芸郡警固屋村、和庄村、荘山田村、吉浦村、大屋村、江田島村、瀬戸島村、渡子島村、倉橋島村、本庄村のうち字栃原、字苗代、佐伯郡能美島村、賀茂郡阿賀村、広村、郷原村のうち東川以西の地区が呉軍港境域に指定された。そして二六年五月一九日には、海軍区と軍港が決定され、第二海軍区として紀伊国南牟婁郡界より石見、長門国界に至り、さらに筑前、豊前国界より九州東海岸に沿い日向国南那珂南諸県郡界に至る海岸および四国の海岸海面ならびに内海、第二海軍区軍港として安芸郡呉港が指定された（ただし舞鶴軍港を設置するまで越中以西は呉鎮守府が管轄）。

明治二九（一八九六）年三月、軍港境域を拡張、西は厳島東岸以内ならびに大・小那沙美両島、北は似島と峠島までを境域に入れた（軍港境域は、これ以降も改正され拡張）。また三五年八月、呉軍港中の定繫港境域を隠（音）戸以内、早瀬瀬戸以内、切串崎と亀石鼻を接した一線以内、江田島・津久茂瀬戸以内とした（定繫港は、これ以降も改正され拡張）。そして三六年一月二一日、海軍区を五区から四区とし、その軍港を定めた。

軍港に指定されたことによって呉は発展し、政治的にも重要性が高まり変化を求められた。一方、軍港の呉はもとより軍港境域も防禦上、秘密保持などの理由から海上交通、漁業、各種工事などにおいて制約を受けることになる。こうした変貌に対応するため、明治一九（一八八六）年一一月六日に呉警察署が開設、また二〇年四月一日には安芸郡役所が和庄村の明法寺に移り、同年七月に吉浦村字両城に庁舎が完成、同地に移転した。なお和庄村に移転前の郡役所の位置については、海田市と船越村の二つの説があるが、『安芸郡史料』によると、安芸郡役所―海田市、仮郡役所―船越村と記述されており、正式には海田市に所在したことにしたまま、船越の仮郡役所で業務を遂行していたと推定できる。(21)

明治二一（一八八八）年四月二五日、市制・町村制が公布され、翌二二年四月一日から施行されることになった。これにともない、一個の独立した自治体としての行・財政能力を有する村を形成するため、かなり大規模な合併が行われた。こうしたなかで、これとは別に広島県と安芸郡は、「軍港を抱擁せる現在の宮原和庄荘山田及ひ吉浦の一部か其の地勢の関係上将た道路橋梁の如き共同施設の遂行上より早晩同一の自治行政区域となるへきを予想し市町村制実施を好機会として其の併合をなさしむる方針にて先つ各村に其の是非を諮問」した。[22]こうした合併の勧奨ともとれる諮問に対し和庄村は賛意を示したが、宮原と荘山田村は、「或は風俗習慣の異同を論じ、或は行政上の便否を挙げ、或は経済上の得喪を説くなど、結局統一に反対の意見を復申した」たという。[23]海軍の進出により急速に市街化のすすむ和庄村と他の二村の意見が異なったわけであるが、二村のうち平地のほとんどが海軍用地となり人口が急減した宮原は明確な反対であったのに対し、まだ直接の影響が少ない荘山田の場合は微妙な立場をとった。

荘山田村の答申をみると、「今呉港ヲ以テ一区域トスルトキハ頗ル強大ノ村落ヲ造リ将来自治共同ノ事務ヲ完斉シ実ニ頼ムヘク喜フヘキ好結果ヲ得ルハ必然ナラン之ニ反シテ現制村落ニ安ンシテ他日荏苒《じんぜん》共同ノ事務ヲ執ルトキハ財務運用ノ自由ヲ塞キ興業ニ教育ニ衛生ニ道路ニ津港ニ民利ヲ永遠ニ拡充スルノ道ヲ絶チ徒ニ小成ニ安ンスルニ至ルヘク」と、その大半は合併賛成論で占められている。[24]ところが結論となると、「生等思想ノ帰着スル所ヲ述ヘンニ呉港合併不可ノ説ハ稍卑屈ニ似タリト雖モ地民一致ノ情実論ニシテ而モ法律上ニ抵捂セサルノミナラス剰ヘ慣習ヲ重ンシ情義ヲ酌ムノ法律ナレハ結局旧制ヲ動サス依然自治区ト定メラレン事ヲ希望」することになった。[25]沢原為綱元郡長、そのもとで安芸郡上席書紀として活躍した豊田実穎ら錚々たる論客を揃えながらも情実論に結果した背景には、海軍の進出により呉浦の村の合併は必然であるが現時点で将来像を描くことがむずかしいこと、困惑した村民の不安を取り除くには江戸時代以来の村を残すことが好ましいことに加え、海軍の進出に協力したことにより村が存亡の危機に陥った宮原村、とくに同村の指導層への配慮もあったのではないかと思われる。

このように村の宥和を第一に考えてきた呉港の指導者の間に、帝国議会の開会を前にした国政選挙は少なからぬ影響をもたらすことになった。まず貴族院についてみると、明治二三年六月一〇日に、広島県庁で行われた貴族院多額納税者議員互選において、呉港一の名望家の沢原為綱が選出されたが、貴族院において沢原議員は同志会から懇話会に移り活動した。この懇話会は、第二回帝国議会で政費節減によって蓄積した財源を軍備拡大にあてることを主張する谷干城の「勤倹尚武」建議を支えるなど、軍備拡張に協力的であった。また沢原議員は、沢原家の執事的な役割を担っていた自由党員の内藤守三（のち帝国議会議員）を通じて板垣退助とも親しい関係にあった[26]（第七章第三節を参照）。

一方、明治二三年七月一日、第一回衆議院議員選挙において、広島県安芸郡選挙区より立候補した豊田が当選した。沢原とは姻戚関係にあり、ともに安芸郡の運営に協力してきた豊田がなぜ立憲改進党に所属したのか、その理由については詳らかではないが、考えられるのは次のようなことである。国会開設運動を契機として、広島県で一五年三月の芸陽自由党の結成に続き七月に芸備立憲改進党が結成されたが[27]、この時、豊田家を出自としのちに国勢調査実現の中心的な役割を果たすことになる呉文聡《くれあやとし》が内務省を退職して小鷹狩元凱とともに、「六月二八日に東京を発し、途中大阪に立ちより、七月一日に広島に到着しそれから尽力して広島県立憲改進党というものを作った」というように立憲改進党の支持者として活動していたことである[28]。

初期議会において立憲改進党は、軍事予算の削減を要求して政府と対立しており、そうしたなかで明治二四（一八九一）年一二月一四日に豊田は高木正年議員とともに、呉鎮守府に所属する軍政会議所、練兵場、そして江田島の海軍兵学校に関する「質問書」を提出した。そのうち軍政会議所についての質問は、定員一〇名内外の集会場にもかかわらず広大な施設を有しているのはなぜか、「定員集会所ナルヘキニ其家屋ヲ遊興所ノ体裁ニ構造シ飲食室寝室談話室等ヲ数多設置シ装飾頗ル優美ナリ成頓後直ニ水交社ヘ無代価貸与セルハ」なぜか、「附属物置ハ初メヨリ校舎ノ如ク建設シ直ニ淡水小学校に貸与セルハ如何」というものであった[29]。また残る二つは、呉鎮守府構内に空地があるのに荘山田村内に広大な練兵場用地を所有して放置しているのはなぜか、海軍兵学校の文庫とは名ばかりの華美な装飾の慰安施設ではないのかという内容になっていた。

いずれも血税を使用して整備した施設の無駄を追及したものであるが、とくに呉の総氏神の亀山神社を移転して建設した豪華な軍政会議所のなかで少数の幹部が遊興にふけっていること、そこに海軍士官などの子弟のためのエリート学校が創設されたことへの呉の住民の反発は大きく、海軍は淡水学校の移転、軍政会議所の呉鎮守府司令長官官舎への転用を実施した。ただし海軍が将来必要な用地をあらかじめ取得しておくことは、しばしば指摘してきたように長期的視野からみれば必要という面もあった。

このように豊田の活動は、批判を通じて海軍の有り様を正す役割を果たしたのであるが、次の選挙で国政への道を阻まれるという代償を支払わされた。その後、帝国議会で海軍省の意向に反対する党議が出された時、その党に所属する呉選出の衆議院議員は欠席するという慣例ができた。こうした変化が生じた背景には、確かに呉には先祖伝来の農地や屋敷を手放さなければならなかった人、何の補償もなく住居を失った借家人や漁場を失った漁師、農地を失った小作人など、海軍に悪感情を抱いている人は少なくなかったが、他方で海軍に協力することによって呉の発展を実現し、自らも利益を獲得した人がより多くいるという現実があった。海軍との共存共栄を目指す人びとにとって、新聞に海軍への不満が掲載されたり、住民の生活の改善を求めて海軍に陳情することに対して共感できても、民党の反対で海軍が窮地にたたされることの少なくなかった帝国議会において、住民の代表である議員が海軍に反対を唱えることは許しがたいものとされたのであった。

呉港への海軍の進出と呉の発展は隣村の阿賀村にも波及し、政治運動をもたらすことになった。帝国議会の開設を待ち望んでいた阿賀村は、早くも明治二三(一八九〇)年に賀茂郡から安芸郡への転郡を要請する請願運動を開始した。残されたなかでもっとも古い二四年の資料によると、阿賀村は賀茂郡の西端に位置し郡役所などのある四日市(現・

東広島市西条町）へは一〇里（三九キロメートル）離れているのに対し、「呉港ヘハ距離一里ニシテ人民諸用ヲ弁スル迅速ニシテ本村人民呉港ヘ往返頻繁縁組交際等恰モ一村一家ノ如シ」というものであった[30]。こうした請願はその後も続けられ、貴族院において第四回・八回・九回の三回にわたって採択されたが、賀茂郡の他の三八町村が、阿賀村の主張を認めればどのような分合も止めることができなくなると反対したこと、また議会の解散が多かったこともあり、衆議院においては一回も審議されることはなかった。貴族院に比較して人数の多い選挙民によって選出される衆議院議員の場合、阿賀村の主張を支持することは、残る三八町村を敵にする危険をともなっていたのである。

こうしたなかで日清戦争後の明治三〇（一八九七）年七月五日、井上良馨呉鎮守府司令長官は西郷従道海軍大臣に対し、呉軍港境域が安芸・佐伯・賀茂の三郡にわたり、「郡役所ノ位置遠隔スルニ於テハ時機切迫非常急劇ノ場合ニ臨ミ命令ノ布達迅速ナル能ハス為メニ軍機ヲ誤マルノ恐有之ノミナラス戦時戒厳令施行物件徴発或ハ警戒防禦ニ付テ地方ト交渉ヲ要スルトキニ在テモ其不便不少殊ニ平時軍港ノ保安衛生等ニ関シ鎮守府遠隔ノ地ニアル郡役所ト交渉スルハ徒ラニ時日ヲ費シ時機ヲ失スル」という理由をあげ、「軍港区域内ノ諸村安芸郡ヘ合併其筋ヘ御協議相成度義ニ付上申」を提出した[31]。日清戦争において軍港境域内の一括管理の必要性を認識した呉鎮守府は、その一環として境域内の町村を安芸郡に合併することを希望したのであった。

これを受けた西郷海軍大臣は、明治三〇年七月一五日に高島鞆之助陸軍大臣に協力を求め[32]、七月二九日に了承を得た[33]。かくして海軍省は八月四日、海軍大臣経験者の樺山資紀内務大臣に軍港区域諸村の安芸郡への合併を求めた[34]。しかしながら内務省からは、「本件ニ付テハ其関係重大ノ事件ニ付爾来詳密調査ヲ遂ケ」る必要があるという理由で結論が引き延ばされたうえ、三一年五月三日に芳川顕正内務大臣名で、「郡界ヲ変更スルノ必要無之ト存候」となった[35]。なお同じ五月に賀茂郡の三八カ町村は、「阿賀村請願ノ如キ理由ヲ以テ分合スルコトアラシメハ何レノ地カ分合為シ能ハサル所アランヤ」と、反対の姿勢を表明している。[36]

明治三一（一八九八）年六月一日、西郷海軍大臣は芳川内務大臣に対し、「特ニ賀茂郡阿賀村ハ最モ呉ニ近接シ……此際阿賀村ノ一村ニテモ安芸郡ニ合併」することを認めるよう求めた。[37] また一一月に至り阿賀町（明治三一年五月三日町制施行）は、これまでの軍港の隣接地として呉鎮守府と密接な関係を有することに加え、「産業上阿賀町ハ土地狭ク人口多ク依テ職工日雇漁夫行商者十中八九アリ中ニモ職工四百人余ハ呉鎮守府造船部等ヘ日々通勤シ亦行商及人夫数百人ハ呉港ヘ日稼ニ通ヒ以テ今日ノ糊口ヲ凌キ来ル」と経済の一体化が進展していることを主張し、安芸郡への合併を関係機関に請願した。[38] こうした海軍省や阿賀町の要請に対し一二月五日、西郷内務大臣（明治三一年一一月八日就任）は、山本権兵衛海軍大臣に対し、「郡界変更ヲ為スニ於テハ其ノ紛擾独リ一郡治ノ上ニ止ラス例ヲ其ノ他ニ及シ一般県治上ニモ尠カラサル累ヲ及スノ虞モ有之」と回答した。[39] 結局、阿賀村民や海軍の主張は、賀茂郡内の安寧を重要視する内務省の厚い壁に阻まれて実現できなかった。なお時の内務大臣のうち樺山・西郷の二名は、海軍大臣当時に軍備拡張に重要な役割を果たしているにもかかわらず、この問題に関して海軍省寄りの態度をとることはなかった。

一方、海軍の進出と発展は呉港内の各村、とくに市街化のすすんだ和庄村に大きな影響をおよぼした。そのため和庄村は、明治二五（一八九二）年九月一日をもって町制を施行した。しかしながらその後も、「本町ノ如キハ日ニ月ニ人口繁殖加ルニ出入頻繁」な状況は止まることを知らず、多くの問題に悩まされた。とくに租税や手数料の「徴収上頗ル困難ノ位置ニシテ……毎期ノ滞納者四百ニ下ラス」という状況が続いた。[40] このため教育施設や衛生施設の整備に必要な財政資金が不足し、円滑に町制を運営することはできなかった。

呉の発展は、他の三村と一帯を形成する川原石と両城を抱える吉浦村に政治問題をもたらすことになった。農林漁業に基盤をおく本村（中央部）および落走地区（西部）と、呉の商港として発展する川原石と住宅地に変貌をとげた両城地区の間に気風の相違に加え、後者の方が資力、人口などにおいて前者を凌駕するという事態がもたらされた。そうしたなかで明治三三（一九〇〇）年から三四年にかけて、吉浦村役場出張所問題などにより両者の対立が顕在化するようになった。

結局、この頃になると呉市制の実施が具体化しており、両者にとって川原石・両城地区を分離することが有利であるとする考えが有力となり、明治三四（一九〇一）年七月二六日の吉浦村会は、「吉浦村分離ニ関スル件」を満場一致をもって可決した[41]。しかしその後に広島県よりの正式な諮問を受けて提案された分離案を一一月七日の村会では、「本件ハ重大ノ事件ニテ熟考ノ要スルヲ以テ次ノ開会日迄猶予セン事」という意見が出され、全員がそれに賛成、決定は翌年に持ち越された[42]。残念ながらその後の資料は残されていないが、三五年四月一日、吉浦村から川原石・両城を分割して二川町が誕生した。なお参考までに分立当時の地区別人口を示すと、川原石―八〇五戸・四〇二五名、両城―七九五戸・三九七五名、本村―八八四戸・四七五九名、落走―五七戸・二八五名となっている[43]。

海軍の進出による呉の発展と呉鎮守府の軍港一元管理要求は、呉市の誕生を必然化させることになった。明治三五（一九〇二）年一月二六日、広島県の要請により、各町村の代表者が集まり「呉港重要案件」についての会合が開催された。この席で江木千之広島県知事は、呉が鎮守府の所在地として地形的に一区域を形成しているにもかかわらず旧村のまま独自の行政を行っていたのでは都市基盤の整備はすすまず、住民福祉の向上および海軍との有機的関連に支障をきたすとして、四町村の合併による市制の必要性を主張した。この知事の勧奨を受けて、地元側はただちに呉市制期成同盟会を組織した。

呉市制期成同盟会は、会長に沢原俊雄（沢原為綱の嗣子）、副会長に豊田を選び、関係町村から二七名（宮原村三名、和庄町一四名、荘山田村八名、二川請願区二名）の評議員を選出した。そして第一回評議員会において、四町村を合併し呉市制の施行を目指し知事に請願、関係町村に建議することにした。そして明治三五年二月、請願書を「上申書」に変えて江木知事に提出し[44]、一〇月一日に宮原村、和庄町、荘山田村、二川町が合併して呉町を新設し、同日付をもって呉町に市制を施行して呉市が誕生したのであった。

市制施行後ただちに呉市会選挙の準備が行われ、小選挙区制により宮原から六名（一級二名・二級二名・三級二名）、和庄から一五名（同五名・同五名・同五名）、荘山田から一一名（同三名・同四名・同四名）、二川から四名（同一名・同一名・同二名）計三六名の市会議員が選出されることになった。一方、有権者名簿の作成がすすめられ、宮原が三一二名（一級三一名・二級九〇名・三級一九一名）、和庄が八四八名（同五〇名・同一九〇名・同六〇八名）、荘山田が六八五名（同三一名・同一六三名・同四九〇名）、二川が二三九名（同三名・同四二名・同一九四名）、計二〇八四名と確定された[45]。

当時の選挙において有権者は、性別、年齢に加えて直接国税年額二円以上の納税者に制限され、さらに市税税額によって級が決められていた。試みに表一二－三の地区別の現住人口により、人口当たりの有権者数の比率を求めると、全体で三・五パーセント、地区別では宮原が四・六パーセント、和庄が二・八パーセント、荘山田が四・七パーセント、二川が二・九パーセントとなっており、これをみると有権者が限定されていること、寄留人口の少ない荘山田・宮原の方が、寄留人口の多い和庄・二川より比率が高いこと、急速に人口が増加する呉市のような場合、旧来から住み続けている住人の方が寄留人より経済的に恵まれていることがわかる。

明治三五年一二月一八日から二九日まで市会議員選挙が行われ、立憲改進党系の一三名、自由党系の四名、呉市への移住者が支援する呉同志倶楽部の九名、中立の一〇名が当選した。そして翌三六年の一月七日の市会において市長候補者選挙が実施され立憲改進党系と呉同志倶楽部系のおす佐久間義一郎元海軍主計大監が、自由・中立系議員の擁立する沢原俊雄を一七対一六の僅差で破り当選した（二月四日就任）。この時の投票用紙には、「海軍の干渉は海よりも

表12－5　明治36年度の呉市の歳入

単位：円

科目	金額
市税	53,775
（地価割）	(1,932)
（国税営業割）	(5,420)
（所得税割）	(8,025)
（県税営業割）	(8,636)
（戸別割）	(29,762)
手数料	1,633
土木費補助金	1,598
衛生費補助金	549
寄付金	352
国庫交付金	922
県交付金	1,186
繰越金	750
授業料	11,001
雑収入	700
公債	20,164
計	91,629

出所：『呉市統計一班』（明治37年）26～27ページ。

註：合計すると9万2630円となるが、誤りの箇所が特定できないのでそのままにしている。

深し、呉市民の迷惑は山よりも高し」などと記載したものもあった。(46) 多数を占める立憲改進党の推薦する海軍候補者が苦戦を強いられた背景には、なじみの薄い候補者を押しつけてくる海軍への感情的な反発があった。

呉市の政界は当初、貴族院の沢原為綱を中核として、それに衆議院の政友会系議員が加わり主流派を形成した。しかしながら沢原家と親族の豊田や宮原幸三郎は、立憲改進党や憲政本党の衆議院議員として活動し、その支持者も一定数を占めていた。そうしたなかで、海軍に反対する党に所属する呉出身の衆議院議員は苦境にたたされたが、明治三三（一九〇〇）年一二月二五日に開会された第一五回帝国議会に呉造兵廠拡張費案が上程された際に、憲政本党に属していた宮原議員は、「党議に除外例を得」て同案に反対することなく活動し、(47) 三四年一一月の呉造兵廠観覧会では、地元の衆議院議員として来賓の接待役を務めている（第一一章第五節を参照）。こうした経緯をへて呉の政界には、国政の場で海軍の政策に反対しない限り、反対派でも受け入れる政治風土が形成された。帝国議会を離れた豊田が呉市制期成同盟会副会長、宮原が県会議員として活躍するなど、かつて帝国議会において反海軍であった立憲改進党系に属する市会議員が、海軍候補をおす素地ができていたのであった。市長選挙の異変は、海軍が頭ごなしに市長候補を押しつけてくる態度、そしてそれに与した立憲改進党系への反発が強く表れた結果といえよう。

ここで少し性格が異なるが、市政推進のもとになる財政について、市制施行後の最初となる明治三六年度に限定して取り上げる。表一二－五をみると、呉市の歳入は九万一六二九円、歳出は表一二－六のように経常費が六万一四六円、臨時費が二万三六一五円、合計八万三七六一円となっている。歳入のうち五万三七七五円、五九パーセントを市税が占めているが、そのうち半分以上が戸別割であり、幅広い層から徴税していることになる。一方、歳出のなかでは経常費のうち二万三三六一円（三九パーセント）、臨時費のうち九〇四八円（三八パーセント）、計三万二四〇九円（三九パーセント）を占める教育費がもっとも多く、これに役所費（経常費一万八八六二円、臨時費五〇円、計一万八九一二円）、衛生費（同六四九三円、同一一六九円、計七六六二円）、公債費（経常費のみ七二七四円）が続くなど、政策推進のための支出はきわめて少ない。

租税についてみると、表一二－七のように、国税が三万四六二六円、県税が三万五三〇円、市税が六万三二〇九円、合計一二万八三六五円となる。これは一戸平均八円八〇銭、一人平均二円の負担額となっている。また所得税および付加税についてみると、表一二－八のように所得税納税者が一九七四名、所得合計が一一八万三八七四円、納税者の九五パーセント、所得高の七八パーセントが一〇〇〇円以上（一九九九円）までによって占められているが、一万円以上が三名、一万五〇〇〇円以上が

表12－6　明治36年度の呉市の歳出

単位：円

科　目	金　額
1. 経　常　費	
役所費	18,862
会議費	1,682
土木費	1,387
教育費	23,361
衛生費	6,493
恤救費	14
警備費	466
市公債費	7,274
雑支出	505
諸税および負担	101
計	60,146
2. 臨　時　費	
教育費	9,048
衛生費	1,169
財産費	4,500
警備費	1,558
役所費	50
土木費	4,792
訴訟費	95
土地台帳整理費	307
土地買入費	2,096
計	23,615
合計	83,761

出所：前掲『呉市統計一班』27 ページ。

表12－7　明治36年度の諸税負担　　単位：円・戸・人

税目	税額	1戸平均負担額		1人平均負担額	
		戸数	平均額	人口	平均額
国税	34,626	14,594	2.4	66,395	0.5
県税	30,530		2.1		0.5
市税	63,209		4.3		1.0
合計	128,365		8.8		2.0

出所：前掲『呉市統計一班』23ページ。

表12－8　明治36年度の所得税と付加税　　単位：人・円・銭

所得額別	300円以上	500円以上	1,000円以上	2,000円以上	3,000円以上	5,000円以上	10,000円以上	15,000円以上	合　計
人　　員	1,137	556	182	57	28	10	3	1	1,974
所　得　高	393,126	315,987	218,277	102,739	66,724	40,579	31,307	15,135	1,183,874
所　得　税	3,931	3,792	3,274	1,747	1,334	1,014	639	540	16,272
付加県税	393	379	327	175	133	101	64	54	1,627
付加市税	1,966	1,896	1,637	873	667	507	320	270	8,136
計	6,290	6,067	5,239	2,794	2,134	1,623	1,023	864	26,035
所得高100円に対する負担額	1.6	1.9	2.4	2.7	3.2	4.0	4.8	5.6	

出所：前掲『呉市統計一班』23～24ページ。

一名記録されている。なお所得税が一万六二七二円、付加県税が一六二七円、付加市税が八一三六円、計二万六〇三五円となっている。

国税営業種別の税額三〇〇円以上をあげると、物品販売業が八一六三円（八四四名）ともっとも多く、次に土木請負業の六五八円（五〇名）、以下、製造業の五四八円（四〇名）、料理店業の四七〇円（一八名）、金銭貸付業の三七九円（二四名）、銀行業の三三二円（二名）、労力請負業の三〇五円（二七名）、売薬営業の三〇一円（一三六名）と記録されている。ちなみに県税営業種別では、車屋が三五〇七円（二一九一名）でもっとも多く、以下、屠畜の三三八九円（七名）、卸小売旅籠屋の三二七三円（一三三二名）、芸妓の二六一三円（六六名）、職工の一〇〇三円（一三〇五名）、演劇の八九九円（五名）、行商旅店の六六九円（一二六一名）、理髪人の四九七円（一九一名）、置屋の四一二円（六九名）、料理屋の三八三円（一一〇名）と続く。[48] これらを総合すると、職工と軍人のための物品販売、飲食店、娯楽産業が多く、土木請負業が製造業を上回るなどの特徴もみられる。

最後に明治三六（一九〇三）年四月の土地面積と地価、地租を比較すると、表一二―九のようになっている。試みに一町当たりの田と宅地の地価を比較すると、前者の四二五円に対し後者は五九〇円と一・四倍となっている。こうした地価が、どのようにして算定されたのか不明なので断定はできないが、しばしば借地・借屋料金の高騰が問題になっていることを考えると、宅地の地価、地租が実態より低く設定されているように思われる。

このように呉市の財政基盤は弱く、山積する政策課題を推進できる状況になかった。産業の不振とともに、宅地所有者の優遇が財政難の原因の一つといえるが、根本的には呉市の存在基盤となっている海軍に対する課税ができなかったことに起因していた。

表12－9　土地利用状況と地価および地租(明治36年4月調)

単位：反・円

	地目	反別(反)	地価(円)	地租(円)	増租(円)
和庄	田	752	31,115	778	249
	畑	912	19,686	492	157
	市街宅地	224	12,386	310	310
	雑地	768	191	5	1
	計	2,658	63,378	1,585	717
荘山田	田	1,483	71,231	1,781	570
	畑	752	8,859	222	71
	郡村宅地	266	13,471	337	108
	雑地	3,380	757	19	6
	計	5,881	94,317	2,359	754
宮原	田	337	8,202	205	66
	畑	409	4,873	122	39
	郡村宅地	118	8,689	217	69
	雑地	1,447	227	6	2
	計	2,312	21,991	550	176
二川	田	119	3,759	94	30
	畑	288	4,545	114	36
	郡村宅地	60	4,983	125	40
	雑地	685	109	3	1
	計	1,153	13,395	335	107
合計	田	2,691	114,306	2,859	914
	畑	2,362	37,963	950	303
	宅地	670	39,530	988	527
	雑地	6,280	1,283	32	10
	合計	12,003	193,082	4,829	1,754

出所：前掲『呉市治政一斑』第1号表。

第三節　軍港都市呉の産業と経済

本節では、海軍の進出によって呉浦の産業と経済はどのように変化したのかということを検証する。またそれがどのような理由によってもたらされたのかということを実証することによって、軍港都市の特徴の一端を明らかにする。

呉の経済的な立地条件について『呉』は、「我が呉市は其自然の形勢及周囲の事情が、工業都としても、商業都としても、決して適当なるものに非ざりしなり。唯呉湾の位置形勝及陸岸の地勢が、軍事的価値を有せし結果、遂に鎮守府の設置を見、惹いて寂寥落莫たる農村漁浦が、軍港都なる一種特殊の都市として発展し来れるなり」と記している[49]。呉の立地論として卓越した分析といえるが、軍港以前の呉を卑下しすぎているようにも思われる。この点について筆者は、呉において戦前に文筆業に携わっていた人から、「呉の発行物に寒村であった呉が海軍の進出により一大都市として繁栄するようになったという記述が多いのは、そのように書くと海軍の協力が得られやすかったからである」と聞いたことがあるが、こうした事情を考慮しながら、海軍進出以前の呉を取り上げることにする。

江戸時代の呉地域は、耕地面積が狭く、多くの人口を抱え、米や麦に加え棉の栽培や製網（漁網）、漁業、交易、出稼ぎなどによって生活していた。すでに述べたように呉浦は、江戸時代後期の呉湾の大規模な埋立てにより「呉三千石」と呼ばれるようになったが、人口も大幅に増加しており、やはり商品作物の生産、販売を中心とした経済構造が続いていたものと思われる。

試みに明治一五（一八八二）年頃作成されたと思われる『安芸郡史料』[50]によって、三村とのちに呉市を形成する川原石・両城地区を有する吉浦村などの特産移出品をみると、干エビ―荘山田村（一六万六四〇〇斤・二万八〇〇〇円）、アメ

─和庄村（一万八〇〇〇貫目・四五〇〇円）、漁網─宮原・和庄村、蒲刈島（一〇万三七〇〇反・二万五九二五円）、煎イワシ─瀬戸島、宮原村（二万七五〇〇貫・一万三七五〇円）、ナマコ─荘山田村（四万斤・一万四四〇〇円）と報告されている。なお生産高、販売額については、村名の記されている代表的な村だけのものか郡全体のものなのか判断しかねる。

同史料は副業として、荘山田・和庄・宮原村の網結、また吉浦村の船業をあげている。商船の一カ月の出入は、宮原が五一三隻と瀬戸島に次いで安芸郡内二位を占め、他に吉浦が六一隻となっている。このほか商人の群居地として宮原村があげられている。さらに漁業者は、吉浦村が三四〇戸・二四九隻、宮原村が三二〇戸・二八五隻とこの二村に多い。(51) なお宮原村の商工業者、漁業者の多くは、旧呉町に属しているものと思われる。海軍が進出してくる以前の呉は、確かに有名な工業都市でも商業都市でもないが、瀬戸内海のほぼ中央にあって、農業や漁業だけでなく活発な商工業活動を展開していたものと推測される。また表一二-二ですでに示したように明治一八（一八八五）年当時、村全体が呉市となった三村合計で二六八一戸・一万二七五七名、一村平均で八九四戸・四二五二名の戸口を有する比較的大きな村であり、「寂寥落莫たる農村漁浦」には謙遜の意味が込められていたといえよう。

このように農業、漁業に加え商工業に支えられていた呉の産業構造は、表一二-四に示したように、極端に農業と漁業人口を減少させている。このうち農業人口の減少と農業の衰退については、海軍による買収や市街化による耕地の縮小が考えられる。こうした点を検証するため、明治三六（一九〇三）年当時の呉市の土地の利用と地価および地租を示した表一二-九により田と畑の反別、そして前述の地租改正時の耕地面積を比較すると、宮原は一五二町七反から七四町六反、和庄は一九四町七反から一六六町四反、荘山田は二八二町四反から二二三町五反へと減少したが、宮原以外は農業を壊滅させるほどではなかったように思われる。なお三六年当時の農家は四四〇〇戸で、そのうち一八〇〇戸が専業となっている。(52)

一方、明治三六年当時、六戸の乳牛飼育農家が五三頭の乳牛を育て、三八八石（七万リットル）・一万二四九二円の牛乳を生産している。またニワトリを一万四〇〇〇羽、アヒル三八〇羽を飼育し、肉と卵で合計一万四六五六円の収入を得ている。(53)

少し問題が異なるが、呉鎮守府水道の敷設は農業用水の減少をもたらし、農業の衰退の一因となった。海軍は二河川中流を水源とする水道計画を策定したが、その下流には江戸時代に建設された灌漑用水路の下井手と上井手の取水口が存在しており、農業用水への悪影響を恐れた荘山田村の地主は、明治二一（一八八八）年九月、「田水頓ニ乾涸スルノ憂アリ」という理由で海軍に計画の変更を求めた。(54)しかしながら、海軍はなんら計画を変更せず水道工事を実施し、二三年四月に給水を開始したため、約一〇〇町歩の水田は二六年・二七年・三〇年と旱害にみまわれた。

こうした被害に対し地主側は、呉鎮守府に改善を求めるよう強く要請した。その結果、明治三三（一九〇〇）年七月七日に至り両者は三条からなる約束書を交換、地主の求めに応じて鎮守府は弁二回転半までを限度として引水を節減すること（第一条）、鎮守府水道取水口から灌漑用水に余水注流用水路を設けること（第二条）、そして旱損補償と前二条の条件により水道引水権を取得する代償として三三年度に一時金五万円を支払うこと（第三条）が決定した。この時の対象となった耕地は八七町七反、地主は三八九名におよんだが、(55)注意しなければならないのは、呉には名目上は耕地でも耕作が行われない場合が少なからずあり、この地域のようにやがて宅地へと変換されるようになるということである。

漁業の場合、海軍進出以前の呉の代表的な漁村であった宮原村（明治一五年の漁業戸数三二〇戸）と吉浦村（同三四〇戸）のうち、宮原村が壊滅的打撃を受けたのに対し、吉浦村の場合は、のちに呉市に編入される川原石で明治三四年度に一三一戸（表一二－四を参照）、吉浦村全体では明治三〇（一八九七）年当時に五四六戸・一〇二九名（そのうち専業一五一戸・一二三八名）の漁業者が存在したと記録されているように[56]、異なった様相をみせる。呉鎮守府の開庁により呉が軍港となり、漁港をふくむ港の設置が一切認められず、軍港内における操業が禁止されたことにより宮原村の漁業は壊滅状態に追い込まれたのに対し、吉浦村の漁業は制限を受けながらも存続し得たのであった。

明治二四（一八九一）年、吉浦村は、「軍港内ハ漁業御禁止相成為メニ漁民一同頓ニ活路失シ忽チ飢餓ニ差迫リ」という漁民の救済のため海軍に対し、「従前之通リ入漁御差許相成度旨再三呉鎮守府へ出願」した[57]。これに対し海軍からは、「御許可無之」という状況が続いた[58]。こうした状況にもかかわらず、吉浦村において三〇年当時に五四六戸の漁民が存在し得たのは、呉軍港内での操業はできなくなったものの、二三年八月五日に制定された「呉軍港規則」により海軍専有区域外の吉浦村は、艦船の航行、繋留が自由となっており[59]、宮原村の漁民と異なり漁港を失ったわけではないことによる。試みに三四年八月一四日の「呉軍港細則」をみると、軍港境域の第二区に属している吉浦村の漁民は、二河川口突堤と烏小島を連接する想像線以西の海面の漁業が当分の間は許可され、制限を受けながらも操業ができたのであった[60]。広島県内、とくに同じ郡内では相互に入漁を認め合う例が多いことも、吉浦の漁業の存続に味方したものと思われる。いずれにしても、なぜ農業被害に対しては補償がなされたのに漁業にはなされなかったのかという問題をふくめ、海軍と漁業との関係については詳細な研究が待たれる。

次に商業、銀行、工業の変遷についてみることにする。商業の近代化をもたらした勧商場は、明治二八（一八九五）年に和庄町字元町に設置された中央勧商場をはじめ、三二年六月に同町本通七丁目に第二勧商場、三四年二月に本通六丁目に第三勧商場、同年四月に本通八丁目に第一勧商場、三五年八月に本通二丁目に興産株式勧商場が設立された（町名と名称は、明治四三年当時のもの）。販売商品はどの勧商場もほぼ共通で、雑貨、木竹製品、履物、書籍、文具、玩具、果物、菓子、飲食物が主体であった。このうちもっとも規模の大きいのは第二勧商場で二九店舗によって構成され、また第一勧商場には演芸場が設けられていた(61)。

この時期には市場の開設も盛んで、川原石港に近い長浜町に明治三三（一九〇〇）年五月三日、富島魚市場と呉魚市合資組、三六年五月一八日に西本通一丁目に両城魚市場が開場した。また中通の南側に位置する四丁目に三四年一一月一五日、呉青物市場、さらに三五年九月四日に中通の北側に隣接する泉場《せんば》町（通称：東泉場）に魚市場が開業、小売市場に近い形態をとり新鮮で安価な食料品を販売するようになる(62)。

海軍との大口取引を担った大手商社は、明治二五（一八九二）年の高田商会をはじめ、三七年までに三井物産（明治四一年当時、四軍港のなかでもっとも多い五名の出張員が駐在）、大倉組、そして明治期中にシーメンス・シュケルト社が出張所ないし出張員をおいていたといわれている。なお三七年に発行された『呉乃枝折』によると、商社ではないが、大倉土木組支店と内国通運株式会社呉取引店の存在が確認できる(63)。

人体の血液にたとえられる銀行は、明治二九（一八九六）年一〇月に本通七丁目に呉貯蓄銀行（明治三九年一二月一二日に沢原銀行と改称）と本通二丁目に山陽貯蓄銀行呉支店、三〇年四月一日に本通四丁目に住友銀行呉支店、三二年一〇月に本通九丁目に大本銀行、同年一一月に本通五丁目に呉商業銀行、三四年一〇月七日に本通三丁目に竹原銀行呉支店が開設された(64)。これらの銀行の三六年の預金と貸出金をみると、表一二－一〇のように貸付金に対し圧倒的に預金が多い。これは民間産業の不振に起因しているが、当時の呉市にあっては工業ばかりでなく一見華やかな商業も、海軍へ機械等を納入する業者は他都市に本社をおく商社であり、また卸商もほとんどみられず、商店は食料品店、日用品店、飲食店などに限られるなど、多くの問題を抱えていたのである。

資本主義社会の発展を推進する工業について、『呉市統計一班（明治三十九年分）』により明治三六（一九〇三）年まで設立された工場をみると、二七年五月に機関修理の石津鉄工場（三九年末の職工数一五名）、三〇年七月に広島水力電気

表12－10　明治36年の銀行預金および貸付金　　単位：円

	預金		貸付金	
	年末現在	1年間	年末現在	1年間
呉貯蓄銀行	432,651	2,639,987	322,361	1,106,379
呉商業銀行	155,750	1,386,917	84,364	439,268
住友銀行呉支店	458,084	3,101,042	110,883	1,550,910
竹原銀行呉支店	47,430	340,842	93,341	178,322
山陽貯蓄銀行呉支店	9,007	34,156	9,833	14,660
大本銀行	22,614	37,400	83,303	215,225
計	1,125,536	7,540,344	704,026	3,504,764

出所：前掲『呉市統計一班』14～15ページ。
註：1）預金の1年間の計は719万9501円となっていたが、竹原銀行呉支店の数値がふくまれていないことが判明したのでそれを加えて754万344円と訂正した。
2）貸付金の年末現在を合計すると70万4085円となるが、誤りの箇所が特定できないのでそのままにしている。

株式会社呉出張所（同一〇名）と高須缶詰合資会社（同二〇名）、三六年一月に林精米所（同一〇名）が設立されたことがわかる。[65] これらのうち最大の高須缶詰は、「一八八八年（明治二一）江田島に製造工場を設置し、大和煮牛肉缶詰、ローストビーフなどを製造し始め……海軍の遠洋航海にも耐えたことから、軍納品として採用されるようになり」、三一年には、「高須缶詰合資会社（資本金六万円）となり、工場を呉に移した」[66]。

ここで明治三六年当時の工産物について、製造戸数、職工数、価格の順にみると、価格のもっとも高いのは、缶詰で一戸・一三名、一万八七五〇円と記録されている。次は伝統産業の漁網で、五戸・一五〇〇名（家庭内職者と推定）、五〇〇〇〇円、以下、指物が八戸・一〇名、二四〇〇円、建具類が五戸・五名、二一六〇円、桶類が五戸・五名、三〇〇円、足袋が三戸・一一名、二八〇円、傘が三戸・三名、一八〇円と続いている。[67] この資料には、工場として高須缶詰しか掲載されていないなど調査上の問題があるが、近代工場自体が少ないことを考えると、六万名を超える人口を有する軍港の民間工業の停滞が目につく。

呉市にはふくまれていないが、明治期の海軍と呉の民間企業との関係を考えるうえで取り上げなければならないのは、隣接する吉浦村に設立された白峰造船所である。日清戦争期の繁忙時に協力工場の少ないことに危機感を抱いた海軍は、明治三一（一八九八）年に造船・造機事業を委託できる民間造船所の調査を呉鎮守府に命じた。その結果、川崎造船所、大阪鉄工所とともに、二九年三月に呉軍港に隣接する吉浦村に進出していた白峰造船所が選出された。しかしながら白峰造船所の実態は、三〇年と三一年の四隻の建造船は小型（五四トン以下）の木造でそのうち三隻が帆船、一隻が汽船、また一四隻の修繕船は一一五トン以下の木造や鉄製汽船、三一年一二月の職工数が一二五名と、他の造船所と比較すると規模、技術とも明らかに劣っている。それにもかかわらず、海軍が白峰造船所を選んだのは、呉鎮守府造船部に近接しており工事の委託に便利であるためであった[68]（白峰造船所については、第八章第六節を参照）。

これ以降、呉鎮守府造船部からの工事の委託や指導、広島の陸軍や民間からの工事の発注もあり白峰造船所の経営は比較的順調に推移した。そして明治三三（一九〇〇）年には、住友銀行より二〇万円の融資を受け、三船渠をはじめとする大規模な建設工事を開始したが、工事進捗中の三四年一〇月に銀行から差し押さえられ操業を中止した。白峰造船所の倒産は、呉工廠から近接地に工事を委託できる造船所を育成する機会を奪い、呉市と吉浦村は大規模な民間工場を失うことになったのであった[69]。

経済活動を示す指標の一つとして、明治三六（一九〇三）年末の会社を示すと（表一二－一一）、わずかに七社だけで、そのうち五社は不動産賃貸業で、工業は二社にすぎない。しかも呉工廠と関係の深い造船や鉄鋼業ではなく、呉製氷株式会社と高須缶詰合資会社という食品工業二社で、このうち従業員一〇名以上の工場は高須缶詰だけである。なお少し性格が異なるが、関連産業として、屠殺場が牛用二カ所、豚用二カ所、年間屠殺数（牛四八四〇頭、豚五頭）が存在している[70]。

軍港都市の呉においては、明治二一（一八八八）年に吉浦遊郭が開設[71]、二八年六月九日に朝日遊郭が認可されており[72]、三七年当時、芸妓三八名、四〇四名の娼妓、四二戸の貸座敷があり、毎夜賑わいをみせていた[73]。また三六年の記録では、一〇四の旅館と、八二軒の料理屋が軒を並べているが、このなかには海軍士官がよく利用する吉川旅館、徳田旅

表12－11　会社の状況(明治36年12月調査)　単位：円

名称	住所	創立年月	営業目的	資本金	
				総額	払入済額
呉興産(株)	本通2丁目	明治35年 8月	家屋賃貸	25,000	7,350
呉製氷(株)	古川町	36年 8月	氷製造販売	20,000	7,800
朝日(株)	朝日町	29年 8月	家屋土地賃貸	60,000	32,490
呉演劇(株)	中通6丁目	34年 9月	劇場賃貸	20,000	16,640
呉共立(株)	中通7丁目	34年 8月	家屋賃貸寄託販売	10,000	7,500
呉勧商(株)	中通6丁目	32年10月	家屋賃貸	30,000	11,100
高須缶詰(資)	西二河町3丁目	31年 7月	缶詰製造販売	50,000	36,000

出所：前掲『呉市統計一班』14ページ。

館などの高級料亭もみられる。また劇場の呉座・檜垣座・朝日座、寄席の旭ノ席・鳳来座・風紀亭・栄福座・金比羅座などがあり、多くの市民を喜ばせていた(74)。

これまで述べてきたように、海軍の進出はそれまでの呉の経済を大きく変化させた。そのうち農業の場合は新たに畜産業が生まれたこと、漁業については宮原村においては壊滅したが、吉浦村に属していた川原石(二川町)では制限を受けながらも維持されるなど相違があるものの、全般的に衰退を免れなかった。これに対して商業は大きく発展したが、そのほとんどは生活必需品を中心とする小売商であり、卸商や仲買人はほぼ食料品に限られた。また海軍との大口取引は、大都市に本店をおく大手の商社の支店が独占、銀行も同じような関係がみられた。なお呉の銀行は、呉工廠の職工や地主から大量の預金を吸収して、大都市の企業に資金を貸し出すという典型的な預金吸収銀行であった。また工業に関しても、機械制工場といえるのは高須缶詰だけにすぎなかった。

このように海軍一を目指す呉工廠がありながら、民間産業の発展がみられなかった理由については、次のような点が考えられる。第一に、海軍の進出以前に城下町や商工業都市としての伝統がなかったことがあげられる。第二に、軍港としては最適でも、交通をはじめ民間産業の立地条件に恵まれているとはいえないことである。第三に、軍港は小売商や娯楽産業などには有利でも、他の産業に対しては海軍が諸々の制約を課したり工場用地として価値のある臨海部をほとんど占有するなど、マイナスに作用する点が少なくないこと、第四として、呉の資本家は危険が少なく、早期に資金が回収できる不動産業などに投資しがちなことである。さらに都市基盤が未整備なことがあげられるが、その実態に関しては、次節で取り上げる。

第四節　都市基盤の整備

ここで呉工廠の形成や経済の発展、住民の生活に密接な関係を有する交通・電気・教育・衛生施設などの都市基盤の整備について概観する。最初に海上輸送を対象とするが、その前提として呉の商港問題を取り上げる。

明治一九（一八八六）年五月四日に呉港が第二海軍区鎮守府に決定し、一〇月から呉鎮守府建設工事が開始された。呉鎮守府の建設にともなう海上規制について、二〇年一〇月に警固屋村が広島県に提出した「里道開築願」には、「客年十二月十一日付ヲ以テ呉港内ヘ船舶繋留相成ズ旨御諭達御発布」という文言があり、[75]一九年一二月一一日から呉港内への船舶の係留が禁止されたものと思われる。

その後、前述のように明治二三（一八九〇）年八月五日に「呉軍港規則」が制定され、一九年四月一一日、「呉軍港規則」が改正され、呉軍港内の海面が第一区と第二区にわけられた。[76]また三四年八月一四日の「呉軍港細則」によると、第二区のうち二河川突堤と神宮ノ鼻とを接続する想像線以内の区域には、海軍艦船のほか海運営業者の船舶、船舟に限り自由に繫留することができると規定された。[77]なお船舟とは、排水量一五トン未満の小舟と規定されている。ところが四一年一月一八日には、三四年に制定の「呉軍港細則」（第七条）の条文から「船舶」が削除され、「船舟」に限定された。[78]この細則は四三年一月一日から施行となり、同日をもって川原石港への入港は一五トン未満の船舟に限定された。

呉港が軍港に決定したことにともない商港は川原石に設置されることになったが、実態はそれより早く明治一八（一八八五）年二月には、広島（宇品）―江田島（小用）―呉（川原石）間、宇品―川原石―三津浜間の航路が開かれていた。そして翌三月には大阪―下関航路の汽船が川原石にも寄港、これ以降も島回り航路が加わるなど海運の発達は続いた。しかしながら商港である川原石港は、中心部が軍港として独占的に使用されているため市街地から遠いこと、狭隘のうえ軍事上の制限が少なくないなどの問題を抱えていた。

ここで呉の商港（川原石港）の利用状況について、船舶出入港、汽船乗客数、物資の移出入にわけて記述する。まず船舶の出入港を示すと、明治三二（一八九九）年が出港七〇六四隻、入港が七〇六五隻、計一万四一二九隻（帆船は出港五三九隻と入港五四〇隻、汽船は両者とも三三七三隻、五〇石以上の日本形船は両者とも三一五二隻）、三三年が出港一万四一四九隻と入港一万四一七三隻で計二万八三二二隻（帆船が出港八四二隻と入港八七四隻、汽船が同六二八五隻と同六六二一隻、五〇石以上の日本形船が同七〇二二隻と同七〇一八隻）となっている。また汽船乗客数は、三二年が二〇万三九三四名（乗船が一〇万一七一二名と下船が一〇万二二二二名）、三三年が二六万八〇二七名（同一三万五二六名と同一三万七五〇一名）である。[79]

これをみると明治三二年から三三年にかけて、船舶の出入りが約二倍、汽船乗客数が一・三倍になっている。いかに呉が成長しているとはいえ、こうした急増がもたらされるには大きな原因があったと思われるが、明らかにすることはできなかった。なおこれらの数値からも川原石港が錯綜していたことがうかがわれるが、このなかには漁船や野菜運搬船の大部分がふくまれていないと推測されるので、実際にはさらに多くの船舶が利用し、混雑していたものと思われる。

明治三三（一九〇〇）年の呉港の主な物資の移出入を示すと、表一二―一二のようになる。これをみると呉は、米、

表12－12　呉港の移出入物品(明治33年)

品名	単位	価額	仕入地
1、移入			
米	石	45,850	九州、山口、愛媛、郡内
雑穀	石	6,433	愛媛、広島、郡内
食塩	石	13,760	愛媛、岡山、御調、豊田、賀茂
清酒	石	18,743	大阪、兵庫、御調、豊田、賀茂
醤油	石	9,035	香川、岡山、広島、郡内
酢	石	4,935	広島、御調、豊田、賀茂、郡内
砂糖	斤	42,820	大阪、兵庫、広島
野菜	貫	124,170	広島、郡内
煙草	貫	5,920	山口、広島
板材木	尺貫本数	90,026	九州、山口、愛媛、広島
木炭	貫	129,500	山口、愛媛、広島
薪	貫	211,290	山口、愛媛、広島
呉服太物	匹	39,100	大阪、兵庫、広島
玻璃器物	個	50,310	大阪、兵庫、広島
陶器物	個	152,115	大阪、兵庫、広島
履物類	足	22,860	大阪、兵庫、広島
紙類	束	151,527	広島
乾物類	貫	22,860	広島
麻	貫	318,570	広島
荒物類	個	163,400	広島
西洋小間物	個	13,710	広島
薬種類	貫	41,030	広島
金物類	貫	95,007	広島
石油	石	3,495	大阪
石炭	kg	297,900	九州
綿	貫	44,540	広島
石灰	貫	76,170	御調、豊田、賀茂、郡内
肥料	貫	839,410	山口
雑貨	個	97,530	
2、移出			
雑貨	個	21,300	

出所：前掲『呉市治政一斑』。

野菜、石炭、木炭、呉服、陶器など多くの生活用品を近郊の町村や広島市はもとより山口や岡山・香川・愛媛という近県、大阪を中心とする近畿や九州などから移入していることがわかる。これに対して移出品は雑貨だけであり、当時の呉が典型的な消費都市であったことを示している。ただしこの表には呉鎮守府の物資はふくまれていないのであり、海軍の使用する膨大な原材料や機械、そして生産された兵器を加えると、その性格は大きく変化する。

海軍省が第二海軍区鎮守府の位置に呉港を決定した要因の一つに、陸軍の枢要な地である広島との連携が比較的容易であるという点があった。しかしながら呉軍港の建設計画には、鎮守府と市街地の工事がふくまれているだけにすぎなかった。そのためすでに述べたように、佐藤鎮雄第二海軍区鎮守府建築地事務管理は、広島との軍略上において不可欠であるという理由によって呉と広島間道路の早期改良を上申したが、旧来の道が国道になっただけであった（第二章第二節を参照）。

こうしたなかで、明治二〇（一八八七）年九月二六日に呉鎮守府建築委員長となった真木中将は、「有事ノ際ニ当リ広島鎮台ト聯絡」の必要を重視し、これは一朝一夕では実現し得ない難工事であることから、将来に向けて、「此ノ際ヨリ着手相成向来鉄道線路ト両用ニ相成候様夫々其筋へ御協議相成候様」、鉄道と道路併用の交通機関の建設を上申した。[80] しかしながら市街地と近隣の村落との連絡道路の建設以後、ほとんどみるべき工事はなされず、もっとも重要な呉から広島への道路も急峻な山道のままであり、鉄道も二七年六月一〇日に広島まで開通しても呉に延長される気配はなかった。

鉄道に関しては、明治二五（一八九二）年六月二一日に「鉄道施設法」が公布され、そのなかの第一期鉄道に山陽鉄道の三原―赤間関（下関）間および海田市―呉間が指定されたことにより前進をみることになった。「貴族院議事速記録」によると、後者については、「軍用上是レモ必要」という理由で、「衆議院デ……呉ノ線ヲ加ヘマシタ」と報告されており、貴族院もこれを認め決定をみたのであった。[81] なお本法の第一四条には、私設鉄道会社より敷設許可願がある場合には、帝国議会の協賛を得て許可することもあると記されている。

こうしたなかでかねてから鉄道に関心のあった内藤守三は、明治二六（一八九三）年に呉鎮守府両翼鉄道線計画を樹立、海田市―呉―忠海―本郷（のちに三原に変更）間の鉄道を敷設することにした。[82] そしてこの計画の一段階として、海田市―呉間の建設を目指した。その後、地元の資本家は二八年に会社設立を目論み二九年に呉鉄道株式会社の設立申請書を広島県に提出、[83] その許可を待って海田市―呉間の敷設許可を申請した。ところが山陽鉄道株式会社と競合となり、政府は両者共同で工事を実施させることにしたが、山陽鉄道は海田市―呉間を支線とすることを主張したのに対し、呉鉄道は納得せず、結局、呉鉄道に認可が与えられたと述べられている。[84]
明治三〇（一八九七）年、呉鉄道は海田市―呉間の鉄道敷設工事許可願を帝国議会に提出した。貴族院における曽我祐準特別委員長の報告によると、議員のなかには、「短カイ割合ニ難所デアルカラシテ私設鉄道会社トシテ或ハ成立タヌデハナカラウカ既ニ政府デハ是ハ明治三十年ヨリ著手シテ三十三年度ニ造リ上ゲルコトニ予算ニハ組マレテ継続表ニモ載セラレテ出テ居ル、……若シ私設鉄道会社ニ許シタタメニ此鉄道ガ成立タナカッタナラバ軍事上ニ於テ支ハナイカ」と慎重視する意見もあった。[85]しかしながら、「大計画ヲ以テ置カレタ軍港デアルニ依ッテ随分繁昌モスルダラウ」という将来への期待が勝り、[86]三〇年三月一七日の貴族院において可決され次の法律が決定した。

法律第十一号（官報　三月二十四日）

明治二十五年法律第四号鉄道敷設法予定鉄道線路中左ノ線路ハ私設鉄道会社ニ其ノ敷設ヲ許可スルコトヲ得

一　広島県下海田市ヨリ呉ニ至ル鉄道

こうして準備がととのったのであるが、その後、経済不況により会社として経営することが困難となった。こうしたなかで明治三一（一八九八）年三月七日、井上良馨呉鎮守府司令長官は、西郷海軍大臣に「呉広鉄道敷設ニ就キ意見上申」を提出、横須賀・佐世保に鉄道が開通し便宜を享受しているなかで、兵器製造の中核をなし戦時において艦艇修理を一手に引き受ける呉造兵廠と呉造船廠の所在地である呉に鉄道がないことによって生じる損失と不便について実例をもって示し、最後に次のように訴えた。[87]

〔前略〕曩《さき》キニ帝国議会ノ協賛ヲ以テ呉広鉄道ノ敷設ヲ民業ニ委セラレタル趣ナリシモ未タ其実施ヲ見ス今ヤ東洋ノ風雲益々非ニシテ国家多事ノ秋ニ際シ軍備上最モ重要ナル軍港鉄道ノ敷設如斯延滞スルハ本官ノ憂慮ニ堪ヘサル所ナリ若シ該事業ヲシテ民業ヲ以テ速成ヲ期シ難キ事情アレハ断然官業ヲ以テ該鉄道ノ竣工一日モ速カナラン事目下最大ノ急務ト思考ス依テ茲ニ卑見ヲ提出致候御採用ヲ得ハ幸甚

これについて海軍省は、趣旨は賛成であるが財政上の問題もあり、「実際上着手シ得ヘキ時機ヲ見テ企画」することにした[88]。そこで衆議院議員となっていた内藤は、官営鉄道として敷設、経営することにし、協力者一〇名を募り、明治三一年に開会された第一三回帝国議会に、「明治三十年法律第十一号廃止法律案」と「海田市ヨリ呉ニ至ル鉄道工事著手ノ建議案」を提出、両案とも三二年三月に議会の協賛を得た。ところが三三年度予算として計上しようという逓信省の目論見は、大蔵省の反対にあい否決された。危機的状況においこまれた内藤は、所属する憲政党の議員の応援を受けて山県有朋内閣総理大臣に談判におよび承諾を得たのであった。そして三三年二月一四日に追加予算案として、第一四回帝国議会に提出され協賛を得た[89]。

こうした経緯をへて呉から広島への鉄道は、官設として建設することになり、明治三三年五月、呉―海田市間の実測を開始、同年の八月に終了した。工事は、海田市―矢野間を第一工区、川原石―呉間を第七工区とする七区間にわけて、稲葉・大本・間各組の請負で実施することになり（呉市域は、ほぼ第四〜第七工区にあたる）、三四年五月に起工、三六年一一月に二一五万二〇〇〇円をかけて竣工した。そして一二月二七日、呉駅において待望の開通式が挙行された。呉線は、「全線海浜を通過するも平地と山陵と錯綜し峻嶮の所多く、隧道十二ケ所、橋梁二十六ケ所を算し相当の難工で」あった[90]。とくに第一狩留賀《かるが》隧道（トンネル）、吉浦隧道は本線中でもとりわけ長く、地質が花崗岩で掘鑿は困難を極めた。なお呉駅は、川砂を採取したり他所より切取土を運んで埋築し、その上に建築された。

呉線の建設に際しては、沿線住民から多くの要求が出された。明治三四（一九〇一）年三月一三日には、立退きの対象となった川原石の住民から、自分たちの自宅は草葺であるが、「当軍港内へハ草葺ノ建築ヲ禁セラレ」ており、「草葺ノ構造ヲ変更シ瓦葺ノ改築ニ成シ得ラル、タケノ移転料ヲ御補償アラン事ヲ」という呉ならではの「歎願」がなされているが、[91] 認められなかったようである。また一一月二八日には、吉浦村と有志者は広島県知事へ「御内示相成候予算金額以内ヲ以テ村方ニ於テハ如何ナル方法ニ拠ルモ該敷地ニ要スル土地ノ御買収及物件移転料並残地補償等悉皆応諾仕ヘク」という「請書」を提出するなど、積極的に駅の誘致運動を展開している。[92] その結果、天応駅は大屋村の中央ではなく、吉浦村との隣接地の吉浦村落走地区住民の所有地に設置された。

電気事業については、日清戦争にともない来広した中央政・財・官界人のすすめで、松本清助ら広島財界人と藤田譲夫村長ら広村の指導者五名によって、これまで述べられていたより二カ月以上早い明治二八（一八九五）年八月九日に広島水力電気の設立を発起し、郷原村と広村の境界に発電所施設を建設する準備をすすめたことが、「藤田家文書」により判明した（のちに広村の一人は発起人を辞退）。[93] その後に水力発電には多大な資金が必要なことから、渋沢栄一ら中央財界人六名を加え、あらためて二八年一〇月一八日に会社が発起され、三〇年四月一三日に広島水力電気株式会社が設立された。

この間、田辺朔郎《たなべさくろう》工学博士の指導のもと、黒瀬川から石堰により水を分流し水路によって郷原村境から広村境まで引水し、水力発電所に利用するという「水利引用工事設計書」を作成、明治三〇年一二月一〇日に工事を開始し、三二年三月一九日に完成した。この広発電所では、八二メートルの水の落差を利用し、三〇〇馬力のペルトン水車と二五〇キロワット交流発電機各三台で最大出力七五〇キロワットの発電をし、またそこから呉へ約九キロメートル、さらに広島まで二六キロメートルにわたって一万一〇〇〇ボルトの送電がなされることになっていた(94)。なお『明治工業史』は、この業績を、「明治三十二年郡山並に広島に於ける約十数哩の近距離送電事業が成功せる為、各地に水力電気の近距離送電が盛に行はれたる時代」をもたらしたと高く評価している(95)。

明治三二（一八九九）年五月一五日、呉地区において電灯の供給、三八年一二月より電力の供給が開始された。待望久しい電気と思われるが、三七年当時においても、需要戸数は現住戸数一万四八七三戸に対し五七三戸、三・九パーセントにすぎず(96)、その後も漸進的な増加にとどまっている。こうした原因は、「せいぜい豆電球ていどの明るさの二〇燭光料金の相対的な高さ」にあったといわれている(97)。ただし日清戦争期、照明の不充分ななかでの夜業により、多くの負傷者を出した呉工廠においては、日清戦争後に、「電灯だけは点されて居ました」と述べられている(98)。しかし電力の使用は、第三船台で「筑波」、第二船台で「生駒」を建造するに際し、「鉄板製のシアースを立て之を三噸デリツクに装備せられまして船台の両側の所々に配置され電動ウキンチを据付けられました、之が吾々の電動力機械の見始め」といわれるように(99)、最初の主力艦二隻の建造に連動していたことがわかる。

子供をもつ親にとって切実な教育に目を転ずると、明治三六（一九〇三）年四月当時の児童数は尋常小学校が八校で四五二七名（男子二四四三名、女子二〇八四名）、高等小学校が二校で一七二〇名（同一一四五名、同五七五名）、計六二四七名（同三五八八名、同二六五九名）となっている(100)。それが翌三七年四月には、尋常小学校が同じく八校で五五一五名（同二九二〇名、同二五九五名）、高等小学校が第一（男子一三四七名）と第二（女子七二九名）あわせて二〇七六名、合計七五九一名（男子四二六七名、女子三三二四名）と一年で一三四四名、一・二倍に増加した(101)。人口の増加を上回る学齢児童数の増加、就学率、とくに女子の就学率の上昇が起因していたものと思われる。こうした児童・生徒数の増加が、呉市の財政を圧迫していたのであった。

市制が施行された明治三五（一九〇二）年当時、広島県内には県立の中等学校が広島市に中学校・高等女学校・師範学校・職工学校・商業学校、福山に中学校、尾道に商業学校、三次に中学校、豊田郡忠海に中学校、豊田郡東野村に商船学校が存在していたが、呉市には一校もなかった。呉市の場合、四〇年四月一日に呉市立中学校が開校され、四四年四月一日に県に移管、四〇年四月三〇日に呉市立高等女学校が開校、大正九（一九二〇）年四月一日に県に移管といちじるしい遅れを示している。

このように教育施設に恵まれているとはいえないなかで、呉市には海軍の子弟の入学を目的に開校した私立の淡水学校があった。明治二二（一八八九）年七月一日の呉鎮守府の開庁に際し、海軍の軍人・文官のほとんどが東京などから家族をともなって赴任し、その子弟を公立の小学校に入学させた。ところが、「当時の呉は沿海の一僻村にして言語風俗等の粗野なるのみならず、学校の設備も至って不完全にして新来の父兄は痛く子女教育に憂慮」した。[102]そこで当時の村当局は、校舎の改築、教育内容の改善を実施し、それに必要とした資金の一部を海軍に寄付金という名目で要求した。これに対し保護者の多くが呉水交支社員ということもあり、「水交支社員大会を開き此の寄附金を提供するも社員の満足する丈の改築は難く、寧ろ寄附すべき資金を以て一校を私設するに如かずとの決議」を採択した。[103]

こうして明治二二年一一月から準備を開始、翌二三年八月三一日をもって軍政会議所付属舎を高等官・判任官の子弟の校舎として、尋常科・高等科併置の淡水小学校と付属幼稚園からなる淡水学校を開校した。その後、前述のように衆議院において二四年一二月にこれを問題視する質問書が提出されたことにより、水交支社が清水通に移転を余儀なくされたため校舎もそこに移った。なお開校時の児童・園児数は、小学校が八〇名、幼稚園が約六〇名であったが、しだいに増加し前者は一六〇名から二〇〇名、後者は四〇名から七五名になったという。

さらに呉市特有の教育施設として、明治三五年四月一日に呉高等小学校の二教室を使用して、夜間制の私立の呉工業補習学校が開校した。その後、同校は一〇月一日の市制施行とともに夜間通学者の便宜を考え、第二和庄尋常小学校（のち呉第二尋常小学校、東本通尋常小学校と改称）に移転、呉工廠の技手と市立小学校に教員を委嘱し本格的に活動を開始した。修業年限は一年で、卒業者は無試験で呉工廠の見習工として採用されるという特典があった(104)（第四章第一節を参照）。なお生徒数は、三七年度が甲種二五名、乙種三一名、計五六名（卒業生四六名）、三八年度が同五四名と同二一名、計七五名（同六三名）、教員数は両年度とも七名となっている(105)。

娯楽・風俗産業が繁栄する一方、文化・スポーツはなかなか進展しなかった。こうしたなかで明治三三（一九〇〇）年一二月に呉ではじめての新聞の『呉新報』、三六年四月三日には最初の日刊新聞である『呉毎日新聞』が発刊された。この当時の呉市には、全国紙の『大阪毎日新聞』や『大阪朝日新聞』、広島市に本社のある『芸備日日新聞』『中国新聞』が通信員、『広島日報』は出張所を配置していたと述べられており、職工を中心とする住民の社会への関心の強さがうかがわれる(106)。なお呉市においては、後年、新聞を媒体にして多くの文化団体が誕生することになる。

明治三〇年代初期には、すでに述べたように、呉造船廠において体質改善を目指して野球が導入された（第四章第一節を参照）。その後、呉工廠に野球チームがつぎつぎと誕生し、やがて生徒や市民にも広がり「野球市」と呼ばれるようになる(107)。

ここで、生命に関わる医療と衛生について概観する。呉においては、明治二二年七月一日の呉鎮守府開庁と同時に、高度な医学知識をもつ医療従事者と近代的な設備を有する呉海軍病院が開院した(108)。また豊住秀堅軍医大監（のち呉海軍病院長）の指導により、二〇年一月五日に、「医風ヲ改良シ学術ヲ研究スル」ことを目的に明廿《めいじゅう》医会が設立され活発な活動を展開した(109)。しかしながら海軍病院は、軍人と公病傷をおった呉工廠職工などの軍属を治療することを目的にしており、呉市内に多く住む職工と家族が実費で診療を受けられるようになるのは、三七年一一月三日に呉海軍工廠職工共済会病院が開院してからのことであり、[110]それまでは開業医（明治三七年当時の医師八八名、歯科医師三名）のもとに通院するほかなかった。[111]なおこれ以外の公的病院としては、各町村が運営する伝染病病院、二九年四月一日に娼妓の性病の検診と治療のために開院した県立呉駆黴院《くばいいん》が存在するのみであった。

呉鎮守府の建設が開始された明治一九（一八八六）年には、もっとも恐れていたコレラに襲われ、「一日平均二十名内外」の患者が発生したといわれている。[112]こうしたことを裏づけるように、吉浦・宮原・荘山田・和庄・警固屋村合計で三七一名の伝染病患者、三〇三名のコレラ患者が発生し、[113]当時は避病院も適切な治療法もなく、呉鎮守府工事にも少なからぬ影響をもたらした（具体的には第二章第二節を参照）。

すでに述べたように、呉の市街地は埋立地を築調して形成されたものであり、水はけが悪く衛生環境に恵まれているとはいえなかった。また早くも明治二三（一八九〇）年四月には呉鎮守府水道が給水を開始したが、住民が直接に恩恵を受けることはできなかった。このため海軍の進出後も表一〇－三のように宮原・和庄・荘山田・吉浦村で二七年に患者二四三名、死者八七名、二八年に患者二四八名、死者一七五名の伝染病患者が発生した[114]（第一〇章第三節を参照）。また呉市制施行後の三五年一〇月から一二月の三カ月間に患者六五名（コレラ三六名、赤痢一九名、腸チフス七名、ジフテリア三名）を記録しているが、[115]この年には広島県でコレラが流行しており、市域についてあいまいな点もあるが、八月一七日から一一月六日までの期間に一〇二名の患者が発生し七四名が死亡したという記録がみつかった。[116]

第五節　軍港都市呉の住民の構成と諸相

これまで述べてきたように海軍と住民は時には対立をしながら、基本的には協調関係を維持して軍港都市を形成してきた。本節においては、軍港の住民に焦点をあて、彼らはどのような特質を有していたのかという点を検証する。とはいえ呉は多様な住民の集合した場所であり、生来の住民と新たな移住者にわけ記録に残る数例を紹介しそこから傾向を導くことにする。

まず呉鎮守府の建設状況を視察するため、明治二〇（一八八七）年一月から二月にかけて呉と佐世保を訪れ、両者を比較した第二海軍区第三海軍区鎮守府建築委員の本宿宅命大佐の報告書から、海軍軍人のみた生来の呉人を浮き彫りにする(117)。

呉ト佐世保ノ両地ノ土民ヲ比較スルニ佐世保ハ九州ノ一隅ニ僻在シ呉ハ山陽道ノ中央ニ在ルヲ以テ呉ノ人民ハ佐世保ニ比スレハ怜悧ナリ故ニ狡猾ナル者モ多シ佐世保ハ呉ニ比スレハ敦朴《トンボク》ナリ故ニ狡猾ナル者モ少ナシ呉ノ人民ハ自己一家ノ生計ニ於テ持重ナラサルモ公共ノ事ニ出金スル等ノ説諭ハ其頭脳ニ入リ易ク佐世保ノ人民ハ之ニ反セリ市街ヲ開クカ為メノ費用支出ノ目途ハ呉ニ於テハ略定マリシト雖モ佐世保ハ未タ其目的立タズ是一ニハ呉ハ四ヶ村ノ共同負担ニ属シ佐世保ハ唯一村ノ負担ナルト県官郡村吏尽力ノ厚薄ニハ依ルト雖モ民情ノ如何ニ関係スルモノモ亦大ナリト考フ

本宿大佐は、呉と佐世保の人民の気質と公共性を比較し、気質について呉の住民は、「怜悧ナリ故ニ狡猾ナル者モ多シ」と把握し、佐世保の住民は、「敦朴ナリ故ニ狡猾ナル者モ少シ」と認識するとともに、公共性に関して呉は、「頭脳ニ入リ易ク」、佐世保は「之ニ反セリ」と述べている。この要因を本宿大佐は、「佐世保ハ九州ノ一隅ニ僻在」しているのに対し、「呉ハ山陽道ノ中央ニ在ルヲ以テ」と分析している。すでに述べたように呉と周辺の村の経済は、早くから商品生産と交易に基盤をおき、社会経済の変様を伝える情報への関心も強く、「明治七年には、第八大区第七小区（現在の呉市広町）で新聞の共同購読のための結社がつくられている」[118]。注目すべき点は、本宿は報告書のなかで、住民の呼称を「土民」から「呉ノ人民」に変えていることである。

では呉の住人の怜悧、狡猾で、公共性を理解する性格は、軍港の形成のなかでどのように発揮されたのであろうか。この点に関してはすでに述べたように海軍の国道（本通）と県道の建設計画に対し、住民は負担を受諾するとともにそれを減少させるために修正を要求し実現したこと、市街地の築調に際し住民は、海軍から安価に土地の払下げを受けて会社により、あるいは地主の自費と自治により実施したことなどがあげられる。こうした行為は、地主は海軍の要請に協力することによって呉の発展と自己の利益が実現できると認識したこと、海軍は地主の協力なくして市街化計画の実現は不可能であると理解したことによって生じたものといえよう。

また地主や漁民は、呉鎮守府水道布設にともなう旱損や漁業被害に対して積極的に補償を求めている。これに対して海軍は、前者には応じながら後者は拒絶するという異なった対応をしているが、そこには土地は財産とみなすのに対し、漁業権や借地権、借家権は認めないという考えがあったように思われる。

この点に関して本宿大佐は、次のように捉えている[119]。

〔前略〕従来貧褸《ママ》ニシテ活計ヲ立テ難キ少数ノ人民ヲ除クノ外ハ皆今日ノ幸福ヲ得タルヲ相賀シ忻々《キンキン》得色アル者ノ如シ土地家屋ヲ有スル者ハ地価貸地料家賃ノ騰貴スルカ為メ従前一二年ノ所得ヲ一ヶ月間ニ収ムルヲ得蕎麦ヲ売ルモ餅ヲ売ルモ日用雑貨ヲ商フモ其所得従前ニ倍徙スルヲ以テ土民徒ラニ狂奔シ種々ノ営業ヲ出願スル者日論ム者幾百人ナルヲ知ラス〔以下省略〕

本宿大佐によると、少数の貧困者がいるが、それは従来からの困窮者であり、海軍の進出によってもたらされたものではないと考えられている。しかしながら少なからぬ小作人や漁業者は職を失い、借家人が住む家を失ったのは紛れもない事実であった。ただし海軍の進出によって巨大な職場が生まれたのも事実であり、一方、有産者のなかには土地・建物を売却しその代金で小売商人や食堂を営む者もいた。また地主は、農地を宅地にしたり借屋にして地代や家賃を得ることができた。寄留者が増え続ける呉においては、不動産の活用は安全で確実な投資と思われていた。

こうした地主による住宅の供給は、重工業地帯では一般的であったが、官営製鉄所の場合には、明治三〇（一八九七）年に自ら職工官舎の建設を開始している。時里奉明氏は、操業に際し製鉄所は、「多くの職工を統制して作業させるためには、労働だけでなく生活も管理することが必要と考え」たが、「八幡町は職工に住宅を十分供給することができなかったので、製鉄所自ら住宅を建設することになった」と説明している。(120)

一見すると、やむを得ず官舎の建設に踏み切ったようにも受け取れるが、官営製鉄所の住宅を中心とする「福利施設は職工の生活不安を解消することによって、職工ができるだけ長く働いて熟練し、そのことが結果的に製鉄事業をスムーズに行うことができるといった目的にそって構想されている」と、積極的な意味づけがなされている。(121)同じように勤続年数の延長により、職工の技術の向上を目指していた呉工廠が、なぜ職工官舎の建設をしなかったのかという点の解明が今後の課題となるが、工廠当局が意識したか否かは判然としないものの、地主による住宅の供給が海軍と地域の関係に与えた影響は少なくなかったことは確かである。

そうした例として、海軍高官の赴任と住居問題を取り上げる。すでに述べたように明治一九（一八八六）年一〇月に佐藤事務管理が呉に赴任したように、建築委員もほぼ同時期に到着したものと思われる。その際、佐藤の宿舎となった「川原石の住宅とは、当時の農漁村に彼を迎える家はないので、沢原為綱翁が洋風の住宅を新築して供したもの」で、また、「今残つてをる海兵寮も豊住軍医大監に供するため同時に建てた」と述べられている。(122)

このほかにも沢原は、中牟田倉之助初代呉鎮守府司令長官に官舎が完成するまで邸内の一画を提供するなど、海軍がもっとも困っていた最高幹部の住宅問題に協力することによって強力な人脈を築いた。さらに呉鎮守府開庁後も率先して海軍高官の歓送迎会を開くなど、海軍高官と呉の指導者との橋渡しの役割を果たした。なお明廿医会は、豊住大監の呼びかけにより沢原邸を会場として設立されている。

これまで有産者が海軍の進出を好機として、海軍へ協力しながら自らの利益を確保する状況を述べてきたのであるが、耕作していた農地や自宅を買収された人のなかには、有産者といえども海軍に対する複雑な思いが交錯しており、漁港や漁場を失い廃業を強いられた漁民、農地を失った小作人、借家を失った人など、なんらの補償もなく生活基盤を失った人びとには海軍に対する反発がみられた。とくに平野部のほとんどが買収され住民ばかりでなく神社や寺院までも移転の対象となり、多くの漁民と借家人を抱える旧呉町をふくむ宮原村の住人の受けた影響（被害）は大きく反発が強かった。こうした不満が前述の豊田衆議院議員による海軍糾弾質問となり、一定の支持を受けたのであった。

海軍への直接的な不満の表現として、海軍が測量に際し農地に勝手に打ち込んだ杭を所有者が引き抜くという事件がしばしば発生している。そうした一例として、宮原村の農民が杭を引き抜いたという理由で拘引されたので、村民を代表して水野甚次郎が海軍に出頭し釈放を求めたが、応対した船渠建築の第一人者の恒川柳作技手は、釈放しなかった。(123)これに対して水野が反論し、拘束者が釈放されたのであるが、(124)黙って泣き寝入りしなかったことが周囲の信頼を勝ち取り、のちに請負人として成功につながったとも考えられる。その後、水野は第一船渠の工事に参加、さらに第一船台の工事では呉市と周辺の一五名からなる共同請負人に名を連ね、やがて恒川など海軍の土木技師の信頼を得て、水野組（現・五洋建設株式会社）を組織し、日本有数の海洋土木会社に発展させる（第三章第四節を参照）。当時の日本においては、建設や土木、とくに海洋土木はもっとも技術的に遅れた分野であること、請負工事においても発注者が土木機械を提供し、請負人の任務は技術者や作業員の提供に限られていたこと、江戸時代後期以来の埋立工事の伝統と多くの石工がいたことなどが重なり、呉にとって発展の可能性の高い産業となったのであった。共同請負人のなかには水野以外にも土木業に専心する者、酒造業などに転身する者など新たな形の産業資本家となる者がみられる。

こうして呉の有産者の間には、大地主・中小地主・貸家経営者・中小商人に加え、少数ではあるが建設業や工業に進出する者もあらわれるようになる。彼らには経済力に較差があるように意識にも差がみられたが、海軍の発展が呉の繁栄をもたらし、自らの利益にもつながるという共通認識があり、海軍と有産者間にはしばしば協力関係がみられる。その最たるものは、第一六回帝国議会において呉造兵廠拡張費案の可決を目指して、山内万寿治呉海軍造兵廠長の指揮のもと海軍と地元有志の協力による造兵廠観覧者の受入態勢を整え、明治三四（一九〇一）年一一月一八日の官営製鉄所作業開始式の前後一週間以上にわたり、呉造兵廠観覧、歓迎宴会などを成功裡に実施したことであった（第一一章第五節を参照）。

一方、借家人・小作人・職人・漁場を失った漁師は、呉工廠の職工などの労働者や雑業層として自らの労働力によって生活の糧を得るしか道がなかった。ただし彼らにも技術を習得し、熟練工として活躍する道がない訳ではなかった。とはいえすべて平等なわけではなく、住居の有無、上級学校への進学が可能か否かで差異が生じることになる。

他の市町村から呉に寄留した人たちも、さまざまであった。こうしたなかで海軍の高官、商社や銀行の支店長、社員は少数のエリートとして権限や経済力を有していたが、呉への滞在期間は組織の一員として転勤ということもあり比較的短期間に限定されていた。これに対して商人の場合は、地元には旧呉町で活躍していた少数が存在していただけという事情もあって、新たな商機を求めて新興都市の呉に来て活躍した例が多くみられる。しかしながらもっとも多いのは、無産者である呉工廠の職工であり、次に呉鎮守府の水兵であった。

呉の住民の意識や感情を把握するためには、最大の人口を有していた職工の性格を認識することが必要とされる。呉工廠の場合も基本的には、産業革命後の先進国の重工業の労働者と同じように、「適切な物と適切な技との正しい組み合わせを実現できる職人（workmen, artisan. 即ち熟練再編以前の『熟練』を体現した人物）と、将来職人となることが期待される徒弟（職人候補生）と、単なる労務（labour）提供者としての不熟練労働者（labourer）の三種類」に分類できると考えられる[125]。具体的には、横須賀鎮守府造船部や呉鎮守府造船支部、東京の海軍造兵廠から呉工廠に転勤した職工には、職人ないし職長と徒弟が多く、それ以外は不熟練労働者が多かったと推測される。ただし明治三〇年代後期になると、呉工業補習学校などを卒業して将来職長を目指す呉育ちの青年職工もしだいにふえることになる。

日本の重工業労働者とイギリスなどの労働者の種類は基本的に同じと述べたが、日本には労働組合や共済組合がなく、賃金が安く、福利施設がなきに等しいなど、待遇面では雲泥の差があった。また呉の場合、物価や家賃が高く、さらに海軍工作庁に共通の問題であるが、職工用の官舎がなく他所からきた職工や呉出身ながら借家住まいの職工を苦しめた。さらに職工の制服が藍色であることから、上司や住民が職工を揶揄して「菜ッパ」と呼ぶことへの怒りも強かった。

明治三〇年代になると、労働運動の黎明期という時代の風潮を反映して、呉工廠で働く職工や水兵の反乱が多発するようになる。こうしたなかで明治三三（一九〇〇）年四月八日には、呉造船廠機械工場の三六〇余名の職工が、工場事務室などを破壊するという事件が発生した。また同年一一月には、外国艦隊の入港に際し、外国人水兵の歓迎会を計画し、芸妓検番の呉栄舎に協力を求めたのに拒否されたことに立腹した水兵たちが、呉栄舎や同舎の役員が経営する士官専用の高級料亭を襲撃する事件がおこった。そして三五年七月には、呉造船廠において高山保綱呉海軍造船廠長の厳罰主義に抗議して、職工五〇〇〇名がストライキを決行するという未曾有の労働争議が発生、この時には高山廠長を転任させることに成功した（これらの事件については、第四章第一節を参照）。

このように明治三〇年代の職工や水兵の怒りは、労働組合がなかったため暴動やストライキという形で表面化した。そしてその矛先は上司だけでなく、上司である高級軍人や技師のみを優遇する検番や高級料亭、時には彼らのみを相手にする芸妓、さらに家主などにも向けられた。この当時の職工、とくに職人を出自とする職工には技能に対する自信と誇りがあり、工廠当局としても彼らの技術に頼らざるを得ず、そのことがストライキなどにおいて犠牲を払いながらも、時として要求を勝ち取ることを可能にしたのであった。こうしたなかで見習工をへて現場のリーダーとなった者たちの権限がしだいに強くなり、職人気質が薄れていくなかで、新たに日本的な労働者像が誕生することになる。

おわりに

これまで軍港都市として呉市はどのように形成され、その際、海軍の意図と住民の対応はどのようなものであったのか、誕生した呉市はどのような特徴を有していたのかという観点から呉市の形成過程を分析してきた。その結果、呉市の形成は海軍の主導のもとに実施されたが、そこには住民のしたたかな対応があったこと、海軍の進出にともない生まれた中間層を中心に、海軍との共存共栄体制が築かれたこと、こうして形成された呉市は、日本一の海軍工廠が存在する人口の多い街、民間産業と都市基盤の未発達な街であることが判明した。

近代的な都市の形成は、住民、とくに地主の協力なくして実現できるものではないことを認識していた海軍は、彼らに市街地の築調は呉の発展とともに個人にも利益をもたらすということを説明し協力を求めた。地主たちは、自らの資金を投ずることに不安を感じながらも期待をこめて農地の整備を開始したが、やがてこの事業は利益をもたらすことを確信するようになった。その契機となったのは、地主を株主とする会社を設立し、低価格によって払下げを受けた海軍用地を整備して、そこから少なからぬ利益を得たことであった。こうして近代的な都市計画にもとづく市街地の開発がすすみ、呉には海軍の拡張により流入する人びとを受け入れることが可能な街が形成された。同時にかつてそこに農地を所有していた人は、地主や家主として比較的高い収益を得ることができるようになった。海軍の進出によって中産階級となった彼らは、海軍の発展が自らの利益に直結することを実感し、共存共栄の道を選択した。

呉には、つぎつぎに小売商業や不動産業、娯楽産業、宿屋、理髪店、銭湯などのサービス産業の店が並んだが、卸売業や近代的な機械制工業は発展しなかった。客観的には、そうした伝統がなかったこと、工業用地として比較的恵まれている海岸部が海軍に占有されており、その他に立地条件が適している土地は存在しないことが考えられる。それに加えて呉の中産階級の前には、早期に確実に利益の得られる不動産業などが存在しており、それ以外の危険な産業には投資しないという主観的な問題があった。銀行に多額の預金が集まっても、地元において使用される資金は少なく、大部分は大阪や東京に吸収された。

これまで述べてきたように、呉には電気以外に近代的な都市生活に必要な施設が存在しないといえるような状況であった。海軍の進出とともに軍用水道は設置されたが、市民用の水道は存在しなかった。呉と広島間の国道は未整備のまま放置され、呉線の開通は山陽線から九年遅れ、呉の商港は中心部から遠いことなど交通面でも恵まれているとはいえなかった。

その最大の原因は、海軍に課税できず民間産業が不振のため財政力が弱いことにあるが、さらに合併が遅れたこともあり、呉として一体となった政治活動ができなかった点も影響したものと思われる。政治面としてはこのほかにも、国や県が県庁所在地を優遇したこと、官庁が過去の事例にこだわるため新興都市の呉は不利な状況におかれたこと、こうした状況を打開するため海軍に支援を求めても有利に作用することは少なかったことも考えられる。さらに呉鉄道株式会社が呉線の認可を受けながら解散に追い込まれたように、危険な投資をさける呉の資本家の体質にも問題があったといえよう。

最後にこうした呉の特徴が、呉工廠とそこで働く職工を中心とする呉の住民に与えた影響について言及する。まず呉工廠の立場から呉をみると、都市基盤となる施設の未整備はマイナス要因であるが、近代的な都市計画にもとづいて地主の協力によって築調された市街地は職工の生活の場として充分な広さを有していた。また海軍工作庁としてもっとも大切な防禦面についてみると、天然の良港に加え日清戦争後に砲台が建設されより強固になったこと、秘密保持に適しているなど特性を有しており、この時期を通じて日本一の海軍工廠の所在地としての評価は、さらに高まったといえよう。なお市街地の築調を通じて生まれた海軍と有産者との共存は、呉の指導層である両者にとって必要不可欠な関係であった。一方、職工にとっては都市基盤の未整備、住居費をはじめとする物価高、海軍高官や地元住民から蔑視されるなど、呉は居心地の良い街とはいえない面も多く、時には誇りを傷つけられたことに怒りを爆発させた。しかしながら呉工廠の技術優遇策により、若くして入廠し多年にわたり勤務しながら技術の習得を目指す職工がしだいに増加するようになり、呉の住民にも技術者に敬意を払う気質が広がるとともに呉に定着する職工が多くなる。

註

（1）満村良次郎『呉──明治の海軍と市民生活──』（呉公論社、明治四三年）三五ページ〈昭和六〇年にあき書房により復刻〉。
（2）佐々木進遺稿『呉港衛生記談』（文鮮堂印刷所、昭和一二年）四ページ。
（3）久保田利数『史実と伝説と臆説　川原石ものがたり』（呉尚古の会、昭和四七年）一五三ページ。
（4）本宿宅命第二海軍区第三海軍区鎮守府建築委員より樺山資紀海軍次官あて「呉佐世保実況視察ノ件」明治二〇年二月（「明治十九年乃至廿二年呉佐世保両鎮守府設立書　二」防衛研究所戦史研究センター所蔵）。
（5）同前。
（6）原田謙吾東彼杵郡長より日下義雄長崎県令あて「新市街地形成ニ付樺山次官ヨリ諭達（仮題）」明治一九年四月二四日（長崎県土木課「佐世保新市街一件」佐世保市立図書館所蔵）。
（7）中山富広「呉軍港の創設と近世呉の消滅」（河西英通編『軍港都市史研究Ⅲ　呉編』清文堂、平成二六年）三二ページ。
（8）呉市役所編『呉市史』第一輯（呉市役所、大正一三年）三九ページ。
（9）同前、三八～三九ページ。
（10）「県令」明治二〇年五月七日。
（11）呉市史編さん委員会『呉市史』第四巻（呉市役所、昭和五一年）一一ページ。
（12）前掲『呉市史』第一輯、四五ページ。なお「組合規約」の制定日は、確定できなかった。
（13）満村良次郎『呉──明治の海軍と市民生活──』四八ページ。
（14）青盛敬篤「晴雨天変日誌」明治一八年三月二一日（呉市入船記念館『館報　いりふね山』第三号、平成三年）五二ページ。なお日誌のなかに郡書記がいたことが記されているが、この件で活躍する豊田実穎は、当時、安芸郡上席書記であり同席していた可能性が高い。
（15）「官有地御払下願」明治二〇年九月（呉市寄託「沢原家文書」）。この文書は作成段階のものであり、どのように活用されたかは不明であるが、当時の地元指導者の市街地築調に対する方針を示した貴重な資料といえよう。なお「起草　豊田」と記述されており、豊田実穎によって作成されたことが確認できる。
（16）「呉港市街地々盤築調土工会社創立規約書」明治二〇年九月（推定）（同前）。前資料と同時に作成されたものと思われる。なお後述するように自由党員として活動し、のちに衆議院議員となる内藤守三は土工会社で活動しており、沢原家（為綱）はのちに衆議院議員となる豊田と内藤を両輪として海軍の進出に対応していたことがわかる。

(17) 青盛敬篤「上京日誌」明治二一年二月起(前掲『館報　いりふね山』第三号)一四九〜一六一ページ。なおこの時の上京は、海軍指導層と面談の機会を得るなど、呉浦の指導者に少なからぬ影響を与えたものと考えられる。
(18) 満村良次郎『呉—明治の海軍と市民生活—』五〇〜五一ページ。
(19) 同前、五一ページ。
(20) 同前、五五ページ。
(21) 『安芸郡史料』明治一五年頃(呉市寄託「沢原家文書」)。
(22) 前掲『呉市史』第一輯、五二ページ。
(23) 満村良次郎『呉—明治の海軍と市民生活—』四四ページ。
(24) 沢原為綱他八名より井上温造荘山田村長・杉山新十郎安芸郡長あて「村制改革ニ係ル御諮問ノ答書」明治二一年八月(呉市寄託「沢原家文書」)。
(25) 同前。
(26) 内藤守三『回顧小話』(目良徳子氏所蔵、国勢調査桑羊改興研究会、昭和一九年)五三ページ。なお具体的には、第七章の註(70)を参照。
(27) 広島県編『広島県史』近代一(広島県、昭和五五年)二一八ページ。
(28) 大橋隆憲「呉文聰」(『呉文聰著作集』第三巻(伝記)、財団法人日本経営史研究所、昭和四八年)四一ページ。なお立憲改進党系の地方政党の名称が『広島県史』と異なるが、どちらが正確か判断しかねる。
(29) 豊田実穎・高木正年「質問書」明治二四年一二月一四日(「明治廿四年公文雑纂　議会　卅三」国立公文書館所蔵)。
(30) 平原尹則阿賀村長他より中島信行衆議院議長あて「広島県安芸国賀茂郡阿賀村ヲ安芸郡へ組替ノ儀請願」明治二四年四月一一日(阿賀村「郡分合請願書」)。
(31) 井上良馨呉鎮守府司令長官より西郷従道海軍大臣あて「軍港区域内ノ諸村安芸郡へ合併其筋へ御協議相成度義ニ付上申」明治三〇年七月五日(「明治卅一年公文備考　廿二　土木下」防衛研究所戦史研究センター所蔵)。
(32) 西郷海軍大臣より高島鞆之助陸軍大臣あて「案」明治三〇年七月一五日(同前)。
(33) 高島陸軍大臣より西郷海軍大臣あて「回答(仮題)」明治三〇年七月二九日(同前)。
(34) 西郷海軍大臣より樺山資紀内務大臣あて「案」明治三〇年八月四日(同前)。
(35) 芳川顕正内務大臣より西郷海軍大臣あて「回答(仮題)」明治三一年五月三日(同前)。

(36)「広島県賀茂郡阿賀村非分離ノ義請願」明治三一年五月（呉市入船山記念館所蔵「手島家文書」）。
(37)西郷海軍大臣より芳川内務大臣あて「案」明治三一年六月一日（前掲「明治卅一年公文備考　廿二　土木下」）。
(38)阿賀町「広島県安芸国賀茂郡阿賀町ヲ安芸郡へ分合ノ儀請願書」明治三一年一一月（阿賀村「阿賀村ヲ安芸郡ヱ分合書類綴」明治二三年一一月起）。なお阿賀村は、明治三一年五月三日に阿賀町となっている。
(39)西郷内務大臣より山本権兵衛海軍大臣あて「阿賀町ヲ安芸郡ニ合併ノ件（仮題）」明治三一年一二月五日（前掲「明治卅一年公文備考　廿二　土木下」）。
(40)佐々木仙次郎和庄町長より樺山内務大臣・松方正義大蔵大臣あて「本町諸収入滞納督促ニ関スル条例改正ノ件（仮題）」明治三〇年七月八日（「明治三十年公文類聚　第二十一編　巻五」国立公文書館所蔵）。
(41)「第五回議事録」明治三四年七月二八日（吉浦村「議事録」明治三四年）。
(42)「第七回議事録」明治三四年一二月七日（同前）。
(43)呉新興日報社編『大呉市民史　明治篇』（呉新興日報社、昭和一八年）二八七ページ〈「大呉市民史」刊行委員会により昭和五二年に復刻〉。
(44)前掲『呉市史』第一輯、八四～八七ページ。
(45)『呉市治政一斑』（呉市寄託「沢原家文書」、明治三六年）。和庄町の有権者数が八四〇名となっていたが、単純な誤りと判明したので八四八名に訂正した。
(46)満村良次郎『呉―明治の海軍と市民生活―』七八ページ。
(47)前掲『大呉市民史　明治篇』二七二ページ。
(48)『呉市統計一班』（呉市寄託「沢原家文書」、明治三七年）二四～二五ページ。
(49)満村良次郎『呉―明治の海軍と市民生活―』二九ページ。
(50)前掲『安芸郡史料』。
(51)同前。
(52)前掲『呉市統計一班』一七ページ。
(53)同前。
(54)勝田三三郎他四七名より真木長義呉鎮守府建築委員長あて「官用水道御設置ニ付御願」明治二一年九月（呉市役所編『呉市水道誌』（昭和三年）三〇八～三一〇ページ。

(55) 砂本文彦「米の記憶と宅地化――海軍呉鎮守府水道布設、並びに呉市水道布設に伴う旱害補償交渉に着目して――」(河西英通編『軍港都市史研究Ⅲ　呉編』一六一ページ。

(56) 吉浦村役場「伺上申報告綴」明治三一年。

(57) 木村謙吾吉浦村長「漁民救済ニ付キ官有林払下ノ件(仮題)」明治二四年(吉浦村役場「海面埋立石材払下書類」明治二三年起)。

(58) 同前。

(59) 「呉軍港規則」明治二三年八月五日(『官報』第二一三〇号、明治二三年八月五日)。

(60) 河西英通「軍港と漁業――漁業廃滅救済問題をめぐって――」(河西英通編『軍港都市史研究Ⅲ　呉編』)二四四ページ。

(61) 満村良次郎『呉――明治の海軍と市民生活――』一五八ページ。

(62) 町名と名称については、前掲『呉市統計一班』一三ページ。開設年月日については、呉市役所『呉市統計一班(明治四十年分)』(呉市寄託「沢原家文書」、明治四二年)九七~九八ページ。

(63) 商社の全体については、前掲『呉市史』第四巻、七八ページ。三井物産に関しては、麻島昭一『戦前期三井物産の機械取引』(日本経済評論社、平成一三年)二七ページ、その他のことについては、川岡清『呉乃枝折』(近藤良幹、明治三七年)一八~一九ページによる。

(64) 前掲『呉市統計一班』一三~一四ページおよび呉市役所『呉市統計一班(明治三十九年分)』(呉市寄託「沢原家文書」呉市役所、明治四一年)六〇~六一ページ。なお後者によると、大本銀行の創立は、明治三三年一月となっている。

(65) 前掲『呉市統計一班(明治三十九年分)』七三ページによる。なおこの他に、前掲『呉市史』第四巻、八九~九〇ページによると、児玉繃帯材料製造所(明治二八年創業)、毎本鉄工所(三〇年)、三宅酒類醸造場(安政三年)のほか宮崎酒類醸造所、遠藤酒造場など、前掲『呉市統計一班(明治四十年分)』一〇三ページによると、神田造船工場(三三年)の存在が確認できる。

(66) 坂根嘉弘「海軍と缶詰産業――呉・高須缶詰合資会社を中心に――」(河西英通編『軍港都市史研究Ⅲ　呉編』)六七ページ。

(67) 前掲『呉市統計一班』一八ページ。

(68) 白峰造船所の吉浦時代の概要については、呉市史編纂委員会『呉市史』第六巻(呉市役所、昭和六三年)九〇六~九〇九ページおよび呉市史編纂委員会『呉市制一〇〇周年記念版　呉の歴史』(呉市役所、平成一四年)一八三ページを参照。

(69) 白峰造船所と海軍の関係に関しては、千田武志「日清戦争後における海軍の私立造船所の育成と艦船の発注――川崎造船所と白峰造船所を例として――」(呉市海事歴史科学館『研究紀要』第九号、平成二七年三月)二一~二四ページと本書の第八章第六節を参照。
(70) 前掲『呉市統計一班』一六ページ。
(71) 前掲『呉市史』第六巻、九三九ページ。
(72) 広島県編『広島県史』年表(昭和五九年)五二六ページ。
(73) 前掲『呉市統計一班』一二一～一二三ページ。
(74) 前掲『呉市治政一斑』。
(75) 井上式太郎他六名より千田貞暁広島県知事あて「里道開築願」明治二〇年一〇月(警固屋村「本村字瀬ノ向ヨリオノ神マデ里道開築一件(仮題)」明治二〇年)。
(76) 「呉軍港規則」明治二九年四月一一日(『官報』第三八三二号、明治二九年四月一一日)。
(77) 「呉軍港細則改正」明治三四年八月一四日(『官報』第五四三五号、明治三四年八月一四日)。
(78) 「呉軍港細則中改正」明治四一年一月一八日(『官報』第七三六六号、明治四一年一月一八日)。
(79) 前掲『呉市治政一斑』。
(80) 真木長義呉鎮守府建築委員長より西郷海軍大臣あて「軍道建設之義ニ付上申」明治二〇年一二月一四日(「明治廿年公文備考　巻九　土木」防衛研究所戦史研究センター所蔵)。
(81) 「第三回帝国議会貴族院議事速記録」第二四号(明治二五年六月一一日)三三六ページ(国立国会図書館・帝国議会会議録検索システム)。
(82) 『拓け行く三呉線』(三呉線全通式祝賀協賛会、昭和一〇年)二～六ページ。
(83) 『芸備日日新聞』明治二九年八月二一日。
(84) 前掲『呉市史』第四巻、六七ページ。
(85) 「第十回帝国議会貴族院議事速記録」第二一号(明治三〇年三月一七日)二七七ページ(国立国会図書館・帝国議会会議録データベース)。
(86) 同前。
(87) 井上良馨呉鎮守府司令長官より西郷海軍大臣あて「呉広鉄道敷設ニ就キ意見上申」明治三一年三月七日(「明治卅一年公文備考　廿二　土木下」防衛研究所戦史研究センター所蔵)。
(88) 諸岡頼之海軍軍務局長より井上呉鎮守府長官あて「案」明治三一年三月二六日(同前)。

(89) 前掲『拓け行く三呉線』七～一〇ページ。
(90) 『日本鉄道請負業史　明治篇』(鉄道建設業協会、昭和四二年)四〇八ページ。
(91) 藤本市之助ほか川原石住民などより山田揆一呉海田市間鉄道買収委員長あて「嘆願」明治三四年三月一三日（吉浦村役場「海田市呉間鉄道敷地ニ関スル処分文書綴」明治三四年三月起）。
(92) 隅岡要吉浦村長および村有志者より江木千之広島県知事あて「請書」明治三四年一一月二八日(同前)。
(93) 千田武志「広島水力電気株式会社の設立と経営」(『広郷土史研究会会報』第九〇号、平成二一年三月)四～一二ページ。
(94) 中国地方電気事業史編集委員会『中国地方電気事業史』(中国電力、昭和四九年)七八～七九ページ。
(95) 工学会『明治工業史　電気篇』(明治工業史発行所、昭和三年)三三五～三四一ページ〈平成七年に原書房により復刻〉。
(96) 前掲『呉市統計一班』二、一九ページ。
(97) 前掲『呉市史』第四巻、九四ページ。
(98) 八木彬男『明治の呉及呉海軍』(呉造船所、昭和三二年)四一ページ。
(99) 同前、四八ページ。
(100) 前掲『呉市治政一斑』。
(101) 前掲『呉市統計一班』四～五ページ。
(102) 呉市教育会「呉市教育史原稿」上(昭和八年頃)。
(103) 同前。
(104) 主に呉市教育会「呉市教育史原稿」下(昭和八年頃)。なお開校日については、当時の新聞により訂正した。
(105) 前掲『呉市統計一班(明治三十九年分)』二五ページ。
(106) 前掲『大呉市民史　明治篇』四五七ページ、前掲『呉市史』第四巻、一二五、五五〇～五五一ページなどによる。
(107) 呉市の野球を中心とするスポーツ活動に関しては、千田武志「呉市体育協会の歩み」(記念史委員会『呉スポーツ100年史 呉市体育協会創立100周年記念誌』呉市体育協会、平成二八年)四二～一〇六ページを参照。
(108) 呉海軍病院に関しては、千田武志『呉海軍病院史』(呉海軍病院史編集委員会、平成一八年、二六年改訂)を参照。また明治前期の呉の医療については、布川弘「呉海軍鎮守府と地域の医療・衛生」(河西英通編『軍港都市史研究Ⅲ　呉編』)一一五～一四四ページを参照。
(109) 「明廿医会規約」明治二〇年三月(呉市寄託「沢原家文書」)。

(110) 呉海軍工廠職工共済会病院については、千田武志「呉市と呉共済病院の一〇〇年」（〝二〇〇四〟呉共済病院創立一〇〇周年記念事業企画委員会・㈱K・M・S編『呉共済病院一〇〇年史』呉共済病院、平成一六年）三三～八七ページを参照。

(111) 前掲『呉市統計一班』八ページ。

(112) 佐々木進遺稿『呉港衛生記談』四ページ。

(113) 豊住秀堅「広島県呉港衛生報告」明治二〇年一月（海軍衛生部『海軍医事報告撮要　明治二十年自一月至六月』第一〇号）七ページ。

(114) 「安芸郡呉地方（和庄町、庄山田村、宮原村、吉浦村）ト是ニ接続スル賀茂郡阿賀村トノ衛生上ノ関係及比較ハ左ノ如シ」明治三一年一二月五日（「明治卅一年公文備考　廿二　土木下」防衛研究所戦史研究センター）。

(115) 前掲『呉市治政一斑』。

(116) 『明治三十五年広島県衛生年報』（広島県警察部衛生課、明治三七年）附録、一三ページ。

(117) 前掲「呉佐世保実況視察ノ件」。

(118) 前掲『広島県史』近代一、五八三ページ。

(119) 前掲「呉佐世保実況視察ノ件」。

(120) 時里奉明「官営八幡製鉄所創立期の住宅政策」（『経営史学』第四六巻第二号、平成二三年九月）四四ページ。

(121) 同前、四四～四五ページ。

(122) 前掲『大呉市民史　明治篇』三四ページ。

(123) 水野才正『道光』（昭和五年）一一三ページ。

(124) 同前。

(125) 小野塚知二「労務管理の生成とはいかなるできごとであったか」（榎一江・小野塚知二編著『労務管理の生成と終焉』日本経済評論社、平成二六年）一一ページ。

終章　呉海軍工廠の形成と兵器国産化の実態

はじめに

すでに述べたように本書の目的は、呉海軍工廠の形成過程を対象とし総合的に分析することによって、呉工廠形成の実態、とくに目的とその結果、目的を実現するために海軍が採用した方策を解明するとともに、そのことを通じて海軍がどのようにして兵器の国産化を実現したのかという問題に対して基本的な道筋を示すことであった。そしてこうした目的に沿って「武器移転的視角」によって呉工廠の前身にあたる組織の計画の作成、組織と人事、施設・設備の整備、生産の状況について第一編で六章にわたって詳細に実証するとともに、第二編で関連性の強い組織や問題を選択し六章に限定して体系的に分析してきた。

本章の目的は、これまで記述してきたことを総括することであるが、その際、章ごとの成果と課題を提示する一般的な方法は採用しないことにした。重複をさけることもあるが、本書の目的とした呉工廠の形成の目的とその結果、海軍が採用した方策などへの解答は、章ごとの記述に直結することは少なく、本書全体の内容を把握したうえで求めることができると考えられるからである。また本章においては、内容を理解しやすくするためにこれまでとは異なり、理論的、一般的問題から個別、具体的問題へと体系的に記述する。

こうした方針に沿って本章では、最初の節で「武器移転的視角」と関連づけながら、これまであえて取り上げることのなかった海軍の兵器国産化に至る基本的な道筋を示す。次に造船・造兵部門と両者を統合した存在である呉工廠の形成過程を要約し、それぞれの過程のなかで目的がどのように変化したのかという点を解明する。そしてこの目的を実現するために作成された呉鎮守府設立計画をはじめとする造船部門、造兵部門の各種計画とその変更について、艦艇建造技術の発展段階に即して分析する。さらにこの計画と実現に際し、海軍が採用した方策を明らかにし、最後に本書を通じての成果と課題に言及する。

第一節　「武器移転的視角」と兵器の国産化への道

本節においては、本論に入る前に、本書の分析視角であり基礎理論ともなる「武器移転的視角」と、そのもとになった「武器移転論」について要約する。そしてこれまでの記述を踏まえ、兵器の取引、保有から国産化に至る過程を示す。

まず「武器移転論」について述べると、主に先進国から後進国への兵器と関連技術の移転を対象としているが、他方で「武器移転」は技術移転、ライセンスの供与、兵器の共同開発など広範で多面的範疇を有しており、一定の条件のもとに兵器の生産を取り扱う本書への適用が可能であると判断した。そしてこれまでの研究成果のなかからとくに、一、国際的な軍事情勢と国際間の兵器取引の実情、二、艦艇建造技術の発展段階にともなう「送り手」と「受け手」の関係の変化、とくに「受け手」である日本海軍におよぼした影響、三、兵器、とりわけ新兵器の開発と登場がもたらす社会への影響について、一定の条件を加えて本書へ適用することにした。

このように「武器移転論」は、兵器生産の基礎理論として有効性を有しているが、経済史的問題が主流を占めており、兵器生産の実態を検証するには兵器生産に特有の問題を加える必要がある。筆者はそれを「武器移転的視角」と呼び、前記三項に兵器の取引および生産と国の政策（軍備拡張計画）との関連、経済的合理性と非合理性を有する特殊な商品である兵器の生産にともなう諸問題、技術の国内移転における改造や修理の必要性、海軍工作庁の立地に際して防禦面や秘密保持の重要性などを加味することを提起した。

「武器移転的視角」の本書への適用、すなわち兵器取引から生産への過程については、主に第七章と第八章で記述した。その際、海軍は先進国で開発された兵器のうちどのようなものを保有しようとし、どのような方法によってそれを実現したのか、またそれを国産化するためにどのようにして技術を習得、移転し、どのような海軍工作庁を設立し、施設・設備を整備したのかということを課題とした。その結果、これらには次にみるように密接な関連があることが判明した。

兵器の保有には、主に海外からの輸入と自国における生産が考えられる。日本は当初から初歩的な艦船の建造を行ったといわれるが、明治初期には圧倒的に海外からの輸入が多かった。そして国内で生産できない艦艇と搭載兵器の輸入に際し、受注した兵器製造会社に技術者を派遣し技術を習得するとともに、先進国から受け入れた技術者による技術指導、先進国の軍事技術教育機関への留学、半製品の輸入と国内における組立てなど種々の技術移転の方策が展開された。注目すべき点は、こうした過程は一気に飛躍的に実現されるものではなく、機帆船期の木造船から鉄船をへて鋼鉄船へ、そして純汽船期に移行し水雷艇から巡洋艦、駆逐艦、さらに戦艦へと段階を踏んでなされてきたことである。また新技術を習得した技術者が帰国しても同種の艦艇をすぐ建造できるわけではなく、そこには留学を経験した技術者を監督官として海外へ派遣するなどさらなる熟練、改造や修理による職工への技術の再移転、施設の整備などの時間が必要とされることになる。

ここで考慮しなければならないのは、兵器の保有と技術移転、兵器の生産に必要な海軍工作庁の設立や施設の整備は、国家の主導のもとに計画的に実施されたということである。当然のことながら軍備拡張計画の分析が必要となるわけであるが、これまでの研究は艦艇の保有に関して短期計画のみを対象としたため、長期的展望と各種事業の関連性を解明することができなかった。こうした点を克服するためには、短期だけではなく長期的な軍備拡張計画や関連資料を詳細に検証し、長期と短期の艦艇保有計画、艦艇に搭載する兵器の保有計画、海軍工作庁の設立や施設の整備、技術者の派遣について関連づけながら把握することが求められる。

こうした点に配慮して、軍備拡張計画などと海軍の兵器国産化、呉工廠の形成過程について基本政策を示すと次のようになる。まず明治一四年度と一五年度の第四回と第五回軍備拡張計画などによって、艦船の国産化という海軍の方針と、それを実現するために防禦に最適な呉港に海軍一（実質日本一）の造船所を建設するという構想が海軍省首脳の共通認識となったことがあげられる。その後、海軍内において戦艦導入をふくむ軍備の拡張を強調する軍事部と、海防艦と水雷艇を主とし漸進的に軍備を整備することを主張する主船局が対立し、このため明治一八（一八八五）年の第六回軍備拡張計画は、両案を並置した異例の内容となったのであった。結局、この両案は決着をみないまま内閣制度に移行した。

内閣制度への移行後、軍事部の流れをくむ軍人、技術者が主流派を形成した海軍省は、明治一八年の軍備拡張計画のうち閣議で承認を得たのは軍事部案であるという統一見解のもと、二一年二月に甲鉄艦（戦艦）をふくむ三期計画（長期・全体計画）と、そのうちの第一期計画（戦艦をふくまない）に相当する艦艇と海軍工作庁の整備費（短期計画）からなる

第七回軍備拡張計画（第二期軍備拡張計画）を作成、そのうち短期計画にあたる部分を「第二期海軍臨時費請求ノ議」として政府に提出しその一部の承認を得た。そして二三年二月、七カ年間に戦艦をふくむ軍艦一二万トン保有計画を骨子とする第八回軍備拡張計画を政府に提出、財政的制約により要求の一部しか認められなかったが、軍艦一二万トン保有論については閣議において暗黙の了解を得た。

明治二四（一八九一）年七月、海軍は軍艦一二万トン保有論にもとづいた第九回軍備拡張計画を提出したが、議会が解散されたため実現できなかった。こうした状況を打開するため二五年一〇月、海軍は軍艦一二万トン保有論にもとづいて戦艦四隻など八万七〇〇〇トンを一六年間に保有するという第一〇回軍備拡張計画を提出、政府より戦艦二隻（七カ年継続）と三等巡洋艦一隻、報知艦一隻（両艦とも六カ年継続事業）を建造する許可を得た。この軍艦製造費は二五年一一月に開会された第四回帝国議会の衆議院本会議で否決されたが、政府はこれを認めず、そのため議会は混乱し、結局、二六年二月一〇日に詔勅が発令され、待望の戦艦二隻の保有が認められたのであった。

日清戦争後の明治二九（一八九六）年、二九年度から三五年度に至る第一期と三〇年度から三八年度にわたる第二期からなる拡張計画によって構成される総額二億一三一〇万円の第一一回軍備拡張計画が成立した。そしてこの潤沢な資金で、一部を実施しているにすぎない第一〇回軍備拡張計画を完遂するという理由で、戦艦四隻をふくむ多くの艦艇が保有されることになり、また既設鎮守府の施設が整備された。その結果、当時の海軍の技術力では戦艦等の建造が不可能なため国産化率が低下することになるが、注目すべき点はその際に海軍は経費や建造期間からみて国産化は不利であるが、長期的、とくに戦時期のことを考慮しあえて一部の艦艇を国内で建造すると説明していることである。こうして戦艦をふくむ大量の艦艇の保有計画を樹立した海軍は、三二年に「軍艦水雷艇補充基金特別会計法」を制定して財源を確保したのを契機として、三七年度より戦艦をふくむ艦艇の国内建造を公言し、その準備に邁進したのであった。

これまで述べてきたように、兵器の保有と兵器の国産化のための海軍工作庁の設立、施設の整備には国家が主導的な役割を果たしており、その方針は注意深く軍備拡張計画などを分析することによって基本的な道筋を認識できることが明らかになった。一方、兵器の国産化のためには技術の習得と移転が必要であり、後発資本主義国として出発した日本の場合、海外の先進国から求めるほかに解決方法はなかった。その方策はいろいろみられるが、基本となったのは兵器の輸入に際して技術の習得・移転を実現するというものであった。これ以降、この点に関して簡潔に記述する。

まず保有兵器についてみると、明治二〇年代まで漸増にとどまっていたが、三〇年代になって戦艦などの大型艦だけでなく、水雷艇などの小型艇も導入、隻数・排水量とも拡張した。次に外国製と国産にわけると、全体を通じて前者が隻数で五三パーセント、排水量で八三パーセントを占める。時期別には、一〇年までは外国製が隻数の七五パーセント、排水量の九〇パーセントと圧倒的な比率を占めていたが、一一年から二〇年までは四七パーセントと六八パーセント、二一年から三〇年までは五五パーセントと七六パーセント（日清戦争の戦利艦艇を除くと三九パーセントと七〇パーセント）に低下したが、三一年以降は四五パーセントと八八パーセントと、隻数は横ばいであるが排水量が急上昇する。なお建造場所は、外国製ではイギリス、とくにアームストロング社、国内では横須賀造船所の占める比率（とくに排水量）が高いことが明らかになった。

次に海外からの技術移転と国内における建造に関して、艦艇建造技術上の代表的な艦艇に例をとると次のようになる。第一期（帆船・機帆船期）の木造船は、フランス人技術者の指導により横須賀造船所で、鉄・鋼船は受注先のイギリス兵器製造会社に派遣された留学生（技術者）を中心にした横須賀と、ほぼ同時にイギリス人の設立した兵器製造会社を海軍が買収した小野浜造船所で建造されている。そして第二期(純汽船・前ド級期)の巡洋艦は、イギリス等から軍艦購入の見返りとして派遣した日本人技術者とフランス人技術者の指導を受けて横須賀で、水雷艇は、フランスへの技術者の派遣などにより小野浜で国産化された。

一方、艦艇に搭載する兵器(大砲)の輸入先は、当初はドイツのクルップ社が独占的地位を確立していた。しかし同社が技術者の受入れや速射砲の技術情報の開示を拒否したこと、フランスは速射砲の開発途上であったのに対しイギリスのアームストロング社が積極的に最新情報を提供し、艦艇や搭載兵器の購入に際し造兵技術者を受け入れたため、同社が圧倒的な地位を占めるようになった。

このように国内の兵器生産企業の関係を分析すると、当初は造船部門では横須賀造船所、次に小野浜造船所が加わり二つの造船所が主導的企業の役割を果たしていた。呉鎮守府造船部は、これら先行する両海軍工作庁から職員の転籍によって技術移転を実現し、当初から第二期の軍艦(報知艦)と水雷艇の建造を実現した。一方、兵器生産では東京の海軍造兵廠が先行していたが、修理と小型兵器の製造に限定されており、本格的兵器の製造はイギリスに派遣された技術者の主導のもと、呉海軍造兵廠によって行われた。そして明治三〇年代になると、造船部門では従業員数、設備において横須賀海軍造船廠と呉海軍造船廠がほぼ同規模となり、造兵部門では呉造兵廠が圧倒的地位を占めるようになった。また民間の兵器製造会社は第二期の艦艇の発注を受けられずにいたが、日清戦争期に兵器製造会社の重要性を認識した海軍により事業委託にともなう育成策がとられるようになり、国内における主導的な海軍工作庁から他の工作庁、兵器製造会社への技術移転がみられるようになる。

このように海軍は兵器の保有に際し、外国の受注企業へ技術者を派遣し技術を習得し、帰国後に輸入した兵器の改造や修理を通じて一般職工へ技術を普及し、数年後に主導的企業で同型の兵器を製造、やがて他企業に技術を移転させるという方法を繰り返すことによって技術の段階的発展を実現した。こうした方法が可能であったのは、イギリスやフランスの兵器製造会社は激しい競争にさらされており、それに打ち勝つためには輸出に頼らざるを得なかったこと、とくにアームストロング社のような後発企業の場合、輸出において実績をあげなければイギリス海軍から受注を得ることができないという事情を抱えており、このことが重要な技術を供与しても日本海軍からの受注を確保するという行動を選択させることになったといわれる。またイギリスやフランスの場合、こうした兵器製造会社の行動を黙視ないし支援しているが、そこには同じモデルの兵器を使用することによる「送り手」の有利性と自国勢力への囲込み、兵器国際市場において自国企業を勝利に導きたいという目的があったといえよう。

第二節　呉海軍工廠形成の目的

日本においては、江戸幕府が安政二(一八五五)年に長崎に海軍伝習所を開設する一年前の嘉永七(一八五四)年に、浦賀造船所で「鳳凰丸」が建造されたように、海軍の創設とともに造船所を建設し艦艇を建造することが当然視されていたようである。このような方針は明治政府に受け継がれ、明治八(一八七五)年に横須賀造船所で最初の軍艦「清輝」を進水して以来、多くの艦艇を建造することになる。

こうしたなかで明治一四(一八八一)年一二月に赤松則良海軍省主船局長は、川村純義海軍卿に建議を提出した。これについてはすでに第一章第二節と第七章第一節で詳述したが、要約すると赤松主船局長は、戦略・戦術にもとづく軍備拡張計画を明示し、艦艇の保有は経済的にも軍事的にも国内において、段階的に建造するのが有利であること、そのためには戦時期を考え防備に最適な西部に横須賀造船所を上回る海軍一の規模の造船所を建設することを提案した。また川村海軍卿は、持論の四艦隊・四鎮守府体制論を具体化するなかで第二鎮守府の候補地を呉村に設定するとともに、政府に対し赤松の建議を基礎とした一四年の第四回と一五年の第五回軍備拡張計画を提出した。この時には政府の許可を得るまでには至らなかったが、艦艇の国産化とそのために防禦に最適な瀬戸内海の呉に海軍一の造船所を有する鎮守府を設立することは、海軍内では共通の認識となったと考えられる。

この点を裏づけるように海軍は、呉港の調査と用地買収手続きをすすめるとともに、明治一四年に続き、一六年と一八年に西海鎮守府と造船所の設立を求める上申を行い、一九年に第二海軍区鎮守府の位置として呉港が選定された（第一章第四節を参照）。また艦艇の国産化と技術移転を推進するために、一六年にイギリス人の経営する神戸鉄工所に最初の鉄骨木皮艦（のちの「大和」）を発注するとともに、翌年には、将来、設立される予定の西海鎮守府（造船所）に人員と設備を移転する計画に沿って倒産した神戸鉄工所を買収した（第九章第二節を参照）。なお二三年一一月に召集された第一回帝国議会においても海軍は、防禦に最適な呉港に海軍一の造船所を建設するというのは、海軍の一貫した方針であることを明言している（第三章第一節を参照）。

一方、兵器専門の海軍工作庁については、明治元（一八六八）年に軍務官の管下に兵器司（以下、東京の海軍造兵廠と表記）を設置、幕府の兵器関係諸施設などを引き継いで事業を開始した。こうして海軍の兵器の造修は東京の海軍造兵廠を中心に発達したのであるが、多年にわたり兵器の修理が中心であり、製造に関しては小兵器にとどまっていた。こうしたなかで、一四年に製鋼所の建設を行い一五年から製鋼事業を開始するのであるが、のちに製鋼技術者として活躍する向井哲吉によると、当時すでに兵器の独立上から原料鉄も国内（山陰地方）産を使用するように内訓を受けていたという（第一一章第一節を参照）。艦艇のように軍備拡張計画との関連で明確に述べられているわけではないが、兵器はもとより素材の特殊鋼やその原料鉄も国産化を目指すことが当然視されていたのであった。

明治一九（一八八六）年に至り、東京の海軍造兵廠の技術部門の中心的な存在である原田宗助製造科長により、本格的な兵器造修を目指す海軍工作庁の設立を求める提案がなされ、二三年二月には、後述するように二四センチ砲以下の砲をはじめとする兵器とその素材である特殊鋼の製造を目的とする、一三年間におよぶ長期の呉兵器製造所設立計画が作成された。また同所は、戦時期においても敵に襲撃される恐れのない天然の要害である呉軍港に完全なる造船所と隣接して設置され、海軍中央兵器工廠としての役割を果たすことになっていた（第五章を参照）。

呉鎮守府設立の目的については、伊藤博文の『兵政関係資料』におさめられている「鎮守府配置ノ理由及目的」に記述されている「安全無比ノ地」という理由によって、第一に「帝国海軍第一ノ製造所」、第二に「教育ノ一大源泉ト為ス」と規定されている。しかしながら第一章で述べたようにこの資料は、明治二二（一八八九）年以降に記述されたものと推定されることから、造船所や兵器製造所の設立過程で構想されたものではなく、造船部と呉兵器製造所設立計画が決定したのちに記述されたと考えられる。

呉工廠の目的は、最初に西海鎮守府と一体化した海軍一の造船所、次に理想的な海軍中央兵器工廠の役割を有する呉兵器製造所が加わり、そして両者の設立が決定されたことをもって、その後に「帝国海軍第一ノ製造所」と規定されたのであった。それではこうした目的を実現するためにどのような計画を作成し、その後にどのような変更がなされたのか、呉工廠の形成過程に即して述べることにする。

第三節　呉海軍工廠の形成にともなう計画と変更

ここまで「武器移転的視角」にもとづいて、海軍の兵器の取引、保有から国産化の道を示し、それによって呉工廠の形成過程に沿って関係する組織の目的を明らかにした。本節においては、建艦技術の発展段階にもとづいて呉工廠の形成にともない作成された計画の内容と目的を規定することを目指す。なお記述に際しては、最初に呉鎮守府設立計画に始まる各計画を概観し、次にその目的を規定し、最後にその後の経緯と結果に言及する。

呉鎮守府設立計画に関する正式文書の存在は確認できなかったが、「呉鎮守府設立費予算明細書」によってその概略を知ることができる。それによると全体計画は三期（八年以上）、一三八二万円以上となっている。このうち第一期計画は、三カ年間に一六二万円の予算で狭義の鎮守府、造船部（工場用地の整備と一船渠の一部）、兵器部と市街地の一部、第二期計画は、五カ年間に九一三万円で主に造船部施設（二船渠・三船台と工場や機械など）、狭義の鎮守府の一部、第三期計画は、三〇八万円以上によって、造船部施設（三船渠・三船台、器械など）を整備するが、期間と造家費は未定となっている（呉鎮守府設立計画については第二章第一節を参照）。

前節で述べたように明治一四（一八八一）年に呉工廠形成の目的は、海軍一の造船所と規定されたが、この段階では造兵部門の計画は存在せず、また造船部の計画においても具体的な目標は見当たらない。そこで呉港が第二海軍区鎮守府の所在地となる直前の一八年の第六回軍備拡張計画を検証すると、そこにはすでに記述したように、軍事部の戦艦をふくむ軍備拡張案と主船局の海防艦と水雷艇を主として漸進的に軍備を整備する案が併記されており、一九年の内閣制度への移行後の海軍省は閣議で承認されたのは前者であるという態度を貫いている。また後述するように、呉鎮守府設立第二期計画中の造船部計画を引き継いだ呉鎮守府造船部八カ年計画（以下、造船部八カ年計画と省略）の目的は、一等巡洋艦が建造できる施設・設備の建設と述べられている。こうした二つの点を考慮すると、呉鎮守府設立計画の第一期・第二期計画によって一等巡洋艦、第三期計画で戦艦の建造を目指していたものと考えられる。

このように呉鎮守府設立計画が長期の三期計画として作成されたのは、呉鎮守府の設立に必要な経費を算定したところ一〇〇〇万円以上となったが、特別費によって呉鎮守府設立に割り当てられた予算が約一六〇万円にすぎなかったためであった。注目すべきことはこの第一期計画では、鎮守府の開庁に必要と考えられる狭義の鎮守府も鎮守府の生命線ともいえる船渠も完成できないことである。そこで海軍は、工事途中の明治二一（一八八八）年に提出した第二期軍備拡張計画において、呉鎮守府設立第二期計画に相当する予算を要求したのであるが、許可を得ることができなかった。このため計画の変更を余儀なくされ、最小限の設備で呉鎮守府を開庁することとし造船部計画は改めて作成することになったのであった。

呉鎮守府開庁後の明治二三（一八九〇）年三月、海軍省は二二年度から二九年度までに二一六万円余の予算で、二船渠・三船台を中心とする八〇〇〇トン級の一等巡洋艦の建造が可能な造船部を建設するという造船部八カ年計画を策定した（第三章第一節を参照）。そして計画中の二四年に保有するすべての艦艇を修繕できる第一船渠、二五年に小規模の第一船台、二六年に第二船台、計画から二年遅れて三一年に新たに保有する戦艦の修繕が可能な第二船渠を完成した（船渠・船台の建設に関しては、第三章第三節と第四節を参照）。

ここで問題となるのは、第三船台が海軍省の資料においても明治二七（一八九四）年と三七年竣工説が混在していることである。この点に関しては二八年に入廠した職工が後日、当時すでに第一船台より小規模の第三船台が存在し、日露戦争直前に大改築されたと証言していること、改築前にそこで建造された艦艇が一隻もないことから判断して、二六年二月に詔勅によって戦艦二隻の保有を認められた海軍は、戦艦の国内建造に向けて生産体制を整備することとし、同年度に一等巡洋艦の建造が可能な第三船台の建設を中止し、二七年にどのような船も建造できない小船台を偽装したと考えられる。

海軍は艦艇や搭載兵器の保有に際して、受注先の海外の兵器製造会社に技術者を派遣して技術を習得させると述べたが、これは当然ながら施設計画にも変更をおよぼすことになる。一等巡洋艦の建造を目指して計画されていた第三船台の建設が中止され、どのような艦船も建造できないような小型の船台が偽装され、予算は資金不足に悩んでいる他の工事費として流用された。なおこうした解釈については、明治二九（一八九六）年の第一一回軍備拡張計画において、呉鎮守府設立第三期計画にふくまれていた第四船台建築費が認められたが、紆余曲折をへて戦艦の建造が可能なように第三船台を大改築することに変更され、三七年に第三船台が完成した事実からも裏づけることができる。

造船部八カ年計画が作成されたのと同じ明治二三年二月、海軍は二二年度から三四年度までの一三年間に二五三万円余の予算で呉軍港に二四センチ以下の大砲、速射砲、魚形水雷などの兵器とその素材となる特殊鋼を製造する小型製鋼工場を建設するという呉兵器製造所設立計画を作成した。この計画は、前節で述べた中央兵器工廠の形成という目的の実現の第一段階として、一等巡洋艦への搭載兵器と素材となる特殊鋼の一部を製造することを目的としていた（第五章第二節と第三節を参照）。

ここで考慮しなければならないのは、呉鎮守府設立計画とその一環として位置づけられた造船部門と造兵部門の計画の関係である。この点に関しては、呉兵器製造所設立計画は、時期的に呉鎮守府設立計画にふくまれていないが、呉鎮守府造船部に隣接して中央兵器工廠の役割を担う呉兵器製造所設立計画が作成されるとともに、それに組み込まれたと考えるのが妥当のように思われる。造船部八カ年計画に連携して、呉兵器製造所設立計画において一等巡洋艦用の搭載兵器の製造が目標とされたのはそのあらわれといえよう。また明治二六（一八九三）年の戦艦の保有にともない、造船技術者とともに造兵技術者を受注会社に派遣し、戦艦に搭載する兵器や特殊鋼の製造技術の習得に従事させたこと、山内万寿治大尉に対しヨーロッパへの出張の途中にワシントンに立ち寄り戦艦用の一二インチ（三〇・五センチメートル）砲の砲身材料に関して調査するように訓令したことは、造船部と連動して一等巡洋艦用の兵器の製造を戦艦用の兵器の製造に変更させたことを示している（第五章第三節を参照）。

呉兵器製造所建設工事が行われていた明治二七（一八九四）年に日清戦争が勃発、兵器の早期製造の必要性を主張した山内海軍少技監の主張が受理され、一二八万円余の予算でこれまでの呉兵器製造所設立計画を基礎とし、八カ月間で木造の仮設工場を建設、機械類を八カ月間で据え付け、ただちに速射砲をはじめとする兵器の製造を開始するという、仮兵器工場建設計画が樹立された。この仮兵器工場は一二月から工事が開始され二八年一一月に一部の操業を開始した。一方、呉兵器製造所建設計画は、一等巡洋艦用の兵器製造施設・設備の建設を中止し、一気に戦艦等の主力艦以下のすべての艦艇に搭載する兵器とその素材である特殊鋼の製造に向かうことになる。

このような構想を具体化するため海軍は、明治三一（一八九八）年に三二年度から三五年度までの四年間に三〇七万円（建築費八四万円、機械費二二〇万円、作場費三万円）で、当時の世界最大の一二インチ砲以下の兵器とその素材である特殊鋼を製造する施設・設備を整備する第一期呉造兵廠拡張計画を作成した。この計画は大蔵省の了解が得られなかったため、海軍省は海軍拡張費の一部を流用し機械費を賄うことによって、三二年に至り三三年度から三六年度の四カ年間に一一一万円（建築費一〇九万円、作場費二万円）で同じ施設・設備を建設するという、いちじるしく予算を減額した計画を作成し大蔵省はもとより第一五回帝国議会においても、異論なく協賛を得た（第六章第一節を参照）。

さらに海軍は、明治三三（一九〇〇）年に三四年度から三八年度までの五年間に六二九万円（建築費六八万円、器械費五六一万円）の予算で甲鉄板および砲楯用鋼板製造所を設置するという第二期呉造兵廠拡張計画を作成した。そして第一五回帝国議会に上程したが、衆議院は通過したものの貴族院で否決された。ロシアとの緊迫した情勢のなかで、予定どおり三七年から戦艦の建造に取り組むことを至上命題と考えている海軍は、周到な準備をしつつほぼ同じ内容を四カ年に短縮した計画を第一六回帝国議会に上程し、協賛を得ることに成功した（第六章第一節と第一一章第四節、第五節を参照)。

すでに述べたように兵器の国産化を目指す海軍は、呉港に建設する海軍工作庁を、海軍一の造船所、海軍中央兵器工廠、やがて両者をあわせて海軍一の兵器製造所と位置づけた。またその目的の実現を目指して、戦艦の建造が可能な長期にわたる呉鎮守府設立計画を作成した。そしてその一段階として造船部門だけでなく、造兵部門においても一等巡洋艦の建造と搭載兵器の生産を目指す計画を作成したが、戦艦の保有を契機として受注した海外の兵器製造会社などに技術者を派遣し、戦艦用の兵器を製造する技術の習得を目指した。さらに明治三二(一八九九)年の「軍艦水雷艇補充基金特別会計法」の制定を契機に三七年から戦艦の建造と搭載兵器の製造を開始することを明言し、戦艦の建造が可能なように第三船台を拡張し、第一期・第二期呉造兵廠拡張計画によって戦艦に搭載する一二インチ砲と甲鉄板の製造を目指したのであった。戦艦をふくむ主力艦の建造と搭載兵器の製造は、日露戦争によって戦艦二艦を失ったことにより突然に実施されたものではなく、長期的展望にもとづいて実現したのであった。

第四節　計画の作成と実施に際しての海軍の方策

これまで述べてきたように海軍は呉工廠の形成などにおいて軍備拡張計画や呉鎮守府設立計画など多くの計画を作成し、自らの目的を実現しようとしたことが明らかになった。本節においては、計画の作成や実施に際して採用された方策とその背景の解明を目指す。

海軍の多くの計画の作成に際して採用された方策の第一は、長期的展望のもとその当時において必要と思われる施設を網羅し、経費を計上した計画を作成し、段階的、漸進的にそれを実現するというものであった。こうした点は、

第六回軍備拡張計画において併記された海防艦と水雷艇保有を主とする主船局案と戦艦をふくむ軍事部案のうち閣議において了承されたのは軍事部案であるとする統一見解のもと、明治二一（一八八八）年に戦艦をふくむ全体計画（三期計画）からなる第七回軍備拡張計画（第二期軍備拡張計画）を作成し、それにもとづいて一歩ずつ巡洋艦以下の艦艇を保有するなかで全体計画を政府に認めさせ、最終的に戦艦の導入という目的を達成した方策に典型的にみられる。また同じく第六回軍備拡張計画の戦艦をふくむ軍事部案にもとづいて作成された、八年以上という期間と一三八二万円を超える大規模な予算によって、第一期・第二期計画で一等巡洋艦、第三期計画で戦艦を建造することを目指した呉鎮守府設立計画などにおいても共通している。

第二として、長期的な全体計画、短期的な段階計画とも、基本的側面を維持しながら状勢の変化に柔軟に対応し変更するということである。たとえば第六回軍備拡張計画の軍事部案に沿ってその後の軍備拡張計画、呉鎮守府設立計画は、最終的に戦艦の保有や建造を目指すことになるが、第一〇回軍備拡張計画により明治二六（一八九三）年に戦艦二隻の保有が認められると、造船部八カ年計画の目的である一等巡洋艦の建造と、呉兵器製造所設立計画の目的の一等巡洋艦用の兵器の製造を中止し、一気に戦艦をふくむ全艦艇の建造と搭載兵器の製造に計画を変更したことである。呉兵器製造所設立計画に典型的にみられたように計画の作成時に大筋を定め、工場の起工に際し最新の情報をもとに関係者が討論し、製造する兵器とそれに必要な施設について決定するという方策を採用していたものと思われる。

第三は、各段階の計画の作成に際して、最初の段階の計画は小規模なものにとどめ、次の段階に継続するように設定し、それ以降の段階の計画を大規模なものとし、重要な施策を実行するという方策を採用していることである。小規模の計画によってもっとも困難な最初の計画の予算を獲得し、そのなかに次の段階の計画を必然化させる事業をふくみ計画を継続させ、最終的に全体計画を実現することを目指していたのであった。呉鎮守府設立第一期計画は、三年間に約一六〇万円の予算という小規模なものであったが、そのなかに狭義の鎮守府の建設の約半分や鎮守府の活動に決定的な役割を有する船渠の建設費の一部をふくみ、それらは第二期計画によって完成することになっていた。また呉鎮守府設立の決定前に、地元住民から請書をとるまで用地買収をすすめたのも同じ手法といえよう。

第四の方策は、極端な秘密主義と隠蔽体質である。内閣制度への移行後の海軍は第六回軍備拡張計画の軍事部案を引き継いで、長期的には戦艦の保有を目指していること、呉鎮守府設立計画の全体計画が戦艦の建造を可能とする三期計画によって構成されていること、戦艦の保有の決定にともない一等巡洋艦の建造や搭載兵器の製造を中止し一気に戦艦と搭載兵器の製造を目指すように変更したことなどについては、海軍省の中枢と呉鎮守府の責任者、海軍に協力的な有力政治家のみしか関知していなかったように思われる。また予算の承認を必要とする各段階の計画については、大蔵省の幹部や予算担当者、工事担当責任者にも必要に応じて情報が伝えられたと思われるが、帝国議会議員に対しては計画の概要しか知らせなかったと推測される。

こうした資料の公開と議論を嫌う体質は、重要事項の決定過程を曖昧にし、偽装や不正を生む温床をもたらすことになった。第六回軍備拡張計画の作成に際し、軍事部案と主船局案が対立し決着がつかなかったにもかかわらず、内閣制度移行後の省内の中枢を軍事部系の軍人と技術者で固め、議論ぬきに戦艦の保有と建造が海軍省の方針となったことは前者の典型例である。呉造兵廠拡張費案を審議する帝国議会において、議員が官営製鉄所の設立によって海軍用の製鋼もすべて供給できると誤解したのは、議員の研究不足もあるものの根本的には議員が計画を正確に把握できるような資料を提供しなかったことに起因している。また計画の変更や資金不足により、計画と結果に齟齬が生じることが少なくなかったが、その際しばしば事実と異なった報告がなされている。その最たるものは、少数の海軍内の中枢人物のみが秘密を保持し、機会をとらえて豊富な資金を獲得し戦艦用として蘇らせた第三船台の儀装であった。

この件は戦艦の建造に貢献したものとして省内では高い評価を受けたと思われるが、他方で不正を生む温床となったといえよう。

これ以降、海軍がこうした方策を採用した理由を考えることにする。その際、本書に関係の深い第六回軍備拡張計画以降に限定すると、この頃から日本海軍は海外の先進国が保有している最新兵器である戦艦の導入と建造を目標とするようになったが、先進国と比較して低い国力、とくに財政状況と海軍の技術力、そして国内において強いとはいえない政治力しか持ち合わせていないことによって生じたと考えられる。いくら強い意思によって戦艦を保有、建造しようと思っても、財政、政治力をともなわないことを認識していた海軍は、長期計画のもと段階的、漸進的にそれを実現しようとしたのであるが、巨費を投じなければならない戦艦の保有や建造、さらに搭載兵器まで製造するという全体計画を公表したら賛意を得られないと判断し、計画の全容を秘密にし計画のとおり実行できなかった事業を隠蔽したのであった。

このようにして海軍は、兵器の国産化の最終目的を戦艦とその搭載兵器とし、その目的を実現するためこうした方策により各種の計画を作成し、一丸となってそれを推進した。それは世界が驚くほど短期間によるキャッチアップであった。しかしそこには、果てしない軍備拡張にすすむ危険がともなっていた。それは、限られた国力のなかで圧倒的な戦力を有する先進国から日本の独立をいかにして守るかという目的のもとに策定された軍備計画を放棄して、最新兵器の保有と生産を至上命題とする戦略なき軍備拡張論に突きすすむ危険であった。

おわりに

これまで「武器移転的視角」にもとづきながら、海軍の兵器国産化の基本的道筋を示し、兵器の国産化の最終目的は戦艦と搭載兵器であり、それらを生産する中核的海軍工作庁として呉工廠が形成され、その目的が目捷となるまでに至ったことを体系的に論じてきた。ここではこうした本章の結論を中心に、それ以外の面もふくめて本書全体の総括をする。具体的には本書の分析方法、成果と課題、兵器生産から得られた海軍像、今後の研究への展望ということになる。

「武器移転的視角」による総合的、体系的な分析方法は、先進国における兵器の新開発を出発点とし、軍備拡張計画においてその保有と生産を決定し、一方で技術移転の過程を論理的に明らかにし、他方で呉工廠の形成過程について半ば独立させた形で詳細に実証し、相互に連関させるというまさに広範にして長期にわたる道程である。具体的には、基点となる軍備拡張計画の分析により保有すべき兵器と施設・設備を明確にし、海外の兵器受注会社への技術者の派遣による技術の習得、購入した兵器の改造・修理を通じての派遣技術者から他の技術者や職工への技術の伝達、先導的な海軍工作庁における同型兵器の製造、同技術の他の工作庁や民間企業への普及という技術移転と再移転の過程、そして呉工廠の前身にあたる組織については、一定の基準にもとづいて計画、組織・人事、施設・設備の整備、兵器の生産に関して詳細に実証することが求められる。

このうち軍備拡張計画において海軍は、明治一四（一八八一）年の第四回計画を契機として防備に優れた西部に経常経費によって海軍一の造船所を建設すること、一八年の第六回計画では軍事部の戦艦保有案と主船局の海防艦と水雷艇保有案を併記したこと、一九年の内閣制度の確立後は六回計画のうち閣議で決定したのは軍事部案であるとし、最終的に戦艦の保有を目指す長期的な軍備拡張計画を策定しそれを段階的に実行したこと、第一〇回計画の一部保有を審議した帝国議会で二六年二月に詔勅という手段により戦艦二隻などの保有を決定したこと、二九年の第一一回計画で第一〇回計画の完成を目指すという論理で戦艦六隻などの艦艇と多額の海軍工作庁の施設と設備の拡張費を要求しそれを実現したことを提起した。また技術移転の過程に関しては、艦艇は一貫してイギリスの兵器製造会社（とくにアームストロング社）から横須賀造船所（一部は小野浜造船所）、そこから他の海軍工作庁をへて民間造船所へ、そして兵器は購入先がドイツのクルップ社からアームストロング社へ変更されるなかで、主に後者から東京の海軍造兵廠と呉造兵廠へ、そして呉造兵廠から他の海軍工作庁へと技術の移転と再移転がなされたことを例証した。

呉工廠の形成過程については、論理的な技術移転の過程から半ば独立させ関連資料を詳細に分析し、基本となる呉鎮守府設立計画をはじめ、造船部八カ年計画、呉兵器製造所設立計画、第一期、第二期呉造兵廠拡張計画、各組織の役割、構成員、役員の履歴、海外に派遣された技術者の活動、施設・設備の整備、建造された全艦艇、製造された主な兵器について実証した。そしてこれらを連関させることによって、呉鎮守府設立計画は、第四回軍備拡張計画の策定過程で艦船の国産化とそれを実現するために防禦に最適な呉港に通常経費によって海軍一の造船所を建設・運営することを基本として出発したが、こうした防禦第一主義は第六回計画の軍事部案にもとづいて作成されたため計画（造船部計画に限定）は、第一期計画で船渠の一部、第二期計画で二船渠・三船台を建設し巡洋艦の建造、第三期計画で三船渠・三船台を建設し戦艦の建造を目指すことに修正された。また造船部八カ年計画は呉鎮守府設立計画の第二期計画を継承し一等巡洋艦の建造、呉兵器製造所設立計画は一等巡洋艦への搭載兵器の製造を目指したこと、明治二六（一八九三）年に戦艦の保有と生産を決定したことにより第三船台は超小型の船台を偽装して予算を他の施設の建設に流用したこと、のち第三船台を第四船台予算などにより戦艦建造用に大改築（実質は建設）したこと、兵器製造所設立計画も巡洋艦以下の大砲製造などを中止し、戦艦用大砲と素材を製造する第一期呉造兵廠拡張計画、甲鉄板の製造を目指した第二期呉造兵廠拡張計画に拡大発展させたこと、第一期、第二期計画とも一年間決定が遅れたこと、第一期の実施には多額の第一一回軍備拡張費を投入したこと、第二期の決定には呉造兵廠で試製した六インチ（一五・二センチ）甲鉄板の発射試験の成功が貢献したことなどの説を提示した。

こうした諸説に対しては、分析方法がはじめて提起されたものであること、論理展開の範疇に入らない事実が少なからずあるなどの批判が予想される。この乖離は、組織を合理性だけでは説明できないこと、とくに軍事生産の場合には技術の習得に代表される超合理性とともにそれでは割り切れない非合理性が存在することを示すために、あえて論理から半ば独立させて一定の基準で事実を記述したことにより生じたのであった。その結果、海軍一の兵器製造所の所在地である呉港は工業立地論からみて少なからぬ非合理性をふくんでいること、恵まれたとはいえない労働環境のもとで一見すると合理的な規則どおりの労務政策を実施すると組織の存亡にかかわる大争議が発生するが、近代合理主義からはかけ離れた温情主義は組織に対する不満を和らげること、呉工廠の形成には海外からの先進技術だけでなくたたら製鉄や「長七モータル」など国内の伝統技術も採用されたことなどが判明した。今後はこうした事実についても説明し得る論理を構築することが求められるといえよう。なお本書においては、このほかにも職工の工場内教育、出身地や経歴、労働の実態や職工の個々の心情にまで掘り下げることができなかったこと、技術を重視しながら技術的知見がないため建設された施設、導入した機械、生産した艦艇・搭載兵器・素材について適切な評価ができなかったこと、序章で述べたように努力を試みたものの会計的な分析が不充分であったことなどの課題も残った。

日本海軍は、ヨーロッパ、アメリカ以外の後発資本主義国のなかで唯一、兵器の国産化を短期間のうちに実現した。

それを可能にした最大の原因は、鋼鉄船の建造もままならない段階で、先進国が生産し導入している戦艦と搭載兵器の保有と生産を目指して、長期的な展望にもとづいて全体計画を策定しそれを段階的に実現してきたことにあった。またこうした成果は、能力があると認めれば技術士官や技師ばかりでなく技手や職工も海外に派遣するなどの技術重視の人事と、そのような海軍という組織を信じ与えられた役割を必死に果たした構成員の努力のたまものといえよう。

一方、このように崇高にみえる目的は、日本の国力に見合った軍備を唱える主船局と、日本の独立を維持するために戦艦の保有と生産を主張する軍事部との論争を打切り、軍事部系統の者のみを省内の中枢に据えることによって決定したこともあって、経済・財政、政治・外交との整合性に欠けたものであった。また重要事項については、おそらく全容を知り得るのは一部の幹部や政府の要人に限定され、議員といえども予算に関する情報しか得ることができなかったのではと思われるような秘密主義に加え、第三船台の偽装に代表される不正も存在した。それにもかかわらずそれらは、海軍の発展のためひいては日本のために必要なことと誤認され、改革しようという機運が生じる気配はみられなかった。

このような主に兵器生産面の分析を通じて得られた明治前期から中期にかけての海軍の光と陰は、ワシントン軍縮に際し闊達な討論により将来の兵器生産の有り様を求めた大正期の海軍像と、軍縮条約から離脱しきびしい経済・財政状況のなかで世紀の巨艦「大和」の保有を決定し、呉工廠の総力を結集して建造しながら効果的な活用ができなかった昭和期の海軍像の源基形体のように思われる。今後は残された本書の課題に取り組むことにより、現段階で把握した海軍の源基形体をさらに充実させるとともに、明治後期以降の呉工廠を中心とする海軍の兵器生産活動を総合的に分析し、その実態の解明に迫りたいと考えている。

呉海軍工廠形成史年表

呉海軍工廠の形成

明治	西暦	月日	事項
一一	一八七八	三・三〇	西海鎮守府の候補地として瀬戸内海を調査、三原に仮西海鎮守府を設置。
一一	一八七八	一二・―	赤松則良海軍省副官、西海鎮守府候補

関連事項

明治	西暦	月日	事項
二	一八六九	七・八	兵部省設立。
三	一八七〇	二・九	兵部省に海軍掛、陸軍掛を設立。
四	一八七一	七・二八	海軍水兵部と海軍提督府を東京に設立。
五	一八七二	二・二八	兵部省を廃止して海軍省、陸軍省設立。
五	一八七二	五・一〇	勝安芳、海軍大輔就任（明六・一〇・二五 正式に海軍卿に就任）。
六	一八七三	一・一九	海軍省内に海軍提督府庁舎を仮設。
六	一八七三	五・一七	神戸鉄工所設立。
八	一八七五	一〇・二八	海面を東西の二部に分け、東部指揮官を横浜、西部指揮官を長崎に設置。
九	一八七六	八・三一	東海および西海鎮守府の設立を決定。
九	一八七六	九・一	海軍兵学寮を廃止し海軍兵学校開校。
九	一八七六	九・一	海軍鎮守府事務章程を制定。
九	一八七六	九・―	横浜に東海鎮守府を仮設。
一〇	一八七七	七・六	作業費出納条例を制定。
一一	一八七八	五・二四	海軍卿に川村純義中将就任。

呉海軍工廠の形成

明治	西暦	月日	事項
			地として瀬戸内海を調査。
一六	一八八三	二・一〇	肝付兼行少佐一行呉港に到着、西海鎮守府候補地とし実地調査（七月二五日まで）。
一七	一八八四	一・ー	本宿宅命少佐らが呉港を訪問し調査。
一七	一八八四	七・一四	仁礼景範軍事部長、樺山資紀海軍大輔ら呉港を訪問、これ以降、実地検分。
一七	一八八四	八・一	有栖川宮威仁親王、川村海軍卿ら海軍高官が呉港を視察、海軍用地の買収を

関連事項

明治	西暦	月日	事項
一三	一八八〇	二・二八	海軍卿に榎本武揚中将就任。
一四	一八八一	四・七	海軍卿に川村純義中将就任。
一四	一八八一	一二・一	赤松主船局長、川村海軍卿に至急西部に造船所一カ所増設することを建議（一二月一〇日に修正）。
一四	一八八一	一二・二〇	川村海軍卿、第四回軍備拡張計画を上申。そのなかで四艦隊・四鎮守府（第二鎮守府に呉を想定）と造船所の建設を要請。
一五	一八八二	一一・一五	川村海軍卿、第五回軍備拡張計画を上申。
一六	一八八三	二・二三	海軍省と神戸鉄工所（キルビー）との間で鉄骨木皮製軍艦「大和」一隻の建造契約締結。
一七	一八八四	一・二二	海軍省と香港上海銀行の間で、「大和」関係を除く神戸鉄工所のすべての物件の売買契約締結。
一七	一八八四	一・二五	小野浜海軍造船所開所。
一七	一八八四	二・八	海軍は軍務局を廃止し、軍事部を設立。

呉海軍工廠の形成

明治	西暦	月日	事項
			言いわたす。
一八	一八八五	三・一七	真木長義総務局長らが呉港を訪問し調査、第二回海軍用地買収を言いわたす。
一八	一八八五	三・一八	川村海軍卿、西海鎮守府ならびに造船所候補地建設費下付について三回目の上申。
一八	一八八五	八・四	明治天皇、「鳳」に乗船して呉港に巡幸。

関連事項

明治	西暦	月日	事項
一七	一八八四	一二・—	仁礼軍事部長、樺山大輔、川村海軍卿に西海鎮守府の立地について意見書を提出。そのなかで呉港に西海鎮守府を設立することを主張。
一七	一八八四	一二・一五	東海鎮守府を横浜から横須賀に移転し横須賀鎮守府と改称。
一七	一八八四	一二・一五	鎮守府条例を制定。
一八	一八八五	五・一	小野浜海軍造船所でスループ艦「大和」（一六五六トン）進水（明一六・二・二三起工、明二〇・一一・一六竣工）。
一八	一八八五	一二・二二	太政官制を廃止して内閣制度を確立。
一八	一八八五	一二・二二	海軍大臣に西郷従道陸軍中将就任。
一九	一八八六	一・—	この年の最初の閣議で一七〇〇万円の海軍公債発行を決定、この特別費のうち一五六万円が呉港の鎮守府建設に割

呉海軍工廠の形成

明治	西暦	月日	事項
一九	一八八六	四・九	樺山資紀次官、佐藤鎮雄中佐、安井直則主計少監督、フランス人のベルタン海軍省顧問らが呉港を訪問し調査。
一九	一八八六	五・三	第二海軍区および第三海軍区鎮守府建築委員を設置。
一九	一八八六	五・四	第二海軍区鎮守府の位置として安芸国安芸郡呉港、第三海軍区鎮守府の位置として肥前国東彼杵郡佐世保港が決定。
一九	一八八六	五・一〇	樺山次官、第二海軍区第三海軍区鎮守府建築委員長就任。

関連事項

明治	西暦	月日	事項
			り当てられることになる。
一九	一八八六	三・一〇	軍事部、五海軍区・五鎮守府と最初に呉と佐世保に鎮守府を設立することを決定。
一九	一八八六	三・一八	参謀本部条例を改正、陸海軍の統合的軍令機関として参謀本部のもとに陸軍部と海軍部を設置。
一九	一八八六	四・二二	海軍条例、鎮守府官制を制定。
一九	一八八六	六・八	広島県をコレラ病流行地と認定。
一九	一八八六	七・一	小野浜海軍造船所、小野浜造船所と改称。
一九	一八八六	七・一四	西郷海軍大臣一行、海外視察に出発（明二〇・六・二〇　帰国）。

呉海軍工廠の形成

明治	西暦	月日	事項
一九	一八八六	八・一五	海軍、この日までに呉港の海軍用地内の家屋、寺社などに立退くよう言いわたす。
一九	一八八六	八・―	海軍用地売却者などに代金支払。
一九	一八八六	一〇・七	佐藤鎮雄、第二海軍区鎮守府建築地事務管理に任命。
一九	一八八六	一〇・二三	鎮守府建設のための仮事務所設置（一一・一開設）。
一九	一八八六	一〇・三〇	呉鎮守府建設工事（土木工事）起工。
一九	一八八六	一一・七	呉鎮守府建設工事（造家工事）起工。
一九	一八八六	一一・二六	大倉組商会の起工式挙行。
一九	一八八六	一二・一七	藤田組の起工式挙行。
二〇	一八八七	三・二六	樺山次官、村上敬次郎主計少監、呉港を訪問、工事状況を視察。
二〇	一八八七	四・三	呉港人夫小屋取締規則を制定。
二〇	一八八七	四・	（第一）船渠工事起工。
二〇	一八八七	六・一一	呉港に第二海軍区鎮守府建築事務所を設置。
二〇	一八八七	八・一二	華頂宮博恭王、山階宮菊麿王、呉港を視察。
二〇	一八八七	八・二一	西郷海軍大臣、呉港を訪問。

関連事項

明治	西暦	月日	事項
一九	一八八六	八・一八	小野浜造船所で砲艦「摩耶」（七五〇トン）進水（明一八・九・二九 起工、明二一・一・二〇 竣工）。
一九	一八八六	―	この年、吉浦・宮原・荘山田・和庄・警固屋村で三七一名の伝染病患者（うちコレラ患者三〇三名）が発生。
二〇	一八八七	三・一七	日本土木会社設立認可（同年四・一 開業）。
二〇	一八八七	五・七	広島県、呉港家屋建築制限法公布。
二〇	一八八七	八・一八	小野浜造船所で風帆練習艦「満珠」（八六二トン）と「干珠」（八三二トン）進水（明

呉海軍工廠の形成

明治	西暦	月日	事項
二〇	一八八七	九・二六	真木長義中将が呉鎮守府建築委員長に就任。
二〇	一八八七	九・二九	第二海軍区鎮守府建築事務所を呉鎮守府建築事務所と改称。
二一	一八八八	三・六	真木建築委員長、西郷海軍大臣あてに「呉鎮守府建築費第二期予算之義ニ付伺」を提出（三月七日に許可）。
二一	一八八八	三・一七	第一船渠工事を休業。
二一	一八八八	四・三〇	「呉鎮守府建築改定施工之義伺」を提出（五月四日に許可）。
二二	一八八九	三・八	呉鎮守府司令長官に中牟田倉之助中将が就任。
二二	一八八九	四・一	呉鎮守府建築委員を廃止。
二二	一八八九	四・一	造船部建設工事再開。
二二	一八八九	四・一	第一船渠工事再開（明二四・三・三一　竣

関連事項

明治	西暦	月日	事項
			一九・九・一　起工、明二一・六・一三　竣工）。
二〇	一八八七	一〇・二一	樺山次官一行、海外視察に出発（明二一・一〇・一九　帰国）。
二一	一八八八	二・一	海軍省、伊藤博文内閣総理大臣に「第二期海軍臨時費請求ノ議」を提出。同年五月二四日、黒田清隆内閣は否決。
二一	一八八八	五・一二	参謀本部を廃止して参軍をおき全軍の参謀長とし、その下に陸・海軍参謀本部を設置。
二一	一八八八	八・一	海軍兵学校、東京より江田島に移転。
二一	一八八八	八・六	小野浜造船所で砲艦「赤城」（六二二トン）進水（明一九・五　起工、明二三・八・二〇　仮引渡）。
二二	一八八九	二・一一	大日本帝国憲法発布。
二二	一八八九	二・一一	会計法公布（明二三・四・一　施行）。
二二	一八八九	三・七	海軍大臣の下に海軍参謀本部がおかれる。
二二	一八八九	四・一	市制・町村制施行。

呉海軍工廠の形成

明治	西暦	月日	事項
			工、四・一一 開渠式）。
二二	一八八九	四・一〇	海軍省内に呉鎮守府事務所を開設（同年六・二〇 閉鎖）。
二二	一八八九	五・二八	「石川」以下一三隻の艦船が呉港に配属。
二二	一八八九	五・二九	造船部長に赤峰伍作大技監就任。
二二	一八八九	六・二三	横須賀より水兵三六〇名が呉港に到着。
二二	一八八九	七・一	呉鎮守府開庁。造船部、兵器部等設置。
二二	一八八九	八・一九	呉鎮守府吉浦火薬庫設立。
二三	一八九〇	二・―	造兵廠設立取調委員より海軍大臣に呉兵器製造所工事計画および建築費取調書提出。
二三	一八九〇	三・一〇	小野浜造船所跡に呉鎮守府造船部分工場を設置し、呉鎮守府造船部小野浜分工場と改称。
二三	一八九〇	三・―	呉鎮守府造船部八カ年計画決定（推定）。
二三	一八九〇	四・二二	呉鎮守府開庁式。明治天皇、呉に行幸。
二三	一八九〇	四・―	呉鎮守府水道給水開始。
二三	一八九〇	五・二一	呉鎮守府、職工人夫取締規約を制定。
二三	一八九〇	七・九	樺山海軍大臣、呉兵器製造所設立計画を許可、工事着手を命令。
二三	一八九〇	一一・二〇	小野浜分工場で水雷艇「第五号」（五四

関連事項

明治	西暦	月日	事項
二二	一八八九	五・二八	鎮守府条例制定。
二二	一八八九	七・一	佐世保鎮守府開庁。
二二	一八八九	一一・三〇	宇品築港工事竣工。
二三	一八九〇	三・一七	鎮守府造船材料資金会計法を制定。
二三	一八九〇	五・一七	府県制・郡制公布。
二三	一八九〇	五・一七	海軍大臣に樺山資紀中将就任。
二三	一八九〇	八・五	呉軍港規則制定。
二三	一八九〇	八・三一	私立の淡水学校開校。

呉海軍工廠の形成

明治	西暦	月日	事項
			トン）進水（明二三　起工、明二五・三・二六竣工）。
二三	一八九〇	一一・二七	小野浜分工場で水雷艇「第六号」（五四トン）進水（明二三　起工、明二五・三・二六竣工）。
二四	一八九一	三・二四	小野浜分工場で水雷艇「第七号」（五四トン）進水（明二三　起工、明二五・四・二竣工）。
二四	一八九一	三・二六	小野浜分工場で水雷艇「第八号」（五四トン）進水（明二三　起工、明二五・四・七竣工）。
二四	一八九一	五・七	呉鎮守府造船部工場職工着服着帽規則を制定。
二四	一八九一	六・九	第一船台起工（明二五・三・三　竣工）。
二四	一八九一	九・二五	小野浜分工場で水雷艇「第九号」（五四トン）進水（明二三　起工、明二五・四・一一竣工）。
二四	一八九一	九・二九	小野浜分工場で水雷艇「第十号」（五四トン）進水（明二五・四・一七　竣工）。
二四	一八九一	一〇・三	小野浜分工場で水雷艇「第十一号」（五四トン）進水（明二七・三・三一　竣工）。
二四	一八九一	一〇・一四	小野浜分工場で砲艦「大島」（六三〇ト

関連事項

明治	西暦	月日	事項
二三	一八九〇	一一・二五	第一回帝国議会召集（明二三・一一・二九開会、二四・三・七　閉会）。同議会において、呉鎮守府建設事業費、呉兵器製造所設立費が討議される。

呉海軍工廠の形成

明治	西暦	月日	事項
			ン）進水(明二二・一二 起工、明二五・四・四 竣工)。
二四	一八九一	一〇・一四	小野浜分工場で水雷艇「第十二号」(五四トン)進水(明二六・一〇・一一 竣工)。
二四	一八九一	一二・一四	兵器部長に田中綱常大佐就任。
二五	一八九二	三・一	小野浜分工場で水雷艇「第十四号」(五四トン)進水(明二六・一〇・一八 竣工)。
二五	一八九二	三・四	小野浜分工場で水雷艇「第十三号」(五四トン)進水(明二六・一〇・一一 竣工)。
二五	一八九二	三・一五	水雷艇「第二十二号」(七八トン)進水(明二四・一一・二六 起工、明二六・八 竣工)。
二五	一八九二	五・一一	小野浜分工場で水雷艇「第十六号」(五四トン)進水(明二六・一一・二九 竣工)。
二五	一八九二	五・一四	小野浜分工場で「第十五号」水雷艇(五四トン)進水(明二六・一一・一 引渡)。
二五	一八九二	五・—	呉海軍造船部鋳造工場で、「シーメンス」「マルチン」式酸性三トン炉で艦艇用の鋼鋳物を製造。
二五	一八九二	六・二	第二船台起工(明二六・九・一六 竣工)。

関連事項

明治	西暦	月日	事項
二四	一八九一	一一・二一	第二回帝国議会召集(明二四・一一・二六 開会、一二・二五 解散)。同議会において海軍省所管製鋼所設立費案が否決。
二四	一八九一	一二・一四	第二回帝国議会衆議院に広島県安芸区選出の豊田実穎議員が呉鎮守府に関する「質問書」を提出。
二五	一八九二	五・二	第三回特別議会召集(明二五・五・六 開会、六・一四 閉会)。同議会において海軍省所管製鋼所設立費案が否決。

呉海軍工廠の形成

明治	西暦	月日	事項
二五	一八九二	七・三一	一〇〇トンクレーン工事起工（明二七・二・二七 竣工）。
二五	一八九二	八・六	小野浜分工場で水雷艇「第十七号」（五四トン）進水（明二六・二・二九 竣工）。
二五	一八九二	八・九	小野浜分工場で水雷艇「第十八号」（五四トン）進水（明二六・二・一 竣工）。
二五	一八九二	八・二五	呉鎮守府造船部構内取締規則を制定。
二五	一八九二	一一・四	小野浜分工場で水雷艇「第二十号」（五三トン）進水（明二六・一〇・一八 竣工）。
二五	一八九二	一一・七	小野浜分工場で水雷艇「第十九号」（五四トン）進水（明二七・二・一七 竣工）。
二五	一八九二	一二・一二	呉鎮守府司令長官に有地品之允中将就任。
二五	一八九二	一二・二二	水雷艇「第二十三号」（七八トン）進水（明二四・一一・一六 起工、明二六・八 竣工）。
二六	一八九三	五・一九	兵器部を武庫・水雷庫・兵器工場に分立。

関連事項

明治	西暦	月日	事項
二五	一八九二	八・八	海軍大臣に仁礼景範中将就任。
二五	一八九二	九・一	和庄村に町制施行。
二五	一八九二	一一・二五	第四回帝国議会召集（明二五・一一・二九 開会、明二六・二・二八 閉会）。同議会で二六年二月一〇日、詔勅により戦艦「富士」「八島」、巡洋艦「明石」、報知艦「宮古」購入が決定。
二五	一八九二	一一・三〇	愛媛県堀江沖で軍艦「千島」とイギリス汽船「ラベナ」衝突、「千島」が沈没し乗組員七四名死亡、明二六・一・二二 呉で追弔会執行。
二六	一八九三	三・一一	海軍大臣に西郷従道陸軍中将就任。
二六	一八九三	五・二〇	天皇に直隷する海軍軍令部設立。

呉海軍工廠の形成

明治	西暦	月日	事項
二六	一八九三	五・一九	小野浜分工場を呉鎮守府造船支部と改称。
二六	一八九三	八・八	呉鎮守府、第三船台起工（明二七・一一・二七 竣工）と報告（実態は小規模船台を偽造）。
二七	一八九四	二・五	造船支部で水雷艇「第二十一号」（八〇トン）進水（明二七・三・三一 竣工）。
二七	一八九四	六・三	造船部において出撃準備工事開始。
二七	一八九四	六・二八	第二船渠起工（明三一・三・三一 竣工、一二・一四 開渠式）。
二七	一八九四	一〇・二	明治天皇、呉に行幸、軍港を視察。
二七	一八九四	一〇・九	仮兵器工場着工命令。
二七	一八九四	一〇・一五	造船支部で水雷艇「第二十四号」（八〇トン）進水（明二八・一・一五 公試運転終了）。
二七	一八九四	一一・二八	造船支部で水雷艇「第二十五号」（八五トン）進水（明二八・二・二八 公試運転終了）。
二七	一八九四	一二・―	仮兵器工場起工（明二八・一〇 一部竣工）。

関連事項

明治	西暦	月日	事項
二七	一八九四	三・二九	朝鮮の全羅道で東学党蜂起（甲午農民戦争）。
二七	一八九四	六・一〇	山陽鉄道、広島まで開通。
二七	一八九四	七・一六	日英通商航海条約・付属議定書・付属税目調印。
二七	一八九四	八・一	清国に宣戦布告（日清戦争）。
二七	一八九四	九・一五	明治天皇、広島到着、第五師団司令部庁舎に大本営が開設。
二七	一八九四	九・一七	連合艦隊、清国北洋艦隊主力と戦闘、勝利（黄海海戦）。
二七	一八九四	一〇・一五	第七回帝国議会（臨時）、広島に召集（明二七・一〇・一八 開会、一〇・二一 閉会）。同議会で仮兵器工場建設費決定。

呉海軍工廠の形成

明治	西暦	月日	事項
二八	一八九五	五・一二	呉鎮守府司令長官に林（安保）清康予備中将就任。
二八	一八九五	六・一〇	呉鎮守府造船支部を廃止。
二八	一八九五	六・一八	仮設呉兵器製造所設立。
二八	一八九五	七・八	山内万寿治少技監、仮設呉兵器製造所長に任命。
二八	一八九五	一一・三	仮設呉兵器製造所、一部、操業開始。
二九	一八九六	二・二六	呉鎮守府司令長官に井上良馨中将就任。
二九	一八九六	四・一	仮呉兵器製造所設立。
二九	一八九六	四・七	軍艦「松島」で、アームストロング式一二センチ速射砲用薬莢試験実施（〜四・八）。
二九	一八九六	九・二六	第一・第二水雷艇船台工事起工（明三〇・一〇・二〇　竣工）
三〇	一八九七	一・―	仮呉兵器製造所に職工同済会設置。
三〇	一八九七	三・八	軍艦「高千穂」で、一五センチ速射砲用薬莢試験実施。
三〇	一八九七	三・一三	ホワイトヘッド式魚形水雷発射試験実施。
三〇	一八九七	三・二一	重四七ミリ速射砲の発射試験実施。
三〇	一八九七	四・二〇	一二センチ速射砲発射試験実施。

関連事項

明治	西暦	月日	事項
二八	一八九五	四・一七	日清講和条約調印（下関条約）。
二八	一八九五	四・二三	三国干渉。
二九	一八九六	三・二四	航海奨励法・造船奨励法を公布。
二九	一八九六	三・―	吉浦村に白峰造船所進出。
三〇	一八九七	三・二九	貨幣法公布（金本位制確立）。
三〇	一八九七	四・一三	広発電所を有する広島水力電気株式会社設立。

呉海軍工廠の形成

明治	西暦	月日	事項
三〇	一八九七	五・二一	呉海軍造兵廠設立。
三〇	一八九七	一〇・八	呉海軍造船廠設立。
三〇	一八九七	一〇・八	呉海軍造船廠長に赤峰伍作造船大監就任。
三〇	一八九七	一〇・二七	報知艦「宮古」（一八〇〇トン）進水（明二七・五・二六　起工、明三二・三・三一　竣工）。
三〇	一八九七	一〇・二八	呉造兵廠において創製兵器発射式。
三〇	一八九七	一〇・二九	愛媛県長浜沖で訓練中の「扶桑」「松島」「厳島」が接触し多大な損害が発生、呉造船廠を中心に救助、引揚、修理を実施。
三〇	一八九七	一二・三	呉海軍造船廠長に黒川勇熊造船大監就任。
三一	一八九八	二・一八	呉海軍造兵廠長に山内万寿治大佐就任。
三二	一八九九	七・一一	水雷艇「第二十九号」（八八トン）進水（明三二・三・七　起工、明三三・二・二三　竣工）。
三二	一八九九	七・一二	水雷艇「第三十号」（八八トン）進水（明三二・三・一〇　起工、明三三・三・三〇　竣工）。
三二	一八九九	一〇・二七	皇太子（のちの大正天皇）呉に行啓。

関連事項

明治	西暦	月日	事項
三〇	一八九七	五・二一	海軍造兵廠条例制定。
三〇	一八九七	六・一	官営製鉄所開庁。
三〇	一八九七	九・三	鎮守府条例改正（一〇・八　施行）。
三〇	一八九七	九・三	海軍造船廠条例制定（一〇・八　施行）。
三一	一八九八	五・三	阿賀村に町制施行。
三一	一八九八	一二・八	海軍大臣に山本権兵衛中将就任。
三二	一八九九	三・―	清国の山東で義和団蜂起。
三二	一八九九	三・二二	軍艦水雷艇補充基金特別会計法公布。
三二	一八九九	五・一五	広島水力電気㈱により呉港に電灯供給開始（明三八・三より電力供給開始）。
三二	一八九九	五・―	海軍造兵生徒条例制定。
三二	一八九九	一一・二〇	第一四回帝国議会召集（明三二・一一・二

呉海軍工廠の形成

明治	西暦	月日	事項
三二	一八九九	一二・一九	水雷艇「隼」(一五二トン)進水(明三二・三・一五 起工、明三三・四・一九 竣工)。
三三	一九〇〇	五・二〇	呉鎮守府司令長官に柴山矢八中将就任。
三三	一九〇〇	五・二〇	呉鎮守府艦政部設立。艦政部長に片岡七郎少将就任。
三三	一九〇〇	六・二七	水雷艇「真鶴」(一五二トン)進水(明三二・一〇・九 起工、明三三・一一・七 竣工)。
三三	一九〇〇	六・三〇	水雷艇「鵲」(一五二トン)進水(明三二・一二・二六 起工、明三三・一一・三〇 竣工)。
三三	一九〇〇	九・二六	呉造兵廠亀ヶ首砲弾発射試験場用地受領。
三三	一九〇〇	九・二八	水雷艇「第五十三号」(五四トン)進水(明三三・四・一一 起工、明三四・四・二二 竣工)。

関連事項

明治	西暦	月日	事項
			二 開会、明三三・二・二三 閉会)。同議会において、第一期呉造兵廠拡張費案決定。
三三	一九〇〇	一・二九	海軍造兵材料資金会計法を制定(四・一施行)。
三三	一九〇〇	三・一〇	治安警察法公布。
三三	一九〇〇	五・一九	陸軍省・海軍省官制改正(軍部大臣の現役大・中将制確立)。
三三	一九〇〇	五・二〇	海軍艦政本部設立。

呉海軍工廠の形成

明治	西暦	月日	事項
三三	一九〇〇	一〇・三〇	水雷艇「第五十四号」(五四トン)進水(明三三・四・一二 起工、明三四・四・二二 竣工)。
三三	一九〇〇	一一・二一	水雷艇「第五十五号」(五四トン)進水(明三三・五・一 起工、明三四・五・一六 竣工)。
三四	一九〇一	八・一六	水雷艇「第五十七号」(五四トン)進水(明三四・三・一八 起工、明三四・一一・二〇 竣工)。
三四	一九〇一	一〇・一六	水雷艇「第五十八号」(五三トン)進水(明三四・四・二六 起工、明三五・一・二七 竣工)。
三四	一九〇一	一一・九	呉造兵廠亀ヶ首砲弾発射試験場において、呉造兵廠において試製した六インチ甲鉄板の発射試験を実施。
三四	一九〇一	一一・―	官営製鉄所作業開始式に出席の議員などを呉海軍造兵廠観覧会に招待(約一五〇名出席)。
三四	一九〇一	一二・一六	水雷艇「第五十九号」(五三トン)進水(明三四・八・二〇 起工、明三五・四・八 竣工)。

関連事項

明治	西暦	月日	事項
三三	一九〇〇	一二・二二	第一五回帝国議会召集(明三三・一二・二五 開会、明三四・三・二四 閉会)。同議会において、第二期呉造兵廠拡張費案否決。
三四	一九〇一	一一・一八	官営製鉄所作業開始式。
三四	一九〇一	一二・七	第一六回帝国議会召集(明三四・一二・一〇 開会、明三五・三・九 閉会)。同議会において、第二期呉造兵廠拡張費案決定。
三五	一九〇二	一・二六	呉市制期成同盟会設立。

呉海軍工廠の形成

明治	西暦	月日	事項
三五	一九〇二	四・一	呉海軍造船廠長に高山保綱造船大監が就任。
三五	一九〇二	五・二七	呉造兵廠亀ヶ首砲弾発射試験場堡壁新設工事起工（明三六・一一・一三　竣工）。
三五	一九〇二	七・一六	呉造船廠で高山廠長の転任を求めて約五〇〇〇名が参加したストライキが発生（明三五・七・二〇　終結）。
三五	一九〇二	七・二六	呉鎮守府艦政部長に内田正敏少将就任。
三五	一九〇二	九・一	呉海軍造船廠長に岩田善明造船大監が就任。
三五	一九〇二	一二・一五	巡洋艦「対馬」（三一二〇トン）進水（明三四・一〇・一　起工、明三七・二・一四　竣工）。
三六	一九〇三	三・一四	水雷艇「雁」（一二七トン）進水（明三五・四・五　起工、明三六・七・二五　竣工）。
三六	一九〇三	三・一四	水雷艇「蒼鷹」（一二七トン）進水（明三五・四・一五　起工、明三六・八・一　竣工）。
三六	一九〇三	三・一四	砲艦「宇治」（五四〇トン）進水（明三五・九・一　起工、明三六・八・一一　竣工）。
三六	一九〇三	八・二〇	第三船台大改築工事起工（実態は建設）

関連事項

明治	西暦	月日	事項
三五	一九〇二	一・三〇	日英同盟協約調印。
三五	一九〇二	三・二五	海軍造船材料資金会計法を制定（明三五・四・一　施行）。
三五	一九〇二	四・一	吉浦村より川原石・両城地区を分離して二川町誕生。
三五	一九〇二	四・一	呉高等小学校の二教室を借用し夜間制で私立の呉工業補習学校開校。
三五	一九〇二	一〇・一	宮原村、和庄町、荘山田村、二川町が合併し呉市が誕生。
三五	一九〇二	一二・一	呉市会議員選挙実施。
三六	一九〇三	二・四	呉市長に元海軍主計大監の佐久間義一郎就任。
三六	一九〇三	四・三	呉で最初の日刊紙『呉毎日新聞』発刊。
三六	一九〇三	八・二七	呉市長に元呉鎮守府法務部長の荒尾金

呉海軍工廠の形成

明治	西暦	月日	事項
			(明三七・一一・二五 竣工)。
三六	一九〇三	八・二二	水雷艇「鴿」(一三七トン)進水(明三五・五・二二 起工、明三六・一〇・二二 竣工)。
三六	一九〇三	九・五	呉鎮守府艦政部長に山内万寿治少将就任。
三六	一九〇三	一〇・二二	水雷艇「燕」(一三七トン)進水(明三五・六・二 起工、明三六・一一・二四 竣工)。
三六	一九〇三	一〇・二二	水雷艇「雲雀」(一三七トン)進水(明三五・七・二五 起工、明三七・一・一〇 竣工)。
三六	一九〇三	一一・五	水雷艇「雉」(一三七トン)進水(明三五・九・二 起工、明三七・一・二三 竣工)。
三六	一九〇三	一一・一〇	呉海軍造船廠と呉海軍造兵廠が合併し、呉海軍工廠設立。
三六	一九〇三	一一・一〇	呉海軍工廠長に山内万寿治少将就任。
三六	一九〇三	一一・一〇	呉海軍造兵廠の職工共済会と呉海軍造船廠の職工救済会が合併し、呉海軍工廠職工共済会設立。

関連事項

明治	西暦	月日	事項
			吾就任。
三六	一九〇三	一一・五	海軍工廠条例制定(一一・一〇 施行)。
三六	一九〇三	一一・二四	閔妃暗殺事件に関連し日本に亡命していた禹範善が和庄町で殺害。
三六	一九〇三	一二・二七	呉線開通。

あとがき

昭和五三（一九七八）年に『呉市史』の編纂のために呉市の嘱託になって以来、私はいつの日か『呉海軍工廠史』を書くという大望を抱くようになった。とはいえ明治・大正期の海軍についてはすでに『呉市史』第三巻（昭和三九年）が発刊されており、今後は、昭和戦前の市政、海軍、戦後復興期の市政、旧軍施設の転換、占領軍の進駐、合併町村について取り扱うことになっていた。そこで当面は主に昭和期の執筆にあたり、副次的に海軍資料の収集をすすめ、その後に海軍工廠史の執筆を開始することにした。ところが平成八（一九九六）年から海事博物館（大和ミュージアム）推進室兼務となり、結局、工廠史の執筆は、一〇年に広島国際大学に転職するまで持ち越されることになった。

平成一一年、三年後の呉市制一〇〇周年を記念する『呉の歴史』の近代・現代の執筆を開始した。そのなかで呉鎮守府の設立については、大和ミュージアムの展示計画に活用することも考えオリジナル原稿を書き、それを工廠史の出発点とすることにした。その結果、海軍は明治一四（一八八一）年に艦艇の国産化を実現するため防禦に最適な呉に海軍一の造船所を有する西海鎮守府を設立するという構想を樹立したこと、そして一六年から本格的な調査を開始し一九年五月四日に第二海軍区鎮守府の位置に呉港を決定したこと、さらに呉鎮守府設立計画は三期計画からなりその第一期（三年）計画として一六〇万円の予算で呉鎮守府建設を実施し、一年遅れの二三年三月に工事を終了したことなどを明らかにした。しかしながら九年に制定された「海軍鎮守府事務章程」では、鎮守府の役割のなかに艦艇の造修がないのになぜ西海鎮守府の候補地の調査に造船所がふくまれているのか、呉鎮守府設立計画の内容はどのようなものなのかなどは解明できなかった。

こうした試行をへて平成一四年、工廠史の第一巻の題名を『呉海軍工廠の形成』とし三年位で発刊を目指すことにした。その際、横須賀工廠のように当事者による正史が残されていないこともあり、これまで『呉市史』の執筆において心がけたように呉に基点をすえながら世界史的視野で多くの事柄を実証し、基本的な資料として有用な著書とすることにした。その後、呉工廠の前身として鎮守府を位置づけ開庁に至る過程をつぶさに検証し、造船部門と造兵部門については各種計画、組織・人事、施設・設備、生産について一定の基準にもとづいて詳細に実証するとともに、関連事項として軍備拡張計画、造船部の形成に影響を与えた小野浜造船所、日清戦争期の呉海軍、軍港都市呉の形成について取り上げ論証することにした。

このような方法と構成によって本格的な執筆を開始したのであるが、そこには大きな困難が待ち受けていた。例えば計画の場合、いくら「呉佐世保両鎮守府設立書」を探しても三期計画の実態を示す文書は見つからないなど、内容まで明らかにできるものは少なかった。また組織に関しては、複雑な造兵部門の変遷を正確に把握することの困難が予想された。さらに基本的に五〇〇〇円以上の施設・設備の整備について取り上げるという課題を設定したが、それを果たすためには基本的に「呉鎮守府工事竣工報告」により個々の工事についての検証が必要であること、艦艇や搭載兵器の場合は、これまでの研究において異説があり、より正確な事実に近づくためにはやはり原資料に遡っての実証が求められることが判明した。

こうした多くの障害のため一章から原稿を完成することはあきらめ、可能な所から一つ一つの事柄を実証するとともに、不明な点については改めて資料調査をすることにした。この作業には長時間を要したが、呉鎮守府造船部の記述に際して計画どおり建設されたのか否か判断しかねた第三船台が、呉海軍造船廠や第一一回軍備拡張計画の分析を通じて、小規模の船台を偽造し第四船台の予算を転用し巡洋艦用の第三船台を戦艦用に改築（実態は建設）したことが明らかになるなど、多くの疑問点が他の分野の叙述を通じて解決されるという副産物がもたらされることになった。こうして平成二四年には、一応、予定した一〇章の執筆を仕上げた。

そこで序章の執筆に入ることにしたが、その際これまでの執筆を通じて有効性を認識するに至った「武器移転論」を分析視角として取り入れることにし、関連事項のなかに新たに艦艇、兵器の取り引きと技術の習得、建艦技術に画期となった艦艇の建造、技術教育、海軍工作庁間の役割の変化、民間兵器製造会社への艦艇の発注と育成を内容とする一章を設けることにした。そして軍備拡張計画の章とあわせて、海外における新兵器の開発、軍備拡張計画と兵器購入の要求、決定、受注会社への技術者の派遣と新技術の習得、主要な海軍工作庁における新兵器の生産に必要な施設・設備の整備、受注会社から兵器と派遣技術者の到着、兵器の改修を通じての派遣技術者から他の技術者への技術移転、派遣技術者による設計と先導的海軍工作庁による同型兵器の製造、他の工作庁や民間兵器製造会社への技術移転と同型艦の製造という体系（「武器移転的視角」）を構築するに至った。さらにこの「武器移転的視角」によって全体の再考をしたが、その際この分析視角によって意義づけることのできないこれまで実証した事実を削除するようなことはしなかった。

こうした再吟味も終わり、平成二七年には資料照合など、原稿の修正を開始した。ところが八月二七日に入船山記念館において『呉市史』明治資料編の資料収集をするなかで「沢原家文書」から「呉鎮守府設立費予算明細書」がみつかった。それによると呉鎮守府設立計画は、全体計画が三期（八年以上）、一三八二万円以上、第一期計画は三カ年・一六二万円、第二期計画は五カ年・九一三万円、第三期計画は三〇八万円以上となっており、主力となる造船部は一期で工場用地と船渠の一部、二期で二船渠・三船台と工場や機械、三期で三船渠・三船台と機械を整備することになっていることが判明した。なおこれにともない、呉鎮守府の設立と建設を二つの章に分割することにした。

その後の作業は、呉鎮守府設立計画を基点とし全計画を再考することと原稿の修正を並行して行なうことにした。その結果、呉鎮守府造船部八ヵ年計画は呉鎮守府第二期造船部計画を継承したものであり一等巡洋艦の建造を、第三期造船部計画は戦艦建造を目的にしたものであること、この計画は明治一八年の第六回軍備拡張計画において戦艦の保有を主張した軍事部案にもとづいて策定されたこと、本計画にはふくまれていないが、一等巡洋艦への搭載兵器の製造を目指した呉兵器製造所設立計画、戦艦用の大砲と甲鉄板の製造を目的とした第一期、第二期呉造兵廠拡張計画は造船部門の計画と一体として作成されたものであるなどの全体系が構築されることになった。そして第三船台の偽造は、二六年の戦艦二隻の購入を契機として、一等巡洋艦用にかわり戦艦建造用の船台の建設を目指したことにより発生したという結論に達した。

こうして長い執筆活動が終わり、平成二九年四月から印刷と校正作業を開始したのであるが、本書を完成するまでには、多くの人たちにお世話になった。そもそも日本経済史を専攻することになったのは、高崎経済大学三年の時に秋山穣先生のすすめによるものであった。また広島大学大学院経済学研究科では、井上洋一郎、高橋衛両先生に実証の大切さを教わった。

呉市に入所後の佐々木有、小笠原臣也、小村和年市長は歴史への造詣が深く、とくに海軍関係資料の収集には理解を示された。また歴代の呉市史編さん委員、とくに昭和五八年の呉市史編さん室(現、市史編さんグループ)の設立当初の沢原梧郎会長、小泉重之副会長、浜本康民委員には、資料調査・収集をはじめ多方面にわたり協力をいただいた。さらに市史編さん室では、同僚に恵まれ一緒に意欲的に市史や写真集を作ることができた。

広島国際大学への転職は、本書を執筆する契機となった。また経済学、医学・医療史、コミュニケーション史、科学技術思想史と多くの講義を担当したことは、当時は苦痛に感じたが広い視野の形成に役立ったように思う。

地方の大学で一人研究していた私にとって、平成一二年に、一九九九〜二〇〇一年度科学研究補助金・基盤研究A〈二〉（研究代表者：奈倉文二）研究課題名「第一次大戦前の英国兵器鉄鋼産業の対日投資に関する研究――ヴィッカーズ社・アームストロング社と日本製鋼所：一九〇七〜四一――」に加えていただき、その後も現在の「文部科学省私立大学戦略的研究基盤形成支援事業」二〇一五〜二〇一九年度（研究代表者：横井勝彦）研究テーマ「軍縮・軍備管理と武器移転・技術移転に関する総合的歴史研究」に至るまで共同研究ができたことは、大きな刺激となった。それにもかかわらず奈倉文二・横井勝彦・小野塚知二の三氏により平成一五年に『日英兵器産業とジーメンス事件――武器移転の国際経済史――』が発刊されて以来「武器移転論」が展開されていたにもかかわらず、それを理解し本書へ適用するのに約一〇年を要してしまった。

本書の表の作成、資料照合などにおいて、植野麻野さんの助力を得た。また出版に際しては、錦正社の中藤政文会長にご理解を賜り、編集に関しては中藤正道社長、校正については本間潤一郎氏にお世話になった。

平成三〇年一月

三段峡ホテルにおいて　千田武志

ら　行

わ　行

ま　行

や　行

は　行

な　行

た　行

さ　行

か　行

索　引

あ　行

著者略歴

千田　武志（ちだ　たけし）

1946 年　岩手県奥州市胆沢区南都田に生まれる
　　　　南都田中学校、水沢商業高校卒業
1969 年　市立高崎経済大学経済学部卒業
1971 年　広島大学大学院経済学研究科修了（修士課程）
1997 年　呉市史編纂室長
2002 年　広島国際大学医療福祉学部教授
現　在　広島国際大学客員教授、呉市参与

著　書

主な研究書（単著）『英連邦軍の日本進駐と展開』（御茶の水書房、1997 年）
（共著）『産業の発達と地域社会――瀬戸内産業史の研究――』（溪水社、1982 年）、『日英交流史 1600－2000』第 3 巻〈軍事〉（東京大学出版会、2001 年）、『日英兵器産業史――武器移転の経済史的研究――』（日本経済評論社、2005 年）、『日本赤十字社と人道援助』（東京大学出版会、2009 年）、『軍縮と武器移転の世界史――「軍縮下の軍拡」はなぜ起きたのか――』（日本経済評論社、2014 年）、『航空機産業と航空戦力の世界的転回』（日本経済評論社、2016 年）

主な自治体史　『広島県史』 近代 1（1980 年）・近代 2（1981 年）・現代（1983 年）、『呉市史』 第 5 巻（1987 年）・6 巻（1988 年）・7 巻（1993 年）・8 巻（1995 年）、『東城町史』 近代現代通史編（1997 年）、『蒲刈町史』 通史編（2000 年）、『戸河内町史』 通史編 〈下〉（2001 年）、『筒賀村史』 通史編（2004 年）、『音戸町誌』（2005 年）、『下蒲刈町史』 図説通史編（2007 年）、『川尻町誌』 通史編（2008 年）、『豊浜町史』 通史編（2015 年）

主な医療史　『呉市医師会史』Ⅱ（1978 年）・Ⅲ（2000 年）、『広島市医師会史』第 2 篇（1980 年）・第 3 篇（2000 年）、『広島大学医学部 50 年史』 通史編（2000 年）、『呉共済病院 100 年史』（2004 年）、『呉海軍病院史』（2006 年）、『広島市立舟入市民病院開設百二十周年記念誌』（2016 年）

呉海軍工廠《くれかいぐんこうしょう》の形成《けいせい》

平成三〇年一月二二日　印刷
平成三〇年二月一〇日　発行

※定価はカバー等に表示してあります。

著　者　千田武志
発行者　中藤正道
発行所　㈱錦正社
〒一六二―〇〇四一
東京都新宿区早稲田鶴巻町五四四―六
電　話　〇三（五二六一）二八九一
FAX　〇三（五二六一）二八九二
URL　http://www.kinseisha.jp/

印刷　㈱平河工業社
製本　㈱ブロケード

ISBN978-4-7646-0349-3